HOW TO **BREW**

HOW TO BREW

BREW

≫≫ 하우 투 브루 ≪≪

20년간 부동의 아마존 베스트셀러에 빛나는
수제맥주 바이블

존 J. 파머 지음

맥주 책을 단 한 권만 읽어야 한다면 단연코 『하우 투 브루』입니다!

맥주가 좋아서 맥주와 함께 산 세월을 돌이켜보니 감회가 새롭습니다.

대학 시절, 당시로서는 고급술이었던 맥주는 비싸서 자주 마실 수 없었던 사치품이었습니다. 맥주를 좋아했기에 맥주 회사에 입사했지만, 사실 맥주에 대한 지식은 4학년 발효공학 시간에 주류산업과 발효산업에 대한 내용과 함께 잠깐 배운 것이 전부였습니다. 그나마 군대를 다녀온 후엔 거의 백지 상태가 되었습니다. 선배와 현장 근로자 분들에게 새롭게 전수받을 수밖에 없었습니다. 그런 제게 맥주 관련 서적이 간절히 필요했습니다. 하지만 대부분 영어와 독일어로 되어 있는 두껍기 그지없는 책들은 바쁜 직장생활을 하며 끝까지 집중해 읽어내기가 어려웠습니다. 당시 회사 차원에서 몇 권의 책을 번역했으면 좋겠다는 의견을 냈으나 받아들여지지 않았습니다.

신입사원 시절엔 우리 회사의 제조 기술이 최고라는 생각으로 열심히 따라 했습니다. 그러다가 하이네켄과 버드와이저 맥주를 직접 생산하며 경험한 기술은 놀라웠습니다. 수백 년간 맥주를 만들면서 쌓아온 기술력의 차이를 뼈저리게 느낄 수 있었던 계기였습니다. 차장 시절엔 사내 교육을 담당하게 되었습니다. 사원, 대리급에게 제공할 자료가 필요했는데 국내 서적이 없어서 원서를 나눠주고 설명할 수밖에 없었습니다. 상업 맥주 제조 기술에 관한 유명한 책을 번역해 내부 교재로 활용했던 것은 나의 뿌듯한 자랑거리로 남아 있습니다.

퇴사 후에는 뜻밖에도 브루웍스 아카데미 정홍식 대표의 초대로 원장의 자리를 맡게 되었습니다. 다시 한 번 맥주 교육을 위한 서적이 필요해진 것입니다. 하지만 여전히 제대로 된 번역본이 없었습니다. 이번에 감수한 『하우 투 브루How To Brew』는 제가 강의 자료를 만들 때 가장 많이 참고한 책 중 하나이며, 읽어볼 만한 맥주 책 중 으뜸이라고 소개하는 서적입니다. 저자인 존 J. 파머의 폭넓은 지식과 경험도 탁월하지만 한국어 번역자의 맥주에 대한 이해도가 높아 아주 완성도 높은 책이 출간되었음을 기쁘게 생각합니다.

맥주 입문자가 처음 맥주를 만들기 위해 필요한 작은 소품부터 10년 이상 된 맥주 전문가들도 쉽게 배우기 힘든 물의 개질(改質)까지 다루고 있습니다. 게다가 홈 브루어들이 만들고 싶어 하는 각종 레시피들이 보너스처럼 수록되어 있습니다. 이 책은 홈 브루어뿐 아니라 중소 규모의 수제맥주 공장과 대형 상업 맥주 시설에서 일하는 사람들도 꼭 읽어 봐야 할 필독서라고 생각합니다. 한 번 읽고 책꽂이에 꽂아놓는 책이 아니라, 맥주를 만들면서 매뉴얼처럼 자주 들여다봐야 할 책입니다.

대한민국 주류대상 심사위원장으로서, 심사 발표일에 강평을 할 때 꼭 하는 말이 있습니다. 한국 맥주 시장이 커지려면 맥주 자체의 질이 올라가고 가격이 저렴해져야 하는데, 그 일을 해낼 사람이 브루어라는 것입니다. 브루어들이 좀 더 공부해서, 맥주의 균일한 생산과 품질 유지, 유통 과정의 개선, 그리고 소비자에게 전달되는 단계의 서빙 품질까지 향상시켜야 하는데, 이 책이 큰 기여를 할 것이라 믿어 의심치 않습니다. 참고로 지난겨울 이 책을 번역하고 싶어 저자에게 이메일을 보냈으나 답신이 없었습니다. 이미 출판사 측과 접촉이 있었던 시점이라서 그랬던 것 같습니다. 아쉬웠으나 이렇게 감수 작업에 참여할 수 있어 다행이라 생각합니다.

감수를 도와준 브루웍스 아카데미의 홍인영 팀장과 『하우 투 브루』를 출간해준 라의눈 출판사 설응도 대표님께 감사드립니다.

감수자 성훈 | 브루웍스 아카데미 원장

4판 서문

『하우 투 브루』 초판은 1990년대 말에 집필되어 2000년 6월, 웹사이트 HowToBrew.com를 통해 출간되었다. 그 직후 독자들의 호평과 종이책으로도 읽고 싶다는 요청이 이어져 2001년에 자가 출판된 제2판이 미국 전역의 수제맥주 용품을 취급하는 곳에서 판매됐다. 출판사 브루어스 퍼블리케이션스Brewers Publications가 이 책에 관심을 보여 2006년에는 세밀하게 개정된 제3판이 나왔다. 이후 현재까지 베스트셀러로 사랑받았다.

그러나 양조 기법은 고정되어 변치 않는 기술이 아니므로, 이번 제4판에는 지난 10년간 수제맥주 기술과 관련 분야에서 이루어진 아래와 같은 발전과 변화를 포괄적으로 담았다.

- 양조에 사용되는 맥아와 홉, 효모의 종류가 폭발적으로 늘어났다. 수적으로는 두세 배 증가했다.
- 효모의 생장주기와 발효에 관한 정보가 더 많이 밝혀짐에 따라, 라거 맥주를 따뜻한 온도에서 숙성시켜 기존 방식과 같은 석 달이 아닌 3주 만에 맑은 맥주로 만드는 경우가 흔해졌다.
- 아메리칸 IPA이 가장 인기 있는 수제맥주로 떠오르면서 맥주용 홉을 건조하는 방식도 저온에서 장시간 말리던 것에서 비교적 따뜻한 온도에서 짧은 시간 건조하는 방식으로 바뀌었다.
- 2007년에 내가 자밀 자이나셰프와 함께 쓴 자료에서 '고전적인 양조 방식'의 하나로 처음 소개했던 '한 망 양조법Brew-in-a-bag'이 이제는 완전 곡물 양조의 주된 기법이 되었다. 사용하는 도구가 적고 곡물당 물의 비율이 높아서 양조 기간을 줄일 수 있는 양조법이다.

- 2013년에 나와 콜린 카민스키Colin Kaminski가 공동 집필한 『워터Water』가 브루어스 퍼블리 케이션Brewers Publications 출판사를 통해 출간됐다. '양조의 기초' 시리즈로 집필했던 해당 책의 내용도 본 『하우 투 브루』 개정판에 포함되어 있다.
- 양조 장비에도 그동안 큰 변화와 발전이 있었다. 과거에는 집에서 맥주 만드는 것이 일종의 취미 활동이라 주방에서 흔히 사용하는 요리 도구를 직접 창의적으로 바꿔서 양조 도구로 활용했다. 지금도 취미로 맥주를 만드는 사람들이 많다는 사실은 변함이 없지만 아예 수제맥주 양조용 스테인리스스틸 제품들이 별도로 판매되고 있다.

내가 『하우 투 브루』 초판을 쓰던 시절에는 다른 곳에서 구할 수 없는 맥주를 만들고 싶어서 직접 양조를 시작한 사람들이 대부분이었다. 그 당시에도 주류 전문점에서 수입 맥주를 판매했으나 만들어진 지 너무 오래되거나 산화된 제품이 많았다. 오늘날에는 수제맥주를 어디서나 쉽게 구할 수 있다. 특히 IPA의 인기가 월등한 수준이지만 그 밖에 다양한 에일 맥주, 라거 맥주를 얼마든지 구입할 수 있다. 따라서 이제는 사람들이 구할 수 없는 맥주를 얻기 위해서가 아니라 순수하게 양조의 즐거움을 만끽하기 위해 직접 맥주를 만든다. 이번 개정판에서는 이러한 변화를 고려하여, 최상의 맥주 만드는 방법을 소개하려고 한다.

이를 위해 1장에서 '훌륭한 수제맥주를 완성하려면 꼭 지켜야 할 다섯 가지'를 제시하고 이어지는 각 장에서는 이 다섯 가지 원칙을 바탕으로 전체적인 양조 과정 중에 다양한 재료와 양조 절차를 언제 어떻게 활용하고 따라야 하는지 설명한다. 여러분이 예상했던 것보다 더 전문적인 내용을 다루는 부분도 몇 군데가 있다. 그러나 전체적으로 무엇이 가장 중요한지 쉽게 파악할 수 있도록 큰 그림을 제시해 두었으니 이를 참고하여 좀 더 세밀하게 탐구할 것인지, 아니면 경험을 더 쌓고 흥미가 더 생길 때까지 일단 넘어갈 것인지 여러분 각자가 직접 선택하면 된다.

지난 10년간 나도 더 많은 것을 배우고 익혔다. 여러분이 양조에 대해 더 많은 것을 배우고 여태 한 번도 만들어본 적 없는 최고의 맥주를 만드는 데 이번 개정판이 도움이 되기를 바란다.

감사의 말

좀 더 나은 맥주를 만들고 좀 더 유익한 책을 쓰기 위해 내가 애쓰는 동안 지식과 통찰력을 나눠주고 인내심을 발휘해준 여러 고마운 분들께 몇 번이고 감사드리고 싶다 : 에런 하이드Aaron Hyde, 에런 저스터스Aaron Justus, A. J. 들랑주A. J. deLange, 아메이 문커Amaey Mundkur, 앤더스 쿠퍼Anders Cooper, 번 존스 박사Dr. Berne Jones, 밥 핸슨Bob Hansen, 브래드 스미스 박사Dr. Brad Smith, 브라이언 컨 박사Dr. Brian Kern, 찰리 뱀포스 박사Dr. Charlie Bamforth, 찰리 에서스Charlie Essers, 크리스 콜비 박사Dr. Chris Colby, 크리스 화이트 박사Dr. Chris White, 크리스토프 뉴그로다Christoph Neugrodda, 콜린 카민스키Colin Kaminski, 댄 비스Dan Bies, 다나 존슨Dana Johnson, 드루 비첨Drew Beechum, 딜런 던Dylan Dunn, 에드 노로Ed Dorroh, 어니 렉터Ernie Rector, 에반 에반스 박사Dr. Evan Evans, 프레드 시어Fred Scheer, 개리 글라스Gary Glass, 길 산체스Gil Sanchez, 고든 레인Gordon Lane, 고든 스트롱Gordon Strong, 그레이엄 스튜어트 박사Dr. Graham Stewart, 그레그 도스Greg Doss, 제임스 스펜서James Spencer, 자밀 자이나셰프Jamil Zainasheff, 제러미 라우브와 팅 라우브Jeremy and Ting Raub, 존 블리히만John Blichmann, 존 몰렛John Mallett, 존 헤르코비츠Jon Herskovits, 조든 게르츠Jordon Guerts, 조사이어 블롬키스트Josiah Blomquist, 저스틴 크로슬리Justin Crossley, 카이 트로에스터Kai Troester, 카라 테일러Kara Taylor, 카렌 포트만Karen Fortmann, 크리스티 스위처Kristi Switzer, 루트비히 나르치스 박사Dr. Ludwig Narziss, 맬컴 프레이저Malcolm Frazer, 마크 질그Mark Jilg, 마크 사마티노Mark Sammartino, 마셜 쇼트 박사Dr. Marshall Schott, 마틴 보안Martin Boan, 마틴 브룬가드Martin Brungard, 맷 브리닐드슨Matt Brynildson, 메르세데스 헤머Mercedes Hemmer, 마이크 마그Mike Maag, 마이크 맥돌Mike McDole, 미치 스틸Mitch Steele, 네바 파커Neva Parker, 랜디 모셔Randy Mosher, 레이 대니얼스Ray Daniels, 릭 블랑케마이어Rick

Blankemeier, 로날도 두트라 페레이라Ronaldo Dutra Ferreira, 라이언 브룩스Ryan Brooks, 스탠 히에로니무스Stan Hieronymous, 스티븐 말로이Stephen Mallory, 스티브 알렉산더Steve Alexander, 스티브 곤잘레스Steve Gonzalez, 스티브 킨제이Steve Kinsey, 토머스 바이어만Thomas Weyermann, 토드 피터슨Todd Peterson, 톰 셸해머 박사Dr. Tom Shellhammer

더불어 오랜 세월 동안 응원해준 미국 홈브루어 협회 회원들께도 감사드린다. 그리고 나와 만날 때면 따뜻하게 맞이해준 미국과 전 세계 수많은 자가 양조 단체 회원들께 고맙다는 인사를 전한다. 모두를 위해 건배!

마지막으로, 출장 때문에 쉴 새 없이 돌아다니는 것이나 부엌에서 내가 저지르는 온갖 실험을 아내와 가족들이 견디고 지지해주지 않았다면 나는 이 책을 쓸 수 없었을 것이다. 진심으로 감사드린다.

2017년 5월 1일
존 J. 파머

『하우 투 브루』는 맥주를 직접 만들어서 마실 때 느낄 수 있는 깊은 만족감을 누구나 알 수 있도록 쓴 책이다. 맥주 만드는 일이 엄청나게 복잡할 것 같아서 엄두도 나지 않는다고 하는 사람들도 있지만, 단언컨대 절대 그렇지 않다. 요리보다 더 어려울 것도 없다. 수프 캔을 따서 데우고 스크램블 에그를 만들 줄 알고 슈퍼마켓에 파는 머핀믹스로 머핀을 구울 줄 안다면 맥주도 만들 수 있다. 만드는 방법을 그대로 따라하고 재료와 시간, 온도가 모두 최종 결과물에 영향을 준다는 사실을 이해하면 된다. 머핀을 예로 들어보자. 보통 시중에 판매되는 머핀믹스에는 밀가루와 설탕, 팽창제가 모두 들어 있고 블루베리 같은 과일도 약간 포함되어 있다. 여기에 만드는 사람이 입맛에 따라 쇼트닝과 계란, 우유나 물을 추가한다. 만드는 방법을 읽어보면 재료를 어떻게 섞어야 하는지, 완성된 반죽은 어떤 팬에 담아야 하고 오븐에 넣어 몇 도에서 얼마나 구워야 하는지도 나와 있다. 만드는 방법을 세분해서 단계별로 설명이 명확하게 나와 있으므로 큰 어려움 없이 따라할 수 있다.

직접 맥주를 만드는 과정도 마찬가지다. 레시피에 나온 대로 재료를 섞고 맥아즙을 끓인 다음 식힌다. 그리고 맥아즙에 효모를 적정량 첨가한 다음 권장 온도에서 권장된 시간 동안 발효한다. 요리도 그렇듯 맥주도 계속 연습하다 보면 단계마다 나름의 감이 생긴다.

집에서 처음으로 맥주 양조를 시작한 사람들은 레시피에 과도하게 신경 쓰는 경우가 많다. 맛있는 맥주를 만들기 위해서는 물론 레시피도 중요하지만, 레시피에 나온 방법대로 재료를 익히고 발효하는 과정이 양조의 성공 여하에 훨씬 더 큰 영향을 준다. 레시피는 재료를 정리하고 진행 단계를 체계적으로 수립해놓은 것일 뿐, 그 계획을 어떻게 실행하느냐가 성공과 실패를 가른다. 나는 이 책에서 맥주 만드는 법을 알려줄 생각이다. 양조 과정이 어떻게 진행되는지 알고 나면, 무엇이든 적당한 레시피만 있으면 맛 좋은 맥주를 만들 수 있다.

책 첫 번째 부분에서는 뒤에 이어질 양조법 강의의 기본 토대가 될 내용을 다룬다. 어떤 기술이든 처음 배울 때는 속성으로 익히기보다는 나중에 머릿속에서 지워질지언정 처음부터 차근차근 제대로 된 방법을 배우는 것이 좋다. 그렇다고 해서 운전을 배우기 위해 자동차 내연기관이 어떻게 작동하는지까지 전부 알아야 할 필요는 없다. 엔진이 움직이려면 연료와 엔진오일이 필요하다는 것만 알면 된다.

마찬가지로 맥주 만드는 법을 배우기 위해 효모가 맥아에 함유된 당을 소화하는 과정까지 다 알아야 할 필요는 없다. 그러나 효모가 당을 섭취한다는 사실이나 효모가 기능을 발휘하려면 무엇을 필요로 하는지는 알아야 한다. 이 부분을 이해하면 여러분은 여러분이 챙겨야 할 부분을 챙기고 효모는 효모가 할 일을 하는 것으로 훌륭한 맥주가 탄생한다. 양조 과정이 어느 정도 익숙해진 다음에는 세부적인 과정을 더 깊이 이해할 수 있을 것이고 훨씬 더 맛있는 맥주로 발전시킬 수도 있다.

그러므로 이 책 1부, '맥주 키트로 맥주 만들기'는 맥주 만드는 방법을 전체적으로 배울 수 있다. 먼저 1장 '직접 만드는 첫 번째 수제맥주'에서는 여러분의 집 부엌에서 수제맥주 키트를 이용하여 맥주를 만드는 전 과정을 개략적으로 살펴본다. 1장에 나온 대로 따라하면 바로 오늘, 지금이라도 당장 양조를 시작할 수 있다. 2장 '세척과 소독'에서는 위생 관리를 포함한 철저한 준비가 중요한 이유를 알아보고 올바르게 준비하는 방법을 설명한다. 이어 3장에서 맥아와 맥아추출물에 대해 간단히 살펴본 뒤 4장 '맥주 키트와 추출물로 맥주 만들기'에서는 키트 사용 시 꼭 알아야 될 사항과 키트의 올바른 활용법을 알아본다. 5장에서는 다양한 종류의 홉을 소개하고 홉을 사용하는 이유와 사용법, 사용할 홉의 양을 일정하게 측정하는 방법을 설명한다. 6장 '효모와 발효'에서는 효모에 관한 기본적인 내용과 함께 효모의 생장에 필요한 것과 효모가 맥아즙을 맥주로 발효시키는 과정을 제시한다. 너무 상세해서 여러분이 괴롭다고 느끼지 않을 정도로 설명하겠지만 양조자가 해야 할 몫이 무엇인지 파악할 수 있을 것이다. 이어 7장에서는 맥주 양조에 활용할 수 있는 효모의 종류와 효모를 준비하는 방법, 마음에 꼭 드는 효모를 찾았을 때 배양해서 양을 늘리는 방법을 소개한다.

기초 정보를 정리한 1부의 마지막 장은 8장 '맥아추출물을 이용한 양조와 양조 용수'에서는 양조자가 해야 할 일과 하지 말아야 하는 일로 나누어서 구체적으로 설명한다. 그다음부터는 본격적인 양조 과정으로 넘어간다. 9장 '전체 용량 양조'에서는 양조 규모를 23리터(6갤런)로 늘리는 방법에 대해 알아보고 10장 '프라이밍, 병이나 케그에 담기'에서는 마침내 완성된 5갤런(19리터) 분량의 맥주를 최종적으로 마실 수 있는 용기에 담는 방법을 단계별로 설명한다.

누구나 평소 즐겨 사먹던 맥주를 직접 만들어보고 싶어 한다. 보통 그 맥주는 라거인 경우가 많다. 이 점을 고려하여, 11장 '라거 맥주 만들기'에서는 앞서 배운 내용을 바탕으로 라거 맥주를 만드는 방법에는 어떤 차이가 있는지 알아본다. 12장 '알코올 도수 높은 맥주 만들기'도 같은 방식으로 즐겁게 마실 수 있는 수준에서 알코올 도수가 다소 높은 맥주를 만들고자 하는 초보 양조자들의 공통적인 열망을 해소해줄 양조법을 설명한다. 마지막은 좀 더 실험적인 도전을 원하는 사람들을 위해 마련된 13장 '과일 맥주 만들기'와 14장 '사워 비어 만들기'로 1부를 마무리한다.

위와 같이 상당히 긴 1부에서 여러분은 양조법을 차근차근 배우고 처음부터 올바른 양조 과정을 습득할 수 있다. 2부로 넘어가면 15장부터 19장까지 '완전 곡물 양조'에 필요한 기술을 상세히 살펴본다. 더불어 맥주의 재료를 좀 더 세밀하게 조정할 수 있도록 맥아 보리, 부재료에 대해서도 자세히 설명한다. 20장 '완전 곡물 양조법으로 맥주 만들기'에는 구체적인 양조법을 모두 정리했다. 2부의 마지막 장인 21장과 22장에서는 물의 화학적인 특성을 상세히 알아보고, 양조 용수를 여러분이 만드는 맥주의 유형에 따라 적절하게 활용하는 방법을 소개한다. 3부 '레시피, 실험, 문제 해결'과 4부로 묶은 부록에는 여러분이 성공적으로 맥주를 만드는 데 도움이 될 만한 지침과 도구, 문제 해결 매뉴얼을 담았다.

맥주를 만들면서 내가 느낀 즐거움과 열정을 여러분도 이 책을 통해 똑같이 느꼈으면 좋겠다. 그리고 정말 맛있는 맥주를 만들 수 있게 되기를 진심으로 바란다.

성공적인 양조가 되길 바라며,

존

약어 정리

AA 알파산(alpha acids)

ABV 알코올 함량(alcohol by volume)

DME 건조 맥아추출물(dried malt extract)

DMS 디메틸설파이드(dimethyl sulfide)

EBC 유럽양조협회(European Brewery Convention)

EPA 미국 환경보호청(Environmental Protection Agency)

FDA 미국 식품의약국(Food and Drug Administration)

FG 종료 비중(final gravity)

FWH 1차 맥아즙에 홉 첨가(first wort hopping)

HDPE 고밀도 폴리에틸렌(high−density polyethylene)

HEPA 고성능 입자포집(high−efficiency particulate arrestance)

HLT 온수조(hot liquor tank)

IBU 국제 쓴맛 단위(international bitterness unit)

°L 로비본드 등급(degrees Lovibond)

LME 액상 맥아추출물(liquid malt extract)

MSDS 물질안전 보건자료(material safety data sheet)

OG 초기 비중(original gravity)

PBW 발효조 세척 분말(Powder Brewery Wash)

SRM 표준 참조법(Standard Reference Method)

단위(별도 설명이 없는 한 미터법 외 단위는 미국에서 사용되는 단위임.)

cm 센티미터	kg 킬로그램	mol 몰
Eq 당량(equivalent)	kPa 킬로파스칼	N 노르말(규정) 농도 (Eq/L)
fl. oz. 액량 온스	L 리터	oz. 온스
g 그램	lb. 파운드	ppm 백만분율
gal. 갤런	mEq 밀리그램 당량	psi. 제곱인치당 파운드
in. 인치	mg 밀리그램	qt. 쿼트
" 인치	mL 밀리리터	

차 례

SECTION 01
맥주 키트로 맥주 만들기

CHAPTER 01 │ 직접 만드는 첫 번째 수제 맥주

CHAPTER 02 │ 세척과 소독

CHAPTER 03 | 맥아와 맥아추출물

CHAPTER 04 | 맥주 키트와 추출물로 맥주 만들기

CHAPTER 05 │ 홉

CHAPTER 06 │ 효모와 발효

CHAPTER 07 | 효모 관리

CHAPTER 08 | 맥아추출물을 이용한 양조와 양조용수

CHAPTER 09 | 전체 용량 양조

CHAPTER 10 | 프라이밍, 병이나 케그에 담기

CHAPTER 11 | 라거 맥주 만들기

SECTION 02
완전 곡물 양조법

CHAPTER 15 | 맥아와 부재료

CHAPTER 16 | 당화 mashing의 원리

CHAPTER 19 | 맥아즙 분리하기(여과)

CHAPTER 20 | 완전 곡물 양조법으로 맥주 만들기

CHAPTER 21 | 잔류 알칼리도, 맥아의 산도, 당화 혼합물의 pH :
남들에게 물어보지 못했던 당화 혼합물 pH에 관한 모든 것

CHAPTER 22 | 맥주 스타일에 맞게 물 조정하기 :
유명한 양조 용수와 그 물로 만든 맥주

레시피, 실험, 문제 해결

CHAPTER 23 | 맥주 스타일별 레시피

CHAPTER 24 | 나만의 레시피 만들기

CHAPTER 25 | 맥주가 상한 걸까요?

SECTION 04

부록

APPENDIX A | 비중계와 굴절계

APPENDIX B | 맥주의 색

APPENDIX C | 맥주의 투명도

APPENDIX D | 맥아즙 칠러 만들기

APPENDIX E | 배수 기능이 있는 여과조 만들기

APPENDIX F │ 연속 스파징에 적합한 여과조 만들기

APPENDIX G │ 양조에 도움이 되는 금속공학

APPENDIX H │ 미터법 단위 전환

APPENDIX I | 무글루텐 맥주 양조 시 발생하는 문제

SECTION

01

맥주 키트로
맥주 만들기

CHAPTER

-1-

★ HOW to BREW ★

직접 만드는
첫 번째
수제 맥주

뭐부터 해야 할까?

아마 여러분도 나처럼 일단 시작해보려고 주방에 들어섰을 것이다. 수제 맥주 키트[1]를 조리대에 올려놓고, 완성하려면 시간은 얼마나 걸리는지, 맨 처음에는 뭘 해야 하는지 생각하고 있으리라. 그럴 때는 이 책의 1장부터 10장까지 읽어보는 것이 가장 도움이 될 것이다. 재료 세척과 위생 관리법, 재료를 끓이고 발효하고 용기에 담는 방법까지 모든 내용을 담았다. 맥주 양조 과정의 기본적인 내용을 모두 숙지하면 키트에 동봉된 불친절한 제조법 때문에 엉뚱한 길로 가지 않고 아주 맛있는 첫 번째 맥주를 만들 수 있다.

하지만 나도 그랬듯이 여러분도 찬찬히 시작하기보다는 지금 당장 뭔가 하고 싶은 마음이 굴뚝같을 것이다. 그래서 첫 장에서는 수제 맥주 만드는 과정을 처음부터 끝까지 훑어보면서 양조 과정 전체를 소개할 생각이다. 맥주 양조 과정은 크게 세 단계로 나눌 수 있다. 맥아즙 제조, 맥아즙 발효, 그리고 맥주를 병에 담아 밀폐하는 단계다. 그런데 맥아즙*wort*이 무엇일까?

---

1 수제 맥주 키트가 없으면 이번 장에서 소개하는 '신시내티 페일 에일' 레시피에 나온 재료를 준비하거나 키트를 하나 구입하기 바란다. 수제 맥주 판매점이나 온라인 상점에서 '파머 프리미엄 비어 키트(Palmer's Premium™Beer Kit)'를 구입하면 된다.

홉을 넣고 끓인 다음 발효해서 맥주로 만드는 당액을 맥아즙이라고 한다. 맥아즙을 제조하는 데는 세 시간 정도 걸리고, 오늘 만든다면 약 한 달 후에 여러분이 최초로 만든 수제 맥주를 맛볼 수 있다.

지금부터 여러분에게 소개할 양조법은 내가 '파머 양조법'이라 이름 붙인 맥주 제조법으로, 재료의 일부만 끓이는 방식이다. 즉 맥아즙의 절반만 홉을 넣어서 끓이고 이 과정이 끝날 때쯤 나머지 맥아즙(좀 더 구체적으로는 맥아추출물malt extract로 만든 맥아즙) 절반을 부어서 살균한다. 이렇게 비중이 높은 맥아즙이 완성되면 발효조에 붓고 최종 용량이 5.5갤런, 미터법 단위로는 21리터가 되도록 희석한다.

이번 장에서 소개하는 제조법은 수제 맥주의 가장 기본적인 뼈대라고 보면 된다. 수제 맥주를 만들기 위해 여러분이 알아야 할 세부적인 내용은 10장으로 구성된 이 책의 1부 '맥주 키트로 수제 맥주 만들기'에 나와 있으니 꼭 읽어보기 바란다. 양조 재료와 과정, 각 단계의 목적이 상세히 나와 있으므로 이 내용들을 알고 나면 그저 '하라는 대로 따라 하는' 대신 양조의 각 과정을 충분히 이해할 수 있을 것이다. 하지만 이 모든 내용은 맥주를 발효시켜 놓고 내일부터 읽어도 된다. 자, 그럼 시작해보자!

시작하기 전에 알아둘 것
훌륭한 수제 맥주를 완성하려면 꼭 지켜야 할 다섯 가지

맛있는 맥주를 만들고 싶은가? 아래 다섯 가지 요소가 성공과 실패를 좌우한다. 가장 중요한 것부터 순서대로 나와 있으며, 중요도가 높은 요소를 제대로 지키지 않으면 하위 단계에 해당하는 요소를 아무리 잘 지켜도 결과를 만회할 수 없다. 여러분이 따라 할 수 있도록 양조 과정 전체를 찬찬히 설명할 테니 크게 걱정할 필요는 없지만 먼저 전체적인 그림을 파악하고 시작해보자.

1. 위생

맛있는 수제 맥주를 만드는 가장 중요한 요소는 위생이다. 수제 맥주의 핵심은 여러분 나름의 방식대로 맥아즙을 만들고 발효하는 것이다. 맥주에 여러분이 선택한 효모 외에 다른 미생물이 자라지 않도록 하려면 위생을 잘 지켜야 한다.

2. 발효 온도 관리

위생 다음으로 훌륭한 맥주를 좌우하는 중요한 요소는 적절한 발효다. 그리고 적절한 발효를 위해서는 온도 관리가 가장 중요하다. 효모는 살아 있는 생명체이므로 온도에 따라 활성이 달라진다.

3. 효모 관리

맥주가 맛있으려면 효모를 잘 관리해야 한다. 온도 다음으로 발효의 성공을 좌우하는 요소는 효모의 질과 첨가량을 적절히 맞추는 것이다. 6장과 7장에서 이 부분을 다루기로 하자.

4. 끓이기

맥주 재료는 끓여서 익힌다. 맥아즙을 적당히 끓이지 않으면 맛있는 맥주를 만들 수 없다. 즉 덜 익히거나 과하게 익힌 맥주가 될 수도 있다. 4장에서 이 내용을 상세히 소개하겠다.

그림 1-1

초보 양조자에게 필요한 일반적인 도구들. 발효조, 양조용 솥, 뚜껑 밀봉기, 병뚜껑, 맥주병으로 구성된다.

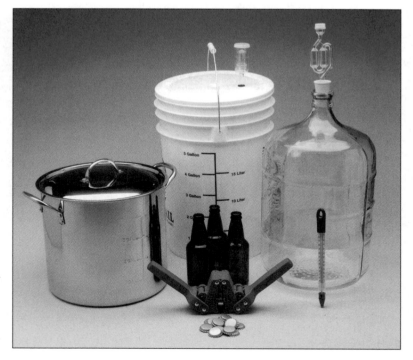

SECTION 01 맥주 키트로 맥주 만들기

5. 레시피

복합적이면서도 맛의 균형이 잘 맞도록 재료를 적절한 비율로 구성한 레시피가 훌륭한 레시피다. 일반적으로 수제 맥주의 주재료는 '베이스' 역할을 하는 뿌연 맥아즙이고 여기에 독특한 향과 특색을 더해주는 특별한 맥아와 맛의 균형을 잡아주고 풍미와 향을 선사하는 홉을 충분히 더한다. 레시피가 아무리 훌륭해도 양조법이 올바르지 않으면 맛있는 맥주를 만들 수 없다. 또 내용이 복잡한 레시피만 좋은 레시피가 아니라는 점을 꼭 기억해야 한다.

맥주 만드는 날

| 맥주 양조에 필요한 도구 |

다음은 처음으로 수제 맥주를 만들 때 꼭 필요한 최소한의 도구들이다. 수제 맥주 도구를 취급하는 곳에서 판매하는 초보 양조자용 키트에 대부분 포함되어 있다. 이 책에서는 미국에서 사용하는 계량 단위와 미터법 단위를 함께 제시하는 사실을 미리 밝혀둔다. 단위 변환 공식은 부록 H에 나와 있다.

1. 공기차단기(에어락)

공기차단기의 종류에는 일체형으로 된 '버블러bubbler' 타입과 총 세 부분으로 구성된 3피스 타입이 있다(그림 1.2). 공기차단기의 내부에 채우는 물이나 소독제(표백제는 절대 사용하면 안 된다!)가 외부 공기로 인한 오염을 방지한다. 3피스 타입은 각 부분을 분해해서 구석구석 더 깨끗하게 세척할 수 있는 이점이 있다. 그러나 맥아즙 온도가 내려가 내부 온도가 낮아지면서 내부 압력이 떨어지거나, 플라스틱 발효조의 재질이 충분히 단단하지 않아 발효조를 들어 올리는 과정에서 내부의 압력이 낮아지면 공기차단기 속에 남아 있던 물기가 의도치 않게 발효조 안으로 빨려 들어갈 수 있다. 버블러 타입은 발효조 내부로 액체가 유입될 위험은 없지만 발효 과정에서 발생한 찐득한 물질로 입구가 막히기 쉽고 분해해서 세척할 수가 없다. 두 가지 타입모두 저렴한 가격에 구입할 수 있다. 카보이 유리병을 발효조로 사용하면 공기차단기를 고정할 수 있도록 구멍이 뚫린 고무마개도 준비해야 한다.

그림 1-2

가정용 양조에 기본적으로 사용하는 에어락과 기체 배출용 호스

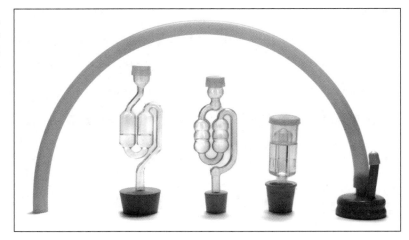

2. 끓임조

19리터(5갤런) 용량의 알루미늄이나 스테인리스스틸 재질로 된 튼튼하고 속이 깊은 솥이 적절하다. 스테인리스스틸 끓임조가 더 단단하고 관리하기도 쉽지만 알루미늄 재질 제품보다 대체로 값이 비싼 편이다. 끓임조의 용량은 최소 11.4리터(3갤런)를 무리 없이 끓일 수 있는 수준이어야 한다. 맥아즙을 끓이면 상층에 거품이 형성되는 점도 감안해야 한다. 두께가 충분히 두꺼운 솥(0.1인치 또는 2.5밀리미터)이나 바닥에 알루미늄 피복을 입힌 제품을 선택하면 재료가 눋는 것을 방지할 수 있다.

3. 발효조

발효조는 최소 19리터(5갤런)의 맥아즙을 담을 수 있는 크기로, 발효가 진행되면서 형성되는 거품이 차지할 공간이 추가로 8센티미터(3인치)가량 확보해야 한다. 초보 양조자에게는 작업하기도 편리하고 값도 저렴한 23리터(6갤런) 용량의 식품 제조용 플라스틱 통을 추천한다[이 같은 종류의 통은 실제 용량은 거의 27리터(7갤런)에 가깝다]. 유리나 플라스틱 재질로 된 카보이 병을 이용해도 된다. 그림 1.3에 나와 있는 것과 같은 카보이 병에 기체 배출용 호스를 연결해서 호스의 반대쪽 끝을 물이 담긴 통에 담그면 공기차단기 역할을 한다. 일반적인 통을 발효조로 사용하면 대부분 물 꼭지가 달려 있어서 배수가 편리하고, 카보이 병은 투명해서 발효 과정을 확인할 수 있는 장점이 있다.

그림 1-3

발효조로 사용하는 일반
통과 카보이 병. 기체 배출
용 호스 한쪽 끝을 물이 담
긴 작은 통에 담그고 발효
조와 연결하면 공기차단기
역할을 한다.

4. 곡물 망

곡물 망으로는 보통 모슬린이나 나일론 재질의 망사로 된 중형 망을 사용한다. 곡물 망은 풍
미를 더해줄 스페셜티 맥아를 분쇄해서 맥아즙에 담글 때 활용한다. 꼭 필요하다면 깨끗이 세
탁한 큼직한 양말을 곡물 망 대신 사용할 수 있다.

5. 비닐 랩이나 알루미늄포일

각종 병이나 발효조에 씌워 두면 양조에 사용할 때까지 내부를 청결하고 위생적인 상태로
유지할 수 있다. 바로 잘라서 사용하는 랩이나 포일은 대체로 깨끗하다고 보면 된다.

6. 파이렉스*Pyrex*® 계량컵

약 1리터 용량의 큼직한 파이렉스 계량컵이 있으면 맥주 만들 때 가장 요긴하고 귀중한 도
구가 될 것이다. 끓는 물도 계량할 수 있고 소독하기도 편리하다.

7. 교반 스푼

맥아즙을 끓이면서 저어주려면 큼직하고 손잡이가 긴 식품 등급의 플라스틱 또는 금속 재질
의 스푼이 필요하다. 건조효모의 재수화*rehydration* 작업에 사용할 일반 숟가락도 준비하자.

8. 소독제

맥주에 포함된 미생물이 효모 하나로 끝나도록 하려면 화학 소독제가 반드시 필요하다. 헹
굴 필요가 없는 요오드 소독제*iodophor*와 스타 산*Star San* 제품을 많이 사용한다. 2장에 소독제
에 관한 정보가 자세히 나와 있다.

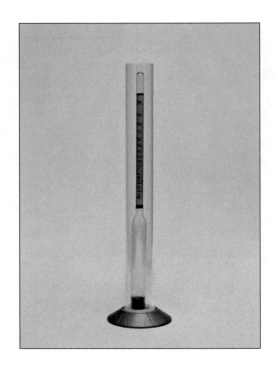

그림 1-4

비중계는 물의 밀도와 수용액의 밀도 비를 토대로 비중을 측정한다. 물의 비중은 1.000이다.

9. 온도계

디지털 전자 온도계는 비교적 저렴한 값으로 손쉽게 구할 수 있다. 유념할 점은 끓는 물이나 기타 온도가 확인된 물을 이용하여 온도계를 정확하게 보정해야 하는 것이다. 당화*mashing*에 있어서는 온도를 정확하게 맞추는 것이 가장 중요하다.

10. 비중계

비중을 측정하기 위해서는 비중계(그림 1.4)가 필요하다. 비중이란 비중이 1.000인 물을 기준으로 물과 수용액의 밀도 비를 계산한 값이다. 맥아즙은 용해되는 당이 증가할수록 비중도 높아진다. 비중계는 수용액에 넣었을 때 나타나는 부력을 토대로 비중을 측정한다. 맥아즙이 발효되기 전에 측정한 비중을 초기 비중*OG, Original Gravity*, 발효 이후에 측정한 비중을 종료 비중이라고 한다. 발효가 시작되면 효모가 당을 섭취하므로 초기 비중이 점차 감소하여 비중은 종료 비중으로 예측한 값에 가까워진다. 부록 A에 비중계 사용 요령이 나와 있다.

| 양조 준비 단계 (소요 시간 30분) |

1. 재료 준비

자가 양조에 필요한 용품을 판매하는 곳에서 각자 원하는 맥주를 만드는 데 필요한 재료와 사용법이 포함된 양조 키트를 구입한다(그림 1.5). 보통 19리터(5갤런) 용량의 맥주를 만들 수 있는 키트에는 맥아추출물 한두 가지와 침출용 곡물, 홉, 효모가 들어 있다. 이렇게 재료를 다 갖춘 키트를 이용하는 것이 가장 간편하다.

키트가 없으면 수제 맥주 재료를 판매하는 곳으로 가서 아래 표에 나온 '신시내티 페일 에일' 레시피의 재료를 구입하기 바란다. 이 책에서는 우선 아래 레시피의 재료를 이용하여 파머 양

그림 1-5

맥아추출물, 홉, 효모가 포함된 일반적인 자가 양조 키트

조법으로 맥주를 만드는 과정을 설명할 것이다.
파머 양조법에서는 맥아추출물과 홉을 전체 용량
의 절반 정도인 11.4리터(3갤런)만 부분적으로 끓
인다. 끓일 때 필요한 맥아추출물의 분량은 아래
레시피 중 '맥아즙 A' 항목에 나와 있다. 나머지
맥아추출물은 이 절반 분량을 다 끓이고 난 뒤에
첨가해서 잔열로 살균한다. 그런 다음 모두 발효

🌿 신시내티 페일 에일 🌿

아메리칸 페일 에일

초기 비중: 1,042
종료 비중: 1,010
IBU: 30

SRM(EBC): 5(10)
ABV: 4.2%

≫≫ 파머 양조법 ≪≪

맥아즙 A	비중계 값	
1.14kg(2.5 lb.) 페일 에일 DME	37.5	
225g(0.5 lb.) 캐러멜 80°L 맥아 – 침출용	2.5	
3갤런 기준, 끓이기 전 비중	1,040	

홉 스케줄*	끓이는 시간(분)	IBU
15g(0.5oz.) 너깃(Nugget) (12% AA)	60	21
15g(0.5oz.) 캐스케이드(Cascade) (7% AA)	15	6
15g(0.5oz.) 애머릴로(Amarillo) (10% AA)	15, 침출	3

맥아즙 B (끓인 후 첨가)	비중계 값	
1.14kg(2.5lb.) 페일 에일 DME	37.5	

효모 종	투여량(세포 10억 개)	발효 온도
아메리칸 에일	200	18℃(65°F)

* 홉은 구할 수 있는 것으로 바꿔서 사용해도 되나, 알파 산(alpha acid, 줄여서 AA) 함량이 비슷한 것으로 선택해야 한다(±
1~2%). 5장에 홉에 관한 내용이 자세히 나와 있다.

조에 붓고 레시피의 전체 용량이 되도록 물을 11.4리터(3갤런) 부어서 희석한다. 이와 같은 양조법을 활용하면 끓이는 맥아즙의 양을 줄일 수 있으므로 시간과 에너지를 절약하면서도 똑같은 재료를 처음부터 전부 끓일 때와 같은 수준의 맛을 만들어낼 수 있다. 4장 '맥주 키트와 추출물로 맥주 만들기'에서 파머 양조법을 활용하는 이유를 더 상세히 설명할 것이다.

2. 세척과 소독

한 치의 과장도 없이 단언하건대, 양조의 성공을 좌우하는 가장 중요한 요소는 세척과 살균이다. 세척을 먼저 하고 살균한다. 향을 가미하지 않은 순한 주방세제로 양조에 사용되는 모든 도구를 깨끗이 씻은 후 꼼꼼하게 헹구자. 표 1.1에 따로 정리한 도구는 맥아즙을 끓인 다음에 사용하므로 소독해야 한다.

양조 도구를 소독하는 방법은 다음과 같다. 먼저 발효조에 물 7~8리터(2갤런)를 채우고 헹구지 않아도 되는 화학 소독제를 권장량만큼 넣는다. 일반적으로 1갤런당 1액량 온스(1fl. oz./gal.) 또는 리터당 8밀리리터(8mL/L)를 사용한다. 소독제를 넣고 잘 저어서 발효조 내벽 전체가 소독되도록 한다. 여기에 소독해야 하는 도구를 담그고 5분간 그대로 둔다(최소 소독 시간은 소독제에 명시된 사용법을 참고하라).

소독이 끝나면 소독액을 버리고 발효조는 소독한 뚜껑으로 덮어둔다. 작은 스푼과 온도계는 계량컵에 담고 비닐 랩으로 덮어서 청결하게 보관한다. 2장에서 세척과 소독에 대해 좀 더 상세히 알아보기로 하자.

표 1-1 | 세척과 소독 체크리스트

끓임조	☐ 세척	
대형 교반 스푼	☐ 세척	
일반 교반 스푼	☐ 세척	☐ 소독
파이렉스 계량컵	☐ 세척	☐ 소독
발효조와 뚜껑	☐ 세척	☐ 소독
공기차단기	☐ 세척	☐ 소독
온도계	☐ 세척	☐ 소독
비중계	☐ 세척	☐ 소독

| 맥아즙*wort* 만들기(소요 시간 한 시간) |

드디어 재미있는 작업을 할 차례가 왔다. 맥아즙을 만들어보자.

그림 1-6

양조를 시작하기 전에 필요한 재료는 모두 꺼내서 준비해두자.

3. 맥아즙 만들기

광물 함량이 낮은 깨끗한 물 11.4리터(3갤런)를 끓임조에 채운다. 세척과 소독이 끝난 발효조에도 똑같이 물 11.4리터(3갤런)를 채운다. 맥아추출물에는 추출 과정에 사용한 물에 들어 있던 광물이 함유되어 있으므로, 양조 용수로는 증류수 등 광물 함량이 낮은 물을 사용하는 것이 좋다. 먼저 끓임조에 맥아추출물을 넣고 끓여서 맥아즙을 만들고 이것을 발효조에 부어서 최종적으로 약 21리터(5.5갤런)의 맥아즙을 만들 것이다. 끓는 동안 증발하는 양도 생각해야 한다(0.5갤런, 즉 2리터가량이 증발한다). 또 발효 찌꺼기(홉과 단백질로 구성된 잔류물)가 형성되면서 추가로 수분이 소실되므로 발효조에 약 5.5갤런이 있었다면 최종적으로 완성되는 맥주는 약 19리터(5갤런)가 된다.

4. 재료를 섞고 가열해서 맥아즙 만들기

찬물을 담은 끓임조에 페일 맥아추출물을 넣고 잘 녹도록 저어준다. (요긴한 정보 하나 : 건조된 맥아추출물은 찬물에 넣어도 덩어리지지 않고 녹는다.) 양조 키트를 이용한다면 키트에 동봉된 만드는 법을 따르기 바란다(기본 원리는 동일하다). 이제 맥아즙을 가열하면서 덜 녹은 맥아추출물이 끓임조 바닥에 눌지 않도록 수시로 젓는다.

그림 1-7

끓임조에 찬물을 담고 맥아추출
물을 넣은 다음 잘 저어준다.

5. 곡물 침출

여러분이 구입한 키트에 분쇄된 곡물이 포함되어 있지 않으면 바로 6번으로 넘어가기 바란
다. 먼저 분쇄된 곡물 225그램(0.5파운드)을 곡물 망에 담는다. 맥아즙은 49~77°C(120~170℉)
가 되도록 가열한다. 가열을 시작할 즈음에 곡물이 담긴 망을 담가서 물이 차가울 때부터 침출
을 시작한다. 맥아즙의 온도는 77°C(170℉)를 초과하지 않아야 한다. 곡물 망을 넣고 잘 저어서

그림 1-8

맥아즙에 곡물을 넣고 침출한다.

속에 담긴 곡물이 액체를 머금도록 하자. 차를 우리듯이 뜨거운 맥아즙에서 30분간 침출한다. 30분이 지나면 곡물 망을 제거하고 맥아즙을 끓인다. 곡물을 일반 물이 아닌 맥아즙에 넣고 우려내면 맥아즙의 pH가 낮아지고 침출하는 동안 온도도 일정하게 유지할 수 있어서, 곡물의 겉껍질에서 쓴맛이 나는 탄닌 성분이 추출될 위험도 줄어든다. 같은 이유로 침출이 끝난 후 곡물 망을 세게 짜내려고 하지 말아야 한다. 곡물 망에서 물이 뚝뚝 떨어지지 않도록 살짝 물기를 짜내는 정도는 괜찮다.

6. 맥아즙 끓이기

5단계를 건너뛰고 맥아즙이 아직 끓지 않은 상태라면 계속 가열한다. 온도가 올라가고 맥아즙이 끓기 시작하면 표면에 거품이 생긴다. 이때 올라온 거품은 '핫 브레이크(거품 형성이 중단되는 것)' 단계가 될 때까지 몇 분간 그대로 남아 있다. 거품이 형성되는 단계, 특히 첫 번째 홉을 추가한 후에는 맥아즙이 금방 끓어오르므로 계속 지켜보면서 수시로 저어주어야 한다. 첫 번째 홉을 넣기 전에는 맥아즙을 5~10분 정도 끓인다. 끓어 넘치려고 하면 후후 입김을 불어넣거나 분무기에 찬물을 담아서 살짝 뿌리고 불을 낮춘다. 이 세 가지 중 몇 가지를 한꺼번에 적용해도 된다.

구리로 된 동전을 몇 개 넣어서 같이 끓이면 끓어 넘치는 것을 방지할 수 있다.[2] 맥아즙이 뭉

그림 1-9

물이 위아래로 충분히 뒤섞일 만큼 팔팔 끓여야 한다.

---

2 미국의 1페니 동전은 사실 주원료가 아연이고 구리는 겉면에만 입혔지만 이 용도로 사용해도 된다. 중요한 건 표면에 구리 도금이 되어 있는 점이다. 구리는 맥아즙과 접촉해도 부식되지 않는다. 니켈 등 다른 재질로 된 동전을 사용하면 맥아즙이 뿌옇게 흐려질 수 있다.

근하게 끓는 것이 아닌 적당히 팔팔 끓도록 충분히 가열해야 한다. 액체에 거품이 일고 표면이 거세게 뒤섞이는 정도가 적당하며 끓임조 밖으로 내용물이 튈만큼 너무 세게 끓지는 않아야 한다. 맥아즙을 끓일 때 뚜껑은 덮지 않는다. 끓는 동안 자연스레 휘발되어야 하는 성분도 있고 뚜껑을 덮으면 흘러넘칠 가능성도 크기 때문이다(4장 '맥주 키트와 추출물로 맥주 만들기'에서 이 부분을 더 자세히 살펴보기로 하자).

7a. 첫 번째 홉 넣기

너깃Nugget 홉 15그램(0.5온스)을 끓임조에 넣고 타이머를 한 시간으로 맞춘다.

참고 사항 : 각자 선호도나 구입 가능성을 고려하여 홉을 다른 종류로 사용해도 된다. 단, 알파 산의 함량(퍼센트 AA)이 레시피에 나온 홉과 비슷한 것으로 대체해야 한다. 5장에서 홉의 알파 산과 쓴맛을 정량화하는 방법에 대해 상세히 설명할 것이다.

7b. 두 번째 홉 넣기

45분이 지나면 두 번째 캐스케이드Cascade 홉 15그램(0.5온스)을 넣는다. 15분간 더 끓인 뒤 불을 끈다.

7c. 세 번째 홉 넣기

첫 번째 홉을 넣고 한 시간이 지나면 불을 끄고 세 번째 애머릴로Amarillo 홉 15그램(0.5온스)을 넣는다. 맥아즙을 식히거나 냉각하기 전에 뜨거운 상태에서 15분간 침출한다.

8. 남은 맥아추출물 넣기

마지막 홉을 넣고 곧바로 남은 건조맥아추출물 1.14킬로그램(2.5파운드), 즉 위의 파머 양조법 레시피의 '맥아즙 B'에 해당하는 분량을 천천히 붓고 가루가 덩어리지거나 표면에 남지 않도록 충분히 저어준다. 표면에 떠 있는 가루 덩어리는 숟가락으로 끓임조 벽에 비벼서 부수고 맥아추출물이 전부 녹을 때까지 젓는다. 그대로 15분간 두었다가 냉각한다. 이렇게 맥아추출물을 추가로 넣고 2분 정도만 지나면 살균은 끝나지만 15분간 넉넉히 두면 마지막에 넣은 홉의 아로마 오일이 맥아즙에 충분히 침출한다. 열 살균은 2장에서, 홉의 유지 성분과 홉 침출에 대해서는 5장에서 더 자세히 알아보기로 하자.

그림 1-10

맥아즙에 첫 번째 홉을 넣는 모습

9. 맥아즙 냉각

15분간 침출이 끝나면 맥아즙을 발효할 수 있는 온도로 식혀야 한다. 맥아즙은 단시간에 냉각하는 것이 가장 좋다. 뜨거운 맥아즙을 다루는 것이 위험하기도 하지만 냉각하는 것이 양조 측면에서 더 편리하다. 단시간에 냉각이 끝나면 총 양조 시간이 단축된다. 맥아즙이 발효 온도까지 식어야 효모를 넣을 수 있고 그럼 양조 첫날 해야 할 일은 모두 끝난다.

맥아즙이 고온인 상태[보통 49℃(120°F)]에서는 안전에 주의해야 한다. 온도가 32~60℃(90~140°F)일 때는 공기 중에 존재하는 효모나 세균에 오염되기 쉽다. 맥아즙은 아래와 같이 여러 가지 방법으로 냉각할 수 있다.

차가운 물과 섞기 | 맥아즙의 일부만 끓이는 양조 방식을 택하면 발효조의 찬물과 섞는 단계에서 뜨겁게 가열된 맥아즙을 발효 온도에 가깝게 식힐 수 있다. 단, 찬물과 섞어도 완전히 식힐 수는 없으며, 이 방법을 통해 60℃(140°F) 정도로 온도가 낮아지면 세균 오염이 발생하기 쉽다는 사실을 유념해야 한다. 찬물과 섞은 뒤 발효조는 밀봉한 상태에서 하룻밤 그대로 두면서 발효 온도가 되도록 추가로 식혀야 한다. 철저히 위생을 지키면 기다리는 건 일도 아니다.

뜨거운 맥아즙을 다룰 때는 항상 조심해야 한다. 뜨거운 냄비를 쥘 때 사용하는 장갑을 활용하고 조금만 세심하게 신경 쓰면 아무 문제없이 찬물과 섞는 단계를 완료할 수 있다(그림

47

그림 1-11

끓인 맥아즙을 찬물이 담긴 발효조에 붓는다. 천이나 장갑으로 손잡이를 잡고 액체가 밖으로 튈 수 있으므로 바닥에 수건을 깔았다.

그림 1-12

맥아즙이 담긴 냄비를 얼음을 채운 수조에 담그면 빨리 식힐 수 있다. 이 때 내용물이 오염되지 않도록 냄비 뚜껑을 닫아야 한다.

1.11). 그러나 더 단시간에, 위험할 일 없이 맥아즙을 냉각하는 방법도 있다.

얼음물에 담그기 | 주방 싱크대나 욕조에 얼음물을 채우고 내용물이 21℃(70℉)로 식을 때까지 냄비를 20~30분 정도 담가둔다. 얼음물을 냄비 주변에서 순환시키면 냉각 속도를 높일 수 있다. 솥에 담긴 맥아즙을 저어주면 식히는 데 도움이 되지만 냉각수가 냄비 안으로 들어가 오염될 위험이 있으므로 주의해야 한다. 냉각수가 미지근해지면 다시 차가운 물로 교체하자. 맥아즙은 최대한 발효할 수 있는 온도까지 식히는 것이 좋다.

구리 재질의 맥아즙 칠러 | 맥아즙을 신속히 냉각하는 가장 좋은 방법은 구리로 된 맥아즙 칠러를 사용하는 것이다. 코일 형태의 구리 관으로 된 맥아즙 칠러는 열교환기와 동일한 방식으로 맥아즙을 솥에 담긴 상태 그대로 식힌다. 최종 용량을 모두 끓이는 양조법에서는 다 끓인 맥아즙을 싱크대나 수조에서 식힐 수 없으므로 칠러가 반드시 필요하다. 갓 끓인 19리터(5갤런) 분량의 뜨거운 맥아즙은 무게가 거의 20킬로그램(45파운드)에 달하므로 옮기기에는 너무 위험하다.

맥아즙 칠러는 기본적으로 액침식 칠러와 대향류식 칠러로 나뉜다. 액침식 칠러는 코일 형태의 관을 따라 냉각수가 흐르는 가장 간단한 원리로, 맥아즙에 칠러를 담그면 열이 내부의 냉각수로 옮겨간다. 대향류식 칠러는 이와 반대로 뜨거운 맥아즙이 구리관 내부로 들어가서 흐르고 냉각수가 관 주변을 흐르는 방식이다. 액침식 칠러는 자가 양조 용품을 취급하는 상점에서 구입해도 되고 직접 만드는 것도 그리 어렵지 않다. 부록 D에 두 가지 칠러를 만드는 방법이 나와 있으니 참고하기 바란다.

자연 냉각 | 적절한 도구가 있으면 인위적으로 냉각하지 않고 자연적으로 식힐 수 있다. 필요한 도구는 고밀도 폴리에틸렌HDPE 재질의 석유통으로, 음용수 보관용으로 만든 제품이 적절하다. 맥아즙의 자연 냉각 방식은 호주에서 처음 발명되었는데 그곳에서 흔히 사용하는 물통이기도 하다. 자연 냉각법의 기본적인 순서는 우선 맥아즙을 끓인 직후 곧바로 이 물통에 붓고 통 내부의 공기를 빼낸 뒤 뚜껑을 밀봉한다. 이 과정에서 뜨거운 맥아즙의 열로 용기 내부가 자연적으로 살균된다. 그대로 발효 가능한 온도가 될 때까지 하룻밤 동안(보통 다음 날 늦게까지) 식힌다. 발효 온도에 도달하면 발효조에 맥아즙을 부어서 발효를 진행하거나 물통 뚜껑을 열고 공기차단기를 설치한 후 그 통에서 발효를 시작한다.

지금 당장 구리 칠러가 없다면 찬물을 담은 발효조에 끓인 맥아즙을 붓는 것이 가장 간단한 냉각 방법이다.

10. 발효조에 맥아즙 붓기

뜨거운(또는 식힌) 맥아즙을 찬물이 담긴 발효조에 붓는다. 필수 사항은 아니나 체를 받치고 부으면 첨가한 홉과 끓으면서 발생한 거품('핫 브레이크')을 제거할 수 있어서 편리하다. '트룹'으로 불리는 이 찌꺼기가 발효에 방해가 되는 것은 아니다. 오히려 트룹이 어느 정도 남아 있으면 효모 생장에 영양학적으로 도움이 된다. 그러나 IPA 맥주를 포함하여, 맥주 종류에 따라 사용하고 남은 홉이 맥아즙에 너무 많이 남아 있으면 발효 이후에 맥주를 흡수하므로 최종 완성된 맥주의 양이 줄어들 수 있다. 위의 '신시내티 페일 에일' 레시피대로 맥주를 만들면 트룹을 반드시 거르지 않아도 된다.

발효조 뚜껑을 닫고(통을 발효조로 이용할 때) 발효조를 서늘한 곳으로 옮긴다. 공기차단기와 마개를 세척하고 소독해두지 않았다면 이 단계에서 준비한다. 소독이 끝난 공기차단기에 표시선까지 물을 채우고 뚜껑에 끼운다. 효모를 넣기 전에 그 상태로 발효 온도[18~21℃(65~70℉)]가 되도록 맥아즙을 식힌다. 발효가 시작되기 전에 세균 오염을 최대한 줄이는 가장 좋은 방법은 맥아즙을 끓인 후 수시간이 아닌 수십 분 내에 발효 온도로 식혀서 효모를 넣는 것이다. 그러나 위생 관리가 철저하면 맥아즙을 하룻밤 동안 식히고 다음 날 효모를 넣더라도 큰 문제는 생기지 않는다.

11. 맥아즙에 공기 주입하기

맥아즙이 발효 온도가 되어 이제 효모를 넣을 수 있는 상태가 되었다면, 먼저 효모 생장에 필요한 산소를 공급해야 한다. 그래야 효모가 튼튼하게 생장하여 맥아즙이 완전하게 발효된다. 양조 전체 과정 중에서 양조자가 맥아즙 혹은 맥주에 공기가 통하거나 산소가 들어가기를 바라는 단계는 이 부분이 유일할 것이다. 효모는 이때 공급된 산소를 이용하여 생장에 필요한 영양소를 합성한다. 6장과 7장에 효모와 발효에 관한 정보를 상세히 다룰 예정이다.

길쭉한 관 끝에 산소 또는 탄산가스가 나오는 돌이 달린 공기 주입용 관을 이용하는 것이 맥아즙에 공기를 넣는 가장 좋은 방법이다. 이 관을 발효조 바닥에 놓고 수족관에 사용하는 공기 펌프와 필터도 설치한 후 헤파HEPA 필터를 통과한 공기를 5~10분간 주입하면 효모가 이용할 산소를 8ppm 정도 공급할 수 있다.(헤파 필터란 '고성능 입자포집' 필터를 뜻한다.)

또는 깨끗하게 세척하여 소독한 끓임조에 맥아즙을 붓고 다시 발효조로 옮겨 붓는 과정을 몇 번 실시하여 산소를 공급하는 방법도 있다(그림 1.14). 그러나 이 방법을 택하면 공기 중에 있던 균이 맥아즙을 오염시킬 위험이 있으므로 청결한 공간에서 실시하고 옮기는 과정이 끝난 직후 바로 효모를 넣어야 한다.

12. 효모 넣기

이제 효모를 맥아즙에 넣을 차례다. 먼저 건조된 에일용 효모 두 봉지를 개봉한다(보통 건조 효모 한 봉지는 10그램이다). 미리 끓여서 식힌 따뜻한 물[25~30℃(77~85℉)] 한 컵(250밀리리터)을 계량컵에 담고 효모를 넣는다. 젓지 말고 그대로 15분간 두었다가 살짝 저어서 다시 10~30분간 수분을 충분히 흡수하도록 한 다음 (식은) 맥아즙이 담긴 발효조에 모두 붓는다. 이렇게 효모를 물에 먼저 넣어 재수화 과정을 거친 다음에 투입하면 건조된 상태로 곧장 맥아즙에 넣는 것보다 더욱 건강한 기능을 발휘한다. 7장에서 효모 관리에 관한 내용을 다시 다루기로 하자.

그림 1-13

끓임조에 냉침용 칠러를 넣은 모습

그림 1-14

식힌 맥아즙을 옮겨 부으면서 산소를 공급한다.

그림 1-15

효모 재수화

그림 1-16

효모를 맥아즙에 붓는 모습

13. 발효

발효는 12~36시간 내에 시작해야 한다. 맛있는 맥주를 만들려면 온도가 18~21℃(65~70℉)로 일정하게 유지되는 공간에서 발효하는 것이 매우 중요하다. 그보다 높은 24℃(75℉)에서도 발효를 실시할 수 있으나 26℃(80℉) 이상의 온도에서 발효하면 맥주에서 화학 용제 또는 페놀과 비슷한 냄새가 날 수 있다. 반대로 적정 발효 온도보다 2℃(5℉) 이상 낮은 온도에서는 효모가 충분히 활성화되지 않아 제대로 발효되지 않는다. 이로 인해 완성된 맥주에서 생 호박(아세트알데히드)이나 버터(디아세틸) 냄새가 날 수 있다. 최상의 결과를 얻으려면 발효조가 놓인 공간의 온도를 위의 권장 범위 내에서 일정하게 유지해야 하며, 낮과 밤의 온도가 급격하게 바뀌지 않아야 한다.

14. 세척

이제 사용한 끓임조와 다른 장비를 세척할 시간이다. 2장에 소개된 올바른 세척 용품만 이용하고 충분히 헹궈야 한다.

발효 주간

공기차단기에 거품이 뽀글뽀글 올라오는 모습을 가족들이나 친구들에게 보여주면 얼마나 감탄할까! (여러분의 웃는 얼굴이 눈에 선하다). 6장 '효모와 발효'에서 설명할 발효의 과학적 원리를 보면 발효조 내부에서 무슨 일이 벌어지고 있는지 더 확실하게 이해할 수 있을 것이다. 가장 완벽하게 발효할 수 있도록 해줄 효모 선택법과 생장, 관리 방법을 7장 '효모 관리'에서 상세히 소개한다.

15. 가만히 둬라!

발효를 시작하고 24시간 정도 지나면 공기차단기에 거품이 발생한다. 잘 발효되고 있다고 알려주는 반가운 신호다. 그림 1.17에 발효조 내부의 상태가 나와 있다. 온도와 첨가된 효모의 양에 따라 다르지만, 보통 이 사진과 같은 상태로 2~4일간 발효된다. 맥아즙에 함유된 당을 효모가 발효하는 동안 알코올과 이산화탄소, 맥주 맛을 좌우할 여러 가지 중요한 맛 성분이 형성된다.

처음 며칠간은 공기차단기에 거품이 많이 생기다가 효모가 당을 이용하여 발효되면서 거품도 급격히 줄어든다. 일주일 안에 눈으로 확인할 수 있을 정도의 활성은 모두 잠잠해지지만 효모는 계속 활성화된다. 최상의 결과를 얻으려면 공기차단기에 효모의 활성이 뚜렷하게 나타

그림 1-17

카보이 유리병에 담긴 맥아즙이 발효되는 모습. 우리나 플라스틱 재질의 투명한 카보이 용기를 사용하면 발효 상황을 더 쉽게 관찰할 수 있다.

난 후 최소 일주일은 발효조를 움직이지 말고 제자리에 그대로 두어야 한다(발효가 완전히 끝나려면 2주 정도 걸린다). 이 기간 동안 맥주의 맛이 형성되고 숙성되어 투명도도 높아지면서 병에 담기에 알맞은 상태가 된다. 혼탁 물질이 점점 줄어들수록 주변 조명에 비추었을 때 맥주의 색이 점차 어두워지는 것처럼 보인다.

병에 담는 날

2주 뒤, 발효가 끝나면 자가 양조자로 첫발을 디딘 여러분에게 또 한 가지 중요한 날이 찾아온다. 아래에 설명한 내용은 '10장 프라이밍, 병이나 케그에 담기'에서 세부적으로 다시 설명한다.

맥주를 병에 담으려면 아래와 같은 준비물이 필요하다.

병 | 19리터(5갤런) 분량의 맥주를 만든다면 뚜껑을 돌려 따는 형태가 아닌 350밀리리터(12액

그림 1-18

병에 담는 데 필요한 도구. 병마개를 고정하는 기계, 병마개 그리고 액체 주입기가 장착된 사이펀이나 주입구가 별도로 달린 병입용 통이 필요하다.

량 온스) 용량의 맥주병을 최소 마흔여덟 개는 준비해야 한다. 병입 시간을 줄이려면 그보다 용량이 큰 650밀리리터(22액량 온스)짜리 병을 준비해도 된다. 뚜껑을 돌려 따는 병은 뚜껑을 다시 장착하기가 쉽지 않고 뚜껑을 고정하는 과정에서 쉽게 망가진다. 크기가 꼭 맞는 뚜껑이 있으면 샴페인 병을 활용해도 된다.

병입용 통 | 물 꼭지가 달린 23리터(6갤런) 용량의 식품용 플라스틱 통과 액체 충전용 관이 필요하다(그림 1.19). 발효가 끝난 맥주는 먼저 병입용 통으로 옮겨서 프라이밍 과정을 거친 후 병에 담는다. 이렇게 발효조에서 통으로 한 번 옮기면 침전물이 적은 맑은 맥주를 병에 담을 수 있다. 충전용 관 대신 물 꼭지가 달린 통을 이용하면 사이펀siphon을 이용해야 하는 번거로운 과정 없이 더욱 편리하게 병에 맥주를 채울 수 있다.

뚜껑 밀봉기(캐퍼) | 뚜껑 밀봉기는 수동형과 벤치 캐퍼 두 종류가 있다. 벤치 캐퍼는 금속 스탠드에 밀봉기가 장착되어 있어 한 손으로 병을 잡고 한 손으로 뚜껑을 밀봉할 수 있는 반면 수동형 밀봉기는 양손으로 잡는 방식이다.

병뚜껑 | 일반적인 병뚜껑과 산소 흡수 기능이 있는 크라운 캡을 이용할 수 있다.

병 세척용 솔 | 재사용할 병을 맨 처음 깨끗하게 씻으려면 손잡이가 길고 나일론 재질의 짧은 섬유가 달린 솔이 필요하다.

사이펀 | 여러 가지 종류가 있으나 일반적으로 투명한 플라스틱 호스와 사이펀 관(레킹 케인), 액체 충전용 관으로 구성된다. 병입용 통이 없으면 사용할 수 있지만 크게 추천하지 않는다.

레킹 케인 | 레킹 케인Racking cane(사이펀 관)은 단단한 플라스틱 관 형태로 되어 있다. 끝부분에는 맥주를 옮길 때 발효 침전물이 함께 딸려 나오지 않도록 차단하는 장치(뚜껑)가 달려 있다.

액체 충전용 관 | 마지막으로 액체 충전용 관이 필요하다. 단단한 플라스틱 관 끝에 스프링 밸브가 달린 형태다.

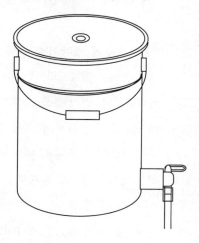

그림 1-19

병입용 통에 충전용 관을 장착한 모습

16. 맥주병 준비

19리터(5갤런)의 맥주를 담으려면 350밀리리터(12액량 온스) 용량의 맥주병 마흔여덟 개가 필요하다. 병은 깨끗이 세척하고 소독한 후에 사용해야 한다. 병을 재사용하면 내부에 불순물이나 곰팡이가 남아 있지 않은지 확인하자. 침전물이 남아 있으면 세척용 솔을 이용하여 없앤다. 항상 세척부터 한 다음에 소독한다.

17. 병뚜껑 준비

병뚜껑도 세척한 후에 사용해야 하며(새 제품을 사용할 때) 원한다면 소독해도 된다. 밀어 올리는 뚜껑이 달린 병을 사용하기도 한다(그롤쉬Grolsch® 맥주병과 같은 형태). 이러한 플립 탑 뚜껑을 사용한다면 안쪽의 세라믹 부분을 병과 함께 소독해서 사용한다. 고무 부분은 일반 병뚜껑과 같은 방식으로 따로 소독한다.

18. 프라이밍 슈거 준비

맥주를 병에 담기 직전에 프라이밍 용액을 넣으면 효모가 다시 발효를 시작할 수 있는 당이 공급되므로 병에 담긴 맥주에 탄산이 형성된다. 프라이밍 용액은 물 두 컵(0.5리터)에 옥수수당

3/4컵[중량 133그램(4.7온스)] 또는 일반 설탕 2/3컵[중량 113그램(4온스)]을 넣고 끓여서 만든다. 설탕이 완전히 녹았는지 확인하고, 뚜껑을 닫아 식힌 후에 사용한다.

19. 맥주에 프라이밍 용액 넣기

이 작업은 발효조와 크기가 같은 용기를 '병입용 통'으로 따로 준비해서 실시하는 것이 가장 바람직하다. 먼저 통을 세척하고 소독한 후 프라이밍 용액을 붓는다. 그리고 사이펀을 이용하여 발효조에 담긴 맥주를 통에 옮겨 담는다(그림 1.20). 맥주를 바로 병입용 통에 붓지 말아야 하며, 사이펀으로 옮길 때는 맥주가 튀지 않도록 주의해야 한다. 사이펀 한쪽 끝을 맥주에 넣어서 병입용 통으로 흘려보낼 때 프라이밍 용액과 맥주가 소용돌이 형태를 띠면서 섞인다. 이 과정에서 공기와 많이 접촉하지 않고 두 액체가 골고루 섞인다.

병입용 통이 없으면 프라이밍 용액을 발효조에 붓고 조심스럽게 저어준다. 다 섞은 뒤에는 침전물이 가라앉도록 15~30분간 그대로 두었다가 다음 작업을 실시한다. 사이펀에 액체 충전용 관을 연결해서 맥주를 병에 담는 방법도 있으나 병입용 통을 이용하는 편이 낫다(그림 1.21, 그림 1.22).

20. 병에 넣기, 뚜껑 밀봉

프라이밍 용액을 넣은 맥주를 맥주병 입구에서 3/4~1인치(2.0~2.5센티미터) 아래까지 조심스럽게 채운다. 그리고 뚜껑 밀봉기를 이용하여 병마다 소독해둔 뚜껑을 닫는다. 이 작업은 두

그림 1-20	**그림 1-21**	**그림 1-22**
발효조에 담긴 맥주를 병입용 통에 옮기는 모습	병입용 통에 담긴 맥주를 병에 채운다.	사이펀에 연결된 충전용 관으로 맥주를 병에 채우는 모습

사람이 참여하여 한 명은 밀봉기로 뚜껑을 닫고 다른 한 명은 병에 맥주를 채우면 더 수월하게 진행할 수 있다.

21. 탄산 형성

맥주를 담고 뚜껑을 밀봉한 병은 빛이 들지 않는 따뜻한 곳에 둔다[실내 온도가 21~27℃ (70~80℉)인 곳]. 온도에 따라 탄산가스가 형성되기까지 약 2주가 걸리며 병 아랫부분에 효모층도 얇게 형성된다. 10장에서 프라이밍과 병에 넣는 과정을 좀 더 상세히 알아보자.

맥주 맛보기

마침내 힘든 작업의 결실을 확인할 때가 되었다. 처음 양조를 시작한 날로부터 한 달가량이 지나면 여러분의 첫 작품을 개봉하고 얼마나 맛있는 맥주를 만들었는지 확인할 수 있다. 마지막 2주는 맥주에 남아 있던 효모가 프라이밍 슈거를 이용하여 이산화탄소를 충분히 형성하기 위한 기간이다.

그 기간을 기다리지 못하고 병을 이미 열어본 사람도 있을 것이다. 아마도 탄산이 충분하게 형성되지 않았거나 '풋내' 혹은 효모 냄새가 나는 맥주를 맛보았으리라. 사과즙 발효식초 냄새가 나거나 버터와 비슷한 향과 맛이 나기도 한다. 모두 숙성이 덜 된 맥주에서 나타나는 특징이다. 숙성 기간을 2주 정도 충분히 거치면 탄산이 형성될 뿐만 아니라 발효 과정에서 발생한 불쾌한 냄새(이취異臭)가 사라지고 맥주가 전체적으로 안정화되면서 보기에도 깔끔하고 맛도 깔끔한 맥주가 완성된다. 이취에 관한 상세한 설명과 각각의 냄새에 담긴 의미에 대해서는 25장에서 다시 설명할 것이다.

22. 차갑게 보관하기

병에 담긴 맥주에 탄산이 형성되면 차갑게 보관해야 맛을 더 온전하게 보존할 수 있다. 발효 마지막 단계와 병에 넣는 과정에서 맥주가 산소에 노출되지 않도록 잘 관리하면 대략 6개월까지 보관할 수 있다. 맥주는 시간이 갈수록 자연적으로 산화되면서 홉의 특성을 잃고 맛이 변질된다. 더 깊이 숙성되는 종류는 몇 가지에 불과하고, 대부분은 6개월 내에 모두 마셔야 한다.

마시기에 가장 적절한 온도는 종류마다 다르지만 보통 4~12℃(40~55℉)이다. 일반적으로 흑맥주일수록 온도가 높은 상태로 마시는 것이 좋지만 이 기준도 맥주 종류에 따라 다양하게 바뀔 수 있다.

23. 잔에 따르기

바닥에 형성된 효모층이 딸려 나오지 않도록 맥주를 부으려면 병을 천천히 기울이면서 컵에 따른다. 계속 연습하면 맥주를 0.635센티미터(1/4인치) 정도를 남기고 효모 없이 맥주를 따르는 기술을 터득할 수 있다.

24. 음미하기

먼저 향을 느껴본 다음 맥주를 죽 들이마시고 맛을 음미해보자. 향과 맛, 쓴맛의 정도, 단맛의 정도, 탄산의 양 등이 적절한지 천천히 집중해서 느껴보자. 이러한 관찰은 직접 만든 맥주를 충분히 이해하고 자신만의 레시피를 만드는 출발점이다.

잠깬 아직 할 일이 남았다!

첫 번째 수제 맥주를 성공적으로 완성했다면 앞으로도 더 잘할 수 있을 것이다. 하지만 맥주를 계속 만들 생각이라면 이 책을 끝까지 읽기 바란다. 뒤에 이어지는 각 장에서는 맥아추출물을 이용한 양조법을 다시 설명하고 각 양조 단계에 관한 훨씬 더 폭넓은 정보를 제공한다. 다양한 홉과 효모 종, 맥아를 알고 나면 더욱 맛있고 여러분만의 개성을 담은 맥주를 만들 수 있다.

CHAPTER

2

★ HOW to BREW ★

세척과 소독

세척과 소독은 맥주 양조의 성공을 좌우하는 가장 중요한 요소다. 레시피가 훌륭하고 정말 신선한 홉을 구해서 양조 과정에 아무리 온 신경을 기울여도 위생 상태가 좋지 않으면 맥주를 완전히 망쳐버릴 수 있다. 세척과 소독은 양조를 준비하고 계획하는 모든 단계 중에 한 부분에 불과하지만, 준비가 철저해야 나중에 안 좋은 쪽으로 놀라는 일이 생기지 않는다. 양조를 시작하고 필요한 과정을 절반 정도 끝낸 뒤에야 효모가 너무 오래됐다는 사실을 깨닫거나, 기껏 잘 만든 맥아즙을 깜박하고 씻어놓지 않은 발효조에 부어버리는 사태를 반기는 사람은 아마도 없을 것이다.

양조자는 크게 두 가지 유형으로 나뉜다. 운이 좋은 부류와 꾸준한 부류다. 운 좋은 양조자는 어쩌다 굉장히 맛 좋은 맥주를 만들지만 그렇지 않은 맥주를 만드는 빈도도 높다. 자신의 직감에 의존하여 변화와 실험 정신을 강조하는 이러한 부류가 만든 맥주는 맛이 들쑥날쑥하다. 꾸준한 양조자는 맛없는 맥주보다 훌륭한 맥주를 만든다. 똑같이 혁신과 실험을 좋아하지만 앞의 부류와 차이가 있다면 자신이 시도한 것, 사용한 양을 꼼꼼히 기록하고 결과를 통해 항상 배울 점을 찾는다는 것이다. 운과 실력을 가르는 차이는 철저한 계획, 그리고 기록하는 습관이다.

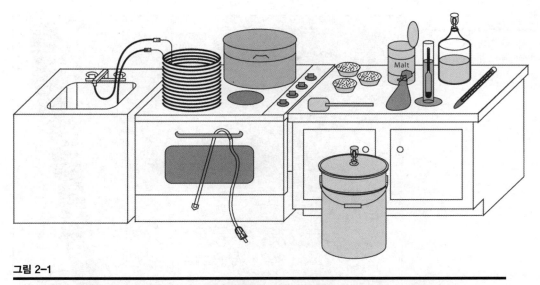

그림 2-1

양조에 사용할 기구와 재료를 모두 작업대 위에 올려둔다. 세척해서 소독까지 완료해서 바로 사용할 수 있는 상태여야 한다. 분쇄된 스페셜티 맥아는 모슬린 재질의 곡물 망에 담아서 끝을 묶고, 홉은 필요한 만큼 계량해서 그릇 세 개에 각각 나눠 담는다.

체계적인 준비

양조 각 단계를 체계적으로 계획하고 사전에 준비하면 모든 과정이 수월하다(그림 2.1). 시작 전에 챙겨야 할 사항을 예로 들면 아래와 같다.

1. 레시피 확인

준비해야 할 재료와 양을 체크리스트로 정리하자. 계량은 어떻게 할 것인지도 미리 생각해 두어야 한다. 여분의 그릇이나 계량컵을 준비해야 하는지, 염소 처리하지 않은 깨끗한 물을 바로 이용할 수 있는지 따로 구해두어야 하는지 점검하자.

레시피 양식을 미리 만들어두면 일관된 작업을 진행할 수 있다. 작성한 레시피는 양조의 모든 과정을 기록하는 노트에 넣어 함께 보관하자. 온라인에서 구할 수 있는 양조용 스프레드시트나 소프트웨어도 상당히 유용하다. 간단하게 기록하고 싶으면 종이에 직접 작성해도 상관없다(그림 2.2에 나온 예시를 참고하기 바란다). 양조자는 잘 만든 결과물을 다시 만들어낼 수 있어야 하고, 실패한 결과물에서는 배울 점을 얻을 수 있어야 한다. 실패한 맥주에 대해 다른 양조자의 의견을 구하려면 양조 과정의 세부적인 내용도 모두 알려주어야 한다. 사용한 재료와 양,

그림 2-2

레시피를 이와 같은 방식으로
기록할 수 있다.

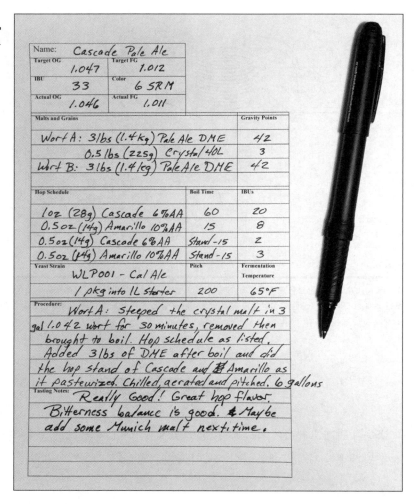

Name:	Cascade Pale Ale		
Target OG	1.047	Target FG	1.012
IBU	33	Color	6 SRM
Actual OG	1.046	Actual FG	1.011

Malts and Grains	Gravity Points
Wort A: 3 lbs (1.4 kg) Pale Ale DME	42
0.5 lbs (225g) Crystal 40L	3
Wort B: 3 lbs (1.4 kg) Pale Ale DME	42

Hop Schedule	Boil Time	IBU's
1 oz (28g) Cascade 6%AA	60	20
0.5 oz (14g) Amarillo 10%AA	15	8
0.5 oz (14g) Cascade 6%AA	Stand -15	2
0.5 oz (14g) Amarillo 10%AA	Stand -15	3

Yeast Strain	Pitch	Fermentation Temperature
WLP001 - Cal Ale		
1 pkg into 1L starter	200	65°F

Procedure:
Wort A: steeped the crystal malt in 3 gal 1.042 wort for 30 minutes, removed then brought to boil. Hop schedule as listed. Added 3 lbs of DME after boil and did the hop stand of Cascade and Amarillo as it pasteurized. Chilled, aerated and pitched. 6 gallons

Tasting Notes:
Really Good! Great hop flavor. Bitterness balance is good. Maybe add some Munich malt next time.

맥아는 얼마나 끓였고 어떻게 식혔는지, 효모는 어떤 종류를 사용했는지, 발효 시간과 온도, 발효가 이루어질 당시 상태가 어땠는지, 그 밖에 다른 정보를 알아야 문제를 파악할 수 있다. 그러므로 양조 과정을 전부 기록해두어야 어디에서 잘못됐는지 찾고 다음에 수정할 수 있다. 25장에서 가장 흔히 발생하는 여러 문제의 원인을 제시했다.

2. 도구 세척

양조에 사용할 도구를 목록으로 작성하고 소독을 해야 하는지, 그냥 세척만 해도 되는지 기록하자(표 2.1). 모든 도구가 필요할 때 바로 사용할 수 있는 상태로 준비해야 한다. 사용 직전에 세척하려는 생각은 스스로 문제를 만들어내겠다고 다짐하는 것이나 같다. 또 양조용 도구

표 2-1 | 세척과 소독 체크리스트

끓임조	☐ 세척	
교반 스푼	☐ 세척	
일반 스푼	☐ 세척	☐ 소독
계량컵	☐ 세척	☐ 소독
효모 재수화용 그릇	☐ 세척	☐ 소독
발효조와 뚜껑	☐ 세척	☐ 소독
공기차단기	☐ 세척	☐ 소독
온도계	☐ 세척	☐ 소독

를 따로 구비하여 평소에 양파 볶던 주걱으로 맥아즙을 젓는 것과 같은 일이 없도록 해야 한다. 자세한 세척 방법은 이번 장 뒷부분에 소개하겠다.

3. 소독

끓여서 식힌 맥아즙, 효모와 접촉하는 도구는 모두 소독해야 한다. 발효조, 공기차단기를 비롯해 재료를 옮길 때 사용하는 깔때기, 체, 교반 스푼, 사이펀 관(레킹 케인) 등이 소독해야 할 도구다. 구체적인 소독 방법은 이번 장 뒷부분에 나와 있다.

4. 효모 준비

가장 중요한 단계다. 효모가 없으면 맥주도 없다. 효모는 반드시 맥아즙을 끓이기 전에 미리 준비해야 하며, 미리 활성화 단계를 거쳐 세포수를 늘린 다음에 투입해야 하는데, 특히 사전 준비가 중요하다. 맥주의 성공과 실패는 발효에 따라 나뉜다. 7장에 효모 준비에 관한 자세한 정보가 나와 있다.

5. 맥아즙 끓일 준비

사용할 홉을 계량하고 종류별로 각기 다른 그릇에 담아 맥아즙을 끓이면서 하나씩 추가할 수 있도록 준비하자. 분쇄된 스페셜티 곡물을 함께 끓이는 대신 맥아즙이 뜨거울 때 첨가해서 침출할 때(4장 참고), 맥아즙을 끓이기 전에 홉을 준비해두어야 한다. 곡물을 함께 넣고 끓이면 오래된 티백처럼 퀴퀴한 냄새가 날 수 있다.

6. 끓인 맥아즙 식힐 준비

효모를 넣기 전에 끓인 맥아즙을 발효할 수 있는 온도로 식혀야 한다. 냉각 시간이 짧으면 맥주 맛을 해치는 균과 외부에 존재하는 효모의 오염을 방지하고 맥아즙에 '콜드 브레이크*cold break*'라 불리는 냉각 응고물(단백질과 지질 성분의 침전물)이 형성되는 데 도움이 된다. 냉각 응고물이 적절히 형성되면 최종 완성된 맥주에 혼탁 물질이 줄어든다.

철저히 준비하면 양조 과정이 훨씬 더 수월해지고 중간 단계를 빼먹거나, 넣어야 할 재료를 깜빡하거나, 활성이 약한 효모를 맥아즙에 넣는 것과 같은 끔찍한 실수를 저지를 가능성도 줄일 수 있다. 정리하면, 양조 도구를 미리 준비하고 양조 과정을 계획하면 모든 과정을 간편하고 재미있게 해나가고 더 맛 좋은 맥주를 만들 수 있다.

| 양조에서 가장 중요한 것 – 철저한 소독 |

맥주에 효모가 잘 자랄 수 있는 환경에서는 외부 환경에 존재하는 효모와 세균 등 원치 않는 미생물도 잘 자랄 수 있고 이로 인해 맥주에 문제가 생길 수 있다(그림 2.3). 그러므로 성공적으로 발효를 끝내려면 양조 전체 단계에서 위생을 철저히 유지해야 한다.

소독의 정의이자 목적은 세균 등 미생물의 영향이 발생하지 않은 정도로, 또는 최소한 관리할 수 있는 수준으로 줄이는 것이다. '세척', '소독', '멸균'과 같은 표현을 서로 구분 없이 사용하기도 하지만 이 세 가지 표현에는 엄연히 다른 의미가 있다.

세척: 흙과 오염물, 외래 물질을 없애는 것
소독: 원치 않는 미생물을 무시할 수 있는 수준으로 줄이는 것
멸균: 화학적 수단이나 물리적인 방법으로 미생물을 죽이거나 없애는 것

세척은 눈에 보이는 흙이나 때, 기타 외래 물질을 표면에서 제거하여 균이 자랄 수 있을 만한 곳을 없애는 과정이다. 일반적으로 세척에는 알칼리 세척제나 세제를 사용하며 상당히 힘든 수고를 해야 한다. 소독은 멸균과 구분할 필요가 있다. 자가 양조에 사용하는 화학 소독제로 세척과 소독을 하더라도 세균과 포자, 바이러스를 모두 멸균하거나 제거할 수는 없다. 그러나 양조가 반드시 멸균 상태로 진행될 필요는 없고, 소독을 통해 오염 물질인 이러한 미생물을

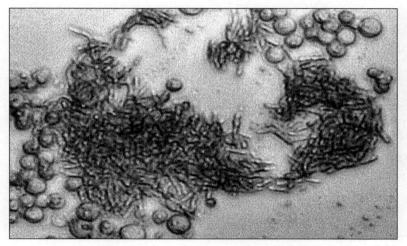

그림 2-3

사진에서 동그란 것이 효모고 작고 길쭉한 원통 모양이 세균 이다. 500배 확대한 사진(발효 중인 맥아즙이 균으로 오염된 모습)

무시할 만한 수준으로 계속해서 줄이는 것으로 충분하다. 시중에 판매하는 맥주 제품도 소독된 통에서 양조를 진행하며, 산업적인 양조 시설에서도 도구를 멸균하는 실효성 없는 작업은 실시하지 않는다.

세척 용품

세척 작업에는 박박 문지르고 솔질하는 고된 과정이 포함된다. 오물과 침전물이 남아 있으면 그 속에 남아 있던 균까지 세척제가 닿지 않아 나중에 맥주가 오염될 수 있다. 아래는 자가 양조자들이 활용할 수 있는 몇 가지 세척 용품과(그림 2.4) 양조 도구별로 적절한 사용법을 정리한 것이다.

| 과탄산염*Percabonates* |

개인적으로 과탄산염 성분의 세척제가 양조 도구를 위생적으로 씻기에 가장 적절하다고 생각한다. 탄산나트륨(세탁용 소다 성분)에 과산화수소가 결합된 과탄산나트륨(옥시클린*OxiClean*™ 등)은 모든 양조 도구에 사용할 수 있는 효과적인 세척제며 헹구기도 쉽다. 과탄산염을 함유한

그림 2-4

자가 양조자들이 시중에서 구입할 수 있는 다양한 세척 제품

제품 중에 미국 식품의약국FDA으로부터 식품 제조 시설용 세척제로 승인을 받은 종류가 몇 가지 있다. 시중에 판매되는 과탄산염 세정제를 구입하여 사용 방법에 따라 사용하면 된다. 보통 1리터에 8밀리리터(1갤런당 두 스푼)를 넣고 세척한 뒤 헹구면 된다.

파이브 스타 케미컬 앤드 서플라이Five Star Chemicals & Supply, Inc.사의 PBW™(파우더 브루어리 워시) 제품이나 로직Logic, Inc.사의 스트레이트 에이Straight A 제품은 과탄산염과 함께 메타규산 나트륨을 함유해 단백질 때를 더욱 효과적으로 없앨 수 있고, 강력한 알칼리 용액을 사용하면 발생할 수 있는 구리와 알루미늄의 부식도 예방할 수 있다.

참고 사항 | 위와 같은 세척제를 경수에 녹여서 만든 세정액에 도구를 며칠씩 담가 두면 표면에 탄산칼슘(석회)이 형성될 수 있다. 경수로 인해 생성된 석회는 젤마Jelmar사의 CLR®Calcium, Lime & Rust Remover과 같은 산성 세정제를 이용해야 제거할 수 있다. 아래에 '소독제'로 소개된 산성 소독제는 이와 같은 산성 세정이나 석회 제거 용도로 사용할 수 없다.

| 세제 |

설거지용 세제와 세척제로 양조 도구를 세척할 때는 주의할 점이 있다. 보통 향료를 함유해 플라스틱 도구에 흡수되었다가 맥주로 배어나올 수 있다. 또 보이지 않는 막이 도구에 남아 있다가 맥주 맛을 해치고 거품 유지력을 약화할 가능성도 있다. 잔류 세제를 모두 없애려면 온수에 여러 번 헹궈야 한다. 인산염을 함유한 세제는 다른 세제와 견주어 헹구기가 쉽지만 인산염

자체가 오염 물질이라 가정에서 사용하는 세제 제품에는 대부분 이 성분을 함유하고 있지 않다. 아이보리*Ivory*™ 등 향을 첨가하지 않은 순한 설거지용 세제 제품이 일상적인 양조 도구 세척에 적합하다. 잘 지워지지 않는 때나 가열하다 눌어붙은 물질만 좀 더 강력한 세척제로 제거하면 된다.

| 자동 식기세척기 |

자가 양조자들 중 상당수가 식기세척기로 각종 도구와 맥주병을 세척한다. 그러나 이 방법에는 몇 가지 문제점이 있다.

- 호스나 사이펀 관, 병은 입구가 좁아서 식기세척기에서 뿜어져 나오는 물줄기와 세제가 보통 안쪽까지 닿지 않는다.
- 세제가 좁은 입구를 통과해서 안쪽까지 들어왔다면, 충분히 헹궈졌는지 확인할 방도가 없다.
- 식기세척제에 식기 건조 첨가제로 사용하는 물질(제트 드라이*Jet Dry*® 등)은 맥주의 거품 유지력을 해칠 수 있다. 세척기 린스 제품은 그릇에 화학물질로 된 막을 형성해 물기가 표면에 넓게 퍼지도록 함으로써 물방울이 맺히지 않도록 하여 얼룩을 방지한다. 물기가 퍼지게 만드는 이 작용 원리는 단백질을 분해하는 것이고 이로 인해 맥주 거품이 형성되지 않을 수 있다.

스푼과 계량컵, 입구가 넓은 병 세척을 제외하고, 자동식 식기세척기는 세척이 아니라 열소독 용도로 활용하는 것이 가장 적절하다. 이번 장 뒷부분에 열소독에 관한 내용을 자세히 소개하겠다.

| 표백제 |

표백제는 자가 양조자들이 가장 저렴하게 구입할 수 있는 세척제다. 표백제를 찬물에 녹이면 부식성 용액이 만들어지므로 음식물 얼룩이나 양조 과정에서 나온 찐득한 물질 등 유기성 침전물을 쉽게 분해할 수 있다. 액상 표백제에 함유된 염소와 염화물, 차아염소산염과 같은 화학 성분은 살균, 세척 기능이 있으나 금속 재질의 양조 도구를 부식시킬 수 있다. 그러므로 쇠나 구리로 된 도구 세척에 표백제를 사용하면 표면이 검게 변하고 부식될 수 있으므로 주의해야 한다. 스테인리스스틸 제품을 세척할 때는 사용할 수 있으나 다음 사항을 반드시 지켜야 한다.

- 스테인리스스틸 제품은 염소가 함유된 물과 한 시간 이상 접촉하지 않도록 해야 한다.
- 세척 후에는 충분히 헹구고 완전히 말려서 보관해야 한다.

| 오븐 세척제 |

맥주를 만들다 보면 끓임조 바닥에 시커멓게 눌어붙은 침전물이 형성된다. 이런 침전물은 아주 세게 문질러도 쉽게 없어지지 않는다. 가장 손쉬운 해결 방법은 오븐 세척제로 닦아서 때를 녹이는 것이다. 그러나 오븐 세척제가 조금이라도 남아 있으면 금속이 부식될 수 있으므로 묵은 때를 없애면 꼼꼼하게 헹구는 것이 중요하다. 이렇게 열로 눌어붙은 침전물 외에는 오븐 세척제를 사용할 일이 없다. 과탄산염을 함유한 세척제를 이용하면 찌든 때를 포함하여 대부분의 침전물을 쉽게 제거할 수 있다.

오븐이나 하수구 세척제와 같은 강력한 부식성 세척제 성분은 잿물, 가성 소다로도 불리는 수산화나트륨$NaOH$이 상당 비율을 차지하며 수산화칼륨KOH을 사용하기도 한다. 이러한 제품 중에서는 스프레이 방식의 오븐 세척제가 가장 안전하고 편리하다.

이와 같은 화학세척제는 농도가 옅어도 유해성이 상당히 큰 물질이므로 환기가 잘되는 장소에서 고무장갑과 고글 등 눈을 보호할 수 있는 장비를 착용한 후에 사용해야 한다. 부식성 세척제가 눈에 들어가면 심각한 화상이 발생하여 자칫 실명할 수 있다. 또 피부와 닿으면 극심한 손상을 일으킬 수 있다. 처음에는 아무런 통증도 못 느끼고 미끌미끌한 느낌만 드는데, 이는 피부의 오일과 지질이 녹아서 비누 성분으로 변한 결과다. 피부에 부식성 세정제가 묻었을 때는 식초를 부어서 중화한다. 눈에 들어갔다면 물을 다량 흘려서 씻어내고 즉시 치료를 받아야 한다. 사용 전에 반드시 제품 라벨에 표기된 안전상 주의 사항을 숙지하자.

수산화나트륨, 수산화칼륨 성분이 알루미늄과 놋쇠와 닿으면 부식이 일어나기 쉬우나 구리와 스테인리스스틸은 대체로 이러한 반응을 일으키지 않는다. 특히 순수한 수산화나트륨을 알루미늄 재질의 끓임조를 세척할 때 사용하면 표면에 층을 이룬 산화알루미늄 보호막이 녹아 부식되고 이로 인해 맥주에서 쇠 맛이 날 수 있으므로 주의해야 한다. 오븐 세척제는 올바르게 사용하면 아무런 문제도 일으키지 않는다.

세척에 관한 조언

| 플라스틱 세척 |

여러분이 세척해야 하는 플라스틱 양조 도구는 불투명한 흰색 고밀도 폴리에틸렌HDPE과 단단한 투명 폴리카보네이트 그리고 말랑말랑한 투명 플라스틱 튜브로 나뉜다. 세 가지 모두 식품 등급이지만 여러분은 그중에서도 폴리에틸렌이 '식품 등급 플라스틱'이라는 이야기를 자주 접했을 것이다. 폴리에틸렌은 각종 도구와 발효용 통, 작은 부품에 사용되고 폴리카보네이트는 사이펀 관(레킹 케인)과 계량컵의 재료다. 플라스틱 튜브는 사이펀이나 그와 비슷한 장비에 사용된다.

플라스틱을 세척할 때 가장 유념해야 할 사항은 여러분이 사용하는 세척 용품의 향과 얼룩이 그대로 남을 수 있는 점이다. 보통 주방세제를 가장 많이 사용하지만 향을 첨가한 세제는 피해야 한다. 표백제로 가벼운 세척을 하는 방법도 있으나 표백제 냄새가 밸 수 있고 플라스틱 튜브의 색이 흐려질 수도 있다. 과탄산염이 함유된 세척제(위에서 설명한)를 사용하면 세척과 표백 효과를 동시에 발휘하면서 세제 냄새가 남거나 튜브가 뿌옇게 흐려지는 문제도 발생하지 않는다. 식기세척기는 플라스틱 도구를 편리하게 씻을 수 있지만 뜨거운 열로 인해 폴리카보네이트 재질로 만든 제품은 변형될 수 있다.

| 유리 세척 |

유리는 화학물질과 반응하지 않아 어떤 세척제든 사용할 수 있는 이점이 있다. 단, 병과 카보이 병 안쪽까지 깨끗하게 세척하기 위해서는 솔로 세척해야 한다. 과탄산염 성분의 세척제

병 세척과 소독

식기세척기는 병 바깥 면을 깨끗이 씻고 열소독을 할 수 있는 장점이 있지만 병 안쪽까지 깨끗하게 세척되지는 않는다. 병에 때와 곰팡이가 끼었다면 실온에서 과탄산나트륨을 함유한 세척제(PBW 등)를 녹인 물이나 표백제를 옅게 녹인 물에 한두 시간 정도 담가서 때를 불린 다음 병 세척용 솔로 문질러서 병에 붙어 있는 잔류 물질을 깨끗이 없앤다. 병 안쪽에 때가 눌어붙지 않도록 하려면 사용한 직후에 꼼꼼하게 씻어야 한다.

를 경수와 함께 사용하면 유리병에 석회 퇴적물이 형성될 수 있으나 헹굼 세제를 산성 제품으로 사용하면 이 문제도 해결할 수 있다. 유리로 된 카보이 병은 물에 젖으면 굉장히 미끄러워서 깨뜨리기 쉬우므로 조심해야 한다.

| 구리 세척 |

구리와 기타 금속재 도구는 PBW 등 과탄산염을 함유한 세척제로 씻는 것이 가장 적절하다. 푸른색, 녹색, 검은색 산화구리 침전물은 식초(희석한 아세트산)로 쉽게 없앨 수 있고 가열하면 세척 효과가 더욱 커진다. 아세트산 농도가 5퍼센트 표준 농도인 아세트산 용액은 슈퍼마켓에서 판매하는 백색의 증류 식초를 구입해서 사용하면 된다. '칼슘, 석회, 녹 제거제(CLR)'와 같은 산성 세척제도 효과가 굉장히 우수하다. 그러나 수영장에 사용되는 염산 등 더 강력한 산성 세척제는 양조 도구를 세척하기보다 부식시킬 가능성이 더 높으므로 사용하지 말아야 한다.

액침식 칠러로 맥아즙을 냉각해본 경험이 있는 양조자는 맥아즙에 담가 두었던 칠러를 처음 꺼냈을 때 반짝반짝 빛나는 것을 보고 깜짝 놀란 기억이 있으리라. 칠러가 깨끗하지 않은 상태로 맥아즙과 닿는다면 때와 산화물이 다 어디로 가겠는가? 맥아즙에 고스란히 들어간다. 맥아즙은 약한 산성을 띠므로, 구리 재질의 칠러는 그대로 둘 때보다 맥아즙과 닿았을 때 산화물이 더 쉽게 녹는다. 아세트산이나 CLR® 세척제는 구리 칠러를 구입해서 처음 사용하기 전에 한 번만 이용하고 이후에는 산화물이나 균이 자랄 수 있는 맥아즙 침전물이 남아 있지 않도록 사용 직후에 물로 꼼꼼히 헹궈야 한다. 구리 칠러는 꼭 필요할 때에만 식초로 세척해야 한다. 시간이 지날수록 칠러의 광택이 점차 흐릿해지고 맥아즙에 넣었다가 꺼내도 반짝이지 않으며 그 상태가 계속 유지된다. 이는 표면에 형성된 산화물이 불활성 상태라 맥아즙으로 용해되지 않는다는 의미이므로 걱정할 필요가 없다. 구리나 놋쇠, 알루미늄 재질의 양조 도구는 광택이 완전히 사라지지 않는 한 따로 세척할 필요가 없다.

구리와 놋쇠는 표백제로 세척하거나 소독하면 부식될 수 있으므로 피하는 것이 좋다. 이러한 금속이 부식되어 검은색과 녹색, 푸른색이 섞인 물질이 형성되면 약산성인 맥아즙과 닿자마자 녹아 발효 과정에서 효모의 활성을 저해할 수 있다.

참고 사항 | 부록 G에 금속 세척과 금속의 독성에 관한 자세한 정보가 나와 있다.

| 놋쇠 세척 |

맥아즙 칠러나 기타 양조 도구의 부품이 놋쇠 재질이라면, 합금에 섞여 있는 납 성분이 용출되지 않을까 우려하는 사람들이 있다. 놋쇠 부품의 표면에 함유된 납은 극히 미미한 수준이며 건강 문제를 우려할 만한 양이 아니다. 그러나 백식초(5퍼센트 아세트산 수용액)와 과산화수소(보통 3퍼센트 수용액을 이용한다)를 2대 1의 비율로 혼합한 용액에 놋쇠 부품이 포함된 도구를 실온에서 5~15분 담가두면 표면의 색이 흐려지고 납이 용출된다. 이 경우 놋쇠를 세척하면 색이 버터와 같은 노란색으로 변한다. 담가둔 세척액의 색이 녹색으로 변했다면 너무 오래 담가둔 바람에 놋쇠의 구리 성분이 녹기 시작한 것으로 볼 수 있다. 이때 오염된 세척용액은 버리고 새로 만들어서 다시 씻어야 한다.

| 스테인리스스틸과 알루미늄 세척 |

일반적으로 순한 세제나 과탄산염을 함유한 세척제를 이용하는 것이 가장 적절하다. 표백제는 스테인리스스틸과 알루미늄을 쉽게 부식시킬 수 있으므로 사용하지 말아야 한다. 알루미늄은 반짝반짝 광이 날 때까지 씻으면 표면에 형성된 금속을 보호하는 산화알루미늄 층이 벗겨져 맥주에서 쇠 맛이 날 수 있으므로 주의해야 한다. 이때 맥주에 알루미늄이 검출 가능한 농도로 존재하지만 건강에 해로운 영향을 주지는 않는다. 알루미늄 냄비로 만든 맥주를 한 통 다 마시는 것보다 우리가 흔히 복용하는 제산제 알약 하나에 들어 있는 알루미늄이 더 많다.

스테인리스스틸에 들러붙어서 잘 떨어지지 않는 얼룩이나 침전물, 녹은 슈퍼마켓에서 흔히 구할 수 있는 옥살산 성분의 주방세제로 쉽게 제거할 수 있다. 구리 재질의 도구도 마찬가지다. 바 키퍼스 프렌드 클렌저 앤드 폴리쉬*Bar Keeper's Friend® Cleanser and Polish*, 리비어 코퍼 앤드 스테인리스스틸 클렌저*Revere® Copper and Stainless Steel Cleaner*, 클린 킹 스테인리스스틸 앤드 코퍼 클렌저*Kleen King® Stainless Steel & Copper Cleaner*와 같은 제품을 사용하면 된다. 제품에 표기된 사용법을 잘 지키고 세제를 사용한 뒤에는 항상 물로 꼼꼼하게 헹궈야 한다. 이와 같은 세정제는 다른 세척제보다 스테인리스스틸과 다른 금속제 양조 도구의 얼룩, 열로 인해 착색된 자국, 부식된 부분을 제거하는 효과가 우수하다.

스테인리스스틸의 표면 안정화(부동태화)

스테인리스스틸은 표면에 형성된 산화크롬, 산화니켈 막이 형성되어 있고 이는 철이 부식되지 않도록 보호하는 강력한 부식 방지막 역할을 한다. 스테인리스스틸이 부식에 강한 특징은 바로 여기에서 비롯한다. 이러한 막을 형성시키는 것을 '표면 안정화(부동태화)'라고 한다. 부식 방지막은 갓 만들어진 깨끗한 스테인리스스틸의 표면에 즉각 형성된다. 양조에서는 사용하는 도구의 표면에 오일과 때, 당분과 같은 오염물질이 남아 있지 않도록 하는 것이 가장 중요하다. 상업 양조시설에서는 더 강력한 산성 용액으로 장비를 세척하여 표면 안정화 수준을 높이는 방법을 활용하지만 자가 양조자가 일상적으로 도구를 관리하고 세척하는 데 그런 기술이 반드시 필요한 것은 아니다. 이번 장에서 설명한 방법으로 스테인리스스틸 재질의 도구를 꼼꼼하게 세척하면 표면이 안정화된 상태로 유지되며 녹이 슬거나 부식되지 않도록 관리할 수 있다. 표면에서 반짝반짝 광이 나야 안정화가 된 것은 아니다. 오히려 흐릿한 회색을 띨 때 표면 안정화가 가장 잘된 상태라 할 수 있다. 그러나 표면이 황갈색이나 청색, 갈색을 띠는 경우는 불활성 상태가 아니므로 표면이 벗겨진 금속에 알맞는 방법으로 세척해야 한다. 부록 G "양조에 도움이 되는 금속공학"에 금속 도구의 세척에 관한 정보가 더 상세히 나와 있다.

| 비어스톤 제거 |

비어스톤은 단백질과 옥살산칼슘이 표면에 덮인 퇴적물로, 경수를 사용할 때 형성되는 석회보다도 제거하기가 어렵다. 맥주에서 서서히 형성되는 이러한 비어스톤은 양조 도구에 필름처럼 덮인 형태로 생긴다. 비어스톤이 형성되면 표면이 거칠어지고 균이 서식할 수 있는 문제가 있고 퇴적된 부분의 가장자리 주변으로 스테인리스스틸이 부식될 가능성이 있다. 비어스톤은 총 두 단계에 걸쳐 제거할 수 있다. 먼저 산성 세척제로 옥살산염(수산염)과 탄산염 성분을 녹이고 이어 부식성 세제나 과탄산염을 함유한 세척제로 단백질 성분을 깨뜨린다. 일반적으로 양조 업계에서는 질산과 인산염이 혼합된 세척제를 많이 사용한다. 파이브스타 케미컬스 *Five Star Chemicals*사에서 2016년에 자가 양조용 세척체로 출시한 제품도 있다. 발효조 세척용 분말 세제를 진한 농도로 푼 세척액에 비어스톤이 형성된 도구를 두 시간(또는 하룻밤) 정도 담가서 염이 노출되도록 한 뒤 산성 용액에 담가 용해하는 방법도 효과는 덜하지만 대안으로 활용할 수 있다. 이때 인산과 식초, 칼슘, 석회, 녹 제거제로 닦아서 마무리한다.

소독 제품

소독은 양조 도구를 먼저 깨끗이 씻은 다음에 실시해야 한다. 끓인 맥아즙과 접촉하는 도구는 전부 소독해야 한다. 발효조(뚜껑 포함), 공기차단기, 고무마개, 효모 재수화(건조된 것에 물을 가하여 원래의 상태로 되돌리는 것 – 옮긴이) 또는 활성화에 그릇, 온도계, 깔때기, 사이펀 등이 모두 포함된다. 맥주병도 소독해야 하나 병에 넣기 전에 해도 된다. 발효조나 다른 통에 화학 소독제를 준비하고 여기에 소독해야 하는 도구를 모두 담가두는 것도 한 가지 방법이다. 금속과 유리 재질의 도구는 열소독을 실시할 수 있지만 플라스틱은 그 대상에서 제외한다. 화학물질을 이용한 소독은 플라스틱과 금속, 유리에 모두 적용할 수 있는 반면 헹굼 단계를 거쳐야 하고 어떤 성분을 사용하는지에 따라 색이 빠지거나 부식될 수 있다. 화학 소독제로 추천하는 제품은 아래에 정리해 두었다.

그림 2-5

자가 양조에 가장 많이 사용하는 화학 소독제 : 스타산(Star San), 요오드 소독제(iodophor), 과산화초산

화학 소독제

| 산성 음이온 계면활성제 |

화학 소독제는 파이브 스타 케미컬스*Five Star Chemicals*사에서 만든 스타산*Star San*과 같은 산성 소독제가 가장 적합하다. 양조 도구를 소독하기 위한 용도로 개발된 이러한 제품은 세균의 세

포벽을 침투하여 세포막 투과성과 세포 내부의 기능을 저해한다. 또 산성 소독제는 표백제나 요오드 소독제와 달리 사용 권장량보다 더 진한 농도로 사용하더라도 맥주에 이취가 나지 않게 한다. 보통 소독제의 사용 권장량은 물 19리터(5갤런)당 1액량 온스(리터당 8밀리리터에 해당하나 리터당 10밀리리터로 사용해도 무방하다)다. 산성 소독제는 거품이 형성되므로 각종 도구의 표면에도 작용하며, 거품의 영향으로 용액에 도구를 담가두는 것과 동일한 소독 효과를 얻을 수 있다. 소독 용액은 사용 기한이 길고 뚜껑 없이 통에 담긴 상태로 며칠 두어도 활성이 유지된다. 분무기 등 용기에 덜고 뚜껑을 닫아서 보관하면 무한정 사용할 수 있다.

스타산은 소독 용액의 pH가 3.5미만인 경우에만 소독 효과가 나타난다. 용액의 pH가 3.5를 넘어서면 색이 뿌옇게 흐려지고 살균 활성이 사라진다. 그러므로 소독 용액의 투명도를 보고 활성 여부를 판단할 수 있다. 최상의 소독 효과를 얻으려면 스타산을 증류수와 섞어서 사용해야 한다. 알칼리성 지하수(우물물 등)를 사용하면 소독 용액이 흐려지고 시간이 흐를수록 소독 활성이 사라진다. 스타산이 헹굴 필요가 없는 소독제로 만들어진 까닭도 이 때문이다. 발효조나 병에 담긴 소독 용액을 버린 후 pH가 높은 맥아즙이나 맥주를 담으면 중화되므로 효모가 영향을 받지 않는다. 카보이 병과 같은 용기를 스타산으로 소독하면 엄청난 양의 거품이 생기는데, 발효나 맥주 맛에는 아무런 영향을 주지 않는다. 실제로 나는 일부러 카보이 병을 이렇게 소독해서 거품이 가득 찬 상태로 발효를 시도해보았는데, 발효 상태나 맥주의 맛, 거품 유지력에 아무 문제가 없었다.

나는 모든 도구를 주로 스타산으로 소독한다. 개인적인 경험상 분무기에 스타산 소독 용액을 담아서 양조 도구를 소독하는 방법이 가장 편리하다. 케그나 카보이 병은 스타산 약 2리터(0.5갤런)가 포함된 소독 용액을 붓고 병을 이리저리 흔들어 벽 전체를 소독한다. 몇 분간 잘 흔들어준 뒤 소독 용액을 작은 통에 옮긴 다음 거기에 작은 도구들을 넣어서 추가로 소독한다.

스타산과 관련하여 한 가지 언급해야 할 점이 있다. 스타산은 미국 식품의약국과 환경보호청에 소독제, 살균제로 등재되어 있으므로 제품 용기에 농약과 동일한 방식으로 폐기해야 한다는 경고 문구가 명시되어 있다. 권장 사용량에 맞게 희석해서 사용하면 피부에 유해한 영향을 주지 않으므로 이 부분은 우려하지 않아도 된다.

| 요오드 소독제 |

요오드 소독제iodophor는 단시간에 소독할 수 있는 매우 효과적인 소독제다. 물 19리터당 15
밀리리터(물 5갤런에 한 스푼)의 비율로 희석하여 양조 도구를 2분간 담가두면 소독이 완료된
다. 같은 농도의 소독 용액에 도구를 10분간 담가 두면 의료 시설에 적용되는 기준에 부합하
는 수준으로 표면이 멸균된다. 위와 같은 비율로 만든 요오드 용액은 12.5ppm의 농도에 해당
하며 희미한 갈색을 띠므로 색깔을 보고 소독 활성도를 추정할 수 있다. 용액의 색이 연해지면
요오드 이온이 충분히 함유되지 않은 상태로 볼 수 있다.

12.5ppm 농도의 요오드 용액은 따로 헹구지 않아도 되지만 이때 물기가 자연스럽게 증발
하도록 두어야 한다. 요오드 소독제의 농도가 25ppm을 초과하면(물 5갤런에 1액량 온스 또는 리
터당 30밀리리터) 요오드가 도구에 잔류하고 이로 인해 맥주에서 피 맛과 비슷한 이취가 나므로
주의해야 한다. 또 요오드 소독액에 플라스틱이 장시간 노출되면 얼룩이 생기고, 나중에 이 얼
룩에 함유된 요오드가 맥주로 용출되어 맛을 변질시킬 수 있다. 그러므로 얼룩이 생긴 플라스
틱은 다른 것으로 교체해야 한다. 요오드도 염소와 같은 할로겐 원소에 해당하나 스테인리스
스틸을 부식시키는 활성은 약한 편이다. 요오드 소독액은 권장 농도(12.5~25ppm)로 사용해도
맥주 맛에 영향을 주는 수준에는 크게 못 미치지만, 나는 이취가 날 가능성을 완전히 없애기
위해 요오드로 소독한 도구는 끓여서 식힌 물로 전부 헹궈서 사용한다. 개인적인 습관임을 밝
혀둔다.

| 과산화초산(과초산) |

과산화초산은 헹구지 않아도 되는 소독제의 일종으로, 제품에 명시한 사용법에 따라 혼합하
여 사용해야 한다. 소독 효과가 매우 강력하지만 피부와 점막에 자극을 유발하고 민감한 사람
은 천식 발작이 생길 수 있다. 또 고농도(일반 소독 용액의 10배)로 사용 시 부식성이 있으므로
보통 산업체에서 많이 사용한다. 과산화초산에서는 톡 쏘는 식초 냄새가 나지만 맥주에 이취
가 나지는 않는다.

참고 사항 | 놋쇠 재질의 도구는 과산화초산으로는 소독 효과를 크게 기대할 수 없다.

| 이산화염소 ClO_2 |

이산화염소는 미국 이외의 국가에서 자가 양조용 소독제로 구입할 수 있으며 헹구지 않아도 되는 소독제에 포함된다. 이산화염소에는 표백 활성이 없고 맥주에 염소나 클로로페놀 맛을 유발하지도 않는다. (염소가 아닌) 아염소산나트륨에 산 성분(구연산이나 젖산을 권장한다)을 첨가하여 pH가 2~3이 되도록 산성화한 후 50ppm 정도로 희석해서 소독 용액으로 사용한다. 이렇게 완성된 소독 용액에 도구를 단 30초만 담가도 소독이 끝난다. 농도가 짙고 활성이 유지되는 상태에서는 용액이 노르스름한 녹색을 띠고 이를 희석하면 색이 흐려진다. 소독이 진행되면서 성분이 분해되면 노란색이 섞인 녹색도 흐릿해진다. 이산화염소 소독 용액은 4시간까지 활성이 유지된다. 사용 시 제품에 명시된 사용법을 지켜서 혼합해야 한다. 농도가 높은 이산화염소는 부식성이 매우 강하고 그 상태로 건조된 잔류 물질은 가연성이 있다.

| 표백제 |

표백제는 가장 저렴하고 가장 쉽게 구할 수 있는 소독제이나, 나는 다른 소독제를 구하지 못하는 경우가 아니라면 사용하지 말 것을 권한다. 소독하는 데 걸리는 시간이 길고, 맥주에 약 냄새와 비슷한 이취가 날 수 있기 때문이다. 소독 용액은 물 1리터에 표백제 4밀리리터(1갤런에 한 스푼)의 비율로 만든다. 여기에 소독하려는 도구를 넣고 20분간 두었다가 용액을 버린다. 이 정도 농도로 사용한다면 따로 헹구지 않아도 되지만 나를 포함한 여러 양조자들은 염소 성분으로 인한 이취가 남지 않도록 하기 위해 끓여서 식힌 물로 헹궈서 사용한다. 스테인리스스틸 재질 도구를 표백제로 소독하면 최소 20분 이상 담그면 안 된다. 해당 재질의 도구를 하룻밤 동안 표백제에 담가두면 점이 찍힌 형태로 부식된다.

열소독

열소독은 유리병을 소독할 때 가장 많이 활용하는 방법이나 맥아즙을 끓인 이후에 첨가하는 양조 재료를 살균하는 용도로 가장 많이 적용된다. 영어로는 미생물학의 아버지라 불리는 루이 파스퇴르*Louis Pasteur*의 이름을 본떠 '저온살균법*pasteurization*'으로도 널리 알려져 있다. 저온 살균법은 특정 제품에 존재하는 살아 있는 미생물을 5로그 수준(즉 99.999퍼센트 감소)으로 없앨 수 있는 방법이다. 저온살균 시간과 온도는 없애려는 균의 종류와 영양소 함량에 따라 결정된다. 즉 'X'라는 미생물이 저온살균 이후 복제될 확률이 어느 정도인지 따져보아야 한다.

양조에서는 60℃(140℉)에서 1분간 살균하는 것을 1저온살균 단위(Pasteurization Unit, 줄여서 PU)로 정의한다. 상황에 따라 권장되는 저온살균 단위 값은 다양하게 바뀔 수 있다. 라이트 라거 맥주는 보통 71~74℃(160~165℉)의 온도에서 15~30초간 '급속 살균'하는 방식을 적용하는데 이는 8~12PU에 해당한다. 알코올 농도가 그보다 높은 맥주, 특히 맥주에 남아 있는 영양 성분이 많은 종류는 보통 12~25PU 정도로 더 오랫동안 저온살균을 실시한다.[1] 표 2.2에 발효되지 않은 맥아즙의 저온살균 권장 시간과 온도가 나와 있다. 저온살균의 강도는 온도가 상승할수록 기하급수적으로 증가한다. 예를 들어 79℃(175℉)에서 4분간 살균하면 저온살균 단위 값으로는 무려 1100에 해당한다. 그러므로 살균 시간이나 온도가 과도하지 않도록 주의해야 한다.

참고 사항 | 저온살균으로 세균이나 곰팡이의 포자까지 사멸되지는 않는다. 양조 과정에서 저온살균을 하는 목적은 맥주를 부패시키는 균을 무시할 수 있는 수준까지 줄이는 것이다. 그러므로 나중에 효모를 재활성화할 때 사용하려고 냉장 보관해 둔 맥아즙에 2개월쯤 지난 뒤 곰팡이가 생겨도 너무 놀라지 않길 바란다.

표 2-2 | 맥아즙의 저온살균 적정 온도와 시간

온도(℉)	온도(℃)	시간(분)
150	66	37
155	68	15
160	71	6
165	74	2.5
170	77	1
175	79	0.5
180	82	0.1

참고 사항: 각 온도별 시간은 100저온살균 단위(PU)가 되도록 맞춘 것이다.

---

1 Klimovitz and Ockert(2014)

| 식기세척기 |

식기세척기는 양조 도구를 열 살균(멸균은 불가능하다)하는 용도로 사용할 수 있으나 플라스틱 용품은 변형될 수 있으므로 주의해야 한다. 식기 건조기의 건조 단계에 형성되는 증기는 도구의 표면 전체를 충분히 소독할 수 있다. 병을 비롯해 입구가 좁은 용기는 모두 먼저 따로 세척한 다음에 세척기에 넣어야 한다. 또 세제가 용기 안쪽에 말라붙은 상태로 남아 있지 않도록 하려면 세제나 헹굼제를 넣지 말고 세척기를 작동시키는 것이 좋다. 식기 건조기에 사용하는 헹굼제는 유리 용기의 맥주 거품 유지력에 악영향을 줄 수 있다. 유리병에 탄산이 함유된 맥주를 부었을 때 거품이 형성되지 않으면 이처럼 세제가 원인일 가능성이 있다.

가열 멸균

자가 양조 시 도구를 멸균할 수 있는 몇 안 되는 방법 중 하나가 열을 이용하는 것이다. 양조에 사용할 효모를 직접 배양할 때는 배지가 오염되지 않도록 반드시 멸균해서 사용해야 한다. 멸균법으로는 건열(오븐) 방식과 증기(고압 멸균기, 압력밥솥, 식기 건조기) 방식이 있다.

| 오븐 |

건열 방식은 증기 방식과 견주어 소독과 멸균 효과가 떨어지지만 양조자들 가운데에는 유리병과 효모 배양에 사용되는 도구를 건열 멸균하는 사람들이 많다. 표 2.3에 건열 멸균에 적합한 온도와 시간이 나와 있다. 소요 시간이 다소 길어 보이지만, 멸균은 소독처럼 균을 대부분 없애는 데 그치지 않고 모든 미생물을 사멸시키는 과정임을 기억하기 바란다. 멸균할 도구는 해당 온도까지 가열해도 견딜 수 있는 재질이어야 한다. 가열 멸균에 가장 적합한 재질은 유리와 금속이다.

자가 양조 시 각종 병을 오븐에 넣고 가열 멸균하면 균을 제거한 깨끗한 병을 바로 사용할 수 있다. 단, 가열 후 식히고 보관하는 과정에서 오염되지 않도록 가열 전에 병 입구를 알루미늄포일로 덮어야 한다. 멸균 후에는 랩에 싸서 보관하면 멸균 상태를 그대로 보존할 수 있다.

표 2-3 | 건열 멸균

온도	멸균 시간(시간)
170℃(338℉)	1
160℃(320℉)	2
150℃(302℉)	2.5
140℃(284℉)	3
121℃(250℉)	12

참고 사항: 멸균 시간은 멸균하려는 도구가 지정된 온도에 도달한 시점부터 측정한다.

주의 사항 | 일반적인 유리병은 가열 시 깨지기 쉬우므로 천천히 가열하고 냉각해야 한다 [분당 2℃(5℉)의 속도 정도가 적당하다]. 오븐을 가열하지 않은 상태에서 병을 집어넣고 가열해야 하며, 멸균하려는 맥주병이 소다석회 재질의 비강화 유리이거나 파이렉스*Pyrex®*, 키맥스*Kimax®* 등 강화 공법이 적용된 제품이 맞는지 또는 열 충격에 매우 강한 붕규산 유리 재질인지 확인하자.

| 고압 멸균기, 압력밥솥 |

고압 멸균기와 압력밥솥은 증기 방식으로 가열 멸균을 할 수 있는 장치다. 증기를 이용하면 건열 방식보다 열이 훨씬 효율적으로 전달되므로 멸균 시간이 건열 방식보다 짧다. 또 증기는 건열 방식과 견주어 열을 고르게 전달하고, 유리 재질은 열 스트레스로 인해 깨질 가능성도 적다. 보통 고압 멸균기나 압력밥솥으로 양조 도구를 멸균하는 데 걸리는 시간과 온도는 제곱인치당 20파운드를 기준으로 125℃(257℉)에서 20분이다(제곱인치당 파운드*psi* : 20psi는 138킬로파스칼에 해당한다). 이와 같은 멸균 장비는 효모를 배양하거나 기타 미생물을 다루는 작업을 실시할 때에만 구비하면 된다.

세척과 소독에 관한 추가 조언

모든 양조 도구는 최대한 사용하자마자 바로 세척하자. 즉 끓임조와 발효조를 비롯해 공기 차단기, 교반 스푼, 각종 튜브는 쓰고 난 다음 바로 헹구는 것이 좋다. 다른 일에 정신이 팔려 있다가 뒤늦게 살펴보면 이러한 도구에 당분이나 효모가 돌처럼 딱딱하게 말라붙어서 얼룩이 생긴 상태로 발견되기 십상이다. 시간이 촉박하다면 커다란 통에 물을 받아놓고 다 쓴 도구를 담가 두면 나중에 세척할 때 매우 편리하다.

사용하는 도구마다 각기 다른 세척과 소독 방법을 적용해도 된다. 표 2.4와 표 2.5에 세척제와 소독제에 관한 정보를 각각 정리해두었다. 여러분이 양조하는 방식에 따라 어떤 방법이 가장 적합한지 고민해볼 필요가 있다. 철저히 준비하면 양조 과정이 훨씬 수월하고 성공 확률도 높아진다.

표 2-4 | 세척제에 관한 정보 요약

세척제	사용량	참고 사항
과탄산염 세척제	8mL/L (1fl. oz/gal.)	어떤 양조 장비에도 사용할 수 있다. 지저분하게 축적된 물질을 없애는 다목적 세척제로는 효과가 가장 우수하다. 온수와 함께 사용하면 가장 큰 효과를 얻을 수 있다. 금속에 사용해도 대부분 악영향을 주지 않는다.
세제	(적당량)	세제의 향이 맥주에 남지 않도록 무향 세제를 사용하고 세척 후 충분히 헹궈야 한다.
자동식 식기세척기	보통 자동식 식기세척기에 사용하는 분량	유리와 주방도구를 편리하게 세척할 수 있다. 향을 첨가한 세제나 헹굼 세제와 혼합된 제품은 사용하지 말아야 한다.
오븐 세척제(스프레이형)	제품 사용법 참고	당분이 끓임조에 타서 눌어붙은 자국을 편리하게 녹일 수 있다. 취급 시 주의해야 한다.
증류 백식초	되도록 진한 농도로 사용	온수와 함께 사용하는 것이 가장 적합하다. 구리 재질의 맥아즙 칠러 세척에 사용하면 편리하다.
과산화초산	증류 백식초(5% 아세트산)과 과산화수소(3% 수용액)을 2:1의 비율로 혼합하여 사용	표면의 납을 제거하거나 변색된 놋쇠를 깨끗하게 닦는 데 사용한다. 부록 G에 더 상세한 정보가 나와 있다.
주방 세척제(옥살산)	표면을 벗겨내지 않으면서 힘주어 닦아낼 수 있는 천과 함께 사용할 것	스테인리스스틸과 구리 주방도구 세척제로 판매된다. 얼룩과 산화물을 효과적으로 없앨 수 있다. 단, 염소나 표백제 성분의 세척제는 사용하지 말 것을 권한다.

참고 사항: 1스푼 = 0.5fl. oz.(15mL).

표 2-5 | 소독제에 관한 정보 요약

세척제	사용량	참고 사항
스타산(Star San)	5갤런에 1액량 온스 19리터당 30밀리리터 (1.6mL/L)	헹굴 필요가 없다. 소독 용액에 도구를 담가 두거나 소독 용액을 도구에 분무한다. 세척된 표면은 30초간 담그면 소독이 완료된다. 소독 용액에서 꺼낸 후 바로 사용할 수 있다. 증류수에 희석하면 최상의 효과를 얻을 수 있다.
요오드 소독제	12.5~25ppm 5갤런에 1스푼 = 12.5ppm(약 1mL/L)	헹굴 필요가 없다. 12.5ppm 농도로 소독 시 10분이 걸린다. 도구에 묻은 소독 용액을 자연 건조한 후 사용한다.
과산화초산	제품에 명시된 사용법에 따라 혼합하여 사용할 것.	헹굴 필요가 없다. 300ppm 농도로 사용 시 소독하는 데 2분이 걸린다. 피부와 호흡기를 자극할 수 있으며 고농도로 사용하면 부식을 유발할 수 있다. 소독 용액에서 꺼낸 후 바로 사용할 수 있다.
이산화염소	헹굴 필요 없음. 제품에 명시된 사용법에 따라 혼합하여 사용할 것.	50ppm 농도로 사용하면 소독에 30초가 걸린다. 더 높은 농도로 사용하면 부식을 유발할 수 있다.
표백제	1갤런에 1스푼 4mL/L	소독에 20분이 걸린다. 맥주에 클로로페놀 맛이 나지 않게 하려면 소독 후 꼼꼼히 헹궈야 한다.
식기세척기	세제를 넣지 않고 세척과 건조 단계를 모두 거친다.	병을 식기세척기로 소독할 때는 먼저 세척해서 넣어야 한다. 소독 시 병은 건조대에 거꾸로 뒤집어서 세운다.
오븐	170°C(338°F)에서 한 시간	소독과 더불어 병을 멸균할 수 있는 방법이다. 열 충격으로 병이 깨지는 것을 방지하기 위해서는 서서히 가열하고 냉각해야 한다.

참고 사항: 1스푼 = 0.5fl. oz.(15mL).

CHAPTER

-3-

HOW to BREW

맥아와
맥아추출물

보리와 맥아 제조법 간단 정리

보리(학명 *Hordeum vulgare*)는 귀리와 호밀, 밀과 함께 곡물에 속한다. 그중에서도 보리는 탈곡 과정을 거친 후에도 겉껍질이 그대로 남는 특징이 있어 양조에 가장 적합한 곡물로 꼽는다. 물에 녹지 않는 겉껍질은 일종의 필터 역할을 하므로 다른 곡물과 달리 재료가 모두 으깨진 후에 맥아즙을 분리해내기가 쉽다. 오트밀에 물을 부었을 때를 생각해보면, 으깨진 곡물에서 액체가 분리되는 정도가 얼마나 다른지 이해할 수 있을 것이다!

다른 곡물도 마찬가지지만 생 보리는 굉장히 딱딱하다. 그냥 씹어보려고 하다가 치아가 부러질 수도 있다. 이러한 특징으로 인해 먼 옛날부터 곡물은 맷돌에 갈아서 가루로 만들어 사용했다. 그러다 1만 년쯤 전, 싹이 트면 씨앗이 부드러워진다는 사실을 누군가가 알게 되었고 이 발견은 맥아 만드는 법이 발전하는 계기가 되었다. 즉 보리 낱알을 물에 담가 단시간에 싹이 트도록 한 후 그대로 말려서 보관해두었다가 활용하기 시작한 것이다. 발아 과정에서 씨앗이 가지고 있던 몇 가지 효소가 활성화되고, 식물로 자라기 위해 씨앗 속에 보존되어 있던 녹말 성분을 둘러싼 단백질과 탄수화물 결합체가 분해된다. 바로 이 녹말이 맥주 양조에 활용된다. 맥아를 전문적으로 제조하는 사람들이 까다롭게 관리하는 방식 중 하나가 보리 낱알 하나

84

그림 3–1

이 사진을 보면 맥아의 색깔에 따라 맥주 색이 어떻게 달라지는지 알 수 있다.

를 두 손가락으로 꾹 눌러서 알맹이 상태가 얼마나 바뀌었는지, 즉 내부에 보존되어 있던 딱딱한 기질 성분이 얼마나 분해되었는지 확인하는 것이다.

보리의 상태가 충분히 변화한 것으로 판단되면 불린 보리를 환경 조건을 엄격히 통제한 곳에서 뜨거운 공기로 건조한다. 나중에 녹말을 발효에 활용될 당분으로 전환시키는 효소는 대부분 보존된다. 이렇게 완성된 베이스 맥아를 킬른(건조용 가마)에 건조하거나 고온에서 굽고 나면 쿠키나 비스킷, 통밀 빵 껍질과 같은 풍미가 생기고 코코아나 커피와 비슷한 향이 나기도 한다.

맥아의 맛은 마이야르 반응*Maillard reactions*이라 불리는 비효소적 갈색화 과정을 통해 형성된다. 음식을 조리할 때 흔히 활용되는 마이야르 반응에서는 단순당과 아미노산이 화학적으로 결합하면서 멜라노이딘(갈색 물질)과 다양한 방향족 물질이 만들어진다. 우리가 익힌 음식에서 흔히 느끼는, 입맛을 사로잡는 냄새와 맛은 바로 이러한 반응으로 만들어진 물질들에서 비롯한다. 이와 함께 맥아에 열을 가하거나 구울 때 당류로만 이루어지는 또 다른 화학반응인 캐러멜화는 맥아에 달콤한 캐러멜 또는 토피 사탕(설탕, 버터, 물을 함께 끓여 만든 것)의 향을 불어넣는다.

이처럼 맥아는 여러 가지 독특한 풍미와 향을 가질 수 있고, 이를 이용하여 갖가지 흥미로운 맥주를 만들 수 있다. 15장에서 맥아와 보리 낟알의 변화에 관한 내용을 좀 더 상세히 설명하겠지만 우선 이번 장에서는 맥아추출물을 이용하는 방법과 맥주 양조 키트에 포함된 곡류를 침출하는 방법에 관한 기본적인 정보를 제공하고자 한다.

양조자의 관점에서 맥아는 두 종류로 나뉜다. 당화mashing해서 사용하는 맥아와 침출법 steeping으로만 사용해야 하는 맥다. 이 두 가지를 나누는 기준은 맥아에 가열하지 않은 녹말이 남아 있는지 여부다. 베이스 맥아와 건조용 가마에서 건조한 스페셜티 맥아의 녹말이 효소의 작용을 통해 발효에 사용될 가용성 당으로 전환되도록 하려면 정확한 온도 조건에서 당화를 진행해야 한다. 이 과정에 대해서도 15장에서 자세히 설명할 것이다.

스페셜티 맥아 중 캐러멜화 과정을 거친 맥아나 로스팅한 맥아는 당화할 필요가 없다. 캐러멜화가 끝난 맥아는 열을 가할 때 효소 작용으로 녹말 성분이 겉껍질 내부에서 이미 당류로 전환된 상태다. 이러한 맥아에는 발효성 당과 비발효성 당이 모두 포함되어 있어 맥주에서 달콤한 캐러멜향이 나는 원천이 된다. 맥아마다 발효성과 달콤한 맛의 특성은 제각기 다르고, 색깔을 나타내는 로비본드 등급(°L)도 다양하다. 로스팅한 맥아는 고온에서 굽는 과정에서 녹말 성분이 가용성 추출물로 전환되어 맥아가 진한 적갈색이나 흑색을 띠고 맛도 코코아나 커피 같은 달콤 쌉쌀한 맛이 난다. 이러한 스페셜티 맥아는 차를 우려내듯이 침출하면 맥아즙에 특징적인 맛이 그대로 전해진다.

맥아추출물의 생산

전 세계에서 생산되는 대부분의 맥아추출물malt extract은 양조가 아닌 다른 용도로 사용한다. 주로 맥아유, 아침 식사용 시리얼, 제과·제빵용 첨가물, 애완동물용 식품까지 각종 식품의 재료가 된다. 보리는 크게 맥아용과 사료용으로 나뉘고, 이 두 가지는 다시 여러 등급으로 나뉜다. 식품용 맥아추출물을 만드는 데 사용되는 보리는 맥아용 보리 중에서도 등급이 낮은 편에 속한다. 이러한 보리는 등급이 더 높은 보리와 견주면 알맹이의 크기가 작고 단백질 농도는 높지만 전환 가능한 녹말의 양은 적다. 동시에 겉껍질의 무게가 전체 무게에서 큰 부분을 차지한다. 그러나 세계 어느 나라건 맥주 양조에 사용하는 보리는 최상급을 사용한다. 또 오늘날에는 양조용으로 따로 만든 맥아추출물을 비교적 쉽게 구할 수 있다.

양조용 맥아추출물은 양조용 맥아즙에서 수분을 제거해서 만든다. 따라서 만드는 방법도

맥주를 만들 때와 동일하다. 즉 싹을 틔워서 말린 보리를 뜨거운 물에 담가서 보리에 보존된 녹말 성분이 발효성 당류로 전환된 수용액, 즉 맥아즙을 만든다. 맥아즙에 홉을 넣고 끓인 뒤 효모를 넣고 발효하면 맥주가 되고, 홉을 넣지 않고 발효조가 아닌 증발 건조기로 옮겨 수분이 증발되도록 하면 맥아추출물이 된다. 완성된 맥아추출물은 만들고자 하는 추출물의 종류에 따라 베이스 맥아 한 가지로만 만들 수도 있고 스페셜티 맥아나 부재료를 함께 넣어서 만들 수도 있다. 부재료란 원하는 맥주 맛을 얻기 위해 맥아 이외에 첨가하는 발효성 물질을 의미한다.

맥주를 만들 때 맥아즙을 끓이면 맥주에 이취를 유발하는 휘발성 성분을 제거할 수 있다. 또 맥주를 혼탁하게 만드는 단백질(핫 브레이크 등)을 하나로 응집시킬 수 있고, 홉에 함유된 알파산에 이성체화 반응이 일어나 맥주의 쓴맛이 만들어진다. 양조 등급의 맥아추출물을 제조하는 업체들은 이와 같은 이유로 맥아즙을 끓인다. 차이가 있다면 홉을 첨가하지 않는다는 점이다. 맥아즙은 디메틸설파이드*dimethyl sulfide, DMS*와 같은 원치 않는 휘발성 물질이 제거되고 핫 브레이크 현상을 유발하는 단백질이 응집될 수 있도록 충분히 끓인다. 완성된 맥아즙은 진공 챔버에서 건조해 보존료를 따로 넣지 않아도 실온에서 보관할 수 있는 80퍼센트 고형물(20퍼센트는 수분)로 만든다. 부분 진공 환경에서는 물이 일반 환경보다 낮은 온도에서 끓게 되므로 맥아가 열 스트레스를 받지 않고 원래의 맛과 색이 그대로 보존된다. 홉을 첨가한 맥아추출물을 만든다면, 맥아즙을 끓일 때 홉을 넣거나 끓이기 과정이 끝날 시점에 이소알파산(맥주의 쓴맛 성분)의 홉 추출물을 첨가한다. 자가 양조 시 맥아추출물을 활용하면 상당히 많은 단계를 생략할 수 있다.

맥아추출물은 액상(시럽)이나 분말 형태로 판매한다. 시럽의 경우 전체 성분의 20퍼센트는 수분이므로 건조맥아추출물 약 1.8킬로그램(4파운드)는 액상 맥아추출물 약 2.3킬로그램(5파운드)와 같다. 건조맥아추출물은 천장이 높은 챔버에서 분무기에 담긴 액상 추출물을 뿌리는 방식으로 제조한다. 분무기에서 나온 작은 물방울은 챔버 내부에서 재빨리 건조되어 바닥으로 떨어진다. 이와 같은 추가 공정을 거쳐 만든 맥아추출물은 물 함량이 3퍼센트에 불과하고, 상온에 보존해도 안정성이 오래 유지된다.

요약

맥아추출물은 도무지 알 수 없는 신비한 물질이 아니라 그저 양조와 발효를 진행하려고 끓이는 맥아즙을 농축한 것이다. 이 추출물을 활용하면 당화 혼합물mash에서 맥아즙wort을 생산하는 과정을 생략할 수 있으므로 양조 과정이 훨씬 수월해지고, 초보 양조자는 더 중요한 발효 과정에 더욱 집중할 수 있다. 맥아즙은 잘 만들었는데 발효가 적절히 되지 않은 맥주보다는, 맥아즙은 별로지만 발효가 잘된 맥주가 더 맛있다. 다음 장에서는 양조 키트에 대해 상세히 살펴보고, 곡물 침출과 비중, 맥아를 끓이는 방법에 대해 알아보자.

CHAPTER

–4–

HOW to BREW

맥주 키트와
추출물로
맥주 만들기

좋은 키트 고르기

일반적인 맥주 키트는 기본 재료인 맥아추출물과 특별한 풍미를 더해줄 스페셜티 곡물, 맥아즙을 끓일 때 정해진 타이밍에 추가하여 적절한 향과 쓴맛을 가미할 홉, 발효에 필요한 효모, 그리고 양조법이 적힌 설명서로 구성된다. 맥주 종류만 100가지가 넘고 한 종류에도 수많은 레시피가 있는 만큼, 여러분이 선택할 수 있는 키트도 매우 다양하다. 키트를 사용하되 맥아추출물을 베이스 맥아로 대체하고 스페셜티 맥아를 침출해서 사용하는 등 레시피를 변형해서 활용하는 방법도 있다. 이번 장 뒷부분에서 그러한 방법도 설명할 예정이다.

대부분의 맥주는 추출물만 이용하거나 맥아추출물에 스페셜티 곡물을 함께 사용하는 방식으로 완성할 수 있다. 몇 가지 특별한 종류에 한하여 특유의 풍미를 내기 위해 맥아를 끓여서 당화하는*mashing* 과정을 반드시 거쳐야 한다.

어떤 브랜드의 키트가 더 낫다고 단정할 수 있는 기준은 없다. 또 최근에 나오는 키트는 대부분 품질이 상당히 우수하다. 따라서 재료의 신선도와 품질이 유지될 수 있도록 포장을 얼마나 꼼꼼하게 했느냐가 더 중요한 기준이 될 때가 많다. 산소를 차단할 수 있는 포장재로 잘 포

그림 4-1

오늘날 판매되는 다양한 맥주
키트 중 몇 가지

장된 맥주 키트는 수개월까지 신선함이 유지된다.

키트를 잘 고르기란 결코 쉬운 일이 아니지만, 우선 자신이 어떤 스타일의 양조를 원하는지
부터 생각해보기 바란다. 간단한 방법을 선호하는가? 아니면 도전 정신이 필요한 방식이 좋
은가?

똑같이 키트를 이용하더라도 어떤 종류를 택하느냐에 따라 양조에 들이는 노력에는 차이가
있다. 넓은 공간이나 많은 장비가 필요하기도 하고 세밀한 부분까지 신경을 써야 하는 종류도
있다. 키트를 선택할 때 일반적으로 고려해야 할 사항을 정리하면 아래와 같다.

• 끓이는 과정이 필요치 않은 키트도 있다. 작업 공간이나 시설이 협소하다면 이런 종류가
편리하다. 보통 홉이 미리 첨가되어 있고 나중에 향을 강화하기 위해 침출해서 추가할 수
있는 홉도 함께 제공한다. 발효조에 재료를 넣어서 잘 혼합하고 효모를 넣기만 하면 맥주
를 간단히 만들 수 있다.

• 맥아추출물만 사용하는 방식, 추출물에 곡물을 침출하는 방식, 맥아추출물을 사용하고
부분 당화를 실시하는 방식 중 양조를 어떤 방식으로 실시하는 키트인가? 맥아추출물만
사용하는 키트는 단시간에 손쉽게 맥주를 완성할 수 있는 반면 그 외 종류는 몇 단계를
더 거쳐야 하고 시간도 더 많이 걸린다. 그러나 맥주 키트는 전체적으로 큰 어려움 없이
맥주를 만들 수 있도록 되어 있다. 종류에 따라 조금 더 신경을 써야 한다는 차이가 있을
뿐이다.

• 만들고 싶은 맥주는 에일인가 라거인가? 에일 맥주는 실온에서도 발효할 수 있으나 라거
맥주는 서늘한 곳에서 발효해야 하고 온도 조건을 잘 맞춰야 하므로 쿨러나 여분의 냉장

고가 필요하다.

- 알코올 도수가 낮은 맥주, 적당한 맥주, 높은 맥주 중 어떤 종류를 만들고 싶은가? 알코올 도수가 낮은 맥주는 발효 과정이 간단한 반면 도수가 높은 맥주는 효모의 활성과 발효 과정에 좀 더 신경을 써야 한다. 실제로 도수가 높은 맥주를 만들다가 많이 실패한다. 도수가 낮은 맥주로 충분히 경험을 쌓으면 더욱 손쉽게 도수가 높은 맥주도 만들 수 있다.

맥주 키트는 전국적으로 판매되는 브랜드도 있지만 자가 양조 용품을 판매하는 곳에서 직접 각 재료를 조합해서 만든 제품도 있다. 지역 상점에서 만든 키트는 재료의 신선함을 철저하게 관리하고 판매자에게서 키트 사용법에 관한 요긴한 조언까지 얻을 수 있는 장점이 있다. 대형 브랜드 제품은 수많은 시도를 통해 결과가 충분히 입증된 레시피를 포함한 경우가 많고, 포장이 잘되어 있어서 저장 기간이 길다. 어떤 종류를 선택하든 양조법이 상세히 나와 있고 재료가 적절히 포장된 제품으로 구입해야 한다. 재료는 신선할수록 좋다.

맥아추출물 구입 요령

맥주 재료는 신선함이 중요하다. 이 점은 특히 액상 맥아추출물에서 유념해야 할 요소다. 신선한 액상 추출물은 건조맥아추출물보다 신선한 맥아의 향을 얻을 수 있지만 보관 기간이 건조 추출물보다 짧다. 액상 추출물은 보관 상태에 따라 최대 2년 정도 두고 사용할 수 있고 냉장 보관하는 것이 좋다. 오래된 액상 추출물은 색이 짙어지고 마이야르 반응이 일어나 감초나 당밀, 잉크 냄새 같은 이취가 난다. 또 지방산 성분이 산화되어 퀴퀴한 냄새나 비누 같은 냄새가 날 수도 있다. 오래된 맥아추출물이 산화되면서 풍기는 이러한 이취를 '추출물 냄새'라고도 한다. 자가 양조를 시도해본 사람들 중에 액상 맥아추출물로는 맛있는 맥주를 만들 수 없다고 이야기하기도 하나 중요한 건 신선도다. 제품 용기에 적힌 '사용 기한'을 반드시 확인하고(제조 후 6개월 이내가 가장 좋다) 유통량이 많아 재고가 빨리 소진되는 상점에서 구입하자. 건조맥아추출물은 탈수 공정을 추가적으로 거치면서 이러한 문제의 원인이 되는 화학반응이 느리게 일어나므로 액상 추출물보다 저장 기간이 훨씬 길다(5년). 신선한 액상 추출물을 구할 수 없다면 건조 추출물을 사용하자.

그림 4-2

여러 가지 맥아추출물이 다양한
브랜드로 판매된다.

　일반적으로 구입할 수 있는 맥아추출물은 페일 맥주, 앰버 맥주, 흑맥주용 제품으로 나뉜다.
양조자가 원하는 맥주 스타일에 맞게 서로 혼합하여 사용해도 된다. 필스너, 페일 에일, 밀,
보리, 호밀, 뮌헨 맥주, 비엔나 맥주 등 특별한 종류의 맥주를 만들 수 있도록 생산된 맥아추출
물도 쉽게 구할 수 있다. 지난 15년간 맥아추출물과 맥주 키트의 품질이 크게 개선되어, 추출
물만 사용하여 맥주를 만들고자 하는 사람들도 이 책에서 제시한 길잡이를 잘 지킨다면 키트
만으로도 충분히 만족스러운 결과물을 얻을 수 있다.

추출물은 얼마나 사용해야 할까

　여러분이 참고하려는 레시피의 초기 비중에 맞추려면 맥아추출물을 얼마나 사용해야 하
는지는 간단한 계산으로 구할 수 있다. 물에 액상 맥아추출물 1파운드(약 0.4킬로그램)를 녹여
서 맥아즙 1갤런(4리터)을 만들 때 초기 비중은 보통 1.034~1.038이다(비중계로 측정한 결과).
건조맥아추출물은 같은 양을 물에 녹여서 총 1갤런(4리터)의 맥아즙을 만들면 초기 비중OG은
1.041~1.045 범위다. 이 값을 '1갤런당 1파운드 기준 비중점(Points per Pound per Gallon, 줄
여서 PPG)'이라고 한다. 파운드를 킬로그램으로 바꿔서 '1리터당 1킬로그램 기준 비중점(Points
per Kilogram per Liter, 줄여서 PKL)'으로도 활용할 수 있다. 표 4.1에 PPG와 PKL 단위로 계산한
맥아추출물의 양이 나와 있다.

표 4-1 | PPG, PKL 단위로 계산한 일반적인 맥아추출물 사용량

맥아추출물의 종류	일반적인 PPG 값	일반적인 PKL 값
액상	36	300
건조	42	350

PKL: 리터당 킬로그램 기준 비중점. **PPG**: 갤런당 파운드 기준 비중점(gravity point)

중량 비중 부피 방정식

PPG(또는 PKL) 단위를 이용하면 특정 레시피대로 맥주를 만들 때 필요한 재료의 양을 편리하게 계산할 수 있다. 내가 '중량 비중 부피 방정식'이라 이름 붙인 아래 공식으로 계산하면 된다.

맥아추출물의 중량 × PPG = 비중점 × 맥아즙의 부피

순서를 바꿔서 아래와 같이 정리해서 활용할 수도 있다.

맥아추출물의 중량 = (비중점 × 맥아즙의 부피) / PPG

이 두 번째 공식을 활용하여 원하는 맥아즙의 부피와 비중에 맞추려면 맥아추출물을 얼마나 사용해야 하는지 계산할 수 있다. 즉 원하는 비중과 맥아즙의 부피를 곱하고 이를 PPG(또는 PKL) 값으로 나누기만 하면 된다. PPG 값을 활용한다면 단위가 갤런이고 PKL은 리터라는 사실을 꼭 기억하자. 여기서 비중점은 비중계상에 표시되는 값에서 소수점 뒤에 세 자리까지 읽은 값을 가리킨다. 예를 들어 레시피에 비중이 1.056이라고 나와 있으면 비중점은 56이다.

몇 가지 예시를 들어보자.

비중이 1.056인 맥아즙을 6갤런(23리터) 만들려면 액상 맥아추출물('X')은 몇 파운드가 필요할까?

X파운드(lb.) × 36PPG = 비중점 56 × 6gal.

식을 정리하면,

Xlb. = (56 × 6) / 36

= 336 / 36

= 9.3lb.

PKL 단위를 사용하고자 한다면, 6gal. = 22.7L이고 위의 표에서 36PPG = 300PKL이므로 다음과 같이 계산할 수 있다.

Xkg × 300PKL = 비중점 56 × 22.7L

Xkg = (56 × 22.7) / 300

= 1288 / 300

= 4.2kg

같은 방식으로 원하는 값을 계산하면 된다. 가령 물 3갤런(11.4리터)에 건조맥아추출물 5파운드(2.27킬로그램)를 녹이면 비중이 얼마일까? 한 번 계산해보자.

5lb. × 42PPG = X 비중점 × 3gal.

(5 × 42) / 3 = X

= 70, 비중계 눈금으로는 1.070

미터법 단위를 사용할 때

2.27kg × 350PKL = X 비중점 × 11.4L

(2.27 × 350) / 11.4 = X

= 69.7, 비중계 눈금으로는 1.070

완전 곡물 양조(당화) 레시피를 맥아추출물 레시피로 바꾸기

완전 곡물All grain 양조법 레시피는 대부분 맥아추출물과 특수 곡물로 재료를 대체한 레시피로 비교적 쉽게 바꿀 수 있다. 위에서 살펴본 비중점과 부피 계산식을 동일하게 적용하여 완전 곡물 양조에 사용하는 베이스 맥아 대신 맥아추출물을 얼마나 사용해야 하는지 계산한다. 맥아추출물이 아닌 맥아를 베이스 맥아로 사용할 때(두줄 보리, 필스너, 페일 에일, 비엔나, 뮌헨 맥아 등) 비중점은 어림잡아 27PPG 또는 225PKL이다. 베이스 맥아와 맥아추출물에 각각 해당하는 PPG값의 비율을 전환계수로 적용하면 베이스 맥아로 사용할 추출물의 양을 계산할 수 있다. 여기서 한 가지 유념할 사항은, 맥아추출물 가운데는 베이스 맥아를 일정 부분 함유한 제품도 있다는 것이다. 아래에 나오는 두 가지 예시 중 두 번째가 이 경우에 해당한다. 표 4.2에 일반적으로 많이 사용되는 맥아추출물과 전환 계수가 나와 있다.

첫 번째 예로 먼저 간단한 완전 곡물 스타우트 맥주 레시피를 살펴보자. 이 레시피에는 페일 에일 맥아 10파운드(4.5킬로그램)와 크리스탈 40로비본드 등급(℃L) 맥아 1파운드(450그램), 로스팅한 보리 1파운드(450그램)가 사용된다.

1. 먼저 베이스 맥아부터 시작하자. 베이스 맥아의 비중점은 27PPG(225PKL)이고 액상 맥아추출물은 36PPG(300PKL)이다. 이 두 값의 비를 계산하면 27/36(225/300)이므로 0.75가 전환계수다. 즉 곡물 재료의 베이스 맥아와 동일한 비중점을 맞추려면 액상 맥아추출물을 그 양의 75퍼센트만큼 사용하면 된다. 따라서 1파운드(4.5킬로그램) 대신 페일 에일 액상 맥아추출물을 7.5파운드(3.38킬로그램) 사용한다.

2. 특수 맥아는 곡물 망에 담가서 침출하는 방식으로 사용하므로 따로 양을 바꿀 필요가 없다. 그러므로 본 스타우트 레시피는 페일 에일 액상 맥아추출물 7.5파운드(3.38킬로그램)와 크리스탈 40로비본드 등급 맥아 1파운드(450그램), 구운 보리 1파운드(450그램)로 정리할 수 있다.

두 번째 예는 약간 더 까다롭다. 맥아추출물을 한 종류가 아닌 두 종류를 사용하는 경우다. 하지만 그렇게 어렵지는 않다. 이번에는 완전 곡물로 밀맥주를 만드는 레시피의 재료를 액상 맥아추출물로 바꾸는 방법을 알아보자. 밀 맥아 6파운드(2.72킬로그램)와 필스너 맥아 6파운드(2.72킬로그램)로 구성된 일반적인 밀맥주 레시피라고 가정한다.

1. 먼저 밀 맥아의 전환계수를 계산한다. 보통 액상으로 된 밀 맥아추출물에는 밀 맥아가 65 퍼센트, 베이스 맥아(보리)가 35퍼센트 함유되어 있다. 밀 맥아와 액상 밀 맥아추출물의 전환계수는 1.2이다(표 4.2). 그러므로 액상 밀 맥아추출물은 1.2×6, 즉 7.2파운드(미터법 단위로는 1.2×2.72 = 3.26킬로그램)이 필요하다.

2. 액상 밀 맥아추출물에는 1파운드 또는 1킬로그램을 기준으로 중량당 보리 맥아추출물이 35퍼센트 포함되어 있다. 필스너 맥아를 액상 추출물로 전환할 때는 이 점을 고려해야 한다. 베이스 맥아인 필스너 맥아가 6파운드(2.72킬로그램) 사용되므로 전환계수를 적용하면 액상으로 된 필스너 맥아추출물은 0.75×6 = 4.5파운드(미터법 단위로는 0.75×2.72 = 2.04킬로그램)가 필요하다. 그런데 액상 밀 맥아추출물 7.2파운드에 이미 보리 맥아추출물이 2.5파운드(1.13킬로그램) 포함되어 있다[7.2파운드(3.26킬로그램)의 35퍼센트]. 따라서 액상 필스너 맥아추출물에

표 4-2 | 곡물을 맥아추출물로 대체 시 중량 대비 중량 전환계수

맥아추출물	맥아추출물 조성[a]	전환계수[b]
필스너 LME	100% 필스너	0.75
필스너 DME	100% 필스너	0.64
페일 에일 LME	100% 페일 에일	0.75
페일 에일 DME	100% 페일 에일	0.64
밀 LME	65% 밀 35% 베이스 맥아	1.2 밀 (+35% 베이스 맥아)
밀 DME	65% 밀 35% 베이스 맥아	0.88 밀 (+35% 베이스 맥아)
비엔나 LME	100% 비엔나	0.75
뮌헨 LME	50% 뮌헨 50% 베이스 맥아	1.5 뮌헨 (+50% 베이스 맥아)
뮌헨 DME	50% 뮌헨 50% 베이스 맥아	1.3 뮌헨 (+50% 베이스 맥아)
호밀 LME	20% 호밀 70% 베이스 맥아 10% 캐러멜 40°L	1.3 호밀 (+70% 베이스 맥아 + 10% C40 맥아)

DME: 건조맥아추출물, **LME:** 액상 맥아추출물
a: 브리스 CBW(Briess CBW®) 추출물의 조성
b: 각 레시피에 명시된 곡물 중량에 본 전환계수를 곱하면 필요한 맥아추출물의 양을 구할 수 있다.
참고 사항: 베이스 맥아는 보리 맥아를 지칭하는 일반적인 명칭이다. 필스너 맥아와 페일 에일 맥아는 둘 다 두줄보리로 만들지만 페일 에일 맥아는 보통 필스너 맥아보다 색과 풍미가 다소 진해지도록 건조용 가마에서 만든다. 예를 들어 밀이나 뮌헨 맥아추출물에 함유된 베이스 맥아는 제조업체에 따라 필스너 맥아나 페일 에일 맥아, 또는 그 두 가지의 중간 정도에 해당되는 다른 맥아일 수 있다.

서 이미 레시피에 포함된 보리 맥아추출물의 양을 제외하면(4.5파운드 − 2.5파운드) 액상 필스너 맥아추출물은 2파운드(910그램)만 추가하면 된다는 결과가 나온다.

3. 그러므로 밀 맥아 레시피를 정리하면, 액상 밀 맥아추출물 7.2파운드(3.26킬로그램), 액상 필스너 맥아추출물 2파운드(910그램)를 준비하면 된다. 뮌헨 맥아, 호밀 맥아 등 다양한 성분으로 구성된 추출물에도 동일한 전환법을 적용할 수 있다.

맥아추출물에 관한 몇 가지 팁

맥아추출물로 맥주를 만들면 결과가 들쭉날쭉할 때가 있으므로 요령이 필요하다. 이런 문제는 기본적으로 당으로 인해 발생한다. 설탕은 찬물에서도 덩어리지지 않고 잘 섞이지만 녹는 속도가 느리다. 뜨거운 물에 넣으면 가장 잘 녹지만 그래도 뭉치는 경향이 있다. 그러므로 건조 추출물과 액상 추출물을 사용할 때는 반드시 잘 저어주어야 한다!

• 액상 맥아추출물은 밀도가 굉장히 높은 시럽 형태이므로 끓임조 바닥에 가라앉아 있다가 가열하면 타기 쉽다. 뜨거운 물에 가장 잘 녹지만, 냄비에 눌어붙지 않도록 하려면(시커멓게 탄 자국이 남는다) 완전히 용해된 후에 불을 켜고 가열해야 한다.

• 건조맥아추출물은 넣으면서 계속 저어야 한다. 찬물에서 녹이는 것이 가장 좋지만 용해 속도가 매우 느리다. 건조 추출물을 뜨거운 물에 녹이면 뭉치는 경향이 있고 작은 덩어리 형태로 표면에 떠오르면 녹이기가 쉽지 않다. 하지만 결국 다 녹는다!

비중 vs. 발효성

6장에서 발효도attenuation의 개념을 다시 설명하기로 하고 이번 장에서는 먼저 발효성 fermentability에 대해 알아보자. 일반적으로 발효성은 맥아즙에 사용되는 맥아추출물의 특성이며 발효도는 맥주에 함유된 효모의 특성이다(즉 발효 전과 발효 이후에 각각 해당되는 개념이다). 사실상 의미는 동일하지만 방향성에 차이가 있다.

오늘날 맥아추출물의 발효성은 대부분 약 75퍼센트다. 이는 맥아즙의 초기 비중OG이 1.040인 경우 종료 비중FG이 1.010이라는 뜻이다. 그러나 양조자에 따라 결과는 다양하게 바뀔 수 있다. 완전 곡물 양조는 양조자가 당화mashing 조건을 바꿔서 비발효성 당의 비율을 더 높이거나 낮출 수 있고, 이에 따라 종료 비중도 높아지거나 낮아질 수 있다. 맥아추출물 생산 공정도

표 4-3 | 발효성 75퍼센트 가정 시 알코올 함량(ABV) 비율

OG	1.030	1.040	1.050	1.060	1.070	1.080	1.090
FG	1.007	1.010	1.012	1.015	1.018	1.020	1.022
ABV	2.9%	4%	5%	6.1%	7.2%	8.4%	9.7%

ABV: 알코올 함량, **FG**: 종료 비중, **OG**: 초기 비중
참고 사항: 9장에 더 상세한 표가 나와 있다.

전문화된 양조 과정으로 볼 수 있고, 이 과정에서도 동일한 변수가 발생할 수 있다. 종료 비중이 높아지면 맥아 맛이 강하고 보디감이 더 풍부한 맥주가 만들어지므로 엑스트라 스타우트와 같은 종류에 적합하다. 양조자의 재량에 따라 완전 곡물 양조에서 비발효성 당의 비율을 높이기 위해 당화 과정에서 덱스트린 맥아를 첨가하기도 한다. 맥아추출물을 이용할 때도 같은 목적으로 정제된 덱스트린인 말토덱스트린 분말을 추가할 수 있다. 단맛이 없는 말토덱스트린은 녹는 속도가 느린 특징이 있고, 비중점은 40PPG(340PKL)며 일반적인 양조용 효모로는 발효되지 않는다.

일반적으로 초기 비중이 높을수록 종료 비중도 높아지고 알코올 함량(ABV)도 높아진다(표 4.3). 그러나 종료 비중이 높다고 해서 반드시 맥주의 단맛이 강해지지는 않는다. 단맛은 당화 시 당의 최종 특성과 맥아즙을 끓이는 단계에서 홉의 쓴맛 특성, 특정 효모의 발효 특성에 따라 결정된다. 따라서 초기 비중과 종료 비중이 동일한 맥주도 맛이 완전히 달라질 수 있다.

그림 4-3

분쇄된 곡물의 형태. 1센트짜리 동전과 비교하면 알갱이의 크기를 가늠할 수 있다.

스페셜티 곡물 침출하기

스페셜티 곡물은 차를 우려내는 것과 동일한 방식으로 침출한다. 캐러멜 20로비본드 등급, 캐러멜 60로비본드 등급과 같은 캐러멜 형태의 맥아는 맥아 생산 과정에서 이미 맥아 내부에서 당화가 이루어지므로, 침출로 당분을 간단히 추출할 수 있다. 초콜릿 맥아와 블랙 맥아, 구운 보리 등 로스팅한 맥아는 베이스 맥아나 캐러멜맥아와 견주어 수용성 성분이 천천히 추출되면서 특유의 풍미가 형성된다. 로스팅한 맥아는 미리 분쇄하여 모슬린이나 나일론 재질의 망에 담아서 침출하면 곡물의 향과 맛을 얻을 수 있다. 홍차와 마찬가지로 침출 시간이 길수록 더 진한 풍미가 추출된다. 맥아즙에서 스페셜티 곡물의 침출이 얼마나 잘 이루어지는지는 침출 시간과 온도, 입자의 크기에 따라 달라진다. 분쇄된 곡물의 입자 크기가 작을수록 더 많은 성분이 더 짧은 시간 내에 침출한다. 스페셜티 곡물의 특징적인 풍미 외에 더 많은 것을 얻고자 한다면 곡물을 더 미세하게 갈거나(분쇄기에 두세 번 반복해서 분쇄하는 등) 곡물을 일반적인 양보다 많이 사용하면 된다. 보통 분쇄기를 0.04인치(1밀리미터)로 설정하면 적당한 크기의 입자로 분쇄할 수 있다. 입자 크기가 이보다 작으면 곡물 망에 담기 어려울 수 있다. 단, 밀 맥아는 보리 맥아보다 크기가 작으므로 두 번 분쇄하는 것이 편리할 수도 있다.

분쇄된 스페셜티 곡물은 일반적으로 뜨거운 맥아즙[60~75°C(140~170°F)]에 30분간 담가 침출한다. 캐러멜맥아는 빨리 침출되는 반면 로스팅한 맥아는 서서히 침출된다. 침출이 다 끝나면 곡물이 담긴 망을 제거하고 맥아즙을 끓인다.

| 일반적인 침출량 |

표 4.4에 여러 가지 스페셜티 맥아의 일반적인 침출 수율이 나와 있다. 최상의 결과를 얻기 위해서는 곡물 망에 재료를 여유 있게 담아야 한다. 베개처럼 망이 빵빵해질 정도로 가득 채워 넣지 말아야 한다. 필요하다면 곡물을 망 하나에 한꺼번에 담는 것보다는 두 개 이상의 망에 나눠 담는 것이 좋다. 맥아즙이 곡물 사이로 침투할 수 있어야 원활하게 침출될 수 있다.

유념할 점 한 가지 | 침출 시 맥아즙을 한 방울도 낭비하지 않겠다는 생각으로 곡물 망을 꾹 짜면 안 된다! 곡물 망을 제거할 때는 위로 들어 올려 1분 정도 자연스럽게 액체가 빠져 나가도록 한다. 페일, 캐러멜 타입의 곡물은 쉽게 침출되므로 곡물에 그리 많은 성분이 남아 있지 않는다. 반면 로스팅한 맥아는 추출되어야 할 성분이 곡물에 상당량 남아 있을 수 있지만 곡물 망

표 4-4 | 일반적인 특수 맥아의 침출량

맥아 종류[a]	맥아 색깔(로비본드 등급)	PPG	PKL
캐러필스(carapils®)	2	8	67
캐러폼(Carafoam®)	2	27	225
캐러멜 10	10	16	134
캐러멜 20	20	17	142
캐러비엔나(Caravienne)	20	17	142
캐러스탄(Carastan)	35	17	142
멜라노이딘(Melanoidin)	35	28	234
캐러멜 40	40	17	142
캐러휘트(Carawheat®)	55	8	67
캐러멜 60	60	18	150
캐러뮤닉(Caramunich)	60	18	150
캐러멜 80	80	16	134
캐러멜 120	120	15	125
스페셜 B(Special "B")	130	14	117
앰버(Amber)	25	18	150
브라운(Brown)	60	8	67
페일 초콜릿	225	20	167
초콜릿	350	24	200
다크초콜릿	420	25	209
캐러파 스페셜 II (Carafa Special II®)	450	25	209
캐러파 스페셜 III (Carafa Special III®)	500	26	217
블랙 프린츠(Black Prinz®)	500	26	217
미드나잇 휘트(Midnight wheat®)	5500	27	225
구운 보리	500	27	225
블랙 맥아	5500	27	225

PKL: 1리터당 1킬로그램 기준 비중점, **PPG**: 1갤런당 1파운드 기준 비중점

a: 캐러필 맥아부터 스페셜 B 맥아까지는 캐러멜 타입의 스페셜티 맥아로, 맥아 내부에서 당화 과정을 일으켜(stewing) 만든 맥아에 해당한다. 그 아래 앰버 맥아부터 블랙 맥아까지는 말려서 구운 특수 맥아다.

참고 사항: 위의 침출량 데이터는 71℃(160°F)의 물 1리터에 120그램의 곡물을 담가 30분간 침출한 실험에서 얻은 결과이다(1파운드/갤런에 상응하는 농도). 실험에 사용된 맥아는 모두 롤러 두 개로 구성된 분쇄기에서 동일한 설정으로 분쇄했다. 그러므로 침출량은 달라질 수 있다.

을 짜면 탄닌 등 향이 강한 성분이 맥아즙에 흘러나올 수 있다. 주변에 액체가 뚝뚝 떨어지지 않도록 망을 가볍게 짜는 것은 괜찮지만 망을 세게 비틀어 짜면 안 된다. 나중에 반드시 후회하게 될 것이다.

| 침출 온도 |

침출 온도는 맥주의 풍미에 큰 영향을 준다. 고온에서 침출하면 곡물을 당화시킬 때와 매우 비슷한 환경이 조성되므로 당화 시 생성되는 맛과 아로마를 거의 비슷하게 얻을 수 있다. 고온 침출은 맥아추출물을 이용한 양조 시 스페셜티 곡물의 풍미를 더할 때 가장 많이 활용하는 방법이다. 향신료도 온수나 뜨거운 맥아즙을 조금 덜어낸 다음 담가서 차처럼 성분을 우려낸 다음 맥아즙이나 맥주에 따로 첨가할 수 있다. 향신료로 얻고자 하는 아로마는 끓는 과정에서 사라질 수 있으므로, 이렇게 준비한 향신료 침출액은 맥아즙을 다 끓인 뒤에 첨가해야 한다.

스페셜티 곡물을 냉침출하는 방법도 차나 커피에 적용하는 방법과 매우 비슷하며, 풍미와 아로마도 비슷하게 추출한다. 구운 곡물을 수시간 또는 하룻밤 동안 냉침출하면 특유의 톡 쏘는 향이 줄고 신선한 아로마를 더 많이 얻을 수 있지만 맛은 연해진다. 냉침출에는 알칼리수를 이용하는 것이 좋고(물과 추출물을 이용한 양조법에 대해서는 8장에서 더 자세히 설명한다), 시나몬이나 올스파이스, 고수와 같은 향신료를 첨가하는 것도 좋은 방법이다.

맥주가 오염되지 않도록 하려면 냉침출한 맥아즙(또는 따로 침출된 용액)을 끓이거나 저온살균해야 하므로, 맥아즙을 끓이는 과정이 다 끝나갈 무렵에 첨가한다. 저온살균은 79℃(175℉) 이상의 온도에서 30초간 살균하면 충분한 효과를 얻을 수 있다. 온도가 99℃(210℉)인 물 3갤런(11.4리터)에 실온[21℃(70℉)]의 물 1갤런(4리터)을 첨가하면 79℃(175℉) 정도로 온도를 맞출 수 있다. 그러므로 첨가할 양과 끓이는 양의 비율이 1대 3 미만이라면 끓이기 단계가 끝나고 첨가해도 무방하지만, 첨가할 양이 그보다 많으면 끓이는 시간이 몇 분 남았을 때 첨가해야 한다.

향신료와 구운 스페셜티 맥아는 절대 끓이지 말아야 한다. 향신료와 로스팅한 맥아를 끓이면 물이 아닌 맥아즙이라도 불쾌한 맛이 흘러나올 수 있기 때문이다. 로스팅한 맥아는 끓이면 탄 음식과 비슷한 맛이 나고, 시나몬은 끓이면 상당히 자극적인 향과 나무 냄새가 난다. 마찬가지 원리로 스페셜티 곡물을 뜨거운 물에 너무 오랫동안(보통 30분 이상) 담가 두거나 침출 용액의 온도가 너무 높으면(거의 끓을 정도) 겉껍질에 함유된 향이 강한 탄닌 성분(폴리페놀)이 더 많이 나올 수 있다. 로스팅한 맥아를 침출할 때 특히 이 점에 유의해야 한다. 너무 오래 우려낸 홍차를 한 모금 마셨을 때처럼 맥아즙에도 혀가 닿자마자 자동으로 얼굴을 일그러지게 만들 만큼 강한 쓴맛이 생길 수 있다. 전통적인 자가 양조법 중에는 스페셜티 곡물을 첨가하여 맥아즙이 팔팔 끓으면 제거하는 방식이 있으나 이렇게 하면 탄닌이 나올 가능성이 높다.

물의 화학적 특성 또한 탄닌 추출 여부에 영향을 준다. 알칼리성이 약한 물(즉 중탄산염 함량이 낮은 물)에 로스팅한 맥아를 넣고 침출하면 시큼하고 톡 쏘는 맛이 날 수 있다. 또 컬러가 낮은 크리스탈 맥아를 알칼리성이 강한 물로 침출하면 알칼리 함량이 너무 높아 탄닌이 나올 수 있다.

이 책의 이전 판에서는(그리고 자가 양조법을 설명한 대부분의 책들은) 침출에 수돗물을 사용하고 맥아추출물을 첨가하기 전에 곡물을 침출하라고 설명했다. 본 개정판에서는 물의 화학적 특성으로 인한 탄닌 추출을 방지할 수 있도록, 앞서 1장에 나온 양조 과정과 같이 곡물을 맥아즙에 넣고 침출할 것을 권장한다. 맥아즙으로 추출하면 맥주 총 생산량이 크게 줄지 않으면서

끓이기 그리고 맛이 형성되는 과정

브루어링 팁

끓이기는 수천 년 전부터 맥주 양조에 사용된 방법이다. 우리가 맥주를 만들면서 기대하는 여러 가지 맛 중에서 상당 부분, 또는 최소한 일부는 끓이는 시간과 강도에 좌우된다. 끓이는 동안 마이야르 반응이 일어나고 이 반응이 맥주의 맛 형성에 중대한 영향을 주므로 전체 양조 과정에서 매우 중요한 단계라 할 수 있다. 마이야르 반응은 끓이는 시간, 온도는 물론 재료에도 영향을 받는다. 맥아즙을 끓일 때 지켜야 할 몇 가지 사항을 정리하면 아래와 같다.

1. 맥아즙은 반드시 끓여야 한다. 끓이는 시간은 맥주의 종류에 따라 다양하다. 전통적으로 최대 다섯 시간까지 끓이는 방법을 활용했으나 최근에는 60~90분 정도 끓이는 것이 일반적이다.
2. 끓는 강도는 중간 정도로 유지해야 한다. 즉 표면에 거의 움직임이 없거나 살짝 끓어오르는 정도도 부적절하지만 반대로 액체가 밖으로 튈 정도로 펄펄 끓는 것도 적절치 않다. 맥아즙의 표면 전체가 일정하게 위아래로 움직이면서 적당한 수준으로 끓는 상태를 유지한다.
3. 맥아즙이 증발되는 속도를 기준으로 끓는 정도가 적당한지 확인하는 것도 좋은 방법이다. 경험 법칙상 맥아즙은 시간당 10~15퍼센트 정도 증발되며, 사용하는 도구에 따라 최대 20퍼센트까지 증발하기도 한다. 맥아즙을 끓이는 건 증기를 얻기 위해서도 아니고, 액체를 농축하는 것이 최종 목표도 아니다(물론 끓이면서 농축되는 건 맞지만). 곡물을 충분히 익히는 것이 목적임을 잊지 말자!

(내가 직접 실시한 실험에서는 10~20퍼센트 정도, 초기 비중점은 1~2 정도 줄었다) 로스팅한 맥아의 톡 쏘는 맛을 줄일 수 있다. 알코올 도수가 높은 맥아즙은 총량이 더 많이 줄어들지만 비중이 1.020인 맥아즙은 pH가 적당한 수준으로 알맞게 유지된다. 향신료를 맥아즙에 담가서 침출하면 물로 추출할 때 발생할 수 있는 흙냄새나 톡 쏘는 맛이 배어나지 않고 특징적인 풍미와 아로마를 얻을 수 있다. 8장에서 물의 화학적 특징이 추출물을 이용한 양조에 어떤 영향을 주는지 더 상세한 정보를 제시했다.

침출steeping과 당화mashing의 차이는 곡물이나 부재료의 녹말 성분을 당으로 변환하는 효소 활성에 영향을 받지 않는다는 점이다. 스페셜티 곡물을 침출하면 원래 곡물이 가지고 있던 당분과 풍미를 부여하는 성분이 맥아즙에 흘러 나와 녹는다. 당화(즉 효소 작용) 반응이 일어나는 맥아를 침출하는 것은 당화에 해당한다. 나중에 이 책 2부에서 다시 설명하겠지만, 이러한 당화에 사용되는 맥아도 '침출'을 시도할 수는 있으나 적절한 조건을 갖추지 않으면 녹말이 제대로 전환되지 않아 실망스러운 결과물이 나올 수 있다.

전체 끓이기 vs. 부분 끓이기

맥아추출물로 맥주를 만드는 것은 곧 농축된 맥아즙을 사용하는 것이다. 즉 이미 한 번 끓인 맥아를 재료로 사용한다. 3장에서 살펴보았듯이 맥아추출물 생산 업체에서는 수분을 편리하게 제거하기 위해 부분 진공 환경에서 맥아즙을 끓인다. 이 환경에서는 물도 더 낮은 온도에서 끓고 마이야르 반응도 감소하므로 양조를 마칠 때까지 맥아추출물이 과도하게 가열되는 일은 생기지 않는다. 수년 전에는(대략 1970~1990년) 물의 양을 6갤런(23리터) 대신 3갤런(11.4리터)으로 줄이고 여기에 맥아추출물을 전부 넣어서 끓이는 것이 추출액을 이용한 표준 양조법으로 통용되었는데, 그 이유는 미국에서 대부분의 가정에 설치된 전기렌지가 6갤런(23리터)의 물을 끓일 만큼 충분한 열을 공급하지 못했기 때문이다.

예를 들어 초기 비중이 1.050인 맥주 5갤런(19리터)을 만들기 위해 액상 맥아추출물이 약 7파운드(3.2킬로그램) 정도 사용되는 레시피가 있다고 가정해보자. 재료 전체를 끓이는 방법으로는 6갤런(23리터)을 끓여서 5갤런(19리터)으로 맞추고 맥아즙의 비중을 1.042에서 1.050으로 높인다. 즉 초기 비중이 1.050인 맥주를 만들려면 비중이 1.042인 상태에서 맥아즙을 끓여서 마이야르 반응으로 맛이 형성되도록 해야 한다는 뜻이다(위의 '끓이기 그리고 맛이 형성되는 과정' 참고).

그런데 액상 맥아추출물을 똑같이 7파운드(3.2킬로그램) 사용하고 물은 3갤런(11.4리터)만 넣고 끓이면 비중은 1.084가 된다. 끓이는 과정에서 마이야르 반응을 통해 형성되는 아로마와 풍미 성분은 맥아즙에 함유된 당류와 아미노산의 농도에 따라 달라진다. 그리고 맥아즙의 비중이 높아지면 처음 만들고자 했던 맥주의 종류와는 어울리지 않는 맛이 형성될 수 있다. 이와 같은 문제로 인해 맥아추출물로 만든 맥주는 레시피나 맥주의 종류가 같아도 완전 곡물로 만든 맥주만큼 맛있지 않다는 악평에 오랫동안 시달렸다. 물론 레시피에 포함된 특정 성분을 어떻게 선택하느냐에 따라 맥주 맛이 달라지기도 하지만, 대부분은 끓일 때 비중과 그 이후 마이야르 반응에 따라 맛이 달라진다.

이 책의 이전 버전에서 나는 '맥아추출물 2단계 첨가Extract Late' 방식의 양조법을 소개했다. 레시피에 포함된 맥아추출물의 절반을 필요한 물의 절반에 넣고 홉도 추가하여 먼저 끓이는 방식이다. 이 방법은 끓일 때 비중과 마이야르 반응을 정해진 레시피나 맥주의 종류에 알맞은 값으로 맞추기 위해 고안되었다. 남은 맥아추출물은 끓이기 과정이 끝난 후 불을 끄고 첨가하고 맥아즙을 냉각하기 전에 10~15분간 그대로 두면서 저온살균한다. 알코올 도수가 높은 맥아즙이 만들어지면 이를 발효조에 붓고 물을 추가하여 전체 부피를 맞춘다.

이와 같은 방법을 내가 최초로 제안했다고 생각하지는 않지만, 구체적인 방법을 처음으로 설명한 것은 맞다. 하지만 '추출물 2단계 첨가'라는 명칭이 다소 모호한 것 같아서, 이번 새 개정판에서는 이미 여러 사람들이 사용해온 명칭인 '파머 양조법'으로 칭할 생각이다. 1장 '직접 만드는 첫 번째 수제 맥주'에서 단계별로 소개한 양조 과정을 꼼꼼히 읽어보았다면 '파머 양조법'이 어떻게 진행되는지 알 것이다.

재료 전체를 끓이는 방식[즉 7갤런(26리터)을 끓여서 6갤런(23리터)으로 만드는 것]은 가장 전통적인 맥주 양조법이며 전통적인 맛, 즉 대다수가 기대하는 맛을 만들어낼 수 있는 방법이다. 맥아즙을 '맥아즙 A'와 '맥아즙 B'로 나누고 A만 끓여서 홉을 첨가하는 파머 양조법은 이처럼 전체를 끓이는 방식과 동일한 레시피를 활용하여 맛과 아로마를 거의 흡사하게 이끌어낼 수 있는 방법이라 할 수 있다. 이 책에 나온 레시피는 대부분 여러분이 가정에서 더욱 손쉽게 맥주를 만들 수 있도록 파머 양조법에 맞는 내용으로 제시하였다. 대용량 끓임조(10갤런, 즉 40리터 등)를 보유한 경우 파머 양조법 레시피에 나오는 맥아즙 A와 B를 합하고 물도 총량을 한꺼번에 넣어서 전체를 끓이면 된다. 단, 열을 충분히 제공하기 위해서는 프로판가스나 천연가스를 연료로 사용하는 가열 장치가 필요하다.

요약

맥아추출물은 맥아즙이 농축된 것으로 생각하면 간단하다. 맥아추출물을 이용하면 맥아즙을 만드는 데 걸리는 시간과 노력을 줄일 수 있으므로 자가 양조에 뛰어든 초보자들은 발효 단계에 더 집중할 수 있다. 대부분의 맥주 키트 제품에는 발효에 활용될 당류를 다량 공급하는 맥아추출물과 각각의 맥주 종류에 알맞은 풍미를 더해줄 침출용 스페셜티 곡물이 포함되어 있다. 양조 과정 중에 내용을 추측할 필요가 없게끔 충분한 설명이 나와 있어서 양조자가 자신만의 레시피를 만들어낼 수 있을 때까지 맥아추출물로 충분한 양조 경험을 쌓을 수 있도록 만들어진 키트가 좋은 키트다.

침출용 스페셜티 곡물은 맥아추출물만으로는 만들기 힘든 다양한 맥주를 만들 수 있도록 새로운 가능성을 열어준다. 벨기에 밀맥주와 같이 특유의 맛과 특성을 살린 맥주를 만들기 위해서는 부재료가 반드시 당화mashing를 거쳐야만 하는 맥주는 몇 가지에 불과하다. 수제 맥주를 만드는 수많은 양조자들은 종류도 다양하고 사용하기도 쉬운 맥아추출물과 침출용 곡물로도 충분히 만족스러운 결과물을 얻는다. 재료의 일부만 끓이는 파머 양조법을 활용하면 일반 가정에서도 맥주 키트로 5갤런(19리터) 분량의 맥주를 손쉽게 만들 수 있다.

완전 곡물 양조법과 맥아에서 당류를 추출해 내는 당화 과정이 나와 있는 2부의 내용을 읽어보면 맥아즙을 만들고 발효성을 알맞게 조절하는 방법을 익힐 수 있다.

CHAPTER

— 5 —

★ HOW to BREW ★

홉

홉이 뭘까?

　홉(학명 *Humulus lupulus*)은 솔방울 모양의 자성생식(암컷 배우자가 수컷 배우자 없이 생식하는 것) 기관이 꽃을 이루는 구화수(소나무처럼 열매 굴대 둘레에 나무 재질의 비늘조각이 시간이 지남에 따라 벌어지는 구과식물)의 일종이다. 덩굴식물에 해당하는 홉의 자생지는 북미, 유럽, 아시아의 온대 지역이다. 암수가 구분되는 식물로, 암그루에서만 원뿔(콘) 모양의 꽃이 핀다. 홉 덩굴은 지지할 곳만 있으면 9미터(30피트) 이상 높이 자라고 상업적으로 재배되는 식물은 끈이나 전선을 타고 자라기도 한다. 잎은 포도 잎과 흡사하고, 꽃은 솔방울과 형태는 약간 비슷하지만 색은 옅은 녹색을 띠며 결이 종이처럼 얇은 특징이 있다. 꽃의 포엽(얇고 질감이 종이와 비슷한 겉잎) 아래쪽에 루풀린*lupulin*이라는 노란색 물질이 생성되는 분비샘이 자리한다. 루풀린에 함유된 에센셜 오일과 수지(樹脂, 나뭇진, 소나무 따위의 나무에서 분비하는 점도가 높은 액체 또는 그것이 공기와 닿아 굳어진 것) 성분은 맥주의 쓴맛과 독특한 아로마가 나오는 원천이다. 이 오일과 수지에 세균 생장을 저해하는 천연 보존료 효과가 있다는 점은 맥주 양조에 홉이 가장 먼저 재료로 선택된 여러 이유 중 하나가 되었다.

　홉이 양조 목적으로 재배된 것은 대략 1,000년 전부터다. 북반구와 남반구 모두 위도 35°

그림 5-1

홉 꽃(콘)

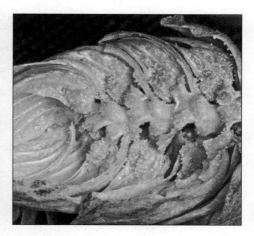

그림 5-2

포엽 아래에 형성된 루풀린 분비샘

~55° 지역에서 가장 많이 재배된다. 홉이 가장 먼저 재배된 곳은 중앙 유럽으로 알려져 있으며 1500년대 초에 서유럽과 영국으로 확산됐다. 20세기 초까지만 해도 전 세계에서 재배되는 홉의 종류는 약 20종에 불과했으나 오늘날에는 종류가 200종이 넘는다. 홉 육종 사업은 쓴맛을 내는 알파산의 함량을 높이는 동시에 생산량을 늘리고 질병 저항성을 개선하는 방향으로 진행되어 왔다.

홉의 쓴맛

홉의 쓴맛을 구성하는 주된 성분은 수지에 함유된 후물렌*humulene*이라는 알파산이다. 이 알파산은 홉을 끓여서 이성체화가 진행되기 전에는 쓴맛이 나지 않고 물에 녹지 않는다. 이성체화는 분자의 구조는 바뀌지만 화학적인 구성은 그대로 유지되는 변화를 의미한다. 즉 분자를 구성하는 원소는 동일하지만 배열이 바뀌면서 분자의 특성이 변한다. 홉을 맥아즙에 첨가하여 함께 끓이면 알파산의 이성체화가 진행되어 쓴맛이 강한 수용성 이소알파산(이소후물렌)이 생성된다. 홉을 오래 끓일수록 더 많은 알파산이 이성체화되고 맥아즙의 이소알파산 함량이 높아지면서 쓴맛이 더욱 강한 맥주가 만들어진다. 일반적으로 홉을 한 시간 동안 끓이면 홉에 함유된 알파산의 25~30퍼센트가량이 이성체화된다.

홉의 수지를 구성하는 또 다른 성분인 베타산은 루풀론*lupulones*으로도 불리는데 이 베타산은 끓여도 이성체화가 진행되지 않는다. 이 베타산은 보관 과정에서 산화되어 수용성으로 변하고 이때 쓴맛이 형성된다. '숙성된 홉'이 가진 쓴맛은 주로 이 베타산에서 비롯된다. 알파산도 실온에 보관하면 산화되지만 이성체화된 알파산과 산화된 알파산은 같지 않고, 산화된 알파산의 쓴맛이 더 강하다. 또 산화된 알파산보다는 산화된 베타산이 더 쓰고, 산화된 베타산보다 이소알파산이 더 쓰다.[1] 이처럼 쓴맛은 산화된 베타산이 산화된 알파산보다 강하지만 최근 양조에 사용되는 홉 품종에는 베타산보다 알파산이 두세 배 더 많이 함유되어 있다. 이러한 변화는 홉에 함유된 각각의 산 성분으로 이루어지는 쓴맛에 영향을 준다.

홉 꽃(콘)에 함유된 폴리페놀(산 성분과는 종류가 다른 물질로 구성된다)도 맥주, 특히 말린 홉으로 만들어진 맥주를 마실 때 느끼는 쓴맛에 영향을 주는 것으로 여겨진다. 그러나 시음 전문가들로 구성된 평가단이 밝힌 쓴맛과 화학분석 결과를 종합한 연구에서, 시중에 판매되는 맥주의 쓴맛은 거의 대부분 이소알파산과 산화된 알파산이 관련 있는 것으로 밝혀졌다.[2] 그러므로 홉의 폴리페놀 성분은 쓴맛에 영향을 줄 수 있으나 그 영향의 정도가 다양하고 산화된 알파산만큼 큰 영향은 주지 않는다.

홉의 쓴맛을 고려할 때 꼭 기억해야 할 사항을 정리하면 아래와 같다.

쓴맛을 좌우하는 성분

- 이소알파산 : 쓴맛이 매우 강하다. 홉이 첨가되는 맥주에 쓴맛을 내는 주된 성분이다.
- 산화된 알파산 : 산화된 베타산보다는 쓴맛이 덜하지만 함량은 더 많다. 오래된 홉 또는 숙성된 홉에 가장 많이 함유된 쓴맛 성분이다.
- 산화된 베타산 : 산화된 알파산보다 쓴맛이 강하지만 함량은 더 적다. 사워 맥주[람빅 스타일(벨기에산의 독한 맥주)] 등 숙성된 홉을 사용하는 맥주에 일차적으로 쓴맛을 부여하는 성분이다.
- 홉의 폴리페놀 : 쓴맛의 정도가 다양하며, 홉의 산 성분만큼 쓴맛에 큰 영향을 주지 않는다.

---

1 알가잘리와 셸해머(Algazzali and Shellhammer, 2016)는 산화된 베타산의 쓴맛은 이소알파산의 84퍼센트(±10퍼센트) 수준이나 산화된 알파산의 쓴맛은 이소알파산의 66퍼센트(±13퍼센트)라고 밝혔다.
2 Hahn, Lafontaine, and Shellhammer, "A holistic examination of beer bitterness" (abstract presentation, World Brewing Congress, Denver, CO, August 17, 2016).

쓴맛과 무관한 성분

- 알파산[3] : 이성체화나 산화가 진행되지 않은 알파산은 수용성이 없다. 홉 수지 성분에 자연적으로 함유되어 있다.
- 베타산 : 홉 수지에 자연적으로 함유되어 있으며 산화되지 않은 불수용성 성분이다.
- 위에 언급된 쓴맛 성분의 분해 산물

국제 쓴맛 단위*IBU* 테스트의 역사

1800년대 후반부터 양조자들은 맥주에 함유된 홉의 쓴맛을 분류하고 정량화할 수 있는 방법을 모색해왔다. 비슷한 시기에 루풀린에서 알파산(후물론)과 베타산(루풀론)이 분리되었고 1900년대 초에는 과학자들을 통해 이러한 특정 성분이 맥주에 들어 있지는 않고 홉의 쓴맛과 아로마는 양조 과정에서 형성된다는 사실이 밝혀졌다. 그리하여 1920년대와 30년대, 40년대에 걸쳐 알파산과 베타산의 쓴맛이 어떻게 맥주에 나타나는지 파악하기 위한 각 성분의 분자 구조 연구가 이어졌다. 1939년에 W. 윈디시(W. Windisch)가 산화된 베타산에서 쓴맛이 나올 수 있다는 사실을 밝힌데 이어 1947년에는 F. 고바르트(F. Goveart)와 M. 버질(M. Verzele)의 연구로 이성체화된 알파산이 맥주에서 분리되었다. 이와 같은 발견을 토대로 맥주의 쓴맛을 평가할 수 있는 신뢰도 높고 재현 가능한 테스트 방법을 개발하기 위한 노력이 이루어졌다.

1953년, F. L. 릭비(F. L. Rigby)와 J. L. 베튠(J. L. Bethune)이 맥주에서 이소알파산을 화학적으로 분리하는 방법을 개발했다. 두 사람은 홉 식물의 루풀린 성분에 이 기술을 적용하여 알파산과 베타산이 각각 세 가지 종류로 나뉜다는 사실을 알아냈다. 알파산은 후물론(humulone), 코후물론(cohumulone), 애드후몰론(adhumolone)으로, 베타산은 루풀론(lupulone), 코루풀론(colupulone), 애드루풀론(adlupulone)으로 나뉜다. 이 가운데 코후물론은 다른 종류보다 쉽게 이성체화가 진행되지만 맥주에 한층 더 거친 쓴맛을 부여하는 것으로 밝혀졌다. 이러한 견해에는 논란의 여지가 있지만, 이후 코후물론의 특성을 약화시킨 새로운 홉 품종을 개발하기 위한 연구가 시작됐다. 매그넘(Magnum), 호라이즌(Horizon) 등 현재 양조에 활용되는 알파산 함량이 높은 홉 품종은 갈레나(Galena), 클러스터(Cluster) 등 과거에 사용된 알파산 함량이 낮은 품종에 비해 코후물론 함량이 낮다.

릭비와 베튠이 개발한 방법은 정확하다는 장점이 있는 반면 샘플 하나를 검사하는데 하루가 걸린다는 문제가 있다. 오늘날에는 고성능 액체 크로마토그래피(HPLC)를 통해 한 시간이면

---

3 Fritsch and Shellhammer(2007)

알파산과 베타산의 농도를 측정할 수 있다. 그러나 크로마토그래피는 전문적인 지식과 경험이 있어야 결과를 정확히 해석할 수 있다. 그래서 일상적인 맥주 양조 시 쓴맛 단위(미국에서는 '국제 쓴맛 단위, 줄여서 IBU로 통용된다)를 더 간편하면서도 정확하게 측정할 수 있는 방법의 필요성이 대두되었다.

1955년에는 분광학적으로(즉 시료를 통과한 빛의 양을 측정하여) 이소알파산 함량을 측정하는, 상반된 두 가지 방법이 등장했다. 첫 번째는 릭비와 베툰이 새롭게 개발한 단계별 측정법으로, 용제로 추출된 시료가 사용되었다. 홉의 유기성분(이소알파산도 포함하여)이 물보다 용제에 더 많이 용해된다는 원리를 적용한 방식이다. 두 사람은 기존에 개발한 측정법과 비교할 때 이 새로운 측정법을 적용하면 이소알파산 농도가 30퍼센트까지 더 높게 나온다고 밝혔다. "교란 물질"이 이와 같은 결과의 원인이라고 설명하면서, 두 사람은 이소알파산의 함량이 맥주의 전체적인 쓴맛을 파악할 수 있는 가장 우수한 지표는 아닐 수 있다는 결론을 내렸다.

두 번째 방법은 A. B. 몰트케(A. B. Moltke)와 M. 메일가드(M. Meilgaard)가 제안한 것으로(릭비, 베툰과의 논의를 거쳐 나온 방법), 다시 과거 방식으로 돌아가 더욱 단순한 용제 추출법으로 먼저 홉의 성분 중 이소알파산과 화학적으로 유사한 여러 성분들을 분리해내는 방법이다. 이렇게 분리된 물질을 분광광도계를 이용하여 275나노미터의 파장에서 측정하고, 릭비와 베툰이 제안한 화학적 방식으로 동일한 맥주의 이소알파산 함량을 측정한 결과와 비교한다. 측정 데이터는 선형회귀 방정식으로 분석하여 분광계로 측정된 이소알파산의 함량을 토대로 쓴맛의 정도를 분석한다. 미국 양조 화학자 협회(ASBC)와 유럽 양조협회(EBC)는 지난 10년간 이 몰트케와 메일가드의 측정법에 다양한 변수와 공식을 적용해본 결과를 토대로 1968년, 두 기관 모두 오늘날까지 활용하는 측정 공식을 아래와 같이 확립했다(ASBC가 제공하는 분석법 중 '맥주 23: 맥주의 쓴맛' 참고).

쓴맛 단위(BU) = 50 × 흡광도@275nm

이 공식에서 50은 각 측정값의 상관관계를 나타낸 기울기와 추출에 사용된 용제의 비율을 토대로 도출된 계수 51.2를 내림한 값이다.

홉의 아로마와 플레이버

홉에 담긴 아로마는 에센셜 오일 성분에서 비롯된다(표 5.1). 그리고 이 오일은 현재까지 밝혀진 것만 500가지에 가까운 화학 성분들로 구성된다. 주로 극미량 함유된 성분이 많지만, 미르센myrcene 등 에센셜 오일 전체 성분의 50퍼센트 가까이를 차지하는 성분들도 있다. 이 수많은 성분들은 매우 복잡한 방식으로 상호작용한다. 양조를 연구해온 과학자들은 특정 홉의 아로마를 인위적으로 만들어내기 위해 오일의 주성분을 적절한 비율로 배합하였으나 그 결과는 참패였다. 물론 맥주에 홉 오일을 첨가하여 홉의 특성을 강화할 수는 있지만 홉 자체에서 발생하는 아로마가 부분적인 성분을 합한 것보다 훨씬 좋다.

홉의 풍미는 쓴맛과 수지 성분(구강의 촉감을 결정한다), 아로마가 종합된 결과물이다. 홉의 에센셜 오일에 담긴 아로마도 정확히 설명하기가 쉽지 않지만, 풍미는 더욱 묘사하기가 힘들다. 그러나 홉은 끓이는 시간이 짧아야 하고, 이 조건이 최종 완성된 맥주에서 우리가 맥주 맛으로 인지하는 성분의 이성질화(같은 뜻으로 이성체화, 한 이성질체가 다른 이성질체로 물리적·화학적으로 변화하는 것) 수준, 맥아즙에 남아 있는 홉의 오일과 수지에 영향을 주는 사실을 아는 것으로 충분하리라 생각한다. 일반적으로 끓이는 시간은 20분 미만이어야 한다. 홉 성분을 침출하는 것, 즉 맥아즙을 냉각하기 전, 뜨거운 상태일 때 홉을 담가 우려내는 방식도 맥주에서 느껴지는 홉의 풍미에 영향을 준다.

표 5.2와 같이 홉의 아로마는 꽃 향, 과일 향, 시트러스 향, 식물 향, 허브 향, 수지 냄새, 알싸한 향(스파이시) 등 크게 일곱 가지로 나눌 수 있다. 그러나 이러한 표현은 모두 주관적인 것이고, 아마 여러분이 세 명의 전문가를 만나 홉의 아로마 종류를 말해달라고 하면 셋 다 다른 답을 내놓을 것이다. 아로마를 열두 가지 이상으로 분류하는 방식도 있으나, 이 일곱 가지에 핵심은 모두 담겨 있다. 사람마다 아로마를 주관적으로 인식하는 점, 그리고 사람마다 똑같은 아로마도 다르게 느끼는 점을 아는 것이 무엇보다 중요하다. 가령 민트 냄새를 맡았을 때 허브 향이 난다고 이야기하는 사람들도 있지만 스파이시한 향이 난다고 설명하는 사람들도 있는데 양쪽 다 틀렸다고 할 수 없다.

홉의 에센셜 오일 성분에 관한 정보는 스탠 히에로니무스Stan Hieronymus의 저서 『홉이 좋아서For the Love of Hops』(Brewer's Publication, 2012)를 참고하기 바란다.

표 5-1 | 홉에 함유된 주요 에센셜(방향) 오일의 아로마

오일	아로마
미르센(Myrcene)	단맛이 느껴지는 당근 향, 셀러리 향, 풀잎 향
후물렌(Humulene)	허브 향, 나무 향, 알싸한 정향 냄새
카리오필렌(caryophyllene)	스파이시한 향, 삼나무 향, 라임 향, 꽃 향
파르네센(farnesene)	나무 향, 시트러스 향, 달콤한 향
베타 다마세논(β-Damascenone)	꿀, 베리, 장미, 블랙커런트 향, 포도 향
베타 이오논(β-Ionone)	라즈베리 향, 제비꽃 향
리날룰(Linalool)	꽃 향, 라벤더 향
제라니올(Geraniol)	꽃 향, 국화, 제라늄 향
네롤(Nerol)	꽃 향, 등나무 향
시트로넬롤(Citronellol)	시트러스 향, 레몬 향, 시트로넬라 오일 향
테르피네올(Terpineol)	시트러스 향, 과일 향
후물레놀(Humulenol)	스파이시, 파인애플, 삼나무, 쑥 향
후물롤(Humulol)	스파이시, 허브 향, 건초 냄새
4MMPa	포도, 블랙커런트 향, 양파 냄새

4MMP = 4-mercapto-4-methylpentan-2-one

표 5-2 | 홉 아로마 분류

꽃	과일	시트러스	식물	허브	수지	스파이시
제라늄	사과	자몽	셀러리	쑥	송진	회향
장미	베리	오렌지	토마토잎	마조람	향나무	흑후추
자스민	복숭아	레몬	피망	라벤더	헤더	육두구
은방울꽃	멜론	라임	양배추	딜	담배	정향
라벤더	패션프루트	베르가못	건초	세이지	나무 향	민트

홉의 유형 분류

현재 홉은 다양한 국가에서 재배되고 이제는 유럽, 영국, 미국, 태평양 지역에서 생산된 홉을 시장에서 얼마든지 쉽게 구할 수 있다. 중국과 남아프리카 지역에서도 홉이 생산되지만, 내수 수요가 많아 다른 지역에서는 이들 국가에서 재배한 홉을 거의 구하기 어렵다. 맥주 양조에 맨 처음 이용된 유럽 품종은 '오리지널 품종land race' 또는 '노블 홉noble hop'으로 많이 불린다. 꽃에서 나는 섬세하고 스파이시한 향, 그리고 수지의 향이 조화를 이루는 이 전통적인 홉의 특징은 수세기 동안 홉이 지녀야 할 대표적인 향으로 여겼다. 그다음에 개발된 영국 품종은 유럽 품종보다 허브 향과 흙냄새, 과일 향이 더 강한 특징이 있다. 미국의 홉 품종은 허브나 수지, 스파이시한 아로마는 다소 약하고 시트러스 향이 많이 느껴진다. 또 태평양 지역(뉴질랜드, 호주 등)에서 생산된 홉은 강렬한 열대 과일의 향과 더불어 시트러스, 꽃 향기도 미세하게 담겨 있다.

한때는 지역별로 홉의 아로마를 유럽산은 스파이시, 영국산은 허브, 미국산은 시트러스, 태평양산은 과일 향이라고 단정 지을 수 있었으나, 1990년대 초 이후 수제 맥주의 인기가 급속히 상승하면서 홉의 육종과 개발도 폭발적으로 늘어났다. 그리하여 오늘날에는 만다리나 바바리아*Mandarina Bavaria*, 휠 멜론*Hüll Melon* 등으로 대표되는 독일산 홉은 과일 향, 시트라*Citra*, 모자이크*Mosaic* 등 미국산 홉은 열대과일 향, 영국과 태평양 지역의 홉은 시트러스 향으로 흔히 묘사된다.

홉이 독특한 스타일의 맥주를 만드는 요소가 되기도 한다. 캘리포니아 코먼*California common* 맥주에 민트 향을 부여하는 노던 브루어*Northern Brewer* 홉, 독일산 라거의 특징적인 꽃 향을 책임지는 슈팔터*Spalter*와 헤르스브루크*Hersbruck* 홉, 아메리카 페일 에일에 사용되는 케스케이드 *Cascade* 홉, 영국식 페일 에일에 들어가는 퍼글*Fuggle*과 이스트 켄트 골딩*East Kent Golding* 홉 등이 그러한 예에 해당한다. 여러분도 맥주 만드는 방법을 하나씩 배우면 특정 스타일의 맥주에서 홉의 특징이 어떻게 나타나는지 알게 될 것이다. 양조법에 제시된 맥아와 홉, 효모를 그대로 사용해서 가장 일반적인 레시피를 충실히 따르는 것도 괜찮은 방법이다. 기본적인 양조법을 충실히 익히면서 색다른 맛의 맥주를 만들어보고 싶은 사람은 자밀 자이나셰프*Jamil Zainasheff*와 내가 함께 쓴 『클래식 스타일 맥주 만들기*Brewing Classic Styles*』(Brewer's Publications, 2007)에 소개된 레시피를 하나씩 전부 시도해볼 것을 권한다.

그러나 레시피에 나온 홉을 쉽게 구할 수 없거나 별로 사용하고 싶지 않은 홉일 때와 같이 어떤 양조자든 홉을 바꿔서 사용해야만 하는 상황이 생긴다. 초보 양조자들에게 내가 해주고 싶은 조언 중 하나는, 어떤 레시피든 재료 목록에 나와 있는 홉은 그저 가이드라인 정도로만 생각하라는 것이다. 그 이유를 설명하자면, 쓴맛은 다 비슷하고 홉의 품종에 따라 쓴맛에 담긴 풍미의 차이는 거의 없다고 볼 수 있기 때문이다. 그보다는 각 레시피에 포함된 홉이 어떤 맛과 아로마 때문에 선택된 것인지 아는 것이 더 중요하다. 홉이 갖는 맛과 아로마에 따라 홉의 특징이 달라진다. 이 점을 고려하더라도 같은 종류 내에서 다른 홉으로 대체할 수 있는 여지는 여전히 남아 있다. 예를 들어 아메리카 페일 에일 맥주 레시피에 캐스케이드 홉을 사용하라고 나와 있다면 센터니얼Centennial이나 애머릴로Amarillo 홉을 대신 사용해도 된다. 또 독일 필스너

표 5-3 │ 일반적으로 많이 사용되는 홉과 대체 가능한 종류

카테고리	유럽산	영국산	미국산	태평양산
일반적인 특성	꽃 향, 스파이시, 송진 향	송진 향, 과일 향, 스파이시	시트러스 향, 허브 향, 송진 향	과일 향, 시트러스 향, 꽃 향
대체 품종: 유럽산과 유사한 종류	할러타우어 미텔프뤼 (Hallertauer Mittelfrüh) 테트낭 슈파트 셀렉트 사츠 헤스부르크	타깃(Target) 첼린저(Challenger) 노스다운(Northdown) 프로그레스(Progress)	크리스탈(Crystal) 마운트 후드 (Mt. Hood) 호라이즌(Horizon) 클러스터 와카투(Wakatu)	헬가(Helga) 퍼시리카(Pacifica) 실바(Sylva) 엘라(Ella)
대체 품종: 영국산과 유사한 종류	매그넘, 오팔(Opal) 메르쿠어(Merkur) 스마락트(smaragd)	이스트 켄트 골딩스 퍼글 웨스트 골딩스 버라이어티 소버린(Sovereign)	글래셔(Glacier) 콜롬비아(Columbia) 윌라밋(Willamette) 갈레나	그린 불릿 (Green Bullet) 퍼글 와이 챌린저 (Wye Challenger) 퍼시픽 젬 (PAcific Gem) 수퍼 프라이드 (Super Pride)
대체 품종: 미국산과 유사한 종류	프렌치 트리스켈 (French Triskel) 하렐타우 블랑 (Hallertau Blanc)	어드미럴(Admiral) 피오니어(Pioneer) 에픽(Epic) 필그림(Pilgrim)	아마릴로 캐스케이스 센테니얼 아타넘(Ahtanum)	닥터 루디(Dr. Rudi) 와이메아(Waimea) 시클브랜트 (Sicklebract) 갤럭시(Galaxy)
대체 품종: 태평양산과 유사한 종류	휠 멜론 만다리나 바바리아	아처(Archer), 올리카나(Olicana), 제스터(Jester)	모자익 시트라 심코(Simcoe) 아마릴로	넬슨 소빈 (Nelson Sauvin) 리와카(Riwaka) 모투에카(Motueka) 토파즈(Topaz)

참고 사항: 위의 표에 제시된 홉은 원산지와 주된 특성에 따라 분류했다. 동일한 하위 그룹에 속한 홉끼리는 서로 대체할 수 있으며, 지역 카테고리가 다르더라도 같은 열에 속한 홉끼리도 대체 가능하다. 비슷한 홉, 서로 다른 홉의 매력적인 차이를 즐겁게 탐구해보기 바란다!

116

맥주 레시피에 저먼 테트낭*German Tettnang* 홉이 재료로 포함되었다면 슈팔트 셀렉트*Spalt Select*
나 사츠*Saaz* 홉으로 바꿔도 무방하다.

홉을 다른 것으로 바꾼다고 해서 크게 염려할 필요는 없다. 다만 적정 범위 내에서만 교체하
면 된다. 가령 독일식 필스너 스타일의 맥주 레시피를 충실히 지켜서 맥주를 만들고 싶다면 독
일산 홉 대신 특징이 전혀 다른 캐스케이드나 치누크*Chinook* 홉을 사용하면 안 된다. 어떤 맥주
를 만들 것인지는 각자의 기호대로 정하면 된다. 사람마다 선호하는 맛은 다 달라서 과일 향이
나는 맥주를 좋아하는 사람들이 있는가 하면 꽃 향을 좋아하는 사람들도 있고, 송진 향을 즐기
는 사람들도 있다. 맥주를 만들다 보면 마음에 드는 홉이 생길 것이고, 양조 레시피도 세부적
으로 조정하면서 꼭 맞는 홉을 정할 수 있다. 레시피가 존재하는 목적은 바로 이런 부분을 맞
추는 것이라 할 수 있다.

표 5.3에는 일반적으로 사용하는 홉과 대체 가능한 종류가 나와 있다. 내가 이 책을 쓰는 시
점을 기준으로 최신 품종을 모두 반영했지만, 홉의 세계는 엄청난 속도로 변화하고 있다. 그러
므로 온라인 검색을 통해 어떤 종류가 새로 나왔는지 확인해보기 바란다.

홉의 활용

홉을 어떻게 첨가하느냐에 따라 맥주에는 홉의 특징이 각기 다르게 반영된다. 첨가하는 온
도나 시간 중 한 가지가 다른 경우도 있지만 전부 바꾸는 방식도 있다. 또 같은 레시피에 여러
가지 방법으로 홉을 첨가하기도 한다. 일반적으로 홉은 맥아즙에 넣고 오래 끓일수록 쓴맛이
강해지고 홉에서 얻고자 하는 맛과 아로마는 줄어든다. 알파산의 이성체화는 85℃(185°F)에서
시작되지만 팔팔 끓을 때 가장 활발하게 반응이 일어난다.

| 매시 호핑*mash hopping* |

당화 중에 홉을 맥아즙에 첨가하는 방식을 택하면 맥주의 향과 맛에 영향을 주는 것으로 알
려져 있다. 알파산으로 인해 당화 혼합물*mash*의 pH가 약간 낮아지고 홉 콘이 곡물층의 구조를
느슨하게 만들어서 원활히 여과되는 점도 또 다른 이점에 해당한다. 홉 펠릿*pellets*을 이용하면

정반대의 영향이 발생하여 여과에 방해가 될 수 있다. (당화, 여과를 포함한 완전 곡물 양조법은 이 책 2부에 나와 있다.)

2014년도 미국의 전국 자가 양조자 컨퍼런스*National Homebrewers conference*에서는 데이비드 커티스*David Curtis*와 칼라마주 양조협회*Kalamazoo Libation Organization of Brewers*에서 실시한 실험 결과를 발표했다. 매시 호핑(당화 중 첨가) 방식으로 생성되는 쓴맛이 동량의 홉을 60분간 끓일 때 발생하는 쓴맛의 약 30퍼센트라는 결과였다.[4] 또 홉의 전체적인 특성(쓴맛, 풍미, 아로마)도 망에 담아 첨가하면 60분간 끓일 때보다 약하게 느껴지는 것으로 확인됐다.

나는 매시 호핑 방식이 홉을 낭비하는 것이라고 생각하지만, 인디아 페일 에일 양조 시 오히려 이 방법으로 맥주의 특성을 강화할 수 있다고 확신하는 양조자들도 많다. 판단은 여러분의 몫이다.

│ 퍼스트 워트 호핑*first wort hopping, FWH* │

1차 맥아즙*first wort*에 홉을 첨가하는 방식은 여과조를 거쳐 끓임조에 채운 맥아즙에 홉을 첨가하는 것을 뜻한다. 끓임조를 맥아즙으로 채울 때 뜨거운 맥아즙에 홉이 잠기도록 하여 30분 이상 침출한다. 홉의 에센셜(방향) 오일 성분은 보통 불수용성이고 끓이면 많은 양이 증발된다. 따라서 맥아즙을 끓이기 전에 홉을 담그면 이러한 오일 성분이 산화되어 수용성이 더 뛰어난 성분으로 전환될 수 있는 시간을 확보할 수 있으므로, 이후 맥아즙을 끓여도 홉의 맛과 향이 더 많이 유지된다. 오래전 독일에서 이 방식에 관한 연구를 진행했으나[5] 쓴맛의 변화에만 주목했다는 한계가 있다. 즉 홉을 1차 맥아즙에 첨가하는 FWH 방식과 60분간 홉을 넣고 끓일 때 나타나는 홉의 특성은 쓴맛의 차이로만 비교할 수 있다. 전체적으로 홉을 나중에 넣으면 1차 맥아즙에 첨가할 때보다 홉의 특징이 더 두드러지게 나타날 가능성이 크다.

2014년 미국의 전국 자가 양조자 컨퍼런스에서 소개한 연구에서는[6] 1차 맥아즙에 홉을 첨가하면 동일한 양의 홉을 넣고 60분간 끓인 것보다 쓴맛이 110퍼센트가량 늘어난 것으로 나타났다. 연구 참가자들이 느낀 홉의 전체적인 특징은 두 방법에서 큰 차이가 없었다.

나는 FWH 방식이 다른 과정에 악영향을 주지 않고 홉을 더 충실히 활용할 수 있다고 생각

---

4 Curtis(2014)
5 Preis and Mitter(1995)
6 Curtis(2014)

해서 양조 시 자주 활용한다.

| 쓴맛 내기 |

맥아즙*wort*에 홉을 첨가하는 주된 목적은 쓴맛을 내는 것이다. 이 목적으로 사용하는 홉 (bittering hop)은 맥아즙에 넣고 45~90분간 함께 끓여서 알파산의 이성체화를 유도한다. 보통 60분간 끓이는 경우가 가장 많다. 일반적으로 90분간 끓이면 알파산이 최대 30퍼센트까지 이성체화된다. 첫 45분간 거의 대부분의 반응이 완료되며 45분부터 90분까지는 늘어나는 양이 5퍼센트가량에 불과하다. 그보다 더 오래 끓여도 늘어나는 양은 매우 적다(1퍼센트 미만). 쓴맛이 나는 홉을 너무 오래 끓이면 방향성 오일이 휘발되고 홉의 맛은 조금밖에 남지 않으며 아로마는 아예 사라진다.

적은 비용으로 홉의 단위 무게당 생성되는 알파산의 양을 늘리려면, 알파산 함량이 낮은 홉을 1~2온스(28~57그램) 사용하는 것보다 함량이 높은 홉을 1/2온스(14그램) 사용하는 편이 더 경제적이다. 대신 쓴맛 내기용 홉보다 가격이 더 비싼(또는 더 구하기 힘든) 아로마 홉에 투자하면 맥주의 전체적인 맛과 끝 맛을 향상시킬 수 있다. 홉의 활용법에 대해서는 이번 장 뒷부분에서 더 자세히 설명할 것이다. 표 5.5에는 끓이는 시간과 비중에 따른 홉의 활용도 비율이 나와 있으니 참고하기 바란다.

| 풍미 더하기 |

맥아즙을 끓일 때 중간쯤, 또는 중반 이후에 풍미를 내는 홉을 첨가하면 알파산의 이성체화와 가벼운 방향 성분의 증발이 동시에 이루어진다. 이 과정에서 쓴맛이 적당히 생기고 우리가 홉 특유의 맛으로 인지하는 오일 성분이 남아 있다. 풍미용 홉은 끓이기가 완료되는 시점에서 30분 이내에 언제든 첨가하면 된다. 다양한 홉이 이와 같은 용도로 사용되나, 일반적으로 알파산 함량이 낮거나 중간 정도인 품종을 선택한다. 갈레나*Galena*, 챌린저*Challenger*와 같이 알파산 함량은 높지만 풍미가 뛰어난 홉도 이와 같은 용도로 활용할 수 있다. 더 복합적인 맛을 내려면 여러 종류의 홉을 7~14그램(0.25~0.5온스) 정도로 소량씩 혼합하여 첨가하기도 한다.

| 마무리, 홉 버스팅hop bursting, 침출 |

끓이는 단계가 끝나갈 쯤에 홉을 넣으면 방향성 오일이 증발해 소실되는 양이 줄어서 홉의 아로마를 더 많이 남길 수 있다. 이와 같은 용도로 사용되는 홉은 여러 가지가 있으며, 양조자가 원하는 맥주의 특성에 따라 사용량도 7~120그램(0.25~4온스)으로 다양하다. 보통은 30~60그램(1~2온스)을 첨가한다. 마무리 홉 또는 아로마 홉으로 불리는 이 홉은 주로 끓이기 단계가 마무리되는 시점부터 15분 이내에 첨가하거나 '활성 정지' 상태(불을 끈 뒤)에 첨가하여 10~30분간 담가두었다가 맥아즙을 냉각한다.

홉 버스팅bursting은 아메리칸 IPA 양조자들이 흔히 활용하는 방식으로, 맥아즙을 끓이다가 불을 끄기 전 마지막 15분 이내에 마무리 홉을 첨가하여 맥주의 쓴맛 대부분을 얻는다. 이렇게 하면 알파산도 어느 정도 이성체화되고 방향성 오일이 더 많이 남는다. 홉 버스팅 방식으로 원하는 쓴맛을 얻기 위해서는 다른 방법보다 훨씬 더 많은 양의 홉을 사용해야 한다. 대신 전통적인 홉 첨가 방식보다 홉의 풍미가 더욱 진해진다.

침출이나 월풀 장치를 이용한 홉 첨가는 맥주 양조 업계에서 만들어낸 방법이다. 끓임 단계가 끝난 맥아즙을 월풀 장치로 옮겨 홉과 찌꺼기를 분리한 다음 판형 열교환기로 냉각하는 순서로 진행된다. 끓인 직후 뜨거운 맥아즙은 월풀 장치로 30~60분간 처리한 후 냉각되는데, 바로 이 시간을 맥아즙에 홉의 오일 성분을 추가하는 기회로 활용한다. 월풀 장치로 옮긴 맥아즙은 고온이나[>85℃(185℉)] 끓을 정도는 아니다. 이때 홉을 첨가하면 끓이기가 마무리될 때 첨가하거나 버스팅 방식을 택할 때보다 홉 성분의 이성체화가 약간 더 진행되고 에센셜 오일 성분은 더 많이 보존할 수 있다. 월풀 장치에서 홉을 첨가하는 이 방식은 찌꺼기를 반드시 분리해야 하는 상업 양조 시설에서 등장한 것으로, 맥주에 홉의 풍미와 아로마를 더할 수 있는 좋은 방법이지만 반드시 필요한 단계는 아니다.

이와 같이 월풀 단계를 거쳐서 완성된 시판 맥주를 집에서 똑같이 따라 만들고 싶다면 해당 장치에서 홉을 첨가한 후 얼마 동안 담가 두고 맥아즙의 온도는 몇 도인지 알아야 한다. 쓴맛의 정도는 동일한 시간 동안 홉을 끓일 때 예상되는 값의 40퍼센트로 잡으면 된다. 우리가 맥주를 마실 때 느끼는 쓴맛의 강도를 알파산의 이성체화 비율만으로는 추정할 수 없으므로 40퍼센트가 적절한 기본 값이다. 이 비율은 말로위키Malowicki와 셀해머Schellhammer가 실시한 연구에서(2005) 비롯되었는데 90℃(194℉)일 때 이성체화되는 양이 100℃(212℉)일 때 전환되는 양의 대략 40퍼센트 정도인 것으로 확인되었다. 온도가 80℃(176℉)로 떨어지면 이 비율도 약

15퍼센트로 감소한다. 홉의 아로마와 풍미를 최대한 강화하는 것이 목표라면, 양조에 사용할 홉 가운데 일부는 홉에 담긴 쓴맛을 모두 확보할 수 있을 만큼 충분히 끓이고 나머지(조금 더 추가해도 된다)는 불을 끈 뒤에 첨가하고 단시간에 식혀서 홉의 오일 성분을 최대한 확보해야 한다.

맥아즙을 열 교환기나 냉각장치로 옮길 때 신선한 홉을 가득 채운 통을 거치도록 하는 '홉 백hop back' 방식도 있다. 기본적인 원리는 홉 침출법이나 월풀 장치를 이용하는 것과 동일하며, 끓임조나 월풀 장치를 이러한 용도로 사용해도 된다.

불을 끈 뒤에 홉을 첨가하거나 홉 거르는 통을 이용할 때 주의해야 할 사항이 있다. 사용하는 홉의 특성(사용량, 품종, 신선도 등)에 따라, 원래대로 홉을 끓이면 중화되는 폴리페놀 성분이 그대로 남아서 맥주에서 풀 맛이 느껴질 수 있는 점이다. 풀 맛이 강한 홉을 양조에 사용할 때는 맥아즙을 끓일 때 홉을 첨가하고 다른 홉보다 조금 더 오래 끓이는 것이 좋다. 반대로 홉에 신선한 풍미가 부족하면 드라이 호핑dry hopping 방식을 적용하는 것이 좋다.

| 드라이 호핑 |

발효가 끝난 다음에 홉을 첨가하는 드라이 호핑 방식은 맥주에 홉의 신선한 아로마를 불어넣는 가장 좋은 방법이다. 명칭에서도 나타나듯이 홉은 마른 상태로 첨가한다. 드라이 호핑으로 첨가하기에 적합한 홉은 여러 종류가 있으며 몇 가지를 섞어서 첨가하면 홉의 특성을 더욱 풍부하게 살릴 수 있다. 알파산 함량이 낮은 아로마 홉을 대량으로 활용하면 식물에 포함된 물질도 그만큼 대량으로 함께 첨가되므로 떫은맛이나 풀 맛이 날 수 있으니 주의해야 한다. 떫은맛은 몇 주가 지나면 자연히 사라지기도 한다. 수제 맥주 양조자들은 보통 센터니얼, 갤럭시, 시트라 등 알파산 함량이 높은 홉을 드라이 호핑에 많이 사용한다. 이러한 홉은 중량당 오일 함량이 높아서 맥주에 식물 잔재물을 덜 남기기 때문이다. 그러나 맥주 종류마다 드라이 호핑에 적합한 홉은 제각기 다 다르므로, 여러분이 만들 맥주에 따라 홉을 신중하게 골라야 한다.

IPA 양조에 드라이 호핑 방식을 적용하면 일반적으로 10~21℃(50~70℉)에서 3~5일간 맥주와 홉이 접촉하도록 한다. 온도가 이보다 높으면 접촉 시간을 줄인다. 홉의 콘 부분에서 발생할 수 있는 풀 맛을 줄이려면 정해진 시간이 경과한 후 홉을 반드시 제거해야 한다. 영국식 페일 에일은 전통적으로 드라이 호핑에 배럴당 0.5~1파운드(야드파운드 단위를 적용한다)의 홉을 첨가한다. 영국식 IPA은 이와 달리 배럴당 5~9파운드(2.3~4킬로그램)의 홉을 첨가한다. 단,

그림 5-3

왼쪽부터 시계 방향으로 홉 콘
을 통째로 말린 것, 신선한 홉
콘, 홉 펠릿

예전에 일반적으로 사용되던 홉은 성분의 강도가 오늘날 널리 사용되는 홉의 절반 정도에 그
쳤고 맥주를 마시기 전에 통에 담아 1년 이상 보관하는 경우가 많았으므로 마실 때는 홉의 쓴
맛과 아로마가 크게 약화된 상태였다는 사실을 유념해야 한다. 오늘날 IPA 양조에 드라이 호
핑 방식을 적용하면 미국 맥주용 배럴(31갤런) 기준 1~2파운드(450~900그램)의 홉을 첨가한
다. 이는 7.5~15그램/리터(0.5~1온스/갤런)에 해당하는 양이다. 하지만 맥주가 IPA만 있는 것
도 아니고, 맥주 종류가 무엇이든 드라이 호핑을 적용할 수 있다고 해서 반드시 거쳐야 하는
단계도 아니다.

드라이 호핑을 거치면 맥주의 쓴맛도 더해진다(보통 1~5IBU). 그러나 이 추가되는 쓴맛은 이
성체화된 알파산이 아닌 산화된 알파산과 베타산, 홉의 폴리페놀 성분에서 비롯된다.

참고 사항 | 드라이 호핑이라는 용어에는 홉을 건조된 상태 그대로 넣는다는 의미가 있다. 즉
미리 끓이거나 소독할 필요가 없다. 이로 인해 맥주가 오염되거나 부패하지는 않지만, 홉을 첨
가하는 과정에서 맥주에 산소가 다시 유입되므로 맥주가 산화되거나 신선도가 떨어질 수 있
다. 이러한 이유로 많은 양조자들이 맥주에서 효모 활성이 전부 사라진 이후보다는 발효가 끝
날 때쯤, 아직 효모의 활성이 남아 있을 때 홉을 첨가하여 산소가 제거되도록 한다. 맥주의 산
화를 막을 수 있는 또 다른 드라이 호핑 방식은 물을 끓여서 산소를 없앤 후 냉장고에 넣어 차
게 식히고 이 물에 홉을 조심스럽게 넣어서 물에서 풀어지도록 하는 것이다. 그리고 슬러리 상

태의 용액을 맥주에 붓는다. 케그를 이용하여 먼저 홉을 케그에 넣고 이산화탄소로 압력을 높인 다음 맥주를 케그에 담는 방법도 있다.

홉의 형태 - 펠릿, 플러그, 홀 홉

어떤 형태의 홉이 가장 적합한지에 대해서는 양조자들마다 의견이 크게 엇갈린다. 홉을 통째로 사용하는 홀 홉*whole hop*이나 플러그*plug*, 펠릿*pellet*까지 흔히 사용되는 형태마다 각각 장단점이 있기 때문이다. 또 양조 과정에서 어느 단계에 첨가할 것인지, 그리고 어떤 양조법으로 맥주를 만드는지에 따라서도 적합한 형태의 기준이 달라진다.

형태가 어떻든 홉은 신선해야 한다. 신선한 허브 향과 소나무 잎에서 느껴지는 송진 냄새처럼 스파이시한 향이 나고 갓 베어낸 풀처럼 연한 녹색을 띠는 것이 신선한 홉이다. 오래된 홉이나 제대로 보관하지 않은 홉은 산화가 일어나 진한 치즈 같은 냄새가 나고 색은 갈색을 띤다. 시중에 판매하는 제품은 산소가 차단되는 포장재에 홉을 담아서 저온에서 유통해 홉의 신선도와 홉의 특성이 유지된다. 따뜻한 곳에 보관했거나 산소 차단 기능이 없는 (얇은) 비닐에

표 5-4 | 홉의 형태별 장단점

홉의 형태	장점	단점
홀 홉	• 맥아즙에 첨가한 후 걸러내기 쉽다. • 신선한 홉을 사용하면 최상의 아로마를 얻을 수 있다. • 드라이 호핑에 사용하기 좋다.	• 펠렛이나 플러그보다 산화되는 속도가 빠르다. • 맥아즙을 흡수하므로 끓인 후 맥아즙이 줄어든다. • 큰 덩어리로 되어 있어 중량 측정이 어렵다.
플러그	• 홀 홉보다 신선도가 더 오래 유지된다. • 15그램(0.5온스) 단위씩 사용할 수 있어 편리하다. • 맥아즙에서 홀 홉과 동일한 효과를 얻을 수 있다.	• 더 작은 조각으로 잘게 나누기가 어려울 수 있다. • 홀 홉과 마찬가지로 맥아즙을 흡수한다.
펠렛	• 중량을 측정하기 편리하다. • 홉이 잘게 잘린 형태이므로 이용도가 조금 더 높다. • 보관성이 가장 뛰어나다.	• 끓임조 바닥에 걸러내기 힘든 슬러지를 형성한다. • 가공된 형태이므로 아로마 성분의 함량이 다른 두 형태보다 적다. • 드라이 호핑에 사용 시 다시 모으기가 어려워 부유물이 발생한다.

그림 5.4

캐스케이드 홉이 덩굴에 달려
있는 모습

포장된 홉은 불과 몇 개월 안에 쓴맛이 50퍼센트까지 소실될 수 있다. 비닐 포장재는 대부분 산소가 그대로 투과된다. 자가 양조 용품을 판매하는 곳에서 홉을 구입할 때는 쿨러나 냉장고에 보관되어 있는지, 또는 산소 차단 포장재에 담겨 있는지 확인해야 한다. 홉이 진열된 냉장고를 열었을 때 홉의 향이 느껴지면 아로마가 포장재 바깥으로 새어 나왔음을 알 수 있다. 산소가 제대로 차단되지 않은 것이다. 홉 판매량이 많아 회전율이 높은 판매점이라면 보관 상태가 최적 수준이 아니더라도 크게 문제되지 않는다. 홉의 신선도와 관련하여 불확실한 부분이 있으면 상점 측에 문의하자.

홉의 양은 어떻게 정할까

자가 양조 시 홉은 보통 온스나 그램 단위로 측정한다(상업 양조 시설에서는 파운드나 킬로그램). 맥주 레시피에는 첨가할 홉의 중량과 알파산 함량(퍼센트 AA), 첨가 시간이 나와 있다. 홉 첨가 시간은 맥아즙을 끓이는 시간이 끝나가는 무렵부터 재면 된다. 즉 홉을 첨가한 후 우려내는 시간은 불을 끄기 전까지 홉을 넣고 끓이는 시간에 해당한다.

홉의 알파산 함량은 대부분 포장 봉지에 명시되어 있다. 냉장 보관된 홉은 표시된 함량이 비

그림 5.5

디지털 저울로 홉의 중량을 측정하는 모습

교적 정확하지만, 따뜻한 곳에 보관한 홉은 알파산 함량이 표시된 양보다 훨씬 적을 수 있다. 보관법이 부적절하면 6개월 내에 홉의 쓴맛이 최대 50퍼센트까지 줄어들 수 있다. 알파산은 산화되더라도 쓴맛이 나지만 이소알파산에서 얻을 수 있는 쓴맛의 66퍼센트에 불과하며 끓여도 이성체화 반응이 일어나지 않는다.

홉 이용률과 (국제) 쓴맛 단위

알파산을 함유한 홉의 수지 성분은 물에 뜬 기름과 동일한 특성을 보인다. 홉을 가열하면 알파산의 이성체화가 진행되고 이 과정에서 분자의 기하학적 구조가 바뀌면서 맥아즙 내에서 알파산의 수용성이 높아진다(거의 물과 같은 상태). 이성체화가 진행되어 최종 완성된 맥주에 이소알파산의 형태로 남아 있는 알파산의 총 비율을 홉의 '이용률'이라고 한다.

알파산이 이성체화되는 비율은 오로지 온도에 따라 달라진다. 이성체화는 80℃(175℉)에서 시작되며 전환 비율은 끓는점에서 최대치에 도달한다. 그러므로 어떤 홉을 첨가하든 이성체화된 홉의 총량은 주로 끓이는 시간에 따라 결정된다. 고도가 높아질수록 맥아즙wort의 끓는 온도는 낮아지고, 이로 인해 이성체화되는 속도와 전체적인 이성체화 비율도 낮아진다.[7] 자가 양

알파산 단위AAU

알파산 단위(Alpha-acid units, 줄여서 AAU) 또는 자가양조 쓴맛 단위(home bittering units, HBU)는 양조에 사용하는 홉의 중량(온스 단위)에 알파산 함량 비율(% AA)을 곱한 값으로, 특정 종류의 홉에서 얻을 수 있는 쓴맛의 정도를 나타낸다. 또 해마다 바뀌는 알파산 함량을 반영할 수 있으므로 양조 레시피에 홉의 정보를 명시할 때 편리하게 활용할 수 있다.

최근 들어서는 AAU가 예전처럼 많이 활용되지 않는다. 홉의 알파산 함량이 높아졌기 때문이기도 하고, 전 세계 자가 양조자들 사이에서 온스보다 그램으로 훨씬 더 많이 홉의 중량을 표시하기 때문이다.

AAU는 간단한 계산으로 구할 수 있다.

AAU = 첨가할 홉의 중량(oz.) × %AA

예를 들어 레시피에 홉 첨가 정보가 아래와 같이 나와 있다고 가정할 때 AAU를 계산해보자.
캐스케이드 홉 1.5oz. (5%AA), 60분
AAU = 1.5 × 5
      = 7.5

따라서 레시피에 명시된 정보는 다음과 같이 바꿀 수 있다.
7.5AAU 캐스케이드, 60분

이듬해 캐스케이드 홉의 %AA가 7.5%로 바뀌었다면 다음과 같이 계산할 수 있다.
7.5AAU = Xoz. × 7.5%AA
7.5/7.5 = X
        = 1

즉 캐스케이드 홉을 1.5온스가 아닌 1온스만 넣어도 전년도와 같은 7.5AAU의 맥주를 만들 수 있다.

---

7 이성체화 비율을 높이려고 압력솥을 사용하는 것은 그리 좋은 생각이 아니다. 압력솥으로 가열하면 마야르 반응이 다른 양상으로 진행되어 맥주 맛에 영향을 줄 수 있기 때문이다.

조 시 홉의 이용률은 일반적으로 최대 30퍼센트 정도다. 끓는 온도 등 홉 이용률에 영향을 주는 요소는 여러 가지가 있지만 홉의 수지 성분이 충분히 녹지 않으면 반드시 악영향을 준다(쓴맛을 내는 성분은 이 수지에 함유되어 있다). 홉을 충분히 이용하지 못해 생기는 손실은 대부분 이소알파산을 비롯해 쓴맛을 내는 성분이 수용액으로 전이되지 못하면서 발생한다. 이러한 성분은 찌꺼기와 붙어 있거나 끓임조 벽에 들러붙어 남아 있기 쉽다. 기름 섞인 물을 떠올려보면, 홉의 수지 성분이 맥아즙 내에서 접촉하는 표면마다 얇은 층을 형성하며 밀착된다는 것을 생각하면 이해하기 쉬울 것이다. 끓임조와 찌꺼기도 그러한 표면에 해당하고 발효조, 칠러, 관, 효모도 마찬가지다.

그러므로 한 번에 양조하는 양(배치batch)은 홉 이용률에 영향을 주는 중요한 요소에 해당한다. 핵심은 끓임조와 발효조의 용량 대비 표면적의 비율이다. 한 번에 양조하는 양(배치 크기)이 늘어날수록 단위 부피당 수지 성분이 부착되는 표면적은 줄어든다. 상업 양조 시설의 홉 이용률이 자가 양조 시설보다 높은 주된 이유도 배치 크기가 10배에서 100배까지 더 크기 때문이다.

맥아즙에서 생성되는 찌꺼기와 발효조에 남는 효모 찌꺼기의 양도 이용률에 영향을 주는 중요한 요소다. 이 두 가지 요소로 발생하는 영향은 맥주의 초기 비중(比重)으로 추정할 수 있다. 맥아즙의 비중은 이소알파산과 기타 쓴맛 성분이 액체에 잘 녹는 데는 직접적인 영향을 주지 않지만, 맥아즙 비중이 높을수록 단백질 함량이 증가하고 핫 브레이크와 콜드 브레이크로 형성되는 고형물의 양도 증가한다. 또 초기 비중이 높다는 것은 발효에 필요한 효모의 양도 더 많다는 뜻이고, 손실되는 양도 그만큼 늘어난다. 맥아즙의 조성composition은 홉 이용률에도 영향을 준다. 부재료가 많고 단백질 함량이 낮은 맥아즙에서는 맥아만 함유된 맥아즙보다 브레이크 잔여 물질이 더 적게 형성된다.

홉 이용률에 영향을 주는 마지막 또 한 가지 요소는 홉의 형태다. 즉 펠릿, 플러그, 홀 홉 중 어느 것을 사용하느냐에 따라 이용률이 달라진다. 홉 펠릿은 가공 과정에서 루풀린 분비샘이 파괴되어 내부 성분의 접근성이 높아지므로 이용률이 우수하다. 펠릿의 이용률은 홀 홉이나 플러그와 비교할 때 10~15퍼센트 정도 더 높은 것으로 추정되나, 끓이는 시간을 비롯한 다른 조건들을 적절히 지킨다는 가정 아래에서 확보할 수 있는 부분이다. 예를 들어 홀 홉을 사용할 경우 50분간 끓일 때 이용률이 20퍼센트라면 펠릿을 사용하면 22~23퍼센트로 증가한다. 홀 홉과 견주어 10~15퍼센트가 늘어나는 셈이다. 그러나 다른 조건이 모두 동일하다고 가정할 때, 펠릿을 사용하더라도 홀 홉 대비 20~30퍼센트까지 홉 이용률이 증가하지는 않는다.

최근 들어 자가 양조자들은 여러 가지 계산 모형을 토대로 쓴맛 단위(BU)를 계산한다. 각 모형의 차이점은 홉 이용률을 계산하는 방식이다. 가장 널리 활용되는 모형은 아래 '홉 이용률 계산식'에 상세히 소개한 틴세스tinseth 모형[8]이다. 이 모형에서는 끓이는 시간과 맥아즙의 비중을 각각 함수식으로 놓고, 두 함수식에서 나온 값을 곱해서 이용률을 구한다. 표 5.5에 이렇게 계산한 결과가 나와 있다.

쓴맛 내기와 이용률에 관한 추가 정보 | 양조에 이용되는 도구와 양조 과정을 모두 포괄하여 홉 이용률에 영향을 주는 요소를 전부 반영할 수 있는 모형은 사실상 있을 수 없다. 그러므로 아래 공식은 여러 기준의 하나로 보아야 한다. 즉 여러분이 만들고자 하는 맥주에 쓴맛이 어느 정도로 나게 할 것인지 정하는 방법으로 이해할 필요가 있다. 먼저 본 모형을 활용하여 레시피를 확정하고 맥주를 만들어서 맛을 본 다음, 여러분이 적용한 쓴맛 단위와 실제로 맥주를 마셨을 때 느껴지는 맛을 토대로 첨가할 홉을 조정하면 된다. 숙련된 양조자들은 똑같은 레시피라도 만드는 사람에 따라 제각기 맛이 다른 맥주가 나온다는 사실을 잘 알고 있다. 같은 레시피로 만들어진 맥주는 맛이 상당히 비슷할 수도 있지만 완전히 다를 수도 있다. 그만큼 맛에 영향을 주는 변수가 많기 때문이다. 또 한 가지 유념할 점은, 홉 이용률이나 쓴맛 단위를 소수점 셋째 자리까지 정확하게 계산하려고 애쓸 필요가 없다는 것이다. 일반적으로 쓴맛 단위가 최소 5 이상 차이가 나야 사람들은 맛이 다르다는 것을 인지한다. 즉 20BU와 25BU의 차이는 쉽게 알아차리지만 28BU와 31BU의 차이는 잘 느끼지 못한다.

| 홉의 쓴맛 단위(BU) 계산 |

알파산 단위로는 단순히 맥아즙에 함유된 알파산의 양을 알 수 있지만, 쓴맛 단위는 이성체화가 진행된 결과로 최종 완성된 맥주에 함유될 알파산의 양을 추정할 수 있다.

온스/갤런 단위일 때,
쓴맛 단위 = 홉 중량 × 퍼센트 AA × 퍼센트 이용도 × (75/최종 용량)

---

8 글렌 틴세스(Glenn Tinseth), "홉 이용률에 관한 글렌 계산법" 1995, 2016년 11월 15일 접속 기준. http://www.realbeer.com/hops/research.html.

그램/리터 단위일 때,

쓴맛 단위 = 홉 중량 × 퍼센트 AA × 퍼센트 이용도 × (10/최종 용량)

쓴맛의 단위는 리터당 밀리그램(mg/L)이므로 온스/갤런을 사용할 경우 변환계수 75(정확한 값은 74.89)를 곱해야 한다. 미터법 단위에서는 10을 곱해서 리터당 그램(g/L) 단위로 바꾼다. (사라진 숫자 100은 퍼센트 이용도에 반영한다. 즉 28퍼센트가 아니라 0.28을 곱한다.)

조 에일*Joe Ale* 레시피를 예로 들어서 계산법을 다시 살펴보자.

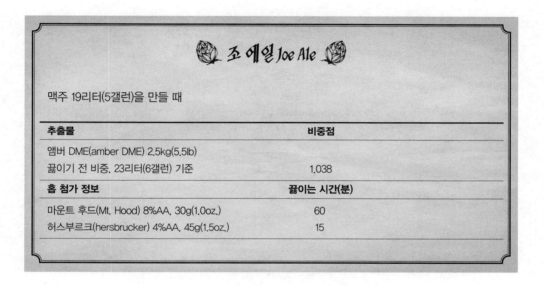

🌹 조 에일 *Joe Ale* 🌹		
맥주 19리터(5갤런)을 만들 때		
추출물		**비중점**
앰버 DME(amber DME) 2.5kg(5.5lb)		
끓이기 전 비중, 23리터(6갤런) 기준		1.038
홉 첨가 정보		**끓이는 시간(분)**
마운트 후드(Mt. Hood) 8%AA, 30g(1.0oz.)		60
허스부르크(hersbrucker) 4%AA, 45g(1.5oz.)		15

이 레시피에서 쓴맛 단위는 총 세 단계에 걸쳐 계산할 수 있다.
1. 끓이는 부피를 토대로 끓이기 전 비중을 계산한다.
2. 끓이기 전 비중과 끓이는 시간을 토대로 첨가하는 각 홉의 이용률을 계산한다.
3. 끓이기가 완료된 후 최종 부피에 대한 각 홉의 쓴맛 단위를 계산한다.

홉 이용률과 쓴맛 단위를 계산할 때는 두 종류의 비중과 부피 값을 적용한다. 홉 이용률은 끓임조에 형성될 찌꺼기의 양을 예측할 수 있도록 끓이기 전 맥아즙의 비중을 반영해야 한다. 이와 달리 쓴맛 단위를 계산할 때에는 이성체화가 완료된 알파산의 최종 농도를 계산해야 하므로 다 끓인 맥아즙의 부피를 반영한다. 홉을 첨가한다는 것은 X만큼의 알파산이 맥아즙에 첨가된 것을 뜻한다. 그리고 홉 이용률은 이성체화된 알파산의 양을 찌꺼기와 기타 환경으로 소실된 양으로 나누어서 구한다. 최종 완성된 맥주의 쓴맛은 끓이기가 완료된 후 일정 부피의 맥아즙에 남아 있는 알파산의 농도에 따라 결정된다. 발효조에서 맥아즙을 희석하면 이 농도와 쓴맛 단위도 바뀐다.

끓이기 전 비중 계산 | 앞서 4장에서 살펴보았듯이 맥아즙을 끓이기 전 비중은 중량 비중 부피 방정식을 활용하여 계산할 수 있다. 즉 끓이기 전 비중점은 추출물의 중량(무게)에 추출 가능한 양(PPG 또는 PKL)을 곱한 값을 끓이기 전 맥아즙의 부피로 나누어서 구한다.

비중점 = (추출물의 중량 × PPG) / 맥아즙의 부피

위 레시피에서 끓이는 부피는 23리터(6갤런)이다. 표 4.1을 보면 건조맥아추출물의 일반적인 추출량은 42PPG(350PKL)이다. 레시피에 따라 추출물은 5.5파운드(2.5킬로그램)을 사용한다. 이 값들을 토대로 미국 표준 단위에 맞게 계산하면,

비중점 = (5.5 × 42) / 6
     = 38.5 또는 1.038

미터법 단위로 계산하면,

비중점 = (52.5 × 350) / 23
     = 38.5 또는 1.038

이렇게 구한 끓이기 전 비중(1.038)을 활용하여 홉 이용률을 계산할 수 있다.

크기가 작은 끓임조를 이용하여 파머 양조법으로 11.4리터(3갤런)을 끓일 때에도 이 계산법을 적용할 수 있다. 먼저 물에 첨가할 추출물의 양을 토대로 끓이기 전 비중을 계산한다. 예를 들어 3리터의 물에 3파운드(450그램)의 맥아추출물을 첨가할 경우 끓이기 전 비중은 (3×42) / 3 = 42 또는 1.042가 된다. 단, 쓴맛 단위 계산식에는 맥아추출물과 물을 추가로 넣은 뒤 발효조에 담긴 최종 부피를 반영해야 하는 점을 기억하자.

홉 이용률 계산 | 홉 이용률은 두 가지 요소로 결정한다. 하나는 이성체화 비율이고 다른 하나는 맥아즙의 비중에 따라 이성체화가 완료된 후 외부 환경에 소실된 알파산의 양이다. 틴세스가 발표한 이용률은 표 5.5에 나와 있다. 이 표에서 제시된 각 끓이기 전 비중점의 '사이 값'에 해당하는 비중의 이용률을 구해야 한다면 특정 끓이기 시간과 양쪽 경계 값에 해당하는 비중점의 이용률을 토대로 보간법(補間法, 알고 있는 데이터 값으로 모르는 값을 추정하는 방법)으로 근삿값을 구하면 된다.

예를 들어 끓이기 전 비중이 1.038이고 끓이는 시간이 60분일 때 홉 이용률을 구해보자. 비중이 1.030, 1.040일 때 이용률은 각각 0.276, 0.252이다(표 5.5). 두 값의 차이는 24이고 이 차이의 8/10은 19이므로 비중이 1.038일 때 이용률은 0.276 − 0.019 = 0.257이다. 홉을 첨가하는 15분 시점의 이용률도 같은 방식으로 구하면 0.127임을 알 수 있다.

다시 조 에일 레시피로 돌아가, 두 가지 홉의 이용률을 계산해보자.

BU60 = 1 × 8퍼센트 × 0.257 × (75/5)

= 30.8 또는 31BU

BU15 = 1.5 × 4퍼센트 × 0.127 × (75/5)

= 11.4 또는 11BU

그램과 리터 단위로 계산하면 아래와 같다.

BU60 = 28 × 8퍼센트 × 0.257 × (10/19)

= 30.3 또는 30BU

BU15 = 42 × 4퍼센트 × 0.127 × (10/19)

= 11.2 또는 11BU

끝자리를 어떻게 처리하느냐에 따라 총 41BU 또는 42BU라는 결과가 나온다. 그러나 사실 5BU 이상 차이 나지 않으면 쓴맛의 차이를 인지하지 못하므로 그냥 40BU로 봐도 된다. 또 이와 같은 계산 결과는 전체적으로 실제 쓴맛 단위보다 더 큰 값이 나오는 경향이 있다.

이러한 계산이 모두 추정일 뿐이라는 점을 꼭 기억하기 바란다. 양조에 사용되는 도구, 끓이는 온도, pH, 발효 과정에서 발생하는 손실은 양조 과정에 따라 제각기 달라진다. 이 모든 변수로 인해 두 사람이 똑같은 홉을 동일하게 첨가해도 맥주의 쓴맛을 똑같이 맞추기가 거의 불가능할 정도다. 그럼에도 이 공식을 활용하면 홉 첨가 계획을 일관성 있게 수립할 수 있고 준비 과정에서도 일관성을 유지할 수 있다. 또 맥주를 만들 때마다 좀 더 나은 결과물을 얻기 위해 체계적으로 변화를 시도할 수 있다. 공식을 활용할 이유는 충분한 것이다.

| 홉 이용률 계산식, 더 자세히 들여다보기 |

수학 공식에 큰 거부감이 없는 사람들을 위해 좀 더 자세히 설명하자면, 틴세스가 밝힌 이용률(표 5.5)은 그가 오리건 대학교에서 박사 과정을 밟던 시절에 수많은 테스트 데이터를 적용하여 도출한 그래프에서 나온 값이다. 홉 이용도는 비중과 끓이는 시간에 관한 함수를 곱해서 구한다. 비중 함수는 맥아즙의 비중이 높아질수록 이용률이 낮아지는 관계를 나타내고, 끓이는 시간에 관한 함수는 시간에 따른 홉 이용도의 변화를 나타낸다.

이용도 $= f(G) \times f(t)$

$$f(G) = 1.65 \times 0.000125^{(GB-1)}$$
$$f(t) = [1 - e^{(-0.04 \times t)}] / 4.15$$

위 식에서 GB는 끓이기 전 비중, t는 분 단위의 끓이는 시간을 의미한다.

$f(G)$ 계산식에서 1.65와 0.000125라는 숫자는 끓이기 전 비중(GB)에 관한 분석 데이터를 활용하여 실험적으로 도출된 값이다. $f(t)$ 계산식의 −0.04는 홉 이용률과 시간(t)에 관한 그래프의 형태를 결정하는 값이며, 4.15는 최대 이용률에 해당하는 값이다. 이 값을 이용하여 각자 양조 방식에 맞게 그래프를 조정할 수 있다. 예를 들어 끓이기 과정에서 굉장히 센 불에 액체가 세게 끓었다고 판단되거나, 어떤 이유에서건 끓인 시간과 견주어 전체적인 홉 이용률이 높다고 판단되는 경우 4.15 대신 4.0이나 3.9 등 약간 더 작은 값을 적용한다. 같은 원리로 맥아즙을 끓이는 과정에서 홉 이용도가 떨어졌다고 생각하면 4.25나 4.35로 값을 높여서 적용한다. 이렇게 값을 조정하면 표 5.5에 나온 끓이는 시간과 비중에 따른 이용률도 바뀐다.

| 홉 첨가 시 활용할 수 있는 쓴맛 단위(BU) 노모그램 |

노모그램으로도 쓴맛 단위를 추정할 수 있다(그림 5.6, 그림 5.7). 먼저 노모그램에서 맨 오른 쪽에 나와 있는 퍼센트 AA 값을 보고, 여러분이 양조에 사용하려는 홉에 해당하는 값을 찾아 보자. 그 위치에서 바로 왼쪽의 홉 첨가량에 해당하는 값까지 직선을 긋는다. 이 선을 알파산 단위(AAU)까지 연장하면 해당하는 값을 구할 수 있다. 다음으로 이렇게 파악된 알파산 단위에 서 레시피로 만들 맥주의 부피에 해당하는 지점까지 연결하고 이 선을 연장하면 갤런당 알파 산 단위 값을 구할 수 있다. 이제 노모그램 맨 왼쪽으로 가보자. 끓이기 전 비중과 끓이기 시간 에 각각 해당하는 지점을 연결하고 이 선을 연장하면 이용도에 해당하는 지점을 찾을 수 있다. 이제 최종적으로 이용도와 갤런당 알파산 단위에 해당하는 두 점을 연결하면 양조에 첨가되는 홉의 쓴맛 단위를 구할 수 있다.

표 5-5 | 끓이는 시간과 비중에 따른 홉 이용률

끓이는 시간(분)	끓이기 전									
	1.030	1.040	1.050	1.060	1.070	1.080	1.090	1.100	1.110	1.120
0	0.000	0.000	0.000	0.000	0.000	0.000	0.000	0.000	0.000	0.000
5	0.055	0.050	0.046	0.042	0.038	0.035	0.032	0.029	0.027	0.025
10	0.100	0.091	0.084	0.076	0.070	0.064	0.058	0.053	0.049	0.045
15	0.137	0.125	0.114	0.105	0.096	0.087	0.080	0.073	0.067	0.061
20	0.167	0.153	0.140	0.128	0.117	0.107	0.098	0.089	0.081	0.074
25	0.192	0.175	0.160	0.147	0.134	0.122	0.112	0.102	0.094	0.085
30	0.212	0.194	0.177	0.162	0.148	0.135	0.124	0.113	0.103	0.094
35	0.229	0.209	0.191	0.175	0.160	0.146	0.133	0.122	0.111	0.102
40	0.242	0.221	0.202	0.185	0.169	0.155	0.141	0.129	0.118	0.108
45	0.253	0.232	0.212	0.194	0.177	0.162	0.148	0.135	0.123	0.113
50	0.263	0.240	0.219	0.200	0.183	0.168	0.153	0.140	0.128	0.117
55	0.270	0.247	0.226	0.206	0.188	0.172	0.157	0.144	0.132	0.120
60	0.276	0.252	0.231	0.211	0.193	0.176	0.161	0.147	0.135	0.123
70	0.285	0.261	0.238	0.218	0.199	0.182	0.166	0.152	0.139	0.127
80	0.291	0.266	0.243	0.222	0.203	0.186	0.170	0.155	0.142	0.130
90	0.295	0.270	0.247	0.226	0.206	0.188	0.172	0.157	0.144	0.132

출처: 글렌 틴세스(Glenn Tinseth), '홉 이용률에 관한 글렌 계산법' 1995, 2016년 11월 15일 접속 기준. http://www.realbeer.com/hops/research.html.

국제 쓴맛 단위(IBU) 계산 노모그램

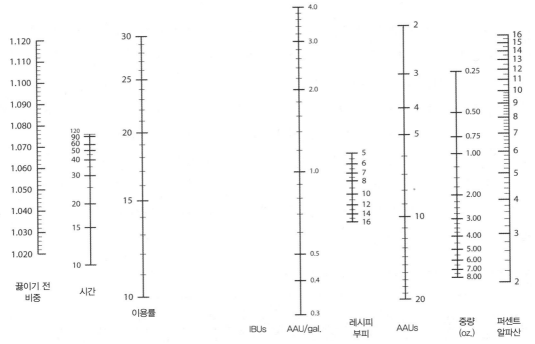

| 끓이기 전 비중 | 시간 | 이용률 | IBUs | AAU/gal. | 레시피 부피 | AAUs | 중량 (oz.) | 퍼센트 알파산 |

사용법은 80쪽 설명 참고.

그림 5-6 | 온스, 갤런 단위의 국제 쓴맛 단위(IBU) 노모그램

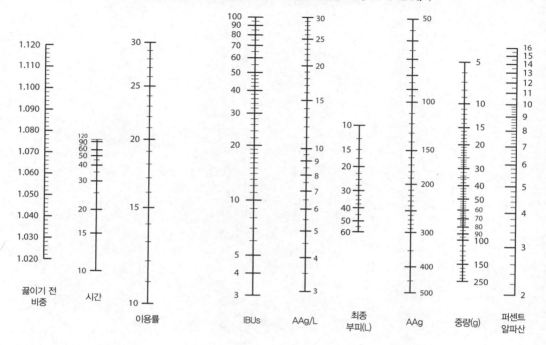

| 국제 쓴맛 단위(IBU) 계산 노모그램(그램, 리터 단위) |

끓이기 전 비중 / 시간 / 이용률 / IBUs / AAg/L / 최종 부피(L) / AAg / 중량(g) / 퍼센트 알파산

사용법은 80쪽 설명 참고.

그림 5-7 │ 그램, 리터 단위의 국제 쓴맛 단위(IBU) 노모그램

CHAPTER

6

★ HOW to BREW ★

효모와 발효

레시피는 훌륭한데 발효가 잘 안 된 맥주보다
레시피는 별로라도 발효가 잘된 맥주가 더 맛있다.

양조 과정에서 효모가 어떤 기능을 하는지 모르던 시절이 있었다. 1516년에 제정된 독일의 라인하이츠거보트*Reinheitsgebot*, 즉 「맥주 순수령」에도 양조에 사용할 수 있는 재료로 맥아와 홉, 물만 명시되어 있다. 많은 사람들이 1850년대에 루이 파스퇴르*Louis Pasteur*가 효모를 발견했다고 이야기하지만 이는 사실이 아니다. 파스퇴르가 한 일은 실험을 통해 효모가 발효 과정에서 어떤 역할을 하는지, 또 어떤 방식으로 그러한 기능을 하는지 알아낸 결과를 논문으로 발표한 것이다. 그전에도 모두 효모가 하는 일을 알고 있었다. 1780년경 네덜란드에서는 슬러리 형태의 효모를 포장해 판매했고 1825년에는 압축된 케이크 형태의 효모 제품이 시장에 등장했다. 파스퇴르의 연구 결과가 발표되기 훨씬 전부터 양조자나 빵 만드는 사람들은 제품을 생산할 때마다 이전에 사용한 효모를 다시 잘 활용하는 것이 중요하다는 사실을 인지했다. 그게 왜 중요한지 몰랐을 뿐이다. 그래서 효모는 "어머니" 혹은 "신은 위대함을 증명하는 것"과

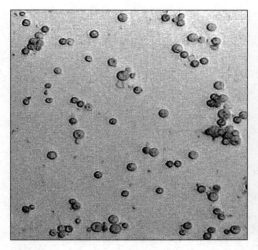

그림 6-1

효모 군집을 위에서 내려다본 모습. 확대율 300x.

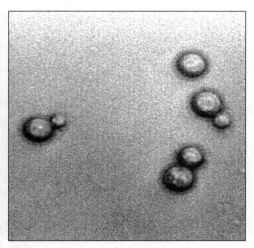

그림 6-2

효모의 출아. 확대율 1000x.

같이 표현됐다. 영어로 효모를 뜻하는 'yeast'는 '거품' 또는 '솟아나다'라는 뜻을 가진 단어에서 생겨났다. 일부 과학자들은 발효가 공기에 의해 촉발되는 순수한 화학반응이라고 보았다. 살아 있는 유기체가 하는 일이라는 생각은 과도하게 생물학적이고 현대적이지 못한 구시대적 사고로 여겼다. 이에 따라 과학자들은 효모가 발효의 주체가 아닌 부산물이라고 생각했다.

효모와 발효가 빠진 맥주는 맥주가 아니다. 1장에 나온 '맛있는 맥주를 만들기 위해 꼭 지켜야 할 다섯 가지'에서도 발효 온도와 효모 관리가 각각 두 번째와 세 번째로 중요한 항목을 차지한다. 그런데 왜 효모 자체보다 발효 온도가 더 중요할까? 다른 조건이 모두 동일할 때 효모의 질과 양, 활성도(온도에 좌우되는 효모의 기능)가 모두 중요하지만, 양조 전문가들에게 물어보면 하나같이 발효 온도를 가장 중시한다는 대답이 돌아온다. 그 이유를 설명하기 전에 먼저 효모란 무엇이고 어떤 기능을 하는지부터 살펴보자.

효모의 기능

맥주 효모(학명 *Saccharomyces cerevisiae*)는 진균류의 일종으로, 종명을 그대로 옮기면 "당 의존성 맥주 진균"이다. 맥주 효모는 자그마한 딸세포가 분리되는 출아법으로 무성생식(암수 구별없이

한 개체가 단독으로 생식하는 것)을 한다(그림 6.1과 그림 6.2 참고). 효모의 이례적인 특징은 산소가 있는 환경에서나 없는 환경에서 모두 생존과 발달이 가능하다는 점이다. 대부분의 미생물들은 두 가지 중 한 가지 환경에서만 생존한다. 산소가 없을 때 효모는 우리가 발효라고 부르는 과정을 통해 생존한다. 이 과정에서 포도당, 말토오스와 같은 단순 당을 섭취하고 부산물로 이산화탄소와 알코올을 생성한다. 발효가 이루어지는 과정에서 작은 딸세포가 생겨 나오는 복제 방식으로 생식을 하고, 딸세포는 점점 크기가 자라 다시 새로운 딸세포를 만들어낸다.

표 6.1에는 일반적인 맥아즙에 함유된 당류(전문 용어로는 단당류)와 일반적인 함량 범위가 나와 있다. 가장 큰 비율을 차지하는 당류는 말토오스이고 덱스트린에 해당하는 당류 전체와 말토트리오스, 자당, 과당이 그 뒤를 차례로 잇는다. 말토트리오스는 포도당 분자 세 개로 이루어진 삼당류이다. 자당(흔히 설탕으로 불린다)은 포도당 분자 하나와 과당 분자 하나로 이루어진 이당류로 식물(사탕수수, 비트, 단풍나무 수액, 꿀 등)에서 자연적으로 만들어지는 물질이다. 또 덱스트린(올리고당)은 단당류 분자 세 개 이상이 결합되어 크기가 더 큰 당류에 해당한다.

맥아즙에서 효모는 단당류(단순 당)부터 시작해서 이당류인 자당, 맥아즙의 주된 성분인 말토오스, 마지막으로 삼당류인 말토트리오스까지 체계적인 순서에 따라 당류를 소비한다. 한 가지 흥미로운 사실은 자당과 말토오스가 있을 때 먼저 이당류인 자당을 포도당과 과당으로 분해하여 이 분해산물을 모두 섭취한 후에 말토오스를 이용한다는 것이다. 발효 과정에서 그 다음으로 이용하는 당류인 말토트리오스는 보통 맥아즙에 함유된 전체 당류 중 15~20퍼센트를 차지하지만 효모 종에 따라 전부 발효되지 않는 경우가 대부분이다. 가령 라거 맥주에 사용하는 효모가 에일 맥주 효모보다 말토트리오스 발효 비율이 더 높다.

맥아즙의 발효성은 당의 조성과 효모의 종류에 따라 달라진다. 당화로 만들어진 맥아즙의 발효성이 높으면(당화에 대해서는 17장에서 다시 설명할 것이다) 발효되지 않은 덱스트린이 20퍼센트 정도를 차지한다. 이는 곧 맥아즙의 80퍼센트는 발효된다는 의미다. 효모가 맥아즙에 함유된 당류를 섭취하면 맥아즙, 혹은 맥주의 비중이 달라지고 이에 따라 발효도도 달라진다. 발효성이 80퍼센트인 맥아즙은 발효도도 80퍼센트일 것으로 예상하겠지만 실제 발효도는 80퍼센트에 못 미친다. 효모의

표 6-1 | 맥아즙의 일반적인 당류 구성

당류	일반적인 함량 범위
포도당	10~15%
과당	1~2%
자당	1~2%
말토오스	50~60%
말토트리오스	15~20%
덱스트린	20~30%

참고 사항: 덱스트린은 맥주 효모로는 발효되지 않는다.

종류에 따라 발효도가 달라지고 대부분의 효모는 발효도가 67~77퍼센트 정도이기 때문이다. 예를 들어 발효도가 75퍼센트인 어떤 효모 종이 맥주를 1.040에서 1.010으로, 또는 1.060에서 1.015로 발효시킨다고 해보자. 발효도가 낮은 효모라면 말토트리오스를 그리 많이 발효시키지 못하고 전체 발효도는 67퍼센트에 머무를 것이다. 반대로 발효도가 높은 효모는 말토트리오스를 대부분 발효시켜 전체 발효도는 대략 77퍼센트가 된다. 여기에 맥아즙의 단당류 함량이 높다는 조건까지 추가하면(보통 15퍼센트나 30퍼센트라고 가정한다면) 말토오스 발효에 필요한 효모의 효소 생성이 억제되어 발효가 '중단되는' 결과가 초래될 수 있다. 이 문제에 대해서는 24장 '나만의 레시피 만들기'에서 다시 살펴보기로 하자.

맥주 효모는 양조 과정 중 어떤 단계에서도 산소 호흡을 하지 않는다. 효모 세포가 산소를 이용하기는 하지만 다른 세포와 같이 산소를 '들이 쉬고 내쉬면서 음식물을 연소하는' 식의 호흡을 하지 않는다는 의미다. 대신 효모 세포는 산소를 이용하여 세포막 형성과 유지에 필요한 불포화지방산(이중결합을 가진 지방산으로 식물성 지방에 주로 많다)과 스테롤(sterol, 스테로이드 알코올의 줄임말로 콜레스테롤이 스테롤의 가장 흔한 예다) 성분을 화학적으로 합성한다.

맥주 효모는 에탄올(에틸알코올)과 이산화탄소 외에도 다른 여러 가지 물질을 만들어낸다. 그중에는 에스테르, 페놀 등 맥주에 유익한 성분도 있지만 디아세틸 전구체나 퓨젤 알코올 등 달갑지 않은 성분도 포함된다. 맥주에 과일 맛을 더하는 에스테르나 스파이시한 향을 더하는 페놀류 성분은 만들고자 하는 맥주의 유형에 따라 대체로 긍정적인 영향을 줄 수도 있다. 그러나 좋은 것도 지나치면 해가 되는 법이다. 디아세틸 성분이 바로 그렇다. 비시널 디케톤*vicinal diketon*(이하 VDK)에 해당하는 이 물질은 아주 조금 존재할 경우 맥주에 버터 향을 더하고 일부 에일 스타일의 맥주에서는 맥아 맛을 더욱 풍성하게 만들어주는 역할을 하지만, 실제로는 최

세포막이란?

효모 세포를 우리 몸에 비유하면, 세포벽은 피부(표피)이고 세포막은 피부 아래 살아 있는 조직에 해당한다. 물론 이런 비유는 실제 사실을 상당히 뭉뚱그린 것이긴 하지만, 큰 틀에서 기능을 이해할 수 있을 것이다. 세포벽은 효모 세포의 구조적인 경계이고 그 바로 아래에 위치한 반투과성 세포막은 외부 환경과 상호작용하는 곳이다. 당을 세포 내부로 흡수하고 노폐물(알코올과 이산화탄소)을 밖으로 내보내는 기능도 이 세포막에서 일어난다. 활성이 우수하고 건강한 효모 세포는 세포막이 유연한 반면 노화된 효모의 세포막은 유연성과 투과성이 감소하여 먹이와 영양소를 흡수하고 노폐물을 분비하는 과정이 수월하게 이루어지지 못한다.

종 완성된 맥주에 디아세틸이 과도하게 발생하기 쉽다. 분자량이 크고 맥주에 '용제 냄새'가 나게 하는 퓨젤 알코올도 부적절한 생성물질에 해당한다.

섭취할 영양소가 모두 소진되고 발효가 끝나면 효모의 세포막은 제대로 기능하기 힘들 만큼 노화되어 쉬는 상태에 돌입한다. 즉 글리코겐과 트레할로스 성분을 축적하고(탄수화물 비축) 서로 뭉쳐서(응집) 발효조 바닥에 가라앉는다. 효모 종류마다 응집되는 양상은 제각기 달라서 가라앉는 속도에도 차이가 있다. 발효조 밑바닥에 착 가라앉는 종류가 있는가 하면 약간만 흔들려도 위로 솟아오르는 종류도 있다. 응집성이 높은 효모는 때때로 발효가 완료되기 전에 가라앉고, 이로 인해 보통 발효 숙성 단계에서 제거되어야 하는 당과 아세틸알데하이드, 디아세틸 성분이 과도하게 잔류할 수 있다.

발효의 정의

맥아즙에 함유된 당은 복잡한 생화학적 반응을 거쳐 발효된다. 양조 과정을 중심으로 볼 때 효모를 투입한 뒤 발효는 총 세 단계에 걸쳐 진행된다. (그림 6.3)

1. 적응기 또는 지연기. 발효조 내에서 효모가 활성화되기 전 단계.
2. 고성장기 또는 크로이젠(kräusen, 거품) 다량 발생기. 발효가 대부분 이루어지는 단계.
3. 숙성기 또는 조건화 단계. 효모가 휴지 상태에 돌입하고 크로이젠이 줄면서 맥주 색이 투명해지고 맛이 향상되는 단계.

각 단계를 좀 더 세부적으로 설명하기 전에, 효모를 중심으로 발효 과정을 세 단계로 나누면 어떻게 달라지는지 살펴보자. 위의 세 단계와 약간 차이가 있다.

1. 적응기 : 성장 전에 비교적 짧게 지나가는 단계.
2. 고성장기 : 영양소 섭취와 생식이 본격적으로 이루어지는 단계.
3. 정지기 : 효모가 휴지 상태에 돌입한 단계.

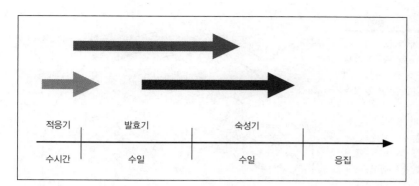

그림 6-3

발효의 3단계

적응기   발효기   숙성기

수시간   수일   수일   응집

효모의 관점에서 나누면 숙성기가 사라진 것을 알 수 있다. 양조자가 이 단계를 어떻게 이해하고 숙성이 일어날 수 있는 조건을 마련하느냐에 따라 맥주 맛에 많은 영향을 미친다.

효모가 기능하는 방식은 일사분란하게 움직이는 물고기 떼와는 다르다. 오히려 여러 명의 사람들로 구성된 그룹과 더 비슷한 면이 있다. 즉 활동 수준은 대체로 비슷하지만 그중에는 남들보다 유독 활동적인 사람이 있고 반대로 활동성이 떨어지는 구성원도 있다. 효모 세포의 활성도 한 단계에서 다음 단계로 일제히 한꺼번에 바뀌지 않는다. 대다수의 세포에 해당하는 단계가 전체적인 활성 수준으로 보인다고 해석하는 것이 더 정확하다. 야생 환경에서는 한 그룹에 속한 효모 세포 중 일부가 무작위로 생애 주기 중 특정 단계를 거치는 일이 얼마든지 발생할 수 있다(그림 6.4). 양조 과정에서는 활성 준비 단계를 포함하고 온도를 조절하여 효모의 활성을 좀 더 체계적으로 관리하면, 동일한 단계가 일괄적으로 진행되도록 하여 발효 효율을 높일 수 있다.

효모 세포의 생애는 그림 맨 윗부분에 표시된 휴지기부터 시작한다. 맥아즙에 효모를 첨가하면 적응기에 돌입한다. 이 단계에서는 필수 영양소를 흡수하고 물리적으로 크기가 커진다. 이용할 수 있는 영양소가 충분하고 적정 크기가 되면 효모 세포는 생식 단계에 접어들어 세포벽에 출아가 생성된다. 세포핵에 있는 DNA도 복제되어 출아와 함께 분리된다. 액포는 영양소와 효소, 노폐물이 존재하는 창고이자 작업장과 같다. 액포에 담긴 자원은 출아된 세포가 함께 이용할 수 있고, 궁극적으로는 이 자원의 양에 따라 세포의 출아 횟수가 결정된다. 출아된 세포가 완전히 분리되면 모세포의 세포벽에 출아흔적이 남는다. 새로 형성된 딸세포는 모세포보다 크기가 작다. 성장 과정을 거치고 나면 이 세포에서도 새로운 딸세포의 출아가 시작된다. 영양소가 줄고 성장기가 끝나면 효모 세포는 정지기에 돌입하여 새로운 맥아즙에 투입될 때까지 비축한 영양소로 생존을 이어간다.

그림 6-4

그림으로 나타낸 효모 세포의 생애 주기

효모 세포의 생애는 그림 맨 윗부분에 표시된 휴지기부터 시작한다. 맥아즙에 효모를 첨가하면 적응기에 돌입한다. 이 단계에서는 필수 영양소를 흡수하고 물리적으로 크기가 커진다. 이용할 수 있는 영양소가 충분하고 적정 크기가 되면 효모 세포는 생식 단계에 접어들어 세포벽에 출아가 생성된다. 세포핵에 있는 DNA도 복제되어 출아와 함께 분리된다. 액포는 영양소와 효소, 노폐물이 존재하는 창고이자 작업장과 같다. 액포에 담긴 자원은 출아된 세포가 함께 이용할 수 있고, 궁극적으로는 이 자원의 양에 따라 세포의 출아 횟수를 결정한다. 출아된 세포가 완전히 분리되면 모세포의 세포벽에 출아흔적이 남는다. 새로 형성된 딸세포는 모세포보다 크기가 작다. 성장 과정을 거치고 나면 이 세포에서도 새로운 딸세포의 출아가 시작된다. 영양소가 줄고 성장기가 끝나면 효모 세포는 정지기에 돌입하여 새로운 맥아즙에 투입될 때까지 비축한 영양소로 생존을 이어간다.

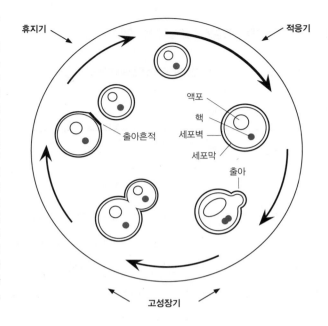

| 적응기(지연기) |

효모 세포에서는 맥아즙에 투입된 직후부터 환경에 적응하기 위한 변화가 시작된다. 당과 기타 영양소에 맞게 대사 방식을 바꾸고 효소 생산을 조절하는 등 새로운 환경에서 살아가기 위한 준비를 시작한다. 이 단계에서 효모는 비축되어 있던 글리코겐과 맥아즙의 지질, 녹아 있는 산소를 모두 이용하여 스테롤과 지방산을 합성한다. 둘 다 세포막의 정상적인 구조와 기능을 유지하기 위해 반드시 필요한 물질로, 맥아즙에 함유된 당과 기타 영양소가 세포막을 통해 유입될 수 있도록 세포의 투과성을 높인다. 장쇄 지방산(사슬고리가 긴 지방산, 탄소수 10개 이상이다)은 세포 구조를 형성하는 지질을 이루고 단쇄 지방산(사슬고리가 짧은 지방산)은 에스테르화되어(esterified, 산과 알코올이 반응하여 에스테르를 형성하는 것, 7장 효모 투입량과 에스테르 형성 참조) 배출된다. 효모는 산소량이 부족한 환경에서도 맥아즙의 찌꺼기(트룹)에 남은 지질을 이용하여 이와 같은 스테롤과 지방산을 만들어낼 수 있으나 이때 대사의 효율성이 크게 떨어진다.

투과성 있는 세포막이 형성되면 효모 세포가 맥아즙에 함유된 당을 비롯해 유리 아미노산과 질소 성분을 섭취하며 성장이 시작된다. 산소량이 풍부한 맥아즙에서는 적응기가 단축되고 효모가 재빨리 활성을 되찾아 다음 단계인 고성장기와 발효기로 이어진다.

정상적인 조건에서는 효모가 적응기에 돌입하고 12~24시간 내에 고성장기가 시작되어야 한다. 즉 양조 시 효모를 투입한 후 첫째 날은 적응기에 해당하고, 발효 다음 단계는 2일차 정도에 시작하는 것이다. 투입 후 48시간 내에 뚜렷한 활성(맥아즙 상층에 거품과 발효 시 발생하는 물질이 형성되고 공기차단기에 기포가 빠른 속도로 차오르는 현상)이 나타나지 않으면 새로운 효모를 추가로 투입해야 한다.

과거에는 적응기가 짧아야 발효가 원활하다고 여길 정도로 짧은 적응기의 중요성을 과도하게 강조했다. 그래야 효모가 더 활발한 상태로 발효를 시작할 수 있다고 보고 적응기는 '짧을수록 좋다'고 여긴 것이다. 그러나 적응기가 짧은 것은 중요한 지표에 해당하기는 하지만 이 단계가 짧다고 해서 무조건 발효가 성공하고 아주 훌륭한 맥주가 완성된다고 볼 수는 없으며, 그저 효모가 빨리 적응했다는 의미로만 해석할 수 있다. 효모가 흡수할 수 있는 산소가 그리 많지 않아서 사멸하지 않으려고 영양소를 흡수해야 하는 시점이 빨라진 것일 수도 있다. 이는 각별한 주의를 기울여야 하는 상황에 해당한다. 그러한 상황을 제외한다면 지연기가 짧고 (6~12시간) 공기차단기에 기포가 빠르게 형성되는 것은 효모가 건강하고 활성 조건을 잘 갖추었고 원활한 기능을 발휘하는 신호로 볼 수 있다. 평균적인 적응기는 12시간 정도다.

물론 맥아즙의 온도도 효모의 활성에 큰 영향을 준다. 수많은 자가 양조자들이 흔히 저지르는 실수 중 하나가 효모의 고성장기가 시작될 때쯤이면 맥아즙이 적당한 온도로 더 내려갈 것이라는 생각에 아직 충분히 식지 않은 상태에서, 즉 27℃(80℉)보다 높은 온도일 때 효모를 투입하는 것이다. 이때 대사산물(부산물)이 효모가 숙성 단계에서 재흡수할 수 있는 양보다 더 많이 발생할 가능성이 매우 높고, 이것이 최종 완성된 맥주의 깔끔한 맛에 악영향을 줄 수 있으므로 상당히 위험한 시도다.

온도 관리는 전체 발효 과정에서도 매우 중요한 요소이므로 효모를 투입하고 적응기가 시작된 시점부터 온도를 관리해야 한다. 더 깔끔한 맥주 맛을 원한다면(에스테르의 영향을 덜 받고 발효 특성이 덜 드러나는 맥주), 맥아즙이 정해진 발효 온도가 되었을 때, 또는 그보다 약간 더 낮은 온도일 때 효모를 첨가해야 한다. 예를 들어 캘리포니아 에일 맥주의 발효 권장 온도는 20~23℃(68~73℉)이므로 맥아즙이 18~20℃(65~68℉)일 때 효모를 첨가하면 고성장기 초기에 형성되는 부산물의 양을 줄일 수 있고 발효 이전 단계에서 형성되는 부산물의 양도 전체적으로 적정 수준을 유지할 수 있다. 발효의 특성이 좀 더 드러나는 맥주를 만들고 싶다면 발효 권장 온도의 중간 정도에 효모를 투입하면 된다. 여러분이 잘 아는 효모로 특정한 스타일의 맥주를 이미 만들어보고 어떤 맛이 나올지 아는 경우가 아니라면, 권장 온도의 최대치에 해당하는 온도에 효모를 투입하는 방식은 권하지 않는다. 마찬가지로 너무 낮은 온도에 효모를 투입하면 스트레스가 발생하여 발효 특성이 강하게 드러나는 맥주가 만들어질 수 있으므로 주의해야 한다.

요점을 정리하면, 효모를 투입할 때 맥아즙의 온도가 높을수록 적응기(지연기)는 단축되지만 이 단계까지 위생 관리가 철저히 이루어졌다고 가정할 때 이 시점에 세균이나 다른 미생물과 효모가 영양소를 두고 경쟁해야 할 확률을 굳이 높일 필요는 없다. 고성장 단계에서 효모 투입 온도에 따라 효모가 나타내는 활성은 달라진다. 맥아즙의 온도가 높을수록 효모의 성장 속도도 빨라지고 그만큼 더 많은 부산물이 형성된다.

| 고성장기 |

맥아즙의 상태가 두드러지게 바뀌고 공기차단기에 기포가 빠른 속도로 올라오면 고성장기에 진입한 것이다. 효모 세포는 일단 주변 환경에 적응하고 나면 영양분을 흡수하기 시작하고, 영양분이 공급되면 곧 생식 과정이 시작된다. 고성장기는 발효가 활발히 진행되는 단계이며 초기 비중과 첨가된 효모의 양에 따라 에일 맥주는 1~3일, 라거 맥주는 2~5일간 지속된다. 이 고성장기에 발효가 대부분 (98퍼센트가량) 완료되어야 한다.

고성장기에 맥주 상층에는 거품이 부글부글 일어나는 크로이젠이 형성된다(그림 6.5). 효모 세포와 맥아즙의 단백질 성분으로 된 크로이젠은 전체적으로 밝은 크림색에 녹갈색을 띠는 찐득한 물질이 군데군데 떠 있는 형태를 띤다. 이 찐득한 물질은 외부에서 발생한 맥아즙 단백질과 홉의 수지 성분, 폴리페놀, 죽은 효모 세포로 이루어진 잔여물이다. 많은 양조자들이 크로이젠과 함께 떠오른 이 잔여물을 거둬서 제거하며 다음 번 양조에 사용할 효모를 이와 같은 방식으로 덜어 놓기도 한다(발효 과정에서 효모를 채취하는 방법에 대해서는 7장에서 다시 설명한다). 다행히 이 발효 잔여물은 비교적 수용성이 낮고 보통 크로이젠이 가라앉으면서 발효조 가장자리에 들러붙으므로 반드시 따로 제거할 필요는 없다.

발효도가 높은 효모 종은 응집성이 낮아서 제대로 응집되지 않는 반면 발효도가 낮은 종은 응집성이 높다. 응집이란 효모 세포가 휴지기에 돌입하면서 한데 뭉치는 경향이 나타나는 것을 말한다. 이렇게 뭉친 효모 세포는 발효가 끝날 때쯤 발효조 바닥에 가라앉는다. 7장에서 이와 같은 특성에 대해 좀 더 상세히 알아보기로 하자.

에스테르 성분과 기타 풍미를 더하는 성분은 대부분 고성장기에 만들어진다. 따라서 맥주 맛을 조절하는 가장 좋은 방법은 효모 성장을 조절하는 것이고, 효모 성장은 온도로 조절할 수 있다. 효모의 활성은 발효 온도에 따라 많은 영향을 받는다. 온도가 너무 낮으면 휴지 상태가 되고, 너무 높으면[권장 온도보다 5℃(10℉) 이상 높은 온도] 발효가 마구잡이로 과도하게 일어나 맥주 맛에 악영향을 줄 가능성이 높다.

게다가 고성장기에 돌입하면 열이 발생한다. 발효조 내부 온도는 효모의 활성으로 인해 주변 온도보다 최대 5℃(10℉)까지 높아진다. 이러한 특성을 고려하여 발효 환경이 권장 온도 범위 내에서 유지되도록 잘 관리해야 한다. 즉 내부 온도가 주변 온도보다 높아지더라도 발효가 정상적인 수준에서 활발히 이루어지고 맥주 맛이 계획한 대로 형성될 수 있도록 관리해야 한다.

아세트알데히드, 디아세틸 냄새 등 맥주에 발생할 수 있는 이취 중 상당 부분은 효모 활성을 통해 없어지지만 그렇지 않은 경우도 있다. 발효 온도가 높으면 퓨젤 알코올의 생성을 촉진하여 용제solvent 냄새가 날 수 있다. 또 에스테르 성분이 과도하게 발생하여 바나나나 풍선껌 맛이 나는 맥주가 될 가능성도 있다. 이런 냄새는 일단 형성되면 숙성 과정에서도 줄일 수 없다. 그러므로 온도 관리는 발효와 발효 특성을 조절하는 핵심 열쇠라 할 수 있다.

고성장기는 효모가 보유한 스테롤과 지질 성분이 없어질 때까지 지속된다. 두 성분이 모두 사라지면 딸세포와 공유할 수 있는 자원이 없으므로 생식 과정도 중단된다. 이 상태가 되면 효모의 세포막이 노화되어 영양소와 노폐물의 투과성이 감소하고 전체적인 세포 활성도 줄어든다. 이에 따라 이산화탄소 생성량도 줄어들면서 거품이 가득한 크로이젠도 가라앉는다.

| 숙성기 |

숙성기가 시작되어도 발효는 중단되지 않는다. 이 시점이 되면 아세트알데히드(풋사과, 생호박 냄새)와 디아세틸(부패한 버터나 우유 냄새) 등 이취를 일으키는 성분과 다른 발효 부산물이 맥주에 다량 존재한다. 이러한 맥주는 '덜 익은' 상태다. 최종적으로 마실 수 있는 상태가 되려면 효모가 이러한 성분을 제거하는 숙성기를 거쳐야 한다.

숙성에 가장 중요한 요소는 효모의 활성이다. 고성장기가 끝날 무렵이 되면 효모 세포는 녹초가 되어 하던 일을 멈추고 휴식에 들어갈 준비를 한다. 아직 맥주는 완성되지 않았지만 효모 세포는 너무 노화되어 더 이상 아무것도 할 수 없는 상태가 된다. 이러한 효모 세포들은 한데

맥아즙 온도와 실내 온도 중 어느 쪽을 조절해야 할까?

양조자들이 전자 온도조절장치로 발효 온도를 관리하는 방식은 크게 두 가지로 나뉜다. 맥아즙 또는 맥주의 온도를 조절하는 쪽이 적절하다고 보는 사람들도 있지만 실내 온도 또는 냉장고의 온도를 조절해야 한다고 생각하는 사람들도 있다. 그러나 이 두 가지 방법 모두 온도를 조절하는 방식이나 시점에 따라 틀린 방법이 될 수 있다. 아래와 같은 발효 과정을 이해하고 맥아즙의 온도를 언제 조절해야 하는지 정하는 것이 핵심이다.

• 발효 부산물은 고성장기에 생성된다.
• 부산물의 생성량을 제한하려면 고성장기가 시작될 때 맥아즙의 온도가 효모 성장 속도를 중간 정도로 유지할 수 있는 권장 온도 범위의 최저점에 맞추어야 한다.
• 맥아즙이나 맥주의 온도는 고성장기가 완료된 후 상승하거나 상승할 수 있는 환경을 마련해야 한다. 그래야 숙성기에 효모의 활성이 높아진다.
• 발효가 진행되는 동안에는 절대 발효 온도를 낮추지 말아야 한다. 맥주 온도는 숙성기가 완료된 다음에만 낮추어야 한다. 이 원칙은 라거를 포함한 모든 맥주에 적용된다.

그러므로 어떤 조절 장치를 이용하든, 발효조에 효모를 첨가하는 시점에 맥아즙의 온도는 설정된 발효 온도보다 높지 않아야 한다. 즉 맥아즙이 장치의 설정 온도에 도달한 뒤에 효모를 투입해야 한다. 맥아즙이 설정 온도보다 따뜻할 때 효모를 투입하면 단시간에 크게 성장하고 (부산물도 그만큼 많이 생긴다) 온도가 감소하면 활성을 잃는다. 한창 발효가 진행되는 도중에 효모의 활성이 약화되는 것은 바람직하지 않다.

맥아즙이나 맥주의 온도를 조절할 때, 온도조절기가 설정 온도보다 $1°C(2°F)$ 이상 과잉 냉각되지 않는지 확인해야 한다. 적응기에 비중 또는 발효 활성 상태(즉 공기차단기에 발생하는 거품 등)를 모니터링하고 필요하면 설정 값을 높인다.

맥주가 아닌 냉장고나 실내 온도를 조절할 때, 발효 온도는 실내 온도보다 몇 도 더 높아진다. 발효 온도가 권장 범위를 초과하지만 않는다면 우려하지 않아도 된다. 이때 원활하게 숙성되려면 권장 온도도 높아진다.

이와 같은 방식의 온도 조절은 수천 년 동안 적용해 왔으나, 효모 활성이 감소하면 발생하는 열도 줄어들므로 실내 온도가 낮으면 효모가 응집되고 휴지기가 너무 일찍 시작될 수 있다는 사실에 유념해야 한다. 상황에 맞게 실내 온도를 높일 준비를 해야 한다.

148

SECTION 01 맥주 키트로 맥주 만들기

뭉쳐져서 바닥에 가라앉는다(그림 6.6).

가라앉은 효모를 물리적으로 위로 떠오르게 해서(발효조 내부를 휘저어서) 맥주에 효모 세포가 떠다니게 하며 계속 기능을 발휘하도록 하는 것도 어느 정도는 도움이 된다. 그러나 실제로 그렇게 되더라도 효모 세포가 노화되어 지쳐 있다는 사실은 바뀌지 않으므로, 남은 당류와 아세트알데히드, 디아세틸 등 원치 않는 부산물을 소비하려면 상당히 오랜 시간이 걸릴 수 있다. 효모가 노화되고 지치지 않도록 막는 방법이 있을까?

양조자는 효모 첨가량과 맥아즙에 남은 자원이 균형을 이루고 효모 세포의 대부분이 비교적 활발히 기능하는 상태로 남도록 관리해야 한다. 즉 발효 가능한 당류가 다량 남아 있는 상태에서 효모의 생식을 제한하지 않도록 해야 한다. 활성이 우수한 효모 세포가 많이 남아 있어야 대안으로 활용할 영양소를 찾고 그 과정에서 맥주의 불필요한 성분을 없앨 수 있다.

숙성기에는 아세트알데히드와 기타 알데히드 성분은 알코올이 되면서 감소하고 디아세틸

그림 6-5

발효가 시작되고 고성장기에 진입하면 발효조 맨 윗부분에 효모가 만든 풍성한 크림 형태의 크로이젠이 왕성하게 형성된다. 다음 양조를 위해 효모를 일부 덜어놓고자 한다면 바로 이 시점이 효모를 일부 덜어놓기에 적절하다.

그림 6-6

고성장기가 막바지에 이르고 숙성기가 시작되면 효모는 서로 응집하고 크로이젠도 맥주와 섞인다.

은 효소가 분해한다. 또 효모 세포가 발효조 바닥에 가라앉으면서 표면에 있던 이취 성분을 흡수한다. 숙성기에 일어나는 변화는 오랫동안 거의 알려지지 않았으나 지난 5~6년간 있었던 활발한 연구 덕분에 효모의 대사 작용과 맥주의 숙성 과정도 많이 알려졌다. 이제는 더 짧은 시간에 완전히 숙성되도록 하는 방법도 밝혀졌다. 중요한 것은 효모 첨가량과 온도로 발효 과정을 조정하는 것이다.

효모 첨가량에 대해서는 7장에서 상세히 설명하겠다. 그렇지만 우선 여기에서는 효모의 수를 발효가 진행될 수 있는 수준으로 관리하여 활성이 약화되기 전에 발효 가능한 물질을 모두 처리하도록 조정하는 요소로 생각하면 된다. 효모의 활성은 온도에 직접적인 영향을 받는다. 따라서 고성장기 막바지에는 온도가 오르면 효모의 활성도 크게 높아지고 부산물을 처리하는 속도도 빨라진다. 이처럼 발효가 끝나갈 때 온도를 높이는 기술은 '디아세틸 휴지diacetyl rest'로 알려져 있다. 디아세틸 휴지 기법은 보통 라거 맥주를 만들 때 활용되지만 어떤 효모를 사용하든 적용할 수 있으며 아세트알데히드와 같은 부산물을 없애는 데 도움이 된다.

에일 맥주는 대략 3일, 라거 맥주는 4일 정도가 지나면 고성장기가 끝날 시기가 되어 공기차단기에 거품이 올라오는 속도가 줄어들기 시작한다. 이러한 변화를 관찰하면 발효 온도를 5℃(9℉)까지 높이는 디아세틸 휴지 기법을 적용한다. 휴지 시점을 더 정확히 파악하는 방법은 맥주의 비중이 최종 비중까지 2~5단위 정도 남겨둔 시점을 찾는 것이다. 디아세틸 휴지는 일반적으로는 라거 발효 시 활용하지만 에일 맥주에도 동일한 원칙을 적용할 수 있다(표 6.2에 라거와 에일 양조 시 적용 방법이 나와 있다).

효모 첨가량이 많을수록 휴지기에 가까워질 때 잔류하는 활성 효모 세포의 비율도 높고, 이때 온도를 덜 높여도 숙성에 필요한 활성을 충분히 확보할 수 있다. 반대로 효모 첨가량이 적으면 남아 있는 활성 효모 세포도 적으므로 온도를 더 많이 높여야 불필요한 성분을 완전히 없앨 수 있다. 이 단계에 이르면 온도로 조절하는 방법밖에 없으므로 애초에 효모를 적정량 투입하는 것이 중요하다.

경험 법칙상 숙성 기간은 고성장기와 동일하다. 숙성기에 온도를 높이지 않으면 숙성기를 두 배로 잡는 것이 안전하다. 예를 들어 표 6.2에서 라거 맥주 양조 시 4일차 정도에 발효 온도를 8~10℃(14~18℉) 높이라고 제안한 내용에는 고성장기(공기차단기에 거품이 일정하게 차오르는 시기)가 6일차까지 지속된다는 전제가 깔려 있다. 이때 디아세틸 휴지(숙성기)를 위해 온도를 높이고 그 상태로 최소 6일간 둔다. 에일 맥주에도 같은 방식을 적용하면 된다. 가장 중요한 것은 효모가 맥주의 불필요한 성분을 없앨 수 있도록 충분한 시간을 주는 것이다. 효모가 주어진 시간이 끝나기 전에 제 역할을 완료할 수도 있으나 시간을 넉넉하게 준다고 해서 맥주 품질에 해가 되지는 않는다. 참는 자에게 복이 오는 법이다.

표 6-2 │ 숙성기의 휴지 기법 적용 지침

조절 방법	라거	에일
시점(대략적인 시간 기준)	6일 중 4일차	4일 중 대략 3일차
시점(비중 기준)	최종 비중과 2~5 차이	최종 비중과 2~5 차이
높여야 할 온도	8~10°C(14~18°F)	3~6°C(5~10°F)
대기 기간	최소 6일(최대 12일)	최소 4일(최대 8일)

(최종 비중이 1.015이면 1.017~1.020)

│ 저온 숙성(후발효) │

전통적으로 후발효(또는 라거링)는 오랫동안 서서히 맥주를 숙성하는 과정으로 여긴다. 20세기 후반에 접어들어 절반이 지날 때까지도 학계에서는 이와 같은 관점을 유지했다. 그러나 '덜 익은' 맥주의 숙성 방식은 두 가지로 구분할 필요가 있다. 첫 번째는 바로 앞 절에서 설명한 것처럼 효모를 통해 발효 부산물을 줄이는 것이고, 두 번째 방식은 물리적인 방법으로 맥주에 과량 잔류하는 효모와 혼탁 물질을 제거하는 청징(淸澄)화다. 후자를 저온 숙성이라 한다.

갓 완성된 맥주는 색이 혼탁하고, 이 상태에서는 청징 작업이 끝난 맥주와는 다른 맛이 난다. 맥주에 부유하는 효모로 인해 뿌연 맥주에서는 효모 냄새가 나거나 육수와 비슷한 냄새가 난다. 시간이 지나 효모가 응집되어 가라앉으면 이러한 향도 함께 줄어들어야 한다. 그러나 단백질과 폴리페놀 성분으로 맥주가 뿌옇게 되었다면 원인 성분을 없애기가 힘들다. 맥주의 혼탁 물질 중 하나인 단백질과 폴리페놀 결합체는 우리가 떫은맛으로 인지하는 물질과 화학적으로 성분이 동일하며, 맥주에 남아 있으면 부패 반응을 촉진할 수 있다. 색이 혼탁해도 훌륭한 맥주가 될 수는 있지만 맑을수록 맛이 더 뛰어난 경우가 많다. 단, 맥주의 유형에 따라 혼탁한 색이 맥주의 외형에 중요한 요소를 차지하기도 한다. 혼탁 물질과 청징제에 관한 정보는 부록 C에 자세히 나와 있다.

저온 숙성은 맥주의 온도를 하루에 1°C(2°F)씩, 총 5~8°C(9~15°F)까지 발효 온도 이하로 낮춤으로써 효모의 응집과 맥주를 혼탁하게 하는 단백질과 폴리페놀 복합체 간의 결합을 촉진하는 과정이다. 맥주에 함유된 단백질과 폴리페놀 복합체는 수소결합을 이루고 있어 온도가 낮을수록 결합이 단단해진다. 그러므로 저온 환경에서는 이러한 복합체가 더 큰 덩어리를 형성하여 가라앉게 된다. 냉각 속도보다는 최종 온도가 단백질과 폴리페놀 혼탁 물질을 가라앉히는 데 더 중요한 요소며, 최종 온도가 낮을수록 효과적이다. 온도를 서서히 낮추는 주된 이유는 열 충격으로 인해 효모 세포에서 지방산과 지질 성분이 분비되지 않도록 하는 것이다. 이러한 지질 성분이 발생하면 맥주의 거품 유지력에 악영향을 주고 맥주가 산화되어 신선하지 않은 맛이 날 수 있다. 효모는 어느 시점에서든 열 충격을 받으면 저온 환경에서 스스로를 보호하기 위해 활성을 중단시키는 단백질 신호 물질을 분비한다. 이는 효모의 조기 응집과 때 이른 발효 중단으로 이어질 수 있다.

저온 숙성과 후발효(라거링)는 맥주를 맑게 만드는 효과적인 방법이지만, 효모가 발효를 완전히 끝내고 부산물이 제거된 뒤에 진행되도록 하는 것이 중요하다. 이 요건을 지키지 못하면 맥주에 디아세틸과 알데히드 성분이 과량 잔류하고 충분히 발효되지 않을 위험이 있다. 1~2주 정도만 저온 숙성기를 거치면 대부분의 혼탁 물질을 없앨 수 있다. 실리카겔, 젤라틴, 부레풀isinglass과 같은 청징제를 사용하는 방법도 큰 도움이 되고 보통 몇 주가 아닌 이틀 정도 만에 맥주를 맑게 만들 수 있다. 일반적으로 맥주는 효모가 남은 상태로 몇 주간 두어도 맛에 이상이 생기지는 않지만, 발효 이후 효모와 찌꺼기가 남아 있는 상태로 너무 오랫동안 두면 문제가 생길 수 있다.

발효조 바닥에 가라앉은 휴지기 상태의 효모 세포는 아미노산과 단쇄 지방산, 지질, 효소 등 부적절한 물질을 분비할 수 있다. 이로 인해 발효 찌꺼기와 효모 덩어리가 남아 있는 상태로 맥주를 오래 두면(한 달 이상 등) 비누 냄새나 왁스 냄새, 기름 냄새 등 산화된 맛이 날 수 있다. 상당히 오랜 시간이 흘러 효모 세포가 사멸하고 분해되기 시작하면(세포의 자가분해가 진행되는 등) 상태가 더욱 악화되어 고기나 육수 냄새, 간장 맛이나 냄새가 날 수 있다.

원활하게 발효되는 조건

1단계: 맥아즙을 효모 투입이 가능한 온도까지 냉각한다.

2단계: 맥아즙에 산소를 공급한다.

3단계: 효모를 투입한다.

4단계: 필요에 따라 효모가 필요로 하는 영양소를 첨가한다.

효모는 당만으로 살 수 없다. 무기질과 질소, 아미노산, 지방산이 있어야 생존과 성장이 가능하다. 맥아 보리는 이러한 기본 재료를 제공하는 일차적인 원천이다. 설탕, 옥수수당, 꿀과 같은 정제당에는 이러한 영양소가 전혀 들어 있지 않다. 그럼 발효 조건 중에서 먼저 산소와 통기에 대해 알아보자.

| 산소와 통기 |

효모 발효에서 산소의 역할에 대해서는 이번 장에서 이미 몇 차례 언급했으나 맥아즙에 산소를 공급하는 방법은 다루지 않았다. 상업 양조 시설에서는 일반적으로 관을 통해 순수한 공기를 발효조에 펌프로 직접 공급하는 방식을 활용한다. 자가 양조에서는 발효조 뚜껑을 닫고 흔들거나 수족관에서 사용하는 에어스톤과 공기펌프 또는 작은 산소 탱크를 활용하면 더 손쉽고 덜 복잡하게 산소를 공급할 수 있다. 수천 년 동안 활용한 개방 발효도 또 한 가지 방법에 해당한다. 개방 발효에 대해서는 이번 장 마지막 부분에서 다시 설명할 것이다.

효모 종에 따라 다르지만 보통 원활하게 발효되려면 8~12ppm의 산소가 필요하다. 산소가 부족하면 발효가 불충분한 상태로 종료된다. 맥아즙의 비중이 높을수록 필요한 효모 세포의 수도 많고(즉 투입해야 할 효모의 양이 늘어나고) 그에 따라 산소도 더 많이 필요하다. 문제는 비중이 높으면 맥아즙에 산소가 잘 녹지 않는다는 것이다. 맥아즙을 끓이는 동안 녹아 있던 산소가 빠져 나가므로 발효를 시작하기에 앞서 어느 정도 통기를 해야 한다. 자가 양조 시 맥아즙에 산소를 공급하는 방식은 아래와 같이 정리할 수 있다.

• 다른 용기에 맥아즙 세게 붓기 또는 맥아즙 분무하기(대략 4ppm 공급)

• 맥아즙이 담긴 용기 흔들기(소량일 때만 적용 가능, 약 8ppm 공급)

• 스테인리스스틸 재질의 에어스톤과 수족관용 공기펌프를 사용하여 5~10분간 발효조에 산소 공급(약 8ppm 공급).

• 에어스톤과 산소 탱크를 이용하여 1분간 발효조에 산소 공급(약 10ppm 공급).

표 6.3에 이와 관련한 데이터가 나와 있다. 분명한 사실은 맥아즙을 붓거나 흔들면 확보할

수 있는 산소의 양은 편차가 크다는 점이다. 에어스톤을 사용하면 대체로 효율적이고 일관성 있게 산소를 공급할 수 있으나 맥아즙에 거품이 생겨 발효조 밖으로 흘러넘치는 경우가 많다. 이러한 문제는 소포제를 이용하면 최소화할 수 있다.

초보 양조자가 건조효모를 재수화(rehydration, 건조된 것에 물을 가하여 원래의 상태로 되돌리는 것)하여 사용할 때는 효모를 미리 담가 둔 용액을 흔든 다음에 맥아즙에 붓는 가장 간단한 통기법을 추천한다. 맥아즙의 일부만 끓이고 발효조에 물을 첨가하여 전체 용량을 맞추는 양조법을 택했다면 액체를 붓는 과정에서 공기를 투입하는 방법도 효과적이다. 맥아즙은 그대로 두고 물만 여러 번 한 곳에서 다른 곳으로 옮겨 부으면 물에 산소를 공급할 수 있다. 건조효모는 글리코겐과 지질이 풍부한 조건에서 생장한 다음 수분이 제거되므로 보통 재수화 과정에서 공기를 크게 필요로 하지 않고, 발효가 시작되었을 때 적응기에 필요한 산소량도 적다.

이전 양조에서 채취해둔 효모를 사용하거나 액상 배지로 배양한 효모를 이용할 때에는 수족관용 펌프나 산소 탱크와 함께 에어스톤으로 산소를 공급하는 방법이 적절하다. 또 배양액이 담긴 용기를 손에 쥐고 마구 흔들어서 액체가 소용돌이치도록 만드는 방법도 있다. 그러나 고속 전기 혼합기는 절단 작용으로 인해 효모가 손상되고 맥주의 거품을 구성하여 거품 유지력에 영향을 주는 일부 단백질의 변성이 일어날 수 있으므로 사용하지 않는 것이 좋다.

공기펌프와 에어스톤을 이용하여 발효조에 산소 기포를 공급하는 방식은 무거운 발효조를 들고 다른 곳에 붓거나 흔드는 방법보다 효율적이다. 냉각된 맥아즙의 산소 포화도는 대략

표 6-3 | 비중 1.040~1.080인 맥아즙 19리터(5갤런) 기준 산소 공급 데이터

방법	시간	용해된 산소
분무기가 부착된 사이펀	(사이펀으로 옮기는 시간)	4ppm[a]
공기가 유입되도록 흔들기(소량)	1분	8ppm[a]
공기가 유입되도록 흔들기(다량)	5분	2.7ppm[b]
수족관용 공기펌프와 에어스톤	5분	8ppm[a]
산소와 에어스톤, 1리터/분	30초 1분 2분	5.1ppm[b] 9.2ppm[b] 14.1ppm[b]
산소와 에어스톤, 투입 속도 미확정	1분	4ppm[a]

a 그렉 도스(Greg Doss), 데이비드 로그즈던(David Logsdon), "효모가 밝힌 삶의 의미", Wyeast Labs, http://www.bjcp.org/cep/WyeastYeastLife.pdf.
b 화이트와 자이나셰프(White and Zainasheff, 2010, p. 79)

9ppm 정도이고, 대부분의 효모 종은 산소가 8~12ppm일 때 충분히 성장하고 활성을 나타낸다. 단, 이 요건은 효모의 첨가량, 맥아즙의 부피에 따라 달라진다. 효모는 산소를 빠른 속도로 흡수하는데 보통 1시간 이내에 이루어진다. 공기펌프와 에어스톤을 사용하면 5갤런(19리터) 기준으로 5분 정도면 산소 농도가 8ppm에 도달한다. 그래도 효모가 필요한 만큼 산소를 충분히 확보할 수 있도록 10~15분 정도 충분히 산소를 공급하는 편이 좋다.

이 방법을 활용할 때 에어스톤과 호스를 살균하는 것 외에 한 가지 주의할 사항은 발효조로 유입되는 공기에 곰팡이 포자나 먼지에 담긴 세균이 들어가지 않도록 해야 한다는 것이다. 공기 중에 있던 오염 물질이 맥아즙에 유입되지 않도록 방지하기 위해서는 직렬 방식으로 연결하는 필터를 추천한다. 의료용 멸균 필터 주사기(그림 6.7)가 그러한 필터 중 하나로, 병원 내 약국이나 양조 용품 판매점에서 구입할 수 있다. 관에 젖은 솜을 채워서 직접 세균 필터를 만드는 방법도 있다. 이때 안에 든 솜은 매번 교체해야 한다.

철물점이나 용접 기구를 취급하는 곳에서 판매하는 납땜용 소형 산소 탱크를 사용해도 된다. 순수한 산소는 맥아즙에서 40ppm의 포화도를 나타내므로 공기를 주입할 때보다 비교적 단시간에 산소를 공급할 수 있다. 그러나 순수 산소를 사용하면 과도하게 많은 양의 산소가 공급되어 맥주에 이취가 날 수 있다. 또 순수 산소는 효모에 독성 영향을 주므로 효모를 투입하기 전에 산소를 공급해야 한다. 사실 이러한 이유에서 나는 자가 양조에는 산소 탱크보다는 공기펌프를 추천한다. 공기를 주입하는 것으로는 산소가 과도하게 투입될 가능성이 거의 없기 때문이다. 상업 양조 시설에서는 취급하는 맥아즙의 양이 상당히 많고 산소 농도를 모니터링할 수 있는 장비도 갖추었으므로 순수 산소를 사용할 필요가 있고 다른 방법보다 실용적이라할 수 있다.

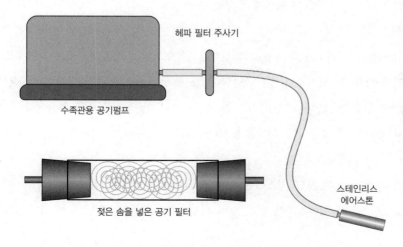

헤파 필터 주사기

수족관용 공기펌프

젖은 솜을 넣은 공기 필터

스테인리스 에어스톤

그림 6-7

수족관용 공기펌프와 에어스톤, 미생물 필터를 연결한 예시. 그림에 나온 필터는 의료용 헤파 필터 주사기다. 대안으로 플라스틱 관과 솜, 고무 뚜껑을 일렬로 연결하여 필터를 직접 만들 수 있다. 솜을 물에 적셔서 사용하면 여과 작용을 한다. 사용한 솜은 제거해야 한다.

| 유리 아미노 질소*FAN* |

효모가 맥아즙에서 반드시 얻어야 하는 두 번째 영양소는 질소다. 질소는 유리 아미노 질소 (free amino nitrogen, 줄여서 FAN)로도 불리는 아미노산과 소형 펩타이드*peptide*의 형태로 공급 된다. 아미노산과 펩타이드, 단백질을 모두 포함한 질소는 효모(그리고 살아 있는 모든 생명)의 전 대사 과정에 반드시 필요하다. 맥아 보리는 효모의 생장에 필요한 FAN 성분을 충분히 함유 하고 있고, 필요량보다 훨씬 더 많은 경우도 있다. 순수 보리(올 몰트) 맥주보다 부재료를 함유 한 맥주가 맛이 더 깔끔한 이유도 이 때문이다. 그러나 단백질 함량이 적은 부재료(옥수수, 쌀, 꿀, 정제당 등)를 지나치게 많이 사용하면 맥아즙에 FAN이 충분히 확보되지 않는 문제가 생길 수 있고 이는 맥주 맛에 영향을 준다. FAN 함량이 높은 맥아, 즉 용해도*modification*가 높은 맥 아로 만든 순수 보리 맥아즙은 과일 향이 나는 에스테르 성분이 더 많이 생성되는 경향이 있 다. 반대로 부재료 함량이 높아 FAN 함량이 낮은 맥아즙은 꽃향기가 많이 나는 특징이 있다. 대부분의 맥아즙은 이 양극단의 중간 정도에 해당하는 특징을 보인다.

| 필수 무기질 |

양조에 사용하는 물과 맥아에 함유된 무기질은 효모에 꼭 필요한 영양소다. 무기질에는 인 과 같은 대량 영양소*macro-nutrients*와 마그네슘, 아연 등 효모의 대사 과정에 효소 보조인자와 촉매제로 소량 활용되는 영양소들을 모두 포함한다. 특히 마그네슘은 세포 대사에 필수 역할 을 담당하는데, 물에 칼슘을 과량 첨가하면 마그네슘의 기능을 저해할 수 있다. 따라서 양조 용수에 칼슘염을 첨가하여 물의 화학적 특성을 조정한 후 제대로 발효되지 않으면 마그네슘염 도 함께 넣어야 한다.

칼슘은 효모의 성장을 촉진하고 마그네슘처럼 성장 제한 요소로는 작용하지 않는다. 세포 막의 구조와 기능에도 칼슘이 중요한 기능을 담당한다. 또 효모가 응집되려면 칼슘이 반드시 필요하다. 효모 대사에 필요한 칼슘은 소량이라 보통 맥아가 함유한 양으로 모두 충족된다. 그 러나 양조 과정에서 맥아의 인 성분이나 수산염 등 다른 성분과 반응하므로 효모 응집과 혼탁 물질 제거에 필요한 양이 부족해질 수 있다.

황은 효모가 특정 아미노산(메티오닌, 시스테인)과 효소, 비타민을 합성할 때 사용한다. 아미 노산의 일종인 메티오닌 대사를 통해 황을 얻는 것이 가장 적합하지만 효모는 유기 재료(아미

FAN, 발효, 디아세틸

맥아즙에 함유된 유리 아미노 질소(FAN)의 양은 맥주의 디아세틸 성분의 함량에 영향을 줄 수 있다.

디아세틸은 2,3-펜탄다이온(2,3-pentanedione)과 함께 비시널 디케톤(VDK)에 해당한다. 비시널(인접)이라는 표현은 왠지 안 좋은 물질 같은 느낌을 주지만, 케톤 그룹에 해당하는 두 개의 분자가 탄소 원자 가까이에 나란히 있다는 뜻이다. 디아세틸은 2,3-부탄다이온(2,3-butanedione)으로도 불린다는 점으로도 2,3-펜탄다이온과 매우 비슷하다는 것을 알 수 있다. 부탄은 탄소 사슬에 탄소 원자가 네 개이고 펜탄은 다섯 개라는 점이 다르다. 디아세틸은 전자레인지로 만들어 먹는 팝콘 특유의 버터 향과 맛이 나는데(디아세틸은 인공 향미료의 주된 성분으로 사용한다) 반해 2,3-펜탄다이온은 허니버터와 흡사한, 더 달콤한 버터 맛과 향이 난다. 두 성분 모두 갓 만든 맥주에 이취가 나게 하는 원인이다.

맥주 효모는 숙성기에 디아세틸과 2,3-펜탄다이온 성분을 매우 효과적으로 제거하는 특징이 있지만 디아세틸은 맥주 포장이 완료된 후 다시 발생하는 경우가 많다. 왜 그럴까? 발효 과정에서 발생하는 아세토하이드록시산(acetohydroxy acids) 때문이다. 효모의 대사산물인 아세토하이드록시산은 효모가 더 이상 분해할 수 없는 물질이므로 효모가 맥주를 본격적으로 발효하기에 앞서 디아세틸(그리고 2,3-펜탄다이온)로 산화되어야 사라진다. 그러므로 산화 여부가 제한 요소로 작용한다.

적응기가 지나고 서늘한 온도에서 발효가 매우 활발하게 진행되면 아세토하이드록시산도 모두 제거될 것 같지만, 실제로는 다량 용해된 상태로 남아 있다가 산소가 조금만 더 공급되거나 온도가 조금만 더 높으면 산화된다. 발효 시 적응기가 고성장기보다 더 높은 온도에서 진행되어야 하는 이유도 이 때문이다. 그래야 아세토하이드록시산의 전환 반응이 촉진되어 모두 디아세틸과 2,3-펜탄다이온으로 바뀌고 효모를 제거할 수 있다.

노산 등)가 소진되면 맥아즙과 물에 함유된 무기 황도 활용할 수 있다. 여분의 황은 항산화 작용을 하는 펩타이드인 글루타티온glutathione의 형태로 효모 세포의 액포에 저장된다.

아연을 첨가하면 세포수가 크게 늘고 발효 초반의 활성이 대폭 개선된다. 다른 필수 무기질과 달리 아연은 맥아즙에 함유된 양이 부족하거나 효모가 이용할 수 없는 형태로 고정된 경우가 많다. 그러나 아연을 지나치게 많이 넣으면 부산물이 과도하게 생성되어 이취가 날 수 있다. 아연은 촉매제 기능을 하고 효모의 다음 세대까지 전달되는 특징이 있으므로 건조효모를 재수화할 때나 맥아즙 중 한쪽에만 넣는 것이 좋다. 효모의 기능을 극대화하려면 아연을

0.1~0.3mg/L의 범위에서 첨가해야 하며 최대 0.5mg/L를 넘지 않아야 한다. 발효가 더 이상 진행되지 않거나 발효도가 낮은 경우, 온도나 효모 첨가량, 산소 공급, FAN 투여량과 같은 뚜렷한 요인을 모두 조정해도 문제가 해결되지 않으면 아연 부족이 원인일 수 있다.

| 영양 보충제 |

마지막으로 비타민, 무기질, 활성 자극제 등 효모의 영양 보충제를 살펴볼 차례다. 영양학적으로 맥아즙에는 효모가 필요로 하는 성분이 모두 포함되어야 하나, 알코올 도수가 높거나 정제당의 비율이 높은 맥주는 그러한 특성으로 인해 영양소를 추가로 보충하기도 한다. 시중에서 판매하는 보충제는 매우 많지만 종류는 크게 두 가지로 나뉜다. 즉 비료와 사멸된 효모dead yeast 타입이다. 비료 타입의 보충제는 효모의 소비량이 높은 질소와 인을 공급할 인산이암모늄diammonium phosphate 등 단순 정제된 화학물질로 구성된다. 그러나 어떤 경우든 효모는 유기 재료에서 필요한 영양소를 얻는 방식을 더 선호한다는 사실이 밝혀지면서 사멸된 효모 세포로 구성된 영양 보충제가 등장했다. 효모 추출물(사멸된 효모를 좀 더 그럴듯하게 지칭하는 표현)은 효모가 분해하여 흡수하기 좋은 물질에 해당한다. 최근 등장한 효모 영양 보충제에는 주로 필수 비타민과 무기질(아연 포함), 아미노산, 효모 추출물 등 효모가 쉽게 흡수할 수 있는 성분들을 함유한다.

지금까지 살펴본 것처럼 산소와 질소, 무기질, 기타 영양소는 효모가 건강하게 기능하고 잘 발효되게 하기 위해 맥아즙에 꼭 필요한 성분이다. 맥주의 질을 좌우하는 내부 요소로도 볼 수 있다. 그렇다면 외부 요소는 무엇일까? 발효 온도에 대해서는 앞서 살펴보았고 이제는 발효조를 들여다볼 차례다.

발효 방식은 개방형과 밀폐형으로 나뉜다. 개방 발효는 공기 중에 노출되는 발효인 반면 밀폐형은 그렇지 않다. 개방 발효에서도 뚜껑을 덮지만 외부 공기가 들어오지 못하도록 밀폐하지 않는 한 개방 발효에 해당한다. 밀폐 발효는 일반적으로 공기차단기를 설치하여 발효 과정에서 발생한 이산화탄소는 외부로 내보내고 외부의 공기가 안으로 유입되지 않도록 차단한다. 이러한 방식으로 오염과 산화를 방지한다.

개방 발효와 밀폐 발효

개방 발효와 밀폐 발효의 기본적인 차이는 공기차단기의 사용 유무나, 발효조의 기하학적인 구조에도 차이가 있다. 발효 탱크와 카보이, 뚜껑이 달린 밀폐 발효조는 보통 너비보다 높이가 더 크다. 반대로 개방 발효조는 대부분 높이가 낮고 넓은 형태로, 높이와 너비의 비는 1대 1 미만이다(자가 양조는 양동이나 큰 쓰레기통으로 활용한다). 이와 같은 구조에는 장단점이 있다. 폭이 넓은 개방 발효조는 밀폐 발효조와 견주어 가열 후 열을 더 효율적으로 방출하고 효모가 활용할 산소를 더 많이 확보할 수 있다. 또 개방 발효조는 효모를 수확하기가 편리하고 (그림 6.8) 효모의 건강 상태가 대체로 더 우수하다. 그러나 개방 발효조는 담을 수 있는 양이 적고, 높고 폭이 좁은 밀폐 발효조보다 바닥 면적을 더 크게 차지한다. 또 개방 발효조를 사용하면 맥주를 다른 발효조에 옮겨 담아서 숙성해야 하지만 밀폐 발효조는 그럴 필요가 없다.

개방형 발효가 밀폐 발효로 전환된 시기는 20세기로, 비교적 최근에 일어난 변화다. 1900년 전에는 거의 모든 발효(상업 시설과 자가 양조 모두)를 개방형으로 진행했으나 2000년 이후에는 개방 발효를 많이 활용하긴 하지만 대부분 밀폐 발효를 실시하고 있다. 이렇게 발효법이 바뀐 이유는 무엇일까? 1950년대까지는 스테인리스스틸 통이 지금처럼 흔하지 않았다. 그전까지는 나무나 벽돌, 돌로 테두리를 만들고 내벽에 피치나 왁스, 유리섬유, 에폭시를 바른 발효

그림 6-8

개방 발효는 여전히 매우 흔히 활용한다. 생산되는 맥주 배치 (한 번에 생산하는 양)마다 효모에서 생성된 크로이젠 층이 보호막 역할을 한다. 삽만 깨끗하게 살균하면 효모를 떠서 양동이로 옮기기만 하면 효모를 손쉽게 거둬들일 수 있다. 일반적으로 발효조 뚜껑을 헐겁게 닫는다. (사진 제공 : 노르웨이 트론헤임의 양조장, 아우스트만 양조장)

탱크를 사용했다.

현재 우리가 가장 적절한 발효법으로 생각하는 기본적인 절차나 방식은 사용하는 장비에 따라 달라지는 부분이 많다. 그러므로 왜 그러한 방식으로 발효를 진행하는지 알아둘 필요가 있다. 몇 가지 예를 들어 살펴보자.

1차 발효와 2차 발효 | 발효도와 숙성도를 구분하는 것 그리고 1차 발효가 끝난 맥주를 2차 발효를 진행할 발효조로 옮기는 방식은 산소와 접촉을 차단한 캐스크(cask, 나무통)에서 맥주를 숙성한 후에 마시던 개방 발효법에서 비롯했다.

세게 붓기, 가라앉은 효모 깨우기 | 개방 발효에서는 한 발효조에서 다른 발효조로 맥주를 펌프질로 옮기고 이 과정에서 산소를 공급하거나 가라앉은 효모를 뜨게 하는 것을 일반적인 절차로 여겼다. 이는 발효 과정에서 산소의 역할을 충분히 이해하지 못했을 때의 일이었다. 이제는 에어스톤과 관을 통해 산소를 넣는 방식으로 발효를 앞둔 맥아즙에 공기를 충분히 공급할 수 있다.

맥주를 효모와 분리하는 것 | 맥주는 효모와 섞인 상태로 너무 오랫동안 두지 않는 것이 좋다. 끝이 원뿔 모양인 높은 원통형 발효조는 효모에 가하는 정압(흐름이 멈추어 있는 물속에서 생기는 압력으로 수두압이라고도 한다)이 높고 이로 인해 가라앉은 효모가 자가분해될 가능성이 높다. 높이가 낮은 개방 발효조나 자가 양조에 사용되는 소규모 원뿔 원통형 발효조에서는 대부분 이러한 압력이 발생하지 않는다.

저온에서 장시간 진행되는 후발효 | 나무통에서 숙성한 맥주는 신맛이 나고, 특히 저온에 보관하지 않으면 더욱 그러한 경향이 두드러진다는 것은 오래전부터 알려진 사실이다. 그러나 맥주의 온도가 낮아지면 효모에 의한 숙성 속도도 느려지므로, 저온에서 장기간 후발효를 실시하는 것이 다른 선택의 여지가 없는 표준 방식으로 자리를 잡았다. 이제는 현대적인 설비와 조절 기술을 활용하면 훨씬 더 빨리 맥주를 숙성할 수 있으며 반드시 맥주를 다른 용기로 옮길 필요 없이 통 하나로 모든 과정을 마칠 수도 있다.

| 밀폐 발효의 기본 과정 |

자가 양조에서는 대부분 밀폐 발효 방식을 활용하며 보통 밀폐 뚜껑이 달린 식품 등급의 플라스틱 통이나 플라스틱 또는 유리 재질의 식품용 카보이를 사용한다. 어떤 용기를 사용하든 공기차단기나 배출용 호스를 함께 사용한다. 밀폐 발효는 효모를 투입하고 공기차단기를 장착한 뒤 2주 동안 기다리면 되는 간단한 방식이므로 맥주를 처음 만드는 사람들에게 적합하다. 개방 발효는 발효 과정에 좀 더 집중해서 관심을 기울여야 한다.

밀폐 발효의 기본적인 순서는 1장에서 설명한 것과 동일하다.

1. 식힌 맥아즙을 발효조에 붓는다.

2. 에어스톤을 활용하거나 발효조를 흔들어서 맥아즙에 공기를 공급한다.

3. 효모를 넣고 뚜껑을 밀봉한 뒤 공기차단기를 장착한다.

4. 발효조는 투입한 효모의 적정 발효 온도가 일정하게 유지되는 서늘한 곳에 두어야 한다.

5. 12~24시간 내에 발효가 시작되고 며칠 뒤 공기차단기에 거품이 형성되어야 한다. (효모 투입 후) 최소 2주간 두었다가 병에 담는다.

| 개방 발효의 기본 과정 |

인터넷 검색으로 개방 발효 과정을 간략히 소개한 수많은 영상 자료를 확인할 수 있다. 이러한 자료를 참고하면 개방 발효를 어떤 식으로 진행하는지 쉽게 파악할 수 있다. 개방 발효에서는 무엇보다 위생을 철저히 지키는 것이 중요하다. 기본 과정은 아래와 같다.

1. 맥아즙을 정해진 발효 온도가 되도록 식힌 후 통에 붓고 위아래 층을 잘 섞어서 공기를 공급한다. 최상의 결과를 얻으려면 에어스톤으로 최소 5분간 공기를 주입하는 것이 좋다.

2. 맥아즙에 효모를 투입한다. 발효조 입구를 깨끗한 천으로 덮어 둔다.

3. 24시간 내에 거품이 형성되어야 한다. 표면 위에 떠다니는 갈색 찌꺼기는 걷어낸다. 효모는 크림처럼 하얀 거품 형태를 띤다. 깨끗한 거품만 남았을 때 신선한 효모를 일부 덜어서 밀폐용기에 담아 냉장 보관해 두면 다음 양조에 사용할 수 있다.

4. 다음 양조에 사용할 효모는 발효도가 종료 비중의 4분의 3 정도에 이른 시점에 수확하는 것이 가장 적절하다. 예를 들어 초기 비중이 1.050이고 종료 비중이 1.010으로 예상되면 비중이 대략 1.020일 때 효모를 수확하면 된다. 일반적인 에일 맥주는 효모를 투입하고 3일 정도가 지나면 이러한 상태에 도달한다. 또 이 시점은 발효 온도를 3~5℃ 올리기 알맞은 때이기도 하다. 이렇게 상층에서 분리한 효모는 개방 발효 환경에 더 쉽게 적응한다. 맥주 발효를 전문적으로 해온 사람과 이야기해보면, 똑같은 레시피대로 맥주를 만들더라도 양조할 때 매번 이전 양조에 사용한 효모를 활용하면 발효가 잘될 뿐만 아니라 재투입해서 사용하는 효모가 3세대

이상 지나면 맥주 맛이 나아지는 효과가 확연히 나타난다고 예외 없이 말할 것이다.

5. (일반적인 에일 맥주의 발효 시간을 기준으로) 4일차가 되면 맥주를 뚜껑 달린 용기에 옮겨 담고 공기차단기를 설치하거나 2차 발효조로 옮겨 산소를 차단한 환경에서 숙성해야 한다. 이와 같은 일정은 맥주가 5일차가 끝나갈 무렵에 발효가 충분히 완료된다는 가정에서 출발한 것이며 발효 상태는 제각기 다를 수 있다. 맥주의 숙성은 온도와 효모의 활성 상태에 따라 이틀에서 2주까지 걸릴 수 있다.

6. 맥주를 2차 발효조로 옮겨 숙성할 때는 소독한 사이펀을 이용한다. 먼저 사이펀에 소독액을 채우고 배출구를 손가락으로 막은 상태에서 레킹 케인racking cane을 1차 발효조에 넣는다. 그런 다음 배출구 쪽에 양동이를 대고 소독액이 흘러나오도록 한 뒤 배출구가 있는 쪽을 2차 발효조에 넣는다. 맥주가 흘러나오기 시작하면 호스 끝을 발효조 바닥에 놓고 재빨리 뚜껑을 덮어서 맥주가 밖으로 튀지 않도록 한다. 사이펀에 새는 곳이 있으면 숙성되지 않은 맥주에 공기가 투입될 수 있으므로 주의해서 살펴보자. 맥주는 효모가 떠다니는 상태이므로 상당히 뿌연 색을 띠어야 한다. 숙성은 발효와 동일한 온도에서 진행하거나 앞서 설명한 내용과 같이 몇 도 더 높은 곳에서 실시한다.

개방 발효를 실시하면 공기로 인해 오염된다고 생각할 수도 있지만, 맥주 상층에 밀도 높게 형성되는 거품층의 보호 효과가 상당히 우수하다. 발효조에 이물질이 떨어지더라도 대부분 이 거품층이 끝나는 가장자리로 밀집된다. 발효조로 사용하는 양동이나 통 위에 깨끗한 천을 걸쳐두면 이러한 찌꺼기를 손쉽게 방지할 수 있다. 이렇게 하면 공기는 천을 통해 원활히 순환되고 먼지나 동물의 털과 같은 이물질이 들어오지 못하도록 막을 수 있다. 뚜껑을 발효조 위에 살짝 걸쳐서 공기가 드나들 틈을 남겨 두는 것도 좋은 방법이다. 공기 중에 존재하는 세균과 곰팡이 포자가 직접 통 내부까지 들어가지는 못한다. 또 발효 과정에서 보통 상당히 많은 양의 이산화탄소가 발생하므로 곤충은 가까이 접근하지 못한다.

개방 발효법으로 자가 양조를 시도하면 발효조는 양동이 형태의 일반적인 발효조나 맥주 양조용 병, 식품 등급의 플라스틱 대형 용기를 사용하면 된다. 공기에 많이 노출될수록 맥주에 개방 발효의 특성을 더 많이 반영하는 것이 사실이나, 이 부분에 지나치게 집착할 필요는 없다. 과거에는 맥아즙을 냉각하기 전에 널찍하고 얇은 쿨십coolship 용기로 옮겨서 끓이면서 발생한 열을 분산시켰다. 발효조도 발효 과정에서 나오는 열을 분산시키기 위해 앞서 내가 설명한 것보다 더 넓고 높이도 낮은 형태를 사용했으나, 모두 오늘날에는 대부분 생각하지 않아도 되는 문제들을 해결하기 위해 채택한 방법들이다. 그러므로 정육면체와 비슷한 형태의 통 정

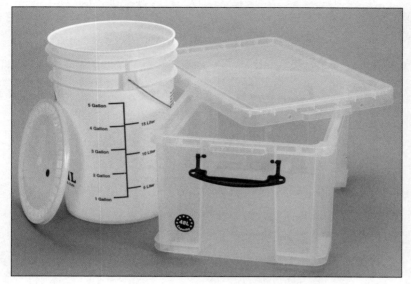

그림 6-9

과거에는 개방 발효를 일반적인 발효법으로 활용했다. 식품 등급의 통이나 용기를 발효조로 사용할 수 있다. 뚜껑을 위에 살짝 걸치거나 깨끗한 천을 걸쳐두면 속에 이물질이 들어가지 않도록 막을 수 있다. 뚜껑을 걸칠 때는 공기가 드나들 수 있도록 열린 곳이 있어야 한다.

도면 개방 발효를 처음 시도하기에 충분하다. 표면적이 넓을수록 에스테르 성분도 더 많이 발생하며 취향에 따라 생성된 양이 지나치다고 느낄 수도 있다. 옷이나 담요 등을 보관하는 용도로 많이 사용하는 일반적인 고밀도 폴리에틸렌 재질의 플라스틱 용기(그림 6.9)면 적당하다.

개방 발효 후에는 2차 발효조를 따로 마련하여 맥주를 숙성해야 한다. 효모의 고성장기가 지난 뒤에 맥주가 산소에 노출되면 산화되어 저장 기간이 짧아지기 때문이다. 일반적인 통을 개방 발효조로 사용한 경우 뚜껑을 닫아 밀봉하고 공기차단기를 설치하면 2차 발효를 위해 다른 용기에 옮기지 않아도 충분히 숙성시킬 수 있다.

맥주를 다른 발효조로 옮기면 산화되고 오염될 위험성이 항상 있다. 유리나 플라스틱 재질의 카보이 병은 용기 상단의 빈 공간이 좁아서 2차 발효조로 사용하기에 적절하다. 이 부분에 남는 공간이 적을수록 맥주가 공기에 노출될 가능성을 최소화할 수 있고, 발효가 계속 진행되면서 자연스레 이렇게 빈 공간을 없앨 수 있다. 단, 부피를 늘리려고 맥주를 희석하지 말아야 한다. 또 끓인 물에도 약 1ppm의 산소가 포함되어 있으므로 맥주가 변질될 수 있으며 상단의 빈 공간에는 CO_2가 상당히 빠른 속도로 채워진다는 사실도 기억하자. 맥주는 1~2주 정도 숙성한 후 병이나 케그에 담는다. 숙성 후 병에 담기까지 맥주를 오랜 시간 저온 환경에 둔 경우 프라이밍을 통해 탄산을 발생시키는 과정이 필요할 수 있다.

이번 장을 통해 여러분이 발효의 진행 과정과 원리의 큰 그림을 파악할 수 있었기를 바란다. 다음 장에서는 효모를 관리하는 기본적인 방법에 대해 알아보자.

CHAPTER

7

★ HOW to BREW ★

효모 관리

이번 장에서는 가장 원활하게 발효할 수 있도록 효모의 양과 질을 최적 상태로 만드는 효모 관리법에 대해 알아보자. 효모를 자유자재로 다룰 수 있다는 것은 곧 맥주를 제대로 다룰 수 있음을 의미한다. 효모는 맥주를 만들어야겠다는 생각을 전혀 하지 않겠지만 그저 영양분을 먹고 번식하다 보면 효모로서는 일종의 노폐물로 맥주가 생긴다. 그러므로 우리가 맥주를 원하는 대로 만들려면 효모의 생장을 통제할 수 있어야 한다. 좀 더 구체적으로는 효모의 생장 속도와 총량을 제어해야 한다. 이 두 가지 요소를 일관되게 관리하지 못하면 가끔 운이 좋아 맛있는 맥주가 나올 수는 있지만 좋은 맥주를 꾸준히 만들지는 못한다.

　발효는 모든 양조 과정을 통틀어 가장 중요한 단계다. 그런데 초보 양조자들은 별 생각 없이 발효를 진행한다. 레시피도 맥아와 홉에 대해서는 굉장히 많은 고민을 하면서 효모는 아무 것이나 쉽게 구할 수 있는 것으로 사용한다. 또는 양조에 사용할 효모의 종과 발효 온도를 어느 정도 고민하더라도 투입 방식에 대해서는 따로 계획을 세우거나 조절하지 않는 경우가 대부분이다. 그저 맥아즙을 식히고, 산소를 어느 정도 공급한 뒤 효모를 넣고 알아서 발효가 진행되도록 기다린다. 이때 딱 어울리는 말이 있다. 믿고 기다리는 것도 중요하지만, 미리 계획하면 더 나은 결과를 얻을 수 있다는 것이다.

여러분이 어떤 물건을 생산하는 작은 사업체를 운영한다고 상상해보자. 상품을 만들기 위해서는 일할 사람이 필요하다. 기왕이면 믿음직하고 제 시간에 출근해서 꾸준히 일하는 사람, 그리고 생산 공정이 중단될 만큼 큰 사고를 저지를 위험이 없으면서 늘 우수한 품질의 상품을 일관되게 만들어낼 수 있는 직원을 얻고 싶을 것이다. 같은 이유에서, 일할 사람을 채용하면 어느 정도 투자하여 맡은 일을 최대한 잘 해낼 수 있도록 교육을 실시한다. 또 가장 효율적인 방식으로 일할 수 있도록 근로자에게 제공하는 자원을 체계적으로 나누고 관리한다. 효모를 다룰 수 있게 되면 맥주를 다룰 수 있다는 말의 의미를 이제 명확히 이해했으리라 믿는다.

양조에 사용하기에 적합한 효모와 투여량을 정하고 최상의 결과가 나올 수 있도록 발효 환경을 관리하는 것이 올바른 발효 계획이다. 발효 온도 조절에 대해서는 바로 앞 장에서 살펴보았으니 이번 장에는 효모의 선정과 투입 계획을 집중적으로 살펴보자.

효모의 종류

맥주 효모는 크게 에일 효모*Saccharomyces cerevisiae*와 라거 효모*Saccharomyces pastorianus*[1] 두 가지로 나뉜다. 라틴어로 된 학명은 두 부분으로 구성되며, 먼저 나온 사카로미세스*Saccharomyces*는 속명, 뒤에 나온 세레비시아*Cerevisiae*와 파스토리아누스*Pastorianus*는 종명이다. 이 두 가지 효모는 밀접하게 연관되어 있고 각 종에 속한 균주는 한층 더 가까운 관계이나 발효 과정에서 나타나는 작용 방식에는 상당한 차이가 있다.

코요테와 자칼, 늑대, 개가 모두 개속*Canis*에 속한 동물이고 늑대와 개는 코요테, 자칼과는 다른 종에 속한다는 사실을 생각하면 두 효모의 차이도 좀 더 쉽게 이해할 수 있을 것이다. 개속 동물에서 해당하는 개체가 제각기 다르듯이 맥주 효모의 균주도 마찬가지다. 즉 어떤 균주를 사용하느냐에 따라 제각기 다른 맥주가 만들어진다. 아로마에 에스테르 함량이 약간 더 많아지고 종료 비중이 조금 낮아지는 등 그 차이가 그리 크지 않기도 하지만 에일 효모와 라거

---

1 원래 발효 라거 효모(사카로미세스 칼스베르겐시스, Saccharomyces carlsbergensis)로 불리던 효모다.

효모처럼 결과물에 커다란 차이가 나기도 한다. 똑같은 맥아즙을 사용해도 효모 하나로 완전히 다른 맥주를 만들 수 있다. 사카로미세스 속이 아닌 '야생 효모'에 해당하는 브레타노미세스 *Brettanomyces*를 사용하거나 세균이 발효에 유입되면 어떤 결과가 나오는지를 보아도 그 차이를 명확히 알 수 있다('야생' 효모를 이용한 발효는 14장에서 다시 살펴볼 예정이다). 위에서 예로 든 동물들을 다시 떠올려보면, 여우는 '개와 비슷하게' 생겼지만 여우속*Vulpes* 동물과 개속*Canis*은 전혀 다른 종류인 것과 같다.

에일 효모는 맥아즙의 최상층에서 발효되므로 역사적으로 '상면 발효' 효모라 불린 반면 라거 효모는 맥아즙의 내부에서 발효되는 점에서 '하면 발효' 효모로 불린다. 그러나 이렇게 일반화된 기준은 사실과 다르며, 그보다 중요한 차이는 바로 온도다. 즉 에일 효모가 선호하는 활성 온도는 18~24℃(65~75℉)로 라거 발효보다 높은 편이며 최저, 최고 온도에서 3℃ 범위까지 활성을 나타낸다. 라거 효모는 10~13℃(50~55℉)를 선호하고 마찬가지로 최저, 최고 온도에서 3℃(5℉) 범위까지는 기능을 발휘할 수 있다. 이 두 가지 온도 범위 중 어느 쪽에서든 활성을 나타내는 효모 종도 있는데, 이러한 효모는 에일 효모와 라거 효모의 혼종이므로 '하이브리드 스타일' 균주로 불린다.

효모의 종별 특징

현재 우리가 사용할 수 있는 맥주 효모는 수백 가지가 넘는다. 그리고 효모의 종류마다 맥주의 풍미가 달라진다. 가령 벨기에산 균주 중에는 과일 향이 나는 에스테르 성분이 형성되어 맥주에서 바나나나 체리 향이 나는 종류가 있다. 또 독일산 균주 중에 페놀 성분이 형성되어 맥주에서 정향 냄새(cloves, 열대성 정향나무의 냄새, 향신료로 쓰인다)가 강하게 날 수 있는 종류가 있다. 그러나 이 두 가지는 상당히 특이한 축에 속하며, 대부분의 효모는 이처럼 한 가지 특징이 두드러지지 않는다. 그러나 어떤 효모를 선택하느냐에 따라 맥주 맛이 달라진다는 사실을 그러한 효모를 통해 충분히 이해할 수 있다. 우리가 구분하는 맥주의 종류는 주로 사용된 효모 균주가 결정한다.

대형 양조업체는 고유한 효모 종을 보유한 경우가 많다. 이러한 효모는 맥주에 독특한 스타일을 부여할 수 있는 방향으로 점차 진화한다. 효모는 특정한 양조 조건에 금세 적응하고 진화

그림 7-1

초보 양조자에게 필요한 일반적
인 도구들. 발효조, 양조용 솥,
뚜껑 밀봉기, 병뚜껑, 맥주병으
로 구성된다.

하는 경향이 있어서, 어느 두 양조장이 (일단 표면상으로는) 똑같은 효모 종을 사용하여 동일한
스타일의 맥주를 생산하더라도 시간이 지나면 배양된 효모의 종류가 달라지고 그에 따라 각기
다른 맥주가 만들어진다. 효모 제조 회사는 세계 곳곳에서 이렇게 다양한 효모를 모아서 자가
양조에 사용할 수 있도록 포장해서 판매한다(그림 7.1).

효모를 만드는 회사마다 효모 샘플을 채취해 보관하지만 효모가 자라는 환경에 따라 배양
한 효모 종에 미묘한 차이가 생긴다. 양조자의 취향에 따라 한 업체의 효모 종이 다른 회사에
서 판매하는 것보다 더 낫다고 느낄 수 있다. 각 업체가 배양해서 판매하는 효모 균주의 상세
한 설명은 양조 용품 판매점이나 해당 업체의 웹사이트에서 확인할 수 있다. 다만 시중에 판매
되는 효모의 종류는 끊임없이 추가되고 있으므로 전부 다 완벽하게 파악하기는 힘들 것이다.

앞에서 이야기한 개와 개의 종류를 다시 떠올리면 효모 균주가 얼마나 다양한지 쉽게 이해
할 수 있다. 종류마다 차이가 굉장히 크기도 하고, 종류는 다른데 전체적으로 매우 비슷하기도
하다. 한 가지 계통에 여러 종류의 균주가 포함되기도 한다. 예를 들어 스코틀랜드 에일과 아
일랜드 에일, 잉글리시 에일은 모두 영국 에일 효모에 해당한다. 똑같이 하운드에 해당하지만
개의 세부 종류가 여러 가지인 것과 같다. 또 잉글리시 에일이 런던 에일, 요크셔 에일 등 다양
한 하위분류로 다시 나뉘듯이 특정 균주는 다시 여러 개의 하위 균주로 나뉠 수 있다. 문제는
효모 균주에 이름을 붙이는 표준 규칙이 없다는 점이다. 따라서 어떤 회사에서 영국 에일 효
모로 판매되는 균주에 다른 회사에서는 잉글리시 에일이나 런던 에일 효모라는 이름을 붙여서

판매할 수도 있다. 중요한 것은 효모 균주가 서로 연관되어 있고 비슷하다는 점이다.

지금부터 설명하는 내용은 일반적인 사항이므로 개별 효모의 발효 온도 범위와 맛의 특성은 여러분이 사용하는 효모의 제조업체가 제공한 정보를 반드시 확인하기 바란다. 효모의 종류별로 건조된 형태와 액상 형태 중 어떤 유형으로 구할 수 있는지에 관한 내용도 포함되어 있다.

건조효모는 튼튼한 균주를 선별하여 장기간 보관할 수 있도록 수분을 제거한 효모를 가리킨다. 이러한 건조효모는 사용하기 전에 재수화 과정이 필요하다. 액상 효모는 효모 세포가 물에 담겨 있는 것으로, 신선한 상태를 유지하려면 냉장 보관해야 한다. 액상 효모는 포장을 뜯어서 바로 맥주에 투입할 수 있다.

건조효모는 장기간 보관할 수 있고 양조 당일에도 짧은 시간 내에 활성화된 효모 세포를 다량으로 준비할 수 있으므로 편리하다. 최대 2년까지 보관할 수 있으나(냉장고에 보관하는 것이 좋다) 시간이 지날수록 분해가 진행된다. 효모의 균주별로 다르지만, 경험 법칙상 재수화 단계를 거친 후 건조효모 1그램당 활성 세포의 수는 대략 100억 개로 알려져 있다. 10그램짜리 건조효모 제품에는 활성 효모 세포가 1,000억 개 포함된 셈이다.

건조된 에일 효모을 이용하면 훌륭한 맥주를 만들 수 있다. 그러나 효모는 건조 과정을 견디기 힘들기 때문에 판매되는 종류는 제한적이다. 실제로 시중에 나와 있는 건조효모 제품이 20~50종인 반면 액상 효모는 수백 가지인 이유도 이 때문이다. 액상 효모는 파우치나 작은 튜브에 포장해 판매하며 보통 한 팩에 약 1,000개의 세포가 들어 있다.

효모 특성으로 표기된 내용에 관한 참고 사항 | 효모의 겉보기 발효도*apparent attenuation*는 효모가 발효시키는 맥아즙의 당 종류에 따라 다양하게 나타난다. 맥아즙의 발효성은 양조자가 정할 수 있고 이 발효성을 토대로 특정 효모의 활성 범위가 결정된다. 그러므로 특정 효모의 특성으로 제시된 수치는 평균치로 해석할 수 있다. 일반적으로 응집성이 약한 효모가 응집성이 강한 효모보다 발효도가 높다. 원활한 설명을 위해 겉보기 발효도는 아래와 같이 낮음, 중간, 높음으로 구분하기로 하자.

- 낮음 = 65~70퍼센트
- 중간 = 70~75퍼센트
- 높음 = 75~80퍼센트

겉보기 발효도는 맥주의 초기 비중에서 종료 비중을 뺀 값을 초기 비중으로 나눈 값이다.

예를 들어 초기 비중이 1.040이고 종료 비중이 1.010이라면, 겉보기 발효도는 아래와 같이 75 퍼센트다.

$$발효도 = ([초기 \ 비중 - 종료 \ 비중] - 1) / (초기 \ 비중 - 1)$$
$$= ([1.040 - 1.010] - 1) / (1.040 - 1)$$
$$= 30 / 40, \ 즉 \ 0.75$$

'실제' 발효도는 그보다 낮다. 순수 에탄올의 비중은 약 0.08이므로 초기 비중이 1.040인 맥주의 실제 발효도가 100퍼센트라면 종료 비중은 약 0.991이 된다(이는 알코올 함량이 약 5퍼센트에 해당되는 수준이다). 그러므로 이 맥주의 겉보기 발효도는 122퍼센트다.

효모의 응집성은 상당히 포괄적이다. 즉 맥아즙과 관련한 요소와 발효 관련 요소 중 여러 가지가 응집성에 영향을 주므로, 효모 종의 일반적인 특성을 나타낼 때는 응집성을 낮음, 중간, 높음과 같은 등급으로만 제시한다. 응집성이 높다는 것은 발효가 완료된 후 대부분의 효모가 바닥에 가라앉는다는 의미이고 응집성이 낮다는 것은 같은 시점에 효모가 대부분 가라앉지 않는다는 것을 의미한다. 중간은 그 퍼센트 사이에 해당하나 보통 실제로는 응집된 부분이 더 많은 경향이 나타난다. 응집성이 높은 효모는 발효도가 낮고 환경에 잘 적응하지 못하므로 활성을 촉진하거나 발효 후반에 온도를 높여야 활성을 유지한다. 응집성이 낮은 효모는 발효도가 높고 적응력이 높지만 대체로 더 혼탁한 맥주가 된다.

| 에일 효모 |

아메리칸 에일 효모
에스테르 함량이 낮고 무난한 맛의 맥주를 만들 수 있다. 에일의 종류와 상관없이 사용할 수 있다. 발효도와 응집성은 모두 중간 수준이다. 권장 발효 온도는 18~22℃(65~72℉)이다. 건조효모, 액상 효모의 형태로 구입할 수 있다.

아메리칸 휘트 에일 효모
아메리칸 스타일의 밀맥주를 바이에른 지역의 밀맥주처럼 혼탁하게 만들 때 사용하나, 바이에른 맥주와 달리 바나나와 정향의 향이 적당히 나는 특징이 있다. 발효도는 중간 수준에서 높은 수준이며 응집성이 낮다. 권장 발효 온도는 18~21℃(65~70℉)이다. 액상 효모로 구입할 수 있다.

캘리포니아 에일 효모

다른 에일 효모와 견주어 에스테르가 적게 생성되어 상당히 깔끔한 맛의 에일을 만들 수 있는 효모다. 홉의 특성을 강조하고자 할 때 사용하면 좋다. 아메리칸 에일보다 드라이한 편이다. 발효도가 높고 응집성은 중간 수준이다. 권장 발효 온도는 18~23℃(65~73℉)이며 건조, 액상 제품으로 구입할 수 있다.

오스트레일리안 에일 효모

다목적으로 사용할 수 있는 효모로, 맥아와 에스테르 향이 복합적으로 결합된 맥주를 만들 수 있다. 페일 에일, 브라운 에일, 포터 맥주 제조에 적합하다. 발효도는 중간 수준이며 응집성이 높다. 권장 발효 온도는 18~21℃(65~70℉)이다. 건조, 액상 제품으로 구입할 수 있다.

잉글리시 에일 효모

(동일 계통의 효모 균주를 포함하여) 상면 효모로 알려져 있으며 잉글리시 마일드, 비터, 포터 맥주 양조에 사용한다. 아메리칸 에일에 사용하는 효모보다 맥아 향이 강하고 단맛이 강하게 남는다. 발효도와 응집성 모두 중간 수준이며 권장 발효 온도는 18~21℃(65~70℉)이다. 건조, 액상 형태로 구입할 수 있다.

유러피안 에일 효모

보디감이 풍부하고 에스테르와 황의 함량은 낮으면서 맥아 향이 매우 강한 맥주를 만들 수 있다. 발효 과정에서 입자가 크고 조밀한, 일명 로키헤드*rocky head*라 불리는 거품이 형성된다. 알트비어*altbier*에 매우 적합한 효모다. 응집성이 높고 발효도는 낮다. 권장 발효 온도는 18~21℃(65~70℉)이며 건조, 액상 제품으로 구입할 수 있다.

아이리시 에일 효모

디아세틸 성분이 약간 남아 있으므로 스타우트 맥주에 아주 적합한 효모다. 깔끔하고 부드러우면서 순하고 보디감이 풍부한 맥주를 만들 수 있다. 저온 환경에서 양조되는 모든 에일 맥주에 적합하나 스타우트, 브라운 에일, 레드 에일에 가장 알맞다. 응집성은 중간 정도, 발효도도 중간 수준이다. 권장 발효 온도는 18~21℃(65~70℉)이며 액상 제품으로 구입할 수 있다.

스코틀랜드 에일 효모

잉글리시 에일 효모보다 아메리칸 에일 효모와 비슷한 부분이 많다. 맛이 깔끔하고 맥아와 홉의 맛을 최상으로 얻을 수 있는 효모다. 응집성, 발효도는 모두 중간 수준이다. 권장 발효 온도는 18~21℃(65~70℉)이며 액상 효모로 구입할 수 있다.

요크셔 에일 효모

상면 효모에 속하는 전형적인 잉글리시 에일 효모로, 에스테르를 적당히 함유한 복합적이고 맥아 향이 강한 맥주를 만들 수 있다. 효모를 맨 처음 사용한 양조장에 따라 세부적인 특성이 다양하게 나뉜다. 발효도는 중간 정도, 응집성은 중간에서 다소 높은 수준이다. 권장 발효 온도는 18~21℃(65~70℉)이며 액상 효모로 구입할 수 있다.

벨기에 애비*Belgian abbey* 에일 효모

과일 향이 나는 에스테르 성분(바나나, 향신료 향)이 풍부한 맥주를 만들 수 있으며 시큼하고 드라이한 맛이 날 수 있다. 두벨*Dubbel*, 트리펠*Tripel*과 같은 벨기에 에일 양조에 매우 적합하다. 세부 종류가 다양하며, 각 종류마다 고유한 특성이 있다. 응집성은 중간 정도, 발효도는 (대체로) 높은 편이다. 권장 발효 온도는 18~21℃(65~72℉)이다. 건조, 액상 제품으로 구입할 수 있다.

벨기에 에일 효모

벨기에 애비 에일 효모보다 에스테르 함량이 낮다. 빵과 비스킷 같은 진한 맥아 향을 벨기에산 효모 종의 특징인 스파이시한 페놀 향이 잡아주는 특징이 나타난다. 응집성은 중간 수준이며 발효도가 높다. 권장 발효 온도는 20~26℃(68~78℉)이다. 건조, 액상 제품으로 구입할 수 있다.

벨기에 위트(화이트) 효모

벨기에 밀맥주의 전형적인 특성인 페놀 향이 부드럽게 함유된 맥주를 만들 수 있다. 약간 시큼한 과일 향이 난다. 응집성이 낮고 발효도는 중간 수준이다. 권장 발효 온도는 18~24℃(65~75℉)이다. 건조, 액상 제품으로 구입할 수 있다.

독일 바이젠 효모

밀맥주의 특성인 정향과 스파이시한 향이 뚜렷하다. 응집성이 낮아 뿌연 맥주가 만들어지며('헤페바이젠'은 '효모가 포함된 밀맥주'라는 의미다) 여과되지 않은 순수한 밀맥주의 핵심인 부드러운 맛을 즐길 수 있다. 응집성이 낮고 발효도는 높다. 권장 발효 온도는 18~24℃(65~75℉)이다. 건조, 액상 형태로 구입할 수 있다.

세종Saison 효모

종류가 매우 다양하나 전체적으로 발효도가 높은 편이다. 그중에는 상당히 드라이하고 시큼한 맛이 나는 것도 있지만 실제로 신맛이 나지는 않는다. 에스테르 향이 강한 종류부터 페놀 향(과일 향, 스파이시한 향)이 살짝 나는 종류까지 특성이 다양하다. 응집성은 중간 정도, 발효도는 높다. 권장 발효 온도는 20~24℃(68~75℉)이며 건조, 액상 제품으로 구입할 수 있다.

| 라거 효모 |

아메리칸 라거 효모

대부분의 라거 종류에 두루 사용할 수 있다. 깔끔한 맥아 향의 맥주를 만들 수 있다. 일부 종류는 아세트알데히드가 더 많이 남는 특징이 있다. 황과 디아세틸 함량이 낮다. 응집성은 중간 수준, 발효도는 높다. 권장 발효 온도는 9~12℃(50~56℉)이며 액상 효모로 구입할 수 있다.

바이에른 필스너 효모

독일의 여러 양조장에서 사용되는 라거 효모다. 맛이 풍성하고 보디감이 풍부하며 맥아 향이 강하면서 에스테르 향이 살짝 난다. 라거 양조 시 보편적으로 사용하는 우수한 효모다. 응집성은 중간 수준이며 발효도가 높다. 권장 발효 온도는 10~13℃(50~55℉)이다. 건조, 액상 형태로 구입할 수 있다.

보헤미안 필스너 효모

깔끔하고 맥아 향이 강하다. 맥아의 맛이 오래 남는, 알코올 도수가 높은 필스너 맥주의 특징이 나타난다. 발효 과정에서 황 성분이 생성되나 숙성되면서 사라진다. 비엔나 맥주, 옥토버페스트 스타일의 맥주를 양조하기에 매우 적합한 효모다. 응집성과 발효도는 중간 정도며 권장 발효 온도는 10~13℃(50~55℉)이다. 건조, 액상 제품으로 구입할 수 있다.

체코 라거 효모

전통적으로 깊은 맥아 향과 끝 맛이 드라이한 특징이 있다. 에스테르가 적당량 함유되어 있으며, 필스너나 복bock 맥주 양조에 적합하다. 응집성은 중간 수준이고 발효도가 높다. 권장 발효 온도는 11~13℃(50~55℉)이다. 액상 효모로 구입할 수 있다.

덴마크 라거 효모

깔끔하고 신선하면서 드라이한 특징이 있다. 맛이 부드럽고 가벼워서 홉의 특성을 강조하기에 적합하다. 응집성과 발효도 모두 중간 수준이다. 권장 발효 온도는 9~13℃(48~56℉)이며 건조, 액상 제품으로 구입할 수 있다.

독일 라거 효모

전체적으로 드라이한 편이다. 독일 라거 효모 계통에 해당하는 균주로 만든 맥주는 깔끔하면서 맥아 향이 나고 에스테르 함량이 낮다. 응집성, 발효도 모두 중간 수준이고 권장 발효 온도는 10~13℃(50~56℉)이다. 건조, 액상 효모로 구입할 수 있다.

멕시코 라거 효모

매우 깔끔하고 드라이한 라거를 만들 수 있다. 깔끔한 맛이 일품이라 내가 개인적으로 좋아하는 효모 중 하나다. 응집성은 중간 수준이고 발효도는 중간에서 높은 수준이다. 권장 발효 온도는 10~13℃(50~56℉)이다. 액상 효모로 구입할 수 있다.

뮌헨 라거 효모

맛이 부드럽고 맥아 향이 나면서 균형이 잘 잡힌 전형적인 라거를 만들 수 있다. 홉 특성이 강조된다. 디아세틸이 생성되는 경향이 있으며 양조 시 디아세틸 휴지 단계를 거쳐야 한다. 응집성, 발효도는 중간 수준이며 권장 발효 온도는 9~12℃(48~54℉)이다. 건조, 액상 형태로 구입할 수 있다.

| 하이브리드 효모 |

샌프란시스코 라거 효모

따뜻한 온도에서 발효를 진행하는 효모다. 17℃(62℉)에서 발효가 원활하다. 에일 맥주 특유의 과일 향이 나면서 라거의 특징을 느낄 수 있다. 맥아 향이 강하다. 응집성이 높고 발효도가 낮다. 캘리포니아 코먼 맥주 양조에 사용한다. 권장 발효 온도는 14~18℃(58~65℉)이다. 건조, 액상 제품으로 구입할 수 있다.

독일 알트비어*German altbier* 효모

드라이하고 신선한 맛이 특징이다. 맥아와 홉의 균형이 적절히 유지된다. 입자가 큰 로키 헤드 형태의 거품이 굉장히 두드러지게 형성되며 적정 발효 온도는 13℃(55℉)이다. 알트 비어 양조에 적합하다. 응집성이 낮고 발효도는 중간에서 높은 수준이다. 권장 발효 온도는 13~18℃(55~64℉)이다. 액상 효모로 구입할 수 있다.

쾰시*Kölsch* 스타일 에일 효모

라거에 더 가까운 독일의 오래된 맥주다. 다른 에일 맥주와 견주어 과일 향은 거의 나지 않고 맥아 향이 풍부하다. 황 성분이 약간 형성되나 숙성 과정에서 사라진다. 응집성이 낮고 발효도가 높다. 권장 발효 온도는 13~20℃(56~68℉)이며 액상 제품으로 구입할 수 있다.

효모 첨가량의 의미는 무엇일까? 왜 중요할까?

양조자는 효모를 키우는 사람이다. 맥아즙이 최상의 조건에서 발효될 수 있도록 건강한 효모를 적정량만큼 공급하는 것이 양조자가 해야 할 일이다. 이 역할을 수행하는 방법은 두 가지다. 첫째로 맥아즙의 상태(초기 비중)에 맞게 여러 봉지에 담긴 효모를 투입하는 것이다. 둘째로 한 봉만 사용하여 일단 사전 배양액(스타터)을 만들어서 소규모로 발효되도록 한 뒤 배양액 속에서 효모가 충분히 자라면 모두 맥아즙에 투입하는 것이다. 그런데 효모를 얼마만큼 넣어야 하는지는 어떻게 알 수 있을까?

일반적으로 가장 많이 권장하는 효모 첨가량은 1플라토의 맥아즙 1밀리리터당 100만 개의 세포가 되도록 하는 것이다(1플라토는 4비중점에 해당한다)[2]. 계산 편의를 위해 필요한 양을 1밀리리터당 100만 개 대신 1리터당 10억 개라고 하자. 보통 효모 한 봉지에는 1,000억 개의 세포가 들어 있다(10억 개 = 1×109, 즉 1,000,000,000). 그러므로 효모 한 봉지로 초기 비중이 1.040인 맥아즙 10리터를 발효할 수 있다. 1갤런은 대략 4리터이므로(정확히는 3.78리터), 이를 적용하면 효모 한 봉지로 비중이 1.040인 맥아즙 2.5갤런(9.5리터)을 발효할 수 있다는 계산이 나온다.

권장 첨가량을 이야기할 때 자주 간과하는 것은 기준이 '재투입'되는 효모라는 점이다. 즉 맥주 양조에 이미 사용되어 발효조 바닥에 가라앉은, 기력이 소진된 효모라는 전제가 깔려 있다. 이렇게 재투입되는 효모는 활성도(즉 건강 상태)와 생존력(살아 있는 세포의 비율)이 최대치까지 발휘할 것으로 기대할 수 없다. 6장에서 설명했듯이 효모의 활성도와 생존력은 앞선 발효가 어떻게 진행되었느냐에 따라 달라진다. 스타터(사전 배양액)를 적절히 준비하면 활성과 생존력을 최대치까지 발휘하는 생생한 효모를 얻을 수 있으므로 재투입된 효모의 절반만 투입해도 같은 결과를 얻을 수 있다. 계산식에 이 점을 반영하면, 액상 효모나 건조효모를 재수화한 생생한 효모는 초기 비중이 1.040인 맥아즙 19리터(5갤런)를 발효할 수 있다는 뜻으로 해석할 수 있다. 보통 효모 세포 1,000억 개가 들어 있는 효모 한 봉지로 5갤런의 맥아즙을 발효할 수 있다고 하는 이유도 바로 이 점을 고려한 것이다. 맥아즙의 비중이 1.040보다 크거나 사용할 효모를 2개월 이상 묵힌 상태라면 투입하기 전에 한 봉 이상을 사용하거나 스타터의 양을 늘리는 등 효모의 활성도와 생존력을 조정할 수 있는 방안을 생각해야 한다.

에일 맥주는 신선한 효모 세포가 4비중점 기준 리터당 5~10억 개, 라거는 4비중점 기준 리터당 10~15억 개 존재하도록 투입할 때 발효가 원활하다. 아래에 표 7.1부터 7.3까지 맥아즙의 비중에 따른 효모의 권장 투여량이 나와 있다. (계산 단위 때문에 골치 아픈 일이 생기지 않도록 표 7.2에는 갤런 단위의 값을 따로 제시했다. 그리고 표 세 개 모두 플라토와 비중 단위가 모두 나와 있

---

2 플라토 단위는 맥아즙의 비중을 측정하는 방법 중 하나다. 전문 양조자들 사이에서 많이 활용하며, 맥아즙에 함유된 당의 중량 비율을 토대로 한 값이다. 굴절계를 이용하여 측정할 수 있다. 부록 A에 플라토 단위에 관한 더욱 자세한 정보가 나와 있다.

양치기의 역할에 비유해본 효모 투여량 계산법

양치기가 1에이커의 땅에 양 100마리를 하루 동안 풀어 놓을 경우, 양들은 재빨리 그 땅에 있는 풀을 전부 뜯어 먹는다. 새로운 양은 태어나지 않는다. 그러나 100에이커의 땅에 10마리의 양을 동일한 시간 동안 풀어 놓으면 양들의 생식 활동이 활발해지고 풀이 전부 없어지지도 않는다. 만약 10에이커의 땅에 100마리의 양을 데려다 놓으면 풀은 전부 사라지고 생식 활동도 어느 정도 일어난다. 목동이 양을 길러서 털을 얻으려고 하는 것처럼 양조자는 효모를 길러서 맥주를 만드는데, 두 가지 모두 핵심은 자신이 관리하는 생물로부터 최상의 성과를 얻을 수 있도록 자신이 돌보는 생물의 숫자와 건강을 최적 상태로 유지하는 것이다.

다.) 효모를 적정량보다 많이 투입하는 것보다 적게 투입하는 예가 훨씬 더 많은데, 보통은 더 많은 쪽이 낫다. 현재까지 내가 시도해본 바로는 효모를 너무 많이 투입해서 발효를 망치는 일은 잘 일어나지 않는다(투입한 효모가 절반은 사멸한 상태고 효모보다 이전 발효에서 발생한 찌꺼기가 더 많은 경우가 아니라면).

효모 관리가 가축을 기르는 일과 같다고 본다면(아래 '양치기에 비유한 효모 투여량 계산법' 참고), 사전 배양액을 만들어서 발효를 시도할 때 기억해야 할 두 가지 중요한 사항이 있다. 첫 번째는 사전 배양액의 양이 적으면(1파인트 또는 500밀리리터 정도) 효모가 그리 많이 자라지 않는다는(즉 효모의 양이 크게 늘지 않는다는) 사실이다. 사전 배양액의 양이 적으면 효모 생장에 필요한 영양소가 충분하지 않고 시간이 지날수록 배양액의 영양소도 점점 줄어든다. 보통 비중이 1.040인 배양액 1리터에 공기가 원활히 공급된다고 할 때 효모 한 봉을 투입하면 효모의 양이 대략 두 배 정도로 늘어나는데, 같은 양을 배양액 2리터에 투입하면 2.5배 정도로 늘어나는 데 그친다. 교반기를 이용하여 배양액의 산소량을 충분히 유지하면 효모의 생장에 도움이 되므로 총량을 25퍼센트까지 늘릴 수 있다(가령 두 배 늘어날 양이 2.5배로 늘어난다).

두 번째로 기억할 사항은 효모가 자라는 양만큼 아로마와 맛을 내는 성분도 생성된다는 것이다. 권장 투입량의 범위 안에서 효모를 적게 투입하면 그보다 많은 양을 투입할 때보다 효모가 당을 섭취하기 전에 더 많이 생장한다. 다시 말해 투입량이 적을수록 맥주에 발효 특성이 더 강하게 나타나고(에스테르나 그 유사 성분의 특성이 두드러진다는 의미) 투여량이 많을수록 이러한 발효 특성이 약해지므로 발효가 '더 깔끔하게' 진행된다. 물론 여기에도 적정 범위가 있으므로 투입량이 극히 과도하면 효모의 대사로 발생한 부산물이 남고 효모가 스스로 녹을 가능성과 이취가 날 확률도 높아진다.

효모의 생장률을 가장 크게 좌우하는 것은 온도다. 그리고 효모의 총량은 산소와 맥아즙이 함유한 영양소에 따라 달라진다. 맥주의 맛을 조절하려면 먼저 효모가 이용할 수 있는 영양소(맥아즙의 양과 당도)를 고려하여 투입할 효모의 양을 정하고(투입량) 온도로 생장 속도를 조정해야 한다. 그러므로 이전에 만든 맥주와 같은 레시피로 동일한 맥주를 다시 만들고자 한다면 발효 조건도 동일하게 맞춰야 한다. 수상의 영광을 안은 맥주와 똑같은 맥주를 만들고 싶다면 그 상을 받은 맥주가 발효된 조건을 똑같이 맞춰야 한다. 발효 조건이 같아야 동일한 맥주를 만들 수 있다.

| 효모 투입량과 맥주의 유형 |

앞서도 살펴보았듯이 효모 투입량은 맥주의 특성에 큰 영향을 준다. 발효가 시작되고 며칠 동안 효모는 고성장기에 진입하여 빠른 속도로 증식한다. 이 시기에는 디아세틸 전구체(아세토하이드록시산)와 아세트알데히드, 퓨젤 알코올 성분이 전체 성장 과정을 통틀어 가장 많이 형성된다. 투입한 효모량이 적으면 총량은 늘어나고 합성되는 아미노산의 양도 늘어나므로 부산물도 늘어나는 반면 투입량이 많으면 효모가 생장하는 총량은 줄고 부산물도 줄어든다.

에일 맥주 중에서도 벨기에 에일처럼 발효 특성이 중요한 맥주는 신선한 효모를 권장 투입량의 최저 수준에 가까운 양만큼 투입해야 한다. 즉 4비중점 기준 리터당 5억 개 정도로 투입한다. 잉글랜드 남부 지역의 브라운 에일이나 드라이한 스타우트 맥주, 잉글리시 페일 에일 맥주와 같이 더욱 균형 잡힌 맛, 또는 발효 특성이 가볍게 나타나는 에일 맥주는 권장 투입량의 중간 정도로 맞춰서 4비중점 기준 리터당 세포수가 7억 5,000만 개 정도가 되도록 투입한다. 또 아메리칸 페일 에일이나 블론드 에일, 잉글랜드 북부 지역의 브라운 에일처럼 맛이 아주 깔끔한 에일은 4비중점 기준 리터당 효모 세포수를 10억 개로 맞추어 투입해야 한다. 효모의 특색이 굉장히 두드러지게 나타나는 맥주는 권장 투입량의 최대치에 가깝게 투입해야 발효 과정에서 나중에 수습하지 못할 일들이 벌어지지 않는다. 세종*Saison*, 바이에른 바이젠, 밀맥주용 효모가 그러한 종류에 속한다.

라거 맥주는 투입해야 하는 효모의 양이 보통 두 배 더 많다. 따라서 쾰시*Kölsch*나 캘리포니아 코먼 맥주처럼 에스테르 특성이 강한 라거는 4비중점 기준 효모 세포수를 리터당 12억 5,000만 개로 맞추어 투입한다. 도르트문더*Dortmunder*, 뮌헨 둥켈*dunkel*, 아메리칸 라거와 같이 발효 특성이 중간 수준인 라거는 4비중점 기준 리터당 15억 개의 효모를 투입하고 뮌헨 헬레

효모 투입량과 에스테르 형성

효모 투입량은 맥주의 에스테르 특성에 영향을 준다. 투입되는 효모의 양이 적을수록 아로마 성분과 에스테르 성분은 더 많이 생성되는 경향이 나타난다. 사용할 수 있는 자원이 풍부한 환경에서는 효모의 생식 활동이 촉진되고, 효모는 맥아즙에 함유된 자원의 활용 한계에 도달할 때까지 계속 증식한다. 에스테르는 효모가 성장하고 과도한 노폐물은 배출하는 과정에서 형성되는 대사 부산물이다. 효모는 공기 중의 산소를 활용하여 스테롤과 기타 필수 지질을 합성하는데, 장쇄 지방산을 합성할 때 중간 매개물질로 단쇄 지방산이 만들어진다. 다양한 종류의 스테롤과 지질로 구성되는 장쇄 지방산은 효모의 생존과 생식에 활용된다. 그런데 이 스테롤과 지질 성분은 효모의 생장을 제한하는 요소로 작용한다. 효모 세포가 출아 방식으로 생식 활동을 이어갈 때마다 저장된 지질을 딸세포와 공유하기 때문이다.

사용하고 남은 단쇄 지방산은 효모에 해로운 영향을 주므로 반드시 제거해야 하는 노폐물이다. 따라서 효모는 이러한 지방산을 다른 노폐물(알코올류)과 결합하여 무해한 에스테르 물질로 만들어서 환경으로 배출한다. 이 에스테르화 반응은 크게 두 단계로 진행된다. 먼저 알코올(에탄올이나 퓨젤)과 지방산 사이에서 아세틸 코엔자임 A가 지방산의 탄소 원자를 크렙스 회로로도 불리는 효모 대사 경로인 시트르산 회로로 이동시킨다(이 반응회로에서 효모가 사용할 에너지가 생산된다). 이와 함께 알코올 아세틸기전이효소라는 효소가 알코올의 아세틸기를 에스테르 사슬로 옮기는 반응이 진행된다. 이를 통해 지방산과 알코올이 다양하게 결합되어 각기 다른 에스테르가 만들어지는데, 효모 종류마다 이렇게 생성되는 에스테르의 종류도 제각기 다르다.

효모는 발효 환경에 스트레스 요소가 있을 때, 즉 자원이 빈곤할 때나 풍족할 때(넘쳐날 때) 에스테르를 더 많이 생성하는 경향이 있다. 빈곤하다는 것은 영양소(자유 아미노산과 질소, 무기질, 지질 등)가 부족하고 산소도 적고 온도도 낮은 환경을 의미하며 풍족하다는 것은 영양소가 많고 산소도 풍부하면서 온도도 높은 환경을 의미한다. 두 가지 환경 모두 효모에게는 스트레스를 유발하므로 대사활동이 최적 수준으로 이루어지지 못하고 에스테르화가 필요한 단쇄 지방산이 더 많이 형성된다. 효모를 적게 투입하면 빈곤한 환경이 조성된다. 투입된 효모의 양이 적정 수준이고 발효 온도와 산소, 영양소가 모두 정상 범위에 해당할 경우 발효 스트레스가 최소한으로 줄고 이에 따라 에스테르도 가장 적게 형성된다. 반면 효모 투입량을 크게 늘려도(다른 조건은 모두 정상 범위일 때) 발효 환경은 빈곤한 쪽으로 바뀐다.

스, 비엔나 라거, 독일식 필스너처럼 맛이 아주 깔끔한 라거에는 효모 세포수를 4비중점 기준 리터당 15억 개보다 훨씬 더 많이 투여해야 최상의 결과물을 얻을 수 있다.

표 7-1 | 맥아즙 비중에 따른 리터당 효모 투입량(단위: 효모 세포 10억 개)

		맥주 유형별 권장 투입량 (세포 10억 개/L/°P)					
		에일			라거		
SG	°P	0.5	0.75	1.0	1.25	1.5	1.75
1.020	5.1	3	4	5	6	8	9
1.025	6.3	3	5	6	8	9	11
1.030	7.6	4	6	8	9	11	13
1.035	8.8	4	7	9	11	13	15
1.040	10.0	5	7	10	12	15	17
1.045	11.2	6	8	11	14	17	20
1.050	12.4	6	9	12	15	19	22
1.055	13.6	7	10	14	17	20	24
1.060	14.7	7	11	15	18	22	26
1.065	15.9	8	12	16	20	24	28
1.070	17.1	9	13	17	21	26	30
1.075	18.2	9	14	18	23	27	32
1.080	19.3	10	14	19	24	29	34
1.085	20.5	10	15	20	26	31	36
1.090	21.6	11	16	22	27	32	38
1.095	22.7	11	17	23	28	34	40
1.100	23.8	12	18	24	30	36	42
1.105	24.9	12	19	25	31	37	43
1.110	25.9	13	19	26	32	39	45
1.115	27.0	14	20	27	34	41	47
1.120	28.1	14	21	28	35	42	49

°P: 플라토, SG: 비중
°P값과 SG값의 관계에 관한 상세한 내용은 부록 A에 나와 있다.

표 7-2 | 맥아즙 비중에 따른 갤런당 효모 투입량(단위: 효모 세포 10억 개)

| | | 맥주 유형별 권장 투입량 (세포 10억 개/L/°P) | | | | | |
| | | 에일 | | | 라거 | | |
SG	°P	0.5	0.75	1.0	1.25	1.5	1.75
1.020	5.1	10	14	19	24	29	34
1.025	6.3	12	18	24	30	36	42
1.030	7.6	14	21	29	36	43	50
1.035	8.8	17	25	33	42	50	58
1.040	10.0	19	28	38	47	57	66
1.045	11.2	21	32	42	53	64	74
1.050	12.4	23	35	47	59	70	82
1.055	13.6	26	39	51	64	77	90
1.060	14.7	28	42	56	70	84	98
1.065	15.9	30	45	60	75	90	105
1.070	17.1	32	48	65	81	97	113
1.075	18.2	34	52	69	86	103	121
1.080	19.3	37	55	73	91	110	128
1.085	20.5	39	58	77	97	116	135
1.090	21.6	41	61	82	102	122	143
1.095	22.7	43	64	86	107	129	150
1.100	23.8	45	67	90	112	135	157
1.105	24.9	47	71	94	118	141	165
1.110	25.9	49	74	98	123	147	172
1.115	27.0	51	77	102	128	153	179
1.120	28.1	53	80	106	133	159	186

°P: 플라토, SG: 비중

°P값과 SG값의 관계에 관한 상세한 내용은 부록 A에 나와 있다.

표 7-3 | 맥아즙 비중에 따른 6갤런(23리터)당 효모 투입량(단위: 효모 세포 10억 개)

		맥주 유형별 권장 투입량 (세포 10억 개/L/°P)					
		에일			라거		
SG	°P	0.5	0.75	1.0	1.25	1.5	1.75
1.020	5.1	58	88	117	146	175	204
1.025	6.3	73	109	145	182	218	254
1.030	7.6	87	130	174	217	260	304
1.035	8.8	101	151	201	252	302	353
1.040	10.0	115	172	229	286	344	401
1.045	11.2	128	192	257	321	385	449
1.050	12.4	142	213	284	355	425	496
1.055	13.6	155	233	311	388	466	543
1.060	14.7	169	253	337	421	506	590
1.065	15.9	182	273	364	454	545	636
1.070	17.1	195	292	390	487	585	682
1.075	18.2	208	312	416	520	623	727
1.080	19.3	221	331	441	552	662	772
1.085	20.5	233	350	467	583	700	817
1.090	21.6	246	369	492	615	738	861
1.095	22.7	258	388	517	646	775	904
1.100	23.8	271	406	542	677	812	948
1.105	24.9	283	425	566	708	849	991
1.110	25.9	295	443	590	738	885	1033
1.115	27.0	307	461	614	768	922	1075
1.120	28.1	319	479	638	798	957	1117

°P: 플라토, SG: 비중
°P값과 SG값의 관계에 관한 상세한 내용은 부록 A에 나와 있다.

한 가지 놀라운 사실은, 올드 에일Old ale, 러시안 임페리얼 스타우트Russian imperial stout, 발틱 포터Baltic porter, 발리 와인Barleywine과 같이 알코올 도수가 높은 맥주에 효모를 다량 투입한다는 것이다. 이러한 맥주에서 다양한 맛이 난다고 느끼는 사람들이 많고 실제로도 그렇지만, 대체로 맛이 깔끔하고 에스테르의 특성 때문에 나타나는 특징이며 케케묵은 이취는 나지 않는다. 이렇게 알코올 함량이 높은 맥주도 이취가 맥주의 모든 맛을 차지하지 않도록 하려면 깔끔하게 발효해야 한다.

어떤 스타일의 맥주를 만들든 일정하게 훌륭한 맛을 만들어내려면 양조자가 효모의 행동 특성을 이해하고 자신의 목적에 맞게 그 특성을 다룰 수 있어야 한다. 모든 맥주에 잘 맞는 효모 투입량은 없다. 위에서 설명한 투입량과 표 7.1, 표 7.2, 표 7.3에 제시한 값도 모두 가이드라인일 뿐 꼭 지켜야 할 법칙은 아니다. 여러분의 방식과 잘 맞는 투입량을 정하고 레시피에 따라 적절히 늘리거나 줄여서 조정해야 한다.

효모와 스타터 준비

| 건조효모의 재수화 |

최상의 결과물을 얻으려면 건조효모를 투입하기 전, 미리 끓여놓은 온수에 담그는 재수화 과정이 필요하다. 물의 온도는 에일 효모의 경우 25~30℃(77~86℉), 라거 효모는 21~25°

그림 7-2

계량컵과 효모

그림 7-3

건조효모를 재수화하는 모습

C(69~77℉)가 적당하다.

건조효모 제품의 사용법을 읽어보면 그대로 맥아즙에 넣으면 된다고 나와 있어도 그러한 방식은 권장하지 않는다. 제조업체들은 간편하게 효모를 투입할 수 있다고 이야기하지만, 당의 농도가 높은 환경에서는 효모가 세포막 주변에 물을 충분히 끌어 모을 수 없으므로 절반 정도는 사멸한다.

재수화 방법

1. 소독한 병에 끓여서 식힌 온수 한 컵(250mL)을 붓고[3] 건조효모를 살짝 뿌리듯 물 표면에 얹는다. 젓지 말고 그대로 랩이나 알루미늄포일을 씌운 뒤 15분간 두면 효모가 물을 흡수한다.

2. 효모가 완전히 젖도록 살살 저어준다. 맥아즙에 효모를 투입하기 전까지는 산소에 노출되지 않도록 한다. 너무 일찍 산소에 노출되면 효모에 저장되어 있던 영양소가 소진될 수 있다. 옷을 다 차려 입었는데 아무데도 갈 곳이 없는 상황이나 다름없다.

3. 다시 랩이나 포일로 병을 덮어서 다시 15분간 두고 재수화가 완료되도록 한다. 효모가 바닥에 가라앉아 크림과 같은 층이 형성되면 30분 내에 맥아즙에 투입해야 최상의 결과를 얻

---

3 물 온도는 에일 효모의 경우 25~30℃(77~86℉), 라거 효모는 21~25℃(69~77℉)로 맞춘다.

을 수 있다. 투입 직전에 저어서 효모가 다시 위로 떠오르도록 한다.

| 사전 배양액(스타터)을 이용한 효모 증식 |

일반적으로 액상 효모의 종류가 훨씬 다양해서 건조효모보다 더 낫다는 인식이 있지만, 저장 기간이 짧고 값도 더 비싸다. 그래서 대부분은 액상 효모를 한 봉만 구입하고 이것으로 사전 배양액(스타터)으로 만들어서 양을 늘려 비용을 절약하는 방식을 활용한다. 보통 이렇게 양을 늘리려면 하루 정도 걸린다. 건조효모는 한 시간 정도면 재수화 과정을 거쳐 바로 사용할 수 있어서 스타터를 만들고 효모의 양을 늘리는 시간과 수고를 들이는 것보다 편리하다. 그러나 효모는 건조 과정을 견디기 힘들기 때문에 재수화하더라도 스트레스로 인한 페놀 냄새 등 이취가 약간 날 수 있다. 건조효모는 일반적으로 스타터를 만들지 않아도 되지만 사전 배양 단계를 거치면 효모의 활성을 되찾는 효과를 얻을 수 있다. 건조효모로 만든 맥주가 미국 최고의 맥주를 가리는 '그레이트 아메리칸 비어 페스티벌®*Great American Beer Festival®*'에서 우승을 차지한 사례도 많다.

스타터의 양은 맥아즙의 당도와 부피에 따라 결정되는 효모의 권장 투입량에 맞추어야 한다. 표 7.4에는 시중에 판매되는 효모를 이용할 때 참고할 수 있는 대략적인 효모의 성장 인자가 나와 있다. 예를 들어 초기 비중이 1.065인 라거 맥주 23리터(6갤런)를 만들려면 일반적으로 필요한 효모의 양은 세포 5,450억 개다(표 7.3 참고). 그러므로 (한 봉에 1,000억 개의 세포가

표 7-4 | 비중 1.040인 맥아즙 기준, 효모 세포 1,000억 개(한 봉) 투입 시 대략적인 성장 인자

효모 포장 단위(봉)	스타터 부피(리터)									
	1	2	3	4	5	6	7	8	9	10
1	2.0	2.6	3.0	3.4	소요 시간 길어짐					
2		2.0	2.3	2.6	2.8	3.0	3.2	3.4		
3			2.0	2.2	2.4	2.6	2.7	2.7		
4	성장률 낮음			2.0	2.2	2.3	2.5	2.6	2.7	2.8
5					2.0	2.1	2.3	2.4	2.5	2.6

참고 사항: 위 표의 값은 스타터의 부피를 토대로 효모의 증식 인자를 추정한 결과이다. 예를 들어 6리터의 맥아즙에 효모 두 봉을 투입하면 성장 인자는 3이므로 6,000억 개의 세포를 얻을 수 있다. 스타터로 사용하는 맥아즙에 산소가 8ppm 용해되었다는 가정에서 얻은 결과다. 칸이 비어 있는 부분은 성장 인자가 너무 낮거나 시간이 지나치게 오래 걸려서 권장하지 않는 범위에 해당한다. 성장 인자가 2인 경우 24~36시간이 걸리며, 성장 인자가 3이면 36~48시간이 걸린다.

표 7-5 | 비중 1.040인 효모 스타터 제조 시 필요한 맥아추출물의 양(그램)

스타터 부피(리터)	건조맥아추출물	액상 맥아추출물
1	115	134
2	230	268
3	345	403
4	460	537

참고 사항: 효모의 증식 규모를 간단히 추정하기 위해 리터와 그램 단위로만 표시했다. 또한 20리터(5갤런)에 5,000억 개의 효모 세포를 투입해도 세포 수가 변하는 것은 아니므로 아무 상관없다.

담긴) 효모 두 봉을 비중이 1.040인 맥아즙 4~5리터에 투입하여 증식하거나(5,200~5,600억 개 세포로 늘릴 수 있다) 3리터에 세 봉을 투입하여 증식하는(6,000억 개 세포) 방법을 택할 수 있다. 후자는 필요한 양보다 더 많은 효모를 만들 수 있지만 이 정도 차이로는 맥주 맛을 해치지 않는다. 입맛에 따라 '너무 깔끔한' 맛이 날 수도 있으나 일단 한 번 시도해보기 바란다. 가장 적절한 투입량은 효모의 종류에 따라 다르다. 그러므로 효모의 특성을 가장 잘 끌어내려면 더 많은 양을 넣어야 하기도 하고 더 적게 넣어야 하기도 한다.

| 효모 스타터 만들기 |

준비물
- 맥아즙을 끓일 냄비
- 효모를 발효시킬 플라스크
- 공기차단기나 알루미늄포일
- 맥아추출물이나 맥아즙
- 그램 단위로 측정할 수 있는 저울(맥아추출물의 무게를 측정해야 하는 경우)

플라스크의 종류와 크기 고르는 법
재질 | 유리로 된 삼각플라스크(2~5리터 크기)를 이용하면 맥아즙을 담은 채로 끓일 수 있어서 가장 적합하지만 값이 비싼 편이다. 플라스틱 주스 병(2~3리터)도 무난하게 사용할 수 있으나 깨끗이 씻어서 소독한 후에 사용해야 하며, 내열성이 없는 점도 감안해야 한다. 플라스틱 주스 병은 보통 바닥이 평평하지 않아서 교반기를 사용할 수 없다. 바닥이 평평한 유리 물병을

사용하면 교반기에 올려놓을 수 있으나 이때에도 맥아즙을 식혀서 담아야 한다.

크기 | 클수록 좋다. 그릇이 크면 스타터가 소량 필요할 때 사용할 수 있지만 그릇이 작으면 많은 양이 필요할 때 사용할 수 없다.

1단계

표 7.4를 참고하여 스타터의 양을 정한다. 그리고 표 7.5에 따라 냄비에 맥아추출물과 물을 적정량 담아서 10분간 끓인다. 불을 끄기 전에 마지막 1~2분은 뚜껑을 덮고 끓인 후 불을 끄고 다음 단계를 준비하는 동안 그대로 둔다.

원한다면 홉을 약간 넣어도 되지만 반드시 넣어야 하는 건 아니다. 효모 영양제(아연 성분을 포함한 것이 좋다)를 스타터에 넣으면 효모 증식에 도움이 된다. 나는 영양제를 사용할 때면 전체 맥아즙보다 스타터에 넣는 쪽을 선호한다.

2단계

스타터를 식힌다. 주방 개수대를 막고 냉수를 2인치 정도 높이로 채운 뒤 냄비의 뚜껑을 덮은 채로 넣는다. 물속에서 냄비를 살짝 돌려주면 내용물을 빨리 식힐 수 있다. 맥아즙이 실온(20~25℃[68~77℉]) 정도로 식으면 소독해 둔 발효용 플라스크에 붓는다. 침전물까지 모두 옮겨 담자. 이 침전물은 효모 생장에 도움이 되는 단백질과 지질로 되어 있으므로 이 단계에서는 필요하다.

스타터로 사용하는 맥아즙의 온도는 발효 온도와 맞추는 것이 가장 적절하다. 이렇게 하면 효모가 온도에 더 쉽게 적응할 수 있다. 스타터보다 더 낮은 온도에서 발효하면 온도 변화의 충격 때문에 효모의 활성이 중단되어 정상적인 활성이 나타나기까지 이틀 정도 걸릴 수 있다.

3단계

발효용 플라스크나 병의 입구를 닫는다. 세게 흔들어서 공기가 충분히 섞이도록 한다(아래 '스타터에 산소 공급하기' 참고). 효모를 투입하기 '전'에 스타터를 흔들어야 한다.

4단계

효모를 담은 포장지 겉면을 소독한 다음 개봉해서 플라스크에 효모를 붓는다. 잘 섞이도록 플라스크를 빙빙 돌려준다. 공기차단기를 설치한 후 온도가 일정하고 직사광선이 들지 않는

그림 7-4

건조맥아추출물을 이용해 스타터로 사용할 맥아즙을 만드는 모습

그림 7-5

맥아즙을 소독해둔 발효용 플라스크에 붓는다.

그림 7-6

스타터에 효모를 넣는다.

스타터에 산소 공급하기

스타터를 잘 흔들어주는 것만으로 용해 산소를 8ppm 정도를 손쉽게 얻을 수 있다. 핵심은 공기가 맥아즙과 충분히 섞이도록 하는 것이다.

(해수면 공기를 기준으로) 1리터의 공기에는 285밀리그램(mg)의 산소 기체가 포함되어 있다. 물 1리터에 이 기체가 전부 완전히 용해된다면 산소 농도는 285mg/L, 즉 285ppm이 된다. 따라서 8ppm의 용해산소를 얻기 위해서는 35mL의 공기를 공급해야 한다. 그러나 이 계산은 35mL의 공기에 함유된 산소 분자가 전부 물과 접촉하여 용해된다는 전제에서 나온 결과이나 실제로 그런 일은 벌어지지 않는다. 그러므로 액체 상단의 빈 공간이 넓을수록 좋다. 내가 실험해본 결과, 2리터짜리 탄산음료 병에 맥아즙을 채우고 20퍼센트의 공간을 남긴 후 1분간 세게 흔들어주면 8ppm의 산소를 얻을 수 있다. 맥아즙의 양이 많다면 두 개로 나누어서 흔드는 편이 낫다.

담수의 산소 포화도는 온도가 15~24℃(60~75℉), 해수면으로부터 1830m(6000ft.)까지 범위에서 7~10ppm으로 다양하게 나타난다. 해수면과의 높이차가 적고 온도가 낮을수록 최대 농도인 10ppm에 가까워지고 높이차가 크고 온도가 높을수록 농도는 줄어든다. 해수면과 가까운 높이의 실온에서는 일반적으로 산소 포화도가 8~9ppm이다. 순수 산소를 공급하면 산소의 부분압(비율)이 증가하므로 평형 농도도 증가한다. 순수한 산소가 담긴 산소탱크를 사용하면 용해 농도를 더 높일 수 있는 이유도 이 때문이다.

교반기 이용하기

교반기는 기기의 자석이 회전하면서 맥아즙에 넣은 자석이 함께 돌아가는 원리로 작동한다. 액체에 넣는 자석은 크기가 큰 것(8센티미터 크기)보다 작은 것(2.5~5센티미터)이 더 효과적이다. 와류가 작게 형성되면 맥아즙 내부로 공기를 끌어들이고 맥아즙과 효모가 계속 움직이는 효과가 더 크기 때문이다. 효모 증식 단계에 교반기를 사용하면 효모에 더 오랜 시간 동안 더 많은 산소가 공급되므로 성장이 증가하는 이점이 있다. 스타터를 그냥 흔들 때와 비교하면 성장이 약 25퍼센트 증가한다. 맥아즙이 담긴 용기를 교반기 위에 올려놓기 전에 미리 흔들지 않아도 된다. 또 교반기를 사용하면 거품도 최소화할 수 있다.

교반기를 사용할 때 한 가지 명심해야 할 사항은, 효모 증식 전 단계 중 첫 절반 시기에만 사용해야 하는 점이다. 가령 총 증식 시간이 24~36시간이라면 12~18시간만 사용해야 한다. 스타터를 식히고, 상층의 액체를 따라낸 뒤 전체 맥아즙에 투입하기 전에 효모가 글리코겐과 트레할로스를 축적하려면 산소 농도가 낮은 환경에서 활성 단계를 거쳐야 한다. 이러한 물질이 축적되면 효모가 새로운 환경에 투입되었을 때 적응하는 데 도움이 된다. 교반기에 두었다가 그대로 냉장고에 넣고 온도를 낮춘 다음에 투입하면 효모가 훨씬 더 많은 스트레스를 받게 된다.

곳에 둔다. 플라스크에 맞는 공기차단기가 없어도 염려할 필요 없다. 깨끗한 알루미늄포일을 잘라서 플라스크 입구를 측면까지 넓게 감싼다. 이렇게 하면 공기 중에 있는 세균이 스타터로 유입되지 않고 이산화탄소는 배출된다. 포일로 입구를 단단히 봉하지 않아도 된다. 오히려 약간 헐거우면 산소가 유입되어 효모 성장에 활용되므로 더 낫다.

시간이 지나면 효모가 스타터 내부에 뜨면서 색이 탁해지고 거품도 형성된다. 스타터의 양과 효모 투입 비율에 따라(표 7.4 참고) 21℃(70℉)에서 효모가 완전히 증식하기까지 24~48시간이 걸린다. 하루 동안 그대로 두면서 효모를 가라앉힌 후에 맥아즙에 넣어도 된다.

스타터의 양이 많다면 냉장고에 하룻밤 보관하여 효모를 전체적으로 안정화시킨 후 맥아즙에 넣을 것을 권장한다. 이렇게 하면 불쾌한 맛이 날 수 있는 상층의 맥주 부분을 따라내고 바닥에 슬러리 형태로 가라앉은 효모만 투입할 수 있다. 스타터의 양이 많을 때 스타터의 맛이 최종 완성될 맥주 맛에 영향을 주지 않도록 방지할 수 있는 방법이다. 이 과정을 거치지 않으면 본격적으로 맥주를 발효할 때 숙성 단계를 적절히 관리하여 그와 같은 문제에 대처해야 한다.

스타터를 발효조에 붓기 전에 온도를 높일 필요는 없다. 온도가 더 낮은 상태에서 따뜻한 쪽으로 투입되면 효모의 활성을 깨우는 데 도움이 된다. 그러나 온도가 더 낮은 환경에 투입하면 효모에 쇼크가 발생하여 비활성 상태가 된다.

| 효모 스타터는 언제 투입해야 할까? |

스타터에 거품이 높이 형성되었을 때(최대 활성) 바로 투입하거나 효모를 가라앉힌 후 투입하는 방법이 있다. 온도에 따라 이틀까지는 투입 가능한 상태를 유지한다. 효모의 활성이 최대치가 되는 시점부터 대략 18시간이 지나면 활성이 떨어져 서로 뭉쳐지는 단계, 즉 투입하지 말아야 하는 상태가 된다.

효모가 최대 활성에 도달했거나 그 상태에 근접했을 때 투입하면 스타터 맥아즙과 양조용 맥아즙의 조성은 거의 동일해야 한다. 왜 그럴까? 효모는 스타터에서 증식하는 동안 맥아즙에 함유된 당류의 특성에 잘 맞는 효소를 만들어내기 때문이다. 그러므로 당류의 비율이 스타터와 다른 맥아즙에 투입하면 효모가 손상되며 이는 발효에 영향을 준다. 즉 자당, 포도당, 과당 함량이 높은 곳에 있던 효모가 양조용 맥아즙의 주된 당 성분인 말토오스를 섭취하면 효소 생산을 멈춘다.

곰이 동면에 들어가기 전에 몸에 지방을 축적하듯이 효모 세포도 발효가 끝날 무렵에 글리코겐과 트레할로스를 축적한다. 이 두 가지 탄수화물은 효모 세포가 저장하는 식량이다. 다른 식량을 구할 수 없을 때 글리코겐과 트레할로스를 천천히 소비하며 산소가 포함된 맥아즙에 투입한 후 필수 지질과 스테롤, 불포화지방산을 합성할 때는 이 두 성분만 연료로 활용한다.

그림 7-7

완성된 스타터. 밑 부분에 효모가 층을 이루고 있다.

효모가 산소에 노출되면 비축된 글리코겐이 빠른 속도로 고갈된다. 겨울잠 자는 곰에 비유하면 글리코겐은 몸에 축적된 지방이고 트레할로스는 두툼하게 자라는 털에 해당한다. 트레할로스는 효모 세포막의 안쪽과 바깥쪽에 모두 쌓이며, 막 구조를 튼튼하게 만들고 세포가 환경에 관한 스트레스를 잘 견디도록 지키는 것으로 보인다.

스타터가 완전히 발효되면 이러한 성분이 축적되므로 효모는 바로 사용할 수 있는 연료를 완비한 상태가 되고, 새로운 맥아즙에서 더욱 원활하게 적응할 수 있다. 그러나 비활성 상태에서도 비축된 연료를 사용할 수 있으므로, 투입하기 전에 스타터를 너무 장시간 방치하면(실온에 일주일 동안 두거나 냉장고에 한 달가량 보관하는 등) 저장해 둔 연료가 고갈될 수 있다. 이때 스타터용 맥아즙에서 새로 발효해 연료를 재충전하도록 한 뒤에 투입해야 한다.

| 시판 맥주에 함유된 효모 활용하기 |

현재 시중에는 소규모로 생산되어 병에 숙성한 맥주, 즉 자연적으로 탄산이 발생하고 여과되지 않은 양질의 제품을 다양하게 판매하고 있다. 이러한 제품들은 수제 맥주와 매우 비슷하다. 병에 숙성한 맥주의 바닥에 층을 이룬 효모도 도로 거두어들여 다른 효모와 마찬가지 방식으로 배양할 수 있으나, 살아 있는 세포의 비율은 발효용 효모 한 봉지의 1퍼센트에도 못 미칠 정도로 매우 낮다. 자가 양조자들 사이에서는 따로 구할 수 없는 특별한 효모나 균을 얻으려고 이러한 방식을 시도한다. 특히 벨기에 밀맥주나 트라피스트 에일Trappist ale, 세종Saison과 같은 특별한 스타일의 맥주를 만들 때 활용할 수 있다. 한 가지 주의할 점은, 병에 숙성한 맥주 중에는 발효에 사용한 효모와 병입 단계에 넣는 효모가 다르기도 한 점이다. 병 속에서 일정한 상태를 유지할 수 있는 효모를 따로 정할 수 있기 때문이다. 더불어 알코올 함량이 높은 맥주는 효모의 상태가 크게 약화된 상태이므로 회수하여 다시 배양하려는 시점에는 변형되었을 가능성이 높다.

병에서 숙성한 맥주에서 효모를 회수하는 방법은 상당히 간단하다.

1. 맥주를 개봉한 뒤 병 입구와 목 부분이 세균에 오염되지 않도록 꼼꼼하게 살균한다.
2. 평소에 하던 방식대로 맥주를 컵에 따르고 병 밑바닥에 효모층을 남긴다.
3. 앞서 '효모 스타터 만들기' 부분에서 설명한 대로 스타터용 맥아즙을 준비하고, 바닥에 가라앉은 효모를 남은 맥주와 잘 섞어서 한꺼번에 스타터에 붓는다.

최상의 결과를 얻으려면 맥주 두세 병 분량의 효모를 사용하고 최대한 신선한 맥주를 구입하여 활용한다. 이렇게 준비한 스타터는 액상 효모를 사전 배양할 때와 동일한 단계를 거치지만, 최초 투입하는 효모의 양이 적어서 증식하기까지 더 오랜 시간이 걸릴 수 있다. 실제로 맥아즙에 한두 병 분량의 효모를 넣는 것만으로는 충분히 증식하지 않아 스타터에 아무런 변화도 나타나지 않을 수 있다. 이럴 때는 효모를 추가하여 양조에 투입할 수 있을 만큼 슬러리가 형성되도록 하자. 스타터로 만든 맥주는 맛을 보거나 최소한 냄새를 맡아서 오염되지 않았는지 확인해야 한다. 악취가 나지 않고 맥주와 비슷한 맛이 나야 한다.

| 가까운 수제 맥주 만드는 곳을 찾아가보자 |

여러분이 사는 지역에 양질의 수제 맥주를 판매하는 곳이나 소규모 양조장이 있다면, 자가 양조에 사용할 효모를 얻을 수 있을지도 모른다. 우수한 양조장에서는 실제 사용할 양보다 훨씬 더 많은 효모를 배양하고, 이렇게 만든 여유분을 대체로 오염되지 않은 상태로 얻을 수 있다. 나도 양조장에 플라스틱 용기가 생기면 기회가 될 때마다 통을 소독해서 여분의 효모를 담아 둔다.

이렇게 얻은 효모는 굉장히 건강해서 양조에 돌입하기 전 효모 스타터를 미리 준비하느라 야단법석을 떨지 않아도 왕성한 발효가 보장되는 튼튼한 효모로 맥주를 만들 수 있다. 효모는 냉장 보관하면 2주 정도 활성 상태를 유지할 수 있다. 단, 장시간 보관했다가 사용할 때는 스타터를 소량 준비해서 활성을 깨우는 것이 좋다.

효모를 쉽게 키우는 요령

여러분이 직접 만든 맥주나 효모 스타터 모두 다음 양조에 사용할 효모를 비축해둘 수 있는 훌륭한 자원이다. 스타터를 만들 때는 당장 필요한 양보다 여유 있게 만들어서 여분을 따로 병에 담아 냉장고에 보관하면 다음에 편리하게 사용할 수 있다.

발효가 한창 진행될 때 효모를 확보하는 방식을 선호하는 경우, 가장 좋은 방법은 발효 거품을 거둬내는 것이다. 이렇게 효모를 얻으려면 양동이와 같은 용기나 개방 발효조에서 발효를 실시해야 한다. 먼저 소독한 스푼으로 효모의 고성장기 초반에 형성된 녹갈색의 홉과 단백질 찌꺼기를 거둬서 버린다. 크림처럼 하얀 크로이젠이 형성되면 (새로) 소독한 스푼을 이용하여 이 갓 증식한 효모를 떠서 소독해둔 병에 담는다. 효모가 담긴 병에는 끓여서 식힌 물을 채워서 냉장 보관한다. 물을 한 번 끓여서 사용하는 이유는 두 가지다. 첫째는 물을 소독하기 위해서고 둘째는 효모가 용해 산소에 노출되지 않도록 하기 위해서다. 효모가 산소와 접촉하면 세포가 가지고 있던 글리코겐이 효모를 저장하기 전에 모두 고갈될 수 있다. 물에 산소와 영양소가 없으면 효모는 휴지기에 들어가고 그 상태로 2개월까지 보관할 수 있다. 나중에 양조에 사용할 때는 스타터로 배양하여 활성을 깨운 후 투입한다.

표 7.6에는 이제 막 효모를 기르기 시작한 새내기 양조자가 관리 과정을 기록할 수 있는 양식이 나와 있다. 먼저 왼쪽 맨 위 칸에는 균주명과 로트 번호를 기입한다(예를 들어 WLP023, 로트 번호 #1023025와 같이 쓴다). A1부터 시작되는 첫 행에는 맨 처음 사용한 포장 효모 제품이나 양조장에서 획득한 새 효모의 번호를 기입한다. 즉 A행은 '모계' 효모, B행과 C행은 자손 세대 효모에 관한 기록이다. 각 세대마다 효모를 수확한 날짜(H)와 양조에 투입한 날짜(P)를 기입한다. (표 위쪽에 추가로 나와 있는 작은 표에 각 칸에 들어갈 항목이 나와 있다.) 효모를 수확한 날짜는 곧 특정 효모 군락이 탄생한 날짜이자 양조에 투입하기 전까지 저장된 기간의 첫째 날에 해당한다. 경우에 따라 발효조 한 곳에서 효모를 두 번 혹은 세 번 수확할 때도 있는데, 이는 A행 아래 B행, C행과 같은 순서로 기록한다. 앞에 덧붙인 'A3'는 최초 사용한 효모의 계통을 나타내고 표의 각 열에 붙은 번호는 세대수를 뜻한다. 예를 들어 표에서 C행 3열을 보면 회수된 효모가 A3C3라고 표기되어 있는데, 이는 총 여섯 세대가 지난 효모지만(3+3) A3 계통의 효모를 기준으로 하면 3세대가 지난 효모임을 알 수 있다.

효모를 배양할 때는 몇 번이나 증식된 효모인지 알아야 나중에 맥주의 특성이 부적절한 방향으로 바뀐 경우 증식 세대가 덜 지난 효모로 바꿀 수 있다. 양조자마다 효모를 최대 몇 회까지 배양할 수 있는지 의견 차가 크지만, 내가 적용하는 기준은 최대 일곱 번이다. 이와 같은 기록 방식도 내가 쓸 만하다고 느낀 하나의 예시일 뿐이며 그 밖에 여러 가지 방식으로 배양 기록을 작성할 수 있다.

발효조 바닥에 가라앉은 효모를 수거하는 경우, 효모와 섞인 발효 찌꺼기를 분리해야 한다. 전문 양조자들이 가장 많이 활용하는 방법은 '산 세척'이다. 즉 pH가 2.5 정도로 낮은 산성 용액을 이용하여 세균의 활성을 저해한 뒤 월풀 방식으로 내용물을 저어서 무거운 찌꺼기를 가라앉히고 가벼운 효모는 위로 떠서 분리한다. 그러나 산성 용액은 효모의 활성을 저해할 수 있으므로 반드시 거쳐야 하는 단계는 아니다. 대신 끓여서 냉각해둔 물과 병 두 개를 미리 소독해서 준비하면 찌꺼기를 대부분 제거하고 건강한 효모(흰색)를 분리할 수 있다. 그 과정을 자세히 설명하면 아래와 같다.

1. 2차 발효조로 옮긴 맥주의 바닥에 가라앉은 효모가 뜨도록 휘저어준 뒤 소독해둔 큼직한 병에 붓는다(업소용 마요네즈 통과 같은 용기).

2. 맥주를 담은 통에 끓여서 차갑게 보관해둔 물을 조심스럽게 붓고 효모와 찌꺼기가 모두 뜨도록 잘 저어준다.

3. 그대로 1~3분 정도 두면 찌꺼기가 대부분 바닥에 가라앉는다. 효모가 포함된 뿌연 상층의 액체를 소독해둔 다른 병에 조심스럽게 옮겨 붓는다.

4. 병 바닥에 죽은 효모와 찌꺼기가 거의 사라질 때까지 다시 물을 붓고 같은 과정을 반복한다. 효모가 완전히 가라앉았을 때 얇은 찌꺼기 층 위에 흰색 효모층이 형성되어야 한다. 최대한 찌꺼기를 제거하려고 하되, 완전히 없앨 필요는 없다.

5. 찌꺼기를 없앤 액체는 냉장 보관하면 두 달까지 둘 수 있다. 시간이 지나면 효모가 갈색으로 변하며, 땅콩버터 같은 색이 되면 폐기해야 한다. 효모는 세포에 저장된 영양소가 고갈되면 사멸하고 자가 용해된다.

회수하여 보관해둔 효모는 양조에 투입하기 전 반드시 소량의 스타터를 만들어서 재활성화한 뒤에 넣어야 한다. 이때 효모가 많이 증식할 필요는 없으므로 스타터의 양도 적게 준비한다(세포 1,000억 개/리터 정도). 활성이 약해진 효모를 너무 많은 양의 스타터 용액에 투입하면 오히려 활성이 크게 떨어질 가능성이 크다. 스타터에서 페놀 냄새나 버터 냄새, 그 밖에 이상한 냄새가 나면 효모가 오염된 것으로 볼 수 있다. 일반적인 스타터의 냄새는 빵 냄새나 발효할 때 나는 냄새가 주를 이루며 라거 효모는 대체로 황 냄새가 난다.

요약

효모 관리란 발효를 시작하기에 앞서 효모의 상태를 점검하고 영양분을 공급하는 모든 과정을 뜻한다. 이번 장의 내용이 바로 앞 장인 '효모와 발효' 앞에 나와야 한다고 생각하는 사람들도 있겠지만, 효모 투입량과 증식을 세부적으로 살펴보기 전에 먼저 큰 흐름을 파악하고 발효의 중요성을 알 수 있도록 이러한 순서로 배치했다.

효모 정보	1	2
A	A1	A2
	H 날짜	H 날짜
	P 날짜	P 날짜
	배치 번호	배치 번호

표 7-6 | 효모 관리 기록 예시

WL023 #1023025	1	2	3	4	5	6	7
A	A1 030114 030114 #442	A2 030414 041214 #443	A3 041614 042214 #444	A4 042514 042614 #445	A5 043014 050314 #448	A6 050714 051014 #452	A7 051514 052614 #456
B	A3B1 042514 042514 #446	A3B2 043014 050314 #449	A3B3 050614 050914 #451	A3B4 051214 052014 #454			
C	A3C1 042514 042714 #447	A3C2 043014 050314 #450	A3C3 050714 051014 #453	A3C4 051314 052014 #455			

CHAPTER

8

★ HOW to BREW ★

맥아추출물을
이용한 양조와
양조 용수

지금 우리는 양조 과정을 하나하나 살펴보는 중이다. 이번 단계에서는 양조에 사용되는 물과 관련하여 꼭 알아야 하는 다음 두 가지 사실에 대해 알아본다.

1. 양조에는 이취가 없고 맛이 깨끗한 물을 사용해야 한다. 물맛이 나쁘면 대부분 맥주 맛도 나빠진다.

2. 맥아추출물로 맥주를 만들 때 무기질 함량이 적은 물을 사용해야 한다. 이온의 전체농도는 50ppm 미만이어야 한다. 뒤에서 이 부분을 자세히 설명할 예정이다.

어떤 물로 맥주를 만들고 있는지 알아보자

우리가 먹는 물은 일반적으로 지표수와 지하수 중 하나에 해당한다. 호수, 강, 개울과 같은 지표수는 보통 빗물로 형성되고 지하수는 지하의 대수층에서 형성된다. 지표수는 유기물질의 함량이 높고 무기질 함량은 개별 성분의 농도 50ppm을 넘지 않을 정도로 낮다. 지하수는 유기물질의 함량이 낮은 반면 용해된 무기질의 농도가 높다. 무기질 농도는 대체로 50ppm 이상이지만 100ppm이 넘는 경우도 있다.[1]

여러분이 살고 있는 지역에 따라 물의 가용성이나 수 처리 비용으로 인해 한 해 동안에도 수원이 바뀔 수 있다. 지표수는 실트(silt, 모래진흙)나 조류, 그 밖에 유기물질을 제거하는 여과 과정을 거쳐야 사용할 수 있고 유해 기생충, 세균을 없애기 위한 염소 소독도 필요하다. 지하수는 여과할 필요가 없고 소독이 필요한 경우도 적지만 파이프에 무기질이 쌓이지 않도록 무기질 제거 과정이 필요할 수 있다.

여러분이 사용하는 수돗물이 맥주 양조에 적합한지 확인할 수 있는 첫 번째 방법은 맛을 보는 것이다. 물맛이 괜찮은가? 아니면 수영장 물을 먹는 느낌인가? 수돗물에서 발생하는 가장 흔한 문제는 염소 맛이나 냄새가 너무 강하게 나는 것이다. 각 지역의 법에 따라 공공 음용수에 의무적으로 첨가하는 염소나 클로라민이 물에 남고 이런 물을 양조에 사용하면 맥주에서 약 냄새 같은 이취가 날 수 있다. 그러므로 양조 용수는 잔류 염소와 클로라민(chloramine, 염소 소독법의 하나로 암모니아와 염소를 1대 3의 비율로 동시에 물속에 넣으면, 클로라민을 생성한다)이 제거된 것으로 사용해야 한다. 병 포장되어 판매하는 생수는 대부분 이러한 소독제가 남아 있지 않다.

미국에서는 매년 발표되는 수질 보고서를 각 지역의 수자원 관리 기관에서 구할 수 있으며 (연방 법에 따라 작성된 보고서) 이 보고서에서 수질 특성과 수돗물 관련 문제를 대부분 확인할 수 있다. 각 가정에서 개별적으로 사용하는 우물물은 시료를 채취하여 수질 검사를 받아야 한다. 수질 보고서에 대해서는 이번 장 뒷부분에서 다시 이야기하기로 하자.

물에서 연못물 같은 냄새가 나거나 무기질 맛이 강한 것도 문제가 될 수 있다. 가정에서 이용할 수 있는 정수 과정으로도 이러한 맛이 사라지는 경우가 많지만, 그냥 생수를 구입하여 사

---

1 농도는 보통 백만분율(ppm)로 표시한다. 물에 녹은 물질은 대부분 ppm 대신 리터당 밀리그램(mg/L) 단위를 사용할 수 있다. 즉 1ppm = 1mg/L로 생각하면 된다.

용하는 것이 더 편리하다. 그러므로 맥주 양조에 수돗물을 사용하려면 먼저 염소와 클로라민을 없애는 방법부터 알아야 한다.

| 양조 용수에서 염소 제거하기 |

물에 남아 있는 염소와 일반적인 이취, 냄새를 없앨 수 있는 방법은 아래와 같다.

끓이기

수돗물에서 수영장 물과 같은 냄새가 난다면 염소나 클로라민(옆 페이지 '염소, 클로라민, 염화이온' 참고)이 원인이다. 물을 끓이면 이러한 냄새를 어느 정도 없앨 수 있다. 염소는 사용하기 전에 끓이면 대부분 없앨 수 있으나 클로라민은 그렇지 않다. 또 끓여서 사용하는 것만으로도 물에서 나는 나쁜 냄새를 대체로 없앨 수 있으나 탄소 여과보다는 그 효과가 크지 않다.

활성탄소 여과

활성탄소 필터는 음용수에 포함된 유기물질의 냄새와 맛을 없앨 수 있는 효과적인 방법이다. 가정용품 판매점에서 이러한 필터를 쉽게 구할 수 있다. 수많은 양조장에서 활용하는 방법이기도 하다. 그러나 효과적인 여과를 위해 유지해야 하는 물의 속도가 매우 느리므로 일반적인 자가 양조 환경에서는 썩 효과적인 방법이라고 하기에는 힘들 수도 있다. 여과 속도가 어느 정도로 느릴까? 양조 업계에 적용되는 지침에 따르면, 겉보기 접촉 시간(공상체류시간 또는 공탑체류시간이라고도 한다. 여기서 베드는 물의 층을 말한다. empty bed contact time, 줄여서 EBCT)이 염소는 2분, 클로라민은 8분이다.[2]

겉보기 접촉 시간은 탄소 필터의 부피(갤런 또는 리터)를 유속(분당 갤런 또는 리터)으로 나누어서 계산한다. 예를 들어 1리터의 물을 여과할 수 있는 가정용 탄소 필터를 사용하면 유속은 분당 0.5리터가 되어야 겉보기 접촉 시간이 2분이라는 조건을 맞출 수 있다. 이 속도대로라면 20리터의 물(약 5갤런)을 여과하는 데 40분이 걸린다. 게다가 동량의 물에서 클로라민을 없애려면 두 시간 반이 걸린다.

상업 시설에서 사용하는 대형 여과 장치는 한 번에 다량의 물을 처리할 수 있지만 가정에서

---

2 Palmer and Kaminski(2013, p. 197~198)

SECTION 01 맥주 키트로 맥주 만들기

맥주를 한 번 양조하는 데 필요한 물을 여과하기에는 시간이 너무 오래 걸린다. 메타중아황산 *metabisulfite*을 이용한 화학적인 저감화 방식을 택하면 훨씬 빨리 해결할 수 있다.

메타중아황산

메타중아황산나트륨*sodium metabisulfite*과 메타중아황산칼륨*potassium metabisulfite*은 와인 업계에서 으깬 과일에 곰팡이와 야생 효모가 자라지 않도록 방지하는 용도로 많이 사용한다. 같은 방법을 맥주 양조용 물에서 염소와 클로라민을 산화해 없애는 용도로도 사용할 수 있다. 메타중아황산을 그대로 물에 넣거나(보통 메타중아황산칼륨을 이용한다) '캠덴*Campden*'이라는 정제를 넣으면 된다. 캠덴 정제 하나로 보통 76리터(20갤런)의 물을 처리할 수 있는데 19리터(5갤런)에 한 알을 사용해도 상관없다. 정제를 미리 부셔서 물에 넣고 저어주면 더 쉽게 녹는다. 실온에서 그대로 2분 정도만 지나면 화학반응을 통해 염소와 클로라민이 줄어들며 염소는 무시해도 좋을 만한 양으로(<10ppm) 줄어든다. 이 과정에서 아황산이온*sulfite ion*이 산화되어 황산이온 *sulfate ion*이 된다. 메타중아황산칼륨 분말은 수돗물에 클로라민이나 염소가 최대 농도로 들어

염소, 클로라민, 염화이온

염소(Cl)는 주기율표에서 원자번호 17번인 기체 물질이다. 반응성이 매우 큰 이 물질은 소독제로 흔히 사용한다. 그러나 이렇게 반응성이 큰 특성 때문에 잔류물질을 소독하는 목적으로 사용해도 반응이 오래 지속되지 못하므로 물 처리 시설에서는 다량의 염소를 사용한다. 염소는 냄새가 굉장히 독한 것도 문제지만 맥주의 폴리페놀 성분과 반응한다는 중요한 문제가 있다. 그 결과물로 클로로페놀이 형성되면 맥주에서 제거할 수 없는 강력한 약 냄새나 플라스틱 냄새, 맛이 느껴진다. 다행히 물을 끓이면 염소가 사라지므로 양조 용수는 미리 끓여서 사용하면 된다.

클로라민(NH₂Cl)은 염소가 암모니아와 반응하면서 형성된다. 잔류물질 소독제로는 염소보다 안정적이므로(반응 지속 시간이 더 길다) 물 처리 시설에서도 그리 많은 양을 사용하지 않아도 된다. 현재 대부분의 물 처리 시설에서는 물에 염소를 바로 넣지 않고 클로라민을 사용한다. 문제는 '더 안정적'이라서 끓여도 사라지지 않는다는 점이다. 따라서 양조에 사용할 물은 클로라민을 제거하기 위한 추가적인 처리 단계를 거쳐야 한다.

염소의 이온인 염화이온(Cl⁻)은 클로로페놀을 형성하지 않는다. 양조 용수에 염화이온이 들어 있으면 오히려 맥주 맛이 더 좋아지는 특징이 있다. 염소와 혼동하지 말자.

있다는 가정에 따라 보통 10mg/L의 농도로 사용한다.

요약하면, 맥주 양조용 물에서 염소와 클로라민을 제거하는 가장 좋은 방법은 메타중아황산 분말이나 캠덴 정제를 사용하는 것이다.

| 양조용 물과 수질 보고서 |

미국에서 매년 발표하는 수질 보고서에는 사실 여러분이 사용하는 물의 무기질 함량을 확인할 수 있는 정보를 포함해야 한다. 양조에 중요한 영향을 주는 이온이 각각 50ppm 미만이라면 무기질 함량이 적다고 할 수 있다. 무기질은 칼슘이온(Ca^{2+}), 마그네슘이온(Mg^{2+}), 중탄산이온(HCO_3^-), 나트륨이온(Na^+), 염화이온(Cl^-), 황산이온(SO_4^{2-}) 등 (석회석처럼) 용해된 형태로 존재한다.

그러나 실제 수질 보고서에는 중금속이나 농약 등 정부가 정한 화학 오염 물질에 관한 내용이 주를 이루고 물 처리 시설에서도 이 기준에 따라 물을 처리한다. 맥주 양조에 필요한 무기질 정보는 보고서 항목 중에서 보통 '부가 정보'나 '심미적 표준'에서 찾을 수 있다(즉 미국 연방법에서 정한 의무 공개 정보가 아닌 내용). 여러분이 확보한 수질 보고서에 이 내용이 없다면 수자원 관리 기관에 요청하자. 이 방법으로도 필요한 정보를 구하지 못했다면 물 샘플을 보내서 분석을 의뢰하여 확인하거나 양조 용수 테스트 키트로 직접 확인하자.

맥아추출물을 이용한 양조를 시작하기 전에 일단 무기질 함량이 적은 물을 구하는 것이 중요하지만 여기까지는 시작에 불과하다. 수질 보고서를 참고하여 여러분이 사용하는 물의 무기질 함량에 따른 특성을 아래와 같이 세부적으로 분석할 수 있다. 각 항목에 대해 좀 더 자세히 살펴보자.

맥주 양조용 물의 상태를 점검할 수 있는 일반적인 지침

1. 경도가 적정 수준인 물이 적합하다.
2. 알칼리도가 높은 물은 부적합하다.
3. 물의 pH는 물의 경도와 알칼리도가 얼마나 균형을 이루었는지 파악하는 지표로 활용할 수 있다.
4. 경도와 알칼리도는 물과 당화 혼합물mash의 pH에 영향을 준다.
5. 나트륨, 염화이온, 황산이온은 음식에 넣는 소금, 후추처럼 pH에는 영향을 주지 않지만

맛에 영향을 줄 수 있다.

물의 경도 | 칼슘이온과 마그네슘이온의 함량이 물의 경도를 좌우한다. '경도'라는 명칭이 붙은 이유는 두 가지다. 먼저 이 두 이온이 비누에 함유된 분자와 결합하면 비누 거품 대신 찌꺼기가 형성되고, 이 찌꺼기를 없애려면 더 많은 비누를 사용해서 씻어내야 하기 때문이다. 두 번째 이유는 경도가 높은 물은 배관에 탄산칼슘으로 된 단단한 이물질(석회석)을 형성하는 점이다. 이 현상은 칼슘과 마그네슘이온뿐만 아니라 알칼리 금속의 탄산염 이온 전체와 관련이 있다. 물의 경도와 알칼리도는 '탄산칼슘($CaCO_3$)의 ppm 농도'로 정량화되어 표시된다. 이 단위로 정량화하는 이유에 대해서는 21장에서 물의 화학적 특성을 좀 더 세부적으로 알아보면서 다시 살펴보기로 하자.

물의 경도는 일시적인 값과 영구적인 값으로도 나눌 수 있다. 일시적으로 경도를 높이는 물질은 끓이면 하얀 찌꺼기 형태로 석출되지만 영구적인 원인 물질은 녹은 상태로 남아 있다. 또 일시적인 경도는 탄산염과 중탄산염에서 칼슘과 마그네슘 이온이 녹을 때 발생하는 반면 영구적인 경도는 염화이온, 황산염과 같이 수용성이 높은 염에서 칼슘과 마그네슘 이온이 녹는 것이 원인이다.

경도가 적당한 물이 양조 용수로 적합한 이유는 무엇일까? 맥아즙에 칼슘과 마그네슘이 어느 정도 녹아 있어야 효모의 건강한 활성이 유지되며 발효도, 청징도 등에도 이러한 이온이 중요한 역할을 하기 때문이다. 맥아추출물에는 칼슘과 마그네슘이 이와 같은 기능을 할 수 있을 만한 농도로 함유되어 있으므로 추출물 양조에서는 두 이온을 첨가해야 하는 경우가 거의 없다. 따라서 추출물 양조에는 증류수나 역삼투 정수 과정을 거친 물이나 병 생수를 양조 용수로 사용할 것을 추천한다. 경도가 지나치게 높으면(즉 칼슘이온의 농도가 150ppm 이상) 맥주에서 광물 맛이 난다.

물의 알칼리도 | 수돗물에 녹은 탄산이온(CO_3^{2-})과 중탄산이온(HCO_3^-)의 총량이 물의 알칼리도를 결정한다. 알칼리도는 산성의 적정*acid titration*을 통해 파악할 수 있다. 즉 농도를 아는 산 용액을 준비하고 물 샘플의 최초 pH(보통 7~9)가 pH 4.3이 되려면 이 용액을 얼마나 넣어야 하는지 그 양을 리터당 밀리그램 당량(mEq/L)으로 표시한다.[3] 관례적으로 이렇게 파악한 산성

---

3 당량(Eq)은 산, 염기 반응에서 등량을 나타내는 단위다. 수소이온(H-) 1몰이나 전자(e-) 1몰을 공급하거나 해당 이온 또는 전자와 반응할 수 있는 용해된 물질의 양으로 정의할 수 있다. 밀리그램 당량(mEq)은 1당량의 1,000분의 1이다(1mEq = 0.001Eq).

용액의 양을 '총알칼리도, 탄산칼슘(CaCo₃)의 ppm 농도'로 변환하여 나타낸다.

일반적으로 중탄산이온은 수돗물에서 총알칼리도의 97퍼센트를 차지하므로, 다음 공식을 적용하면 중탄산이온의 농도를 토대로 물의 총 알칼리도를 추정할 수 있다.[4]

총알칼리도, 탄산칼슘(CaCo₃)의 ppm 농도 = (50/61) × [HCO₃⁻] ppm

탄산칼슘의 농도로 나타낸 총 알칼리도는 탄산칼슘의 일시적인 경도와 거의 같은 점도 유념해야 한다. 맥주 양조법을 설명한 자료들을 보면 이러한 이유로 양조에 사용할 물은 임시 경도를 제거해야 한다고 설명하지만, 사실 경도가 아니라 알칼리도를 낮춰야 한다!

알칼리도가 높은 물이 양조 용수로 적합하지 않은 이유는 무엇일까? 알칼리도가 높으면 맥아즙과 맥주의 pH가 높아진다. 이 부분은 완전 곡물 양조에서 더 중요하게 고려해야 할 사항이지만(21장에서 구체적인 영향을 살펴보자) 맥아추출물로 만든 맥주의 맛에도 영향을 줄 수 있다. 알칼리도가 높은 물로 인해 맥아즙과 맥주의 pH가 높아지면 맥주에서 느껴지는 맥아의 맛이 약화되는 반면 홉의 쓴맛은 강해지고 더 오래 지속된다. 내가 맥아추출물로 맥주를 만들 때 증류수나 역삼투 정수 처리된 물을 사용하라고 권하는 주된 이유가 바로 이 점 때문이다. 그러한 물을 사용하면 맥아추출물과 증류용 물의 총 알칼리도를 모두 낮출 수 있다.

같은 원리로 연수(軟水, 칼슘이나 마그네슘과 같은 미네랄 이온이 적게 들어 있는 물)는 맥주 양조에 적합하지 않다. 가정용 연수기는 대부분 칼슘과 마그네슘 이온만 제거하고(사실 두 이온은 양조에 필요하다) 나트륨이온(빠져야 할 이온)은 더하는 동시에 (낮춰야 할) 알칼리도를 낮추는 효과는 없다. 따라서 가정용 연수기로 처리된 연수는 맥주 양조에 절대 사용하지 말아야 한다.

탄산칼슘(CaCO₃)으로 나타낸 총 알칼리도와 관련하여 지켜야 할 일반적인 지침을 정리하면 아래와 같다.

- 총 알칼리도가 50ppm 미만인 수돗물은 무기질 함량이 낮으므로 맥아추출물을 이용하는 양조 레시피나 양조 키트에 모두 사용할 수 있다.
- 총 알칼리도가 50~100ppm인 물은 보통 등급에 해당한다. 양조에 사용해도 되지만 맛에 약간 문제가 생길 수 있다.

---

4 이 변환공식에 관한 설명은 21장에 자세히 나와 있다.

- 총 알칼리도가 100ppm을 초과하는 물은 양조에 사용하지 말아야 한다. 대신 생수를 사용하는 편이 낫다.
- 그러나 반드시 기억해야 할 점은 전체적인 과정에서 알칼리수를 사용하는 것은 온도 조절과 같은 발효 과정의 문제와 견주면 아주 사소한 영향을 준다는 사실이다.

물의 pH | 순수한 물은 pH가 7이며 산성도 알칼리도 아닌 중성이다. pH가 7보다 작은 물은 산성이고 7보다 크면 알칼리성이다. 음용수는 대부분 pH가 7.5에서 8.5 범위이고 대체로 경도보다 알칼리도가 높다. pH가 9인 음용수는 pH가 7인 음용수와 견주어 알칼리도는 높고 경도는 낮다. 그 차이가 어느 정도인지 확인하려면 각 이온의 농도를 알아야 한다.

그러나 물의 pH는 양조에 사용할 물의 적합성을 평가할 때 그리 중요한 요소가 아니므로 이 정도만 알면 된다. 왜 그럴까? 무기질 함량이 전혀 다른 물(예를 들어 지하수와 지표수)도 pH는 동일할 수 있기 때문이다. 맥주에 영향을 주는 것은 특정 이온의 농도이고, pH는 그 농도에 따라 좌우된다. 즉 pH는 화학적인 활성과 평형상태를 나타내지만 우리는 물의 화학적 평형상태를 신경 쓸 필요가 없다. 중요한 것은 맥아즙과 맥주의 pH이고, 평형상태는 물에 함유된 이온이 당화 혼합물*mash*의 맥아에 함유된 이온과 반응하면서 나타나는 결과다. 뒤에 21장과 22장에서 이 부분을 다시 설명할 예정이니 이번 장에서는 일단 물의 pH는 우려하거나 조정해야 할 요소가 아니라는 점을 기억하자.

칼슘, 마그네슘, 중탄산이온 | 칼슘, 마그네슘, 중탄산이온은 물의 경도와 알칼리도를 결정한다. 맥아추출물에는 맥주 양조에 필요한 칼슘과 마그네슘을 충분히 공급할 수 있으며 양조에 적합한 알칼리도를 유지한다. 일반적으로 양조에 사용하기 좋은 물은 칼슘이온의 농도가 50~150ppm이고 마그네슘이온의 농도는 5~40ppm, 탄산칼슘의 농도로 나타낸 총 알칼리도는 100ppm 미만이다.

염화이온, 황산, 나트륨이온 | 맥주에서 양념 같은 역할을 하는 이 세 가지 이온은 각각 특별한 맛을 낸다. 염화이온은 맥아의 맛을 강화하여 맥주를 더 풍부하고 달콤하게 만들고 황산이온은 홉의 특성을 두드러지게 하여 드라이하고 신선한 맛을 더한다. 나트륨이온도 맥아의 맛을 강조하지만 농도가 너무 높으면(>100pm) 전체적으로 맥주에 광물 맛이 날 수 있다. 요즘 점차 인기가 높아지고 있는 고제*Gose* 스타일의 맥주가 아니라면 나트륨이온은 양조용 물에 일부러 첨가할 필요가 없다. 단, 경우에 따라 중탄산나트륨이나 메타중아황산나트륨과 같은 다른 염의 성분을 소량 넣을 수 있다.

아래 표 8.1에는 황산이온과 염화이온의 일반적인 권장 함량이 나와 있다. 양조용 물의 황산이온과 염화이온 비율을 기준으로 삼으면 물이 맥주의 홉과 맥아의 균형에 얼마나 영향을 줄 것인지 추정할 수 있다. IPA처럼 홉의 맛이 강한 맥주는 황산과 염화이온의 비율이 5대 1이고 복Bock 맥주나 옥토버페스트Oktoberfest 맥주처럼 맥아 맛이 강한 맥주는 비율이 1대 1부터 0.5 대 1까지에 이른다. 그러나 이러한 비율은 하나의 지침일 뿐 법칙이 아니라는 점을 기억하자.

표 8-1 | 양조용 물의 중요한 여섯 가지 이온

	최소 권장 농도	권장 범위	기능
칼슘 (Ca^{2+})	50ppm	50~150ppm	Ca^{2+}은 Mg^{2+}과 함께 물의 경도를 좌우하며 발효 과정에서 일어나는 여러 생화학적 반응에 꼭 필요하다. 맥아추출물에 함유된 양으로 충분하다.
마그네슘 (Mg^{2+})	5ppm	0~30ppm	Mg^{2+}은 Ca^{2+}과 함께 물의 경도를 좌우한다. 효모 생장에 반드시 필요한 영양소이기도 하다. 보통 맥아추출물에 함유된 양으로 충분하며, 과량 존재할 경우 시고 쓴맛이 난다.
탄산칼슘(CaCo$_3$)으로 나타낸 총 알칼리도 (중탄산이온[HCO$_3^-$])	N/A	0~100ppm (0~120ppm)	알칼리도가 높으면 맥아즙과 맥주의 pH가 높아지고 떫은맛이 날 수 있다. 붉은 색이나 흑맥주는 색이 짙을수록 더 높은 알칼리도의 물을 사용할 수 있다. 맥아의 산도가 알칼리와 균형을 이루기 때문이다.
나트륨 (Na$^+$)	N/A	0~100ppm	연수기를 통과한 물은 Na$^+$의 농도가 매우 높아질 수 있다(>300ppm). 이때 무기질 맛이나 금속 맛이 날 수 있다.
염화이온 (Cl$^-$)	N/A	50~150ppm	Cl$^-$는 맥아의 맛을 강조하고 단맛과 풍부한 맛을 더한다. 과도하게 함유되면 맛이 느끼해지고 장비가 부식될 수 있다.
황산 (SO$_4^{2-}$)	N/A	50~400ppm	SO$_4^{3-}$은 홉의 쓴맛을 강조하여 드라이하고 신선한 맛을 형성한다. 과량 존재하면(>400ppm) 너무 독하고 불쾌한 맛이 날 수 있다.

참고 사항: 위에 제시한 농도는 맥주 스타일과 상관없이 일반적으로 적용할 수 있는 권장 범위다. 스타일별 권장 농도는 22장에 나와 있고 물의 화학적인 특성에 대해서는 21장에서 좀 더 자세히 설명한다.

맥주의 양념, 염 첨가하기

맥아추출물을 사용하는 레시피나 양조 키트로 처음 맥주를 만들 때는 무기질 함량이 낮은 물이나 증류수를 사용하고 염 성분은 아무것도 첨가하지 말 것을 강력히 권한다. 맥주에서 어떤 맛이 나는지 먼저 느껴보자. 그런 다음 맥아나 홉의 맛을 강화하고 싶다면 물에 염을 몇 가지 첨가하되, 과도하게 사용하지 않도록 조심해야 한다. 맥주 양조 시 염 성분이 과해지기가 쉬운데 이때 광물 맛이 난다.

많은 사람들이 맥아와 홉의 맛을 모두 강화하기 위해 황산염과 염화물을 모두 첨가한다. 그러나 보통 무기질 맛이 강한 맥주가 나오기 십상이다. 경험 법칙상 황산이온과 염화이온의 총량이 500ppm을 넘지 않아야 한다. 표 8.2에 일반적으로 양조에 사용되는 염과 종류별로 물의 이온 특성에 어떤 영향을 주는지 나와 있다.

가염 지침
- 황산염의 최대 권장 농도는 400ppm
- 염화물의 최대 권장 농도는 150ppm
- 황산염과 염화물을 둘 다 최대치까지 첨가하지 말자. 광물 맛이 강해진다.
- 일반적으로 칼슘은 과량 첨가로 인한 문제를 신경 쓰지 않아도 되지만 200ppm을 초과하면 광물 맛이 날 수 있다.

염 첨가 시 최종 농도는 어렵지 않게 계산할 수 있다. 첨가할 염의 그램 단위 중량에 해당 그램당 ppm 단위로 나타낸 해당 염의 이온 농도(표 8.2 참고)를 곱한 다음 물의 부피로 나누면 된다. 공식으로 나타내면 아래와 같다.

(중량 × 이온 농도) / 부피 = 최종 농도

예를 들어 황산칼슘 2g을 물 5갤런(19리터)에 첨가한다고 가정하면,

칼슘(Ca^{2+}) : (2 × 61.5) / 5 = 24.6ppm의 칼슘이 첨가되고
황산(SO_4^{3-}) : (2 × 147.4) / 5 = 59ppm의 황산이 첨가된다.

염의 농도는 모두 합산된다. 이미 40ppm의 칼슘이 함유된 물을 사용하면 위와 같이 첨가된 양[즉 5갤런(19리터)에 첨가된 2그램]을 더해야 하므로 칼슘의 최종 농도는 40 + 24.6 = 64.6ppm이 된다. 황산칼슘calcium sulfate, 염화칼슘calcium chloride 등 여러 가지 염을 넣으면 마찬가지로 칼슘이온이 차지하는 농도를 모두 더해야 물에 함유된 최종 농도를 구할 수 있다.

| 염 첨가 예시 - IPA 맥주 |

지금부터는 IPA 맥주에 염을 어떻게 넣을 수 있는지 예를 들어 살펴보자. 홉의 맛이 강하고 신선하고 드라이한 끝 맛이 매력적인 맥주의 특징을 살리기 위해 탄산칼슘(석고)을 첨가하는 양조자들이 많다.

맥주 키트를 이용하고 생수를 사용하면서 황산염을 300ppm 첨가한다고 가정해보자. 표 8.2를 보면 물 1갤런(4리터)에 탄산칼슘 1그램을 첨가하면 황산염 농도는 147ppm이 된다는 것을 알 수 있다. 그러므로 황산이온이 300ppm이 되려면 갤런당 탄산칼슘calcium carbonate을

표 8-2 | 염 성분별 이온 농도

양조용 염, 분자식, 분자량(MW)	리터당 1그램 기준 농도	갤런당 1그램 기준 농도	참고 정보
황산칼슘 $CaSO_4 \cdot 2H_2O$ MW=172.2	232.8ppm Ca^{2+} 557.7ppm SO_4^{3-}	61.5ppm Ca^{2+} 147.4ppm SO_4^{3-}	실온에서 용해도 한도는 2g/L이다. 찬물에서 더 잘 녹는다. 세게 저어서 녹이자.
황산마그네슘 $MgSO_4 \cdot 7H_2O$ MW=246.5	98.6ppm Mg^{2+} 389.6ppm SO_4^{3-}	26.0ppm Mg^{2+} 102.9ppm SO_4^{3-}	Mg^{2+}의 최대 권장 농도는 70 ppm이다.
염화칼슘 $CaCl_2 \cdot 2H_2O$ MW=147.0	272.6ppm Ca^{2+} 482.3ppm Cl^-	72.0ppm Ca^{2+} 127.4ppm Cl^-	바로 녹고 당화 혼합물의 pH를 낮춘다. 식품 등급은 순도가 높지 않을 수 있다.
염화마그네슘 $MgCl_2 \cdot 6H_2O$ MW=203.3	119.5ppm Mg^{2+} 348.7ppm Cl^-	31.6ppm Mg^{2+} 92.1ppm Cl^-	바로 녹고 당화 혼합물의 pH를 낮춘다. 식품 등급은 순도가 높지 않을 수 있다.
염화나트륨 NaCl MW=58.4	393.4ppm Na^+ 606.6ppm Cl^-	103.9ppm Na^+ 160.3ppm Cl^-	바로 녹는다. 요오드가 첨가된 소금이나 고결방지제는 사용하지 말아야 한다.

참고 사항: 염화나트륨 첨가는 권장하지 않으나 정보 제공 목적으로 표에도 추가했다. 그 외 양조에 사용되는 염 성분은 자연적으로 물 분자(H_2O)와 결합되어 있으므로 각 이온의 농도를 계산할 때 물의 분자량도 감안해야 한다.

2그램 정도 넣어야 한다. 이 경우 칼슘이온도 120ppm가량 늘어나므로, 맥아추출물에 이미 함유된 칼슘이온의 농도에 따라 맥주에서 광물 맛이 날 수 있다.

황산칼슘은 양조 용수에 첨가한다. 양조에 총 6갤런(23리터)의 물을 사용한다고 하자. 그중 3갤런(11리터)은 맥아추출물과 홉을 넣고 끓이는 데 사용하고, 나머지 3갤런(11리터)은 맥아즙을 끓인 후 발효조에 추가한다면(4장에서 소개한 '파머 양조법' 참고) 맥아즙을 끓이기 시작할 때 탄산칼슘 6그램을 첨가하고 발효조에 물을 추가할 때 다시 6그램을 첨가하면 된다. 리터 단위를 사용한다면 탄산칼슘을 리터당 약 0.5그램 첨가해야 하므로(표 8.2 참고) 총 11.4리터의 물을 끓이면서 6그램을 넣고 동량의 물을 발효조에 추가할 때 6그램을 첨가한다.

IPA 맥주의 황산염과 염화이온 비율이 5대 1이라고 가정하자. 이 비율대로라면 물에 황산염을 300ppm 넣으면 염화이온의 최대 농도는 60ppm이 되어야 한다. 그러나 맥아추출물에 이미 염화이온이 최소 60ppm 함유되어 있을 가능성이 매우 높으므로, 염화이온이 포함된 염은 첨가하지 말아야 한다.

| **염 첨가 예시** – 옥토버페스트 맥주 |

옥토버페스트 맥주는 염화이온을 첨가하면 맥아의 맛을 강화할 수 있다. 표 8.2를 보면 염화칼슘을 갤런당 1그램 첨가하면 127ppm의 염화이온이 첨가된다. 맥아추출물에도 염화이온이 어느 정도 함유되어 있다면 염화이온의 양이 최대 권장 농도인 150ppm에 근접해지므로 첨가량을 갤런당 1그램에서 0.67그램, 즉 3갤런(11리터)에 2그램 정도로 낮추기로 하자. 이렇게 하면 0.67 × 127 = 85ppm의 염화이온을 첨가하게 된다. 리터 단위로 환산하자면 리터당 0.17그램의 탄산칼슘을 넣으면 된다.

요약

3장에서 살펴보았듯이 맥아추출물은 맥아즙을 농축한 것이므로 발효가 잘되고 맥주 맛을 좋게 해주는 무기질 성분을 이미 많이 함유하고 있다. 따라서 맥아추출물을 사용하려면 생수나 증류수, 역삼투 처리가 된 물 등 무기질 함량이 적은 물을 사용해야 한다. 여러분이 사용하는 수돗물이 무기질 함량이 적고 맛이 괜찮으면 수돗물을 사용해도 된다. 물에서 나는 염소 맛과 냄새는 탄소 여과나 메타중아황산 정제를 사용하면 가장 효과적으로 제거할 수 있으며 특히 클로라민도 이러한 방식으로 제거할 수 있다. 양조에 사용하는 물의 무기질 구성을 알 경우, 염을 활용하여 함량을 조정할 수 있다. 가정용 테스트 키트로 사용할 물의 무기질 함량을 직접 확인하거나 수질 검사를 실시하는 곳에 샘플을 보내서 확인하는 방법도 있다. 염을 첨가하여 무기질 성분을 조정하기 전에 먼저 특정한 맥아추출물이나 양조 레시피에 따라 맥주를 만들어보고 어떤 성분을 얼마나 넣어야 할지 정해야 한다.

CHAPTER

9

★ HOW to BREW ★

전체 용량 양조

이번 장에서는 대형 냄비와 야외용 프로판 버너를 사용하는 전체 용량 양조법에 대해 살펴보자. 일부만 끓이는 '파머 양조법'은 1장에서 설명한 것과 같이 주방에서도 수월하게 진행할수 있지만 19~23리터(5~6갤런)에 해당하는 용량 전체를 끓이려면 뒤에서 다시 설명하겠지만더 큰 도구가 필요하다(그림 9.1).

　전체 용량 양조법은 대체로 맥주 맛을 최상으로 만들 수 있는 방법이다. 그 이유는 간단하다. 맥주는 오래전부터 이 방식으로 만들어져왔기 때문이다. 전체 용량 양조법으로 맥주를 만들면 우리가 맥주를 마실 때 기대하는 맛을 얻을 수 있다.

　그런데 전체 용량 양조법이 '늘 해오던' 방식이라는 점 외에 파머 양조법보다 더 나은 이점이 있을까? 사실 없다. 파머 양조법은 전체 용량을 끓일 때의 비중을 그대로 반영하므로 맥아즙의 색이 짙어지거나 비중이 높아질 때 발생할 수 있는 이취를 방지할 수 있다. 전체 용량 양조는 끓이기 전 비중과 냄비의 크기로 인해 일부만 끓이는 방식보다 대체로 홉의 이용도가 약간 더 우수하지만, 파머 양조법은 끓이기 전 비중을 조절하면 이러한 문제가 대부분 보완된다.

그러나 일부만 끓이는 방식은 맥아추출물을 이용한 양조에만 적용할 수 있다. 완전 곡물 양조는 맥아즙[1]을 전부 끓여야 할 뿐만 아니라 증발과 찌꺼기로 손실될 양을 고려하여 한 배치batch에 만들 양보다 실제로는 맥아즙을 3~7리터 정도 추가로 만들어야 한다. 당화와 전체 용량을 끓이는 방식을 모두 시도해볼 수도 있지만 처음에는 추출물을 이용하여 전체 용량 방식을 시도해보는 것이 좋다.

이 책에서 소개하는 모든 레시피는 무기질 함량이 낮은 물 23리터를 솥에 끓이고 맥아즙 A와 맥아즙 B으로 이루어진 맥아추출물을 더하면 전체 용량 양조법에도 활용할 수 있다. 침출용 곡류는 원래 방식대로 담그면 된다.

완전 곡물 양조법은 20장 '처음 도전하는 완전 곡물 양조'에 자세히 나와 있다. 맥아즙을 끓이는 방법에 대해서는 이번 장에서 다룬다.

레시피

전체 용량 양조법으로 만들어볼 맥주는 포터 맥주다. 아래에 시에라 네바다 포터Sierra Nevada Porter의 클론 레시피가 나와 있다. 아주 유서 깊은 레시피이자 내가 즐겨 활용하는 레시피 중 하나다.

필요한 도구

| 솥 |

맥아즙을 끓일 솥에 대해 먼저 알아보자. 가장 많이 사용하는 종류는 스테인리스스틸 재질의 솥이다. 반들반들 윤이 나고 오래 사용할 수 있을 뿐만 아니라 온도계, 부피 표시 눈금, 내

---

1 따로 정한 기준이 없는 경우, 배치(batch)는 한 번 양조하는 과정을 가리킨다. 배치 크기는 발효 후 맥주의 명목 부피에 해당한다. 그러므로 실제로는 더 많은 양의 맥아즙을 끓이더라도 배치 크기는 19리터, 38리터(5갤런, 10갤런)라고 이야기한다.

🌿 "포트 오파머" 포터 🌿

초기 비중: 1.053 **SRM(EBC)**: 24(48)
종료 비중: 1.014 **ABV**: 5.2%
IBU: 30

맥아즙	비중계 값
2.7kg(6lb.) 페일 에일 DME	39
250g(0.55lb.) 캐러멜 80°L 맥아-침출용	1
250g(0.55lb.) 아로마 (뮌헨 20°L) 맥아-침출용	1.5
250g(0.55lb.) 초콜릿 (350°L) 맥아-침출용	2
150g(0.33lb.) 브리스 블랙프린츠(500°L) 맥아-침출용	1.5
6.5갤런 기준, 끓이기 전 비중	1.045

홉 스케줄	끓이는 시간(분)	IBU
15g(0.5oz.) 너겟(Nugget) 13% AA	60	21
15g(0.5oz.) 캐스케이드(Cascade) 6% AA	30	7.5
15g(0.5oz.) 이스트 켄트 골딩스(East Kent Goldings) 5% AA	15, 침출	1.5

효모 종	투여량(세포 10억 개)	발효 온도
잉글리시 에일	225	65°F(18°C)

용물을 확인할 수 있는 유리창, 그리고 맥아즙을 사이펀으로 옮기지 않아도 되는 배수 밸브 등 편리한 액세서리를 갖춘 제품들도 많다. 자가 양조용으로 나온 최신식 스테인리스스틸 솥은 가격이 꽤 많이 나가는 편이지만 한 번 구입하면 오랫동안 사용할 수 있다. 업소용 주방기구를 판매하는 곳에서 구할 수 있는 튼튼한 알루미늄 솥은 다른 액세서리가 구비되어 있지는 않지만 그 절반 가격으로 양조용 솥으로 쓰기에 손색없는 제품을 구입할 수 있다.

솥의 크기는 어느 정도가 적당할까? 클수록 좋지만 큰 것에도 기준이 있다. 맥주를 19리터 (5갤런) 만들 경우 맥아즙은 23~26.5리터(6~7갤런)를 끓여야 한다. 맥아추출물을 이용한 양조 에는 28~30리터(7.5~8갤런) 용량의 솥이 필요하다. 맥아추출물은 한 번 끓여서 만든 것이라 완전 곡물 양조법으로 만든 맥아즙만큼 거품이 많이 형성되지 않는다. 완전 곡물 양조법으로 맥아즙 26.5리터(7갤런)를 끓이면 내용물이 넘치지 않도록 충분한 공간을 확보해야 하므로 38 리터(10갤런) 용량의 솥을 사용하는 것이 좋다.

가끔은 맥주를 19리터(5갤런)가 아닌 38리터(10갤런) 만들 일이 있다면 57리터(15갤런) 용량

그림 9-1

전체 용량 양조에는 더 많은 열
과 냉기가 필요하다. 따라서 대
형 솥과 야외용 프로판 버너 또
는 천연가스 버너, 맥아즙 냉각
기를 구입해야 한다.

의 솥을 권장한다. 57리터(15갤런) 솥을 구비해 두면 남는 공간이 많겠지만 19리터(5갤런)를 만
들 때도 사용할 수 있다. 보통 한 번 만드는 분량보다 19리터(5갤런) 더 큰 솥을 구입하는 것이
좋다.

| 버너 |

가정용 전기레인지로 대량의 맥아즙을 끓이는 건 현실적으로 불가능하다. 일반적으로 주방
에서 사용하는 전기레인지는 소비 전력이 2.6킬로와트(kW)로, 프로판가스나 천연가스(메탄)를
기준으로 한 영국 열량 단위(British thermal unit, 줄여서 Btu)로는 8,900에 해당한다. 그러나 전
기를 이용하면 열이 솥에 직접 전달되므로 효율성은 더 높다. 가스버너에서 발생하는 열은 솥
으로 전달되는 과정에서 공기 중에 손실되는 양이 많다. 보수적인 추정치로는 가스버너에서
발생하는 에너지의 대략 절반이 소실되는 것으로 추정된다. 그러나 대부분의 가스버너는 최소
4만Btu(11.7kW)에 해당하는 열을 발생하므로 손실되는 양을 감안해도 전기레인지의 두 배 정
도다.

가스버너의 헤드 부분은 기본적으로 두 가지 형태로 나뉜다. 샤워기 헤드와 비슷하게 위로
볼록한 형태의 헤드는 바깥쪽으로 불꽃을 분산시키는 부위로 이루어진다. 다른 한 가지는 고

리 또는 디스크 형태의 평평한 헤드로 불꽃이 나오는 여러 개의 구멍이 차바퀴 살이나 중앙으로 점점 모여드는 모양으로 배치되어 있다. 보통 이러한 링 형태의 버너가 솥 바닥에 열을 골고루 전달하고 가스 효율도 더 높다. 위로 볼록한 헤드도 사용하는 데 무리는 없으나 링 형태와 견주어 동일한 양의 맥아즙을 끓이는 데 사용되는 프로판가스의 양이 더 많은 편이다. 76리터(20갤런) 용량을 끓이려면 14.7~29.3kW(5만~10만Btu) 범위의 가스버너를 준비하면 된다.

마지막으로 고민해야 할 부분은 버너 고정대의 크기와 강도다. 솥에 최대 용량을 담아서 올려도 쓰러지지 않고 버틸 수 있는 튼튼한 종류로 골라야 한다. 가재를 삶을 때 사용하는 버너처럼 대용량의 물을 끓일 수 있도록 특수하게 만든 버너 정도면 충분히 견딜 수 있다. 생각보다 값도 저렴한 편이다. 아래에 '우리가 만드는 건 맥주지 칠면조 요리가 아니다'를 참고하기 바란다. 양질의 버너를 구비하면 오랫동안 사용할 수 있다.

우리가 만드는 건 맥주지 칠면조 요리가 아니다

대형 할인매장에서 칠면조 튀길 때 사용하는 큼직한 알루미늄 솥을 보더라도 현혹되지 말아야 한다. 크기도 충분히 크지 않을 뿐만 아니라, 프로판 버너와 함께 사용하면 비효율적이고 열이 충분히 전달되지 않는 경우가 많다. 또 기름을 끓이고 칠면조를 넣었을 때의 무게보다 맥아즙을 가득 채웠을 때의 무게가 두 배는 크다. 칠면조 요리용 솥에 알맞은 버너로 맥아즙을 끓이면 무게를 버티지 못하고 버너가 쓰러질 수 있다.

| 칠러(냉각장치) |

대용량 맥아즙을 냉각하는 것은 소량 냉각과는 전혀 다른 일이다(그림 9.2). 자가 양조 시 가장 많이 활용하는 냉각 방법은 구리 코일로 된 액침식 칠러를 이용하는 것이다. 먼저 맥아즙을 끓이는 단계가 막바지에 이르렀을 때 코일 형태의 칠러를 넣어서 살균한 뒤 냉각수가 코일을 지나도록 하여 맥아즙의 온도를 낮추는 방식이다. 이와 같은 액침식 칠러는 코일 하나로 이루어지거나 여러 개로 이루어지는 등 다양한 구성으로 이용할 수 있다. 자가 양조 장비를 판매하는 곳에서 팔며 철물점에서 재료를 사다가 직접 만들어서 사용해도 된다.

구리 재질의 맥아즙 칠러는 뜨거운 맥아즙이 구리 관을 통과할 때 바깥쪽에서 냉각수가 흐르는 방식의 대향류식 냉각장치로도 활용된다. 일반적으로 이러한 장치는 구리 관을 일반 호

216

그림 9-2

맥아즙 칠러 예시

스 내부에 끼운 형태로 되어 있다. 부록 D '맥아즙 칠러 만들기'에 대향류식 칠러를 만드는 방법이 상세히 나와 있다.

세 번째 냉각장치는 판형 칠러*plate chiller*다. 맥아즙을 식히는 데 사용하는 냉각수의 양을 기준으로 하면 가장 효율적인 장치다. 판형 칠러는 얇은 금속판을 겹겹이 놓은 형태라 맥아즙이 닿는 표면적이 넓고 맥아즙과 냉각수 사이의 공간은 좁다. 판형 칠러를 사용할 때 딱 한 가지 신경 써야 하는 점은 솥에 홉이나 찌꺼기가 없는지 확인해서 칠러 내부가 막히지 않도록 해야 한다는 것이다. 또 장치 내부에 낀 잔류 물질로 인해 다음에 만드는 맥주가 오염되지 않도록 하려면 한 번 사용할 때마다 내부를 깨끗이 세척하고 소독해야 한다. 판형 칠러는 관리에 다소 손이 많이 가는 편이지만 효율성을 감안하면 그럴 만한 가치가 있다.

칠러 사용과 관련하여 또 한 가지 중요한 것이 있다. 액침식 칠러는 끓임조에 담긴 맥아즙을 바로 넣어서 냉각하는 반면 대향류식 칠러와 판형 칠러는 솥에 담긴 맥아즙을 발효조로 옮기면서 식힐 수 있는 차이가 있다. 대향류식 칠러와 판형 칠러는 중력의 차이, 즉 끓임조와 발효조의 높이를 다르게 해서 사용해도 되지만 맥아즙용 전기 펌프가 있으면 훨씬 더 효과적으로 냉각할 수 있다. 맥아즙용 펌프는 자급식 펌프가 아닌, 임펠러(impeller, 프로펠러 형태의 회전체)를 통해 원심력으로 내용물을 옮기는 종류를 가장 많이 사용한다. 맥아즙은 솥에서 펌프의 유입구로 옮겨지고 펌프의 배출구는 펌프보다 위쪽에 설치한 발효조로 연결해야 펌프 내부에 공기 방울이 생기지 않으며 흐름이 원활해진다. 맥아즙용 펌프는 보통 뜨거운 맥아즙을 이동시키므로 소독하지 않아도 되지만 한 번 사용한 후에는 분해해서 세척해야 한다.

| 발효조 |

우리 집 아이들은 하필 발효조로 사용하는 통을 개 목욕통으로 사용해서 나를 화나게 만들곤 한다. 플라스틱 통은 그만큼 크기가 큼직하고 값도 저렴해서 여기저기 긁히거나 계속 사용하기엔 좀 심하다 싶을 만큼 오염되더라도 큰 고민 없이 새것으로 교체할 수 있다. 이런 플라스틱 통이나 유리로 된 카보이 병('데미존스'로도 불린다) 외에는 발효조로 달리 선택할 것이 없던 때도 있었지만, 최근에는 선택의 폭이 훨씬 다양해졌다(그림 9.3). 플라스틱 재질의 카보이나 입구가 넓은 플라스틱 물병이 20, 25, 30리터(5, 6.5, 8갤런) 크기로 판매되고 플라스틱이나 스테인리스스틸 재질의 원뿔형 발효조도 있다. 심지어 스테인리스스틸로 된 일반 통도 구할수 있다! 모두 얼마든지 발효조로 사용할 수 있고, 이제는 세척하기가 얼마나 수월한지에 따라

그림 9-3

최근에는 다양한 종류의 발효조를 판매한다.

SECTION 01 맥주 키트로 맥주 만들기

장단점이 갈리는 경우가 많다. 유리나 플라스틱으로 된 카보이 병은 목이 좁아서 바로 이 부분이 큰 약점이다. 카보이 병은 먼저 물에 담가 두었다가 안쪽까지 세척하려면 긴 솔을 사용해야 한다. 세척하고 소독하기 쉬운 배출용 밸브나 액체가 드나드는 포트가 장착된 발효조는 맥아즙을 병에 넣는 통이나 케그로 옮길 때 사이펀을 사용하지 않아도 되므로 매우 편리하다.

원뿔형 발효조는 여러 가지 이유로 자가 양조자들 사이에서 점점 인기가 높아지는 추세다. 침전물(발효 찌꺼기, 응집된 효모)이 모두 뾰족한 밑 부분에 곧바로 모이므로 그 부분에 달린 배출용 밸브를 열면 손쉽게 없앨 수 있다. 발효가 진행되면서 쌓인 찌꺼기를 먼저 없애면 발효가 완료된 후 깨끗한 효모를 얻을 수 있다. 또 맥주를 장기간 숙성하거나(한 달 이상) 과일을 이용하여 2차 발효를 진행할 때 이 밑 부분의 배출용 밸브로 찌꺼기와 효모를 제거하면 2차 발효조로 맥주를 다시 옮기지 않아도 되므로 산화되거나 오염될 확률을 줄일 수 있다. 발효가 완료된 맥주는 발효조의 측면, 효모가 침전되는 위치보다 높은 곳에 있는 포트를 통해 침전물이 섞이지 않은 상태로 병에 넣는 통이나 케그로 옮길 수 있다. 이 포트는 발효되는 동안 비중을 측정할 맥아즙 샘플을 얻는 용도로도 활용할 수 있다. 건조된 홉이나 과일은 발효조 윗부분의 뚜껑을 열고 투입한다. 이러한 원뿔형 발효조는 플라스틱이나 스테인리스스틸 재질의 다양한 크기로 판매한다. 가격은 다소 비싼 편이지만 효모 관리나 차후 새로 만드는 맥주에 효모를 투입할 때 등 편리한 점이 몇 가지 있다.

양조 시작

| 준비 |

1. 준비

양조에 사용할 도구를 세척하고 소독한다(2장 참고). 재료를 준비하고, 침출용 곡물의 무게를 측정하여 망에 넣어 놓는다. 곡물은 모두 적절히 갈아 놓았나? 홉도 사용할 분량만큼 무게를 측정하여 준비한다. 효모는 마련했나? 맥아즙을 끓인 후 어떻게 식힐 것인지도 미리 생각해야 한다. 칠러가 있다면, 깨끗하게 씻은 상태인지 확인하자. 사용할 때 준비하려고 하지 말고 지금 세척해두어야 한다. 발효조, 뚜껑, 공기차단기도 잊지 말고 세척한 후 소독하자!

2. 양조용 물 준비

무기질 함량이 낮은 깨끗하고 신선한 물 23리터(6갤런)을 끓임조에 담자. 물에 염소나 클로라민이 함유되어 있다면 캠덴 정제 절반을 쪼개서 넣으면 염소를 염화이온으로 바꿀 수 있다(8장 참고).

3. 맥아추출물 넣기

건조맥아추출물 2.7킬로그램(6파운드)을 끓임조에 넣고 녹인다. 남김없이 모두 녹도록 충분히 저어준다. 건조맥아추출물 3.5킬로그램(7.6파운드)을 사용하면 솥 바닥에 가라앉아 눌어붙을 수 있으므로 주의해야 한다.

4. 가열하고 침출하기

맥아즙을 65~75℃(150~170℉)까지 가열하고 곡물을 침출한다. 당화 온도까지 맥아즙을 가열하는 습관을 들이는 것이 좋다. 단, 스페셜티 맥아는 그보다 낮은 온도에서도 침출할 수 있으며 특히 뮌헨 맥아나 앰버 스페셜티 맥아와 같이 잔류 전분이 함유되어 건조용 가마에서 말린 베이스 맥아를 침출하면 당화 온도보다 낮은 온도에서 침출할 수 있다. 다양한 맥아에 관한 설명은 15장에서 다시 이야기하기로 하자.

갈아 놓은 스페셜티 맥아는 곡물 망에 담는다. 우리가 사용할 레시피에서는 분쇄된 곡물 900그램(2파운드) 정도를 사용하므로 망 두 개에 나눠서 남는다. 추출률을 최대한 높이려면 망에 곡물을 여유 있게 담아야 한다.

분쇄된 곡물을 넣고 30분간 침출하면서 간간히 저어주거나 곡물 망의 위치를 옮겨주면 더욱 원활히 추출할 수 있다. 침출이 다 끝나면 곡물 망을 버린다.

| 핫 브레이크 |

5. 넘치지 않도록 지켜볼 것

맥아즙이 끓으면 거품이 부풀어 오른다. 이렇게 거품이 생기는 건 정상이나 갑자기 옆으로 흘러내리고 맥아즙이 끓어 넘치는 것은 적절치 않다. 지켜보다가 맥아즙이 넘칠 것 같으면 불을 낮추거나 스프레이 병에 물을 담아 솥 표면에 뿌려준다(그림 9.4). 맥아즙이 막 끓기 시작할 때 구리 동전을 넣는 것도 끓어 넘치는 것을 막을 수 있는 방법이다. 소포제를 넣으면 맥아즙

그림 9-4

끓어 넘치지 않도록 주의해야 한다! 스프레이 병에 물을 담아서 솥 표면에 뿌려주면 거품을 가라앉힐 수 있다.

을 끓일 때나 발효 과정에서 형성되는 거품을 모두 적당한 수준으로 줄일 수 있다.

맥아즙을 끓이는 동안 단백질 성분이 거품을 만든다. 많은 양의 단백질이 모여 가라앉을 때까지 거품은 계속 생긴다. 맥아즙의 표면을 보면 단백질이 뭉쳐서 마치 계란 국에 들어 있는 계란처럼 둥둥 떠다니는 모양을 볼 수 있다. 이렇게 거품이 덩어리로 바뀌는 것을 핫 브레이크라고 하는데, 맥아추출물이 함유한 단백질의 양에 따라 보통 5분에서 20분 정도 걸린다. 맥아추출물은 이미 한 번 끓여서 만든 것이므로 거품과 핫 브레이크로 생긴 덩어리도 적게 생긴다. 그러나 우리가 사용하는 레시피에서는 맥아추출물의 양이 많아서 거품도 많이 생긴다. 홉을 1차로 투입하면 거품이 확 늘어나기도 하고, 특히 홉 펠릿을 넣으면 그러한 현상이 더욱 두드러진다. 그러므로 핫 브레이크가 끝나도록 기다렸다가 첫 번째 홉을 넣고 그때부터 침출 시간을 측정하는 방법을 권장한다(그림 9.5). 끓이는 시간이 늘어나도 맥주에 문제가 생기지는 않는다.

맥아즙을 끓일 때 뚜껑을 닫으면 열을 보존할 수 있고 정해진 온도에도 금방 도달할 수 있지만 문제가 생길 수 있다. 머피의 법칙은 맥주를 만들 때도 어김없이 적용되므로, 끓어 넘칠 만한 상황이다 싶으면 꼭 끓어 넘친다. 솥뚜껑을 덮어 놓고 다른 일을 하는 건 끓어 넘치기를 학수고대하는 것이나 다름없다. 그러므로 솥에 뚜껑을 닫을 때 매의 눈으로, 아니 매에다 독수

그림 9-5

핫 브레이크가 끝난 후 더는 거
품이 생기지 않으면 첫 번째 홉
을 넣는다.

리 열 마리를 더한 정도의 아주 매섭고 날카로운 눈으로 솥을 지켜봐야 한다.

맥아즙이 끓기 시작하면 뚜껑을 덮더라도 일부만 덮어야 한다. 왜 그럴까? 맥아즙에서 생기는 황 성분이 끓으면서 증발하기 때문이다. 이 단계에서 없애지 못한 황은 디메틸설파이드로 남아서 맥주에서 삶은 양배추나 옥수수 같은 맛이 나는 원인이 된다. 뚜껑을 계속 닫아놓고 끓이거나 뚜껑 내부에 맺힌 물이 다시 맥아즙으로 떨어지게 두면 나중에 맥주에서 이러한 맛이 날 가능성이 훨씬 높아진다.

| 홉 넣기 |

6. 첫 번째 홉 넣기(t=-60분)

핫 브레이크가 시작되면 너깃 홉 15그램(0.5온스)을 넣는다. 그리고 타이머를 60분으로 맞추자. 처음에 잠깐 동안 맥아즙에 다시 거품이 생길 수도 있다. 액체가 일정하게 팔팔 끓는 상태를 유지하도록 하자. 표면에 위아래로 액체가 일정하게 움직이는 상태가 되도록 하면 된다. 작게 보글보글 끓는 것보다는 세게 끓되 맥아즙이 솥 바깥으로 튀거나 넘치지 않아야 한다.

7. 두 번째 홉 넣기(t=-30분)

60분으로 맞춰둔 타이머가 30분 남았을 때 캐스케이드 홉 15그램(0.5온스)을 넣는다. 계속해서 팔팔 끓도록 두고 한 번씩 저어준다. 맥아즙 위에 덩어리가 생겨 떠다닐 수도 있는데 핫 브레이크 물질(즉 단백질이 모인 것)이므로 걱정하지 않아도 된다. 솥 윗부분이나 가장자리에 거품이나 단백질 덩어리가 계속 남아 있다면 그냥 두어도 되지만 원하면 떠내서 없애도 된다. 맥주에는 아무런 악영향을 주지 않지만 나중에 발효 찌꺼기로 남는다.

8. 효모 준비

가만히 서서 끓고 있는 맥아즙을 지켜보는 이 시점이 효모를 챙기기에 가장 적절한 때일 것이다. 며칠 전에 액상 효모 스타터를 준비했나? 그 스타터는 바로 넣을 수 있는 상태인가? 건조효모를 사용할 때는 재수화 과정을 거쳐야 한다. 7장에 효모 준비와 투입량에 관한 정보가 자세히 나와 있다.

| 청징제 넣기 |

9. 아이리시 모스Irish moss 넣기(t=-5분)

이제 청징제를 넣을 차례다. 아이리시 모스는 주성분이 갈락토오스[galactose, 하얀 가루의 단당류로 물에 잘 녹고 단맛이 난다. 생물체 안에서는 포도당과 결합하여 유당(乳糖)이 되거나 다당류의 구성 성분으로 있다]인 장쇄(사슬이 긴) 다당류 성분 카라기난(carrageenan, 홍조류에서 추출하여 정제한 탄수화물)을 함유한 해조류다. 맥주용 청징제는 모두 카라기난 성분을 함유하고 오래전부터 맥아즙에 콜드브레이크 물질이 생기도록 하여 더 맑은 맥주를 만드는 목적으로 활용했다. 이것은 시중에 월플럭Whirlfloc®이라는 제품명으로 판매한다. 아이리시 모스를 넣고 1분 정도 맥아즙을 저어주면 녹아서 골고루 섞이는 데 도움이 된다. 청징제를 넣고 5분 이상 끓이지 말아야 한다.

맥아즙을 끓이는 시간이 거의 끝나갈 무렵에 카라기난을 함유한 청징제를 넣어야 하는 이유는 1~2분 이상 끓이면 카라기난의 분자 구조가 분해되어 맥아즙의 맥주를 뿌옇게 만드는 단백질(즉 색을 탁하게 만드는 단백질)과 결합하는 활성도가 떨어지기 때문이다. 또 아이리시 모스(월플럭)를 너무 적게 넣어도 효과가 떨어지지만 너무 많이 넣으면 '바닥에 보풀이 생기는 현상 fluffy bottoms'라고 불리는 문제가 생길 수 있다. 즉 맥주병 바닥에 침전물이 고여 있다가 쉽게 소용돌이 모양으로 내용물과 섞일 수 있다. 아이리시 모스를 넣는 양은 각 제품에서 명시한 지시 사항을 따르기 바란다. 맥주를 맑게 만드는 데 도움이 되는 것은 사실이지만 반드시 넣어야 하는 것은 아니다. 따라서 미처 준비하지 못했더라도 걱정할 것 없다. 맥아추출물을 사용하면 대체로 단백질 함량이 적어서 생맥아를 사용할 때보다 색을 탁하게 만드는 물질이 덜 생긴다.

맥아를 끓여서 만든 것이 맥아추출물이기 때문이다.

| 홉 담그기(월풀식 침출) |

10. 세 번째 홉 넣기(t=0분)

불을 끄고 맥아즙 끓이기 마지막 단계로 세 번째이자 마지막 홉인 이스트 켄트 골딩스*East Kent Goldings* 15그램(0.5온스)을 넣는다. 홉이 잘 섞이도록 저어준다. 맥아즙을 냉각하기 전에 홉 오일이 모두 흡수될 수 있도록 그대로 15분간 둔다.

| 맥아즙 냉각하기 |

11. 맥아즙 냉각하기

다 끓인 맥아즙은 짧은 시간에 식히는 것이 가장 좋다(그림 9.6). 그 첫 번째는 뜨거운 맥아즙으로 계속 작업하는 것은 위험한 일이기 때문이고, 두 번째 이유는 빨리 식히면 맥주 만드는

그림 9-6

냉각은 능동적인 활동이고 식히는 건 수동적으로 기다리는 것이다. 두 팔을 걷고 직접 냉각시키자!

시간도 줄일 수 있어서 더 편리하기 때문이다 맥아즙을 발효할 수 있는 온도가 되어야 효모를 넣고 첫날 작업을 마무리할 수 있다.

사용하는 수돗물은 맥아즙 칠러를 활용하여 발효 온도까지 맥아즙을 식히기에 충분히 차갑지가 않다. 수돗물의 온도를 재보면 대략 30℃(85℉)다. 그래서 나는 칠러를 맥아즙에 넣어서 냉각수를 흘려보내기 전에 먼저 얼음물이 담긴 양동이에 칠러를 미리 담가서 차갑게 만든 뒤에 사용한다. 많은 사람들이 활용하는 방식이다. 그 밖에도 발효조 뚜껑을 닫고 밀폐한 상태로 냉장고에 하룻밤 동안 넣어두고 완전히 식히는 방법도 자주 활용한다. 다음 날 꺼내서 뚜껑을 열고 효모를 넣는 것이다.

하지만 여기서는 수도꼭지에서 나오는 물이 내가 사용하는 수돗물보다 온도가 낮아서 맥아즙을 무리 없이 식힐 수 있다고 가정해보자.

| 발효조로 맥아즙 옮겨 담기 |

끓임조에 담긴 맥아즙을 발효조로 옮기기 전에, 솥 바닥에 가라앉은 홉과 찌꺼기는 어떻게 처리해야 할까? 각종 단백질, 지방산으로 된 핫 브레이크 물질과 콜드 브레이크 물질을 적당히 남겨 두면 효모의 영양분으로 사용된다. 그러나 과도하게 남기면 발효가 끝난 뒤 이취가 나거나 맥주를 상하게 하는 원인이 될 수 있다. 그렇다고 너무 적게 남기면 효모가 스트레스를 받는다. 일반적으로 주방에서 흔히 사용하는 철재 체를 사용하여 홉을 대부분 없애고 찌꺼기도 최소 일부는 없애는 것이 좋다. 여과하는 것이 아니라 걸러내야 한다. 이렇게 걸러낸 맥아즙은 딱딱하게 굳은 물질 때문에 상당히 뿌옇고 흐린데 그 상태로 발효를 시작하는 건 아니다.

12. 맥아즙에서 찌꺼기 분리하기

맥아즙을 대량으로 끓일 때 딱딱하게 굳은 물질과 맥아즙을 분리하는 가장 일반적인 방법은 월풀 방식이다. 즉 액체를 저어서 침전물을 중앙으로 모아 가라앉도록 하고 맥아즙이 솥 벽으로 갈수록 맑아지도록 하는 것이다. 월풀 방식을 활용하려면 먼저 원을 그리며 맥아즙을 빠른 속도로 저어준다. 맥아즙과 찌꺼기가 모두 움직이면서 소용돌이를 만들도록 계속 저어준다. 그러다 멈추고 소용돌이가 가라앉도록 10분 정도 그대로 둔다. 홉과 찌꺼기는 솥 중앙에 쌓이고 가장자리로 갈수록 액체가 비교적 맑은 색을 띤다. 이 상태가 되었을 때 사이펀을 이용하거나 끓임조 측면에 달린 꼭지를 열어서 맥아즙을 없애면 솥 바닥에 대부분의 찌꺼기가 남는다. 맥아즙을 옮기는 관이나 사이펀 관에 망으로 된 체를 받치면 홉 덩어리로 인해 냉각수나 판형 칠러가 막히지 않도록 방지할 수 있다.

| 냉각된 맥아즙에 산소 공급하고 효모 넣기 |

13. 산소 공급하기

맥아즙 온도가 효모를 넣을 수 있는 수준까지 내려가면 이제 산소를 공급한다. 가장 좋은 방법은 에어스톤이나 고성능 입자포집*HEPA* 필터를 장착한 공기펌프를 사용하는 것이다. 7장 '효모 관리' 부분에 상세한 정보가 나와 있다.

14. 효모 넣기

준비한 효모를 발효조에 남김없이 모두 넣는다(붓는다). 투입하는 액체의 온도가 더 낮아야 한다는 사실을 꼭 명심하자. 즉 맥아즙보다 효모의 온도가 더 낮아야 하며, 맥아즙은 정해진 발효 온도여야 한다. 반대로 효모의 온도가 맥아즙보다 높으면 충격이 생겨 효모가 활성을 멈춘다. 6장 '효모와 발효' 부분에 발효 온도에 관한 내용을 자세히 설명해두었다.

공기차단기에는 깨끗한 물을 채워서 장착한다. 물 대신 보드카나 소독액을 사용하는 사람들이 많은데 그럴 필요는 없다. 의도치 않게 발효조 내부로 빨려 들어가더라도 곰팡이가 생기거나 내용물을 오염시키지만 않으면 물도 상관없다.

발효 시작하기 - 간단 정리

효모 투입 후 열두 시간 이내에 발효가 활발해지지만 효모 첨가량이 적거나 저온이라면 본격적으로 발효되기까지 최대 24시간이 걸릴 수도 있다. 발효가 시작되면 공기차단기에서 기포가 규칙적으로 생기는 모습을 볼 수 있다. 발효 과정이 활발할 수도 있고 다소 느릴 수도 있지만 어느 쪽이든 상관없다. 효모를 충분히 넣는 것, 맥아즙이 영양 성분을 적절히 함유하는 것, 적정 발효 온도를 일정하게 유지하는 것, 이 세 가지가 성공적인 발효를 만드는 중요한 요소다. 이 요소를 제대로 지킬 때 에일 맥주라면 보통 발효기가 48시간 동안 이어진다. 이 책에서 소개한 포터 맥주 레시피는 18~21℃에서 발효기가 3일간 진행된다.

개방 발효를 실시한다면 거품이 줄어들기 시작하는 시점을 찾아야 한다. 이 시점이 되면 뚜껑을 닫고 공기차단기를 설치하여 숙성하는 단계로 넘어가야 하기 때문이다. 반면 처음부터 공기를 차단한 환경에서 발효했다면 가만히 기다리면 된다. 숙성 단계에서는 발효 온도보다 3℃ 높은 환경이 도움이 된다. 맥주를 발효조에서 2주 동안 숙성한 후 병에 담는다(그림 9.7).

다음 장인 10장에서는 라거 만드는 법과 발효 과정을 살펴보고 에일 맥주와 어떤 차이점이 있는지 이야기해보자. 그런 다음 11장으로 넘어가서 프라이밍과 병에 넣기, 마침내 맥주를 맛보는 단계까지 어떻게 진행되는지 알아보자.

그림 9-7

온도를 일정하게 유지하는 냉장고에 기체 배출용 관을 연결한 발효조를 넣어둔 모습

알코올 함량 추정하기

브루어링 팁

알코올 도수는 얼마나 될까? 대부분의 사람들이 궁금해한다. 알코올 함량을 정확하게 측정할 수 있는 여러 가지 실험법이 있지만, 간단히 추정할 수 있는 방법도 있다. 가장 쉬운 방법은 알코올 함량(ABV)이 표시되어 있는 '트리플 스케일(triple scale)' 비중계를 사용하는 것이다. 초기 비중과 종료 비중을 구해서 뺄셈만 하면 바로 도수를 구할 수 있다.

트리플 스케일 비중계가 없다면 아래 표(표 9.1)를 참고하기 바란다. 혹시 궁금해하는 분들을 위해 밝히자면, 카를 발링(Karl Balling)의 연구를 토대로 작성한 표다. 여러분이 만드는 맥주의 초기 비중(OG)과 종료 비중(FG) 값을 찾아서 대입하면 대략적인 알코올 함량을 구할 수 있다.

표 9-1 | 비중계 눈금에 따른 알코올 함량

FG	OG									
	1.030	1.035	1.040	1.045	1.050	1.055	1.060	1.065	1.070	1.075
0.998	4.1	4.8	5.4	6.1	6.8	7.4	8.1	8.7	9.4	10.1
1.000	3.9	4.5	5.2	5.8	6.5	7.1	7.8	8.5	9.1	9.8
1.002	3.6	4.2	4.9	5.6	6.2	6.9	7.5	8.2	8.9	9.5
1.004	3.3	4.0	4.6	5.3	5.9	6.6	7.3	7.9	8.6	9.3
1.006	3.1	3.7	4.4	5.0	5.7	6.3	7.0	7.7	8.3	9.0
1.008	2.8	3.5	4.1	4.8	5.4	6.1	6.7	7.4	8.0	8.7
1.010	2.6	3.2	3.8	4.5	5.1	5.8	6.5	7.1	7.8	8.4
1.012	2.3	2.9	3.6	4.2	4.9	5.5	6.2	6.8	7.5	8.2
1.014	2.0	2.7	3.3	4.0	4.6	5.3	5.9	6.6	7.2	7.9
1.016	1.8	2.4	3.1	3.7	4.4	5.0	5.7	6.3	7.0	7.6
1.018	1.5	2.2	2.8	3.4	4.1	4.7	5.4	6.0	6.7	7.3
1.020	1.3	1.9	2.5	3.2	3.8	4.5	5.1	5.8	6.4	7.1
1.022	1.0	1.6	2.3	2.9	3.6	4.2	4.9	5.5	6.2	6.8
1.024	0.8	1.4	2.0	2.7	3.3	4.0	4.6	5.2	5.9	6.5

FG: 종료 비중, **OG**: 초기 비중

CHAPTER

-10-

★ HOW to BREW ★

프라이밍,
병이나 케그에
담기

이번 장에서는 여러분이 힘들게 만든 맥주를 병에 담고 마실 준비를 하는 과정을 중점적으로 설명한다. 맥주를 용기에 담으려면 깨끗한 병과 병뚜껑, 뚜껑 밀봉기(캐퍼), 병에 넣는 통이나 액체 충전용 관이 달린 사이펀이 필요하다(그림 10.1). 그리고 프라이밍용 설탕도 준비해야 한다. 맥주를 병에 담을 때 발효에 활용할 수 있는 설탕을 조금 첨가하여 탄산을 만들어내기 위해서다.

병에 넣는 시점

6장 '효모와 발효' 부분에서 설명한 것처럼, 맥주는 발효가 끝난 후, 즉 충분히 숙성한 후에 병에 넣어야 한다.

알코올 도수가 중간 정도인 에일 맥주는 보통 효모를 투입하고 2~3주 정도가 지나면 발효

그림 10-1

병에 넣는 도구

가 끝나 병에 담을 수 있는 상태가 된다. 이 시점이 되면 공기차단기에 거품이 생기지 않거나 생기더라도 양이 그리 많지 않다. 유리 용기에서 발효했다면 효모가 모이면서 맥주 색이 짙어지고 투명해진 것을 볼 수 있다. 2주나 3주는 기다리기에 참 긴 시간일 수 있지만, 그렇다고 일찍 병에 담아봐야 맛이 나아지지는 않는다. 오래전에 나온 책들은 거품이 더는 생기지 않거나 효모를 넣은 뒤 일주일 정도가 지나면 병에 담으라고 권하지만 좋은 정보는 아니다. 온도 변화로 인해 발효가 3~4일 만에 멈췄다가 며칠 지나서 다시 시작하되는 경우도 드물지 않기 때문이다. 발효가 끝나기 전에 맥주를 병에 담으면 탄산이 많이 생기면서 병이 견딜 수 있는 압력이 한계를 넘어설 수도 있고, 마침내 병이 폭발할 수 있다(게다가 주변이 얼마나 지저분해질지 생각해보라.)

병 세척하기

자가 양조자들 중 많은 수가 음식점이나 바에서 나온 병을 재활용하거나 양조 용품 판매점에서 새 병을 사서 사용한다. 뚜껑을 밀어 올리는 유형('그롤쉬 타입', 스윙탑으로도 불린다)의 병도 뚜껑을 열고 닫기가 편하고 재사용할 수 있어서 좋다.

병을 재활용한다면 소독하기 전에 먼저 깨끗이 씻어야 한다. 세척액에 담가서 나일론 재질의 병 세척용 솔로 안팎을 박박 문지르자. 세균이나 곰팡이 포자가 보이지 않는 곳에 남아 있지 않도록 하려면 세정력이 강력한 세제를 사용해야 한다. 솔로 세척한 병은 소독액에 담그거나 식기 건조기에 넣고 열로 소독한다. 소독액이 표면에 골고루 닿도록 하자. 요오드 용액으로 소독했다면 병을 거는 곳에 거꾸로 세워서 말리거나 깨끗한 물에 헹군다. 헹구지 않아도 되는 소독제는 맥주 맛에 영향을 주지 않지만 요오드와 같은 소독제는 헹구지 않으려면 완전히 증발시켜야 한다.

병을 한 번 사용할 때마다 바로 꼼꼼히 씻어두는 부지런한 성격이라면 다음에 재사용하기 전 소독만 해주면 된다. 양조 도구를 항상 청결하게 유지하면 여러모로 수고를 덜 수 있다. 프라이밍에 사용할 사이펀 구성 용품, 저어줄 스푼, 병뚜껑도 소독하자. 병뚜껑은 끓이거나 고온에 구우면 마개 부분이 손상될 수 있으므로 주의해야 한다.

프라이밍

나는 맥주를 만들 때 탄산의 함량을 정확하게 계산해서 맞추지 않는 편이다. 탄산이 중간 정도로 적당히 생겨도 내 입에는 썩 괜찮은 것 같다. 하지만 맥주를 평가하는 심사위원의 관점에서 생각하면, 탄산 함량은 분명 마실 때 느끼는 맛에 큰 영향을 준다. 탄산이 적으면 맥주가 더 달고 부드럽게 느껴지지만 심하게 적으면 맛이 심심하고 숙성이 덜 된 것처럼 느낄 수 있다. 또 탄산을 많이 함유한 맥주는 더 신선하고 강한 맛을 느낄 수 있으며 처음 마실 때부터 다 마실 때까지 또렷한 맛을 유지하나, 탄산이 과도하게 들어 있으면 홉의 쓴맛이 너무 독하고 거칠 수 있다. 이번 장에서는 맥주의 탄산 함량을 정하는 방법을 소개한다. 가령 탄산 볼륨(탄산 음료에 탄산가스가 녹아 있는 것을 표시하는 단위를 탄산 볼륨이라 한다)을 3.0으로 맞추기 위해 프

232

라이밍 설탕이 정확히 얼마나 필요한지 계산하려면 몇 가지 변수를 고려해야 한다. 아래 '설탕 중량별 이산화탄소 부피'를 참고하기 바란다.

프라이밍에는 아무 설탕이나 사용해도 된다. 백설탕, 비트 설탕, 종려당, 갈색 설탕, 꿀, 당밀, 심지어 메이플 시럽도 사용할 수 있다. 단, 어두운 색 설탕은 맥주의 뒷맛에 미세한 영향을 줄 수 있고(그 영향이 오히려 맛을 향상시키는 경우도 있다) 도수가 높고 색이 어두운 맥주에 더 적합하다. 일반적으로는 옥수수당(포도당)이나 일반 설탕(자당, 사탕수수나 사탕무에서 정제한 설탕)과 같은 단순당이 더 많이 사용되며 말린 효모 추출물을 프라이밍에 활용하는 양조자들도 많다. 중량 기준으로 보면 사탕수수로 만든 설탕이 옥수수당보다 이산화탄소 발생량이 조금 더 많고, 이 두 가지 당 모두 건조맥아추출물보다 탄산 발생량이 많으므로 선택할 때 이 점도 고려해야 한다. 프라이밍은 보통 맥주에서 당의 비중을 2~3가량 더하기 위해 실시하지만, 정확히 필요한 양은 이번 장에서 뒤에 설명할 몇 가지 요소에 따라 좌우된다.

프라이밍 설탕은 맥주의 발효성 당 전체와 견주면 아주 작은 양이고 따라서 맥주 맛에 끼치는 영향도 적다. 그래서 대부분의 사람들은 값이 저렴하고 사용하기도 편리한 옥수수당이나 일반 백설탕(즉 사탕수수나 사탕무에서 얻은 설탕)을 사용하며 이러한 설탕도 맛에 아무런 영향을 주지 않는다.

발효성 당이라면 어떤 종류든 프라이밍에 사용할 수 있다. 전화당(설탕을 가수분해하여 얻은 포도당과 과당의 등량 혼합물), 꿀, 메이플 시럽과 같은 자당 계열의 설탕을 소량 사용해도 된다. 그러나 정말 특별한 맛을 원한다면 맥아즙의 주재료 중 한 가지를 사용하는 것이 좋다. 순수주의자를 자처하는 양조자들은 맥주 맛이 조금이라도 변하지 않게 하려면 맥아즙이나 맥아추출물을 사용해야 한다는 입장을 고수하지만, 나는 꼭 그래야한다고 생각하지 않는다.

중요한 건 설탕을 "얼마나 사용해야 하나?"일 것이다. 가장 흔히 적용되는 기준은 맥주 19리터(5갤런)당 3/4컵(약 130그램, 또는 4.7온스)의 옥수수당을 사용하는 것이다. 맥주에 2.5탄산 볼륨의 이산화탄소를 발생시킬 수 있는 양으로, 미국과 유럽의 페일 에일 대부분이 거의 다 이 기준을 활용한다. 동량의 맥주에 85그램(3온스)의 설탕을 첨가하면 탄산볼륨은 2 정도로 낮아지고 170그램(6온스)를 첨가하면 약 3탄산 볼륨이 된다.

표 10.1에는 프라이밍 설탕의 종류별로 동량의 탄산을 발생시키기 위해 필요한 양이 나와 있다. 각각의 설탕에 함유된 당류의 종류에 따라 정해진 이산화탄소 발생량을 얼마나 채울 수 있는지 상대적인 비율을 나타낸 것으로, 프라이밍 설탕의 발효성 당류의 총 중량 대비 비율로 표시했다. 설탕 종류별 이산화탄소 발생량에 관한 설명은 아래 '설탕 중량별 이산화탄소 부피'

를 참고하기 바란다.

| 잔류 이산화탄소와 온도, 압력 |

표 10.2와 표 10.3을 활용하면 갤런당 온스 또는 리터당 그램 단위로 프라이밍 설탕을 얼마나 첨가해야 하는지 알 수 있다. 단, 변수에 따라 결과에는 약간의 차이가 날 수 있다. 거주지의 고도에 따라 표에 나와 있는 양보다 설탕 양을 늘리거나 줄여야 하는 경우도 있다.

표에 나온 값은 프라이밍 용액에 이미 함유된 이산화탄소의 추정량(잔류 이산화탄소)과 추가된 당을 이용하여 효모가 실제로 만들어낼 이산화탄소의 양, 그리고 온도와 압력을 토대로 추측한 값임을 유념하기 바란다. 맥주에 함유된 잔류 이산화탄소의 양은 발효가 완료된 시점의 온도(그리고 대기압)에 함유된 양과 동일하며, 그 외 나머지 기체는 공기차단기를 통해 배출되었다는 점도 기억해야 한다. 발효가 종료된 시점이란 더 이상 발효될 당이 남아 있지 않고 따라서 효모가 만들어내는 이산화탄소가 없는 시점을 의미한다. 발효가 끝난 후에 맥주의 온도가 상승하면 공기차단기로 이산화탄소가 더 많이 배출되므로 맥주에 남는 양은 줄어든다. 반대로 발효 후 맥주 온도가 낮아져도 맥주에 이산화탄소가 증가하거나 유입되지는 않는다. 발효조 내부의 빈 공간에 존재하는 이산화탄소의 양은 온도가 낮아지기 전 대기압에 존재한 양과 이미 평형을 이루었고 그 이후에 온도가 낮아지면 공기차단기로 유입되는 공기의 양만 늘어나서 오히려 이산화탄소의 부분압이 낮아진다.

따라서 프라이밍 전 맥주의 잔류 이산화탄소는 발효 종료 이후의 온도 중 가장 높은 온도에서 잔류한 양이라 할 수 있다. 원하는 양의 탄산을 얻기 위해 프라이밍을 준비할 때도 바로 이 값을 참고해야 한다. 고지대에 사는 경우 대기압이 낮아서 맥주의 잔류 이산화탄소도 더 적을 수 있다. 표 10.2와 표 10.3은 일반적인 기온 범위에서 프라이밍을 실시할 때의 잔류 이산화탄소의 양과 기체 상수를 나타낸 것으로, 이산화탄소를 원하는 부피만큼 얻기 위해 첨가해야 할 설탕(자당)의 양을 갤런당 온스(표 10.2) 또는 리터당 그램(표 10.3) 단위로 계산한 결과다.

설탕 중량별 이산화탄소 부피

이상기체의 법칙은 아래와 같다.

$PV = nRT$

여기서 P는 기체의 절대 압력, V는 기체의 부피, n은 기체의 양(몰 단위), R은 기체 상수, T는 절대 온도를 뜻한다.

표준 온도와 압력에서 1몰의 기체는 22.4리터의 부피를 차지하므로 22.4L/몰로 표시할 수 있다. 그러나 온도가 변하면 이 값도 바뀐다. 22.4L/몰은 0℃(표준 온도와 압력으로 정해진 온도)에서의 값이며, 21℃(70℉)에서는 24.5L/몰이 된다. 이 값과 단당류의 그램당 몰 질량을 알면 맥주 1리터에 이산화탄소를 1탄산볼륨(리터 단위)만큼 만들고자 할 때 필요한 당류의 중량을 계산할 수 있다(즉 맥주 1리터당 원하는 리터의 이산화탄소를 발생시킬 때 필요한 양). 일반적으로 2.5탄산볼륨은 맥주 1리터에 이산화탄소 2.5리터가 용해된 것을 의미한다. 그리고 21℃(70℉)에서 맥주의 잔류 이산화탄소는 0.8탄산볼륨이다.

맥주 효모는 발효 과정에서 옥수수당(포도당) 1몰당 대략 2몰의 이산화탄소를 만들어낸다. 포도당은 과당과 마찬가지로 단당류(즉 당이 한 단위로 구성된 것)에 속하고 효모는 단당류를 모두 동일하게 발효시킨다. 자당(일반 설탕)과 말토오스(양조용 설탕)는 이당류로 효모가 발효하기 전에 포도당과 과당으로 가수분해한다(단당류로 분리한다는 의미). 그러므로 이당류를 사용하면 1몰당 4몰의 이산화탄소가 발생한다. 말토트리오스는 효모가 발효할 수 있는 가장 큰 당인 삼당류이므로 발효되면 1몰당 6몰의 이산화탄소가 생성된다. 이와 같은 사실을 바탕으로 당의 유형에 따라 1탄산볼륨의 이산화탄소를 만들 때 필요한 양을 계산할 수 있다.

21℃(70℉)에서 기체 부피는 24.5L/몰이므로,

(당류의 몰 질량/당류 1몰당 몰 단위 이산화탄소) / 24.5 = 부피 당 설탕 X 그램

단당류(즉 포도당):
(180.16/2)/24.5 = 부피당 3.68그램

이당류(자당 등)
(342.3/4)/24.5 = 부피당 3.49그램

삼당류(말토트리오스 등)
(504.4/6)/24.5 = 부피당 3.43그램

그런데 옥수수당(자가양조용품 판매점에서 보통 덱스트로스 일수화물[dextrose monohydrate]로 판매되는 포도당)은 중량당 9%의 수분이 함유되어 있으므로 고체와 수분이 차지하는 비율을 계산에 반영해야 한다. 따라서 3.68/91% = 부피당 4.04그램이 된다.

여러 종류의 당이 섞인 프라이밍 설탕을 사용할 때 첨가량을 구하는 공식은 아래와 같다.

중량(g) = (원하는 이산화탄소의 양 − 잔류 이산화탄소의 양) × (리터 단위 맥주의 양) × 1/% 고형물) × (1/%발효가능성) × [(%단당류 × 3.68) + (%이당류 × 3.49) + (%삼당류 × 3.43)]

여기서 "%고형물"은 중량당 수분 함량과 반대되는 개념이고 "%발효가능성"은 실제 발효될 수 있는 고형물의 비율을 의미한다.

예를 들어 액상 맥아추출물은 약 80%의 고형물로 구성되며 그중 발효가능한 당은 75%이다. 나머지 고형물은 발효성이 없는 탄수화물과 단백질, 지질로 구성된다. 또한 액상 맥아추출물에서 발효성 당은 포도당과 과당이 13.5퍼센트, 말토오스와 자당이 68%, 말토트리오스가 18.5%를 차지한다. 그러므로 맥주 19리터에 2.5탄산볼륨의 이산화탄소를 만들어내기 위해 필요한 액상 맥아추출물의 양은 이 값들을 위의 공식에 다음과 같이 대입하여 구할 수 있다.

액상 맥아추출물의 중량 = (2.5 − 0.8) × 19 × (1/80%) × (1/75%) × [(13.5% × 3.68) + (68% × 3.49) + (18.5% × 3.43)]

액상 맥아추출물의 중량 = 189g (6.75oz.)

건조맥아추출물도 당의 함량은 동일하고 고형물의 퍼센트 비율(%고형물)만 다르다.

표 10-1 | 동량의 탄산을 생성시키기 위한 프라이밍 설탕별 정보[a]

프라이밍 설탕	고형물의 비율[b]	추출물 PPG(PKL)	발효성	5갤런당 온스 중량 (19리터당 그램 중량)
사탕수수 설탕	100%	46(384)	100%	4.0(113)
옥수수당	91%	42(350)	100%	4.7(131)
갈색 설탕	95%	44(367)	97%	4.35(122)
당밀	80%	36(300)	50%	10.25(287)
라일 골든 시럽(Lyle's Golden Syrup®)	82%	38(317)	100%	5.1(144)
메이플 시럽	67%	31(259)	100%	6.65(186)
꿀	80%	38(317)	95%	5.4(152)
액상 맥아추출물(LME)	80%	36(300)	75%	6.75(189)
건조맥아추출물(DME)	90%	42(350)	75%[c]	6.0(168)

PKL: 리터당 킬로그램 기준 비중, **PPG**: 갤런당 파운드 기준 비중
a 21℃(70℉), 1atm(101.3kPa)에서 19리터(5갤런)의 맥주에 2.5탄산볼륨을 발생시킬 때 필요한 프라이밍 설탕의 양을 계산한 값이다.
b 수분 비율과 반대되는 개념이므로 수분 비율과는 다른 값이다.
c 대략적인 값이다.

| 프라이밍 용액 만들기 |

가장 좋은 프라이밍 방법은 맥주를 병에 담기 전에 프라이밍 설탕을 완성된 맥주 전체에 넣고 잘 섞는 것이다. 이렇게 하면 병마다 동일하게 탄산이 형성될 수 있다. 오래전에 출판된 양조 관련 책에서는 병마다 설탕 한 티스푼을 바로 넣어서 프라이밍하라고 권하기도 하는데, 이는 시간도 많이 들고 부정확한 방법일 뿐만 아니라 병마다 탄산이 불균일하게 형성되고 병이 터질 위험도 있다.

맥주 전체에 프라이밍 설탕을 녹인 용액을 첨가하는 대량 프라이밍 방식은 병마다 설탕을 한 스푼씩 넣는 것보다 탄산을 균일하게 만들 수 있다. 시중에 규격품으로 제조되어 판매되는 프라이밍 용액도 여러 브랜드로 판매되고 있으며, 이러한 제품을 이용하면 프라이밍과 병에 넣는 절차 중 일부분은 수고를 덜 수 있다. 통조림 시럽 형태로 되어 있어 병에 넣는 통에 바로 부어서 사용하는 제품도 있고 병에 넣을 수 있는 정제나 액상형 제품도 있다. 어떤 종류를 사용하든 병이 터지지 않도록 하려면 사용법을 잘 지켜야 한다.

그림 10-2

맥주를 병에 넣는 통에 옮기는 모습

맥주 19리터(5갤런)에 필요한 프라이밍 용액을 준비해서 첨가하는 방법은 아래와 같다.

1. 어떤 설탕을 사용할지 선택하자(표 10.1를 참고하기 바란다). 물 두 컵(500mL)에 해당 설탕을 분량만큼 넣고 끓인 후 식히자. 프라이밍 용액은 사용하는 도구에 따라 두 가지 방식으로 첨가할 수 있다. 나는 첫 번째 방식(2a)을 선호하는 편이다.

2a. 병에 넣는 통이 있으면 소독해서 먼저 프라이밍 용액을 붓고 소독해둔 사이펀을 이용하여 맥주도 그 통으로 조심스럽게 옮긴다(그림 10.2). 맥주가 흘러나오는 관 입구가 프라이밍 용액에 잠기도록 한다. 이 과정에서 맥주에 산소가 유입되면 좋지 않으므로 맥주가 통 주변에 튀지 않도록 해야 한다. 맥주가 빠져 나가는 쪽 관은 발효조 바닥에서 1인치 정도 간격을 두어야 (레킹 케인은 대부분 이렇게 간격을 둘 수 있도록 끝부분에 캡이 달려 있다) 효모와 침전물이 딸려 나가지 않는다. 프라이밍 용액이 담긴 통에 맥주가 다 채워지면 세게 저어준다. 골고루 섞이도록 하되, 맥주가 주변에 흐르거나 공기와 크게 접촉하지 않도록 해야 한다.

2b. 병에 넣는 통이 없으면 발효조를 개봉하고 프라이밍 용액을 조심스럽게 붓는다. 그리고 소독해둔 스푼으로 내용물이 골고루 섞일 정도를 유지하면서 살살 저어준다. 바닥의 침전물이 과도하게 섞이지 않도록 주의하면서 충분히 저어준다. 침전물이 다시 가라앉도록 30분간 둔다. 이 시간 동안 프라이밍 용액도 추가로 분산되어 섞인다. 액체 충전용 관이 장착된 사

이펀을 이용하면 더욱 손쉽게 맥주를 병에 채울 수 있다.

표 10.2와 표 10.3은 프라이밍에 필요한 설탕의 양을 좀 더 정확하게 정하는 데 도움이 될 것이다. 발효 완료 시점의 온도나 맥주의 프라이밍 온도 중 더 높은 쪽을 기준으로 해당되는 값을 찾으면 된다. 이 두 가지 온도가 프라이밍 전 맥주에 남아 있는 이산화탄소의 양(즉 잔류 이산화탄소)을 좌우하기 때문이다. 표를 활용하는 방법은 먼저 맥주의 온도를 세로줄에서 찾고 프라이밍으로 얻고자 하는 이산화탄소 부피를 가로줄에서 찾으면 된다. 갤런당 온스(표 10.2) 또는 리터당 그램(표 10.3) 기준으로 해당되는 값을 찾고, 그 값을 여러분이 만든 맥주의 최종 부피(갤런 또는 리터 단위)에 곱하면 프라이밍 설탕의 총량을 구할 수 있다.

표 10.2와 표 10.3에 제시된 숫자는 지구 전체 인구 대다수가 살고 있는 해발 100미터(330피트) 높이를 기준으로 계산한 값이다. 그보다 높은 지역에서는 잔류 이산화탄소가 적다. 예를 들어 미국 콜로라도 주 덴버 지역은 해발 1,585미터(5,200피트)에 위치하므로 잔류 이산화탄소의 양이 이 표의 값보다 0.15탄산볼륨 정도 더 적다.

또 이 두 표에는 덱스트로오스(옥수수당)가 아닌 자당(일반 설탕)의 중량을 기준으로 했다. 설탕이 훨씬 더 구하기 쉽고 흡수하는 물의 양도 크지 않기 때문이다. 설탕과 옥수수당의 전환 계수는 1.16이다. 즉 표 10.2에 나온 자당의 중량에 1.16을 곱하면 옥수수당의 중량을 알 수 있다.

몇 가지 맥주 종류별로 일반적인 이산화탄소 함량을 살펴보자.

- 브리티시 에일 1.5~2.0
- 포터, 스타우트 1.7~2.3
- 벨기에 에일 1.9~2.4
- 아메리칸 에일 2.2~2.7
- 유럽 지역의 라거 2.2~2.7
- 벨기에 램빅*lambic* 맥주 2.4~2.8
- 아메리칸 밀맥주 2.7~3.3
- 독일 밀맥주 3.3~4.5

표 10-2 | 특정 탄산양(VOL)을 얻기 위해 필요한 설탕(자당)의 양. 갤런당 온스 기준, 발효 완료 시점의 온도를 토대로 한 값.

온도		기체부피 상수	잔류 탄산양	탄산볼륨 별 목표 탄산양						
℉	℃	(L/몰)		1.5	2.0	2.5	3.0	3.5	4.0	4.5
41	5	23.1	1.32	0.09	0.34	0.59	0.83	1.08	1.33	1.58
43	6	23.2	1.27	0.11	0.36	0.60	0.85	1.10	1.34	1.59
45	7	23.3	1.23	0.13	0.38	0.62	0.87	1.11	1.36	1.61
46	8	23.4	1.19	0.15	0.39	0.64	0.88	1.13	1.37	1.62
48	9	23.5	1.16	0.17	0.41	0.66	0.90	1.14	1.39	1.63
50	10	23.5	1.12	0.18	0.43	0.67	0.91	1.16	1.40	1.64
52	11	23.6	1.08	0.20	0.44	0.69	0.93	1.17	1.41	1.65
54	12	23.7	1.05	0.22	0.46	0.70	0.94	1.18	1.42	1.67
55	13	23.8	1.02	0.23	0.47	0.71	0.95	1.19	1.44	1.68
57	14	23.9	0.99	0.25	0.49	0.73	0.97	1.21	1.45	1.69
59	15	24.0	0.96	0.26	0.50	0.74	0.98	1.22	1.45	1.69
61	16	24.0	0.93	0.27	0.51	0.75	0.99	1.23	1.46	1.70
63	17	24.1	0.90	0.29	0.52	0.76	1.00	1.23	1.47	1.71
64	18	24.2	0.87	0.30	0.53	0.77	1.01	1.24	1.48	1.72
66	19	24.3	0.84	0.31	0.54	0.78	1.02	1.25	1.49	1.72
68	20	24.4	0.82	0.32	0.55	0.79	1.02	1.26	1.49	1.73
70	21	24.5	0.80	0.33	0.56	0.80	1.03	1.27	1.50	1.73
72	22	24.5	0.77	0.34	0.57	0.80	1.04	1.27	1.50	1.74
73	23	24.6	0.75	0.35	0.58	0.81	1.04	1.28	1.51	1.74
75	24	24.7	0.73	0.36	0.59	0.82	1.05	1.28	1.51	1.75
77	25	24.8	0.72	0.36	0.59	0.82	1.06	1.29	1.52	1.75
79	26	24.9	0.70	0.37	0.60	0.83	1.06	1.29	1.52	1.75
81	27	25.0	0.68	0.38	0.60	0.83	1.06	1.29	1.52	1.75
82	28	25.0	0.67	0.38	0.61	0.84	1.07	1.30	1.52	1.75
84	29	25.1	0.65	0.39	0.61	0.84	1.07	1.30	1.53	1.75
86	30	25.2	0.64	0.39	0.62	0.84	1.07	1.30	1.53	1.75

참고 사항: 탄산양은 맥주 1리터에 용해된 이산화탄소를 리터 단위로 나타낸 값이다. 표시된 값에 28.3을 곱하면 갤런당 그램 단위 중량을 구할 수 있다. 기체 부피상수, 잔류 이산화탄소, 프라이밍 설탕의 양은 해발 100미터(330피트) 높이를 기준으로 한 값이다.

표 10-3 | 특정 탄산양(VOL)을 얻기 위해 필요한 설탕(자당)의 양. 리터당 그램 기준, 발효 완료 시점의 온도를 토대로 한 값.

온도		기체부피 상수	잔류 탄산양	탄산볼륨 별 목표 탄산양						
℉	℃	(L/몰)		1.5	2.0	2.5	3.0	3.5	4.0	4.5
41	5	23.1	1.32	0.7	2.5	4.4	6.2	8.1	9.9	11.8
43	6	23.2	1.27	0.8	2.7	4.5	6.4	8.2	10.1	11.9
45	7	23.3	1.23	1.0	2.8	4.7	6.5	8.3	10.2	12.0
46	8	23.4	1.19	1.1	2.9	4.8	6.6	8.4	10.3	12.1
48	9	23.5	1.16	1.3	3.1	4.9	6.7	8.5	10.4	12.2
50	10	23.5	1.12	1.4	3.2	5.0	6.8	8.7	10.5	12.3
52	11	23.6	1.08	1.5	3.3	5.1	6.9	8.7	10.6	12.4
54	12	23.7	1.05	1.6	3.4	5.2	7.0	8.8	10.6	12.5
55	13	23.8	1.02	1.7	3.5	5.3	7.1	8.9	10.7	12.5
57	14	23.9	0.99	1.8	3.6	5.4	7.2	9.0	10.8	12.6
59	15	24.0	0.96	1.9	3.7	5.5	7.3	9.1	10.9	12.7
61	16	24.0	0.93	2.0	3.8	5.6	7.4	9.2	10.9	12.7
63	17	24.1	0.90	2.1	3.9	5.7	7.5	9.2	11.0	12.8
64	18	24.2	0.87	2.2	4.0	5.8	7.5	9.3	11.1	12.8
66	19	24.3	0.84	2.3	4.1	5.8	7.6	9.4	11.1	12.9
68	20	24.4	0.82	2.4	4.1	5.9	7.7	9.4	11.2	12.9
70	21	24.5	0.80	2.5	4.2	6.0	7.7	9.5	11.2	13.0
72	22	24.5	0.77	2.5	4.3	6.0	7.8	9.5	11.2	13.0
73	23	24.6	0.75	2.6	4.3	6.1	7.8	9.5	11.3	13.0
75	24	24.7	0.73	2.7	4.4	6.1	7.9	9.6	11.3	13.0
77	25	24.8	0.72	2.7	4.4	6.2	7.9	9.6	11.3	13.1
79	26	24.9	0.70	2.8	4.5	6.2	7.9	9.6	11.4	13.1
81	27	25.0	0.68	2.8	4.5	6.2	8.0	9.7	11.4	13.1
82	28	25.0	0.67	2.8	4.6	6.3	8.0	9.7	11.4	13.1
84	29	25.1	0.65	2.9	4.6	6.3	8.0	9.7	11.4	13.1
86	30	25.2	0.64	2.9	4.6	6.3	8.0	9.7	11.4	13.1

참고 사항: 탄산양은 맥주 1리터에 용해된 이산화탄소를 리터 단위로 나타낸 값이다. 기체 부피상수, 잔류 이산화탄소, 프라이밍 설탕의 양은 해발 100미터(330피트) 높이를 기준으로 한 값이다.

병에 맥주 담기

| 맥주 채우기 |

　다음 순서는 병에 맥주를 채우는 것이다(그림 10.3과 그림 10.4). 병에 넣는 통과 연결된 튜브나 액체 충전용 관을 병 바닥까지 집어넣는다. 공기와 닿는 것을 최소화하기 위해 천천히 맥주를 채우고 튜브 끝은 계속 맥주 아래에 잠기도록 한다. 그 상태로 병 입구에서부터 2~2.5센티미터(3/4~1인치) 아래까지 채운다. 병 입구와 맥주 사이 공간을 거품으로 채우는 것은 그 공간에 남는 공기의 양을 최소한으로 줄여 맥주 맛이 변할 가능성을 줄일 수 있으므로 바람직한 현상이다. 다 채우면 소독해 둔 뚜껑을 올린다. 많은 사람들이 여러 병에 맥주를 채우고 뚜껑을 올려 두었다가 한꺼번에 밀봉하는 방법을 택한다. 뚜껑 밀봉이 끝나면 하나하나 살펴보면서 뚜껑이 단단히 닫혔나 확인하자.

　뚜껑 밀봉까지 끝낸 맥주는 탄산이 완전히 발생할 수 있도록 20~30℃(68~85℉)에서 2주간

그림 10-3 병에 넣는 통과 튜브로 병에 맥주를 채우는 모습	**그림 10-4** 액체 충전용 관을 장착한 사이펀을 이용하여 병에 맥주를 채우는 모습

보관한다. 탄산 형성 기간이 끝나면, 되도록 차갑게 보관한다. 맥주가 숙성되는 과정, 즉 발효 부산물이 없어지고 뿌옇게 만드는 물질이 가라앉는 과정은 발효조에서 효모 활성이 가장 활발할 때 진행해야 한다. 그러나 맥주를 따뜻한 곳에 두면 효모 활성이 증가하고 산화 반응이 가속화돼 맥주 맛이 변한다. 따라서 병에 넣은 후 탄산화를 위해 숙성시키는 온도는, 탄산이 형성될 수 있을 만한 수준으로 효모의 활성을 증대시킬 수 있는 온도와 맥주를 상하게 만들 수 있는 산화 반응이 촉진될 수 있는 온도 사이의 합의점이다. 병에 넣기가 완료된 맥주를 장기간 차가운 온도에 두면서 탄산이 형성되도록 하는 것보다 단기간 따뜻한 온도에 두면서 숙성하면 효모가 뚜껑과 맥주 사이 빈 공간의 산소를 더 활발히 없앨 수 있어서 맥주의 산화 가능성을 줄이는 데 더 도움이 된다. 단, 이러한 작용은 병 속에 들어 있는 효모의 전반적인 상태와 양에 따라 달라진다.

| 병에 담은 맥주 보관법 |

양조자들이 가장 많이 물어보는 질문은 다음 두 가지다. "수제 맥주는 얼마나 보관할 수 있나요?" "수제 맥주도 상하나요?" 둘 다 정답은 맥주를 만드는 사람에게 달려 있다. 맥주가 오염되는 경우를 제외하고 맛이 불안정해지는 가장 큰 원인은 산화다. 그리고 맥주가 전체적으로 산화되는 수준은 완성된 병에 넣는 통이나 케그로 얼마나 조심스럽게 옮기느냐에 따라 결정된다. 산화 속도는 전적으로 온도에 따라 달라지고, 온도가 10℃(18℉)씩 낮아질 때마다 산화되는 속도는 거의 절반가량 줄어든다. 따라서 탄산이 생긴 맥주의 온도를 25℃(77℉)에서 5℃(41℉)로 낮추면 산화되는 속도는 4분의 1로 줄어든다. 신선한 상태로 네 배는 더 오랫동안 보관할 수 있다는 의미다.

맥주가 상하는 문제는 양조 전 과정에서 세척과 소독을 얼마나 부지런히 하는지에 달려 있다. 특히 맥주를 병에 담을 때 사용하는 장비가 오염되는 예가 많으므로 사이펀이나 기타 병에 넣는 도구는 사용한 뒤 항상 꼼꼼히 세척하고 소독해야 하며 사용하기 전에 한 번 더 세척하고 소독하자. 예방의 중요성을 잊지 말자! 그냥 사용하기 전에만 잘 씻어서 소독하면 된다는 생각에 사용한 후에는 헹구기만 하고 제대로 세척하지 않는 사람들이 많지만, 그다지 좋은 생각은 아니다. 다음 양조가 시작되기 전에 균이 파고들 틈을 주어서는 안 된다.

마지막으로 꼭 기억해야 할 것은 맥주는 직사광선과 닿지 않도록 보관해야 한다는 점이다. 특히 투명한 병이나 녹색 병에 맥주를 담을 때는 이 점이 매우 중요하다. 맥주가 직사광선이나 형광등 불빛에 노출되면 퀴퀴한 맛이 난다. 홉에 들어 있는 성분과 황의 광화학 반응에 따른 결과로, 이런 특성이 하이네켄Heineken®이나 그롤쉬Grolsch®, 몰슨Molson®에서 '추구하는' 맛이라는 소문도 무성하지만 절대 그렇지 않다. 녹색 유리병과 형광등 아래 맥주를 진열하는 소매업체의 부주의한 취급 방식이 결합된 결과일 뿐이다. 밀러 하이 라이프Miller High Life®와 같이 홉을 맥아즙에 넣고 끓이는 대신 이런 퀴퀴한 특성(맛)이 나지 않도록 특수 처리한 홉 추출물로 맥주의 쓴맛을 내는 제품들도 있다. 맥주를 어두운 곳에 보관할 수 없다면 갈색 병에 담는 것이 가장 좋은 방법이다.

| 내 손으로 처음 만든 맥주 마셔보기 |

양조 초보자에게 반드시 미리 알려줘야 하지만 깜박하기 십상인, 아주 중요한 사실이 하나 있다. 바로 병 바닥에 가라앉은 효모층은 마시지 말아야 한다는 것이다. 그랬다가는 "내가 직접 만든 맥주 말이야, 정말 맛있었는데 마지막 한 모금은 끔찍했어!"라거나 "그 사람이 만든 수제 맥주를 마셨더니 속이 얼마나 더부룩했는지 몰라" 혹은 "분명히 상한 맥주를 마신 것 같아. 마시자마자 화장실로 직행했다니까" 이런 이야기를 들을지도 모른다.

자, 이제 여러분도 살아 있는 효모가 일으키는 설사 유발 효과를 체험할 수 있게 되었다! 효과가 굉장하고 건강에 이로운 생균 효과에 해당하지만, 장운동을 활발히 해야 할 필요가 없는 사람은 맥주를 조심스럽게 따르는 것으로 이런 효과를 피할 수 있다.

효모층이 섞이지 않도록 하려면 맥주를 잔에 천천히 따라야 한다. 조금만 연습하면 병 바닥에 4분의 1인치 정도만 남기고 따를 수 있다. 효모층에는 쓴맛이 나는 많은 성분이 함유되어 있다. 맥주 '앙금'도 이 부분을 가리키는 말이다. 맥주 만드는 친구들과 함께 벨기에산 맥주를 맛보러 어느 유명한 바에 갔을 때 일이 아직도 생생하다. 그곳 주인장은 자신이 판매하는 맥주는 전부 맛을 평가할 수 있다고 자랑스레 이야기했다. 하지만 그가 우리가 마실 맥주를 따르는 모습을 본 순간 우리 일행은 너무 놀라 일제히 멈칫했다. 그리고 그날 저녁 내내 맥주를 우리가 직접 따라 마시겠다고 설득하느라 얼마나 고생했는지 모른다. 시메이 그랑 리저브Chimay Grande Reserve, 오르발Orval, 두블Duvel까지, 전부 잔에 콸콸 쏟아 붓는 바람에 병 바닥에 잠긴 효모가 몽땅 다 맥주에 섞인 채로 건넸기 때문이다. 정말 있을 수 없는 일이었다. 모든 맥주를 밀맥주 마시듯이 무조건 효모를 거르지 않고 마시는 건 아니지 않은가. 그 술집에서 쓰는 효모가 어떤 맛인지 제대로 알고 온 날이었다.

케그에 맥주 담기

맨 처음 맥주를 직접 완성하고 시간이 흘러 그렇게 만든 맥주가 일흔세 번째쯤에 다다르면, 문득 창고에 쌓인 빈 병 가득한 상자를 보면서 이런 생각을 하게 된다. "지금 이게 다 뭐하는 짓이지?!"

솔직히 말해서, 병에 맥주를 담는 건 지겹고 굉장히 힘든 일이다. 심지어 욕이 나올 만큼 짜증날 때도 있다. 돈이 더 들긴 하지만 다행히 대체할 방법이 있는데, 바로 케그를 이용하는 것이다. 수년 전 탄산음료의 황금기였던 20세기에는 19리터(5갤런) 용량의 스테인리스스틸 케그에 음료를 담아 유통했다. 이후 20세기 말쯤 케그 대신 비닐 팩에 시럽을 담아 다시 두꺼운 상자에 담는 방식으로 대체되었다. 진취적인 자가 양조자들이 그렇게 버려진 케그를 덥석 집어다가 사용한 것을 시작으로, 케그는 수제 맥주를 보관하고 공급하는 표준 용기가 되었다. 절약되는 시간과 노력을 감안하면 케그는 분명 그 값을 톡톡히 한다.

맥주를 케그에 담으려면 케그와 이산화탄소CO_2 조절기, 이산화탄소 탱크가 필요하다. 또 케그에서 맥주를 따를 때 플라스틱으로 된 피크닉 탭(코브라 탭)과 호스를 사용한다. 케그는 세부적으로 뚜껑과 가스 주입용 꼭지와 추출 꼭지, 스테인리스스틸 튜브 두 곳, 여러 개스킷으로 구성된다. 꼭지에는 스프링이 장착된 포핏 밸브가 있어서 누수를 방지하는 역할을 한다. 단, 이 부분은 주기적으로 교체해야 한다. 케그의 꼭지는 기체가 유입되는 쪽과 액체가 나가는 쪽이 구분되어 있다. 꼭지마다 아래에 개스킷과 딥 튜브가 연결된다. 튜브가 짧은 쪽으로 기체가 유입되고 긴 쪽으로 맥주가 추출된다.

케그의 커넥터는 크게 핀 로크pin-lock와 볼 로크ball-lock 두 가지 유형으로 나뉜다. 핀 로크 커넥터는 호스와 연결되는 부위가 핀으로 되어 있고 볼 로크 커넥터는 홈의 형태에 꼭 맞게 잠기는 볼을 사용한다. 그래서 핀 로크 케그에서는 포핏 밸브가 커넥터의 몸체로 들어가는 형태지만 볼 로크는 그렇지 않다. 어느 쪽이 더 나은지 가릴 수는 없으므로 그냥 구하기 쉬운 것으로 사용하면 된다. 하나를 골라서 쭉 사용하면서 사용법에 익숙해지면 된다.

미국에서는 5갤런(19리터) 용량의 스테인리스스틸 케그 새 제품을 보통 150~200달러에 구입할 수 있다. 중고품은 가격이 대체로 그 절반 정도다. 이산화탄소 조절기의 가격은 75~100달러고 소형 이산화탄소 통은 100~150달러인데 용접 용품을 판매하는 곳에 가면 표준 용량(25파운드 또는 11.3킬로그램)의 용접용 이산화탄소를 대여해주므로 이것을 사용하는 편이 더 합리적이다. 굳이 이산화탄소 통을 살 필요 없이 이산화탄소만 구입해서 필요할 때마다 탱크를 가져가서 바꿔오면 된다. 그 외 호스나 탭, 부품 구입 비용을 모두 합하면 50달러 정도가 든다. 절약한 돈으로 케그를 보관할 냉장고나 냉동고를 마련하는 것도 좋은 생각이다.

| 케그 재사용하기 |

사실 이제는 소다 시럽을 담던 중고 케그를 구하기가 어렵지만, 혹시 그러한 중고 제품을 구했다면 꼼꼼하게 세척해서 사용해야 한다. 앞서 2장에서 소개한 스테인리스스틸 세척 요령도 참고하기 바란다. 먼저 해야 할 일은 케그를 완전히 분해하고 개스킷을 교체하는 것이다. 케그에는 총 다섯 개의 개스킷이 있다. 뚜껑에 들어가는 대형 개스킷과 두 개의 커넥터에 들어가는 중간 크기의 개스킷 두 개, 그리고 딥 튜브에 각각 하나씩 들어가는 소형 개스킷 두 개다 (그림 10.5).

1. 뚜껑에서 개스킷을 분리해서 폐기한다. 겉이 멀쩡해 보이더라도 소다 냄새가 배어 있으므로 그대로 사용하면 맥주에서 이취가 난다. 분리한 뚜껑은 작은 양동이에 세척액을 만들어서 담가 둔다.

2. 나사로 연결된 커넥터를 분리하고 포핏 밸브를 제거한다. 포핏 개스킷에 찢긴 부분이 없는지 살펴보자. 결함이 있으면 누수가 생길 수 있다. 상태가 괜찮으면 모두 세척액이 담긴 양동이에 담근다.

3. 커넥터 개스킷을 분리하여 폐기하고 새것으로 교체한다. 커넥터도 세척액에 담근다.

4. 딥 튜브를 분리하여 세척액과 나일론 재질의 튜브용 솔로 안팎을 세척한다. 짧은 딥 튜브가 기체용이고 긴 튜브가 액체용이다. 딥 튜브에도 새 개스킷을 끼운다. 세척이 끝나면 헹궈서 작은 양동이에 소독액을 담고 튜브를 담근다.

5. 뚜껑, 포핏 밸브, 커넥터를 나일론 솔로 문질러서 세척하고 헹군 다음 소독액을 담은 양동이에 넣는다. 뚜껑 개스킷은 꼼꼼하게 소독해야 한다.

6. 케그 내부에 남아 있는 물질이 없는지 확인한다. 스펀지나 비금속 재질의 수세미(냄비 닦을 때 쓰는 나일론 수세미)로 뚜껑이 결합되는 부분을 안쪽까지 닦아내고 먼지나 찌꺼기를 모두 제거한다. 케그 바닥이 지저분하다면 여성이나 어린이 등 팔이 가느다란 사람에게 부탁해서 안쪽에 묻은 때까지 모두 닦아내야 한다. 내 경험상 아내보다는 아이들에게 부탁하는 편이 훨씬 편하다. 씻어야 할 케그가 여러 개라면 여러 아이들에게 하나씩 바꿔가며 해달라고 하면 된다. 세척 후에는 헹궈서 말린다.

7. 세척이 끝난 케그는 안쪽을 소독한다. 소독제 중에는 벽면에 분사해서 사용할 수 있는 제품이 있다. 2장에 소독제 사용 방법도 자세히 나와 있으니 참고하기 바란다. 소독이 끝나면 절대 헹구지 말고 그대로 말린다. 부품들도 소독이 끝나면 다시 조립하고 뚜껑을 닫아 사용할 때까지 위생적으로 보관한다.

| 케그에 탄산 주입하기 |

케그를 사용할 때도 병에 맥주를 담을 때와 똑같은 방식으로 설탕을 추가로 넣는 프라이밍 과정을 거쳐도 되지만 실제로 그렇게 하는 사람은 거의 없다. 이산화탄소 탱크에 담긴 기체를 과압력으로 강제 주입하는 것이 훨씬 더 간편하기 때문이다. 이와 같은 강제 탄산화로 이산화탄소가 남더라도 전혀 문제되지 않는다. 표 10.4에 맥주 온도에 따라 이산화탄소 조절기 압력이 특정 범위에 도달하기 위해 필요한 이산화탄소의 양이 나와 있다. 예를 들어 맥주가 7℃일 때 탄산이 15psi.(103kPa)가 되려면 이산화탄소를 2.5탄산볼륨이 필요하다. 보통 대부분의 에일 맥주에 적용되는 양이다. 단, 이 정도 양을 주입하려면 일주일 정도 걸리며 이산화탄소 탱크를 케그에 계속 꽂아두어야 한다.

이산화탄소 탱크와 조절기는 냉장고에 보관하지 말아야 한다. 응결이 발생하면 조절기 기능에 문제가 생길 수 있다. 압력을 항상 일정하게 유지하고 싶다면 냉장고 측면에 드릴로 구멍을 뚫고 외부로 관을 연결하는 방법도 있다.

그림 10-5

일반적인 볼 로크 커넥터와 핀 로크 커넥터의 부품과 개스킷. 중고 케그를 구입한 경우 개스킷은 전부 새것으로 교체해야 한다. 뚜껑에는 개스킷이 하나 장착되고 커넥터 포스트에 각각 하나. 딥 튜브에 하나씩 들어간다.

양조용 냉장고나 냉동고를 따로 마련하자

수제 맥주를 자주 만드는 경우 전용 냉장고나 냉동고를 따로 마련하는 것이 좋다. 그 이유는 몇 가지가 있다. 우선 발효할 때 냉장고로 온도를 조절할 수 있고 라거 맥주를 만들 수도 있으며 맥주 보관용으로도 활용할 수 있다. 또 케그용 냉장고 혹은 케그용 냉동고로 사용할 수 있다.

냉장고는 문을 전면에서 열고 닫을 수 있는 형태가 발효조와 케그를 넣고 빼기가 수월하므로 더 적합하다. 그러나 이러한 형태는 문을 열 때마다 냉기가 빠져나가는 단점이 있다. 냉동고는 뚜껑을 위로 들어 올리는 형태가 많은데, 에너지 효율은 훨씬 우수하지만 무거운 것을 넣고 빼다가 허리에 무리가 올 수 있다. 그럼에도 최신형 냉동고가 그다지 필요치 않은 부가 기능이 잔뜩 포함된 최신 냉장고보다 가격 면에서 크게 저렴한 이점이 있다. 취향에 따라 각자 선택하면 된다.

덧붙여, 중고용품 판매점이나 온라인 벼룩시장에서 취급하는 중고 냉장고나 냉동고는 에너지 효율이 신형 제품보다 떨어지므로 구입할 경우 전기요금이 더 많이 나갈 수 있다는 점을 고려해야 한다. 또 오래된 냉장고는 곰팡이가 생기기 쉬우므로 세척에 굉장히 신경 써야 한다.

표 10-4 | 특정 압력과 온도에서 강제 탄산화 시 최대로 주입되는 탄산 볼륨

온도		CO_2 조절기 압력, 단위: psi(kPa)							
℉	℃	5(34)	10(69)	15(103)	20(138)	25(172)	30(207)	35(240)	40(275)
35	2	2.0	2.5	3.0	3.6	4.1	4.6	5.1	5.6
40	4	1.8	2.3	2.7	3.2	3.7	4.1	4.6	5.1
45	7	1.7	2.1	2.5	2.9	3.4	3.8	4.2	4.6
50	10	1.5	1.9	2.3	2.7	3.1	3.5	3.9	4.3
55	13	1.4	1.8	2.1	2.5	2.9	3.2	3.6	3.9
60	16	1.3	1.7	2.0	2.3	2.7	3.0	3.3	3.7
65	18	1.2	1.5	1.9	2.2	2.5	2.8	3.1	3.4
70	21	1.2	1.5	1.7	2.0	2.3	2.6	2.9	3.2
75	24	1.1	1.4	1.6	1.9	2.2	2.5	2.8	3.0
80	27	1.0	1.3	1.6	1.9	2.1	2.3	2.6	2.9

참고 사항: 예를 들어 10℃(50℉) 맥주에 이산화탄소 조절기를 20psi(138kPa)로 맞추고 강제 탄산화를 실시할 경우 2.7탄산볼륨에 도달한다.

표에 나온 값은 헨리의 법칙을 토대로, 맥주에 탄산을 강제 주입할 때 케그 온도별 이산화탄소의 평형 부피를 나타낸 것이다. 이산화탄소 조절기의 압력은 psi(kPa) 단위이며 온도는 맥주의 온도에 해당한다. 모두 해수면 높이의 대기압을 바탕으로 얻은 값으로, 500미터 상승 시마다 5.6kPa이 더해진다(2000피트당 1psi).

| 케그에 보관해둔 맥주 마시기 |

맥주 추출용 탭을 액체용 커넥터에 직접 연결하고 이산화탄소가 2탄산볼륨 정도 포함된 맥주를 따르려고 하면 거품만, 그것도 굉장히 빠른 속도로 잔에 가득 채워진다. 맥주를 추출할 때 압력은 맥주가 흘러나오는 비닐 튜브의 길이와 균형을 맞춰야 한다. 즉 튜브의 내경이 좁을수록 액체가 흘러나올 때 발생하는 저항이 커지는 점을 고려해야 한다. 사람마다 의견이 다양하지만, 대부분의 상황에서는 잔류 압력을 0~5psi.(0~34kPa) 정도로 맞추는 것이 좋다. 4~10℃ (40~50°F)일 때 추출 압력이 보통 10~15psi.(69~103kPa)이고 이때 내경이 5밀리미터(3/16인치)인 1.5~2미터(5~7피트) 길이의 비닐 튜브가 필요하다. 그래야 튜브가 받는 압력이 대부분 균형을 이루고 과도한 거품 없이 맥주를 추출할 수 있다. 저항이 커질수록 거품이 나지 않은 상태로 맥주가 천천히 나오게 된다. 표 10.5에 일반적으로 사용하는 맥주 추출용 튜브의 규격이 나와 있다.

| 역압식 병입 장치 |

케그에 수제 맥주를 채워뒀는데 친구네 집에 놀러가면서 한두 병만 가져가고 싶을 때는 어떻게 해야 할까? 가장 간편한 방법은 비닐 튜브를 짧게 잘라 탭 끝에 연결하고 반대쪽 끝을 가져갈 병의 바닥까지 닿도록 넣은 뒤 맥주를 채우는 것이다. 맥주가 계속해서 매우 차가운 온도를 유지하도록 하면 거품을 줄일 수 있다. 그보다 훨씬 정교한 방법은 역압식 병입 장치를 만들어서 쓰거나 '블리히만 비어건*Blichmann BeerGun™*'과 같은 완제품을 구입해서 사용하는 것이다. 이러한 장치는 병을 맥주로 채우면서 역압으로 거품 형성을 방지한다. 인터넷을 검색하면 직접 만들 수 있는 설계도를 쉽게 구할 수 있다.

| 케그 vs. 나무통 또는 병 숙성 |

탄산화 과정은 케그의 경우 강제 탄산화로 이루어지고 설탕을 첨가하는 방법도 활용된다. 케그에 설탕을 넣어 프라이밍하는 것을 '통 숙성*cask conditioning*'이라고 하고 병에 설탕을 넣는 것을 '병 숙성*bottle conditioning*'이라고 한다. 그런데 이 숙성*conditioning*이라는 단어에는 두 가지 의미가 있다. 첫 번째는 발효조 내에서 숙성이 덜 된 맥주의 이취를 없애는 본연의 기능이고,

두 번째는 효모가 추가로 활성화되어 탄산이 형성된다는 뜻이다. 병 숙성의 경우 맥주가 병에 담긴 후 탄산화가 진행되었다는 의미에 더 가깝고 맥주의 숙성과는 거의 무관하다. 병이든 케그든 어느 쪽에서도 탄산화는 진행될 수 있으나 전혀 다른 결과물이 나온다.

여러 연구를 통해 프라이밍과 숙성은 병이나 케그의 입구와 액체 사이 공간(헤드 스페이스)에 존재하는 산소로 이루어지는 발효의 독특한 형태라는 사실을 밝혀냈다. 그런데 이 공간에 남아 있던 산소 중에서 이렇게 사용되는 것은 30퍼센트에 불과하며, 나머지 70퍼센트는 맥주 맛을 변질시키는 반응에 활용될 수 있다. 병 내부에서 이루어지는 발효는 그 이전의 발효 단계에 적용된 것과는 전혀 다른 조건에서 진행되므로 숙성 기간이 길어질수록 각기 다른 발효 특성이 발생할 수 있다. 알코올 도수가 높은 벨기에 에일 맥주 등 일부 종류는 병에 넣은 후 숙성되는 과정에서 형성된 맛을 맥주의 대표적인 특성으로 여긴다. 이런 맛은 강제 탄산화로는 재현할 수가 없다. 특성의 차이는 장단점으로 구분할 수 없으므로 각자 중요하게 생각하는 기준을 토대로 평가하면 된다.

통 숙성한 에일 맥주는 맥주 엔진 또는 스파클러까지 동원하여 탄산 함량이 낮은 맥주를 추출함으로써 마셨을 때 입 안의 질감이 굉장히 부드러운 독보적인 특징이 있다. 따라서 통 숙성한 에일의 탄산화 비율은 다른 맥주보다 꽤 낮은 편이다. 통 숙성한 맥주는 이산화탄소가 1~2g/L 범위, 또는 탄산볼륨 1.1~1.3 수준으로 형성되며 이는 동일한 종류의 에일 맥주를 병에 넣었을 때 이산화탄소 함량의 거의 절반 수준이다. 그 결과 맥아 맛이 더 강하고 한층 부드러우면서 쌉쌀한 뒷맛이 오래 남는 맥주를 맛볼 수 있다. IPA을 대량으로 만들 경우 일반적으로 통 숙성 방식을 활용하기가 쉽지 않다. 쓴맛을 높이면 마실 때 입안이 깔끔해야 하므로 더 많이 탄산화해야 하기 때문이다.

에일 맥주의 통 숙성에 관한 정보는 인터넷으로 많이 구할 수 있다. 랜디 바릴*Randy Baril*이 자가 출판한 책 『에일 맥주의 통 숙성 이벤트*Hosting Cask Ale Events*』(2015)에도 프라이밍과 통 숙성된 에일 맥주를 추출하는 방법 등 훌륭한 정보가 많이 담겨 있다.

표 10-5 | 비닐 튜브의 저항력

튜브 내경, 인치(mm)	1피트당 저항력	1미터당 저항력
3/16" (5mm)	2.0psi	45kPa
1/4" (6mm)	0.75psi	17kPa
5/16" (8mm)	0.4psi	9kPa

정리하면서

한 치의 오차도 없는 완벽한 조건이라면 맥주를 용기에 담기 전에 발효조에서 효모의 작용으로 완전히 숙성된 상태일 것이다(완벽한 조건이니 당연히 그래야 한다). 또 맥주에 탄산이 형성되면 바로 마실 수 있다. 알코올 도수가 높은 맥주는 수개월간 숙성해야 맛이 절정에 이른다는 속설은 아무 근거가 없다는 것이 내 생각이다. 숙성이 잘되는 것과 숙성되면서 맛이 향상되는 것은 다른 개념이다. 맥주는 일차적으로 발효조에서 충분히 숙성되어 최상의 맛이 형성되는 것이 가장 바람직하다. 그 이후에 맛이 더 나아진다진 것은, 발효(그리고 이후의 숙성)가 더 잘된 결과일 수도 있다. 올드 에일, 러시안 임페리얼 스타우트, 발틱 포터, '도펠 복*Doppelbock*', 발리 와인 등 알코올 함량이 높은 맥주는 어느 정도 산화되면서 복합적인 맛을 더할 수 있으므로 예외라고 생각할 수도 있지만, 정말 그럴까? 아무 생각 없이 그냥 "와, 요즘 할아버지 정말 건강해 보이시네!"라고 인사를 건네듯 별 생각 없이 그런 말을 내뱉고 있는 건 아닐까? 좋게 보고 싶으면 뭐든 다 좋게 보이는 법이다.

내 친구이자 맥주 평가 분야에서 대가로 꼽는 고든 스트롱*Gordon Strong*에게 내 생각을 이야기했더니, 그는 케그에 담든 병에 담든 발효가 끝난 후에 맥주의 맛이 어우러지고 부드러워지려면 어느 정도 시간이 흘러야 한다고 설명했다(그런 종류의 맥주가 많다는 것이 아니라 개별적인 맥주를 의미한 것이다). 애당초 양조 레시피가 잘못됐거나 발효가 제대로 안 됐으니 그런 시간이 필요한 것 아니냐고 묻자, 고든 역시 내 생각대로 맥주가 완성되자마자 가장 맛있는 상태가 되려면 효모가 32℃(90℉)에서 최대한 활성화되어야 한다는, 아주 설득력 있는 입장을 내놓았다. 그러나 이와 함께 더 복잡한 요건을 갖춰야 맛있는 맥주가 되는 경우가 많다. '맥주는 만든 직후가 가장 맛있다'는 말이 엉뚱한 뜻으로 사용되기 쉽다는 고든의 말도 사실이다. 그러므로 맥주가 발효 과정에서 충분히 숙성되도록 시간을 넉넉히 주고, 병이나 케그에 담은 후에도 숙성될 수 있도록 충분히 기다리되 여러분이 만든 맥주에서 다듬어지지 않은 맛이 느껴질 경우 그것이 어디에서 비롯되었는지 양조 과정에서 원인을 찾아 해결해야 한다는 것을 꼭 기억하기 바란다. 그래야 정성들여 보관해둔 맥주가 최대한 오랫동안 최상의 맛을 유지할 수 있다.

CHAPTER
11
HOW to BREW

라거 맥주
만들기

에일보다 라거에 대한 사람들의 기대치가 더 높기 때문에 맛없다는 소리를 들을 라거 맥주를 만들 가능성도 더 높다. 맥주를 만드는 사람이나 맥주를 즐겨 마시는 사람이나 에일 맥주에서 이취가 나면 맛이 '복합적'이라고 너그럽게 넘어가면서도 라거는 '깔끔한 맛'이 나야 하므로 라거라면 에스테르, 디메틸설파이드DMS, 디아세틸, 아세트알데히드, 퓨젤 알코올로 인한 이취를 최소화해야 한다고 여긴다.

라거 발효

앞서 7장에서 설명했듯이 라거 효모의 발효 온도는 10~13℃(50~55℉)로 에일 효모보다 낮다. 라거 양조에 사용되는 효모는 에일 효모와 종류가 다르고, 에일 효모는 발효시킬 수 없는 멜리바이오스melibiose라는 당을 발효할 수 있는 효소를 가지고 있다. 멜리바이오스는 맥아즙에 존재하지 않으므로 이 물질을 조절해서 발효도를 높일 수는 없다. 라거 효모가 멜리바이오스를 발효하는 기능은 순수 학문의 영역에 해당하지만 삼당류인 말토트리오스의 발효 능력이 에일 효모 종보다 전체적으로 우수하므로 이 부분을 조절하면 발효도를 한두 단계 높일 수 있다.

발효 과정에서 발생하는 황 물질의 양도 에일 효모보다 라거 효모가 더 많다. 라거 맥주의 자가 양조에 갓 뛰어든 사람들은 발효조에서 썩은 달걀 냄새가 풍기면 깜짝 놀라 맥주가 오염 됐다고 생각하고 모두 폐기하는 경우가 많다. 그러나 휘발성이 강한 이 황 물질은 발효가 숙성 단계로 넘어가고 시간이 지날수록 사라지므로 그럴 필요가 없다. 지독한 악취를 풍기던 맥주 도 제대로 발효가 끝나면 병에 담을 때쯤 황 냄새가 모두 사라진 맛있는 맥주가 된다.

예로부터 맥주는 전부 큼직한 개방형 통에서 발효되어 케그(또는 나무통)에 담겨 숙성 과정을 거쳤다. 라거라는 명칭은 '저장하다'는 뜻을 가진 독일어 '라게른*lagern*'에서 유래하여 저장소를 의미하기도 하는 '라거'가 되었다. 맥주를 차가운 곳에 보관한 이유는 쉬지 않도록 보관하면서 오랫동안 맛을 보존하기 위해서였다. 이렇게 오랫동안 시원한 곳에서 숙성시키는 과정은 '저 온 숙성*lagering*'이라고 칭해지기 시작했다. 맥주가 거의 얼 정도로 낮은 온도에서 숙성하면 맥 주 맛이 굉장히 깔끔해지고 전체적으로 맛이 향상된다. 저온 숙성 환경에서 맥주 색을 뿌옇게 하는 단백질과 폴리페놀 결합체는 더욱 원활히 가라앉는다. 약한 수소결합을 이루는 이 결합 체는 온도가 낮은 곳에서만 한 덩어리로 뭉쳐져서 가라앉기 때문이다. 뿌연 맥주는 떫은맛의 원인이기도 하다. 단백질과 결합하여 색을 탁하게 만드는 폴리페놀 성분은 우리 침 속에 들어 있는 단백질과도 결합할 수 있고 이로 인해 혀 전체가 온통 건조한 느낌이 들도록 하는데, 이 럴 때 우리는 맛이 떫다고 느낀다. 저온 숙성은 에일 숙성 과정과 견주면 맥주 색을 탁하게 만 드는 물질을 더 많이 안정화하는 특징이 있으며 그 밖에 다른 부분은 에일과 비슷하다.

| 온도가 낮은 만큼 시간은 더 오래 걸린다 |

라거는 발효 온도가 낮아서(10~13℃[50~55℉]) 효모의 성장 속도도 느려지고 효모가 만들어 내는 에스테르의 양도 적다. 동시에 효모가 디아세틸과 아세트알데히드를 분해하는 속도도 함 께 느려진다. 라거 효모라 하더라도 온도가 낮을 때 활성화되지 않는 것은 마찬가지다. 따라서 보통 라거는 발효가 막바지에 이를 때쯤 디아세틸 휴지[즉 발효 온도를 3℃(5℉)까지 높여주는 것] 를 실시하면 효모의 활성을 높이고 저온 숙성 단계로 넘어가기 전에 그러한 부산물을 제거하 는 데 도움이 된다. 라거 효모 종이 맥주가 거의 얼 정도로 낮은 온도에서 활성도가 저속으로

자가분해

효모가 사멸하면 세포가 파열되면서 내부 물질이 빠져나온다. 이것이 맥주에 고기나 육수, 혹은 황 냄새와 비슷한 이취를 나게 할 수 있다. 이러한 자가분해는 발효조 바닥에 효모 군집이 대규모로 형성되어 오랫동안 존재할 경우(보통 한 달 이상) 언제든 발생할 수 있는 위험 요소이나, 효모의 전체적인 건강 상태에 따라 달라질 수 있다. 효모 세포가 건강하면 두 달 정도 자가분해되지 않고 가만히 머무를 수 있다. 자가분해가 약간 진행된 경우 맥주에서 효모 냄새나 육수 냄새 또는 맛이 느껴지고 어느 정도 자가분해가 진행된 맥주는 고형 육수를 녹인 물에서 나는 것과 매우 비슷한 고기 냄새와 맛이 난다. 또 자가분해가 심하게 진행된 맥주에서는 훈제 햄에서나 날법한 훈제 향이나 고무 냄새, 맛이 느껴지거나 쓰레기, 하수도에서 풍기는 황 냄새가 강하게 나기도 한다.

발효조가 원통형 원뿔 구조인 경우 효모가 받는 정압이 높아서 자가분해가 발생할 가능성도 높다. 그러나 일반적인 자가 양조 규모에서는 정압의 영향을 걱정할 필요가 없다. 자가 양조 시 효모의 자가분해가 발생하는 주된 원인은 투입 초기부터 효모의 건강 상태가 좋지 않고 스트레스를 가중시키는 발효 환경이 조성되는 것이다(극단적인 온도, 영양소 부족, 효모 투입량이 적은 경우 등)

바뀌고 발효 초기에 생긴 부산물을 활발히 제거한다는 것은 잘못된 생각이다.

발효 초반의 온도가 낮으면 효모의 활성 속도는 늘어지고 발효와 숙성에 걸리는 시간이 모두 늘어나지만, 6장과 7장에서 설명한 내용을 다시 떠올려보면 효모 첨가량을 늘려서 이러한 현상을 상쇄시킬 수 있다. 효모의 고성장기에 발효가 가장 왕성하게 진행되고 라거는 초기 비중과 효모 첨가량에 따라 이 기간이 이틀에서 6일까지 지속될 수 있다(에일은 1~3일). 발효 과정의 대부분(98퍼센트)은 이 고성장기에 진행되어야 한다. 경험상 맥주의 숙성 기간은 발효에 걸리는 기간과 비슷하거나 더 길고 이는 온도에 따라 달라진다. 따라서 디아세틸 휴지, 즉 숙성기에 온도를 높이면 그 기간을 줄일 수 있다. 디아세틸 휴지에 대해서는 뒤에서 다시 간단히 살펴보기로 하자.

| 라거 효모 투입과 발효 |

우수한 라거 맥주를 만드는 핵심 열쇠는 저온 환경에서 발효가 천천히 진행되는 원리를 충분히 이해하는 것이다. 똑같은 맥아즙에 같은 양의 효모를 넣을 때 온도가 낮으면 발효에 더 오랜 시간이 걸린다. 그러나 첨가하는 효모의 양을 늘리면 이 현상을 어느 정도 약화할 수 있다.

올바른 방법

라거 발효와 에일 발효의 유일한 차이는 몇 도 더 낮은 온도에서 진행되므로 시간이 조금 더 걸린다는 것이다. 그 밖에 다른 것은 모두 동일하다. 맥아즙은 효모를 넣기 전에 발효 온도 범위에서 낮은 쪽에 가깝도록 식혀야 한다. 그리고 발효기(고성장기)가 막바지에 이를 때 발효 온도를 높여서 효모의 활성을 유지해야 한다. 효모가 맥주를 충분히 숙성시키고 디아세틸 휴지기를 거쳐 부산물을 전부 없앨 때까지는 온도를 낮춰 저온 숙성을 진행하지 말아야 한다. 이 것이 모범적인 기준에 해당하며 요약하면 다음과 같다. '효모는 차가울 때 넣고 발효는 따뜻하게 진행하라.'

잘못된 방법

예전에 자가 양조자들은 이를 거꾸로 이해했다. 즉 맥아즙을 실온까지 식힌 뒤 효모를 투입하고 발효조를 서늘한 지하 저장고나 냉장고에 넣어서 라거 효모의 발효 온도 범위가 되도록 냉각했다. 이렇게 하면 정체기가 짧게 지나가고 금방 발효되지만 이후 맥주 온도가 낮아짐에 따라 며칠에 걸쳐 효모의 활성이 서서히 줄어든다. 겉으로 보기에는 발효가 정상적으로 진행되는 것처럼 보이지만 디아세틸과 아세트알데히드와 같은 물질로 인한 이취가 나며 일부의 경우 숙성기에 효모 활성이 부족하여 발효가 제대로 이루어지지 않는다.

효모 첨가량과 스타터

라거 발효가 원만하고 활발하게 진행되도록 하는 가장 확실한 방법은 에일 맥주보다 효모를 두 배 더 많이 넣는 것이다. 라거 양조 시 효모의 적정 첨가량은 표 11.1에 나와 있다. 이와 함께 발효 온도보다 3~5℃(5~9℉) 정도만 더 높은 온도의 스타터(사전 배양액)에서 먼저 효모를 키운 다음 투입하는 방법을 권장한다. 또 스타터 발효가 끝나면(보통 1~2일 걸림) 하룻밤 동안 냉장 보관하면서 효모를 안정화한 후 넣는 것이 좋다.

양조 첫날, 효모를 넣어야 하는 시점이 되면 냉장고에서 스타터를 꺼내서 대부분을 붓는다. 그리고 남은 스타터를 잘 휘저어서 차가운 상태에서 맥아즙에 마저 붓는다. 자가 양조자들이 경험한 바에 따르면, 첨가하는 효모의 온도가 맥아즙보다 낮을 때 효모가 환경에 적응하는 기간이 단축된다. 또 슬러리 상태의 스타터만 첨가하면 이취를 어느 정도 방지할 수 있고 발효조에서 맥아즙이 차지하는 용량도 줄일 수 있다.

라거용 건조효모를 사용하는 경우 끓여서 21~25℃(69~77℉)로 식힌 물에 넣고 재수화 과정을 거친다. 그 이후의 재수화 단계는 7장에서 설명한 내용과 동일하다.

효모 투입 시 맥아즙의 온도

맥아즙은 효모를 넣기 전에 적정 발효 온도[10~13℃(50~55℉)] 또는 그보다 1~2도가량 더 낮은 온도로 맞춰야 한다. 맥아즙을 담은 발효조를 일정 온도가 유지되는 냉장고에 하룻밤 동안 넣어서 냉각한 후 다음 날 효모를 넣는 것도 한 가지 방법이다. 위생만 철저히 지킨다면 이 정도 투입 시점을 늦추는 것은 문제가 되지 않는다.

유도기

라거 발효 시 첨가하는 효모의 양은 에일 맥주의 두 배이므로 유도기는 에일 발효와 매우 비슷하게 진행해야 한다. 즉 투입 후 24시간 이내에 효모의 활성이 나타나야 한다. 또 에일 발효와 같이 활발히 진행되는 모습이 나타나되(공기차단기에 나타나는 거품 발생 속도) 에일보다는 정도가 다소 약할 수도 있다. 고성장기도 에일 맥주와 비슷한 기간 동안 나타나야 하나 좀 더 천천히 진행될 수 있다.

디아세틸 휴지

나는 라거 맥주를 유리나 플라스틱 재질의 카보이 병에서 발효하는 방법을 선호한다. 효모의 활성도를 눈으로 확인할 수 있기 때문이다. 발효되는 동안 효모 덩어리와 찌꺼기가 맥주 속에서 떠올랐다가 떨어지는데, 흡사 누군가 보이지 않는 막대기로 휘휘 젓고 있는 것처럼 보이기도 한다. 이러한 움직임이 잦아들고 공기차단기에 발생하는 거품도 줄면 디아세틸 휴지로 넘어갈 시점이다.

디아세틸 휴지는 발효 온도를 5~10℃(10~15℉)까지 높이는 것으로, 발효가 4분의 3 정도 끝났을 때 시작하고 하루에 6℃(10℉) 이상 한꺼번에 온도를 올리지 말아야 한다. 효모 투입 후 3~5일 뒤에 이러한 시점이 찾아오며, 공기차단기로 관찰되는 거품 발생 속도가 빠른 수준(분당 약 30개의 거품 발생)에서 분당 4~8개의 거품이 나타나는 정도로 약화되었을 때가 적정한 타이밍이다. 공기차단기에 이러한 활성이 모두 중단된 후, 즉 발효가 끝났을 때 디아세틸 휴지를 진행해도 되지만 효모의 활성이 남아 있을 때 시작하는 것이 더 효과적이다. 어느 쪽을 택하든 저온 숙성에 돌입하기에 앞서 효모가 디아세틸과 아세트알데히드를 소비할 수 있도록 충분한 시간을 주어야 한다. 그러려면 최소 4일에서 일주일까지 걸린다. 저온 숙성이 시작되기 전에 맥주를 일주일, 심지어 2주까지 숙성 온도보다 높은 환경에 두어도 맥주에 악영향을 주지 않는다(공기가 제대로 차단된다고 가정할 때).

저온 숙성

맥주의 발효와 숙성은 온도를 낮춰서 더 깔끔한 맛을 만들어내는 단계를 진행하기 전에 모두 끝나야 한다. 저온 숙성은 온도를 2℃(35℉)까지 낮추는 것이나 이 과정은 하루에 6℃(10℉) 이상 낮추지 말고 천천히 진행되어야 한다. 효모 세포가 열 충격을 받으면 맥주에 이취가 나고 거품 유지력에 나쁜 영향을 줄 수 있는 지질 성분을 방출하는데, 이를 방지하려면 점진적으로 냉각해야 한다. 양조 기술을 다룬 교과서 중에는 부유 물질을 모두 없애려면 이보다 더 낮은 온도인 영하 1~2℃(28~30℉)까지 냉각해야 한다고 제안하기도 하지만, 2℃(35℉)도 효모를 응집시키고 맥주를 탁하게 하는 물질을 없애기에 충분한 온도다. 개인적으로는 이보다 더 낮은 온도까지 냉각하는 것은 맥주가 얼어버리는, 되돌릴 수 없는 상황이 발생할 위험이 있다고 생각한다. 저온 숙성은 2~4주간 진행되나 맥주의 탄산화를 위해 프라이밍과 병 숙성을 계획한 경우에는 기간을 (1~2주로) 줄이는 것이 좋다. 저온 숙성 기간은 맥주의 알코올 도수와 아무런 관계가 없다. 디아세틸 휴지기에 효모가 부산물을 모두 없애고 나면 이 단계에서는 효모와 혼탁 물질을 가라앉히는 과정만 남는다. 생물학적인 반응이 아닌 오로지 물리적 반응만 남는 것이다.

라거 맥주의 발효 관리 방법은 아래와 같이 요약할 수 있다.

1. 효모 첨가량을 늘린다.
2. 정해진 발효 온도를 맞춘 후에 효모를 투입한다.
3. 디아세틸 휴지기를 거친 다음 저온 숙성을 실시한다.

| 발효 온도의 조절 |

라거 맥주 양조 시 발효 온도를 조절하는 방법은 여러 가지가 있다. 보통 맥아즙을 끓인 후 존슨콘트롤즈*Johnson Controls*나 랜코*Ranco*사의 온도조절기와 같은 장비와 함께 여분의 냉장고나 뚜껑을 위로 여닫는 냉동고로 식힌다. 단열 기능이 있는 상자를 직접 만들고 얼음을 채워서 식히는 방법도 있지만, 딱 맞는 재료를 찾으러 철물점에 몇 번씩 드나들고 매번 얼음을 구하러 가야 하는 점을 감안하면 장기적으로는 냉동고나 온도조절기를 여분으로 마련하는 것이 경제적이고 작업도 수월해진다. 확실히 편리하다. 알아서 온도를 다 맞춰준다는 것까지만 이야기하고 넘어가기로 하자.

온도조절기가 있으면 냉장고나 냉동고와 연결하고 벽에 코드를 꽂기만 하면 된다. 온도조절

표 11-1 │ 초기 비중에 따른 라거 효모의 권장 첨가량 (리터당 효모 세포 십억 개 단위)

OG	°플라토	상대적인 효모 첨가량 (세포 10억 개/°P/L)		
		낮은 값 (1.25/°P/L)	일반 값 (1.5/°P/L)	높은 값 (1.75/°P/L)
1.030	7.5	9	11	13
1.035	8.8	11	13	15
1.040	10.0	12	15	17
1.045	11.2	14	17	20
1.050	12.4	15	19	22
1.055	13.6	17	20	24
1.060	14.7	18	22	26
1.065	15.9	20	24	28
1.070	17.1	21	26	30
1.075	18.2	23	27	32
1.080	19.3	24	29	34
1.085	20.5	26	31	36
1.090	21.6	27	32	38
1.095	22.7	28	34	40
1.100	23.8	30	36	42
1.105	24.9	31	37	43
1.110	25.9	32	39	45

°**P**: 플라토(맥아즙의 당도), **OG**: 초기 비중.

참고 사항: 플라토와 비중의 상관관계는 부록 A에 자세히 나와 있다. 효모 첨가량은 리터 기준이며, 리터당 첨가량은 1플라토당 1리터의 효모 세포 수가 각각 12억 5,000만 개, 15억 개, 17억 5,000만 개일 때 낮음, 보통, 높음으로 분류했다. 예를 들어 비중이 1.050인 맥아즙 20리터에 효모를 보통 수준으로 첨가할 경우 20 × 190억 개 = 3,800억 개가 나오므로 액상 효모 제품 기준 약 네 봉지에 해당하는 양이 된다. 양조자들은 비중이 1.070 이상인 맥주의 경우 효모 첨가량을 높은 범위로 적용할 것을 권장하는 경우가 많다. 낮은 범위는 에스테르 형성을 촉진하고자 할 때 적용하면 된다.

SECTION 01 맥주 키트로 맥주 만들기

기의 탐침기는 냉장고 내부 온도를 감지하여 컴프레서compressor가 돌아가고 쉬는 순환 주기를 제어하고 좁은 온도 범위가 유지되도록 한다. 내가 사는 캘리포니아 남부 지역에서는 여름철에 에일 맥주를 만들 때 18℃(65℉)로 맞춰 놓는다. 자가 양조 용품을 취급하는 곳에서 이러한 온도조절기를 쉽게 구할 수 있다.

온도 조절 기능이 1단인 기기는 발열기나 냉각장치를 한 대만 제어할 수 있고 2단인 조절기로는 발열기와 냉각기 두 대를 모두 제어할 수 있다. 라거 맥주를 만드는 과정을 고려했을 때, 소형 가열기를 냉장고나 냉동고 안에 넣어두면 디아세틸 휴지기에 온도를 높일 수 있고 겨울철에는 일시적인 한파가 몰아닥쳤을 때 맥주가 어는 것을 방지할 수 있으므로 2단 조절기를 사용하는 것이 더 편리하다. 2단 조절기는 두 장비를 한꺼번에 제어하면서 설정된 온도를 유지한다. 즉 탐침기에 설정된 온도보다 너무 낮은 온도가 감지되면 냉동고의 작동을 중단시키고 발열기를 가동시키며, 반대로 너무 높은 온도가 감지되면 가열기를 중단시키고 냉동고를 작동시킨다. 또 가열기와 냉동고를 한꺼번에 작동시키지 않는다.

맙소사! 얼어버렸어!

저온 숙성 중에 맥주가 얼었다면 어떻게 해야 할까? 생각만 해도 끔찍한 일 아닌가! 실제로 나도 겪은 일이다. 내가 처음 만든 라거 이야기를 하지 않을 수 없다.

크리스마스가 2주 앞으로 다가왔을 때의 일이었다. 공기차단기 중 어디에서도 거품이 올라올 기미도 보이지 않아 내 속만 부글부글 끓었다. 내가 만든 비엔나 라거는 한쪽에 세워둔 냉장고에서 저온 숙성 중이었고, 나는 곧 사람들과 함께 즐길 수 있는 훌륭한 맥주가 되기를 오매불망 기다렸다.

온도조절기*에 말썽이 생겨서 0℃(32℉)를 설정할 수가 없기에, 나는 냉장고 온도를 '낮음'으로 맞춰놓고 상황을 지켜보기로 했다. 월요일에는 4.4℃(40℉)였지만 화요일이 되어도 온도가 더 낮아지지 않기에 수요일이 되자 나는 버튼을 돌려 온도를 더 낮추었다. 충분히 그럴 만한 상황이라는 생각이 들었다.

그날 오후에 창고 쪽으로 걸어가는데 뭔가 이상한 냄새가 감지됐다. 순간 두려움이 몰려왔다. 얼른 창고 문을 열어젖히고 급하게 들어가려다 현관 문지방에 걸려 넘어지기까지 했다. 아무 이상도 없어 보였지만, 그래도 혹시나 싶은 마음에 냉장고로 다가가 천천히 문을 열었다.

조마조마해하던 내 눈 앞에 꽁꽁 얼어버린 카보이 병이 나타났다. 내가 아이스 비어를 만들다니! 이게 웬 비극인가 싶은 생각이 먼저 스치고 어째야 하나, 걱정이 앞선 나머지 나는 그 자리에 주저앉아 고민에 빠졌다. "아아, 이런 젠장!" 혼잣말이 절로 나왔다.

뒤이어 입에서 악에 받친 욕설도 쏟아져 나왔다. 나는 냉장고를 향해 울분을 터뜨리기 시작했다. "이 망할 자식! 어떻게 이럴 수가 있어! 이게 다 너 때문이야! 아무 쓸모도 없는 것. 이 고물 금속 덩어리 같으니라고. 전기요금이 아깝다! 집 밖에 끌어내고 전화만 한 통 하면 고물상에서 가져갈 거다! 싹 갖다 버릴 거야!"

양조자들은 허리케인에 휩쓸려 날아가는 마른 잎들과 달리 역경에 처하면 다른 방법을 시도해보는 법이다. 나 역시 일단 집으로 돌아가서 꽁꽁 언 맥주 19리터(5갤런)과 함께 얼어버린 공기 차단기를 어떻게 해야 할까 고민했다. 그때 순간적으로 카보이 병이 깨지지 않았다는 사실이 떠올랐다. 진작 그 사실을 알아채지 못한 내가 바보라는 생각과 함께, 맥주가 원상태로 돌아올 수도 있을 것 같은 생각이 들었다.

깨끗한 도구와 수건을 손에 잡히는 대로 다급히 챙겨서 나는 다시 창고로 돌아갔다. 일하고 와서 옷도 이미 갈아입은 상태였는데. 다시 지저분한 꼴로 나타나면 아내가 난리를 칠 것 같았지만 어쩔 수 없었다. 종이 타월도 챙기고, 요오드 용액과 전기담요도 챙겼다.

카보이 병이 얼마나 반짝거리던지! 바닥은 얼지 않았지만 입구에 얼음이 잔뜩 끼어 있어서 정말 조심스러웠다! 저 빌어먹을 냉장고가 내 맥주가 이렇게 얼음 층에 덮이도록 해서 내게 한 방 먹이다니. 나는 병 입구 부분을 세척하고 옆면도 닦아내면서 얼음 덩어리를 떼어내 저 멀리 던져버렸다. 공기차단기는 어디 갔는지 보이지도 않았다. 냉장고 선반에서 겨우 찾고 난 뒤 나는 어이가 없어 껄껄 웃었다.

그렇게 30분 동안 창고에서 씨름을 하면서 나는 아무것도 겁낼 것 없다는 사실을 깨달았다. 전기담요가 효과를 발휘하기 시작해 병에서 얼음이 서서히 사라지자 나는 공기차단기를 다시 소독해서 끼워 넣었다. 내가 만들려던 건 분명 아이스 비어가 아니라 비엔나 맥주였다. 그렇게 얼어버린 내 라거 맥주의 위기도 정리가 됐다.

나는 얼른 정리하고 아내에게 소식을 전하러 갔다. 그날은 전기담요 대신 오리털 이불을 덮고 잠을 청했다. 냉장고는 내가 창고를 나서면서 외친 소리를 분명 들었으리라. "너 한 번만 더 그래봐라, 이 자식아. 바로 재활용품으로 처리해버릴 테다!"

* 당시 내가 사용한 것은 이제는 단종된 헌터 에어스텟(Hunter Airstat™) 온도조절기로, 창문에 설치하는 소형 에어컨에 적합한 제품이다.

라거 맥주 프라이밍과 병에 넣기

라거와 에일의 프라이밍 과정은 거의 차이가 없다. 저온 숙성이 끝난 후에도 맥주에는 효모가 어느 정도 남아 있지만, 한 달 이상 저온에서 오랫동안 맥주를 숙성시켰다면 효모를 새로 넣어야 하는 경우도 있다. 맥주를 병에 담은 후 탄산화가 진행될 만큼 효모가 충분히 남아 있지 않을 수도 있기 때문이다. 라거가 얼어버렸다면 효모가 손상되었을 수 있으므로 새로 첨가해야 한다.

발효조에 추가로 넣는 효모는 맨 처음 투입했던 효모와 동일한 종류여야 한다. 일반적으로 판매되는 효모 제품(건조, 액상 제품 모두)에는 적정량보다 훨씬 더 많은 효모가 담겨 있으므로 병에 넣는 통을 이용하여 프라이밍 설탕과 함께 혼합하여 사용하는 것도 한 가지 방법이다. 건조효모라면 재수화 과정을 거친 후에 사용하면 최상의 결과를 얻을 수 있다.

탄산화(병 숙성)는 라거 맥주의 발효 온도가 아닌 18~24℃(65~75℉)의 실온에서 진행되어야 한다. 비교적 많은 양의 효모를 프라이밍 설탕과 혼합하면 효모 성장은 거의 이루어지지 않으므로 부산물도 그만큼 적게 발생한다. 탄산화가 끝난 후 다시 맥주를 저온 숙성할 필요는 없지만, 서늘한 곳이나 차가운 곳에 보관해야 맛을 안정적으로 유지할 수 있다. 병 숙성은 10장에 자세히 나와 있다.

라거 맥주의 발효와 이취

| 디아세틸과 2,3-펜탄다이온(2,3-pentanedione) |

VDK*vicinal diketones* 물질에 해당하는 디아세틸과 2,3-펜탄다이온은 효모로 인해 생성되는 물질이 아니다. 효모에서 나오는 산물은 아세토하이드록시 산 전구물질(어떤 물질을 합성하는 데 필요한 재료가 되는 물질)이고, VDK는 아세토하이드록시 산이 산화적인 탈카르복실화반응*decarboxylation*을 거칠 때(즉 수소와 이산화탄소가 제거될 때) 생성된다. 이러한 산화 반응은 온도가 높고 산소가 존재할 때 촉진되며 맥주를 병에 다 넣은 후에 아세토하이드록시 산 전구체가 남아 있을 때 이런 조건이 충족되면 디아세틸이 더 많이 형성된다. 효모는 산화 반응이 일어나 디아세틸이 생성되는 속도보다 대략 10배 더 빠른 속도로 디아세틸을 없앨 수 있지만, 그 효과는 전적으로 효모의 활성도와 온도에 따라 달라진다.

디아세틸은 버터 맛을 풍기며 라거 맥주에는 대부분 이취에 해당한다. 다크 에일이나 스타우트 등 종류가 다른 맥주에서는 디아세틸이 소량 함유되면 오히려 좋은 맛을 느낄 수 있으나 라거에서는 거의 모든 종류에서 결점에 해당한다. 따라서 저온 숙성을 실시하기 전, 디아세틸 휴지기를 거쳐 이 성분을 없애야 한다.

디아세틸과 매우 흡사한 물질인 2,3-펜탄다이온은 생성되는 방식도 디아세틸과 동일하다. 달콤한 맛, 허니 버터 또는 토피 사탕과 비슷한 맛과 향이 나는 것이 특징이다. 가벼운 라거는 2,3-펜탄다이온이 소량 함유되면 단맛이 나지만 맥주 온도가 올라가면 그 향이 부담스럽게 느껴질 수 있다. 활발하게 발효되고 디아세틸 휴지기를 거치면 맥주의 2,3-펜탄다이온을 최소로 줄일 수 있다.

| 디메틸설파이드 |

디메틸설파이드(dimethyl sulfide, 줄여서 DMS)는 대부분의 라거 종류에서 이취가 나게 하는 물질이다. 그러나 가벼운 라거에 흔하며, 에일에 함유된 디아세틸처럼 그 양이 적을 때는 라거 맥주의 특징적인 맛으로 여겨진다. 페일 라거에서는 크림처럼 푹 끓인 옥수수나 익힌 양배추와 같은 맛과 향을 더하고 다크 비어에는 토마토와 비슷한 맛과 향을 더한다. 맥아가 만들어지는 과정에서 S-메틸메티오닌*S-methylmethionine*이라는 물질이 생기는데, 맥아즙을 끓이는 동안 이 물질이 화학적으로 환원되면서 디메틸설파이드가 생성된다. 베이스 맥아를 건조용 가마(킬른)에서 구우면 살짝 구워서 만드는 필스너 맥아와 견주어 S-메틸메티오닌의 양이 최종적으로 크게 줄어든다. 페일 라거는 필스너 맥아를 주로 사용하므로 맥아즙 끓이는 시간을 90분으로 설정하면 맥아즙에서 디메틸설파이드를 완전히 없애는 데 도움이 된다.

| 아세트알데히드 |

아세트알데히드는 효모 발효 시 발생하는 다른 부산물과 엇갈려서 형성되는 경우가 많다. 보통 이 물질은 발표 초반에 에탄올이 형성되는 과정에서 생기고 숙성기에 접어들면 줄어든다. 발효가 따뜻한 온도[>16℃(>60℉)]에서 빠른 속도로 진행되거나 효모 첨가량이 지나치게 많을 때, 산소가 부족할 때 아세트알데히드도 증가한다. 풋사과, 생 호박, 젖은 잔디, 잘라 놓은 아보카도 또는 라텍스 페인트와 같은 냄새가 나는 것이 특징이다. 디아세틸 휴지기를 거치는 동안 효모가 모두 없애야 할 물질이다.

| 퓨젤 알코올 |

퓨젤 알코올은 효모가 스트레스를 받는 환경에서 발효를 진행할 때 생길 수 있는, 무거운 알코올의 일종이다(분자량의 측면에서). 총 함량이 크지 않을 경우 맥주가 숙성되면서 에스테르화가 이루어지지만 이 반응 경로는 전체적으로 사소한 부분에 해당하며 퓨젤 알코올의 양을 효과적으로 줄이는 데 큰 도움이 되지 않는다. 온도가 높을 때, 산소를 과량 공급할 때, 아미노산이 과량 존재할 때나 반대로 산소가 부족하고 아미노산이 부족한 환경에서 퓨젤 알코올도 늘어난다. 이 물질의 양을 통제하는 방법은 아래와 같다.

- 효모 첨가량을 늘려서 효모의 과도한 성장을 방지한다.
- 맥아즙이 충분히 식었을 때 효모를 넣는다.
- 발효는 효모에 맞는 적정 범위 중에 낮은 온도에서 진행한다.
- 맥아즙에 자당이나 기타 정제된 당류를 넣지 않는다.

| 에스테르 |

에스테르는 알코올과 지방산이 있을 때 효모가 만들어내는 물질이다. 맥주의 에스테르 성분은 대부분 에탄올에서 비롯하지만 일부는 퓨젤 알코올이 에스테르화되면서 형성되기도 한다. 효모가 빠르게 성장하거나 스트레스를 받는 환경에서 에스테르 형성도 촉진되며, 그 밖에도 효모 첨가량이 부족할 때, 산소가 부족할 때, 맥아즙 온도가 너무 따뜻한 상태에서 효모를 투입할 때, 발효 온도가 높을 때, 맥아즙의 알코올 농도가 높을 때, 정제당의 비율이 높을 때 등 다양한 원인으로 증대할 수 있다. 7장에 에스테르 형성 과정이 더욱 자세히 나와 있다.

| 라거 맥주의 이취를 최소로 줄이는 법 |

요약하면, 다음 항목 중 일부 또는 전체가 나타나면 맛없는 라거에 해당한다.

- 전자레인지용 버터맛 팝콘 향이나 맛이 나는 것은 디아세틸 때문이다.
- 달콤한 향, 버터 향은 2,3-펜탄다이온에서 비롯된 것이다.
- 쉰 옥수수, 익힌 옥수수나 크림처럼 푹 익힌 옥수수 향은 디메틸설파이드로 인해 발생한다.
- 풋사과, 생 호박, 갓 바른 페인트 냄새나 맛의 원인은 아세트알데히드다.
- 용제 냄새나 맛이 강하게 느껴지는 것은 퓨젤 알코올 때문이다.
- 과일 냄새나 향은 에스테르로 인한 것이다.

깔끔한 라거를 만들기 위해 기억해야 할 사항을 정리하면 아래와 같다.

- 효모를 넣기 전에 맥아즙을 1차 발효 온도까지 충분히 식힌다.
- 효모 세포의 성장을 제한하기 위해 비교적 많은 양의 효모를 투입한다.
- 맥아즙에 산소를 충분히 공급하되 그 양이 과도하지 않아야 한다.
- 온도를 너무 빨리 낮추거나 저온 숙성에 돌입하지 말아야 한다. 효모가 필요한 과정을 모두 완료할 수 있도록 시간을 충분히 주자.

아메리칸 라거 만들기

버드와이저, 밀러, 쿠어스와 같은 가벼운 아메리칸 라거는 큰 인기를 얻고 있는 만큼 양조법을 궁금해하는 사람들도 많다. 가장 먼저 알아야 할 것은, 그런 라거를 만들기가 쉽지 않다는 사실이다. 왜 그럴까? 첫 번째 이유는 쌀이나 옥수수가 발효 가능 곡물의 약 30퍼센트를 차지하는 완전 곡물 양조 방식으로 만들어지기 때문이다. 이때 부재료로 사용하는 쌀이나 옥수수는 반드시 미리 끓여서 당화 혼합물mash에 첨가해야 전분이 완전히 녹아 효소가 전분을 발효 가능한 당류로 전환할 수 있다. 당화와 부재료에 대해서는 15장과 16장에서 다시 자세하게 알아보기로 하자.

266

두 번째 이유는 이와 같은 가벼운 스타일의 맥주는 이취를 피할 방도가 없다는 것이다. 위생 관리, 효모를 취급하는 방식, 발효 조절 방식을 모두 엄격하게 지켜야 제대로 된 결과물을 얻을 수 있다. 버드와이저나 밀러, 쿠어스에서 일하는 전문 양조자들은 수십 년에 걸쳐 숙련된 기술을 쌓은 사람들이라 늘 맛이 한결같은 맥주를 만들어낼 수 있다.

쌀이나 옥수수를 함유한 라거를 만들어보고 싶다면 아래 '일반적인 아메리칸 라거 맥주' 레시피를 참고하기 바란다. 이와 같은 스타일의 맥주를 최대한 정확하게 만들려면 먼저 말토오스 함량이 높은 옥수수 시럽이나 쌀 시럽을 구해야 한다. 시럽이나 분말 형태로 판매하는 쌀 추출물을 사용하면 하이네켄이나 버드와이저와 비슷한 맥주를 만들 수 있다. 또 말토오스 함량이 높은 옥수수 시럽을 사용하면 밀러나 쿠어스와 비슷한 맥주를 만들 수 있다. 고형 옥수수 시럽은 프라이밍과 병에 넣는 과정에 사용하는 제품으로 흔히 판매되는 옥수수당(덱스트로오스 일수염dextrose monohydrate)과 다른 재료다. 옥수수를 당화시켜서 만드는 것이 말토오스가 다량 함유된 옥수수 시럽과 고형 제품이므로 옥수수의 특징적인 맛이 남아 있다. 슈퍼마켓에서 판

🍺 일반적인 아메리칸 라거 맥주 🍺

초기 비중: 1.042
종료 비중: 1.010
IBU: 21

SRM(EBC): 3(6)
ABV: 4%

⟫⟫ 양조 방식: 추출과 곡물 침출 ⟪⟪

맥아즙 A	비중계 값	
1.13kg(2.5lb.) 필스너 DME	35	
3갤런 기준, 끓이기 전 비중	1.035	
홉 스케줄	**끓이는 시간(분)**	**IBU**
30g(1oz.) 윌래밋(Willamette) 5% AA	60	18
30g(1oz.) 윌래밋(Willamette) 5% AA	10	3
맥아즙 B (끓인 후 첨가)	**비중계 값**	
680g(1.5lb.) 필스너 DME	21	
680g(1.5lb.) 고형 쌀 시럽	21	
효모 종	**투여량(세포 10억 개)**	**발효 온도**
아메리칸 라거*	300	52°F(11°C)

* 건조효모인 퍼멘티스 사프라거(Fermentis Saflager) W-34/70를 추천한다.

매하는 옥수수 시럽은 단맛을 높이기 위해 과당이 많고 바닐린 같은 첨가물도 들어 있다. 이러한 제품을 사용하면 원하는 맛의 맥주를 만들 수 없다.

옥수수가 함유된 라거를 만들려면 아래 레시피에서 쌀 시럽 대신 고말토오스 옥수수 시럽을 사용하면 된다. 풍부한 옥수수 향이 특징인 정통 아메리칸 필스너는 23장에 나온 '아버지 콧수염*Your Father's Mustache*' 레시피를 참고하여 초기 비중과 국제 쓴맛 단위를 맞춰야 한다. 해당 레시피에 나온 것과 같이 압착된 옥수수(플레이크)나 거칠게 빻은 옥수수를 사용하면 옥수수 시럽을 사용하는 추출 방식보다 옥수수의 특성을 더 살릴 수 있다. 23장에는 그 밖에 다른 라거 레시피도 나와 있다.

CHAPTER

-12-

★ HOW to BREW ★

알코올
도수 높은
맥주 만들기

수제 맥주 만드는 일에 갓 뛰어든 사람들은 모두 똑같은 경로를 걸어가는 것 같다. 실패하다가 성공하고, 그러다 자신감이 과하게 붙고, 변화를 시도하다가 마침내 일관된 방법에 정착한다. 각 단계에 따라 맛없는 맥주, 맛있는 맥주, 도수가 높은 맥주, 과일이나 향신료 맛이 나는 맥주, 그리고 정통 스타일 맥주가 탄생한다. 처음 양조를 시도했다가 맛본 좌절감은 대부분 맥주가 어떻게 만들어지는지 제대로 파악하려는 더 큰 호기심을 낳고, 그 결과 두 번째 도전은 큰 성공을 거둔다. 가까운 친구들이나 가족들 사이에서 위세를 떨치고 나면, 다음 단계가 찾아온다.

　"이번에는 아주 센 맥주를 만들어봐야겠군!"

　어떤 맥주를 센 맥주라고 할 수 있을까? 여러 가지 의견이 있지만 나는 초기 비중이 1.075보다 큰 맥주가 그에 해당된다고 생각한다. 초기 비중이 1.060에서 1.065 사이인 맥주도 세다고 주장하는 사람들도 있고 나도 어느 정도는 동의하지만 효모와 발효를 관리하는 현대적인 방식으로 그 정도 비중은 큰 무리 없이 맞출 수 있다. 그러나 초기 비중이 1.075를 넘어서면, 특히 1.090이 넘으면 양조 과정을 두세 번 다시 점검해야 성공을 거둘 수 있다.

비중이 높은 맥주, 혹은 비중이 낮은 '임페리얼imperial' 버전의 맥주를 만드는 일은 자가 양조자라면 누구나 한 번쯤 도전해봐야 할 일종의 통과의례가 된 것 같다. 노련한 양조자들은 그저 어깨를 으쓱하며 "그래요, 한번 해보시죠. 잘될 겁니다"라고 이야기할 뿐, 의기양양한 승리감에 젖어 있는 초보 양조자에게 달리 설명을 덧붙이지는 않는다. 알코올 도수가 높은 맥주는 만들기 쉽지만 또 한 잔을 먹고 싶을 만큼 괜찮은 결과물을 얻기가 어렵다는 사실은 굳이 이야기하지 않는 것이다. 도수는 높은데 형편없는 맥주는 굉장히 달거나, 심하게 묵직하다. 아니면 엄청나게 쓰다. 발리 와인, 러시안 임페리얼 스타우트, 대형 브랜드로 판매되는 IPA 등이 그 고생스러운 과정을 거친 결과물이다. 아래에 '카모니완나레이야 아메리칸 발리 와인 Kamoniwannaleiyah American Barleywine' 레시피가 예시로 나와 있으니 참고하기 바란다.

모든 맥주가 마찬가지지만 특히 알코올 도수가 높은 맥주를 성공적으로 만들기 위한 핵심은 발효 과정이 모두 정확하게 진행되도록 적절히 관리하는 것이다. 친한 친구 중 하나인 자밀 자이나셰프Jamil Zainasheff의 말을 빌리자면, "센 맥주는 맛이 드라이해야 한다." 처음에는 틀린 소리로 들릴 수 있지만 잘 생각해보면 왜 그런지 이유를 알 수 있다. 알코올 도수가 높은 맥주에서는 상당히 묵직한 보디감을 느낄 수 있고, 이러한 특징은 맥아에 함유된 단백질과 비발효성 덱스트린에서 비롯된다. 또 대부분의 효모가 수용성 추출물 전체 중에 약 75퍼센트만 발효할 수 있다는 사실을 감안하면, 나머지 추출물은 맥주의 무게감을 더하는 역할을 함을 알 수 있다. 그러므로 도수가 높은 맥주가 충분히 발효되지 않으면 보디감이 두 배로 느껴지므로 맛이 드라이할수록 잘 만들어진 것이다.

알코올 함량이 높은 맥주를 만들려면 더욱 활발히 발효해야 한다. 앞서 6장과 7장에서 살펴보았듯이 이 목적을 달성하는 가장 좋은 방법은 첨가하는 효모의 양을 늘리는 것이다. 알코올 내성이 높은 효모(즉 와인이나 샴페인용 효모)로 바꾸고 발효 온도와 투입하는 산소량도 늘리는 방식으로 도수가 높은 맥주를 만드는 방법도 있지만, 이럴 때는 맥주의 특성도 함께 바뀐다. 아마 여러분이 실제로 만들려는 맥주는 맥주의 맛과 균형은 기존에 만들던 것과 같으면서 알코올 함량만 더 높은 맥주일 것이다. 효모를 더 많이 투입하는 것으로 보통 그러한 결과를 얻을 수 있다.

하지만 효모 첨가량에 대해 알아보기 전에 먼저 그전에 해결해야 할 문제가 있다. 바로 센 맥주에 알맞은 맥아즙을 만드는 일이다.

비중을 높이는 법

기본적으로 비중이 높은 맥아즙을 만드는 방법은 두 가지가 있다. 하나는 간단히 레시피의 맥아추출물 양을 늘리는 것이다. 그러나 맥아추출물을 구할 수 없는 국가도 있고 실제로 그런 경우 설탕이나 설탕을 함유한 부재료를 1~2파운드(450~900그램) 정도 첨가해서 비중을 높인다. 단, 발효된 당은 발효된 추출물과 맛이 같지 않은 점을 기억해야 한다.

두 번째 방법은 곡물의 양을 늘려 곡물당 물 비율을 낮추고 당화와 여과 과정을 거쳐 비중이 높은 맥아즙을 얻는 것이다. 18장 '추출과 생산량' 부분에 나와 있듯이 당화와 스파징(Sparging, 당화에 사용한 맥아에 온수를 섭씨 75도로 맞추고, 맥아에 남아 있는 당을 마저 회수하는 것) 단계에서 모두 곡물은 늘리고 물의 양은 줄이면 당의 농도를 높일 수 있다. 실제로 당화에서 얻을 수 있는 맥아즙의 초기 비중은 최대 약 1.100이고 효율은 50퍼센트 정도로 낮은 편이다. 뒤에 당화와 여과를 설명할 부분에서 이 과정이 어떤 원리로 진행되고 왜 이런 결과가 나오는지 상세히 설명할 예정이지만 핵심을 요약하자면 비중을 두 배로 높이려면 곡물이 두 배(또는 그 이상) 더 많이 필요하고 이는 곧 당화 혼합물mash의 양도 두 배로 늘고, 당화 솥도 두 배 더 큰 사이즈가 필요하다는 것을 뜻한다. 이로 인한 시간과 노력, 맥주의 품질을 고려할 때 비중이 적당히 높은(초기 비중이 1.060 정도인) 맥아즙을 만든 다음 끓일 때 맥아추출물이나 설탕을 첨가하여 원하는 비중까지 높이는 것이 낫다는 결론에 도달한다.

그 밖에 한 가지 방법이 더 있다. '이중 당화double mash'로도 불리는 방법으로, 당화 단계에 물이 아닌 앞서 얻은 맥아즙을 이용해서 맥아즙의 비중을 높이는 것이다. 예를 들어 곡물당 물의 비율이 4L/kg(2qt./lb.)일 때 맥아즙의 비중이 1.061이라고 가정해보자. 이 맥아즙이 당화 과정을 거치고 추출 효율이 70퍼센트라면 총 3L/kg(1.5qt./lb.)의 맥아즙을 얻을 수 있다. 그런 다음 곡물당 비율이 앞서와 동일한 조건에서 새로 당화를 진행하면서 이렇게 마련한 1차 맥아즙을 물 대신 사용하면, 시간과 온도 조건이 같을 때 총 비중이 1.120인 맥아즙을 얻을 수 있다. 18장의 내용과 표 18.3에 1차 맥아즙의 비중을 활용하는 방법이 나와 있다.

이러한 방식은 시간이 많이 걸리고 곡물에 남는 추출물의 양도 많아서 당화를 한 번 거칠 때마다 총 맥아즙의 부피가 줄어든다. 2차 당화 후에 스파징을 실시하면 이 문제를 어느 정도 해결할 수 있지만 그만큼 맥아즙이 희석된다. 이중 당화는 그리 효율적인 방법은 아니지만 곡물의 양을 늘려서 비중이 높은 맥아즙을 만들 수 있는 효과적인 방법이다.

10갤런(38리터)을 5갤런(19리터)이 될 때까지(예를 들어) 오래 끓여서 줄이는 것은 그리 좋은 방법이 아니다. 오래 끓이면 마야르 반응으로 생성되는 물질도 늘어나는데 이러한 물질은 대부분 추출물에 퀴퀴한 냄새를 유발하는 물질과 비슷한 역할을 한다. 그러므로 당화할 곡물의 양을 크게 늘려 곡물당 물의 비율을 줄이거나 이중 당화를 실시하는 방법, 또는 양질의 맥아추출물을 구해서 양을 늘리는 방법을 택하는 것이 좋다. 그것이 더욱 괜찮은 결과물을 얻을 수 있는 방법이다.

고알코올 맥주의 효모 첨가량

표 12.1과 표 12.2에 에일 맥주와 라거 맥주의 표준 효모 첨가량이 나와 있다. 4단계의 비중 간격으로 에일 맥주는 리터당 세포 수를 7억 5,000만 개부터[또는 플라토(°P) 기준 리터당 세포 7억 5,000만 개], 라거는 15억 개부터 제시했다(표준 첨가량에 관한 설명은 7장을 참고하기 바란다.) 발효 시 비중이 높을수록 부산물도 늘어나므로 에일 맥주에서는 4단계 비중 간격으로 리터당

표 12-1 | 비중이 높은 맥아즙을 만들 때 맥아즙 비중에 따른 효모 첨가량, 갤런당 효모 세포 10억 개 단위

		맥주 유형별 권장 투입량 (세포 10억 개/L/°P)[a]					
		에일			라거		
SG	°P	0.75	1.0	1.25	1.5	1.75	2.0
1.075	18.2	52	69	86	103	121	138
1.080	19.3	55	73	91	110	128	146
1.085	20.5	58	77	97	116	135	155
1.090	21.6	61	82	102	122	143	163
1.095	22.7	64	86	107	129	150	172
1.100	23.8	67	90	112	135	157	180
1.105	24.9	71	94	118	141	165	188
1.110	25.9	74	98	123	147	172	196
1.115	27.0	77	102	128	153	179	204
1.120	28.1	80	106	133	159	186	212

°P: 플라토, **SG**: 비중 (플라토 값과 비중 값의 관계에 관한 상세한 내용은 부록 A에 나와 있다.)
a: 이 표에 나온 효모의 권장 첨가량은 7장에 소개한 표준 첨가량에서 세포 2억 5,000만 개/L/°P 늘린 것이다.

표 12-2 | 비중이 높은 맥아즙을 만들 때 맥아즙 비중에 따른 효모 첨가량, 리터당 효모 세포 10억 개 단위

SG	°P	맥주 유형별 권장 투입량(세포 10억 개/L/°P)[a]					
		에일			라거		
		0.75	1.0	1.25	1.5	1.75	2.0
1.075	18.2	14	18	23	27	32	36
1.080	19.3	14	19	24	29	34	39
1.085	20.5	15	20	26	31	36	41
1.090	21.6	16	22	27	32	38	43
1.095	22.7	17	23	28	34	40	45
1.100	23.8	18	24	30	36	42	48
1.105	24.9	19	25	31	37	43	50
1.110	25.9	19	26	32	39	45	52
1.115	27.0	20	27	34	41	47	54
1.120	28.1	21	28	35	42	49	56

°P: 플라토, SG: 비중 (플라토 값과 비중 값의 관계에 관한 상세한 내용은 부록 A에 나와 있다.)
a: 이 표에 나온 효모의 권장 첨가량은 7장에 소개한 표준 첨가량에서 세포 2억 5,000만 개/L/°P 늘린 것이다.

세포 수를 10억 개, 또는 15억 개 이상 높이면(10억~15억 개/L/°P) 맥주의 깔끔한 맛에 영향이 생길 수 있음을 염두에 두기 바란다.

라거 맥주도 효모 첨가량을 늘려서 비중을 높일 수 있다. 일반적으로 효모의 상태가 건강하고 활성이 우수하다면 과첨가[1]로 인한 문제는 거의 생기지 않는다. 첨가하는 효모량이 늘어날수록 발효 특성이 줄고 맥주 맛은 더 깔끔해지기 때문이다. 내가 맛본 우수한 맥주들을 떠올려보면, 알코올 함량이 11퍼센트인데 6~7퍼센트로 느껴진 경우가 많았다. 그만큼 좋은 맥주는 맛이 부드럽다는 의미로, 모두 효모 첨가량과 발효 관리가 적절해야 얻을 수 있는 결과다.

---

1 한 달 전쯤 알코올 도수가 높은 맥주를 발효하면서 남겨둔 효모 등 오래되고 활력이 떨어져 절반가량은 사멸한 효모를 사용한다면 과발효 문제가 발생하기 쉽다. 이러한 효모를 투입하면 안 좋은 냄새나 치즈 냄새, 육수와 비슷한 냄새 등 여러 가지 이취가 난다. 오래된 효모의 활성을 되살리는 방법은 7장 '간단한 효모 배양법'을 참고하기 바란다.

효모 선정

알코올 도수가 높은 맥주를 만들 때 사용할 효모를 고르는 것도 중요하지만, 효모의 종류보다는 알코올 허용도(내알콜성)가 훨씬 더 중요하다. 대부분의 맥주 효모는 12퍼센트 알코올 함량까지는 별 문제 없이 사용할 수 있다. 효모를 선정할 때 가장 먼저 염두에 두어야 하는 것은 발효의 특성과 숙성 방식이다. 도수가 높다고 해서 맛이 사라져서는 안 된다. 절제된 맛이나 복합적인 맛은 부족해질 수 있지만 맛 자체가 없어지지는 않는다. 그러므로 깔끔한 맥주를 만드는 종류로 고르되, 발효도가 높고 응집이 낮거나 중간 정도인 효모를 골라야 맥주를 완전히 숙성할 수 있다.

물론 벨기에 트리펠*tripel*이나 도수가 높은 벨기에 에일처럼 독특한 스타일이 있는 맥주도 있다. 이러한 맥주는 페놀의 특성이 강한 독특한 효모를 사용하는데, 이런 종류를 사용해도 무방하다. 그러나 뭐가 됐든 일단 '임페리얼'이 붙을 만한 맥주를 만드는 것이 목표라면 처음에는 더욱 깔끔한 맛을 낼 수 있는 효모를 선택해서 일단 시도해보기 바란다.

레시피 조정

몇 년 전에 나는 자밀 자이나셰프와 함께 공동 진행하는 팟캐스트 '브루 스트롱*Brew Strong*'[2]에서 도펠복*Doppelbock*이나 아이스복*Eisbock* 맥주를 만들 때 전분 원료의 총량*grain bill*에 대해 이야기한 적이 있다. 이러한 맥주는 20~30SRM(40~50EBC)로 색깔이 짙은 호박색에서 진한 갈색에 가까운 편이다. (맥주의 색깔에 관한 정보는 부록 B에 나와 있다.) 자밀은 이로 인해 많은 양조자들이 짙은 캐러멜 색 맥아나 로스팅한 맥아를 사용하지만, 특성이 전혀 다른 맥주가 만들어질 수 있으므로 잘못된 선택이라고 설명했다. 도펠복 맥주의 진한 색은 맥아의 색이 진해서가 아니라 비중이 높고 곡물을 끓이는 동안 마야르 반응으로 갈변 반응이 진행된 결과다. 아이스복 맥주도 마찬가지로, 냉동과 얼음을 제거하는 과정에서 농축되면서 색이 짙어진다.

---

2 브루 스트롱(Brew Strong)®에서는 제목과 달리 알코올 도수가 높은 맥주 만드는 법을 이야기하지는 않는다. 양조 전반에 관한 이야기를 나누는 팟캐스트로, 기술적인 부분을 좀 더 현실적으로 풀어서 이야기하는 것이 우리가 중점을 두는 부분이다.

알코올 도수가 높은 맥주를 만들 때는 베이스 맥아에서 필요한 비중의 대부분을 얻어야 한다. 예를 들어 브라운 에일 레시피로 임페리얼 버전의 브라운 에일을 만들고자 한다면 곡물을 전체적으로 늘리지 말고 스페셜티 맥아의 비율을 조금 줄여야 한다. 경우에 따라 알코올 함량이 높아지면서 맛의 균형도 달라질 수 있으므로 스페셜티 맥아의 비율이 아닌 총량을 재고해야 할 수도 있다. 베이스 맥아는 대부분의 스페셜티 맥아와 달리 맛이 그리 강하지 않으므로 비율을 그대로 유지한 상태로 양만 늘리면 스페셜티 맥아의 맛이 더 강해진다. 양조에 사용하는 스페셜티 맥아가 맥주 맛의 균형에 전체적으로 주는 영향은 항상 중요한 요소다. 균형을 생각하지 않고서는 복합적인 맛을 기대할 수 없다.

때로는 과한 것보다 부족한 것이 오히려 나을 때가 있다. 특히 목 넘김의 측면에서 그렇다. 일반적인 아이리시 스타우트와 러시안 임페리얼 스타우트의 차이를 생각해보자. 세션 맥주에 해당하는 아이리시 스타우트는 맛이 풍부하면서도 포만감과 무관해서 저녁 내내 여러 잔을 마실 수 있다. 훌륭한 러시안 임페리얼 스타우트는 복합적인 맛이 폭발하듯 느껴지는 놀라운 맥주지만 너무 진해서 한 번에 두 잔 이상 마시기는 힘들다. IPA과 더블 IPA도 마찬가지다. 더블 IPA은 쓴맛이 더 강하고 알코올 함량도 더 높은데, 최근에는 단당류 성분을 5~10퍼센트 포함시킨 레시피를 적용하여 보디감을 낮추고 일반 IPA보다 오히려 목 넘김이 더 좋은 맥주도 나오는 추세다. 요지는 여러분이 사용하는 레시피를 '임페리얼' 버전으로 만들기 위해 무작정 재료의 양만 늘려서는 안 된다는 것이다. 비중이 높아지면 맥주 맛의 균형과 목 넘김에 어떤 영향이 생길 수 있는지 차분하게 생각해보자. 그리고 더 맛있는 맥주를 만들 수 있는 방향으로 과감하게 재료와 비율을 조정하자.

맥아즙에 산소 공급하기

효모 첨가량이 늘면 산소도 더 많이 공급해야 한다. 맥아즙의 산소 포화도는 상당히 일정하게 유지되지만, 알코올 함량이 높은 맥주를 만들 때 투입되는 효모가 늘면 그 산소를 이용하는 효모 세포의 수가 늘어난다. 해결 방법은 효모의 고성장기가 시작되는 시점에 산소를 한 번 더 공급하여 새로 탄생한 효모가 윗세대와 동일한 양의 산소와 지질을 활용할 수 있도록 하는 것이다. 앞서 6장에서 설명했듯이 초반에 산소를 빠른 속도로 소비한다. 보통 투입 후 30분

이내에 산소와 함께 유리 아미노산과 질소(FAN)을 함께 흡수한 뒤 세포막을 새로운 영양소가 존재하는 환경에 맞게 변형시켜 적응한다. 그런 다음 증식이 시작된다. 효모가 이 첫 번째 세포분열을 시작할 때까지 기다렸다가 산소를 추가로 공급하면 되는데, 일반적으로 투입 후 약 8~12시간 이후가 그 시점에 해당한다. 산소 추가 공급은 효모가 완전히 적응하여 고성장기로 넘어가기 전에 끝나야 한다. 2차로 공급하는 산소는 첫 번째와 동일한 방식으로 시간당 동일한 양으로 맞추면 된다.

맥아즙이 든 용기를 흔들거나 맥아즙을 저어서 산소를 공급하면 표면적이 산소를 흡수하기에 충분히 넓은지 확인해야 한다. 그러나 스타터로 만든 맥아즙은 용기를 흔들어서 산소 포화도를 쉽게 채울 수 있지만 양조용 통이나 카보이 전체를 흔드는 건 불가능할 뿐만 아니라 위험한 일이기도 하다. 또 위아래로 흔드는 것보다 좌우로 용기를 돌려가며 공기에 노출시키는 방법이 더 쉽지만 맥아즙 전체가 충분한 산소에 노출되려면 용기 입구와 액체 사이 공간이 넉넉해야 한다. 카보이 병에 맥아즙을 가득 채웠다면 이 방법을 적용할 수 없다.

수족관용 에어펌프나 산소 탱크를 활용하여 에어스톤으로 산소를 공급하는 방법이 그보다 훨씬 더 효율적이다. 에어스톤은 보통 구멍의 크기가 0.5마이크론과 2마이크론 두 가지다(마이크론은 마이크로미터㎛를 뜻한다). 구멍이 0.5마이크론인 에어스톤을 이용하면 공기 방울이 더 작은 크기로 생기므로 표면적이 넓어지지만 구멍이 너무 작으면 공기가 흐르는 데 발생하는 저항도 크게 높아진다(따라서 더욱 강력한 에어펌프가 필요하다). 또 매번 사용한 후에 꼼꼼하게 세척하지 않으면 구멍이 막히기 쉽다. 내 경험상 구멍이 2마이크론 사이즈인 에어스톤이 용기 입구와 맥주 사이 공간에 거품을 많이 발생시키긴 해도 더 나은 것 같다. 소포제를 활용하면 이러한 현상을 해결하는 데 큰 도움이 되며 소포제를 사용하더라도 맥주 거품의 형성과 유지력에는 영향을 주지 않는다. 공기(또는 산소) 발생원과 에어스톤 사이에 설치할 수 있는 헤파 필터도 있으며 이를 사용하면 공기 주입 과정에서 맥주가 오염되는 것을 방지할 수 있다.

핵심을 요약하면, 산소를 공급하고 8~12시간 후에 다시 한 번 공급하라.

맥아즙의 순차적 첨가

알코올 도수가 매우 높은 맥주를 만들 때 적용할 수 있는 또 한 가지 기술은 시간차를 두고 맥아즙을 넣는 것이다. 즉 발효조에 먼저 일부 맥아즙을 담고 효모를 넣어 크로이젠이 상당량 발생하도록 기다렸다가 나머지 맥아즙을 붓는 것이다(산소도 공급한다). 먼저 붓는 맥아즙을 대용량 스타터로 활용하는 방식이다. 효모 첨가량은 맥아즙의 총량이 아닌 먼저 사용하는 맥아즙의 부피와 비중을 토대로 결정해야 한다. 2차로 맥아즙을 부은 다음에는 효모를 넣지 않는다. 2차 맥아즙은 1차 맥아즙에 효모를 첨가한 뒤 효모 세포가 최소 한 번은 세포분열을 하여 총 세포 수가 대략 두 배가 되는 시점인 24시간 후, 발효조에서 어느 정도 효모의 활성이 나타날 때 추가로 붓는다. 레시피에 단순 당이 큰 비율을 차지한다면 이 재료를 2차 맥아즙에 넣을 수 있으므로 이러한 순차적인 방식이 매우 유용하다.

2차로 넣는 맥아즙은 발효조에 붓기 전 산소를 공급해야 한다. 발효 중인 맥주에다 2차 맥아즙을 넣기 전에 공기를 투입해서는 안 된다. 효모가 증식하면서 필요한 아연 성분을 충분히 비축하고 맥아즙에도 이미 미량 함유되어 있으므로, 일반적인 발효 과정에는 아연을 추가할 필요가 없다. 그러나 초기 비중이 1.100 이상으로 알코올 도수가 굉장히 높은 맥주를 만들 경우 효모 첨가량만 늘리는 것으로는 불충분할 수 있으므로 아연을 추가로 넣는 것이 분명 도움이 된다. 단, 아연을 과량 첨가하면 불쾌한 이취가 날 수 있으므로 너무 많은 양(>1ppm)을 넣지 않도록 주의해야 한다. 발효가 시작될 때 온도를 발효 온도 범위에서 낮은 쪽에 가깝도록 약간 낮게 설정하면 효모의 생장을 제한하고 아세트알데히드의 형성 속도를 늦추는 데 도움이 된다. 아연을 비롯한 무기질 성분의 첨가에 관한 내용은 6장에 자세히 나와 있다.

요약

알코올 도수가 높은 맥주의 발효 과정은 일반 맥주와 다르지 않다. 중요한 것은 효모를 잘 관리하여 발효가 원활하도록 하는 것이다. 효모를 잘 관리한다는 것은 조건에 맞게 발효될 수 있도록 효모 첨가량과 산소 공급, 영양소 공급이 충분한 것을 뜻한다. 6장에서 설명한 맥주의 충분한 숙성을 위해 기억해야 할 원칙들도 명심하기 바란다.

카모니완나레이야 아메리칸 와인 Kamoniwannaleiyah American Barleywine

본 레시피는 「비어 앤 브루어(Beer and Brewer)」 매거진 34호(2015년 봄)에 실린 내 Q&A 칼럼을 통해서 맨 처음 공개한 자료다.

초기 비중: ~1.110, 19리터(5갤런)
종료 비중: ~1.028

IBU: 100+
SRM(EBC): ~18(36)

전분 원료	비중계 값
9kg(19.8lb.) 페일 에일 맥아(pale ale malt)	71.5
500g(1.1lb.) 뮌헨 맥아(Munich malt)	3.5
250g(0.55lb.) 크리스털 40°L	1.5
250g(0.55lb.) 크리스털 75°L	1
100g(0.22lb.) 스페셜 "B"	0.5
1kg(2.2lb.) 페일 DME	15
23리터(6갤런) 기준, 끓이기 전 비중	1.093

홉 스케줄	끓이는 시간(분)	IBU
80g(2.5oz.) 워리어(Warrior) 16% AA	60	94
40g(1.4oz.) 아마릴로(Amarillo) 9% AA	15, 침출	6
40g(1.4oz.) 갤럭시(Galaxy) 14% AA	15, 침출	9

효모 종	투여량(세포 10억 개)	발효 온도
캘리포니아 에일	550	20℃(68°F)

만드는 법

1. 용량이 38리터(10갤런) 이상인 당화 솥에 곡물당 물 비율 3L/kg(1.5qt./lb.)로 곡물과 물을 담는다. 당화 온도는 65℃(149°F)이며 물의 최대 온도는 71~72℃(160~162°F)로 맞춘다. 한 시간 동안 당화를 진행하고 가끔씩 저어주면서 곡물이 골고루 섞이도록 한다.

2. 한 시간이 지나면 맥아즙을 다시 저어주고 끓임조로 모두 옮긴다. 최종적으로 비중이 약 1,078인 맥아즙 23리터(6갤런)가량을 확보해야 한다. 스파징은 실시하지 않는다.

3. 페일 건조맥아추출물 1kg(2.2lb.)을 끓임조에 넣은 후 다시 끓인다. 이번에는 거품이 많이 생기므로 핫 브레이크(거품이 가라앉는 단계)가 되도록 기다렸다가 워리어 홉을 넣는다. 끓이는 시간이 끝나기 5분 전에 아이리시 모스나 기타 청징제를 넣는다.

4. 워리어 홉을 넣고 60분간 끓인 후 불을 줄이고 아마릴로 홉과 갤럭시 홉을 넣는다. 이 두 가지 홉이 뜨거운 맥아즙에 잠긴 상태로 15분간 두었다가 맥아즙을 효모를 첨가할 수 있는 온도까지 식힌다. (인위적으로 냉각하지 않고 식히는 방법을 적용해도 된다. 이때 마지막으로 홉을 넣은 직후 뜨거운 맥아즙을 발효조로 옮기면 된다.)

5. 맥아즙 온도가 20℃(68°F)가 되면 산소를 공급하고 캘리포니아 에일 효모(또는 비슷한 종)을 세포 수 5,500만 개에 맞춰 넣는다. 발효 온도는 최대한 20~23℃(68~74°F) 범위로 유지한다. 효모 투입 직후부터 36~48시간 동안은 이 범위에서 최저점인 20℃(68°F)를 유지하는 것이 가장 좋다. 그 이후에는 온도를 23℃(74°F), 심지어 25℃(77°F)까지 높여도 맥주 맛에 아무런 문제도 생기지 않는다. 발효가 시작되고 2~3일이 지난 뒤 온도를 1~2도 정도 올려주는 것이 오히려 맥주 맛을 깔끔하게 하는 데 도움이 된다.

6. 맥주는 적당한 효모 투입량과 적절한 발효 후 2~3주 내에 병이나 케그에 담을 수 있는 상태가 되어야 한다. 그러나 발리 와인은 숙성시킬수록 좋고 시간이 가면서 홉의 향이 강한 맛에서 맥아의 맛이 강한 쪽으로 맛이 바뀐다. 너무 일찍 마시지 말고 병이나 케그에 담은 상태로 몇 개월간 숙성하면서 그 변화를 즐겨보자!

CHAPTER

13

★ HOW to BREW ★

과일, 채소,
향신료 첨가한
맥주 만들기

수제 맥주의 세계에 진입하여 점점 발전을 거듭하다 보면, 뭔가 특이한 재료를 떠올리고 "오호, 발효할 때 넣을 수 있을 것 같은데!"라고 확신하는 시기가 꼭 찾아온다. 보통은 발효가 되긴 하지만, 핵심은 발효가 잘되느냐의 여부에 달려 있다. 과일은 단순 당이 다량 함유되어 있고 향과 맛이 좋아서 맥주와 꽤 쉽게 어우러진다. 채소는 맥주 양조에 전분을 얻는 대용으로 활용하는데, 사실 맛에는 큰 영향을 주지 않지만 맥주에 독특한 개성을 준다. 단 고추는 예외로 과일처럼 다루어야 하며 자칫 맛에 과도한 영향을 줄 수 있다. 고추의 풍미가 살짝 느껴지거나 뒷맛에 조금 남는 정도로 끝날 때 가장 우수한 칠리 비어라고 할 수 있다. 향신료도 맥주에 사용한다면 지나친 영향을 줄 수 있다. 과일이나 채소, 향신료를 맥주 양조에 사용할 때는 일반 맥주를 우선적으로 만들고 그러한 재료로 맛에 강조점을 둔다고 생각하는 것이 가장 중요하다. 자제력은 양조자라면 누구나 익혀야 할 자질이다.

과일 넣은 맥주

과일을 한 입 베어 물면 어떤 맛이 느껴지는지 떠올려보자. 먼저 향긋한 과일 향이 느껴지고 달콤함과 깔끔한 신맛이 이어진다. 우리가 과일에서 기대하는 맛은 단맛 또는 새콤한 맛이다. 사람은 달콤한 과일도 좋아하고, 짜릿한 청량감을 안겨주는 시큼한 과일도 좋아한다. 그렇다면 쓴맛이 나는 과일은? 대체로 좋아하지 않는다. 과일에서 쓴맛은 덜 익었을 때나 몸에 해로울 수도 있는 상태일 때 나타나기 때문이다. 특히 쓰면서 신맛은 우리에게 본능적으로 먹으면 안 되는 음식이라는 강력한 경고로 느껴진다. 과일 맥주를 만들 때도 바로 이 점을 고려해야 한다. 달달해도 되고 새콤해도 되지만 쓴맛이 나면 안 된다. 물론 여기에도 예외는 존재하며, IPA에 자몽이 들어가는 경우가 그에 해당한다.

맥주에 과일을 첨가하려고 할 때는 어떤 빵이나 페이스트리, 파이에 과일이 들어가는지 떠올려보자. 우선 짙은 색 빵과 과일 케이크가 있다. 설탕에 절인 오렌지 슬라이스, 초콜릿 입힌 체리 등 클래식한 간식도 있다. 그렇다면 초콜릿 포터나 초콜릿 스타우트에 체리를 넣으면 어떨까. 둔클레 바이스비어*dunkle weissbier*에 오렌지 껍질을 넣으면 다크 바나나 브레드와 같은 맥주의 특징적인 맛을 보완할 수 있다. 파이 종류는 바삭바삭한 크러스트에 꿀이나 캐러멜 맛이 살짝 느껴지면서 과일 맛이 전체적인 맛을 충족시키는 특징이 있으므로, 페일 맥주나 밀맥주에 단맛이 약간 남는 것도 괜찮은 조합이 될 것이다. 효모가 과일에 함유된 단순 당을 모두 소비하므로 맥아의 총량이 맥주를 마시는 사람이 기대하는 단맛을 충분히 제공할 수 있을 정도가 되어야 하는 점을 기억해야 한다. 새콤한 맛으로 맥주에 과일의 느낌을 더하는 방법도 있지만 이때 맥주의 쓴맛과 충돌하지 않도록 기본적인 쓴맛의 수준을 낮추어야 한다.

| 첨가량, 비중에서 차지하는 비율 추정하기 |

"과일은 얼마나 넣어야 할까?" 이것이 가장 핵심 질문일 것이다. 정답은 맥주 맛이 얼마만큼 나느냐에 따라 60~240g/L(0.5~2.0lb./gal.) 정도로 폭이 넓다. 라즈베리와 체리는 60g/L(0.5lb./gal.) 정도만 넣어도 맥주에 매력적인 특징을 주지만 블루베리와 딸기는 풍미가 약해서 그 특징을 충분히 느끼려면 240~360g/L(2~3lb./gal.) 정도는 첨가해야 한다. 핵과류(stone fruits, 먹을 수 없는 씨를 즙이 많고 단단한 과육이 둘러싸고 있는 과일)에 속하는 과일은 대체로 맛이 강해서 맥주에 충분히 배어날 수 있지만 복숭아는 예외다. 살구는 복숭아 대신 사용할 수

표 13-1 | 과일과 채소의 일반적인 pH와 당도(brix)

과일	일반적인 pH	생즙의 당도(°Brix)	생즙의 PPG(PKL)	퓌레의 당도(°Brix)	퓌레의 평균 PPG(PKL)
사과	3.3~3.9	13.3	6(51)		
살구	3.3~4.0	14.3	7(55)	9~12	5(40)
바나나	4.5~5.2	10.0	5(38)		
블랙베리	3.2~4.5	10.0	5(38)	9~16	6(48)
블루베리	3.1~3.7	14.1	6(54)	10~16	6(48)
보이즌베리	3.0~3.5	10.0	5(38)	9~15	6(48)
타르트 체리	3.2~3.8	14.3	7(55)	10~18	6(54)
코코넛	5.5~7.8	10.0	5(38)		
꽃사과(crapapple)	2.9~3.0	15.4	7(59)		
크랜베리	2.3~2.5	10.5	5(40)	6~9	3(29)
포도(와인용)	2.8~3.8	21.5	10(83)		
자몽	3.0~3.8	10.2	5(39)	8~12	5(38)
구아바	5.5	7.7	4(30)		
레몬	2.0~2.6	8.9	4(34)		
라임	2.0~2.4	10.0	5(38)		
망고	3.4~4.8	17.0	8(65)		
천도복숭아	3.9~4.2	12.0	6(46)		
오렌지	3.1~4.1	11.8	5(45)		
파파야	5.2~5.7	10.2	5(39)		
패션프루트	2.7~3.3	15.3	7(59)		
복숭아	3.4~3.6	11.8	5(45)	9~12	5(40)
배	3.5~4.6	15.4	7(59)		
파인애플	3.3~5.2	14.3	7(55)	11~14	6(48)
자두	2.8~4.6	14.3	7(55)	14~24	9(73)
석류	2.9~3.2	18.2	8(70)		
건포도	3.8~4.0	18.5	9(71)		
라즈베리	3.2~3.7	10.5	5(40)	8~13	5(40)
딸기	3.0~3.5	8.0	4(31)	7~12	5(36)
귤	3.3~4.5	11.5	5(44)		
수박	5.2~5.8	6.0	3(23)		
당근	4.9~5.2	12	6(46)		

과일	일반적인 pH	생즙의 당도(°Brix)	생즙의 PPG(PKL)	퓌레의 당도(°Brix)	퓌레의 평균 PPG(PKL)
고추	4.9~5.2	5.0	2(19)		
감자	5.4~6.1	5.0	2(19)		
호박	5.0~5.5	8.0	4(31)		
고구마	5.3~5.6	8.0	4(31)		

참고 사항: 제시된 값은 모두 평균적으로 숙성된 상태에서 나타나는 일반적인 수치다. 많이 익은 과일은 값이 이보다 높게 나타날 수 있다. 과일과 채소의 당분 함량은 보통 브릭스(°Brix)로 나타낸다. 플라토(°P)와 매우 비슷한 단위로 수용액 중 당분이 차지하는 중량을 퍼센트로 나타낸 것이다. 과일과 채소가 비중에서 차지하는 값은 당 성분을 용해도 100%인 추출물로 보고 46PPG(384PKL)를 전환 계수로 적용하여 계산할 수 있다.

있는 훌륭한 대체 재료이자 복숭아와 함께 넣어도 좋다. 과일 맛 추출물을 사용하는 것도 튀지 않는 맛을 나게 하면서 과일의 맛있는 향과 맛을 맥주에 부여하는 데 도움이 된다. 과일을 직접 넣어서 색과 보디감, 과일의 느낌을 살리고 향은 추출물로 얻는 방법도 있다.

오렌지를 비롯한 감귤류 과일은 즙을 대신 사용해도 된다. 단, 이때 여러분이 기대하는 깊이 있는 맛은 얻을 수 없다. 대신 감귤류 과일의 껍질을 잘라서 쓰거나 잘게 갈아서 넣어보자. 비터 오렌지(세빌 오렌지Seville orange로도 불린다)는 네이블오렌지(생식용)와 견주어 껍질로 더 진한 풍미를 얻을 수 있다. 어느 쪽을 사용하든 하얀색 중과피(mesocarp, 中果皮, 과일의 껍질을 바깥, 중앙, 안쪽으로 구분했을 때 가운데 부분)는 톡 쏘는 듯한 쓴맛을 더할 수 있으므로 맥주에는 첨가하지 말아야 한다.

그다음으로 여러분이 궁금한 것은 "비중은 얼마나 될까?"일 것이다. 즙만 첨가한다면 간단히 계산할 수 있다. 굴절계에 즙 한 방울을 떨어뜨리고 브릭스 단위로 당류의 비율을 측정하기만 하면 된다. 브릭스°Brix는 수용액 중 자당의 밀도를 나타내는 값으로, 부록 A에 (굴절계 사용법과 함께) 자세한 설명이 나와 있다. 예를 들어 10브릭스는 전체 중량(질량)에서 수용성 당이 차지하는 비율이 10퍼센트라는 뜻이다. 순수한 당류(자당)는 전체 중량의 100퍼센트가 수용성 추출물이므로 비중에서 차지하는 비율은 46PPG(384PKL)이다. 그러므로 당도가 10브릭스인 즙은 그 10퍼센트에 해당하는 4.6PPG(38.4PKL)임을 알 수 있다.

과일 퓌레는 비중에서 차지하는 비율을 구하기가 더 복잡하지만 제조사에서 그 정보를 제공한다. 퓌레의 조성이 균일하다고 가정할 때, 굴절계의 측정부에 얇게 펴서 측정하면 해당 퓌레가 함유한 당분의 질량 비율을 확인할 수 있다. 한편 과일을 통째로 (잘게 부순 상태로) 사용할 때 비중은 구하기가 쉽지 않다. 과일즙의 당도가 15브릭스 정도인데 즙이 과일에서 차지하는 질량 비율은 20퍼센트 정도에 불과하기 때문이다.

사실 맥주에 과일을 첨가하면 전체적인 계획에 있어서 과일 재료의 비중을 정확히 계산하는 것이 주된 목표는 아니다. 중요한 건 과일의 특징이 맥주에 충분히 담기도록 하는 것 그리고 양조에 과일이 얼마나 들어가는지 그 질량을 파악하는 것이다. 처음에 1lb./gal.를 첨가해보고 불충분하다고 생각되면 다음에 2lb./gal.을 넣으면 된다. 과일의 비중은 맥주 양조 시 초기 비중에는 보통 반영되지 않는다.

| 알아두면 좋은 과일 맥주 양조 팁 |

다음은 완벽한 과일 맥주를 만드는 데 도움이 될 만한 몇 가지 팁과 요령을 정리한 것이다.

세포벽이 분해되어야 한다

과일이 함유한 발효성 당류는 일반적으로 방수 기능이 있는 껍질 내부에 갇혀 있고 작은 주머니 형태로 또다시 보호되어 있다(오렌지 알맹이의 모양을 떠올려보기 바란다). 그러므로 과일을 얼렸다 녹이고 으깨는 등 퓌레로 만들면 그러한 보호막을 부수고 효모가 이용할 수 있는 즙을 방출시키는 데 도움이 된다.

2차 발효를 활용하자

과일은 1차 발효가 끝난 뒤에 넣는 것이 가장 좋다. 그렇지 않으면 과일에서 얻고자 하는 향과 특징이 대부분 사라진다. 대부분의 과일 맥주는 숙성되지 않은 맥주를 새로운 발효조로 옮기고 과일을 첨가하는 2차 발효를 통해 완성된다. 이렇게 옮긴 후 다음 날이면 공기차단기로 거품이 올라와야 정상이다. 2차 발효는 과일의 형태와 양에 따라 며칠 동안 지속된다. 맥주에 과일의 특성이 충분히 배어나도록 2차 발효조를 2~4주간 두었다가 맥주를 포장하면 발효성 당류가 남아 있다가 병에 넣은 후 폭발이 일어날 위험을 최소로 줄일 수 있다.

pH에 주의해야 한다

"과일 맥주에서 심심한 맛이 나면 곤란해." 내 절친인 랜디 모셔*Randy Mosher*의 말이다. 과일은 원래 산성이고 일반적인 과일 맛은 신맛이 충분해야 제대로 느낄 수 있다. 어떤 음식이든 pH가 올바른 범위에서 벗어나면 맛없게 느껴지며 과일과 과일의 맛도 예외가 아니다. 과일 맥주의 pH는 대부분 4~4.4에 해당하거나 이보다 낮다. 시큼하게 느껴지는 맥주는 pH가 3.2~3.8이다. 그 사이인 pH 3.8~4는 애매하다고 생각할 수도 있지만 실제로는 '새콤한' 쪽에 가깝다. 과일이나 베리류의 자연적인 pH 값을 참고하면 해당 과일의 맛과 향을 어느 정도 범위에서 가장 제대로 느낄 수 있는지 알 수 있고, 이를 맥주의 pH를 조정하는 기준으로 활용하면 편리하다. 과일이나 채소의 pH를 알면 맥주에 넣었을 때 어떤 영향을 줄 것인지 예측하기도 쉽다. 가령 타르트체리(pH 3.2~3.8)를 첨가한 맥주의 pH는 맥주의 일반적인 pH(4.2~4.6)보다 낮아질 것임을 알 수 있다. 어떤 과일 맥주든 가장 이상적인 pH는 첨가하는 과일의 원래 pH와 가까운 범위고 과일을 넣은 이후 그 범위가 충족되어야 한다. 필요하다면 양조가 끝난 맥주에 구연산이나 젖산을 넣어 pH를 낮추면 과일의 특성이 두드러진다. 그러나 과량 첨가하지 않도록 주의하고, 19리터(5갤런)을 기준으로 한 번에 1~2밀리리터 정도 소량만 넣고 pH가 어떻게 변하는지 확인해야 한다. pH는 1/10~2/10 정도만 낮추면 충분하다. 산을 첨가하는 것은 옵션일 뿐 필수 사항은 아니다.

펙티나아제를 활용하자

펙틴 분해 효소(펙티나아제pectinase)를 넣으면 과일에서 당분을 최대한 많이 끌어내고 더 깔끔한 맛의 과일 맥주를 만드는 데 도움이 된다. 대부분의 과일에 펙틴이 어느 정도 함유되어 있으나 함량은 제각기 다르다. 잼으로 만들어 먹는 과일에는 펙틴이 다량 함유되어 있다. 펙티나아제는 과일의 펙틴 함량에 따라 19리터(5갤런)를 기준으로 보통 한두 티스푼 정도 넣는다.

체리 두벨 Cherry Dubbel

내가 아주 좋아하는 맥주 중 하나인 체리 두벨은 맥아의 풍부한 멜라노이딘 성분과 체리의 향이 잘 어울려 체리 파이의 맛이 느껴지는 맥주다. 한 번은 온도가 너무 높은 창고에서 발효했다가 완전히 시어져서 원래 약간씩 남곤 하던 페놀 향이 사라졌는데, '전국 자가양조자 컨퍼런스'에서 러시안 리버 브루어리(Russian River Brewery)의 운영자인 비니 실루어조(Vinnie Cilurzo)에게서 얻어 온 오크칩과 어우러져 멋진 신맛이 탄생했다.

과일 맥주

초기 비중: 1.070	**SRM(EBC)**: 18(36)
종료 비중: 1.014	**IBU**: 21

⋙ 맥아추출물, 곡물 침출을 통한 양조법 ⋘

맥아즙 A	비중계 값	
900g(2.0lb.) 필스너 DME (Pilsner DME)	30	
500g(1.1lb.) 뮌헨 DME (Munich DME)	16	
450g(1.0lb.) 캐러뮤닉(Caramunich®) 맥아 – 침출용	6	
250g(0.55lb.) 아로마 맥아 20°L – 침출용	6	
3갤런 기준, 끓이기 전 비중	1.058	

홉 스케줄	끓이는 시간(분)	IBU
30g(1oz.) 아라미스(Aramis) 8% AA	60	21

맥아즙 B (가열을 중단하고 첨가)	비중계 값	
1.95kg(4.3lb.) 필스너 DME (Pilsner DME)	60	
450g(1lb.) 벨지안 다크 캔디 시럽(Belgian dark candi syrup) 90°L	11	

효모 종	투여량(세포 10억 개)	발효 온도
트래피스트 에일(Trappist ale)	300	18℃(65℉)

과일	PPG(PKL)	발효 온도
다음 중 한 가지를 첨가한다.		
2.7kg(6lb.) 체리 퓌레	7(55)	18℃(65℉)
0.5L(1.5lb.) 타르트체리 주스 농축액	31(259)	18℃(65℉)

⋙ 완전 곡물 양조법 ⋘

전분 원료	비중계 값	
5kg(11lb.) 필스너 맥아	44	
450g(1lb.) 뮌헨 맥아	4	
450g(1lb.) 아로마 맥아 20°L	6	
450g(1lb.) 캐러뮤닉(Caramunich) 맥아 60°L	4	
450g(1lb.) 벨지안 다크 캔디 시럽(Belgian dark candi syrup) 90°L	5	
7갤런 기준, 끓이기 전 비중	1.060	

당화 스케줄	휴지기 온도	휴지 시간
당화 휴지기 – 침출	65℃(150℉)	60분

홉 스케줄*	끓이는 시간(분)	IBU
30g(1oz.) 아라미스(Aramis) 8% AA	60	21

효모 종	투여량(세포 10억 개)	발효 온도
트래피스트 에일(Trappist ale)	300	18℃(65℉)

과일				PPG(PKL)		발효 온도
다음 중 한 가지를 첨가한다.						
2.7kg(6lb.) 체리 퓌레				7(55)		18℃(65℉)
0.5L(1.5lb.) 타르트체리 주스 농축액				31(259)		18℃(65℉)
양조용 물의 권장 특성 (ppm)				양조 큐브: 앰버, 균형 잡힌 맛, 중간		
칼슘	마그네슘	총 알칼리도	황산		염소	잔류 알칼리도
75~125	20	50~100	100~150		100~150	0~50

참고 사항: 체리 퓌레를 사용할 경우 2차 발효 시 발효조에 먼저 넣고 맥주를 옮긴다. 2차 발효가 종료되면 그대로 2~4주간 두었다가 용기에 담는다. 농축된 체리 즙을 사용하면 1차 발효 시 바로 첨가해도 되며 발효조를 옮기지 않아도 된다.

채소 맥주

맥주에 채소를 넣는 주된 이유는 맛보다는 전분 원료를 얻기 위해서라는 것이 내 개인적인 견해다. 아마도 호박 맥주를 떠올리는 사람들이 많겠지만 사실 호박은 채소가 아니라 과일이며 호박 맥주의 맛은 대부분 향신료에서 비롯된다. 지금까지 내가 먹어본 호박 맥주 중에 가장 맛있었던 맥주는 알코올 도수가 9퍼센트로 높은 에일이었는데 호박은 전혀 들어 있지 않았다. 흡사 호박 파이를 먹는 것 같은 기분이었지만 그 맛은 전부 향신료를 적절히 잘 써서 나온 것이었다.

맥주에 가장 일반적으로 사용하는 채소의 종류는 뿌리채소다. 전환성 전분 원료로는 우수하지만 맛은 그리 많이 달라지지 않는다. 당근이나 고구마는 맥주 색에 특징을 더할 수 있다. 뿌리채소를 넣을 때는 당화 과정에서 전분이 전환될 수 있도록 짧은 시간 동안 익혀서 넣어야 한다. 단, 매시드 포테이토용 감자 플레이크는 익히지 않고 바로 넣어도 된다.

지난 2015년에 나는 드루 비첨Drew Beechum, 데니 콘Denny Conn이라는 친구들과 함께 캘리포니아 샌디에이고에서 열린 미국 자가 양조자 협회의 전국 컨퍼런스 클럽 나이트 행사에 참가해서 '클램 차우더 세종Clam Chowder Saison'을 만들었다. 이름만으로도 낯설게 느껴지겠지만, 실제로 조개 즙과 감자 플레이크, 향신료를 넣어서 만든 맥주다. 다들 술술 넘어가는 맛에 놀라

워해서 한 잔 달라는 요청이 끊이질 않았다.

시중에 판매되는 호박 맥주는 대부분 맛이 심심하거나 너무 강한 경향이 있다. 내 친구 맬컴

🍺 클램 차우더 세종 *Clam Chowder Saison* 🍺

채소와 향신료가 들어간 맥주

초기 비중: 1.055	**SRM(EBC):** 4(8)
종료 비중: 1.008	**ABV:** 6.3%
IBU: 30	

≫≫ 완전 곡물 양조법 ≪≪

전분 원료	비중계 값
2.27kg(5.0lb.) 페일 아메리칸 두줄보리 맥아(pale American two-row malt)	20
1.6kg(3.5lb.) 페일 에일 맥아	14
450g(1.0lb.) 휘트 맥아	4
680g(1.5lb.) 토머스 포쳇 오트 맥아(Thomas Fawcett Oat Malt)	5
450g(1lb.) 감자 플레이크 (일반 맛, 버터나 우유 무첨가)	4
7갤런 기준, 끓이기 전 비중	1.047

당화 스케줄	휴지기 온도	휴지 시간
당화 휴지기 – 침출	67℃(153℉)	60분

홉 스케줄	끓이는 시간(분)	IBU
23g(0.75oz.) US 매그넘(US Magnum) 13% AA	60	28
15g(0.5oz.) US 퍼글(US Fuggle) 4.5% AA	10	2

향신료 스케줄 (가열이 끝난 직후 첨가)	침출 시간(분)	IBU
월계수 잎, 한 장	15	–
흑후추, 알맹이 1티스푼(3.5g)	15	–
생 타임, 4가닥(약 2g)	15	–
소금, 1티스푼(6g)	15	–
조개 즙 한 병, 235mL(8oz.)	15	–
젓당, 225g(0.5lb.)	15	–

효모 종	투여량(세포 10억 개)	발효 온도
프렌치 세종(French saison)	250	19℃(67℉)

양조용 물의 권장 특성 (ppm) · **양조 큐브:** 페일, 균형 잡힌 맛, 중간

칼슘	마그네슘	총 알칼리도	황산	염소	잔류 알칼리도
75~125	10	0~50	100~150	100~150	−100~0

위 레시피는 드루 비첨(Drew Beechum), 데니 콘(Denny Conn)의 저서 『홈 브루 올 스타(Homebrew All-Stars)』[보이저 출판사(Voyageur Press), 미네소타 주 미네아폴리스, 2016]에 실린 것으로 두 저자의 허락을 받아 제공한 것이다.

프레이저*Malcolm Frazer*가 개발한 아래 레시피는 둘 중 어느 쪽도 아니다. 향신료를 끓이는 단계가 끝날 때 넣어서 없애지 않는 방식으로, '브륄로소피*Brülosophy*' 사이트의 '맥주 실험' 중 하나로 소개된 이 레시피로 만든 맥주는 수많은 사람들이 실제로 호박을 넣고 만든 맥주와 차이점을 구분하지 못했다. 두 가지 레시피가 아래에 모두 나와 있으므로 베이스 맥아로 호박 2lb.(910g)을 넣어서 당화를 실시하거나 '파머 인스타매시*Palmer Instamash*®' 양조 효소를 넣어 호박의 전분을 전환해도 된다. 효소를 따로 넣지 않고 그냥 두어도 무방하다.

🍺 호박 맥주 🍺

채소와 향신료 넣은 맥주

[맬컴 프레이저(Malcolm Frazer)의 승인을 받아 브루로소피닷컴(brulosophy.com)에 게시된 레시피를 가져왔다.[1]]

초기 비중: 1.066   **SRM(EBC):** 8(16)
종료 비중: 1.013   **ABV:** 6.5%
IBU: 18

◇◇◇ 맥아추출물, 곡물 침출을 통한 양조법 ◇◇◇

맥아즙 A	비중계 값	
910g(2lb.) 뮌헨 DME (Munich DME)	30	
450g(1lb.) 비엔나 LME (Vienna DME)	15	
450g(1lb.) 캐러뮤닉(Caramunich®) 맥아 45°L – 침출용	6	
1.6kg(3.6lb.) 호박 퓌레 (캔 2개) – 인스타매시(Instamash®)	6	
3갤런 기준, 끓이기 전 비중	1.051	
홉 스케줄	**끓이는 시간(분)**	**IBU**
15g(0.5oz.) US 매그넘(US Magnum) 13% AA	60	18
향신료 스케줄 (가열이 끝난 직후 첨가)	**침출 시간(분)**	**IBU**
베트남산 시나몬 분말, 4g	15	–
절인 생강, 고형 2g	15	–
육두구, 바로 간 것 1g	15	–
올스파이스, 빻은 것 0.5oz.	15	–

---

1 맬컴 프레이저의 글, "호박 맥주 실험 대 성공 – 주제 1 : 호박을 넣으면 맛이 달라질까? 내가 실험한 결과!" 브루로소피닷컴 사이트, 2015년 10월 5일 게시물. http://brulosophy.com/2015/10/05/its-the-great-pumpkin-xbmt-pt-1-does-pumpkin-make-a-difference-exbeeriment-results/

맥아즙 B (가열을 중단하고 첨가)	비중계 값
270g(0.6lb.) 페일 에일 DME (Pale ale DME)	8
1.13kg(2.5lb.) 뮌헨 DME	35
1.0kg(2.2lb.) 비엔나 LME	26

효모 종	투여량(세포 10억 개)	발효 온도
잉글리시 에일(English ale)	275	19℃(67℉)

⋙ 완전 곡물 양조법 ⋘

전분 원료	비중계 값
2.1kg(4.6lb.) 페일 에일 맥아	19
1.93g(4.4lb.) 비엔나 맥아	17
1.93g(4.4lb.) 뮌헨 맥아	17
450g(1lb.) 캐러뮤닉(Caramunich) 맥아 45˚L	4
1.6kg(3.6lb.) 호박 퓌레 (캔 2개)	2
7갤런 기준, 끓이기 전 비중	1.059

당화 스케줄	휴지기 온도	휴지 시간
당화 휴지기 – 침출	67℃(153℉)	60분

홉 스케줄*	끓이는 시간(분)	IBU
15g(0.5oz.) US 매그넘(US Magnum) 13% AA	60	18

향신료 스케줄 (가열이 끝난 직후 첨가)	침출 시간(분)	IBU
베트남산 시나몬 분말, 4g	15	–
절인 생강, 고형 2g	15	–
육두구, 바로 간 것 1g	15	–
올스파이스, 빻은 것 0.5oz.	15	–

효모 종	투여량(세포 10억 개)	발효 온도
잉글리시 에일(English ale)	275	19℃(67℉)

양조용 물의 권장 특성(ppm)		양조 큐브: 앰버, 균형 잡힌 맛, 중간			
칼슘	마그네슘	총 알칼리도	황산	염소	잔류 알칼리도
75~125	10	50~100	100~150	100~150	0~50

향신료 넣은 맥주

적당량만 넣는 것, 타이밍을 지키는 것이 향신료 맥주를 잘 만드는 비결이다. 과도하게 넣지 않고 적절한 시점에 넣은 뒤 없애고 양조를 이어가면 된다. 향신료를 넣은 상태로 끓이면 시간이 아무리 짧아도 향이 날아가고 쓴맛이 나는 경향이 있으므로 주의해야 한다. 어떤 경우든 끓인 후 뜨거울 때 침출하는 방식이 낫다. 향신료를 넣고 끓여서 향이나 맛이 더 나아지는 사례를 여태 한 번도 본 적이 없다.

앞서 4장에서 살펴보았듯이 침출 온도는 향신료의 특성에 큰 영향을 준다. 실온에서 냉침출을 실시하면 더욱 신선한 향을 얻을 수 있지만 향신료의 맛은 덜하다. 반면 고온 침출로는 맛을 더 많이 얻을 수 있고 향이 달라진다. 갓 갈은 원두와 갓 내린 커피의 향을 떠올리면 그 차이를 이해할 수 있다. 둘 다 커피 향이지만 종류가 전혀 다르다. 맥주 양조에서는 홉을 넣을 때와 마찬가지로 향신료의 효과를 최대한 얻을 수 있도록 고온 침출과 냉침출을 모두 활용해도 된다(홉 성분을 침출하기도 하고 말린 홉을 넣기도 하는 것처럼).

시나몬, 바닐라, 생강, 정향 등 대부분의 향신료는 한 번 양조하는 분량에 1~10그램 정도로 소량만 사용한다. 특히 바닐라처럼 섬세한 맛이 나는 향신료는 발효가 끝난 후에 넣어야 한다. 단, 코코아나 커피 등 맛을 내려고 넣는 향신료에는 이러한 기준이 적용되지 않으며 19리터(5갤런)당 1~2온스(28.3~56.6그램)에서 60~225그램(0.5파운드)까지 그보다 많은 양을 넣을 수 있다. 또 잎이나 나무껍질 형태로 된 향신료는 망에 넣어서 담갔다가 발효 단계로 넘어가기 전에 없앤다. 다른 양조자들의 레시피를 인터넷으로 검색하면서 사용하는 분량을 조사해보기 바란다. 색다른 재료를 사용하는 아이디어와 정보를 얻고자 한다면 랜디 모셔Randy Mosher의 책 『래디컬 브루잉Radical Brewing』(2004)과 드루 비첨Drew Beechum과 데니 콘Denny Conn의 저서 『실험적인 자가 양조Experimental Homebrewing』(2014)를 읽어보면 도움이 될 것이다.

커피는 포터나 스타우트뿐만 아니라 다른 레시피에도 넣으면 맛있는 맥주로 만들 수 있는 재료다. 라거의 맥아 맛과 굉장히 잘 어우러지고 블랙 IPA과도 어울린다. 그러나 쓴맛을 균형 있게 조절하려면 어느 정도 기술이 필요하다. 바닐라, 헤이즐넛, 블루베리 맛을 넣은 커피도 맥주 재료로 사용한다. 커피 맥주는 커피의 오일 성분으로 인해 숙성되지 않고 쉽게 산화되는 문제가 있다. 나는 커피 맥주의 맛을 판정할 일이 많았는데 하루 이틀 불에 태운 것 같은 맛이 전혀 나지 않는 맥주는 찾기가 드물었다. 이런 문제를 해결하려면 우선 끓이지 말아야 한다. 냉침출만 실시하고 발효가 끝난 후에 커피를 넣는 것도 방법이나 나는 고온 침출로 얻을 수 있는 깊은 맛을 좋아하는 편이다. 커피 맥주 역시 고온 침출과 냉침출을 모두 활용해야 최상의 결과물을 얻을 수 있다. 그리고 무엇보다 커피 맥주는 만들어서 바로 먹는 것이 매우 중요하다.

커피 맥주를 만들 때 유념해야 할 사항이 하나 더 있다. 맥주에 커피를 침출하면 3-이소부틸-2-메톡시피라진2-isobutyl-3-methoxypyrazine이라는 피라진 성분이 생기는데, 이 물질은 피망이나 으깬 완두콩 냄새가 나는 것이 특징이다. 몸에 해롭지는 않지만 맥주에서 그런 냄새만 날 수 있고 원치 않으면 실망스러운 맥주가 만들어질 수 있다. 약배전(light roast, 생두를 약한 불에서 볶는 것), 중배전(medium roast, 생두를 중간 불에서 볶는 것) 원두를 저온에서나 고온에서 오랫동안 침출할 때 이 피라진 성분이 특히 많이 생긴다. 냉침출은 실온에서 12시간 이상 진행한다. 고온 침출은 시간 단위가 아닌 분 단위로 실시하지만 이때 3-이소부틸-2-메톡시피라진보다는 오래 담글 때보다 쓴맛이 더 강해지는 경향이 나타난다.[2]

코코아도 맥주 향신료로 인기가 높은 재료다. 그러나 꼭 알아두어야 할 사항이 있다. 우선 코코아 빈에 자연적으로 함유된 지방은 맥주에 들어가면 산화되어 맛을 나쁘게 할 수 있으므로 이 성분을 최대한 줄여야 한다. 그러려면 초코바를 잘게 썰어서 넣는 방법은 권장하지 않으며, 제빵용 초콜릿도 지방 함량이 너무 높으므로 피하는 것이 좋다. 코코아 닙스는 '최소한으로 가공된' 카카오라 초콜릿 맛을 더하면서 맥주 맛을 높일 수 있는 재료로 큰 인기를 얻고 있다. 그런데 사실 카카오 닙스에도 지방이 상당량 함유되어 있고, '최소한으로 가공'되었다는 표현 자체가 왠지 더 나은 식품처럼 보이게 하는 일종의 유행어일 뿐이다. 카카오를 분말로 가공하면 지방을 없애고 더욱 안정적인 맛을 유지할 수 있다. 양질의 코코아 분말은 압착 과정을 거쳐 지방을 없앤 카카오 닙스를 농축한 것이다. 한 가지 재미있는 사실은 맥주 양조에서 카카오 닙스와 분말을 당화 과정이나 끓이는 단계 중 어느 때든 넣을 수 있는 점이다. 나는 카카오를 넣고 함께 당화를 시도해본 적이 없고 끓이는 단계가 끝날 때쯤 코코아 분말을 넣는 쪽을 선호한다. 동일한 맛을 내려면 당화 단계에 넣을 때 더 많은 양의 카카오를 넣어야 하며, 코코아 분말은 맥아즙에서 녹지 않고 부유(떠 있는) 상태로 섞여 있고 운이 좋으면 콜로이드(colloid, 1,000분의 1에서 100만 분의 1밀리미터 크기의 녹지 않는 입자나 분자)를 형성한다. 그러므로 맥아즙을 끓이고 불을 끄기 직전에 넣으면 분말이 골고루 퍼지는 데 도움이 된다. 코코아 분말도 '향신료는 끓이면 안 된다'는 규칙이 적용되지 않는 재료이나 너무 오래 끓이면 맛이 떨어진다.

---

2 드루 비첨(Drew Beechum), '커피와 할라피뇨', 익스페리멘탈 브루잉(Experimental Brewing) 블로그 게시 자료, 2014년 3월 27일. https://www.experimentalbrew.com/blogs/drew/coffee-and-jalapenos

초콜릿 시럽을 사용하는 것도 좋은 방법이다. 코코아 파우더처럼 맥아즙에 가라앉지 않는 장점이 있으나 가수분해(hydrogenated, 거대분자를 물 분자를 이용하여 분해하는 과정)된 유지나 유화제를 넣은 제품은 아닌지 라벨을 꼭 확인해보기 바란다.

아래에 내가 자밀 자이나셰프의 '초콜릿 헤이즐넛 포터'에서 영감을 얻어 만든 '비엔나 모카 스타우트' 레시피가 나와 있다. 재료에 헤이즐넛 커피가 포함되지는 않지만 원한다면 넣어도 된다. 다른 대부분의 초콜릿 맥주 레시피보다 코코아 분말을 두 배 가까이 사용해 더 풍부하고 만족스러운 맥주를 만들 수 있다.

🌿 비엔나 모카 스타우트 🌿

향신료 맥주

초기 비중: 1.062
종료 비중: 1.016
IBU: 32

SRM(EBC): 30(60)
ABV: 6.3%

≫≫ 맥아추출물, 곡물 침출을 통한 양조법 ≪≪

맥아즙 A	비중계 값
1kg(2.2lb.) 페일 에일 DME (Pale ale DME)	31
450g(1.0lb.) 캐러멜 40L 맥아 – 침출용	5.5
450g(1.0lb.) 캐러멜 80L 맥아 – 침출용	4.5
225g(0.5lb.) 구운 보리 (300L) – 침출용	4
225g(0.5lb.) 브리스 다크초콜릿 맥아(Briess Dark Chocolate malt) (400°L) – 침출용	4
225g(0.5lb.) 브리스 캐러브라운 맥아(Briess Carabrown® malt) (55°L) – 침출용	2
3갤런 기준, 끓이기 전 비중	1.051

홉 스케줄	끓이는 시간(분)	IBU
30g(1oz.) 센테니얼(Centennial) 10.5% AA	60	32

향신료 스케줄(가열이 끝난 직후 첨가)	침출 시간(분)	IBU
실론 계피 분말, 10g.	(첨가)	–
225g(0.5lb.) 코코아 분말	(첨가)	–
225g(0.5lb.) 굵게 빻은 에스프레소 원두	15	–

맥아즙 B (가열을 중단하고 첨가)	비중계 값	
1.8kg(4.4lb.) 페일 에일 DME	56	

효모 종	투여량(세포 10억 개)	발효 온도
잉글리시 에일(English ale)	275	18℃(65°F)

⋙ 완전 곡물 양조법 ⋘

전분 원료	비중계 값	
5kg(11lb.) 페일 에일 맥아	44	
450g(1lb.) 캐러멜 40°L 맥아	2.5	
450g(1lb.) 캐러멜 80°L 맥아	2	
225g(0.5lb.) 브리스 캐러브라운 맥아(55°L)	1	
225g(0.5lb.) 브리스 다크초콜릿 맥아(400°L)	2	
225g(0.5lb.) 구운 보리(300°L)	2	
7갤런 기준, 끓이기 전 비중	1.053	

당화 스케줄	휴지기 온도	휴지 시간
당화 휴지기 – 침출	67°C(153°F)	60분

홉 스케줄*	끓이는 시간(분)	IBU
30g(1oz.) 센테니얼(Centennial) 10.5% AA	60	32

향신료 스케줄 (가열이 끝난 직후 첨가)	침출 시간(분)	IBU
실론 계피 분말, 10g,	(첨가)	–
0.5lb. (225g) 코코아 분말	(첨가)	–
0.5lb. (225g) 굵게 빻은 에스프레소 원두	15	–

효모 종	투여량(세포 10억 개)	발효 온도
잉글리시 에일(English ale)	275	18°C(65°F)

양조용 물의 권장 특성 (ppm)			양조 큐브: 흑맥주, 균형 잡힌 맛, 중간		
칼슘	마그네슘	총 알칼리도	황산	염소	잔류 알칼리도
75~125	20	100~150	100~150	100~150	50~100

CHAPTER

14

HOW to BREW

사워 비어
만들기

사워 비어(sour beers, 신맛이 나는 맥주)의 역사는 맥주의 역사에 버금간다. 효모와 박테리아를 구분하기 시작한 것도 불과 약 150년 전부터고, 9,000년에 달하는 맥주 양조의 역사와 비교하면 큰 양동이에 떨어진 물 한 방울 수준이라는 사실을 떠올리면 놀랍기만 하다. 그러나 역사가 오래된 맥주가 전부 신맛이 난다는 뜻은 아니다. 브레타노미세스Brettanomyces 효모로 만든 사워 비어와 사카로미세스Saccharomyces 효모로 만든 맥주의 차이는 워낙 뚜렷해서 양조자들은 오래전부터 두 맥주가 다르다는 사실을 인지했다. 그러나 경험으로 차이를 알더라도 세부적인 특징까지 눈으로 확인하지 못하는 한 정확히 구분하기 어려울 수 있다.

　본격적인 설명에 돌입하기에 앞서 정리해보면, 브레타노미세스는 사카로미세스와 같은 효모 속의 하나며 사워 비어 생산에 활용하는 박테리아와 함께 많이 쓰므로 이번 장에서 함께 설명할 예정이다. 브레타노미세스를 사용하더라도 신맛이 전혀 없는 맥주를 만들 수 있고 실제로 많은 사람들이 그렇게 하고 있다. 그러나 이 효모를 가장 자주 활용하는 목적은 사워 비어 양조다.

양조 도구

평소 사용하는 양조 도구가 더러워지지 않도록 하려면 사워 비어용 플라스틱 발효 장비를 따로 마련해야 한다(발효조, 통, 호스, 사이펀, 공기차단기). 균과 닿지만 살균하기 어려운 도구에 이 기준을 적용한다. 사이펀 호스는 특히 오염이 잘되는 도구로 악명이 높다. 플라스틱보다는 스테인리스스틸과 유리 제품을 철저히 소독하기가 쉽고 오염 문제가 거의 생기지 않는다. 실컷 만든 맥주가 전부 오염되고 다 쉬어버리지 않도록 하려면 도구를 철저히 관리해야 한다.

발효균 로스 비초스 *Los Bichos*

사워 비어를 만들 때 흔히 사용하는 '균'은 미생물 속을 기준으로 크게 네 가지로 나눈다. 젖산균*Lactobacillus*, 페디오코쿠스균*Pediococcus*, 초산균*Acetobacter*, 그리고 효모에 속하는 브레타노미세스*Brettanomyces*다. 토사물 같은 냄새를 풍기는 장내세균*enterobacter* 등 다른 균도 사용하지만 크게 권장하지 않으며 인공 생산된 미생물을 사용하지 않는 '야생 발효' 방식에서 대부분 발견된다. 시간이 흐르면 사워 비어용 균의 종류도 늘어날 수 있지만 현 시점에는 이 네 가지를 주로 사용한다.

| 젖산균*Lactobacillus* |

젖산균(Lactobacillus, 유산균)은 음식에 신맛을 내는 목적으로 널리 사용하며 요구르트, 소시지, 프로바이오틱스, 사워 비어를 제조하는 데 활용한다. 종도 다양하고 계통도 여러 가지나 모두 공통적으로 젖산균을 생성한다. 젖산균이 만들어내는 신맛은 깔끔한 특성이 있다. 식초(아세트산)의 날카로운 신맛이나 온 얼굴을 찌푸리게 만드는 말산*malic acid*의 신맛과 달리 부드러우면서도 톡 쏘는 시큼한 신맛을 느낄 수 있다. 젖산균이 가장 잘 자라는 온도는 32~46℃(90~115°F)이지만 일반적인 에일 발효 온도에서도 원활하게 생장한다. 발효 과정에서 젖산균

---

1 벨기에(Belgium) 루벤 대학교(KU Leuven) 양조 컨퍼런스에서 엘케 아렌트(Elke Arendt)의 발표 내용, 2015년 9월.

이 소비하는 당류의 양은 아주 적은 편으로, 2~4 비중점 정도다.[1] 젖산균은 보통 포도당, 과당, 말토오스와 같은 단순당만 소비하며 말토트리오스나 라피노즈raffinose는 소비하지 않는다. 또 대부분의 젖산균은 홉에 의해서 성장, 증식이 제한된다. 베를리너 바이스Berliner Weiss와 같은 사워 비어의 쓴맛이 5~8IBU에 그치는 이유도 이러한 특징 때문이다.

젖산균 가운데는 동형 젖산발효, 즉 젖산만 만들어내는 종류가 몇 가지 있다. 그 외에는 이형 젖산발효를 실시하는 균이므로 젖산균이나 에탄올, 이산화탄소를 만들어낸다. 이러한 이형 젖산발효균은 디아세틸을 과량 만들어내지 않는 반면[2] 동형 젖산발효균에서 생성되는 디아세틸의 양은 더 많은 편이다. 그러나 페디오코쿠스균만큼 많지는 않다.

젖산균 혼합물이나 단일균은 양조용 효모를 만드는 업체들이 내놓은 몇 가지 상품으로 구입할 수 있다. 그리고 다른 방법으로 젖산균을 구하는 방법도 있다. '활성균'이 들어 있는 무지방 요구르트나 약국이나 슈퍼마켓에서 식이보충제로 판매되는 프로바이오틱스로도 젖산균을 쉽게 얻을 수 있다. 단, 이렇게 기성품으로 판매되는 제품에서 젖산균을 얻으면 단일 계통의 균으로 발효되므로 사워 비어의 양조 목적으로 따로 개발된 혼합 균을 사용할 때보다 맥주 맛이 지나치게 깔끔하다거나 복합적인 맛이 부족하다고 묘사하는 경우가 많다. 그러나 이제는 다양한 종류를 섞은 프로바이오틱스 보충제를 판매하는 추세고 이를 사용해본 양조자들은 흡족한 결과물을 얻은 것으로 알려졌다. 프로바이오틱스 보충제에 함유된 대략적인 균의 세포 수는 보통 포장 라벨에 나와 있다.

젖산균은 19리터(5갤런) 기준으로 1,000~2,000억 개 사이로 넣을 것을 권장한다. 젖산균이 부족하면 치즈나 땀이 난 발 냄새, 사과 주스 같은 이취가 날 수 있다. 단, 사워 비어 양조에서는 발효도가 핵심이 아니므로 효모의 첨가량은 일반 맥주와 견주어 그리 중대한 요소가 아니다. 사워 비어에서 중요한 것은 맛의 특성과 신맛이 우러나는 데 걸리는 시간이고 이러한 요소에서 최종적인 맛의 차이가 결정된다. 젖산균이 자라려면 아미노산이 필요하다. 일부는 균이 직접 합성할 수 있지만 나머지는 맥아즙에 함유된 큰 단백질을 분해해서 얻어야 한다. 사워 비어 양조에 많이 사용하는 젖산균은 모두 산미가 형성되는 과정에 단백질 분해 효소(즉 단백질을 잘게 분해하는 효소)를 분비하여 스스로 생장을 촉진하며 이것이 사워 비어의 거품 유지력에 영향을 줄 수 있는 것으로 밝혀졌다. 이 문제를 해결하려면 단백질 분해 효소의 pH 민감도를

---

2 매튜 험버드(Mattew Humbard), '맥주 맛의 생리학 – 젖산균 종', 2015년 4월 13일 블로그 'A Ph. D in Beer' 게시글. https://phdinbeer.com/2015/04/13/physiology-of-flavors-in-beer-lactobacillus-species/

조정해야 한다. pH가 5 미만이면 균의 활성이 줄어들고 4.5 아래로 떨어지면 활성이 아예 멈추는 특징을 활용하는 것이다. 이를 위해 먼저 균을 많이 넣어 발효 시작 후 며칠이 아닌 몇 시간 내에 균의 전체적인 성장 속도가 줄어들고 맥아즙이 위의 pH 기준보다 낮은 환경에서 산미가 형성되도록 하는 방법을 택할 수 있다. 두 번째 방법은 맥아즙을 pH 4.5~4.8의 범위로 사전에 산성화하는 것으로 이때 기성품으로 판매하는 젖산균은 사용할 수 없어 산성화가 끝나면 젖산균 배양액을 투입한다. 이 두 가지 방법 가운데는 첫 번째가 더 효과적이지만, 양조 순수주의자들은 첫 번째 방법이 더 정직하다고 주장한다. 끓임조에서 신맛 내기 등 사워 비어의 다른 발효 방법에 대해서도 이번 장 뒷부분에서 다시 설명할 예정이다.

아래는 젖산균을 이용하여 산미를 형성할 때 균의 종류별로 일반적인 pH 종점을 제시한 자료다.

젖산균 종류	발효 유형	pH 종점 예시
락토바실러스 브레비스(L. brevis)	이형 젖산발효	3.3
락토바실러스 델브뤼키(L.delbrueckii)	동형 젖산발효	4.4
락토바실러스 · 부흐네리(L. buchneri)	이형 젖산발효	3.8
락토바실러스 플랜타룸(L.Plantarum)	이형 젖산발효	3.2

자료 출처: 매튜 험버드(Mattew Humbard)의 글, "맥주 미생물학 – 젖산균 pH 실험". 2015년 8월 5일 블로그 'A Ph. D in Beer' 게시 글. https://phdinbeer.com/2015/08/05/beer-microbiology-lactobacillus-ph-expeirment/

| 페디오코쿠스균*Pediococcus* |

페디오코쿠스균*Pediococcus*도 산미를 낼 때 많이 활용하는 균이다. 소시지를 절일 때, 사워크라우트*sauerkraut*를 만들 때도 활용하며 사워 비어 양조에도 사용한다. 젖산균과의 차이점은 젖산을 더 천천히 만들어내고 맥주에 더 강한 신맛을 낸다는 점이다(즉 pH가 젖산균으로 만든 맥주보다 낮다). 페디오코쿠스균은 18~29℃(65~85℉)의 따뜻한 온도에서 가장 잘 자라며 35℃(95℉) 이상에서는 자라지 않는다. 이 균의 권장 첨가량은 19리터(5갤런) 기준 대략 세포 수 100억 개다. 홉에 대한 내성이 대체로 뛰어나서 쓴맛을 30IBU까지 얻을 수 있다.

페디오코쿠스균은 두 가지 중요한 발효 특성이 있다. 디아세틸을 다량 생성시켜, 벨기에 사람들의 표현을 빌리자면 맥주를 '메스꺼운' 맛으로 만들 수 있는 점이다. 이런 메스꺼운 맛이 다당류 성분을 따라 줄줄이 이어지듯 맥주 전체로 퍼지면 맛없는 맥주를 묘사할 때 등장하는

'끈적끈적한' 맛도 느껴진다. 사실 이 다당류 성분은 베타글루칸beta-glucans으로, 균이 생장하면서 자연적으로 만들어지고 특히 성장 주기가 끝날 때쯤 더 많이 만들어진다. 효모인 브레타노미세스는 디아세틸을 없애 끈적끈적한 맛을 내는 물질을 녹이는 데 도움이 되므로, 이러한 특징을 고려하여 두 가지 미생물을 한꺼번에 사용하는 경우가 많다.

페디오코쿠스 담노수스P. damnosus는 동형 젖산발효균에 포함되지만 페디오코쿠스균은 전체적으로 소량의 아세트산도 함께 만들어낸다. 사워 비어 양조에 페디오코쿠스균을 사용하면 젖산균을 사용할 때보다 날카롭고 더 풍성한 신맛이 난다는 견해가 일반적인 이유도 이러한 특성 때문으로 여겨진다. 이형 젖산발효균인 페디오코쿠스 클라우스세니P. claussenii나 페디오코쿠스 담노수스P. damnosus 중에서도 실제로는 이형 젖산발효균인 일부 계통으로 인해 이런 특징이 나타날 수도 있다. 마이클 톤스메이어Michael Tonsmeire의 저서 『아메리칸 사워 비어 American Sour Beer』에는 아래와 같은 내용이 나와 있다.

> 페디오코쿠스균으로 형성된 산미가 젖산균의 산미보다 공격적이고 날카롭다고 이야기하는 양조자들이 많다. 이는 페디오코쿠스균이 만들어내는 환경의 pH가 더 낮기 때문이거나 젖산균 발효에는 그리 자주 함께 활용되지 않는 브레타노미세스가 페디오코쿠스균과 함께 사용되어 아세트산의 역치가 낮아지기 때문일 것으로 생각된다. (57쪽)

페디오코쿠스균은 벨기에 램빅lambic 맥주와 '러시안 리버 브루잉 컴퍼니Russian River Brewing Company' 등 미국산 사워 비어 양조에 활용되는 주된 산미 형성균이다.

아래는 젖산균을 이용하여 산미를 형성시킬 때 균의 종류별로 일반적인 pH 종점을 제시한 자료다.

페디오코쿠스균 종류	발효 유형	pH 종점 예시
페디오코쿠스 담노수스(P. damnosus)	동형 젖산발효	<3.0
페디오코쿠스 클라우스세니(P. claussenii)	이형 젖산발효	<3.0

| 브레타노미세스Brettanomyces |

브레타노미세스는 나무통에서 왕성하게 번식하는 효모 속 미생물이다. 원래는 산성 물질을 만들어내지 않지만 산소가 다량 존재하는 환경에서 소량의 아세트산을 만들어낸다. 대체로 페놀이나 에스테르 냄새인 '고약한 냄새'를 발생시키는데, 맥주에는 헛간에서 나는 냄새나 가죽 냄새부터 향신료, 열대 과일 냄새까지 다양한 향과 맛을 부여할 수 있다. 브레타노미세스는 알파-글루코시드 가수분해효소 등 아밀라아제 효소를 만들어내므로 보통 맥주 효모로 발효가 불가능하다고 여겨지는 덱스트린 등의 당류를 분해할 수 있다. 또 디아세틸 제거 능력이 뛰어나고, 일부 양조자들은 디메틸설파이드도 분해할 수 있다고 밝혔다. 세종, 아메리칸 사워 비어에 사용한다면 맛의 복합성을 한껏 높일 수 있다.

브레타노미세스는 브레타노미세스 아노말루스*B. anomalus*, 브레타노미세스 브루셀렌시스*B. bruxellensis*, 브레타노미세스 커스터시아누스*B. custersianus*, 브레타노미세스 나누스*B. nanus*, 브레타노미세스 나르데넨시스*B. naardenensis* 등 다섯 가지 종으로 구성된다. 이 가운데 가장 쉽게 구할 수 있는 종류는 브레타노미세스 브루셀렌시스와 브레타노미세스 커스터시아누스다. 전체적으로 브레타노미세스는 사카로미세스와 매우 다른 효모로 볼 수 있다. 사카로미세스를 이용한 일반적인 발효 과정에 브레타노미세스를 아주 적은 양 넣으면 상당히 고약한 맛이 나는데, '100퍼센트 브레타노미세스'로만 발효한다면 아주 깔끔하고 가벼운 보디감에 갈증을 싹 해소해주는 맥주가 만들어진다. 브레타노미세스만 100퍼센트 활용하는 발효 시 효모 첨가량은 에일 맥주와 라거 맥주의 첨가량 중간 정도인 리터당 세포 수 10억~12억 5,000만 개가 적절하다. 브레타노미세스는 21~26℃(70~80℉)의 따뜻한 발효 온도를 선호하는 편이며 발효 속도는 느리다. 브레타노미세스만 100퍼센트 사용한 발효는 완료까지 2~6주가 걸린다.(아래 유념할 사항 참고)

브레타노미세스는 페디오코쿠스균이 만들어내는 다량의 디아세틸을 없애기 위한 목적으로 함께 넣기도 한다. '밀크 더 펑크*Milk The Funk*' 사이트에서 제공하는 위키 페이지에서 브레타노미세스와 산미 형성에 흔히 활용하는 미생물에 관한 정보를 얻을 수 있으니 참고하기 바란다(http://www.milkthefunk.com/wiki).

브레타노미세스를 이용한 맥주 양조 시 유념할 점

브레타노미세스는 사카로마이세스 효모가 분해할 수 있는 것보다 크기가 더 큰 당류를 발효시킬 수 있다. 그러므로 맥주를 병에 담기 직전에 브레타노미세스를 바로 첨가하지 말아야 하며, 발효조에 투입한 후 최종 비중에 도달하도록 충분한 시간(수주)을 기다렸다가 병에 담아야 한다. 양조 레시피에 따라 최종 비중은 다양하며, 원하는 비중에 도달했는지 비중계로 직접 측정해보자. 이러한 사항을 지키지 않으면 병이 폭발할 수 있다.

미생물을 얻는 또 다른 방법

　사워 비어 양조에 활용할 균을 손쉽게 얻을 수 있는 방법이 두 가지 있다. 바로 맥아와 위대한 바깥 환경이다. 품질이 우수한 맥아를 한두 줌 정도 활용하여 비중이 1.040인 스타터를 마련한 뒤 88퍼센트 젖산을 1~2밀리리터 넣어 사전 산성화를 실시한다. 그리고 산소 차단기를 장착하기 전에 탄산수를 활용하여 발효조 입구와 내용물 사이 빈 공간의 산소를 최대한 없애면 된다. 상세한 과정은 아래에 나와 있다.

　두 번째 방법은 야외에서 야생 효모와 균을 얻는 것이다. 많은 양조자들이 참 낭만적인 방법이라는 생각에 귀가 솔깃해지곤 하는 방법이나, 이는 지저분한 연못에 그물을 던지고 아주 맛있는 물고기가 잡히길 기대하는 것과 같다는 사실을 꼭 기억하기 바란다. 그래서 쿨십(coolship, 길고 얕은 개방 발효조)을 마련하여 맥아즙을 붓고 하룻밤 동안 밖에 두면서 운이 따르기를 기대하는 쪽을 택하는 양조자들이 많다.

　놀랍게도 실제로 수많은 양조자들이 그저 운을 믿고 어떤 결과가 따르든 감수하겠노라 마음의 준비를 하는데, 꼭 그래야만 하는 것은 아니다. 대신 스타터로 맥아즙을 소량 만들어서 밖에 놔두면 된다. 발효가 시작되기를 기다리면서 냄새를 맡아 보거나 맛을 보면서 맥주 양조에 정말로 활용할 만한 균을 얻었는지 가늠해보자. 나는 2016년에 매릴랜드주 볼티모어에서 열린 '전국 자가 양조자 컨퍼런스'에서 이런 방법을 처음 들었다. 한 방 얻어맞은 것 같은 기분이었다. 존 윌슨John Wilson과 브라이언 울프Brian Wolf가 '자연 방식의 양조Brewing Wild'라는 제목으로 발표하면서 자신들이 야생 환경에서 균을 얻는 방법을 설명하고 그렇게 만든 맥주를 나눠 주었다. 맛도 정말 끝내줬지만 야생 효모를 발효에 투입하기 전에 스타터를 통해 걸러내는 방식이라면 충분히 해볼 만한 가치가 있다고 생각했다. 얼마나 간단한가!

　존과 브라이언은 균을 얻고자 하는 맥아즙을 정원이나 과일나무 근처에 두라고 권장했다. 직사광선이 닿지 않는 곳에서 더 적합한 야생 효모(또는 균)를 얻을 확률이 높다는 것이다. 당연히 차고보다는 정원이 훨씬 더 나은 장소일 것이다. 스타터를 그러한 장소에서 하루 낮과 밤 동안 두었다가 실내로 가져와서 알루미늄포일로 입구를 막거나 공기차단기를 설치하고 균이 자라는지 지켜보면 된다.

| 야생 미생물을 이용한 맥아즙 만들기 |

1단계 : 건조맥아추출물 175그램을 물 1.5리터에 녹여 스타터로 사용할 비중 1.040의 맥아즙 1.5리터를 만든다. 준비된 맥아즙은 끓인 후 알루미늄포일로 덮어서 실온이 되도록 식힌다.

2단계 : 맥아즙에 88퍼센트 아세트산 2~3밀리리터나 파인애플즙 50밀리리터를 넣어 산성화를 실시한다(파인애플즙에는 구연산이 함유되어 있으며 자연 상태에서 산도가 pH 3.5다.) 맥아즙의 pH가 4.5까지 낮아지면 원치 않는 미생물과 유해한 미생물이 자라지 못한다. (아래 '야생 미생물 발효 시 유념할 점' 참고.) 미리 보정된 pH 측정기로 맥아즙의 pH를 확인하고 다음 단계로 넘어가야 한다. pH 검사용지의 결과만 믿으면 안 된다.

3단계 : 맥아즙을 병이나 용기에 담고 뚜껑을 연 상태로 원하는 미생물을 얻을 수 있을 만한 장소에 둔다. 파리가 날아들지 않게 하려면 창문용 철망이나 치즈 만들 때 쓰는 천 조각으로 병 입구를 덮어도 된다.

4단계 : 24시간이 지나면 맥아즙을 실내로 가져와서 공기차단기를 설치하거나 공기차단기가 달린 플라스크로 맥아즙을 옮긴다. 균이 유입되었다면 이틀 내로 발효가 시작된다. 스타터의 냄새를 맡아보고 맛을 봐도 되는 상태인지 판단해보고, 맛을 볼 경우 맥주에 사용해도 되는지 생각해보자. 행운을 빈다!

| 맥아를 활용한 젖산균 배양법 |

1단계 : 위의 '야생 미생물을 이용한 맥아즙 만들기'에 나온 방법대로 균을 접종할 맥아즙을 만들고 산성화를 실시한다.

2단계 : 맥아즙이 담긴 병이나 플라스크에 생 필스너 맥아를 두 줌 첨가한다. 건조하고 신선한 향이 나는 맥아를 신중하게 골라서 사용해야 한다. 흰곰팡이 등 곰팡이 냄새가 조금이라도 나면 안 된다. 오래된 맥아에는 감당할 수 없을 만큼 많은 미생물이 존재하므로 주의해야 한다.

3단계 : 플라스크의 빈 공간에 탄산수를 채워(250~500mL)[3] 입구와 액체 사이 공간을 1인치

---

[3] 이 방법은 데릭 스프링어(Derek Springer)의 글 '젖산균 스타터 가이드'에 나와 있다. 2015년 4월 19일자 'Five Blades Brewing' 사이트 게시글. https://www.fivebladesbrewing.com/lactobacillus-starter-guide.

정도(2~3센티미터)만 남겨둔다. 탄산수를 넣으면 '쉬익~' 하는 소리와 함께 빈 공간의 산소가 없어지므로 맥아에 있던 원치 않는 미생물이 자랄 가능성을 줄일 수 있다.

4단계 : 공기차단기를 장착하고 균이 자라도록 둔다. 젖산균은 38~43℃(100~110°F)에서 가장 잘 자라지만 20~25℃(68~77°F)의 실온에서도 생장한다. 43℃(110°F)의 환경에서는 2~3일 내에 성장이 끝나야 한다. 맥아즙의 비중은 크게 달라지지 않지만 pH는 3.2에서 3.8 사이로 뚝 떨어진다.

야생 미생물 발효 시 유념할 점

심하게 야생 발효가 될 수도 있다. 맥주 발효 과정에 병원성(유해한) 균은 존재하지 않는다는 이야기를 자주 듣게 되는데, 야생 발효에는 이 말이 적용되지 않는다. 자연발생적인 발효, 즉 야생 발효 과정에는 대장균과 같은 병원성 장 세균 등이 유입될 수 있다. 이러한 세균은 생체 아민과 같은 대사산물을 만들어낸다. 심각한 알레르기를 유발할 수 있는 부적절한 물질이다. 맥아즙을 pH 4.5로 미리 산성화하면 이러한 균이 맥아즙이나 스타터에서 자라는 것을 방지할 수 있다.

사워 비어 양조법

사워 비어의 양조법은 세 가지로 나뉜다.

1. 효모를 먼저 넣고 균 넣기

2. 균을 먼저 넣고 효모 넣기

3. 효모와 균을 항상 동시에 넣기

첫 번째 방법은 오랜 세월 자가 양조자들이 활용해온 전통적인 방식이다. 이 방법대로 맥주를 만들면 수개월에 걸쳐 맛이 부드럽고 풍부한 맛이 나는 사워 비어를 만들 수 있다. 산미가 형성되는 과정은 느린데, 그 이유는 당류와 탄수화물이 미생물이 먹을 만큼 충분히 남지 않기 때문이다. 그러나 천천히 꾸준히 이어갈 때 승리를 거둘 수 있어 거북이와 토끼의 경주 이야기를 떠올리게 하는, 아주 적절한 양조법이다. 계속 신경 써야 할 것이 없는 점도 이 방법의 장점이다. 발효 조건을 맞춰놓고 그냥 기다리면 된다. 기분 좋은 신맛이 형성되려면 수개월이 걸릴 수 있지만 신맛이 과도하다 싶은 맥주가 나오는 경우는 드물다.

두 번째 방법은 오래전부터 사워 매시sour mash에 활용하던 방법이다. 즉 당화 혼합물mash 상태가 된 곡물을 하룻밤(또는 이틀 밤) 동안 그대로 두면서 맥아에 있던 젖산균이 증식해서 신맛이 나도록 하는 것이다. 문제는 맥아에 젖산균만 있는 것이 아니라 무수히 많은 미생물이 있으므로 역한 냄새가 코를 찌르는 지방산 성분도 섞일 수 있다는 사실이다. 토사물 냄새와 맛을 유발하는 부티르산butyric acid도 섞일 가능성이 있다. 이러한 문제를 해결할 수 있는 가장 인기 있는 방법은 끓임조에서 산미를 형성하도록 하는 것이다. 일반적인 양조 순서와 같이 당화를 진행하고 여과한 뒤 끓임조로 맥아즙을 옮기고 나서(곡물을 이용한 양조법은 20장을 참고하기 바란다), 효모 발효를 진행하기 전에 산미를 얻기 위해 따로 배양해둔 미생물을 넣는다. 18~36시간 만에 끝낼 수 있는 빠른 양조법이지만 토끼가 결승선을 통과하면 총으로 쏴야만 하는 것에 비유할 수 있는 방법이기도 하다. 진행 과정을 간략히 요약해서 설명하면, 먼저 맥아즙을 짧은 시간 끓여서 당화 과정에서 유입된 미생물이나 포자를 죽여서 없앤 뒤 미리 준비해둔 균을 넣는다. pH를 모니터링하고 3.8 정도로 떨어지면 산미 형성이 중단되도록 다시 맥아즙을 끓인다(홉도 첨가한다). 그리고 발효조로 맥아즙을 옮겨 효모를 넣는다. 이 방법은 각 과정을 제대로 통제하면 일관된 맛을 얻을 수 있는 장점이 있다. 상업 양조 시설에서 이 방법을 많이 채택하는 이유도 일반 발효에서 며칠만 더 시간을 들이면 신맛이 일관성 있게 나는 맥주를 생산할 수 있기 때문이다.

세 번째 방법인 효모와 균을 함께 넣는 방식은 수십 년간 자가 양조자들 사이에서 인기가 있지만 배양액의 미생물 수에 따라 일관성 없는 맛이 나올 수 있다. 맥주가 다 발효되면 효모가 정상적인 절차와 순서에 따라 단순 당을 발효하는 동안 생장 속도가 더 느린 균이 남은 탄수화물을 모두 '먹어치울' 가능성이 있다. 그러나 효모는 맥아즙이 함유한 단순 당을 훨씬 더 빨리 분해할 수 있지만 복합 탄수화물은 분해하지 못하므로, 사실 이 두 미생물은 같은 에너지원을 두고 경쟁을 벌이지 않는다.

필요한 조건을 모두 충족하고 미생물 투입량과 발효 과정의 세세한 부분까지 신경 쓰면 아주 훌륭한 사워 비어를 만들 수 있다. 어떤 맥주든 마찬가지로 그러한 노력이 필요하나 사워 비어는 특히 기술을 요한다. 효모 생산 업체들은 베를리너 바이스Berliner weiss나 플랜더스 레드 Flanders Red와 같은 스타일의 맥주를 만들 수 있는 균과 효모 혼합 제품을 판매하고 있다. 직접 효모와 균을 각각 선정하여 여러분만의 독특한 사워 비어를 만드는 방법도 있다(이런 시도는 해볼 필요가 있다). 끓임조에서 산미를 형성하는 방법이 나오기 전에는 대부분의 자가 양조자들

(그리고 상업 양조자들)이 바로 이 방법으로 사워 비어를 만들었다.

| 끓이기를 통한 산미 형성 |

맥아즙을 끓여서 산미를 끌어내는 방법, 즉 케틀 사워링*kettle souring*은 인내와 기술의 중간 지점을 찾는 방법이다. 그 차이는 대규모 축제에서 조랑말 타기에 도전하는 것과 직접 야생마를 한 마리 기르면서 길들이려고 애쓰는 것의 차이에 비유할 수 있다. 고삐를 단단히 붙들어야 하는 건 마찬가지지만, 숙련된 안내자가 목적지에 반드시 도달할 수 있도록 도와주는 것과 그렇지 않은 상황은 전혀 다르다. 아래에 설명한 양조법에서는 원치 않는 균이 자라지 않도록 두 단계에 걸쳐 조치를 취한다. 첫 번째는 당화 과정에서 저온살균 효과가 발생하는데도 살아남은 세균과 곰팡이 포자를 없애기 위해 짧게 한 번 끓이는 것이고, 두 번째는 맥아즙을 pH 4.5로 미리 산성화해서 여러 종류의 배양균을 투입하면 장내세균과 초산균의 생장을 억제하도록 하는 것이다. 양조에 젖산균만 사용하면 다른 균의 생장 억제는 고려하지 않아도 된다.

1단계 : 균 배양 준비

양조에 사용할 균을 배양할 스타터를 만든다. '맥아를 활용한 젖산균 배양법'에 나와 있는 방법을 참고하여(곡물은 제외하고) 스타터를 준비한다. 보통 23리터(6갤런) 양조 시 스타터 1~2리터에 요구르트 30~60밀리리터를 넣으면 충분하다. 프로바이오틱스를 활용한다면 스타터에 캡슐 한두 개를 넣으면 된다.

2단계 : 맥아즙 만들기

일반적인 방법대로 당화와 여과를 거쳐 맥아즙을 만들어서 끓임조에 담는다.

3단계 : 짧게 끓이기

맥아즙을 10~15분간 팔팔 끓여서 멸균한 뒤 38~43℃(100~110℉)로 식힌다. 실온까지 식혀도 되지만 따뜻할 때 다음 단계를 진행하면 더욱 신속하게 일정한 결과를 얻을 수 있다.

4단계 : 사전 산성화

맥아즙을 미리 산성화하는 이유는 두 가지다. 첫째로 달갑지 않은 미생물의 생장을 억제할 수 있고, 둘째로 젖산균이 분비하는 단백질 분해 효소의 활성을 억제하여 맥주의 거품 유지력을 보존할 수 있기 때문이다. 산성화는 88퍼센트 젖산을 이용하여 pH 4.5~4.8 정도로 만드는 게 적당하다. 젖산의 첨가량은 제각기 다르지만 5밀리리터 안팎이어야 한다. 정확한 산도를 측정할 수 있도록 pH 검사지 대신 pH 측정기를 이용하자. 과도하게 산성화되면 굳이 이 방법을 써야 할 이유도 없으므로 주의해야 한다!

5단계 : 배양균 투입
균을 배양해둔 스타터를 맥아즙에 붓고 주문을 외자.

6단계 : 맥아즙의 산미 형성
맥아즙은 온도와 다른 요소에 따라 18~36시간 내에 pH 3.5 정도로 산미가 형성되어야 한

브루어링 팁

균막

균을 이용하여 발효하는 방법 중 몇 가지를 따르다보면(케틀 사워링은 제외) 맥주 표면에 허옇고 점성이 있는 얇은 막이나 덩어리가 생기는데 이를 균막(pellicle, 펠리클)이라고 한다. 균막은 보통 두께가 매우 얇고(수밀리미터 정도) 방울 형태를 띠거나 쭈글쭈글한 무늬가 생기는 등 형태가 있는 경우도 있다. 표면은 파우더를 바른 것처럼 보이지만 인공적인 물질 같은 느낌은 주지 않는다. 효모 발효로 생기는 크로이젠(거품)과도 비슷하지 않다.

균막이 형성되었다는 것은 맥주에 산소가 닿았다는 증거다. 균막은 미생물이 산소가 존재하는 환경에 반응하여 만들어내는 것으로, 유기적인 발효와 무기적인 발효의 차이를 떠올리면 된다. 이러한 균막이 맥주에 어떻게, 얼마나 영향을 주는지는 아직까지 밝혀지지 않았다. 그러므로 불안하면 더 엉망으로 만들지 말아야 한다. 사워 비어를 양조해온 전문가들도 "가만히 두라"고 조언한다. 양조 중인 맥주의 샘플을 얻고자 한다면 막을 살짝 옆으로 밀거나 와인 디프(wine thief, 병의 목 부분에 끈을 매달아 와인 저장 통 속으로 넣어 샘플을 채취해 맛보는 용도로 사용한 것)를 이용하여 작은 구멍을 뚫으면 된다. 작게 뚫어 놓은 구멍은 곧 다시 메워진다.

균막은 나중에 녹기도 하지만 바닥에 그대로 가라앉거나 맥주를 병에 담을 시점까지 표면에 남아 있을 수도 있다. 어떤 경우든 그냥 내버려둬라. 맥주가 최종 비중에 도달하고 맛이 최상인 상태라면 균막 아래에 있는 맥주만 따로 분리하자. 균막까지 병이나 케그에 옮겨 담을 필요는 없다. 병 숙성을 진행하면서 병을 눕혀 두면 균막이 생길 가능성이 줄어드니 참고하기 바란다. 마지막으로 덧붙일 말이 있다. 균막은 색깔이 검거나 녹색을 띠지 않고 털이 난 것 같은 형태도 아니다. 이런 특징을 보이는 막은 곰팡이가 생겼다는 신호이니 맥주를 모두 폐기해야 한다.

다(맥아즙의 온도가 낮을수록 걸리는 시간도 길어진다). 최소 8시간 간격으로 pH를 측정하여 진행 상황을 확인해야 한다. 신맛의 특성을 파악하려면 맛도 함께 보는 것이 좋다. 맛을 보면 신맛이 충분한지 판단하기도 쉽다. 투입한 균의 종류에 따라 pH 3.2~3.8 정도의 산도가 적당하다. 젖산균만 순수하게 활용했다면 부드러운 신맛을 얻을 수 있고 pH 3.2에 가까울수록 최상의 맛을 느낄 수 있다. 곡물로 얻은 균 등 다양한 균을 섞어 넣었다면 더욱 진한 신맛을 느낄 수 있고 pH 3.8 부근에서 가장 훌륭한 맛을 느낄 수 있다.

7단계 : 맥아즙 끓여서 발효하기

맥아즙에 원하는 수준까지 산미가 형성되면 홉을 넣고(레시피에 나온 순서대로) 끓인다. 그리고 일반적인 방식에 따라 맥아즙을 냉각한 뒤 공기를 주입하고 효모를 넣는다. 발효 상태나 비중의 변화 모두 일반적인 양조 절차와 같은 양상이 나타나야 한다. 단, 효모 첨가량은 평소보다 늘려야 한다. 즉 에일 맥주 양조 시 4 비중점을 기준으로 리터당 세포 수 7억 5,000만 개를 넣지만(7억 5,000만 개/L/°P, 7장 참고) 사워 비어에는 같은 단위에서 세포 수를 10억 개로 맞춘다. 양조자들의 경험상 유럽산 에일 양조에 사용하는 균이 아메리칸 에일에 사용하는 미생물보다 산성 물질에 대한 내인성이 강해서 사워 비어 양조 환경에서도 맥주를 완전히 발효시키는 능력이 우수하다.

아래에 유럽 스타일의 사워 에일 몇 종류와 미국식 사워 에일의 특징을 아우를 수 있는 세 가지 레시피를 준비했다. 발효 온도는 일반적인 권장 온도로 명시했으니 각자 사용하는 효모나 균의 포장에 나와 있는 온도를 확인하기 바란다. 맥아추출물을 사용한 레시피를 참고했을 때 끓임조에서 산미를 형성하는 단계는 홉을 넣고 끓이기 전에 실시해야 한다. 양조 과정을 정리해보면, 먼저 맥아즙 A를 홉 없이 15분간 끓이고 끓임조에서 산미를 형성한 뒤 다시 레시피에 나온 절차대로 홉을 넣고 끓이고 맥아즙 B를 넣는다. 그런 다음 평소와 같이 식혀서 발효하면 된다.

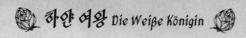

하얀 여왕 *Die Weiße Königin*

--- 베를리너 바이제 ---

초기 비중: 1.031　　　　　　　　　　**SRM(EBC)**: 2(4)
종료 비중: 1.008　　　　　　　　　　**ABV**: 3%
IBU: 5

⫸ 맥아추출물을 이용한 양조법 ⫷

맥아즙 A	비중계 값	
910g(2lb.) 밀 DME (wheat DME)	28	
3갤런 기준, 끓이기 전 비중	1.028	
홉 스케줄	**끓이는 시간(분)**	**IBU**
10g(0.35oz.) 허스브루커(hersbrucker) 4%AA	60	5
미생물 균종	**투여량(세포 10억 개)**	**발효 온도**
끓이기를 통한 산미 형성: 젖산균	150	40℃(104℉)
저먼 에일(German ale) 또는 쾰시(Kölsch) 효모	175	18℃(65℉)
맥아즙 B (가열을 중단하고 첨가)	**비중계 값**	
450g(1lb.) 밀 DME (wheat DME)	14	
450g(1lb.) 필스너 DME (Pilsner DME)	14	

⫸ 완전 곡물 양조법 ⫷

전분 원료	비중계 값	
1.5kg(3.3lb.) 밀 맥아	14	
1.5kg(3.3lb.) 필스너 맥아	13	
7갤런 기준, 끓이기 전 비중	1.027	
당화 스케줄	**휴지기 온도**	**휴지 시간**
당화 휴지기 – 침출	65℃(150℉)	60분
홉 스케줄*	**끓이는 시간(분)**	**IBU**
10g(0.35oz.) 허스브루커(hersbrucker) 4%AA	60	5
미생물 균종	**투여량(세포 10억 개)**	**발효 온도**
끓임조 산미 형성: 젖산균	150	40℃(104℉)
저먼 에일(German ale) 또는 쾰시(Kölsch) 효모	175	18℃(65℉)

양조용 물의 권장 특성 (ppm)　　　　　　**양조 큐브**: 페일, 균형 잡힌 맛, 부드러움

칼슘	마그네슘	총 알칼리도	황산	염소	잔류 알칼리도
50~100	10	0~50	0~50	50~100	−50~0

아우드 기스티비어 *Oud Geestigbier:* 옛 정신이 살아 있는 맥주

──≈≈≈ 벨기에 밀맥주 ≈≈≈──

초기 비중: 1.050
종료 비중: 1.011
IBU: 20

SRM(EBC): 5(10)
ABV: 5%

⋙ 맥아추출물, 곡물 침출을 이용한 양조법 ⋘

맥아즙 A	비중계 값	
1.3kg(2.5lb.) 밀 DME (wheat DME)	35	
550g(1.1lb.) 귀리 플레이크 – 인스타매시 제품(Instamash®)	9	
3갤런 기준, 끓이기 전 비중	1.044	

홉 스케줄	끓이는 시간(분)	IBU
17g(0.6oz.) 만다리나 바바리아(Mandarina Bavaria) 8%AA	60	15

미생물 균종	투여량(세포 10억 개)	발효 온도
끓이기를 통한 산미 형성: 젖산균 이용	150	40℃(104℉)
벨기에 밀맥주 또는 쾰시(Kölsch) 효모	275	20℃(68℉)

맥아즙 B (가열을 중단하고 첨가)	비중계 값	
680g(1.5lb.) 필스너 DME (Pilsner DME)	21	
910g(2.0lb.) 밀 DME (wheat DME)	28	
50g(~1.75oz.) 오렌지 필 – 15분 침출		
15g(~0.5oz.) 잘게 부순 고수 씨앗 – 15분 침출		
3g(~0.1oz.) 말린 캐모마일 꽃 – 15분 침출		

⋙ 완전 곡물 양조법 ⋘

당화 옵션	비중계 값	
3.2kg(5lb.) 필스너 맥아	20	
3.2kg(5lb.) 밀 맥아	21	
550g(1.1lb.) 귀리 플레이크	4	
50g(~1.75oz.) 오렌지 필 – 15분 침출		
15g(~0.5oz.) 잘게 부순 고수 씨앗 – 15분 침출		
3g(~0.1oz.) 말린 캐모마일 꽃 – 15분 침출		
7갤런 기준, 끓이기 전 비중	1.045	

당화 스케줄	휴지기 온도	휴지 시간
당화 휴지기 – 침출	67℃(153℉)	60분

홉 스케줄	끓이는 시간(분)	IBU
17g(0.6oz.) 만다리나 바바리아(Mandarina Bavaria) 8%AA	60	15
미생물 균종	투여량(세포 10억 개)	발효 온도
끓임조 산미 형성: 젖산균	150	40℃(104℉)
벨기에 밀맥주 또는 쾰시(Kölsch) 효모	275	20℃(68℉)

양조용 물의 권장 특성 (ppm)			양조 큐브: 페일, 맥아 맛, 부드러움		
칼슘	마그네슘	총 알칼리도	황산	염소	잔류 알칼리도
50~100	10	0~50	0~50	50~100	−100~0

참고 사항

1. 쓴맛을 내는 홉은 어떤 종류든 사용할 수 있으며 15IBU의 깔끔한 쓴맛을 내기만 하면 된다. 만다리나 바바리아(Mandarina Bavaria) 홉은 향긋한 오렌지 또는 감귤향이 특징이라 이 맥주에 아주 잘 어울린다.

2. 중간 크기 오렌지 두 개를 깨끗이 씻어서 과일 껍질 깎는 칼이나 사과 껍질을 벗기는 도구로 바깥 껍질을 살살 긁어낸다. 두 개로 50그램 정도의 껍질을 얻을 수 있다. 껍질을 너무 깊이 깎지 말고 흰색 중과피가 섞이지 않도록 오렌지색이 또렷한 부분만 얇게 벗겨내야 한다.

3. 맥아즙을 끓이고 불을 끈 뒤에 오렌지 껍질과 잘게 부순 고수 씨앗, 캐모마일 꽃을 모두 망에 담아 뜨거운 맥아즙에 넣고 15분간 두었다가 맥아즙을 냉각한다. 발효를 시작하기 전에 망을 없애야 한다. 더 진한 아로마를 얻고 싶으면 발효가 끝난 후에 다시 (같은 비율로 섞어) 담가서 냉침출한다.

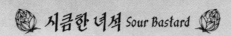

시큼한 녀석 *Sour Bastard*

아메리칸 사워 에일

초기 비중: 1.070
종료 비중: 1.016
IBU: 25

SRM(EBC): 18(36)
ABV: 7.5%

≫≫ 맥아추출물, 곡물 침출을 이용한 양조법 ≪≪

맥아즙 A	비중계 값
1.6kg(3.5lb.) 페일 에일 DME (pale ale DME)	53
450g(1.0lb.) 바이어만 캐러아로마 맥아(Weyermann Caraaroma® malt) – 침출	3
225g(0.5lb.) 브리스 빅토리 맥아(Briess Victory malt) – 침출	3
3갤런 기준, 끓이기 전 비중	1.059

홉 스케줄	끓이는 시간(분)	IBU
25g(0.9oz.) 센테니얼(Centennial) 10.5%AA	60	25

미생물 균종	투여량(세포 10억 개)	발효 온도
끓이기를 통한 산미 형성: 혼합 균*	250	40℃(104℉)
저먼 에일 또는 쾰시(Kölsch) 효모	350	18℃(65℉)
브레타노미세스 브루셀렌시스(Brettanomyces bruxellensis) 효모	200	18℃(65℉)

맥아즙 B (가열을 중단하고 첨가)	비중계 값
2.04kg(4.5lb.) 페일 에일 DME(pale ale DME)	67.5

≫≫ 완전 곡물 양조법 ≪≪

당화 옵션	비중계 값
6.25kg(13.78lb.) 페일 에일 맥아	55
450g(1.0lb.) 바이어만 캐러아로마 맥아(Weyermann Caraaroma® malt) 150°L	3.5
225g(0.5lb.) 빅토리 맥아(Victory malt) 200°L	1.5
7갤런 기준, 끓이기 전 비중	1.060

당화 스케줄	휴지기 온도	휴지 시간
당화 휴지기 – 침출	67℃(153℉)	60분

홉 스케줄	끓이는 시간(분)	IBU
25g(0.9oz.) 센테니얼(Centennial) 10.5%AA	60	25

미생물 균종	투여량(세포 10억 개)	발효 온도
끓임조 산미 형성: 혼합 균*	250	40℃(104°F)
저먼 에일 또는 쾰시(Kölsch) 효모	350	18℃(65°F)
브레타노미세스 브루셀렌시스(Brettanomyces bruxellensis) 효모	200	18℃(65°F)

양조용 물의 권장 특성 (ppm)			양조 큐브: 앰버, 균형 잡힌 맛, 중간		
칼슘	마그네슘	총 알칼리도	황산	염소	잔류 알칼리도
75~125	20	75~125	100~200	100~150	0~50

참고 사항

* 사워 맥주용 균은 와이이스트(Wyeast)사의 로슬라레 블렌드(Roeselare Blend, 3763)이나 화이트랩(Whitelab)사의 벨지언 사워 믹스 1(Belgian Sour Mix 1, WLP655)와 같은 혼합 균주를 사용할 수 있다. 투입할 때는 항상 전부 다 넣자. 끓임조에서 산미를 형성하는 용도로도 이용할 수 있다. 이때 스타터를 준비해서 페디오코쿠스균과 젖산균을 직접 혼합 배양해서 사용해도 되고 두 가지 균을 따로 마련하여 섞어도 된다.

체리 주스 선택 사항: 이 레시피에 체리 680그램(1.5파운드)이나 사워 체리 주스 농축액[68°브릭스, 31PPG(259PKL)] 0.5리터를 첨가하면 아주 맛 좋은 체리 사워 비어로 만들 수 있다. 체리나 농축액은 효모 발효가 시작되고 이틀이 지난 뒤 넣는다. 체리 퓌레를 사용하면 약 0.5파운드/갤런(60그램/리터)을 넣으면 된다.

SECTION

02

완전
곡물 양조법

CHAPTER

15

HOW to BREW

맥아와 부재료

보리는 어떤 식물일까?
맥주는 왜 맥아로 만들어야 할까?

　벼과 식물인 보리(학명 : *Hordeum vulgare*)는 전 세계에서 네 번째로 많이 재배되는 식량 작물이다. 벼와 비슷한 시기에 재배되기 시작했으므로 대략 1만 2,000년 동안 사람의 손에 재배되었다. 이삭에 낟알이 붙어 있는 형태에 따라 두줄보리, 네줄보리, 여섯줄보리까지 세 가지로 나뉜다. 이 가운데 맥주 양조에는 두줄보리와 여섯줄보리만 사용한다. 여섯줄보리는 낟알의 크기가 두줄보리보다 대체로 작지만 단백질이 더 많이 함유되어 있다. 두줄보리는 맥아와 양조용으로 여섯줄보리보다 우수한 것으로 여겨지지만, 현대에 들어서는 여섯줄보리로 된 맥아로도 훌륭한 맥주를 만들 수 있다.

　보리는 일단 수확하고 분류한 뒤 건조, 세척 과정을 거쳐 보관해 두었다가 맥아로 만들어진다. 보리를 맥아로 만드는 이유는 전분 이용도를 높이기 위해서다. 맥아 보리를 만드는 과정(제맥製麥)은 최상급 보리로 분류되는 양조 등급의 보리를 물에 담그는 것에서 시작한다(그림 15.1). 그 상태로 보리가 물을 초기 중량의 50퍼센트가량 흡수하고 잔뿌리 혹은 '싹'이 각 낟

그림 15-1

일반적으로 맥아는 총 38~46 시간 동안 물에 담가 둔다. 사진은 브리스 몰트 앤드 인그레디언트(Briess Malt & Ingredients Co.)사 제공

알의 아랫부분에 나타나기 시작할 때까지 두었다가(그림 15.2) 물기를 제거하고 발아실로 옮긴다. 본격적인 제맥 과정은 이 단계에서부터다. 습도를 일정하게 유지하는 환경에 두고, 주기적으로 뒤집어주면서 보리 층 전체의 온도도 일정하게 유지하도록 관리한다(그림 15.3). 이렇게 만들어진 녹맥아(또는 생맥아)를 가마(킬른)로 옮겨 50~70°C(122~158°F)에서 수분 함량이 4퍼센트 정도가 되도록 조심스럽게 건조한다. 이렇게 만든 맥아를 보통 베이스 맥아 또는 라거용 맥아라고 한다.

보리를 맥아로 만드는 과정에서 보리 낟알이 부분적으로 발아하면, 싹(옆아)이 씨앗에 저장된 자원을 이용할 수 있다. 발아가 진행되면서 낟알의 호분층(그림 15.4)에서 분비된 효소가 단백질과 탄수화물로 구성된 배유(胚乳, 배젖)의 기질(基質, 결합 조직의 세포가 분비한 기본 물질)을 탄수화물, 아미노산, 지질로 작게 분해하고 씨앗에 저장된 전분을 방출시킨다.

배유에는 크고 작은 과립 형태의 전분이 층층이 포함되어 있다. 한 봉지에 담긴 다양한 색깔의 젤리빈이나 포장지에 각각 따로 싸여 있는 사탕이 한 상자에 담긴 것과 같다. 배유의 기질 내부에는 크기가 다양한 전분 과립(젤리빈 또는 사탕)을 세포벽(젤리빈 봉지 또는 사탕 상자)이 감싸고 있다. 세포벽의 주된 성분은 베타글루칸(셀룰로오스의 일종)과 펜토산(점성이 있는 다당류), 몇 가지 단백질이다. 이 모든 것이 담긴 상자가 가장 바깥쪽에 있는 겉껍질이다. 맥아를 만들거나 맥주를 양조하는 사람이 기억해야 할 핵심은, 사탕을 손에 넣으려면 여러 겹으로 된 방해물을 없애야 한다는 것이다.

효소의 작용으로 사탕이 담긴 봉지가 분해되고 전분 과립이 드러나(즉 배유가 분해되어) 싹의

그림 15-2

보리 낟알에서 잔뿌리나 '싹'이 생겨나면 물에 담가둔 보리를 꺼낸다. 싹이 돋아난 보리는 발아용 탱크로 옮겨서 더 많은 산소를 공급받을 수 있도록 해야 한다. [사진 제공 : 브리스 몰트 앤드 인그레디언트(Briess Malt & Ingredients Co.)사]

그림 15-3

침맥 단계가 끝난 보리는 발아 탱크로 옮겨 산소를 공급하고 일정하게 자랄 수 있도록 며칠 동안 방향을 바꿔준다. 4일 정도 발아 탱크에 두었다가 건조실(킬른)로 옮긴다. [사진 제공 : 브리스 몰트 앤드 인그레디언트(Briess Malt & Ingredients Co.)사]

성장에 사용할 수 있게 되는 것, 또는 양조자의 관점에서는 맥주 양조에 활용할 수 있게 되는 것을 맥아의 '용해modification'라고 한다. 맥아 제조자가 맥아의 용해 정도를 판단하는 시각적인 지표 중 하나는 겉껍질 아래쪽으로 자라나는 옆아acrospire의 길이다. 용해가 완료된 맥아는 옆아의 길이가 낟알 전체의 75~100퍼센트가 된다. 그러나 맥아 제조자들은 습기가 남은 낟알을 두 손가락으로 짓이겨서 충분히 부드러워지지 않은 부분이 있는지 확인하는 것으로 용해도를 판단하는 방법을 더 많이 활용한다. 이렇게 하면 낟알이 너무 연한 상태가 된 것은 아닌지도

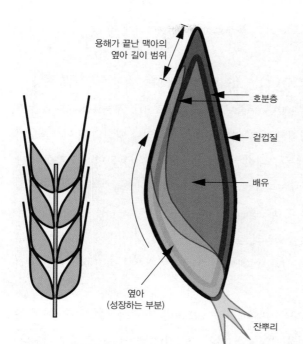

용해가 끝난 맥아의
옆아 길이 범위

호분층

겉껍질

배유

옆아
(성장하는 부분)

잔뿌리

그림 15-4

보리를 맥아로 만드는 과정의 각 부위를 간략히 나타
낸 그림. 옆아(보리의 싹)가 낟알 한쪽 옆을 따라 자
라는 모양이 나와 있다. 호분층에서는 배유(전분이
저장되어 있는 단백질과 탄수화물 기질)를 '변형'시
키는 효소가 이미 마련되어 있고 옆아가 자라는 동안
전분을 활용할 수 있도록 이 기존의 효소와 새로 만
들어진 효소가 분비된다.

확인할 수 있다.

발아된 씨앗을 계속 키우면 식물로 자라고 맥주 양조에 활용하려던 전분도 모두 식물이 소
비하게 된다. 그러므로 맥아 제조자는 발아 상태를 면밀히 지켜보면서 옆아의 발생에 필요한
자원과 옆아가 소비하는 자원이 적정한 균형에 도달하는 시점을 찾아낸다. 그 시점이 되면 건
조 단계로 넘어가 발아를 중단시킨다.

용해가 끝난 맥아는 건조하고 텀블링tumbling 단계를 거쳐 잔뿌리를 없앤다. 맥아를 건조하
면 발아 단계에 활성화된 여러 효소가 비활성화(파괴)되지만 전분 전환에 꼭 필요한 효소를 비
롯한 몇 가지는 남아 있다. 맥아가 효소로 전분을 전환할 수 있는 수준을 '당화력diastatic power'
이라고 하며, 당화 혼합물의 상태에서 충분한 당화력을 갖춘 맥아를 베이스 맥아로 활용한다.
베이스 맥아의 재료로는 보리와 밀, 호밀, 귀리가 포함되지만 현재까지는 대부분 보리와 밀을
사용한다. 당화는 맥아를 따뜻한 물에 담가서 전분을 발효 가능한 당류로 전환하는 효소 활성
에 필요한 환경을 제공하는 과정이다.

맥아는 맥주 발효에 필요한 당류(주로 말토오스)를 얻는 주된 원료다. 양조자의 관점에서 맥
아는 베이스 맥아와 특수(스페셜티) 맥아, 두 종류로 나뉜다. 베이스 맥아는 맥아즙을 구성하는
발효성 당류의 대부분을 제공하며, 비엔나 맥아와 뮌헨 맥아와 같이 고온에서 건조되어 구수

한 빵 냄새가 풍부한 종류도 있다. 건조 온도가 높을수록 맥아의 당화력에 영향을 주는 효소도 더 많이 분해된다.

베이스 맥아의 당화력은 맥아 제조에 사용되는 보리의 유형에 따라 다양하다. 파운드당 당류 생성량이 약간 더 높고 단백질 함량은 낮은 두줄보리는 올 몰트 맥주(부재료를 넣지 않은 맥주)에 많이 사용되며 여섯줄보리보다 정제된 맛을 얻을 수 있다. 그러나 당화력은 여섯줄보리가 두줄보리보다 약간 더 높다. 미국에서는 오래전부터 여섯줄보리를 사용하면 양조자들이 단백질 함량이 높은 특성을 고려하여(따라서 보디감이 꽹장히 묵직하고 색이 흐린 맥주가 만들어진다) 옥수수, 쌀 등 단백질 함량이 낮은 곡물로 맥아즙을 희석해 사용했다. 이를 통해 효소가 작용하지 않는 전분 원료를 사용하고도 여섯줄보리의 높은 당화력을 활용하여 당화 혼합물이 전분으로 완전히 전환되는 이점을 누릴 수 있었다. 아래에 다시 설명하겠지만 이러한 비효소성 전분을 '부재료'라 칭한다.

비효소성 맥아에 속하는 스페셜티 맥아는 고온에서 건조되거나 굽는 과정을 거치면서 다양한 풍미가 형성되어 맥주의 맛을 끌어올리는 역할을 한다. 스페셜티 맥아는 세 종류로 나뉜다. 첫 번째는 고도로 건조되어 거의 구운toasted 상태로 만드는 베이스 맥아로 비스킷 맥아, 앰버(호박색) 맥아로 불리는 종류가 해당된다. 토스트나 쿠키, 통밀 비스킷이나 파이 껍질과 같은 향이 나는 특징이 있다.

두 번째는 맥아를 건조하지 않고 아직 젖어 있는 상태로 가마(건조장치)에서 구워 분쇄하기 전에 껍질 안에서 전분을 당류로 전환한 스페셜 맥아로 캐러멜맥아, 크리스털 맥아 등이 해당한다. 당류 전환이 끝나면 맥아를 고온에서 굽고 이 과정에서 다양한 비발효성 당류가 형성되는 동시에 꿀, 캐러멜, 구운 마시멜로 등과 같은 향이 형성된다. 이러한 맥아는 색깔도 다양하고[색깔의 차이는 로비본드(°L) 단위로 표시한다] 발효도와 단맛의 특성도 제각기 다르다. 영국에서는 보통 크리스털 맥아로 부르는 반면 미국에서는 캐러멜맥아로 칭하며 간편하게 C40, C60, C120으로 부르기도 한다(크리스털 40로비본드, 캐러멜 60로비본드, 크리스털 120로비본드의 의미).

스페셜티 맥아의 세 번째 유형은 로스팅한 맥아로 말린 베이스 맥아를 고온에 구워roasted 진한 적갈색이나 검은색을 띠고 고온에 구운 빵이나 코코아, 커피 향이 특징적으로 나타난다. 로스팅한 맥아의 색도 로비본드 단위로 표시하므로 초콜릿 맥아 350로비본드와 같이 불린다.

스페셜티 맥아는 대부분 당화 과정을 거치지 않아도 되며 뜨거운 물에 담그기만 하면 고유한 맛과 향이 대부분 방출된다. 맥아추출물을 이용하여 맥주를 만들 때 활용하면 큰 수고 없이

도 맥아즙의 색과 복합적인 맛을 쉽게 향상시킬 수 있으므로 매우 유용하다.

마지막으로 이야기할 것은 발아 보리 외에 다른 발효성 전분 원료인 부재료다. 맥아로 만드는 과정을 거치지 않은 곡물이 부재료에 해당하므로 정제되거나 정제되지 않은 설탕, 옥수수, 쌀을 비롯해 플레이크로 만든(압착해 얇게 저민) 호밀, 밀, 보리 등이 포함된다. 부재료를 절대 우습게 여기면 안 되는데, 실제로 맥주의 유형에 따라 제맥 과정을 거치지 않은 밀이나 구운 보리를 필수 재료로 사용하는 경우가 있다. 벨기에 밀맥주, 아메리칸 라거, 아이리시 스타우트 등 정통 맥주 중에도 부재료가 맛을 좌우하는 종류가 있다. 부재료는 맥아가 아닌 곡물이므로 효소성 맥아(즉 당화력이 있는 맥아)와 함께 당화 과정을 거쳐 전분이 발효성 당으로 전환되도록 해야 한다. 단, 구운 보리는 고온에서 전분이 전환되므로 이 규칙에서 제외되며 그대로 맥아즙에 담그면 된다.

맥아에 맛이 형성되는 과정

전문적인 맥아 생산자들은 맥아를 베이스 맥아, 건조맥아kilned malt, 스튜한 맥아stewed malt, 로스팅한 맥아의 네 가지로 분류한다. 수분 함량과 처리 시간, 온도가 달라지면 스페셜티 맥아의 특징적인 맛과 색도 달라진다(그림 15.5). 캐러멜화 반응과 마야르반응도 맥아와 맥아로 만들어지는 맥주의 다채로운 풍미 형성에 중요한 역할을 한다. 캐러멜화는 당이 열 분해되는 화학반응이다(표 15.1). 비효소성 갈변 반응에 해당하며 온도가 높고 수분 함량이 낮은 환경에서 이루어진다. 반면 마야르반응은 아미노산과 당류가 반응하는 것으로 온도와 습도 조건이 훨씬 광범위하므로 49℃의 낮은 온도부터 232℃까지(120~450℉) 반응이 일어날 수 있다. 또 마야르반응은 분자량이 낮은 다양한 휘발성 헤테로고리 화합물과 함께 리덕톤, 멜라노이딘 등 분자량이 높은 물질도 생성시킨다. 리덕톤은 산소와 결합하여 산화반응을 일으키므로, 산소를 미리 사용하여 맛을 더욱 안정적으로 개선하고 멜라노이딘은 마야르반응으로 인한 색 변화에 영향을 준다.

표 15-1 | 당류의 캐러멜화 온도

당류	최소 온도
과당	110℃(230℉)
갈락토오스	160℃(320℉)
포도당	160℃(320℉)
말토오스	180℃(356℉)
자당	160℃(320℉)

그림 15-5

다양한 조건에서 건조되거나 구워진 맥아의 모습

그림 15-6

건조 과정이 끝나면 캐러멜맥아, 초콜릿 맥아와 같은 스페셜티 맥아는 고온에서 구워져 캐러멜화, 마야르 반응을 통해 독특한 풍미를 형성한다. [사진 제공 : 브리스 몰트 앤드 인그레디언트(Briess Malt & Ingredients Co.)사]

마야르 반응과 캐러멜화 모두 토피 사탕이나 당밀, 건포도 등 어느 정도 비슷한 맛을 내지만 보통 캐러멜화 반응으로 맥아즙에 토피 향이 나는 달콤한 캐러멜 맛이 형성되는 반면 마야르반응은 빵을 구울 때 느껴지는 맥아, 토스트, 비스킷 맛이 형성된다. 저온의 수분이 많은 조건에서 마야르반응이 진행되면 맥아와 갓 구운 빵의 풍미를 얻을 수 있고 고온의 수분이 적은 조건에서는 토스트나 비스킷의 맛을 얻을 수 있다.

페일 에일 맥아와 같이 물기를 제거하고 저온에서[120~160℃(49~71℉)] 약하게 건조된 맥아는 당화력을 갖게 되며 곡물의 향이 가볍게 느껴지는 맛에 따뜻하게 구운 빵과 토스트의 향을 살짝 느낄 수 있다. 비엔나 맥아는 수분 함량이 5~10퍼센트가 되도록 건조한 후 90℃(194°F)에서 약하게 건조하면 특유의 색과 맛이 형성되고 당화력도 대부분 얻게 된다. 뮌헨 맥아와 같은 베이스 맥아와 아로마 맥아는 수분 함량이 비교적 높은 상태에서(15~25퍼센트) 더 많이 건조한 뒤 고온[195~220°F(90~105℃)]에서 처리하면 진하고 깊은 풍미와 맥아, 빵의 향이 형성된다. 이 온도에서는 마야르반응만 진행된다.

캐러멜 60로비본드와 캐러멜 120로비본드 등 스튜한 맥아stewed malt는 생맥아를 그대로 구워서, 즉 발아 후 건조 단계를 거치지 않고 로스터기에 넣고 전분 전환 온도인 66~70℃(150~158°F)로 가열한다. 전환된 당류는 맥아 알맹이 속에 반 액체 상태로 머무르고, 이렇게 전환이 끝난 후 원하는 색에 따라 105~160℃(220~320°F)의 고온에서 굽는다.

고온에서 굽는 동안 낱알 내부의 당에서 캐러멜화 반응이 일어나고 분해된 후 발효성이 떨어지는 형태로 재결합한다. 마야르반응도 함께 일어나며, 추가로 맥아가 갈변된다. 캐러멜맥아는 색이 옅을수록 연한 꿀과 캐러멜 맛이 나고 색이 짙을수록 캐러멜과 토피 사탕의 풍미도 짙어진다. 색이 가장 진한 상태에서는 탄 설탕 맛과 건포도 맛도 살짝 느껴진다.

로스팅한 맥아의 종류에는 호박색(앰버) 맥아, 갈색(브라운) 맥아, 초콜릿 맥아, 검은색(블랙) 맥아가 포함된다. 이러한 맥아는 굽기 전에 수분 함량이 낮은 상태(4~6퍼센트)가 되도록 건조한다(그림 15.6). 앰버 맥아는 완전 건조한 페일 에일 맥아를 최대 168℃(335°F)에서 구워서 만든다. 고온에서 굽는 과정을 통해 앰버 맥아의 특징인 토스트, 견과류, 비스킷의 풍미가 형성된다. 브라운 맥아는 앰버 맥아보다 굽는 시간이 더 길고 그 결과 색은 캐러멜맥아와 같으면서 구웠을 때 나는 매우 건조하고 진한 맛을 얻을 수 있다.

초콜릿 맥아는 74℃(165°F)에서 굽기 시작해 맥아에서 연기가 발생하는 온도인 163℃(325°F)까지 서서히 온도를 높인다. 216℃(420°F)까지 온도가 올라가면 연기가 푸르스름한 색으로 바뀌고 맥아에 초콜릿 맛이 형성된다. 캐러멜화도 어느 정도 진행되지만 이러한 맛의 대부분은 마야르반응에서 비롯한다. 블랙 맥아는 약간 더 높은 온도인 220~225℃(428~437°F)에서 구워 커피와 비슷한 맛이 난다. 사실 이 블랙 맥아는 249℃(480°F) 이상의 온도까지 가열하여 태우는데, 온도가 임계점에 도달한 시점에 타이밍을 잘 맞춰 물을 분사하는 것이 블랙 페이턴트 몰트black patent malt라고 하는 맛을 내는 비결이다. 로스팅한 보리도 굽는 방식은 비슷하지만 맥아로 만든 상태에서 굽지 않는다는 차이가 있다.

요약하면, 맥아가 건조 단계를 거치면 저온에서 마야르반응이 일어나 맥아에 빵과 비슷한 향이 형성된다. 말린 맥아를 구우면 마야르반응이 더욱 활발해지면서 비스킷과 토스트의 풍미가 강하게 나타난다. 생맥아를 구우면 마야르반응과 캐러멜화가 모두 진행되어 토피 사탕과 비슷한 달콤한 맛이 난다. 또 말린 맥아를 고온에서 건조해 구우면 초콜릿이나 커피와 같은 맛을 얻을 수 있다.

일반적인 맥아의 종류와 용도

참고 사항 | 아래에 설명한 맥아의 각 종류마다 상품으로 판매되는 제품들이 있다. 이러한 제품들은 해당 종류의 특징이 가장 잘 나타나고 특정한 맛을 내는 등의 목적으로 널리 활용되므로 몇 가지 제품을 예시로 함께 명시했다. 여기에 나온 제품이 전부가 아니며, 맥아를 만드는 곳마다 고유한 특징이 담긴 맥아를 생산하는 데 전부 소개할 수 없는 점을 이해해주기 바란다. 맥아의 색은 로비본드 값을 나타내는 °L 기호로 표시했다.

더불어 맥주가 만드는 배치*batch*마다 맛에 차이가 나듯이 맥아도 마찬가지고 똑같은 맥아를 사용하더라도(똑같은 종류의 맥주를 만들 때와 같이) 맥아 만드는 사람(양조자)이 다르면 제각기 다른 결과물이 나온다는 사실도 기억하기 바란다. 맥아의 종류와 특정 제품에 관한 설명은 생산자(생산 업체)의 웹사이트에서 가장 정확한 정보를 얻을 수 있다.

| 베이스 맥아(당화 과정을 거쳐야 하는 맥아) |

라거 또는 필스너 맥아(1~2로비본드) | 페일 맥아 중에서 색이 가장 옅은 베이스 맥아에 속한다. 라거 맥아라는 명칭은 페일 라거가 가장 일반적인 맥주고 그 맥주를 만드는 데 사용하는 맥아라는 점에서 비롯된 것이다. 그러나 라거 맥아는 종류와 상관없이 거의 모든 맥주에 베이스 맥아로 사용할 수 있다. 발아가 끝나면 먼저 가마로 옮겨 첫날은 32℃(90℉)에서 조심스럽게 가열한 뒤 12~20시간 동안 49~60℃(120~140℉)에서 건조한다. 그런 다음 79~85℃(175~185℉)에서 4~48시간 동안 가열하는데 가열 조건은 맥아 생산자마다 다르다. 최종적으로는 섬세하고 부드러운 맛과 뛰어난 당화력을 가진 맥아가 탄생한다.

라거 맥아와 필스너 맥아는 동의어로 여겨지고 둘 다 전 세계 모든 대륙에서 생산된 보리로 품종에 거의 상관없이 만들 수 있다. 그러나 '필스너 맥아'라는 이름은 대체로 단백질 함량이 낮은 유럽 품종의 보리를 뜻하거나 최상급 라거 맥아를 지칭할 때 사용한다. 또 '필스너'라는 이름에는 같은 맥아 생산자가 만든 베이스 맥아라도 다른 제품과 견주어 용해도가 낮은 맥아라는 의미가 담겨 있다.

페일 맥아(두 줄 베이스 맥아로도 불림, 2~3로비본드) | 유럽산 베이스 맥아와 북미산 베이스 맥아는 미세한 차이가 있다. 페일 맥아는 북미에서 생산되는 라거 맥아로, 보통 북미 지역의 보리 품종으로 만들어진다. 유럽산 필스너 맥아와 견주어 단백질 함량과 당화력이 약간 더 높지만 어떤 종류의 맥주에도 사용할 수 있다.

페일 에일 맥아(3~4로비본드) | 페일 맥아보다 더 높은 온도에서 건조해 따뜻한 토스트 맛이 더 강화된 맥아다. 영국식 페일 에일에 잘 어울리고 골든 에일, 페일 앰버 맥주의 재료로도 활용한다. 필스너 맥아나 페일 맥아에 뮌헨 10로비본드 맥아를 섞으면 비슷한 맛을 낼 수는 있지만 두줄보리의 일종인 마리스 오터*Maris Otter* 보리로 만든 페일 에일 맥아 특유의 독특한 풍미를 선호하는 사람들이 더 많다.

밀 맥아(3로비본드) | 밀이 맥주 양조에 사용된 역사는 보리와 비슷하고 당화력도 보리와 같다. 밀 맥아는 종류에 따라 양조 시 전체 전분 원료의 5~70퍼센트를 차지한다. 밀은 겉껍질이 없어서 탄닌 함량이 보리보다 적다. 또 밀 낟알은 보리 낟알보다 대체로 크기가 더 작고 중량 대비 맥주에 공급하는 단백질의 양은 더 많아서 거품 유지력을 높이는 역할을 한다. 그러나 이처럼 단백질 함량은 높고 겉껍질이 없는 이 특징으로 인해 당화 혼합물이 보리를 사용할 때보다 점성이 높아서 여과 시 문제가 될 수 있다. 밀의 비율이 높을 때는 당화 단계에 단백질 휴지기를 추가하거나 왕겨를 첨가하면(또는 이 두 가지 방법을 모두 적용해도 된다) 여과를 더 수월하게 진행할 수 있다.

호밀 맥아(3로비본드) | 호밀 맥아는 흔치 않은 재료지만 점점 인기가 높아지는 추세다. 전체 전분 원료의 5~10퍼센트 정도로 사용하면 호밀 특유의 '스파이시'한 풍미를 더할 수 있다. 호밀은 당화 혼합물의 점도가 밀보다 높아서 반드시 적절한 처리 작업을 병행해야 한다.

훈연 맥아(2~6로비본드) | 두 줄 베이스 맥아에 속하는 훈연 맥아는 가마에 건조시킬 때 나무를 사용하여 훈연하거나 그 이후 단계에 훈연시킨 맥아다. 전통적인 라우흐비어*Rauchbier*는 전체 전분 원료의 100퍼센트를 차지하며, 그보다 낮은 비율(20퍼센트 등)로 첨가하여 독특한 훈제 향을 더하는 방식으로도 활용한다.

산성 맥아(2로비본드) | 바이어만 몰팅*Weyermann Malting*사의 특수 상품인 산성 맥아는 베이스 맥아에 산미가 있는 맥아즙으로 만든 젖산을 분무하여 만든다. 독일의 『맥주 순수령』에도 부합하는 천연 원료로, 독일의 양조자들은 소금이나 산성 물질을 사용하지 않고 당화 혼합물의 pH를 낮추는 용도로 산성 맥아를 활용한다. 전체 전분 원료를 기준으로 중량당 1퍼센트를 사용하면 pH를 0.1 낮출 수 있는 것으로 알려져 있다.

| 건조 처리된 베이스 맥아(당화 과정을 거쳐야 하는 맥아) |

가마에서 건조한 베이스 맥아는 베이스 맥아의 생산 공정을 따르면서 맥아의 수분 함량과 건조 온도를 높여서 생산한다.

비엔나 맥아(4로비본드) | 뮌헨 맥아보다 맛이 옅은 비엔나 맥아는 가벼운 앰버 맥주의 주재료로 사용한다. 자체적으로 전분 전환이 가능할 만큼 충분한 당화력을 갖춘 맥아나 당화 혼합물의 베이스 맥아로 사용하는 경우가 많다. 맥주 종류에 따라 보통 전체 전분 원료의 10~40퍼센트까지 차지하며 비엔나 스타일의 라거 맥주에는 전체 전분의 100퍼센트를 차지한다. 단맛이나 빵의 껍질 맛을 과도하게 부가하지 않으면서 맥주에 부드러운 맥아 맛을 형성하는 역할을 한다.

뮌헨 맥아(10로비본드) | 호박색의 뮌헨 맥아는 맥주에 진한 맥아 맛을 더한다. 당화력이 우수하여 자체적으로 전분 전환이 가능하지만 당화 혼합물의 베이스 맥아로 많이 사용한다. 옥토버페스트, 복*bock* 맥주나 페일 에일을 비롯한 여러 맥주에 전체 전분 원료의 10~60퍼센트를 구성하며 뮌헨 둥켈 맥주에서는 전분 원료의 100퍼센트를 차지한다. 뮌헨 맥아는 다양한 맥주에 진한 맥아의 맛을 더하는 주된 재료로 활용하며, 구운 빵 껍질 같은 맛이 특징이다.

아로마 맥아(15~25로비본드) | 아로마 맥아(멜라노이딘 맥아로도 불림)는 짙은 색 뮌헨 20로비본드와 비슷한 맥아로, 경우에 따라 뮌헨 20로비본드를 아로마 맥아로 지칭하기도 한다. 당화력은 매우 낮지만 색이 짙은 곡물 빵의 껍질처럼 진하고 그윽한 맥아의 맛과 향을 맥주에 더한다. 또 이 맥아를 사용하면 맥주 색이 진한 호박색이나 호두 색과 같은 갈색을 띤다. 전체 전분 원료의 5~10퍼센트 정도로 사용하면 개성 있는 맛을 느낄 수 있다.

앰버 맥아(20~40로비본드) | 비스킷 맥아, 빅토리 맥아로도 불리는 앰버 맥아는 가볍게 충분히 구워서 만드는 맥아로 맥주에 갓 구운 쿠키(영국에서는 비스킷이라 부른다)와 같은 향긋한 풍미를 더한다. 보통 전체 전분 원료의 10퍼센트 정도를 차지하며 이 맥아를 사용하면 맥주가 진한 호박색을 띤다. 당화력이 없다.

브라운 맥아(60로비본드) | 브라운 맥아는 올드 에일이나 포터, 스타우터 등 사용하는 맥주의 종류가 적어서 점점 더 구하기가 어려워지는 추세다. 상당히 건조하고 쌉쌀한 로스팅한 맥아의 특징이 앰버 맥아와 초콜릿 맥아의 중간 정도로 나타나고 단맛은 없다. 전체적으로 빵 껍질을 농축한 듯한 느낌이 난다. 맥주 종류에 따라 전체 전분 원료의 5~10퍼센트 비율로 사용하며 당화력은 없다.

| 스튜한 맥아(침출하거나 당화해 사용한다) |

캐러멜맥아 | 캐러멜맥아(크리스털 맥아로도 불린다)는 맥아를 '뭉근히 끓여서 stewed' 낱알 내부의 전분을 전환하고 당을 액상화하는 특수한 가열 과정을 거쳐 만든다. 여러 온도에서 맥아를 구우면서 당류의 캐러멜화가 다양한 수준으로 이루어지도록 함으로써 꿀의 달콤한 맛, 토피 사탕, 다크 캐러멜 맛까지 광범위한 풍미를 만들어낸다. 맥아 생산자마다 제조 기법이 달라서 맥아의 색 등급이 같더라도 맛은 제각기 다르다. 그만큼 맥아 생산에는 양조만큼 전문적인 기술이 필요하다. 캐러멜맥아는 대부분의 맥주에서 원료의 일정 부분을 차지한다. 맥아추출물로 맥주를 양조한다면 맥아즙에 담가 향과 보디감을 더하는 용도로 활용하기에 매우 적합하나 과도하게 침출하면 맥주에서 질릴 정도로 강한 단맛이 날 수 있다. 일반적으로 캐러멜맥아는 전체 전분 원료의 5~15퍼센트 정도로 사용된다.

덱스트린 맥아(3로비본드) | 일반적으로 덱스트린 맥아는 전체 전분 원료의 1~5퍼센트 정도로 사용하며 맥주의 색이나 맛에는 영향을 주지 않으면서 보디감과 입안 느낌, 거품 유지력을 향상시킨다. 색이 흐릿하고 굉장히 단단해서 파쇄하기 어려운 특징이 있어서 침출해서 얻을 수 있는 성분의 양이 많지 않지만 전분은 다른 캐러멜맥아와 마찬가지로 완전히 전환된다. 브리스 몰트 앤드 인그레디언트*Briess Malt & Ingredient Co.*사의 '캐러필스*Carapils®*'와 바이어만*Weyermann*사의 '캐러폼*Carafoam®*'이 이러한 덱스트린 맥아에 해당한다.

캐러멜 10 맥아(10로비본드) | 맥주에 꿀처럼 연하게 달콤한 맛과 보디감을 더한다.

허니 맥아(25로비본드) | 브루몰트*Brumalt*로도 불리는 허니 맥아는 활용도가 매우 높다.

캐러멜 40 맥아(40로비본드) | 맥주에 색을 더하고 캐러멜의 달콤한 맛을 가볍게 더하는 맥아로, 페일 에일과 앰버 라거에 아주 잘 어울린다.

캐러멜 60 맥아(60로비본드) | 캐러멜맥아 가운데 가장 많이 사용하는 종류로, '미디움 크리스털 맥아'로도 불린다. 페일 에일, 영국식 비터, 포터, 스타우트에 매우 잘 어울린다. 캐러멜 60 맥아는 맥주에 진한 캐러멜 맛과 보디감을 더한다. 그러나 다른 캐러멜맥아와 견주어 산화되는(즉 맥주가 상하는) 속도가 빠른 편이라 60 맥아 대신 캐러멜 40 맥아와 80 맥아를 섞어서 사용하는 양조자들도 있다.

캐러멜 80 맥아(80로비본드) | 맥주에 붉은 빛을 내는 용도로 사용하며, 달고 씁쓸한 캐러멜 맛이 가볍게 느껴진다.

캐러멜 120 맥아(120로비본드) | 맥주 색에 큰 영향을 주는 맥아로 구운 향, 달콤하고 씁쓸한 캐러멜 맛과 함께 탄 설탕과 건포도의 맛도 살짝 느낄 수 있다. 소량만 첨가해도 복합적인 맛을 얻을 수 있다. 올드 에일, 발리 와인, 도펠 복*Doppelbock* 맥주에는 꽤 높은 비율로 사용한다.

스페셜 'B' 맥아(150로비본드, 캐슬 몰팅*Caslte Malting*사 제품) | 진한 캐러멜, 구운 마시멜로, 건포도 맛과 함께 불에 구운 맛, 익힌 맛이 확연히 느껴지는 독특한 벨기에 맥아다. 전체 전분 원

료 중 적정 비율로 사용하며(1~5퍼센트) 브라운 에일, 포터, 도펠 복 맥주에 잘 어울린다. 그보다 많은 양(>5퍼센트)을 사용하면 두벨과 같은 애비 에일에서 나타나는 자두 같은 향을 더할수 있다. 다른 맥아 생산 업체들도 150~180로비본드의 비슷한 맥아 제품을 다양한 상품명으로 판매하고 있으나 스페셜 'B'가 원조 제품이다.

| 로스팅한 맥아(침출하거나 당화해 사용한다) |

강하게 구워서 만드는 맥아는 브라운 에일, 포터, 스타우트에 씁쓸한 초콜릿과 커피, 태운 토스트 맛을 더한다. 반드시 적정량만 사용해야 하며, 보통 전체 전분 원료의 1~5퍼센트 비율로 첨가한다(예를 들어 5갤런 기준으로는 0.25~0.5파운드, 19리터에 115~225그램). 특유의 톡 쏘는 맛을 약화하기 위해 당화가 마무리될 시점에 첨가할 것을 권장하는 양조자들도 있다. 자연적으로 '연수'된 물이나 중탄산염 함량이 낮은 물을 사용한다면 이 방법으로 좀 더 부드러운 맥주를 만들 수 있다. 로스팅한 맥아는 대체로 소량만 사용하며 곱게 갈아서 사용하면 양을 줄이면서 맥주 색에 더 큰 영향을 준다.

페일 초콜릿(200~250로비본드) | 페일 초콜릿 맥아는 브라운 에일, 포터, 스타우트에 소량 사용한다(5갤런에 0.5파운드 또는 19리터에 225그램). 중배전한 원두 맛과 루비 색이 도는 진한 갈색을 얻을 수 있다. 너무 많이 넣으면 맥주에서 이 맥아의 특징만 나타날 수 있다.

초콜릿 맥아(300~400로비본드) | 브라운 에일에 소량 사용하나(5갤런에 0.5파운드 또는 19리터에 225그램) 포터와 스타우트에는 그보다 많은 양을 사용한다(5갤런에 1파운드 또는 19리터에 450그램). 달고 씁쓸한 초콜릿이나 커피 맛과 함께 불에 구운 기분 좋은 향과 루비 색을 띠는 진한 검은색을 얻을 수 있다. 이름이 초콜릿 맥아라고 해서 많이 넣는다고 맥주에서 초콜릿 맛이 나지는 않는다! 5갤런에 1파운드, 19리터에 450그램 이상은 첨가하지 않는 것이 좋다. 과량 넣으면 잉크 같은 불쾌한 뒷맛이 날 수 있다.

디비터드(쓴맛을 없앤) 블랙 맥아(500로비본드) | 맥아로 만들기 전에 곡물의 겉껍질을 없애 맥주에 로스팅한 맥아의 맛을 훨씬 더 부드럽게 더할 수 있는 특별한 종류다. 맥주의 색을 조정하는 용도로 많이 사용하며 아주 적은 양만 넣어야 한다[대략 5갤런에 1.5~3온스(42.5~85그램),

19리터에 50~80그램]. 전체 전분 원료의 5퍼센트까지 다량 넣으면 포터나 스타우트에 전통적인 블랙 맥아의 톡 쏘는 진한 맛을 없애면서 로스팅한 맥아의 특징을 줄 수 있다.

블랙 밀 맥아(500~550로비본드) | 보리 대신 밀로 만든 블랙 맥아를 가리킨다. 밀은 낱알에 겉껍질이 없어서 맥아를 많이 구워도 디비터드 맥아처럼 부드러운 커피 같은 맛을 더하고 쓴맛은 덜하다. 맥주의 종류와 상관없이 블랙 맥아를 대신하여 사용할 수 있다.

구운 보리(500로비본드) | 일반 보리를 많이 구워서 만드는 구운 보리는 사실상 맥아에 해당하지 않는다. 건조하고 독특한 커피 맛과 함께 아이리시 스타우트나 드라이한 스타우트의 상징적인 맛을 낼 수 있는 재료다. 스타우트에 19리터 기준 230~450그램(5갤런 기준 0.5~1파운드) 정도 사용한다.

블랙 ('페이턴트') 맥아(500~600로비본드) | 블랙 맥아 가운데 색이 가장 검은 맥아로, 주로 색을 내는 용도로 사용한다. 보통 19리터당 225그램(5갤런에 0.5파운드) 미만으로 소량만 넣어야

그림 15-7

플레이크 형태의 대표적인 부재료. 맨 위에서부터 시계 방향으로 옥수수 플레이크, 밀 플레이크, 호밀 플레이크, 귀리 플레이크다.

한다. 색을 내는 용도와 함께 캐러멜맥아를 다량 사용하는 맥주의 단맛을 '제한'하는 재료로도 활용할 수 있다. 이때 19리터에 30~60그램(5갤런에 1~2온스)가량 넣는다.

| 기타 곡물과 부재료 |

참고 사항 | 아래에 소개한 부재료를 레시피 전체 재료의 10퍼센트 이상 사용하면 당화 과정을 거치는 것이 곡물의 이용도를 높이고 더 나은 맛을 얻을 수 있다. 부재료의 당화 방법은 17장에 나와 있다. 부재료는 압착하거나 플레이크의 형태로 많이 사용한다(그림 15.7).

귀리 | 귀리는 포터나 스타우트과 궁합이 잘 맞는다. 스타우트의 부드럽고 실크 같은 입안 느낌과 크림 같은 질감을 더하는 기능을 하며, 그 맛은 직접 맛보면 바로 느낄 수 있다. 곡물을 통째로 사용해도 되고 절단 가공된 것(즉 분쇄한 것이나 통곡을 3등분한 것 등), 압착하거나 플레이크로 만든 것을 사용해도 된다. 압착하거나 플레이크로 만든 귀리는 열과 압력을 가하면 전분이 젤라틴화된(수용성) 상태이므로 슈퍼마켓에서 보통 '바로 먹을 수 있는 오트밀'로 판매된다. 통 귀리나 절단 가공된 귀리, '옛날 방식으로 압착한 귀리'는 젤라틴화가 그러한 인스턴트 오트밀만큼 진행되지 않으므로 반드시 먼저 익혀서 당화 혼합물에 넣어야 한다. '단시간에 조리할 수 있는' 오트밀은 '옛날 방식'으로 가공된 오트밀보다 젤라틴화가 더 많이 진행된 상태이나 당화 혼합물에 넣기 전에 익혀야 그러한 장점을 누릴 수 있다.

오트밀은 제품에 표기된 레시피대로 익혀야(물은 표시된 양보다 더 넣자) 전분을 완전히 활용할 수 있다. 19리터 기준 225~680그램(5갤런에 0.5~1.5파운드)의 비율로 사용한다. 귀리는 보리맥아(그리고 맥아의 효소)와 함께 당화 과정을 거쳐야 전분이 당으로 전환된다. 심슨스 몰트 *Simpsons Malt*사에서 만든 캐러멜맥아 형태의 골든 네이키드 오트*Golden Naked Oats*® 등 귀리로 만든 맥아도 시중에서 구입할 수 있다.

옥수수 플레이크 | 플레이크로 만든 (얇게 저민) 옥수수는 영국식 비터와 마일드 맥주에 많이 넣는 부재료로 과거에는 미국에서도 가벼운 라거에 널리 활용했다(최근 들어서는 갈은 옥수수를 더 많이 사용한다). 옥수수는 적절히 활용하면 맥주 맛에 과도한 영향을 주지 않으면서 색과 보디감을 연하게 조정하는 역할을 한다. 사용량은 19리터 기준 225~910그램(5갤런당 0.5~2파운드)이며 베이스 맥아와 함께 당화 과정을 거쳐야 한다.

보리 플레이크 | 맥아가 아닌 일반 보리로 만든 플레이크는 스타우트의 거품 유지력과 보디감을 살리기 위한 단백질원으로 많이 사용한다. 강렬한 맛이 특징인 다른 에일에도 넣을 수 있다. 19리터당 225~450그램(5갤런당 0.5~1파운드) 넣고 베이스 맥아와 함께 당화 과정을 거쳐야 한다.

밀 플레이크 | 맥아가 아닌 일반 밀로 만든 밀 플레이크는 밀맥주에 많이 사용한다. 벨기에 램빅 맥주나 밀맥주에는 필수 재료다. 첨가 시 전분으로 인해 색이 뿌옇게 흐려지는 현상이 나타나고 맥아 밀보다 단백질 함량이 높다. 밀 특유의 맛을 더 '날카롭게' 강조하고 밀 맥아보다 입안 느낌이 더 진하다. 19리터 기준 225~910그램의 범위로 넣거나(5갤런 기준 0.5~2파운드) 정통 밀맥주나 램빅 맥주는 전체 전분 원료의 최대 50퍼센트까지 사용한다. 베이스 맥아와 함께 당화 과정을 거쳐야 한다.

쌀 플레이크 | 미국과 일본의 가벼운 라거에는 쌀을 주된 부재료로 사용한다. 맛이 거의 나지 않고 옥수수보다 더 드라이한 느낌의 맥주를 만들 수 있다. 19리터에 225~910그램(5갤런에 0.5~2파운드) 범위로 사용하고, 베이스 맥아와 함께 당화 과정을 거쳐야 한다. 쌀알을 그대로 사용한다면 곡물 당화 과정에 따라 익혀서 사용해야 당화 혼합물에서 쌀을 효과적으로 활용할 수 있다.

귀리 껍질과 왕겨 | 귀리와 쌀의 겉껍질은 발효가 불가능하여 부재료에 해당하지 않지만 당화에 유용한 역할을 한다. 곡물 전체의 부피를 늘려 당화 혼합물이 가라앉거나 스파징을 실시할 때 막히는 것을 방지한다. 보리 맥아와 보리 껍질의 비율이 낮은 밀맥주나 호밀맥주 양조 시 이러한 특징은 매우 큰 도움이 된다. 100퍼센트 밀맥주를 만든다면 밀 3~5킬로그램(약 6~10파운드)에 귀리 2~4리터(약 2~4쿼트)를 넣는다. 보리 겉껍질이 낱알 전체 무게에서 차지하는 비율이 5퍼센트이므로 부재료의 중량도 처음부터 5퍼센트로 잡는 것이 좋다. 전체 전분 원료에서 겉껍질이 중량 기준 3퍼센트를 초과하지 않아야 맥주에 쓴맛이 나지 않는다.

맥아 분석 시트 활용법

맥아는 생산되는 배치마다 특징이 다르다. 그러므로 로트 단위로 검사를 실시하며, 생산량이 많으면 여러 번 점검해서 품질의 일관성을 유지한다. 맥아의 요건은 일차적인 용도와 개별 소비자의 요구에 따라 종류별로 제각기 다르다. 그러나 생산 로트마다 최소 요건으로 색과 가용성 추출물의 수율, 수분 함량에 대한 검사를 실시한다(일반적으로 각각 '색', '수율', '퍼센트 수분'으로 나타낸다). 가용성 추출물의 수율은 퍼센트 추출율(%추출율)이나 온수 추출도*hot water extract* 중 한 가지 방식으로 확인한다.

그 밖에 생산 로트 단위로 실시하는 맥아의 검사 지표는 크기, 단백질 함량, 용해도, 당화력을 포함한다. 이번 장 맨 뒷부분의 표 15.2에 다양한 맥아 종류별로 각 지표의 값이 예시로 나와 있다.

| 미세 분쇄된 건조맥아의 퍼센트 추출율 |

일반적으로 맥아 분석 시트에는 맥아의 수율이 1갤런당 1파운드 기준 비중점*PPG*이나 1리터당 1킬로그램 기준 비중점*PKL*으로 제시되지 않는다. 그 이유는 아래에 나와 있다. 대신 북미 지역과 유럽산 맥아는 '미세 분쇄된 건조맥아의 퍼센트 추출율*%FGDB*'이라는 값으로 제시하는 경우가 많다. 맥아의 당화 과정에서 발생하는 가용성 추출물의 최대량을 중량 기준으로 나타낸 퍼센트 비율로, 베이스 맥아는 보통 80퍼센트 정도다. 37PPG, 309PKL에 상응하는 값이다.

맥아 제조업체는 추출 수율을 파악하기 위해 맥아 샘플을 분석할 때 1975년 유럽양조협회(European Brewery Convention, 줄여서 EBC)가 정한 표준 방식인 '콩그레스 당화*Congress mash*'를 실시한다. 콩그레스 당화(뒷장 설명 참고)에서는 미세 분쇄된(즉 가루 형태) 맥아를 표준 중량만큼 사용하여 여러 단계로 침출한다. 맥아를 두 시간 동안 계속 저어주면서 담가두었다가 다시 한 시간 동안 맥아즙을 걸러내는데, 맥아 샘플의 양이 겨우 50그램밖에 되지 않으니 썩 괜찮은 방법이 아니라는 생각이 들 수도 있다! 그러나 이 방식을 통해, 정해진 샘플의 중량에서 나오는 가용성 추출물의 최대량을 퍼센트 비율로 확인할 수 있다.

이렇게 얻은 맥아의 수율은 '미세 분쇄된 원형 맥아의 퍼센트 추출율*FGAI*'로도 불린다. 여기서 '원형'이라는 표현은 적절히 건조되어 중량당 약 4퍼센트의 수분이 포함된 원래의 맥아를 뜻한다. 수분 함량이 이와 다른 맥아와 비교할 수 있도록 추출물 계산식에는 이 값을 사용한다. 그리고 결과 비교를 위해 분석 결과에서는 수분 함량이 영(0) 퍼센트가 되도록 오븐에 건조된 맥아 샘플로 얻은 '미세 분쇄된 건조맥아 퍼센트 추출율%FGDB' 값이 제시된다. 18장에서 추출 수율을 좀 더 자세히 이야기하기로 하자.

맥아의 수분 함량은 분석 증명서에 명시된다. 건조된 베이스 맥아는 2~4퍼센트 범위여야 하며, 캐러멜맥아와 로스팅한 맥아는 보통 수분 함량이 5~6퍼센트 범위지만 6퍼센트를 넘지 말아야 한다.

| 거칠게 분쇄된 원형맥아와 건조맥아의 퍼센트 추출율 |

콩그레스 당화로 거칠게 분쇄된 원형 맥아의 퍼센트 추출율%CGAI도 확인할 수 있으며 수분 함량으로 거칠게 분쇄된 건조맥아의 퍼센트 추출율%CGDB을 계산할 수 있다. 거친 분쇄는 여러 전문 양조업체들이 활용하는 입도를 반영한 것이다. 또 퍼센트 추출율은 맥아의 잠재적 추출율을 조금 더 현실적으로 측정한 값이나, 전문 양조 시설들 중에서도 일부만 달성하는 최대 수율이다.

거칠게 분쇄된 맥아의 퍼센트 추출율을 더 많은 시간과 노력을 들여야 얻을 수 있는 값이므로 스페셜티 맥아는 대부분 측정 대상에서 제외한다. 전문 양조자들도 전체 전분 원료에서 보통 작은 비율로만 넣는 스페셜티 맥아는 수율을 크게 신경 쓰지 않는다. 그러므로 캐러멜, 초콜릿, 로스팅한 맥아와 같은 스페셜티 맥아의 표준 지표는 일반적으로 퍼센트 추출율만 측정할 수 있다.

콩그레스 당화 방식으로 퍼센트 추출율 구하기

콩그레스 당화에서는 가늘게 분쇄한 맥아 50그램을 45℃(113℉)의 따뜻한 증류수 200밀리리터를 담은 비커에 넣고 침출한다. 당화 중인 이 비커는 온도가 일정하게 유지되는 온수조에 넣고 30분간 두었다가 당화 혼합물을 분당 1℃의 속도로 70℃(158℉)까지 가열한다. 그리고 70℃의 물 100밀리리터를 넣어 침출되도록 하고, 60분 동안 70℃에 그대로 두었다가 찬물을 더해서 실온이 되도록 서서히 식힌다. 증류수를 추가로 넣어 당화 혼합물의 총량이 450그램이 되도록 맞춘 뒤 여과지로 물을 제거한다. 이렇게 얻은 맥아즙은 0.00001의 정확도로 비중을 측정하고, 미국 양조화학자협회가 정한 방식에 따라 "맥아와 곡물의 추출율 결정표"를 참고하여 "미세 분쇄된 원형 맥아의 퍼센트 추출율(%FGAI)"로 변환한다. 수분 함량은 동일한 로트에서 가져온 다른 샘플로 측정하여 미세 분쇄된 건조맥아의 퍼센트 추출율(%FGDB)을 계산할 때 활용한다.

| 미세 분쇄와 거친 분쇄의 차이 |

미세 분쇄와 거친 분쇄의 퍼센트 추출율의 차이는 가는 분쇄/거친 분쇄(F/C) 값으로 나타낸다(원형맥아와 건조맥아의 분쇄도별 차이를 각각 구한다). F/C 차이 값을 활용하면 양조자가 두 가지 지표의 값을 신속히 양방향으로 변환할 수 있다. 예를 들어 표 15.2에서 뮌헨 맥아의 %CGDB는 %FGDB보다 2퍼센트가 낮고, 아랫줄 F/C 차이 값으로 나와 있다. 맥아의 용해도를 구할 때 가용성 단백질과 총 단백질의 비가 가장 많이 활용되지만 이 F/C 차이 값으로도 용해도를 구할 수 있다(아래 내용 참고). 보통 용해도가 높은 베이스 맥아는 F/C 차이 값이 1퍼센트이고 용해도가 그보다 낮은 맥아는 차이 값이 2퍼센트다. 차이 값이 1퍼센트 미만이라면 용해도가 과도한 맥아라 할 수 있다.

| 온수 추출도 |

온수 추출도(Hot Water Extract, 줄여서 HWE)는 영국과 호주에서 실시된 맥아 분석 결과에 표시되는 지표로 맥아 생산자가 단일 온도 조건에서 미국 양조화학자협회와 유럽양조협회가 정한 방식과는 다른 침출 당화 방식을 활용하여 측정하는 값이다. 맥아 샘플의 당화가 65℃(149°F)에서 한 시간 동안 실시되는 것이 주된 차이며, '원형' 기준으로 측정하여 킬로그램당 리터 추출율(L · °/kg)로 나타낸다.

추출 수율을 뜻하는 '리터 추출율'은 약어로 L · ° 또는 더 간단히 L°로 표시하는데, 로비본드(°L)와 혼동해서는 안 된다. 로비본드는 비중의 정도 또는 비중값을 나타내며, 따라서 킬로그램당 리터 추출율(L°/kg)은 비중점/kg/L로도 표현할 수 있으므로 1리터당 1킬로그램 기준 비중점과 같은 의미가 된다(예를 들어 300L°/kg = 300PKL). 부피와 중량에 미터 단위 전환 계수를 적용하면 HWE로 구한 1리터당 1킬로그램 기준 비중점을 그에 상응하는 1갤런당 1파운드 기준 비중점값으로도 나타낼 수 있다(참고 사항 : 비중점/lb./gal = gal.°/lb.). 전환 계수는 PKL = 8.345 × PPG이다.

| 색 |

로비본드 단위(°L)는 1883년 J. W. 로비본드*J. W. Lovibond*가 맥주와 양조용 맥아의 색을 나타내기 위해 개발했다. 색조가 다른 여러 가지 색을 유리 슬라이드로 나타낸 분류 체계는 각기 다른 색을 조합하여 광범위한 색을 만들어 맥아즙이나 맥주 샘플의 색과 비교할 수 있다. 미국 양조화학자협회는 1950년에 표준 사이즈 샘플이 푸른색의 특정한 빛 파장(430나노미터)에서 나타내는 흡수도를 측정하는 광학 분광광도계를 활용하여 색 표준을 마련하였다. 표준참조법 *SRM*으로 명명된 이 시스템은 로비본드 단위와 대응되는 부분이 많아 각 시스템을 구성하는 색의 대부분이 거의 일치한다. 그러나 분광광도계는 맥아즙의 색이 진하고 샘플을 관통하여 빛 탐지장치까지 도달하는 빛의 양이 크게 줄면 분해능이 크게 약화된다.

이런 점 때문에 로비본드 단위가 오늘날까지도 정확한 시각 비교지표로 계속해서 활용된다. 맥아 생산업계에서 비교 측정기가 크게 활용되고 특히 구운 스페셜티 맥아를 중심으로 비교 측정기의 사용이 늘면서 맥아의 색은 °L, 맥주의 색은 사실상 동일한 단위인 표준참조법(430나노미터에서 흡수도)으로 나타낸다. 이 책의 표지 뒷면에 표준참조법 색 분류 예시가 나와 있으니 참고하기 바란다.

유럽양조협회*EBC*는 1990년 이전까지 다른 파장에서 흡수도를 측정했고 표준참조법과 유럽 양조협회 척도는 대략적인 전환이 가능했다. 이제는 유럽양조협회도 430나노미터의 동일한 파장에서 색을 측정하나 샘플 측정용 유리 슬라이드의 크기가 더 작다. 유럽양조협회의 현행 척도로 측정한 값은 표준참조법 등급의 약 두 배에 해당한다(정확히는 EBC = SRM × 1.97). 부록 B에 맥주의 색에 관한 상세한 정보가 나와 있다.

| 크기 |

곡물 낱알의 평균 크기와 크기 분포는 롤러 제분기로 맥아를 갈 때 효율에 영향을 주므로 양조자에게는 중요한 사항이다. 크기가 작은 알맹이가 큰 비율을 차지한다면 제대로 갈아지지 않아 당화와 여과로 얻을 수 있는 추출물도 줄어든다. 낱알의 크기와 분포는 체를 쳐서 파악하며 미국 양조화학자협회에서는 체눈의 크기가 7/64인치, 6/64인치, 5/64인치인 표준체로 사용한다. 5/64인치 체를 통과한 낱알은 맥아 분석 시트에 '통과*thru*'로 표시된다. 그리고 체눈이 7/64인치인 체와 6/64인치인 체를 통과한 맥아를 합쳐 전체 중 비율을 '퍼센트 대형*% Plump*'으로 나타낸다. 보통 양조 로트에서 이 대형 맥아가 차지하는 비율은 80퍼센트 또는 90퍼센트여야 한다. 5/64인치 체를 통과한 맥아의 비율은 '퍼센트 소형% thin'으로 표시하며, 일반적으로 양조 배치batch에서 소형 맥아의 비율 요건은 최대 2퍼센트다.

유럽과 영국에서는 체눈이 이보다 약간 더 큰 2.8밀리미터, 5.5밀리미터, 2.2밀리미터 체를 사용한다.

| 단백질 |

맥아의 단백질 함량은 맥아 샘플에 함유된 총 질소의 양을 화학적으로 분석하여 대략적으로 구한다. 질소 1퍼센트는 단백질 6.25퍼센트에 해당하며, 분석 시트에서는 '총 단백질량'이 아닌 '총 질소량'으로 표시되는 것을 볼 수 있다.

미국산 보리 품종은 유럽 품종보다 대체로 단백질 함량이 더 높다. 북미산 두줄보리의 단백질 함량은 11~13퍼센트인 반면 유럽과 호주산 두줄보리의 단백질 함량은 9.5~12퍼센트이고 여섯줄보리는 그보다 약간 더 높은 12~13.5퍼센트다. 총 단백질량이 13.5퍼센트를 초과하는 보리는 맥아 제조용으로 사용하지 않는다.

| 총 단백질 중 가용성 단백질 비율 |

총 단백질 중 가용성 단백질(S/T) 비율은 콜바흐 지수Kolbach Index로도 알려진 값으로, 맥아의 용해도를 나타낼 때 가장 많이 사용하는 지표다. 맥아 생산 과정이 진행되는 동안 보리의 단백질 분해 효소는 크기가 큰 불가용성 단백질을 작은 가용성 단백질로 쪼갠다. 이 과정에서 맥아 단백질의 약 38~45퍼센트(위에서 설명한 것과 같이 질소량을 토대로 측정한 단백질의 양)가 효소, 거품 형성 단백질(즉 맥아즙과 맥주에 거품을 형성시키는 단백질), 색을 뿌옇게 하는 단백질, 아미노산을 비롯한 가용성 단백질로 전환된다. 맥아의 가용성 단백질 비율은 낟알의 배유가 전환된 정도를 나타낸다. 일반적으로 이 비율이 36~40퍼센트인 맥아는 용해도가 낮은 맥아, 40~44퍼센트는 용해도가 보통인(적당한) 맥아, 44~48퍼센트는 용해도가 높은 맥아다. 가용성 단백질의 비율이 35퍼센트 미만이면 단백질과 탄수화물 복합체 중 전분의 상대적 접근성이 떨어져 추출율이 낮고 베타글루칸 농도가 높아 여과가 어렵다. 또 가용성 단백질 비율이 55퍼센트를 넘으면 맥아즙을 끓일 때 색이 과도하게 진해지고 맥주 색이 흐려지는 현상이 심해지며 보디감이 사라진다.

| 당화력*diastatic power* |

맥아의 당화력은 전분의 전환 가능성을 린트너 단위*°Lintner*로 나타낸다.[1] 맥아의 당화 효소 전체, 즉 전분을 전환할 수 있는 모든 효소의 영향을 평가한 것이 당화력이다. 맥아의 당화 효소는 건조 과정에서 파괴되므로 뮌헨 맥아나 비엔나 맥아와 같이 고도로 건조된 맥아는 당화력이 라거 맥아보다 떨어진다. 또 당화력이 40°린트너 이상인 맥아는 자체적인 전분 전환이 가능하다. 일반적으로 뮌헨 맥아의 당화력은 40~50°린트너, 페일 에일 맥아는 대략 80°린트너이며 라거 맥아는 100~140°린트너다. 밀 맥아와 양조용 여섯줄보리 맥아의 당화력은 165°린트너 이상으로 높은 편이다. 전분 부재료를 사용한다면 당화력을 가장 유용하게 활용할 수 있다. 부재료의 당화 시 잠재적인 전환 가능성은 효소성 맥아와 해당 맥아의 당화력의 희석 비율을 계산하여 구할 수 있다. 다시 말해 양조용 여섯줄보리 맥아를 전분 원료 중 하나로 사용하고 전체 부재료의 3분의 2를 차지한다면 당화 시 당화력은 55°린트너로 본다. 한 가지 주의해야 할 사항은 당화력이 낮을수록 전분 전환에 더 오랜 시간이 걸리고, 당화 온도로 인해 베타 아밀라아제의 전환이 끝나기 전에 모두 변성될 위험이 있다는 사실이다.

요약

보리는 맥아로 만드는 과정을 거치면서 부분적으로 발아해 씨앗에 저장된 자원을 양조자가 활용할 수 있게 된다. 맥아 보리는 맥주로 발효될 당류를 얻는 주된 원료다. 자가 양조자의 관점에서는 기본적으로 맥아를 당화가 필요한 맥아와 그렇지 않은 맥아, 두 가지로 나눌 수 있다. 당화는 맥아를 뜨거운 물에 담가 곡물에 함유된 효소가 전분을 발효 가능한 당류로 전환시킬 수 있는 적절한 조건을 제공하는 과정이다. 필스너, 페일 에일, 비엔나, 뮌헨 맥아와 같은

---

1 린트너 단위는 바이엔슈테판(weihenstephan)의 양조 학교 대표였던 카를 린트너(Carl Linter, 1828~1900)의 이름을 따서 만들어졌다. 린트너 단위도 °로 표시할 수 있으나 로비본드 단위와 혼동하지 않도록 이 책에서는 약어로 표시하지 않았다.

베이스 맥아의 당화력은 전분을 발효성 당류로 전환하기에 충분한 수준이다.

스페셜티 맥아는 비효소성 맥아로 어떠한 후처리를 해도 당화력이 나타나지 않는다. 맥주의 맛과 색을 내는 데 사용하는 이러한 스페셜티 맥아는 건조맥아, 스튜한 맥아, 로스팅한 맥아 세 가지로 분류할 수 있다. 앰버 맥아, 브라운 맥아와 같은 건조맥아는 당화력이 크지 않아 베이스 맥아와 함께 당화 과정을 거쳐야 한다. 캐러멜맥아는 열과 습도 조건이 맞을 때 낟알의 겉껍질 내부에서 전분이 당류로 전환된 맥아로, 침출법이나 당화를 통해 특성이 발휘되도록 할 수 있다. 캐러멜맥아가 함유한 당류는 캐러멜처럼 기분 좋게 달콤한 단맛을 낸다. 로스팅한 맥아의 전분은 높은 열을 가하면 가용성 멜라노이딘melanoidin 혼합물로 전환되어 쌉쌀한 초콜릿 또는 커피와 같은 맛이 난다. 이러한 맥아 역시 침출하거나 당화하여 사용할 수 있다.

마지막으로, 맥아 보리로 만들지 않은 비효소성 발효 재료인 부재료가 있다. 정제 설탕, 옥수수, 쌀, 맥아로 만들지 않은 호밀과 밀, 보리가 부재료에 해당하며, 곡류로 만든 부재료는 반드시 효소성 맥아와 함께 당화 과정을 거쳐 전분을 발효성 당류로 전환해야 한다.

표 15-2 | 대표적인 맥아 분석결과 값

맥아 종류	라거용 두줄보리	양조용 여섯줄보리	페일 에일	뮌헨	앰버	캐러멜 60	초콜릿	블랙 (페이턴트)	구운 보리
%분상질	92	95	98	95	95	0	–	–	–
%절반	2	5	2	5	5	5	–	–	–
%초자질	0	0	0	0	0	95	–	–	–
크기									
7/64″	60	45	60	55	55	40	–	–	–
6/64″	20	30	20	25	25	40	–	–	–
5/64″	–	–	–	–	–	–	–	–	–
통과	2	3	2	2	5	2			
%수분	4	4.5	4	3.3	2.5	5.5	6	6	5.5
%FGDB	80.5	78	80	78	73	73	73	70	72
%CGDB	79.5	76.5	78.5	76	–	–	–	–	–
F/C	1	1.5	1.5	2	–	–	–	–	–
단백질	12	13	11.7	11.7	–	–	–	–	–
S/T	42	40	42	38	–	–	–	–	–
DP(°린트너)	140	160	85	40	30	–	–	–	–
색(°로비본드)	1.8	1.8	3.5	10	28	60	350	500	300

CGDB: 거칠게 분쇄된 건조맥아의 퍼센트 추출율, **DP**: 당화력, **F/C**: 미세 분쇄/거친 분쇄(차), **FGDB**: 가는 분쇄, 건조 기준.
%분상질 / %절반 / %초자질은 맥아의 견고성, 즉 분쇄되는 정도를 나타낸다.

SECTION 02 완전 곡물 양조법

CHAPTER
-16-
HOW to BREW

당화mashing의
원리

맥아를 만드는 기술과 양조 기술은 인류 역사에서 매우 유서 깊은 기술에 속한다. 양조를 연구하는 과학자들은 오랜 세월에 걸쳐 현미경과 pH, 저온살균을 활용하는 법을 비롯한 수많은 기술을 개발했다. 그런데도 아직까지 맥주의 생화학적인 특성보다 하늘을 나는 기술이 더 많이 밝혀졌다. 사실 맥주는 아주 손쉽게 만들 수 있고 사람들은 수천년 동안 아무 문제없이 맥주를 만들었다. 양조가 어떻게 이루어지는지 몰랐던 시기에도 맥주를 만들 수 있었는데, 맥주 만드는 방법만 알면 되지 달리 뭘 더 알아야 한다는 말일까?

　이 질문의 답이 궁금하다면, 이번 장의 '당화 과정 간단 요약' 부분에서 간단히 확인할 수 있다. 그런 다음 20장으로 곧장 넘어가서 완전 곡물 양조법으로 맥주를 만들면 된다. 이번 장부터 총 세 장에 걸쳐 당화 과정을 제어하고 조절하여 맥주의 특성을 세밀하게 조정하는 방법과 레시피에 맞게 당화 과정을 변형하는 방법(또는 그 반대), 수율을 최대한 끌어올리는 방법을 상세히 제시한다.

당화의 원리

당화*mashing*는 사실상 맥아 생산 과정의 연속이다. 즉 당화란 보리의 전분을 효소가 활용하여 발효 가능한 당으로 전환시킬 수 있도록 만들어주는 것이다. 오래전에는 대부분의 양조장에 맥아 만드는 시설이 함께 갖추어져 있어서 맥아 만드는 곳이 따로 있지 않았다. 양조장은 농부들에게서 보리를 공급 받아 맥아로 만들고 당화해 맥주를 만들었다.

당화는 맥아를 뜨거운 물에 담가서 수분을 공급하고 전분을 젤라틴으로 만드는 한편, 효소가 분비되어 전분이 발효 가능한 당으로 전환되도록 하는 과정을 일컫는다. 바로 양조의 핵심 단계다.

맥아는 당화 과정에서 수분을 원활히 확보할 수 있도록 갈아서 1킬로그램당 물 4리터(2qt./lb.)의 비율로 담가 침출한다. 이때 물의 온도는 71~74℃(160~165℉), 당화 혼합물*mash*의 온도는 65~68℃(149~155℉)여야 한다. 이 온도에서 당화 혼합물을 한 시간 동안 담가 두는데, 보통 전분 전환은 30분 정도면 충분하다. 한 시간이 지난 뒤 서서히 걸러내어 맥아즙*wort*을 얻고 당화 혼합물을 뜨거운 물로 헹구는 스파징을 진행한다. 이 여과 과정을 '라우터링*lautering*'이라고 한다. '스파징'은 뿌린다는 뜻의 영어 '스파클*sprinkle*'과 같은 뜻이다(독일어 스파라지*sparge*에서 유래). 맥아즙을 얻고 남은 곡물을 충분히 헹구고 나면 라우터링이 끝나고 맥아즙을 끓이는 단계로 넘어간다.

65~72℃(149~162℉)의 범위에서는 어떤 온도에서든 맥아즙을 만들 수 있지만, 온도가 발효성에 큰 영향을 주는 사실을 기억할 필요가 있다. 일반적으로 당화 온도가 높을수록 맥아즙의 덱스트린 농도가 높아지고 온도가 낮을수록 맥아즙의 발효성이 높아진다. 맥아를 담고 한 시간을 두면 온도는 점점 낮아지는데 60℃(140℉) 미만으로 떨어지지만 않으면 아무 상관이 없다. 이 범위에서는 전분이 발효 가능한 당으로 전환되므로 맥아즙을 얻을 수 있다.

이야기로 풀어쓴 당화 과정

| 등장인물 |

주인공 : 아밀라아제, 전분을 전환하는 효소

오빠(형) : 베타글루카나아제, 점성을 없애는 사람

언니들(누나들) : 단백질 가수분해효소와 펩타이드 분해 효소, 이 둘은 함께 작용한다.

아버지 : 한계 덱스트리나아제, 분기점을 없애는 사람

어머니 : 젤라틴화가 이루어지는 온도, 주인공에게 시작 시점을 알려주는 사람

| 줄거리 |

커다란 폭풍이 불어와, 뒷마당에 있던 거대한 나무가 쓰러지고 주변 나무들도 가지가 무수

히 부러졌다. 정원 일이 아이가 반듯하게 자라는 데 도움이 된다고 생각한 부모님은 주인공에게 이 나무들을 치우는 일을 시키기로 결정한다. 그리하여 주인공에게는 나무와 부러진 나뭇가지를 잘라 2인치 정도 되는 나뭇조각을 최대한 많이 만들어서 길가 쪽에 옮겨 놓으라는 숙제가 생겼다. 사용할 수 있는 도구는 울타리를 손질할 때 쓰는 절단기와 전지가위다. 울타리용 절단기는 차고에서 찾았지만 전지가위는 보이지 않았다. 마지막으로 본 사람이 풀밭에 전지가위가 있었다고 하는데 지금 그곳은 풀이 무릎 길이로 자란 상태다. 게다가 나무 주변에 나무딸기 덤불이 무성해서 나무 가까이 가기도 어려운 상황이 되었다. 다행히 아버지가 언니들(누

그림 16-1

당화 과정은 여러 가지 도구(효소)를 이용하여 큰 나무를 작은 조각으로 잘게 자르는 과정에 비유할 수 있다.

나들)과 오빠(형)도 일을 도와야 한다고 생각하여, 세 사람이 잔디 깎는 기계 두 대와 예초기 한 대를 가지고 작업에 동참하게 되었다. 형제들이 곧바로 잔디를 베고 나무딸기 덤불을 싹 없애 준 덕분에 주인공은 풀밭에서 전지가위를 찾을 수 있었다. 아버지는 전기톱을 가지고 나와 주인공이 나무를 자를 때 굵은 부분을 잘라주기로 했다. 아주 긴 나뭇가지도 자를 수 있게 된 것이다. 이제 잔디와 덤불이 제거되고 전지가위도 찾았으니 주인공은 작업에 착수할 수 있게 되었다.

주인공이 가진 도구는 처리해야 할 일과 견주면 허술한 편이다. 울타리용 절단기는 가는 나뭇가지를 전부 잘라내기에는 아주 좋은 도구이나 굵은 가지는 자를 수 없다. 그럴 때 전지가위가 역할을 톡톡히 한다. 그러나 이 가위도 가지를 짧게 자를 수는 있지만 두 가지가 연결된 두꺼운 부분은 자를 수 없어서 그런 분기점이 나오면 아버지에게 도움을 요청해야 한다. 작업을 다 마치면 주인공이 작게 자른 나뭇조각과 더불어 다양한 형태와 크기의 잔잔한 가지 조각들이 생길 것이고, 부모님의 요청대로 길 한편에 얼마나 많은 나뭇조각을 가져다놓는지가 이번 작업의 성공을 평가하는 잣대가 될 것이다. 주인공이 나무를 본격적으로 자를 수 있도록 형제들이 제 역할을 얼마나 잘해내는지도 성패를 좌우하는 데 큰 몫을 한다. 또 작업을 끝내고도 마당에 아직 남아 있는 나무 더미가 많거나 손질한 조각 중에 아버지가 처음 요청한 작은 조각이 아닌 커다란 조각이 많이 섞여 있다면 작업을 제대로 끝냈다고 볼 수 없다. 그러므로 작업 계획을 세밀하게 세울 필요가 있다.

자, 이제 형제들은 자기 몫의 일을 다 끝냈고 아버지도 모든 준비를 마치고 대기 중인데, 주인공이 막 일을 시작하려는 찰나 어머니가 막아섰다. 감기에 걸리면 안 되니 바깥 온도가 18도 이상 올라갈 때까지 기다리라는 것이다. 일을 하다 보면 분명히 더워질 가능성이 높지만, 일단 작업을 시작하려면 18도가 될 때까지 기다려야만 한다.

당화의 정의

위의 이야기는 맥아의 전분을 발효할 수 있는 당으로 전환하는 전체 과정을 설명하기 위해 마련한 것이다(그림 16.1). 전분 전환에는 몇 가지 핵심 효소가 관여한다(다음 절 '전분 전환 또는 당화 작용과 휴지기'와 표 16.2에 더욱 자세한 내용이 나온다). 맥아를 만드는 동안 베타글루카나아제(예초기)와 단백질 분해 효소(잔디 깎는 기계)가 단백질 기질을 열어 전분의 수화 작용과 젤라틴화가 가능한 상태로 만드는 것으로 우선 용해 작업의 큰 부분이 해결된다. 얼마 남지 않은 나머지 용해 작업은 당화 과정에서 진행되며, 전분 분자가 발효 가능한 당으로 바뀌거나 당화 효소를 통해 비발효성 덱스트린으로 바뀌는 것이 주된 단계가 된다(위의 이야기에서 각각 주인공이 전지가위, 절단기로 하는 작업과 아버지의 전기톱이 하는 일에 해당한다).

효소마다 각기 다른 온도와 pH 조건에 영향을 받는다. 우선적으로 온도의 영향을 받고 부차적으로 pH의 영향도 받게 된다. 그러므로 연이어 활약하는 각 효소가 적절히 기능할 수 있도록 당화 온도를 조절하면 원하는 맛이 나고 용도에도 맞는 맥아즙을 만들 수 있다.

맥아나 일반 곡물 모두 전분이 효소와 물리적으로 접촉하여 당으로 전환되지 않도록 단백질과 탄수화물 복합체 속에 단단히 묶인 상태로 저장되어 있다. 이 전분이 당으로 바뀌는 효율을 높이기 위해서는 먼저 젤라틴화와 액화가 진행되어야 한다. 곡물을 분쇄하거나 롤러로 압착하면 당화 과정에서 전분 과립이 수분과 더 쉽게 닿을 수 있다. 수화된 전분에서는 열과 효소의 복합적인 작용에 의한 젤라틴화가 시작된다(즉 수분을 흡수하면서 부풀어 오른다). 알파 아밀라아제는 젤라틴화가 일어나지 않은 전분의 표면에서도 활성을 나타내지만 효율은 그리 좋지 않다.

전분이 젤라틴화되면 당화 효소가 작용하기에 훨씬 더 편리한 상태가 된다. 보리 전분의 젤라틴화가 진행되는 평균 온도는 60℃(140℉)에서 65℃(149℉) 사이이나 보리 품종과 재배 조건에 따라 55~67℃(131~153℉)에서도 젤라틴화가 진행될 수 있다. 젤라틴화는 주어진 온도 범위의 최저 온도에서 시작해 최대 온도까지 점진적으로 이어진다. 단백질과 탄수화물 기질 속에 저장된 전분 입자는 크기가 작은 것과 큰 것, 두 종류로 나뉘며 이것이 젤라틴화가 특정 온도 범위 내에서 이루어지는 이유 중 하나다. 즉 크기가 큰 전분 입자는 더 쉽게 (낮은 온도에서) 젤라틴화되고 작은 입자는 단단해서 그보다 높은 온도가 되어야 젤라틴화가 진행된다. 상자에 담긴 젤리빈의 비유를 떠올려보면(15장 참고) 큰 입자는 젤리빈이고 작은 입자는 사탕봉지에 싸인 단단한 사탕과 같다. 뜨거운 물과 닿으면 젤리빈이 사탕보다 더 쉽게 녹는 것과 같다.

더불어 귀리나 옥수수 같은 전분 부재료 중 일부는 전분에 지질(지방)이 소량 결합되어 있어서 분해하기가 더 어렵고 이로 인해 젤라틴화가 완료되려면 적정 온도가 맞춰지더라도 더 오랜 시간이 걸린다. 더 높은 온도에서 젤라틴화가 진행되는 부재료는 먼저 익혀서 전분의 젤라틴화가 미리 시작되도록 한 뒤에 당화 혼합물에 첨가하는 것이 전분의 접근성을 높일 수 있는 가장 좋은 방법이다. 이와 같은 사전 처리는 곡물을 증기에 찌거나 압착하는 것(귀리 플레이크가 이에 해당한다), 그냥 간단히 물을 넣고 끓이는 방식으로 실시할 수 있다. 표 16.1에 보리와 맥아가 아닌 여러 곡물의 전분 젤라틴화 온도가 나와 있다.

젤라틴화가 완료되면 알파 아밀라아제가 긴 전분 사슬을 더욱 짧은 전분 사슬(덱스트린)로 쉽게 분해할 수 있는 상태가 되고, 이에 따라 당화 혼합물의 점도도 크게 낮아진다. 이 단계를 전분의 '액화'라고 한다. 이제 맥아에 존재하는 다른 당화 효소(베타아밀라아제, 한계 덱스트리나아제, 알파 글루코시다아제)도 덱스트린에 완전히 접근할 수 있으므로 젤라틴화가 완료된 짧은 전분의 전환이 시작된다.

표 16-1 | 전분의 젤라틴화 온도 범위

보리	136~149°F	58~65℃
밀	136~147°F	58~64℃
호밀	135~158°F	57~70℃
귀리	135~162°F	57~72℃
수수	156~167°F	69~75℃
옥수수	162~172°F	72~78℃
쌀	158~185°F	70~85℃

참고 사항: 보리, 밀, 귀리, 호밀은 젤라틴화 온도 범위가 당화 온도 범위보다 낮거나 거의 낮은 수준이므로 당화 과정에서 젤라틴화가 진행될 수 있다. 옥수수와 쌀은 당화 과정에서 전분을 이용하려면 미리 익히거나 고온 롤링 압착으로 플레이크로 만드는 사전 젤라틴화를 실시해야 한다. 압착이나 플레이크로 만드는 과정에서 전분에 얼마나 많은 열이 주어졌는지에 따라 젤라틴화되는 정도를 결정한다. 곡물을 맥아로 만드는 과정이 전분의 젤라틴화 온도에 큰 영향을 주지는 않으며, 식물의 종류, 재배 조건에 따라 곡물마다 자연적으로 다양하게 나타날 수 있다.

출처: Hertrich(2013)

| 당화 혼합물의 산성화를 위한 휴지기*Acid rest* |

맥아와 물의 화학적인 상호작용이 아직 충분히 밝혀지지 않았던 19세기 이전에는(추측컨대 20세기까지도) 양조자들이 페일 맥아로 맥주를 만들 때 당화 혼합물의 산성화를 위해 온도 범위가 30~52℃(86~126°F)인 휴지기를 양조 과정에 포함했다. 당시에 이 단계가 유용했던 이유는 두 가지다. 첫째, 보통 모든 베이스 맥아의 겉면에 코팅되어 있는 젖산균 생장에 이상적인 환경이었다. 젖산은 맥주 맛에 영향을 주지 않지만 몇 시간 정도 그와 같은 온도를 유지하면 젖산균이 젖산을 충분히 만들어서 pH를 10분의 1에서 10분의 2 정도, 예를 들어 5.8이었던 pH를 5.6 정도로 낮출 수 있었다(단, 현재 우리가 알고 있는 pH 척도가 1924년 전까지는 개발되지 않았다는 사실을 유념할 필요가 있다). 그러나 '야생' 젖산균이 자랄 가능성도 있었지만 예측할 수 없고, 페디오코쿠스균 등 맥주에 결코 유익하다고 볼 수 없는 다른 균이 자랄 가능성도 있었다.

산성화를 위한 휴지기를 활용한 두 번째 이유는 맥아의 피틴(phytin, 피트산, 피틴산으로도 불린다)에서 인산염을 추가로 만들어낼 수 있기 때문이다. 피틴은 보리가 인을 저장하는 주된 물질이고 맥아는 피틴을 풍부하게 함유하고 있다. 맥아를 만드는 과정에서 피타아제라는 효소가 피틴을 식물 성장에 활용할 수 있는 인산염과 미오이노시톨(myo-inositol, 비타민의 일종)로 분해한다. 당화가 시작되면 이 인산염은 양조 용수에 함유된 칼슘, 마그네슘과 반응하여 불용성 인산염 복합체를 형성하고, 그 과정에서 두 개의 수소이온을 방출하여 당화 혼합물의 pH가 낮아진다. 사실 이 반응은 피타아제가 없어도 진행될 수 있지만 물에 칼슘이 충분하다면 효소 작용이 도움이 된다.

이제는 물의 화학적 특성을 활용하거나 무기질, 산성 물질을 적절히 첨가하여 당화 혼합물의 pH를 원하는 범위로 조절할 수 있으므로 휴지기를 실시하지 않는다.

| 곡물 사전 혼합 |

내가 알기로 현재 운영되는 상업 양조 시설 가운데 당화 혼합물의 pH를 낮추려고 산성 물질 휴지기를 실시하는 곳은 없다. 이와 달리 양조자들이 지금도 때때로 활용하는 방법 중 하나가 마찬가지로 온도 조절이 핵심인 '곡물 사전 혼합doughing-in'이다. 곡물 사전 혼합이란 35~45℃ (95~113℉)의 물에 빻은 곡물을 미리 섞어서 효소가 분산될 시간을 부여함으로써 당화 혼합물의 액화 과정을 돕는 것이다. 이처럼 40℃(104℉)와 가까운 온도를 단시간 유지하면 총 수율이 약간 개선될 수 있지만 이 단계는 어디까지나 양조자의 선택 사항이다.

그런데 위와 같은 온도에서 곡물을 사전에 혼합하면 장쇄 지방산이 리폭시게나아제 lipoxygenase라는 효소로 인해 산화될 수 있는 문제가 있다. 산화된 지방산은 맥주에서 산화된 맛이 나는 원인이 될 수 있기 때문이다(예를 들어 산화되면 오래된 종이 맛과 냄새가 나는 물질인 트랜스-2-노네날trans-2-nonenal이 형성될 수 있다). '고온 통기hot side aeration'로 불리는 현상의 한 부분에 해당하는 이 반응은 맥주의 부패를 가속화한다. 곡물 사전 혼합을 60℃(140℉) 이상의 온도에서 실시한다면 리폭시게나아제가 변성되어 효소의 영향이 크게 줄어든다.

내가 이 부분을 쓰는 시점에도 고온 통기와 그로 인한 맥주 맛의 안정성 변화에 관한 연구가 계속해서 널리 진행되고 있다. 그중에는 강력한 맥주일 때 고온 통기의 영향을 줄일 수 있다고 밝힌 내용도 있다.

현 시점에서는 수많은 정보를 종합할 때, 용해도가 높은 맥아를 사용하고 낮은 온도에서 곡물 사전 혼합을 실시하면 긍정적인 효과보다는 부정적인 영향이 더 큰 것으로 보인다.

| 베타글루카나아제 휴지기 |

베타글루카나아제beta-glucanase와 시타아제cytases도 저온에서 활성화되는 효소에 속한다. 셀룰루아제cellulase 효소의 일종인 이 두 효소는 맥아로 만들어지지 않은 보리나 호밀, 귀리, 밀의 베타글루칸(비전분성 다당류)을 분해한다. 다당류인 베타글루칸은 (위의 이야기에서 나무딸기 덤불) 천연 고무gum 성분으로, 당화 혼합물을 딱딱하게 만드는 요소이기도 하다. 따라서 베타글루칸이 분해되지 않으면 여과 시 문제가 생길 수 있다. 보리에 함유된 베타글루칸은 대부분 맥아를 만드는 과정에서 분해되므로(중량당 4~6퍼센트에서 0.5퍼센트 미만으로 감소) 용해도가 높은 맥아는 베타글루칸의 점도로 인한 문제가 대체로 발생하지 않는다. 맥아로 만든 밀, 귀리, 호밀도 마찬가지다. 귀리와 호밀의 베타글루칸 함량은 중량당 2~3퍼센트 정도며 밀은 보통 중량당 1~2퍼센트다. 옥수수와 쌀은 다른 곡물만큼 베타글루칸이 다량 존재하지 않는다.

베타글루카나아제 휴지기는 당화 혼합물을 40~48℃(104~118℉)에서 20분간 두면서 이 검gum 성분이 분해되도록 하는 것을 뜻한다(그림 16.2). 전체 전분 원료에서 보리, 귀리, 호밀, 밀이 맥아가 아닌 상태로 또는 플레이크로 차지하는 비율이 20퍼센트 이상이라면 원활한 여과를 할 수 있도록 이 휴지기를 포함하는 것이 좋다. 맥아가 아닌 부재료가 10~20퍼센트이고 전체 전분 원료 중 비율이 10퍼센트 미만이라면 여과 시(당화 종료) 온도를 높이는 것으로도 해결할 수 있으므로 베타글루카나아제 휴지기는 선택 사항이다. 한편 베타글루칸을 함유한 맥아즙은 뉴턴 유체와 달리 케첩처럼 저을수록 점도가 줄어들기 때문에 여과가 원활하지 않으면 저어서 묽게 만들면 된다. 단, 여기서 반드시 기억해야 할 사항은 전분 전환 온도에서 맥아즙을 과도하게 저으면, 즉 장시간 동안 너무 세게 저으면 베타글루칸 분자가 곧게 펴지고 서로 연결되면서 맥아즙의 점도가 매우 높아질 수 있는 것이다.

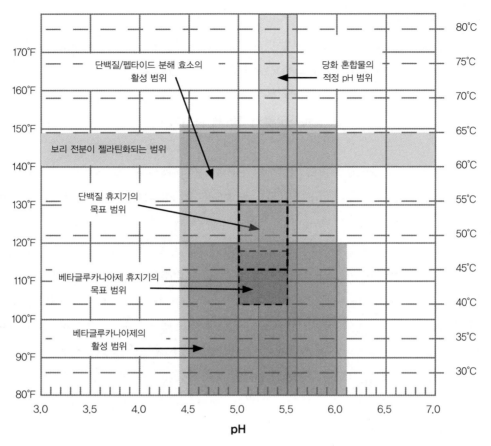

그림 16-2

베타글루카나아제와 단백질 분해 효소의 온도와 pH 범위

단백질 분해 효소와 베타글루카나아제의 활성 범위를 그래프로 나타낸 것이다. 상자로 색칠한 부분은 적정 범위나 활성도가 높은 범위다.

| 단백질 휴지기와 용해 |

보리에는 식물이 발아할 때 필요한 단백질을 합성할 수 있도록 아미노산 사슬(펩타이드)을 다량 함유하고 있다. 맥아를 만들고 당화하는 동안 단백질 분해 효소에 의해 펩타이드에서 분리되어 나온 아미노산은 발효 단계에서 효모가 생장하고 발달하는 자원으로 활용한다.

이러한 과정에 관여하는 주된 단백질 분해 효소는 단백질 분해 효소와 펩타이드 분해 효소로 나뉜다. 그리고 이 두 그룹의 효소에 최소 40여 가지의 각기 다른 효소가 포함된다. 그중에는 주로 크기가 큰 불용성 단백질 사슬을 크기가 더 작은 가용성 단백질로 분리하여 맥주의 거품 유지력을 높이지만 동시에 맥주 색을 뿌옇게 만드는 효소들이 있는가 하면, 단백질 사슬의 말단에서 아미노산을 '싹둑' 잘라내어 짧은 펩타이드와 개별 아미노산을 만들어서 맥아즙에 효모가 활용할 수 있는 영양소를 만들어내는 효소들이 있다. 맥아 생산 과정에서는 이러한 효소들이 본격적으로 활성화되지 않는다.

오늘날 전 세계에서 사용하는 베이스 맥아는 대부분 용해도가 보통이거나 높은 수준이다. 적당한 수준과 높은 수준의 차이점에 관한 정보는 뒷장의 '맥아의 용해도 간단 정리'를 참고하기 바란다. 여기서 용해도는 곡물을 맥아로 만들 때 세포벽과 배유의 단백질, 탄수화물 복합체가 분해되는 정도를 뜻한다. 용해도가 보통 수준인 맥아는 단백질 휴지기를 거치면 단백질 분해 기능이 있는 효소들이 남아 있는 큰 단백질을 더 작은 단백질과 아미노산으로 분해하고 배유에서 더 많은 전분을 방출할 수 있으므로 도움이 된다. 반면 용해도가 높은 맥아는 이미 이러한 효소들을 충분히 활용한 상태이므로 단백질 휴지기가 큰 도움이 되지 않는다. 용해도가 높은 맥아에 50℃(122℉)에서 장시간(>30분) 단백질 휴지기를 실시하면 최종 완성된 맥주에서 보디감이 다소 소실되고 거품 안정성이 줄어드는 문제가 생길 수 있는데, 이러한 우려가 과장되게 알려지기도 한다.

용해도가 보통 수준인 맥아는 양조자가 당화 과정에 조금 더 적극적으로 개입하여 자체적으로 정한 기준에 맞게 맥아즙의 발효성과 보디감을 조절할 수 있다. 수제 맥주를 만드는 사람들은 용해도가 높은 맥아로 단일 온도에서 당화하는 것보다 이러한 맥아를 사용할 때 맛이 더 깊고 맥아 맛이 강한 맥주를 만들 수 있다고 주장한다. 다중 온도에서 휴지기나 디콕션(decoction, 달이는) 당화 방식은 용해도가 상대적으로 높은 맥아보다 낮은 맥아에서 그 효과를 더 크게 활용할 수 있다.

단백질 분해 효소와 펩타이드 분해 효소의 활성 온도와 pH 범위는 같다. 이 두 가지 효소 모두 35~67℃(113~152℉)에서 충분히 활성화되며 각 효소의 '최적 활성 온도 범위'를 굳이 따질 필요가 없다. 단백질 휴지기를 실시하면 단백질 분해 효소는 이보다 더 높은 온도에서, 펩타이드 분해 효소는 더 낮은 온도에서 활성화된다고 여겨지던 때도 있었으나 최근 실시한 여러 연구를 통해 그러한 구분은 사실이 아닌 것으로 밝혀졌다. 단백질 분해반응은 전부 동시에 진행한다.

두 분해 효소 그룹에는 각각 다양한 효소가 있고, 개별 효소마다 광범위한 온도와 pH 조건에서 활성화된다. 단백질 분해 효소의 총 활성은 더 낮은 pH(3.8~4.5)에서 가장 크게 활성화되지만, 일반적인 당화 pH인 5.2~5.6[1]과 비교할 때 활성도의 차이는 15퍼센트 정도에 불과하다.

단백질 휴지기는 50℃(122℉)에서 15~30분간 실시할 것을 권장하나 분해 효소는 전분 전환 온도인 60~67℃(140~155℉)에서도 일정 시간 동안 활성이 유지되는 것을 기억하기 바란다.[2]

오랜 옛날부터 단백질 휴지기가 실시된 주된 이유는 배유에서 더 많은 전분을 끌어내기 위해서고, 부차적인 목적은 맥아즙에 유리 아미노 질소FAN를 공급하는 것이다. 용해도가 낮거나 보통 수준인 맥아는 용해도가 높은 맥아와 견주면 가용성 단백질의 함량이 낮고 맥아가 아닌 곡물은 해당 단백질의 함량이 극히 소량에 그치는 최소 수준이다. 그러므로 맥아가 아닌 곡물, 특히 옥수수와 쌀이 높은 비율을 차지하고 보리 플레이크를 원료로 사용한 맥아즙에는 펩타이드 분해 효소가 작용할 수 있는 가용성 단백질이 부족하여 유리 아미노 질소도 부족할 수 있다.

생 보리가 함유한 총 단백질은 중량당 13.5퍼센트 미만이다. 보리가 맥아로 만들어지면 이 단백질 중 절반가량은 가용성 단백질이 되고 당화하면 가용성 단백질은 20퍼센트 미만이 된다. 이보다 중요한 사실은 맥아 생산과 당화가 끝나는 시점에 총 가용성 단백질의 3퍼센트만 유리 아미노 질소로 전환되는 것이다. 용해도가 적당한 수준인 맥아를 사용할 때나 용해도가 높은 맥아를 사용하지만 맥아가 아닌 밀, 호밀, 귀리를 20퍼센트 넘게 함유했다면(맥아가 아닌 밀에는 분자량이 매우 큰 단백질을 맥아 보리와 견주면 두 배 정도 함유하고 있다) 단백질 휴지기가 필요하다. 이때 45~50℃(113~122℉)에서 15~30분간 휴지기를 진행하면 베타글루카나아제 휴지기도 한꺼번에 진행할 수 있으므로 맥아가 아닌 곡물에서 발생하는 점성이 매우 높은 베타글루칸 분해에 도움이 된다(그림 16.2).

맥주의 거품 유지력을 개선하려면 단백질 휴지기는 필수라는 이야기가 지난 수년 동안 과장되게 알려졌다. 단시간 동안 단백질 휴지기를 거치면 거품 유지력 개선에 도움이 되지만 동시에 맥주 색을 뿌옇게 흐리는 활성 단백질의 형성도 촉진한다. 또 실제로 맥주 거품 형성을 촉진하는 (즉 거품 유지력을 개선하는) 단백질은 60℃(140℉)보다 높은 온도에서 생성된다. 그러므로 용해도가 낮거나 보통 수준인 맥아를 재료로 사용하지 않는다면, 단백질 휴지기를 거치지 않는 것이 맥주의 색을 맑게 만들고 거품 유지력을 높이는 데 더 도움이 된다.

---

1 Jones and Budde(2005)
2 Jones(2005)

브루어링 팁

맥아의 용해도 *modification* 간단 정리

완전 곡물 양조를 시도하는 양조자라면 누구나 접하는 주제이자 숙련된 양조자들도 명확히 이해하지 못하는 문제 중 하나가 바로 맥아의 용해도이다. 용해도가 높을수록 아밀라아제가 접근하여 전분을 발효 가능한 당으로 전환하는 과정이 더 쉽게 이루어진다.

용해도를 파악할 때 가장 널리 활용되는 지표는 콜바흐 지수(KI)로도 알려진 총 단백질 중 가용성 단백질의 비율(S/T)이다. 맥아 생산 과정에서 단백질 분해 효소가 배유의 단백질, 탄수화물 복합체를 형성한 큰 단백질을 분해하면 전분이 외부로 노출되는 동시에 가용성 아미노산도 발생한다. 이렇게 발생한 아미노산은 유리 아미노 질소(FAN)로 측정할 수 있다. 그러므로 맥아의 가용성 단백질 비율은 배유가 분해된 정도를 나타낸다.

- 일반적으로 가용성 단백질 비율이 36~40퍼센트일 때 용해도가 낮은 맥아이며 40~44퍼센트일 때 용해도가 보통인 맥아, 44~48퍼센트일 때 용해도가 높은 맥아로 불린다. 200여 년 전부터 널리 사용한 베이스 맥아는 오늘날 이 기준에 따르면 용해도가 30~35퍼센트로 매우 낮은 편이다.
- 용해도가 낮은 맥아의 수율은 디콕션 당화 방식으로 높일 수 있다. 디콕션 당화는 당화 혼합물 중 일부를 끓여서 단백질 휴지기를 포함하여 여러 온도에서 휴지기를 거치는 방식으로, 전체 전분의 방출과 용해도 증가, 당 전환에 도움이 된다.
- 용해도가 보통인 맥아의 수율은 당화 과정 중 단백질 휴지기를 실시하면 향상시킬 수 있으나, 해당 휴지기를 생략하고 온도를 65~68℃(149~155℉)로 바꿔 일정 시간 휴지기를 갖는 것만으로도 전분을 거의 다 전환할 수 있다.
- 용해도가 높은 맥아나 매우 높은 맥아는 당화 과정 중 단백질 휴지기를 거쳐도 수율이 크게 더 향상되지 않는다. 65~68℃(149~155℉)의 단일 온도에서 휴지기를 갖는 것으로도 전분이 쉽게 전환된다.

그러나 이러한 내용은 전분의 전환과 수율에 관한 것일 뿐, 발효성과 무관하다는 사실을 기억해야 한다. 용해도와 수율은 동전의 양면과 같아서 용해도가 개선되면 수율도 좋아진다. 그러나 수율이 당의 총량을 의미하는 반면 발효성은 전분이 전환되는 과정에서 형성된 당의 종류 또는 상태와 관련된 개념이다. 또 용해도는 매우 넓은 범위에서 맥아 생산자가 조절할 수 있으나 발효성은 전적으로 양조자의 손에 따라 달라진다. 즉 베타 아밀라아제와 알파 아밀라아제의 전환 온도와 시점을 어떻게 조절하는지에 따라 영향을 받는다.

전분 전환 또는 당화 작용과 휴지기

이제 마지막으로 핵심 단계인 전분이 당으로 전환되는 과정, 즉 '당화'로 불리는 단계를 살펴볼 차례다. 전분이 당으로 바뀌는 당화 과정을 이해하려면 먼저 전분의 기본적인 구성 요소가 포도당 분자고 여러 개의 포도당 분자가 화학적으로 결합되어 긴 사슬을 이루고 있다는 사실을 기억하자. 보통 수백 개 또는 수천 개의 포도당이 결합되어 아밀로오스로 불리는 일직선 형태의 단일 사슬이 형성된다. 그리고 여러 개의 아밀로오스 사슬에서 여러 가닥으로 뻗어 나온 거대한 분자를 아밀로펙틴이라고 한다. 사실 아밀로오스 분자에도 곁가지가 형성될 수 있으나 아밀로펙틴과의 주된 차이는 아밀로오스 곁가지는 한두 개의 사슬이 연결된 정도고 아밀

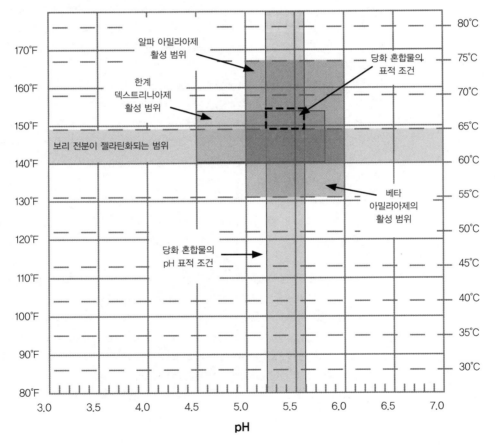

그림 16-3

아밀라아제와 덱스트리나아제의 온도와 pH 범위
당화 효소의 활성 범위를 그래프로 나타낸 것이다. 상자로 색칠한 부분은 적정 범위나 활성도가 높은 범위다.

SECTION 02 완전 곡물 양조법

로펙틴은 밀대 걸레처럼 하나의 분기점에서 여러 개의 사슬이 뻗어 나오는 것이다.

이처럼 전분의 구성 단위인 포도당의 화학 결합을 절단하려면 수소 원자 두 개와 산소 원자 한 개, 즉 물H_2O 분자가 필요하다. 이 결합을 끊고 분자를 분리시키는 것을 '가수분해'라고 부르는 까닭도 이 때문이다. 당화 효소는 전분 분자의 각기 다른 부위를 가수분해하여 전분을 당으로 전환한다. 자세한 내용은 뒤에 이어진다.

| 당화 효소 |

당화 효소란 전분을 분해하는 여러 효소를 일컫는다. 전분을 가수분해하여 당으로 만드는 것이 당화 효소의 기능이며 알파 아밀라아제, 베타 아밀라아제, 한계 덱스트리나아제, 알파 글루코시다아제까지 크게 네 가지로 나뉜다.[3] 이 네 가지 효소는 제각기 다른 형태를 띠며 각 형태마다 활성을 나타내는 pH와 온도 범위에 조금씩 차이가 있다.

앞서 비유했던 뒷마당의 나무 손질 이야기로 잠시 돌아가보자. 주인공에게는 전지가위(알파 아밀라아제)와 울타리 손질용 절단기(베타 아밀라아제), 그리고 전기톱(한계 덱스트리나아제)까지 세 가지 도구가 주어졌다. 베타 아밀라아제와 한계 덱스트리나아제는 어느 정도 미리 마련되어 있지만, 알파 아밀라아제와 추가적인 한계 덱스트리나아제는 맥아 생산 과정에서 호분층 내에 합성된다. 즉 절단기와 전기톱은 차고에서 바로 가져다가 사용할 수 있지만 전지가위는 잔디와 나무딸기 덤불로 가득한 뒷마당 어디엔가 놓여 있었다. 오빠(베타 글루카나아제)와 언니(단백질 분해 효소)가 맥아 생산 단계에 각각 제몫을 잘해준 덕분에 주인공이 나뭇가지를 작게 절단할 수 있는 도구를 모두 마련할 수 있는 경우가 용해도가 높은 맥아에 해당한다. 당화 혼합물에 당화 효소가 모두 존재하고 동시에 활성화되어 전분을 분해할 수 있는 상황이 된 것이다.

아밀라아제는 아밀로오스와 아밀로펙틴의 일직선 사슬을 구성하는 포도당 분자의 사이사이에 형성된 결합을 가수분해한다는 점까지는 같지만 세부 종류에 따라 작업 방식에 차이가 있다. 베타 아밀라아제는 '잔가지' 쪽에서만 활성을 나타내며 가지의 '뿌리' 쪽에서는 기능을 나타내지 않는다. 즉 한 번에 말토오스(포도당 분자 두 개가 하나로 결합된 이당류)를 하나씩 분리하여 전분 사슬의 길이를 순차적으로 줄이는 것이 베타 아밀라아제의 역할이다. 가지가 많은

---

3 앞에서 나온 뒷마당 이야기에는 알파 글루코시다아제가 나오지 않았다. 나왔다면 초등학생용 가위 정도가 될 것이다.

아밀로펙틴에는 베타 아밀라아제가 작용할 수 있는 잔가지가 많아서, 위의 이야기에서 울타리용 절단기처럼 매우 효율적으로 말토오스를 다량 제거할 수 있다. 그러나 효소 자체의 크기와 구조적 한계로 인해 가지가 두 개가 갈라지는 부위에는 가까이 접근하지 못한다. 분기점에서 포도당 세 개만큼 떨어진 위치에서 베타 아밀라아제의 작업은 멈추고 가지가 분리된 작은 당 사슬은 그대로 남는다. 이렇게 남는 작은 분자는 베타 아밀라아제의 활성 한계를 나타낸다고 해서 '베타 아밀라아제 한계 덱스트린'이라 불린다.

이와 달리 알파 아밀라아제는 아밀로오스와 아밀로펙틴을 구성하는 사슬 중 포도당이 결합된 부위면 어디든 공격할 수 있다. 위의 이야기에서 전지가위와 기능이 매우 비슷하다. 특히 커다란 아밀로펙틴을 작은 아밀로펙틴과 아밀로오스로 분해하여 베타 아밀라아제가 작용할 수 있는 부분을 더 많이 만들어내는 중요한 역할을 담당한다. 알파 아밀라아제는 아밀로펙틴의 분기점에서 포도당 하나만큼 떨어진 거리까지 접근하여 절단하고 '알파 아밀라아제 한계 덱스트린'을 남긴다.

알파 아밀라아제와 베타 아밀라아제가 분해하지 못하고 남은 한계 덱스트린의 분기점은 한계 덱스트리나아제라는 효소가 가수분해한다. 위의 이야기에서 전기톱이 나뭇가지가 갈라지는 지점을 잘라서 다루기 쉬운 크기로 만드는 것처럼, 분기점을 절단하여 작은 사슬로 분리하는 것이 한계 덱스트리나아제의 역할이다. 이 효소의 작용이 끝나면 분기된 지점이 없는 작은 사슬만 남게 되므로 알파 아밀라아제와 베타 아밀라아제가 다시 접근할 수 있고, 두 아밀라아제의 추가적인 작용으로 포도당과 말토오스, 말토트리오스가 형성된다. 즉 전분이 발효 가능한 당으로 전환되는 것이다.

또 다른 당화 효소인 알파 글루코시다아제는 전분과 덱스트린에서 포도당을 분리한다. 전분의 전체적인 전환 과정에 중요한 역할은 하지 않지만 베타 아밀라아제보다 열 안정성이 우수하여 베타 아밀라아제가 변성된 뒤 알파 아밀라아제와 함께 작용하여 발효 가능한 당을 만들어낸다. 전체적으로 알파 글루코시다아제는 보리의 성장에는 굉장히 유용한 효소이나 맥주 양조와는 큰 관련이 없다.

| 당화 혼합물 mash과 효소의 내열성 |

전분 전환 온도로 가장 많이 언급되는 온도 범위는 65~67℃(149~153℉)이다. 전분의 젤라틴화가 완료될 수 있는 온도와 베타 아밀라아제, 한계 덱스트리나아제의 열 변성이 일어나는 온도의 중간 범위로 정한 타협 지점이라 할 수 있다. 당화 효소가 가장 활발히 작용하는 온도는 55~65℃(131~149℉)이나 일반적으로 전분의 젤라틴화가 진행되는 온도는 60~65℃ (140~149℉)로 알려져 있고, 보리 품종과 재배 조건에 따라 최대 67℃(153℉)까지 올릴 수 있다. 알파 아밀라아제의 최적 활성 온도는 60~70℃(140~158℉), 베타 아밀라아제의 최적 활성 온도는 55~65℃(131~149℉)이다.

온도가 높을수록 효소의 작용 속도는 빨라지지만 활성을 나타낼 수 있는 적정 온도 범위를 넘어서면 효소는 빠르게 변성된다. 변성이란 효소의 형태가 변화하는 것으로, 효소가 작용하는 대상을 '자물쇠'라고 할 때 효소가 '열쇠' 역할을 하지 못하게 된다는 뜻이다. (저자의 덧붙

표 16-2 | 맥아의 용해와 전분 전환에 관여하는 주요 효소

효소	활성 온도 범위	적정 온도 범위	활성 pH 범위	적정 pH 범위	기능
피타아제[a]	86~126℉ 30~52℃	95~113℉ 35~45℃	5.0~5.5	4.5~5.2	당화 혼합물 pH 감소에 도움이 되지만 필수는 아님.
베타 글루카나아제[b,c]	68~122℉ 20~50℃	104~118℉ 40~48℃	4.5~6.0	4.5~5.5	맥아가 아닌 부재료의 고무 성분 분해 효과가 가장 뛰어남.
단백질 분해 효소[d]	68~149℉ 20~65℃	113~131℉ 45~55℃	4.5~6.0	5.0~5.5	보리에 저장된 불용성 단백질을 가용성 물질로 바꿈.
펩타이드 분해 효소[d]	68~153℉ 20~67℃	113~131℉ 45~55℃	4.5~6.0	5.0~5.5	가용성 단백질에서 유리 아미노 질소(FAN)를 만들어냄.
알파 글루코시다아제[e]	140~158℉ 60~70℃	미정	4.5~6	5.0~5.5	말토오스와 크기가 큰 당을 포도당으로 절단함. 총 수율에는 거의 영향을 주지 않음.
한계 덱스트리나아제[f]	140~153℉ 60~67℃	140~149℉ 60~65℃	4.5~5.8	4.8~5.4	한계 덱스트린 절단.
베타 아밀라아제[e]	131~149℉ 55~65℃	131~149℉ 55~65℃	5.0~6.0	5.4~5.5	말토오스를 만들어냄.
알파 아밀라아제[e]	140~167℉ 60~75℃	140~158℉ 60~70℃	5.0~6.0	5.6~5.8	말토오스를 비롯해 다양한 당과 덱스트린을 만들어냄.

참고 사항: pH 범위는 25℃ 조건에 해당하는 값이며, 각 효소의 활성 온도 범위는 실험실 조건에서 효소의 활성을 측정하여 얻은 결과다. 당화 효소의 경우 적정 온도 범위의 시작 온도는 전분이 젤라틴화가 진행되면서 가용성 물질로 바뀌어 효소가 불활성화되지 않고 가장 효율적으로 접근하여 작용하는 지점이다. 해당 범위를 벗어난 온도에서도 효소의 활성은 나타날 수 있으나 각 범위보다 높은 온도에서는 효소가 변성된다.

출처: a – Lee(1990), b – Muller(1995), c – Kunze(2014), d – Jones and Budde(2005), e – MacGregor and Lenoir(1987), f – Stenholm and Home(1999)

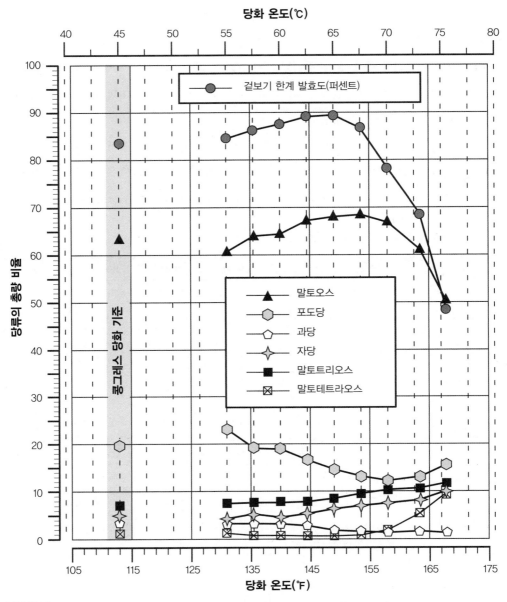

그림 16-4

당화력이 비슷한 네 가지 베이스 맥아 샘플을 대상으로 동일한 방법에 따라 발효성 당의 특성을 분석하여 얻은 그래프다. 테스트용 당화는 총 아홉 가지 온도에서 실시했으며 이를 같은 맥아를 '콩그레스 당화' 방식으로 처리하였을 때 얻은 발효성 당의 특성과 겉보기 한계 발효도(apparent attenuation limit)와 비교하였다. 곡선에 표시된 점은 네 가지 베이스 맥아의 평균점을 뜻한다.

참고 사항: '콩그레스 당화' 방식에서는 곡물을 사전 혼합하여 45℃(113℉)에서 30분간 두었다가 분당 1℃의 속도로 70℃(158℉)까지 온도를 높인 후 그대로 60분간 온도를 유지하고 식힌다. 당화 온도가 ≤70℃(≤158℉)이라면 샘플을 해당 온도에서 50분간 유지한 후 70℃로 온도를 높이고 10분간 두었다가 식혔다. 또 당화 온도가 ≥70℃(≥158℉)이라면 해당 온도에서 그대로 60분간 두었다.

[데이터 출처 : Evans 연구진(2005)]

임 : 자물쇠와 열쇠가 해묵은 비유라는 것은 실제로 효소 분자는 효소가 작용하는 표적 분자보다 큰 경우가 많은 점으로도 알 수 있다.) 모든 효소에 해당하는 이러한 특성으로 인해, 베타 아밀라아제는 65℃(149℉)에서 변성이 진행되면서도 더 빠른 속도로 작용한다. 베타 아밀라아제의 활성과 변성 속도는 맥아와 당화 조건에 따라 달라진다. 한 예로 일반적인 양조 시설에서 실시하는 당화 조건에서는 65℃(149℉)에서 30분이 지나면 활성이 75퍼센트 줄어들고 60분이 지나면 원래 활성의 90퍼센트가 줄어드는 것으로 확인됐다.[4]

한계 덱스트리나아제는 당화 혼합물에서 베타 아밀라아제보다 훨씬 더 적은 양이 존재하지만 이 효소의 당화 기능을 살펴본 여러 연구를 통해 베타 아밀라아제보다 열과 pH에 더 안정적이라는 사실이 밝혀졌다. 한계 덱스트리나아제는 더 낮은 pH 조건(4.8~5.4)에서 더욱 활발하고 65℃(149℉)에서 한 시간이 지나도 초기 활성의 60퍼센트가 유지된다. 그리고 활성이 베타 아밀라아제와 한계 덱스트리나아제의 중간에 해당하는 말토오스가 맥아즙에 함유된 전체 당의 60~70퍼센트를 만들어낸다.

일반적으로 교과서나 학술 논문에서 언급하는 내열성과 최적 온도는 실제 당화 조건이 아닌, 적당히 완충된 기질에 순수하게 정제된 효소를 사용하여 측정한 결과인 경우가 많다. 위에서 제시한 정보는 지난 20년 동안 발표된 자료들 가운데 실제 당화가 실시되는 조건에서 보리 전분을 이용하여 얻은 결과이다. 이 자료를 보면, 과거에 발표했던 실험 데이터를 토대로 해서는 안 된다고 알려진 내용들과 지난 5,000년 동안 실제로 해왔던 일들 사이에 상충되는 부분이 있음을 알 수 있다.

당화 효소의 내열성과 최적 활성 온도를 알면(그림 16.3과 표 16.2 참고) 발효성 당의 최종 비율을 변경하여 맥아즙의 발효성을 조정할 수 있다. 당화 온도가 62~65℃(144~149℉) 정도로 낮으면 베타 아밀라아제의 활성에 유리하고 보디감이 가벼우면서 발효가 더 많이 진행된 맥주가 만들어진다. 반면 당화 온도가 68~72℃(154~162℉)로 높아지면 알파 아밀라아제의 활성에 유리하며 덱스트린의 영향이 더 크면서 발효 정도는 더 약한 맥주를 얻을 수 있다. 온도를 그 중간에 맞추면 맥주의 발효도도 다양해진다.

그림 16.4는 실제 사례를 나타낸 것이다. 2단계에 걸친 당화로 얻은 발효성 당의 특성을 조사한 연구 결과[5]로, 1차 온도 휴지기는 55~76℃(131~169℉)에서 50분간 실시하고 2차 휴지기

---

4 Stenholm and Home(1999)
5 Evans 연구진(2005)

는 70℃(158℉)에서 15분간 실시한 후 강제 냉각을 실시했다. 당화 온도가 70℃(158℉)이거나 그보다 높으면 당화 혼합물을 해당 온도에서 총 한 시간 동안 두었다. 이렇게 얻은 당의 특성을 맥아의 중량 대비 최대 추출 비율을 평가할 수 있는 표준 검사법인 '콩그레스 당화' 방식으로 얻은 당과 비교하였다(15장 참고). 콩그레스 당화 방식은 라거 맥주를 만드는 실제 양조 과정을 바탕으로 마련했으나 발효도가 보통 수준인 맥아를 대상으로 하여 45℃(113℉)에서 온도 휴지기를 갖고 베타 글루카나아제제와 단백질 휴지기를 동시에 진행한다. 이러한 콩그레스 당화 방식은 가용성 추출물의 총량을 평가하는 참조 표준으로 활용하므로 결과 비교를 위해 이렇게 얻은 발효성 당의 특성을 함께 제시한 것이다.

그림 16.4를 보면 65℃(149℉)에서 말토오스의 비율과 발효도가 최대치를 기록하고 1차 당화 온도가 더 올라가면 줄어드는 것을 볼 수 있다. 베타 아밀라아제는 70℃(158℉)에서 빠르게 변성되는 점을 감안할 때, 1차 당화 온도가 >70℃(>158℉)인 조건에서 나타나는 말토오스는 알파 아밀라아제와 한계 덱스트리나아제의 작용 결과로 보는 것이 가장 정확할 것이다. 이 그래프에서 발효도는 '겉보기 한계 발효도'로 표시했다. 맥아즙의 초기 비중과 종료 비중을 측정하여 계산하는 값으로, 업계 기준에 따라 효모 투입량을 높여서 발효가 불안정한 상태다(겉보기 발효도에 대해서는 7장에 설명이 나와 있다). 겉보기 한계 발효도는 보통 최대 90퍼센트다. 흥미로운 사실은 당화 온도가 65℃(149℉)를 넘어서고 베타 아밀라아제가 변성되면 겉보기 한계 발효도도 빠르게 줄어드는 점이다. 이러한 데이터를 토대로 (그리고 내 경험상) 당화가 65℃(149℉)보다는 70℃(158℉)에서 진행되면 맥아즙의 초기 비중이 1.050일 때 종료 비중을 1.005에서 1.011로 높일 수 있다.

| 당화 중단 |

꼭 필요한 단계는 아니지만, 많은 양조자들이 맥아를 걸러내고 맥아즙을 분리한 후 곡물을 헹궈 남아 있는 당을 추가로 얻기(스파징) 전에 당화를 멈춘다. 당화 중단mash-out이란 당화 혼합물을 여과하기 전에 온도를 77℃(170℉)로 높이는 것이다. 이를 통해 모든 효소의 활성을 없애고 발효성 당의 특성을 보존할 수 있으며, 곡물층과 맥아즙의 유동성을 높일 수 있다. 그러나 당화 혼합물은 대부분 곡물 1킬로그램당 3~4리터(1.5~2.0qt./lb.)의 비율로 물을 넣고 이정도면 곡물층이 충분히 유동적으로 이동할 수 있으므로 당화 중단 절차가 꼭 필요한 것은 아니다. 당화 혼합물이 걸쭉하거나 밀, 호밀, 귀리의 비율이 25퍼센트가 넘을 때는 당화 혼합물이 굳거나 스파징 과정에서 막혀서 흐름이 끊기는 것을 방지하는 데 도움이 될 수 있다. 즉 꿀이 차가울 때와 따뜻할 때 유동성이 다른 것처럼 당화 중단을 통해 당의 유동성에 변화를 주어 그와 같은 현상을 방지할 수 있다. 당화 후 한 시간 정도가 지나 혼합물의 온도가 60℃(140℉) 이하로 떨어지면 베타글루칸과 펜토산, 그 밖에 전환되지 않은 전분이 찐득찐득한 물질로 바뀌므로 여과가 굉장히 어려워진다. 당화 중단은 외부에서 열을 가하거나 뜨거운 물을 다중 휴지기 침출 방식에 따라 계산된 양만큼 넣어 실시할 수 있다(다중 휴지기 침출을 통한 당화는 17장에 나와 있다). 자가 양조자들은 대부분 이 당화 중단 단계를 생략해도 아무런 문제가 없다고 느끼지만, 여과가 순탄하게 진행되지 않는다면 가장 먼저 이 단계부터 시도해보기 바란다.

전분 전환에 영향을 주는 기타 요소

온도보다는 영향력이 덜하지만 아밀라아제의 활성에 영향을 주는 기타 요소를 네 가지로 정리할 수 있다. 당화 pH와 곡물의 분쇄도, 곡물당 물의 비율 그리고 당화 시간이다.

| 당화 pH |

당화 pH는 수율과 발효도에 큰 영향을 줄 수 있다. pH가 5 미만이거나 6을 초과하면 문제가 생긴다. 당화 pH가 5 미만 특히 4.5보다 낮다면 베타 아밀라아제의 활성이 크게 떨어지며 맥아즙 색깔의 투명도에도 심각한 영향이 나타난다. 또 pH가 6을 초과하면 맥아의 겉껍질에서 규산염과 탄닌 성분이 다량 추출되어 맥주 맛에 영향을 준다.

pH가 5~6 범위에 해당되더라도 수율에 상당한 영향을 줄 수 있다. 예를 들어 내가 에런 유스투스Aaron Justus와 함께 밸러스트 포인트 브루어리Ballast Point Brewery와 탭 룸Tap Room에서 실시한 실험 결과(두 곳 모두 캘리포니아주 샌디에이고 소재), 똑같은 레시피로 만든 테스트용 맥주가 수율에 8퍼센트의 차이를 보였는데 두 배치batch의 유일한 차이는 당화 pH가 하나는 5.5, 다른 하나는 물의 칼슘이온이 54ppm에서 120ppm으로 늘어나 5.3이 된 것이었다. 일반적으로 당화 pH가 5.2~5.8이라면 아래와 같은 특성이 나타난다.

• 발효도는 크게 변하지 않는다.

- 유리 아미노 질소FAN 함량이 조금 늘어날 수 있다. pH 범위 중 최저 범위에 대부분 형성
  되고 나머지 pH에서 큰 변화가 없다.
- 당화 pH가 낮아지면(5.2) 곡물당 물의 양이 수율과 발효도에 끼치는 영향이 줄어든다. 나
  머지 pH에서 큰 변화가 없다.
- 당화 pH가 낮아지면(5.2) 리폭시게나아제의 활성이 줄어들며 지방산이 산화되는 비율이
  줄어들므로 장기적으로 맥주 맛의 안정성이 개선된다. 나머지 pH에서 큰 변화가 없다.

양조용 염을 사용하면 당화 pH를 높이거나 줄일 수 있으나 맥주 맛에 영향을 줄 수 있으므
로 제한된 양만 사용해야 한다. 물을 별도로 처리하는 방법에 대한 논의도 최근 들어 활발하
다. 이 부분에 대해서는 21장과 22장에서 자세히 이야기할 예정이다. 초보 양조자는 양조에
사용하는 물이 심하게 연수거나 경수가 아닌 이상 pH는 신경 쓰지 말고 다른 변수를 조절하
는 편이 낫다. 대부분은 맥아 선정이 양조용 염을 넣는 것만큼 (혹은 그 이상으로) 당화 pH에 큰
영향을 준다. 당화 혼합물이나 맥아즙의 pH는 pH 측정기로 측정해야 가장 정확한 값을 얻을
수 있다. 양조 용품 판매점에서 구할 수 있는 pH 시험지는 대략적인 상태는 알 수 있지만 맥
아즙의 pH를 확실하게 파악할 수 없다. 21장과 22장에서 pH 측정에 대해 자세히 알아보기로
하자.

| 곡물의 분쇄도 |

기본적으로는 곡물을 많이 갈아 넣을수록 효소가 전분에 작용하기 쉽고 따라서 전분 전환
속도도 빨라진다. 하지만 정말 곡물을 곱게 갈아 넣을수록 수율이 좋아질까? 전혀 그렇지 않
다. 오늘날 양조에 사용하는 맥아는 발효도가 매우 우수하므로 미세 분쇄된 것과 거칠게 분쇄
된 것의 수율 차이는 79퍼센트에서 80퍼센트가 되는 정도, 즉 1~2퍼센트 차이에 불과하다.
분쇄도가 달라질 때 나타나는 주된 차이는 전분 전환이 완료되기까지 걸리는 시간이다. 아래
그래프를 보면 당화 시간을 좀 더 상세히 이해할 수 있다.

그림 16.5에는 두 종류의 라거 맥아를 미세하게 분쇄하여 사용하였을 때 어떤 영향이 발생
하는지 나와 있다. 이 결과에서 분쇄도의 영향은 겉보기 한계 발효도를 2퍼센트 높이고 수율
을 약 1~1.5퍼센트 높이는 데 그치는 것을 알 수 있다. 실제로 당화 온도의 변화가 발효도와
겉보기 한계 발효도의 분쇄도보다 훨씬 더 큰 영향을 준다. 일반적으로 곡물을 가늘게 분쇄할

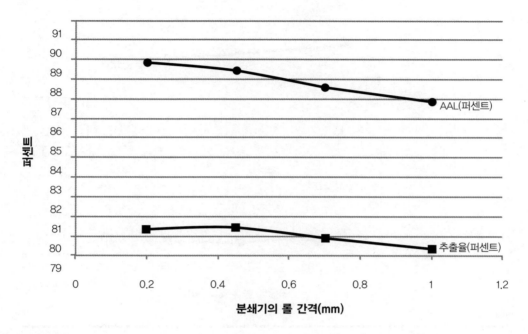

그림 16-5

분쇄기의 롤 간격에 따른 겉보기 한계 발효도와 추출 수율 변화 여러 당화 실험에서 도출된 데이터에서, 곡물을 매우 미세하게 분쇄할 때(롤 간격 0.2mm)와 자가 양조 시 일반적으로 실시하는 롤러 제분(롤 간격 1mm)의 추출 수율 차이는 최대 1.5퍼센트 정도인 것으로 확인됐다. 겉보기 한계 발효도(AAL)의 차이도 최대 약 2퍼센트에 머물렀다. [데이터 출처 : Evans 연구진(2011)].

수록 다음과 같은 특성이 나타난다.

- 전분 전환 속도가 빨라진다.
- 소량의 곡물로 추출 수율을 높일 수 있다.
- 발효도는 크게 개선되지 않는다.
- 유리 아미노 질소*FAN*는 증가하지 않는다.

| 곡물당 물 비율 |

곡물당 물 비율(보통 킬로그램당 리터 또는 파운드당 쿼트로 나타낸다)은 당화와 관련된 요소 중 영향력이 가장 미약한 요소에 해당한다(그림 16.6 참고). 물의 비율이 4L/kg(2.0qt./lb.) 이상으로 묽은 당화 혼합물은 효소가 희석되어 농도가 상대적으로 낮다. 따라서 전분 전환 속도가 느려지고 효소의 변성 속도가 빨라진다. 그러나 고농도의 당으로 효소 작용이 저해되는 현상

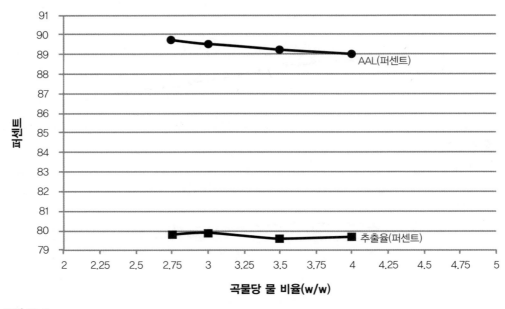

그림 16-6

곡물당 물 비율에 따른 겉보기 한계 발효도와 추출 수율 변화 당화 실험 결과 곡물당 물의 비율이 2~4L/kg(1~2qt./lb.) 범위에서 바뀔 때 발효도와 수율에 발생하는 영향은 미미한 것으로 나타났다. [데이터 출처 : Evans 연구진(2011)].

이 발생하지 않으므로 결과적으로는 당화 혼합물의 발효성은 더 높아진다. 물의 비율이 2.5L/kg(1.25qt./lb.) 미만으로 걸쭉한 당화 혼합물은 맥아의 단백질이 더욱 원활히 분해되지만 맥아즙의 발효성은 낮아지고 단맛과 맥아 맛이 더 강한 맥주가 된다.

2013년에 발표된 한 연구에서[6] 곡물당 물 비율을 2~4L/kg(1~2qt./lb.)의 범위에서 다양하게 설정하였을 때 겉보기 최대 발효도와 수율 변화는 5퍼센트에 못 미치는 것으로 확인했다. 이 연구에 따르면 당화 혼합물이 2L/kg(1qt./lb.)으로 굉장히 되직하다면 전분이 완전히 전환되기까지 걸리는 시간이 가장 길었으며 그보다 묽은 혼합물과 비교할 때 각각 40분과 20분으로 나타났다. 자가 양조자들의 실제 경험에서도 한 망 양조(Brew-In-A-Bag, 줄여서 BIAB)와 같이 단일 솥을 이용한 양조법에서 곡물당 물의 비율을 높여도[4~8L/kg(2~4qt./lb.)] 겉보기 최대 발효도나 수율에 큰 영향이 생기지 않는 것으로 보인다. 단, 이때 효소가 희석되므로 당화가 완료되기까지 더 오랜 시간이 걸릴 수 있다.

당화에는 서로 상호작용하는 요소가 너무나 많아서 그 영향을 일반적으로 정리하기가 어렵

---

6 De Rouck 연구진 (2013)

고, 곡물당 물의 비율처럼 영향력이 약한 요소는 더욱 그렇다. 그러나 당화의 기술적 특성을 감안할 때, 다중 휴지기 침출 방식의 당화에서는 농도가 되직한 것이 낫다(17장 참고). 곡물은 물보다 열용량이 낮으므로 효소가 받는 영향이 덜하고 특정 휴지기에서 다음 휴지기로 넘어가기도 쉽기 때문이다.

| 당화 시간 |

당화가 완전히 완료되기까지 걸리는 시간은 당화 pH, 곡물당 물의 비율, 당화 온도에 따라 30분 미만에서 60분 이상까지 다양하다. 효소 활성은 당화 시작 후 20분 동안 최고조에 이르렀다가 점차 낮아지고 60분을 넘으면 (일반적으로) 급격히 줄어든다. 최근 자가 양조자들 사이에서는 당화를 20분 만에 끝내도 충분하다는 사실이 전분의 요오드 테스트로 검증되었다는 견해를 두고 뜨거운 논쟁이 벌어지고 있다. 그러나 요오드 테스트로는 전분이 분해되었다는 사실만 확인할 수 있을 뿐 어느 정도로 분해되었는지는 알 수 없고 당화 혼합물에 존재하는 당의 종류에 따라 달라지는 발효도에 대해서도 파악할 수 없다. 보통 더 높은 발효도가 되려면 더

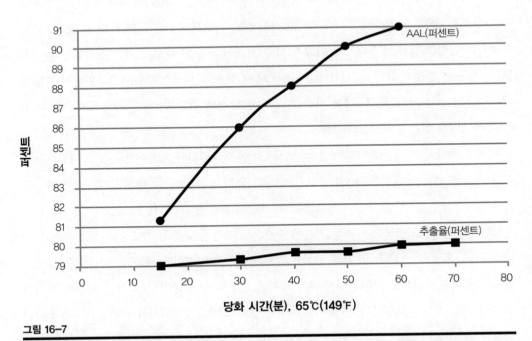

그림 16-7

당화 시간에 따른 겉보기 한계 발효도와 추출 수율 변화 시간 경과에 따른 겉보기 한계 발효도의 변화를 나타낸 것이다. 데이터는 게어드너(Gairdner)와 플래그십(Flagship) 맥아로 실시한 실험 결과로 도출했다. [데이터 출처 : Evans 연구진(2011)].

긴 시간이 걸리지만, 나는 당화를 60분간 진행할 것을 권한다.

당화 실험 결과를 보면 전분 전환은 대부분 당화가 시작되고 첫 15분 동안 진행되어 겉보기 한계 발효도*AAL*가 80퍼센트에 도달하는 것을 알 수 있다(일반적인 겉보기 한계 발효도의 최대값은 90퍼센트). 이 실험은 곡물의 분쇄도와 단일 온도에서의 침출, 당화 pH, 곡물당 물의 비율을 실제 양조 과정을 그대로 본뜬 조건에서 진행했다. 그림 16.7에 제시된 그래프는 각기 다른 두 가지 맥아에서 도출된 결과를 나타낸 것으로, 당화 시간이 30분일 때와 60분일 때 발효도(즉 AAL)의 변화는 약 5퍼센트다. 가용성 추출물의 총량(수율) 변화는 1퍼센트 정도다.

요약

오늘날 사용되는 맥아는 발효도가 우수하여(S/T 또는 KI = 40퍼센트 이상) 곡물당 물의 비율을 2.6~4.2L/kg(1.25~2qt./lb.) 사이로 하고 보통 65℃(149℉)인 맥아의 젤라틴화 온도 또는 그보다 약간 더 높은 단일 온도에서 침출하면 추출 수율과 발효도를 최대치까지 끌어올릴 수 있다. 나는 온도를 최소한 초기 시점만이라도 해당 온도보다 1~3도 정도 더 높게, 즉 67℃(152℉)로 설정할 것을 권장하는데 이렇게 하면 전분이 모두 가용성 물질로 전환되는 환경이 된다. 전분은 절반 이상이 당화 시작 후 15분 내에 전환되어 덱스트린화되고 30분이 지나면 대부분(>75퍼센트) 전환된다. 당화 시간을 그 이상 늘려도 추출 수율(1퍼센트)과 발효도(5퍼센트)의 측면에서 얻는 결과는 크지 않다.

베이스 맥아로 여러 종류의 맥아를 섞어 사용하면 젤라틴화가 일어나는 온도도 다양하므로 침출 온도를 약간 더 높이거나 알파 아밀라아제의 휴지기 온도에서 2차 휴지기를 가지면(또는 이 두 가지를 모두 실행하면) 추출 수율과 발효도 개선에 도움이 될 수 있다.

당화에 영향을 주는 모든 요소를 적절한 수준으로 조정한 표준 당화 조건은 대부분의 자가 양조자들이 활용할 만하다. 이 표준 조건은 발효도가 우수한 맥아를 사용할 때, 수율을 높이고 발효도를 적정 수준으로 유지하면서 유리 아미노 질소*FAN*를 충분히 얻고 맥주 거품은 늘리면서 맥주 색을 뿌옇게 하는 물질은 줄이고 지방산 산화도 줄일 수 있는 최상의 조건으로 조합된 결과다.

• 곡물당 물의 비율은 약 3~4L/kg(1.5~2.0qt./lb.)

- 당화 pH는 25℃(77°F)에서 측정했을 때 5.2~5.6
- 65~68℃(149~155°F)의 단일 온도에서 30~60분간 단일 온도 휴지기 실시

  67℃(153°F)에서 60분간 실시하는 온도 휴지를 기본으로 삼고, 각자 사용하는 장비와 레시피로 경험을 쌓은 다음 조정해 나갈 것을 권장한다.

발효도를 높이려면 단일 온도 휴지기 대신 당화를 두 단계로 실시한다.

- 먼저 64℃(147°F)에서 30~40분간 온도 휴지를 실시하고 이어 72℃(162°F)에서 15~20분간 다시 온도 휴지를 실시한다. 사용하는 맥아의 종류에 따라 이와 같은 방식으로 발효도를 약간 더 높일 수 있다.

CHAPTER

17

★ HOW to BREW ★

당화 방법

15장과 16장에서는 맥아 생산과 당화의 생화학적 원리를 살펴보았다. 이번 장에서는 원하는 특성이 나타나는 맥아즙과 맥주를 만들기 위해 당화 과정을 물리적으로 조절하는 방법을 소개한다. 당화 방법은 기본적으로 두 가지로 나뉜다. 모든 당화 효소에 알맞은 적정 온도에서 진행하는 단일 온도 당화와 각기 다른 효소에 알맞은 두 가지 이상의 온도 조건을 추가한 다중 휴지 방식의 당화다. 당화 혼합물에 열을 가하는 방식도 크게 두 가지로 나뉜다. 한 가지는 뜨거운 물을 넣는 것이고(용수 주입) 다른 하나는 당화조에 직접 열을 가하는 것이다. 그리고 이 두 가지 방식을 조합한 디콕션 당화라는 세 번째 방식도 있다. 디콕션 당화는 당화 혼합물의 일부를 직접 가열한 뒤 다시 섞어서(주입) 전체 혼합물의 온도를 높이는 순서로 진행한다.

　이와 같은 방법의 목적은 모두 당화(전분이 발효성 당으로 전환되는 것)가 일어나도록 하는 것이다. 목적은 같지만 어떤 방법을 활용하느냐에 따라 맥아즙의 전체적인 특성에 상당한 영향이 발생한다. 맥아나 부재료, 맥주의 종류에 따라 특색에 맞는 맥아즙을 만들기 위해서는 특정한 당화 방식을 거쳐야 하기도 한다. 우선 곡물을 이용한 양조 과정을 전체적으로 정리해보자.

곡물을 이용한 양조 과정 요약

곡물을 이용한 양조 순서는 상당히 간단하다.

1단계 : 물을 데운다.

2단계 : 곡물을 분쇄한다.

3단계 : 분쇄한 곡물을 데운 물에 한 시간 동안 담가 둔다(당화).

4단계 : 곡물을 여과하여 맥아즙을 얻는다(여과).

5단계 : 남은 곡물을 헹궈서 맥아즙을 추가로 얻는다(스파징).

6단계 : 맥아즙을 끓이고 일반적인 방식대로 발효한다.

1단계에서 물은 온수조에서 가열한다. 전통적으로 위의 단계별로 용기나 통이 따로 마련되었다. 즉 당화는 당화조에서 실시한 뒤 여과조로 옮겨 여과와 스파징을 진행하고 맥아즙을 끓임조로 옮겨서 끓인다. 대부분의 자가 양조자들은 당화조와 여과조를 하나로 합친 통을 사용하고, 당화조에 뜨거운 물을 넣거나 맥아즙을 끓임조로 옮길 때 펌프를 사용하는 대신 중력을 이용한다. 즉 총 세 개의 통과 중력의 힘을 활용하는 이러한 양조 방식은 현재 전 세계 자가 양조자들에게 채택되었다(그림 17.1). 대형 솥(또는 냄비)을 여러 개 활용해도 좋고 일반 솥 두 개와 단열 기능이 있는 아이스박스 하나 또는 솥 하나와 아이스박스 두 개를 사용해도 된다. 기

그림 17-1

중력을 활용하여 3단계로 진행되는 양조 과정을 나타낸 고대 이집트의 개념도.

본적인 양조 단계는 이와 같이 다양한 방식으로 진행할 수 있다.

　비교적 최근에 등장한 당화 방식으로 당화와 여과를 하나의 솥에서 실시하는 '한 망 양조(brew-in-a-bag, BIAB)'가 등장했다. 간단히 '밥bob'으로도 불리는 이 한 망 양조 방식에서는 19리터(5갤런) 분량의 맥주를 57리터(15갤런) 크기의 대형 끓임조를 이용하여 만들고, 양조 용수를 모두 한꺼번에 끓인다. 당화 시 늘어나는 부피와 스파징 용수가 더해지는 것을 감안한 용량이다. 곡물은 커다란 망에 담아 솥에 담가 잠기도록 한 뒤 한 시간 동안 둔다. 곡물당 물의 비율은 전통적인 당화 방식과 비교할 때 두 배에 이르지만 양조는 원활히 진행된다. 또 당화 혼합물을 헹궈내는 단계도 생략한다. 당화를 다 마치면 곡물이 담긴 망을 꺼내기만 하면 솥에는 맥아즙만 남게 된다. 19장과 20장에서 한 망 양조법에 대해 다시 이야기하기로 하자.

　곡물을 이용한 양조는 전체적으로 보면 그리 까다롭지 않다. 무엇보다 인류가 이미 수천 년 동안 해온 방법이기도 하다. 그러나 각 단계를 자세히 살펴보기 시작하면 충분히 심사숙고할 만한 부분들이 생긴다. 참 다행스럽게도 인류는 수천 년 전에 글자를 발명하여 우리가 기억할 만한 사실을 남겨두었다.

> 하나님이 이르시되, "맥주가 있으라" 하시니 맥주가 있었고, 하나님이 보시기에 맥주가 좋았더라. 그러자 하나님이 말씀하시길, "이것을 기록해야 할 것이니……"
>
> (요한이라는 사람이 쓴 책, 17장 일곱 번째 단락)

　당화 방법은 어떤 맥아를 사용하여 당화를 진행할 것인지에 따라 크게 달라진다. 현대 사회에서 대규모 산업 양조장의 관점에서는 시간이 곧 돈이므로 오늘날 판매하는 베이스 맥아는 당화 속도도 빠르고 전분 전환이 손쉽게 이루어질 수 있도록 만들어진다. 전분을 전환하여 당을 추출하는 과정이 수월할수록 이들이 하루하루 만들 수 있는 맥아즙의 양도 늘어난다. 이러한 흐름에 따라 지난 50년 동안 맥아의 용해도와 당화력이 커져, 단일 온도 침출 방식의 당화를 30분간 실시하면 맥아의 전분이 빠르게 전환된다. 옥수수나 쌀과 같이 맥아가 아닌 부재료의 비중이 높은 (약 30퍼센트) 페일 라거를 만들어내는 산업 양조 시설에는 편리한 방식이나, 맥아로만 맥주를 만드는 수제 맥주 양조자들은 이처럼 용해도나 당화력이 높은 맥아를 꺼리는 사람들이 많다. 전환 속도가 지나치게 빨라 양조자가 직접 맥아즙의 용해도와 보디감을 조정할 수 있는 폭이 제한되기 때문이다.

　맥아의 용해도를 나타내는 지표로 가장 많이 활용하는 기준은 총 단백질 가운데 가용성 단백질 비율(S/T)이다. 콜바흐 지수Kolbach Index로도 알려진 이 비율은 맥아의 배유가 개방되어 아밀라아제가 작용할 수 있는 전분이 얼마나 노출될 수 있는지를 나타낸다. 15장에서 설명한 내용을 상기해보면, 가용성 단백질 비율이 36~40퍼센트이면 용해도가 낮은 맥아, 40~44퍼센트면 용해도가 보통인 맥아, 44~48퍼센트면 용해도가 높은 맥아다. 200여 년 전에 생산된 맥아는 가용성 단백질 비율이 30~35퍼센트 사이로 오늘날의 기준으로는 용해도가 매우 낮은 편이었다. 따라서 맥아의 배유가 완전히 분해되려면 단백질 휴지기를 거치거나 일반적인 경우였고, 전분이 효율적으로 전환되고 수율을 높이려면 다중 휴지 방식과 디콕션 당화 방식이 반드시 필요했다. 계속해서 설명하겠지만, 우리는 이러한 기술을 다른 목적으로 활용할 수 있다.

　설탕과 지방의 비율로는 초콜릿 케이크의 맛을 절대로 판단할 수 없듯이 가용성 단백질 비율로는 용해도를 제대로 파악할 수 없다. 물론 맥아의 용해도나 당화력을 수치화한 결과로 특정 배치의 맥아가 그 배치에 적용된 구체적인 당화 방식에 어떻게 반응하는지 많은 정보를 파악할 수 있는 것도 사실이다. 예를 들어 용해도가 높은 맥아를 이용하면서 다중 휴지 방식의

그림 17-2

주방에서 당화를 실시하는 방법. 곡물을 아이스박스(1)에 담고 온수조(2)에서 데운 당화 용수를 부어서 정해진 휴지 온도에 해당하는 당화 온도를 맞춘다. 2차 휴지기는 온수를 추가하여 온도를 다시 높여서 실시하면 된다. 당화되는 동안 온수조(2)로 스파징 용수를 데워 둔다. 당화가 끝나면 액체를 분리하여 끓임조(3)로 옮기고 남은 당화 혼합물에 스파징을 실시하여 2차 맥아즙도 끓임조로 옮긴다. 이렇게 마련한 맥아즙(3)은 가스레인지에 올려 홉을 넣고 끓인다.

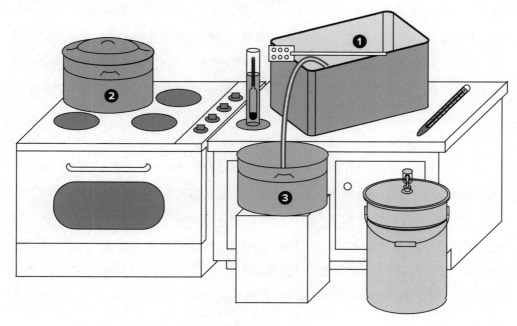

디콕션 당화를 실시하는 것은 불필요한 시간만 낭비할 가능성이 높고 맥주의 거품과 보디감 등 특성을 부여하는 요소가 분해되어 맛이 떨어지는 결과를 얻을 수 있다. 이때 멜라노이딘만 고려하여 단일 온도 방식의 디콕션 당화를 실시하는 것이 적절하며, 이를 통해 다른 당화 방식으로는 얻을 수 없는 원하는 맛을 만들어낼 수 있다.

즉 당화 방법은 상황에 맞게 결정해야 한다. 베이스 맥아의 가용성 단백질 비율과 가는 분쇄/거친 분쇄의 차이를 비롯해 여러 정보를 참고하여 양조에 사용하는 재료와 만들고자 하는 맥주의 종류에 어떤 방식의 당화가 가장 적절한지 판단해야 한다. 맥아 용해도와 온도 휴지에 관한 내용은 15장과 16장에 자세히 나와 있다.

단일 온도 침출

단일 온도 침출 방식은 가장 간단한 당화 방법으로 대부분의 맥주 종류에 적용할 수 있다 (표 17.1). 먼저 분쇄된 맥아를 모두 온수(최초 당화 용수)와 섞어 65~68℃(150~155℉)의 당화 온도로 맞춘다. 만들고자 하는 맥주의 종류에 따라 당화 용수의 온도를 당화 온도 범위의 낮은 쪽 또는 높은 쪽에 가깝게 조정한다. 곡물당 물의 비율도 당화 용수의 온도를 다르게 설정해야 하는 요인에 해당하지만, 일반적으로 당화 용수의 온도는 정해진 당화 온도보다 5~8℃ (10~15℉) 정도 높게 설정한다. 아래에 '침출 용수 계산'이라는 소제목이 달린 절에 온도 계산 공식이 나와 있다. 당화 혼합물은 정해진 당화 온도에서 30~60분간 두어야 하며 그 시간 동안 1~2도 이상 온도가 내려가지 않는 것이 좋다. 즉 65~68℃(150~155℉)의 범위에서 온도를 일정하게 유지해야 한다.

당화 온도를 일정하게 유지할 수 있는 가장 좋은 방법은 아이스박스를 당화조로 활용하는 것이다. 이 책 전반에 걸쳐 내가 권장한 방법이나 그냥 냄비를 사용해도 된다. 보통 내가 추천하는 곡물당 물의 비율은 2.5~4L/kg(1.25~2qt./lb.)이고 당화 용수의 온도는 71~74℃ (160~165℉)이다. 온도가 목표보다 높거나 낮게 맞추어질 가능성을 감안하여 곡물당 물의 비율은 일단 가장 작은 값에 맞추는 것이 좋다. 일단 혼합한 뒤 온도를 측정하고 침출 용수 계산식을 참고하여 온수(또는 냉수)를 첨가하면 정해진 온도를 맞출 수 있다. 물을 데울 때는 항상 필요하다고 생각하는 양보다 넉넉히 끓여 두어야 당화 온도가 낮아도 적정 온도로 금방 맞출

표 17-1 | 단일 온도 침출 방식의 당화 시 권장 조건

구분	온도	시간(분)	설명
발효가 높을 때 / 최대 수율	65℃(149℉)	30~60	수율과 발효도는 최대로 증대시킬 수 있으나 세 가지 방식 중 보디감은 가장 약하다.
발효도 중간 수준	67℃(153℉)	30~45	수율과 발효도, 보디감을 모두 상당 수준으로 얻을 수 있다. 대부분의 맥주 종류에 적용할 수 있는 가장 일반적인 당화 온도이다.
덱스트린의 특성이 강한 경우	70℃(158℉)	30	수율을 우수하게 유지하면서 보디감이 강하고 발효도는 낮아진다. 알코올 도수가 낮은 가벼운 에일 맥주나 맛이 풍부하고 무거운 보디감을 가진 맥주에 적합한 방식이다.

수 있다. 당화조에 뜨거운 물을 담아 미리 데워 두는 것도 원하는 온도를 일정하게 유지하는 데 도움이 된다.

다중 휴지기 당화

다중 휴지 방식의 당화 방식을 적용하면 당화 혼합물을 다양한 온도로 맞추기 위한 가열 절차를 거쳐야 한다. 가열은 직접 열을 가하거나 뜨거운 물을 붓는 용수 주입, 디콕션까지 기본적으로 세 가지 방식으로 나뉜다. 끓임조를 당화조로도 활용하면 가스레인지나 독립형 버너에 올려 가열할 수 있다. 용수 주입 방식은 뜨거운 물(보통 끓기 직전의 온도)을 당화 혼합물에 첨가하여 온도를 몇 도 정도 올리는 방법을 뜻하며, 디콕션은 그와 비슷하지만 물 대신 당화 혼합물의 일부(일반적으로 20~40퍼센트)를 당화조에서 덜어서 끓인 후 다시 당화조에 부어서 온도를 높이는 방법을 가리킨다. 이번 장 뒷부분에서 디콕션에 대해 좀 더 자세히 이야기할 예정이다.

휴지기를 넣느냐 마느냐, 그것이 문제로다

단백질 휴지는 어떤 경우에 필요할까?

단백질 휴지를 거치는 이유는 두 가지다. 용해도가 낮은 맥아에서 배유의 분해를 촉진하여 수율을 높이는 것 또는 부재료의 비율이 높다면 맥아즙에 유리 아미노 질소(FAN)를 늘리고 거품을 증대시키는 것이다. 가용성 단백질 비율(또는 콜바흐 지수)이 36~40 퍼센트인 맥아는 단백질 휴지를 짧게 실시하면 배유에 저장된 전분 주변의 단백질 기질을 추가로 분해하므로 도움이 된다. 가용성 단백질 비율이 36퍼센트 미만인 경우 맥아의 전분이 모두 당화 혼합물로 흘러나오게 하려면 단백질 휴지 시간을 이보다 길게 잡고 디콕션 당화를 통해 재료를 끓이는 단계가 반드시 필요하다.

용해도가 보통인 맥아라도(가용성 단백질 비율>40%) 맥아가 아닌 밀이나 귀리, 호밀을 부재료로 사용하고 그 비율이 높다면 단백질 휴지를 실시한다. 이러한 부재료에는 가용성 단백질이 적고 불용성 단백질의 함량이 높아서 단백질 휴지를 적용하며 그러한 성분을 활용할 수 있다. 옥수수와 쌀은 단백질의 함량이 매우 낮아서 단백질 휴지로 얻을 수 있는 효과가 없지만, 실시한다면 보리의 가용성 단백질을 더 많이 얻을 수 있게 된다.

부재료 없이 용해도가 보통인 맥아만을 사용할 때 단백질 휴지를 실시해도 문제가 생기지는 않는다. 부재료 비중이 높고 용해도가 보통인 맥아를 재료로 사용하는 상업 양조 시설에서는 15~30분간 단백질 휴지기를 거치는 경우가 일반적이며, 이것이 맥주 맛을 해치지는 않는다. 그러나 30분 이상 너무 길게 휴지기를 포함시키면 맥주의 거품 유지력이 약해질 수 있으므로 주의해야 한다. 그래도 맥주 자체를 '망칠' 일은 없으니 너무 긴장하지 않아도 된다.

| 당화 혼합물mash 가열하는 법 |

가장 손쉬운 방법은 열을 바로 가하는 것이다. 당화 과정에서 1차 온도 휴지는 단일 온도 당화법과 동일한 방식으로 아래에 나온 설명과 같이 뜨거운 물을 부어서 온도를 맞춘다. 그리고 2차 온도 휴지는 가스레인지에 올려 열을 가하면서 계속 저어주고 열이 당화 혼합물에 고르게 퍼지도록 하는 세밀한 방법으로 진행한다. 전분 전환이 끝나면 당화 혼합물을 여과조에 조심스럽게 붓거나 국자 등으로 떠서 옮긴 다음 여과한다. 바닥이 열리는 형태의 당화조를 사용하면 따로 옮기지 않고 곧바로 여과할 수 있다.

380

참고 사항 | 에나멜 재질의 주방 도구나 두께가 얇은 스테인리스스틸 냄비에 뜨거운 열로 얼룩이 생기거나 그을린 자국이 생기지 않게 하려면 '불꽃 제어기flame tamer'라고 부르는 도구 위에 얹는 것이 가장 효과적이다. 불꽃 제어기란 3밀리미터(1/8인치) 두께의 알루미늄 또는 구리판으로, 열 전도성이 매우 높아서 냄비 바닥에 열을 균일하게 분산하는 역할을 한다.

아이스박스를 당화조로 활용하면 다중 휴지 방식의 당화를 진행하기가 한층 더 까다롭다. 우선 뜨거운 물을 추가로 부어서 온도를 맞추려면 당화 혼합물을 진하게 만들어서(가령 1.5~2L/kg 또는 0.75~1qt./lb.의 비율로) 물을 부을 수 있는 공간을 확보해야 한다. 일반적으로 이러한 조건에서는 온도 휴지를 (1차 휴지기 이후) 최대 두 번까지만 추가로 실시할 수 있다. 뒤로 갈수록 전체 질량이 늘어나 온도를 높이기 위해 넣어야 하는 물의 양도 늘어나기 때문이다. 온도를 1~2도 정도만 높인다면 3차 휴지까지 진행할 수 있으나 이 시점이 되면 당화조가 거의 가득 찬다. 예를 들어 3.6킬로그램(8파운드)의 곡물을 사용하여 4L/kg 또는 2qt./lb.의 비율로 당화 혼합물의 온도를 66℃에서 70℃까지 올리면(150°F에서 158°F) 끓인 물은 대략 2.5리터(2.7쿼트)가 필요하다.

| 다중 휴지 방식의 당화 조건 정하기 |

16장 '당화의 원리'에서 효소의 종류에 따라 배유 내에서 맥아가 액화되고 전분이 젤라틴화될 수 있다는 사실을 설명했다. 베타 아밀라아제 활성을 위해 60℃(140°F)에서 진행되는 휴지시간과 알파 아밀라아제 활성을 위한 70℃(158°F)에서의 휴지 시간을 조정하면 발효성 당의 특성을 조절할 수 있다(그림 16.2, 그림 16.3, 그림 16.4 참고). 예를 들어 60℃(140°F)에서 20분간 휴지를 실시한 후 70℃(158°F)를 40분간 유지하면 단맛과 덱스트린의 특성을 더한 맥주를 만들수 있고, 동일한 온도에서 휴지 시간을 반대로 하면 전체 전분 원료의 양은 같지만 드라이하고 더 많이 발효된 맥주를 만들 수 있다. 휴지 온도를 바꿔도 특성이 바뀐다. 가령 63℃(144°F)와 68℃(155°F)에서 각각 휴지를 실시하면 젤라틴화가 촉진되고 베타 아밀라아제의 활성이 강화되어 이전 온도 조건보다 단시간에 발효성이 더 높은 맥아즙을 얻을 수 있다.

용해도가 보통 수준인 맥아(예를 들어 가용성 단백질 비율이 37퍼센트 정도)를 사용하면 다중 휴지 방식의 당화를 실시하고 단백질 휴지를 포함시키면 단일 온도 방식의 당화보다 수율을 높일 수 있다. 이때 권장할 만한 당화 조건은 50℃, 63℃, 70℃(122°F, 145°F, 158°F)에서 각각 30분간 휴지를 실시하는 것이다. 단백질 휴지 시간은 용해도에 따라 조정할 수 있다. 용해도가 보통인 맥아로 콘티넨털 라거Continental Lager를 양조할 때 자주 적용되는 조건이다.

다중 휴지 방식으로 바이에른 밀맥주를 양조한다면 40℃, 63℃, 70℃(104℉, 145℉, 158℉)에서 각 30분간 휴지를 실시하는 것이 효과적이다. 이 같은 조건에서는 수율을 높이고 우수한 발효도를 확보할 수 있으며 40℃(104℉)에서 페룰산ferulic acid이 방출되어 이 맥주 특유의 페놀 특성이 강화된다. 보디감을 낮추고 싶거나 맥아가 아닌 밀을 전분 원료로 함께 활용했다면 취향에 따라 50℃(122℉)의 단백질 휴지 단계를 포함시킨다.

아래 표 17.2에 제시된 당화 조건은 가이드라인일 뿐이다. 시간과 온도 조건을 어떻게 조합해도 적절한 맥아즙을 만들 수 있으므로 휴지기 온도가 몇 도 정도 어긋났다고 해서 지나치게 신경 쓸 필요는 없다. 또 휴지기에 당화 혼합물의 온도가 1~2도 정도 낮아져도 상관없다. 온도가 5℃(10℉) 이상 내려가면 문제가 될 가능성은 커지지만 그래도 맥아즙은 만들어진다. 너무 세세한 부분까지 집착하지 마라. 시간과 온도를 자유롭게 조절하고 즐기는 것이 중요하다.

표 17-2 | 다중 휴지기 방식의 당화 시 온도와 시간 예시

구분	온도	시간(분)	기능
전통적인 방식, 최대 발효도	60℃(140℉) 70℃(158℉)	15~30 15~30	베타 아밀라아제는 활성 시간이 가장 긴 효소이므로 온도 범위의 최저점을 휴지기 온도로 정한다. 단, 65℃(149℉)가 될 때까지는 맥아의 전분 중 가용성 물질로 전환되는 비율은 크지 않다.
최대 발효도, 최대 수율	63℃(145℉) 70℃(158℉)	15~30 15~30	전통적인 휴지 온도인 60℃(140℉)와 비교할 때 용해도가 높은 맥아의 전환 속도가 더욱 빨라진다.
단백질 휴지기와 베타 아밀라아제, 알파 아밀라아제 휴지기 동시 실시	50℃(122℉) 63℃(145℉) 70℃(158℉)	15~20 15~30 15~30	오늘날 사용되는 맥아는 대부분 단백질 휴지기가 짧아도 추출율을 최대치로 끌어올릴 수 있다. 단백질 휴지기는 맥아가 아닌 밀을 사용할 때 또는 부재료의 비율이 높을 때 더 많이 활용한다.
단백질 휴지기와 베타 글루카나아제 휴지기 또는 페룰산 휴지기 동시 실시	40℃(104℉) 50℃(122℉) 63℃(145℉) 70℃(158℉)	10~20 10~20 15~30 15~30	40℃(104℉) 휴지기만 제외하면 바로 위의 휴지 조건과 비슷하다. 플레이크로 만든 귀리나 밀, 호밀의 베타글루칸을 분해할 수 있는 조건이며 밀이 사용된 당화 혼합물에 페룰산의 형성을 촉진하여 바이에른 밀맥주 특유의 정향 풍미를 더한다.

재순환 당화 방식

다중 휴지 방식의 당화는 두 가지 방법이 더 있다. 부가적인 도구가 필요하고 초보자보다는 훨씬 적극적으로 양조에 뛰어든 사람들에게 더 적합한 방식이라 이 책에서는 별도로 다루지 않는 이 두 가지 방식은 '재순환 침출 당화 시스템(Recirculation Infusion Mash System, 줄여서 RIMS)'과 '열교환 재순환 당화 시스템(Heat Exchange Recirculation Mash System, 줄여서 HERMS)'이다. 둘 다 당화 혼합물에서 나온 맥아즙을 열이 공급되는 지점으로 다시 흘려보내 재순환시킬 수 있는 펌프가 필요하다. 가스나 전기로 작동하는 이 펌프를 이용하여 맥아즙을 순환시키거나 온수가 담긴 탱크 바닥에 설치된 (구리 코일로 된) 열 교환기를 통과하도록 하는 방식이다. 재순환 침출 당화 시스템과 열교환 재순환 당화 시스템 모두 양조자가 전기 컨트롤러를 활용하여 당화 혼합물의 온도를 더 정확하게 조정할 수 있다. 이와 같은 시스템은 인터넷에 관련 정보가 많으므로 직접 만들거나 구입해서 사용한다. 그러나 수동적인 방식을 먼저 익혀서 당화의 기본 원리를 이해하는 것이 더욱 중요하다.

다중 휴지 방식의 당화는 두 가지 방법이 더 있다. 부가적인 도구가 필요하고 초보자보다는 훨씬 적극적으로 양조에 뛰어든 사람들에게 더 적합한 방식이라 이 책에서는 별도로 다루지 않는 이 두 가지 방식은 '재순환 침출 당화 시스템(Recirculation Infusion Mash System, 줄여서 RIMS)'과 '열교환 재순환 당화 시스템(Heat Exchange Recirculation Mash System, 줄여서 HERMS)'이다. 둘 다 당화 혼합물에서 나온 맥아즙을 열이 공급되는 지점으로 다시 흘려보내 재순환시킬 수 있는 펌프가 필요하다. 가스나 전기로 작동하는 이 펌프를 이용하여 맥아즙을 순환시키거나 온수가 담긴 탱크 바닥에 설치된 (구리 코일로 된) 열 교환기를 통과하도록 하는 방식이다. 재순환 침출 당화 시스템과 열교환 재순환 당화 시스템 모두 양조자가 전기 컨트롤러를 활용하여 당화 혼합물의 온도를 더욱 정확하게 조정할 수 있다. 이와 같은 시스템은 인터넷에 관련 정보가 많으므로 직접 만들거나 구입해서 사용한다. 그러나 수동적인 방식을 먼저 익혀서 당화의 기본 원리를 이해하는 것이 더욱 중요하다.

온수 첨가 시 용수 계산법

당화를 위해 추가할 온수의 양은 열용량(어떤 물체의 온도를 1도 높이는 데 필요한 열량)을 토대로 계산한다. 즉 특정 온도와 질량의 물 'A'를 얼마나 첨가해야 특정 질량의 물 'B'의 온도에 영향을 줄 수 있는지 계산하는 것이다. 물의 질량은 온도에 따라 달라지므로(그리고 부피도 바뀌므로) 부피로는 계산이 불가능하다. 대신 추가 용수 계산식으로 첨가할 물의 질량을 구하면 이 값을 해당 온도 범위에 해당하는 물의 밀도, 즉 0.985kg/L(2.055lbs./qt.)로 나누어서 물의 부피를 구할 수 있다. (아래 설명 참고)

중량 기준 곡물당 물 비율(R) 구하기

당화 용수는 부피가 아닌 질량을 기준으로 계산한다. 그러므로 주입할 용수의 온도와 양을 정확하게 계산하려면 중량 기준으로 곡물당 물의 비(R)를 구해야 한다.

일반적으로 자가 양조자들이 당화 혼합물의 곡물당 물 비율을 이야기할 때는 킬로그램당 리터나 파운드당 쿼트와 같은 부피가 기준으로 한다. 이때 단위를 바꾸기 위한 전환 계수는 2로, 1qt./lb.를 2L/kg로 본다. 정확한 전환 계수인 2.0864를 사용하면 두 단위를 더욱 정확하게 전환할 수 있지만 중량당 부피 단위라는 사실이 바뀌지는 않는다. 이 비율을 간단히 Rv라 칭하기로 하자.

미국 표준 단위와 미터법 단위에 따라 값이 어떻게 바뀌는지 더 쉽게 이해할 수 있도록 Rv 값을 예로 들어보면 아래와 같다.

1.5qt./lb. × 2.0864 = 3.13L/kg
3L/kg / 2.0864 = 1.44qt./lb.

자가 양조자들은 곡물당 물의 비를 토대로 Rv 값에 곡물(전체 전분 원료)의 질량(G)을 곱하면 당화 혼합물을 만들 때 필요한 물의 양을 계산한다. 중량 단위를 모두 생략하면 아래와 같이 부피(V)를 계산할 수 있다.

$V = G \times Rv$

이제 물의 부피를 물의 질량으로 변환할 차례다. 물의 부피에 물의 밀도(ρ)를 곱하면 질량을 계산할 수 있다.

당화 혼합물을 만들기 위해 필요한 물의 질량 = G × Rv × ρ

학창시절에 물 1리터의 무게는 1킬로그램이므로 물의 밀도는 1kg/L(약 2lb./qt.)로 일정하다고 배운 내용을 다들 기억할 것이다. 문제는 우리가 배운 내용처럼 물의 밀도가 일정하지 않아서, 실제로 필요한 물의 질량보다 대략 4퍼센트까지 많거나 적게 추정할 수 있다는 것이다. 곡물당 물의 비율이 낮으면 이 같은 오류의 폭도 적지만 여러 차례 주입하는 당화 방식을 채택하면 곡물당 물의 비율도 높아진다.

이와 같은 이유로 나는 당화 용수를 계산할 때 물의 밀도를 1kg/L(또는 2lb./qt.)으로 적용하지 말 것을 권장한다. 물의 밀도는 온도에 따라 달라지고, 당화 온도에서는 0.995~0.975 kg/L의 범위이다. 나는 이 범위의 평균값인 0.985kg/L(2.055lb./qt.)를 넣는 것으로 간단히 계산한다.

따라서 주입할 용수의 부피는 해당 용수의 중량을 주입 온도에서 물의 밀도로 나눈 값으로 정리할 수 있다.

Rv = R / ρ

여기서 R은 곡물의 중량당 물의 중량 비, Rv는 곡물의 중량당 물의 부피, ρ는 당화 온도에서 물의 평균 밀도를 kg/L(0.985) 또는 lb./qt.(2.055) 단위로 나타낸 것이다.

표 17.3에는 Rv(중량 대비 부피)를 R(중량 대비 중량)으로 전환한 값이 나와 있다. 이 표를 참고하여 R 값을 찾고 뒤에 이어지는 추가 용수 계산 공식에 넣으면 된다. 전문 양조자들은 당화 혼합물을 만들 때 항상 곡물당 물의 비율을 중량 대비 중량의 비율로 고려한다.

이와 같은 계산은 당화되는 동안 열이 손실되지 않는다는 (사실과 다른) 가정을 전제로 한 것이나, 당화조에 곡물과 당화 용수를 넣기 전에 미리 끓인 뜨거운 물을 먼저 부어 솥을 데우면 이러한 문제를 최소로 줄일 수 있다. 끓임조를 당화조로 활용한다면 바로 물을 담아서 끓이면 된다.

끓인 물 4~8리터(1~2갤런) 정도를 먼저 당화조에 붓고 잘 저어준 다음 뚜껑을 닫고 그대로 몇 분간 두면 예열할 수 있다. 조금 있다가 물을 버리고 다시 뚜껑을 닫으면 끝이다. 곡물과 당화 용수를 담기 직전에 이와 같은 방식으로 당화조를 예열하면 추가로 주입된 용수의 열이 곡물이 아닌 당화조로 분산되는 것을 막을 수 있다. 따라서 용수 투입 시 계산한 결과를 더 정확

표 17-3 | 일반적인 중량 대비 부피 단위의 곡물당 물 비율(Rv)로 구한 중량 대비 중량 단위의 곡물당 물 비율(R)[a]

Rv(qt./lb.)	R(lb./lb.)	Rv(L/kg)	R(kg/kg)
1.00	2.06	2.00	1.97
1.50	3.08	3.00	2.96
2.00	4.11	4.00	3.94
2.50	5.14	5.00	4.93
3.00	6.17	6.00	5.91
3.50	7.19	7.00	6.90
4.00	8.22	8.00	7.88
4.50	9.25	9.00	8.87
5.00	10.28	10.00	9.85

a $R = Rv \times \rho$, 여기서 ρ는 0.985kg/L(2.055lb./qt.)

하게 얻을 수 있다.

두 번째로 부을 당화 용수의 양도 당화조에서 열이 손실되지 않는다는 가정을 토대로 계산한다. 경험상 당화 용수의 온도는 목표 온도보다 1℃(1.5℉) 정도 높여서 계산하면 원하는 온도를 맞출 수 있다. 나는 10갤런(38리터) 크기의 원통형 아이스박스를 사용했는데, 여러분이 사용하는 장비에 따라 이 부분도 달라질 수 있다.

건조 곡물에 맨 처음 붓는 당화 용수는 곡물의 최초 온도와 원하는 당화 온도, 곡물의 중량 대비 물의 중량 비를 나타내는 R값으로만 계산한다(위 상자와 표 17.3 참고). 계산 시 곡물의 양은 R을 구할 때 활용하며, 당화 용수를 한 번만 투입하는 당화라면 일반적인 곡물당 물 비율은 약 3L/kg(1.5qt./lb.)이다. 맥주를 실제로 만들다 보면 정확하게 계획대로 진행되지 않을 가능성이 다분하고, 주입할 물의 양을 눈대중으로 대충 측정하다 보면 1/2리터 또는 쿼트 정도 적거나 많게 넣기도 한다. 자신이 실수할 수 있다는 사실을 늘 염두에 두고, 물은 필요한 양보다 항상 넉넉하게 끓이자. 당화는 엄청난 과학적 지식이 필요하거나 뇌수술마냥 어려운 일도 아니다. 목표로 정한 온도에서 1~2도 정도 차이가 나도 굉장히 근소하게 조정한 것이라 할 수 있다. 다만 이 책에서는 정확한 방법을 알려준 것이니, 그 내용을 참고로 하여 계산도 각자가 원하는 수준으로 정밀하게 맞춰 나가면 된다.

쉽고 간편한 당화 요령

계산 같은 건 질색인 사람들을 위해 일반적으로 적용할 수 있는 온도와 부피 조건을 소개한다. 곡물이 실온[21℃(70℉)] 상태이고 당화조를 미리 데워두었다고 가정할 때.

- 당화 용수의 온도는 원하는 당화 온도보다 6℃(11℉) 높은 온도로 설정한다.
- 곡물의 중량 대비 물의 부피 비는 3L/kg 또는 1.5qt./lb.로 잡는다.
- 리터와 쿼트 어느 단위를 사용하든 소수점은 반올림한다.

예를 들어 4.5kg(10lb.)의 맥아를 사용하여 67℃(153℉)인 당화 혼합물을 만들고자 한다면 14리터 또는 15쿼트의 물을 73℃(164℉)로 데워서 분쇄된 곡물에 붓고 잘 섞는다. 목표로 정한 온도에 도달하도록 해야 하므로 물은 만일의 사태를 대비해서 필요하다고 생각되는 양보다 더 넉넉하게 데워두자. 단, 정말로 필요한 상황이 될 때까지는 추가로 붓지 말아야 한다.

| 건조 곡물 사용 시 당화 용수 계산법 |

당화 용수의 온도와 부피는 아래 공식에 따라 계산한다.

당화 용수의 온도 Tw = [(S/R) × (T2 − T1)] + T2

당화 용수의 부피 Vw = (G × R)/ρ 또는 Vw = G × Rv

위 공식에서,

T1 = 건조 곡물의 온도

T2 = 당화 혼합물의 목표 온도

G = 곡물의 무게(중량)

ρ = 물의 밀도. 0.985kg/L 또는 2.055lb./qt.

R = 중량 기준 곡물당 물의 비. 위 상자의 '중량 기준 곡물당 물 비율(R) 구하기' 참고.

Rv = 곡물의 중량 대비 물의 부피 비, 즉 Rv × ρ = R

S = 물에 대한 곡물의 상대적인 열용량. 측정 단위와 상관없이 0.4(40퍼센트)

| 당화 용수를 한 번만 공급할 때 |

먼저 유념해야 할 사항은, 일반적으로 계산에 사용되는 Rv 값인 3L/kg 또는 1.5qt./lb.가 비슷한 값이긴 하지만 동일하지는 않다는 점이다. 실제로 1.5qt./lb.은 3.13L/kg이라고 하는 것이 더 정확하다. 마찬가지로 기준을 3L/kg으로 잡으면 1.44qt./lb.가 정확한 값이 된다. 그러므로 아래 예시에서 계산한 물의 부피도 똑같지 않다. 비슷하지만 완전히 동일하지 않다는 의미다.

양조에 사용할 곡물이 실온, 즉 21℃(70°F)에 있고 총 4.54kg(10lb.)의 곡물을 사용하여 67℃ (153°F)의 당화 혼합물을 만든다고 가정해보자. 앞서 설명한 내용을 다시 상기하면, 당화조로 손실될 열을 감안하여 목표 온도를 1~2도 정도 더 높게 잡아도 된다. 그러나 이 예시에서는 이를 고려하지 않기로 하자.

1. 먼저 곡물의 중량과 곡물당 물의 비(Rv)를 토대로 당화 용수의 부피(Vw)를 구하고, 실제 R 값을 계산한다(위에 R의 개념이 나와 있는 상자 참고).

Vw = 10lb. × 1.5qt./lb. = 15qt.

Vw = 4.54kg × 3L/kg = 13.6L

따라서,

R(파운드 단위) = 1.5 × 2.055

= 3.08

R(킬로그램 단위) = 3 × 0.986

= 2.96

2. 당화 용수를 한 번 공급할 때 적용하는 공식에 따라, 당화 용수의 온도(Tw)는 아래와 같이 계산한다.

$Tw = [(0.4/R) \times (T2 - T1)] + T2$

$$= [(0.4/3.08) \times (153 - 70)] + 153 = 163.7\,°F \text{ 또는 } 164\,°F$$

$$= [(0.4/2.96) \times (67 - 21)] + 67 = 73.2\,℃ \text{ 또는 } 73\,℃$$

| 젖은 곡물 사용 시 당화 용수 계산법 |

용수의 중량 $Wm = G(S + R) \times [(T2 - T1)/(Tw - T2)]$

용수의 부피 $Wv = Wm/\rho$

위 공식에서,

R = 현재 당화 혼합물에 포함된 곡물과 물의 중량 기준 비율. 추가 용수를 여러 번 투입하여 당화를 실시하면 이 R값은 추가 용수를 주입할 때마다 바뀌므로 다음에 주입할 용수의 부피를 구하기 전에 다시 계산해야 한다.

Wm = 추가할 온수의 중량 (파운드 또는 킬로그램)

Wv = 추가할 온수의 부피 (쿼트 또는 리터)

ρ = 물의 밀도 (0.985kg/L 또는 2.055lb./qt.)

G = 당화 혼합물에 포함된 곡물의 무게 (파운드 또는 킬로그램)

T1 = 당화 혼합물의 초기 온도(°F 또는 ℃)

T2 = 당화 혼합물의 목표 온도(°F 또는 ℃)

Tw = 추가 용수의 실제 온도(°F 또는 ℃)

참고 사항 | 당화조로 옮겨 가 손실될 열을 감안하여 목표 온도(T2)를 1~2도 정도 높게 설정해도 된다. 추가 용수는 끓이지 않아도 되며, 양조자들 중에는 77℃(170°F)인 스파징 용수를 사용하는 사람들도 많다. 이때 T2는 77℃(170°F)가 되므로 추가적인 열을 얻으려면 더 많은 양의 물(Wv)이 필요하다.

| 당화 용수를 여러 번 공급할 때 |

총 세 번의 휴지기가 포함된 당화를 예로 들어 살펴보자. 초기 부피 비(Rv)가 1qt./lb.인 곡물 4.54kg(10lb.)의 곡물을 사용하여 50℃, 65℃, 70℃(122°F, 149°F, 158°F)에서 각각 다중 휴지기를 거쳐 당화를 실시한다고 가정하자. 사용할 건조 곡물의 온도는 21℃(70℉)로 한다. 맨 처음 투입하는 용수는 당화 혼합물의 온도를 21℃에서 50℃로(70℉에서 122℉로) 높여야 한다. 당화조로 손실될 열을 감안하여 목표 온도를 1~2도 정도 높게 잡아도 된다는 사실을 꼭 기억하자. 이번 예시에서는 이 점을 고려하지 않는다.

1. 곡물당 물의 초기 비율(Rv)은 1qt./lb.이므로 R은 2.06이다(위에 R의 개념에 관한 설명과 표 17.3 참고). 이에 따라 1차 당화 용수는 9.5리터 또는 약 10쿼트가 필요하다. 중량 대비 중량 비율인 R값은 단위가 없으므로 리터와 킬로그램 단위로 계산할 때도 값을 별도로 변환하지 않아도 된다.

$$V_w = (G \times R)/\rho = (10 \times 2.06)/2.055 = 10qt.$$
$$V_w = (G \times R)/\rho = (4.54 \times 2.06)/0.985 = 9.5L$$

당화 용수를 한 번만 공급할 때 적용하는 계산식으로 당화 용수의 온도를 구하면,

$$\begin{aligned} T_w &= [(0.4/R)(T2 - T1)] + T2 \\ &= [(0.4/2.06)(122 - 70)] + 122 = 132℉ \\ &= [(0.4/2.06)(50 - 21)] + 50 = 55.6℃ \end{aligned}$$

2. 이 예시에서는 당화 과정에서 휴지기에도 열이 손실되지 않는다고 가정하여 온도가 50℃(122℉)로 계속 유지된다고 하자. 그러나 실제로는 직접 온도를 측정하여 다음 계산식에서 T1으로 사용해야 한다. 현재 당화 혼합물은 곡물당 물 비율(R)이 2.06으로 9.5리터(10쿼트)의 물과 혼합된 상태다. 이제 당화 용수 계산 공식을 활용하여 당화 혼합물의 온도를 149℉로 올리기 위해 필요한 2차로 추가할 용수의 양을 구해야 한다. 추가 용수로 사용할 물은 미리 끓여서 96℃(205℉)로 식혀 두었다고 가정하자.

$$W_m = G(S + R) \times [(T2 - T1)/(T_w - T2)]$$
$$W_v = W_m/\rho$$
$$W_m = 10(0.4 + 2.06) \times [(149 - 122)/(205 - 149)]$$

= 11.86lb.의 온수

Wv = Wm/ρ

= 11.86/2.055 = 5.8qt.

미터 단위로 계산하면,

Wm = 4.54(0.4 + 2.46) × [(65 − 50)/(96 − 65)]

= 5.4kg의 온수

Wv = Wm/ρ

= 5.4/0.985 = 5.48L

3. 당화 용수의 3차 주입을 실시하기 전, 현재 물의 총 부피는 10 + 5.8 = 15.8쿼트이므로 R값을 다시 계산해야 한다. 현재 당화 혼합물의 온도는 65℃(149℉)이고 목표 온도는 70℃(158℉)이다. 추가 용수로 사용할 물의 온도는 앞서와 마찬가지로 96℃(205℉)이다.

R = (Wv × ρ) / G = (15.8 × 2.055) / 10 = 3.25

Wm = G(0.4 + R) × [(T2 − T1)/(Tw − T2)]

Wv = Wm/ρ

Wm = 10(0.4 + 3.25) × [(158 − 149)/(205 − 158)]

= 6.99lb.의 온수

Wv = 6.99/2.055 = 3.4qt.

미터 단위로 계산하면,

Wm = 4.54(0.4 + 3.25) × [(70 − 65)/(96 − 70)]

= 3.19kg의 온수

Wv = 3.19/0.985 = 3.24L

그러므로 이 예시에서 필요한 물의 전체 부피를 계산하면,

10 + 5.8 + 3.4 = 19.2쿼트 또는 4.8갤런

곡물의 중량은 10lb.이므로 최종적인 곡물당 물의 비율도 1.92qt./lb.(즉 19.2/10)으로 증가한다. 중량 기준 맥아 혼합물의 최종 비율은,

최종 R = [(10 × 2.055) + 11.86 + 6.99] / 10

$\qquad$ = 39.4 / 10

$\qquad$ = 3.94

리터와 킬로그램, 섭씨 단위를 사용한다면 동량의 곡물(4.54kg)을 사용할 때 겉보기 Rv값은 2L/kg, R(중량 대비 중량 비)은 1.97이다(표 17.3 참고). 또 2차 주입 용수의 R은 3.11, 최종 R은 3.79이다. 이처럼 단위에 따른 결과의 차이를 보면 1qt./lb.이 2L/kg와 아주 가까운 값이나 똑같지 않다는 사실을 확인할 수 있다.

디콕션 당화

필요한 도구
- 당화조로 사용할 아이스박스
- 15~16리터(4갤런) 크기의 대형 솥
- 1리터(1쿼트) 용량의 파이렉스 유리 계량컵
- 온도계

디콕션 당화는 추운 겨울을 견뎌야 발아가 되고 맥아로 만들거나 전분을 활용하기가 매우 까다로웠던 북유럽 지역에서 보리의 추출 수율을 최대한 높이기 위해 오래전 개발한 방식이다. 디콕션 당화를 잘 활용하면 더욱 손쉽게 전분을 분해하고 가용성 물질로 만들 수 있으며 용해도가 낮은 맥아의 추출 수율을 높일 수 있다. 맥주 애호가들은 이렇게 만든 맥주는 맥아

디콕션 당화를 해결책으로 활용하기

온수를 붓는 방식으로 당화를 실시했더니 당화 혼합물의 온도가 너무 낮아서 양조가 원활하지 않다고 가정해보자. 당화조가 감당할 수 있는 한도 내에서 온수를 최대한 추가한데다 당화 혼합물의 비율이 3qt./lb.를 초과하였다면, 당화 혼합물의 일부를 덜어서 가열하는 디콕션 방식을 활용하면 물을 또다시 추가로 넣지 않고도 온도를 높일 수 있다!

디콕션 분량을 계산하는 방법은 다음 절에 나와 있다. 당화 혼합물 중 농도가 짙은 부분(주로 곡물에 물이 자작하게 섞인 부분)을 계산된 양만큼 덜어 냄비에 담고 68~70℃(155~158℉)가 되도록 가열한 뒤 그대로 15분 정도 온도를 유지하고, 이어 5분가량 팔팔 끓인다. 그리고 뜨거운 상태에서 당화조에 다시 붓고 일부만 과열되지 않도록 골고루 저어주면 당화 혼합물의 온도가 올라간다.

온도를 확인해보고 그래도 너무 낮다면 이와 같은 디콕션을 반복해서 실시한다.

맛과 향이 강해진다고 주장한다.

오늘날에는 용해도가 매우 낮은 맥아를 거의 찾을 수 없지만 독일 밀맥주나 복*bock* 맥주, 옥토버페스트 스타일의 라거에 맥아의 특성을 추가로 살리기 위한 목적으로 디콕션 당화 방식을 계속 활용한다. 디콕션 당화는 핫 브레이크 성분을 늘려 더 맑은 맥아즙을 만드는 방법이기도 하다. 디콕션 방식으로 만든 당화 혼합물은 레시피가 같고 추가 용수를 투입해서 만든 당화 혼합물과 견주어 pH가 0.1~0.15 정도 더 낮은 특징이 나타나는데, 이는 마야르반응에 따른 산성화의 결과일 가능성이 가장 높다.

디콕션 당화는 당화조에 용수를 추가로 주입하거나 열을 가하지 않고도 당화를 여러 단계로 실시할 수 있는 방법이다. 전체적인 방법은 당화 혼합물의 일부를 다른 냄비로 덜어내어 전분 전환 온도가 되도록 가열한 다음 끓여서 당화조에 다시 옮겨 남아 있던 당화 혼합물의 온도를 레시피의 다음 온도 휴지기까지 높이는 것이다. 이때 덜어내는 당화 혼합물은 곡물당 물의 비율이 2~2.5L/kg 또는 1~1.5qt./lb. 사이여야 한다. 물기가 부족해서 너무 뻑뻑한 건 아닌지 확인할 수 있는 한 가지 방법은 저어보는 것이다. 저을 때 생기는 빈 공간을 즉시 채워야 하며, 그 시간이 더뎌서도 안 되지만 냄비 바닥이 훤히 드러나지도 않아야 한다.

디콕션 당화는 수백 년에 걸쳐 장인이 자신의 제자에게 전수한 신비롭고 불가사의한 기술이 아니다. 한때는 그렇게 여겼지만, 디콕션을 실시하는 이유는 그저 전체 맥아즙과 그 속에 함유된 효소 중 대부분은 당화조에 남겨 두고 일부 곡물을 끓여서 꽁꽁 갇혀 있는 전분을 가용성 물질로 만드는 것이다. 그래서 처음 이 방식을 시도하려는 사람들은 가장 먼저 이런 질문을 던진다. "곡물을 얼마나 덜어서 가열해야 하나요?" 이 질문의 답을 알아보기 전에, 우선 과거 용해도가 매우 낮은 맥아로 맥주를 만들던 방식과 디콕션 당화는 무관하다는 점부터 이해해야 한다. 당시의 양조자들은 수율을 최대한 끌어올리기 위해 당화 혼합물 전체를 끓였다. 디콕션을 세 번 실시하는 전통적인 방식이 단계별로 곡물의 3분의 1을 덜어서 끓이는 이유도 이 때문이다. 이러한 방식으로 뜨겁게 가열한 혼합물을 당화조에 조금씩 다시 섞어서 레시피의 다음 온도 휴지기에 해당하는 온도가 되도록 하고 다시 일부를 덜어서 가열했다. 곡물당 물의 명목 비율은 4L/kg 또는 약 2qt./lb.이나 전체 부피의 3분의 1을 덜어서 가열한 뒤 다시 섞으면 당화 혼합물의 온도가 10℃(18℉)가량 올라가는 점을 토대로 한 방식이다. 그래서 과거의 양조법에서는 당화 혼합물의 온도를 50℃, 60℃, 70℃로 올리는 것을 표준 방식으로 여겼다는 사실을 쉽게 확인할 수 있다.

오늘날 우리가 사용하는 맥아는 용해도가 우수하므로 곡물 전체를 끓일 필요가 없고 그보다 적은 양을 한두 번 덜어서 끓이는 것으로 원하는 결과를 얻을 수 있다. 가장 쉬운 방법은 전통적인 경험 법칙에 따라 당화조 바닥 쪽에서(곡물당 물의 비율이 낮아 농도가 더 짙은 부분) 당화 혼합물을 3분의 1 정도 덜어내어 끓이는 것이다. 또는 아래에 소개한 공식을 활용하여 정확한 양을 계산하는 방법도 있다. 둘 중 어떤 방법을 택하든, 곡물을 다른 냄비에 덜어내고 전분 전환 온도인 70℃(158℉) 정도까지 가열하여 빠르게 전환되도록 한다. 온도를 빠르게 올리되 점진적으로 부드럽게 오르도록 잘 저어야 과열되는 부분이 생기지 않는다. 해당 온도에 도달하면 그 상태로 15분 정도 유지하고 다시 열을 가해서 끓인다. 10~30분간 끓이면서 색과 맛을 원하는 상태로 만든다. 색이 연한 맥주일수록 끓이는 시간을 줄이고 색이 진한 맥주는 더 오래 끓인다. 당화조에 다시 부을 때는 계속 저어주면서 일부를 남겨 두고 부은 다음 충분히 저어주고 온도를 확인한다. 목표로 정한 온도보다 낮으면 냄비에 남겨둔 분량을 모두 붓는다. 아직 냄비에 남은 양이 있는데 목표 온도에 도달했다면 그 온도까지 식힌 다음에 합치면 된다.

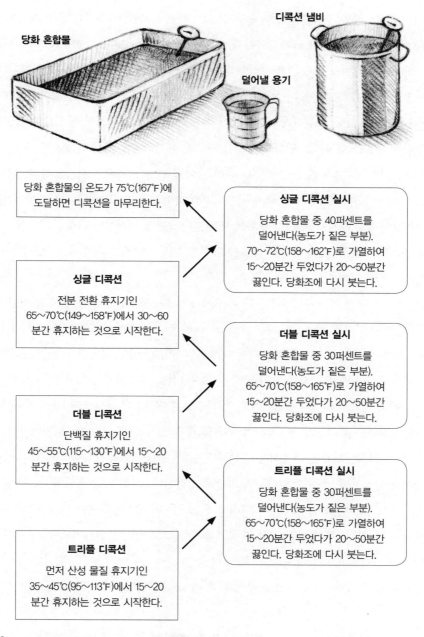

당화 혼합물

디콕션 냄비

덜어낼 용기

당화 혼합물의 온도가 75℃(167℉)에 도달하면 디콕션을 마무리한다.

싱글 디콕션 실시

당화 혼합물 중 40퍼센트를 덜어낸다(농도가 짙은 부분). 70~72℃(158~162℉)로 가열하여 15~20분간 두었다가 20~50분간 끓인다. 당화조에 다시 붓는다.

싱글 디콕션

전분 전환 휴지기인 65~70℃(149~158℉)에서 30~60분간 휴지하는 것으로 시작한다.

더블 디콕션 실시

당화 혼합물 중 30퍼센트를 덜어낸다(농도가 짙은 부분). 65~70℃(158~165℉)로 가열하여 15~20분간 두었다가 20~50분간 끓인다. 당화조에 다시 붓는다.

더블 디콕션

단백질 휴지기인 45~55℃(115~130℉)에서 15~20분간 휴지하는 것으로 시작한다.

트리플 디콕션 실시

당화 혼합물 중 30퍼센트를 덜어낸다(농도가 짙은 부분). 65~70℃(158~165℉)로 가열하여 15~20분간 두었다가 20~50분간 끓인다. 당화조에 다시 붓는다.

트리플 디콕션

먼저 산성 물질 휴지기인 35~45℃(95~113℉)에서 15~20분간 휴지하는 것으로 시작한다.

그림 17-3

디콕션 당화를 계획할 때 참고할 만한 그림이다. 예를 들어 '2단계 당화(zweimaischverfahren)'라 불리는 방식대로 맥주를 만들면 위의 도식에서 '더블 디콕션'에 해당하는 상자부터 시작하면 된다. 즉 당화 혼합물에 온수를 부어서 맥주 종류에 따라 단백질 휴지기 또는 베타 아밀라아제 휴지기에 해당하는 온도로 만든다. 그리고 위에 표시된 설명대로 디콕션을 진행하여 덜어서 데운 혼합물을 당화조에 부어 전분 전환 온도를 맞춘다. 이어 두 번째 디콕션도 설명에 나온 대로 진행하면 당화가 끝난다. 당화 혼합물은 계량컵이나 작은 소스 냄비로 덜어낸다. 다음 쪽에 나오는 계산식을 참고하여 덜어낼 양을 계산해도 되지만 그냥 눈대중으로 덜어낸 뒤 온도계로 변화를 관찰하는 방식을 택해도 된다.

디콕션 당화는 원하는 어떤 온도든 맞출 수 있는 방법이지만, 전통적으로 곡물을 넣은 뒤 당화 혼합물을 피타아제, 베타 글루카나아제, 페룰산 휴지기인 35~45℃(95~113℉)나 단백질 휴지기인 45~55℃(113~131℉), 전분 전환 휴지기인 65~70℃(149~158℉)로 만들거나 당화 종료 온도인 75℃(167℉)로 만드는 목적으로 활용해왔다. 3단계 디콕션은 독일어로 '드라이마이쉬베어파렌*Dreimaischverfahren*'이라고 한다. 라거용 맥아는 용해도가 더 높으므로 곡물을 사전에 혼합하는 단계를 생략하고 당화 혼합물을 단백질 휴지 온도에서 처음 혼합한다. 이 당화 혼합물의 온도를 전분 전환 온도로 맞추고 다시 당화 종료 온도로 맞추는 2단계 디콕션은 독일어로 '츠바이마이쉬베어파렌*Zweimaischverfahren*'이다(그림 17.3 참고). 베타 아밀라아제 휴지기와 알파 아밀라아제 휴지기 온도로 맞출 때도 이와 같은 2단계 디콕션을 활용할 수 있다. 즉 베타 아밀라아제 휴지기에서 침출한 다음(20~30분) 알파 아밀라아제 휴지기에서 침출한 뒤 당화를 마친다.

단일 디콕션 당화는 보통 전분 전환 온도에서 당화 종료 온도로의 온도 변경을 뜻한다. 『세븐 베럴 브루어리의 양조 지침서*Seven Barrel Brewery Brewers' Handbook*』를 쓴 그레그 누난*Greg Noonan*은 맥주에 맥아의 특성을 더하려면 디콕션의 횟수가 아닌 디콕션을 한 번 진행할 때 끓이는 시간에 따라 마야르반응과 맛이 달라진다는 사실을 기억해야 한다고 밝히고 20~45분간 끓이는 것이 좋다고 조언했다. 나는 이 말이 곧 3단계 디콕션은 용해도가 낮은 맥아에 적용하고 2단계 디콕션은 용해도가 보통인 맥아, 단일 디콕션은 용해도가 높은 맥아에 적용하면 전체 혼합물을 끓이는 시간을 조정하는 것으로 간단히 추출도를 동일하게 맞추고 (바라건대) 맥아의 풍미도 일정하게 얻을 수 있다는 의미라고 생각한다. 그림 17.3에 디콕션 과정을 나타낸 도식이 나와 있으니 참고하기 바란다. 그리고 온도계는 바로 사용할 수 있도록 준비하자.

레시피와 디콕션 당화에 관한 더욱 자세한 정보를 얻고 싶다면 그레그 누난의 저서 『최신판 라거 맥주 만들기*New Brewing Lager Beer*』와 데리 리치먼*Derry Richman*, 에릭 워너*Eric Warner*, 조지 픽스*George Fix*가 쓴 『클래식 맥주 스타일*Classic Beer Styles*』 시리즈를 꼭 읽어보기 바란다.

| 디콕션 분량 계산법 |

디콕션 당화의 가장 핵심적인 차이는 열을 가하는 방식이다. 추가 용수 방식의 당화는 온수를 전체에 더하지만 디콕션 당화는 당화조에서 혼합물 중 일부를 덜어내어 가스레인지에 올려 끓을 때까지 가열한 뒤 다시 당화조에 부어서 전체 혼합물의 온도를 원하는 휴지기 온도까지 높인다.

핵심을 요약하자면, 디콕션 혼합물을 덜어내고 당화조에 남은 혼합물의 온도를 높이는 데 필요한 열량은 덜어내는 혼합물의 부피에 해당 혼합물에 가해지는 열을 곱한 값과 일치해야 한다. 당화 혼합물에서 덜어냈다가 다시 합칠 디콕션 혼합물의 부피(Vd)는 아래 공식으로 추정할 수 있다.

$$Vd = Vm \times [(T2 - T1) / (Td - T1)]$$

위의 공식에서,

Vm = 디콕션 혼합물의 부피

Vd = 당화조에서 덜어낼 혼합물의 부피

Td = 덜어낼 혼합물의 온도

T2 = 당화 다음 단계의 목표 온도

T1 = 현재 당화 혼합물의 온도

이 공식으로는 디콕션 혼합물의 중량이 아닌 부피를 계산할 수 있다는 점에 유의해야 한다. 열역학적인 개념으로는 중량을 계산하는 것이 적절하지만 이 공식을 활용하여 디콕션 혼합물의 양을 계산하면 당화 혼합물 중 곡물당 물의 상대적 비율과 디콕션 혼합물의 중량을 감안하여 정확하게 계산한 결과보다 약간 더 큰 값이 나온다. 또 이 공식에는 당화 혼합물의 총 부피가 나와 있지 않은데, 이는 곡물의 중량과 곡물당 물의 부피 비(Rv)를 활용하여 아래와 같이 계산할 수 있다.

파운드와 쿼트 단위 : $Vm = G \times (Rv + 0.38)$
킬로그램과 리터 단위 : $Vm = G \times (Rv + 0.8)$

위 공식에서,

Vm = 총 부피(쿼트 또는 리터 단위)

G = 곡물의 건조 중량(파운드 또는 킬로그램 단위)

Rv = 당화 혼합물의 곡물당 물 비율(qt./lb. 또는 L/kg)

부재료의 당화

"이제부터 완전히 다른 이야기를 하자면……" 몬티 파이선Monty Python의 유명한 대사로 이번 절을 시작하고 싶었지만, 사실 내용상 맞지가 않다. 부재료 당화는 지금까지 살펴본 방법들 가운데 몇 가지를 조합하기만 하면 완전히 같은 내용이기 때문이다. 맥주 양조에 전분을 얻을 부재료를 사용한다면 아밀라아제가 분해해서 발효성 당으로 만들 수 있도록 전분의 가수분해와 젤라틴화 과정이 필요하다. 효소가 접근할 수 있도록 하는 것이 핵심이다. 부재료를 끓이기만 해도 전분이 젤라틴화되지만 효소와 열을 적절히 조합하면 더욱 효과적으로 원하는 결과를 얻을 수 있다.

옥수수 플레이크나 귀리 플레이크 등 플레이크 상태의 곡물은 어떻게 해야 할까? 플레이크는 이미 젤라틴화가 끝난 상태로 봐야 하지 않을까? 어느 정도는 그렇다. 젤라틴화는 결과가 딱 떨어지는 변화가 아니며 음식을 익히는 것과 비슷하다. 그냥 똑같다고 보는 것이 더 정확할 것이다. 즉 전분은 열이 가해지는 시간에 따라 젤라틴화가 부분적으로 진행될 수도 있고 거의 완전히 젤라틴화되거나 완전한 젤라틴 상태가 될 수도 있다. 인스턴트 제품으로 판매되는 귀리는 옛날 방식으로 압착된 귀리보다 젤라틴화가 더 많이 진행된 상태다. 단지 부재료가 플레이크 상태거나 이미 젤라틴화가 진행된 상태라고 해서 당화 효소가 쉽게 접근할 수 있는 것도 아니다. 롤러 압착된 플레이크도 분쇄하거나 분해해서 사용하는 것이 좋고, 특히 보리, 귀리, 호밀, 밀과 같이 큼직한 플레이크는 더욱 그러하다.

쌀과 옥수수는 베타 글루칸과 단백질 함량이 매우 낮으므로 당화 과정에 베타 글루칸 휴지기를 따로 마련할 필요가 없다. 반대로 맥아가 아닌 보리나 호밀, 귀리, 밀은 베타 글루칸이 다량 함유되어 있으므로 당화 후 여과가 수월해지도록 하려면 반드시 베타 글루카나아제 휴지기를 거쳐야 한다. 동일한 곡물이라도 맥아로 만든 것을 사용한다면 베타 글루카나아제 휴지기가 불필요하지만 단백질 휴지기를 포함하는 것이 좋다. 그와 같은 맥아에는 분자량이 큰 단백질이 비교적 높은 비율을 차지하므로, 전체 전분 원료의 20퍼센트 이상을 차지한다면 50~55℃(120~130℉)에서 단백질 휴지기를 통해 더욱 수월하게 분해할 수 있다.

마지막으로 순조로운 여과를 위해 왕겨를 당화 혼합물에 넣는 경우에 대해 살펴보자. 맥아 보리는 겉껍질이 전체 중량의 약 5퍼센트를 차지한다. 이 점을 감안하여, 양조 재료에 밀(왕겨를 없앤 상태)이나 호밀(점도가 매우 높다)을 다량 포함하면 전체 중량의 최소 5퍼센트에 해당하는 왕겨를 넣는 것이 좋다. 밀맥주나 호밀맥주, 아메리칸 라거와 같이 부재료 비율이 높은 맥주의 양조에는 왕겨가 특히 유용하다. 옥수수나 쌀에는 여과에 방해가 되는 베타 글루칸을 염려하지 않아도 되지만 겉껍질이 없는 부재료가 높은 비율을 차지하면 여과에 영향을 주는 것은 마찬가지다. 나는 정통 아메리칸 필스너를 만들려다가 완전히 죽을 쑨 적이 있다. 도저히 여과를 할 수가 없어서 결국 전부 폐기했다. 다시 도전할 때는 왕겨를 추가해서 같은 문제를 겪지 않았다. 이와 달리 오트밀 스타우트를 만들 때는 왕겨가 없어도 문제가 없다.

| 부재료 당화법 |

최소 15리터(4갤런) 이상의 두꺼운 솥을 사용하는 것이 좋다.

1단계

부재료가 플레이크 상태가 아니라면 롤러 제분기에 넣고 여러 번 작동시켜 분쇄하거나 소형 원두 그라인더 또는 망치로 분쇄한다. 곡물을 잘게 분쇄해야 최상의 결과를 얻을 수 있다.

2단계

부재료로 사용할 곡물은 베이스 맥아 중량의 25퍼센트 정도가 되도록 준비한다. 4L/kg(2qt./lb.)의 비율로 온수를 부어 당화 혼합물을 만들어 1차 휴지기 온도에 맞춘다. 보리, 귀리, 호밀, 밀은 베타 글루카나아제와 단백질 휴지기를 동시에 진행할 수 있는 온도인 45℃(113℉)를 시작 온도로 설정한다(베이스 맥아의 종류와 무관하다). 옥수수와 쌀은 베타 아밀라아제 휴지기인 63℃(145℉)에서 시작한다. 부재료와 맥아의 비율이 3대 1을 초과하면 효소가 지나치게 희석되므로 주의하자.

3단계

부재료로 만든 당화 혼합물을 베타 글루카나아제 휴지기 온도로 15분간 유지한 뒤 전분 전환 온도까지 계속 저어주면서 서서히 가열한다. 보리, 밀, 귀리, 호밀은 68~70℃(155~158℉)에서 전분 전환이 완료되며 옥수수와 쌀은 그보다 높은 74~78℃(165~172℉)가 되어야 젤라틴화가 진행된다. 보리의 효소는 롤링 압착된 곡물이나 플레이크에 이미 젤라틴이 된 상태로 함유된 모든 전분을 전환한다.

4단계

다음으로 부재료 당화 혼합물을 약 10~15분간 약불에서 끓이면서 전분이 모두 젤라틴화되도록 한다. 다 끓이고 나면 딱딱한 부분이 없거나 아주 약간 남아 있는 상태여야 한다.

5단계

당화 용수를 붓는 방식으로 주재료의 당화 혼합물을 만들고 레시피에 따라 적정 휴지 온도로 맞추거나, 끓인 후 뜨거운 상태인 부재료 당화 혼합물을 디콕션 혼합물처럼 활용하여 전체 혼합물이 다음 휴지 온도에 도달하도록 조정해도 된다. 단일 휴지기 당화에서는 부재료 당화 혼합물이 전분 전환 온도가 되도록 식힌다. 단백질 함량이 낮은 부재료를 다량 함유했다면 전체 혼합물이 단백질 휴지기를 짧게라도 간단히 거치도록 해야 유리 아미노 질소*FAN* 성분을 더 많이 얻을 수 있다.

6단계

필요에 따라 추가로 디콕션을 실시하여 당화를 완료한 다음 재료에 맞게 여과를 쉽게 하도록 왕겨를 넣는다. 부디 맥주를 성공적으로 완성하기 바란다!

요약

지금까지 설명한 것처럼, 당화 방법은 두세 가지가 있고 필요한 값을 추정하기 위한 계산식도 존재한다. 대부분의 양조자들은 절차를 간소화하여 완전 곡물 양조법 중 가장 간편한 방법인 단일 휴지기 침출법을 활용한다. 디콕션 당화는 완전 곡물 양조의 전문가만 손댈 수 있는 신성한 영역처럼 여겼지만 실제로는 자가 양조자라면 누구든 페일 맥주의 맥아즙에 맥아의 특성을 강조하고 싶을 때 활용할 수 있는 한 가지 방식에 불과하다. 일반적으로 자가 양조 시 가장 많이 적용되는 당화 조건은 곡물당 물의 비율이 3L/kg(1.5qt./lb.)인 혼합물을 65~68℃(150~155°F)로 한 시간 동안 유지하는 것이다. 종류와 상관없이 현재 전 세계에서 생산되는 모든 맥주의 약 90퍼센트가 바로 이 조건에서 생산된다.

CHAPTER

-18-

★ HOW to BREW ★

추출과 수율 :
당화의 결과

지금까지 맥아와 효소, 여러 가지 당화 방법에 대해 살펴보았지만 당화를 통해 우리가 얻는 맥아즙의 질과 양은 다루지 않았다. 이번 장에서는 당화 과정에서 얻는 추출물과 수율에 대해 논의하고 당화 효율을 계산하여 각 레시피의 초기 비중에 맞게 맥아의 양을 정하는 방법을 알아보기로 하자.

　시작하기 전에 한 가지 유념할 사항이 있다. 이번 장에서 다루는 내용은 전통적인 방식으로 당화와 여과를 실시하고 연속 스파징을 통해 당화가 완료된 곡물에서 당 성분이 균일하게 헹궈진 경우를 전제로 한 것이다. 이와 같은 과정에는 가장 긴 시간이 걸리지만 곡물에서 최대한 높은 수율을 얻을 수 있다. 이어지는 장에서는 이보다 효율성이 조금 떨어지는 (즉 사용되는 곡물의 양이 더 많은) 몇 가지 다른 여과법과 스파징 법을 간단히 살펴본다.

맥아 분석 시트 검토하는 법

| 미세 분쇄된 원형 맥아와 건조맥아의 퍼센트 추출율 |

맥아 분석 시트에는 특정 맥아의 수율이 대부분 1갤런당 1파운드 기준 비중점*PPG*이나 1리터 당 1킬로그램 기준 비중점*PKL* 단위가 아닌 '미세 분쇄된 건조맥아의 퍼센트 추출율*%FGDB*'이라 는 항목으로 중량의 퍼센트 비율이 나와 있다. 이 비율은 맥아가 실험 조건에서 당화되었을 때 얻을 수 있는 가용성 추출물의 최대치를 뜻한다. 보통 퍼센트 추출율은 중량의 80~82퍼센트 이고 밀 맥아는 보리 맥아와 달리 겉껍질이 없어서 최대 85퍼센트까지 나타난다. 보리의 겉껍 질은 낟알 전체 무게의 약 5퍼센트를 차지한다.

맥아 제조 시설에서는 유럽 양조협회가 정한 콩그레스 당화(15장 참고) 방식을 적용하여 수 율을 분석한다. 콩그레스 당화는 미세하게 분쇄된 맥아를 표준 중량만큼 준비하고 여러 단계 에 걸쳐 침출 방식으로 당화를 실시한 뒤 곡물을 세척하는 순서로 진행하며, 이렇게 얻은 가 용성 추출물의 최대치를 표본의 원래 중량 대비 퍼센트 비율로 나타낸다. '미세하게 갈은 원 형 맥아의 퍼센트 추출율*%FGAI*로 불리는 이 수율*yield*에는 앞서 15장에서 살펴본 것처럼 중량 의 퍼센트 비율로 나타낸 맥아의 수분 함량을 포함한다. 적절히 건조한 맥아에는 중량당 약 4 퍼센트의 수분을 함유하고 있으며 2~6퍼센트까지의 범위로 나타난다. 맥아 로트(lot, 한 개가 아닌 여러 개 또는 상당한 양의 수량을 한 덩어리로 하여 생산할 때, 이 한 덩어리의 수량이 로트이다.) 별 수분 함량을 비교하려면 추출물 계산 시 바로 이 중량을 고려해야 한다. 이와 같은 이유로 맥아 분석 결과에는 오븐에 건조해 수분 함량을 0퍼센트로 만든 맥아에 해당하는 값인 퍼센트 추출율을 가장 많이 제시한다.

만약 가용성 추출물이 80퍼센트라고 나와 있다면, 양조자는 이를 어떤 의미로 받아들여야 할까? 정해진 맥아즙의 비중에 도달하려면 필요한 맥아의 양을 계산할 때 이 값을 어떻게 활 용할 수 있을까?

| 퍼센트 추출율을 PPG(1갤런당 1파운드 기준 비중점)나 PKL(1리터당 1킬로그램 기준 비중점)로 변환하는 법 |

콩그레스 당화 방식으로 맥아즙을 얻고 나면 비중과 부피를 정확하게 측정한다. 맥아즙의 비중(점)에 부피를 곱하면 해당 맥아 샘플의 총 추출율을 구할 수 있고, 이 값이 퍼센트 추출율(즉 %FGDB)로 명시되며 맥아에서 얻을 수 있는 최대 수율에 해당한다. 최대 수율은 보통 건조 중량의 60~80퍼센트다. 예를 들어 80퍼센트 추출율은 실험 조건으로 당화와 여과를 실시했을 때 맥아의 건조 중량 중 80퍼센트가 녹아 추출된다는 뜻이다(나머지 20퍼센트는 겉껍질과 불용성 단백질, 전분이다). 그러나 실제 양조 시 대부분은 이 정도 비율에 도달하지 못하며 비교 기준으로 활용한다.

최대 수율을 비교하는 참조 기준은 순수 설탕(자당)이다. 설탕을 물에 녹이면 중량당 가용성 추출물의 비율이 100퍼센트이며, 이는 별도의 수분이 없기 때문이다. 물 1갤런(4리터)에 1파운드(450그램)의 설탕을 녹이면 비중은 1.046이 된다. 각종 맥아와 부재료의 최대 수율을 계산하려면 각 맥아의 퍼센트 추출율에 설탕을 뜻하는 참조값 46PPG(또는 384PKL)을 곱한다.

예를 들어, 두줄보리에 속하는 일반적인 베이스 맥아의 중량당 퍼센트 추출율이 80.7퍼센트라고 가정해보자. 설탕은 중량당 가용성 당의 비율이 100퍼센트이고 맥아즙에 넣을 때 비중을 46PPG(384PKL) 높인다는 사실을 적용하면, 80.7퍼센트 추출율인 이 베이스 맥아를 사용할 때 얻을 수 있는 최대 비중은 46의 80.7퍼센트=37PPG(또는 384의 80.7퍼센트=310PKL)이다.

| 온수Hot Water 추출율 |

영국에서 작성한 맥아 분석 결과에는 온수 추출에 관한 지표가 포함된 경우가 있다. 영국 양조연구소Institute of Brewing에서는 미국 양조화학자협회나 유럽양조협회의 콩그레스 당화와 다른 단일 온도 침출 당화를 활용하여 이 값을 구한다. 「양조연구소 권장 양조법」 중 '양조법 2.3 − 에일, 라거 양조와 맥아 증류 시 온수 추출' 부분을 보면 65℃(149℉)에서 한 시간 동안 당화를 진행하여 최대 추출율을 측정하는 방법이 나와 있다. 15장에서 살펴본 것과 같이 온수 추출은 '원형 기준'이며 1리터당 1킬로그램 기준 비중점과 같은 의미인 킬로그램당 리터 추출율(L°/kg) 단위로 나타낸다. 따라서 킬로그램당 리터 추출율(L°/kg)로 명시된 온수 추출율은 미터법에 해당하는 부피와 중량의 전환 계수를 적용하면 1갤런당 1파운드 기준 비중점으로 전환할

표 18-1 | 몇 가지 맥아에 관한 일반적인 추출율 분석 시트

평가지표	맥아 종류						
	두줄보리, 베이스 맥아	페일 에일 (영국)	뮌헨 10L	캐러멜 15L	캐러멜 75L	초콜릿	구운 보리
%수분	4.4	3.5	4.0	7.9	4.8	3.5	3.3
%FGAI	78.1	–	78.7	73.3	75.7	74.3	64.5
%FGDB	81.7	316(온수 추출)	82.0	79.6	79.5	77.0	66.7
%CGAI	77.1	–	77.6	–	–	–	–
%CGDB	80.7	312(온수 추출)	80.9	–	–	–	–
F/C 차	1.0	1.0	1.1	–	–	–	–

CGAI: 거칠게 분쇄된 원형 맥아, **CGDB**: 거칠게 분쇄된 건조 맥아, **F/C**: 미세 분쇄된 맥아/거칠게 분쇄된 맥아, **FGAI**: 미세 분쇄된 원형 맥아, **FGDB**: 미세 분쇄된 건조 맥아, **L**: 로비본드(즉 15L=15°L)

수 있다. 온수 추출율(또는 1리터당 1킬로그램 기준 비중점)의 전환 계수는 8.345 × PPG이다.

분쇄도와 추출 효율

곡물을 적절히 분쇄하면 곡물 입자의 크기를 다양하게 변화시킬 수 있으며 추출물의 전환 속도와 양조자가 주어진 재료에서 성분을 추출하는 능력을 절충할 수 있다. 입자가 거칠면 맥아즙의 흐름이 좋고 여과가 수월하지만 효소의 전환 작업이 신속하지 못하다. 반대로 입자가 미세하면 효소에 의해 전환되는 속도는 빨라지지만, 양조에 사용되는 곡물을 전부 가늘게 분쇄하면 도저히 여과할 수 없는 죽 같은 상태가 되고 만다. 미국 양조화학자협회가 제안하는 당화 과정에 따르면, 소량의 맥아를 다중 휴지기 방식으로 두 시간 동안 당화한 뒤 또다시 한두 시간을 더 들여서 여과해야 한다! 그렇게 당화하고 여과하는 데 걸리는 시간의 절반만 견뎌도 정말 인내심 강한 양조자로 인정받을 수 있으리라.

15장에서는 맥아 분석 시트에 대해 설명하면서 곡물의 분쇄도가 미세한지, 혹은 거친지에 따라 맥아의 추출 수율을 어떻게 계산하는지 알아보았다. 분쇄도는 효소의 전분 전환 속도에는 큰 영향을 주지만 전체적인 추출 수율에는 극히 작은 영향을 준다. 보통 미국 양조화학자협회의 콩그레스 당화 방식을 기준으로 할 때, 거칠게 분쇄된 곡물과 가늘게 분쇄된 곡물의 추출

수율은 1퍼센트 차이에 불과하다. 수율이 1.5퍼센트 이상 차이 난다면 맥아의 용해도가 낮다고 볼 수 있다. 그런데 가정에서 양조자가 직접 분쇄한 맥아와 양조화학자협회의 기준에 따라 미세 분쇄된 곡물, 거칠게 분쇄된 곡물을 비교하면(그림 18.1과 그림 18.2) 입자 크기가 상당히 다른 것을 확인할 수 있다.

그림 18-1

잘 분쇄된 곡물. 큼직한 입자와 작은 입자의 형태가 온전히 남은 겉껍질과 함께 잘 섞여 있다.

그림 18-2

동일한 맥아를 미국 양조화학자협회의 '분석법, 맥아, #4-추출'편에서 제시한 방법에 따라 분쇄한 것으로 가는 분쇄(위)와 거친 분쇄(아래)를 적용했을 때의 결과다. 가늘게 분쇄된 곡물은 입자가 옥수숫가루나 밀가루와 비슷하고 굵기가 일정하다. 보리 겉껍질도 잘 분쇄된 것을 볼 수 있다. 그 아래 거칠게 분쇄한 샘플은 미세 분쇄된 곡물보다 입자가 훨씬 크지만, 전체적인 크기가 그림 18.1의 가정에서 분쇄한 곡물보다 작다. 또 겉껍질도 분쇄되어 어느 정도 잘게 찢긴 상태다.

| 분쇄도에 따른 수율 차이 |

자가 양조에서 분쇄도는 총 추출 수율에 얼마나 영향을 줄까? 인터넷 토론 공간에서 완전 곡물 양조에 갓 입문한 초보자가 당화 혼합물의 수율이 낮아서 고민이라고 이야기하면, 노련한 양조자들은 어떤 분쇄도를 적용했느냐고 묻는 경우가 많다. 맥아를 분쇄된 상태로 구입했는지, 직접 분쇄했는지도 관건이고, 입자가 거친지, 아예 분쇄가 안 된 상태인지(실제로 이런 경우가 있다)도 중요하다.

자가 양조에서도 분쇄도를 높이면 수율이 향상되는 것으로 보이나, 콩그레스 당화 방식을 기준으로 할 때 가는 분쇄와 거친 분쇄에 따른 수율 차이는 그리 크지 않다. 왜 그럴까?

나는 브리스 몰트 앤드 인그레디언트Briess Malt and Ingredients Co.의 도움을 받아 분쇄도와 수율에 관한 실험을 실시했다. 동일한 로트의 맥아를 네 가지로 분쇄하고 최대 추출 수율을 비교한 실험이었다. 자가 양조자들이 상업 양조장과의 시스템 차이로 인해 경험하는 격차와 맥아 분석 시트에서 볼 수 있는 거친 분쇄도에 따른 결과가 이번 실험에서도 나타나리라 예상하면서, 화학양조자협회ASBC 방식의 미세 분쇄와 화학양조자협회 방식의 거친 분쇄법을 적용한 곡물과 자가 양조용 2중 롤러 제분기에 1회 분쇄한 곡물, 2회 분쇄한 곡물을 각각 준비하고 추출 수율과 입자 크기 분석(체 분석)을 실시했다. 표 18.2에 나온 것이 그 결과다. 체 분석은 분쇄된 곡물 중 가장 작은 입자가 체를 통과하여 수거될 때까지 체 망의 크기를 줄여가는 방식으로 진행했다.

흥미롭게도 수율의 차이는 모두 1퍼센트 이내로 나타났다. 이 정도의 차이는 사실 큰 의미

표 18-2 | 분쇄도에 따른 입자 크기 분포와 수율 비교

입자 크기	입자 크기 분포(%)			
	롤러 제분기 1회 통과	롤러 제분기 2회 통과	거친 분쇄	가는 분쇄
14번 체	70.4	58.4	10.6	1.0
20번 체	16.2	23.2	61.0	7.8
60번 체	6.2	8.6	13.6	52.8
수거 용기에 남은 입자	7.2	9.8	14.8	38.4
	수율, 건조 기준(%)			
	79.4	80.1	79.7	80.9

가 없다. 즉 이와 같은 추출 차이는 입자 크기의 분포에 따른 결과가 아니라 일반적으로 발생할 수 있는 측정상의 오류일 가능성이 크다. 통계학적으로는 모든 값이 동일하다고 볼 수 있을 만한 값이지만, 현재로서는 데이터가 충분치 않아 그러한 결론은 내릴 수 없다.

그렇다면 자가 양조 시 분쇄도가 다를 때 수율이 달라지는 이유는 무엇일까? 한 가지 요인은 시간이다. 16장에서 살펴본 것처럼 작은 입자는 거친 입자보다 분명 전분 전환 속도가 빠르다. 위의 실험은 수많은 자가 양조자들이 무리 없이 따를 수 있는 시간보다 더 긴 시간을 들여 당화와 여과를 진행하는 실험 조건에서 실시했다. 이 조건에서는 분쇄된 입자의 크기, 전분 전환이 완료되기까지 걸리는 시간, 추출된 물질을 얻기 위한 여과에 걸리는 시간을 어느 정도 절충했고 이는 결과 해석 시 중요하게 고려해야 할 사항이다.

곡물의 불용성 겉껍질은 여과를 원활하게 만드는 아주 중요한 요소다. 양조 시 곡물층에는 이러한 겉껍질과 기타 불용성 물질로 자체적인 여과 층을 형성할 수 있다. 겉껍질은 맥아즙과 물이 곡물층 사이를 지나면서 당이 추출되도록 하는 동시에 곡물층이 압축되지 않도록 막는 기능을 한다. 곡물층 바닥에 고이는 맥아즙은 당화조의 폴스 바텀(false bottom, 개방형 바닥)을 통해서 껍질이 막히지 않고 맥아즙만 흘려보낼 수 있는 매니폴드(manifold, 내연기관의 흡입과 배출에 사용하는 관)를 통해 수거된다. 일반적으로 맥아즙이 흘러 나가는 개방부는 지름이 최대 3밀리미터(1/8인치) 정도로 매우 좁다. 이 부분에 너무 미세한 망을 설치하거나 개방부의 지름이 지나치게 좁거나 여과 단계에서 맥아즙을 너무 빠른 속도로 배출시키려 한다면 매니폴드나 폴스 바텀이 막혀버린다. 또 곡물층에 새로운 물길(선택류)이 형성되어 맥아즙을 전체적으로 고르게 얻지 못하고 추출물이 소실되는 문제도 발생할 수 있다(여과 시 맥아즙의 흐름에 관한

왕겨와 원활한 여과

여과가 원활하도록 왕겨를 첨가하는 양조자들이 많다. 맥아 보리의 겉껍질은 맥아 전체의 중량 중 약 5퍼센트를 차지하며, 밀 맥아(겉껍질을 제거한 것)나 호밀 맥아(점성이 매우 강하다)가 당화 재료 중 상당 비율을 차지하면 이와 같은 부재료 중량의 최소 5퍼센트에 해당하는 왕겨를 첨가해야 한다. 왕겨는 보통 밀맥주, 호밀맥주, 아메리칸 라거처럼 부재료 비율이 높은 맥주를 만들 때 많이 활용한다. 옥수수와 쌀에는 여과를 어렵게 만드는 베타 글루칸 성분이 없지만 겉껍질을 제거한 곡물이 큰 비율을 차지한다면 마찬가지로 여과가 힘들어진다. 나 또한 클래식 아메리칸 필스너를 만들다가 죽이 되어버린 경험이 있고 다음에 왕겨를 넣어서 문제를 해결할 수 있었다. 오트밀 스타우트를 만들 때는 왕겨를 넣지 않아도 된다.

그림 18-3

자가 양조용 2중 롤러 제분기와 3중 롤러 제분기의 예시. 일반적으로 사용하는 6갤런(23리터) 용량의 통 위에 올려놓고 곡물을 분쇄할 수 있도록 만들었다.

정보는 부록 E에 나와 있다). 요약하자면, 곡물의 분쇄도보다는 여과와 스파징에서 생기는 문제가 추출 수율 악화에 훨씬 더 큰 영향을 준다.

맥아의 배유를 완전히 분쇄하고(금만 가는 것이 아니라) 여과 시 맥아즙이 원활하게 흐를 수 있도록 겉껍질은 최대한 원형 그대로 남아 있는 상태를 적절히 분쇄된 것으로 볼 수 있다. 업계 표준 형태의 롤러 제분기는 빨래 짜는 기계처럼 위아래 두 개의 롤러 사이로 맥아를 통과시켜 분쇄한다. 롤러 개수에 따라 2중 또는 3중 제분기로 나뉜다(그림 18.3). 롤러가 고정되어 있거나 롤러 사이의 간격을 조정하는 방식에 따라 이러한 제분기로 곡물을 일정하게 분쇄한다. 3중 롤러 제분기는 2중 롤러 제분기보다 입자를 더 미세하게 분쇄할 수 있으나 위에 예로 든 실험 결과에서도 알 수 있듯이 자가 양조 시 필요한 장비인지에 대해서는 의견 차가 크다(나는 하나 보유하고 있다). 자가 양조 용품 판매점들도 대부분 제분기를 갖추고 곡물을 분쇄해주지만, 고객들이 여과 시 겪을 수 있는 곤란을 최대한 줄이기 위해 거칠게 분쇄해준다는 사실을 기억하기 바란다.

곡물당 물 비율과 맥아즙의 초기 비중

맥아즙의 초기 비중을 결정하는 주된 요소는 당화 혼합물의 곡물당 물 비율(R)이다. (분쇄도도 약간 영향을 주지만 부차적인 요소다.) 베이스 맥아에서 가용성 추출물이 차지하는 최대 중량 비율을 토대로 R을 구하고 여기서 맥아의 초기 비중을 추정하는 방식을 마련했고, 나는 직접 실험을 통해 그 결과를 확인했다. 아래 표 18.3에서 맥아즙의 순 부피는 당화 혼합물에서 수거한 맥아즙의 부피를 뜻한다. 즉 젖은 곡물에 맥아즙이 어느 정도 잔류해 있는 점을 고려한 값으로, 보통 곡물 1킬로그램당 1리터 또는 1파운드당 0.5쿼트 정도에 해당한다. 곡물에 잔류한 이 맥아즙의 비율을 r이라고 한다면, 순 부피는 맨 처음 곡물당 물의 비율(R)에서 잔류 맥아즙의 비율(r)을 뺀 값이다. 예를 들어 당화 혼합물의 Rv가 1.5qt./lb.라면 0.5qt./lb.는 젖은 곡물에 남아 있고 우리가 당화 혼합물에서 얻는 맥아즙은 곡물 1파운드당 1쿼트로 추정할 수 있다.

그림 18.4에는 중량 기준의 곡물당 물 비율(R : 이 비율에 관한 상세한 설명은 17장을 참고하기 바란다)에 따른 맥아즙의 비중을 나타낸 그래프가 나와 있다. 15℃(69°F) 조건에서 수용액 중 가용성 추출물의 퍼센트 비율(즉 °P)에 따라[1] 비중(SG)을 구하는 전환 공식의 결과로 만든 그래프다. 해당 계산 모형에서는 당화 혼합물의 총 중량(즉 R+1) 중 75퍼센트가 맥아즙에 가용성 추출물로 방출된다고 가정한다. 이를 플라토(°P)라고 하면,

$$SG = 259 / (259 - °P)$$
$$= 259 / \{259 - [75 / (R+1)]\}$$

그림 18.4에는 총 네 개의 그래프를 담았다. 첫 번째는 표준물질로 가용성 추출물의 비율이 100퍼센트인 자당(백설탕)이고 두 번째와 세 번째, 네 번째 그래프는 각각 중량당 가용성 추출물의 총 비율이 80퍼센트, 75퍼센트, 70퍼센트인 경우에 해당한다. 이 중 80퍼센트에 해당하는 그래프는 가는 분쇄, 건조 기준 조건에서 얻은 값을 토대로 하며 75퍼센트 그래프는 일반적인 롤러 제분기로 분쇄된 맥아를 단일 침출 조건에서 당화한 데이터를 나타낸다. 그리고 70퍼센트 그래프는 용해도가 낮은 맥아, 즉 전체 전분 원료 중 스페셜티 맥아의 비율이 높은 경우(즉 가용성 추출물이 전체적으로 적은 편)를 대표한다. 유념할 점은 이 모형이 가용성 추출물 전

---

1 마틴 P. 매닝(Martin P. Manning)의 자료, 「비중과 추출의 이해」, 『Brewing Techniques』, 1993년 9/10월호, 30.

표 18-3 | 곡물당 물 비율에 따른 일반적인 초기 비중과 순 수율

곡물당 물 비율(Rv)		맥아즙의 일반적인 초기 비중(OG)	일반적인 순 부피[a] qt./lb.(L/kg)
qt./lb.	L/kg		
0.75	1.5	1.131	0.25(0.5)
1.0	2.0	1.107	0.5(1)
1.25	2.5	1.090	0.75(1.5)
1.5	3.0	1.078	1.0(2.0)
1.75	3.5	1.069	1.25(2.5)
2.0	4.0	1.061	1.5(3.0)

a 0.5 qt./lb. 또는 1L/kg의 맥아즙이 젖은 곡물에 남아 있다고 가정한 값.

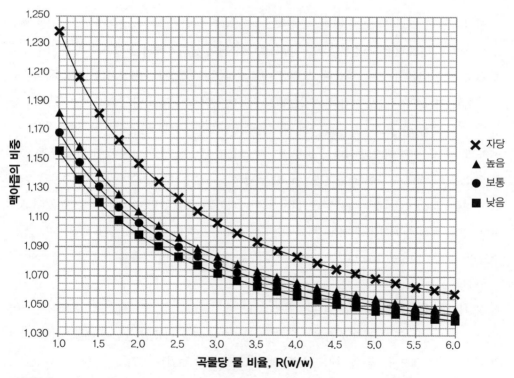

그림 18-4

초기 비중 vs. 구성비 R과 일반적인 수율 조건에서 맥아즙의 초기 비중(OG)을 나타낸 그래프. 자당은 중량당 가용성 추출물의 비율이 100퍼센트, '높음'은 이 비율이 80퍼센트(가는 분쇄, 건조 기준), '보통'은 75퍼센트, '낮음'은 70퍼센트에 각각 해당한다. 거칠게 분쇄한 건조맥아는 추출물의 비율이 약 79퍼센트에 해당한다.

체를 기준으로 하고 여과를 거치기 전 당화조에 있는 맥아즙의 비중을 추정한 값이라는 것이다. 아래는 그에 따른 일반적인 결과고 사람마다 결과는 다양하게 나올 수 있지만 그리 큰 차이는 나지 않을 것이다.

표 18.3은 일반적으로 사용하는 부피 기준 곡물당 물의 비율(Rv, 자세한 내용은 17장에 나와 있다)과 그에 대한 맥아즙의 초기 비중(각각의 R 값으로 추정한 결과)을 정리한 것이다. 이 결과를 활용하면 여과와 스파징 방법별 수율을 예측할 수 있다. 그 내용은 19장에서 다시 살펴보기로 하자.

추출 효율과 일반적인 수율

최대 수율은 당화 시 모든 변수(pH, 온도, 시간, 점성, 분쇄도, 기타 당화를 좌우하는 각종 요소 등)를 원하는 대로 맞추고 전분이 모두 당으로 전환되어 당화조에서 끓임조로 빠짐없이 분리해 옮겼을 때 얻을 수 있는 결과다. 그러나 대부분의 자가 양조자는 물론 상업 양조 시설에서도 당화와 여과 후 그러한 결과를 얻지는 못한다. 자가 양조일 때 최대한 확보할 수 있는 수율은 대부분 70~80퍼센트다(즉 가는 분쇄, 건조 기준 함량인 81.7퍼센트의 70퍼센트). 이쯤 되면, 결코 도달하지도 못할 맥아의 최대 수율을 어디다 쓰는지 의아한 생각이 들 것이다. 효율과 관련한 요소를 이 최대 수율에 적용하면 우리가 일반적으로 얻는 결과, 즉 일반적인 수율을 얻을 수 있다는 것이 그에 대한 대답이다. 여기서 이야기하는 효율 관련 요소를 '양조 효율'이라고 한다. 양조 효율은 맥아의 최대 수율(미세 분쇄된 건조맥아) 대비 양조자가 실제로 얻을 수 있는 수율의 퍼센트 비율을 뜻한다. 양조장마다 효율은 제각기 다르며 사용하는 방법과 장비에 따라 바뀐다.

꼭 기억해야 할 사항은 당의 총량은 일정하지만 농도(즉 비중)는 부피에 따라 변한다는 것이다. 1갤런당 1파운드 기준 비중점과 1리터당 1킬로그램 기준 비중점 단위에 대해 살펴보면서 그 의미를 생각해보자. 이 두 가지는 농도 단위이므로 각각 갤런과 리터를 기준으로 표시한다. 그밖에 gal.°/lb. 또는 킬로그램당 리터 추출율(ℓ°/kg)로도 나타낼 수 있다. 당화를 거쳐 우리는 특정한 중량의 맥아에서 특정 비중의 맥아즙을 특정 부피만큼 얻는다. 1갤런당 1파운드 기준 비중점과 1리터당 1킬로그램 기준 비중점 단위로 총 추출량을 계산하려면 당화 후 수거한 맥아즙의 부피에 비중점(비중계에서 '1.0XX'로 표시되는 숫자 중 마지막 두 자리 숫자)을 곱하고 당화에 사용한 맥아의 중량으로 나눈다. 각자 사용하는 측정 단위에 따라 1갤런당 1파운드 기준 비중점이나 1리터당 1킬로그램 기준 비중점 단위로 맥아의 중량당 총 추출물의 양을 파악할 수 있다. '파머 쇼트 스타우트' 레시피를 참고하여 총 전분 원료를 한 번 따져보기로 하자.

먼저 양조 효율을 계산하려면 총 3.86킬로그램(8.5파운드)의 맥아로 당화, 여과를 거쳐 22.7리터(6갤런)의 맥아즙을 얻어서 끓임조에 옮겼다고 가정해보자. 이 맥아즙의 비중은 1.038이다. 이때 당의 총 추출율(수율)과 양조 효율을 아래와 같이 계산할 수 있다.

미국 표준 단위로 계산하면,

$$PPG = (6gal. \times 38) / 8.5lb.$$

$$= 228gal.°/8.5lb.)$$

$$= 27PPG$$

미터법 단위로 계산하면,

$$PKL = (22.7L \times 38) / 3.86kg$$

$$= 862.6L°/3.86kg$$

$$= 223PKL$$

이 값을 라거 맥아의 최대 수율인 37PPG(311PKL)와 비교해보면 양조 효율을 대략적으로 파

브루어링 팁

'파머 쇼트 스타우트 Palmer's Short Stout**'**
레시피의 총 전분 원료

초기 비중 = 19리터(5갤런)에서 1.048

6.5lb. (2.95kg) – 라거 맥아   0.5lb. (225g) – 캐러멜 15

0.5lb. (225g) – 캐러멜 75   0.5lb. (225g) – 초콜릿 맥아

0.5lb. (225g) – 구운 보리

합계: 8.5lb. (3.86kg)

악할 수 있다.

$(27 / 37) \cdot 100 = 73\%$ 또는 $(223 / 311) \cdot 100 = 72\%$

양조 레시피에 포함된 맥아마다 아래 표 18.4에 나와 있는 최대 수율(PPG 또는 PKL 단위)을 적용하면 실제 맥아즙의 비중을 최대 비중으로 나누어 실제 양조 효율을 계산할 수 있다.

단위 전환에 따른 반올림 오차는 어쩔 수 없이 존재하고 이로 인해 결과에 미미한 차이가 생길 수 있다. 그러나 중요한 것은 이렇게 구한 결과를 일반적인 효율로 볼 수 있고, 이를 다음 양조에 참고할 수 있다는 사실이다.

표 18-4 | 최대 수율 비중을 활용한 양조 효율 계산

맥아의 양	최대 수율(PPG)	최대 수율(PKL)
6.5lb. (2.95kg) – 라거 맥아	$37 \times (6.5/6) = 40.08$	$309 \times (2.95/22.7) = 40.16$
0.5lb. (225g) – 캐러멜 15	$35 \times (0.5/6) = 2.93$	$292 \times (0.225/22.7) = 2.89$
0.5lb. (225g) – 캐러멜 75	$34 \times (0.5/6) = 2.83$	$284 \times (0.225/22.7) = 2.82$
0.5lb. (225g) – 초콜릿 맥아	$34 \times (0.5/6) = 2.83$	$284 \times (0.225/22.7) = 2.82$
0.5lb. (225g) – 구운 보리	$36 \times (0.5/6) = 3.00$	$300 \times (0.225/22.7) = 2.97$
최대 수율 총계(원형 기준)	51.66 비중점 또는 1.052	51.66 비중점 또는 1.052
실제 비중/최대 비중	$(38 / 52) \cdot 100 = 73\%$	$(38 / 52) \cdot 100 = 73\%$

표 18.5에는 일반적으로 사용하는 맥아의 비중이 나와 있다. 이 표에 나온 값은 자가 양조자들이 보통 도달할 수 있는 추출 효율인 75퍼센트를 기준으로 도출한 것이다. 이보다 수율이 조금 떨어지더라도(추출 효율 70퍼센트 등) 효율이 우수하다고 볼 수 있다. 대규모 상업 양조 시설의 일반적인 추출 효율은 85퍼센트이고 5퍼센트가 떨어지면 큰 변화로 여겨지는데, 이는 하루에 수천 파운드의 곡물을 사용하기 때문이다. 자가 양조는 한 번 양조하는 분량에 곡물을 5퍼센트만 더해도 효율은 그리 크게 바뀌지 않는다.

표 18-5 | 일반적인 맥아의 수율, PPG 또는 PKL 단위

맥아 또는 부재료의 종류	최대 수율, FGDB	최대 PPG	일반적인 PPG	최대 PKL	일반적인 PKL
두줄보리, 라거 맥아	81%	37	28	311	233
두줄보리, 페일 에일 맥아	80%	37	28	307	230
비스킷 맥아	75%	35	26	288	216
빅토리 맥아	75%	35	26	288	216
비엔나 맥아	75%	35	26	288	216
뮌헨 맥아	75%	35	26	288	216
브라운 맥아	70%	32	24	269	202
덱스트린 맥아	70%	32	24	269	202
라이트 캐러멜맥아(10~15L)	75%	35	26	288	216
페일 캐러멜맥아(25~40L)	74%	34	26	284	213
미디움 캐러멜맥아(60~75L)	74%	34	26	284	213
다크 캐러멜맥아(120L)	72%	33	25	276	207
스페셜 "B" 맥아	68%	31	23	261	196
초콜릿 맥아	74%	34	26	284	213
구운 보리	78%	36	27	300	225
블랙 페이턴트 맥아	68%	31	23	261	196
밀 맥아	85%	39	29	326	245
호밀 맥아	82%	38	28	315	236
귀리 맥아	75%	35	26	288	216
오트밀(플레이크)	70%	32	24	269	202
옥수수(플레이크)	84%	39	29	323	242
보리(플레이크)	70%	32	24	269	202
밀(플레이크)	77%	35	27	296	222
쌀(플레이크)	82%	38	28	315	236
말토덱스트린 분말	100%	46	35	384	288
옥수수당	92%	42	32	353	265
사탕수수 설탕(자당)	100%	46	35	384	288

참고 사항: 위의 일반적인 PPG와 PKL은 추출 효율이 75퍼센트인 경우에 해당하며 이는 자가 양조 시 흔히 도달할 수 있는 결과다. 맥아 수율은 몇 가지 출처에 명시한 데이터의 평균치이며 미세 분쇄된 건조맥아의 퍼센트 추출율(%FGDB)을 뜻한다.

레시피에 맞는 맥아의 양 정하기

| PPG(1갤런당 1파운드 기준 비중점)로 맥아의 양 계산하기 |

양조 효율의 개념을 역으로 활용하면 레시피를 개발할 때 목표가 될 초기 비중을 정할 수 있다. '파머 쇼트 스타우트' 레시피를 따른다고 할 때, 비중 1.050인 맥아즙 5갤런(19리터)을 만들려면 베이스 맥아가 얼마나 필요할까?

전체 전분 원료의 양은 '하향식'이나 '상향식' 두 가지로 구할 수 있다. 즉 먼저 베이스 맥아를 고려하고 그에 맞게 스페셜티 곡물의 양을 조정하여 발효성 당을 얻을 총 곡물의 양을 정할 수도 있고, 양조에 사용할 스페셜티 곡물의 양부터 정한 다음 정해진 초기 비중에 도달하기 위해 필요한 베이스 맥아의 양을 정해도 된다. 나는 보통 상향식 접근법을 활용한다. 이번 예시에서는 스페셜티 맥아를 각각 0.5파운드씩 사용하기로 하고 위와 같은 비중을 얻으려면 베이스 맥아를 얼마나 사용해야 하는지 계산해보자.

1. 먼저 목표 비중에 레시피의 총 부피를 곱해서 당의 총 비중점을 구한다.

5갤런(19리터) × 50비중점(°) = 250갤런°

2. 다음으로 적정 효율을 가정하고(예를 들어 75퍼센트로 정하거나, 보통 일정한 효율이 나온다면 이전 양조 결과를 토대로 계산한 값을 적용한다), 기본 라거 맥아의 효율인 81퍼센트 추출율을 토대로 예상 수율을 1갤런당 1파운드 기준 비중점(PPG) 단위로 계산한다. 추출 수율의 퍼센트 비율은 100퍼센트 추출율이라 여기는 자당의 값인 46PPG가 기준이 된다는 사실을 기억하자.

예상 수율(PPG) = 81%FGDB × 75퍼센트 효율 × 46PPG

= 0.81 × 0.75 × 46

= 27.9(반올림해서 28)

3. 총 비중점(250갤런°)을 위에서 구한 예상 수율(28PPG)로 나누면 양조에 필요한 맥아의 중량을 구할 수 있다.

필요한 맥아의 중량 = 250갤런° / 28PPG

= 8.9lb.

(나는 보통 결과를 반올림해서 사용하므로 이 경우 9lb.로 본다.)

4. 그러므로 9파운드(4킬로그램) 정도의 맥아를 사용하면 처음 목표인 비중 1.050인 맥아즙 5갤런(19리터)을 만들 수 있다. 표 18.5를 참고하여 75퍼센트 효율에 해당하는 특정 맥아의 PPG를 적용하면 레시피에 포함될 각 맥아의 양도 구할 수 있다. 정해진 비중을 얻으려면 효율이 75퍼센트인 각 스페셜티 맥아가 차지하는 비율은 아래와 같다.

캐러멜 15 : 26 × (0.5/5) = 2.6
캐러멜 75 : 26 × (0.5/5) = 2.6
초콜릿   : 26 × (0.5/5) = 2.6
구운 보리 : 27 × (0.5/5) = 2.7
총 비중   : 10.5 비중점(전체 50 비중점 중)

베이스 맥아의 양은 원하는 초기 비중(이 경우에는 50 비중점)에서 스페셜티 맥아가 차지하는 비율을 뺀 값에 레시피로 만들고자 하는 총 부피를 곱한 다음 베이스 맥아의 75퍼센트 PPG 값(27)으로 나누어서 계산한다.

$$\text{베이스 맥아의 양} = \frac{[(\text{목표 비중} - \text{스페셜티 맥아가 차지하는 부분}) \times \text{부피}]}{\text{효율 75퍼센트일 때 베이스 맥아의 PPG}}$$

= [50 − 10.5) × 5] / 28
= 7.0lb.

나는 편의상 도출한 결과를 쿼터나 0.5파운드(227그램) 단위의 가장 가까운 값으로 반올림하여 활용한다. (위의 결과는 7lb.로 사용)

따라서 지금까지 구한 맥아의 양과 75퍼센트 추출 효율을 바탕으로, '파머 쇼트 스타우트' 레시피의 전체 전분 원료의 양은 아래와 같이 구할 수 있다.

417

두줄보리, 라거 맥아	: 7lb.
캐러멜 15	: 0.5lb.
캐러멜 75	: 0.5lb.
초콜릿	: 0.5lb.
구운 보리	: 0.5lb.
합계	: 9lb.

단, 이 값은 초기 비중OG, Original Gravity, 즉 끓인 이후 비중이라는 사실을 기억해야 한다. 끓이기 전 얻고자 하는 비중은 끓인 후 비중에 끓인 후 부피를 곱하여 총 비중점(갤런 또는 리터 단위)을 구한 다음, 끓이기 전 부피로 나누면 얻을 수 있다. 양조 상황은 여과를 진행하는 동안 수거된 맥아즙의 부피를 측정하고 비중을 확인하는 것으로 점검하면 된다. 예를 들어 끓인 후에 부피가 5갤런(19리터), 비중이 1.050인 맥아즙을 얻으려면 초기에 확보해야 할 (최소) 부피를 아래와 같이 계산할 수 있다.

250갤런° / 6갤런(23리터) = 41.67, 즉 비중이 1.042인 맥아즙 6갤런(23리터)

또는,

250갤런° / 7갤런(27리터) = 35.71, 즉 비중이 1.036인 맥아즙 7갤런(27리터)

| 온수 추출 또는 PKL(1리터당 1킬로그램 기준 비중점)로 맥아의 양 계산하기 |

위에서 설명한 개념은 총 전분 원료의 양을 PPG로 구하는 방법이다. 온수 추출이나 PKL 단위를 적용할 때도 본 개념을 똑같이 적용할 수 있다. 먼저 온수 추출은 킬로그램당 리터 추출율(L°/kg) 단위이고, 이는 리터 기준 킬로그램당 비중점을 나타내는 1리터당 1킬로그램 기준 비중점과 사실상 동일하다고 설명한 내용을 떠올리기 바란다. 그리고 '파머 쇼트 스타우트' 레시피를 예로 들되 라거 맥아를 페일 에일 맥아로 대체하여 총 20리터(19리터가 아닌)의 맥주를 만든다고 가정해보자. 페일 에일 맥아의 PKL 최대값(FGDB)은 온수 추출에 동일하게 적용할 수 있으므로 표 18.5를 참고하면 307L°/kg로 볼 수 있다.

1. 먼저 레시피로 만들려는 총 부피에 목표 비중을 곱해서 당의 총 비중점을 구한다.

20L × 50비중점($^\circ$) = 1000L$^\circ$

2. 다음으로 추출 효율을 가정하고(앞서와 같이 75퍼센트로 하자), 페일 에일 맥아의 온수 추출 퍼센트 추출율의 값을 기준으로 추정되는 PKL을 계산한다.

추정치(PKL) = 307L$^\circ$ × 75퍼센트 = 230PKL

3. 추정치(230PKL)를 총 비중점(1000L$^\circ$)으로 나누면 필요한 맥아의 양을 킬로그램 단위로 구할 수 있다.

필요한 맥아의 중량 = 1000L$^\circ$ / 230PKL = 4.35kg

4. 위에서 설명한 PPG를 이용한 예시와 마찬가지로 나는 평상시 적용하는 상향식 접근법을 적용할 것이다. 즉 원하는 초기 비중을 얻기 위해 필요한 스페셜티 맥아의 양을 먼저 정한 다음 나머지를 베이스 맥아로 채운다. 1파운드를 450그램으로 하면 0.5파운드는 225그램이므로 효율이 75퍼센트일 때 스페셜티 맥아가 초기 비중에 차지하는 비율은 아래와 같이 계산할 수 있다.

캐러멜 15   : 216 × (0.225/20) = 2.4
캐러멜 75   : 213 × (0.225/20) = 2.4
초콜릿   : 213 × (0.225/20) = 2.4
구운 보리   : 225 × (0.225/20) = 2.5
총 비중   : 9.7비중점(전체 50 중 차지하는 부분)

베이스 맥아의 양은 원하는 초기 비중(이때 50 비중점)에서 스페셜티 맥아가 차지하는 비율을 뺀 값에 레시피로 만들고자 하는 총 부피를 곱한 다음 베이스 맥아의 75퍼센트 PKL 값(230)으로 나누어서 계산한다.

$$\text{베이스 맥아의 양} = \frac{[(\text{목표 비중} - \text{스페셜티 맥아가 차지하는 부분}) \times \text{부피}]}{\text{효율 75퍼센트일 때 베이스 맥아의 PKL}}$$

$$= [50 - 9.7) \times 20] / 230$$

$$= 3.5\text{kg}$$

그러므로 '파머 쇼트 스타우트' 레시피로 만들 총 맥주의 양을 20리터로 늘리고 초기 비중 1.050(원래는 19리터에 초기 비중 1.048), 추출 효율이 75퍼센트 일 때 전체 전분 원료의 양은 아래와 같이 정리할 수 있다.

페일 에일 맥아	: 3.5kg
캐러멜 15	: 225g
캐러멜 75	: 225g
초콜릿	: 225g
구운 보리	: 225g
합계	: 4.4kg

이 값은 초기 비중OG, 즉 끓인 이후 비중이라는 사실을 기억해야 한다. 끓이기 전 얻고자 하는 비중은 끓인 후 비중에 끓인 후 부피를 곱하여 총 비중점(갤런 또는 리터 단위)을 구한 다음, 끓이기 전 부피로 나누면 얻을 수 있다. 양조 상황은 여과를 진행하는 동안 수거된 맥아즙의 부피를 측정하고 비중을 확인하는 것으로 점검하면 된다. 예를 들어 끓인 후에 부피가 20리터, 비중이 1.050인 맥아즙을 얻으려면 초기에 확보해야 할 (최소) 부피를 아래와 같이 계산할 수 있다.

1000L° / 23L = 43.48, 즉 비중이 1.043인 맥아즙 23리터

또는

1000L° / 26.5L = 37.74, 즉 비중이 1.038인 맥아즙 26.5리터

| 플라토(°P)로 맥아의 양 계산하기 |

비중계나 굴절계로 비중이 아닌 플라토를 측정하여 사용하기도 한다. 굴절계로 측정하는 값은 브릭스*Brix* 단위를 토대로 하며 이는 사실상 플라토와 동일하다. 플라토 단위를 적용한다면 양조 효율과 필요한 맥아의 양은 두 가지 방식으로 계산할 수 있다.

- 플라토를 비중으로 변환하고(부록 A의 표 A.2 참고) 위에서 설명한 1갤런당 1파운드 기준 비중점, 1리터당 1킬로그램 기준 비중점 단위 적용 시 맥아의 양과 효율 계산법을 활용한다.
- 플라토와 추출 중량 – 퍼센트 계산법을 토대로 값을 구한다.

첫 번째 방법은 크게 설명을 넣을 필요가 없을 것이다. 그러므로 지금부터 두 번째 방식인 추출 중량 – 퍼센트 계산법에 대해 알아보자.

플라토는 맥아즙에 함유된 추출물(자당)의 중량 기준 퍼센트 비율을 나타낸다. 가령 10플라토는 가용성 추출물을 10퍼센트 함유했다는 뜻이므로 맥아즙이 100그램이라면 가용성 추출물의 양은 10그램이라는 뜻이 된다. 플라토는 맥아즙의 부피가 아닌 맥아의 중량을 토대로 한 값이므로 어떤 맥아를 얼마나 사용하는지 가시적으로 확인하기가 쉬워서 실제로 상업 양조 시설에서는 맥아의 양을 파악할 때 1갤런당 1파운드 기준 비중점이나 1리터당 1킬로그램 기준 비중점보다 플라토를 더 많이 활용한다.

플라토를 이용하여 양조 효율을 구하는 계산식은 아래와 같다.

$$양조\ 효율 = \frac{추출물의\ 실제\ 중량}{추출물의\ 최대\ 중량}$$

$$= \frac{(맥아즙의\ 부피 \times 맥아즙의\ 밀도 \times 맥아즙\ 중\ 추출물의\ 퍼센트)}{(맥아의\ 중량 \times 최대\ 수율)}$$

그러므로 맥아즙이 함유한 추출물의 실제 중량을 계산하고 이를 전체 전분 원료의 양으로 추정할 수 있는 최대 중량과 비교하면 된다. 추출물의 실제 중량은 맥아즙의 부피에 맥아즙의 밀도를 곱하여 맥아즙의 총 중량을 먼저 계산한 뒤 플라토 단위를 적용하여 총 중량 중에서 추출물이 차지하는 비율이 어느 정도인지 계산하여 구할 수 있다. 맥아즙의 밀도는 물의 밀도(당화 온도에서 0.985kg/L 또는 8.22lb./gal)에 맥아즙의 비중을 곱해서 계산한다(비중은 순수한 물의 밀도 대비 맥아즙의 밀도 비율을 뜻한다). 또 맥아즙의 비중은 다른 비중계를 이용하여 실제로 측정하거나 플라토 단위로 구한 값을 이 책 부록 A(표 4.2)를 참고하여 비중 단위로 변환하여 적용한다. 이때 13플라토 미만이라면 간단히 비중점에 4를 곱하면 비중 단위로 변환할 수 있다(즉 $10°P = 1.040$). 단, 이 방법은 비중이 커질수록 오차도 커지므로 주의해야 한다.

추출물의 최대 중량은 맥아의 중량에 최대 수율(예를 들어 80퍼센트 추출율)을 곱하면 간단히 구할 수 있다. 이제 위의 계산식을 다시 정리해보자.

$$\text{양조 효율} = \frac{[(\text{맥아즙의 부피} \times \text{물의 밀도} \times \text{비중}) \times °P]}{(\text{맥아의 중량} \times \text{퍼센트추출율})}$$

예를 들어 베이스 맥아 4킬로그램으로 12플라토의 맥아즙 20리터를 만든다고 가정하자(즉 맥아즙에서 가용성 추출물이 차지하는 질량 비율이 12퍼센트). 이때 13플라토 미만에 해당하므로 위에서 언급한 경험 법칙을 적용하면 비중은 1.048이다. 이를 양조 효율 공식에 적용하면 아래와 같다.

$$\text{양조 효율} = \frac{[(\text{L 단위 맥아즙의 부피} \times \text{L/kg 단위의 물의 밀도} \times \text{비중}) \times °P]}{(\text{kg 단위 맥아의 중량} \times \%\text{FGDB})}$$

$$= \frac{[(20 \times 1 \times 1.048) \times 12\text{퍼센트}]}{(4 \times 80\text{퍼센트})}$$

$$= 78.6\text{퍼센트}$$

이 공식을 변형하면 12플라토의 맥아즙 20리터를 만들 때 필요한 총 전분 원료의 양을 계산할 수 있다. 양조 시 표준 효율인 75퍼센트를 적용하면, 공식은 아래와 같다.

$$\text{킬로그램 단위 맥아의 중량} = \frac{[(\text{L 단위 맥아즙의 부피} \times \text{L/kg 단위의 물의 밀도} \times \text{비중}) \times °P]}{(\%\text{FGDB} \times \text{퍼센트 양조 효율})}$$

$$= \frac{[(20 \times 1 \times 1.048) \times 12\text{퍼센트}]}{(80\text{퍼센트} \times 75\text{퍼센트})}$$

$$= \frac{(20.96 \times 0.12)}{(0.8 \times 0.75)}$$

= 2.52 / 0.6

= 4.19kg 또는 4.2kg의 맥아

참고 사항

1. 위의 계산식에 물의 밀도 상수로 8.32lb./gal를 적용하면 리터와 킬로그램 대신 갤런과 파운드 단위로 값을 구할 수 있다.

2. 상업 양조 시설에서는 맥아의 로트별 분석 시트에 명시된 값 중에서 거칠게 분쇄된 원형 맥아CGAI의 값을 가장 많이 이용한다는 사실을 밝혀둔다. 이 값은 맥아에 함유된 수분이 고려되어 맥아의 용도를 더 정확하게 계획하고 양조 공정의 일관성을 유지하는 데 도움이 되기 때문이다. 자가 양조라면 생산 규모의 측면에서 그만큼 엄격한 기준을 적용할 필요가 없으므로 더 쉽게 구할 수 있는 퍼센트 추출율 값을 토대로 양조 효율을 구해도 된다. 맥아의 수분을 반영하려면 건조 기준으로 도출된 값에 건조 중량의 퍼센트 비율을 곱한다. 예를 들어 80퍼센트 추출율, 수분 비율이 4퍼센트라면 아래와 같이 계산한다.

80퍼센트 × 96퍼센트 = 76.8% FGAI(미세 분쇄된 원형 맥아의 퍼센트 추출율)

맥아의 F/C 차이가 1.2퍼센트라고 할 때 위의 미세하게 분쇄된 원형 맥아의 퍼센트 추출율(FGAI)로 거칠게 분쇄된 원형 맥아의 퍼센트 추출율(CGAI)을 계산할 수 있다.

76.8퍼센트 − 1.2퍼센트 = 75.6% CGAI

3. 위에서 설명한 맥아의 양 계산식에서 FGDB 값 대신 이 CGAI를 적용하면, 필요한 맥아의 양은 4.2kg이 아닌 4.4kg이라는 결과가 나온다.

4. 맥아의 양을 4.2kg, 75.6% CGAI로 적용하여 양조 효율을 다시 계산하면 79.2퍼센트로 기존 효율보다 훨씬 더 큰 값이 나온다는 사실을 유념해야 한다. 양조 효율을 계산할 때 맥아의 각 로트별 수분 함량을 고려할 것인지, 아니면 각 로트마다 수분 함량이 거의 일정하며 전반적인 양조 효율의 범위에서 낮은 범위를 포괄할 것으로 가정할 것인지에 따라 결과는 달라진다.

요약

지금까지 완전 곡물 양조 시 맥아의 수율과 추출 효율을 파악하는 방법과 전체 전분 원료의 양을 구하는 방법에 대해 알아보았다. 맥아 분석 시트에는 최대 수율이 %*FGDB* 단위로 명시하며, 이를 중량 기준 단위인 1갤런당 1파운드 기준 비중점, 1리터당 1킬로그램 기준 비중점, 플라토로 변환하여 활용할 수 있다. 추출 효율은 실제로 수거한 맥아즙의 비중을 최대 수율과 비교하여 구할 수 있으며 추출 효율을 알면 원하는 맥아즙을 만들기 위해 필요한 전체 전분 원료의 양을 계산할 수 있다.

CHAPTER

-19-

★ HOW to BREW ★

맥아즙
분리하기
(여과)

자, 지금까지 살펴본 양조 과정을 정리해보자. 곡물을 당화하여 맥아즙을 만들고, 맥아즙의 비중과 추출 효율을 어떻게 계산하면 되는지 알아보았다. 이제 맥아즙을 여과하고 스파징을 거쳐 끓임조에 모을 차례다.

여과 순서

양조에서 여과를 뜻하는 '라우터lauter'는 깨끗하게 하다, 맑게 하다, 순수하게 한다는 뜻을 가진 독일어 '로이터läuter'에서 온 말이다. 부차적으로 무언가를 정결하게 만든다는 뜻도 있다. 그러므로 라우터링(여과)은 맥아즙을 당화 혼합물에서 분리하여 더 나은 상태로 만드는 과정으로 볼 수 있다. 폴스 바텀이나 매니폴드가 설치된 대형 여과조를 활용하면 곡물은 남겨두고 맥아즙만 분리할 수 있다. 일반적으로 여과는 재순환, 1차 분리, 스파징을 통한 2차 분리의 세 단계로 나뉜다.

| 재순환 |

당화가 끝난 후에는 곡물층을 맥아즙을 분리하고 스파징을 실시하기에 적합한 상태로 만들어야 한다. 그와 같은 준비 단계 없이 여과조의 밸브를 곧바로 활짝 열면 그 틈으로 곡물이 모두 밀려들어가서 구멍만 막히고 맥아즙은 전혀 분리되지 않을 뿐만 아니라 스파징도 진행할 수 없는 상태가 된다. 그러므로 여과는 곡물층이 서로 뭉치거나 덩어리지지 않고 일정하게 가라앉은 상태에서 맥아즙이 천천히 빠져나갈 수 있도록 시작해야 한다. 맨 처음 흘러나온 맥아즙은 몇 리터 또는 몇 쿼트 정도 물통이나 작은 양동이에 받아서 그대로 다시 여과조의 곡물층 위에 부어준다. 처음 분리된 맥아즙은 단백질과 곡물 찌꺼기가 많아 뿌옇고 흐린 편이지만 이렇게 재순환 단계를 거치면 여과된 상태로 분리해서 끓일 수 있다. 이처럼 맥아즙을 재순환시키는 과정은 '포어라우프Vorlauf' 또는 '임시, 잠정적인'을 뜻하는 '포를로이피히vorläufig'로도 불린다.

일반적으로 맥아즙은 여과를 시작하면 금세 맑아져야 한다. 맑은 맥아즙이 흘러나오기 시작하면(색은 여전히 어둡고 약간 뿌옇지만 덩어리가 없는 상태) 끓임조에 맥아즙을 모아두고 스파징을 준비한다. 당화조의 곡물층이 균일하지 않거나 분리된 맥아즙에 곡물 알갱이나 겉껍질이 섞여 나오면 언제든 재순환을 실시하면 된다. 그렇지만 보통은 곡물층이 두껍게 형성되므로 뒤섞일 확률은 거의 없다. 재순환이 필수 단계는 아니다. 그러나 대부분 양조자들이 이 과정을 거친다. 단, 한 망 양조에서는 재순환을 실시하지 않는다. 아래 스파징 방법을 설명한 부분에 이와 관련한 내용이 더 자세히 나와 있다.

| 1차 분리 |

당화 혼합물에서 1차로 분리된 맥아즙은 비중이 가장 높고 맛도 가장 진하다. 앞서 18장에서 살펴본 것처럼 1차 맥아즙의 비중과 양은 전적으로 곡물당 물의 비율에 좌우된다. 즉 곡물당 물의 비율이 높을수록 1차 분리된 맥아즙은 비중이 낮고 부피는 늘어나며, 곡물당 물의 비율이 낮을수록 특성이 그와 반대인 맥아즙을 얻게 된다. 일반적으로 상업 양조 시설에서는 1

차로 분리된 맥아즙은 일부 재순환 단계를 거친 후에 끓임조로 옮긴다. 그리고 샤워 장치를 이용한 스파징으로 당화조의 곡물층을 세척해서 얻은 2차 맥아즙을 추가한다. 자가 양조에서는 이와 같은 과정을 거치면 곡물층이 압축되어 맥아즙이 잘 추출되지 않는 문제가 발생하기 쉽다. 현대적인 시설을 갖춘 상업 양조장에서는 대부분 당화조와 여과조가 따로 분리되어 있고 당화조에는 스파징 장치에 갈퀴 형태로 된 회전식 젓개가 설치되어 당화조의 폴스 바텀의 바로 윗부분까지 곡물층을 휘저을 수 있다. 이는 곡물층에 새로운 물길이 형성되는 것을 방지하고 더욱 균일하게 추출하는 데 도움이 된다. 자가 양조에 사용하는 여과조에는 이러한 회전식 젓개나 스파징 장치가 딸려 있지 않으므로 1차 맥아즙을 완전히 분리하려면 양조자가 곡물층을 직접 저어주어야 하며 1차로 수거한 맥아즙을 재순환한 뒤에 2차 맥아즙을 얻는다.

| 스파징을 통한 맥아즙 2차 분리 |

스파징은 곡물을 헹궈서 곡물에서 나온 당을 최대한 많이 추출하되 쓴맛을 내는 겉껍질의 탄닌 성분은 추출되지 않도록 하는 과정이다. '스파징sparging'이란 '뿌린다'는 뜻이고, 상업 양조 시설의 여과조에 설치된 스파징 장치 또는 스프링클러를 떠올리면 그 의미를 이해할 수 있다. 상업 시설에서 사용하는 여과조는 규모가 상당히 크고 회전식 젓개(레이크)와 스파징 장치가 장착되어 있어서 곡물층을 평방인치 수준까지 세척하여 추출물을 얻을 수 있다. 그렇지만 자가 양조 시에는 그 정도로 경제적인 방식을 도입할 필요가 없을 뿐만 아니라 생산 규모가 작아서 곡물층을 헹구는 작업도 더 수월하게 진행할 수 있다. 단, 젓개 없이 맥아즙의 유동성을 유지하고 곡물층 내부의 흐름을 균일하게 하려면 좀 더 신경을 써야 한다.

스파징 용수는 온도와 pH를 적절히 맞추어야 한다. 물의 온도가 높아지면 잔류 전분에 남아 있는 알파 아밀라아제가 이 전분을 당으로 변환하는 과정이 원활하지만, 동시에 탄닌이 추출될 가능성도 높아진다. 용수의 pH를 5.6 미만으로 유지하면 이와 같은 위험을 상쇄할 수 있다(21장에서 물의 화학적 특성과 pH를 좀 더 자세히 알아보기로 하자). 물의 온도가 79℃(175°F)를 넘어도 겉껍질의 탄닌이 녹을 가능성은 더욱 높아진다. 특히 맥아즙의 pH가 6.0 이상일 때 그러한 문제가 발생할 위험이 높아져 맥주에 쓴맛이 날 수 있으므로, 보통 스파징 용수의 온도는 그 이상 높이지 않는다. 물의 온도가 너무 높으면 남아 있던 알파 아밀라아제가 변성되어 맥아즙에 전분이 그대로 남아 있게 될 가능성도 높아진다.

스파징 방법

자가 양조자들이 활용해온 스파징 방법은 몇 가지가 있으며 제각기 장단점이 있다.

연속 스파징

플라이 스파징*fly sparging*으로 불리는 이 방법은 수율을 최대한 끌어올릴 수 있는 방법으로 알려져 있다. 연속 스파징에서는 먼저 맥아즙이 곡물층 표면에서 2.5센티미터(1인치) 정도 남을 때까지 재순환과 맥아즙 배출을 진행한 뒤, 스파징 용수를 맥아즙이 흘러 나가는 속도와 동일하게 천천히 추가하여 곡물층에서 유량이 일정하게 유지되도록 한다. 당화조의 곡물층에서 실질적으로 배수되지 않고 맥아즙이 있던 자리를 스파징 용수가 점진적으로 채워나가도록 하는 원리다. 가용성 추출물의 수율은 곡물층 사이로 액체가 균일하게 흐르고 곡물의 낟알 하나하나가 얼마나 완전히 세척되느냐에 따라 크게 달라진다. 연속 스파징에 걸리는 시간은 곡물의 양, 낟알의 크기에 따라 달라진다(30~150분).

배출된 맥아즙의 비중이 1.008 이하로 떨어지거나 수거된 맥아즙의 양이 충분하면 둘 중 어느 쪽에 먼저 도달하든 스파징을 중단한다. 자가 양조에서 이 방식을 채택할 경우 양조자가 더 많이 신경 써야 하지만 맥아의 중량이 동일할 때 수율을 더 높일 수 있는 장점이 있다. 물을 반드시 스프링클러와 같은 방식으로 뿌릴 필요는 없다. 물이 곡물층과 최소 2.5센티미터 이상 거리를 둔 곳에서 지속적으로 공급되는 상태를 유지하기만 하면 된다.

스파징 용수를 물통에 담아 붓거나 호스를 연결하여 공급해도 된다. 물통을 사용할 때는 곡물층 표면에 작은 접시나 플라스틱 뚜껑을 올려놓고 물을 그 위에다 부으면 곡물층의 형태가 크게 흐트러지지 않는다. 호스로 용수를 공급하려면 일단 호스의 길이가 곡물층 바로 위에 바깥지름을 따라 둥글게 놓일 수 있을 정도로 충분히 길어야 한다. 호스의 끝이 곡물층을 겨누고 그로 인해 스파징 용수가 곡물층을 뚫고 들어가 구멍을 만드는 사태는 아마 그 누구도 원치 않으리라. 그렇게 되면 맥아즙이 아닌 스파징 용수만 수거된다. 연속 스파징에서는 용수를 반드시 곡물층과 2.5센티미터 정도 거리를 두고 공급해야 곡물층이 압축되지 않는다.

3단*three-tier* 당화 시스템을 갖추었다면 연속 스파징은 가장 손쉽게 곡물층을 세척하는 방법이다. 온수 탱크를 당화조 겸 여과조보다 높은 곳에 두고 밸브가 달린 호스로 서로 연결하면, 맥아즙이 끓임조로 빠져나가는 동안 스파징 용수를 천천히 공급할 수 있다. 밸브를 이용하면 유량을 비교적 쉽게 조절할 수 있으므로 맥아즙이 분리되는 상태에 따라 스파징 용수를 일정한 속도로 공급할 수 있다.

| 배치 스파징 |

자가 양조에서 많이 활용하는 또 한 가지 스파징 방식인 배치 스파징batch sparging은 다량의 용수를 조금씩 첨가하는 대신 한꺼번에 모두 추가하는 것이다. 대부분 대형 아이스박스를 활용하여 스파징을 완료한다. 먼저 당화 혼합물에서 1차 맥아즙을 완전히 분리한 뒤 물을 부어 두 번째 배치batch의 혼합물을 만든다. 그대로 단시간(약 15분) 당화되도록 두면서 곡물층이 가라앉도록 기다렸다가 더 맑은 맥아즙을 얻기 위해 재순환시킨 후 2차 맥아즙을 분리한다.

배치 스파징은 1차와 2차 맥아즙의 부피가 동일할 때 효율이 가장 높다. 다시 말해 1차와 2차 맥아즙이 최종적으로 끓임조에 담길 맥아즙에서 각각 절반씩 차지하면 된다. 1차로 분리되는 맥아즙은 당화 용수로 첨가한 부피에서 곡물이 머금은 물의 양을 뺀 만큼의 양이 된다. 이 1차 맥아즙의 부피가 끓임조에 담길 최종 부피의 절반에 미치지 않으면, 이를 분리하기 전에 물을 넣어 그 차이를 없애야 한다. 젖은 곡물의 수분 보유량(r)은 약 1L/kg 또는 0.5qt./lb.이다.

예를 들어 총 12파운드(5.4킬로그램)의 곡물을 당화에 활용했다면 곡물이 머금은 물을 제외하고 1차 맥아즙으로 6쿼트(1.5갤런, 6리터) 분량이 나와야 한다. 당화 시 곡물당 물의 비율(Rv)이 1.5qt./lb.인 경우 18쿼트 또는 4.5갤런(17리터)에서 곡물이 흡수한 1.5갤런(6리터)을 제외하고 약 3갤런(11리터)의 1차 맥아즙이 끓임조에 수거되어야 한다. 최종적으로 끓이려는 맥아즙의 양이 7갤런(26리터)이라면 1차 맥아즙을 당화조에서 분리하기 전에 0.5갤런(2리터)의 물을 넣는다. 그리고 끓이려는 총량의 절반인 총 3.5갤런(13리터)의 온수를 이용하여 스파징을 하고 2차 맥아즙을 얻는다.

배치 스파징은 각각 따로 수거된 맥아즙을 하나로 합쳐서 한 가지 맥주를 만드는 점에서 영국식 파티 가일 스파징(아래 내용 참고)과 차이가 있다. 배치 스파징은 원래 포터 맥주를 대량 생산하기 위해 개발된 파티 가일parti-gyle 스파징에서 나온 방식이라 부분parti-과 상반되는 의미에서 '전체entire' 스파징으로도 불렸다. 효율은 연속 스파징보다 약간 떨어지지만(보통 연속 스파징은 80퍼센트, 배치 스파징은 75퍼센트) 대형 온수 탱크가 없거나 연속 스파징에 알맞은 용수 공급 설비가 갖추어지지 않은 경우 편리하게 이용할 수 있는 방법이다. 또 두 가지 스파징 방식의 효율 차이는 대부분 2차 맥아즙을 얻기 위해 용수를 추가하기 전에 1차 맥아즙을 완전히 분리하지 않아서 발생한다.

| 파티 가일 스파징 |

19세기 이전에 영국에서 널리 활용하던 파티 가일parti-gyle 스파징은 알코올 도수가 제각기 다른 맥아즙을 섞어 동일한 당화 혼합물로 두 가지 이상의 맥주를 만들 수 있는 특징이 있다. 먼저 당화 혼합물을 대량으로 만든 뒤 1차 맥아즙을 완전히 분리하고 곡물에 용수를 넣어 2차 맥아즙을 얻는다. 일반적으로 비중이 1.080 정도인 1차 맥아즙은 '숙성' 맥주의 원료로 사용하고, 비중이 그보다 낮은 2차 맥아즙은 '순한' 맥주로 만든다. 또 남아 있는 곡물층은 표면에 곡물을 넣어 '뚜껑'처럼 덮어서 비중이 낮은 '저렴한 맥주'를 만든다. 이렇게 얻은 맥아즙은 각각 따로 홉을 넣고 끓인 다음 발효에 돌입하기 전 다양한 조합으로 섞기도 하고, 끓이기 전에 혼합하기도 한다. 파티 가일 스파징은 대량 당화 혼합물 한 가지로 여러 가지 맥주를 만들 수 있지만 이 장점을 확실하게 이용하려면 끓임조와 발효조가 여러 개 있어야 한다.

| 스파징 생략 |

스파징 단계를 건너뛰는 것은 맥아의 효율적인 이용 측면에서는 가장 부적절한 방법이나, 번거로운 과정이 줄고 스파징 과정에서 발생할 수 있는 탄닌 추출을 피할 수 있는 장점이 있다. 스파징을 생략하면 배치 스파징과 마찬가지로 곡물을 세척하는 대신 맥아즙을 전부 분리한 뒤 이 1차 맥아즙만으로 맥주를 만든다. 이때 맥아 활용의 효율성은 떨어지지만 한층 더 부드럽고 맛이 풍부한 맥아즙을 얻을 수 있다. 이 방법으로 최종적으로 끓일 맥아즙의 부피를 확보하는 방법은 몇 가지가 있다. 첫 번째는 곡물당 물의 비율을 조정하여 당화 단계부터 정해진 비중을 얻기 위해 끓여야 할 맥아즙 전체가 나올 만큼 대량의 당화 혼합물을 만드는 것이다. 이번 장 뒷부분에서 이때 필요한 계산 방법을 알아보기로 하자. 또는 비중이 목표보다 더 높은 맥아즙을 끓여야 하는 양보다 더 적은 양으로 만들어서 나중에 끓이는 단계에서 맥아즙을 희석하는 방법도 있다. 자가 양조자들은 처음에 스파징을 생략하다가 당화조에 그대로 남아 있을 추출물을 낭비할 수 없다는 생각에 파티 게일 스파징을 실시한다. 늘 선택은 참 어려운 일이다.

| 한 망 양조 |

한 망 양조(brew-in-a-bag, 줄여서 BIAB)에서는 곡물을 남겨두고 맥아즙을 분리하는 전통적인 양조법을 완전히 뒤집어서 맥아즙을 두고 곡물을 제거한다. 즉 배치 스파징에 스파징을 생략할 때의 특징이 결합된 결과를 얻을 수 있다. 한 망 양조에서는 당화 단계부터 나중에 최종적으로 끓일 맥아즙의 부피와 곡물이 머금을 물의 양을 모두 사용한다(따라서 곡물당 물의 비율이 상당히 높다). 곡물은 망에 담긴 상태로 사용하고 당화를 마무리하면 당화가 진행된 솥(보통 끓임조)에서 망을 들어 올려 액체가 흘러나오도록 두었다가 제거한다. 남은 맥아즙은 그대로 끓여서 일반적인 양조 절차를 그대로 이어간다. 곡물 망은 별도로 스파징을 실시하지 않고 원래 머금고 있던 물기만 빠져나오도록 한다. 곡물이 망에 담긴 상태에서는 무게로 인해 맥아즙이 더 많이 빠져나오므로, 한 망 양조에서 곡물이 흡수하는 맥아즙의 양은 일반적인 여과 시 고려하는 양의 절반으로 잡는다. 즉 곡물의 수분 보유량은 0.5L/kg(0.25qt./lb.)이다. 한 망 양조에서는 곡물층 사이의 맥아 흐름에 따라 추출 효율이 달라지지 않으므로 수율을 높일 목적으로 아주 미세하게 분쇄한 곡물을 활용할 수 있다. 그러나 곡물당 물의 비율이 9L/kg(4.3qt./lb.) 정도로 상당히 높고 맥아즙의 비중은 낮아서(≤1.040) 다른 방법으로 당화를 진행할 때보다 당화 혼합물이 물의 화학적 특성과 pH에 더욱 민감하게 영향을 받는다. 그런데도 충분히 괜찮은 결과를 얻을 수 있고 필요한 장비도 적어서 작업 후에 세척할 도구도 많지 않은 장점이 있다.

한 망 양조를 활용할 때 한 가지 고려해야 할 사항은, 젖은 곡물 망을 솥에서 끄집어낸 뒤 물기가 충분히 빠지도록 몇 분간 두려면 소형 도르래 장치가 필요하다는 점이다. (나는 아이들에게 들고 있으라고 시켰다가 팔이 아프다는 원성을 들었다.)

헹구기 vs. 수거하기

상업 양조 시설에서는 대형 회전식 스파징 설비와 곡물 젓개(레이크)를 사용하여 연속 스파징을 실시한다. 폭이 6미터(20피트)가 넘는 여과조를 사용하는 만큼, 곡물을 헹구는 가장 효율적인 방법이라 할 수 있다. 자가 양조에서는 생산 규모가 작은 점을 유리하게 활용할 수 있다. 대규모 상업 시설에서는 자가 양조에서 발생하지 않는 문제들을 해결하기 위한 공학적인 대책이 필요하지만, 우리는 남는 돈을 맥아에 투자해서 효율성에서 뒤처지는 부분을 상쇄할 수 있다. 또한 상업 시설에서는 500달러는 족히 들여서 스파징 설비를 구축하고 유량이 일정한지 모니터링해야 하지만 우리는 곡물층에 바로 스파징 용수를 부으면 된다.

헹굼 단계에 해당하는 연속 스파징에서 최대 수율에 도달할 수 있는지 여부는 곡물층을 지나는 물의 흐름이 얼마나 균일한지에 달려 있다. 곡물층에서 1차로 분리되는 맥아즙은 당의 농도가 짙어서 진한 용액으로 배출된다. 따라서 스파징 용수가 곡물층을 지나는 동안 이 1차 맥아즙이 밀도가 낮은 물로 대체되므로 곡물은 별로 움직이지 않는다. 이로 인해 곡물층이 빽빽하게 압축되고, 스파징 중 흐름이 막히는 상황이 생길 수 있다. 배출수의 유속이 너무 빨라도 당화조의 폴스 바텀이나 매니폴드에 부분적인 진공 환경이 형성되어 곡물이 압축될 수 있으므로 흐름이 막힐 수 있다. 연속 스파징에서 권장하는 배출수의 유속은 분당 1리터(대략 분당 1쿼트)다. 밀도가 높은 1차 맥아즙이 대체되고 나면 곡물 입자에 남아 있던 당이 스파징 용수로 확산된다. 이와 같은 확산은 어느 정도 시간이 걸리므로 스파징을 천천히 진행해야 하는 이유 중 하나에 해당한다. 천천히 진행하지 않으면 끓임조가 거의 아무것도 추출되지 않은 용수로만 채워질 수 있다.

곡물층은 5~50센티미터 두께로 형성된다. 추출 시 가장 적절한 두께는 여과조의 기하학적 구조와 당화가 진행된 곡물의 총량에 따라 결정된다. 가령 지나치게 큰 여과조에 소량의 곡물이 담겨 두께가 매우 얇은 상태에서 여과되면 충분히 여과되지 못해 맥아즙의 색이 맑지 않고 맥주 색도 뿌옇게 흐려진다. 곡물층의 두께는 최소한 10센티미터 정도여야 하며, 20센티미터 정도까지는 무난하다. 대체로 두께가 깊을수록 좋지만 곡물층이 너무 두껍게 형성되면 그만큼 압축되기도 쉬워서 균일한 여과를 기대하기가 사실상 불가능하다. 액체는 항상 저항이 가장 적은 방향으로 흐르므로, 곡물층이 압축되면 선택류preferential flow가 형성되어 어떤 곳은 곡물이 완전히 헹궈지는데 어떤 곳은 곡물이 전혀 헹궈지지 않는다(물길이 형성된 결과). 이처럼 배출수가 균일하지 않은 것은 추출 효율이나 수율을 떨어뜨리는 주된 원인이 된다.

배치 스파징을 하거나 스파징을 생략하는 경우 또는 한 망 양조를 실시하는 경우 곡물을 헹구는 대신 액체를 수거하는 것으로 이와 같은 문제를 해결할 수 있다. 즉 추가로 추출을 유도하는 대신 이미 추출된 것을 수거하는 것이다. 손이 닿는 높이에 매달린 과일을 전부 수확하는 것으로 비유할 수 있는 이 방식을 통해 최소의 노력으로 농도가 짙은 맥아즙을 얻을 수 있다. 문제는 수거가 끝난 후에도 여과조에 상당량의 맥아즙이 남는다는 것이다. 배치 스파징에서는 한 배치에 해당하는 물을 당화조에 다시 부어서 맥아즙을 2차로 분리하여 이 문제를 해결한다. 이렇게 확보하는 2차 맥아즙은 일반적으로 비중이 1.016 이상이다. 연속 스파징에서는 당화 혼합물의 pH가 증가하면서 탄닌이 추출되기 쉬운데 이 문제도 대부분 예방할 수 있다(상세한 정보는 21장 참고). 한 망 양조는 특성상 처음부터 다량의 물을 첨가하여 진행되므로 사전 스파징이 이루어진 것으로 볼 수 있다. 실제로 곡물층에 남아 있는 맥아즙도 배치 스파징에서 1차로 분리된 맥아즙과 비교할 때 비중이 훨씬 낮다.

스파징 방법별 효율

18장 '추출과 수율'에서 소개한 맥아 종류별 추출 수율은 전 세계 수많은 양조장에서 활용하는 전통적인 당화와 여과 방식에 연속 스파징을 실시하는 경우를 토대로 한 결과다. 연속 스파징은 다른 스파징 방법과 견주면 시간이 약간 더 많이 걸리지만 효율은 가장 높다. 배치 스파징을 실시하거나 스파징을 생략하는 경우 또는 한 망 양조를 실시하는 경우 시간이 단축되고 필요한 도구도 적지만 효율이 약간 떨어지므로 부피와 비중이 동일한 맥아즙을 얻으려면 곡물을 조금 더 많이 사용해야 한다. 자가 양조는 곡물에 드는 비용이 상대적으로 저렴한 대신 사용되는 시간과 도구는 더 많은 편이므로, 효율이 덜하더라도 소요 시간은 더 짧은 후자가 유리하다. 예시를 통해 그 차이를 비교해보자.

아래 표 19.1에는 초기 비중이 1.050인 브라운 에일을 각기 다른 스파징 방법을 적용하여 만들 때 곡물의 중량과 효율을 비교한 결과가 나와 있다. 당화 과정을 거쳐 비중이 1.043인 맥아즙을 27리터(7갤런) 만들어서 끓인 후 최종적으로 케그나 병에 담을 맥주를 최소 19리터(5갤런)를 얻기 위해 비중이 1.050인 맥아즙 23리터(6갤런)를 발효조에 담는다고 가정해보자. 양조 효율은 표준적인 연속 스파징 방식을 기준으로 80퍼센트라고 한다면 약 30PPG(250PKL)가 된다. 표 19.2는 미터법 단위를 적용할 경우의 동일한 결과다. 파운드당 쿼트, 킬로그램당 리터 중 어떤 단위로 양조를 진행하느냐에 따라 값에 약간의 차이가 발생하므로 이 두 표의 결과에서 단위를 전환해도 동일한 값이 나오지는 않는다.

각기 다른 스파징 방법으로 비중 1.043인 맥아즙 7갤런(27리터)을 생산한다고 할 때 사용되는 곡물의 양이 달라지고 당화 혼합물의 양도 그와 비슷하게 달라진다. 즉 배치 스파징을 실시할 때 당화 혼합물은 5.9갤런(22리터)이나 스파징을 생략하면 9.5갤런(36리터), 연속 스파징을

표 19-1 | 스파징 방법별 곡물의 중량과 양조 효율 비교

전체 전분 원료	연속 스파징	배치 스파징	스파징 생략	BIAB
페일 에일 맥아(lb.)	8.65	9.45	9.8	8.88
비스킷 맥아(lb.)	0.5	0.55	0.56	0.51
크리스털 60 맥아(lb.)	0.5	0.55	0.56	0.51
초콜릿 맥아(lb.)	0.5	0.55	0.56	0.51
총 중량(lb.)	10.15	11.1	11.5	10.4
곡물당 물 비율(Rv)	1.8	1.8	2.9	2.9
양조 효율	80.0%	73.2%	70.7%	78.0%
당화 혼합물의 총 부피(gal.)	5.5	5.9	9.5	8.6

BIAB: 한 망 양조
참고 사항: 각 전분 원료의 양은 초기 비중이 1.050인 브라운 에일 레시피를 동일하게 적용하고, 5갤런(19리터)의 맥주를 생산하기 위해 총 7갤런(27리터)의 맥아즙을 수거하고 끓여서 6갤런(23리터)을 발효한 경우를 토대로 한 결과다.

표 19-2 | 스파징 방법별 곡물의 중량과 양조 효율 비교, 미터법 단위

전체 전분 원료	연속 스파징	배치 스파징	스파징 생략	BIAB
페일 에일 맥아(kg)	4.0	4.33	4.46	4.1
비스킷 맥아(g)	225	244	251	229
크리스털 60 맥아(g)	225	244	251	229
초콜릿 맥아(g)	225	244	251	229
총 중량(kg)	4.7	5.1	5.2	4.8
곡물당 물 비율(Rv)	3.7	3.7	6.2	6.2
양조 효율	80.0%	73.9%	71.7%	78.6%
당화 혼합물의 총 부피(L)	21.0	22.6	36.4	33.2

BIAB: 한 망 양조
참고 사항: 각 전분 원료의 양은 초기 비중이 1.050인 브라운 에일 레시피를 동일하게 적용하고, 19리터의 맥주를 생산하기 위해 총 27리터의 맥아즙을 수거하고 끓여서 23리터를 발효한 경우를 토대로 한 결과다.

실시하면 5.5갤런(21리터)이 된다. 한 망 양조법을 적용하면 곡물의 중량으로 인해 더 많은 맥아즙이 배출되고 곡물의 수분 보유량은 다른 방법들의 절반가량에 그치므로 배치 스파징을 실시하거나 스파징을 생략할 때와 같은 특징이 나타나지 않는다. 이는 곧 한 망 양조법을 택하면 더 적은 양의 곡물을 사용해서 더 높은 효율로 똑같이 비중 1.043인 맥아즙 7갤런(27리터)을 얻을 수 있다는 뜻이다.

| 연속 스파징의 효율 |

일반적인 연속 스파징의 양조 효율은 75퍼센트에서 80퍼센트 사이로, 대체로 큰 차이가 없다. 양조 효율을 좌우하는 요소는 여과 장비와 균일성이다. 부록 E와 F에 자세한 내용이 나와 있다.

연속 스파징을 실시할 때 필요한 곡물의 중량과 부피는 18장에서 설명한 것과 동일한 방법으로 계산한다. 즉 양조 효율을 80퍼센트로 가정하고 초기 비중과 얻고자 하는 맥주의 최종 부피(또는 끓이기 전 비중과 끓일 맥아즙의 부피)를 30PPG 또는 250PKL(사용하는 단위에 맞게 선택)로 나누면 간단히 구할 수 있다. 양조 효율을 75퍼센트로 잡을 경우 약 28PPG와 234PKL로 나누면 된다. 곡물당 물의 비율(R)은 양조자에 따라 상당히 다양하지만 거의 대부분 2.5~4.0의 범위에 속한다.

| 배치 스파징의 효율 |

앞 장에 나온 그림 18.4에 담긴 의미를 이해하기 위해서는 각기 다른 스파징 방법별 효율의 차이를 알아야 한다. 해당 그래프에는 1차로 분리된 맥아즙의 R과 일반적인 수율에 따른 비중이 나와 있다. 이 1차 맥아즙의 비중을 SG1이라고 하자. 17장에서 중량 기준 곡물당 물의 비율을 설명한 부분을 상기해보면, R(중량 기준 곡물당 물의 비율)은 물의 밀도에 따라 Rv(곡물의 질량 대비 물의 부피 비율)와 관련성이 있고 이를 ρ값으로 나타낸다는 것을 기억할 것이다. 17장에서 설명한 것과 같이 당화 온도에서 ρ값은 0.985kg/L(2.055lb./qt.)이다. 따라서 Rv와 R값을 알면 당화 혼합물 중 맥아즙의 비중을 계산할 수 있다. 맥아즙의 초기 비중을 R이라고 할 때 18장에 제시된 공식을 적용하면 아래와 같은 계산식이 나온다.

SG1 = 259 / {259 − [75 / (R+1)]}

이때,

R = Rv × ρ

참고 사항 | SG1은 1.077 등 특정한 비중으로 계산되나, 뒤에 이어지는 계산에서는 전체 비중

에서 차지하는 정도(즉 비중점), 즉 예시의 경우 77이 적용된다.

배치 스파징은 1차 분리된 맥아즙(SG1)과 2차 분리된 맥아즙(SG2)의 부피가 동일하여 끓이고자 하는 맥아즙의 총 부피를 각각 절반씩 차지할 때 효율이 가장 우수한 방법이다. Rv값은 아래와 같이 끓이려는 맥아즙의 부피와 곡물의 중량을 절반으로 나누어서 구한다.

$$Rv = [Vb + (G \times r)] / 2G$$

이 공식에서,

Vb는 끓일 맥아즙의 부피
G는 곡물의 중량
r은 젖은 곡물의 맥아즙 보유량. 약 1L/kg 또는 0.5qt./lb.로 본다.

위의 계산식을 정리하면,

$$Rv = (Vb / 2G) + r$$

곡물의 중량(G)은 전체 비중에서 차지하는 정도(즉 초기 비중 × 끓인 후 부피 또는 끓이기 전 비중 × 끓일 부피)를 추출 효율을 토대로 예상되는 PPG(1갤런당 1파운드 기준 비중점)나 PKL(1리터당 1킬로그램 기준 비중점)로 나누어서 구할 수 있다.

$$G = \frac{(초기\ 비중 \times 최종\ 부피)}{(최대\ 수율 \times \%\ 추출\ 효율)}$$

또는

$$G = \frac{(끓이기\ 전\ 비중 \times 끓일\ 부피)}{(최대\ 수율 \times \%\ 추출\ 효율)}$$

이 식에서,

최대 수율 = %FGDB 기준, 맥아의 최대 수율을 PPG나 PKL로 나타낸 값.

이번 장 마지막에 있는 표 19.3부터 표 19.8에는 가용성 추출물의 중량을 기준으로 최대 수율을 80%FGDB 기준으로 구한 값인 약 37PPG 또는 307PKL을 적용한 결과가 나와 있다(표 18.5 참고). 위 식에서 양조 효율과 곱하는 최대 수율은 Rv에 따라 50퍼센트에서 85퍼센트의 범위에 해당된다. 이어지는 내용과 같이 배치 스파징을 실시할 때 효율은 반복적인 계산을 통해 구한다.

2차로 분리되는 맥아즙은 젖은 곡물에 함유되어 있다가 정해진 부피만큼 더한 스파징 용수에 희석된다(즉 Vb/2). 2차 맥아즙의 비중인 SG2는 1차 맥아즙의 비중과 관계가 있으며 r과 Rv에 따라 값이 달라진다.

$$SG2 = SG1 \cdot (r/Rv)$$

이 계산식에서 SG1을 특정한 비중이 아닌 비중의 정도(비중점)로 대입해야 한다는 사실을 꼭 기억하자(1.056인 경우 56).

수거된 후 끓임조에서 합칠 맥아즙 전체의 비중을 비중점으로 나타내면 아래와 같다.

$$끓이기 전 비중 = (SG1 + SG2) / 2$$

당화 혼합물의 총 부피(Vm)는 다음과 같다.

쿼트 단위 : $Vm = G (R + 0.38)$
리터 단위 : $Vm = G (R + 0.8)$

위 공식은 곡물의 중량과 Rv가 확정적이지 않다는 문제가 있다. 비중과 부피, 곡물의 중량은 수많은 조합을 이루며 서로 작용하기 때문이다. 그러나 얻고자 하는 맥아즙의 부피와 분리된 각 맥아즙의 종합적인 끓이기 전 비중을 파악할 수 있는 유일한 공식이기도 하다. 따라서 스프레드시트를 활용하거나 조금 더 까다로운 수학을 적용하여 반복 계산하여 값을 도출해야 한다. 표 19.3과 표 19.4를 포함하여 다른 스파징 방법과 관련한 표에 나와 있는 값은 모두 스프레드시트를 이용하여 얻었다(아래 각 방법에 관한 표 참고). 각 표에 포함된 값은 확실성이 높고, 맥아의 분쇄도가 아닌 용해도에 따라 달라진다. 부피와 질량을 정확하게 측정하면 매번 원하는 값을 얻을 수 있다는 의미다.

참고 사항 | 표 19.3과 표 19.4에서 초기 비중이 같을 때 약간 다른 결과가 나온 것을 볼 수 있다. 이는 6갤런, 7갤런이 정확히 23리터, 27리터가 아닌 데서 비롯된 차이다.

| 스파징 생략 시 효율 |

스파징을 생략할 경우 효율은 위에 나온 배치 스파징 효율에 관한 설명 중 첫 절반에 해당하는 내용을 그대로 적용한다. 단, 끓이고자 하는 맥아즙의 총 부피와 1차 맥아즙인 SG1의 비중을 얻기 위해서는 곡물의 양과 곡물당 물의 비율(Rv)을 모두 늘려야 한다. 스파징 생략 시 효율은 표 19.5와 표 19.6에 나와 있다. R에 따른 끓이기 전 비중을 구하는 공식은 배치 스파징에서 1차 맥아즙의 비중을 구하는 공식과 동일하나 Rv 계산 시 2로 나누지 않는 점이 다르다.

$$\text{끓이기 전 비중} = 259 \;/\; \{259 - [75 \;/\; (R+1)]\}$$

이 식에서,

$$Rv = (Vb \;/\; G) + r$$
$$r = 1L/kg \text{ 또는 } 0.5qt./lb.$$

$$G = \frac{(\text{초기 비중} \times \text{최종 부피})}{(\text{최대 수율} \times \text{\% 추출 효율})}$$

또는,

$$G = \frac{(\text{끓이기 전 비중} \times \text{끓일 부피})}{(\text{최대 수율} \times \text{\% 추출 효율})}$$

참고 사항 | 표 19.5와 표 19.6에서 초기 비중이 같을 때 약간 다른 결과가 나온 것을 볼 수 있다. 이는 6갤런, 7갤런이 정확히 23리터, 27리터가 아니라서 발생하는 차이다.

| 한 망 양조 시 효율 |

표 19.7과 표 19.8에 나온 한 망 양조 모형 적용 시 결과는 맥아즙 보유 수준을 나타내는 r 값이 다른 스파징 방법과 견주면 약 절반이라는 점을 제외하면 위에 나온 스파징 생략 모형의 결과와 매우 비슷하다. 이 차이가 발생하는 이유는 곡물이 담긴 망의 무게로 인해 곡물에서 흘러나오는 맥아즙의 양이 더 많기 때문이다. 따라서 한 망 양조에서 r값은 0.5L/kg 또는 0.25qt./lb.으로 적용한다. 분리되는 맥아즙의 부피, 효율, 정해진 끓이기 전 비중에 도달하기 위해 필요한 곡물의 양도 달라진다. 곡물당 물의 비율(Rv)은 스파징을 생략할 때와 동일하나 곡물의 맥아즙 보유 수준이 다르다는 점을 기억하자.

참고 사항 | 표 19.7과 표 19.8에서 초기 비중이 같을 때 약간 다른 결과가 나온 것을 볼 수 있다. 이는 6갤런, 7갤런이 정확히 23리터, 27리터가 아닌 데서 비롯된 차이다.

표 19-3 | 배치 스파징 시 목표 값, 파운드, 쿼트, 갤런 단위

OG	1.030	1.035	1.040	1.045	1.050	1.055	1.060	1.065	1.070	1.075	1.080	1.085	1.090
곡물 중량(lb.)	5.9	7.1	8.3	9.7	11.1	12.6	14.2	15.9	17.8	19.9	22.1	24.5	27.1
PPG	30.5	29.7	28.8	28.0	27.1	26.2	25.3	24.5	23.6	22.7	21.8	20.8	19.9
양조 효율	82.4%	80.2%	77.8%	75.6%	73.2%	70.9%	68.5%	66.1%	63.7%	61.2%	58.8%	56.3%	53.9%
당화 혼합물의 부피(qt.)	17.0	17.5	18.2	18.8	19.5	20.3	21.1	22.0	22.9	23.9	25.0	26.2	27.5
여과된 맥아즙 부피(qt.)	14.0	14.0	14.0	14.0	14.0	14.0	14.0	14.0	14.0	14.0	14.0	14.0	14.0
1차 맥아즙 비중, SG1	1.044	1.050	1.056	1.061	1.067	1.072	1.077	1.082	1.086	1.091	1.095	1.099	1.103
2차 맥아즙 비중, SG2	1.008	1.010	1.013	1.016	1.019	1.022	1.026	1.030	1.034	1.038	1.042	1.046	1.051
끓이기 전 비중	1.026	1.030	1.034	1.039	1.043	1.047	1.051	1.056	1.060	1.064	1.069	1.073	1.077
Rv	2.9	2.5	2.2	1.9	1.8	1.6	1.5	1.4	1.3	1.2	1.1	1.1	1.0
R	5.9	5.1	4.5	4.0	3.6	3.3	3.1	2.8	2.6	2.5	2.3	2.2	2.1
당화 혼합물 부피(gal.)	4.8	5.1	5.3	5.6	5.9	6.3	6.6	7.0	7.4	7.9	8.4	8.9	9.5

OG: 초기 비중, **PPG**: 갤런 기준 파운드당 (비중)점, **R**: 질량 기준 곡물당 물 비율, **Rv**: 곡물의 질량 대비 물의 부피 비율, **SG**: 비중
참고 사항: 각 OG에 따라 총 6갤런(23리터)을 발효하기 위해 7갤런(27리터)의 맥아즙을 끓인 경우를 토대로 도출된 값임. 계산식에 관한 설명은 "배치 스파징의 효율" 참고.

표 19-4 | 배치 스파징 시 목표 값, 킬로그램, 리터 단위

OG	1.030	1.035	1.040	1.045	1.050	1.055	1.060	1.065	1.070	1.075	1.080	1.085	1.090
곡물 중량(kg)	2.7	3.2	3.8	4.4	5.1	5.7	6.5	7.3	8.1	9.0	10.0	11.0	12.2
PKL	255	248	241	234	227	220	213	206	199	192	184	177	170
양조 효율	82.8%	80.6%	78.4%	76.1%	73.9%	71.6%	69.3%	66.9%	64.6%	62.2%	59.5%	57.5%	55.1%
당화 혼합물의 부피(L)	16.2	16.7	17.3	17.9	18.6	19.2	20.0	20.8	21.6	22.5	23.5	24.5	25.7
여과된 맥아즙 부피(L)	13.5	13.5	13.5	13.5	13.5	13.5	13.5	13.5	13.5	13.5	13.5	13.5	13.5
1차 맥아즙 비중, SG1	1.044	1.050	1.056	1.062	1.067	1.072	1.077	1.082	1.087	1.091	1.096	1.100	1.104
2차 맥아즙 비중, SG2	1.007	1.010	1.034	1.038	1.043	1.047	1.051	1.055	1.060	1.064	1.068	1.072	1.077
끓이기 전 비중	1.026	1.030	1.034	1.038	1.043	1.047	1.051	1.055	1.060	1.064	1.068	1.072	1.077
Rv	5.99	5.16	4.54	4.06	3.67	3.35	3.09	2.86	2.67	2.50	2.35	2.22	2.11
R	5.90	5.09	4.48	4.00	3.62	3.30	3.04	2.82	2.63	2.46	2.32	2.19	2.07
당화 혼합물 부피(L)	18.4	19.3	20.4	21.4	22.6	23.8	25.1	26.6	28.1	29.7	21.5	33.4	35.5

OG: 초기 비중, **PKL**: 리터 기준 킬로그램당 (비중)점, **R**: 질량 기준 곡물당 물 비율, **Rv**: 곡물의 질량 대비 물의 부피 비율, **SG**: 비중
참고 사항: 각 OG에 따라 총 23리터를 발효하기 위해 27리터의 맥아즙을 끓인 경우를 토대로 도출된 값임. 계산식에 관한 설명은 "배치 스파징의 효율" 참고.

표 19-5 │ 스파징 생략 시 목표 값, 파운드, 쿼트, 갤런 단위

OG	1.030	1.035	1.040	1.045	1.050	1.055	1.060	1.065	1.070	1.075	1.080	1.085	1.090
곡물 중량(lb.)	6.0	7.3	8.6	10.0	11.5	13.1	14.8	16.6	18.6	20.8	23.2	25.7	28.5
PPG	29.8	28.9	28.0	27.1	26.2	25.3	24.4	23.5	22.5	21.6	20.7	19.8	18.9
양조 효율	80.6%	78.1%	75.6%	73.2%	70.7%	68.3%	65.8%	63.4%	60.9%	58.5%	56.0%	53.6%	51.1%
당화 혼합물의 부피(qt.)	31.0	31.6	32.3	33.0	33.7	34.5	35.4	36.3	37.3	38.4	39.6	40.9	42.3
맥아즙 부피(qt.)	28.0	28.0	28.0	28.0	28.0	28.0	28.0	28.0	28.0	28.0	28.0	28.0	28.0
맥아즙의 SG	1.026	1.030	1.034	1.039	1.043	1.047	1.051	1.056	1.060	1.064	1.069	1.073	1.077
Rv	5.1	4.4	3.8	3.3	2.9	2.6	2.4	2.2	2.0	1.8	1.7	1.6	1.5
R	10.6	8.9	7.7	6.8	6.0	5.4	4.9	4.5	4.1	3.8	3.5	3.3	3.0
당화 혼합물 부피(gal.)	8.3	8.6	8.9	9.2	9.5	9.9	10.3	10.7	11.1	11.6	12.1	12.7	13.3

OG: 초기 비중, **PPG**: 갤런 기준 파운드당 (비중)점, **R**: 질량 기준 곡물당 물 비율, **Rv**: 곡물의 질량 대비 물의 부피 비율, **SG**: 비중
참고 사항: 각 OG에 따라 총 6갤런(23리터)을 발효하기 위해 7갤런(27리터)의 맥아즙을 끓인 경우를 토대로 도출된 값임. 계산식에 관한 설명은 "스파징 생략 시 효율" 참고.

표 19-6 │ 스파징 생략 시 목표 값, 킬로그램, 리터 단위

OG	1.030	1.035	1.040	1.045	1.050	1.055	1.060	1.065	1.070	1.075	1.080	1.085	1.090
곡물 중량(kg)	2.8	3.3	3.9	4.5	5.2	5.9	6.7	7.5	8.4	9.4	10.4	11.5	12.8
PKL	250	243	235	228	221	231	206	199	191	184	177	169	162
양조 효율	81.2%	78.8%	76.4%	74.0%	71.7%	69.3%	66.9%	64.5%	62.1%	59.8%	57.4%	55.0%	52.6%
당화 혼합물의 부피(L)	29.8	30.3	30.9	31.5	32.2	32.9	33.7	34.5	35.4	36.4	37.4	38.5	39.8
맥아즙 부피(L)	27.0	27.0	27.0	27.0	27.0	27.0	27.0	27.0	27.0	27.0	27.0	27.0	27.0
맥아즙 SG	1.026	1.030	1.034	1.038	1.043	1.047	1.051	1.055	1.060	1.064	1.068	1.072	1.077
Rv	10.8	9.1	7.9	6.9	6.2	5.6	5.0	4.6	4.2	3.9	3.6	3.3	3.1
R	10.6	9.0	7.8	6.8	6.1	5.5	5.0	4.5	4.1	3.8	3.5	3.3	3.1
당화 혼합물 부피(L)	32.0	33.0	34.0	35.2	36.4	37.7	39.1	40.5	42.1	43.9	45.7	47.8	50.0

OG: 초기 비중, **PKL**: 리터 기준 킬로그램당 (비중)점, **R**: 질량 기준 곡물당 물 비율, **Rv**: 곡물의 질량 대비 물의 부피 비율, **SG**: 비중
참고 사항: 각 OG에 따라 총 23리터를 발효하기 위해 27리터의 맥아즙을 끓인 경우를 토대로 도출한 값임. 계산식에 관한 설명은 "스파징 생략 시 효율" 참고.

표 19-7 │ BIAB 목표 값, 파운드, 쿼트, 갤런 단위

OG	1.030	1.035	1.040	1.045	1.050	1.055	1.060	1.065	1.070	1.075	1.080	1.085	1.090
곡물 중량(lb.)	5.7	6.8	8.0	9.2	10.4	11.7	13.1	14.5	16.0	17.5	19.2	20.9	22.7
PPG	31.4	30.8	30.1	29.5	28.8	28.2	27.6	26.9	26.3	25.7	25.0	24.4	23.7
추출 효율	84.9%	83.2%	81.4%	79.7%	78.0%	76.3%	74.5%	72.8%	71.1%	69.3%	67.6%	65.9%	64.2%
당화 혼합물의 부피(qt.)	29.4	29.7	30.0	30.3	30.6	30.9	31.3	31.6	32.0	32.4	32.8	33.2	33.7
맥아즙 부피(qt.)	28.0	28.0	28.0	28.0	28.0	28.0	28.0	28.0	28.0	28.0	28.0	28.0	28.0
맥아즙의 SG	1.026	1.030	1.034	1.039	1.043	1.047	1.051	1.056	1.060	1.064	1.069	1.073	1.077
Rv	5.1	4.4	3.8	3.3	2.9	2.6	2.4	2.2	2.0	1.8	1.7	1.6	1.5
R	10.6	8.9	7.7	6.8	6.0	5.4	4.9	4.5	4.1	3.8	3.5	3.3	3.0
총 부피(gal.)	7.9	8.1	8.3	8.4	8.6	8.8	9.1	9.3	9.5	9.8	10.0	10.3	10.6

BIAB: 한 망 양조, **OG**: 초기 비중, **PPG**: 갤런 기준 파운드당 (비중)점, **R**: 질량 기준 곡물당 물 비율, **Rv**: 곡물의 질량 대비 물의 부피 비율, **SG**: 비중

참고 사항: 각 OG에 따라 총 6갤런(23리터)을 발효하기 위해 7갤런(27리터)의 맥아즙을 끓인 경우를 토대로 도출한 값임. 계산식에 관한 설명은 "한 망 양조 시 효율" 참고.

표 19-8 │ BIAB 목표 값, 킬로그램, 리터 단위

OG	1.030	1.035	1.040	1.045	1.050	1.055	1.060	1.065	1.070	1.075	1.080	1.085	1.090
곡물 중량(kg)	2.6	3.1	3.6	4.2	4.8	5.3	6.0	6.6	7.3	8.0	8.7	9.5	10.3
PKL	263	258	252	247	242	237	232	226	221	216	211	206	200
양조 효율	85.3%	83.7%	82.0%	80.3%	78.6%	76.9%	75.2%	73.5%	71.8%	70.1%	68.4%	66.7%	65.1%
당화 혼합물의 부피(L)	28.3	28.6	28.8	29.1	29.4	29.7	30.0	30.3	30.6	31.0	31.4	31.8	32.2
맥아즙 부피(L)	27.0	27.0	27.0	27.0	27.0	27.0	27.0	27.0	27.0	27.0	27.0	27.0	27.0
맥아즙 SG	1.026	1.030	1.034	1.038	1.043	1.047	1.051	1.055	1.060	1.064	1.068	1.072	1.077
Rv	10.8	9.1	7.9	6.9	6.2	5.6	5.0	4.6	4.2	3.9	3.6	3.3	3.1
R	10.6	9.0	7.8	6.8	6.1	5.5	5.0	4.5	4.1	3.8	3.5	3.3	3.1
총 부피(L)	30.4	31.1	31.7	32.4	33.2	33.9	34.7	35.6	36.5	37.4	38.3	39.4	40.4

BIAB: 한 망 양조, **OG**: 초기 비중, **PKL**: 리터 기준 킬로그램당 (비중)점, **R**: 질량 기준 곡물당 물 비율, **Rv**: 곡물의 질량 대비 물의 부피 비율, **SG**: 비중

참고 사항: 각 OG에 따라 총 23리터를 발효하기 위해 27리터의 맥아즙을 끓인 경우를 토대로 도출한 값임. 계산식에 관한 설명은 "스파징 생략 시 효율" 참고.

CHAPTER

20

★ HOW to BREW ★

완전 곡물
양조법으로
맥주 만들기

"이렇게 쉬울 줄 몰랐어요!" 완전 곡물 양조를 처음 시도해본 자가 양조자들이 가장 많이 하는 말이다. 맥아로 만든 곡물을 사용하여 맥아즙을 만드는 과정은 사실 굉장히 쉽다. 곡물을 분쇄해서 뜨거운 물과 섞고, 온도를 확인한 뒤에 기다리기만 하면 맥아즙이 완성된다. 당화를 해볼까 말까 망설이고 여러 가지를 염려하느라 아직 한 번도 시도해본 적이 없다고 이야기하는 사람들, 일단 필요한 자료를 몽땅 숙지한 다음에 시작해야 한다고 생각하는 사람들도 지난 수년 동안 수백 명은 만나보았다. 이런 사람들은 아주 세세한 부분까지 열심히 공들여서 계획을 세우고 실패할 경우를 대비한 시나리오까지 다 준비한 다음에도 누가 좀 도와주기를 기다린다. 이럴 때 나는 이렇게 조언한다. "그냥 해보세요!" 너무 고민할 필요 없다.

　분쇄한 곡물에 뜨거운 물을 섞는 것뿐인데 뭐가 그리 잘못될 수 있단 말인가? 팡, 하고 폭발할 것도 아닌데 말이다. 최악의 상황이 벌어지더라도 곡물과 물이 어디로 가지는 않는다. 가장 흔히 발생하는 실패 사례는 온도 범위가 알맞지 않아서 제대로 전분 전환이 되지 않는 것이다. 그래도 뭐 어떤가! 어쨌든 맥아즙은 만들어진다! 다음에는 더 좋은 결과를 얻을 것이고, 한 번 만들어볼 때마다 배우는 것도 많아진다.

나는 여러분이 이미 몇 가지 스페셜티 곡물을 활용해서 맥주를 몇 번 만들어본 뒤에 이 부분을 읽는 중이기를 바란다. 일단 완전 곡물 양조를 시작하려면 필요한 재료와 양조 용수를 미리 준비하고, 모든 장비와 도구를 깨끗하게 세척해서 살균해 두어야 한다. 또 롤러 제분기가 없으면 양조 용품 파는 곳에 곡물을 가져가서 분쇄하자. 분쇄한 곡물은 서늘하고 건조한 곳에 보관하면 2주 정도까지 신선함이 유지된다.

완전 곡물 양조법으로 처음 맥주를 만들 때 활용할 수 있는 방법은 몇 가지가 있지만 이번 장에서는 두 가지만 설명하고자 한다. 한 망 양조법과 아이스박스로 만든 당화조 겸 여과조(mash and lauter tun, 줄여서 MLT)를 이용하는 방식이다. 이 두 가지 방법 중 하나를 바탕으로 일부만 당화를 실시하는 방법도 있다. 즉 완전 곡물 양조로는 맥아즙을 절반만 만들고 나머지는 맥아추출물로 만든 맥아즙으로 채우는 것이다. 이와 같은 부분 당화 방식은 먼저 만드는 맥아즙(맥아즙 A)으로 당화를 실시한다는 점만 제외하면 맥아즙의 일부만 끓이고 맥아추출물과 스페셜티 곡물을 사용하여 맥주를 만드는 '파머 양조법'과 동일하다. 솥이 그리 크지 않을 때 유용하게 활용할 수 있는 방법이다.

당화조 겸 여과조 활용법과 한 망 양조, 어느 쪽이 좋을까?

당화조 겸 여과조MLT를 활용한 양조는 어떤 방식으로 진행할까? 좋은 질문이다. MLT 양조법은 전통적인 방식에 더 가깝고 상업 양조 시설에서 활용하는 방식과도 매우 흡사하다. MLT 양조에는 각기 분리된 여러 개의 솥이 필요하다. 가장 일반적인 구성은 양조 용수를 끓일 수 있는 온수 탱크와 당화와 여과를 실시할 솥 하나, 그리고 끓임조다. 아이스박스에 매니폴드나 폴스 바텀이 장착된 당화조 겸 여과조는 보온 기능이 있어서 내용물의 온도가 시간당 1~2도 이상 떨어지지 않으므로 매우 유용하다. 효율을 최대한 높이려면 스파징을 실시해야 하는데, 이것도 맥아즙이 끓임조로 배출되는 속도에 맞춰 온수를 부어주기만 하면 된다. 또는 배치 스파징 방식으로 1, 2차 맥아즙을 각각 얻은 다음 나중에 합쳐도 된다.

한 망 양조법은 당화 과정 외에는 곡물을 담그기만 하면 되는 간편한 방식이라 당화를 처음 시도하는 양조자들이 많이 선호한다. 솥 하나로 모든 것이 해결되고 스파징을 실시할 필요도 없다. 당화를 진행하고 곡물 망에서 맥아즙이 배출되도록 한 다음에 끓이면 된다. 단점은 큰 솥이 있어야 하고 MLT 양조법과 비교할 때 한 번에 가열하는 물의 양이 더 많다는 것이다. 또한 흠뻑 젖으면 무게가 9~14킬로그램(20~30파운드) 정도 나가는 뜨거운 곡물을 솥 위로 들어올려서 맥아즙이 빠져나가도록 15분 정도 들고 있어야 하는데, 그 과정에 꽤 많은 힘이 든다는 점도 고려해야 한다(그래서 로프와 도르래를 이용하는 사람이 많다).

　도구를 마련하는 데 드는 비용 면에서는 위의 두 방법에 별 차이가 없다. 한 망 양조에는 MLT 양조에 쓰이는 것보다 더 큰 솥과 대형 곡물 망이 필요하지만 MLT 양조에는 적당한 아이스박스와 폴스 바텀을 마련하는 비용이 든다. 나는 MLT 양조법을 선호하는 편이다. 처음 양조를 시작할 때 배운 방법이기도 하지만, 축약된 방법을 시도하기 전에 구석구석 상세히 아는 것이 중요하다는 생각 때문이기도 하다. 이 책을 앞에서부터 지금까지 충실히 읽은 독자라면 그 구석구석이 무엇을 의미하는지 잘 알 것이다. 그러니 어느 쪽이든 마음에 드는 방법을 택하면 된다.

| 추가로 필요한 도구 |

MLT 양조에 필요한 도구는 아래와 같다.
- 30~38리터(8~10갤런) 크기의 끓임조
- 당화조 겸 여과조로 사용할 38리터(10갤런) 이상의 아이스박스(또는 솥)
- 온수 탱크로 사용할 20리터(5갤런) 크기의 솥

한 망 양조에는 다음 도구가 필요하다.
- 38~56리터(10~15갤런) 크기의 끓임조
- 곡물 망(솥 크기와 동일한 크기)

대형 끓임조
　위의 두 양조법 모두 한 배치에 해당되는 부피를 모두 끓여야 하므로 대형 솥이 필요하다. 그리고 한 망 양조에는 MLT 양조에 사용하는 것보다 더 큰 솥이 필요하다. 56리터(15갤런) 크기면 어느 쪽이든 활용할 수 있다. 한 망 양조는 스파징 단계가 없고 당화 용수와 스파징 용수를 한꺼번에 넣고 끓여야 하므로 한 솥에 당화 혼합물 전체를 담을 수 있어야 한다. 표 19.7과 표 19.8에 일반적인 배치 크기인 19리터(5갤런)를 기준으로 초기 비중에 따라 추정한 총 부피가 나와 있다.

MLT 양조에서 각 단계는 한 망 양조에 사용되는 대형 단일 솥보다 작은 솥으로 진행할 수 있다. 끓임조와 당화조 겸 여과조 모두 대략 37리터(10갤런) 정도 크기면 충분하다. 스파징 용수는 기존에 사용하던 20리터(5갤런)짜리 주전자로 끓이면 되므로 이 주전자를 온수 탱크로 사용하면 된다. 초기 비중에 따라 당화 용수가 15~30리터(4~8갤런) 필요하고 이후 스파징 용수가 11~15리터(3~4갤런) 사용되므로 그에 맞는 크기의 솥으로 준비하자.

곡물 망

한 망 양조에 사용되는 곡물 망은 모슬린 천이나 치즈 만드는 천, 모기장으로 만들 수 있다. 시중에서 판매하는 곡물 망을 구입해서 사용해도 된다. 이러한 제품은 여러 번 재사용해도 될 만큼 아주 튼튼하다. 곡물 망의 크기는 양조에 사용하는 솥 지름과 동일하고 길이는 입구를 끈으로 조여서 닫거나 솥 가장자리에 걸쳐도 될 만큼 충분히 길어야 한다. 당화 단계에 곡물이 망 내부에서 자유롭게 돌아다닐 수 있을 정도로 큼직해야 최상의 결과를 얻을 수 있다. 단, 베개 커버는 곡물 망으로 사용하지 말아야 한다. 배수가 잘 안 되는 데다 나중에 다른 옷과 함께 세탁하면 곡물의 겉껍질이 온통 달라붙을 수도 있다. (혹시나 해서 밝혀두지만 나는 베개 커버를 이용해본 적이 없어서 이런 문제 때문에 식구들이 피부가 가렵다거나 따갑다고 호소하는 일이 생길 가능성이 있는지는 알 수 없다. 애들 옷에 톱밥이 잔뜩 묻은 적은 있지만 말이다.)

당화조 겸 여과조

당화조 겸 여과조를 만드는 방법은 부록 E와 F에 나와 있다. 양조 배치의 규모가 19리터(5갤런)인 경우 34~45리터(36~48쿼트) 크기의 직사각형 아이스박스나 38리터(10갤런) 크기의 음료용 원형 아이스박스가 가장 알맞다. 여기에 곡물을 거르는 도구와 맥아즙을 곡물과 분리할 때 사용할 밸브 또는 사이펀이 추가로 필요하다. 부록 E와 F에 이러한 부속 장비에 관한 내용도 나와 있다. 직접 만들어보는 것도 재미있는 경험이 될 것이다. 아니면 시판 제품을 구입해서 사용해도 된다.

프로판가스나 천연가스로 작동되는 버너

적절한 버너를 고르는 방법은 9장을 참고하기 바란다.

온도계

마지막으로 설명할 도구이자 가장 중요한 도구는 당화 온도를 빠르고 정확하게 측정할 수 있는 좋은 온도계다. 온도를 신속하게 측정하는 디지털 온도계가 가장 적합할 것이다. 온도계를 장착한 양조용 솥도 판매하고 있지만 직접 손에 쥐고 측정하는 온도계가 더 편리한 것 같다.

레시피 예시

지금부터는 다섯 가지 맥아와 부재료를 사용하여 완전 곡물 양조법으로 맥주 만드는 방법을 소개한다. 당화는 단일 온도 침출 방식으로 실시한다. 먼저 완전 곡물 양조의 전 과정을 차례로 살펴본 뒤 각 단계에 적용할 수 있는 몇 가지 방식을 짚어보자. 23장부터 나오는 다양한 레시피 중에 마음에 드는 맥주 스타일이 있으면 레시피를 바꿔서 완전 곡물 양조로 만들어보는 것도 좋은 방법이다.

🌿 오티스 A. 브라운 에일 Oatis A. Brown Ale 🌿

초기 비중: 1.052
종료 비중: 1.013
IBU: 36

색깔: 17SRM (34EBC)
ABV: 5.2%

⋙ 완전 곡물 양조법 ⋘

전분 원료	비중계 값
3.9kg(8.5lb.) 페일 에일 맥아	35
450g(1.0lb.) 캐러브라운 맥아(Carabrown malt)	3
225g(0.5lb.) 귀리 플레이크	2
225g(0.5lb.) 크리스털 80°L 맥아	1
225g(0.5lb.) 아로마 20°L 맥아	2
150g(0.33lb.) 초콜릿 맥아	1
27리터(7갤런) 기준 끓이기 전 비중	1.044
23리터(6갤런) 기준 초기 비중	1.052 (참고 사항 확인!)

당화 스케줄	휴지기 온도	휴지기 시간
전분 전환 휴지기 – 침출	67℃(153℉)	60분
홉 스케줄	**끓이는 시간**	**IBU**
21g(0.75oz.) 호라이즌(Horizon) 12% AA	60분	28
14g(0.5oz.) 이스트 켄트 골딩스(East Kent Goldings) 5% AA	15분	4
최종 IBU		32
효모 종	**투여량(세포 10억 개)**	**발효 온도와 시간**
잉글리시 에일	225	20℃(68℉), 2주

당화 방법

MLT 양조법: 72℃(161℉) 당화 용수를 이용한 단일 온도 침출 방식의 당화 실시, 곡물당 물 비율 4L/kg(2qt./lb.)

한 망 양조법: 70℃(158℉) 당화 용수를 이용한 단일 온도 침출 방식의 당화 실시, 곡물당 물 비율 5.96L/kg(2.85qt./lb.)

목표 당화 온도는 67℃(153℉), 당화 시간은 한 시간이며 당화 중단 단계는 생략한다.

참고 사항: 끓이기 전 비중은 27리터(7갤런) 기준 1.044이며 이는 끓인 후 23리터(6갤런) 기준 1.052에 해당된다. 여분의 물(3.8리터)은 솥과 발효조에서 홉과 브레이크 물질로 흡수된 후 최소 19리터(5갤런)의 맥주를 얻기 위해 필요한 양이다.

초콜릿 맥아는 110~225그램(0.25~0.5파운드) 범위에서 짙은 맛을 얼마나 원하는지에 따라 조절한다.

홉은 취향대로 무엇이든 사용할 수 있다. 중요한 것은 끓이는 시간과 총 IBU로, 홉이 맥아의 특성을 해치지 않는 것이다. 나는 영국산 홉을 사용했으나 미국, 유럽, 태평양 지역 등 다른 지역의 홉을 사용해도 된다(표 5.3에 비교 정보가 나와 있다).

≫≫ 부분 당화 방식 ≪≪

맥아즙 A

0.9kg(2.0lb.) 페일 에일 맥아
450g(1.0lb.) 캐러브라운 맥아(Carabrown malt)
225g(0.5lb.) 크리스털 80˚L 맥아
225g(0.5lb.) 귀리 플레이크

맥아즙 B

1.8kg(4lb.) 페일 에일 LME
150g(0.33lb.) 초콜릿 맥아

부분 당화 방식 적용

처음부터 곧바로 많은 양을 취급하면서 당화를 진행하는 것은 결코 쉽지 않은 일이다. 1장에서 소개한 파머 양조법은 부분 끓이기 방식을 통해 소량의 당화 혼합물로도 복합성과 신선함을 갖춘 맥아즙을 만들 수 있고 1~2파운드(450~910그램)가량의 맥아추출물을 사용하므로 발효성도 충분히 확보할 수 있다. 여러 장비를 두고 사용하기에는 부엌 공간이 좁은 소형 아파트에서 맥주를 만드는 사람들에게 특히 매력적인 방법일 것이다. 나도 처음에는 부분 당화 방식으로 맥주를 만들었고, 아주 흡족한 결과를 얻었다.

부분 당화도 일반 당화와 똑같은 방식으로 실시되고 부피만 줄어들 뿐이다. 먼저 한 망 양조나 MLT 양조법 중 맥아즙 A로 11.4리터(3갤런)을 만든다. 맥아추출물과 스페셜티 곡물을 동시에 사용하면 캐러멜맥아나 로스팅한 맥아와 같은 스페셜티 곡물만 한정되지 않고 실제로 당화를 진행할 수 있는 이점이 있다. 맥아즙 A에는 베이스 맥아와 스페셜티 맥아 대부분이 사용되고 맥아즙 B는 맥아추출물로 만들지만 여기서도 로스팅한 맥아와 같은 스페셜티 맥아를 부분적으로 사용할 수 있다(침출). 맥아즙에 담갔다가 식기 전에 꺼내면 된다.

당화는 19리터(5갤런)짜리 솥을 가스레인지에 올려서 실시하거나 그보다 작은(12~15리터 또는 12~16쿼트) 쿨러를 마련하고 소형 매니폴드를 장착해서 사용해도 된다. 기존에 쓰던 음료용 소형 아이스박스가 있다면 부록 E에 나온 설명과 같이 드롭 인 매니폴드를 설치해서 활용할 수 있다.

MLT 양조법

대형 끓임조에 당화 용수를 끓여서 당화를 진행할 곡물이 담긴 당화조 겸 여과조에 그 물을 붓고, 높이가 그보다 낮은 곳에 둔 끓임조로 맥아즙을 받는 것이 기본적인 과정이다(그림 20.1). 스파징 용수는 소형 주전자에 끓이면 된다. 당화가 완료되면 맥아즙의 일부를 당화조 겸 여과조에서 재순환시켜 맑게 만들어서 대형 끓임조에 모은다. 그리고 스파징 용수를 당화조 겸 여과조에 붓고 곡물과 섞어서 재순환 과정을 거친 뒤 다시 맥아즙을 얻는다. 여기까지는 배치 스파징 방식이고, 연속 스파징도 비슷하나 물을 소량만 붓거나 맥아즙이 끓임조로 천천히 빠져나갈 때 호스로 용수를 공급한다는 차이가 있다. 스파징 방법은 19장에서 상세히 설명했으므로 참고하도록 하자.

| 당화 시작하기 |

1. 당화 용수 끓이기

당화에 필요한 물을 넉넉하게 끓인다. 처음 계획보다 온수가 더 많이 필요한 경우가 많으므로 물은 항상 여유 있게 충분히 끓여두자. 곡물당 물 비율은 4L/kg(2qt./lb.)이므로 물은 20리터(21쿼터) 또는 5갤런 이상 필요하다. 따라서 끓임조 두 개 중 더 큰 솥에 23리터(6갤런) 정도의 물을 담아서 끓이면 된다. 이와 같은 곡물당 물 비율(또는 당화 비율)로 당화 온도인 67℃(153℉)를 맞추려면 혼합 시 초기 온도가 72℃(161℉)여야 한다. 또한 솥에서 소실되는 열을 고려하여 당화 용수를 74℃(165℉)까지 가열해야 하는 경우도 있다. 이때 당화 혼합물의 온도는 69℃(156℉)가 될 가능성이 있는데, 그러면 맥아즙의 덱스트린 특성이 생각했던 것보다 강해지지만 발효성에는 문제가 없다. 그러므로 곡물과 혼합한 후 목표 온도에서 1~2도 정도 벗어나더라도 염려할 필요 없다. 혼합 시 필요한 계산식은 17장에 나와 있다.

양조용 염에 관한 사항 : 물에 양조용 염을 넣을 계획이라면 지금 넣으면 된다. 황산칼슘은 오히려 찬물에서 더 잘 녹는 점을 기억하기 바란다. 양조용 염은 당화 단계에 첨가해도 된다. 레시피에 맞게 양조 용수를 조정하는 방법은 22장에 나와 있다.

그림 20-1

두 솥 중에서 더 큰 쪽에 당화 용수를 데우고 작은 쪽에 스파징 용수를 끓이면 된다.

2. 솥 예열

끓인 물을 4리터(1갤런) 정도 아이스박스에 부어서 내부를 미리 데워둔다. 끓인 물을 붓고 골고루 저어준 다음 다시 스파징 용수가 담긴 주전자에 부으면 된다. 예열해 두면 당화 단계에서 온수를 첨가할 때 솥이나 아이스박스로 빼앗기는 열을 막을 수 있으므로 곡물과 물의 혼합까지 고려한 복잡한 계산을 하지 않아도 된다.

3. 곡물 투입

물에다 곡물을 부어도 되고, 곡물에다 물을 부어도 된다. 열역학적으로는 곡물에다가 물을 붓는 것이 효소 활성에 더 좋지만, 이때 곡물의 맨 아래층에 물이 닿지 않는 부분이 생길 수 있다. 개인적인 견해로는 당화조 겸 여과조로 사용할 솥에 정해진 양의 물부터 담고 거기에 곡물을 넣는 편이 더 수월한 듯하다. 곡물을 부으면서 잘 저어주자. 전부 충분히 젖도록 세게 저어주고 뭉쳐진 곡물은 부순다.

4. 온도 확인

당화 혼합물의 온도를 측정하여(그림 20.3) 목표 온도인 67℃(152℉)로 안정화되었는지 확인하자. 최소한 65~68℃(150~155℉)의 범위에 속해야 한다. 온도가 너무 낮으면[63℃(145℉)에 가까운 경우 등] 온수를 더 붓고 온도가 너무 높으면[71℃(160℉)] 찬물을 넣어서 식힌다. 지금 우리가 만드는 맥주는 레시피에 정해진 당화 혼합물의 최대 온도가 69℃(156℉)다. 이 온도를 지켜야 보디감이 적당하고 달콤한 맛이 나면서 발효도가 우수한 맥아즙을 만들 수 있다.

5. 온도 조절

나는 온도를 확인해보니 64℃(156℉)로 약간 낮은 편이라 끓인 물을 1.4리터(1.5쿼트) 첨가하여 67℃(152℉)로 만들었다. 뜨거운 물을 첨가하는 경우 열이 골고루 퍼지도록 잘 저어주어야 한다(그림 20.4).

그림 20-2

곡물과 당화 용수를 섞는 모습. 나는 물에다 곡물을 넣는 것이 더 편하지만 반대로 해도 상관 없다. 모든 곡물이 충분히 젖고 당화 혼합물 전체가 일정한 온도를 유지할 수 있도록 구석구석 꼼꼼하게 저어주자.

그림 20-3

곡물과 물을 섞고 나면 온도를 확인한다.

그림 20-4

당화 혼합물의 온도를 조절하는 모습. 이 사진에서 나는 온도를 3°C(4°F) 정도 올려 67°C(152°F)로 만들기 위해 끓인 물 1.4리터(1.5쿼트)를 붓고 있다.

그림 20-5

당화 시작 시점(t=0)에 당화 혼합물의 모습. 전분으로 인해 색이 뿌옇다.

그림 20-6

당화 시작 후 60분이 경과했을 때의 모습(t=60). 큼직한 곡물 낟알과 겉껍질 일부가 표면에 떠 있다. 전분 때문에 뿌옇던 맥아즙은 맑아지고 아주 좋은 냄새가 난다.

당화 상태 모니터링

6. 당화 과정 모니터링

당화가 시작되면 온도가 냉각되는 지점이 생기지 않고 전분 전환이 균일하게 이루어질 수 있도록 한 시간 동안 15~20분 간격으로 저어주어야 한다. 저어줄 때마다 혼합물의 온도를 확인하자. 당화 시간이 길어지더라도 온도가 3℃(5℉) 미만으로 떨어졌다면 그대로 두면 된다. 한 번 저어준 다음에는 다시 저을 때까지 뚜껑을 덮어둔다. 이러한 과정을 60분간 반복한다. 당화 시작 후 30분 내에 온도가 62℃(145℉) 이하로 떨어졌다면 온수를 추가해서 온도를 다시 올릴 수 있다(그림 20.4).

7. 스파징 용수 데우기

당화를 진행하는 동안 두 솥 중에서 작은 쪽에 스파징 용수를 데운다(그림 20.7). 한 배치에 필요한 스파징 용수는 약 13.25리터(3.5갤런)이며 온도는 끓기 전인 73~80℃(165~175℉)가 적당하다. 스파징 용수가 너무 뜨거우면 곡물의 겉껍질에서 탄닌 성분이 추출될 확률이 높아진다.

| 여과 실시 |

자, 이제 한 시간이 지나고 당화 혼합물이 처음과 약간 다른 모습이 되었다. 맥아즙은 투명해지고 아주 향긋한 냄새가 날 것이다(그림 20.6).

8. 재순환(포어라우프)

당화조에 달린 밸브를 천천히 열고 처음 나오는 맥아즙을 2리터(2쿼트) 정도 물병에 받는다. 색이 뿌옇고 곡물이 섞여 있을 것이다. 이 최초 맥아즙은 다시 곡물층 위에 부어서 재순환시킨다. 배출된 맥아즙이 거의 투명한 상태가 될 때까지(여과하지 않은 사과 식초 색깔과 비슷하다) 이 과정을 반복한다. 진한 호박색에 전체적으로 약간 흐릿하지만 뿌옇지 않아야 한다. 보통 물병에 맥아즙을 받아 재순환하는 과정을 두 번 정도 거치면 맑은 맥아즙을 얻을 수 있다(그림 20.8).

9. 여과

재순환을 거쳐 맑은 맥아즙이 나오기 시작하면 끓임조를 채우기 시작한다(그림 20.9). 먼저 천천히 솥을 채우자. 맥아즙이 배출되는 속도가 너무 빠르면 곡물층이 압축되어 스파징이 제대로 진행되지 않는다. 약 13.25리터(3.5갤런)의 맥아즙을 끓임조에 천천히 받는다.

10. 스파징 용수 첨가

밸브를 잠그고 물병으로 스파징 용수를 떠서 당화조 겸 여과조에 붓는다. 여러 번 붓고 남은 용수는 통째로 들어서 모두 쏟아부으면 된다(물이 뜨거우니 조심해야 한다). 잔여 추출물이 맥아즙으로 최대한 많이 빠져나갈 수 있도록 곡물을 세게 저어준다(그림 20.10). 남아 있던 전분이 이 단계에 용해되어 당으로 전환될 수도 있으므로, 잔여 알파 아밀라아제가 나머지 전분까지 당으로 바꿀 수 있도록 15분 정도 그대로 두어도 무방하다. 이렇게 새로 만들어진 맥아즙도 재순환 과정을 거친 후 끓임조로 옮긴다. 총 27리터(7갤런)의 맥아즙이 끓임조에 모여야 한다.

그림 20-7

당화를 진행하면서 두 솥 중에서 작은 솥에 스파징 용수를 데운다.

그림 20-8

처음 배출된 맥아즙은 2리터(2쿼터)가량 물병에 받아서 재순환시킨다. 이때 배출되는 맥아는 색이 뿌옇고 곡물이 약간 섞여 있다. 물병에 받은 최초 맥아즙은 다시 곡물층 위에 부어서 재순환되도록 한다. 맥아즙이 거의 투명해질 때까지(여과되지 않은 사과 식초처럼) 이 과정을 반복하고 딸려 나온 곡물을 제거한다. 맥아즙은 진한 호박색에 전체적으로 약간 흐릿하지만 뿌옇지 않아야 한다.

그림 20-9

1차 맥아즙을 끓임조로 옮긴다.

그림 20-10

스파징 용수를 물통 하나 분량씩 덜어서 붓는다. 여러 번 붓고 남은 용수는 통째로 들어서 모두 쏟아부으면 된다. 곡물 등이 다시 물에 떠오르도록 잘 저어주면서 남아 있는 추출물이 모두 빠져나오도록 한다.

11. 배수가 안 되는 경우

맥아즙이 흘러나오다가 멈추면 스파징을 하다가 막힌 것으로 볼 수 있다. 이 문제를 해결하는 방법은 크게 두 가지다. 액체가 배출되는 호스에 역류를 흘려보내서 매니폴드 내부에 막힌 물질을 없애거나, 밸브를 닫은 후 온수를 추가로 붓고 잘 저어서 당화 혼합물을 다시 부유 상태로 만드는 것이다. 재순환도 다시 실시해야 한다. 곡물을 너무 미세하게 분쇄하거나 부재료가 지나치게 많을 때 이런 일이 발생할 수 있지만 그리 자주 있는 일은 아니다. 이 두 가지 방법으로도 해결되지 않으면 왕겨를 두 줌 정도 추가해서 저어주면 대부분 해결된다.

12. 양조 효율 계산하기

끓임조에 수거한 맥아즙은 (먼저 저어준 다음) 비중을 측정한다. 측정한 값에 수거된 맥아즙의 리터(또는 갤런)에 따른 비중점을 곱하고 양조에 사용된 곡물의 킬로그램(또는 파운드)으로 나눈다. 결과가 235PKL(또는 28PPG) 정도로 나오면 양조 효율은 대략 75퍼센트로 볼 수 있다. 레시피상에서 초기 비중이 높으면 수율과 효율이 떨어질 수 있다. 농도가 높을수록 부피는 줄어들기 때문이다. 그러나 지금 우리가 참고하는 레시피는 이에 해당하지 않는다. 그런데도 수율이 65퍼센트 정도로 낮다면 당화 과정에서 전분 전환이 제대로 이루어지지 않은 결과일 수 있다. 곡물을 너무 거칠게 분쇄했거나, 온도가 맞지 않았거나 당화 시간이 충분하지 않은 것, 또는 당화 혼합물의 pH가 적절치 않은 것 등을 원인으로 떠올릴 수 있지만, 사실 효율을 떨어뜨리는 가장 흔한 원인은 제대로 여과되지 않은 것이다. 즉 스파징 용수가 곡물과 제대로 섞이지 않거나 맥아즙을 너무 빠른 속도로 배출시킨 것이 원인일 수 있다. 부록 E와 F에 이와 관련한 문제가 상세히 나와 있다.

13. 끝!

자, 남은 곡물 찌꺼기를 쓰레기통에 비우기만 하면 다 끝났다! 완전 곡물 양조법으로 처음 맥아즙을 만들어낸 것이다! 남은 양조 과정은 맥아추출물을 이용한 양조와 동일하다. 맥아즙을 끓이고, 홉을 넣고, 냉각해서 발효를 진행하면 된다. 완전 곡물 양조로 만든 맥아즙은 맥아추출물을 이용할 때보다 브레이크 물질이 더 많이 생기는 편이다. 맥아즙을 다 끓일 때쯤 아이리시 모스를 첨가하면 콜드 브레이크가 일어나 찌꺼기가 덩어리로 생기는 현상을 막고 맑은 맥주를 만드는 데 도움이 된다. 맑은 맥주를 만드는 방법에 관한 정보는 부록 C를 참고하기 바란다.

한 망 양조 *BIAB*법

한 망 양조에서는 대형 곡물 망을 큰 끓임조에 넣어서 당화를 진행한다. 따라서 MLT 양조에서 당화와 스파징에 사용하는 용수를 당화 단계부터 전부 한꺼번에 사용한다. 당화가 완료되면 곡물 망을 솥에서 들어 올려 맥아즙이 흘러나오도록 한다. 이 모든 과정을 거쳐 끓임조에는 목표 비중에 맞는 맥아즙 27리터(7갤런)를 확보해야 한다. 스파징이나 재순환 단계는 없다. 그대로 곡물 망을 제거하고 남은 맥아즙을 끓이면 된다. 한 망 양조로 만든 맥아즙은 색이 탁한(즉 뿌연) 경향이 있으나 완성된 맥주는 대부분 맑다.

한 망 양조법으로 오티스 A. 브라운 에일을 만들 때 주의할 점

- 망 양조법은 배치 스파징보다 수율이 높다. 따라서 페일 에일 맥아의 양을 레시피에 나온 3.86킬로그램(8.5파운드)에서 3.63킬로그램(8파운드)으로 줄인다.
- 곡물을 너무 곱게 갈지 말아야 한다. 일반 분쇄도로 준비해야 맥아즙이 수월하게 배출된다.
- 한 망 양조법은 곡물당 물의 비율이 높다. 따라서 곡물과 혼합하는 당화 용수의 온도가 MLT 양조법에서 일반적인 곡물당 물의 비율에 해당하는 당화 용수의 온도보다 낮다.

| 당화 시작하기 |

1. 망에 곡물 넣기

곡물을 분쇄하여 망에 넣는다. 망의 크기는 안에서 곡물이 밀착되지 않고 당화를 실시할 때 망 속에서 이리저리 움직일 수 있을 만큼 충분히 커야 한다. 밀도도 내용물을 휘저을 수 있을 정도로 유지되어야 한다.

2. 양조 용수 데우기

당화에 사용할 물을 충분히 데운다. 19장(표 19.7과 표 19.8)에 나온 한 망 양조법의 효율에 관한 표를 참고하면 원하는 초기 비중을 얻기 위해 필요한 물의 양을 손쉽게 정할 수 있다. 현재 우리가 참고하는 레시피에서는 초기 비중이 1.052이므로 4.9킬로그램 또는 10.85파운드의 곡물을 기준으로 각각 29.5리터 또는 31쿼트(7.75갤런)의 물이 필요하다(그림 20.11). 중량 기준

그림 20-11

솥에 물 29.5리터(7.75갤런)를 채우고 물에 담글 곡물 망을
준비한다.

그림 20-12

물이 당화 온도로 데워지면 곡물 망을 넣는다.

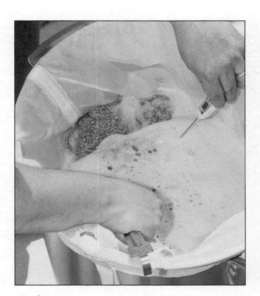

그림 20-13

한 망 양조법으로 당화를 진행하면서 온도를 측정하는 모습.

그림 20-14

당화 온도를 더 높이기 위해 버너를 켤 경우, 곡물이 눌어붙
거나 뜨거운 열기에 망이 녹지 않도록 곡물 망을 위로 들어
올린다.

곡물당 물의 비율은 약 6이다(즉 R≈6). 17장에서 알아본 건조 곡물의 혼합 공식에 따라 당화 용수의 온도를 아래와 같이 계산할 수 있다.

$$Tw = [(S / R) \times (T2 - T1)] + T2$$

위 공식에 값을 대입하면,

$$Tw = [(0.4 / 6) \times (152 - 70)] + 152$$
$$= 157.6°F$$

69.7℃(157.6°F)보다는 반올림하여 70℃(158°F)로 정하는 것이 낫다.

양조용 염에 관한 사항 : 물에 양조용 염을 넣을 계획이라면 지금 넣으면 된다. 황산칼슘은 오히려 찬물에서 더 잘 녹는다는 점을 기억하기 바란다. 양조용 염은 당화 단계에 첨가해도 된다. 레시피에 맞게 양조 용수를 조정하는 방법은 22장에 나와 있다.

3. 곡물 망 담그기

물의 온도가 당화 온도까지 올라가면, 즉 70℃(158°F)에 도달하면 버너를 끄고 곡물 망을 담근다(그림 20.12). 망 안쪽과 바깥쪽을 골고루 저어주면 곡물 전체가 물에 충분히 적셔진다.

4. 온도 확인

곡물 망이 물에 충분히 젖은 뒤 온도를 확인한다(그림 20.13). 당화 혼합물의 온도는 67℃ (152°F) 정도여야 하며 66~68℃(150~155°F)의 범위에 들면 된다. 잘 저어준 뒤 뚜껑을 덮어 두면 온도를 균일하게 유지하는 데 도움이 된다. 바깥 공기가 차갑다면 두꺼운 담요나 침낭으로 솥을 감싸는 방법도 있다.

당화 상태 모니터링

5. 필요하면 추가로 가열하기

약 15분 간격으로 당화 혼합물의 온도를 측정한다. 온도가 60℃(140℉) 아래로 내려가면 버너를 켜고 몇 분간 가열해야 하는데, 솥을 가열하는 동안에는 곡물 망을 바닥과 몇 인치 떨어진 높이로 들어 올려야 한다(그림 20.14). 또 열이 골고루 확산되도록 잘 저어주고 곡물 망을 위아래로 흔들어준다. 1~2분 가열하고 버너를 끈 다음 다시 온도를 확인한다. 일정한 온도를 유지하도록 당화 혼합물을 잘 저어야 한다.

| 여과 – 한 망 양조 방식 |

6. 곡물 망에서 맥아즙 제거하기

당화 과정은 총 60분이 걸린다. 이 시간이 모두 지나면 곡물 망을 들어 올려 맥아즙이 모두 배출되도록 한다(그림 20.15). 이때 망에 담긴 곡물의 무게로 인해 MLT 양조에서 배치 스파징을 할 때보다 더 많은 양의 맥아즙을 얻을 수 있다. 최종적으로 비중 1.043인 맥아즙 27리터 (7갤런)를 확보해야 한다.

그림 20–15

나는 맥아즙이 흘러나오도록 곡물 망을 고리에 걸어둘 수 있는 간단한 거치대를 나무로 직접 만들었다. 여기에 망을 걸면 짜내지 않아도 끓임조에 담길 27리터(7갤런)의 맥아즙을 얻을 수 있다.

곡물 망을 짜는 것 : 남은 한 방울까지 모두 얻으려고 곡물 망을 손으로 눌러 짜는 것은 그리 권장하지 않는다. 레시피에 명시된 중량과 부피는 손으로 짜내는 부분을 감안하지 않고 얻은 결과다. 게다가 내가 구운 곡물을 이용하여 직접 실험해본 결과 손으로 망을 짜내면 맥주 맛이 거칠어진다.

7. 끝!

이제 곡물을 버리고(망은 남겨두고!) 맥아즙을 끓인다. 한 망 양조법은 원래 스파징 단계가 따로 없다. 오늘날 양조에 사용하는 맥아는 용해도와 당화력이 높은 편인데, 이것이 한 망 양조법을 적용하는 데 문제가 되지는 않는다. 전체적으로 간단하고 모든 과정을 마친 후에 정리할 도구가 별로 없는 간편한 양조법이다.

CHAPTER

21

★ HOW to BREW ★

잔류 알칼리도, 맥아의 산도, 당화 혼합물의 pH :

남들에게 물어보지 못했던
당화 혼합물 pH에 관한 모든 것

여기서는 당화를 갓 시작한 초보 양조자라면 차라리 모르는 것이 나을지도 모를 내용을 이야기하려고 한다. 사실 어떤 물을 사용하든, 분쇄한 맥아와 섞어서 적정 온도를 유지하면 맥아즙이 만들어진다. 이 책의 1장에 나온 양조의 최우선 요소 다섯 가지를 떠올려보면 그중에 물이 포함되지 않았다는 사실을 기억할 것이다. 좀 더 현실적으로 이야기해보자. 분말 수프를 끓이거나 가공식품으로 나온 마카로니 앤드 치즈를 조리할 때, 혹은 커피를 끓일 때 어떤 물을 사용할지 크게 신경 쓰는 사람은 별로 없을 것이다. 물맛이 아주 이상하지만 않으면 음식 맛에 영향을 주지 않을 테니까 말이다.

　하지만 정말 특별한 커피를 만들고 싶다면, 물의 맛과 성분은 한층 더 중요한 요소가 될 것이다. 전문 요리사가 만든 음식과 전문 양조자가 만든 맥주가 다른 음식이나 맥주와 달리 많은 사람들에게 찬사를 받는 데에는 다 이유가 있다. 특히 세심한 부분까지 관심을 기울이고 관리하는 노력이 큰 차이를 만든다. 이들은 세세한 부분에 주의를 기울이고 파악함으로써 결과를 통제한다. 맥주는 액체로 된 식품이고, 그와 같이 세심한 부분까지 신경 쓰려면 물이 양조 과정과 맥주 맛에 어떤 영향을 미치는지 알아야 한다. 양조 용수에 관한 논의는 상당히 복잡한 편이지만, 최대한 명료하게 논리적인 흐름에 따라 설명할 생각이다.

물이 맥주에 끼치는 영향을 이해하기 위해서는 아래 여섯 가지 핵심 개념을 알아야 한다.

1. 맥주는 음식이고 양조는 요리다.
2. 물의 출처(수원)를 알아야 한다.
3. 잔류 알칼리도가 당화 혼합물의 pH를 좌우하는 초석이다.
4. 당화 혼합물의 pH는 물과 맥아의 화학적인 특성으로 결정된다.
5. 당화 혼합물의 pH가 맥주의 pH를 결정한다.
6. 맥주의 pH가 맥주 맛을 좌우한다.

맥주는 음식, 양조는 요리

맥주는 음식이고 맥주를 만드는 것은 요리이자 발효에 해당한다. 요리사가 근사한 식사를 만들어내는 것처럼 여러분은 양조 마스터로서 근사한 맥주를 만들어낼 수 있다. 핵심은 양조든 요리든 만드는 과정에서 모든 측면에 세밀한 관심을 기울이는 것이다. 재료의 질과 비율, 만드는 기술도 포함된다. 지름길을 택하지 않고, 모든 과정이 맥주의 맛에 영향을 주는 사실을 고려해야 한다.

맥주를 만들 때 가장 먼저 신경 써야 하는 것은 맥주의 맛이다. 음식의 맛은 어떤 측면 혹은 특성에 좌우될까? 정답은 pH와 양념이다. 나는 이 점을 설명할 때 스파게티 소스에 자주 비유하곤 한다. 슈퍼마켓에서 구입할 수 있는 일반적인 스파게티 소스를 먹어보면 썩 감동적인 맛을 느낄 수 없다. 적당히 달달하고 단조로운 정도일 뿐 복합적인 맛은 부족하다. 아이들이야 틀림없이 좋아하겠지만 미각이 아이들보다 섬세한 어른들 입맛에는 썩 내키지 않는다. 가공하지 않은 음식만 내놓는 이탈리안 레스토랑에서 아침마다 새로 만든 신선한 스파게티 소스는 그와 전혀 다른 맛을 선사한다. 신선한 토마토의 신맛을 무엇으로 대체할 수 있을까! 재료의 맛이 모두 살아 있는 최고의 스파게티 소스를 만들려면 소스의 pH 균형이 맞아야 한다. 즉 토마토의 또렷한 신맛과 진한 맛이 조화를 이루어야 한다. 균형이 맞지 않으면 복합적인 맛을 낼 수 없다. pH를 조절하여 소스의 맛 균형을 맞추고 나면 그때부터는 양념으로 각자 선호하는 특정한 맛을 강화하는 등 맛을 더 미세하게 조절할 수 있다.

맥주도 마찬가지다. 맥주의 pH는 혀로 느껴지는 맛을 조절하고, 양조 용수의 특성을 좌우하는 무기질은 음식의 양념과 같은 역할을 한다. 무기질은 두 가지 방식으로 맥주에 맛을 더한다. 하나는 황산염과 염화물의 상대적인 비율을 통해, 다른 하나는 물에 함유된 무기질의 총량을 통해서다. 이번 장 끝부분에서 이 부분에 대해 좀 더 자세히 이야기하기로 하자.

어떤 물로 맥주를 만들고 있을까 - 검토 항목

양조 용수로 어떤 물을 사용하느냐에 따라 무기질 조성이 달라진다. 호수, 강, 개울과 같은 지표수는 무기질 함량이 낮고 조류, 물고기, 수많은 미생물과 같은 유기물의 함량이 높다. 반면 지하수는 유기물 함량이 낮고 칼슘, 나트륨, 중탄산염 등 무기질이 다량 용해되어 있다. 거주 지역에 따라 사용하는 물은 지표수나 지하수 중 한 가지이거나 두 가지가 혼합된 물일 수도 있다. 여름에는 지표수가, 겨울에는 지하수가 공급되는 등 계절에 따라 수원이 바뀌는 경우도 있다. 그로 인해 무기질 조성이 달라지면 당화 혼합물과 맥아즙, 맥주의 pH에도 큰 영향을 미친다.

일반적으로 지표수는 지하수보다 미생물을 철저히 관리해야 하며 여름철에는 상수도 시설에서 처리하는 염소의 양이 늘어나 양조에 문제가 될 수 있다. 또 무기질 함량이 부족하지만 염을 첨가하여 손쉽게 보충할 수 있고 이를 통해 pH와 맛을 조절할 수 있다. 지하수는 상수도 시설에 탄산칼슘 성분이 돌처럼 굳어 관이 막히는 문제가 발생하기 쉬워서 석회를 처리하는 등 연화 처리를 거쳐 물의 경화를 막는 절차를 거치기도 한다. 양조자에게는 결코 달갑지 않은 일이다. 물의 경도는 물속에 녹은 칼슘이온과 마그네슘이온의 양에 따라 결정되고 이 두 가지 이온 모두 맥주 양조와 발효 과정에 긍정적인 영향을 끼친다. 영구적인 경화 현상은 황산염, 염화물 등 가용성이 매우 높은 염에 함유되어 있던 칼슘과 마그네슘이 용해된 이온 상태로 계속 존재하는 것이 원인이고, 일시적인 경화는 물을 가열하거나 끓일 때 탄산칼슘 스케일(석회 덩어리)로 쌓인 탄산염에서 흘러나온 칼슘과 마그네슘이온이 원인일 수 있다.

가정용 연수기는 물에 함유된 칼슘과 마그네슘이온은 제거하고 알칼리도를 결정하는 중탄산이온은 그대로 남겨둔다. 따라서 물의 pH도 산성 pH일 때보다 부식성이 낮은 알칼리 pH(7.0~9.0)의 범위에 해당하므로 상수도 파이프에 설치하면 도움이 된다. 그렇지만 당화 혼합물의 목표 pH는 5.2~5.6인 만큼 당화에는 도움이 될 리 없다. 알칼리 pH에서는 당화 혼합물의 pH가 올라가고 이로 인해 추출물에서 불쾌한 탄닌 맛이 나거나 홉의 쓴맛이 더욱 강할 수 있다. 또 맥주의 pH가 높아지면 전체적인 맛이 흐릿해진다. 맥주 양조법을 알려주는 책들을 보다 보면 물의 일시적 경도를 없애야 한다는 내용을 자주 접하는 이유도 이 때문이다. 즉 물의 경도를 없애는 것이 아니라 경도로 인한 알칼리도를 없애야 한다.

알칼리도는 물에 녹은 탄산염 종류 전체의 합을 뜻한다. 알칼리도는 물의 pH를 모든 종류의 탄산염이 이산화탄소와 탄산으로 용해되는 지점인 pH 4.3으로 맞추려면 농도를 알고 있는 산성 물질을 얼마나 첨가해야 하는지 측정하는 산 적정법으로 확인할 수 있다.

이렇게 산 적정법으로 측정한 알칼리도를 '총 알칼리도' 또는 '일반 알칼리도', 'M 알칼리도'로 칭한다. 또 편의상 총 알칼리도는 탄산칼슘 스케일이 발생할 가능성을 나타내기 위해 '총 알칼리도, 탄산칼슘($CaCO_3$)의 ppm 농도'로 환산하여 표기한다(상수도 시설을 관리하는 이들에게는 이것이 아주 중요한 문제이기 때문이다). 이처럼 물의 총 경도와 총 알칼리도를 모두 탄산칼슘($CaCO_3$)의 ppm 농도로 나타낸다. 무기질 농도 단위에 관한 설명은 아래 상자를 참고하기 바란다.

양조에 사용하는 물과 그 물이 맥주에 끼치는 영향을 조절하기 위해서는 양조 용수에 무엇

무기질 농도 단위

물에 용해된 무기질 농도는 이온의 농도로 측정하며 보통 리터당 밀리그램(mg/L)이나 백만분율(ppm)으로 나타낸다. 1킬로그램에 100만 밀리그램이 포함되었다는 의미이고 물 1리터의 중량은 (약) 1킬로그램이므로 이 두 단위는 사실상 동일하다. 즉 무엇이든 물 1리터에 1밀리그램이 들어 있다면 농도는 1ppm이라는 의미다. 그리고 35mg/L = 35ppm으로도 쓸 수 있다.

그런데 알칼리도를 이야기할 때 "$CaCO_3$(탄산칼슘)의 ppm 농도"는 이와 약간 다른 의미가 있다. 우선 이온의 농도는 반응성과도 관련이 있다는 점부터 짚고 넘어가자. 예를 들어 나트륨 1몰이 염소 1몰과 반응하면 염화나트륨 1몰이 만들어진다.

$$Na + Cl \rightarrow NaCl$$

이 개념을 이해하기 위해서는 모든 원소와 화합물은 1 '몰'에 해당하는 입자(즉 원자나 분자)의 수가 정확히 같은 점부터 알아야 한다. 어떤 물질이건 1몰은 그 화학물질을 구성하는 원자나 분자가 6.02×10^{23}개라는 의미다. 이와 같은 몰 단위의 개념은 물에 녹아서 전하를 띠는

입자(이온)에도 적용된다. 나트륨은 이온 전하가 +1이고 염소는 −1이므로 위의 반응식은 나트륨 이온(Na^+) 1몰이 염화이온(Cl^-) 1몰과 반응하였다고 설명하는 것이 좀 더 정확하다. 따라서 두 이온의 반응 당량은 1이다.

$$Na^+ + Cl^- \rightarrow NaCl$$

나트륨 이온 1몰 = 1당량이고 마찬가지로 염화이온 1몰 = 1당량이다. 당량은 화학반응에서 1몰에 해당하는 전하, 즉 수소이온(H^+) 1몰이나 전자(e^-) 1몰을 뜻한다.

자, 이제 물질의 전하가 1 이상일 때 당량이 어떻게 되는지 알아보자. 칼슘의 이온 전하는 +2이므로 칼슘이온 1몰이 염화이온 2몰과 반응하면 1몰의 염화칼슘이 만들어진다.

$$Ca^{2+} + 2Cl^- \rightarrow CaCl_2$$

칼슘이온(Ca^{2+})의 전하가 +2라는 것은 이온 하나당 전하가 −1인 염화이온 두 개와 반응한다는 의미다. 그러므로 칼슘이온 1몰은 2당량이다. 화합물인 염화칼슘 역시 몰당 2당량이다. 즉 칼슘 2당량과 염화 2당량이지 합쳐서 4라고 하지는 않는다.

이온이나 화합물의 당량 무게는 원자나 분자의 질량을 전하의 양을 나누어서 구하는데, 항상 그런 것은 아니지만 원자가와 동일한 경우가 많다. 염소의 원자량은 35.5이므로 염소의 당량 무게는 35.5/1 = 35.5라는 결과가 나온다. 또 칼슘의 당량 무게는 원자량 40을 칼슘이온의 당량인 2(즉 +2 전하)로 나누어야 하므로 원자량의 절반인 40/2 = 20이다.

탄산칼슘은 염화칼슘과 동일하다. 칼슘이온(Ca^{2+})의 이온 전하는 +2, 탄산이온(CO_3^{2-})의 이온 전하는 −2이고 탄산칼슘의 분자량은 100이므로 당량 무게는 100/2 = 50이다.

물 샘플의 총 알칼리도는 물 1리터를 pH 4.3으로(pH 시약인 메틸 오렌지가 노란색에서 빨간색으로 바뀌는 지점) 만드는 데 필요한 산의 밀리 당량을 측정하여 구한다. 예를 들어 물 1리터당 산을 3밀리 당량만큼 넣어야 pH가 4.3으로 떨어진다고 가정해보자. 이때 물 샘플의 총 알칼리도는 3mEq/L이다. 산의 밀리 당량에 탄산칼슘의 당량 무게인 50을 곱하면 $CaCO_3$의 ppm 농도로 바꿀 수 있으므로, 산 3mEq는 $CaCO_3$ 150ppm과 같다. ("$CaCO_3$의 ppm 농도"는 바로 이러한 계산에서 비롯됐다.)

칼슘과 마그네슘의 농도는 대부분 mg/L 또는 ppm 단위의 이온 농도로 제시되지만 탄산칼슘 밀리 당량으로 나올 때도 있다. 칼슘의 당량 무게는 20이고 마그네슘의 당량 무게는 12.1이므로 물 샘플의 칼슘이온 농도가 60ppm, 마그네슘이온 농도가 12ppm이라면 아래와 같이 각 이온의 당량수를 탄산칼슘의 당량 무게와 곱해서 칼슘의 경도와 총 경도를 계산할 수 있다.

이온 당량(mEq) = 이온 농도(ppm) / 이온의 당량 무게

　　　　　　= 60ppm / 20

　　　　　　= 3mEq Ca^{2+}

$CaCO_3$ 환산 경도(ppm) = 이온 당량 × $CaCO_3$의 당량 무게

　　　　　　　　　= 3mEq × 50

　　　　　　　　　= $CaCO_3$으로서 150ppm

동일한 방식으로 마그네슘의 경도를 구하면 12ppm / 12.1은 1mEq Mg^{2+}이므로 $CaCO_3$ 환산 경도는 50ppm이라는 결과가 나온다. 총 경도는 칼슘과 마그네슘 경도를 더한 것, 즉 3mEq + 1mEq = 4mEq이다. 결론적으로 총 경도는 $CaCO_3$ 환산 경도로 200ppm이다.

이 들어 있는지 알아야 한다. 양조 용수가 맥주에 끼치는 영향은 칼슘, 마그네슘, 총 알칼리도 ($CaCO_3$ 기준), 황산, 염화이온, 나트륨까지 총 여섯 가지 이온에 따라 달라진다. 지금부터 하나씩 살펴보자.

| 칼슘 |

- 원자량 = 40
- 당량 무게 = 20
- 권장 범위 = 50~150ppm

칼슘이온(Ca^{2+})은 맥주 양조에 가장 중요한 역할을 하는 이온으로, 당화와 발효 과정에서 수많은 생화학적 반응에 보조인자로 작용한다. 당화 혼합물에서는 고온과 특정 pH 환경에서 알파 아밀라아제를 안정화하고 발효에서는 찌꺼기와 효모를 각각 뭉치게 하여 맥주를 맑게 만든다. 칼슘 자체는 아무런 맛이 없지만 맥주에 칼슘이 없으면 맛이 싱거워진다. 또 칼슘이온은 맥아의 인산염과 반응하여 당화 혼합물의 pH를 낮춘다.

양조 용수의 칼슘이온 권장 농도는 알코올 도수가 낮은 라거와 에일의 경우 최소 50ppm이다. 일반적으로 당화에서 좋은 결과를 얻고 여과 시 pH를 안정시키려면 100~150ppm 범위가 적절하나, 가벼운 맥주에는 너무 과한 농도일 수 있다. 칼슘이온의 농도가 200ppm을 넘어가

면 맥주에서 광물 맛이 난다. 여기에 제시한 농도는 칼슘이온 자체의 농도이며 탄산칼슘 환산 경도는 이 ppm 농도를 20으로 나누고 50을 곱해서 구한다.

| 마그네슘 |

- 원자량 = 24.3
- 당량 무게 = 12.15
- 권장 범위 = 0~40ppm

마그네슘이온(Mg^{2+})은 칼슘이온이 작용하는 반응 중 많은 부분을 함께 하면서 돕는다. 효모 생장에 반드시 필요한 영양소로 최소 농도는 5ppm이지만, 대체로 맥아에 효모가 필요로 하는 양이 전부 함유되어 있다. 양조 용수에서 칼슘이온의 농도가 지나치게 높으면 효모 세포에서 마그네슘이 칼슘으로 대체될 수 있는 것으로 알려져 있으나, 여러 자료를 살펴봐도 어떤 환경에서 이렇게 교체되는지는 찾을 수 없었다. 양조 용수에 마그네슘이 함유되지 않았다면 마그네슘염을 첨가하는 것이 좋다. 마그네슘이온의 농도가 80ppm을 초과하면 맥주에서 시큼하고 쓴맛이 나지만 20~40ppm의 범위라면 포터, 스타우트와 같은 흑맥주의 맛을 강화해준다고 알려져 있다. 탄산칼슘 농도로 환산한 마그네슘의 경도는 마그네슘이온의 농도를 12.15로 나누고 50을 곱하면 구할 수 있다.

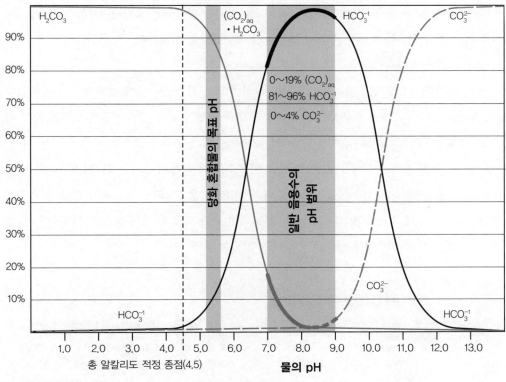

20℃ 조건에서 물의 pH에 따른 탄산염의 종류

H_2CO_3

$(CO_2)_{aq}$
· H_2CO_3

HCO_3^{-1}

CO_3^{2-}

90%

80%

70%

60%

50%

40%

30%

20%

10%

일반 침출물의 pH 표준

일반 음용수의 pH 범위

$0{\sim}19\%\ (CO_2)_{aq}$
$81{\sim}96\%\ HCO_3^{-1}$
$0{\sim}4\%\ CO_3^{2-}$

CO_3^{2-}

HCO_3^{-1}

HCO_3^{-1}

1.0 2.0 3.0 4.0 5.0 6.0 7.0 8.0 9.0 10.0 11.0 12.0 13.0

총 알칼리도 적정 종점(4.5)

물의 pH

그림 21-1

pH가 높은 환경에서는 탄산이온(CO_3^{2-}), pH가 중간 수준일 때는 중탄산이온(HCO_3^-)이 존재하며 pH가 낮은 환경에서 물에 녹은 이산화탄소와 화학적인 평형을 이룰 경우 탄산(H_2CO_3)이 매우 낮은 농도로 존재한다.

| 탄산칼슘 농도 기준 총 알칼리도 |

- 분자량 = 100

- 당량 무게 = 50

- 권장 범위 = 0~100ppm

대부분의 페일 맥주는 양조 용수에서 알칼리 특성이 나타나지 않는 것이 좋지만 색이 짙은 일부 맥주에서는 알칼리 특성이 오히려 도움이 될 수 있다. 탄산염은 물에 탄산이온(CO_3^{2-})이나 중탄산이온(HCO_3^-), 탄산(H_2CO_3)까지 세 종류 중 하나로 존재한다(화학적인 형태로 구분). (탄산은 사실상 매우 작은 양만 존재하고 대부분 이산화탄소가 물에 녹은 형태를 띤다). 이 세 종류의 상대적인 비율은 물의 pH에 따라 달라진다. 음용수의 pH는 7.0에서 9.0이고 대부분 8.0에서 8.5 사이다. 이러한 일반 음용수에 가장 높은 비율로 존재하는 탄산염은 중탄산이온(HCO_3^-)으로 pH 8.0~8.5 범위에서 물에 함유된 전체 탄산염의 98퍼센트를 차지한다. 그림 21.1에 이와 같은 구성이 그래프로 나와 있다.

탄산염의 활성으로 결정되는 알칼리도는 물의 주요한 완충 시스템에 해당하며 당화 혼합물과 맥아즙의 완충 기능을 좌우하는 핵심 요소이기도 하다. 앞에서 이미 설명한 것처럼, 일반적으로 알칼리도로 인해 당화 혼합물의 pH가 높아지면 여러 문제가 발생할 수 있다. 그러나 이와 동시에 특성 자체가 산성을 띠는, 색이 진한 스페셜티 맥아로 당화를 진행하면 pH가 지나치게 낮아지지 않도록 막아주는 역할을 한다. 탄산염의 알칼리도가 낮으면(약 50ppm) 맥주에서 싱거운 맛이 나고 높으면(100~150ppm) 포터, 스타우트와 같은 흑맥주 양조 시 완충제 역할을 할 뿐만 아니라 맥주에서 시큼한 맛이 나지 않도록 방지한다.

완충제란 무엇일까?

완충제는 pH의 변화에 따라 물질과 결합하거나 물질을 분해하여 pH의 변화를 억제하거나 저지하는 화합물이다. 중탄산이온도 음용수에 가장 많이 사용되는 완충제에 속한다. 중탄산이온(HCO_3^-)은 산성 환경에서 수소이온을 흡수하여 탄산(H_2CO_3)을 형성하고 반대로 알칼리 환경에서는 수소이온을 내놓고 탄산이온(CO_3^{2-})이 된다. 반응식으로 나타내면 아래와 같다.

$$H_2CO_3 \leftrightarrow HCO_3^- \leftrightarrow CO_3^{2-}$$

| 황산염 |

- 원자량 = 96
- 당량 무게 = 48
- 권장 범위 = 대부분 맥주는 50~150ppm, 페일 에일과 IPA 맥주는 150~400ppm

황산이온(SO_4^{2-})은 맥주에 홉의 특성을 두드러지게 하고 더욱 드라이하고 상쾌한 맛을 느끼게 한다. 황산이온의 기능과 특히 잘 어울리는 홉 계열과 맥주 유형이 있다. 페일 에일과 IPA 스타일의 맥주에는 쓴맛과 드라이한 맛이 더욱 두드러지도록 하기 위해 황산이온을 150ppm 이상 사용하는 경우가 많다. 반면에 독일 맥주인 헬레스*Helles*나 쾰시*Kölsch*와 같은 맥주에는 부드러운 맥아의 맛을 과도한 쓴맛이 해치지 않도록 낮은 농도 범위(50~75ppm)를 유지해야 한다. 노블 홉은 황산이온과 잘 어울리지 않는 편이며, 유황 맛이 강하게 날 수 있다.

황산이온은 당화 혼합물이나 맥아즙의 pH에 영향을 미치지 않는다.

| 염소 |

- 원자량 = 35.4
- 당량 무게 = 35.4
- 권장 범위 = 50~150ppm

염화이온(Cl^-)과 염소 원소는 같지 않다. 양조 용수에서도 원소 상태의 염소나 클로라민이 잔류하면 맥주 맛에 문제를 일으킬 수 있지만 염화이온은 그렇지 않다. 염화이온은 맥아 맛을 강조하고 맛을 더욱 풍부하고 달콤하게 만든다. 그러나 150ppm 이상 함유되면 발효가 덜 된 맛 또는 느끼한 맛이 느껴진다. 염화이온이 과량(300ppm 이상) 함유되었다면 맥주의 투명도와 맛의 안정성을 해치고 양조 장비가 부식될 수 있다.

염화이온은 당화 혼합물이나 맥아즙의 pH에 영향을 미치지 않는다.

| 나트륨 |

- 원자량 = 22.9
- 당량 무게 = 22.9
- 권장 범위 = 0~100ppm

나트륨이온(Na^+)은 염화이온과 마찬가지로 맥아의 특성이 두드러지게 하는 역할을 한다. 문제는 너무 과도한 양이 함유된 경우가 많다는 것이다. 나트륨이온은 칼슘, 마그네슘, 중탄산, 황산이온 등 다른 이온과 결합하여 쇠 맛이 난다. 양조 용수에서는 나트륨의 농도를 100ppm 미만으로 유지해야 하며, 과량의 나트륨은 역삼투 처리로만 제거할 수 있다.

나트륨이온은 당화 혼합물이나 맥아즙의 pH에 영향을 미치지 않는다.

| 물의 pH |

물의 pH는 별로 중요하지 않은 요소로 꼽힌다. pH로 물의 화학적인 활성을 알 수 있지만 맥주 양조와는 무관하기 때문이다. 우리에게 중요한 것은 물이 아닌 당화 혼합물의 화학적 활성과 pH다. 물의 pH로 얻을 수 있는 유일한 정보는 경도와 알칼리도의 균형이다. 무기질의 조성이 완전히 다른 물도 pH는 동일할 수 있으나 양조에 사용하면 당화 혼합물의 pH에 각기 전혀 다른 영향을 미치고, 그로 인해 맥주 맛도 달라진다. 물의 pH가 높은 것은 산도보다 알칼리도가 높다는 의미인데, 알칼리도가 정확히 어느 정도인지는 알 수 없다. 시소 양쪽에 꼬마 아이 둘을 각각 앉혀놓았을 때와 덩치 큰 고릴라 두 마리를 앉혀 놓았을 때를 비교하면 아이들이 앉은 시소가 훨씬 더 쉽게 움직이는(즉 완충력이 낮은 것) 것에 비유할 수 있다. 물의 pH를 알면 유용하겠지만 그 정보로는 양조 용수의 안정성이나 당화 혼합물의 pH에 어떤 영향을 미칠지 실질적인 판단을 내릴 수 없다. 중요한 것은 물에 함유된 무기질의 농도이며, 그 이유는 다음 절에서 설명할 잔류 알칼리도에서 확인할 수 있다.

당화 혼합물 pH의 토대, 잔류 알칼리도

물의 경도는 당화 혼합물의 pH를 낮추고, 물의 알칼리도는 당화 혼합물의 pH를 높인다. 이러한 영향이 결합되어 나타나는 것이 잔류 알칼리도(residual alkalinity, 줄여서 RA)다. 당화 혼합물의 pH에 직접적인 영향을 미치고 그에 따라 맥아즙과 맥주의 pH에 영향을 미친다는 점에서 이 잔류 알칼리도는 여러분이 사용하는 물이 맥주에 얼마나 영향을 미칠지 예측할 수 있는 가장 중요한 지표라 할 수 있다.

> 맥주를 만드는 전체 과정에서 pH를 조절하는 핵심 단계는 당화 과정이다. 이 단계에서 완충제의 구성과 형식에 중대한 영향이 발생할 수 있고, 이는 맥아즙과 맥주에 뒤이어 영향을 미칠 수 있기 때문이다. (Taylor, 1990, p.135)

표 21-1 | 이온 농도의 변환계수

얻고자 하는 단위	알고 있는 단위	계산 방법
Ca^{2+} mEq/L	Ca^{2+} ppm	20으로 나눈다.
Ca^{2+} ppm	Ca^{2+} mEq/L	20을 곱한다.
Ca^{2+} ppm	$CaCO_3$로서 Ca^{2+} 경도	50으로 나누고 20을 곱한다.
Ca^{2+}의 $CaCO_3$ 환산 경도	Ca^{2+} ppm	20으로 나누고 50을 곱한다.
Ca^{2+}의 $CaCO_3$ 환산 경도	$CaCO_3$ 농도 기준 총 경도	칼슘은 총 경도의 4/5로 가정하는 경우가 많으므로, 이 비율로 추정한다.
$CaCO_3$ mEq/L	$CaCO_3$ ppm	50으로 나눈다.
$CaCO_3$로서 알칼리도	HCO_3^- ppm	61로 나누고 50을 곱한다.
HCO_3^- mEq/L	HCO_3^- ppm	61로 나눈다.
HCO_3^- ppm	$CaCO_3$ 농도 기준 알칼리도	50으로 나누고 61을 곱한다.
Mg^{2+} mEq/L	Mg^{2+} ppm	12.1로 나눈다.
Mg^{2+} ppm	Mg^{2+} mEq/L	12.1을 곱한다.
Mg^{2+} ppm	Mg^{2+}의 $CaCO_3$ 환산 경도	50으로 나누고 12.1을 곱한다.
$CaCO_3$로서 Mg^{2+} 경도	Mg^{2+} ppm	12.1로 나누고 50을 곱한다.
$CaCO_3$로서 Mg^{2+} 경도	$CaCO_3$ 농도 기준 총 경도	마그네슘은 총 경도의 1/5로 가정하는 경우가 많으므로 이 비율로 추정한다.
$CaCO_3$로서 총 경도	Ca^{2+}의 $CaCO_3$ 환산 경도와 Mg^{2+}의 $CaCO_3$ 환산 경도	두 값을 더한다.

Ca^{2+} : 칼슘이온, $CaCO_3$: 탄산칼슘, HCO_3^- : 중탄산이온, mEq/L : 리터당 밀리당량, Mg^{2+} : 마그네슘이온, ppm : 백만분율

| 당화 혼합물의 pH는 어떤 기능을 할까? |

16장에서 살펴본 바와 같이 당화 혼합물의 pH는 온도 다음으로 당화 단계의 효소 활성을 좌우하는 중요한 요소다. 당화 시 효소의 활성도는 보통 최적 pH와 온도 그래프에서 종 모양으로 나타난다. 효소는 고온 환경이나 pH가 지나치게 높고 낮은 환경, 혹은 그러한 조건이 공존하는 환경에서 변성될 수 있다. 변성이란 효소의 3차원 형태가 비가역적으로 변형되는 것을 의미하고, 변성된 효소는 전분, 단백질 등 정상적으로라면 결합해야 할 기질과 더 이상 결합하지 못한다. 따라서 당화 혼합물의 pH는 용해도는 물론 가용성 질소와 총 질소의 농도, 여과도, 발효도, 수율에 중대한 영향을 미칠 수 있다.

위에서 테일러 박사가 언급한 것처럼 당화 혼합물의 pH는 당류와 단백질, pH 완충제를 포

함한 맥아즙의 조성을 결정하며, 이 조성에 따라 이후 이어지는 양조 과정의 성과가 달라진다.

| 당화 혼합물의 최적 pH |

당화 혼합물의 최적 pH는 얼마일까? 상황에 따라 다르다. 즉 어떤 기준을 최적화하느냐에 따라 달라진다. 당화 혼합물에는 다양한 그룹의 효소가 존재하고 각 그룹마다 여러 유형의 효소가 포함된다. 그리고 유형별로 최적 활성을 나타내는 조건이 다르다. 단백질 분해에 가장 알맞은 온도와 pH를 맞춘다고 해서 반드시 여과도와 발효도에서 최상의 결과를 얻을 수 있는 것은 아니다. 발효도가 최상이라고 해서 수율이 가장 우수한 것도 아니다. 각각의 특성에는 고유한 최적 조건이 있다. 예를 들어 브릭스 연구진(Briggs et al, 1981, 279)은 pH 5.45~5.65일 때 수율이 가장 우수하다고 밝힌 반면, 브램포스와 심슨(Bramforth and Simpson, 1995)은 pH 5.55~6.05에서 가장 높은 수율을 얻을 수 있다고 밝혔다(두 자료 모두 실온에서 샘플의 pH를 측정했다). 또 『양조와 맥아 제조 기술Technology Brewing and Malting』(Kunze 2014, 227)을 보면 알파 아밀라아제와 베타 아밀라아제의 최적 활성 조건은 pH 5.5~5.6이라고 나와 있으나 나중에 해당 책의 저자는 가장 우수한 맥아즙의 pH는 5.2라고 언급한다(참고로 맥주의 pH는 4.3±0.1이다). 아마도 페일 라거를 기준으로 설명한 것 같다.

최적 pH는 온도 조건과 함께 두 가지 방식으로 다양하게 결정된다. 첫 번째로 모든 수용액은 온도에 따라 pH가 바뀐다. 온도가 높으면 분자가 더 많이 녹고 더욱 활발히 이온화되므로 pH도 바뀌는 것이다. 맥아즙의 경우 실온에서 당화 온도로 온도 조건이 바뀔 때 일반적으로 수용되는 pH 변화의 폭은 0.3 정도 감소하는 것이다(온도 상승 = 당화 혼합물의 pH 감소). 그러나 당화 혼합물의 pH가 바뀌는 이유도 생각해야 한다. 맥아즙의 구성 요소, 즉 이온, 펩타이드, 산의 활성이 온도 변화에 반응하여 변하는 것이 그 이유임을 감안하면, 맥주의 종류마다 맥아즙도 다양하고 온도 변화로 인한 변화의 폭도 모두 다르다는 의미임을 알 수 있다. 실험으로 확인된 결과를 보면 실온[20~25℃(68~77℉)]에서 당화 온도[65~70℃(149~158℉)]로 바뀔 때 pH는 0.27~0.38의 범위에서 변화하는 것으로 나타났다.[1] 그러므로 양조 과학자들은 실온에서 확인했거나 측정한 pH가 얼마인지에 초점을 맞추고, 전문 양조 단체들은 모두 당화 혼합물과 맥아즙, 맥주의 pH를 보통 20~25℃(68~77℉)에 해당하는 '실온'에서 측정하는 것을 표준

---

1 A.J. deLange(미발표 자료); Hansen and Geurts(2015)

절차로 정했다.

최적 pH를 생각할 때 고려해야 할 두 번째 사항은 특정 단계에서 가장 적합한 pH는 해당 단계의 온도에 따라 달라질 수 있는 점이다. 예를 들어 콜바흐와 하세*Kolbach and Haase*[2]는 전분 추출(특정 맥아에서 추출) 시 최적 pH는 온도 변화에 따라 비선형적 패턴으로 변화한다고 밝혔다. 이들의 연구 결과에 따르면 50℃(122°F)에서는 4.9~5.3, 60℃(140°F)에서는 5.1~5.5, 65℃ (149°F)에서는 5.5~5.9가 최적 pH인 것으로 나타났다.

또 온도를 제외하더라도 최적 pH는 당화 혼합물의 pH를 조정하기 위해 사용한 물질에 의해서도 달라질 수 있다. 브램포스와 심슨(Bramforth and Simpson, 1995)은 황산을 이용하여 당화 혼합물의 pH를 조정할 경우 최상의 여과도를 얻기 위한 pH가 4.4~4.6 범위인데 염화칼슘을 사용하면 이 범위가 5.1~5.5로 바뀐다는 사실을 확인했다. 황산과 염화칼슘을 동시에 사용하면 최적 pH의 범위도 위 두 범위의 중간쯤이 될 것으로 예상할 수 있다.

그렇다면 정답은 무엇일까? 유일한 정답 같은 건 없다. 여러 가지 요소와 양조자가 우선시하는 것이 무엇이냐에 따라 최적 pH 범위가 정해지기 때문이다. 일반적으로 당화 혼합물의 최적 pH가 무엇이냐고 할 때는 최적 수율을 얻기 위한 조건이라는 의미도 담겨 있다. 주요 참고 자료를 보면 수율(전분 전환과 추출)을 기준으로 한 당화 혼합물의 최적 pH는 5.5~5.8의 범위인 것으로 보인다. 마찬가지로 주된 참고 자료들에는 당화 혼합물의 pH가 이보다 낮아야 맥주의 맛과 투명도, 맛의 안정성이 좋아진다는 내용이 담겨 있다. 그러므로 당화 혼합물의 목표 pH는 보통 실온[20~25℃(68~77°F)]에서 측정했을 때 5.2~5.6의 범위라는 것이 공통적인 견해다. 이 범위 내에서 각자의 양조 방식과 레시피, 맥주의 유형에 따라 구체적인 pH 목표를 정하면 된다. 실험에서는[3] 페일 맥주는 당화 혼합물의 pH가 5.2~5.4로 낮은 범위일 때 맛이 좋고 흑맥주는 당화 혼합물의 pH가 그보다 약간 더 높은 5.4~5.6일 때 더 나은 경향이 있는 것으로 나타났다.

---

2 P. Kolbach and G. W. Haase, 『*Wochenschrift für Brauerei*』 56(1939) : 143

3 존 파머, 콜린 카민스키(Colin Kaminski), 마틴 브룬가드(Martin Brungard), AJ 들랑주(AJ DeLange)

당화 혼합물의 pH 측정과 pH 측정기, 그 밖의 정보

당화 혼합물의 pH는 맥아즙이 당화 휴지기에 진입한 시점에서 5~10분 사이에 샘플을 소량 떠서 얕은 그릇에 담아 온도가 실온과 가까워지도록 식혀서 측정한다. pH는 소수점 둘째 자리까지 측정할 수 있는 감도와 최소 ±0.05의 정확도를 갖춘 보정된 pH 측정기로 측정해야 한다. 양조자라면 당화 혼합물의 pH를 0.1의 차이까지 정확하게 구분할 필요가 있다. pH 검사지로는 pH 5와 6의 차이만 구분할 수 있고, 소수점 첫째 자리까지 측정할 수 있는 저렴한 pH 측정기도 이런 검사지보다 썩 나은 대안이라고 하기는 힘들다.

한 시간에 걸쳐 당화가 진행되는 동안 당화 혼합물의 pH는 천천히 내려간다는 사실을 꼭 기억하자. 전분 전환은 비교적 빠르고 효소는 활성 최적 범위가 아닌 pH와 고온 환경으로 인해 빠르게 변성된다. 이는 곧 당화 혼합물의 pH가 너무 낮거나 높을 경우 바로잡으려고 해도 소요 시간이 길어서 효과를 얻기 어렵다는 것을 의미한다. 그보다는 다음 양조 때 물이나 레시피를 변경하는 등 사전에 계획을 세워서 적용하는 편이 낫다. 일단은 만들어진 맥아즙을 그대로 활용하라. 최상의 결과는 얻지 못하겠지만 어쨌든 맥아즙이라는 점에는 변함이 없다.

온도는 pH 측정 시 두 가지 방식으로 영향을 미친다. 첫째, pH 측정기에 달린 탐침기의 전기 화학적 반응은 온도 변화에 따라 달라진다. 둘째, 맥아즙의 화학적 활성도 온도 변화에 영향을 받는다. 이 두 가지 요소가 모두 여러분이 pH 측정기로 얻는 측정값을 좌우한다.

산성 용액의 pH를 측정하기 위해 pH 측정기를 보정할 경우, pH 4~7의 보정용 완충 용액을 사용한다. 이와 같은 수용액은 명시된 pH를 20~25℃(68~77℉)의 실온 조건에서 가장 정확하게 나타내는 완충 용액이다.

현대식 pH 측정기는 '자동 온도 보정' 기능이 있다. 고온에서 탐침의 전기화학적 반응이 바뀌는 것을 보완해주는 기능이다. 즉 보정 온도가 달라져도 탐침의 보정 상태가 유지되도록 한다. 그러나 수용액의 온도가 변하는 데 따른 pH 변화는 조정하지 못한다. 양조자들이 당화 혼합물과 맥아즙, 맥주의 pH를 표준화하고 특별한 언급이 없는 한 실온 조건에서 값을 측정하는 이유도 이 때문이다.

맥아즙이 아직 뜨거울 때 pH를 측정할 수도 있지만, 그러면 측정기의 탐침 수명이 단축되고 맥아즙마다 온도 변화에 따른 pH 변화 폭이 다양하게 나타난다는 사실을 유념하기 바란다(대략 pH 0.3 범위). 당화 혼합물과 맥아즙, 맥주의 pH는 다른 언급이 없는 한 실온에서 측정하고 기록하는 것이 양조 표준 절차로 여겨진다.

| 당화 혼합물의 pH 조절 |

당화 혼합물의 pH는 어떻게 조절할 수 있을까? 한 가지 방법은 염과 산성 물질로 양조 용수의 잔류 알칼리도를 조정하는 것이다. 독일의 양조 과학자인 파울 콜바흐*Paul Kolbach*는 1953년, 3.5당량(Eq)의 칼슘이온이 맥아에 있던 인산이온과 반응하여 1Eq의 수소이온을 발생시키고 이에 따라 물의 알칼리도가 1Eq만큼 '중화'된다고 밝혔다. 물의 경도에 영향을 미치는 또 다른 이온인 마그네슘이온도 칼슘이온과 동일한 작용을 하지만 물의 알칼리도를 1Eq만큼 중화시키려면 7Eq가 필요하므로 영향을 미치는 범위는 더 작다.

칼슘이온과 마그네슘이온의 화학반응으로 알칼리도가 중화되는 과정에는 효소의 활성이나 산성 물질 휴지기가 필요치 않다. 그리고 중화되지 않고 남은 알칼리도는 다시 잔류 알칼리도가 된다. 앞에서 설명한 바와 같이 잔류 알칼리도는 물의 경도와 알칼리도가 당화 혼합물의 pH에 경쟁적으로 영향을 미친 결과다. 증류수(잔류 알칼리도 = 0)를 이용한 당화 혼합물을 기준으로 잔류 알칼리도가 양의 값이면 당화 혼합물의 pH는 증가하고 음의 값이면(즉 알칼리도보다 경도가 높으면) 당화 혼합물의 pH는 감소한다. 부피를 기준으로 할 때 물의 경도와 알칼리도 사이의 관계는 아래와 같이 표현할 수 있다.

$$\text{잔류 알칼리도(mEq/L)} = \text{알칼리도(mEq/L)} - \left[\left(\frac{Ca^{2+} \text{ mEq/L}}{3.5}\right) + \left(\frac{Mg^{2+} \text{ mEq/L}}{7}\right)\right]$$

위 식에서 mEq/L는 리터당 밀리당량으로 정의한다.

이와 같은 관계는 탄산칼슘 농도(ppm)로 환산해서 나타낼 수 있다.

$$\text{잔류 알칼리도(탄산칼슘 ppm 농도 기준)} = \text{탄산칼슘으로 환산한 총 알칼리도 ppm} -$$

$$\left[\left(\frac{Ca^{2+}\text{의 탄산칼슘 환산 경도 ppm}}{3.5}\right) + \left(\frac{Mg^{2+}\text{의 탄산칼슘 환산 경도 ppm}}{7}\right)\right]$$

또한 지역 수질관리 기관의 보고서에 가장 많이 등장하는 단위인 '탄산칼슘 환산 알칼리도', 'Ca ppm', 'Mg ppm'으로도 표현할 수 있다.

잔류 알칼리도(탄산칼슘 환산 ppm) = 탄산칼슘으로 환산한 총 알칼리도 ppm −

$$[(\frac{Ca^{2+}ppm}{1.4}) + (\frac{Mg^{2+}ppm}{1.7})]$$

그러나 콜바흐의 실험에서는 곡물 대 물의 비율이 약 5L/kg이고 비중이 1.048인 맥아즙을 기준으로 양조 용수가 맥아즙 pH에 끼치는 영향을 조사했다(즉 당화와 스파징이 완료된 이후). 좀 더 최근에 실시된 실험[4]에서는 당화 혼합물의 경도 등가계수(즉 칼슘이온의 경우 3.5Eq)가 곡물당 물의 비율뿐만 아니라 사용한 맥아의 종류에 따라 달라질 수 있으며 보통 2.2~3.5의 범위인 것으로 확인됐다. 등가계수로 3.5를 적용하면 보수적인 값, 다시 말해 pH가 감소하고 경도가 증가하는 비율이 낮은 조건에 해당하는 값을 얻을 수 있다.

pH가 0.1 바뀌는 잔류 알칼리도의 수준도 곡물당 물의 비율과 맥아의 종류에 따라 다양하게 나타난다. 내가 동일한 포터 맥주 레시피를 적용하고 베이스 맥아 두 가지를 사용하여 만든 당화 혼합물 샘플로 실시한 실험에서는(측정점은 반복 측정을 포함하여 총 55) pH가 0.1 바뀌는 잔류 알칼리도는 Rv = 8L/kg(4qt./lb.)일 때 탄산칼슘 환산 농도로 25ppm에서 Rv = 2L/kg(1qt./lb.)일 때 탄산칼슘 환산 농도로 100ppm의 범위인 것으로 확인됐다. Rv와 반비례 관계라는 사실과 함께 200/Rv와 상당히 가까운 값이라는 점도 알 수 있었다. 그러므로 내가 실시한 실험 결과에 따르면 Rv = 4L/kg(2qt./lb.)일 때 pH 0.1이 바뀌는 일반적인 범위는 탄산칼슘 환산 농도로 약 50ppm[5]이다. 여러분이 실험하면 결과는 달라질 수 있다.

위에 나온 콜바흐의 방정식은 잔류 알칼리도의 변화가 당화 혼합물의 pH에 얼마나 영향을 미칠지 예측하는 수단으로 널리 활용되며 양조 관련 소프트웨어에서도 많이 활용해왔다. 향후에는 트로에스터Troester와 바스Barth의 연구를 바탕으로 한 추가 연구를 통해 이보다 정교한 모델이 도출될 것이다. 그렇지만 그전까지는 콜바흐의 기본적인 공식을 활용하면 당화 혼합물의 pH를 조정할 때 우리가 활용하는 기본 메커니즘을 이해하는 데 도움이 될 것이다. 정리하면, 이쪽 길로 들어섰다면 계속 앞으로 나아가면 되고 혹시 저쪽 길로 들어섰다면 왔던 길로 되돌아 나오면 된다. 꼭 기억할 점은 첫째로 지금 여러분은 배에 올랐고, 둘째로 저을 수 있는 노가 있으며, 셋째로 배의 방향을 조정할 수 있다는 것이다. 얼마나 빨리 갈 수 있을지에 대해서는

---

4 Troester(2009), Barth and Zaman(2015), Palmer(2016)
5 Palmer(2016). Rv는 17장에서 설명한 것처럼 중량 기준 곡물당 물의 비율이다.

지나치게 신경 쓰지 말자.

잔류 알칼리도 조정하기

　잔류 알칼리도는 물의 알칼리도와 경도가 당화 혼합물의 pH에 끼친 영향이 종합적으로 반영된 결과다. 그리고 황산칼슘, 중탄산나트륨과 같은 염이나 강력한 산 또는 염기 물질을 첨가하는 것으로 알칼리도와 경도를 조정할 수 있다.

　표 21.2는 맥주 양조 시 잔류 알칼리도 조정에 활용할 수 있는 다양한 염을 정리한 것이다. 당화를 시작하기 전에 사용하는 양조 용수나 당화 용수에 첨가하는데, 나는 대체로 당화 전에 쓰는 양조 용수에 넣는 방식을 선호한다. 단, 석고와 같은 일부 염은 잘 녹지 않고(녹이려면 많이 저어야 한다) pH가 더 낮은 당화 혼합물에 첨가해야 쉽게 녹는 특징이 있다.

| 염 첨가로 잔류 알칼리도 조정하기 |

　첨가할 염의 양은 쉽게 계산할 수 있다. 먼저 수질 보고서를 토대로 양조 용수에 함유된 여섯 가지 이온의 초기 농도를 확인하자. 직접 성분 검사를 실시하면 좀 더 최근에 측정한 값을 얻을 수 있다(아래 '물 검사 직접 하는 법'을 참고하기 바란다). 표 21.2에는 양조용 염과 각 염이 차지하는 이온의 농도가 리터당 그램(g/L)과 갤런당 그램(g/gal) 단위로 나와 있다. 1g/gal의 염을 첨가하는 것은 잔류 알칼리도를 조정하려는 물의 1갤런당 1그램의 양조용 염을 첨가한다는 의미이므로, 10갤런(38리터)의 물을 사용할 경우 양조용 염도 10그램 첨가해야 한다. 각 농도 값은 그냥 더하면 된다. 예를 들어 수질 보고서상 칼슘이온의 농도가 36ppm인 물에 염화칼슘($CaCl_2$) 2g/gal을 첨가하면 최종 농도는 아래와 같이 계산할 수 있다(표 21.2 참고).

　x g/gal을 첨가한다고 할 때 표 21.2의 값을 활용하면,

　최종 농도 = (x × 1g/gal의 농도) + 초기 농도

　　　　　= (2 × 72ppm Ca^{2+}) + 36ppm

　　　　　= 180ppm Ca^{2+}(다소 많은 양이다.)

염화칼슘을 첨가하면 염화이온의 농도도 함께 증가한다는 점도 유념해야 한다. 가령 물의 최초 염화이온 농도가 50ppm이고 위와 같이 2g/gal의 염화칼슘을 첨가하면 염화이온의 총 농도는 아래와 같다.

$$\text{최종 농도} = (2 \times 127.4ppm\ Cl^-) + 50$$
$$= 304.8ppm\ Cl^-\text{(너무 많은 양이다.)}$$

위의 예시에서는 물 1갤런(4리터)마다 염화칼슘 2그램을 첨가했으나 양조 전체 배치에 필요한 물의 양인 7갤런(26리터)에 염화칼슘 2그램을 첨가할 수도 있다. 이때에도 이온 농도를 적절한 부피로 나누는 것 외에는 동일한 방법으로 계산하면 된다. 예를 들어 칼슘이온과 염화이온의 최초 농도가 각각 36ppm, 50ppm인 물에 염화칼슘 2그램을 첨가하면 염화이온의 총 농도는 다음과 같다.

칼슘 :
$$[(2 \times 72ppm) / 7] + 36ppm = 20.57 + 36$$
$$= 56.57ppm\ Ca^{2+}$$

염화이온:
$$[(2 \times 127.4ppm) / 7] + 50ppm = 36.4 + 50$$
$$= 86.4ppm\ Cl^-$$

(증류나 역삼투 처리를 통해) 무기질을 제거한 물을 양조 용수로 사용하면 초기 이온 농도가 0이므로 계산도 더욱 간편해진다. 수돗물에 증류수를 섞어서 사용할 때는 무기질에 해당하는 이온 농도를 증류수가 차지하는 비율로 나눈다. 가령 증류수와 수돗물을 1대 1의 비율로 섞었다면(즉 50/50 희석) 수돗물에 함유된 무기질의 농도가 절반이 되므로, 염 첨가 시 이처럼 희석된 양조 용수에 추가되는 것으로 계산해야 한다.

물 검사 직접 하는 법

물의 무기질 함량을 검사할 수 있는 도구는 시중에서 다양하게 판매하고 있으나 양조 용수에 필요한 특정 농도 범위에 적용할 수 있는 제품은 소수에 불과하다. 내가 추천하는 제품은 라모트 컴퍼니(Lamotte company)에서 만든 브루랩 키트(BrewLab® kit)로, 나도 개발 과정에 참여하여 양조용 수질 검사라는 목적에 부합할 수 있도록 도왔다. 키트 하나당 최소 50개의 수질 샘플을 검사할 수 있고 결과를 빨리 얻을 수 있는 데다 사용법도 간편하다. 브루랩 키트는 자가 양조 용품을 취급하는 여러 상점과 제조사 웹사이트(www.lamotte.com)에서 구입할 수 있다.

거주 지역의 수질관리 기관이나 미국은 네브래스카주 키어니에 있는 워드 실험실(Ward Laboratories, Inc)로 검사할 용수 샘플을 보내는 것도 한 가지 방법이다. 해당 실험실의 홈페이지는 www.wardlab.com이다.

표 21-2 | 양조용 염의 종류별 첨가 시 이온 농도의 변화량

양조용 염	리터당 1그램 기준 농도(1g/L)	갤런당 1그램 기준 농도(1g/gal.)	참고 사항
탄산칼슘 $CaCO_3$ mw = 100 eqw = 50	400ppm Ca^{2+} 600ppm CO_3^{2-} 20mEq/L 알칼리도	106ppm Ca^{2+} 158ppm CO_3^{2-} 5.3mEq/gal 알칼리도	물에는 잘 녹지 않지만 당화 혼합물에는 잘 녹는다. 단, 첨가 시 당화 혼합물의 pH가 크게 높아지지 않는다.
중탄산나트륨 $NaHCO_3$ mw = 84 eqw Na^+ = 23 eqw HCO_3^- = 61	273.7ppm Na^+ 710.5ppm HCO_3^- 11.8mEq/L 알칼리도	72.3ppm Na^+ 188ppm HCO_3^- 3.04mEq/gal. $CaCo^3$ 환산 알칼리도 150ppm	물에 잘 녹고 알칼리도와 당화 혼합물의 pH를 높인다. 당화 전, 양조 용수에 첨가하는 것이 가장 좋다.
수산화칼슘 $Ca(OH)_2$ mw = 74.1 eqw Ca^{2+} = 20 eqw OH^- = 17	541ppm Ca^{2+} 459ppm OH^- 27mEq/L 알칼리도 ΔRA=19.3mEq/L	143ppm Ca^{2+} 121ppm OH^- 7.1mEq/gal 알칼리도 ΔRA=5.1mEq/gal $CaCo_3$ 환산 알칼리도 255ppm	물에 잘 녹는다. 식품용 수산화 칼슘도 순도가 우수한 편이다.
수산화나트륨 NaOH mw = 40 eqw Na^+ = 23 eqw OH^- = 17	575ppm Na^+ 425ppm OH^- 25mEq/L 알칼리도	152ppm Na^+ 112.3ppm OH^- 6.6mEq/gal $CaCo_3$ 환산 알칼리도 330ppm	물에 잘 녹고 알칼리도를 높인다. 경고! 위험 물질! 사용 전, 반드시 물질안전보건자료(MSDS)를 확인할 것
황산칼슘 $CaSO_4 \cdot 2H_2O$ mw = 172.2 eqw Ca^{2+} = 20 eqw SO_4^{2-} = 48	232.8ppm Ca^{2+} 557.7ppm SO_4^{2-}	61.5ppm Ca^{2+} 147.4ppm SO_4^{2-}	실온에서 포화 농도는 약 3g/L이다. 세게 저어주어야 하며, 당화 혼합물의 pH를 낮춘다.

양조용 염	리터당 1그램 기준 농도(1g/L)	갤런당 1그램 기준 농도(1g/gal.)	참고 사항
황산마그네슘 $MgSO_4 \cdot 7H_2O$ mw = 246.5 eqw Mg^{2+}= 12.1 eqw SO_4^{2-} = 48	98.6ppm Mg^{2+} 389.6ppm SO_4^{2-}	26.0ppm Mg^{2+} 102.9ppm SO_4^{2-}	실온에서 포화 농도는 약 255g/L이다. 당화 혼합물의 pH를 낮춘다.
염화칼슘 $CaCl_2 \cdot 2H_2O$ mw = 147.0 eqw Ca^{2+}= 20 eqw Cl^- = 35.4	272.6ppm Ca^{2+} 482.3ppm Cl^-	72.0ppm Ca^{2+} 127.4ppm Cl^-	물에 잘 녹고 당화 혼합물의 pH를 낮춘다. 식품 등급은 순도가 그리 우수하지 않다.
염화마그네슘 $MgCl_2 \cdot 6H_2O$ mw = 203.3 eqw Mg^{2+}= 12.1 eqw Cl^- = 35.4	119.5ppm Mg^{2+} 348.7ppm Cl^-	31.6ppm Mg^{2+} 92.1ppm Cl^-	물에 잘 녹고 당화 혼합물의 pH를 낮춘다. 식품 등급은 순도가 그리 우수하지 않다.
염화나트륨 NaCl eqw Na^+= 23 eqw Cl^- = 35.4	393.4ppm Na^+ 606.6ppm Cl^-	103.9ppm Na^+ 160.3ppm Cl^-	물에 잘 녹는다. 요오드화 소금이나 고결방지제는 사용하지 말아야 한다.

참고 사항: 이온 농도의 변화량은 ppm(mg/L), mEq/L, mEq/gal 또는 탄산칼슘 환산 농도 ppm 중 적정 농도 단위에 상응하는 값으로 제시했다.

mw = 분자량(g/몰), eqw = 당량 무게(g/Eq)

| 산을 이용하여 알칼리도 낮추기 |

산을 이용하여 알칼리도와 당화 혼합물의 pH를 낮추는 방법도 있다. 산이 내놓는 양성자(수소이온, H^-)는 수용액에 존재하는 탄산이온과 중탄산이온을 전부 탄산으로 전환시키고 탄산은 다시 이산화탄소(CO_2)로 바뀌므로 알칼리도가 낮아진다. 단, 이러한 반응이 완료되려면 수용액에 함유된 이산화탄소를 반드시 없애야 한다. 대부분의 이산화탄소는 물이 가열되고 잘 저어주면 기체로 빠져나간다. 상업 양조 시설에서는 대부분 폐쇄형이나 밀폐 솥을 사용하므로 젓는 과정과 공기나 증기를 강제로 주입하고 물을 살포하여 기포를 발생시키는 단계를 포함시켜 이산화탄소를 제거한다. 이산화탄소가 밀폐된 파이프나 탱크 내부에 축적되면 심각하게 부식될 수 있으므로 이를 방지하기 위한 조치다.

밀리당량(mEq) 단위를 활용하면 알칼리도를 낮추기 위해 첨가할 산의 양을 아주 쉽게 계산할 수 있다. 탄산칼슘 환산 ppm 농도로 나타낸 총 알칼리도는 염화칼슘의 당량 무게인 50

으로 나누면 리터당 밀리당량 단위로 바뀐다. 예를 들어 물의 탄산칼슘 환산 총 알칼리도가 125ppm이라면 2.5mEq/L와 동일하다. 그러므로 리터당 1mEq의 산을 첨가하면 총 알칼리도는 1.5mEq, 또는 탄산칼슘 환산 농도 75ppm으로 낮출 수 있다. 이때 다음 두 가지를 고려해야 한다.

1. 산 1mEq는 몇 밀리리터인가?
2. 산을 첨가할 경우 맛에는 어떤 영향이 생길까?

첫 번째 질문의 답은, 어떤 산성 물질을 첨가하느냐에 따라 필요한 산의 양도 달라지는 것이다. 표 21.3에는 일반적으로 사용되는 몇 가지 산성 물질을 1N 수용액으로 만드는 방법이 나와 있다. 여기서 'N'은 노르말 농도를 뜻하며 Eq/L에 해당한다. 1N 수용액은 수용액 1리터로 1당량을 얻을 수 있다는 뜻이므로, 1밀리리터로는 1밀리당량을 얻을 수 있다. 이를 토대로 할 때, 물 20리터(5.3갤런)의 알칼리도를 탄산칼슘 환산 농도 50ppm으로 낮추려면(즉 1mEq/L) 1N의 산 용액 20밀리리터를 첨가하면 된다.

두 번째 질문에서 중요한 것은, 산 첨가 시 일어나는 반응은 산에서 얻는 음이온(Cl^-처럼 음의 전하를 띠는 이온)의 양에 상응하는 알칼리도의 변화로 대체된다는 것이다. 염산을 첨가할 때 칼슘이나 마그네슘이온을 더 늘리지 않고 염화이온의 농도를 높일 수 있다. 젖산이나 구연산은 음이온과 함께 특유의 맛이 첨가되므로 맥주 맛에 어떤 영향을 줄 것인지 고려하여 넣어야 한다. 첨가할 산의 종류와 최종 알칼리도는 양조 레시피에 따라 선택하면 된다. 어느 정도는 시행착오를 거쳐야 할 수도 있다. 여기서 설명한 방법은 pH와 상관없이 알칼리도를 낮추는 것이고, 잔류 알칼리도를 줄이는 것이 목표일 뿐 당화 혼합물을 특정 pH로 만드는 것은 목표가 아니다. 산 첨가에 관한 정보는 나와 카민스키*Kaminski*가 쓴 『물 : 양조자를 위한 종합 가이드*Water:A Comprehensive Guide for Brewers*』(2013)에도 나와 있다.

| 끓여서 알칼리도 낮추기 |

물을 끓여서 탄산을 없애고 물의 알칼리도와 경도를 낮추는 것은 수백 년 동안 활용해온 방식이다. 넓은 관점에서는, 물의 온도를 높여서 수용액에 존재하는 탄산염 전체의 포화점이 바뀌도록 하는 원리다. 물의 온도가 올라가면 제일 먼저 녹아 있던 이산화탄소가 증발된다. 이로 인해 중탄산과 탄산의 평형상태가 깨지고 불균형 상태가 되면서 중탄산이온이 탄산과 용해

표 21-3 | 일반적인 산 용액 1N 만들기

산	w/w%	밀도	몰 농도	1N 수용액 1L를 만들 때 필요한 양(mL)	mEq/L당 음이온 생성량
염산	10	1.048	2.9	348	35.4ppm Cl^-
	31	1.18	12.0	83.5	35.4ppm Cl^-
인산	10	1.05	1.1	935a	96ppm $H_2PO_4^-$
	85	1.69	14.7	68a	96ppm $H_2PO_4^-$
젖산	88	1.209	11.8	84.7	89ppm 젖산 (맛에 영향을 미치는 한계농도 는 ~400ppm)
구연산	(분말)	–	–	1L에 96그램	96ppm 구연산 (맛에 영향을 미치는 한계농도 는 ~150ppm)

a : ##인산은 당화 혼합물의 pH 관점에서 대략 하나의 양성자를 방출한다.

참고 사항 : 위 표를 토대로 부피가 1L가 되도록 희석하는 과정이 필요하다. 예를 들어 10%(w/w) 염산 348밀리리터를 부피 측정이 가능한 플라스크에 담고 총 부피가 정확히 1리터가 되도록 물을 추가한다.

주의 사항! 농도가 진한 산은 산을 먼저 담고 물을 붓지 말고, 먼저 많은 양의 물을 담고 그 위에 부어야 수용액이 튀면서 열이 발생하는 반응을 피할 수 있다.

산을 안전하게 다루는 법: 강산과 강염기 취급 시 주의 사항

항상 물에다 산을 부어야 한다. 절대로 산에다가 물을 부어서는 안 된다. 대수롭지 않게 생각할 수도 있지만 반드시 물을 먼저 준비하고 산을 첨가해야 용액이 이리저리 튀는 것을 막을 수 있다. 또 (종류와 상관없이) 농도가 짙은 산이 피부에 닿지 않도록 주의해야 한다. 희석된 산(~10% w/w)은 대부분 유해하지 않지만 피부에 닿으면 자극을 일으킬 수 있고 눈에 닿으면 손상될 수 있다. 그러므로 항상 보안경을 착용하는 것이 좋다.

농도가 진한 산은 적절한 교육을 받은 사람만 취급해야 한다. 물질안전보건자료(MSDS)에 명시된 개인 보호 장비(장갑, 보안경, 앞치마 등) 관련 권고 사항도 반드시 숙지하고 따라야 한다.

마지막으로 유념할 점은, 양조 용수에 첨가하는 산과 염기는 식품 등급으로 사용해야 한다는 것이다. '식품 등급'이라는 표현은 정확한 정의가 내려지지 않았으나 미국 식품의약국에 따르면 일반적으로 유해 물질이나 유독한 불순물이 들어 있지 않고 사람이 섭취해도 안전하거나 적합한 것으로 여겨지는 물질을 의미한다. 예를 들어 철물점이나 자동차 부품 판매점에서 판매하는 산성 물질에는 중금속이나 기타 불순물이 들어 있을 수 있다. 자신이 구입하고 사용하는 물질은 늘 유념해서 선택해야 한다.

된 이산화탄소로 전환된다. 그리고 이 과정에서 양성자가 소비되어 pH가 높아진다. pH가 상승하면 남아 있던 중탄산이온 중 일부가 탄산이온으로 전환되고 그 결과 탄산칼슘이 포화되어 침전되기 시작한다. 탄산칼슘이 형성되면서 탄산이온이 제거되므로 평형상태의 불균형은 더욱더 심화되고 (르샤틀리에의 원리에 따라) 더 많은 중탄산이온이 탄산이온으로 전환된다. 탄산칼슘은 칼슘이온이나 중탄산이온의 농도가 약 1mEq/L, 각각 20ppm, 61ppm에 이를 때까지 계속해서 침전된다.

탄산칼슘 환산 농도를 기준으로, 리터당 마지막 밀리당량에 해당하는 부분은 침전되지 않고 수용액 상태로 남는다. 그리고 앞서 침전된 탄산칼슘은 미세한 결정으로 떠다니다가 양이 더욱 늘어나면 바닥에 가라앉는다. 아주 오래전에 작성된 양조 지침서[6]를 보면 물을 30분 동안 끓여야 이산화탄소가 모두 수증기로 제거되며 그 상태로 하룻밤 동안 두면 주전자 바닥에 탄산칼슘이 하얀 층을 이루며 가라앉는다는 설명이 나와 있다. 이렇게 알칼리도를 낮춘 물은 침전물이 딸려 오지 않도록 윗부분만 덜어서 양조 용수로 사용하라는 것이다. 다만 이와 같은 반응이 일어나려면 최소 1mEq/L의 칼슘이온(20ppm)과 1mEq/L의 중탄산이온(61ppm)이 필요하므로, 알칼리도가 중등도에서 높은 물에 한하여 적용할 수 있다. 실제로 이 두 이온의 농도가 각각 1mEq/L보다 낮은 물에서는 화학반응을 촉발할 만한 동력이 부족하여 알칼리도가 효과적으로 낮아지지 않는다. 또 반응 pH가 높을수록, 즉 물에 용해된 이산화탄소의 양이 많을수록 알칼리도도 더 큰 폭으로 낮출 수 있다. 보통 이러한 결과를 얻으려면 pH가 8.5 이상이 될 때까지 물에서 보글보글 기포가 올라오고 수증기가 날아가도록 끓이고 잘 저어주어야 한다. 큰 문제가 없다면 보통 이러한 과정을 거쳐 탄산이 제거되고 물의 총 알칼리도는 탄산칼슘 환산 농도로 50ppm까지 내려간다. 물의 칼슘이온 농도는 이 반응을 제한하는 요소로 작용하는 경우가 많다. 물을 끓여서 연화한 후 남은 칼슘이온의 농도는 아래 공식으로 구할 수 있다.[7]

$$[Ca^{2+}]_f = [Ca^{2+}]_i - \left\{ \frac{[HCO_3^-]_i - [HCO_3^-]_f}{3.05} \right\}$$

이온 농도는 대괄호로 표시했다. 예를 들어 $[Ca^{2+}]$는 칼슘이온의 농도를 의미한다.

초기 농도와 최종 농도는 각각 문자 i와 f로 표시했으며 ppm 단위다.

---

6 예를 들어 Sykes and Ling(1907, 410)

7 마틴 브룬가드(Martin Brungard)의 글, 「물에 관한 지식(Water Knowledge)」, Bru'n Water, 2015년 1월 8일 업데이트 기준. https://sites.google.com/site/brunwater/water-knowledge

3.05는 중탄산이온을 칼슘이온 당량으로 바꿀 때 적용하는 변환계수다.

중탄산이온의 최종 농도인 $[HCO_3^-]_f$는 최소 61ppm으로 추정되며, 이는 pH가 대략 8.3인 조건에서 탄산칼슘 환산 총 알칼리도 50ppm에 상응하는 값이다. 중탄산이온의 최종 농도가 61ppm이라는 결과는 가장 이상적인 조건을 갖추었다는 전제를 바탕으로 도출한 것이다. 보수적으로 추정할 경우 반응이 완전하게 진행되지 않는 비이상적인 조건을 고려한 80ppm 등의 값이 좀 더 현실적이라고 할 수 있다. 칼슘이온의 농도가 반응을 억제하는 요인으로 작용하지 않는다면 보통 중탄산이온의 최종 농도는 61~80ppm 정도다.

위의 반응은 탄산칼슘 환산 경도(ppm)가 탄산칼슘 환산 총 알칼리도(ppm)보다 값이 더 클 때 가장 원활하게 진행된다. 또 영구적인 경도가 일시적인 경도보다 클 때, 즉 수용액에 반응을 촉발할 수 있는 칼슘이 충분히 존재하고 중탄산이온이 마지막에 1mEq/L(탄산칼슘 환산 농도 50ppm)를 제외하고 거의 전량 제거되는 조건에서도 활발하게 진행된다. 임시 경도 대비 영구 경도의 비율을 높이는 가장 효과적인 방법은 수용액이 뜨거운 상태일 때 황산칼슘이나 염화칼슘을 첨가하는 것이다. 이 두 가지 염은 핵화 반응이 일어나는 지점으로도 작용하여 기체 상태의 이산화탄소가 발생하도록 한다.

물을 당화 온도까지 가열해도 이와 동일한 반응이 일어난다. 차이가 있다면 물을 젓지 않으면 이산화탄소가 수용액 내부에서 빠져나오지 않을 수도 있다는 점이다. 즉 탄산칼슘은 바닥에 가라앉을 수 있는 시간이 주어지지 않으면 부유 상태로 남아 당화 혼합물에 포함될 수 있다. 반응 속도를 보면, 탄산칼슘을 당화 혼합물에 첨가할 경우 반응이 매우 느리게 진행되며 혼합물의 pH가 바뀌기까지 보통 두 시간 이상이 걸린다. 탄산마그네슘은 탄산칼슘보다 가용성이 우수하므로 끓이는 것으로는 마그네슘이온의 농도에 영향을 미치지 않는다.

뮌헨 시에 공급되는 물의 특성을 예로 들면 아래와 같다.

이온 종류	Ca^{2+}	Mg^{2+}	HCO_3^-	Na^+	Cl^-	SO_4^{2-}	RA
농도(ppm)	77	17	295	4	8	18	177

칼슘과 중탄산이온의 농도가 높고 잔류 알칼리도는 스타우트 맥주로 유명한 도시인 더블린과 비슷한 수준이다. 이 도시가 뮌헨식 페일 맥주인 헬레스와 옥토버페스트로 유명해질 수 있었던 이유는 무엇일까? 물을 미리 끓여서 알칼리도를 낮춘 것이 그 이유 중 하나일 것이다. 물

을 끓이고 나면 조성이 아래와 같이 바뀐다.

이온 종류	Ca^{2+}	Mg^{2+}	HCO_3^-	Na^+	Cl^-	SO_4^{2-}	RA
농도(ppm)	20	17	120	4	8	18	74

　　물을 끓이고 다른 용기에 붓는 과정을 거치면 잔류 알칼리도가 177ppm에서 74ppm으로 바뀐다. 이것이 색이 옅은 맥주를 만들 수 있는 방법으로 보이며, 그 밖에도 산성화된 맥아를 사용하는 것도 또 다른 이유로 볼 수 있다. 이 부분은 아래 '산성화된 맥아 활용하기'를 참고하기 바란다.

산성화된 맥아 활용하기

독일어로 '자우어말츠(Sauermalz)'라 불리는 산성화된 맥아는 베이스 맥아의 일종으로, 보리 맥아에 존재하는 젖산균에서 자연적으로 생긴 젖산을 분무해서 만든다. 이러한 특징은 독일의 『맥주 순수령』에서 규정한 요건에서 벗어나지 않으므로 독일의 양조자들은 오래전부터 이렇게 맥아를 산성화하여 사용할 수 있었다. 산성화된 맥아는 당화 혼합물의 pH를 낮추는 용도로만 사용된다. 여러 곳의 맥아 생산 업체에서 산성 맥아를 만들고 있으며 가장 유명한 제품으로는 '바이어만 애시듈레이티드 몰트(Weyermann® Acidulated Malt)'를 꼽을 수 있다. 바이어만사의 설명에 따르면 당화 혼합물의 pH를 0.1 낮추기 위해서는 자사의 산성 맥아를 전체 전분 원료의 중량 기준 1퍼센트를 사용하면 된다. 이와 함께 전체 전분 원료에서 산성 맥아가 차지하는 비율이 10퍼센트가 넘지 않으면 맥주에 시큼한 젖산의 맛이 섞이지 않는다고 한다. 그러나 신맛이 특징인 베를린식 밀맥주 레시피에서는 이 산성 맥아가 차지하는 비율이 8퍼센트에 그친다. 나는 어떤 종류의 맥주건 잔류 알칼리도와 당화 혼합물의 pH를 낮추면서도 최종 완성된 맥주에서 젖산의 맛이 나지 않게 하려면 산성 맥아를 4~5퍼센트 정도 첨가하는 것이 적절하다고 생각한다.

물과 맥아의 화학적 특성에 따라 달라지는 당화 혼합물의 pH

당화 혼합물의 pH는 물의 화학적 특성(잔류 알칼리도)과 맥아의 화학적 특성이 평형을 이룬 지점이다. 그런데 맥아의 화학적 특성이란 무엇일까? 참 좋은 질문이다. 모든 맥아에는 인, 단백질, 산성 물질 등 당화 혼합물의 화학적 특성에 영향을 미칠 수 있는 요소가 들어 있다. 그리고 어떤 맥아든 증류수를 넣고 당화를 진행하면, 물의 기본 pH인 7.0에서 기저선에 해당하는 겉보기 pH까지 감소한다. 맥아는 종류마다 기본 pH가 다르다고 할 수도 있지만, 이 말은 전반적인 차원에서만 옳다. 보리의 종류마다, 그리고 동일한 맥아를 만드는 제조 시설마다 기본 pH에 큰 차이(±2)가 나타난다. 베이스 맥아의 경우 pH의 범위는 5.7~6.0, 평균 5.8이며 스페셜티 맥아는 대체로 pH 범위가 이보다 낮은 4.0~5.4다. 색이 가장 짙은 캐러멜맥아와 로스팅한 맥아는 이 범위 중에서도 pH가 가장 낮다. 이와 더불어 기본 pH가 비슷한 맥아라도 완충력이 다를 수 있다. 즉 기본 pH는 비슷하더라도 pH 변화를 견뎌내는 능력은 맥아마다 다를 수 있다.

맥아의 완충력은 목표 pH 대비 알칼리도 또는 산도를 킬로그램당 밀리당량 단위로 측정한다. 표 21.4를 보면 몇 가지 맥아의 기본 pH와 당화 혼합물의 세 가지 pH에 대한 완충력이 나와 있다. 그런데 이 표의 값은 브리스 몰트 앤드 인그레디언트*Briess Malt & Ingredients Co.*에서 2015년에 실시한 실험의 단일 측정점에 해당하는 값이라는 사실에 유념하기 바란다. 여기에 실은 데이터는 참고 정보로 제시한 것이며, 각 맥아의 일반적인 pH 값으로는 볼 수 없다. 또한 브리스사에서 만든 해당 맥아 제품의 일반적인 pH 값으로도 볼 수 없으며 다른 업체의 맥아 제품을 대표하는 값으로도 해석할 수 없다. 기본 pH와 완충력은 맥아 제조업체가 특별히 기준을 정하거나 관리하는 특성에 포함되지 않는다. 그보다는 용해도, 수율, 맥아의 색깔이 양조자에게 훨씬 더 중요하기 때문이다. 그럼에도 아래 표 21.4를 제시한 이유는 맥아의 종류가 다르면 당화 혼합물의 pH도 달라질 수 있다는 사실을 전반적으로 보여주기 위해서다. 표에서 양수로 표시한 값은 당화 혼합물의 pH가 표적 pH보다 높아진다는 뜻이고 음수로 표시한 값은 표적 pH보다 낮아진다는 것을 나타낸다.

이런 정보는 어떻게 활용하면 될까? 당화 혼합물의 pH는 물의 잔류 알칼리도(양의 값 또는 음의 값)와 전체 전분 원료에 포함된 다양한 맥아의 평형 지점이다. 그 과정을 알아보기 위해, 우리가 만들고자 하는 당화 혼합물의 표적 pH가 5.4라고 가정해보자. 표 21.4를 참고하여, 예를 들어 필스너 맥아를 베이스 맥아로 사용하면 이 표적 pH에서 기본 pH는 5.8, 완충력은

9.2mEq/kg이다. 베이스 맥아는 당화 혼합물의 표적 pH에 필요한 알칼리도를 나타내므로, 맥아의 완충력을 넘어서 원하는 pH까지 pH를 낮추어야 한다. 이를 위해 필스너 맥아의 총 완충력인 9.2mEq/kg에 전체 전분 원료에서 이 맥아가 차지하는 중량을 곱한다. 양조 레시피에서 전체 전분 원료 중 스페셜 맥아가 두 가지라고 가정해보자. 첫 번째는 캐러멜맥아 60L이고 표적 pH가 5.4일 때 이 맥아의 기본 pH는 4.8, 완충력은 −43.4mEq/kg이라고 하자. 두 번째 스페셜티 맥아는 초콜릿 맥아이고 표적 pH가 5.4일 때 기본 pH는 4.7, 완충력은 −39.7mEq/kg이다. 이와 같은 스페셜티 맥아는 우리가 만들고자 하는 당화 혼합물의 pH 관점에서는 산의 양을 나타낸다. 그러므로 목표로 정한 pH 5.4로 만들기 위해서는 두 맥아의 이와 같은 완충력을 극복해야 한다. 양조 용수의 완충력은 잔류 알칼리도가 양의 값이면 알칼리, 음의 값이면 산성으로 구분한다. 양조 용수의 완충력까지 포함하면 밀리당량 단위로 초과하거나 부족한 값이 나오고, 이를 토대로 강산 또는 강염기를 첨가하여 이 값을 영(0)으로 만들면 당화 혼합물의 pH를 원하는 값으로 만들 수 있다. 또는 아래와 같이 정리할 수 있다.

[베이스 맥아의 알칼리도(mEq/kg) × 맥아의 중량(kg)]

\+

[스페셜티 맥아의 산도(mEq/kg) × 맥아의 중량(kg)]

\+

[물의 잔류 알칼리도(mEq/kg) × 부피(L)]

= 0*

*여러 항목으로 나뉜 완충력을 모두 더해서 영(0)이 나왔다면 그대로 표적 pH를 맞출 수 있음을 뜻한다. 이 값이 0보다 몇 밀리당량 정도 크거나 작다면 그 차이만큼 강산이나 강염기를 첨가하여 당화 혼합물의 pH를 원하는 값으로 맞출 수 있다.

여기서 가장 중요한 것은 양조 용수와 전체 전분 원료의 잔류 알칼리도가 당화 혼합물의 pH에 어떻게 영향을 미치는지 이해하는 것이다. 베이스 맥아는 알칼리, 스페셜티 맥아는 산성이고 물은 둘 중 어느 쪽도 될 수 있다. 물의 영향에 대해서는 22장에서 유명한 양조 용수 몇 가지를 살펴보면서 다시 살펴보기로 하자.

표 21-4 | 브리스(Briess) 맥아 제품의 기본 pH와 알칼리도/산도 예시

브리스사의 맥아 종류	색(°L)	기본 pH	당화 혼합물의 표적 pH 기준, mEq/kg 단위 알칼리도(+) 또는 산도		
			5.2	5.4	5.6
필젠 맥아(Pilsen Malt)	1.5	5.8	14.8	9.2	4.5
양조 맥아(Brewers Malt)	1.9	5.6	11.1	5.0	0
페일 에일 맥아(Pale Ale Malt)	2.9	5.6	9.7	3.4	0
레드 휘트 맥아(Red Wheat Malt)	2.8	5.8	18.9	11.1	4.8
골드필스 비엔나(Goldpils® Vienna)	3.5	5.6	13.6	7.2	1.6
애슈번 마일드 맥아(Ashburne® Mild Malt)	4.4	5.5	9.4	2.6	−1.7
본란더 뮌헨 맥아(Bonlander® Munich Malt)	12	5.5	9.0	2.6	0
뮌헨 아로마 맥아(Aromatic Munich Malt)	16	5.4	5.0	0	−3.3
빅토리 맥아(Victory® Malt)	28	5.4	3.4	−0.9	−7.8
스페셜 로스트 맥아(Special Roast Malt)	40	5.1	−2.2	−13	−20.0
캐러멜맥아 20L(Caramel Malt 20L)	19	5.1	−6.0	−21.3	−26.5
캐러멜맥아 40L	40	4.8	−20.7	−30.4	−41.2
캐러멜맥아 60L	61	4.8	−28.9	−43.4	−74.2
캐러멜맥아 80L	80	4.7	−32.8	−45.1	−58.7
캐러멜맥아 120L	120	4.5	−48.8	−60.4	−72.6
엑스트라 스페셜 맥아(Extra Special Malt)	126	4.6	−51.7	−67.5	−85.5
구운 보리	292	4.7	−26.6	−38.6	−59.2
초콜릿 맥아	416	4.7	−29.3	−39.7	−51.7
다크초콜릿 맥아	458	4.5	−38.8	−48.8	−57.9
블랙 맥아(Black Malt)	471	4.6	−27.0	−36.0	−44.1
흑보리(Black Barley)	514	4.2	−38.2	−51.8	−66.0

자료 출처 : R. 한센(R. Hansen), J. 게르츠(J. Geurts), 『스페셜티 맥아의 산도』, 2015년 10월 8~10일, 플로리다주 잭슨빌, 미국 전문양조자 협회(MBAA) 연례 컨퍼런스 발표 자료.

| 스파징 용수 조정하기 |

스파징 용수에 칼슘이 충분히 함유되어 있는 경우에는 대부분 굳이 pH를 낮추지 않아도 된다. 칼슘은 당화 혼합물 중 인산염 성분과 반응하여 맥아즙의 비중이 1.012 이하로 낮아질 때까지 pH의 완충작용을 하게 된다(즉 pH가 높아지지 않는다). 핵심은 물에 칼슘이온이 적정량만

큼 충분히 존재하도록 하는 것이다. 테일러(Taylor, 1990)는 스파징 과정에서 pH 상승을 방지하려면 칼슘이온의 농도가 100~200ppm이어야 한다는 연구 결과를 밝혔으나, 이 자료를 보면 칼슘이온이 50ppm이면 pH가 5.6 이상 과도하게 상승하는 것을 막기에 충분하며 끓이기 전 맥아즙의 최종 pH를 5.4로 만들 수 있다는 사실을 확인할 수 있다. 2014년에 캘리포니아주 샌디에이고 리틀 이탈리아에서 밸러스트 포인트*Ballast Point*라는 양조장이 실시한 IPA 시험 양조에서도 이와 동일한 경향이 나타났다. 해당 양조장에서는 페일 에일 맥아 한 가지로 당화 혼합물을 두 차례 만들고 스파징을 실시했다. 첫 번째 당화 혼합물은 칼슘이온의 농도가 54ppm, 탄산칼슘 환산 잔류 알칼리도 44ppm, 끓인 뒤 맥아즙의 pH는 5.15였다. 두 번째로 만든 당화 혼합물은 칼슘이온의 농도가 120ppm, 탄산칼슘 환산 잔류 알칼리도는 −99ppm으로 나타났다. 맥아즙의 pH는 스파징이 진행되는 동안 상승하지 않았고 5.35에서 5.33으로 오히려 감소했다. 끓인 후 맥아즙의 pH는 5.07이었다.

증류수나 칼슘이온의 농도가 충분하도록 조정하고 알칼리도를 낮춘 물을 스파징에 이용하면 pH가 과도하게 상승하거나 맥주에서 떫은맛이 나는 문제를 방지할 수 있다. 이와 달리 양조용 염으로 성분을 조정하지 않은 물을 사용하거나 알칼리도가 높은 물을 양조 용수로 사용하면, 스파징에 사용하기에 앞서 물을 산성화하는 단계를 거치는 방법도 있다. 나의 경험 법칙상, 알칼리도를 중화하는 방법은 총 알칼리도나 중탄산이온의 농도를 당량으로 나누어서 등가물에 해당하는 산성 물질을 몇 가지 첨가해야 하는지 파악하는 것이다.

단, 산성화에 인산을 활용하면 칼슘이온이 수용액에 함유된 인과 반응하여 인산칼슘을 형성하고 이것이 물에 가라앉을 수 있는 점을 유념해야 한다. 인산으로 산성화해 pH를 5.2~5.5의 범위로 낮추면 그러한 침전 반응을 방지할 수 있다. 또는 염산, 젖산, 구연산 등 그러한 문제를 발생시키지 않는 산을 이용하면 된다. 나와 카민스키*Kaminski*가 쓴 『워터 북*Water Book*』(2013)의 부록 B에 이 문제에 관한 정보가 자세히 나와 있으니 참고하기 바란다.

몇 가지 다양한 스페셜티 맥아를 사용하여 흑맥주를 만들고 양조 용수로 칼슘 함량과 잔류 알칼리도가 모두 적정 수준으로 조정된 물을 사용하는 경우, 스파징에도 이 조정된 물을 사용해야 pH가 크게 높아지지 않는다. 또는 잔류 알칼리도가 낮은 물(증류수 등)을 스파징에 사용하고 필요에 따라 맥아즙을 끓이기 전, 끓임조에 양조용 염을 첨가하여 용수의 특성을 보완해야 한다.

당화 혼합물의 pH가 맥주의 pH를 결정한다

당화가 진행되면 점점 더 많은 인산칼슘이 침전되고 효소의 작용으로 맥아가 분해되면서 아미노산과 그 밖에 완충물질이 발생하므로 당화 혼합물의 pH는 계속해서 감소한다. 당화 과정에서 당화 혼합물의 pH는 0.2가량 감소하므로 끓임조에 담긴 맥아즙의 pH는 5.0에서 5.4의 범위가 된다. 그림 21.2에 이와 같은 변화가 도식으로 나와 있다.

맥아즙의 pH도 끓이는 동안 0.3 정도 감소한다. 단백질 변성과 응집, 홉 첨가로 인한 알파산 증가, 마야르반응이 pH가 감소하는 원인으로 작용한다. 홉의 이성질화 반응은 맥아즙의 pH가 높을수록 증대되지만 맥아즙의 pH가 높은 환경에서는 더 거칠고 강한 쓴맛이 생기는데, 이는 결코 양조자가 원하는 맛이 아니므로 홉의 활용도 측면에서는 그리 좋은 조건이라 할 수 없다.

당화 혼합물의 pH는 발효 단계에서 맥주의 pH 감소 폭에도 영향을 줄 수 있다. 단백질 분해효소의 활성은 당화 혼합물의 pH가 낮을수록 활발하다. 또 당화 단계에서 생성되는 아미노산과 효모의 성장, 맥아즙의 완충 수준 사이에는 균형점이 존재한다. 효모는 맥아즙을 발효하면서 아미노산과 기타 완충물질을 영양소로 소비하며 기본적인 생화학적 활성에 따른 결과물로 양자를 분비한다. 단일 침출 방식의 당화에서는 맥아즙의 유리 아미노산과 질소(FAN)가 대체로 적은 편이므로 효모는 보통 수준으로 성장하면서(즉 너무 느리지도, 빠르지도 않게 성장) 맥아즙의 완충력은 상당히 높아져서 발효 단계에서 맥아즙의 pH가 약 0.5 감소한다. 당화 시 일반적인 단백질 휴지기를 거치면 FAN이 늘어나는데, 그 양이 효모의 성장에 큰 영향을 줄 만한 수준에는 미치지 못한다 하더라도 여분의 FAN으로 인해 완충력이 높아지고 pH가 감소하는 결과가 나타난다(약 0.3). 단백질 휴지기를 굉장히 길게 실시하여 맥아즙에 FAN이 상당량 늘어나 효모 성장이 크게 증대될 경우, pH 감소 폭은 중등도 수준으로 줄어든다. 물론 온도가 효소의 활성을 더 크게 좌우하지만 당화 혼합물의 pH 역시 효소 활성에 영향을 미치는 것은 분명하다(그림 21.3).

당화 혼합물의 pH가 최종 완성될 맥주의 pH를 결정한다. 표 21.5에는 네 가지 양조 레시피를 따른다고 할 때 잔류 알칼리도가 각기 다르면 맥주의 pH가 어떻게 달라지는지 알 수 있는 예시가 나와 있다. 발효 단계에서 pH 변화가 크게 완화되는 효과가 나타날 수도 있으나 전체적인 경향은 뚜렷하게 유지된다.

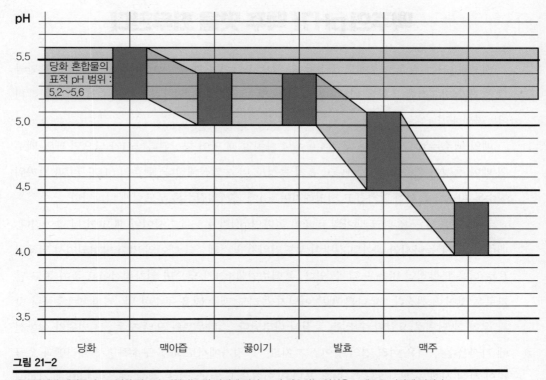

그림 21-2

양조 단계별 맥아즙의 pH 변화 양조가 진행되는 전 과정에 걸쳐 pH가 감소하는 양상을 그래프로 나타낸 것이다.

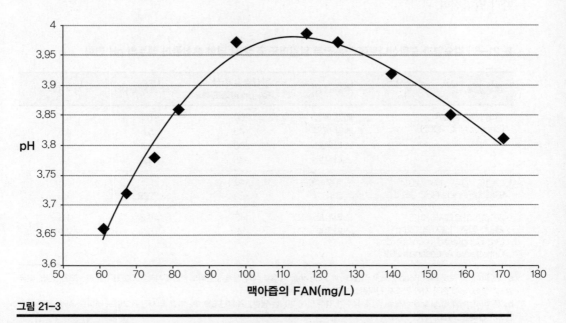

그림 21-3

맥주 pH vs. 맥아즙의 FAN 맥아즙의 FAN 함량이 늘어나면 맥주의 pH가 어떻게 바뀌는지 나타낸 곡선 그래프다. [테일러(Taylor, 1990, 그림 6)의 자료 중 원저자의 허락을 받아 재구성한 것]

맥주의 pH가 맥주 맛을 좌우한다

맥주의 pH는 발효 이후에도 조정할 수 있으나 당화 단계 등 발효 이전에 조정했을 때만큼 그 결과가 전체적인 조화를 이루지는 못하는 것으로 보인다. 일반적으로 맥주의 pH는(사워 비어는 제외하고) 4.0~4.7이다.

페일 맥주는 pH가 그보다 낮은 4.0~4.4 사이일 때 맛이 향상된다. pH가 낮으면 페일 맥주의 맥아 특성이 더욱 밝게 살아나고 홉의 특성도 더욱 깔끔해진다. 맥주의 pH가 4.0과 가까워질수록 이러한 특성이 날카롭고 선명해지며 4.4에 가까워질수록 부드럽게 나타난다.

흑맥주, 특히 구운 다크 맥아의 비율이 높다면 pH가 4.3~4.7 사이일 때 맛이 더 좋아진다. 맥주의 pH가 높아지면 맥아의 신맛이 부드러워지고 스페셜티 맥아의 맛이 발현되면서 전체적으로 더욱 복합적인 맛을 느낄 수 있다. 흑맥주인데 pH가 낮으면 일차원적이고 폭이 좁고 날카로운 맛이 느껴진다. 썩 나쁜 맛은 아닐지 몰라도 맥주 맛을 구수한 맛, 커피 맛, 초콜릿 맛과 같이 한 단어로 요약할 수 있는 특징이 나타난다. 스타우트와 포터 모두 pH 범위가 상한선에 가까울수록 더욱 여러 겹의 맛이 느껴지고, 맛 평가에서도 가령 구수하면서 캐러멜과 초콜릿의 향이 살짝 느껴진다는 등 더욱 폭넓은 의견을 들을 수 있다. 물론 맥주의 맛은 레시피에 따라 달라진다.

표 21-5 | 칼슘염과 중탄산나트륨으로 잔류 알칼리도 조정 시 당화 혼합물과 맥주의 pH 변화

참고 자료	맥주 종류	탄산칼슘 환산 RA ppm 농도	당화 혼합물 pH	맥주 pH
덴버 NHC 2007[a] (Denver NHC 2007)	페일 에일	200	6.1	4.7
	페일 에일	−45	5.5	4.5
	스타우트	200	5.4	4.6
	스타우트	−45	4.9	4.2
그랜드 래피드 NHC 2014[b] (Grand Rapids NHC 2014)	IPA	140	5.5	4.6
	IPA	−35	5.25	4.5
2016년 아르테사나이즈 제3차 양조기술자협의회[c] (3rd Congresso Technico dos Cervejeiros Artensanais 2016)	스타우트	140	6.2	4.8
	스타우트	14	5.3	4.1

a : 존 파머, 릭 보빗(Rick Bobbit), 스콧 잭슨(Scott Jackson), 『맥주의 색과 잔류 알칼리도 : 실제 사례』, 2007년 6월 21~23일, 덴버, 미국 양조자협회(AHA) 전국 자가 양조자 컨퍼런스 발표 자료.

b : 존 파머, 애덤 밀스(Adam Mills), 『양조 용수가 맥주 맛에 미치는 영향』, 2014년 6월 12~14일, 미시간주 그랜드 래피드, AHA 전국 자가 양조자 컨퍼런스 발표 자료.

c : 존 파머, 로날도 두트라 페레이라(Ronaldo Dutra-Ferreira), 맬컴 프레이저(Malcolm Frazer), 『브룰로소피 현장 실험(Live Brulosophy Expreiment)』, 2016년 브라질 플로리아노폴리스, 제3차 아르테사나이즈 양조기술자협의회.

모든 맥주는 아래 각 영역에서 맛의 특성이 나타나야 한다.

- 맥아의 맛과 향
- 홉의 맛과 향
- 효모의 맛과 향

맥주 레시피마다 이 모든 맛이 최상으로 발현될 수 있는 가장 이상적인 맥주 pH가 명시되어 있다. 맥주에서 재료의 맛이 하나하나 맛으로 또는 향으로 느껴지지 않거나 모든 재료의 맛이 긍정적인 느낌을 주지 않는다면 그 맥주의 최적 pH를 맞추지 못했을 가능성이 있다. 완성된 맥주의 pH를 산이나 염기를 첨가하여 조정할 수는 있지만 당화 혼합물의 pH를 0.1~0.2 정도 조정하고 그 변화 결과가 맥주가 완성되는 과정에서 나타나도록 하는 편이 훨씬 좋은 결과를 얻을 수 있다. "1온스(28그램)만큼의 예방은 1파운드(450그램)만큼의 치료 효과가 있다"는 말로 요약할 수 있는 접근 방식이다. 레시피에 명시된 특정 pH를 찾아 그것을 만드는 배치마다, 계절이 바뀌어도 계속 유지하도록 하는 것이 양조자의 기술이다. 그리고 맥주의 특정 pH를 맞추려면 물의 화학적 특성과 당화 혼합물의 pH부터 알아야 한다.

CHAPTER

22

★ HOW to BREW ★

맥주 스타일에
맞게
물 조정하기 :

유명한 양조 용수와
그 물로 만든 맥주

세계에서 가장 유명한 맥주 두 가지와 그 맥주에 사용하는 양조 용수를 알아보자. 이는 맥주의 다양한 스타일에 맞춰 물을 어떻게 조정해야 하는지 감을 잡는 데 가장 큰 도움이 될 것이다(표 22.1). 체코공화국에 속한 플젠시는 필스너 스타일의 맥주가 탄생한 곳이다. 황금빛을 띠는 맑은 라거 맥주 필스너는 끝 맛에서 부드러운 쓴맛이 느껴지는 특징이 있다. 플젠시에 공급되는 물은 무기질이 거의 들어 있지 않고 알칼리도가 매우 낮은 연수에 가깝다.

　이번 장에서 살펴볼 또 한 가지 맥주는 아일랜드의 유명한 스타우트 맥주다. 더블린시의 지하수는 중탄산염 함량이 높다. 용해 칼슘의 양도 상당한 편이지만 중탄산과 균형을 이룰 수 있을 만큼 충분하지는 않아서, 완충력이 상당히 높은 알칼리 경수의 특징을 띤다. 물의 알칼리도가 높아서 색이 옅은 페일 맥주를 거친 맛이 느껴지지 않도록 만드는 것이 어렵다 보니 이 지역은 훌륭한 흑맥주 생산지로 이름을 알리기 시작했다. 스타우트 양조에는 강하게 구운 검은색 보리가 사용되는데, 이 재료는 당화 혼합물에 산도를 더한다. 즉 구운 보리의 자연적인 산도가 양조 용수의 알칼리도를 낮춰서 당화 혼합물의 pH를 적정 범위로 낮추는 역할을 하는 것이다.

플젠과 더블린에서 사용하는 양조 용수는 이 두 지역에서 가장 맛있게 만들어낼 수 있는 두 맥주의 색과 맛에 직접적인 영향을 미쳤다. 여러분도 난생처음으로 완전 곡물 양조에 도전하기 전에 거주 지역의 수질관리 기관에서 실시한 물 분석 결과를 확인하고(8장에 예시가 나와 있다) 무기질 조성을 살펴보아야 한다. 그 정보는 각자 가장 최상의 결과를 얻을 수 있는 맥주의 종류를 정할 때 큰 도움이 될 것이다. 무기질 함량이 높으면 흑맥주를 시도해야 성공률을 높일 수 있고, 무기질 함량이 중간 정도면 페일 에일이나 브라운 에일이 가장 적합하다. 또 무기질 함량이 낮으면(혹은 부족하면) 페일 에일과 색이 옅은 라거 맥주를 만드는 것이 좋고 그보다 색이 진한 맥주를 만들고 싶다면 물의 알칼리도를 높여야 한다.

아래 표 22.1에는 맥주로 유명한 지역과 그 지역을 유명하게 만든 맥주들이 나와 있다. 각 지역과 맥주를 자세히 살펴보면, 맥아와 물의 화학적인 특성이 결합되어 특징적인 맥주가 만들어지는 이유를 이해할 수 있을 것이다. 지역별 상징이 된 맥주에 관한 설명은 표 뒤에 이어진다.

표 22-1 | 맥주 양조로 유명한 지역과 해당 지역에 공급되는 물의 특성

지역/맥주 종류	Ca^{2+}	Mg^{2+}	HCO_3^-	Na^+	Cl^-	SO_4^{2-}	Ra^a
플젠/필스너	7	2	16	2	6	8	7
더블린/드라이 스타우트	120	4	315	12	19	55	170
도르트문트/엑스포트 라거	230	15	235	40	130	330	20
비엔나/비엔나 라거	75	15	225	10	15	60	122
뮌헨/둔켈	77	17	295	4	8	18	177
런던/포터	70	6	166	15	38	40	82
에든버러/스코티시 에일	100	20	285	55	50	140	150
버튼온트렌트/인디아 페일 에일	275	40	270	25	35	610	1

자료 출처 : 마틴 브룬가드(Martin Brungard)의 글, 「물에 관한 지식(Water Knowledge)」, Bru'n Water, 2015년 1월 8일 업데이트 기준. https://sites.google.com/site/brunwater/water-knowledge
a : 이온 농도의 단위는 모두 백만분율(ppm)이며, RA 값에 한하여 물의 조성을 참고하여 계산한 '탄산칼슘 환산 ppm' 단위로 제시했다. 계산 값은 가장 가까운 정수로 반올림했다.

플젠

플젠 시에 공급되는 물은 경도와 알칼리도가 매우 낮다. 이곳에서 생산되는 맥주는 갓 구운 빵처럼 맥아의 향이 부드럽고 풍부하다. 물에 황산염의 함량이 적어 홉의 쓴맛이 그윽하게 유지되면서도 맥아의 부드러운 향을 압도하지는 않는다. 연수의 특징 덕분에 양조자들은 염화칼슘을 첨가하는 것으로 당화 혼합물의 pH를 손쉽게 낮출 수 있었다.[1]

더블린

드라이 스타우트로 유명한 도시 더블린은 영국제도에 포함된 모든 도시를 통틀어 중탄산이온의 농도가 가장 높은 물을 공급한다. 아일랜드의 양조자들은 이러한 특징을 활용하여 세계에서 가장 색이 짙고 맥아의 특징이 강하게 나타나는 맥주를 만들어왔다. 나트륨과 염화물, 황산염의 농도가 낮고 홉의 쓴맛이 튀지 않게 어울리면서 맥아의 특징과 적절한 균형을 이룬다.

도르트문트

페일 라거로 유명한 또 한 곳인 도르트문트의 엑스포트 라거는 필스너보다 홉의 특징은 약하지만 물에 함유된 모든 무기질의 농도가 더 높아서 맥아의 특징이 더욱 선명하게 드러난다. 각 무기질 성분이 균형을 이룬 특성은 비엔나의 물과 매우 유사하지만 도르트문트의 엑스포트 라거가 한층 더 강렬하고 드라이한 맛을 내며 색은 더 엷다. 나트륨과 염화물 성분으로 인해 맥아의 특성은 풍부하면서도 부드럽게 나타난다.

비엔나

비엔나에 공급되는 물은 도르트문트의 물과 비슷하지만 칼슘 농도가 탄산과 균형을 이룰 만큼 충분치 않고 맛에 영향을 주는 나트륨, 염화물도 더 적게 함유되어 있다. 도르트문트의 엑스포트 라거를 모방하려는 시도가 큰 실패로 돌아간 뒤, 당화 혼합물의 균형을 맞추기 위해 첨가한 로스팅한 맥아가 효과를 발휘하면서 붉은 호박색을 띠는 비엔나의 유명한 라거가 탄생했다.

---

1 루트비히 나르지스(Ludwig Narziss) 박사의 의견, 개인적인 대화에서 나온 내용. 2014년.

504

뮌헨

둥켈, 복, 옥토버페스트 등 부드러운 맛이 특징인 뮌헨 지역의 맥주는 당화 혼합물의 일시적인 경도와 균형을 맞추기 위해 색이 짙은 맥아를 사용한 것이 성공을 거둔 결과다. 황산염의 함량이 비교적 낮아서 맥아의 쓴맛은 부드럽게 유지되고 맥아 맛이 맥주의 전체적인 맛을 좌우하는 것이 특징이다. 끓여서 식힌 물을 사용하면 일시적인 경도를 없앨 수 있으므로 잔류 알칼리도를 크게 낮출 수 있다.

런던

템스강 상류 지역에 공급된 물은 런던의 유명한 포터 맥주가 탄생한 계기가 되었다. 중탄산염의 농도가 높아서 로스팅한 맥아와 색이 짙은 맥아를 사용하여 당화 혼합물의 pH를 낮추려는 시도가 성공한 결과다. 끓여서 식힌 물을 사용하여 일시적인 경도를 낮추고 석고를 첨가하면 페일 에일도 만들 수 있다.

에든버러

저녁이 되면 뿌옇게 흐려지는 스코틀랜드의 하늘을 보면 알코올 도수가 높은 스카치 에일이 자연스레 떠오른다. 진한 루비색과 달콤한 맥아의 향, 끝 맛에 부드러운 홉의 맛이 느껴지는 것이 이 지역 맥주의 특징이다. 에든버러 지역의 물은 런던과 비슷하지만 중탄산염과 황산염의 함량이 약간 더 높아서 맥아의 보디감이 더욱 묵직하게 나타나고 홉을 덜 써도 맛의 균형을 맞출 수 있다.

버튼온트렌트

런던의 물에 비해 칼슘과 황산염의 농도가 훨씬 높지만 경도와 알칼리도는 플젠과 비슷한 수준으로 균형을 이룬다. 황산염의 농도가 높고 나트륨 함량이 적어서 홉의 쓴맛이 명확하고 깔끔하게 나타난다. 런던에서 생산된 에일과 비교할 때 버튼 에일은 색은 옅지만 훨씬 더 쓰고 드라이하다.

물은 원형 그대로 써야 한다는 속설

포도는 일 년에 한 번 수확하고 와인은 훌륭한 맛이 나올 때까지 발효하고 숙성한다. 와인을 만드는 사람들은 포도밭 중에서도 특정한 곳에서 자란 포도를 발효시켜 그 지역의 '테루아(풍토)', 즉 와인 생산지의 특징이 와인에 잘 배어들기를 바란다. 특정 연도에 생산한 와인은 빈티지로 불리며, 훌륭한 빈티지 와인이라면 개성이 뚜렷하게 나타난다. 맥주를 만드는 방식은 이와 같지 않다. 맥주의 전형적인 스타일은 각 지역의 재료와 물이 결합해서 만들어지고, 결혼 생활이 그러하듯 양조자는 이 두 가지를 서로 맞추어가면서 만족할 만한 맛이 될 때까지 맥주 맛을 발전시킨다. (그 지점에 이르면 큰 변수가 없는 한 맛이 변하지 않는다. 이번 주에 만든 맥주는 지난주에 만든 것과 같은 맛이 나고, 내년에 만들 맥주도 맛에 변함이 없어야 한다.) 양조자들은 짧게 보면 수백 년, 길게는 수천 년의 세월 동안 맥주 맛을 일정하게 유지하기 위해 물의 성분을 조정해왔다. 강과 더 가까운 곳, 또는 더 멀리 떨어진 곳에 우물을 새로 파는 것, 양조 용수에 염이나 산을 첨가하는 것과 같은 단순한 노력도 이러한 조정에 해당한다.

맥주 양조에서 흔히 잘못 알려진 속설 중 하나가 특정 스타일의 맥주를 전통적인 맛 그대로 만들려면 맨 처음 그 맥주가 만들어진 방식으로 되돌아가서 최초로 사용한 것과 똑같은 물을 사용해야 한다는 것이다. 이는 사실이 아니다. 물이 맥주의 특징에 큰 영향을 미치는 것은 명확한 사실이다. 그렇지만 과거 양조자들이 맥주의 특성을 향상시키기 위해 양조 용수의 특성을 조정하지 않았다는 주장, 즉 '물은 원형 그대로 써야 한다는 속설'은 사실이 아니다. 훌륭한 맥주는 만들어지는 것이지, 어쩌다 발견되는 것이 아니다.

마틴 브룬가드*Martiin Brungard*는 2013년 필라델피아에서 열린 전미 자가 양조자 컨퍼런스에서 "역사적인 물"이라는 제목으로 인상적인 발표를 했다. 영국 버튼온트렌트 지역의 지리적 특성이 이 지역의 맥주 양조에 어떤 영향을 미쳤는지 밝힌 내용이었다. 세월이 흘러 도시가 성장하자 지역에 공급되는 물의 특성도 크게 변했고 지하수를 길어다 맥주를 만드는 양조자들이 늘기 시작했다. 버튼온트렌트는 트렌트 강변의 모래와 자갈로 이루어진 토양 위에 형성된 도시다. 그 밑에 석고와 백악의 함량이 높은 머시아 이암층이 자리하고 다시 그 아래에는 사암이 형성된 지리적 특성으로 이 지역의 우물물에서는 무기질이 적은 강물과 무기질이 많은 지하수가 혼합된 특징이 나타난다. 또 수원과 강의 거리, 우물의 깊이에 따라 물의 조성도 제각기 다르다. 모래와 자갈은 이암층보다 투과성이 높아서 강과 가까이 있는 우물물을 이용하는 주민들과 양조장이 늘어나면서 오염된 강물이 우물물에 포함되는 일도 늘어났다. 그래서 등장한

506

해결책은? 강에서 더 멀리 떨어진 곳에 우물을 더 깊게 판 것이다. 결과는? 양조장에서 기존에 사용해온 물과 견주어 무기질 농도가 높은 물을 얻을 수 있었고, '황산석회'와 '탄산석회'와 같은 물질을 측정한 결과가 맥주 맛을 일정하게 유지하기 위한 지표로 활용되었다. 1830년에는 이 지역 양조장에서 맥주에 화학물질을 집어넣어 변질시킨다고 주장하는 어느 공익단체를

수질 보고서의 문제점

안타까운 일이지만, 우리가 인터넷에서 찾아낸 수질 보고서가 잘못 해석되는 일이 허다하다. 수질 보고서는 특정 수원의 물이 마시기에 안전한지 알려주려고 작성하는 것이므로, 그것으로 맥주를 만들기에 좋은 물인지까지 확인할 수 있는 건 아니다. 양조에 참고해야 하는 중요한 이온(칼슘, 염화물, 그 밖에 8장과 21장에서 다룬 이온)은 대부분 보고서 맨 끝에 목록으로 제시되고 연간 여러 번에 걸쳐 측정한 값의 평균이 나와 있다. 수원이 대체로 일정하게 유지된 경우에는 이 정도로도 충분하지만 한 해 동안 변화가 발생했다면 크게 어긋난 정보가 될 수도 있다.

자연적으로 형성된 수원은 모두 전기적으로 중성을 띤다. 즉 리터당 밀리당량(mEq/L) 단위로 측정한 양이온의 전하(Ca^{2+}, Mg^{2+}, Na^+)의 합과 음이온의 전하(총 알칼리도, SO_4^{2-}, Cl^-)의 합이 동일하다(약간의 오차를 허용할 경우 거의 동일한 것도 포함된다). 수질 보고서를 토대로 이온 조성을 파악하기 위해서는 각 이온의 농도를 당량 무게로 나누어 각각의 농도를 리터당 밀리당량으로 변환한다. 알칼리도는 "탄산칼슘 환산 총 알칼리도"로 나와 있으면 좋지만 중탄산이온(HCO_3)의 농도로만 제시되었다면 물의 pH를 토대로 총 알칼리도를 계산해야 한다. 물의 pH가 8.0~8.6이면 중탄산이온은 총 알칼리도의 약 97퍼센트를 차지하므로 아래와 같이 간단한 변환계수를 사용하여 계산한다.

탄산칼슘 환산 총 알칼리도 = (50/61) × [HCO_3] ppm

그러나 계산해서 값을 바꾸는 것보다 총 알칼리도를 바로 이용할 수 있으면 더욱 편리하다.

물에는 맥주 양조에 중요한 여섯 가지 이온 외에도 훨씬 더 많은 종류의 이온이 녹아 있으므로 실제로는 양이온과 음이온의 전하를 각각 더한 값이 1mEq 정도 차이 나는 경우가 많다. 격차가 1mEq보다 크면 보고서에 나온 결과가 시 전역의 다양한 장소에서 측정한 값이나 연중 여러 시점에 측정한 값을 종합한 결과일 수 있다. 그러나 격차가 3mEq 이상 크게 벌어지면 이온 조성이 불균형적이고, 이는 자연적으로 형성된 물과는 거리가 먼 특징이 나타난다. 그와 같은 물의 특성을 재현하려 한다면 이온 농도를 똑같이 맞추는 일이 결코 쉽지 않을 것이다. 그렇지만 중요한 건 조건을 그대로 맞추는 것이 아니라 만들고자 하는 맥주의 스타일이 잘 나타나는 맛있는 맥주를 만드는 것임을 기억해야 한다.

상대로 양조자들이 소송을 제기한 일도 있었다. 지역 주민들은 물에다 산과 무기질을 대체 왜 첨가해야 하는지 이해할 수 없었겠지만 양조자들에게는 분명한 이유가 있었다. 현재 버튼 지역에서 맥주를 만드는 사람에게 물이 어떠냐고 물어보면 양조하기 정말 힘들다고 토로할 것이다. "무기질이 너무 많으니까요!"라고 하면서 말이다. 미치 스틸*Mitch Steele*이 쓴 IPA 맥주에 관한 책에도 버튼 지역의 물에 관한 정보가 더욱 자세히 나와 있다.[2]

정통 스타일의 맥주를 제대로 만들고 싶다면 그러한 맥주의 탄생에 해당 지역의 물이 어떤 영향을 미쳤는지 파악할 필요가 있다. 동시에 그 물 대신 다른 물을 사용하면 어떤 결과가 나올 것인지도 알아야 한다. 결국 우리가 마시는 것은 물이 아니라 맥주가 아닌가. 만들고자 하는 맥주가 어떤 특징을 나타내는지 자세히 살펴보고 그러한 맥주를 만들기 위해서는 어떤 물을 사용해야 하는지 알아보자. 홉이나 맥아 맛이 뚜렷한 맥주인가? 흑맥주와 페일 맥주 중 어느 쪽인가? 맥주의 보디감이 강한 편인가, 부드러운 편인가? 이러한 요소를 고려하면서 원하는 스타일의 맥주를 완벽하게 만들어낼 방법을 연구하되, 그 틀에 너무 갇힐 필요는 없다.

무기질을 이용해 특정한 맛 강조하기

양조 용수의 중요한 요소인 여섯 가지 이온이 각각 어떤 기능을 하는지 간단하게 요약하면 아래와 같다.

- 칼슘, 마그네슘, 중탄산이온(또는 총 알칼리도)은 잔류 알칼리도를 통해 pH에 영향을 미친다.
- 칼슘, 마그네슘, 중탄산이온은 맥주 맛에 영향을 미치지 않지만 입에 머금었을 때 느끼는 특징에 영향을 준다. 이 세 가지 이온의 양이 늘어날수록 이러한 목 넘김은 부드러운 느낌에서 단단한 느낌으로 바뀐다.
- 황산, 염화이온, 나트륨이온은 잔류 알칼리도나 맥주의 pH에 영향을 미치지 않는다. 이 부분과는 아무런 연관성이 없다.
- 황산이온은 쓴맛과 홉의 특성을 강조하므로 맥주 맛에 직접적인 영향을 미치고 목 넘김

---

2 Steele(2012).

에서 드라이함이 느껴지도록 한다.

- 염화이온, 나트륨이온은 단맛을 강조하고 맥아의 특성을 더욱 풍성하게 하므로 맥주 맛에 직접적인 영향을 미친다.
- 나트륨이온이 지나치게 많으면 맥주에서 광물이나 금속 맛이 느껴질 수 있다.

맥주는 음식의 하나로 생각해야 한다. 어떤 종류의 맥주인가? 달콤한 맥주인가, 씁쓸한 맛이 나는 맥주인가? 보디감이 묵직한 편인가, 가벼운 편인가? 전체적으로 맛이 진하고 확실한 편인가, 부드러운 편인가? 양조 용수의 특성을 활용하여 두 가지 방식으로 이러한 특성을 강조할 수 있다. 한 가지는 염소와 황산이온의 비율을 조정하는 것이고, 다른 하나는 총 용존 고형물을 조정하는 것이다.

| 황산이온과 염화이온의 비율 |

황산이온과 염화이온의 비율은 최종 완성된 맥주에서 느껴지는 홉과 맥아 맛의 균형에 영향을 미친다. 황산이온은 쓴맛을 두드러지게 하고 드라이한 맛을 더해서 맥주 맛을 더욱 드라이하고 생생하게 만든다. 염화이온은 맥아의 맛을 강조하므로 한층 달콤하고 풍부하면서 부드러운 맛을 느끼게 한다.

황산이온과 염화이온의 비율은 무기질의 조성과 첨가한 염 성분이 맥주 맛에 얼마나 영향을 미칠지 파악하는 척도로 활용할 수 있다. 그렇지만 이것 하나를 조정한다고 마술처럼 다 해결되는 것은 아니다. 레시피 자체가 엉망이거나 이취가 난다면 첨가물을 조정하는 것으로는 문제를 해결할 수 없다. 또 맥아 맛이 강한 맥주에 황산이온을 다량 첨가한다고 해서 쓴맛이 나는 것은 아니며, 쓴 맥주에 염화이온을 많이 넣는다고 달콤한 맛이 나지는 않는다. 이미 형성된 맛을 더욱 강조하는 것이 이 두 가지 염의 역할이다. 황산이온과 염화이온의 비율을 활용하는 방법을 정리하면 아래와 같다.

- 황산이온의 권장 농도 범위는 대부분 맥주에서 50~150ppm이며 페일 에일, IPA 맥주에서는 150~400ppm이다.
- 염화이온의 권장 농도 범위는 맥주 종류와 상관없이 모두 50~150ppm이다.
- 황산이온과 염화이온의 권장 비율은 5대 1에서 0.5대 1이다. IPA 맥주는 9대 1까지 높여도 되지만 염을 과도하게 첨가하지 않도록 주의해야 한다.

- 염화이온은 0.5대 1의 비율을 초과해서 첨가하지 말아야 한다. 그 이상 첨가하면 발효가 덜 된 것 같은 이상한 단맛이 나기 시작한다.
- 두 이온을 모두 최대치로 첨가하여 홉과 맥아의 맛을 모두 강조하려는 시도는 적절치 않다. 이때 맥주에서는 광물 맛이 난다. 황산이온과 염화이온의 합은 500ppm을 넘지 않는 것이 좋다.
- 같은 3대 1의 비율이라도 황산 15ppm, 염화이온 5ppm을 넣을 때와 황산 150ppm, 염화이온 50ppm을 넣을 때 같은 결과가 나오지는 않는다. 첨가하는 무기질의 총량도 맛에 영향을 미친다.

| 총 용존 고형물 |

무기질로 맥주 맛을 조정하는 또 한 가지 방법은 총 용존 고형물(Total Disolved Solid, 줄여서 TDS)의 효과를 활용하는 것이다. 즉 물에 함유된 각 무기질의 총합을 조정한다. 무기질이 전혀 들어 있지 않은 물(증류수 등)로 만든 맥주에서는 싱거운 맛이 난다. 양조 용수에 함유된 무기질의 총량은 맥주 맛을 부드럽게, 보통 수준으로, 혹은 진한 맛으로 구조화한다. 나는 이러한 맛의 차이를 프랑스 요리의 섬세한 양념과 강렬한 케이준 양념의 맛에 자주 비유하곤 한다. 세 가지 비슷한 맥주인 보헤미안 필스너와 독일식 필스너, 도르트문트 엑스포트를 비교해보는 것도 이러한 차이를 확인할 수 있는 좋은 방법이다.

보헤미안 필스너는 맛이 풍부하고 맥아의 맛이 느껴지면서 깊고 부드러운 쓴맛이 뒷받침되는 특징이 있다. 맛에서 날카로운 구석은 전혀 느껴지지 않는다. 끝 맛은 맥아와 홉이 조화를 이룬 부드러운 맛이다. 독일식 필스너는 그보다 맛이 선명하고 조금 더 쓴 편이며 홉의 맛이 더욱 강하게 나타난다. 그리고 맥아의 특징이 뒤이어 느껴지고 드라이한 끝 맛으로 마무리된다. 맛의 경계가 선명한 것이 독일식 필스너의 대표적인 특징이다. 도르트문트 엑스포트에서는 풍부한 맥아의 특성과 단단하고 드라이한 쓴맛이 균형을 이룬 진한 맛을 느낄 수 있다. 앞선 두 가지 맥주보다 도수가 더 높은 느낌이 들지만 실제로는 이 세 가지 맥주의 레시피는 굉장히 비슷하다. 모두 초기 비중은 약 1.050, 베이스 맥아로 필스너 맥아를 사용하고 노블 홉과 라거 효모를 사용한다.

그렇다면 무엇이 이 세 가지 스타일의 차이를 만드는 것일까? 주된 차이는 바로 이 세 가지 맥주를 개발한 도시에서 사용한 양조 용수에서 비롯한다. 아래 표 22.2에 세 도시의 물에 함유

표 22-2 | 플젠, 뮌헨, 도르트문트의 물 조성

지역/맥주 종류	Ca^{2+}	Mg^{2+}	Na^+	Cl^-	SO_4^{2-}	HCO_3^-	TDS
플젠	7	2	2	6	8	16	50
뮌헨	77	17	4	8	18	295	419
도르트문트	230	15	40	130	330	235	1000

참고 사항 : 농도 단위는 백만분율(ppm). 뮌헨과 도르트문트의 물 조성은 일시적 경도를 고려하여 한 번 끓여서 알칼리도를 제거한 뒤 측정한 결과다. TDS : 총 용존 고형물.
출처 : Palmer and Kaminski (2013, 143~4)

된 무기질의 조성과 총 용존 고형물이 나와 있다.

각 도시의 물 조성과 총 용존 고형물 값을 보면 두 가지 특징이 나타난다. 첫째, 황산이온과 염화이온의 비율은 플젠, 뮌헨, 도르트문트의 순서로 각각 1대 1, 2대 1, 3대 1이다. 개인적으로는 아주 중요한 특징이라고 생각한다. 둘째, 플젠에서 뮌헨, 뮌헨에서 도르트문트로 갈수록 총 용존 고형물 값의 자릿수가 달라진다. 양조 용수에 함유된 무기질의 기본 골격이라 할 수 있는 이 요소가 세 가지 맥주의 가장 두드러진 특징을 나타내는 바탕이 된다.

총 용존 고형물 값은 양조 시 도달해야 할 특정 값이 아니라 여러 값으로 된 범위에 해당한다. 총 용존 고형물은 양조 용수에 첨가되는 염에 따라 달라진다는 사실에 유념해야 한다. 예를 들어 IPA 맥주에서 홉의 특성을 살리려고 물에 200ppm의 황산염을 넣으면 무기질 전체의 조성이 어떻게 바뀔지도 살펴보아야 한다. 총 용존 고형물이 1,000ppm을 넘어서면 무기질이 과도해질 수 있기 때문이다. 총 용존 고형물을 기준점으로 삼아 이 값이 너무 크면(800ppm 이상) 맥주에서 광물 맛이 나고 너무 적으면(100ppm 이하) 싱거운 맛이 날 수 있다는 점을 고려하여 조정하자. 보통은 중간 정도로 맞추려고 노력하지만 그 중간도 개개인의 입맛에 따라 달라진다.

양조 큐브

특정한 스타일의 맥주에 맞게 물의 조성을 세밀하게 조정하는 방법을 살펴보기에 앞서, 먼저 큰 그림을 보고 시작하는 것이 좋을 듯하다. 양조 용수와 맥주의 종류는 항상 함께 생각해야 할 부분이지만 경우에 따라 이 두 가지 관계가 명확히 이해되지 않고 손에 잘 잡히지 않는 사람들도 있을 것이다. 이런 문제를 고려하여, 나는 '양조 큐브'라는 것을 개발했다. 기본적으로는 루빅큐브의 형태를 띤 이 양조 큐브는 맥주의 유형을 결정하는 세 요소인 색과 맛의 균형, 구성이 물의 세 요소인 잔류 알칼리도와 황산이온과 염화이온의 비율, 칼슘 농도와 어떤 관계를 형성하는지 이해를 돕기 위해 만든 것이다. 그림 22.1에 양조 큐브가 나와 있다.

맥주의 특정 유형에서 나타나는 색은 일반적으로 전체 전분 원료의 산도를 나타내므로, 당화 혼합물의 pH를 원하는 값으로 만들기 위해서는 잔류 알칼리도가 어느 정도여야 하는지(혹은 얼마나 낮아야 하는지) 알 수 있는 지표가 된다. 또 특정 유형의 전체적인 맛 균형(홉의 맛이 강한 편, 균형 잡힌 맛, 맥아의 맛이 강한 편)은 물의 염화이온 대비 황산이온의 비율에 영향을 받는다. 단, 두 이온의 비율보다는 실제 농도가 사실 더 중요하다는 사실을 기억하자. 그리고 총 용존 고형물(TDS)은 맥주 맛을 구조화하고 마셨을 때 다가오는 느낌에 영향을 미친다. 맛의 구조는 부드러운 맛, 중간 맛, 단단한 맛으로 나뉜다.

총 용존 고형물은 맥주를 전체적으로 살펴볼 수 있는 일종의 참고 체계일 뿐 실제 목표는 아니다. pH와 맛의 균형을 조정하는 것이 실질적인 목표이고 보통 칼슘염을 첨가하는 것으로 이루어진다. 칼슘이온의 농도와 잔류 알칼리도는 총 용존 고형물에 커다란 영향을 미치는 점에서 칼슘이온의 농도는 특정한 양조 용수를 사용하는 것이 적합한지 결정할 때 총 용존 고형물보다 더 나은 지표로 활용할 수 있다. 양조 큐브에 칼슘이온의 농도가 맛의 구조에 영향을 미치는 요소로 포함된 것도 이와 같은 이유에서다.

양조 큐브는 양조 용수와 맥주의 유형이 서로 어떤 관계가 있는지 대략적인 큰 그림을 이해할 수 있도록 만든 것이다. 그러므로 큐브에 나온 숫자는 참고용이며, 구체적인 특정 스타일의 맥주에 필요한 목표 값으로 활용하기에는 적절치 않다.

맥주의 유형은 색과 맛의 균형, 구조로 설명할 수 있고, 양조 용수는 잔류 알칼리도와 염화이온 대비 황산이온의 비율, 칼슘이온의 농도로 설명할 수 있다. 양조 큐브에서 맥주 유형을 나타내는 세 항목이 교차하는 점을 찾고 거기에 상응하는 물의 요소를 찾으면 된다. 예를 들어 아메리칸 페일 에일과 같이 홉의 맛이 두드러지고 보디감이 단단한 페일 맥주를 만들고 싶다면, 큐브에서 잔류 알칼리도 −100ppm[3], 염화이온 대비 황산이온의 비율은 4대 1, 칼슘이온의

---

3 참고 사항 : 다른 자료에서 잔류 알칼리도(RA)가 이 책과 같은 ppm 단위로 명시되어 있다면 '탄산칼슘 환산 ppm'을 줄인 단위임을 기억하자. 잔류 알칼리도가 mEq/L로 제시될 때도 있으나 이 경우 항상 단위를 따로 명시한다.

농도는 150ppm에 해당한다는 것을 바로 찾을 수 있다.

그러나 이렇게 찾은 물의 특성은 반드시 사용해야 할 기준으로 볼 수는 없으며 어떤 용수를 사용할 수 있는지 나타내는 예시로만 활용할 수 있다. 또 양조 큐브에서 칼슘이온과 잔류 알칼리도의 농도는 용수에 함유된 무기질 총량이 과도해질 수 있는 상황을 고려하여 염으로만 물의 조성을 조정할 때 내가 권장하는 최소치부터 최대치의 범위임을 밝혀둔다. 이 기준에 따른 칼슘이온의 세 가지 권장 농도 범위는 50~100ppm, 75~125ppm, 100~150ppm이다. 모두 전반적인 가이드라인이며, 각각에 대한 잔류 알칼리도 권장 비율은 -100~-25ppm, -50~50ppm, 25~100ppm이다. 한편, 적색 맥아는 흑색 맥아와 견주면 산도가 높아서 맥주의 색과 산도의 상관관계가 잘못된 해석을 낳을 수 있는 점도 참고하기 바란다(21장 참고). 양조 큐브는 맥주의 유형별 특성과 양조 용수의 특성이 서로 어떤 관계인지 시각적으로 나타낸 도구다.

그림 22-1

양조 큐브는 맥주의 유형별로 양조 용수와의 관계를 나타낸다. 맥주 색과 맛의 균형, 맛의 구조로 먼저 유형을 정하면 그와 같은 맥주를 양조할 때 도움이 되는 용수의 전체적인 특징을 확인할 수 있다.

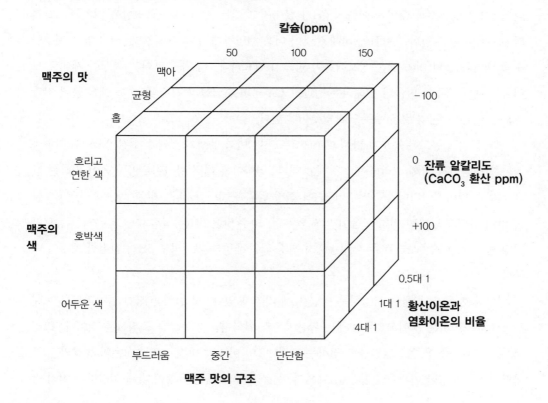

CHAPTER 22 맥주 스타일에 맞게 물 조정하기 : 유명한 양조 용수와 그 물로 만든 맥주

맥주 종류에 맞게 물 조정하기

앞 장에서 배운 내용을 다시 한 번 정리해보자.

1. 맥주는 음식이다.

2. 물에 함유된 무기질은 맥주의 pH와 특정 맛을 강조하는 두 가지 방식으로 맥주 맛에 영향을 미친다.

3. 잔류 알칼리도와 맥아의 화학적 특성이 합쳐져서 당화 혼합물의 pH가 결정된다.

4. 당화 혼합물의 pH가 맥주의 pH를 결정한다.

5. 맥주의 pH가 맥주 맛을 좌우한다.

사람들에게 양조 용수 조정하는 방법을 가르치기란 쉬운 일이 아니다. 무기질 농도에 관한 갖가지 규칙과 지침을 이야기하다 보면 숲에서 나무만 쳐다보느라 길을 잃기 십상이다. 여기서 나무는 각 이온의 농도 범위이고 맥주의 유형마다 적정 권장 범위가 존재한다. 그리고 숲은 당화 혼합물의 pH와 맥주의 pH, 그로 인해 달라지는 맥주의 맛으로 구성된다. 당화 혼합물의 pH가 낮을수록 끓인 맥아즙의 pH가 낮아지고 이는 홉의 특성에 영향을 미친다. 그 결과 pH가 더 높은 당화 혼합물에 비해 쓴맛이 더욱 세밀하게*refined* 느껴진다. 색이 옅은 맥주일수록 맥아와 홉의 이와 같은 상호작용이 반드시 필요하다. 한 가지 맥아의 특성이 제대로 드러나는 페일 맥주를 만들기 위해서는 일반적으로 당화 혼합물과 맥주의 pH를 예를 들어 각각 5.2~5.4, 4.0~4.3와 같은 수준으로 낮추어야 한다.

물의 무기질 농도는 농도가 바뀔 때 pH에는 어떤 변화가 생기고 맥주에 전체적으로 얼마나 적합한 조정인지 함께 고려하여 조정해야 한다. 염화이온 대비 황산이온의 비율이 원하는 값에 정확히 맞아떨어지더라도 맥주의 pH가 적정 범위를 벗어나거나, 맥주에서 광물 맛이나 금속 맛이 강하게 난다면 전혀 도움이 되지 않는다. 맥주 맛은 pH는 적절치 않고 무기질 농도가 적정 범위에 든 맥주보다는 무기질 농도가 적정 범위에 들지 않더라도 pH가 적절한 맥주가 더 좋다.

맥주 유형에 맞게 물을 조정하는 방법은 세 가지가 있다. 첫 번째는 잔류 알칼리도를 토대로 pH를 조정하는 것이고, 두 번째는 황산이온과 염화이온의 농도를 조정하는 것이다. 그리고 세 번째는 총 용존 고형물을 조정하는 것인데, 이 마지막 방법은 칼슘이온의 농도와 잔류 알칼리도를 조정한 이후에만 활용할 수 있다. 물을 맥주의 특정 유형에 맞게 조정하는 여러 방법 가운데서도 잔류 알칼리도가 가장 확실한 도구인 것은 사실이다. 그렇지만 잔류 알칼리도는 최종 목표, 즉 당화 혼합물의 pH를 원하는 값으로 만들기 위한 수단에 불과하다는 점을 잊지 말아야 한다.

당화 혼합물의 권장 pH 범위는 페일 맥주의 경우 5.2~5.4, 앰버(호박색) 맥주는 5.3~5.5, 흑맥주는 5.4~5.6이다. 단, 이 범위는 모두 전반적인 지침에 해당한다. 색이 매우 옅고 흐릿한 맥주(밀짚 색, 황색, 금색, 밝은 호박색)는 당화 혼합물의 pH가 적정 범위 중 최저치에 가까워야 하므로 잔류 알칼리도 값이 음수여야 한다. 호박색, 적색, 갈색 맥주는 맥아의 완충력이 그보다 높은 편이므로 잔류 알칼리도 값이 0~75ppm의 범위여도 당화 혼합물의 pH를 원하는 값으로 맞출 수 있다. 진한 적색, 갈색을 띠는 맥주나 흑맥주는 산도가 상당히 높으므로 당화 혼합물의 pH가 지나치게 낮아지지 않도록 하려면 잔류 알칼리도 값은 양수여야 한다.

당화 혼합물의 pH는 곡물당 물의 비율인 Rv(그리고 R)에도 영향을 받는다. Rv 값이 클수록 당화 혼합물에 잔류 알칼리도가 끼치는 영향도 크다. Rv는 물과 맥아의 비율을 나타내므로, 이는 곧 물의 완충력과 맥아 완충력의 비율로도 볼 수 있다. Rv 값이 작으면 당화 혼합물의 pH를 원하는 범위로 만들기 위해 필요한 잔류 알칼리도의 절댓값이 커진다(즉 잔류 알칼리도가 양수라면 더 큰 양의 값을 갖게 되고 음수라면 음의 값이 더욱 커진다). 그러나 이러한 관계에 지나치게 신경 쓸 필요는 없다.

물의 조성을 고려하여 양조용 염을 첨가할 경우, 각 이온의 최종 농도가 제안된 지침의 범위 내로 유지되는지 반드시 확인해야 한다. 이것이 지켜지는 범위 내에서만 염을 첨가하여 잔류 알칼리도를 조정해야 한다. 또 무기질의 특성이 과도하게 드러나지 않도록 하면서 염 첨가로 바꿀 수 있는 pH의 범위는 1/10에서 2/10 정도(예를 들어 5.6에서 5.4로)에 불과하다. 나머지 조정은 전체 전분 원료가 맡는다. 책 뒤표지 안쪽에 실린 눈금 그래프를 보면 잔류 알칼리도와 맥주의 전반적인 색이 서로 어떻게 상호작용하는지 시각적으로 확인할 수 있다. 그럼 지금부터는 '유어타운'이라는 지역이 있다고 가정하고, 그곳의 물 조성을 예로 들어보자. 참고—로, 물 조성을 나타낸 표에 명시된 농도는 별도로 언급하지 않는 한 모두 ppm 단위다.

도시명	Ca^{2+}	Mg^{2+}	HCO_3^-	Na^+	Cl^-	SO_4^{2-}	RA
유어타운	40	8	100	15	35	32	50

평균적인 물의 특성이 나타난다. 칼슘 농도가 낮고 황산이온과 염화이온의 농도도 낮은 편

515

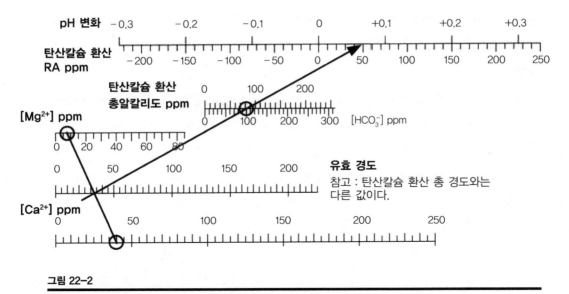

그림 22-2

유어타운의 물 조성에 따른 잔류 알칼리도를 나타낸 잔류 알칼리도 눈금 그래프.

이며 중탄산이온의 농도는 중간 정도, 잔류 알칼리도는 중등도의 적당한 수준이다(그림 22.2). 눈금 그래프(책 뒤표지 안쪽)를 참고하면 이 물은 호박색 맥주에 가장 적합하다는 것을 알 수 있다. 이 물로 맥주를 만들어도 되지만 목적과 별로 맞지 않는다면 다른 물로 맥주를 만들 수도 있다. 이 물을 사용한다면 어떻게 활용할 수 있는지 살펴보자.

| 유어타운 페일 에일 만들기 |

페일 에일의 종류는 광범위하게 나뉜다. 색이 매우 옅고 흐린 종류가 있는가 하면 맥아의 맛이 강한 종류가 있고, 쓴맛과 맥아의 맛이 비교적 균형을 이룬 종류도 있다. 반대로 쓴맛이 아주 강한 페일 에일도 있다. 일반적으로 황산이온과 염화이온의 비율은 2대1 또는 4대1로, 황산이 더 큰 비율을 차지한다. 잉글리시 비터 맥주 등 종류에 따라 1대1로 동일하게 맞추어야 하는 경우도 있다. 보통 알코올 도수가 높은 맥주일수록 도수가 낮은 맥주보다 무기질 함량이 높다. 먼저 맥주의 특성을 고려하여 총 용존 고형물의 양은 어느 정도가 적절할지 생각해보자. 가령 쾰시 맥주는 무기질 조성이 낮거나 중간 정도여야 하고 스페셜 비터, IPA는 무기질 조성이 풍부한 것이 좋다. (본 예시에 사용되는 염의 이온 함량은 앞 장인 21장의 표 21.2에 모두 나와 있다.)

1단계 – 칼슘 농도 조정

우리가 가장 먼저 할 일은 칼슘이온(Ca^{2+})의 농도를 조정하는 것이다. 권장 범위는 50~150ppm이므로, 진한 페일 에일의 특성을 고려하여 100ppm까지 높이기로 하자. 황산이온(SO_4^{2-})의 역할도 페일 에일의 특성에 적합하므로 석고(황산칼슘)를 첨가하여 칼슘이온의 농도를 높이는 것이 좋다. 100ppm이 되려면 60ppm의 칼슘이온이 필요하다. 석고가 물에 1g/gal의 농도로 녹으면 칼슘이온 61.5ppm, 황산이온 147.4ppm을 얻을 수 있다. 석고를 첨가할 물이 총 10갤런(38리터)이라면 총 10그램의 석고를 첨가하면 된다. 이렇게 하면, 물의 조성이 아래와 같이 바뀐다.

도시명	Ca^{2+}	Mg^{2+}	HCO_3^-	Na^+	Cl^-	SO_4^{2-}	RA
유어타운	102	8	100	15	35	179	11

2단계 – 잔류 알칼리도가 만들고자 하는 맥주 종류와 맞는지 확인하기

이제 양조 용수에는 칼슘이온과 황산이온이 페일 에일을 만들기에 적절한 양으로 충분히 녹아 있다. 동시에 잔류 알칼리도가 낮아지고(그림 22.3 참고), 책 뒤표지 안쪽의 눈금 그래프를 참고하면 이렇게 바뀐 잔류 알칼리도는 런던 스페셜 비터, 미국 동부 해안식 아메리칸 페일 에일과 같은 호박색 페일 에일에 적합한 것을 알 수 있다. 동부 해안식 페일 에일보다 색이 더 옅은 미국 서부 해안식 아메리칸 페일 에일을 만들고자 한다면 물에 산을 첨가하여 알칼리도를 낮추어야 한다.

3단계 – 산 첨가로 알칼리도 조정하기

이제 산을 첨가하여 중탄산이온(HCO_3^-)의 영향을 중화할 차례다. 먼저 산 첨가량을 정하기 위해 중탄산이온의 농도를 당량 무게인 61mg/mEq로 나누어 ppm(즉 mg/L) 단위에서 리터당 밀리당량 단위로 변환한다.

100mg/L / 61mg/mEq = 1.64mEq/L

1N의 젖산 수용액을 사용할 경우(표 21.3 참고) 사용할 용수 1리터당 1.64밀리리터의 젖산 수용액을 넣으면 된다. 사용할 물이 10갤런(37.8리터)이면 총 62밀리리터의 1N 젖산 수용액을

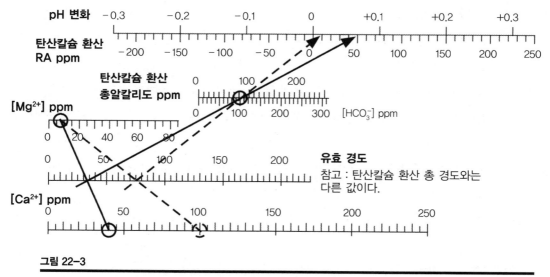

그림 22-3

그림 22.2와 비교하면, 칼슘염 첨가로 유효 경도가 상승하고 잔류 알칼리도가 낮아진 것을 확인할 수 있다.

첨가한다. 수용액은 양조 용수에 첨가한 후 잘 저어서 충분히 섞어야 한다. 그리고 이 과정에서 형성된 이산화탄소가 빠져나가도록 나중에 다시 저어준다. 이렇게 중탄산이온이 중화되고 나면 이제 양조 용수는 칼슘이온과 황산이온의 농도는 그대로 유지되면서 잔류 알칼리도가 낮

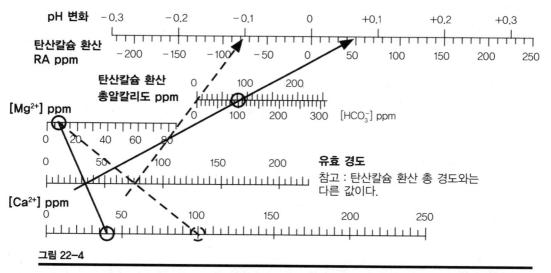

그림 22-4

그림 22.3의 상태에서 젖산으로 중탄산이온의 농도를 중화하자 물의 잔류 알칼리도가 더욱 낮아졌다. 그림 22.3으로 나타낸 물보다 이 물이 색이 매우 옅은 맥주를 만들기에 더욱 적합하다.

도시명	Ca^{2+}	Mg^{2+}	HCO_3^-	Na^+	Cl^-	SO_4^{2-}	RA
유어타운	102	8	0	15	35	179	-75

아진(그림 22.4) 새로운 특성을 띤다. 이에 따라 당화 혼합물의 pH와 맥주의 pH도 약간 감소하므로 색이 매우 옅은 맥주를 만들기에 더 적합한 물이 된다.

| 유어타운 스타우트 만들기 |

스타우트는 흑맥주이므로 스페셜티 맥아의 산도와 균형을 맞추기 위해서는 잔류 알칼리도를 조금 더 높여야 한다. 맥아 맛이 강한 스타우트라면 황산이온과 염화이온의 비율을 1대 1로 맞추거나 맥아 맛을 더 강조할 수 있도록 0.5대 1로 맞추어야 한다.

1단계 - 칼슘 농도 조정

가장 먼저 해야 할 일은 칼슘이온의 농도를 조정하는 것이다. 권장 농도는 50~150ppm이므로 50ppm까지 높이기로 하자. 또 칼슘이온의 농도는 높이되 잔류 알칼리도가 크게 낮아지지 않는 방법을 생각해야 한다. 염화칼슘($CaCl_2$)을 첨가하면 칼슘과 함께 염화이온(Cl^-)의 농도도 함께 높일 수 있으므로 적절한 선택이 될 것이다. 칼슘이온의 초기 농도는 40ppm이므로 50ppm으로 만들기 위해서는 10ppm의 칼슘이온을 추가해야 한다. 표 21.2를 다시 참고하면, 염화칼슘이 1g/gal의 농도로 용해되면 칼슘이온 72ppm, 염화이온 127.4ppm을 얻을 수 있다. 우리에게 필요한 염화칼슘이 몇 그램인지 계산하려면, 아래 계산식과 같이 추가해야 할 농도에 만들고자 하는 갤런을 곱한 뒤 그램당 비율을 곱한다.

$$(10ppm \times 10gal.) / 72ppm/g/gal. = 총 1.4g의 CaCl_2$$

이제 염화칼슘을 위와 같은 양만큼 첨가하면 염화이온의 농도가 어떻게 바뀌는지 계산할 수 있다.

$$(1.4g \times 127.4ppm/g/gal.) / 10gal. = 17.8ppm (또는 약 18ppm)$$

도시명	Ca^{2+}	Mg^{2+}	HCO_3^-	Na^+	Cl^-	SO_4^{2-}	RA
유어타운	50	8	100	15	53	32	48

따라서 염화칼슘 첨가 후 물의 특성은 위와 같이 바뀐다.

2단계 – 잔류 알칼리도 높이기

책 뒤표지 안쪽의 눈금 그래프와 그에 따른 색상 표를 참고하면 탄산칼슘 환산 잔류 알칼리도를 125ppm까지 높여야 한다는 것을 알 수 있다. 수산화칼슘[$Ca(OH)_2$]과 중탄산나트륨($NaHCO_3$), 두 가지 양조용 염을 첨가하여 알칼리도를 높이기로 하자. 둘 중 수산화칼슘의 효과가 더욱 강력하고 첨가 시 칼슘이온의 농도도 높일 수 있다. 중탄산나트륨은 나트륨이온의 농도를 높이는데, 이 두 가지 영향은 현재 우리가 조정하려는 농도에 아무런 문제가 되지 않는다. 구체적으로는 칼슘과 나트륨이온 모두 두 염을 첨가한 이후에도 농도가 권장 범위 내로 유지된다. 먼저 수산화칼슘부터 살펴보자. 피클용 석회로도 알려진 수산화칼슘은 1g/gal의 농도로 녹으면 칼슘이온 143ppm과 수산화이온(OH^-) 121ppm을 얻을 수 있다. 수산화물의 당량 무게는 17mg/mEq이므로, 수산화칼슘의 그램당 비율은 아래와 같이 계산할 수 있다.

121ppm / 17 = 7.1mEq/L 의 OH^-

단위를 탄산칼슘 환산 ppm 농도로 변환하려면 50mg/mEq를 곱하면 된다(즉 7.1 × 50 = 355mg/L). 그러므로 수산화칼슘을 물 1갤런당 1그램 첨가하면 칼슘이온 143ppm을 얻을 수 있고 탄산칼슘 환산 알칼리도는 355ppm이다.

이제 잔류 알칼리도를 다시 계산해야 하는데, 다행히 표 21.2에 수산화칼슘의 Δ잔류 알칼리도 값이 나와 있으므로 이를 활용하면 된다. 따라서 수산화칼슘을 물 1갤런당 1그램 첨가하면 잔류 알칼리도는 5.1mEq/L 또는 탄산칼슘 환산 농도로 255ppm이 변화한다는 결과를 도출할 수 있다.

그러므로 수산화칼슘을 활용하여 잔류 알칼리도를 50ppm에서 125ppm으로 높이려면(즉 75ppm을 높이려면) 앞서 1단계에서 계산한 값을 포함하여 칼슘이온의 총 농도를 다시 계산해야 한다. 일단 수산화칼슘을 정확히 얼마나 첨가해야 하는지 계산한 다음 그중에 칼슘이온이 차지하는 양을 알아보자.

(75ppm × 10gal.) / 255ppm/g/gal. = 총 2.9g의 $Ca(OH)_2$ (반올림하면 3g)

현재 칼슘이온은 1단계 조정을 마친 상태이므로 50ppm이다. 이제 여기에 수산화칼슘 첨가로 더해지는 칼슘이온의 양을 추가로 더해야 한다.

(3g × 143ppm/g/gal.) / 10gal. = 총 42.9ppm의 Ca^{2+} 추가 (반올림하면 43)

50ppm + 43ppm = 93ppm의 Ca^{2+}

이제 총 알칼리도를 계산할 차례다. 중탄산이온의 초기 농도를 아래와 같이 계산하여 탄산칼슘 환산 총 알칼리도 ppm으로 변환한다.

(100ppm × 61mg/mEq) × 50mg/mEq = HCO_3^-로 인한 알칼리도 82ppm

그러므로 탄산칼슘으로 환산하여 75ppm인 잔류 알칼리도는 수산화칼슘 첨가 시 다음과 같이 바뀐다.

(3g × 355ppm/g/gal.) / 10gal. = OH^-로 인한 총 알칼리도는 106.5 (반올림하면 107)

82 + 107 = 탄산칼슘 환산 총 알칼리도 189ppm

첨가 후 양조 용수의 조성은 아래와 같이 바뀐다.

도시명	Ca^{2+}	Mg^{2+}	HCO_3^-	Na^+	Cl^-	SO_4^{2-}	RA
유어타운	93	8	189	15	53	32	125

3단계 – 염화이온과 나트륨이온 조정하여 맥아 특성 강조하기

이제 흑맥주용 맥아에 알맞게 칼슘이온의 양을 늘리고(권장 범위 내에서) 잔류 알칼리도도 높였으나, 염화이온의 농도는 아직까지 우리가 만들고자 하는 진한 스타우트에 알맞은 수준으로 높지 않다. 나트륨이온(Na^+)도 농도가 낮은 편이다. 이 상태에서 순도가 높은 식염(염화나트륨)을 첨가하면 잔류 알칼리도에 영향을 주지 않고 나트륨이온과 염화이온의 농도를 높일 수 있다. 염화이온의 총 농도를 100ppm으로 만들기로 하고, 염화나트륨이 1g/gal.의 농도로 녹으면 나트륨이온 104ppm과 염화이온 160ppm을 얻을 수 있다는 점을 참고하자. 염화이온의 농도를 100ppm으로 만들기 위해서는 47ppm의 염화이온을 추가해야 하므로(100ppm − 53ppm) 첨가해야 할 염화나트륨의 양은 아래와 같이 계산할 수 있다.

(47ppm × 10gal.) / 166ppm/g/gal. = 총 2.8g의 NaCl (또는 3g)

나트륨이온이 차지하는 비율은 아래와 같다.

(3g × 104ppm/g/gal.) / 10gal. = 31ppm의 Na^+

조정 후 물의 조성은 아래와 같이 바뀐다.

도시명	Ca^{2+}	Mg^{2+}	HCO_3^-	Na^+	Cl^-	SO_4^{2-}	RA
유어타운/스타우트	93	8	195	46	100	32	125

위와 같은 조성의 물은 스타우트를 만들기에 아주 적합한 용수라 할 수 있다. 황산이온과 염화이온의 비율은 1대 3 이상(또는 0.32대 1)으로 0.5대 1 이상이어야 한다는 권장 범위를 벗어난다. 그렇지만 염화이온의 농도를 보면 최대 권장 농도인 150ppm보다 충분히 낮은 100ppm이고 황산이온 역시 50ppm 기준보다 크게 낮지 않은 32ppm이므로 염려할 필요가 없다. 양조 조건이 특정한 기준에서 벗어나더라도, 기준이 어디까지이고 왜 그러한 기준이 설정되었는지 이해하면 문제될 것이 없다.

| 유어타운 필스너 만들기 |

맥주를 만드는 사람이라면 누구나 예외 없이 필스너 스타일의 맥주를 만들고 싶은 시점이 찾아온다. 필스너는 맛이 그리 다양하지 않아서, 잘못 만들면 부족한 부분을 감출 수 있는 여지가 많지 않은 점에서 만들기가 쉽지 않다. 체코식 필스너는 광물 함량이 굉장히 낮은 연수로 만든다는 이야기가 오래전부터 전해왔는데, 이 말은 사실이지만 많이 알려지지 않은 사실이 한 가지 더 있다. 바로 연수를 사용하되 당화와 발효 효율을 높이기 위해 저농도로 양조용 염을 첨가하여 성분을 조정한다는 것이다. 따라서 우리가 사용할 유어타운의 물도 칼슘이온의 농도는 50ppm으로 만들고 나머지 이온의 농도는 낮은 수준으로 유지되도록 조정해보자.

1단계 - 잔류 알칼리도 낮추기

유어타운의 물은 중탄산이온의 농도가 100ppm이며 탄산칼슘 환산 총 알칼리도는 82ppm 이다. 필스너 맥주를 만들려면 이 알칼리도를 낮춰야 한다. 가장 좋은 방법은 증류수를 추가해서 물을 희석한 다음 염화칼슘을 첨가하여 칼슘이온을 늘리는 것이다. 먼저 유어타운의 물에 증류수를 1대1의 비율로 섞어서 희석하면 각 이온의 농도는 아래와 같이 절반이 된다.

도시명	Ca^{2+}	Mg^{2+}	HCO_3^-	Na^+	Cl^-	SO_4^{2-}	RA
유어타운	20	4	41	8	18	16	25

(희석하는 대신 증류수를 이용하여 새로운 양조 용수를 만드는 방법도 있다. 분명 가능한 방법이나, 여기서 소개할 성분 조정 방식보다 썩 나은 방법은 아니다. 증류수로 양조 용수를 새로 만들려면 염화칼슘을 1g/gal.의 농도로 첨가하면 칼슘이온 72ppm과 염화이온 127ppm 을 얻을 수 있는데, 이는 일반적인 권장 범위 내에 해당하는 점을 활용하면 매우 손쉽게 원하는 농도를 만들 수 있다.)

2단계 - 칼슘이온의 농도 높이기

칼슘 농도를 50ppm으로 만들기 위해서는 염화칼슘을 얼마나 첨가해야 하는지 계산해보자. 현재 농도보다 30ppm을 추가해야 하므로,

(30ppm × 10gal.) / 72ppm/g/gal. = 총 4.17g의 $CaCl_2$ (또는 4g)

염화이온의 농도는 아래와 같이 계산할 수 있다.

(4g × 127.4ppm/g/gal.) / 10gal. = 총 50.96ppm의 Cl^- (약 51ppm) 추가

그러므로 염화칼슘 첨가 후 물의 조성은 아래와 같이 바뀐다.

도시명	Ca^{2+}	Mg^{2+}	HCO_3^-	Na^+	Cl^-	SO_4^{2-}	RA
유어타운/필스너	50	4	41	15	69	32	3

탄산칼슘 환산 잔류 알칼리도는 3ppm으로 거의 영(0)에 가깝다. 즉 당화 혼합물의 pH에 끼치는 영향은 증류수와 매우 유사하지만 맛에 영향을 주는 무기질은 증류수보다 풍부하다. 이 물을 사용하면 당화 혼합물의 pH는 5.2에 가까운 값으로 떨어지지 않는데, 필스너 스타일 맥주는 당화 혼합물의 pH가 5.2에 가까워야 한다. 이는 두 가지 방식으로 해결할 수 있다. 첫 번째는 산성화된 맥아를 사용하는 것이고, 두 번째 방법은 양조 용수나 당화 혼합물을 산성화 하는 것이다. 양조 용수에 산을 첨가하여 잔류 알칼리도(41ppm HCO_3^-)를 중화하거나, 당화 혼합물에 직접 산을 몇 방울 떨어뜨리고 pH 측정기로 변화를 모니터링하면서 원하는 pH에 도달하는지 확인하면서 조정한다.

요약

요리할 때 양념하는 방법이 그 수를 헤아릴 수 없을 정도로 다양하듯이, 훌륭한 맥주를 만들기 위해 양조용 염의 종류와 양을(즉 물의 조성을) 어떻게 조정해야 하는지 바로 알 수 있는 한 가지 정답은 없다. 양조에 사용하는 다른 재료와 양조자의 입맛에 따라 양념의 방법도 다양하게 달라질 수 있다. 여러분이 거주하는 지역의 물에 관한 수질 보고서만 맹신하지 말고, 보고서에 나와 있는 물의 조성과 특징을 토대로 맥주 맛에 어떤 영향을 줄 것인지 생각해보기 바란다. 음식이 종류마다 다른 것처럼 맥주도 종류마다 다른 점을 염두에 두고 당화 혼합물과 맥아즙의 pH, 맥주의 pH, 무기질 함량을 음식에 들어가는 양념이라 생각하자. 그리고 만들려는 맥주와 잘 맞는 물의 조성을 목표로 정하고 그 방법대로 맥주를 만들면 된다.

SECTION

03

레시피, 실험,
문제 해결

CHAPTER

-23-

HOW to BREW

맥주 스타일별 레시피

맥주의 스타일이란

　맥주의 스타일은 워낙 다양해서 제대로 파악하기란 쉽지 않다. 색이 옅은 맥주와 흑맥주로 만 나누기에는 훨씬 더 많은 스타일이 있고, 각각의 스타일마다 특징적인 맛이 있다. 그리고 이러한 특징은 재료와 양조법에 따라 달라진다. 여러 가지 재료 중에 한 가지만 바뀌어도 스타일이 전혀 다른 범주로 훌쩍 넘어갈 수도 있다. 국가, 지리적인 위치, 지역마다 고유한 스타일의 맥주가 있다. 지금쯤이면 여러분도 각 지역의 양조 환경에서 그 지역의 고유한 맥주 스타일이 나오는 일이 많다는 사실을 눈치챘을 것이다. 재료의 확보 가능성, 해당 지역에 공급되는 물의 조성, 기후가 모두 결합되어 그 지역의 양조자가 만들어낼 수 있는 최고의 맥주가 어떤 특성을 나타내는지 결정한다. 자가 양조자가 만족스러운 맥주를 성공적으로 만들어내려면 바로 이와 같은 요소를 잘 이해하고 각자의 지식과 기술로 그 이상의 결과물을 만들어낼 수 있어야 한다.

　맥주의 스타일을 정의하려면 가장 먼저 발효부터 살펴보아야 한다. 그다음이 레시피와 양조법이다. 맥아마다, 곡물마다 독특한 맛이 있고 그것이 맥주 맛에 영향을 미친다. 홉의 종류도 스타일에 일부 영향을 준다. 실제로 잉글리시 페일 에일과 아메리칸 페일 에일의 차이를 만드는 요소 중 하나가 바로 영국과 미국에서 생산된 홉의 맛이 다른 점이다. 심지어 똑같은 홉도 재배된 곳에 따라 다른 특성이 나타난다. 가령 미국에서 재배한 퍼글*Fuggle* 홉은 영국에서 재배한 동일한 홉과는 다른 특성이 나타난다. 심지어 똑같은 홉도 다른 농장에서 재배하면 특성이 달라진다. 홉의 지역적인 차이는 대체로 크지 않지만, 구분될 정도로 뚜렷한 편이다.

맥아로 인한 맛의 종류(빵, 검은색 빵의 껍질, 캐러멜, 코코아, 커피 맛)와 맥주의 전체적인 맛에서 홉과 맥아 맛의 균형을 도표화하여 시각화하면 '비어 스페이스*Beerspace*'를 만들 수 있다. 문제는 이처럼 각기 다른 맥아의 맛이 어떻게 달라지는지를 두 축으로 나타내려면 쓴맛 또는 홉의 맛과 맥아 맛의 균형은 또 다른 축에 나타내야 하므로 3차원 그래프가 되는 점이다. 굳이 이렇게 하지 않아도, 맥아와 홉의 맛 균형을 다양하게 조절해서 어떠한 맥아 맛의 조합을 만들어도 무방하다는 사실 정도만 언급해도 충분하리라 생각한다.

그림 24.1은 초기 비중에 따른 홉의 쓴맛을 바탕으로 맥주의 스타일별 유사성과 차이점을 시각적으로 나타낸 것이다. 그래프 중간 영역에 얼마나 많은 스타일이 몰려 있는지 알 수 있다. 그런데도 모두 다른 종류인데, 이는 맥아 맛과 발효 특성이 다양하게 조합을 이룰 수 있기 때문에 나타나는 결과다. 해당 그래프는 맥주 평가자 인증 프로그램*Beer Judge Certification Program*이 펴낸 『2015년 스타일 가이드라인』에 나온 초기 비중과 국제 쓴맛 단위(IBU), 알코올 함량(%ABV)의 평균을 토대로 만든 것이다. 특정 스타일의 맥주에 관한 더 자세한 설명과 특징은 해당 프로그램 홈페이지(bjcp.org)를 참고하기 바란다.

맥주의 스타일을 제대로 이해하려면(그리고 각 스타일에 맞는 훌륭한 레시피를 찾으려면) 다른 책들도 꼭 읽어볼 것을 강력히 권장한다. 자밀 자이나셰프*Zamil Zainasheff*와 내가 함께 쓴 『클래식 스타일 맥주 만들기*Brewing Classic Styles*』, 고든 스트롱*Gordon Strong*의 책 『모던 홈브루 레시피*Modern Homebrew Recipe*』, 랜디 모셔*Randy Mosher*의 저서 『래디컬 브루잉*Radical Brewing*』과 『테이스팅 비어*Tasting Beer*』, 스탠 히에로니무스*Stan Hieronymus*의 저서 『밀을 이용한 맥주 만들기*Brewing with Wheat*』와 『수도원식 맥주 만들기*Brew Like a Monk*』, 드루 비첨*Drew Beechum*과 데니 콘이 함께 쓴 『실험적인 홈브루잉*Exprimental Homebrewing*』과 크리스 콜비*Chris Colby*의 책 『홈브루 레시피 바이블*Home Brew Recipe Bible*』을 추천한다. 내가 제시한 책들이 전부는 아니며 여러 저명한 저자들의 다른 책들도 많다.

마지막으로 맥주의 스타일이 끊임없이 변하는 사실도 꼭 기억하기 바란다. 론 패팅슨*Ron Pattingson*의 저서 『자가 양조자를 위한 빈티지 맥주 가이드*The Home Brewer's Guide to Vintage Beer*』를 보면 지난 수십 년간 여러 양조장에서 만든 맥주의 스타일 혹은 등급별 레시피를 통해 맥주의 세계가 얼마나 빠르게 변화하는지를 제대로 느낄 수 있다. 원재료의 확보 가능성, 세금 제도의 변화, 소비자의 변화하는 취향, 재료와 양조법의 발전 상황을 고려하여 양조자는 계속해서 변화에 적응해나가야 한다. 이 책만 하더라도, 초판이 나온 후 지금까지 고작 10여 년의 세월이 흘렀는데 그동안 IPA 맥주의 종류며 생산량은 얼마나 폭발적으로 늘어났는지 모른다! 지난 역사를 살펴보면 다른 스타일의 맥주에서도 이와 같은 흐름을 찾을 수 있다. 그러나 세상이 아무리 바뀌어도 그대로 유지되는 것들이 있다.

레시피의 구성

이번 장에 나오는 레시피는 전체적으로 맥아추출물과 곡물 침출을 이용한 레시피(즉 '파머 양조법')과 완전 곡물 양조용 레시피의 두 버전으로 되어 있다. 버전이 달라도 맥주의 특성은 동일하거나 최소한 거의 동일하게 만들어지도록 구성했으나 때에 따라 맥아추출물을 이용한 양조법에는 사용할 수 없는 재료도 있다. 필스너 맥아, 뮌헨 맥아와 같은 베이스 맥아와 비스킷 맥아, 훈제 맥아 등 건조 처리한 맥아는 당화 과정을 거쳐야 전분이 발효 가능한 당으로 전환된다.

당화는 기본적으로 곡물을 특정 온도의 물에 담가서 비발효성 전분을 베이스 맥아에 함유된 효소를 통해 발효 가능한 당으로 전환시키는 것을 뜻한다. 레시피에 포함된 맥아의 당화력이 이러한 전환이 원활히 진행되기에 충분한 수준에 이르지 못하면 양조 효소 제품인 '파머 인스타매시Palmer's Instamash®'를 첨가하면 도움이 될 수 있다. 가까운 양조 용품 판매점에서 구할 수 있다.

| 배치 규모와 끓이기 전 비중 |

이번 장에 실은 레시피는 총 두 가지 양조법을 토대로 작성했다. 첫째, 20리터(5갤런)짜리 끓임조로 11.4리터(3갤런) 부피를 끓이는 맥아추출물과 곡물 침출식 양조법이다. 둘째, 30리터(8갤런)짜리 솥을 이용하여 맥아즙 전체를 끓이는 완전 곡물 양조법이다. 일부만 끓이는 양조법은 끓이기 전 비중과 멜라노이딘의 생성량이 완전 곡물 양조법과 매우 흡사하고 따라서 동일한 맥주를 만들 수 있도록 고안했다.

최종 목표는 19리터(5갤런) 분량의 깨끗한 맥주를 만들어서 병이나 케그에 담는 것이다. 완전 곡물 양조는 초기 비중으로 정한 값보다 비중이 낮은 맥아즙 약 27리터(7갤런)로 시작하여 끓이면서 비중을 높이는 방식으로 진행한다. 다 끓인 후에는 정해진 초기 비중에 도달한 맥아즙을 23리터(6갤런) 정도 확보해야 하며, 곡물 찌꺼기를 없앤 뒤 발효조에 담는다. 이 정도 맥아즙을 발효해야 발효 후 찌꺼기, 응집된 효모 덩어리와 분리한 뒤 19리터(5갤런)의 맥주를 얻을 수 있다. 개개인의 양조 방식과 사용하는 장비에 따라 정확한 용량과 각 과정에서 소실되는 맥아즙의 정확한 양은 달라진다. 하지만 앞서 여러 장에 걸쳐 이 전체 과정에 적용하는 기본적인 계산식을 모두 제시했으므로 어떤 레시피로 맥주를 만들든 여러분의 양조 환경에 맞게 조정할 수 있을 것이다. 레시피에 나온 숫자를 똑같이 맞추려고 너무 애쓸 필요는 없다. 근사치에 도달하는 정도로 충분하며, 중요한 것은 맛있는 맥주를 만드는 것임을 잊지 말자.

| 홉 스케줄 |

나는 맥주 레시피에서 맥아즙 A와 맥아즙 B의 재료를 조정하는 방식으로 홉 스케줄을 유지하여, 맥아추출물을 이용한 부분 끓이기 양조법과 전량을 끓이는 완전 곡물 양조법에서 모두 끓이기 전 비중이 동일해지는 방안을 모색해왔다. 같은 레시피에 양조법이 다르고 홉의 양이 다르면 발생할 수 있는 혼란을 없애기 위한 시도였으나, 때에 따라서는 맥아즙을 끓인 후 두 레시피의 국제 쓴맛 단위를 동일하게 맞추려면 완전 곡물 양조 쪽에 쓴맛을 내는 핵심 홉을(즉 60분이 지난 뒤 첨가하는 홉) 조금 더 넣어야 할 때도 있다.

사실 홉의 종류마다 알파산의 함량이 매년 바뀌는 점을 감안하면 양조 시 첨가하는 홉의 양을 그때마다 다시 계산해야 한다. 또 필요한 홉을 구할 수 없을 때는 다른 홉으로 대체해야 한다. 홉의 첨가량을 재계산하는 방법은 5장에 나와 있는 국제 쓴맛 단위 계산 방법을 참고하기 바란다. 그러나 맥주 만드는 일은 요리이지 화학 수업이 아니라는 점을 잊지 말자. 비슷한 정도로 따라가면 충분하고, 맛 좋은 맥주를 만드는 것이 우리의 목표다.

| 맥아추출물과 곡물 침출을 이용한 양조법 |

이 버전의 양조법은 1장과 9장에서 소개한 '파머 양조법(맥아즙 A와 B을 이용한 부분 끓이기 방식)'을 활용한다. 먼저 끓임조에 물 11.4리터(3갤런)를 준비한다. 여기에 맥아즙 A의 재료를 넣으면 부피가 12.3~15리터(3.25~4갤런)로 늘어난다. 그리고 침출용 곡물을 제거하면 곡물 1킬로그램당 약 1리터(0.5qt./lb.)가 줄어들고, 한 시간 동안 끓이면서 부피가 추가로 약 1.9리터(0.5쿼트) 줄어든다. 이 상태에서 맥아즙 B의 재료를 첨가하면 부피가 0.95~1.5리터(0.25~0.4갤런) 늘어나므로, 발효조에 11.4리터(3갤런)의 물을 더하면 레시피에 명시된 비중에 맞는 최종 부피는 대략 23리터(6갤런)가 된다. 부피가 이 기준에서 약간 벗어나더라도 상관없으니 염려할 필요는 없다.

맥아추출물을 사용하는 레시피에서 맥아즙 A와 B의 재료를 모두 물 23리터(6갤런)에 넣고 끓이면 전량을 끓이는 방식으로도 활용할 수 있다. 이때 재료 첨가 후 실제로 끓이는 부피는 약 27리터(7갤런)로 늘어난다.

| 완전 곡물 양조법 |

완전 곡물 양조법(즉 당화가 진행되는 양조법)을 적용할 수 있는 레시피에서는 추출 수율이 75퍼센트이고(표 18.5 참고), 총 27리터(7갤런)의 맥아즙이 만들어지며, 이를 끓여서 정해진 초기 비중에 알맞은 23리터(6갤런)의 맥아즙을 발효시켜 최종적으로 19리터(5갤런)의 깨끗한 맥주를 만든다는 가정으로 작성했다. 각자 사용하는 장비와 양조 효율을 토대로 필요하다면 레시피에 포함된 재료의 양을 조정해도 된다.

나는 곡물당 물 비율을 4L/kg(2qt./lb.)으로 잡고 당화를 진행한 뒤 전통적인 연속 스파징 기법으로 스파징을 실시하는 방식을 주로 활용한다. 따라서 이 책의 레시피에서 전체 전분 원료의 양은 이러한 양조법을 토대로 정한 값이다. 한 망 양조 등 다른 양조법을 적용할 경우 19장에 제시한 여과 효율에 관한 표를 참고하면 각 상황에 알맞은 당화/여과 방법과 곡물당 물 비율을 찾을 수 있다.

| 당화 스케줄 |

단일 침출 방식의 당화 과정에서는 모두 보리 전분의 젤라틴화가 진행되는 상한 온도인 67℃(153℉)를 목표 온도로 설정했다. 발효도 측면에서 가장 적절한 온도는 보통 65℃(149℉)로 알려져 있으나 이 온도는 젤라틴화가 이미 완료되었다는 가정에서 나온 것이다. 단일 온도 침출 방식으로 당화를 진행할 경우, 당화 용수의 온도를 67℃(153℉)에 맞추는 것이 좋다. 그래야 전분의 젤라틴화가 확실하게 완료될 수 있고, 당화가 진행되는 동안 당화 혼합물의 온도가 내려가더라도 발효도를 향상시킬 수 있기 때문이다. 단일 온도 침출 방식의 당화 외에 다른 방법으로 맥아즙의 발효도를 높이고 싶다면 17장을 참고하여 베타 아밀라아제 휴지기와 알파 아밀라아제 휴지기가 각각 포함된 2단계 침출법을 활용하기 바란다. 디콕션 당화 단계가 포함된 몇 가지 레시피에서는 초기 당화 온도가 65℃(150℉)인데, 이때 나중에 당화 혼합물을 알파 아밀라아제 휴지기 온도까지 가열하는 단계가 있기 때문이다. 디콕션 과정에서 잔류 전분이 가용성 물질로 바뀌고 전환되기도 하지만 디콕션의 주된 목적은 멜라노이딘 형성이라는 차이가 있다.

| 물 조성의 권장 요건 |

각 레시피에는 22장에서 소개한 양조 큐브를 토대로 양조 용수가 갖춰야 할 전반적인 권장 사항을 명시했다. 이와 함께 맥주 스타일에 맞는 구체적인 물의 조성도 레시피 아랫부분에 함께 나와 있다. 물에 관한 권장 사항은 완전 곡물 양조법에 가장 적합한 내용이다. 단, 해당 내용은 가이드라인이며 반드시 지키지 않아도 맥주 맛이 끔찍하게 나빠지는 일은 생기지 않는다. (물론 권장 사항을 지키면 맥주 맛이 더 좋아질 것이다.)

맥아추출물과 곡물 침출을 이용한 양조법에는 대체로 증류수나 무기질 함량이 낮은 물을 양조 용수로 사용해야 한다. 일반적으로 맥아추출물에는 해당 추출물을 사용해서 만드는 맥주의 스타일에 반드시 필요한 무기질이 다 함유되어 있다. 여기에 황산염이나 염화염을 추가하여 맥주 맛을 개선하고 싶다면 레시피에 나와 있는 정보 중 "물 조성에 관한 권장 사항(ppm)" 항목에 해당하는 황산이온과 염화이온 농도를 참고하기 바란다. 이때 맥아추출물에 두 가지 이온이 모두 상당량 함유되어 있는 사실을 반드시 유념해야 한다.

| 효모 종과 효모 첨가량 |

각 레시피에는 구체적인 효모 종과 각자 선택할 수 있는 효모의 형태를 제시했다. 그러나 이 책의 초판이 나온 이후, 효모 생산 업체나 효모 종이 모두 어마어마하게 늘어나서 어느 한 가지가 더 낫다고 단정 짓는 것은 적절치 않을 것이고, 내 의견이 모두에게 가장 좋은 결과를 가져올 수도 없다고 생각한다. 효모 종은 하나하나가 야생마와 같다. 양조자는 사용하는 효모에 익숙해져야 하고, 각자의 양조 환경에 맞는 종류로 사용해야 최상의 결과를 얻을 수 있다.

각 레시피에 나와 있는 효모 첨가량은 7장 '효모 관리'에 나온 일반적인 첨가량에 겉보기 발효 용량인 23리터(6갤런)를 곱한 값이다. 효모 첨가량이란 세포 10억 개 단위로 실제 첨가되는 효모의 양을 뜻하며, 세포 2,000억 개는 일반적으로 포장 판매되는 효모 두 봉지 정도에 해당한다. 이 양은 개별 제조업체나 효모의 형태에 따라 다를 수 있다.

에일 스타일

밀맥주

밀을 맥주 양조에 사용한 역사는 보리 못지않게 길다. 밀은 겉껍질이 없는 특징 때문에 당화와 여과 조건이 보리보다 까다로운 편이다. 100퍼센트 밀맥주를 거의 찾기 힘든 것도 바로 이런 이유에서다. 대부분 밀맥주는 밀이 60~70퍼센트를 차지하고 나머지는 필스너 맥아로 채워진다. 밀은 단맛과 풍부한 맛이 보리보다 약한 편이다. 개인적으로 느끼기에 밀을 10~30퍼센트 정도 첨가하면 맥주의 고유한 특성이 사라지고 맛이 가벼워지고 깊이는 덜해지는 것 같다. 단, 당을 얻을 수 있는 다른 부재료를 사용할 때와 같이 목 넘김이나 거품 유지력이 떨어지지는 않는다.

내가 보기에 밀맥주는 크게 네 가지 스타일로 나뉜다. 독일의 바이젠weizen과 사워바이스sauerweiss, 벨기에의 위트비어witbier 그리고 미국의 밀맥주다. 미국식 밀맥주는 여러 밀맥주의 특성이 이것저것 더해져서 겉모습만 바뀐 것이므로 진정한 맥주 스타일로 꼽을 수 없다고 주장하는 사람들도 있지만, 금주법이 발효되기 전부터 존재했고 오늘날 하나의 스타일로 인정받고 있으므로 포함시켰다. 이 가운데 독일 밀맥주부터 살펴보기로 하자.

| 독일 밀맥주 |

독일의 바이젠비어*weizenbier*와 헤페바이젠*hefeweizen*은 20세기 후반에 밀맥주 가운데서도 가장 큰 인기를 누렸고 지금도 큰 사랑을 받고 있다. 알코올 도수는 적당하면서 쓴맛이 적고 과일, 향신료의 향과 같은 발효 특성이 주를 이루는 것이 독일식 밀맥주의 특징이다. 색깔은 투명한 것도 있고 뿌연 것도 있는데 대부분 사람들은 색이 흐린 헤페바이젠을 많이 접하고 친숙하게 여긴다. 이와 같은 색은 맥주에 떠 있는 효모에서 비롯된다.

전통적으로 독일식 밀맥주는 디콕션 당화 방식으로 만든다. 현대에 들어서는 맥아의 용해도가 높아서, 용해도나 수율을 높이기 위해 디콕션을 반드시 실시해야 할 필요성이 사라졌지만, 아직도 많은 가정과 전문 양조 시설에서 디콕션 당화를 고수한다. 이 방법을 통해 맥아와 발효 특성이 조금 더 나아진다는 의견이 우세하다.

🌿 정통 바이에른 바이스비어 🌿

초기 비중: 1.049
종료 비중: 1.011
IBU: 11

SRM(EBC): 3(6)
ABV: 5%

≫≫ 양조 방식 : 맥아추출물과 곡물 침출 ≪≪

맥아즙 A	비중계 값	
1.4kg(3lb.) 밀 DME	45	
3갤런 기준, 끓이기 전 비중	1.045	
홉 스케줄	**끓이는 시간(분)**	**IBU**
15g(0.5oz.) 만다리나 바바리아(Mandarina Bavaria) 9% AA	30	11
맥아즙 B (끓인 후 첨가)	**비중계 값**	
1.4kg(3lb.) 밀 DME	45	
효모 종	**투여량 (세포 10억 개)**	**발효 온도**
독일 밀맥주	200	17℃(62℉)

전분 원료				비중계 값	
2.7kg(6lb.) 밀 맥아				25	
1.8kg(4lb.) 필스너 맥아				16	
150g(0.33lb.) 왕겨				0	
27리터(7갤런) 기준, 끓이기 전 비중				1.041	
당화 스케줄				휴지기 온도	휴지 시간
당화 휴지기 – 온수 첨가 방식				67℃(153℉)	30분
단일 온도 디콕션 (그림 17.3 참고)				(끓이기)	20분
홉 스케줄				끓이는 시간(분)	IBU
15g(0.5oz.) 만다리나 바바리아(Mandarina Bavaria) 9% AA				30	11
효모 종				투여량(세포 10억 개)	발효 온도
독일 밀맥주				200	17℃(62℉)
양조용 물의 권장 특성 (ppm)				양조 큐브: 흐린 색, 균형 잡힌 맛, 부드러움	
칼슘	마그네슘	총 알칼리도	황산	염소	잔류 알칼리도
50~100	10	0~50	0~50	50~100	–50~0

독일식 밀맥주는 발효가 완료된 직후가 가장 맛있다. 특유의 정향, 바나나의 맛과 향이 한 달 남짓한 기간 동안 사라지기 때문이다. 다른 맥주 스타일과 견주면 부패하는 속도가 더 빠른 것은 아니지만 매력적인 맛이 금세 사라진다.

전통적인 바이에른 지역의 바이스비어는 초기 비중이 1.044~1.052의 범위이고 쓴맛은 8~15IBU, 색깔은 2~6SRM(4~12EBC)에 해당하는 흐릿한 금빛이다.

| 미국식 밀맥주 |

미국에서는 금주법 시행으로 밀맥주가 사라졌다가 지난 20여 년 동안 겨우 되살아났다. 오늘날 미국에서 만들어지는 밀맥주는 독일의 바이젠을 어느 정도 모형으로 삼되 향신료와 정향의 특성이 나타나는 독일 바이젠비어 효모가 아닌 아메리칸 에일 효모를 사용하여 만든다. 홉은 전통적으로 노블 홉을 사용해왔으나 감귤류 과일의 향이 느껴지는 미국산 홉으로도 아주 괜찮은 결과를 얻을 수 있다. 맥주의 색은 대체로 흐릿한 금빛을 띠며 둥켈(진한 색), 복(알코올 도수가 높은 맥주), 둥켈 바이젠복이 많이 만들어진다.

에일 스타일의 미국식 밀맥주는 캘리포니아 에일 효모로 만든 독일식 바이젠과 밀로 만든 아메리칸 페일 에일로 나뉜다. 미국식 밀맥주의 스타일에 관한 가이드라인을 보면 보리 대신 밀을 강조하는 점만 제외하면 아메리칸 블론드 에일과 스타일이 거의 동일하다. 두 가지 모두 색깔이 대체로 흐릿한 밀짚 색에서 옅은 호박색을 띠고 캐러멜맥아가 살짝 첨가되면 그로 인해 색이 약간 달라지는 정도가 전부다. 미국식 밀 에일 맥주는 대부분 쓴맛이 15~30IBU로 부드러운 편이며, 아메리칸 블론드 에일과 비교할 때 일차적인 맥아가 보리가 아닌 밀이므로 좀 더 드라이하고 단맛이 덜하다.

마시기 편하고 갈증을 해소해줄 맥주가 마시고 싶다면 미국식 밀맥주가 가장 제격이다. 초기 비중은 1.040~1.055, 종료 비중은 1.008~1.013, 색은 3~6SRM(6~12EBC)의 범위다.

🍺 스리 바이스 가이스 Three Weisse Guys – 미국식 밀맥주 🍺

초기 비중: 1.049 **SRM(EBC):** 3(6)
종료 비중: 1.011 **ABV:** 5%
IBU: 25

⋙ 양조 방식 : 맥아추출물과 곡물 침출 ⋘

맥아즙 A	비중계 값	
1.4kg(3lb.) 밀 DME	45	
11.4리터(3갤런) 기준, 끓이기 전 비중	1.045	
홉 스케줄	**끓이는 시간(분)**	**IBU**
15g(0.5oz.) 스털링(Sterling) 7% AA	60	12
15g(0.75oz.) 리버티(Liberty) 4% AA	30	10
15g(1oz.) 리버티(Liberty) 4% AA	15분 침출	3
맥아즙 B (끓인 후 첨가)	**비중계 값**	
1.4kg(3lb.) 밀 DME	45	
효모 종	**투여량 (세포 10억 개)**	**발효 온도**
캘리포니아 에일 효모	200	18℃(65℉)

양조 방식 : 완전 곡물 양조		
전분 원료	**비중계 값**	
2.7kg(6lb.) 밀 맥아	25	
1.8kg(4lb.) 필스너 맥아	16	
150g(0.33lb.) 왕겨	0	
27리터(7갤런) 기준, 끓이기 전 비중	1.041	
당화 스케줄	**휴지기 온도**	**휴지 시간**
당화 휴지기 – 온수 첨가 방식	65℃(153℉)	60분
홉 스케줄	**끓이는 시간(분)**	**IBU**
15g(0.5oz.) 스털링(Sterling) 7% AA	60	12
15g(0.75oz.) 리버티(Liberty) 4% AA	30	10
15g(1oz.) 리버티(Liberty) 4% AA	15분 침출	3
효모 종	**투여량(세포 10억 개)**	**발효 온도**
캘리포니아 에일 효모	200	18℃(65℉)
양조용 물의 권장 특성 (ppm)	**양조 큐브**: 흐린 색, 균형 잡힌 맛, 중간	

칼슘	마그네슘	총 알칼리도	황산	염소	잔류 알칼리도
50~100	10	0~50	50~100	50~100	−50~0

| 위트비어*witbier* |

밀맥주도 향신료나 과일과 잘 어울린다. 위트비어는 벨기에에서 아주 오랫동안 전해 내려온 맥주로 1960년대에 피에르 셀리스*Pierre Celis*라는 사람이 되살려냈다. 과거에는 사워 맥주였다는 이야기가 있고, 나도 이 책 14장 '사워 비어 만들기'에서 사워 버전의 밀맥주를 다루었다. 미국식 밀맥주는 현재 맥주 평가자 인증 프로그램에서 인정하는 맥주 스타일에 포함되지 않지만 시큼한 맛을 없애면 정통 벨기에 위트비어와 비슷한 부분이 많다. 신맛이 없는 벨기에 밀맥주를 만들 수 있는 훌륭한 레시피는 『클래식 스타일 맥주 만들기*Brewing Classic Styles*』(Zainasheff and Palmer, 2007)에 실린 자밀의 '위트브루*Wittebrew*'를 참고하기 바란다. 아래에 제시한 레시피는 코로나도 브루잉사*Coronado Brewiing Co.*의 '오렌지 애비뉴 위트*Orange Avenue Wit*' 맥주를 재현하여 현재의 미국식 밀맥주에 더 가까운 형태로 만들 수 있는 클론 레시피다. 정통 위트비어는 전분으로 인해 색이 뿌연 것이 특징이나 이 맥주는 그런 특징이 없고, 꿀과 오렌지 껍질이 들어가서 매우 가볍고 상쾌한 맛이 난다.

캐주얼 위트 Casual Wit - 과일, 향신료를 사용한 밀맥주

초기 비중: 1.046   **SRM(EBC)**: 5(10)
종료 비중: 1.008   **ABV**: 5%
IBU: 10

➤➤➤ 양조 방식 : 맥아추출물과 곡물 침출 ◀◀◀

맥아즙 A	비중계 값
0.8kg(1.8lb.) 밀 DME	27
225g(0.5lb.) 필스너 DME	7
340g(0.75lb.) 캐러비엔나(CaraVienna) 맥아(20°L) – 침출용	5
11.4리터(3갤런) 기준, 끓이기 전 비중	1.039

홉 스케줄	끓이는 시간(분)	IBU
10g(0.36oz.) 노던 브루어(Northern Brewer) 9% AA	60	10

맥아즙 B (끓인 후 첨가)	비중계 값
1.4kg(3lb.) 페일 DME	42
225g(0.5lb.) 꿀	4
50g(~1.75oz.) 오렌지필 (15분 침출)	
15g(~0.5oz.) 고수 분말 (15분 침출)	

효모 종	투여량 (세포 10억 개)	발효 온도
아메리칸 에일	200	18°C(65°F)

➤➤➤ 양조 방식 : 완전 곡물 양조 ◀◀◀

전분 원료	비중계 값
3.2kg(7lb.) 필스너 맥아	27.5
0.9kg(2lb.) 밀 맥아	8
340g(0.75lb.) 캐러비엔나(20°L)	2
225g(0.5lb.) 꿀 (15분 침출)	(3)
50g(~1.75oz.) 오렌지필 (15분 침출)	
15g(~0.5oz.) 고수 분말 (15분 침출)	
27리터(7갤런) 기준, 끓이기 전 비중	1.038

당화 스케줄	휴지기 온도	휴지 시간
당화 휴지기 – 온수 첨가 방식	67°C(153°F)	60분

홉 스케줄	끓이는 시간(분)	IBU
10g(0.36oz.) 노던 브루어(Northern Brewer) 9% AA	60	10

효모 종	투여량(세포 10억 개)	발효 온도
아메리칸 에일	200	18°C(65°F)

양조용 물의 권장 특성 (ppm)				양조 큐브: 흐린 색, 맥아, 부드러움	
칼슘	마그네슘	총 알칼리도	황산	염소	잔류 알칼리도
50~100	10	0~50	0~50	50~100	−100~0

| 세종 *Saison* |

1950년대에 등장한 세종*Saison*은 굉장히 새로운 스타일의 맥주로, 과거 벨기에의 시골 농장에서 만들던 에일 맥주와 매우 비슷하다. 주재료는 필스너 맥아지만 밀, 옥수수, 귀리, 호밀, 스펠트밀과 같은 재료들도 흔히 사용한다. 또 설탕이나 꿀을 첨가하여 드라이한 맛을 내는 경우가 많다. 효모의 특성도 중요한 역할을 한다. 과일과 향신료의 특징이 나타나되 독일과 벨기에에서 흔히 사용하는 효모와 같이 바나나, 정향의 특징이 나타나서는 안 된다. 세종 맥주에 사용하는 효모는 조금 더 알싸한 맛과 감귤류 과일, 혹은 배의 향이 느껴지는 것이 특징이다.

🌿 바트레 로아 *Battre l'oie* – 세종 맥주 🌿

초기 비중: 1.049 **SRM(EBC):** 3(6)
종료 비중: 1.007 **ABV:** 5.6%
IBU: 27

≫≫ 양조 방식 : 맥아추출물과 곡물 침출 ≪≪

맥아즙 A	비중계 값	
1.4kg(3lb.) 밀 DME	45	
11.4리터(3갤런) 기준, 끓이기 전 비중	1.045	
홉 스케줄	끓이는 시간(분)	IBU
30g(1oz.) 아라미스(Aramis) 7% AA	60	22
30g(1oz.) 바르브 루즈(Barbe Rouge) 8.5% AA	15분 침출	5
맥아즙 B (끓인 후 첨가)	비중계 값	
1.4kg(3lb.) 밀 DME	45	
효모 종	투여량 (세포 10억 개)	발효 온도
벨기에 세종	200	17℃(62℉)

⪼ 양조 방식 : 완전 곡물 양조 ⪻

전분 원료	비중계 값	
3kg(6.6lb.) 필스너 맥아	26	
500g(1.1lb.) 비엔나 맥아	4	
500g(1.1lb.) 밀 맥아	5	
500g(1.1lb.) 백설탕	7	
27리터(7갤런) 기준, 끓이기 전 비중	1.042	
당화 스케줄	**휴지기 온도**	**휴지 시간**
당화 휴지기 – 온수 첨가 방식	67℃(153℉)	60분
홉 스케줄	**끓이는 시간(분)**	**IBU**
30g(1oz.) 아라미스(Aramis) 7% AA	60	22
30g(1oz.) 바르브 루즈(Barbe Rouge) 8.5% AA	15분 침출	5
효모 종	**투여량(세포 10억 개)**	**발효 온도**
벨기에 세종	200	17℃(62℉)

양조용 물의 권장 특성 (ppm)		양조 큐브: 흐린 색, 균형 잡힌 맛, 중간			
칼슘	**마그네슘**	**총 알칼리도**	**황산**	**염소**	**잔류 알칼리도**
75~125	10	0~50	100~150	100~150	−100~0

홉은 대체로 효모의 개성을 뒷받침하는 정도이나 꽃, 과일, 허브 향을 더해 효모의 특성과 어우러지기도 한다. 전체적으로 세종 맥주는 드라이하고 맥아에서 곡물의 특성이 강하게 나타나는 편이며 진한 쓴맛과 무기질의 폭넓은 영향, 효모에서 비롯된 풍성한 향을 느낄 수 있다. 향신료나 과일을 첨가하기에 좋은 맥주이면서도 세부적인 맥주 스타일마다 차이가 있고, 그러한 맛과 향은 대개 효모(레드와인 효모에서 갈라져 나온 종류)에서 비롯된다. 세종 맥주의 권장 스타일은 초기 비중 1.048~1.065, 종료 비중 1.002~1.008, 20~35IBU, 5~14SRM(10~28EBC)이다. 이보다 색이 더 짙고 알코올 도수도 더 높은 버전의 맥주도 일반적으로 많이 만든다.

페일 에일

페일 에일은 전 세계적으로 잘 알려진 맥주이고, 나라마다 지역마다 고유한 스타일이 구축되었다. 만들기 쉽고 마시면 상쾌하고 기분이 좋은 특징과 약간의 차이는 있지만 세계 어디에서 만든 맥주든 비슷한 구석이 있다는 특징이 있다. 일반적으로 페일 에일은 페일 맥아를 베이스 맥아로 사용하고 주변에서 쉽게 구할 수 있는 부재료나 스페셜티 맥아, 지역에서 생산한 홉과 효모를 이용하여 간단한 레시피로 만들 수 있다. 이름에 포함된 '페일Pale'이라는 단어는 '흐릿하다'는 뜻인데, '어둡기보다는 흐릿하다'는 상대적인 의미를 지닌다. 초창기에 사용한 맥아는 대부분 지난 세기에 주를 이룬 장작불 건조 방식으로 처리했으므로 맥아와 맥주의 색이 현재보다 더 어두운 편이었다.

진정한 페일 맥아가 탄생한 시기는 약 500년 전으로, 그리 오래 되지 않았다. 코크스(석탄으로 만드는 연료)를 이용한 건조 과정을 거쳐 이 최초의 페일 맥아가 탄생했다. 페일 에일의 역사는 론 패팅슨Ron Pattingson의 저서『자가 양조자를 위한 빈티지 맥주 가이드The Home Brewer's Guide to Vintage Beer』에 좀 더 상세히 나와 있으니 참고하기 바란다. 18~19세기에 들어 머나먼 대영제국까지 수출된 후 현대에도 볼 수 있는 다양한 종류를 만들었다. 오늘날에는 영국, 스코틀랜드, 아일랜드, 벨기에, 미국, 호주는 물론 독일 버전의 페일 에일까지 존재한다. 맥주 색도 황금빛에서 진한 호박색까지 다양하고, 맥아와 홉의 특성이 균형 잡힌, 즉 어느 한쪽으로 치우치지 않는 것이 현재 페일 에일의 특성이다. 경우에 따라 홉의 특성이 먼저 느껴지고 맥아의 특징으로 마무리되는 맥주도 있고, 반대로 맥아의 맛이 강하게 느껴지다가 홉의 맛으로 마무리되는 종류도 있으나 대부분은 두 가지가 균형을 잘 이룬다. 페일 에일 중에서도 IPA는 홉의 맛이 강한 편에 속하고 앰버 에일, 브라운 에일은 맥아의 맛이 강한 편이다. 현대에 만들어지는 페일 에일은 알코올 도수가 보통 3.5~5.5퍼센트인 세션 비어session beer로 만들어지지만 가끔 6퍼센트를 넘는 맥주도 있다. 상면 발효효모를 사용하고 발효 온도가 따뜻한 편이라 라거와 달리 미세한 과일 향이 느껴지는 것도 페일 에일의 특징이다. 이러한 과일과 맥아의 맛을 제대로 느끼려면 7~12℃(45~55℉)의 너무 차갑지 않은 서늘한 상태에서 마시는 것이 가장 좋다.

쓴맛이 25~35IBU의 보통 수준인 페일 에일은 초기 비중이 1.030~1.039이고 8~14SRM(16~28EBC)의 호박색을 띤다. 25~40IBU로 '베스트 비터best bitter'로 분류하는 페일 에일은 초기 비중이 1.040~1.048이며 '스트롱 비터strong bitter'에 해당하는 30~50IBU의 페일 에일은 초기 비중이 1.048~1.060으로 더욱 높아지고 색깔도 18SRM(36EBC)으로 더 짙은 편이다.

| 잉글리시 페일 에일(비터) |

　현대식 잉글리시 페일 에일에는 비터 맥주와 최근 들어 런던 에일, 버튼 에일로 다양하게 불리는 종류(바스 에일 등)가 모두 포함된다. 맥주 스타일을 평가하는 전문가들은 이러한 종류를 스트롱 비터로 분류하기도 한다. 잉글리시 비터는 아메리칸 페일 에일과 견주면 맥아의 특성이 강하고 맥아에서 토스트의 느낌과 단맛이 나는 경향이 있다. 잉글리시 페일 에일의 하위분류에 속하는 캐스크 에일cask ale은 만드는 방법에는 거의 차이가 없으나 마시는 방법에 차이가 있다. 미국의 대형 양조업체에서 만든 맥주를 즐겨 마시던 사람이라면 잉글리시 페일 에일은 맛이 밋밋하다고 느낄 수도 있다. 종료 비중이 낮고 끝 맛이 드라이하면서 단맛이 마지막에 느껴지는 홉의 맛을 누를 만큼 강하지 않은 것이 이 맥주의 특징이다.

크라우치백 스트롱 비터 Crouchback's Strong Bitter

초기 비중: 1.055　　**SRM(EBC)**: 8(16)
종료 비중: 1.012　　**ABV**: 5.8%
IBU: 36

≫≫ 양조 방식 : 맥아추출물과 곡물 침출 ≪≪

맥아즙 A	비중계 값	
0.9kg(2lb.) 페일 DME	30	
300g(0.66lb.) 고형 옥수수 시럽 DME	9	
225g(0.5lb.) 비스킷 맥아	3	
115g(0.25lb.) 캐러멜 40°L – 침출용	1	
115g(0.25lb.) 캐러멜 80°L – 침출용	0.5	
11.4리터(3갤런) 기준, 끓이기 전 비중	1.045	

홉 스케줄	끓이는 시간(분)	IBU
30g(1oz.) 챌린저(Challenger) 7.5% AA	60	24
30g(1oz.) EK 골딩스(EK Goldings) 5% AA	30	12
30g(1oz.) EK 골딩스(EK Goldings) 5% AA	0	0

맥아즙 B (끓인 후 첨가)	비중계 값	
1.8kg(4lb.) 페일 DME	56	

효모 종	투여량 (세포 10억 개)	발효 온도
브리티시 에일	200	19°C(67°F)

⫸⫸⫸ 양조 방식 : 완전 곡물 양조 ⫷⫷⫷		
전분 원료	**비중계 값**	
4.5kg(10lb.) 페일 에일 맥아	40	
450g(1lb.) 옥수수 플레이크	4	
225g(0.5lb.) 비스킷 맥아	1.5	
115g(0.25lb.) 캐러멜 40°L	1	
115g(0.25lb.) 캐러멜 80°L	<1	
27 리터(7갤런) 기준, 끓이기 전 비중	1.047	
당화 스케줄	**휴지기 온도**	**휴지 시간**
당화 휴지기 – 온수 첨가 방식	67°C(153°F)	60분
홉 스케줄	**끓이는 시간(분)**	**IBU**
30g(1oz.) 챌린저(Challenger) 7.5% AA	60	24
30g(1oz.) EK 골딩스(EK Goldings) 5% AA	30	12
30g(1oz.) EK 골딩스(EK Goldings) 5% AA	0	0
효모 종	**투여량(세포 10억 개)**	**발효 온도**
브리티시 에일	200	19°C(67°F)
양조용 물의 권장 특성 (ppm)	**양조 큐브**: 흐린 색, 홉, 진함	

칼슘	마그네슘	총 알칼리도	황산	염소	잔류 알칼리도
75~125	10	0~50	150~300	50~100	−100~0

| 스코틀랜드 에일 |

19세기까지는 스코틀랜드와 잉글랜드의 페일 에일은 비슷한 점이 매우 많았지만 제2차 세계대전 이후 스코틀랜드 에일은 맥아의 맛이 강해지고 홉의 맛은 약해지는 특징이 확립되었다. 토탄을 태울 때 나는 연기의 향이 느껴진다는 이야기도 있었지만 그에 대한 연구를 다각도로 진행한 결과 그렇게 단정할 수 없다는 결론과 함께, 미국의 일부 여행사에서 그런 소문을 퍼뜨렸을 가능성이 있는 것으로 확인됐다. 오늘날 스코틀랜드 페일 에일은 알코올 강도는 잉글리시 비터와 비슷하지만 전체적으로 맛이 조금 더 풍부하고 달콤한 캐러멜맥아의 특성도 조금 더 깊게 느껴진다. 충분한 발효를 거쳐 드라이한 맛이 형성되지만 홉을 첨가하는 단계가 없어서 홉의 특징보다는 맥아의 특징이 더 드러나는 편이다. 스코틀랜드식 발리 와인(일반 발리 와인보다 도수가 약간 더 높다)은 달콤하고 알코올 함량이 높은 반면 스코틀랜드 페일 에일은 감히 말하건대, 맛이 굉장히 풍부하고 현존하는 맥주의 모든 스타일 가운데서도 아주 마시기 좋은 종류에 속한다.

스코틀랜드 에일의 알코올 도수는 잉글리시 페일 에일과 같이 라이트, 헤비, 엑스포트로 나뉘며 초기 비중은 각각 1.030~1.035, 1.035~1.040, 1.040~1.060이다. 라이트와 헤비로 분류하는 맥주는 쓴맛이 10~20IBU의 범위이고, 엑스포트는 15-30IBU이다. 맥주 색은 세 가지 모두 상당히 비슷하며 10~20SRM(20~40EBC)의 범위에 해당한다.

지즐 두 웰 스코틀랜드 엑스포트 Thistle Do Well Scottish Export

초기 비중: 1.049   SRM(EBC): 11(22)
종료 비중: 1.011   ABV: 4.8%
IBU: 24

≫≫≫ 양조 방식 : 맥아추출물과 곡물 침출 ≪≪≪

맥아즙 A	비중계 값	
0.9kg(2lb.) 페일 DME	30	
450g(1lb.) 캐러멜 80°L	5	
250g(0.55lb.) 브리스 캐러브라운(Briess Carabrown®) 55°L	2	
125g(0.28lb.) 고형 옥수수 시럽	4	
11.4리터(3갤런) 기준, 끓이기 전 비중	1.041	
홉 스케줄	**끓이는 시간(분)**	**IBU**
30g(1oz.) 챌린저(Challenger) 7.5%	60	24
맥아즙 B (끓인 후 첨가)	**비중계 값**	
1.4kg(3lb.) 페일 DME	45	
효모 종	**투여량 (세포 10억 개)**	**발효 온도**
스코틀랜드 에일	200	18°C(65°F)

양조 방식 : 완전 곡물 양조			
전분 원료		**비중계 값**	
4.08kg(9lb.) 페일 에일 맥아		36	
225g(0.5lb.) 옥수수 플레이크		2	
450g(1lb.) 캐러멜 80°L		2	
250g(0.55lb.) 브리스 캐러브라운(Briess Carabrown®) 55°L		2	
27리터(7갤런) 기준, 끓이기 전 비중		1.042	
당화 스케줄		**휴지기 온도**	**휴지 시간**
당화 휴지기 – 온수 첨가 방식		67°C(153°F)	60분
홉 스케줄		**끓이는 시간(분)**	**IBU**
30g(1oz.) 챌린저(Challenger) 7.5%		60	24
효모 종		**투여량(세포 10억 개)**	**발효 온도**
스코틀랜드 에일		200	18°C(65°F)
양조용 물의 권장 특성 (ppm)		**양조 큐브**: 호박색, 맥아, 중간	

칼슘	마그네슘	총 알칼리도	황산	염소	잔류 알칼리도
75~125	10	75~125	50~100	100~150	0~50

| 아이리시 레드 에일 |

아이리시 레드 에일Irish Red Ale을 페일 에일로 보는 것은 범위를 너무 확장한 것처럼 보일 수도 있으나, 이 맥주의 특징을 보면 그렇지 않다. 아이리시 레드 에일은 잉글리시 에일이나 스코틀랜드 에일과 맛이 굉장히 비슷하지만 비스킷 향이 나는 잉글리시 에일이나 캐러멜 향이 느껴지는 스코틀랜드 에일과 달리 맥아의 맛이 거칠게 느껴진다. 특유의 진한 붉은색은 전체 전분 원료 중량에서 3퍼센트를 차지하는 로스팅한 맥아에서 비롯된다. 이 정도 비율로 로스팅한 맥아를 사용하면 브라운 에일이나 포터, 스타우트에서와 같이 맥주 맛에는 영향을 주지 않으면서 맥주 색에 진한 붉은색을 더할 수 있다. 또 보리 플레이크를 재료로 사용하여 목 넘김이 스타우트처럼 매우 좋으면서도 커피 맛은 느껴지지 않는다. 브리스 캐러브라운 맥아는 앰버 타입의 맥아로, 내가 즐겨 사용하는 재료다. 맥주에 갓 구운 빵 껍질과 같은 독특한 맛을 더해주는 특징이 아이리시 레드 에일과 완벽하게 어우러진다.

아일랜드에서는 페일 에일의 종류가 이 한 가지로 충분했던 것 같다. 초기 비중은 1.036~

1,046, 18~28IBU, 색깔은 진한 적색인 9~14SRM(18~28EBC)이다.

푸일 크로이 Fuil Croi – 아이러시 레드 에일

초기 비중: 1.042
종료 비중: 1.011
IBU: 26

SRM(EBC): 12(24)
ABV: 4.1%

≫≫ 양조 방식 : 맥아추출물과 곡물 침출 ≪≪

맥아즙 A	비중계 값
0.68kg(1.5lb.) 페일 에일 DME	22.5
450g(1lb.) 보리 플레이크 – 인스타매시(Instamash®)	7.5
150g(0.33lb.) 브리스 캐러브라운(Briess Carabrown®) 55°L – 침출용	1.5
150g(0.33lb.) 구운 보리(300°L) – 침출용	2
11.4리터(3갤런) 기준, 끓이기 전 비중	1.033

홉 스케줄	끓이는 시간(분)	IBU
25g(0.9oz.) UK 피닉스(UK Phoenix) 9% AA	60	26

맥아즙 B (끓인 후 첨가)	비중계 값
1.4kg(3lb.) 페일 DME	42

효모 종	투여량 (세포 10억 개)	발효 온도
아이리시 에일	200	18°C(65°F)

≫≫ 양조 방식 : 완전 곡물 양조 ≪≪

전분 원료	비중계 값
3.4kg(7.5lb.) 페일 에일 맥아	30
450g(1lb.) 보리 플레이크	3.5
150g(0.33lb.) 브리스 캐러브라운(Briess Carabrown®) 55°L – 침출용	1
150g(0.33lb.) 구운 보리(300°L) – 침출용	1.5
27리터(7갤런) 기준, 끓이기 전 비중	1.036

당화 스케줄	휴지기 온도	휴지 시간
당화 휴지기 – 온수 첨가 방식	67°C(153°F)	60분

홉 스케줄	끓이는 시간(분)	IBU
25g(0.9oz.) UK 피닉스(UK Phoenix) 9% AA	60	26

효모 종	투여량(세포 10억 개)	발효 온도
아이리시 에일	200	18°C(65°F)

양조용 물의 권장 특성 (ppm) 　　　　　**양조 큐브:** 호박색, 맥아, 중간

칼슘	마그네슘	총 알칼리도	황산	염소	잔류 알칼리도
75~125	10	50~100	50~100	100~150	0~50

| 벨기에 페일 에일 |

벨기에 페일 에일은 잉글리시 페일 에일을 토대로 탄생했으나 유럽 대륙에서 생산된 재료를 사용하여 지역적인 맛을 살렸다. 필스너, 비엔나, 뮌헨 맥아가 골고루 섞여 오븐에서 갓 구운 빵과 매우 비슷한 맛을 선사한다. 또 알자스 지역에서 비교적 최근에 새롭게 등장한 홉에 속하는 트리스켈과 아라미스 홉도 벨기에 페일 에일의 전통적인 맛을 살리는 역할을 한다. 알파산과 아로마 오일이 비교적 풍부하다는 것이 이 두 홉의 새로운 특징이다. 벨기에 에일 효모는 페놀과 에스테르 성분을 복합적인 향신료의 향으로 만들어 매번 마실 때마다 놀라움을 느끼는 원천이 된다.

벨기에 페일 에일의 초기 비중은 1.048~1.054, 쓴맛은 20~30IBU의 범위이며 색은 황금빛에서 호박색인 8~14SRM(16~28EBC)의 범위다.

마블 바날레 *Marvel Banale* – 벨기에 페일 에일

초기 비중: 1.052   SRM(EBC): 12(24)
종료 비중: 1.011   ABV: 5.5%
IBU: 27

양조 방식 : 맥아추출물과 곡물 침출

맥아즙 A	비중계 값	
680g(1.5lb.) 브리스 비엔나(Briess Vienna) LME	18	
500g(1.1lb.) 뮌헨 DME	16.5	
450g(1lb.) 캐러비엔나(CaraVienne) 맥아 – 침출용	7	
225g(0.5lb.) 비스킷 맥아 – 침출용	3	
115g(0.25lb.) 스페셜 'B' 맥아(140°L) – 침출용	1	
11.4리터(3갤런) 기준, 끓이기 전 비중	1.046	
홉 스케줄	**끓이는 시간(분)**	**IBU**
30g(1oz.) 프렌치 트리스켈(French Triskel) 8% AA	30	25
30g(1oz.) 프렌치 아라미스(French Aramis) 8% AA	15분 침출	2
맥아즙 B (끓인 후 첨가)	**비중계 값**	
1.5kg(3.3lb.) 페일 DME	42	
효모 종	**투여량 (세포 10억 개)**	**발효 온도**
벨기에 에일	200	21°C(70°F)

양조 방식 : 완전 곡물 양조	
전분 원료	비중계 값
3.2kg(7lb.) 페일 에일 맥아	28
0.9kg(2lb.) 비엔나 맥아	7
450g(1lb.) 뮌헨 맥아	4
450g(1lb.) 캐러비엔나(CaraVienne) 맥아 (20°L)	4
225g(0.5lb.) 비스킷 맥아	1
115g(0.25lb.) 스페셜 'B' 맥아(140°L)	1
27리터(7갤런) 기준, 끓이기 전 비중	1.045

당화 스케줄	휴지기 온도	휴지 시간
당화 휴지기 – 온수 첨가 방식	67°C(153°F)	60분

홉 스케줄	끓이는 시간(분)	IBU
30g(1oz.) 프렌치 트리스켈(French Triskel) 8% AA	30	25
30g(1oz.) 프렌치 아라미스(French Aramis) 8% AA	15분 침출	2

효모 종	투여량(세포 10억 개)	발효 온도
벨기에 에일	200	21°C(70°F)

양조용 물의 권장 특성 (ppm)			양조 큐브: 호박색, 균형 잡힌 맛, 부드러움		
칼슘	마그네슘	총 알칼리도	황산	염소	잔류 알칼리도
50~100	10	100~125	75~100	75~100	25~75

| 호주 스파클링 에일 |

호주 스파클링 에일은 거품이 이는 특성 때문에 붙은 이름이다. 침전되어 있던 효모층이 마시기 전에 부유해서 에일 맥주에서는 드물게 맥주 색이 탁한 편이다. 그 효모층에는 몸에 좋은 비타민이 다량 함유되어 있다. 재료는 페일 맥아가 거의 전체를 차지하고, 황금빛을 내기 위해 페일 크리스털 맥아를 약간 첨가한다. 빵의 풍미가 먼저 느껴진 뒤 묵직한 쓴맛이 뒤따른다. 홉은 전통적으로 영국산 홉과 미국산 클러스터 홉을 사용해왔으나, 20세기 중반부터 프라이드 오브 링우드*Pride of Ringwood* 홉으로 대부분 대체되었다. 맥아와 홉, 효모의 특성이 향에서 균등하게 느껴져야 하며 빵과 허브, 흙, 과일 향이 살짝 느껴지는 것이 특징이다.

호주 스파클링 에일의 양조 가이드라인은, 초기 비중은 1.038~1.050, 쓴맛은 20~35IBU로 베스트 비터의 기준과 비슷하다. 색은 그보다 흐린 4~7SRM(8~14EBC)이 권장된다.

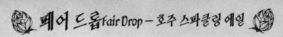

페어 드롭 Fair Drop - 호주 스파클링 에일

초기 비중: 1.045
종료 비중: 1.008
IBU: 30

SRM(EBC): 5(10)
ABV: 5%

⟫⟫⟫ 양조 방식 : 맥아추출물과 곡물 침출 ⟪⟪⟪

맥아즙 A	비중계 값	
1.13kg(2.5lb.) 필스너 DME	37	
225g(0.5lb.) 캐러비엔나(CaraVienne) 맥아 20°L - 침출용	3	
11.4리터(3갤런) 기준, 끓이기 전 비중	1.040	

홉 스케줄	끓이는 시간(분)	IBU
23g(0.8oz.) 프라이드 오브 링우드(Pride of Ringwood) 9% AA	60	24
15g(0.5oz.) 뉴질랜드 와카투(New Zealand Wakatu) 7.5% AA	15	6

맥아즙 B (끓인 후 첨가)	비중계 값	
1.4kg(3lb.) 필스너 DME	42	

효모 종	투여량 (세포 10억 개)	발효 온도
호주 또는 잉글리시 에일	150	18°C(65°F)

⟫⟫⟫ 양조 방식 : 완전 곡물 양조 ⟪⟪⟪

전분 원료	비중계 값	
3.2kg(9.5lb.) 필스너 맥아	38	
340g(0.5lb.) 캐러비엔나(CaraVienne) 20°L 맥아 (20°L)	1	
27리터(7갤런) 기준, 끓이기 전 비중	1.039	

당화 스케줄	휴지기 온도	휴지 시간
당화 휴지기 - 온수 첨가 방식	67°C(153°F)	60분

홉 스케줄	끓이는 시간(분)	IBU
23g(0.8oz.) 프라이드 오브 링우드(Pride of Ringwood) 9% AA	60	24
15g(0.5oz.) 뉴질랜드 와카투(New Zealand Wakatu) 7.5% AA	15	6

효모 종	투여량(세포 10억 개)	발효 온도
호주 또는 잉글리시 에일	150	18°C(65°F)

양조용 물의 권장 특성 (ppm)			양조 큐브: 흐린 색, 균형 잡힌 맛, 중간		
칼슘	마그네슘	총 알칼리도	황산	염소	잔류 알칼리도
75~125	20	0~50	100~150	100~150	-100~0

| 쾰시 |

독일의 쾰시 맥주는 쓴맛이 18~30IBU, 초기 비중은 1.044~1.050으로 가장 부드러운 페일에일이다. 원래 독일은 라거로 유명하지만 쾰른은 오래전부터 부드러운 맥아와 홉의 특성이 완벽하게 균형을 이룬 맑은 맥주를 생산하는 곳으로 널리 알려졌다. 에일을 만드는 방식으로 양조한 뒤 저온에서 숙성해 투명도를 높이는 것이 이곳 맥주의 특징이다. 전 세계 자가 양조자들 사이에서 가장 유명한 스타일의 맥주로 꼽지만, 제대로 만들기는 쉽지 않다. 하지만 결과가 완벽하든 그렇지 않든 즐겁게 시도해볼 만한 맥주임은 분명하다. 나는 늘 쾰시가 독일의 '캘리포니아 맥주' 같다는 생각을 했고 레시피에도 그렇게 이름을 붙였다.

쾰시 맥주의 가이드라인은 초기 비중 1.044~1.050, 쓴맛은 18~30IBU, 색은 흐린 황금색인 3.5~5SRM(7~10EBC)이다.

🍺 *서핑 보겔* Surfin' Vogel – 쾰시 🍺

초기 비중: 1.046
종료 비중: 1.011
IBU: 28

SRM(EBC): 4(8)
ABV: 4.6%

≫≫ 양조 방식 : 맥아추출물과 곡물 침출 ≪≪

맥아즙 A	비중계 값	
1kg(2.5lb.) 브리스 비엔나(Briess Vienna) LME	30	
300g(0.66lb.) 필스너 DME	9	
11.4리터(3갤런) 기준, 끓이기 전 비중	1.039	
홉 스케줄	**끓이는 시간(분)**	**IBU**
35g(1.25oz.) 저먼 트래디션(German Tradition) 6% AA	60	24
30g(1.1oz.) 저먼 오팔(German Opal) 6% AA	15분 침출	4
맥아즙 B (끓인 후 첨가)	**비중계 값**	
1.5kg(3.3lb.) 필스너 DME	46	
효모 종	**투여량(세포 10억 개)**	**발효 온도**
저먼 쾰시	200	18℃(65℉)

양조 방식 : 완전 곡물 양조	

전분 원료*	비중계 값
1.6kg(7lb.) 필스너 맥아	27.5
3.3lb.(450g) 비엔나 맥아	12.5
7갤런(27리터) 기준, 끓이기 전 비중	1.040

* 당화 혼합물의 pH를 5.2로 만들기 위해서는 젖산이나 산성화 처리된 맥아가 필요하다.

당화 스케줄	휴지기 온도	휴지 시간
당화 휴지기 – 온수 첨가 방식	67℃(153℉)	60분

홉 스케줄	끓이는 시간(분)	IBU
35g(1.25oz.) 저먼 트래디션(German Tradition) 6% AA	60	24
30g(1.1oz.) 저먼 오팔(German Opal) 6% AA	15분 침출	4

효모 종	투여량(세포 10억 개)	발효 온도
저먼 퀼시	200	18℃(65℉)

양조용 물의 권장 특성 (ppm)			양조 큐브: 흐린 색, 균형 잡힌 맛, 부드러움		
칼슘	마그네슘	총 알칼리도	황산	염소	잔류 알칼리도
50~100	10	0~50	50~100	50~100	−75~0

| 아메리칸 페일 에일 |

아메리칸 페일 에일은 잉글리시 페일 에일에서 홉의 맛이 더 두드러지도록 변형한 특징이 나타난다. 양조에 사용하는 효모는 잉글리시 에일 효모보다 에스테르 생성량이 적고, 이로 인해 과일 맛이 잉글리시 에일보다 적은 편이다. 또 홉의 특성이 쓴맛을 내는 홉보다는 향과 맛을 위해 첨가하는 홉에서 대부분 비롯된다. 맥주 색은 황금빛부터 진한 호박색을 띠고 맛은 크리스털 맥아의 첨가로 부드러운 편이지만 잉글리시 페일 에일보다는 덜 부드럽다.

이름에서 나타나듯 아메리칸 페일 에일과 잉글리시 페일 에일은 각각 미국과 영국산 홉을 사용하지만 요즘에는 양조자의 취향에 따라 선호하는 홉을 쓰는 추세다. 오히려 미국에서 정통 비터 맥주를, 영국에서 정통 아메리칸 페일 에일을 더 쉽게 접할 수 있다고 느껴질 정도다! 아메리칸 페일 에일은 대체로 초기 비중이 1.045~1.060, 종료 비중은 1.010~1.015의 범위이고 쓴맛은 30~50IBU이다. 맥주 스타일의 관점에서는 쓴맛 단위 기준에 따른 등급이 비중보다 낮아야 한다. 즉 국제 쓴맛 단위(IBU)와 초기 비중의 비율을 의미하는 BU 대 GU가 약 3대

4(0.7~0.8)로, 이 비율을 지키지 않으면 블론드 에일이나 IPA 등 다른 스타일의 맥주와 비슷해진다.

🌿 레이디 리버티 lady liberty – 아메리칸 페일 에일 🌿

초기 비중: 1.047
종료 비중: 1.011
IBU: 36

SRM(EBC): 6(12)
ABV: 4.8%

⟫⟫ 양조 방식 : 맥아추출물과 곡물 침출 ⟪⟪

맥아즙 A	비중계 값	
680g(1.5lb.) 페일 DME	30	
450g(1lb.) 뮌헨 DME	15	
225g(0.5lb.) 캐러멜 40°L – 침출용	3	
11.4리터(3갤런) 기준, 끓이기 전 비중	1.048	

홉 스케줄	끓이는 시간(분)	IBU
23g(0.75oz.) 센터니얼(Centennial) 11% AA	30	22
30g(1oz.) 캐스케이드(Cascade) 7% AA	15	10
30g(1oz.) 캐스케이드(Cascade) 7% AA	15분 침출	4

맥아즙 B (끓인 후 첨가)	비중계 값	
1.4kg(3lb.) 페일 DME	42	

효모 종	투여량 (세포 10억 개)	발효 온도
아메리칸 에일	200	18°C(65°F)

⟫⟫ 양조 방식 : 완전 곡물 양조 ⟪⟪

전분 원료	비중계 값	
4.5kg(9lb.) 페일 에일 맥아	36	
450g(1lb.) 뮌헨 맥아	3.5	
115g(0.5lb.) 캐러멜 40°L	2	
27리터(7갤런) 기준, 끓이기 전 비중	1.042	

당화 스케줄	휴지기 온도	휴지 시간
당화 휴지기 – 온수 첨가 방식	67°C(153°F)	60분

홉 스케줄	끓이는 시간(분)	IBU
23g(0.75oz.) 센터니얼(Centennial) 11% AA	30	22
30g(1oz.) 캐스케이드(Cascade) 7% AA	15	10
30g(1oz.) 캐스케이드(Cascade) 7% AA	15분 침출	4

효모 종				투여량(세포 10억 개)	발효 온도
아메리칸 에일				200	18℃(65℉)
양조용 물의 권장 특성 (ppm)				양조 큐브: 흐린 색, 홉, 중간	
칼슘	마그네슘	총 알칼리도	황산	염소	잔류 알칼리도
75~125	10	0~50	150~300	50~100	−100~0

참고 사항

호밀 페일 에일을 만들 경우, 맥아즙 A와 B에 사용하는 맥아 전체[총 1.7킬로그램(6파운드)]를 '브리스 CBW 호밀 맥아추출물 (Briess CBW Rye Malt Extract)'로 대체한다. 나머지는 그대로 적용한다.

세션 IPA를 만들 때는 끓이는 시간인 15분을 두 배로 늘리고 침출용 홉의 양도 60그램(2온스)으로 늘려서 국제 쓴맛 단위가 총 50 정도가 되도록 한다. 나머지는 그대로 적용한다.

블론드 에일

블론드 에일은 홉의 양을 줄여서 가벼운 라거처럼 마시기 좋으면서도 라거보다 훨씬 더 만들기 쉬운 에일로 만드는 점만 제외하면 페일 에일과 굉장히 비슷하다. 쓴맛은 대체로 15~25IBU의 범위(페일 에일은 25 이상)이며, 크리스털 맥아나 캐라필스*Carapils*® 10°L를 극히 소량 첨가하는 것 외에 스페셜티 맥아는 사용하지 않는다. 수제맥주를 처음 접하는 사람들이 가장 편하게 다가갈 수 있는 맥주로 꼽는 아메리칸 블론드 에일은 보통 알코올 도수가 낮은 라거나 크림 에일보다 맥아의 특성이 두드러지는 편이고 일반적인 페일 에일보다 홉의 특성은 절반 정도만 느껴진다. 아래에 제시한 레시피는 아르헨티나식 블론드 에일을 만드는 방법이며, 필스너 맥아를 페일 에일 맥아나 미국산 두줄보리 베이스 맥아로 대체하고 홉을 미국산 홉으로 바꾸면 아메리칸 블론드 에일을 만들 수 있다. 나머지 재료와 조건은 그대로 유지한다.

| 아르헨티나 팜파스 골든 에일 |

아르헨티나 사람들은 열과 성을 다해 직접 맥주를 만든다. 나 또한 지난 몇 년간 여러 번 아르헨티나를 찾아가 즐거운 추억을 쌓았다. 남미 지역에서 아르헨티나 사람들만큼 자가 양조에 헌신적으로 몰두하는 사람들은 없다고 단언할 수 있다. 특히 아르헨티나만의 스타일이 뚜렷하게 확립된 맥주로는 블론드 에일인 '도라다 팜피아나*Dorada Pampeana*', 즉 골든 팜파스 에일을 꼽을 수 있다. 기본 레시피는 2001년 부에노스아이레스 산텔모 지구에서 마르셀로 세르당*Marcelo Cerdán*이 처음으로 완성했다. 골든 팜파스 에일은 부에노스아이레스에서 재배하여 맥아로 만든 필스너 스타일의 맥아와 아르헨티나산 홉을 사용하고 초기 비중 1.042~1.054, 15~22IBU로 만든다.

누에스트로 판 디아로 *Nuestro Pan Diaro* – 도라다 팜피아나

초기 비중: 1.045
종료 비중: 1.008
IBU: 18

SRM(EBC): 5(10)
ABV: 4.9%

≫≫ 양조 방식 : 맥아추출물과 곡물 침출 ≪≪

맥아즙 A	비중계 값	
1.13kg(2.5lb.) 필스너 DME	37	
225g(0.5lb.) 캐러멜 20°L – 침출용	3	
11.4리터(3갤런) 기준, 끓이기 전 비중	1.040	

홉 스케줄	끓이는 시간(분)	IBU
15g(0.5oz.) 아르헨티나 캐스케이드(Argentine Cascade) 9% AA	60	12
15g(0.5oz.) 뉴질랜드 와카투(New Zealand Wakatu) 7.5% AA	15	6

맥아즙 B (끓인 후 첨가)	비중계 값	
1.4kg(3lb.) 페일 DME	42	

효모 종	투여량 (세포 10억 개)	발효 온도
아메리칸 에일	200	21℃(70°F)

≫≫ 양조 방식 : 완전 곡물 양조 ≪≪

전분 원료	비중계 값	
3.2kg(9.5lb.) 필스너 맥아	38	
340g(0.5lb.) 크리스털 20°L 맥아	1	
27리터(7갤런) 기준, 끓이기 전 비중	1.039	

당화 스케줄	휴지기 온도	휴지 시간
당화 휴지기 – 온수 첨가 방식	65℃(150°F)	60분

홉 스케줄	끓이는 시간(분)	IBU
15g(0.5oz.) 아르헨티나 캐스케이드(Argentine Cascade) 9% AA	60	12
15g(0.5oz.) 뉴질랜드 와카투(New Zealand Wakatu) 7.5% AA	15	6

효모 종	투여량(세포 10억 개)	발효 온도
아메리칸 에일	200	21℃(70°F)

양조용 물의 권장 특성 (ppm)			양조 큐브: 흐린 색, 맥아, 중간		
칼슘	마그네슘	총 알칼리도	황산	염소	잔류 알칼리도
75~125	10	0~50	50~100	100~150	-100~-50

앰버 에일

아메리칸 에일 스타일에 포함되는 앰버 에일은 보디감과 단맛이 더해져 페일 에일과 브라운 에일의 중간 지점에 위치한다. 맛의 균형도 홉보다 맥아 쪽에 기울어져 있다. 앰버 에일은 브라운 에일보다 단맛이 강한 편이지만 홉의 맛과 향이 더 생생하게 두드러진다. 맥아의 진한 단맛이 풍부한 홉의 특성과 균형을 이룬다. 개인적으로 좋아하는 맥주 스타일 중 하나로, 이러한 맥주에서 느껴지는 균형감은 굉장히 풍부하고 만족스러운 기분을 안겨준다.

아메리칸 앰버 에일의 가이드라인은 초기 비중 1.045~1.060, 쓴맛은 25~40IBU, 색은 10~17SRM(20~34EBC)의 구릿빛을 띤다. 아래 레시피는 '레드 넥타 에일Red Nectar Ale'을 본뜬 것이다.

🌹 빅 베이슨 앰버 Big Basin Amber – 아메리칸 앰버 에일 🌹

초기 비중: 1.055
종료 비중: 1.014
IBU: 40

SRM(EBC): 15(30)
ABV: 5.5%

≫≫≫ 양조 방식 : 맥아추출물과 곡물 침출 ≪≪≪

맥아즙 A	비중계 값	
1.13kg(2.5lb.) 페일 에일 DME	37	
450g(1lb.) 크리스털 40°L 맥아 – 침출용	6	
450g(1lb.) 크리스털 80°L 맥아 – 침출용	5	
11.4리터(3갤런) 기준, 끓이기 전 비중	1.048	
홉 스케줄	**끓이는 시간(분)**	**IBU**
30g(1oz.) 너깃(Nugget) 12% AA	60	35.5
15g(0.5oz.) 애머릴로(Amarillo) 9% AA	15분 침출	3
15g(0.5oz.) 이스트 켄트 골딩스(East Kent Goldings) 5% AA	15분 침출	1.5
맥아즙 B (끓인 후 첨가)	**비중계 값**	
1.7kg(3.75lb.) 필스너 DME	52.5	
효모 종	**투여량 (세포 10억 개)**	**발효 온도**
캘리포니아 에일	230	18°C(65°F)

⋙ 양조 방식 : 완전 곡물 양조 ⋘

전분 원료	비중계 값	
5kg(11lb.) 페일 에일 맥아	44	
450g(1lb.) 크리스털 40°L 맥아	2.5	
450g(1lb.) 크리스털 80°L 맥아	2	
27리터(7갤런) 기준, 끓이기 전 비중	1.048	
당화 스케줄	**휴지기 온도**	**휴지 시간**
당화 휴지기 – 온수 첨가 방식	67°C(153°F)	60분
홉 스케줄	**끓이는 시간(분)**	**IBU**
30g(1oz.) 너깃(Nugget) 12% AA	60분	35.5
15g(0.5oz.) 애머릴로(Amarillo) 9% AA	15분 침출	3
15g(0.5oz.) 이스트 켄트 골딩스(East Kent Goldings) 5% AA	15분 침출	1.5
효모 종	**투여량(세포 10억 개)**	**발효 온도**
캘리포니아 에일	230	18°C(65°F)

양조용 물의 권장 특성 (ppm)		**양조 큐브**: 흐린 색, 맥아, 부드러움			
칼슘	**마그네슘**	**총 알칼리도**	**황산**	**염소**	**잔류 알칼리도**
50~100	10	50~100	50~100	75~100	25~75

인디아 페일 에일IPA

전해오는 유명한 이야기에 따르면, IPA 스타일의 맥주는 인도까지 수개월에 걸쳐 항해하는 동안 통에서 홉과 함께 숙성되면서 탄생했다고 한다. 기나긴 항해 기간에 맥주가 상하지 않도록 홉을 넉넉히 넣었다. 이렇게 맥주가 숙성되는 동안 홉의 쓴맛은 다소 부드럽게 약해지고, 깊은 향이 맥주로 전해진다. IPA의 진짜 역사가 궁금한 사람은 미치 스틸Mitch Steele의 책『IPA』 (Steele, 2012)를 참고하기 바란다. 인디아 페일 에일의 실제 역사와 블랙 IPA, 화이트 IPA, 세션 IPA, 더블 IPA 등 유서 깊은 종류부터 현대적인 종류까지 정통 IPA를 만들 수 있는 다양한 레시피가 포함되어 있다.

IPA 맥주가 폭발적으로 성장하면서 홉의 특성을 강조한 모든 맥주는 색깔과 상관없이 IPA의 일종으로 판매되고 있다. 맥주 평가자 인증 프로그램(Beer Judge Certification Program, 줄여서 BJCP)에서 펴낸『2015년 스타일 가이드라인』에서 이 맥주를 '인디아 페일 에일'이라는 명칭 대신 'IPA'라는 명칭으로만 표기한 점도 주목할 만한 변화다. 현대에 들어 인디아 페일 에일의 갈래로 만들어지는 맥주들은 인도에서 만들어지거나 소비되는 일이 전혀 없는 점을 반영한 것이다. BJCP 기준에서는 IPA의 하위분류가 벨기에, 화이트, 레드, 호밀, 브라운, 블랙 IPA로 나뉜다.

자, 그럼 이제부터 IPA의 주된 특성을 살펴보자. (극적 효과를 위해 잠시 숨을 고르고) …… 무엇보다 홉! 홉부터 이야기해보자. IPA에 속하는 모든 맥주는 향과 맛 모든 면에서 홉의 밸런스가 지배적인 특성이다. 맥아와 발효 특성은 늘 홉에 밀려 뒷자리를 면치 못하지만, 하위분류를 구분하는 중요한 요소임은 분명하며 전체적으로 훌륭한 맥주인지 아닌지 결정짓는 요소이기도 하다.

모든 맥주는 맛과 향의 조화가 중요하다. 블론드 에일이 현악 4중주에 가깝다면, IPA는 거대한 규모의 브라스밴드에 비유할 수 있다. 그것도 금관악기가 포함되어 있고 드럼이 음악에 리듬감과 복합적인 맛을 더해주는 최상급 밴드에 해당한다. 몬티 파이선의 〈플라잉 서커스Flying Circus〉 테마곡, 혹은 존 P. 수자John P. Sousa의 행진곡 〈자유의 종The Liberty Bell〉이 떠오른다. 맥아와 발효 특성은 IPA에서 꼭 필요한 조연의 역할을 한다. 맥아의 거친 맛과 단맛, 에스테르의 영향은 홉과 대조를 이루는 동시에 균형을 이룬다. 최고의 IPA는 최고의 음악처럼 각기 다른 특성이 어우러져 더 나은 작품이 된다.

이 책에서는 현재 알려진 몇 가지 스타일을 대략적으로 소개하겠지만 레시피까지 전부 제시하지는 않았다. IPA 레시피는 워낙 구하기 쉽고 많아서, 여기서는 내가 개인적으로 좋아하는 다섯 가지 종류인 잉글리시 IPA와 아메리칸 IPA, 더블 IPA, 브라운 IPA, 블랙 IPA 레시피만 준비했다.

벨기에 IPA는 아메리칸 IPA를 바탕으로 벨기에산 효모 종을 사용하거나 벨기에 골든 스트롱 에일 또는 트리펠Tripel 스타일을 접목하고 홉을 아메리칸 IPA와 같은 양만큼 사용하는 식으로 정해진 틀을 벗어난 특징이 있다. 다량의 홉으로 인한 쓴맛은 높은 알코올 함량(즉 더 달콤한 맛)으로 상쇄되고, 홉의 향은 벨기에산 효모 종의 특징인 에스테르의 과일 향, 페놀의 스파이시한 향으로 더욱 강화된다. 홉은 미국이나 유럽, 태평양 지역 등에서 생산된 다양한 품종을 사용할 수 있으나 발효 특성과 어우러지는 공통적인 요소가 있어야 한다. 최근 들어 많이 사용하는 홉의 스파이시하고 과일 느낌이 강한 특성은, 과거에 많이 사용하던 유황과 소나무 향(즉 마늘과 양파의 눅눅한 향)이 강한 홉보다 벨기에 IPA와 더 잘 어울린다. 벨기에 IPA는 황금빛부터 호박색을 띠고 초기 비중은 1.058~1.080, 종료 비중은 1.008~1.016, 쓴맛은 50~100IBU의 범위다.

화이트 IPA는 벨기에 밀맥주와 아메리칸 IPA의 중간에 위치한 맥주로 볼 수 있다. 벨기에 밀맥주에 사용하는 효모의 특성이 드러나고 고수, 캐모마일과 같은 향신료를 첨가해 홉의 특성을 더해준다. 화이트 IPA의 목적지는 전통적인 밀맥주의 특성과 IPA 특유의 진한 쓴맛이 서로 보완하고 균형을 이루도록 함으로써 밀맥주보다 건조하고 과일과 향신료의 향은 더 진하면서 쓴맛이 탄탄하게 자리한 맥주다. 화이트 IPA를 만들 때도 위트비어 스타일의 가벼운 보디감, 스파이시한 풍미와 충돌할 수 있는 홉의 눅눅함을 없애는 것이 중요하다. 화이트 IPA는 흐린 황금빛에서 뿌연 호박색을 띠고 초기 비중은 1.056~1.065, 종료 비중은 1.010~1.016, 쓴맛은 40~70IBU의 범위다.

RIPA로도 불리는 호밀 IPA는 아메리칸 IPA에 아주 약간의 특징을 더해서 더욱 흥미로운 맛을 느낄 수 있다. 보통 호밀 IPA는 페일 에일 맥아가 차지하는 분량의 약 15~20퍼센트를 호밀 맥아로 대체해서 만든다. 크리스털 맥아는 아메리칸 IPA를 만들 때와 마찬가지로 소량만 사용한다. 홉이 가장 중심을 차지하는 것도 마찬가지다. 호밀 맥아는 상쾌하고 과하지 않게 거칠고 스파이시한 맥아의 특성을 선사하므로 전체적으로 약간 드라이하면서 맛은 더 풍부하다. 벨기에 IPA와 혼동하는 일이 없게 하려면 아메리칸 에일 효모를 사용해야 한다. 호밀 IPA의 색은 아메리칸 IPA와 비슷하지만 황금빛에 붉은 기가 도는 호박색이 약간 더 진한 편이다. 단, 단맛이 더 강하게 느껴지지 않아야 한다. 호밀 IPA의 초기 비중은 1.056~1.075, 최종 비중은

1.008~1.014, 쓴맛은 50~75IBU의 범위다. 호밀 IPA는 아메리칸 IPA 레시피를 바탕으로 베이스 맥아의 일부를 호밀 맥아로 대체해서 만들면 된다.

레드 IPA는 아메리칸 앰버 에일에 홉의 특성을 강화하는 방향으로 발전시킨 종류다. 진한 쓴맛이 맥아의 더 진한 달콤함과 균형을 이루고, 그 정도는 IPA의 핵심적인 균형을 벗어나지 않는다. 레드 IPA는 임피리얼 레드 에일과는 분명 다른 맥주다. 맥아의 특성은 홉의 특성을 뒷받침하는 수준에 머물지만 그 범위 내에서 달콤하고 노릇노릇 구워진 빵이나 살짝 구운 토스트보다는 캐러멜이나 토피 사탕에 가까운 풍미가 느껴진다. 레드 IPA의 색은 붉은 호박색부터 진한 루비색이 도는 갈색에 이르기까지 다양하다. 초기 비중은 1.056~1.070, 종료 비중은 1.008~1.016, 쓴맛은 40~70IBU의 범위다. 홉은 미국이나 태평양 지역의 품종을 사용해야 하며, 과일 향이 더 강한 영국의 홉 품종도 사용할 수 있다.

| 잉글리시 IPA |

영국의 우수한 페일 에일 맥아와 영국산 홉, 잉글리시 에일 효모로 만든다. 홉을 충분히 넣는 것을 잊지 말자! 잉글리시 IPA의 스타일 가이드라인은 초기 비중 1.050~1.075, 40~60IBU의 쓴맛, 그리고 호박색에서 구릿빛을 띠는 6~14SRM(12~28EBC)의 색깔이다.

🏵 비토리 앤드 카오스 Victory & Chaos – 잉글리시 IPA 🏵

초기 비중: 1.060
종료 비중: 1.012
IBU: 58

SRM(EBC): 7(14)
ABV: 6.5%

≫≫ 양조 방식 : 맥아추출물과 곡물 침출 ≪≪

맥아즙 A	비중계 값
1.13kg(2.5lb.) 페일 에일 DME	38
450g(1lb.) 뮌헨 DME	14
450g(1lb.) 크리스털 20°L 맥아 – 침출용	3
11.4리터(3갤런) 기준, 끓이기 전 비중	1.055

홉 스케줄	끓이는 시간(분)	IBU
30g(1oz.) 노스다운(Northdown) 8% AA	60	22
30g(1oz.) 퍼스트 골드(First Gold) 7.5% AA	30	16
30g(1oz.) 이스트 켄트 골딩스(East Kent Goldings) 5% AA	30	11
30g(1oz.) 퍼스트골드 7.5% AA	15분 침출	4
30g(1oz.) 이스트 켄트 골딩스 5% AA	15분 침출	3
30g(1oz.) 퍼스트골드 7.5% AA	드라이 홉	(1)
30g(1oz.) 이스트 켄트 골딩스 5% AA	드라이 홉	(1)

맥아즙 B (끓인 후 첨가)	비중계 값
1.5kg(3.4lb.) 필스너 DME	48
250g(0.56lb.) 고형 옥수수 시럽	8

효모 종	투여량 (세포 10억 개)	발효 온도
잉글리시 에일	250	18°C(65°F)

≫≫ 양조 방식 : 완전 곡물 양조 ≪≪

전분 원료	비중계 값
5kg(11lb.) 페일 에일 맥아	44
450g(1lb.) 뮌헨 10°L 맥아	3.5
225g(0.5lb.) 크리스털 20°L 맥아	1.5
450g(1lb.) 옥수수 플레이크	3.5
27리터(7갤런) 기준, 끓이기 전 비중	1.052

당화 스케줄	휴지기 온도	휴지 시간
당화 휴지기 – 온수 첨가 방식	65°C(150°F)	60분

홉 스케줄	끓이는 시간(분)	IBU
30g(1oz.) 노스다운(Northdown) 8% AA	60	22
30g(1oz.) 퍼스트 골드(First Gold) 7.5% AA	30	16
30g(1oz.) 이스트 켄트 골딩스(East Kent Goldings) 5% AA	30	11
30g(1oz.) 퍼스트골드 7.5% AA	15분 침출	4
30g(1oz.) 이스트 켄트 골딩스 5% AA	15분 침출	3
30g(1oz.) 퍼스트골드 7.5% AA	드라이 홉	(1)
30g(1oz.) 이스트 켄트 골딩스 5% AA	드라이 홉	(1)

효모 종	투여량(세포 10억 개)	발효 온도
잉글리시 에일	250	18℃(65℉)

양조용 물의 권장 특성 (ppm)			양조 큐브: 흐린 색, 홉, 중간		
칼슘	마그네슘	총 알칼리도	황산	염소	잔류 알칼리도
100~150	10	50~100	200~400	50~100	−100~0

| 아메리칸 IPA |

아메리칸 IPA의 맛은 오로지 홉에 달려 있다. 'C'로 시작하는 미국의 전형적인 홉인 치누크Chinook, 센터니얼Centennial, 캐스케이드Cascade를 주로 사용하지만, 열대 과일의 향이 살아 있는 뉴질랜드와 호주 등 태평양 지역의 새로운 홉도 사용한다. 아메리칸 IPA는 크게 서부 해안(웨스트코스트) 지역의 스타일과 그 외의 스타일로 나뉜다. 웨스트코스트 IPA는 홉의 풍미가 있는 그대로 드러나는, 페일 에일 맥아의 특성이 표현된 맥주가 주를 이룬다. 반면 동부 해안(이스트코스트) 지역의 IPA는 캐러멜맥아와 뮌헨 맥아의 특성이 과하지 않을 정도로 적당히 강조된다. 웨스트코스트 IPA가 트럼펫의 맑고 깨끗한 소리라면, 이스트코스트 IPA는 트럼펫과 프렌치호른에 바리톤 악기를 더한 소리에 비유할 수 있다. 아래에 소개한 '러시모어' 레시피는 웨스트코스트 IPA에 캐러멜맥아와 뮌헨 맥아를 맛을 더 풍부하게 할 정도로만 첨가한 것이다. 이스트코스트 IPA는 비스킷 맥아를 추가하고 40˚L보다 더 색이 진한 캐러멜맥아를 사용해 홉의 특성을 살리면서 맥아의 풍미가 더 깊은 균형을 이룬다. 미국 북동부 지역(노스이스트)의 IPA(뉴잉글랜드 지역)는 전분 원료인 캐러멜맥아와 뮌헨 맥아를 밀과 귀리로 대체하여 목 넘김이 굉장히 촉촉하고 홉을 전부 끓인 이후에 첨가하여(침출) 홉 오일이 최대한 유지되도록 한다. 홉의 폴리페놀과 수지가 모두 잔류하는 특성으로 인해 노스이스트 IPA는 색이 뿌연 편이다.

아메리칸 IPA의 일반적인 가이드라인은 초기 비중 1.056~1.070, 40~70IBU의 쓴맛, 색은 구릿빛을 띠는 6~14SRM(12~28EBC)이다. 내 경험상 웨스트코스트 IPA는 보통 색이 4~8SRM(8~16EBC)을 띤다.

🌸 러시모어 *Rushmore* – 아메리칸 IPA 🌸

초기 비중: 1.059	**SRM(EBC):** 6(12)
종료 비중: 1.015	**ABV:** 6%
IBU: 약 70	

⫸ 양조 방식 : 맥아추출물과 곡물 침출 ⫷

맥아즙 A	비중계 값	
1kg(2.2lb.) 페일 DME	33	
450g(1lb.) 뮌헨 DME	15	
225g(0.5lb.) 캐러멜 40°L 맥아 – 침출용	3	
11.4리터(3갤런) 기준, 끓이기 전 비중	1.051	

홉 스케줄	끓이는 시간(분)	IBU
30g(1oz.) 너깃(Nugget) 13% AA	60	38
15g(0.5oz.) 캐스케이드(Cascade) 6% AA	15	4
15g(0.5oz.) 애머릴로(Amarillo) 10% AA	15	7
15g(0.5oz.) 센터니얼(Centennial) 10.5% AA	15	7.5
15g(0.5oz.) 캐스케이드(Cascade) 6% AA	30분 침출	3
15g(0.5oz.) 애머릴로(Amarillo) 10% AA	30분 침출	4.5
15g(0.5oz.) 센터니얼(Centennial) 10.5% AA	30분 침출	4.5
15g(0.5oz.) 캐스케이드(Cascade) 6% AA	드라이 홉	(1)
15g(0.5oz.) 애머릴로(Amarillo) 10% AA	드라이 홉	(1)
15g(0.5oz.) 센터니얼(Centennial) 10.5% AA	드라이 홉	(1)

맥아즙 B (끓인 후 첨가)	비중계 값	
2.3kg(4lb.) 페일 DME	60	

효모 종	투여량 (세포 10억 개)	발효 온도
아메리칸 에일	250	18℃(65℉)

양조 방식 : 완전 곡물 양조		
전분 원료	**비중계 값**	
4.5kg(11lb.) 페일 에일 맥아	44	
450g(1lb.) 뮌헨 맥아	4	
225g(0.5lb.) 캐러멜 40˚L 맥아	2	
27리터(7갤런) 기준, 끓이기 전 비중	1.050	
당화 스케줄	**휴지기 온도**	**휴지 시간**
당화 휴지기 – 온수 첨가 방식	67℃(153˚F)	60분
홉 스케줄	**끓이는 시간(분)**	**IBU**
30g(1oz.) 너깃(Nugget) 13% AA	60	38
15g(0.5oz.) 캐스케이드(Cascade) 6% AA	15	4
15g(0.5oz.) 애머릴로(Amarillo) 10% AA	15	7
15g(0.5oz.) 센터니얼(Centennial) 10.5% AA	15	7.5
15g(0.5oz.) 캐스케이드(Cascade) 6% AA	30분 침출	3
15g(0.5oz.) 애머릴로(Amarillo) 10% AA	30분 침출	4.5
15g(0.5oz.) 센터니얼(Centennial) 10.5% AA	30분 침출	4.5
15g(0.5oz.) 캐스케이드(Cascade) 6% AA	드라이 홉	(1)
15g(0.5oz.) 애머릴로(Amarillo) 10% AA	드라이 홉	(1)
15g(0.5oz.) 센터니얼(Centennial) 10.5% AA	드라이 홉	(1)
효모 종	**투여량(세포 10억 개)**	**발효 온도**
아메리칸 에일	250	18℃(65˚F)

양조용 물의 권장 특성 (ppm)			양조 큐브: 흐린 색, 홉, 중간		
칼슘	**마그네슘**	**총 알칼리도**	**황산**	**염소**	**잔류 알칼리도**
100~150	10	0~50	200~400	50~100	–100~0

| 브라운 IPA |

이 책의 2006년판에는 아래와 같은 내용이 있다.

홉의 특성이 두드러지고 견과류의 느낌도 강한 브라운 에일은, 홉의 매력에 푹 빠진 미국의 자가 양조자들이 대부분의 브라운 에일은 맛이 너무 약하다는 견해를 내놓으면 이제는 브라운 IPA가 따로 분류된 것을 보면, 당시에 내가 제기한 주장이 받아들여진 것 같다. 홉의 특성이 강한 브라운 에일은 1980년대와 1990년대에 텍사스 지역에서 등장했다. 그 지역의 자가 양조자들이 많이 만들던 맥주라 텍사스 브라운 에일로 불렸다(휴스턴에 형성된 '폼 레인저스 클럽*Foam Rangers club*'이 '휴스턴 폼 레인저스 클럽'이라 불린 것처럼). 아메리칸 브라운 에일이 아메리칸 페일 에일이나 앰버 에일과는 다르듯이 브라운 IPA도 아메리칸 IPA가 확장된 버전으로 볼 수 있다. 브라운 IPA 양조 시 목표는 홉이 두드러지면서 드라이한 브라운 에일의 특성이 뒷받침되는 맥주를 만드는 것이다. 초기 비중은 1.056~1.070, 종료 비중은 1.008~1.016, 40~70IBU의 범위인 마시기 좋은 맥주로, 이름처럼 색은 갈색이다. 홉은 미국이나 영국산 품종이 가장 잘 어울리는 것 같다.

테라 퍼마 *Terra Firma* – 브라운 IPA

초기 비중: 1.061
종료 비중: 1.012
IBU: 63

SRM(EBC): 15(30)
ABV: 6.6%

양조 방식 : 맥아추출물과 곡물 침출

맥아즙 A	비중계 값
0.8kg(1.75lb.) 페일 에일 DME	26.5
0.9kg(2lb.) 브리스 캐러브라운(Briess Carabrown®) 맥아 (55°L) – 침출용	7.5
1.15lb. 고형 옥수수 시럽	16
225g(0.5lb.) 캐러멜 80°L 맥아 – 침출용	3
11.4리터(3갤런) 기준, 끓이기 전 비중	1.053

홉 스케줄	끓이는 시간(분)	IBU
15g(0.5oz.) 브라보(Bravo) 15% AA	60	21
30g(1oz.) 브라보 15% AA	15	21
30g(1oz.) 델타(Delta) 6% AA	15	8
30g(1oz.) 브라보 15% AA	15분 침출	8
30g(1oz.) 델타 6% AA	15분 침출	3
30g(1oz.) 브라보 15% AA	드라이 홉	(1)
30g(1oz.) 델타 6% AA	드라이 홉	(1)

맥아즙 B (끓인 후 첨가)	비중계 값	
1.8kg(4lb.) 페일 DME	60	

효모 종	투여량 (세포 10억 개)	발효 온도
아메리칸 에일	275	18℃(65℉)

⋙ 양조 방식 : 완전 곡물 양조 ⋘

전분 원료	비중계 값	
4.1kg(9lb.) 페일 에일 맥아	36	
0.9kg(2lb.) 브리스 캐러브라운(Briess Carabrown®) 맥아 (55°L)	7	
0.9kg(2lb.) 옥수수 플레이크	8.5	
225g(0.5lb.) 캐러멜 80°L 맥아 – 침출용	1	
27리터(7갤런) 기준, 끓이기 전 비중	1.052	

당화 스케줄	휴지기 온도	휴지 시간
당화 휴지기 – 온수 첨가 방식	67℃(153℉)	60분

홉 스케줄	끓이는 시간(분)	IBU
15g(0.5oz.) 브라보(Bravo) 15% AA	60	21
30g(1oz.) 브라보 15% AA	15	21
30g(1oz.) 델타(Delta) 6% AA	15	8
30g(1oz.) 브라보 15% AA	15분 침출	8
30g(1oz.) 델타 6% AA	15분 침출	3
30g(1oz.) 브라보 15% AA	드라이 홉	(1)
30g(1oz.) 델타 6% AA	드라이 홉	(1)

효모 종	투여량(세포 10억 개)	발효 온도
아메리칸 에일	275	18℃(65℉)

양조용 물의 권장 특성 (ppm)			양조 큐브: 흐린 색, 홉, 중간		
칼슘	마그네슘	총 알칼리도	황산	염소	잔류 알칼리도
75~125	20	100~150	150~250	100~150	25~75

| 블랙 IPA |

블랙 IPA는 스타우트 IPA와는 다른 종류로, 슈바르츠비어*schwarzbier*의 맥아 특성이 살아 있는 전형적인 미국식 IPA에 속한다. 드라이하면서도 로스팅한 맥아가 두드러지지는 않는 흑맥주다. 로스팅한 맥아와 크리스털 맥아의 특성은 베이스 맥아의 맛을 풍성하게 나타내는 정도로만 영향력을 발휘하고, 그 결과 다른 페일 맥주와 견주어 홉의 특성이 강하고 맛이 더 풍부하면서 균형이 잘 잡힌 편이다. 쓴맛을 없앤 블랙 맥아가 가장 적합하다. 톡 쏘는 쓴맛 없이 부드러운 맛이 특징이며, 브라운 IPA보다도 거친 맛이나 비스킷의 향이 적게 나타난다. 홉은 어떤 종류든 사용할 수 있지만 홉의 쓴맛과 맥아의 쓴맛을 더해 쓴맛이 너무 강해지지 않아야 하므로 황의 특색이 강하게 나타나는 종류는 피해야 한다. 블랙 IPA의 색은 진한 갈색부터 루비색이 살짝 도는 검은색까지 다양하다. 그러나 투명도가 높아서는 안 된다. 완성된 블랙 IPA가 투명하다면 스페셜티 맥아가 전체 전분 원료의 10퍼센트를 넘는 것이 원인일 가능성이 매우 높다. 로스팅한 맥아는 전체 전분 원료의 5퍼센트를 넘으면 안 된다. 블랙 IPA의 초기 비중은 1.050~1.085, 종료 비중은 1.010~1.016이며 쓴맛은 50~90IBU의 범위다.

글로리어스 아비스 *Glorious Abyss* – 블랙 IPA

초기 비중: 1.070　　　　　　　SRM(EBC): 21(42)
종료 비중: 1.017　　　　　　　ABV: 7.7%
IBU: 75

≫≫ 양조 방식 : 맥아추출물과 곡물 침출 ≪≪

맥아즙 A	비중계 값
1.6kg(3.5lb.) 페일 DME	52.5
225g(0.5lb.) 캐러멜 60°L 맥아 – 침출용	3
225g(0.5lb.) 브리스 블랙 프린츠(Briess Black Prinz®) 밀 맥아 – 침출용	5
11.4리터(3갤런) 기준, 끓이기 전 비중	1.060

홉 스케줄	끓이는 시간(분)	IBU
30g(1oz.) 너깃(Nugget) 13% AA	60	34
30g(1oz.) 시트라(Citra) 13% AA	15	17
30g(1oz.) 심코(Simcoe) 12% AA	15	15
30g(1oz.) 캐스케이드(Cascade) 7% AA	15분 침출	3
30g(1oz.) 애머릴로(Amarillo) 10% AA	15분 침출	5
30g(1oz.) 캐스케이드(Cascade) 7% AA	드라이 홉	(1)
30g(1oz.) 애머릴로(Amarillo) 10% AA	드라이 홉	(1)

맥아즙 B (끓인 후 첨가)	비중계 값	
1.13kg(2.5lb.) 페일 DME	45	
0.9kg(2lb.) 밀 DME	30	
효모 종	투여량 (세포 10억 개)	발효 온도
아메리칸 에일	300	19℃(67℉)

⨠⨠⨠ 양조 방식 : 완전 곡물 양조 ⨟⨟⨟

전분 원료	비중계 값	
5.4kg(12lb.) 페일 에일 맥아	48	
1.13kg(2.5lb.) 밀 맥아	10	
225g(0.5lb.) 캐러멜 60°L 맥아 – 침출용	1	
225g(0.5lb.) 브리스 블랙 프린츠(Briess Black Prinz®) 밀 맥아	2	
27리터(7갤런) 기준, 끓이기 전 비중	1.061	
당화 스케줄	휴지기 온도	휴지 시간
당화 휴지기 – 온수 첨가 방식	65℃(150℉)	60분
홉 스케줄	끓이는 시간(분)	IBU
30g(1oz.) 너깃(Nugget) 13% AA	60	34
30g(1oz.) 시트라(Citra) 13% AA	15	17
30g(1oz.) 심코(Simcoe) 12% AA	15	15
30g(1oz.) 캐스케이드(Cascade) 7% AA	15분 침출	3
30g(1oz.) 애머릴로(Amarillo) 10% AA	15분 침출	5
30g(1oz.) 캐스케이드(Cascade) 7% AA	드라이 홉	(1)
30g(1oz.) 애머릴로(Amarillo) 10% AA	드라이 홉	(1)
효모 종	투여량(세포 10억 개)	발효 온도
아메리칸 에일	300	19℃(67℉)

양조용 물의 권장 특성 (ppm)			양조 큐브: 호박색, 홉, 중간		
칼슘	마그네슘	총 알칼리도	황산	염소	잔류 알칼리도
100~150	20	50~100	200~400	50~100	0~50

아메리칸 스트롱 에일

아메리칸 스트롱 에일*American Strong Ale*도 내가 좋아하는 종류 중 하나다. '스톡 에일*stock ale*', '임피리얼 레드*Imperial Red*' 등 명칭은 오랫동안 여러 가지로 바뀌었지만, 기본적으로 아메리칸 앰버 에일의 맏형 격인 스트롱 에일은 맥아의 특성이 매우 강하고 풍부하면서 홉의 쓴맛과 향이 조화를 이루는(그렇다고 지나치게 드러나지 않는) 특징이 있다. 맥아 맛이 우세하거나 최소한 홉과 균형을 이루면서도 레드 IPA와 매우 가깝다(혹은 한 발짝 떨어진 정도). 아메리칸 스트롱 에일은 사실 레드 IPA보다 알코올 도수가 더 높고 쓴맛도 더 강하다. 이러한 차이는 홉보다 맥아의 맛이 강조되는 것에서 비롯된다.

아메리칸 스트롱 에일에서 맥아의 맛은 캐러멜맥아와 비스킷 맥아에서 나온다. 대부분 호

컨피던트 배스터드 Confident Bastard – 아메리칸 스트롱 에일

초기 비중: 1.070
종료 비중: 1.016
IBU: 75
SRM(EBC): 18(36)
ABV: 7.5%

양조 방식 : 맥아추출물과 곡물 침출

맥아즙 A	비중계 값
1.6kg(3.5lb.) 페일 에일 DME	53
225g(0.5lb.) 브리스 빅토리(Briess Victory®) 맥아 – 침출용	3
450g(1lb.) 바이어만 캐러아로마(Weyemann Caraaroma®) 맥아 – 침출용	3
11.4리터(3갤런) 기준, 끓이기 전 비중	1.059

홉 스케줄	끓이는 시간(분)	IBU
30g(1oz.) 치누크(Chinook) 12% AA	60	32
30g(1oz.) 센터니얼(Centennial) 10.5% AA	15	14
30g(1oz.) 캐스케이드(Cascade) 6% AA	15	8
30g(1oz.) 치누크(Chinook) 12% AA	30분 침출	10
30g(1oz.) 센터니얼(Centennial) 10.5% AA	30분 침출	8.5
30g(1oz.) 치누크(Chinook) 12% AA	드라이 홉	(1)
30g(1oz.) 캐스케이드(Cascade) 6% AA	드라이 홉	(1)
30g(1oz.) 센터니얼(Centennial) 10.5% AA	드라이 홉	(1)

맥아즙 B (끓인 후 첨가)	비중계 값
2.04kg(4.5lb.) 페일 에일 DME	67.5

효모 종	투여량 (세포 10억 개)	발효 온도
잉글리시 에일	300	18℃(65℉)

박색 맥아를 주재료로 사용하지만 로스팅한 맥아를 살짝 첨가하면 더 짙은 붉은빛을 낼 수 있다. 그러나 로스팅한 맥아가 가진 초콜릿이나 커피 맛이 나서는 안 된다. 그러면 쓴맛이 훨씬 더 강하긴 하지만 발틱 포터와 비슷해진다.

아래 레시피는 내가 직접 개발한 대중적인 미국식 맥주 레시피인데, 아메리칸 스트롱 에일과 레드 IPA 양쪽에 두 발을 걸치고 있다고 보면 될 것 같다.

양조 방식 : 완전 곡물 양조

전분 원료	비중계 값	
6.25kg(13.77lb.) 페일 에일 맥아	55	
225g(0.5lb.) 브리스 빅토리(Briess Victory®) 맥아 – 침출용	1.5	
450g(1lb.) 바이어만 캐러아로마(Weyemann Caraaroma®) 맥아 150°L	3.5	
7갤런(27리터) 기준, 끓이기 전 비중	1.060	

당화 스케줄	휴지기 온도	휴지 시간
당화 휴지기 – 온수 첨가 방식	65℃(150°F)	60분

홈 스케줄	끓이는 시간(분)	IBU
30g(1oz.) 치누크(Chinook) 12% AA	60	32
30g(1oz.) 센터니얼(Centennial) 10.5% AA	15	14
30g(1oz.) 캐스케이드(Cascade) 6% AA	15	8
30g(1oz.) 치누크(Chinook) 12% AA	30분 침출	10
30g(1oz.) 센터니얼(Centennial) 10.5% AA	30분 침출	8.5
30g(1oz.) 치누크(Chinook) 12% AA	드라이 홉	(1)
30g(1oz.) 캐스케이드(Cascade) 6% AA	드라이 홉	(1)
30g(1oz.) 센터니얼(Centennial) 10.5% AA	드라이 홉	(1)

효모 종	투여량(세포 10억 개)	발효 온도
잉글리시 에일	300	18℃(65°F)

양조용 물의 권장 특성 (ppm)		양조 큐브: 호박색, 균형 잡힌 맛, 중간			
칼슘	마그네슘	총 알칼리도	황산	염소	잔류 알칼리도
75~125	20	75~125	100~200	100~150	0~50

브라운 에일

놀랍게도 브라운 에일은 비교적 최근에 등장한 스타일이다. 실제로 20세기가 되어서야 흔히 볼 수 있는 스타일이 되었다. 18세기와 19세기에 만든 브라운 맥아 포터와 비슷한 점도 있지만 당시의 포터에는 홉이 더 적게 들어갔다. 그러다 브라운 맥아가 베이스 맥아로서 호응을 얻지 못하면서 브라운 에일도 1세기가량 자취를 감추었다. 오늘날에는 부드러운 맛, 달콤한 맛, 견과류 풍미가 두드러지는 종류, 홉을 강조한 종류 등 다양한 형태의 브라운 에일이 있다.

브라운 에일은 페일 에일과 포터의 중간 역할을 하는 맥주로 성장해왔다. 맥주 평가자 인증 프로그램(BJCP) 가이드라인에서는 잉글리시 브라운 에일과 아메리칸 브라운 에일로 구분한다. 잉글리시 버전은 맛이 좀 더 부드럽고 맥아의 맛도 더 강한 반면, 미국 버전은 더욱 드라이하고 맥아와 홉의 균형감이 더 우수하다. 브라운 에일에는 대체로 견과류나 견과류 추출물을 첨가한다는 소문이 무성하지만 실제로는 그렇지 않으며, 로스팅한 맥아가 견과류 같은 풍미와

🌿 티타바와시 브라운 Tittabawasse Brown – 브라운 에일 🌿

초기 비중: 1.050	SRM(EBC): 18(36)
종료 비중: 1.013	ABV: 5%
IBU: 26	

⫸⫸ 양조 방식 : 맥아추출물과 곡물 침출 ⫷⫷

맥아즙 A	비중계 값
0.9kg(2lb.) 페일 에일 DME	30
450g(2lb.) 브리스 캐러브라운(Briess Carabrown®) 맥아 55°L – 침출용	7
225g(0.5lb.) 캐러멜 80°L 맥아 – 침출용	3
70g(0.15lb.) 브리스 다크초콜릿 맥아 400°L – 침출용	1.5
11.4리터(3갤런) 기준, 끓이기 전 비중	1.042

홉 스케줄	끓이는 시간(분)	IBU
15g(0.5oz.) 너깃(Nugget) 12% AA	60	18.5
15g(0.5oz.) 이스트 켄트 골딩스(East Kent Goldings) 5% AA	15	4.5
30g(1oz.) 이스트 켄트 골딩스 5% AA	15분 침출	3

맥아즙 B (끓인 후 첨가)	비중계 값
1.5kg(3.3lb.) 페일 에일 DME	67.5

효모 종	투여량 (세포 10억 개)	발효 온도
잉글리시 에일	200	18°C(65°F)

전분 원료	비중계 값	
4.3kg(9.5lb.) 페일 에일 맥아	38	
450g(2lb.) 브리스 캐러브라운(Briess Carabrown®) 맥아 55°L	3.5	
225g(0.5lb.) 캐러멜 80°L 맥아 – 침출용	1	
70g(0.15lb.) 브리스 다크초콜릿 맥아 400°L – 침출용	0.5	
27리터(7갤런) 기준, 끓이기 전 비중	1.043	
당화 스케줄	**휴지기 온도**	**휴지 시간**
당화 휴지기 – 온수 첨가 방식	65°C(150°F)	60분
홉 스케줄	**끓이는 시간(분)**	**IBU**
15g(0.5oz.) 너깃(Nugget) 12% AA	60	18.5
15g(0.5oz.) 이스트 켄트 골딩스(East Kent Goldings) 5% AA	15	4.5
30g(1oz.) 이스트 켄트 골딩스 5% AA	15분 침출	3
효모 종	**투여량(세포 10억 개)**	**발효 온도**
잉글리시 에일	200	18°C(65°F)

양조용 물의 권장 특성 (ppm)   **양조 큐브:** 호박색, 균형 잡힌 맛, 중간

칼슘	마그네슘	총 알칼리도	황산	염소	잔류 알칼리도
75~125	20	75~125	100~150	100~150	0~50

함께 견과류 특유의 갈색을 더한다. 아래에 소개한 레시피에는 위스콘신에 있는 브리스 몰트 앤드 인그레디언트*Briess Malt & Ingredients Co.*사의 품질이 우수한 맥아가 재료로 포함되어 있다. 토스트와 빵 껍질의 느낌, 그레이엄 비스킷의 통밀 향이 깊이 느껴지면서도 거친 느낌은 없는 것이 특징이다. 맥주 이름은 내 고향인 미시시피주 미들랜드 지역을 흘러가는 티타바와시강에서 따왔다. 아래 레시피에서 크리스털 맥아의 양을 늘리면 영국식 브라운 에일과 더 가까운 맛으로 만들 수 있고, 반대로 홉의 양을 늘려 쓴맛을 더 높이면 미국식 브라운 에일에 한층 더 가까워진다. 나는 개인적으로 그 중간을 유지하는 아래 버전이 가장 마음에 든다. 다크초콜릿 맥아도 내가 좋아하는 맥아 중 하나지만 이 레시피에서는 색을 내는 용도로 활용했다(포터 레시피에서는 더 많은 양을 사용한다).

브라운 에일의 스타일 가이드라인은 초기 중량 1.040~1.060, 국제 쓴맛 단위는 20~30의 범위며 색은 12~35SRM(24~70EBC)으로 갈색부터 구리색, 검은색에 가까운 색까지 다양하다.

포터

과거 스타우트보다 인기가 높던 시절, 포터의 특성은 지금과 상당히 달랐다. 맥주 가운데서는 최초로 산업적인 규모로 대량 생산한 종류도 포터이며, 원래는 수영장만 한 나무통에서 6개월간 숙성한 뒤에 마셨다. 포터의 주된 맛은 베이스 맥아로 사용되던, 고도로 건조한 브라운 맥아에서 비롯됐다. 이 맥아의 거친 맛(나무껍질과 비슷한)을 부드럽게 하려면 그만큼 긴 숙성 기간이 꼭 필요했다. 숙성되는 동안 처음에는 쓴맛이 거칠게 드러나던 맥아 맛 위주의 맥주가 탄닌 성분이 가라앉으면서 훨씬 더 부드러운 맛으로 바뀐다.

오늘날 포터는 맥아 맛이 강하고 로스팅한 맥아의 풍미로 마무리되는 에일 흑맥주의 한 형태가 되었다. 나는 포터와 스타우트의 차이를 진하게 우려낸 홍차와 커피에 비유하곤 한다. 마찬가지로 브라운 에일과 포터는 연하게 우려낸 차와 진하게 우린 차로 비유할 수 있다. 브라운 에일과 포터 모두 토스트 향이 느껴지지만 포터 쪽이 색도 더 진하고 맛도 더 강하다. 포터의 두드러지는 특징은 초콜릿 맥아에서 비롯하며, 코코아색이 날 정도로 노릇하게 로스팅한 맥아와 바짝 로스팅한 맥아의 사이를 이을 수 있는 맛을 부여한다. 실제로 포터는 브라운 에일보다 맛이 더 풍부하고 비중도 더 높다.

브라운 에일과 마찬가지로, 포터도 맥주 평가자 인증 프로그램(BJCP)에서 펴낸 『2015년 스타일 가이드라인』에서 잉글리시 포터와 아메리칸 포터로 분류되어 있다. 잉글리시 포터는 더 강하게 로스팅한 맥아를 사용하고 쓴맛도 더 강한 아메리칸 포터와 견주면 맛이 부드럽고 달콤하다. 잉글리시 포터의 초기 비중은 1.040~1.052인 데 반해 아메리칸 포터의 초기 비중은 1.050~1.070이다. 국제 쓴맛 단위도 잉글리시 버전은 18~35이나 아메리칸 포터는 25~50으로 더 높다. 색의 범위는 잉글리시 포터가 20~30SRM(40~60EBC), 아메리칸 포터가 20~40SRM으로 비슷한 편이다. 로스팅한 맥아 특유의 맛이 초콜릿 맥아가 아닌 로스팅한 맥아에서 나오는 비율이 높아지면 포터가 아닌 스타우트에 더 가까워진다.

또 하나의 포터 종류인 발틱 포터는 기본적으로 전체 전분 비율에서 포터의 특징이 두 배로 강조된 임피리얼 포터에 해당한다. 원래 포터는 발효가 충분히 완료된 것(드라이한 느낌)이 특징이나 요즘에는 달콤한 종류('브라운')도 인기를 얻는 추세다. 보디감과 색은 스타우트보다 더 가볍고 색도 더 옅어야 한다. 색이 불투명해서는 안 되며, 불빛에 비춰보았을 때 진한 루비색이 돌아야 한다. 포터와 스타우트 모두 효모는 브리티시, 아일랜드, 아메리칸 효모가 적합하다.

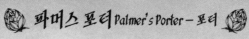

파머스 포터 *Palmer's Porter* – 포터

초기 비중: 1.055 **SRM(EBC):** 18(36)
종료 비중: 1.016 **ABV:** 5.3%
IBU: 40

⋙ 양조 방식 : 맥아추출물과 곡물 침출 ⋘

맥아즙 A	비중계 값
0.9kg(2lb.) 페일 에일 DME	24
450g(1lb.) 캐러멜 80°L 맥아	4
450g(1lb.) 브리스 캐러브라운(Briess Carabrown®) 맥아 55°L – 침출용	3
450g(1lb.) 브리스 다크초콜릿 맥아 400°L – 침출용	7
150g(0.33lb.) 브리스 블랙 프린츠(Briess Black Prinz®) 맥아 500°L – 침출용	3
11.4리터(3갤런) 기준, 끓이기 전 비중	1.041

홉 스케줄	끓이는 시간(분)	IBU
30g(1oz.) 센터니얼(Centennial) 10.5% AA	60	32
15g(0.5oz.) 윌래밋(Willamette) 5% AA	15	5
30g(1oz.) 이스트 켄트 골딩스(East Kent Goldings) 5% AA	15분 침출	3

맥아즙 B (끓인 후 첨가)	비중계 값
1.7kg(3.75lb.) 페일 에일 DME	53

효모 종	투여량 (세포 10억 개)	발효 온도
잉글리시 에일	350	18℃(65℉)

⋙ 양조 방식 : 완전 곡물 양조 ⋘

전분 원료	비중계 값
4.3kg(9.5lb.) 페일 에일 맥아	38
450g(1lb.) 캐러멜 80°L 맥아	2
450g(1lb.) 브리스 캐러브라운(Briess Carabrown®) 맥아 55°L	1.5
450g(1lb.) 브리스 다크초콜릿 맥아 400°L	3.5
150g(0.33lb.) 브리스 블랙 프린츠(Briess Black Prinz®) 맥아 500°L	1.5
27리터(7갤런) 기준, 끓이기 전 비중	1.047

당화 스케줄	휴지기 온도	휴지 시간
당화 휴지기 – 온수 첨가 방식	65℃(150℉)	60분

홉 스케줄	끓이는 시간(분)	IBU
30g(1oz.) 센터니얼(Centennial) 10.5% AA	60	32
15g(0.5oz.) 윌래밋(Willamette) 5% AA	15	5
30g(1oz.) 이스트 켄트 골딩스(East Kent Goldings) 5% AA	15분 침출	3

효모 종				투여량(세포 10억 개)	발효 온도
잉글리시 에일				350	18°C(65°F)
양조용 물의 권장 특성 (ppm)				양조 큐브: 흑맥주, 균형 잡힌 맛, 중간	
칼슘	마그네슘	총 알칼리도	황산	염소	잔류 알칼리도
75~125	20	100~150	100~150	100~150	50~100

SECTION 03 레시피, 실험, 문제 해결

스타우트

스타우트가 자가 양조자들에게 가장 인기 있는 맥주라는 것은 거의 틀림없는 사실이다. 그만큼 맛도 굉장히 다양하고, 로스팅한 맥아의 풍미와 보디감도 각양각색이다. 드라이한 스타우트가 있는가 하면 달콤한 스타우트도 있고 엑스포트, 오트밀, 커피 스타우트 등도 있다. 스타우트의 가장 확실한 특징은 고도로 로스팅한 맥아를 사용하고 맥아가 아닌 구운 보리를 함께 사용하기도 하는 점이다. 가장 유명한 제품이라 할 수 있는 기네스 엑스트라 스타우트Guinness® *Extra Stout*는 드라이한 아이리시 스타우트의 대표적인 예로, 페일 맥아와 맥아가 아닌 구운 보리, 보리 플레이크만 사용하며 크리스털 맥아는 재료에 포함되지 않는다. 잉글리시 스타우트는 달콤한 스타우트에 가깝고 초콜릿 맥아와 크리스털 맥아를 사용한다. 블랙 맥아나 구운 보리를 아예 사용하지 않는 잉글리시 스타우트도 있는데, 이때 맥주의 색은 앰버 맥아와 색이 짙은 크리스털 맥아, 초콜릿 맥아에서 얻는다. 드라이 스타우트는 초기 비중이 1.036~1.040, 쓴맛이

밀런 스타우트 Mill Run Stout

초기 비중: 1.040 **SRM(EBC):** 30(60)
종료 비중: 1.012 **ABV:** 3.7%
IBU: 25

양조 방식 : 맥아추출물과 곡물 침출

맥아즙 A	비중계 값	
450g(1lb.) 페일 에일 DME	14	
450g(1lb.) 구운 보리 300°L – 침출용	8	
450g(1lb.) 보리 플레이크 – 인스타매시(Instamash®)	8	
200g(0.44lb.) 브리스 다크초콜릿 맥아 400°L – 침출용	3.5	
200g(0.44lb.) 크리스털 80°L – 침출용	2	
11.4리터(3갤런) 기준, 끓이기 전 비중	1.036	
홉 스케줄	**끓이는 시간(분)**	**IBU**
30g(1oz.) 이스트 켄트 골딩스(East Kent Goldings) 5% AA	60	18
15g(0.5oz.) 이스트 켄트 골딩스 5% AA	30	7
맥아즙 B (끓인 후 첨가)	**비중계 값**	
1.25kg(2.75lb.) 페일 에일 DME	38.5	
효모 종	**투여량 (세포 10억 개)**	**발효 온도**
잉글리시 에일 또는 아이리시 에일	175	18°C(65°F)

⫸ 양조 방식 : 완전 곡물 양조 ⫷

전분 원료	비중계 값	
4.3kg(6.25lb.) 페일 에일 맥아	25	
450g(1lb.) 구운 보리 300°L – 침출용	4	
450g(1lb.) 보리 플레이크 – 인스타매시(Instamash®)	3.5	
200g(0.44lb.) 브리스 다크초콜릿 맥아 400°L – 침출용	1.5	
200g(0.44lb.) 크리스털 80°L – 침출용	1	
27리터(7갤런) 기준, 끓이기 전 비중	1.035	
당화 스케줄	**휴지기 온도**	**휴지 시간**
당화 휴지기 – 온수 첨가 방식	65℃(150°F)	60분
홉 스케줄	**끓이는 시간(분)**	**IBU**
30g(1oz.) 이스트 켄트 골딩스(East Kent Goldings) 5% AA	60	18
15g(0.5oz.) 이스트 켄트 골딩스 5% AA	30	7
효모 종	**투여량(세포 10억 개)**	**발효 온도**
잉글리시 에일 또는 아이리시 에일	175	18℃(65°F)

양조용 물의 권장 특성 (ppm) **양조 큐브: 흑맥주, 맥아, 중간**

칼슘	마그네슘	총 알칼리도	황산	염소	잔류 알칼리도
75~125	20	100~150	50~100	100~150	50~100

변형 레시피

드라이 스타우트 : 크리스털 맥아와 초콜릿 맥아를 빼고 베이스 맥아를 그 양만큼 늘려 초기 비중을 동일하게 유지한다.

오트밀 스타우트 : 인스턴트 압착 귀리 450그램(1파운드)을 추가하고 당화 효소 제품인 '파머 인스타매시'도 함께 첨가하여 침출을 통해 전분 전환되도록 한다. 귀리는 인스턴트 제품과 옛 방식 그대로 처리한 귀리 중 어느 쪽을 사용해도 사실 맛에 차이는 없다. 인스턴트 귀리는 당화 혼합물에 바로 넣거나 곧바로 담가 침출할 수 있는 반면 그 외 귀리는 먼저 익힌 다음에 양조 재료로 사용해야 한다. 초기 비중은 1.056~1.075, 국제 쓴맛 단위는 30~50이다.

커피 스타우트 : 어떤 스타우트 레시피든 커피 스타우트 레시피로 쉽게 바꿀 수 있다. 냉침출법을 활용하면 맥주에 전해지는 향이 더욱 짙어지고 고온 침출 시 맛이 더 강해진다. 냉침출 시에는 갓 분쇄한 커피 115~225그램(1/4~1/2파운드)을 물 0.95~1.9리터(1~2쿼트)에 담가 그대로 냉장고에 넣고 24시간 동안 둔다. 이후 커피 필터를 통과시켜 얻은 커피액을 맥아즙을 끓인 다음 첨가한다. 고온 침출 시에는 분쇄한 커피를 필터에 담고 그 위에 끓인 맥아즙을 뜨거운 상태에서 붓는다. 이렇게 얻은 뜨거운 커피액을 맥아즙과 섞은 뒤 원래 방식대로 맥아즙을 냉각한다.

25~45IBU인 세션 맥주에 해당한다. 색은 25~40SRM(50~80EBC)으로 진한 갈색을 띠는 것부터 검은색을 띠는 것까지 있다. 엑스포트 스타우트는 1.075~1.100의 굉장히 높은 초기 비중에서 양조되며 단맛과 탄 맛, 과일 맛이 엄청나게 복합적으로 어우러지고 상당히 쓴 편이다. 내가 개인적으로 좋아하는 스타우트인 오트밀 스타우트는 실크처럼 포근하게 감싸주는 오트밀의 달콤함이 느껴진다. 커피 스타우트는 자가 양조자들이 선호하는 종류 중 하나로, 커피 맛이 스타

우트 특유의 로스팅한 맥아에서 나오는 풍미를 완벽하게 보완해준다.

아래는 아일랜드 코크 지역에서 만드는 달콤한 스타우트 레시피이나, 단맛이 잉글리시 스타우트나 스위트 스타우트만큼 두드러지지는 않는다.

| 임피리얼 스타우트 |

아래 레시피는 2016년 브라질 플로리아노폴리스에서 열린 '아르테사나이즈 제3차 양조기술자협의회3rd Congresso Technico dos Cervejeiros Artensanais 2016'에서 개발한 것이다. 재료 중 훈제 맥아는 살짝 개성을 부여하는 용도로만 첨가하여, 다크초콜릿과 커피의 풍미가 도는 맥아의 복합적인 특성에 약간의 훈제 향을 더한다. 임피리얼 스타우트의 스타일 가이드라인은 초기 비중 1.075~1.115, 국제 쓴맛 단위는 50~90이며 색은 검은색이다.

나모라다 벨라 스타우트 Namorada Bela Stout – 임피리얼 스타우트

초기 비중: 1.090 | SRM(EBC): 50(100)
종료 비중: 약 1.023 | ABV: 9.5%
IBU: 70

≫≫ 양조 방식 : 맥아추출물과 곡물 침출 ≪≪

맥아즙 A	비중계 값
1.4kg(3lb.) 페일 에일 DME	31.5
900g(2lb.) 브리스(Briess) 구운 보리 300°L	12
500g(1.1lb.) 보리 플레이크 – 인스타매시(Instamash®)	6
500g(1.1lb.) 브리스 다크초콜릿 맥아 400°L	7.5
500g(1.1lb.) 브리스 애플 스모크(Briess Apple Smoked) 맥아	7
500g(1.1lb.) 와이어만 캐러아로마(Weyermann Caraaroma®) 130°L	6.5
15.2리터(4갤런) 기준, 끓이기 전 비중	1.071

홉 스케줄	끓이는 시간(분)	IBU
60g(2oz.) UK 피닉스 (UK Phoenix) 10% AA	60	48
30g(1oz.) UK 피닉스 10% AA	30	18
30g(1oz.) UK 피닉스 10% AA	15분 침출	5

맥아즙 B (끓인 후 첨가)	비중계 값	
2.75kg(6lb.) 페일 에일 DME	84	

효모 종	투여량 (세포 10억 개)	발효 온도
잉글리시 에일 또는 아이리시 에일	375	18°C(65°F)

≫≫ 양조 방식 : 완전 곡물 양조 ≪≪

전분 원료	비중계 값	
6kg(13.25lb.) 페일 에일 맥아	53	
900g(2lb.) 브리스(Briess) 구운 보리 300°L	7.5	
500g(1.1lb.) 보리 플레이크	3.5	
500g(1.1lb.) 브리스 다크초콜릿 맥아 400°L	4	
500g(1.1lb.) 브리스 애플 스모크(Briess Apple Smoked) 맥아	3.5	
500g(1.1lb.) 와이어만 캐러아로마(Weyermann Caraaroma®) 130°L	3.5	
27리터(7갤런) 기준, 끓이기 전 비중	1.076	

당화 스케줄	휴지기 온도	휴지 시간
당화 휴지기 – 온수 첨가 방식	65℃(150°F)	60분

홉 스케줄	끓이는 시간(분)	IBU
60g(2oz.) UK 피닉스 (UK Phoenix) 10% AA	60	48
30g(1oz.) UK 피닉스 10% AA	30	18
30g(1oz.) UK 피닉스 10% AA	15분 침출	5

효모 종	투여량(세포 10억 개)	발효 온도
잉글리시 에일 또는 아이리시 에일	375	18℃(65°F)

양조용 물의 권장 특성 (ppm)			양조 큐브: 흑맥주, 맥아, 중간		
칼슘	마그네슘	총 알칼리도	황산	염소	잔류 알칼리도
75~125	20	100~150	50~100	100~150	50~100

참고 사항

위의 레시피대로 양조하려면 침출할 곡물의 양이 많아서 더 큰 솥이 필요하다. 곡물이 물에 젖은 뒤 발생하는 무게를 감안하면, 30리터(8갤런) 용량의 솥이 있어야 15.2리터(4갤런)의 물에 곡물을 담글 수 있다. 또한 보리 플레이크를 사용한다면 파머 인스타매시나 화이트 랩스 옵티매시(White Labs Opti-mash) 등 당화 효소도 추가로 첨가해야 한다.

발리 와인

발리 와인(보리 와인)은 신들, 특히 지력(知力)을 사용하는 신들의 음료로 알려져 있다. 맥아와 과일, 향신료가 어우러지고 알코올 함량도 높은(9~14%) 발리 와인이 적절히 숙성되면 그 복합적인 맛에 비할 음료가 거의 없을 정도다. 수백 년 전부터 맥주의 한 종류로 만들어져왔으나, 발리 와인이라는 명칭은 1903년에 영국의 배스*Bass*사에서 처음 만들었다.

비중이 높은 것이 발리 와인의 대표적인 특징이므로, 이를 위해 맥아추출물을 많이 사용한다. 일반적으로 페일 맥아와 크리스털 맥아만 사용하고 로스팅한 맥아의 특징이 다른 맛에 묻히지 않도록 양조한다. 발리 와인의 색은 진한 황금빛부터 루비빛이 도는 적색까지 다양하다. 맛에 '개성'을 부여하고 보리의 묵직한 맥아 맛을 상쇄하기 위해 밀 맥아와 호밀 맥아를 사용하기도 한다. 발리 와인은 추운 겨울밤, 따뜻한 불 앞에서 홀짝이며 과학에 관한 철학적인 사고와 광석에서 금속을 뽑아내는 경이로운 기술에 대해 논할 수 있는 힘을 불어넣는 음료로 활용

우르크하이 전투 *Fighting Urak Hai* – 발리 와인

초기 비중: 1.098	**SRM(EBC)**: 22(44)
종료 비중: 약 1.025	**ABV**: 10.5%
IBU: 98	

❯❯❯ 양조 방식 : 맥아추출물과 곡물 침출 ❮❮❮

맥아즙 A		비중계 값
2.27kg(5lb.) 밀 DME		70
225g(0.5lb.) 브리스(Briess) 다크초콜릿 맥아 400°L		4
225g(0.5lb.) 와이어만 캐러아로마(Weyermann Caraaroma®) 130°L		4
11.4리터(3갤런) 기준, 끓이기 전 비중		1.078

홉 스케줄	끓이는 시간(분)	IBU
60g(2oz.) 글레이셔 (Glacier) 12% AA	60	50
45g(1.5oz.) 글레이셔 12% AA	30	30
30g(1oz.) 글레이셔 12% AA	15	13
30g(1oz.) 글레이셔 12% AA	15분 침출	5

맥아즙 B (끓인 후 첨가)	비중계 값
3.3kg(7.3lb.) 페일 에일 DME	102

효모 종	투여량 (세포 10억 개)	발효 온도
아메리칸 에일	400	18℃(65℉)

양조 방식 : 완전 곡물 양조			
전분 원료		**비중계 값**	
6kg(13.25lb.) 페일 에일 맥아		53	
3.1kg(6.9lb.) 밀 맥아		28	
225g(0.5lb.) 브리스 다크초콜릿 맥아 400°L		2	
225g(0.5lb.) 와이어만 캐러아로마(Weyermann Caraaroma®) 130°L		1.5	
27리터(7갤런) 기준, 끓이기 전 비중		1.084	
당화 스케줄		**휴지기 온도**	**휴지 시간**
당화 휴지기 – 온수 첨가 방식		65℃(150℉)	60분
홉 스케줄		**끓이는 시간(분)**	**IBU**
60g(2oz.) 글레이셔 (Glacier) 12% AA		60	50
45g(1.5oz.) 글레이셔 12% AA		30	30
30g(1oz.) 글레이셔 12% AA		15	13
30g(1oz.) 글레이셔 12% AA		15분 침출	5
효모 종		**투여량(세포 10억 개)**	**발효 온도**
아메리칸 에일		400	18℃(65℉)
양조용 물의 권장 특성 (ppm)		**양조 큐브: 흑맥주, 맥아, 중간**	

칼슘	마그네슘	총 알칼리도	황산	염소	잔류 알칼리도
75~125	20	50~100	50~100	100~150	0~50

되어왔다.

  소개한 내 레시피는 밀을 다량 사용하는 점에서 전형적인 레시피와는 차이가 있다. 내가 사용하는 밀은 새크라멘토에 있는 루비콘 브루잉 컴퍼니Rubicon Brewing Company의 '윈터 휘트 워머Winter Wheat Warmer'라는 제품인데, 개인적으로 썩 마음에 든다. 맥주 이름은 여러분의 예상대로, 내가 7학년 때(1977년) 읽은 톨킨의 책에서 영감을 얻었지만 『반지의 제왕』이 영화로 만들어지기 훨씬 전인 1994년에 만든 레시피임을 밝혀둔다. 가장 용맹한 오크가 한잔 걸치기에 딱 알맞은 맥주가 아닌가 싶다.

라거 스타일

| 필스너 |

1842년, 체코 플젠에 자리한 양조장에서 처음으로 옅은 황금빛이 도는 라거를 만들어낸 후, 전 세계의 맥주는 극적인 변화를 맞이했다. 그전까지 맥주는 색이 호박색('흐릿한 색')부터 진한 갈색, 흑색에 이르기까지 검은 편이었다. 당시 플젠의 맥주는 오늘날에도 똑같이 만들어져 '플젠에서 최초로 만들어진'이라는 뜻인 '필스너 우르켈*Pilsner Urquess®*'이라는 이름으로 판매되고 있다. 이 오리지널 필스너는 초기 비중이 1.045이며 홉의 맛이 강하고 드라이한 맥주에 속한다. 이후 필스너 스타일의 맥주는 다양한 모방과 해석이 이어져 꽃 향이 살짝 가미된 독일의 라거부터 맥아 맛을 더욱 강조하고 허브 향이 강한 네덜란드 라거, 가볍고 드라이하지만 특별한 맛이 없는 미국과 일본의 라거 등으로 탄생했다. 대부분 넓은 의미에서는 필스너 스타일로 볼 수 있지만 오리지널 필스너에서 나타나는 노블 홉의 명확한 쓴맛과 독특한 풍미가 부족하다.

제대로 된 필스너를 양조하기란 상당히 어려운 일이며, 특히 완전 곡물 양조법으로는 더욱 까다롭다. 플젠 지역에서는 증류수와 가까울 만큼 광물 함량이 매우 낮은 연수를 사용하며 라거 맥아는 살짝 건조한 종류를 사용하여 기본 pH가 비교적 높은 편이므로 당화 혼합물의 pH를 적정 범위로 맞추기가 쉽지 않다. 2014년에 미국 시카고에서 미국 양조화학자협회*ASBC*와 전문양조자협회*MBAA*의 합동 컨퍼런스가 열렸을 때 나는 루트비히 나르치스*Ludwig Narziss* 박사에게 어떻게 플젠의 양조자들은 그 정도의 연수를 사용하면서도 용해도를 충분히 높일 수 있는지 물어보았다(앞에서 설명했지만 1909년까지는 pH 척도나 pH를 측정하는 기술이 개발되지도 않았다). "오, 그거 말인가요? 염을 사용했습니다." 박사가 대답했다. "Burtonisation(영국 Burton 지역의 물과 유사하게 만든다는 의미)은 그 당시에 고급 기술에 속했지만 다들 그 방법을 활용했죠." 플젠의 양조자들이 양조 용수에 염을 정확히 얼마나 첨가했는지는 알려지지 않았지만, 칼슘을 최소 50ppm 이상 첨가했을 것으로 추정한다.

완전 곡물 양조법으로 필스너 라거를 만들 때는 증류수나 탈이온수를 사용하고 여기에 염화칼슘과 황산마그네슘을 첨가하여 당화 조건을 맞추는 한편 탄닌의 쓴맛이 더해지지 않도록 하는 방법이 가장 이상적이다.

플젠스키 피보 Plzenske Pivo – 필스너 라거

초기 비중: 1.046
종료 비중: 1.011
IBU: 40

SRM(EBC): 4(8)
ABV: 4.5%

>>> 양조 방식 : 맥아추출물과 곡물 침출 <<<

맥아즙 A	비중계 값	
1.36kg(3lb.) 필스너 DME	42	
11.4리터(3갤런) 기준, 끓이기 전 비중	1.042	

홉 스케줄	끓이는 시간(분)	IBU
30g(1oz.) 저먼 트래디션(German Tradition) 6% AA	60	19
45g(1.5oz.) 저먼 셀렉트(German Select) 5% AA	30	18
60g(2oz.) 사즈(Saaz) 4% AA	15분 침출	3

맥아즙 B (끓인 후 첨가)	비중계 값	
1.36kg(3lb.) 필스너 DME	42	

효모 종	투여량 (세포 10억 개)	발효 온도
체코 라거	380	11℃(52℉)

>>> 양조 방식 : 완전 곡물 양조 <<<

전분 원료	비중계 값	
4.5kg(10lb.) 필스너 맥아	39	
27리터(7갤런) 기준, 끓이기 전 비중	1.039	

당화 스케줄	휴지기 온도	휴지 시간
당화 휴지기 – 온수 첨가 방식	65℃(150℉)	30분
단일 디콕션 (그림 17.3 참고)	(끓이기)	20분

홉 스케줄	끓이는 시간(분)	IBU
30g(1oz.) 저먼 트래디션(German Tradition) 6% AA	60	19
45g(1.5oz.) 저먼 셀렉트(German Select) 5% AA	30	18
60g(2oz.) 사즈(Saaz) 4% AA	15분 침출	3

효모 종	투여량(세포 10억 개)	발효 온도
체코 라거	380	11℃(52℉)

양조용 물의 권장 특성 (ppm)			양조 큐브: 흐린 색, 균형 잡힌 맛, 부드러움		
칼슘	마그네슘	총 알칼리도	황산	염소	잔류 알칼리도
50~100	10	0~50	50~100	50~100	-75~0

뮌헨 헬레스

색이 옅은 라거라고 해서 전부 필스너는 아니다. 실제로 최근에 등장한 페일 라거 중 상당 수는 실제로 뮌헨 헬레스*Munich Helles*라는 맥주에 뿌리를 두고 있는데, 이 헬레스는 필스너 타입 맥주와 경쟁할 수 있는 맥주로 개발한 종류다. 원래 뮌헨에서는 뮌헨 맥아로만 만드는 둥켈*dunkel*이 대표적인 맥주였다. 헬레스는 맛이 부드러우면서도 맥아의 거친 풍미가 남아 있고 깔끔한 뒷맛이 특징이며 맥아를 강조한 종류이긴 하지만 균형이 과도하게 치우치지 않고 약간 기울어진 편이다. 마치 왈츠를 추듯 맥아가 리드하면 홉이 완벽한 스텝에 따라 쫓아오는 느낌이다. 헬레스 맥주에서는 홉이 꽃의 향기를 더하는 보조적인 역할을 맡아야 하며 약간 스파이시하거나 허브의 느낌을 더할 수 있어야 한다. 전체적으로는 균형이 잘 잡힌 맥주지만 맥아가 항상 앞장선다. 헬레스의 스타일 가이드라인은 초기 비중 1.044~1.048, 국제 쓴맛 단위는 16~22, 색은 3~5SRM(6~10EBC)이다.

쇠네스 뫼델 Schönes Mädel : 아름다운 소녀 – 뮌헨 헬레스

초기 비중: 1.046	SRM(EBC): 4(8)
종료 비중: 1.011	ABV: 4.6%
IBU: 22	

양조 방식 : 맥아추출물과 곡물 침출

맥아즙 A	비중계 값	
1kg(2.2lb.) 필스너 DME	31	
450g(1lb.) 캐러헬(Carahell®) 10°L – 침출용	8	
11.4리터(3갤런) 기준, 끓이기 전 비중	1.042	

홉 스케줄	끓이는 시간(분)	IBU
30g(1oz.) 저먼 트래디션(German Tradition) 6% AA	60	19
30g(1oz.) 사즈(Saaz) 4% AA	15분 침출	3

맥아즙 B (끓인 후 첨가)	비중계 값	
1.5kg(3.3lb.) 필스너 DME	46	

효모 종	투여량 (세포 10억 개)	발효 온도
저먼 라거(German lager)	380	11°C(52°F)

⋙ 양조 방식 : 완전 곡물 양조 ⋘

전분 원료	비중계 값	
4kg(9lb.) 필스너 맥아	35.5	
450g(1lb.) 캐러헬(Carahell®) 맥아 10°L	3.5	
27리터(7갤런) 기준, 끓이기 전 비중	1.039	
당화 스케줄	**휴지기 온도**	**휴지 시간**
당화 휴지기 – 온수 첨가 방식	65℃(150°F)	60분
홉 스케줄	**끓이는 시간(분)**	**IBU**
30g(1oz.) 저먼 트래디션(German Tradition) 6% AA	60	19
30g(1oz.) 사즈(Saaz) 4% AA	15분 침출	3
효모 종	**투여량(세포 10억 개)**	**발효 온도**
저먼 라거(German lager)	380	11℃(52°F)

양조용 물의 권장 특성 (ppm) — **양조 큐브**: 흐린 색, 맥아, 부드러움

칼슘	마그네슘	총 알칼리도	황산	염소	잔류 알칼리도
50~100	10	0~50	0~50	50~100	−50~0

참고 사항
당화 혼합물의 pH를 5.2로 맞추기 위해서는 젖산이나 산성화된 맥아를 일부 첨가해야 한다.

도르트문트 엑스포트

도르트문트 엑스포트(헬레스 엑스포트비어)를 포함하여 알코올 도수가 엑스포트 수준에 이르는 맥주는 예부터 필스너보다 쓴맛이 덜한 맥주로 양조되었다. 이러한 차이는 도르트문트 지역에서 사용한 양조 용수가 뮌헨 지역에서 사용한 것보다 영구적 경수에 더 가까웠다는 점에서 비롯되었다. 실제로 도르트문트 지역의 물은 유럽 내 다른 어느 지역보다도 버튼온트렌트 지역의 물과 비슷했다. 이러한 특징은 전체적인 구성이나 쓴맛이 부드러운 필스너와 달리 맥아의 풍미가 분명하게 살아 있으면서 쓴맛이 가볍지만 또렷하게 느껴지는 라거로 이어졌다. 현재 엑스포트비어의 스타일 가이드라인은 초기 비중 1.048~1.056, 국제 쓴맛 단위(IBU)는 20~30, 색깔은 4~7SRM(8~14EBC)의 범위다. 체코 프리미엄 라거는 현재 적용되는 쓴맛의 가이드라인이 30~45IBU이고 독일 필스너는 22~40IBU의 범위다.

🍺 스피엘탁 *Spieltag* : 결전의 날 – 도르트문트 엑스포트 🍺

초기 비중: 1.056　　　　　　　　　　**SRM(EBC):** 4(8)
종료 비중: 1.012　　　　　　　　　　**ABV:** 5.9%
IBU: 38

≫≫≫ 양조 방식 : 맥아추출물과 곡물 침출 ≪≪≪

맥아즙 A	비중계 값	
750g(1.66lb.) 필스너 DME	23	
750g(1.66lb.) 뮌헨 DME	23	
11.4리터(3갤런) 기준, 끓이기 전 비중	1.046	
홉 스케줄	**끓이는 시간(분)**	**IBU**
45g(1.5oz.) 만다리나 바바리아(Mandarina Bavaria) 8% AA	60	35
30g(1oz.) 저먼 오팔(German Opal) 6% AA	15분 침출	3
맥아즙 B (끓인 후 첨가)	**비중계 값**	
1.8kg(4lb.) 필스너 DME	56	
효모 종	**투여량 (세포 10억 개)**	**발효 온도**
저먼 라거(German lager)	470	11°C(52°F)

⟫⟫⟫ 양조 방식 : 완전 곡물 양조 ⟪⟪⟪

전분 원료	비중계 값	
5kg(11lb.) 필스너 맥아	43	
635g(1.4lb.) 뮌헨 맥아	5.5	
27리터(7갤런) 기준, 끓이기 전 비중	1.049	
당화 스케줄	**휴지기 온도**	**휴지 시간**
당화 휴지기 – 온수 첨가 방식	65℃(150℉)	60분
홉 스케줄	**끓이는 시간(분)**	**IBU**
45g(1.5oz.) 만다리나 바바리아(Mandarina Bavaria) 8% AA	60	35
30g(1oz.) 저먼 오팔(German Opal) 6% AA	15분 침출	3
효모 종	**투여량(세포 10억 개)**	**발효 온도**
저먼 라거(German lager)	470	11℃(52℉)

양조용 물의 권장 특성 (ppm)			양조 큐브: 흐린 색, 균형 잡힌 맛, 진한 맛		
칼슘	**마그네슘**	**총 알칼리도**	**황산**	**염소**	**잔류 알칼리도**
100~150	10	0~50	50~100	50~150	−100~0

SECTION 03 레시피, 실험, 문제 해결

정통 아메리칸 필스너

이번 세기가 시작된 무렵부터 미국에서는 필스너 스타일의 맥주가 큰 인기를 얻었다. 그런데 이때 미국에서 유행한 필스너에는 독특한 차이가 있었다. 바로 옥수수였다. 전 세계에서 옥수수 재배 규모가 가장 큰 국가인 미국에서 옥수수를 맥주의 재료로 사용하는 건 지극히 자연스러운 일이었는지도 모른다. 게다가 미국에서 가장 많이 재배한 보리의 품종은 여섯줄보리로, 단백질 함량이 높은(12~14%) 특성 탓에 양조 재료로 사용하기가 쉽지 않았다. 옥수수(단백질 함량 8~9%)를 첨가하면 당화 혼합물에서 총 단백질 함량이 낮아지고 풍미 측면에서도 더 복합적인 맛을 낼 수 있었다. 안타까운 사실은 금주법 시행 이후 양조 비용이 점점 높아지면서 미국식 필스너 스타일 맥주에서 옥수수와 쌀이 차지하는 비율은 필스너의 특징이 단조로워지는 수준까지 높아진 것이다.

우리의 조부모 세대가 만들던 필스너는 맥아의 달콤함이 홉의 특성과 균형을 잘 이루는 맛있는 맥주였다. 이런 맥주를 만들려면 양조 용수에 황산염의 농도가 낮아야 한다. 현재 시중에서 판매하는 제품 가운데, 미국에서 라거 맥주의 대대적인 개혁이 시작된 후 등장한 이러한 맥주의 맛을 적절히 살린 맥주는 별로 없는 듯하다. 원래 미국식 필스너의 알코올 농도는 초기 비중 1.045~1.050의 범위였고 쓴맛은 25~40IBU 수준이었다. 그러나 금주법 시행 이후 이러한 특색이 점점 흐려지더니 나중에는 초기 비중이 평균 1.040~1.044로 바뀌고 그에 따라 홉의 양도 줄어 쓴맛도 20~30IBU의 범위로 낮아졌다. 정통 아메리칸 필스너를 제대로 만들려면 옥수수 플레이크를 사용하여 당화를 진행하거나 앞서 거칠게 빻은 옥수숫가루를 넣고 17장에 소개한 곡물 당화를 해야 한다. 경험상 페일 에일 맥아와 말토오스 함량이 높은(~50%) 양조용 옥수수 시럽을 활용해도 보리로 만든 맥아즙의 당 조성에 근접해지므로 정통 필스너를 만들 수 있었다. 양조에 사용하는 굵은 옥수숫가루는 슈퍼마켓에서 옥수수죽 재료로 판매하는 제품과는 차이가 있다. 양조용 굵은 옥수숫가루는 보통 옥수숫가루 제품과 굵기가 비슷한데, 일반 제품은 비타민과 무기질 성분을 강화한다. 양조에 사용하는 옥수수는 굵은 가루건 미세한 가루건 철분을 강화한 제품은 반드시 피해야 한다.

아버지 콧수염 *Your Father's Mustache* – 금주법 이전 방식 정통 라거

초기 비중: 1.056 SRM(EBC): 3(6)
종료 비중: 1.014 ABV: 5.5%
IBU: 35

⪢⪢⪢ 양조 방식 : 맥아추출물과 곡물 침출 ⪡⪡⪡

맥아즙 A	비중계 값	
0.9kg(2lb.) 필스너 DME	28	
1.36kg(2lb.) 옥수수 플레이크 – 인스타매시(Instamash®)	18	
11.4리터(3갤런) 기준, 끓이기 전 비중	1.046	

홉 스케줄	끓이는 시간(분)	IBU
30g(1oz.) 클러스터(Cluster) 7% AA	60	22
30g(1oz.) 사즈(Saaz) 4% AA	30	10
30g(1oz.) 사즈(Saaz) 4% AA	15분 침출	3

맥아즙 B (끓인 후 첨가)	비중계 값	
1.36kg(3lb.) 필스너 DME	42	

효모 종	투여량 (세포 10억 개)	발효 온도
저먼 라거(German lager)	470	11℃(52℉)

⪢⪢⪢ 양조 방식 : 완전 곡물 양조 ⪡⪡⪡

전분 원료	비중계 값	
4.5kg(10lb.) 필스너 맥아	40	
1.36kg(2lb.) 옥수수 플레이크	8	
27리터(7갤런) 기준, 끓이기 전 비중	1.048	

당화 스케줄	휴지기 온도	휴지 시간
당화 휴지기 – 온수 첨가 방식	65℃(150℉)	30분
단일 디콕션 (그림 17.3 참고)	(끓이기)	20분

홉 스케줄	끓이는 시간(분)	IBU
30g(1oz.) 클러스터(Cluster) 7% AA	60	22
30g(1oz.) 사즈(Saaz) 4% AA	30	10
30g(1oz.) 사즈(Saaz) 4% AA	15분 침출	3

효모 종	투여량(세포 10억 개)	발효 온도
저먼 라거(German lager)	470	11℃(52℉)

양조용 물의 권장 특성 (ppm)			양조 큐브: 흐린 색, 균형 잡힌 맛, 부드러움		
칼슘	마그네슘	총 알칼리도	황산	염소	잔류 알칼리도
50~100	10	0~50	50~100	50~100	-75~0

참고 사항
옥수숫가루나 폴렌타(polenta)용 옥수숫가루를 사용할 때는 먼저 익힌 다음 양조에 사용해야 한다. 위의 레시피는 내 소중한 친구 제프 레너(Jeff Renner)가 제공했다.

복*Bock*

복*Bock* 맥주는 역사가 16세기 후반까지 거슬러 올라갈 만큼 유서 깊은 종류에 속한다. 당시 세계적으로 잘 알려진 독일 아인벡 지역의 맥주에서 발전한 복 맥주는 알코올 도수가 강하고 재료의 3분의 1은 밀, 나머지 3분의 2는 보리로 이루어진다. 색은 흐린 편이며 마시면 산뜻한 맛과 함께 살짝 신맛이 난다(이 신맛은 당시에 양조된 사워 밀맥주로 이어졌다). 에일 맥주와 같은 방식으로 양조되지만 장기간 저온에서 보관된 것으로도 알려져 있다. 아인벡 맥주로 불린 이 맥주는 널리 수출되어 이 지역의 자랑으로 여겨졌다.

뮌헨의 귀족들은 북부 지역에서 만들던 이 센 맥주를 당시 큰 성공을 거두지 못하던 자신들의 양조장에서도 만들어보려고 수년간 애를 썼다. 1612년에는 아인벡 지역에서 활동하던 양조 전문가를 설득해 남쪽으로 데려와 뮌헨에서 알코올 도수가 높은 맥주를 만들도록 하는 데 성공했다. 그 결과 뮌헨 방식으로 해석한, 풍부한 맛에 맥아의 특징이 강한 브라운 에일인 '브라운비어*braunbier*'를 만들었다. 정통 뮌헨 복 맥주는 맥아의 특성이 확실하게 드러나는 라거로, 알코올 함량이 높아서 마시면 몸이 따뜻해지고 홉의 쓴맛은 맥아의 단맛을 잡고 균형을 이룰 정도로만 느껴지는 특징이 있다. 복 맥주는 큰형 격인, 수도원에서 양조된 도펠복*doppelbock*

🍺 코퍼 컨트리 복 *Copper Country Bock* – 둥켈 복 🍺

초기 비중: 1.068	**SRM(EBC):** 20(40)	
종료 비중: 1.014	**ABV:** 7.4%	
IBU: 27		

≫≫ 양조 방식 : 맥아추출물과 곡물 침출 ≪≪

맥아즙 A	비중계 값	
1.6kg(3.5lb.) 뮌헨 DME	53	
225g(0.5lb.) 브리스 미드나이트(Briess Midnight) 밀 맥아 – 침출용	4	
11.4리터(3갤런) 기준, 끓이기 전 비중	1.057	
홉 스케줄	**끓이는 시간(분)**	**IBU**
28g(0.8oz.) 저먼 매그넘(German Magnum) 12% AA	60	25
맥아즙 B (끓인 후 첨가)	**비중계 값**	
2kg(4.5lb.) 뮌헨 DME	68	
효모 종	**투여량 (세포 10억 개)**	**발효 온도**
저먼 라거(German lager)	575	11℃(52℉)

≫≫ 양조 방식 : 완전 곡물 양조 ≪≪			
전분 원료	**비중계 값**		
3.4kg(7.5lb.) 필스너 맥아	29.5		
3.4kg(7.5lb.) 뮌헨 맥아	28		
225g(0.5lb.) 브리스 미드나이트(Briess Midnight) 밀 맥아	1.5		
27리터(7갤런) 기준, 끓이기 전 비중	1.059		
당화 스케줄	**휴지기 온도**	**휴지 시간**	
당화 휴지기 – 온수 첨가 방식	65℃(150℉)	30분	
단일 디콕션 (그림 17.3 참고)	(끓이기)	20분	
홉 스케줄	**끓이는 시간(분)**	**IBU**	
28g(0.8oz.) 저먼 매그넘(German Magnum) 12% AA	60	25	
효모 종	**투여량(세포 10억 개)**	**발효 온도**	
저먼 라거(German lager)	575	11℃(52℉)	
양조용 물의 권장 특성 (ppm)	**양조 큐브**: 호박색, 맥아, 중간		

칼슘	마그네슘	총 알칼리도	황산	염소	잔류 알칼리도
75~125	10	100~150	50~100	100~150	0~50

과 마찬가지로 퓨젤 알코올이나 에일 특유의 과일 향이 느껴지지 않아야 한다.

정통 둥켈 복의 스타일 가이드라인은 초기 비중 1.064~1.072, 국제 쓴맛 단위는 20~27이며, 색은 14~22SRM(28~44EBC)의 진한 갈색이다.

비엔나

비엔나 스타일의 라거 맥주는 1800년대 중반에 오스트리아의 비엔나에서 개발됐다. 독일 바이에른 지역에서 발달한 메르첸*Märzen*과 옥토버페스트 스타일에서 시작됐지만 보헤미아 지역에서 발전한 필스너에 영향을 받았다. 필스너를 모방하려 했지만 지역적으로 특색이 다른 양조 용수로 인해 맛이 거친 맥주가 탄생한 것이다. 비엔나의 물은 보헤미아(현재의 체코공화국)의 물보다 탄산염의 함량이 더 높았다. 이후 비엔나의 양조자들이 맛이 좀 더 가벼운 맥주를 만들기 위해 애쓴 결과 현재 비엔나 맥주로 알려진, 호박색의 달콤한 라거가 등장했다. 등장하자마자 큰 인기를 끈 비엔나 라거는 다른 국가에서도 비슷하게 양조되기 시작했다.

그 당시 미국 텍사스와 멕시코로 유입된 수많은 동유럽 이민자들은 즐겨 마시던 맥주와 양조 기술도 함께 가지고 왔지만 더운 날씨는 라거 양조에 최악의 조건이라 상업적인 제품으로는 만들 엄두도 내지 못했다. 다행히 1800년대 말쯤 냉장 기술이 상용화되면서, 유럽, 아시아, 아프리카를 통칭하던 일명 구세계 스타일의 라거가 큰 인기를 얻었다. 북미, 남미를 일컫는 신세계에서 비엔나 맥주는 기본적으로 '그라프' 스타일로 변형되어 만들어졌다. 멕시코에서 새로운 비엔나 스타일을 개발한 산티아고 그라프*Santiago Graf*라는 양조자의 이름에서 나온 그라프

🌹 코라존 이 알마 *Corazon y Alma* : 마음과 영혼 – 비엔나 라거 🌹

초기 비중: 1.052
종료 비중: 1.013
IBU: 27
SRM(EBC): 14(28)
ABV: 5.3%

⧫⧫⧫ 양조 방식 : 맥아추출물과 곡물 침출 ⧫⧫⧫

맥아즙 A	비중계 값	
1.6kg(3.3lb.) 비엔나 LME	40	
100g(3.5oz.) 브리스 미드나이트(Briess Midnight) 밀 맥아 – 침출용	2	
11.4리터(3갤런) 기준, 끓이기 전 비중	1.042	
홉 스케줄	**끓이는 시간(분)**	**IBU**
30g(1oz.) 만다리나 바바리아(Mandarina Bavaria) 8% AA	60	27
맥아즙 B (끓인 후 첨가)	**비중계 값**	
2kg(4.5lb.) 비엔나 LME	54	
효모 종	**투여량 (세포 10억 개)**	**발효 온도**
멕시칸 라거 또는 저먼 라거(German lager)	350	18℃(65℉)

전분 원료		비중계 값	
5kg(11lb.) 비엔나 맥아		43	
100g(3.5oz.) 브리스 미드나이트(Briess Midnight) 밀 맥아		1	
27리터(7갤런) 기준, 끓이기 전 비중		1.044	
당화 스케줄		**휴지기 온도**	**휴지 시간**
당화 휴지기 – 온수 첨가 방식		65℃(150℉)	30분
단일 디콕션 (그림 17.3 참고)		(끓이기)	20분
홉 스케줄		**끓이는 시간(분)**	**IBU**
30g(1oz.) 만다리나 바바리아(Mandarina Bavaria) 8% AA		60	27
효모 종		**투여량(세포 10억 개)**	**발효 온도**
멕시칸 라거 또는 저먼 라거(German lager)		350	18℃(65℉)

양조용 물의 권장 특성 (ppm)			양조 큐브: 호박색, 맥아, 중간		
칼슘	**마그네슘**	**총 알칼리도**	**황산**	**염소**	**잔류 알칼리도**
75~125	10	100~150	50~100	100~150	0~50

스타일의 비엔나 맥주는 알칼리도가 높은 용수의 특성을 보완하기 위해 강하게 볶은 맥아를 소량 포함해 진한 호박색에 붉은빛이 살짝 도는 것이 특징이다.

멕시코식 라거는 연한 황색에 라임 향이 느껴진다고 생각하는 사람들이 많지만, 내가 생각하는 멕시코 라거는 아래 레시피와 같다. 비엔나 맥주의 초기 비중은 1.048~1.055, 국제 쓴맛 단위는 18~30의 범위이며 색은 9~15SRM(18~30EBC)의 따뜻한 호박색이다. 멕시코식 라거는 25SRM(500EBC)으로 색이 더 진한 것도 있다.

옥토버페스트

메르첸과 옥토버페스트는 비엔나 스타일의 기본 특징 중 일부를 공유한다. 비엔나 맥주가 매일 마실 수 있는 고급스러운 맥주로 만들어졌다면 옥토버페스트는 축제를 즐기기 위해 만들던 맥주였다. 황태자였던 루트비히 1세와 테레지아 공주의 1810년 왕실 결혼식을 축하하기 위해 처음 시작된 축제는 지금까지 이어져왔다(그리고 축제에 어울리는 맥주가 몇 가지 탄생했다). 옥토버페스트는 기본적으로 진한 호박색이지만 그 정도에는 다소 차이가 있고, 맛도 맥아의 풍미가 두드러지는 부드러운 종류부터 맥아가 강조되고 드라이한 맛, 맥아가 두드러지지만 균형 잡힌 맛, 맥아 맛과 쓴맛이 공존하는 종류 등 다양하다. 그러나 옥토버페스트 또는 메르첸 맥주의 전형적인 특징은 풍부한 맥아의 풍미가 느껴지면서도 발효도가 높아 포만감은 덜한 점이다. 혹시 12시간 정도 폴카 춤을 내리 출 계획이라면 옥토버페스트만큼 잘 어울리는 맥주도 없을 것이다.

클랑 프로이덴페스트 Klang Freudenfest : 축제의 소리 – 옥토버페스트 라거

초기 비중: 1.055
종료 비중: 1.013
IBU: 27

SRM(EBC): 9(18)
ABV: 5.6%

≫≫ 양조 방식 : 맥아추출물과 곡물 침출 ≪≪

맥아즙 A	비중계 값	
1.5kg(3.3lb.) 비엔나 LME	40	
450g(1lb.) 뮌헨 20°L 아로마 맥아 – 침출용	2	
150g(0.33lb.) 캐러비엔나(CaraVienne) – 침출용	2	
11.4리터(3갤런) 기준, 끓이기 전 비중	1.042	
홉 스케줄	**끓이는 시간(분)**	**IBU**
30g(1oz.) 저먼 트래디션(German Tradition) 6% AA	60	18
30g(1oz.) 저먼 테트낭어(German Tettnanger) 4% AA	20	7
맥아즙 B (끓인 후 첨가)	**비중계 값**	
1.6kg(3.5lb.) 뮌헨 DME	49	
효모 종	**투여량 (세포 10억 개)**	**발효 온도**
저먼 라거(German lager)	465	11°C(52°F)

양조 방식 : 완전 곡물 양조		
전분 원료	**비중계 값**	
1.6kg(3.5lb.) 필스너 맥아	14	
1.6kg(3.5lb.) 뮌헨 맥아	14	
1.8kg(4lb.) 비엔나 맥아	15	
450g(1lb.) 뮌헨 20°L 아로마 맥아	4	
150g(0.33lb.) 캐러비엔나(CaraVienne) 맥아	1	
27리터(7갤런) 기준, 끓이기 전 비중	1.048	
당화 스케줄	**휴지기 온도**	**휴지 시간**
당화 휴지기 - 온수 첨가 방식	65°C(150°F)	30분
단일 디콕션 (그림 17.3 참고)	(끓이기)	20분
홉 스케줄	**끓이는 시간(분)**	**IBU**
30g(1oz.) 저먼 트래디션(German Tradition) 6% AA	60	18
30g(1oz.) 저먼 테트낭어(German Tettnanger) 4% AA	20	7
효모 종	**투여량(세포 10억 개)**	**발효 온도**
저먼 라거(German lager)	465	11°C(52°F)
양조용 물의 권장 특성 (ppm)	**양조 큐브:** 호박색, 맥아, 중간	

칼슘	마그네슘	총 알칼리도	황산	염소	잔류 알칼리도
75~125	10	100~150	50~100	100~150	0~50

요약

지금까지 여러분에게 전 세계의 전통적인 맥주 스타일 중 몇 가지를 『리더스 다이제스트 *Reader's Digest*』 버전으로 소개했다. 이 밖에도 훨씬 더 많은, 다양한 맥주가 있다. 각기 다른 맥아며 맛에 관한 정보를 읽고 목이 타서 못 견디는 사람들은 얼른 외투를 걸치고 가까운 가게로 가서 몇 가지 제품을 샘플 삼아 사보고 연구해보기 바란다. 주저할 필요가 전혀 없다. 그런 과정을 거치지 않고 어떻게 다음에 어떤 맥주를 만들어볼지 결정할 수 있을까?

CHAPTER

24

HOW to BREW

나만의 레시피
만들기

자, 이제는 보조 바퀴를 떼어내고 혼자 힘으로 달려가볼 때가 됐다. 지금까지 전 세계의 다양한 맥주 스타일을 살펴보면서 여러분이 가장 좋아하는 맥주가 어떤 종류이고 어떤 맥주를 만들어보고 싶은지 더 확실히 알게 되었으리라 생각한다. 수제 맥주의 핵심은 양조자 자신만의 맥주를 만드는 것이다. 다른 사람의 레시피는 편리한 출발점이 될 수 있지만 그것을 토대로 자신만의 양조 기술을 연마하고 재료와 익숙해져야 한다. 샌드위치를 만들 때를 생각해보자. 반드시 레시피가 있어야 할까? 전혀 그렇지 않다! 만들어진 샌드위치를 이것저것 구입해서 먹다가, 고기와 치즈를 사다가 얇게 자르고 마요네즈를 바른 다음 타바스코 소스도 살짝 넣고 색깔만 노란 머스터드소스 대신 진짜 겨자로 만든 소스를 사다가 발라보면, 짜잔! 입맛에 딱 맞는 자신만의 샌드위치가 탄생한다. 맥주를 직접 만드는 과정도 이와 다르지 않다. 단, 맥주를 만드는 모든 과정을 반드시 기록해야 한다. 최고의 맥주를 만들었는데 어떻게 만들었는지 기억해낼 수 없다면 그보다 큰 비극이 있을까!

이번 장에서는 양조자가 원하는 특성이 나타날 수 있도록 재료를 활용하는 방법을 좀 더 상세히 소개할 것이다. 보디감을 높이고 싶거나 맥아의 특징이 드러나는 맥주를 만들고 싶을 때,

600

혹은 지금과는 다른 홉의 풍미를 원하거나 알코올 도수를 낮추고 싶다면, 전부 조정이 가능하다. 이번 장에서 그 방법을 하나씩 배워보자.

기본적인 사항

레시피를 만드는 일은 쉽기도 하지만 상당히 재미있다. 효모와 홉, 맥아에 관한 정보를 종합하고 어떤 맛과 특징이 드러나는 맥주를 만들고 싶은지 정하면 된다. 맥아가 강조된 맥주? 홉이 두드러지거나 보디감이 풍부한 맥주? 아니면 드라이한 맥주? 늘 생각해온 맥주와 가장 가까운 스타일을 선택하고, 원하는 맛을 얻으려면 어떤 부분을 바꾸면 좋을지 생각해보자. 변화를 시도할 때는 한 번에 한두 가지로만 한정해야 그 결과를 충분히 이해할 수 있다. 또 선택한 스타일의 맥주에서 느낄 수 있는 대표적인 맛을 분명하게 파악한 뒤에 무언가를 추가하거나 바꿔야 한다. 이 순서를 지키지 않으면 요상한 맛이 나는 맥주와 마주할 수밖에 없다. 균형이 깨지면 복합적인 맛을 얻을 수 없다.

창의력을 충분히 발휘할 수 있도록 일반적인 에일 맥주의 몇 가지 스타일을 만든다고 할 때 한 배치에 해당하는 19리터(5갤런)가 대략 어떤 재료들로 구성되는지 정리했다.

- 페일 에일 – 베이스 맥아, 225그램(1/2파운드) 분량의 캐러멜맥아
- 앰버 에일 – 페일 에일 재료 + 225그램(1/2파운드) 분량의 다크 캐러멜맥아
- 브라운 에일 – 페일 에일 재료 + 225그램(1/2파운드) 분량의 초콜릿 맥아
- 포터 – 앰버 에일 재료 + 225그램(1/2파운드) 분량의 초콜릿 맥아
- 스타우트 – 포터 재료 + 225그램(1/2파운드) 분량의 구운 보리

물론 위의 레시피는 굉장히 간추려서 정리한 것이지만, 아주 약간만 변형하면 다른 스타일의 맥주를 만들 수 있다는 사실을 알 수 있다. 레시피에 새로운 맥아를 추가할 때는 일단 19리터(5갤런) 기준으로 225그램(1/2파운드)을 넘지 않는 양으로 시작하기 바란다. 그대로 맥주를 만들어보고, 맛을 본 뒤에 양을 늘리거나 줄이면 된다. 각 스타일마다 시중에서 판매하는 맥주를 마셔보고 이 책에서 소개한 레시피와 가이드라인을 참고하면 재료마다 어떤 맛을 내는지

대강 감이 잡힐 것이다.

양조 관련 잡지에 나온 레시피도 읽어보자. 완전 곡물 양조는 시도해본 적 없고 잡지에 나온 레시피가 완전 곡물 양조용이라고 해도 어떤 맥아를 사용하는지 설명을 찬찬히 읽어보면 어떤 맛이 나는 맥주가 될 것인지 예상할 수 있고, 어떤 비율로 사용해야 하는지에 관한 정보도 얻을 수 있다. 예를 들어 일반적인 앰버 에일을 19리터(5갤런) 만드는 레시피를 다섯 가지 찾아서 살펴보면 크리스털 맥아가 450그램(1파운드) 이상 들어가는 레시피가 하나도 없다는 사실을 알게 된다. 뭐든 적정선을 지켜야 하는 것을 깨닫게 되는 대목이다. 괜찮은 레시피를 찾았는데 완전 곡물 양조용이고 아직까지는 그 양조법을 시도해볼 엄두가 나지 않는다면, 4장에 나와 있는 원리를 참고하여 맥아추출물과 침출용 스페셜 맥아를 사용하는 레시피로 바꿔보자. 경우에 따라 부분 당화가 필요한 레시피도 있지만 대부분은 그러한 단계를 거치지 않는 레시피로 바꿀 수 있다.

여러분만의 레시피를 만들 때 가장 먼저 짚고 넘어가야 하는 부분은, 베이스 맥아는 샌드위치 재료 가운데서도 식빵, 즉 가장 중심이 되는 재료임을 명심하는 것이다. 다른 재료는 부차적인 역할을 하고 주재료의 영역을 과도하게 침범하지 말아야 한다. 어딘가 불균형적인 샌드위치를 먹고 싶은 사람은 없듯이 맥주도 재료의 조성을 잘 지켜야 하고, 완성한 맥주는 각 부분을 더한 것보다 훨씬 훌륭한 맛을 낼 수 있어야 한다.

두 번째로 유념할 점은 샌드위치가 종류마다 다르듯 맥주도 스타일마다 다르다는 것이다. 볼로냐소시지 샌드위치를 만들기로 해놓고 터키 햄을 집어넣는다면, 결국 그건 터키 샌드위치가 될 것이다. 맥주도 마찬가지다. 구운 보리가 스타우트에 어울리듯 특징적인 재료는 특정한 스타일을 만들 때 사용해야 한다. 브라운 에일과 같은 다른 맥주를 만들 때도 구운 보리를 약간 사용할 수는 있지만 그 양이 과도하면 스타우트가 된다.

훌륭한 레시피가 되려면 재료의 비율을 잘 지켜야 한다. 보통 베이스 맥아가 전체 전분 원료의 80~90퍼센트를 차지하고, 독특한 특징을 부여하는 스페셜티 맥아는 10퍼센트를 차지한다. 그 밖에 다른 맥아의 비율은 5퍼센트를 넘지 않아야 한다. 포터나 스타우트 중에 일부 스타일은 다섯 가지 맥아로 만들기도 하지만, 일반적으로는 재료가 단순할수록 좋다. 너무 여러 가지 맛이 공존하면 서로 부딪히고 복합적인 풍미를 얻는 대신 이도저도 아닌 애매한 맛이 되고 만다. 이 부분도 샌드위치를 떠올리면 쉽게 이해할 수 있다. 맛있는 샌드위치는 대부분 세 가지 맛이 전체 맛의 주된 부분을 차지하고 그중 하나가 바로 빵이다. 맥주에서는 베이스 맥아와 홉, 스페셜티 맥아가 바로 그 세 가지 핵심 요소다. 스페셜티 맥아 한 가지로 만들고자 하는 맥주 스타일에 알맞은 특징을 살리고, 다른 스페셜티 맥아를 추가로 사용한다면 어디까지나 맛을 보완하는 차원에서 살짝 강조하는 정도에 그쳐야 한다.

페일 에일, 필스너 등 페일 스타일의 맥주에서는 특징을 부여하는 스페셜티 맥아의 역할을 다름 아닌 베이스 맥아가 담당한다. 스페셜티 맥아를 이것저것 추가해서 복잡하게 만드는 대신 뮌헨 맥아를 약간 첨가하여 빵의 깊은 풍미를 더하거나 가벼운 캐러멜맥아를 조금 더해서 달콤함을 더하고 보리 플레이크나 밀 플레이크로 보디감을 좀 더 강화하는 등 전체적인 맛을 긍정적으로 강조하는 용도로 스페셜티 맥아를 활용한다. 브라운 에일, 둥켈, 복 맥주, 포터와 같이 색깔이 더 짙은 스타일의 맥주를 만들 때는 세게 로스팅한 맥아나 로스팅한 맥아, (드물지만) 다크 캐러멜 등 독특한 개성을 더하는 스페셜티 맥아를 개성을 보완하는 용도로 사용할 수 있다. 포터 맥주에서 초콜릿 맥아와 함께 훈제 맥아를 약간 더하면 고유한 맛에 약간의 다양성을 부여할 수 있듯이, 맥주의 각 스타일을 대표하는 맥아의 특성을 보완하고 잘 어우러질 수 있도록 해야 한다.

효모 종류도 맥주 맛에 큰 영향을 미친다. 에일 맥주 레시피를 아무거나 골라서 효모를 에일 맥주용 대신 라거 맥주용으로 바꾸면 그 레시피는 라거 레시피가 된다(세부적으로 어떤 스타일의 라거가 될지는 알 수 없지만). 사용하려는 효모에 관한 정보를 살펴보고 효모의 종류마다 각기 어떤 맛을 만들어낼 수 있는지 파악하자. 맥주의 비중과 국제 쓴맛 단위(IBU)는 이 책 4장과 5장, 15장에 소개한 계산식으로 추정할 수 있다. 최종 비중을 먼저 정하고 그 목표를 달성하려면 양조 재료, 당화 스케줄, 효모 종류, 발효 온도 등 어떤 부분을 조정해야 하는지 생각해보자. 양조자는 최종적으로 결과물이 나올 때까지 무수한 부분을 조정할 수 있다. 겁내지 말고 과감하게 실험에 뛰어들자.

레시피마다 정해진 홉은 특정한 종류에 너무 구애받을 필요가 없다. 홉은 다른 것으로 간편하게 대체할 수 있는 재료에 속한다. 어떤 레시피를 찾아 그대로 맥주를 만들고 싶은데 재료로 나와 있는 홉을 구할 수 없으면 비슷한 지역에서 생산된 비슷한 홉으로 대체하면 된다(표 5.3 참고). 알파산과 아로마 오일의 함량이 비슷한 종류로 선택하고 국제 쓴맛 단위를 원하는 값으로 똑같이 얻을 수 있도록 홉의 양과 끓이는 시간을 조정하자. 기존의 레시피에 나온 홉을 사용할 때와 매우 비슷한 결과가 나오면 된다.

마지막으로, 맥주 스타일마다 쓴맛과 맥아의 특성이 어떻게 균형을 이루어야 하는지 확인해야 한다. 맥아의 특성이라는 표현은 여러 가지 의미를 내포한다. 그 첫 번째는 맥아의 맛으로, 신선한 맥아의 냄새와 맛에서 느껴지는 빵 냄새, 빵 껍질의 맛을 뜻한다. 두 번째는 맥아의 비율 부분이다. 즉 맥아의 초기 비중이 최소한 일정 부분은 쓴맛을 좌우한다. 그림 24.1과 같은 맛 균형을 나타낸 도표를 보면 맥아의 특성은 초기 비중으로 표현할 수 있다. 해당 그래프에는 가장 일반적인 여러 맥주 스타일을 바탕으로 쓴맛과 비중이 서로 어떤 관련성이 있는지 나와 있다. 스몰 맥주(알코올 함량이 낮은 종류)는 대부분 초기 비중이 1.040~1.060이고 국제 쓴맛 단위는 20~40으로 2대4(또는 1대2)의 비율임을 확인할 수 있다. 4대4(또는 1대1)를 초과하는 종류는 아메리칸 IPA와 더블 IPA 두 가지밖에 없다.

| SMASH와 싱글 맥주 |

"단일 맥아, 단일 홉*Single Malt and Single Hop*"의 머리글자를 딴 SMASH는 홉과 맥아의 대표적인 맛을 내는 데 집중하는 양조 방식을 의미한다. 평소 만들던 방법 그대로 맥주를 만들되 스페셜티 맥아는 사용하지 않고 단 한 가지 베이스 맥아만 사용하고, 홉을 첨가하는 시점에도 한 가지 홉만 사용하는 것이다. SMASH로도 훌륭한 맥주를 만들 수 있고 특정 홉의 세부적인 특성을 이해하기에도 아주 유익한 방법이지만 흥미로운 맥주를 만들 수는 없다.

새로운 아이디어와 레시피를 탐색해볼 수 있는 괜찮은 방법으로, 내 친구 드루 비첨*Drew Beechum*이 "한 가지 양조법"이라 칭하는 것이 있다. 양조 재료를 카테고리마다 한 가지로 제한하는 방법으로, 베이스 맥아 하나, 스페셜티 맥아 하나, 부재료(사용할 경우에 한해) 하나, 끓을 때 넣는 홉 하나, 드라이 호핑에 사용하는 홉 하나와 같은 식으로 정하는 것이다. SMASH와 비슷하면서도 현실적인 부분을 좀 더 반영하여 복합적인 맛을 낼 수 있는 방법이다. 이렇게 한 가지 재료들로 한정해서 맥주를 만들어보면 한두 가지 재료를 추가하여 더 풍부한 맛을 내는 방법을 쉽게 찾을 수 있고, 기본적인 틀을 벗어나 모험을 시도해보기 전에 적정한 틀을 유지하며 충분한 경험을 해볼 수 있다.

| 보디감 높이기 |

맥주 만드는 사람들의 이야기를 들어보면, 어떤 맥주를 두고 마음에 들지만 보디감이 더 있었으면 좋겠다고 말할 때가 심심찮게 많다. "보디감이 더 있으면 좋겠다"는 말은 정확히 어떤 뜻일까? 알코올 농도가 더 높고 밀도도 더 높은 맥주를 뜻할까? 아니면 점성이 높거나 맛이 더 진한 맥주를 가리킬까? 전부 포함될 수 있다.

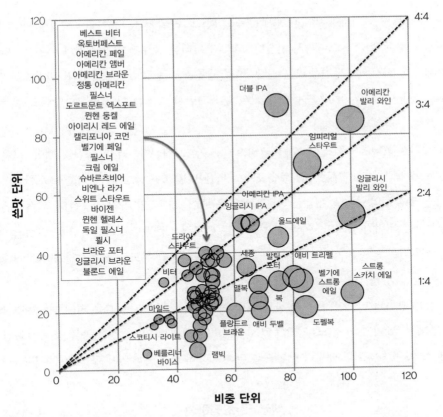

그림 24-1

초기 비중, 알코올 함량(%ABV) vs. 일반적인 맥주 스타일별 쓴맛. 맥주 평가자 프로그램(BJCP) 스타일 가이드라인을 토대로, 일반적인 맥주 스타일별 평균 초기 비중과 평균 국제 쓴맛 단위의 관계를 나타낸 그래프다. 20~40IBU와 초기 비중 1.040~1.060의 영역에 해당하는 맥주가 너무 많아서 그래프에 전부 표시하지는 못했다. 원의 크기는 상대적인 알코올 함량을 나타내며, 가장 큰 원은 12%ABV, 가장 작은 원은 3%ABV를 뜻한다. 이 그래프를 참고하면 어떤 스타일의 맥주를 맛보고 직접 만들어볼 수 있는지 대략적인 감을 얻을 수 있을 것이다.

맥주를 마실 때 느끼는 입안의 질감과 보디감은 대부분 단백질에 따라 달라진다. 오트밀 스타우트와 일반적인 스타우트를 비교해보면 그 차이를 금방 느낄 수 있을 것이다. 맥주 양조에서는 '중간 크기의 단백질'이 맥주의 질감을 강화하는 것으로 알려져 있다. 단백질 휴지기에 단백질 분해 효소가 큰 단백질을 중간 크기로 분해하고 펩타이드 분해 효소는 단백질 말단을 잘라서 작은 펩타이드와 개별 아미노산으로 분리한다. 그러므로 밀, 오트밀과 같이 단백질 함량이 높은 맥아와 부재료는 맥주의 보디감을 크게 높일 수 있다.

레시피에 발효 가능한 당의 총량이 늘어나면 보디감이 커지지만 알코올 함량도 함께 늘어난다. 반면 비발효성 당을 사용하면 알코올 함량에는 영향을 미치지 않으면서 보디감을 높일 수 있다. 덱스트린을 비롯한 비발효성 당은 구조적으로 사슬이 긴 당류에 속해서 당화 효소로도 분해되지 않고 효모가 소비하지 못한다. 그러나 이러한 당류가 입안 질감에 미치는 효과는 상당히 제한적이고, 덱스트린을 '맥주 방귀'의 주범으로 보는 양조자들도 있다. 비발효성 탄수화물이 대장에 이르러서야 세균에 의해 겨우 분해되면서 그러한 현상이 나타난다고 보는 것이다.

다크 캐러멜맥아나 80°L 또는 120°L 크리스털 맥아, 스페셜 'B' 맥아, 초콜릿 맥아, 구운 보리와 같은 로스팅한 맥아에는 마야르반응에서 나온 비발효성 당이 높은 비율로 포함되어 있다. 가용성 추출물의 총량(중량 기준 퍼센트 비율)은 베이스 맥아와 거의 비슷한데, 가용성은 발효 가능성과는 의미가 다르다. 이와 같은 당류는 부분적으로만 발효되므로 최종 완성된 맥주에 뒷맛까지 남는 단맛을 더하고 최종 비중을 높이는 기능을 하므로 전체적인 보디감이 높아진 느낌을 줄 수 있다.

위와 같은 방법과 더불어, 완전 곡물 양조법을 활용하는 경우 보디감을 위해 덱스트린 맥아나 캐러멜맥아, 맥아가 아닌 보리, 오트밀을 추가하는 방법도 있다. 완전 곡물 양조를 하면 맥아추출물을 이용해 양조할 때보다 맥아즙을 더욱 미세하고 유연성 있게 조정할 수 있다.

| 맥주 맛 조정하기 |

맥아의 맛을 더 강조하고 싶다면 어떻게 해야 할까? 일반적으로 레시피에서 맥아나 맥아추출물의 양을 늘리면 맥아의 풍미가 강하고 또렷해진다. 즉 초기 비중이 1.035인 맥주보다 1.050인 맥주에서 맥아 맛이 더 강하게 느껴진다. 맥아추출물의 양을 늘릴 경우 쓴맛을 내는 홉의 비율도 함께 늘려야 전체적인 균형을 유지할 수 있는 점을 기억해야 한다. 맛과 향을 위해 첨가하는 홉의 양을 5~10IBU에 해당하는 양만큼 줄이는 것도 맥주의 맥아 맛을 강화하는 또 다른 방법이다. 맥아즙이 끓기 시작할 때 쓴맛을 내는 홉을 추가로 넣고 중간에 넣는 홉과 마지막에 넣는 홉의 양을 줄이면 홉으로 얻는 쓴맛과 균형은 그대로 유지하면서 맥아의 풍미와 향이 한층 더 강화된다.

하지만 비중이 높아지면 알코올 함량도 함께 높아진다. 이런 결과를 원치 않는다면 어떻게 해야 할까? 해결책은 어떤 맛을 내려고 하느냐에 따라 달라진다. 갓 구운 토스트 향이 나는 맥아의 풍미를 원할 경우 레시피에서 베이스 맥아의 양을 줄이고 225~450그램(1~2파운드) 정도를 로스팅한 맥아(비엔나, 뮌헨, 앰버 맥아 등)로 대체하면 독일식 복 맥주와 옥토버페스트처럼 맥아 맛이 두드러지는 향을 얻을 수 있다. 맥아의 달콤함을 다른 종류로 바꾸고 싶다면 캐러멜 맥아의 종류를 바꿔보자. 60~80℃ 캐러멜맥아 대신 캐러스탄carastan 맥아나 20℃ 또는 40℃ 캐러멜맥아를 추가하면 좀 더 가볍고 꿀맛에 가까운 단맛을 낼 수 있고, 120℃ 캐러멜맥아나 스페셜 'B' 맥아로 대체하면 달콤하면서 씁쓸한 맛을 얻는다.

맥주 맛이 전체적으로 밋밋해서 복합적인 풍미를 더하고 싶다면 초기 비중을 유지하는 범위 내에서 스페셜 맥아를 한 가지만 대량으로 사용하는 대신 몇 가지를 소량씩 나누어 첨가하는 방법을 시도해보자. 예를 들어 원래 레시피에 크리스털 60℃ 맥아가 225그램(0.5파운드) 포함된 것을 크리스털 40℃ 맥아와 크리스털 80℃ 맥아를 각각 115그램(0.25파운드)씩 넣는 것으로 바꿔보는 것이다. 또는 초콜릿 맥아 0.5파운드를 0.25파운드로 줄이고 나머지 0.25파운드는 로스팅한 맥아나 캐러뮌헨Caramunich 맥아로 대체한다. 이렇게 하면 맥주의 알코올 도수는 동일한데 맛은 더욱 풍부해진다.

홉과 맥아가 생산되는 세계 각지의 원산지도 맥주의 특성에 상당한 영향을 미친다. 때때로 굉장히 극적인 차이를 만드는 요소가 되기도 해서, 이를 어떻게 활용하는지를 보면 실력 있는 양조자인지 아닌지를 알 수 있기도 하다. 양조에 사용할 재료를 입에 넣고 씹어보거나 차로 만들어서 마셔보면 생산지가 다른 재료마다 맛이 어떻게 다른지 쉽게 공부해볼 수 있다.

효모도 단순히 효모 특유의 풍미나 향 외에 전체적으로 맥주의 맛에 큰 영향을 미친다. 효모의 종류와 발효 조건은 발효도, 에스테르 특성과 맥주의 최종 pH를 좌우하고 홉이나 맥아의 특성도 더욱 강조할 수 있다. 일부 효모는 과일이나 나무, 흙에서 나는 냄새를 더하고 맥주에서 스파이시한 페놀 냄새가 확 느껴지는 원인이 되기도 한다. 맥아즙을 만드는 건 사람이지만 맥주를 만들어내는 건 결국 효모다.

낯선 재료는 차로 만들어서 마셔보자

새로운 재료가 어떤 맛과 향을 가지고 있는지 알아볼 수 있는 가장 좋은 방법은 무엇일까? 바로 차로 만들어서 마셔보는 것이다!

먼저 물 0.5리터(16액량 온스)에 건조맥아추출물 60그램(2온스)을 넣고 약 0.5리터(1파인트)의 맥아즙을 만든다. 홉 펠릿을 두 개 넣고 충분히 저어서 펠릿을 녹인다. 건조 상태에서 나타나는 홉의 특성보다 맥아즙을 끓였을 때 발현되는 홉의 특성을 알고 싶다면 맥아즙을 전자레인지에 넣고 데우면 된다. 이렇게 완성한 '홉 차'를 마셔보면, 홉이 어떤 향과 풍미를 낼 수 있는지 많은 정보를 얻을 수 있다.

실력이 월등한 양조자들은 모든 방법을 조금씩 활용한다. 맥아, 홉, 기술, 효모, 온도와 함께 다른 요소들까지 고려하고 그 결과가 모여 마시는 사람이 하나로 통합된, 인상 깊은 맛을 느낄 수 있는 맥주를 만들어낸다.

양조에서 당류의 기능

맥주 양조는 당류를 다루는 방식과 깊은 연관이 있다. 포도당, 과당, 자당, 말토오스를 포함한 모든 당류가 그 대상에 포함된다. 나도 그랬듯이 아마 여러분도 너무 전문적인 내용까지 파고들지 말고 당류를 대체 어떻게 다루면 되는지 누가 간단히 설명해주길 바랄 것이다. 나도 그렇게 설명할 생각인데, 일단 기초적인 토대부터 세우고 종류가 다른 여러 가지 벽돌을 쌓아야 하므로 인내심을 갖고 따라와주기 바란다. 그리 오래 걸리는 일도 아니고, 당류의 기능을 전부 이해하고 나면 양조의 원리도 훨씬 더 쉽게 이해할 수 있다.

당류(영어로는 전문용어로 saccharides)는 세 개 이상의 탄소 원자에 산소와 수소가 다양한 형태로 결합된 여러 분자를 일컫는다. 포도당, 과당과 같은 일반적인 당류는 여섯 개의 탄소 원자로 구성되므로 6탄당으로 불린다. '단당류'는 당이 하나인 분자를 뜻하고, '이당류'는 두 개의 당이 하나로 결합된 분자를 뜻한다. 마찬가지로 '삼당류'는 당 분자 세 개로 이루어진 분자를 가리킨다. 일반적으로 당류는 여러 개의 당으로 구성된 '다당류'에 해당한다. 수천 개의 당이 하나로 결합되어 길고 가지가 여러 갈래로 갈라진 사슬 형태로 이러한 다당류를 형성한다.

당류 중에 가장 잘 알려진 종류는 단당류인 포도당(덱스트로오스, 옥수수당 포함)이다. 단당류 중에 양조와 관련한 또 다른 종류로는 과당과 갈락토오스가 있다. 포도당, 과당, 갈락토오스는 분자를 이루는 구성 요소가 전부 동일하지만 서로의 이성질체라고 불린다. 이성질체란, 기본적인 화학식은 다 같은데($C_6H_{12}O_6$) 당의 구조적인 배치 형태가 달라서 각기 다른 특성이 나타난다는 뜻이다. 예를 들어 과당(즉 과일의 당)은 포도당의 이성질체이고 포도당보다 단맛이 더 강하다.

전체적으로 단당류는 다른 당류보다 단맛이 강한 특징이 있다. 예외적으로 자당(이당류)은 포도당보다 더 달다. 그 외에는 과당이 자당보다 달고, 자당이 포도당보다 달고, 포도당이 말토오스(이당류)보다 달고, 말토오스가 말토트리오스(삼당류)보다 단맛이 강한 식으로 점점 단맛이 약해진다. 발효와 별 관련 없는 특징이지만 혹시 궁금해하는 독자가 있을까봐 정리해 본 내용이다.

맥주 양조에는 매우 다양한 종류의 당류를 사용할 수 있다. 하지만 이런 의문이 들 것이다. 왜 보리에 자연적으로 함유된 당류 말고 다른 당류를 또 사용해야 할까? 그 이유는 아래와 같다.

- 맥주의 보디감을 유지하면서 알코올 함량을 높이기 위해
- 알코올 함량을 유지하면서 보디감을 낮추기 위해
- 맥주 맛에 특별한 개성을 부여하기 위해
- 탄산을 형성하기 위해

위의 항목 중 첫 두 가지는 동전의 양면과 같지만, 정제한 당을 부재료로 사용하여 각기 다른 스타일의 맥주를 만드는 두 가지 방식을 각각 나타낸다. 초기 비중이 1.065~1.080인 벨기에 스트롱 골든 에일은 부분 정제한 설탕 시럽을 사용하여 알코올 함량이 높으면서 놀랍도록 맑고 보디감이 가벼운 맥주가 된다. 또 초기 비중이 1.035~1.050으로 도수가 낮은 아메리칸 라거는 말토오스 함량이 높은 옥수수 시럽이나 고형 쌀 시럽을 첨가하여 알코올 함량은 평균 수준으로 유지하면서 더운 날 땀 흘려 일한 뒤에 마시기 딱 좋은, 굉장히 가벼운 보디감의 맥주가 된다.

당류마다 각기 다른 맛을 낸다. 단당류는 대체로 '단맛' 외에 다른 맛은 뚜렷하지 않다고들 생각하지만 탄산음료 업계에서는 사탕무 설탕이나 고과당 옥수수 시럽보다 음료에 사탕수수 설탕이 들어갔다는 사실을 더 강조하는 것 같다. 그러나 꿀, 메이플 시럽과 같은 천연 당과 가공된 당인 당밀을 양조에 사용하면 특유의 풍미가 맥주에 썩 괜찮은 개성을 부여할 수 있다. 기본적인 맥주 스타일에 양조자가 고유한 맛을 더하는 것, 이것이야말로 수제 맥주의 진정한 핵심이다. 메이플 시럽 포터나 허니 라즈베리 밀맥주, 혹은 럼과 트리클*treacle*의 향이 살짝 느껴지는 임피리얼 러시안 스타우트까지 뭐든 시도해볼 수 있다. 가능성은 무궁무진하다. 이런 특성을 감안하여, 나는 사람들에게 양조에 당류를 이것저것 사용해보라고 장려하는 의미로 "자유로운 재량이 맥주 맛에서 큰 부분을 차지한다"고 이야기하곤 한다. 단, 당밀이 20퍼센트 함유된 맥주는 맥주라기보다는 발효된 당밀을 마시는 느낌이 강한 점을 참고하기 바란다.

발효성 당을 2~3비중점 분량으로 첨가하여 탄산을 생성하는 프라이밍 슈거의 기능도 빼놓을 수 없다. 양조자들은 대부분 맥아즙을 끓이는 단계에 전력을 다하고 프라이밍 단계에서 맥주 맛을 바꾸려 하지는 않는다. 그래서 맛에 영향을 주지 않는 당을 첨가하여 탄산이 생성되도록 한다. 반면 발효의 최종 단계인 프라이밍 과정이 오기를 조용히 벼르고 있다가 맥주에 특성

609

을 더하는 양조자들도 있다. 어떤 쪽이든 몇 가지 당류 중 하나를 선택해서 원하는 결과를 얻을 수 있다(표 24.1 참고).

| 순수 포도당*Pure Glucose* |

양조에 가장 많이 사용하는 당은 주로 프라이밍에 활용되는 옥수수당*corn sugar*이다. 옥수수당은 약 92퍼센트의 고형물과 8퍼센트의 수분으로 이루어지고 고형물 중 99퍼센트가 포도당이다. 고도로 정제하여 옥수수의 특징은 전혀 남아 있지 않다. 정통 아메리칸 필스너와 같은 맥주에 옥수수의 특성을 살리고자 할 경우, 완전 곡물 양조법을 활용하여 거칠게 빻은 옥수수 분말을 익혀서 당화 혼합물에 포함해야 한다. 맥아즙에서 포도당이 상대적으로 너무 높은 비율을 차지하면(15~20% 이상) 말토오스 발효에 방해가 되는 것으로 알려져 있다. 첨가하는 효모의 양이 부족하거나 맥아즙에 유리 아미노 질소(FAN)와 다른 영양소가 부족해도 발효가 원활히 이루어지지 않거나 중단될 수 있다.

| 말토오스 고함량 시럽과 고형 시럽 |

말토오스 농도를 높일 때는 옥수수 시럽이나 쌀 시럽, 기타 고형 시럽을 사용하면 다른 식품용 정제 시럽보다 맥아즙에 더 근접한 맛을 낼 수 있다. 말토오스는 포도당 두 개가 하나로 결합된 이당류다. 말토오스 고함량 시럽은 당화를 진행하면서 직접 옥수수를 사용하여 만들 수도 있고, 옥수수 전분에 포장해서 판매하는 효소를 넣고 만드는 방법도 있다(아래 '고과당 옥수수 시럽'에 관한 설명에 이 과정이 좀 더 상세히 나온다). 말토오스 옥수수 시럽에는 옥수수의 특성이 전혀 나타나지 않거나 있더라도 거의 느낄 수 없지만 쿠어스나 밀러 같은 가벼운 라거를 만들 때 적합하다.

고형 쌀 시럽도 말토오스에 해당하지만 종류가 다르다. 예를 들어 포도당 고함량 시럽이 당류가 75퍼센트를 차지하고(포도당 50%, 말토오스 25%) 다른 탄수화물이 20퍼센트(덱스트린), 수분이 5퍼센트를 차지한다면 말토오스 함량이 높은 고형 쌀 시럽은 보통 포도당이 5퍼센트에 그치고 말토오스가 45퍼센트, 다른 탄수화물이 45퍼센트, 수분이 5퍼센트를 차지한다. 맥아 추출물 양조법을 이용하여 버드와이저와 같은 맥주를 만들고 싶을 때 고형 쌀 시럽을 사용하면 맥아의 특성을 실제 버드와이저와 거의 비슷하게 얻을 수 있다(다른 요소가 다 충족되었다고

고과당 옥수수 시럽

고과당 옥수수 시럽을 둘러싼 이런저런 이야기가 참 많은 것 같다. 옥수수 시럽도 맥아즙과 비슷하게 효소가 전분을 가수분해하여 만들어진다. 옥수수 시럽과 보리를 이용한 맥아즙의 차이는 효소가 어디에서 만들어졌나에 있다. 옥수수 시럽은 알파 아밀라아제와 알파 글루코시다아제가 세균과 균류에서 만들어지고 베타 아밀라아제는 존재하지 않는다. 그리고 이러한 효소가 최적으로 활성화되는 환경을 만들기 위해 옥수수 당화혼합물에 염산과 수산화나트륨을 비교적 소량 첨가하여 pH를 조정한다. 이 과정에서 포도당이 만들어지고, (값이 가장 비싼) 포도당 이성화 효소를 세 번째 효소로 첨가하면 포도당의 일부가 이성질체인 과당으로 바뀐다. 단당류 중에 단맛이 가장 강한 과당이 생겨나는 것이다.

식품업계의 목표는 자당(즉 사탕수수와 사탕무에서 나온 설탕)을 대체할 수 있는 저렴한 당을 찾는 것이었다. 순수 포도당 시럽은 만들기 쉽지만 자당만큼 달지 않고 보디감도 다르다. 포도당의 일부가 과당으로 바뀌면 자당과 비슷한 단맛이 나고, 포도당과 과당이 혼합된 것(이를 전화당이라고 한다)은 자당보다 가용성이 더 우수하다는 장점이 있다. 전화당은 농도가 높아도 결정이 형성되지 않는 특징이 있기 때문이다. 자당은 포도당과 과당 두 단당류가 50대 50의 비율로 결합된 이당류이고 꿀은 이 두 단당류가 약 40대 60의 비율로 결합되어 일반 설탕보다 단맛이 강하다. 꿀은 지역이나 꽃, 벌의 종류에 따라 포도당과 과당의 비율이 다르다. 미국에서는 고과당 옥수수 시럽(High Fructose Corn Syrup, 줄여서 HFCS) 중에서도 과당의 함량이 각각 55퍼센트, 42퍼센트인 HFCS-55와 HFCS-42를 주로 사용한다. 고과당 옥수수 시럽은 칼로리당 단맛이 자당보다 높으면서도 생산 비용은 자당보다 40퍼센트 낮다.

정리하면, 맥주 양조에 고과당 옥수수 시럽을 굳이 사용해야 할 이유는 전혀 없다. 이와 같은 결론은 맛이 더 풍부한 꿀에도 사실상 동일하게 적용할 수 있다.

가정할 때).

| 자당 타입*Sucrose-Type*의 당류 |

순수한 자당은 총 중량의 100퍼센트가 발효 가능한 추출물이고 수분은 전혀 함유되어 있지 않으므로 발효성 당류 전체를 대표하는 표준에 해당한다. 자당이 갤런당 1파운드(450그램)의 농도로 녹아 있는 수용액은 비중이 1.046이고, 이를 바꿔 말하면 추출수율이 46PPG가 된다 (384PKL에 해당되는 값. 13장을 참고하기 바란다).

자당이나 부분 정제한 자당의 부산물로 양조에 사용되는 다양한 제품이 만들어진다. 일반 설탕에는 사탕수수와 사탕무가 모두 사용되는데, 설탕으로 정제하고 나면 둘 중 어떤 재료로 만들어진 것인지 구분할 수 없다. 그러나 양조에서는 자당의 부산물을 고려할 때 사탕무는 별로 도움이 되지 않고 사탕수수로 만든 양조용 당류에 한하여 활용할 수 있다. 사탕수수에서 나온 대표적인 부산물이 당밀이다. 당밀은 정제한 사탕수수 설탕과 함께 황설탕을 만드는 데에도 사용한다. 당밀이 발효되면 럼의 풍미가 살짝 느껴지고 단맛을 낼 수 있지만 동시에 날카롭고 거친 향도 날 수 있다. 당밀을 소량 함유한 황설탕은 럼의 향을 미세하게 더한다. 필론시요Piloncillo나 파넬라Panela, 데메라라demerara, 터비나도Turbinado, 무스코바도muscovado와 같은 부분 정제한 사탕수수 설탕을 이용하면 정제 과정에서 불순물이 섞이는 경우가 많은 당밀보다 더 나은 맛을 낼 수 있다. 사이크스Sykes와 링Ling이 언급한 내용을 인용하자면 아래와 같다.

> 사탕무로 만든 원당에 불순물이 섞이면 역한 맛이 나지만 사탕수수 설탕은 불순물이 섞여도 수용할 만한 수준이며 풍부하고 감미로운 단맛이 난다. 또 양조에서는 불순물이 섞인 사탕수수 설탕이 정제한 설탕보다 낫다. 맥주에 원당 특유의 감미로운 단맛을 낼 수 있기 때문이다. (Sykes and Ling 1907, p. 94)

라일 골든 시럽Lyle's Golden Syrup과 같은 전화당 시럽은 자당을 가수분해하여 포도당과 과당을 분리한 제품으로, 이 과정을 통해 두 가지 효과가 발생한다. 첫째, 시럽의 특징이 더욱 강해지고 결정화될 가능성은 줄어든다. 둘째, 단맛이 강해진다. 전화당 시럽은 꿀의 특징적인 맛이 나지 않는 인공 꿀과 같다. 또 골든 시럽과 같은 종류의 제품들은 제조 과정에서 산과 염기의 반응이 일어나 약간 짠맛이 느껴진다. 트리클은 부분 전환된 당밀에 다른 시럽을 혼합한 것으로, 맥주 맛에 큰 영향을 미칠 수 있으므로 알코올 도수가 높은 잉글리시 에일이나 포터, 스위트 스타우트 등 보디감이 묵직한 맥주에 사용하는 것이 가장 적절하다. 이처럼 맛이 강한 시럽을 처음 사용하면 19리터(5갤런) 배치 기준으로 250밀리리터(8액량 온스)가 적당한 시작점이 될 것이다.

부재료에 속하는 벨기에 캔디candi 시럽은 1700년대 초에서 중반경 설탕 값이 비싸진 시기에 잉글랜드에서 처음 만들어졌다. 주전자에 설탕을 끓이고 나면 바닥에 딱딱하게 굳은 덩어리가 생겼고 이를 씻어내기 위해 덩어리가 아직 뜨거운 상태로 바닥에 들러붙어 있을 때 온수를 부어서 나온 것이 캔디 시럽이다. 이렇게 만든 시럽은 다음번 맥주를 만들 때 사용하거나 보관해 두었다가 시장에서 팔았다고 한다. 캔디 시럽으로 돈을 벌게 된 것이다. 이후 아메리카 대륙에서 사탕수수가 대규모로 재배되고 설탕 가격이 하락하고 그에 따라 설탕 소비가 늘면서 캔디 시럽의 생산도 가속화되어 전보다 더 쉽게 구할 수 있는 제품이 되었다.

캔디 시럽은 마야르반응을 거쳐 색이 진하고, 설탕의 종류와 주전자에서 끓인 시간에 따라 제각기 독특한 맛이 난다. 영국의 양조자들 사이에서 캔디 시럽이 맥주에 색과 맛을 내는 부재료로 큰 인기를 얻기 시작하자 1800년대 후반에 그와 같은 양조법이 벨기에로 전해졌다. 오늘날에는 양조용 제품으로 따로 제조되어 5˚L, 45˚L, 90˚L, 180˚L, 240˚L 등 다양한 색(로비본드 등급 기준)의 제품들이 판매되고 있다. 가장 옅은 색 시럽은 꿀을 연상시키는 맛과 함께 옅은 시트러스 향과 연한 갈색의 건포도 향이 느껴진다. 색이 중간(45˚L, 90˚L) 정도인 캔디 시럽에서는 캐러멜, 토피 사탕, 바닐라, 핵과류 과일의 풍미가 느껴진다. 또 색이 가장 진한 시럽에서는 다크 캐러멜, 다크초콜릿, 커피와 핵과류 과일의 맛이 느껴진다. 캔디 시럽은 보통 19리터(5갤런) 배치 기준 0.5~1.4킬로그램(1~3파운드)의 비율로 사용하며 그 비율은 어떤 스타일의 맥주를 만드느냐에 따라 조정하지만, 일반적으로 32PPG(267PKL)에 해당하는 분량을 첨가한다.

| 메이플 시럽 |

단풍나무 수액으로 만드는 메이플 시럽에는 자당이 보통 2퍼센트가량 함유되어 있다. 표준화된 메이플 시럽은 브릭스 단위[1]를 기준으로 최소 66브릭스 이상이고 보통 자당의 함량은 95퍼센트 이상이다. B등급 메이플 시럽은 전화당이 6퍼센트까지 포함될 수 있으나 옅은 호박색을 띠는 A등급은 전화당 함량이 1퍼센트 미만이어야 한다. 메이플 시럽의 맛은 B등급 시럽에서 더 진하게 느껴진다. 1차 발효 과정에서 메이플 시럽 특유의 풍미가 사라지는 경향이 있으므로 최대한 유지하고 싶다면 1차 발효가 끝난 뒤에 첨가하는 것이 좋다. 그러면 6장에서 설명한 것처럼 말토오스 발효가 억제되는 현상도 피할 수 있으므로 발효가 더욱 완전하게 이루어지는 데에도 도움이 된다. 메이플 시럽의 풍미를 확실하게 느끼려면 19리터(5갤런) 배치 기준 B등급 시럽 3.8리터(1갤런)를 첨가한다.

---

1 브릭스 단위는 수용액에서 당의 함량을 중량 기준 퍼센트로 나타낸 것이다. 굴절계로 수용액 중 당의 밀도를 측정한 값으로, 플라토 단위와 거의 동일하다.

| 꿀 |

꿀은 중량당 수분 함량이 약 18퍼센트이고 나머지 82퍼센트는 탄수화물이다. 이 탄수화물 중 95퍼센트가 발효성 당류로 보통 과당 38퍼센트, 포도당 31퍼센트, 각종 이당류 8퍼센트와 비발효성 덱스트린 4퍼센트로 구성된다. 꿀에는 야생 효모 종과 세균도 포함되어 있으나 수분 함량이 낮아서 이러한 미생물들이 비활성 상태로 존재한다. 또 꿀에는 아밀라아제 효소도 있어서 맥아즙에서 비발효성 당류를 말토오스, 자당과 같은 발효성 높은 당류로 분해할 수 있다. 이러한 특징 때문에 꿀은 발효조에 넣기 전에 반드시 저온살균 과정을 거쳐야 한다. 전미꿀위원회(www.nhb.org)에서는 80℃(176℉)에서 30분간 저온살균 하도록 권고한다. 살균이 끝난 꿀은 식혀서 맥아즙 비중에 맞게 희석해서 사용하면 된다. 꿀의 풍미를 최대한 살리고 발효도 적절히 진행되도록 하려면 1차 발효가 끝난 뒤에 첨가해야 한다.

전미꿀위원회가 밝힌 양조 시 꿀의 권장 비율은 아래와 같다(맥아즙에서 전체 발효성 당류의 중량 기준).

3~10%   알코올 도수가 낮은 에일과 라거 대부분의 종류에서 미세한 꿀의 풍미를 느낄 수 있다.

11~30%   꿀의 풍미가 명확하게 느껴진다. 꿀을 이 정도 비율로 사용하여 맛이 강하게 느껴지는 레시피에서는 균형을 맞출 수 있도록 홉의 맛과 캐러멜화 또는 로스팅한 맥아, 향신료, 또는 다른 재료의 맛도 더 강하게 드러날 수 있는 방법을 찾아야 한다.

30~66%   꿀의 풍미가 지배적으로 느껴진다. 이 비율은 맥주 평가자 인증 프로그램(BJCP) 스타일 가이드라인[2] 중 브래고*Braggot*의 꿀과 맥아의 최대 비율인 2대 1과 관련이 있다.

>66%   BJCP에서는 꿀 함량이 66퍼센트를 초과하는 맥주는 벌꿀 술*mead*로 분류한다.

---

2 맥주 평가자 인증 프로그램, 『2015년 맥주 스타일 가이드라인』, http://www.bjcp.org/docs/2015_Guidelines_Beer.pdf

표 24-1 | 일반적인 양조용 당류

당류	PPG(PKL)	발효성	조성	의견
옥수수당	42(351)	100%	포도당 (수분 함량 약 8%)	프라이밍에 사용하거나 알코올 도수는 높이고 맥주의 보디감은 가볍게 하는 용도로 맥아즙에 첨가할 수 있다.
고형 쌀 시럽	42(351)	등급별로 다름. 포도당 고함량 등급은 약 80%	포도당, 말토오스, 기타 (수분 함량 약 10%)	프라이밍에 사용하거나 알코올 도수는 높이고 맥주의 보디감은 가볍게 하는 용도로 맥아즙에 첨가할 수 있다.
일반 설탕	46(384)	100%	자당	프라이밍에 사용하거나 알코올 도수는 높이고 맥주의 보디감은 가볍게 하는 용도로 맥아즙에 첨가할 수 있다.
라일 골든 시럽	38(317)	100%	포도당, 과당 (수분 함량 약 18%)	전화당은 과당과 포도당으로 분해된 산물이다. 제조 과정 중 산과 염기의 반응으로 약간 짠맛이 난다.
벨기에 캔디 시럽	32(267)	약 50~80%로 다양함	자당, 멜라노이딘	색과 맛이 다양한 제품들을 판매한다. 벨기에 에일 스타일의 맥주에 핵심 성분으로 많이 사용한다.
당밀/트리클	36(300)	약 50~70%로 다양함	자당, 전화당, 덱스트린	조성이 다양하므로 발효성도 50~70% 범위에서 다양하다. 럼이나 와인의 향이 날 수 있다.
젖당	46(384)	–	젖당(수분 함량<1%)	젖당은 비발효성 당으로, 포도당과 갈락토오스로 이루어진 이당류에 속한다. 밀크스타우트에 부드럽고 달콤한 맛을 내는 용도로 사용한다.
꿀	38(317)	95%	과당, 포도당, 자당 (수분 함량 약 18%)	꿀은 다량의 과당에 당류가 섞인 혼합물이다. 어디에서 얻은 꿀인지에 따라 맥주에 꿀의 풍미를 다양하게 낼 수 있다.
메이플 시럽	31(259)	100%	자당, 과당, 포도당 (수분 함량 약 34%)	메이플 시럽은 성분의 대부분이 자당이다. B등급이 A등급 시럽보다 메이플의 풍미가 더 강하다.
말토덱스트린 (분말)	42(351)	–	덱스트린(수분 함량 5%)	말토덱스트린 분말에는 말토오스가 소량 포함되어 있으나 대부분 비발효성 당으로 구성된다. 마셨을 때 입안 질감을 더하고 보디감을 조금 높이는 기능을 한다.

참고 사항: 자당을 함유한 양조용 시럽의 추출 수율은 고형 성분의 퍼센트 비율(즉 수분 비율을 제외한 비율)이나 브릭스 단위에 자당의 참조 표준인 46PPG를 곱하면 대략적인 값을 구할 수 있다. 분말 형태의 당류는 수분의 퍼센트 비율을 뺀 값에 45PPG를 곱하면 대략적인 추출 수율이 나온다.

맥아 직접 굽기

자가 양조자라면 부엌에서 맥아로 이런저런 실험을 마음껏 해볼 줄 알아야 한다. 베이스 맥아를 오븐에 구워서 사용하면 맥주에 견과류와 토스트의 향을 더할 수 있어서 브라운 에일이나 포터, 복 맥주, 옥토버페스트 맥주와 잘 어울린다. 직접 굽는 방법은 쉬울 뿐만 아니라 완성한 맥아는 침출용, 당화용으로 모두 활용할 수 있다. 침출용으로 사용하면 전환되지 않은 전분이 맥아즙에 높은 비율로 함유되어 맥주 색이 뿌옇게 흐려지지만 최종 완성된 맥주에서 기분 좋은 견과류와 토스트의 풍미가 가득 느껴진다. 굽는 시간과 온도를 다양하게 조합해서 이와 같은 로스팅한 맥아를 만들 수 있다(표 24.2).

맥아를 구울 때 가장 중심이 되는 반응은 전분과 단백질이 갈색으로 변하는 마야르반응이다. 전분과 단백질이 갈색을 띠면 여러 가지 맛과 색을 내는 성분들이 생성된다. 색을 내는 성분인 '멜라노이딘'은 맥주가 숙성되는 과정에서 산화와 부패 반응을 늦춰서 맛의 안정성을 높이는 기능을 한다.

마야르반응은 곡물의 젖은 상태에 영향을 받는다. 따라서 굽는 과정에서 물을 잘 활용하면 맥아를 다양한 맛으로 만들 수 있다. 분쇄하지 않은 맥아를 물에 한 시간 동안 담가두면 마야르반응의 갈변 과정이 일어나기에 가장 적합한 수분 환경이 조성된다. 맥아를 젖은 상태에서 구우면 열이 가해지면서 전분의 부분적인 전환이 일어나고 그 결과 더욱 풍부한 캐러멜의 풍미가 발생한다. 반대로 건조한 곡물을 구우면 토스트 향, 또는 '그레이프 넛츠Grape-Nuts®' 시리

표 24-2 | 맥아 굽는 시간과 온도

오븐 온도	곡물의 상태	시간	맛
140℃(275℉)	건조	60분	옅은 견과류 맛과 향
180℃(350℉)	건조	15분	옅은 견과류 맛과 향
180℃(350℉)	건조	30분	토스트, '그레이프 너츠' 시리얼 맛
180℃(350℉)	건조	60분	로스팅한 맥아의 풍미가 더욱 강하다. 시판 브라운 맥아 제품과 매우 비슷한 맛. 다소 거칠게 느껴질 수 있다.
180℃(350℉)	젖은 곡물	60분	달콤한 토스트의 향이 옅게 느껴진다.
180℃(350℉)	젖은 곡물	90분	토스트 향, 맥아의 풍미, 약간 달콤한 맛
180℃(350℉)	젖은 곡물	120분	브라운 맥아와 비슷한 수준으로 로스팅한 맥아의 풍미가 강하게 나면서도 약간 달콤하다.

얼과 비슷한 향이 강해져서 밤색 브라운 에일에 잘 어울린다.

로스팅한 맥아는 종이봉투에 담아 2주간 두었다가 사용해야 한다. 이 기간에 거친 향은 모두 사라진다. 시중에서 판매하는 로스팅한 맥아는 6주간 숙성한 뒤 판매하는 경우가 많다. 많이(마른 곡물은 30분 이상, 젖은 곡물은 60분 이상) 로스팅한 맥아일수록 이러한 숙성 과정을 꼭 거쳐야 한다.

양조자의 감이 맥주 맛을 좌우한다

어떤 양조자든, 문득 재료를 발견하고(메이플 시럽이든 당밀, 치리오스® 시리얼, 고추, 감자, 호박, 과일의 일종인 비파, 생강, 가문비나무 잎의 끝부분, 헤더 꽃, 감초, 상한 빵, 심지어 짝이 안 맞는 양말) 이렇게 외치는 순간이 찾아온다. "내가 말이야, 이런 것도 발효시킬 수 있어!" 예로 든 재료들은 대부분 실제로 발효가 되기는 할 테고(양말은 드라이 호핑 방법을 사용하면 무리가 없을 것이다), 그래서 역시 그것 보라며 득의양양해질 수 있겠지만 결과적으로 한잔 맛본 다음에는 아무도 다시 마시려 하지 않는 맥주가 나올 수 있다. 나는 향신료가 들어가 연휴에 마시기 좋은 맥주를 만들면 내 입맛에 잘 맞을 줄 알았는데, 해보니 그렇지 않았다. 당밀이 들어간 포터도 괜찮을 줄 알았지만 역시나 아니었다. 비파가 들어간 밀맥주도 그랬다. 네 시간이나 들여 그 작은 골칫덩이 과일을 세 봉지나 일일이 껍질을 벗기고 씨를 제거해서 맥주를 만들었는데, 나조차 도저히 삼키기도 힘든 결과물이 나왔다!

실험은 아주 건강하고 좋은 일임이 분명하다. 다만 결과가 마음에 들지 않을 수도 있다는 사실을 알고 시작해야 한다. 당밀이나 얼음사탕, 꿀, 메이플 시럽과 같은 정제한 당류는 적정 비율로 사용하면 훌륭한 맛을 낼 수 있지만, 맥주에 개성을 더하는 정도로 엄격히 제한해서 사용해야 한다. 또 지금 우리가 만드는 건 맥주지 리큐어가 아니라는 사실도 명심해야 한다. 정제당을 첨가하면 퓨젤 알코올이 생성되고 이로 인해 용제와 비슷한 냄새가 날 수도 있다. 시도해본 적 없는 발효성 당류 한두 가지를 레시피에 첨가하고 싶다면 얼마든지 그렇게 하되, 소량만 사용하여 맥주 맛을 온통 지배하지 않도록 해야 한다. 이번 장을 열면서 여러분에게 날개를 활짝 펴고 자신만의 레시피를 만들어보라고 해놓고서 적정선을 지켜야 한다고 이야기하자니 내가 위선자가 된 것 같은 기분도 들지만, 여러분이 차마 마실 수도 없는 맥주를 만드느라 아까운 시간을 흘려보내지 않았으면 좋겠다. 가능한 일이라고 해서 반드시 해내야만 하는 일은 아니다.

자, 이번 장에 해야 할 이야기는 다 했다. 다음 장인 25장에서는 흔히 발생하는 문제들을 살펴보면서 원인을 알아보고 맥주에 이취가 나는 가장 일반적인 요인도 찾아보자.

CHAPTER

25

★HOW to BREW★

맥주가
상한 걸까요?

"제가 만든 맥주인데 혹시 상한 걸까요?" 수제 맥주 양조를 갓 시작한 사람들이 가장 많이 묻는 질문 중 하나다. 대부분 이런 대답이 따른다. "아뇨, 안 상했어요." 여러 가지 원인에 따라 최종 완성된 맥주에서 이상한 맛이나 냄새가 날 수도 있는데, 그냥 마셔도 된다. '완벽한 맥주를 만들기 위한 여정 가운데 또 하나 배웠구나'라고 생각하면 될 것이다. 그런 경우 말고 실제로 맥주가 잘못될 가능성도 많은데, 원인을 찾아보면 한두 가지 근본적인 요소에서 비롯된 것이 대부분이다.

　맛있는 맥주를 만들기 위해 가장 우선적으로 신경 써야 하는 다섯 가지 요소를 정리해보자.

　1. 위생
　2. 발효 온도 조절
　3. 적절한 효모 관리
　4. 끓이기
　5. 레시피

위 목록은 가장 중요한 순서대로 나열한 것이다. 우선순위가 더 높은 요소에서 실수가 발생했다면 우선순위가 그보다 낮은 요소를 고치는 것으로는 문제를 해결할 수 없다. 여기에 여섯 번째 요소를 추가한다면 재료가 될 것이다. 재료의 품질이 맥주 품질에 중요한 요소인 것은 분명하지만, 양조 단계에서 문제가 생기면 아무리 좋은 품질의 재료를 사용해도 결과는 별반 달라지지 않는다. 또 재료는 훌륭한데 레시피가 엉망이라도 썩 맛있는 맥주를 기대할 수 없다. 레시피는 괜찮은데 재료를 제대로 조리(맥아즙을 끓이는 것)하지 않으면 역시나 아주 맛있는 맥주는 나올 수 없다. 효모 스타터를 잘 만들어서 산소도 충분히 공급하고 적정 온도에서 발효를 진행하더라도 전에 맥주를 만든 후 발효조로 맥아즙을 옮기는 튜브를 깜박하고 세척해 두지 않아 그대로 사용한다면 맥주가 잘 만들어질 리 없다. 양조 단계는 전부 제대로 지켰는데 오래된 맥아나 알칼리도가 아주 높은 양조 용수를 재료로 사용했더라도 문제가 생길 수 있다. 우선 발효 과정에서 발생하는 일반적인 문제와 원인부터 살펴보자.

발효 문제

문제 이틀 전에 효모를 넣었는데 아무 변화가 없어요.

원인 1 너무 낮은 온도

발효가 진행되지 않는 원인은 여러 가지가 있다. 효모가 충분히 활성화될 수 있는 건강한 상태라면 발효 온도가 너무 낮은 것이 원인일 수 있다. 에일 맥주의 효모는 종류별로 활성 온도가 다양하지만 16℃(60℉) 이하로 내려가면 비활성 상태가 된다. 예를 들어 41℃(105℉) 정도의 아주 따뜻한 물에서 건조효모를 재수화한 뒤 그보다 훨씬 더 차가운 18℃(65℉)의 맥아즙에 첨가할 경우, 극심한 온도차로 효모가 열 충격을 받아 환경에 적응하는 데 더 긴 시간이 걸린다. 온도가 낮은 스타터에 담긴 효모를 더 높은 온도의 맥아즙에 투입하는 것은 상관없지만 반대의 경우는 부적절하다.

해결 방법 효모나 효모 스타터의 온도와 맥아즙의 온도가 3℃(5℉) 이상 차이가 나서는 안 된다. 이미 그 이상 온도차가 있는 상태에서 효모를 넣고 오랜 시간이 지나도 활성화되지 않으면(즉 적응 기간인 48시간을 넘겨도 비활성 상태인 경우) 발효조의 온도를 3℃(5℉) 정도 높여보자. 상황이 크게 변할 수도 있다.

원인 2 부적절한 효모 관리

발효가 시작되지 않는 가장 일반적인 원인은 바로 효모다. 건조효모는 적절한 방식으로 포장해서 보관하면 최대 2년까지는 충분히 활성을 유지한다. 제품 포장에 적힌 제조일자나 '유통기한'을 확인하자. 너무 오래된 효모나 보관 상태가 적절치 않은 효모는 활성을 잃었을 가능성이 높다. 액상 효모의 활성 가능성은 색깔로 평가할 수 있다. 상태가 좋을 때는 크림처럼 하얀빛을 띠지만 오래되면 회색이나 갈색으로 변한다. 오래된 효모는 사용하기 전에 사전 배양 단계를 통해 필요한 첨가량만큼 자랄 수 있도록 재활성화하는 과정이 필요하다.

효모는 세심하게 다루고 잘 자랄 수 있는 환경을 마련해주어야 한다. 건조효모는 수분을 제거한 상태라 각 세포가 바싹 말라 있어서 바로 기능을 발휘할 수 없다. 일을 시작하기 전에 따끈한 물에서 다시 수분을 얻고 일정 시간 동안 스트레칭도 좀 하고 다시 식욕을 돋울 기회도 가진 다음에 본격적으로 맥아즙에서 활약을 펼칠 수 있다. 맥아즙에다가 건조효모를 바로 뿌리면 도전적으로 맞서보는 세포도 있겠지만 대부분은 그렇지 않다. 효모가 훌륭한 맥주를 만들어낼 수 있는 최상의 환경을 마련해주어야 한다.

해결 방법 맹물을 이용한 효모 재수화를 강력하게 추천한다. 삼투압의 원리를 고려할 때 반드시 필요한 과정이다. 건조효모는 세포 내에 생존을 유지하는 데 필요한 당을 충분히 보유하고 있으므로 재수화 과정에서 당을 첨가해야 할 필요가 없다. 맥아즙은 용해된 당을 고농도로 함유하고 있어서 효모가 세포막에 수분을 공급하고 내부에 저장된 영양분을 이용하려면 꼭 필요한 물을 끌어다 사용할 수가 없다. 맥아즙 내에 포함된 물은 수용액 중 당에 수분을 공급하는 역할을 하는 것이다. 이런 이유로 건조효모를 바로 투입하는 것은 발효가 될 수는 있지만 좋은 방법은 아니다.

액상 효모도 마찬가지로 만반의 준비를 할 시간이 필요하다. 냉장고에 보관해둔 효모는 온도를 높이고 영양분을 미리 공급해서 주어진 역할을 적절히 수행할 수 있을 만큼 충분히 활성화해야 한다. 효모 세포의 수는 액상 효모보다 건조효모 한 봉지에 담긴 양이 훨씬 더 많다. 그러므로 액상 효모로 5갤런(19리터) 분량의 맥아즙을 발효하려면 사전 배양액을 이용하여 세포 수를 충분히 늘려야 한다. 액상 효모와 건조효모는 모두 맥아즙에 투입한 뒤 본격적으로 발효되기까지 적응기를 거친다. 맥아즙에 산소가 용해되는 통기 과정에서 효모 세포는 성장에 필요한 산소를 확보하고 발효를 적절히 진행할 수 있을 만큼 세포 수를 늘릴 수 있다.

원인 3 기계적인 문제

공기차단기에 기포가 올라오지 않으면 뚜껑과 발효조 사이 또는 공기차단기와 뚜껑 사이를 막는 밀폐 고무가 손상됐을 가능성이 있다. 이때 발효는 진행될 수 있지만 이산화탄소가 공기차단기를 통해 빠져나오지 못한다.

해결 방법 큰 문제는 아니고 맥주에 영향을 주지는 않는다. 밀폐 고무나 부품을 고치거나 대체하자.

문제 어제 효모를 넣었어요. 하루 내내 기포가 올라오더니 서서히 줄다가 오늘은 아예 멈췄어요.

원인 1 부적절한 효모 관리

효모를 적절히 재수화하지 않았거나 첨가량이 적었거나(사전 배양을 실시하지 않은 경우도 포함), 통기를 충분히 실시하지 않는 등 효모를 제대로 준비하지 않으면 발효에 실패하기 쉽다.

해결 방법 효모를 새로 투입한다. 발효가 늦어지는 것을 지나치게 염려할 필요는 없다. 세척과 위생 관리를 철저히 했다면 하루나 이틀 정도 새로운 효모를 마련해서 첨가해도 맥주에 악영향을 주지 않는다.

원인 2 너무 낮은 온도

발효 결과에 영향을 미치는 주된 요인은 온도다. 발효조가 놓여 있는 공간의 온도가 내려간 경우, 그 폭이 밤사이에 3℃(5℉) 정도 내려간 수준에 그친다 하더라도 효모의 활성은 급격히 약해질 수 있다.

해결 방법 발효 온도를 일정하게 유지하도록 최대한 노력해야 한다. 효모가 아주 감사하게 생각하며 보답할 것이다.

원인 3 너무 높은 온도

발효 온도가 너무 낮은 것도 문제지만, 예를 들어 24℃(75℉) 정도로 온도가 너무 높아도 효모가 정해진 일정보다 너무 빨리 할 일을 끝내버리는 일이 생긴다. 너무 많은 양의 효모를 투입해도 48시간 내에 1차 발효가 완료되는 상황이 벌어질 수 있다. 발효 온도가 21℃(70℉)를 넘어가면 에스테르와 페놀류의 물질이 다량 발생하고 맛에 안 좋은 영향을 미친다. 발효가 되긴 하겠지만 원래 얻을 수 있었던 결과는 얻지 못한다.

해결 방법 발효 온도를 권장 범위 내로 유지할 수 있도록 최대한 노력해야 한다. 효모가 감사하며 보답할 것이다.

문제 저번에 만들 때는 이러저러했는데 이번에는 이렇게 됐어요.

원인 다른 발효 과정

똑같은 재료를 사용하여 똑같은 레시피대로 맥주를 만들어도 발효는 제각기 다르게 진행된다. 그리고 딱 한 가지를 변경해도 전과는 다른 맥주가 나온다. 그 차이가 크지 않을 때도 있지만 상당한 변화가 될 수도 있다. 레시피도 동일하고 온도도 전과 동일하게 맞췄는데 발효의 활성도나 소요 시간이 달라졌다면 효모의 건강 상태나 통기, 기타 요인이 달라졌다고 볼 수 있다. 이런 문제는 맥주의 냄새나 맛에 엄청나게 큰 변화가 생긴 경우에만 고민하면 된다.

해결 방법 인내심을 가져라. 일단 발효가 끝날 때까지 기다리고 맥주가 완성되면 맛을 보자. 실제로 맛을 보면 아무 이상이 없을지도 모른다. 이취가 나는 원인과 해결 방법은 다음 절에서 다룰 것이다.

문제 공기차단기에 찐득찐득한 것이 묻어서 막혀버렸어요.

원인 너무 활발히 진행된 발효

발효가 굉장히 활발하면 거품이 공기차단기 내부까지 밀려들어오기도 한다. 공기차단기가 막히면 발효조 내부에 압력이 발생하여, 발효가 끝나면 갈색을 띤 효모와 홉에서 나온 수지 성분이 발효조 윗부분에 다닥다닥 붙는다.

해결 방법 가장 좋은 해결책은 기체 배출용 호스를 교체하는 것이다. 직경이 좀 더 큰(2.5센티미터) 호스를 발효조 입구나 카보이 유리병 입구에 연결하고 반대쪽 끝은 물이 담긴 양동이에 담근다.

문제 흰색/갈색/녹색 물질이 떠다녀요/자라요/이리저리 움직여요.

원인 1 발효 과정에서 나타나는 정상적인 현상

발효를 처음 시도할 때 발효조 내부를 들여다보면 놀라운 광경을 보게 된다. 희끄무레하면서 노랗고 갈색도 섞인 거품이 맥아즙 위에 떠 있고 홉과 수지 성분으로 된 초록색도 드문드문 섞여 있다. 지극히 정상적인 현상이다. 거품이 약간 찐득한 느낌이 들더라도 염려할 필요는 없다. 효모 종류에 따라 질척한 거품이 형성되기도 한다.

해결 방법 마음을 편하게 먹어라. 걱정하지 않아도 된다.

원인 2 오염

맥주가 세균에 오염되었을 가능성이 있다. 균에 오염되면 맥주 상단에 균막으로 불리는, 젤라틴 느낌의 층이 많이 형성된다. 보통 균막은 하얀색이나 아이보리에 가까운 황갈색을 띠고(다른 색이면 곰팡이일지도 모른다) 표면은 건조하거나 찐득한 느낌을 주면서 매끄럽다. 인터넷에 '균막'을 검색해보고 어떤 형태인지 예시를 확인해보기 바란다. 세균에 오염됐다면 맥주에 쌀국수처럼 젤라틴 느낌의 긴 덩어리가 생기기도 한다(국수 면발보다 훨씬 부드럽다). 오염된 맥주는 균의 종류에 따라 쉰 냄새나 페놀, 버터 냄새가 난다. 14장 '사워 맥주 만들기'에 더 상세한 정보가 나와 있다.

해결 방법 시중에서 판매하는 미생물이나 직접 배양한 균을 이용하여 일부러 사워 맥주를 만든 것이 아니라면, 전부 버리는 것이 좋다. 그냥 두면서 훌륭한 사워 맥주가 되기를 기다려볼 수도 있겠지만 수주, 수개월 심지어 일 년이 걸릴 수도 있고 사워 맥주가 된다고 해서 다 맛이 훌륭한 것도 아니다. 양조 장비를 꼼꼼하게 세척하고 소독하자. 그리고 상한 맥아즙을 준비하고 발효했던 공간도 마찬가지로 세척하고 소독해야 한다. 그래도 반복적으로 오염된다면 낡은 플라스틱 도구를 새것으로 교체하자.

원인 3 곰팡이 발생

맥주에 곰팡이가 생겼을 가능성이 있다. 곰팡이는 푸르스름하거나 녹색을 띠고 거무스름하기도 하다. 털 같은 것이 생길 수도 있다. 맥주에 생긴 곰팡이나 세균은 대부분 위험성이 없지만 한두 가지는 건강에 악영향을 준다. 가령 검은색 곰팡이는 많은 사람들에게 호흡기 문제를 일으킬 수 있다.

해결 방법 의심되면 버려라. 아쉬운 것보다는 안전한 것이 낫다. 양조 장비를 꼼꼼하게 세척하고 소독하자. 그리고 상한 맥아즙을 준비하고 발효했던 공간도 마찬가지로 세척하고 소독해야 한다. 그래도 반복적으로 오염된다면 낡은 플라스틱 도구를 새것으로 교체하자.

문제 <u>식초 냄새가 나요.</u>

원인 세균 오염

맥주가 세균에 오염되었다면, 그 식초 냄새는 정말로 식초에서 나는 것일 수도 있다. 초산균(식초를 만드는 균)과 젖산균(젖산을 만드는 균)은 양조장에서 흔히 발생하는 오염원이다. 오염된 맥주에서는 사과 식초 냄새가 나기도 하고 맥아 식초와 비슷한 향이 풍기기도 한다. 맥아즙에 오염된 균의 종류에 따라 냄새도 달라진다. 초산균에 오염되면 균막이 생기며, 호기성균(好氣性菌)이기 때문에 맥주에 공기가 들어간 징후로도 볼 수 있다.

해결 방법 시중에서 판매하는 미생물이나 직접 배양한 균을 이용하여 일부러 사워 맥주를 만든 것이 아니라면, 전부 버리는 것이 좋다. 그냥 두면서 훌륭한 사워 맥주가 되기를 기다려볼 수도 있겠지만 수주, 수개월 심지어 일 년이 걸릴 수도 있고 사워 맥주가 된다고 해서 다 맛이 훌륭한 것도 아니다. 그런데도 사워 맥주가 되기를 기다려보기로 결심했다면 브레타노미세스 *Brettanomyces*를 첨가하여 점성을 없애자.

문제 전자레인지로 만든 팝콘처럼 진한 버터 냄새가 나요.

원인 1 디아세틸

VDK에 해당하는 디아세틸은 효모 발효의 초기에 발생하는 발효 부산물이 산화될 때 생성된다. 원래는 발효가 끝날 때쯤 효모가 디아세틸을 제거하지만, 발효가 원활히 진행되지 못하거나 급하게 이루어졌다면, 또는 불완전하게 끝났다면 맥주에 디아세틸이 남게 된다. 이러한 상황은 모두 효모와 관련이 있고, 보통 발효가 끝난 무렵에 온도가 낮아진 것이 원인일 수 있다.

해결 방법 발효 시 신선한 효모를 충분히 첨가하고 발효가 끝나갈 때쯤 디아세틸 휴지기를 포함시킨다. 이번 장에서도 뒷부분에 디아세틸에 관한 내용을 다시 이야기하겠지만, 11장에 더 상세한 정보가 나와 있다.

원인 2 세균 오염

맥주를 쉬게 만드는 흔한 원인균인 페디오코쿠스*pediococcus*균은 발효 초기에 디아세틸을 다량 발생시킨다. 또 맥주 색을 뿌옇게 흐리는 원인이기도 하다. 균막도 형성될 수 있다.

해결 방법 시중에서 판매하는 미생물이나 직접 배양한 균을 이용하여 일부러 사워 맥주를 만든 것이 아니라면, 전부 버리는 것이 좋다. 그냥 두면서 훌륭한 사워 맥주가 되기를 기다려볼 수도 있겠지만 수주, 수개월 심지어 일 년이 걸릴 수도 있고 사워 맥주가 된다고 해서 다 맛이 훌륭한 것도 아니다. 브레타노미세스를 첨가하면 디아세틸 성분과 맥주의 점성을 없앨 수 있다.

문제 정향이나 헛간에서 날 법한 고약한 냄새가 나요.

원인 야생 효모 오염

맥주 효모는 사카로미세스*Saccharomyces* 외에도 여러 가지 수많은 효모로 만들어진다. 브레타노미세스도 사카로미세스와 마찬가지로 맥아즙에 함유된 당을 즉각 소비하는데, 이러한 브레타노미세스의 발효로 발생하는 향과 맛은 사카로미세스 발효로 나타나는 향이나 맛과 달리 페놀 성분이 많은 영향을 미친다. 일부 맥주(벨기에 에일 등)에서는 이러한 페놀 성분이 고유한 개성을 부여하고 맛의 복합성을 대폭 향상하는 역할을 하지만 의도치 않게, 또는 무분별하게 발생할 경우 맥주의 기본적인 특성과 충돌하고 맥주를 오염시킬 수 있다. 그로 인한 냄새는 상당히 광범위한데, 주로 말안장에 까는 담요나 헛간, 가죽 냄새와 비슷하다. 파인애플이나 열대과일에서 나는 에스테르 냄새가 나기도 한다.

해결 방법 시중에서 판매하는 미생물이나 직접 배양한 브레타노미세스균을 이용하여 일부러 사워 맥주를 만든 것이 아니라면, 전부 버리는 것이 좋다. 브레타노미세스로 발효한 맥주는 사워 비어가 아니지만 사워 비어로 만들 수는 있다. 대신 맥주에서 고약한 냄새가 풍기는 경우가 많고, 그 맛을 좋아하는 사람들도 있지만 대부분은 즐기지 않는다. 사워 비어용 균을 배양해서 첨가하는 것도 악취를 없애는 한 가지 방법이다.

문제 상한 달걀처럼 썩은 냄새가 나요.

원인 1 세균 오염

세균에 오염되면 유황 냄새가 날 수 있다. 라거 맥주가 아닌데 이런 냄새가 나면 맥주가 세균에 오염되었다는 정확한 징후로 보면 된다. 때에 따라 부티르산과 비슷한 냄새가 나기도 한다. 한마디로 구역질 나는 냄새다.

해결 방법 시중에서 판매하는 미생물이나 직접 배양한 균을 이용하여 일부러 사워 맥주를 만든 것이 아니라면, 전부 버리는 것이 좋다. 그냥 두면서 훌륭한 사워 맥주가 되기를 기다려볼 수도 있겠지만 수주, 수개월 심지어 일 년이 걸릴 수도 있고 사워 맥주가 된다고 해서 다 맛이 훌륭한 것도 아니다.

원인 2 효모 종의 특성

라거 맥주용 효모 중에는 발효 과정에서 우리가 인지할 만큼 황화수소(썩은 계란 냄새의 원인)를 발생시키는 종류가 많다. 발효가 끝나면 이런 냄새도 모두 사라지고 맥주 맛에는 영향을 주지 않는다.

해결 방법 활발하게 발효되면 맥주에 이와 같은 냄새를 남기지 않고 최종 완성된 맥주에서는 발효 과정에서 풍기던 냄새가 나지 않아야 정상이다. 발효 온도를 몇 도 정도 올리면 효모를 더욱 활성화할 수 있고 이산화탄소가 더 많이 생기면서 냄새 제거에 도움이 된다.

문제 <u>1~2주 정도 지났는데 아직도 기포가 올라와요.</u>

우선 발효 온도부터 확인해보자. 적정 범위인가? 온도가 적정 범위라면 비중을 측정하고 초기 비중과 예상한 종료 비중(일반적인 종료 비중은 1.008~1.014의 범위) 사이의 값이 나오는지 확인하자. 비중도 아무 이상이 없다면 문제될 것이 없다고 볼 수 있으니 아래 '원인 1'을 참고하기 바란다. 비중을 측정한 결과가 예상한 종료 비중보다 낮다면 세균이나 야생 효모에 맥주가 오염됐을 가능성이 있다. 비중 측정을 위해 채취한 샘플의 맛을 보고 이취가 없는지 살펴보자.

원인 1 서늘한 온도

맥주가 오랜 시간에 걸쳐(에일은 1주 이상, 라거는 2주 이상) 서서히 발효되는 것(즉 공기차단기에 기포가 올라오는 것)은 정상적으로 일어날 수 있는 일이다. 대부분 다소 서늘한 온도에서 발효될 때 이러한 현상이 나타난다. 효모가 정상적인 속도보다 느리게 기능한 결과다. 발효가 느리지만 정상적으로 진행되면 몇 초에 한 번씩 공기차단기에 기포가 하나 올라온다. 최종 비중에 근접하면 이러한 활성이 돌연 감소한다.

해결 방법 이러한 현상은 문제되지 않는다.

원인 2 오염으로 인한 분출

기포가 계속해서 발생하는 현상은 오염으로 인한 '분출'이다. 언제든 이러한 오염이 발생할 수 있고, 야생 효모나 덱스트린 같은 비발효성 당을 소비하는 균이 원인이다. 오염으로 인한 기포는 탄수화물 발효가 끝날 때까지 지속적으로(분당 1~2개) 발생하고 그 결과 보디감이 전혀 없고 거의 아무런 맛도 느껴지지 않는 맥주가 만들어진다. 병에 넣는 시점에 이러한 오염이 발생하면 탄산이 과도하게 형성되어 소다수처럼 기포가 다량 발생하여 병 바깥으로 마구 흘러내린다.

너무 오랫동안 기포가 발생하면 비중계로 비중을 측정하자. 사이펀이나 칠면조 구울 때 육즙을 끼얹는 주사기 같은 도구(터키 배스터)로 발효조에 담긴 맥주 샘플을 덜어낸 뒤 측정하면 된다. 비중이 1,020 이상으로 높다면 발효 온도가 최적 온도보다 낮거나 효모 첨가량이 부족해서 생긴 현상일 수 있고, 비중이 1,010 미만인데 공기차단기에서 분당 기포가 한두 개 정도 계속해서 발생하면 야생 효모나 세균에 맥주가 오염되었을 가능성이 있다. 이때 맥주가 완성되더라도 맛이 없고 불쾌한 페놀 냄새가 남아 있을 수 있으므로 굳이 완성해서 마실 필요가 없다.

해결 방법 다음 양조 시에는 위생 관리에 더욱 신경을 쓰자.

문제 <u>발효는 중단된 것 같은데 비중을 측정해보면 높아요.</u>

원인 1 너무 낮은 온도

흔히 '발효 중단'으로 일컫는 이러한 문제의 원인은 몇 가지가 있다. 가장 일반적인 원인은 저온이다. 이번 절 첫 부분에서도 언급했지만 온도가 대폭 떨어지면 효모가 불활성 상태가 되고 발효조 바닥에 효모가 가라앉는 현상이 발생할 수 있다.

해결 방법 발효조를 온도가 더 높은 공간으로 옮기고 맥아즙을 저어서 가라앉은 효모를 떠오르게 하면 대부분 문제가 해결된다. 정상적으로 발효되면 공기차단기에 기포가 더 많이 생기고 며칠 뒤에는 목표로 정한 비중과 가까운 값에 도달할 것이다.

원인 2 효모 활성 약화 또는 효모 첨가량 부족

효모 첨가량이 부족한 것도 발효가 중단되는 흔한 원인에 속한다. 앞서 발효 전 효모 준비 과정에 대해 설명한 내용을 상기해보면, 효모의 활성이 약하거나 건강한 효모의 수가 적으면 비중이 높은 맥아즙을 적절히 발효시키지 못한다. 초기 비중이 1,075 이상으로 높은 맥주를 양조할 때 이러한 문제가 가장 많이 발생한다.

해결 방법 사전 배양으로 충분히 활성화된 효모를 첨가하자. 사전 배양액을 준비하는 방법은 7장에 나와 있다.

원인 3 낮은 발효도

스페셜티 맥아나 덱스트린을 함유한 부재료가 큰 비중을 차지하여 맥아즙 자체의 발효도가 낮은 것도 발효가 중단되는 일반적인 원인이다. 그 밖에 당화 온도가 높은 것도 원인이 될 수 있다. 실제로 당화 온도가 단 몇 도만 더 높아도 발효도에 커다란 차이가 생긴다.

해결 방법 캐러멜맥아와 로스팅한 맥아는 대체로 발효도가 낮다. 종료 비중을 추정할 때, 베이스맥아와 건조맥아는 발효도가 75퍼센트 정도라면 이러한 맥아는 50퍼센트로 가정해야 한다.

강제 발효(즉 건조효모 한 봉지를 따뜻한 온도의 맥아즙 1리터에 넣고 발효시키는 것)를 실시해보면 사용할 맥아즙으로 얻을 수 있는 최대 발효도를 확인할 수 있다.

당화 온도도 문제를 일으킬 수 있다. 69~71℃(156~160℉)의 범위에서는 전분 전환이 원활하지만 65~68℃(149~155℉)의 범위에서는 비발효성 덱스트린이 높은 비율을 차지할 수 있다. 온도 보정 기능이 검증된 고품질의 온도계를 구비하는 것도 이런 문제를 해결할 수 있는 방법이다.

발효 이후의 문제

문제 탄산이 생기지 않아요.

원인 더 기다려라.

'탄산 형성과 잔류 발효'라는 과제를 수행하고 발효의 90퍼센트가 완료될 시점을 결정하기 위해서는 시간과 온도, 효모 종, 이 세 가지가 '위원회'에 모두 참석하여 각자의 역할을 해내야 한다. 그런데 이 회의는 방해 요소 없이, 따뜻한 실내에서 열어야 최상의 성과를 거둘 수 있다. 예산(프라이밍 설탕)을 충분히 제공하면 보통 2주 정도 후 합의된 결과를 내놓는다. 셋이 모인 후에도 한 달 내에 결과가 도출되지 않으면 한바탕 항의를 해야 하고 좀 흔들어줄 필요가 있다.

해결 방법 맥주가 담긴 병을 보관한 공간의 온도가 너무 낮으면 더 따뜻한 곳으로 옮기는 것으로 해결할 수 있다. 효모가 너무 일찍 가라앉았다면 병을 흔들어서 효모가 떠올라 맥주를 현탁액 상태로 만들도록 하자. 발효 기간이 너무 길었다면 탄산을 만들어낼 수 있는 효모가 충분히 남아 있지 않을 수도 있다. 이때 병에 넣는 단계에 신선한 효모를 첨가해도 된다.

문제 병 내부에서 탄산이 너무 많이 생겼어요.

원인 1 과도한 설탕 첨가

프라이밍 설탕을 너무 많이 사용한 것이 원인이다.

해결 방법 맥주가 담긴 병을 모두 뚜껑을 열고 다시 밀봉한다. 뚜껑을 열어도 맥주에 녹아 있는 탄산은 그대로 남아 있고 액체와 병 입구 사이 공간에 차 있던 기체만 날아가므로 필요하면 여러 번 반복해서 실시해도 된다. 일단 뚜껑을 열고 알루미늄포일을 정사각형으로 작게 잘라서 뚜껑 대신 입구를 막고 몇 분에서 몇 시간 정도 두었다가 나중에 다시 뚜껑을 닫는 것도 괜찮은 방법이다. 가장 중요한 것은 다음 양조 시에는 설탕을 너무 많이 넣지 않도록 주의하는 것이다. rec.crafts.brewing이라는 사이트의 토론 방에서 읽은 이야기가 생각난다. 두 사람이 함께 맥주를 만들었는데, 둘 다 상대방이 프라이밍 설탕을 넣지 않았다고 생각하고 각각 4분의 3컵씩 설탕을 첨가했다. 병에 넣은 후 얼마 되지 않아 병이 터지는 일이 생겼고, 나머지 병은 뚜껑을 전부 열었다가 다시 밀봉해야 했다. 두 사람은 그것으로 일이 해결된 줄 알았지만, 거주 지역에 거대한 폭풍이 몰려와서 기압이 뚝 떨어지자 재포장한 병이 전부 다 폭발해버렸다. 그러니 늘 조심해야 한다!

원인 2 성급하게 병에 넣는 것
발효가 끝나기 전에 병에 담은 것이 원인일 수 있다.
해결 방법 맥주가 담긴 병을 모두 뚜껑을 열고 다시 밀봉한다. 다음 양조 시에는 발효 상태를 더 세심하게 살펴보고 완료된 후에 병에 담자. 레시피에 따라 종료 비중이 얼마가 되어야 하는지 점검해야 한다. 활발하게 발효되도록 건강한 효모를 충분히 첨가하는 것도 중요하다.

원인 3 잘 섞이지 않은 프라이밍 설탕
프라이밍 설탕을 녹인 물이 맥주와 골고루 섞이지 않아 맥주를 담은 병마다 탄산이 균일하게 생성되지 않는 경우가 종종 발생한다.
해결 방법 이런 상황은 당장 해결할 수 없으므로 다음 양조 시 주의하는 수밖에 없다. 다음 번에는 프라이밍 설탕을 투입한 후 맥주를 충분히 저어주자.

원인 4 야생 효모 오염
'분출 유발균'이 맥주에 침투했을 가능성이 있다. 이러한 균(브레타노미세스를 비롯한 야생 효모종)은 당이 하나도 남지 않을 때까지 계속해서 발효되도록 하여 탄산은 많고 쓰면서 알코올 섞인 물이나 다름없는 맥주로 만들어버리므로 심각한 문제라 할 수 있다. 게다가 과도한 탄산으로 병이 터지는 사태도 발생할 수 있어서 굉장히 위험하다. 맥주병이 터지면 유리 파편이 여기저기 흩어질 뿐만 아니라 바닥에 작은 조각이 남아 있을 수 있으므로 매우 위험한 일이 벌어질 수 있다.

해결 방법 남은 병은 다 냉장고에 보관하고 조금이라도 맛이 느껴질 때 얼른 마셔라.

문제 (완성된) 맥주가 뿌옇고 색이 흐려요.

원인 1 냉각 혼탁

수제 맥주의 색이 흐려지는 주된 원인은 냉각 혼탁이다. 맥아즙을 충분히 끓이지 않아(열이 약하거나 끓인 시간이 짧아) 혼탁 현상을 유발하는 단백질이 적절히 응집되지 않은 것도 부분적인 원인으로 작용한다.

해결 방법 맥아즙은 팔팔 끓이고 솥 안쪽의 맥아즙 가장자리에 단백질로 된 덩어리가 상당량 떠 있어야 한다. 다 끓인 맥아즙을 실온(또는 더 낮은 온도)으로 신속하게 냉각하면 콜드 브레이크 형성이 억제되므로 혼탁 현상을 줄일 수 있다.

원인 2 전분

완전 곡물 양조법에서는 전분 전환이 불완전할 때, 맥아추출물을 이용한 양조법에서는 원래 당화를 진행해야 하는 곡물을 맥아즙에 담가 침출을 시도할 때 맥주에 전분이 남아 색이 혼탁해진다.

해결 방법 양조에 사용할 맥아가 침출 방식으로 사용해도 되는지, 당화를 해야 하는 종류인지 확인하자. 당화할 경우 적절히 보정한 온도계로 당화 온도를 확인하고 적정 범위를 벗어나지 않도록 계속해서 온도를 확인해야 한다. 당화 온도가 크게 떨어지면 온수를 추가하거나 디콕션을 실시하여 온도를 다시 올려야 한다. 당화가 완료될 때쯤 요오드 검사로 전분의 잔류 여부를 확인한다.

원인 3 효모 종

독일 헤페바이젠 효모를 비롯해 일부 효모는 응집률이 낮아서 맥주가 뿌옇게 흐린 색을 띤다.

해결 방법 효모가 가라앉도록 충분히 기다린다. 단시간에 맑은 맥주를 만들고 싶다면 응집성이 더 좋은 효모 종을 사용한다. 양조 용수에 칼슘이온의 농도가 낮으면(50ppm 이하) 효모 응집이 원활하지 않아 혼탁 현상이 생길 수 있다. 이때 다음 양조 시에는 용수에 황산칼슘이나 염화칼슘염을 추가한다.

원인이 무엇이든 맥주의 혼탁 현상은 발효 후 청징제(부레풀, 젤라틴 등)를 첨가하는 것으로 해결할 수 있다. 맥아즙을 끓이는 단계가 끝나갈 때쯤 아이리시 모스*Irish moss*를 넣는 것도 맑은 맥주를 얻는 방법이다. 부록 C에 더 상세한 정보가 나와 있다.

이취off-flavour와 아로마의 문제

맥주의 전체적인 특징을 좌우하는 맛은 여러 가지가 있다. 맥아의 풍미, 과일 향, 쓴맛 등이 그러한 맛에 포함된다. 그러나 맥주가 맛이 없다면 왜 그런 맛이 나는지 좀 더 구체적으로 파악해볼 필요가 있다. 이번 절에서는 다양한 이취와 향을 살펴보고 각각 원인은 무엇인지 생각해보자.

아세트알데히드

아세트알데히드는 알코올이 형성되는 과정에서 생성되는 중간 매개 물질로, 발효가 끝날 때쯤 효모가 이를 에탄올로 만들면서 줄어든다. 효모 종에 따라 다른 종보다 아세트알데히드를 더 많이 만들어내는 종류도 있지만, 일반적으로 맥주에 이 성분이 함유되어 있는 것은 발효 시 효모가 스트레스를 받았거나 불완전하게 발효되었음을 뜻한다. 아세트알데히드는 풋사과(덜 익은 사과)나 잘라놓은 호박, 덜 마른 페인트 같은 냄새가 나고 맛도 발효된 사과즙이나 호박, 덜 익은 사과 맛이 난다.

발효를 지나치게 공격적으로 진행하면 아세트알데히드가 잔류할 수 있다. 효모를 너무 많이 첨가하거나 통기를 과도하게 한 경우, 발효 시작 온도가 너무 높고 발효가 진행되는 동안 서서히 온도가 내려가도록 한 경우 공격적으로 발효된다. 또 발효 초기에 포도당, 과당, 자당과 같은 단순당의 비율이 높은 것도 아세트알데히드 형성을 촉진하는 원인으로 작용한다. 발효 과정에서 새로운 발효성 당이 계속해서 공급되는 것도 아세트알데히드 축적을 유발할 수 있으므로 균형을 유지하는 것이 중요하다. 그 밖에도 효모 사전 배양액을 교반기 위에 올린 상태로 장기간(3일 이상) 방치하여 효모 세포 내에 저장되어 있던 글리코겐이 고갈되거나 사전 배양한 효모를 며칠씩 두었다가 발효조에 넣는 것, 또는 당을 여러 차례 추가하느라 발효 기간이 길어지는 것도 모두 아세트알데히드 생성량을 높이고 발효 후반기에 효모를 통한 제거를 방해하는 원인이 되는 것으로 밝혀졌다. 효모가 아세트알데히드를 효과적으로 제거하려면, 발효 전 과정 중 숙성기에 건강하게 활성화된 상태여야 한다.

맥주에 아세트알데히드가 잔류할 가능성을 줄이려면,
- 효모 첨가량은 부족해서도 안 되고 과도해서도 안 된다.
- 통기가 부족해도 안 되고 과도해서도 안 된다.
- 효모를 맥아즙이 따뜻할 때 첨가하고 발효가 진행되면서 온도가 서서히 내려가도록 두어서는 안 된다.
- 단순당을 사용하는 경우 발효 첫째 날이 지난 뒤(24~26시간 뒤) 첨가한다.

발효조에서 아세트알데히드를 없애려면,
- 발효가 끝나갈 무렵에 디아세틸 휴지기를 포함시킨다.
- 발효를 서둘러 진행하지 않는다. 충분한 시간을 들이자.
- 효모가 부유 상태로 유지되도록 한다. (필요한 경우)
- 응집성이 낮은 효모 종을 사용한다. (필요한 경우)

알코올

코를 찌를 정도로 강렬한 알코올 냄새는 약하게 남은 정도에 그쳐 기분 좋은 풍미를 더하는 경우도 있지만 너무 강해서 신경 쓰이는 수준에 이를 수도 있다. 맥주 맛에 영향을 줄 만큼 알코올 향이 강하다면, 그 원인은 두 가지로 정리할 수 있다. 첫 번째는 발효 온도가 너무 높은 것이다. 온도가 27℃(80℉)를 넘어가면 효모가 분자량이 큰 퓨젤 알코올을 과량 만들어낸다. 퓨젤 알코올은 에탄올보다 맛이 느껴지는 최저 농도가 낮지만 혀에 닿으면 지독한 느낌을 받게 된다. 싸구려 테킬라만큼은 아닐지언정 나쁜 맛인 건 분명하다.

두 번째 원인은 맥아즙의 비중이 높은데 효모 첨가량이 부족하여 효모가 스트레스를 받는 것이다. 건강하고 충분히 영양을 공급받은 효모 스타터를 적정량 준비하여 충분히 통기한 맥아즙에 첨가해야 이상적인 발효가 보장된다.

발효 과정에서 발생하는 퓨젤 알코올의 양을 줄이려면,
- 효모가 스트레스를 받지 않도록 해야 한다.
- 맥아즙의 공기나 효모의 영양 상태 모두 지나치지 않아야 한다.
- 효모는 발효 온도가 적절할 때 첨가해야 한다. 너무 높은 온도일 때 투입하면 안 된다.
- 발효는 효모별 권장 온도 범위에서 가장 낮은 쪽에 가까운 온도에서 진행한다.
- 맥아즙에 자당이나 기타 정제된 당을 다량 첨가하지 말아야 한다.

떫은맛

떫은맛은 티백에 직접 입을 대고 빨았을 때처럼 인상을 온통 구기게 만드는 맛으로 쓴맛과는 차이가 있다. 건조하고 푸석푸석한 느낌이 강한 이러한 맛은 폴리페놀(탄닌) 성분의 함량이 과도한 것이 원인이다. 또 떫은맛은 혀에 막이 입혀진 것처럼 지속되는 특징이 있는데, 이는 폴리페놀이 입안의 단백질과 반응한 상태로 혀 표면을 덮기 때문에 발생하는 느낌이다. 알파산 함량이 낮은 홉을 과량 첨가하거나 드라이 호핑에 지나치게 많은 홉을 사용하는 것, 맥아즙이 너무 뜨거운 상태에서 곡물을 담그는 것, 당화 시 스파징을 과도하게 실시하는 것 모두 폴리페놀을 다량 형성하는 원인이 된다. 홉, 온도, pH가 과도하면 폴리페놀도 많아진다. 알칼리도가 높은 물로 페일 맥주를 만드는 경우, 당화 pH가 높아서 탄닌이 추출되는 문제가 흔히 생긴다.

흑맥주는 pH보다는 온도가 높아서 떫은맛이 생기기 쉽지만 pH도 원인으로 동시에 작용할 수 있다. 흑맥주는 반대로 pH가 낮으면 시큼한 맛이 나는데, 이는 떫은맛과는 또 다른 맛이다. 색이 짙은 맥아에 알칼리도가 높은 용수를 사용하면 페일 맥아만큼이나 쉽게 맥아의 탄닌 성분이 빠져나온다.

식초 맛

식초 맛이 나는 원인은 여러 가지가 있지만, 풋사과 맛이 특징적으로 나타난다면 대부분 아세트알데히드가 원인이다. 아세트알데히드는 발효 과정에서 흔히 발생하는 부산물로, 효모의 종류와 레시피와 발효 온도에 따라 생성되는 양이 달라진다. 포도당, 자당과 같은 단순당을 다량 사용할 경우 식초 맛이 날 가능성이 높다. 아세트알데히드가 산화되어 형성되는 아세트산도 전체적으로 식초 맛이 나는 요인에 포함된다. 이번 장에서 앞서 설명한 '아세트알데히드' 부분을 참고하기 바란다.

디아세틸

디아세틸은 발효 초기에 효모가 분비하는 전구체 물질이 화학반응을 거친 후 생성되는 VDK의 일종이다. 디아세틸의 풍미는 흔히 버터 또는 버터스카치 사탕 맛으로 묘사된다. 버터가 듬뿍 들어간 전자레인지용 팝콘에서 나는 냄새와 매우 흡사하다. 디아세틸이 소량 들어가면 맛이 더욱 풍성해지는 맥주도 많지만 그 영향이 정도를 넘어서기가 쉽다. 디아세틸은 정상적인 발효 과정에서도 생길 수 있고 세균 오염(페디오코쿠스균 등)으로도 생길 수 있다. 발효 초반에 디아세틸 전구물질이 생성되고 이것이 발효되는 동안 디아세틸로 산화된 뒤 발효가 마무리될 즈음 효모를 통해 분해되는 것이 가장 이상적이다. 그러나 효모의 활성이 약하거나 공기가 충분히 공급되지 않는 등의 이유로 발효 시간이 길게 지체되면 발효가 본격적으로 시작되기에 앞서 디아세틸 전구체가 다량 생성된다. 발효가 끝나갈 때 맥주 온도를 3℃(5℉)까지 높이는 디아세틸 휴지기를 실시하면 효모의 활성을 높일 수 있으므로 디아세틸 분해에 도움이 된다. 높은 온도에서 단시간에 서둘러 발효된 맥주에는 디아세틸 전구체가 많이 남아 있을 가능성이 있고, 맥주를 포장하는 단계에서 디아세틸의 영향이 더욱 크게 나타나게 된다.

맥주에 디아세틸을 줄이려면,
- 효모가 스트레스를 받지 않도록 관리한다.
- 발효를 급하게 진행하지 않는다.
- 맥아즙에 산소가 과도하게 공급되지 않도록 해야 한다. 발효가 시작된 후에는 산소 노출을 최소한으로 줄여야 한다.

발효조에서 생성된 디아세틸을 제거하려면,
- 발효가 끝나갈 때 온도를 높인다(즉 디아세틸 휴지기를 포함한다).
- 맥주를 효모가 남아 있는 상태로 충분히 둔다(너무 일찍 병에 담지 않는다).
- 맥주를 계속 저어서 효모가 가라앉지 않고 떠 있는 상태로 만든다(필요한 경우).
- 응집성이 약한 효모 종을 사용한다(필요한 경우).

디메틸설파이드 / 삶은 채소 맛

디메틸설파이드(dimethyl sulfide, 줄여서 DMS)는 알코올 도수가 낮은 라거 맥주에 흔히 함유된 물질로, 디아세틸과 마찬가지로 에일 맥주에 소량 함유될 경우 맥주의 특징으로 여겨진다. 그러나 그 외 맥주에서는 대부분 이취의 원인이 된다. 페일 맥주에서 디메틸설파이드는 크림처럼 익혀서 으깬 옥수수 요리의 맛과 향을 풍기는 반면 흑맥주에서는 토마토와 비슷한 향을 발생시킨다. 디메틸설파이드는 곡물을 맥아로 만들 때 생성되는 S-메틸메티오닌 *S-methylmethionine*이 맥아즙을 끓일 때 화학적인 환원반응을 거치면서 만들어진다. S-메틸메티오닌은 휘발성 물질이며 맥아를 만들 때 건조 단계가 오래 지속될수록 더 많은 양이 증발된다. 페일 에일에 사용되는 맥아는 라거용 맥아보다 더 높은 온도에서 더 오랜 시간 건조되는 점을 감안하면, 페일 라거에 디메틸설파이드가 더 많이 발생하는 이유를 알 수 있다.

맥아즙이 뜨거운 상태일 때는 S-메틸메티오닌의 반응이 일어나 디메틸설파이드가 계속해서 만들어지지만, 맥아즙이 끓는 동안 이 S-메틸메티오닌이 휘발되어 사라진다. 따라서 맥아즙을 끓일 때 불이 약하면(세게 끓지 않으면) 디메틸설파이드가 제거되지 않는다. 특히 필스너 맥아를 사용할 경우 (페일 에일용 베이스 맥아와 반대로) 끓이는 시간을 늘려야 S-메틸메티오닌과 디메틸설파이드를 모두 제거하는 데 도움이 된다. 맥아즙에 남은 S-메틸메티오닌은 전부 나중에 맥주에 함유된 상태에서도 디메틸설파이드로 바뀔 수 있다. 디메틸설파이드는 60℃(140℉) 이상에서 더욱 원활하게 생성되지만 이보다 낮은 온도에서도 생성될 수 있으므로 맥아즙을 끓인 뒤 60℃(140℉) 이하로 식히는 것으로는 문제가 해결되지 않는다. 핵심은 충분한 시간 동안 맥아즙을 끓여서 전구체 물질을 없애는 것이다. 맥주가 숙성되는 단계에서는 효모의 작용으로 디메틸설파이드가 줄어들지 않는다.

디메틸설파이드가 세균 오염으로 발생했다면 훨씬 지독한 향과 맛을 유발한다. 이때 익힌 옥수수보다는 삶은 양배추와 더 흡사한 냄새를 풍긴다. 세균 오염은 대부분 위생 관리가 철저하지 못한 것이 원인이다. 또 오염된 맥주에서 분리해둔 효모를 다음 양조에 다시 사용하면 같은 문제가 반복해서 발생한다.

에스테르 / 과일 향

에일 맥주는 살짝 과일 향이 느껴지는 특징이 있다. 벨기에와 독일식 밀맥주는 바나나 에스테르의 향이 약간 감도는 것이 고유한 특징이지만, 때때로 한 무리의 원숭이도 꼼짝 못하게 만들 정도로 너무 지독한 바나나 냄새를 풍기기도 한다. 매니큐어를 지울 때 사용하는 아세톤 냄새가 나는 아세트산에틸*ethyl acetate*도 맥주에 과일 향을 나게 하는 주요 에스테르 물질이다. 양조 과정에서 에스테르는 효모의 활성으로 만들어지며, 효모 종에 따라 생성되는 양이나 에스테르의 종류에 차이가 있다. 맥주에 함유된 에스테르는 대부분 에탄올에서 비롯되고 극히 일부만 퓨젤 알코올이 전구체로 작용한다. 또 전체적으로 효모가 스트레스를 받으면 에스테르도 더 많이 생성된다. 첨가량이 충분하지 않거나 발효 온도가 높거나 낮은 것, 맥아즙의 비중이 높은 것은 효모가 스트레스를 받는 환경에 해당하고, 이때 에스테르의 양도 늘어난다.

에스테르가 형성되는 과정은 상당히 복잡하다. 우선 지방산, 스테롤과 같은 다양한 영양소를 세포의 기본적인 구성 요소로 전환하는 반응에 아세틸 보조효소 A(CoA)라는 분자가 사용되고, 효모 세포가 성장하고 분열할 때도 이 아세틸 보조효소 A가 세포 대사와 성장을 원활하게 이끄는 역할을 한다는 사실부터 이해하면 된다. 에스테르는 아세틸 보조효소 A가 더 이상 세포 성장을 위해 필요하지 않을 때, 즉 효모의 기하급수적인 성장 단계가 끝난 직후에 생성되기 시작한다. 그러므로 공기가 다량 공급되거나 영양소 농도가 높을 때, 효모 첨가량이 부족할 때, 효모가 급속히 성장할 때 에스테르의 형성도 촉진된다고 볼 수 있다. 효모 첨가량이 충분하고 공급된 공기의 양이 낮은 편일 때는 에스테르 형성도 촉진되지 않는다. 또 발효 시 형성되는 찌꺼기에 효모 생장에 사용되는 스테롤과 지방산이 넉넉하게 포함된 경우에도 에스테르 형성이 가속화되지 않는다. 맥아즙의 색을 흐릿하게 만드는 물질 속에 효모가 아세틸 보조효소 A를 활용하여 직접 만들어서 사용해야 하는 영양소가 들어 있는 셈이다. 결과적으로 아세틸 보조효소 A의 필요성이 줄고, 에스테르도 더 적게 생성된다.

정수압은 이산화탄소의 가용성을 높이고 효모 대사를 억제하므로 에스테르 생성을 억제하는 요소로 작용한다. 100배럴 규모의 커다란 원통형 원뿔 발효조의 아랫부분에서 이와 같은 압력이 형성된다. 자가 양조 시설에서 에스테르 형성을 억제하기 위해 활용하기에는 실효성이 없는 방법이지만 여기서 언급한 것은 상업 양조 시설에서 맥주를 자가 양조 방식보다 몇 도 더 높은 온도에서 발효시키는 여러 이유 중에 이러한 특징이 포함된다는 사실을 설명하기 위해서다. 높이가 높은 탱크를 사용하여 이산화탄소의 가용성을 더 높이면, 압력이 그보다 낮은 환경에서 만들어지는 에스테르의 특성을 유지하기 위해서는 발효 온도를 높여야 하기 때문이다.

맥주에 에스테르가 과도하게 형성되지 않도록 하려면 효모의 지나친 성장을 유도하는 요소나 효모에 스트레스가 되는 요소를 줄여야 한다.
- 공기를 충분히 공급한다.
- 발효 온도는 너무 차갑지 않은 범위에서 더 낮춰서 진행한다.
- 효모 첨가량은 적정 수준을 지킨다.
- 맥아즙에 유리 아미노 질소FAN가 과량 형성되지 않도록 한다.
- 발효를 시작하기 전에 맥아즙의 찌꺼기를 모조리 제거하지 않는다.

풀 냄새

방금 깎은 잔디에서 나는 냄새가 맥주에서 풍긴다면 대부분 재료를 제대로 보관하지 않은 것이 원인이다. 보관 상태가 나쁜 맥아는 주변의 수분을 흡수하고 그로 인해 퀴퀴한 냄새나 풀 냄새가 난다. 원인 물질은 아세트알데히드를 포함한 알데히드인 경우가 많다. 홉도 '풋내'를 일으키는 데 한몫한다. 보관 방법이 부적절하거나 보관 후 충분히 건조하지 않으면 폴리페놀 물질의 특성이 맥주에 두드러지게 나타나고, 그로 인해 풀 냄새나 곡물 냄새, 떫은맛과 같은 이취가 난다.

식물의 껍질 / 곡물 냄새

위에서 설명한 풀 냄새와 비슷하다. 곡물과 같은 느낌은 겉껍질에서 발생한 씁쓸한 맛으로도 나타날 수 있다. 완전 곡물 양조 방식으로 만든 맥주에서 더욱 뚜렷하게 나타나며, 곡물의 침출이나 스파징 방식이 부적절할 때 발생한다. 앞서 맥주의 떫은맛을 방지할 수 있다고 소개한 방법을 그대로 따르면 이 문제도 해결할 수 있다(위의 '떫은맛' 항목 참고).

세게 볶은 맥아도 곡물 향이 나게 할 수 있다. 맥아를 직접 볶아서 준비하는 경우, 곡물을 분쇄한 뒤 최소 2주 뒤에 사용해야 거칠고 강한 냄새를 유발하는 물질이 충분히 사라진다. 또 맥주를 1~2개월 정도 저온 숙성하면 효모와 함께 냄새를 일으키는 물질을 가라앉힐 수 있다. 맥주 색을 더 맑게 하려면 젤라틴을 활용하자.

약 냄새

염소가 함유된 소독제(표백제)와 페놀 화합물이 반응하면 클로로페놀이 생성된다. 클로로페놀은 맛을 인지하는 농도가 굉장히 낮고 약 냄새 또는 '반창고 냄새'를 풍긴다. 그 밖에도 진한 페놀 냄새(정향과 같은 톡 쏘는 냄새), 뜨겁게 가열한 플라스틱 냄새를 유발하기도 한다. 이와 같은 이취를 방지하려면, 염소나 요오드가 주성분인 소독제로 세척한 도구는 잘 헹궈서 완전히 말린 후에 사용해야 한다. 또 소독액을 만들 때 권장 농도를 넘지 않도록 주의하자.

고기 냄새

고기 냄새나 육수 냄새, 감칠맛(햄 수프와 비슷한 맛)은 일반적으로 효모의 자가분해가 원인이다. 효모 세포가 사멸하면서 세포 내부의 기관이 맥주와 섞인 결과로 볼 수 있다. 고체로 된 부용*bouillon* 제품의 성분에 효모 추출물이나 가수분해된 효모가 포함되어 있는 이유도 이 때문이다. 효모는 영양분이 고갈되면 자가분해되므로 효모를 구입한 지 오래되거나 발효 상태가 부적절한 경우, 또는 발효 기간이 길어질 때(수개월씩 지속되는 경우) 이러한 문제가 발생하기 쉽다. 맥주의 숙성 기간이 길 때는 맥주를 다른 용기로 덜어서 바닥에 가라앉은 효모 침전물과 분리하는 것이 가장 좋은 예방책이다.

금속 냄새

오래된 맥아를 사용하거나 양조 용수에 염을 지나치게 많이 첨가한 경우, 또는 철분이나 망간이 함유된 우물물을 사용할 경우 맥주에서 쇠 맛이 날 수 있다. 반짝반짝 광이 나는 새 알루미늄 냄비에 물을 한 번 끓이고 나면 거무스름하게 변할 때가 있는데, 이는 물에 함유된 염소와 탄산이 원인이다. 이러한 물을 사용하는 것도 이취의 원인이 될 수 있으나 몸에 해롭지는 않다. 알루미늄 냄비는 알칼리도가 지나치게 높은 경우(pH 9 이상)가 아니라면 맥주에 금속 냄새를 유발하지는 않고 실제로 그렇게 알칼리도가 높아지는 일은 흔치 않다.

곰팡이 냄새

곰팡이 냄새는 냄새와 맛으로 금세 느낄 수 있다. 맥아즙과 맥주에는 빵에 생기는 검은 곰팡이와 흰곰팡이가 모두 자랄 수 있다. 맥아즙을 끓인 후나 발효 초기에 퀴퀴한 냄새가 나는 곳이나 습기가 찬 곳에 두면 곰팡이 포자가 맥아즙이나 맥주에 오염될 수 있다.

산화

산화는 모든 맥주에서 맛에 가장 흔히 문제를 일으키는 원인이다. 발효 이후와 병에 넣는 시점에 맥주가 산소에 노출되는 것이 주된 요인이다. 그 뒤를 이어 맥주의 보관 온도가 두 번째 요인으로 작용한다. 맥주에 탄산이 형성된 후에는 반드시 차갑게 보관해야 저장 기간을 최대한 늘릴 수 있다. 특히 지방산이 산화되면 트랜스-2-노네날*trans-2-nonenal*이라는 물질이 생성되는데, 이는 마분지 맛이나 오래된 종이 같은 냄새를 유발한다. 산소와 맥아즙에 관한 사항은 6장을 참고하기 바란다.

비누 냄새

맥주잔을 세척한 뒤 충분히 헹구지 않아도 맥주에서 비누 맛이 날 수 있지만 맥아즙에서 일어나는 화학반응도 그러한 냄새를 유발할 수 있다. 맥아즙 찌꺼기에 함유된 지방산이 분해되는 것이나 효모의 자가분해도 비누 냄새의 원인이다. 비누의 사전적인 정의도 지방산의 염에 해당하므로, 엄밀히 말하면 비누 맛이 나는 맥주를 마시는 것은 비누를 맛보는 것이나 다름없다.

용제 냄새

알코올, 에스테르 냄새가 섞인 용제 냄새는 실제로 혀에 닿으면 훨씬 더 강하게 느껴진다. 이러한 냄새는 발효 온도가 높고 동시에 산화가 진행될 때 발생하는 경우가 많다. 단단한 PVC와 같은 일부 플라스틱은 고온에 노출되면 용제 성분이 용출될 수 있다. 따라서 맥주 양조에는 흔히 구할 수 있는 PVC 튜브를 사용하면 안 된다. 양조용 플라스틱 도구는 모두 식품 등급인지 꼭 확인하자!

스컹크 냄새

맥주에서 풍기는 스컹크 분비물, 또는 사향 냄새는 홉에 함유된 이성질체 물질의 광화학적 반응이 원인이다. 또 청색과 적외선 범위에 해당하는 파장의 빛이 이러한 반응을 유발한다. 갈색 유리병은 이 파장의 빛을 효과적으로 차단할 수 있으나 녹색 병은 그러한 기능이 없다. 맥주를 직사광선에 그대로 노출되는 곳에 두거나 형광등이 내리쬐는 공간에 보관할 때(슈퍼마켓처럼)도 스컹크 분비물 냄새가 발생한다. 사전에 이성질체화가 완료된 홉 추출물을 사용하거나 맛을 더하기 위한 용도로 넣는 홉의 양을 크게 줄이면 자외선 노출로 인한 악영향을 대부분 막을 수 있다.

땀 냄새 / 악취

레스토랑에서 식사를 할 때, 맥주가 공급되는 관을 정기적으로 세척하지 않아 땀 냄새나 악취가 나는 맥주를 맛보게 되는 경우가 많다. 브레타노미세스와 같은 곰팡이나 페디오코쿠스균에 오염되면 이러한 냄새가 날 수 있다. 위생은 늘 중요하게 생각해야 한다.

효모 냄새

효모 냄새가 풍기는 원인은 어렵지 않게 찾을 수 있다. 맥주가 충분히 숙성되지 않고 효모가 맡은 역할을 다 해낼 수 있을 만한 시간이 주어지지 않으면 맥주에서 효모 냄새가 날 수 있다. 맥주를 잔에 따르는 습관도 중요하다. 병 바닥에 가라앉은 효모층이 딸려 나오지 않도록 주의하자.

효모의 건강 상태가 좋지 않아 자가분해가 시작된 경우에도 이취를 유발하는 물질이 나올 수 있지만, 이러한 물질은 처음에 효모 냄새로 느껴지다가 맥주가 숙성되면 비누나 고기 냄새로 느껴진다.

SECTION
04

부록

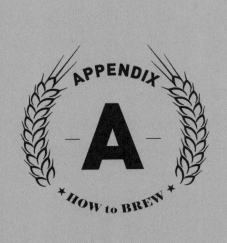

APPENDIX

A

HOW to BREW

비중계와
굴절계

비중계 사용하기

비중계는 수용액에 비중계를 넣었을 때 얼마나 떠오르는지에 따라 해당 용액의 비중을 측정한다. 비중은 상대적인 밀도를 나타낸 값이므로 물을 기준으로 수용액의 밀도를 측정하는 것이 비중계의 기능이다. 물의 비중은 1이다. 또 비중계에 표시되는 값은 표준 온도인 15℃ (59℉)에서의 값을 기준으로 한다. 액체의 밀도는 온도에 따라 변화하므로, 비중을 측정하려는 용액의 최종 비중은 표준 온도에서의 비중으로 조정하여 결정한다(조정 방법은 본 부록 맨 마지막에 나온 표 A.1 참고).

비중을 알면 발효가 얼마나 진행됐는지 알 수 있으므로 발효 상황을 모니터링할 때 비중계를 활용할 수 있다. 발효도는 효모를 통해 당이 에탄올로 전환된 정도를 뜻한다. 일반적으로 맥아즙은 1.035~1.060의 초기 비중에서 시작하여 발효를 거친 후 1.005~1.015의 종료 비중을 나타낸다. 샴페인과 벌꿀 술이라면 에탄올 비중이 더 높아서 비중이 0.794에 이르므로 종료 비중이 1보다 적은 값으로 측정된다.

수제 맥주를 만들 때 맥아즙의 비중을 알고 이 값을 왜 측정해야 하는지 그 이유까지 숙지한다면 비중계를 상당히 유용하게 활용할 수 있다. 맥주 레시피에도 양조자가 해당 맥주의 특성을 더 잘 이해할 수 있도록 보통 초기 비중과 종료 비중이 모두 나와 있다. 경험 법칙상 맥주의 외관 발효도는 75퍼센트이므로 종료 비중은 초기 비중의 4분의 1 정도가 되어야 한다. 예를 들어 대부분의 맥주는 초기 비중이 1.040이고 종료 비중은 1.010인데, 실제로는 여기서 맨 마지막 자리가 1~2포인트 정도 차이가 나는 것이 보통이다.

레시피에 명시된 종료 비중을 반드시 지켜야 하는 것은 아님을 꼭 기억하기 바란다. 중요한 것은 맛 좋은 맥주를 만드는 일이다. 겉으로 보기에 1차 발효가 끝난 것 같은데 비중계로 측정한 값이 초기 비중의 4분의 1이 아닌 3분의 1에서 절반에 해당하는 값인 경우에만 비중이 지나치게 높은 문제가 왜 발생했는지 고민하면 된다. 이러한 문제는 효모를 적절히 준비하면 방지할 수 있다. 반대로 최종 비중이 정해진 값보다 4포인트 이상 낮다면 야생 효모가 오염되어 원래는 발효되지 말아야 할 비발효성 덱스트린이 발효되었을 가능성이 있다. 덱스트린은 맥주의 맛과 보디감에 영향을 주는 요소이므로 이처럼 비중이 너무 낮을 것도 염려해야 할 사항이다.

양조를 갓 시작한 초보자들은 비중을 너무 자주 측정하는 실수를 저지르곤 한다. 발효조를

그림 A-1

액체의 비중을 측정하는 도구인 비중계는 맥주 양조에 유용하게 쓰인다.

개방할 때마다 공기 중에 떠 있는 미생물이 오염될 위험이 있다는 것을 잊지 말자. 비중은 효모를 투입할 때 측정하고 공기 차단기에 보글보글 올라오는 거품이 중단될 때까지 가만히 둔다. 그 전에는 비중을 수시로 측정해봐야 오염 가능성이 높아질 뿐이다. 또 비중을 측정할 때는 반드시 측정 표본을 따로 마련해야 하며 비중계를 맥아즙 전체에 바로 집어넣지 말아야 한다. 소독해 둔 사이펀이나 와인 디프wine thief라는 도구를 활용하여 맥아즙의 샘플을 덜어서 비중을 측정할 수 있는 용기(길고 폭이 좁은 형태면 무엇이든 상관없다)에 담고 거기에 비중계를 띄워야 한다. 이렇게 하면 맥아즙이 오염될 위험도 줄고 샘플을 맛본 후 발효가 어떻게 진행되고 있는지 확인할 수도 있다. 효모 맛이 강하게 나겠지만 어느 정도 맥주 맛이 나야 한다.

측정한 비중을 기록하거나 결과에 대해 이야기할 때는 반드시 표준화된 값으로 명시하고 이야기해야 한다. 온도에 따른 조정 값은 표 A.1에 나와 있다. 예를 들어, 맥아즙의 온도가 42℃(108℉)이고 샘플을 덜어서 비중을 측정한 결과 1.042라는 값이 나왔다면 표에서 비중의 변화 값(ΔG)은 0.0077 또는 0.0081임을 알 수 있다. 이 두 값의 평균을 구하고 반올림하여 소수 셋째자리까지만 남기면 0.008이고, 이를 1.042에 더하면 표준 비중은 1.050이 된다.

굴절계 사용하기

한 손에 들고 사용할 수 있는 굴절계는 별도의 용기에 맥아즙 샘플을 채우고 비중을 측정해야 하는 비중계와 달리 맥아즙을 한두 방울만 떨어뜨리면 비중을 알 수 있는 장점이 있다. 또 비중계는 맥아즙에 띄운 뒤 어느 정도 기다려야 하고 온도를 감안하여 값을 보정해야 하지만 굴절계는 단 몇 초 만에 비중을 측정할 수 있다. 굴절계는 측정에 사용하는 샘플의 양이 매우 적어서 온도에 따른 결과의 민감도가 낮고, 완전 곡물 양조를 실시하면 끓임조에서 덜어낸 샘플을 바로 이용할 수 있어서 매우 편리하다. 유일한 단점이라면 맥아즙의 밀도나 비중을 바로 측정할 수 없다는 것이다.

굴절계는 빛이 수용액을 지나면서 굴절된 정도를 측정한다. 용액의 밀도가 높을수록 빛이 통과하는 속도가 느려지고 굴절률도 커진다. 굴절계로 측정한 값은 20℃(68℉)에서 자당을 녹인 수용액의 밀도를 기준으로 보정한다. 또 굴절계 측정 창에 나타나는 값은 브릭스 값(°Bx)으로 플라토(°P) 값과 거의 동일하다. 맥아즙은 자당 수용액과 달리 여러 가지 다양한 당을 함유

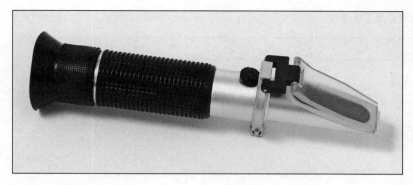

하므로 굴절률이 순수한 자당 수용액을 측정했을 때와 약간 차이가 있다. 그러므로 산업계 표준 공식으로 마련한 계산식을 활용하여 여러 단위로 표시된 값을 다른 단위로 전환하여 측정값을 활용한다. 브릭스 단위를 플라토 단위로 전환하는 공식은 아래와 같다.

$$\text{맥아즙(°P)} = \frac{\text{굴절계로 측정한 값(°Bx)}}{1.04}$$

예를 들어 맥아즙을 굴절계로 측정한 결과 12브릭스(°Bx), 더 정확하게는 11.5플라토(°P)라는 값이 나왔다고 하자. 플라토 값으로 비중을 어떻게 알 수 있을까? 브릭스와 마찬가지로 플라토 값은 수용액에서 자당의 질량이 차지하는 퍼센트 비율을 나타낸다. 따라서 10플라토인 맥아즙은 자당의 질량이 10퍼센트를 차지한다. 자당 수용액의 비중은 플라토 단위를 기준으로 약 4배 더 큰 값이므로 10플라토인 용액의 비중은 1.040이다. 단, 플라토 값이 13플라토를 초과하면 이와 같은 추정의 정확도가 떨어진다. 다행히 미국 양조화학자협회가 단위 전환 표를 공식적으로 제공하여 그대로 아래에 제시하였으니 참고하기 바란다(표 A.2). 비중이 1.084를 초과하는 플라토 값은 양조화학자협회의 전환 공식으로 추정한 값이며 표에 기울임체로 표시하였다.

표 A-1 | 비중계 측정값의 온도별 조정

°F	℃	ΔG	°F	℃	ΔG
32.0	0	−0.0007	77.0	25	+0.0021
33.8	1	−0.0008	78.8	26	+0.0023
35.6	2	−0.0008	80.6	27	+0.0026
37.4	3	−0.0009	82.4	28	+0.0029
39.2	4	−0.0009	84.2	29	+0.0032
41.0	5	−0.0009	86.0	30	+0.0035
42.8	6	−0.0008	87.8	31	+0.0038
44.6	7	−0.0008	89.6	32	+0.0041
46.4	8	−0.0007	91.4	33	+0.0044
48.2	9	−0.0007	93.2	34	+0.0047
50.0	10	−0.0006	95.0	35	+0.0051
51.8	11	−0.0005	96.8	36	+0.0054
53.6	12	−0.0004	98.6	37	+0.0058
55.4	13	−0.0003	100.4	38	+0.0061
57.2	14	−0.0001	102.2	39	+0.0065
59.0	15	0	104.0	40	+0.0069
60.8	16	+0.0002	105.8	41	+0.0073
62.6	17	+0.0003	107.6	42	+0.0077
64.4	18	+0.0005	109.4	43	+0.0081
66.2	19	+0.0007	111.2	44	+0.0085
68.0	20	+0.0009	113.0	45	+0.0089
69.8	21	+0.0011	114.8	46	+0.0093
71.6	22	+0.0013	116.6	47	+0.0097
73.4	23	+0.0016	118.4	48	+0.0102
75.2	24	+0.0018	120.2	49	+0.0106

참고 사항: 액체의 밀도는 온도에 따라 변화하므로, 비중계 값은 15℃(59°F)에서의 비중으로 표준화여야 하며 맥아즙과 맥주의 비중을 이야기할 때 반드시 표준화된 값을 제시하여야 한다. 먼저 비중계로 맥아즙의 비중을 측정하고 측정 온도를 확인한 후 위의 표에 나온 조정 값(ΔG)을 더하면 된다.

표 A-2 | 미국 양조화학자협회가 제공하는 비중과 플라토(°P) 단위의 전환 표

비중	°P	비중	°P
1.008	2.0	1.060	14.7
1.010	2.6	1.062	15.2
1.012	3.1	1.064	15.7
1.014	3.6	1.066	16.1
1.016	4.1	1.068	16.6
1.018	4.6	1.070	17.0
1.020	5.1	1.072	17.5
1.022	5.6	1.074	18.0
1.024	6.1	1.076	18.4
1.026	6.6	1.078	18.9
1.028	7.1	1.080	19.3
1.030	7.5	1.082	19.8
1.032	8.0	1.084	20.2
1.034	8.5	1.087	*21*
1.036	9.0	1.092	*22*
1.038	9.5	1.096	*23*
1.040	10.0	1.101	*24*
1.042	10.5	1.106	*25*
1.044	11.0	1.110	*26*
1.046	11.4	1.115	*27*
1.048	11.9	1.120	*28*
1.050	12.4	1.129	*29*
1.052	12.9	1.134	*30*
1.054	13.3	1.139	*31*
1.056	13.8	1.144	*32*
1.058	14.3	1.149	*33*

참고 사항: 플라토와 브릭스 단위는 거의 동일하다. 대규모 양조 시설에서는 비중을 측정하고 보고할 때 이 두 단위를 즐겨 사용한다. 기울임체로 제시한 값은 미국 양조화학자협회가 제공한 단위 전환 공식으로 추정한 값이다.

출처: 미국 양조화학자협회, 『수제맥주 양조자를 위한 분석법(*Laboratory Methods for Craft Brewers*)』(Crumplen, 1997)

APPENDIX

B

★ HOW to BREW ★

맥주의 색

맥주의 색은 얼마나 다양하고 멋있는지! 벨기에 밀맥주의 흐릿한 짚 색이며 필스너의 진한 황금색, 스페셜 비터의 윤기 있는 구리 빛, 브라운 에일의 깊은 적갈색, 포터의 특징인 붉그스름한 루비 빛 흑색, 동 트기 전의 어둠을 닮은 스타우트까지, 맥주의 색을 보는 것만으로도 우리는 스타일마다 어떤 개성 있는 맛이 느껴질지 열심히 상상하게 된다. 맥주의 색은 재료로 사용하는 맥아로 결정한다. 맥아의 종류마다 각기 다른 특징적인 색을 나타내고 이러한 색이 맥아즙에서 발현된다. 맥아추출물도 농축된 맥아즙이므로 추출물의 색 역시 추출물을 만들 때 당화된 맥아에 따라 좌우된다. 그 밖에도 맥아즙을 끓일 때 일어나는 캐러멜화 반응을 포함하여, 양조 과정에는 맥주의 색에 영향을 줄 수 있는 요소들이 곳곳에 존재한다.

　대회에서 맥주를 심사할 때는 맥주의 색이 정해진 스타일의 맥주를 얼마나 잘 만들었는지 판단하는 첫 번째 요소다. 심사용으로 마련된 투명 플라스틱 컵에 맥주를 1인치 정도 높이로 담은 뒤 흔들어서 가장자리에 거품이 남지 않도록 하고 컵을 들어 올려 빛을 비추면서 색을 보고 컬러 가이드와 대조한다. 흑맥주라면 컵 뒤쪽에서 플래시 조명을 비춰서 투명도와 빛과 만났을 때 색의 상태를 확인하기도 한다. 양조자는 레시피에 포함된 맥아나 맥아추출물, 부재료

표 B-1 | 홉 첨가 전 맥아추출물별 지정된 색깔[a]

추출물의 종류	쿠퍼스(Coopers) 제품	문톤스(Muntons) 제품[b]
보리 LME	4.5°L	<5.0°L
엑스트라 라이트 LME	–	2.0~3.5°L
라이트 DME	3.0°L	3.5~6.0°L
라이트 LME	3.5°L	4.0~6.0°L
앰버 DME	–	12~22°L
앰버 LME	16°L	8~10°L
다크 DME	–	22~35°L
다크 LME	66°L	25~30°L

°L: 로비본드 등급, DME: 건조맥아추출물, LME: 액상 맥아추출물
a: 제조업체 웹 사이트에서 발췌한 정보
b: 유럽양조협회의 방식에 따라 전환된 값

표 B-2 | 흔히 사용하는 맥아와 부재료의 일반적인 색 등급

맥아/부재료	SRM 등급
라거용 두줄보리 맥아	1.5°L
밀 맥아	2°L
페일 에일 맥아	3°L
비엔나 맥아	4°L
뮌헨 맥아	10°L
비스킷 맥아	25°L
크리스털 40	40°L
크리스털 60	60°L
크리스털 120	120°L
초콜릿 맥아	350°L
블랙 "페이턴트" 맥아	500°L
보리 플레이크	1.5°L
옥수수 플레이크	1.0°L
쌀 플레이크	1.0°L
호밀 플레이크	2.0°L
밀 플레이크	2.0°L
가열 건조된 밀	1.5°L
말토덱스트린 분말	0
덱스트린, 포도당, 자당, 과당	0

°L: 로비본드 등급, SRM: 표준참조법

가 맥주의 색에 어느 정도로 영향을 주는지 계산하여 최종적으로 어떤 색이 될 것인지 충분히 예측할 수 있다. 모든 맥아는 생산 과정에서 색에 대한 분석을 실시하고 스페셜티 맥아는 처음부터 특정한 색 범위를 갖도록 만들어진다. 그러므로 맥아 제조업체가 제공하는 색 등급 정보를 토대로, 레시피대로 맥주를 만든다면 특정 스타일의 맥주에 적합한 색 범위가 나올 것인지 판단할 수 있다. 몇 가지 맥아와 맥아추출물, 부재료의 일반적인 색 등급은 표 B.1과 표 B.2에 나와 있다.

색 등급에 관한 기본 사항

맥주와 양조 맥아의 색은 오래전부터 로비본드(˚L) 등급으로 분류했다. 1883년 J. W. 로비본드J.W. Lovibond가 개발한 이 시스템은 다양한 색조의 유리 슬라이드로 구성하며 여러 장을 합쳐서 광범위한 색을 만들 수 있다. 맥주나 맥아즙의 표준 샘플을 대상으로 이 슬라이드를 여러 장 조합할 때 나타나는 색과 비교하여 색 등급을 매긴다. 맥아의 색은 '콩그레스 당화(표준화된 당화법)' 방식으로 처리한 후 맥아즙의 색으로 평가한다. 로비본드 등급은 나중에 '시리즈 52 로비본드Series 52 Lovibond' 단위로 변형되어 각각의 로비본드 등급에 해당하는 슬라이드나 수용액이 따로 마련되었으나 색이 흐려지는 현상이나 잘못된 표시, 평가자의 실수로 인해 일관된 결과가 도출되지 않는다는 문제는 여전히 해결하지 못했다.

미국 양조화학자협회에서는 1950년에 광학 분광광도계를 사용하여 표준 분량의 샘플이 특정한 빛 파장(430나노미터)에서 나타내는 흡광도를 측정하는 방식을 채택하였다. 맥아즙이나 맥주의 색이 짙을수록 더 많은 빛을 흡수하므로 측정값이 커지는 이 방식은 샘플의 색을 일관되게 측정할 수 있는 것으로 확인했고, '표준참조법(Standard Reference Method, 줄여서 SRM)'으로 색을 평가하는 방법이 탄생했다. 표준참조법 등급은 '시리즈 52 로비본드' 등급과 비슷한 형태로 설계했으므로 대부분의 색 범위에서 두 등급이 거의 일치한다. 문제는 맥아즙이나 맥주의 색이 어둡다면 샘플을 통과하여 검출기에 닿는 빛의 양이 극히 적어서 분해 능력이 크게 떨어지는 점이다. 그러므로 색이 어두운 맥아즙이나 맥주는 샘플을 희석하여 측정한 후 희석되지 않았을 때 색 등급을 부여한다. 그러나 색이 짙은 맥아로 만든 맥주라면 희석해서 측정한 결과가 일관성이 없다는 사실을 오래전부터 지적해왔다.

일관된 결과와 정밀한 참조 기준 면에서는, 매우 미세한 색의 차이도 구분할 수 있는 점에서 사람의 눈이 더 우수하다. 샘플을 통과한 가시광선을 볼 때 우리 눈으로 파악하는 파장의 범위가 분광광도계와 같이 한 가지 파장으로 전달된 정보보다 훨씬 더 포괄적이기 때문이다. 단일 파장에서 측정한 결과는 변동 폭은 좁지만 그만큼 놓치는 범위가 생긴다. 이와 같은 이유로 인해 시리즈 52 로비본드 등급이 오늘날까지도 정밀한 시각적 비교측정기의 형태로 계속해서 활용한다. 색이 짙은 맥아나 로스팅한 맥아의 색 등급을 평가할 때 가장 많이 사용하는 시스템이기도 하다. 맥아 생산 분야에서도 로비본드 방식의 비교측정기를 가장 많이 사용하고, 이러한 흐름에 따라 표준참조법을 기준으로 하는 맥주의 색과 달리 맥아의 색은 일반 표준(430나노미터에서의 흡광도)으로 보정되기는 하지만 보통 로비본드 등급 단위로 제시한다.

유럽양조협회(EBC)에서는 1990년대 이전까지 다양한 파장에서 흡광도를 측정했다. 그리고 유럽양조협회와 표준참조법 등급을 근사치로 추정하여 전환하였다. 오늘날에는 유럽양조협회 등급에도 미국 양조화학자협회가 맥주의 색을 측정할 때 사용하는 것과 동일한 파장을 적용하지만(430나노미터) 샘플 측정용 유리 용기의 직경은 유럽양조협회에서 사용하는 것이 더 작다. 이렇게 측정한 유럽양조협회 등급은 로비본드 등급과 일치하지 않으며, 표준참조법 등급보다는 맥주의 색 등급을 대략 두 배 정도 더 큰 값으로 도출한다. 유럽양조협회 등급과 표준참조법 등급의 정확한 변환계수는 1.97이지만, 가령 아이리시 스타우트의 유럽양조협회 등급은 90인데 표준참조법 등급은 45 또는 45.6이라고 서로 주장하는 것은 아무런 의미가 없다.

이 책 앞표지 안쪽에 맥주의 색을 일곱 가지 등급으로 나타낸 색상 견본이 나와 있다. 표준참조법 등급으로 표시한 이 색상 견본은 '프로매시 브루잉 소프트웨어*Promash Brewing Software*' 1.8 버전'을 이용하여 도출한 것으로, 투명 플라스틱 재질의 측정용 컵에 6액량 온스의 맥주를 약 1.5인치 높이로 부은 뒤 흔들어서 기체를 제거하고 적당한 조명 아래에서 흰색을 배경으로 할 때 나타나는 색으로 평가하였다.

맥아에서 나오는 색의 주된 구성요소는 갈변 반응인 마야르반응에서 생성된 멜라노이딘이다. 토스트를 만들 때 볼 수 있듯이 음식을 가열하면 당과 아미노산의 갈변 반응이 일어난다. 가열되는 당과 아미노산에 따라, 그리고 각기 다른 가열 방식에 따라 호박색부터 붉은색, 갈색, 검은색까지 다양한 범위의 색이 나타난다. 그러므로 맥주의 색이 광범위한 이유는 맥아를 생산할 때 발아와 건조 방식이 다양한 데서 비롯한 결과로 볼 수 있다. 특정 레시피로 맥주를 만들 때 최종 완성한 맥주의 색은 멜라노이딘의 영향을 맥아 색 단위(malt color units, 줄여서 MCU)로 더하면 예측할 수 있다. 맥아 색 단위는 홉의 쓴맛을 계산할 때(IBU 계산 시) 사용되는 알파산 단위(AAU)와 같은 단위다. 즉 첨가하는 홉의 중량에 알파 산 등급을 곱하면 알파산 단위가 나오듯이 레시피에서 맥아 색 단위를 발생시키는 맥아의 질량에 맥아의 색 등급(°L)을 곱하면 맥아 색 단위를 구할 수 있다.

맥아 색 단위를 레시피를 기준으로 양조된 맥주의 부피로 나누고 맥아 색 단위 계산식에서 퍼센트 활용도와 비슷한 상수를 곱하면 맥주의 표준참조법 등급을 추정할 수 있다. 색이 옅은 맥주(노란색/황금색/옅은 호박색)는 표준참조법과 맥아 색 단위 등급이 거의 1대 1이다.

---

1 제프리 도노반(Jeffery Donovan), "프로매시 브루잉 소프트웨어(Promash Brewing Software)" 1.8 버전, Sausalito Brewing co., Santa Babara, CA, 2003. http://www.promash.com. 2015년부터 프로매시사의 웹 사이트에 접속하면 일시 중단 메시지가 뜬다. 전체 사이트가 언제 다시 열릴지는 명확치 않다.

표 B-3 | 맥아 색 단위를 이용한 맥주의 색 추정 모형

SRM=MCU	(최초 제안자)
SRM = (0.3 × MCU) + 4.7	R. 모셔[a]
SRM = (0.2 × MCU) + 8.4	R. 대니얼스[b]
SRM = $1.49 \times MCU^{0.69}$	D. 모레이[c]

a: 랜디 모셔(Randy Mosher), 『*The Brewer's Companion*』(Seattle: Alephenalia Publication, 1994)
b: 레이 대니얼스(Ray Daniels), 『*Designing Great Beers*』(Boulder: Brewer's Publications, 1996)
c: 댄 모레이(Dan Morey), "°SRM 맥주 색 추정법", http://www.morebeer.com/brewingtechniques/beerslaw/morey.html.

간단한 예로 살펴보자. 총 19리터(5갤런)의 맥주를 만들면서 라거용 두줄보리 맥아 8파운드 (2°L)와 비엔나 맥아 2파운드(4°L)를 사용한다고 가정했을 때,

$$추정되는 색 = [(8 \times 2) + (2 \times 4)] / 5$$
$$= 4.8SRM (반올림하면 5SRM)$$

아주 간단한 방식이지만, 아쉽게도 총 맥아 색 단위가 15를 초과하면 이 방법을 적용할 수 없다(그림 B.1). 모셔*Mosher*와 대니얼스*Daniels*가 제안한 선형 모형도 있으나 맥주 색의 전체 범위를 나타내는 데이터는 모레이*Morey*가 제시한 공식과 같이(표 B.3) 지수 곡선에 더 일치한다.

모셔와 대니얼스가 각각 제안한 선형 모형(표 B.3)은 4.7SRM과 8.4SRM보다 더 낮은 범위의 맥주 색이 존재하는 점에서 오류가 있다. 실제로 벨기에 밀맥주나 필스너, 아메리칸 라이트 라거와 같은 스타일의 맥주는 분명 이 두 모형의 하한선보다 색이 더 옅다. 모레이의 지수 공식은 값이 작은 범위에서도 거의 동일하게 맥아 색 단위를 구할 수 있어서 실제 데이터와 더 가깝지만 맥아 색 단위가 커지면(브라운 에일, 포터, 스타우트) 실제 맥주에서 나타나는 색이 표준참조법=맥아 색 단위 공식으로 나타낸 곡선에서 벗어나고 모셔와 대니얼스의 선형 모형과 같이 하한선보다 낮은 범위에 더 많은 데이터가 자리한다. 맥아 색 단위가 200인 맥주는 100인 맥주보다 색이 두 배 더 진하지만 표준참조법=맥아 색 단위 모형에서는 둘 다 "색이 매우 어둡다"로만 나타난다. 맥주 심사 전문가도 40SRM을 넘어서면 색 차이를 구분하지 못한다.

맥주 색을 이야기할 때 꼭 말해야 할 부분이 '빛깔'이다. 표준참조법 등급이 동일해도 맥주가 다르면 빛깔이 다른 이유는 표준참조법이 단일 파장(청색-보라색) 빛에서 나타나는 흡광도를 기준으로 한 값이기 때문이다. 더욱 구체적으로는 샘플이 빛을 흡수한 양이 아니라 샘플

을 통과하여 검출기에 닿은 빛의 양을 나타낸다. 사람의 눈은 가시광선에 해당하는 파장을 모두 볼 수 있으므로, 검출기와 달리 맥주를 통과하는 다른 색이나 반사되는 색까지 인지한다. UC 데이비스에서 실시한 양조 관련 연구[2]에서도 현재 미국 양조화학자협회가 채택한 색 평가 방식의 이 같은 문제점을 언급했다. 해당 연구에서는 라거 두 가지와 페일 에일, 스타우트까지 총 네 종류의 맥주를 동일한 정도로 희석했다(3.5~3.6SRM). 그리고 샘플을 열 가지로 조합하여 서른한 명에게 보여주고 색이 같아 보이는지, 아니면 달라 보이는지 질문했다. 그 결과 판정단으로 참여한 사람들은 색이 같아 보이는 라거 두 종류를 제외하고 맥주 종류에 따라 색이 다르다는 사실을 정확히 집어냈다. 라거 중에서 올 몰트 라거는 희석되지 않은 실제 색이 8SRM이고 다른 곡물 부재료를 포함한 나머지 라거의 희석 안 된 맥주 색은 4SRM이었

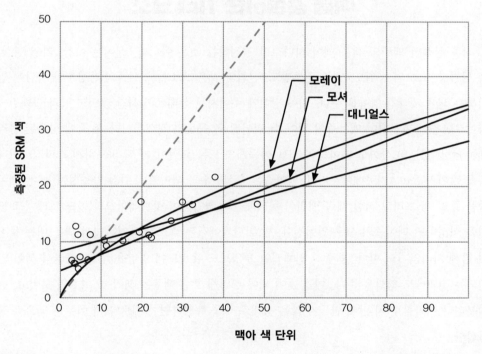

그림 B-1

맥아 색 단위별 맥아의 표준참조법. 최종 완성한 맥주의 색을 네 가지 모형으로 측정한 결과를 비교한 것이다. 점선은 표준참조법=맥아 색 단위에 해당하는 참조선이다. 각각의 색 평가 모형에 해당하는 선은 실제 데이터를 토대로 한다. 시중에서 판매하는 맥주나 자가 양조한 맥주를 분석한 결과 모두 맥아가 색에 끼치는 영향이 크게 증가했더라도 측정한 색의 크기는 줄어드는 것으로 나타났다. 데이터는 데니얼스(Daniels, 1995)의 연구 결과를 활용했다.

---

2 Smythe and Bamforth(2000)

다. 그리고 페일 에일의 색은 25SRM이었다. 이 두 가지 라거와 페일 에일의 희석 안 된 맥주 색은 미국 양조화학자 협회의 평가 방식이나 '시리즈 52 로비본드 비교측정기(Tintometer Ltd., Salisbury, UK)'로 측정한 결과에 사실상 차이가 없었다(<1SRM). 스타우트만 로비본드 비교측 정기로 115로비본드라는 결과가 나온 반면 분광광도계 측정 결과로는 86SRM이라는 결과가 나왔다. 이러한 차이를 보면, 색이 매우 짙은 맥아와 맥주의 색을 판단할 때 양조 화학자 협회 의 방식에 어떤 문제가 있는지 잘 알 수 있다.

색을 결정하는 기타 요소

　　최종 완성한 맥주의 색을 맥아 하나로만 결정하는 것은 아니다. 끓이는 시간, 가열 방식, 홉 첨가량, 효모의 응집도, 맥주의 투명도, 산화와 같은 요소들도 샘플의 흡광도와 사람이 인 식하는 색에 제각기 영향을 준다. 열이 강하게 주어지는 상태로 장시간 끓이면 당과 단백질의 마야르반응이 촉진되어 맥아즙의 색이 더 짙어진다. 곡물의 겉껍질이나 홉 꽃에 함유된 폴리 페놀(탄닌) 성분의 산화도 맥아즙의 색을 어둡게 만드는 요인이다. 또 과도하게 스파징하거나 홉을 많이 넣은(IPA 맥주에서와 같이) 맥아즙은 숙성될수록 색이 어두워질 가능성이 높다. 맥아 즙을 끓일 때 그리고 식힐 때 단백질이 폴리페놀과 결합하여 핫브레이크와 콜드 브레이크 물 질을 형성하면 맥아즙의 색은 옅어진다. 발효 단계에서는 효모가 응집하면서 색을 내는 물질 이 함께 가라앉기도 한다. 맥주의 전체적인 투명도도 흡광도에 영향을 주고, 따라서 색이 인 식되는 결과에도 영향을 준다. 예를 들어 색이 뿌옇게 흐린 맥주는 색이 더 어두워 보이고, 원 심분리나 여과를 거쳐 맑게 만들지 않은 상태로 색을 측정하면 실제보다 더 어두운 색으로 평 가한다.

　　이처럼 맥주 색에 영향을 주는 다양한 요소가 있으며, 실제 맥주의 색이 모레이 방식으로 계산한 표준참조법과 ±20퍼센트까지 차이가 날 만큼 상당한 영향을 준다. 그러므로 모레이 공식을 간소화한 SRM = 1.5 × MCU$^{0.7}$으로 얻은 결과도 모레이가 제시한 공식으로 도출된 결 과 못지않게 유효함을 알 수 있다. 내가 여기서 또 다른 공식을 제안한 이유는 새로운 모형을 소개하기 위해서가 아니라, 맥주 색을 평가하기 위해 마련한 모형은 모두 내재적으로 한계가 있는 점을 짚어내기 위해서다. 위에서 언급한 세 가지 모형(그림 B.1) 중에서 특별히 정확도가 더 높은 것은 없고, 모레이 공식도 색이 매우 옅은 스타일의 맥주를 평가할 때에 한하여 좀 더 적합할 수 있다. 이 경고를 참고하여, 분석적으로 접근하려는 독자들이 맥주의 색을 소수점 넷째 자리까지 세밀하게 계산하려는 시도는 하지 않기를 바란다. 그림 B.2에는 모레이 모형을 토대로 맥주 색을 노모그래프로 나타낸 결과가 나와 있다.

맥주의 색 추정하기

여러분이 가진 레시피로 어떤 색깔의 맥주가 나올 것인지 예측하려면 먼저 맥아와 부재료 각각의 맥아 색 단위를 계산하고 색 평가 모형 중 한 가지에 그 결과를 적용한다. 위에서도 설명했지만 맥아 색 단위는 맥아의 로비본드 등급에 양조 시 사용할 맥아의 중량(파운드 단위)을 곱하고 레시피에 나온 총 용량(갤런 단위)으로 나눈 값이다. 몇 가지 예시를 살펴보자.

맥주 평가자 인증 프로그램(BJCP) 스타일 가이드라인에 명시된 캘리포니아 코먼 비어 :

초기 비중 = 1.044~1.055

종료 비중 = 1.011~1.014

IBU = 35~45

색 = 8~14SRM

4번 증기기관차(No.4 Shay Steam) – 캘리포니아 코먼 비어 6

레시피 초기 비중 = 1.048

레시피에 포함된 맥아	색 등급	MCU
6.0lb. 라이트 LME	5°L	6
0.75lb. 크리스털 40L 맥아	40°L	6
0.25lb. 말토덱스트린 분말	0°L	0

색 계산 결과 : 모셔, 대니얼스, 모레이 방식

총 MCU	모셔	대니얼스	모레이
12	8	11	8

의견 캘리포니아 코먼 비어 레시피(위)는 재료가 포함한 맥아를 세 가지 색 계산 모형 모두에서 맥주 평가자 인증 프로그램 가이드라인의 색 범위 내에 포함한다. 그러므로 이 레시피로 대회에 출전한다면 맥주 색에서 감점될 우려는 덜 수 있다.

맥주 평가자 인증 프로그램(BJCP) 스타일 가이드라인에 명시된 브라운 포터 :

초기 비중 = 1.040~1.050

종료 비중 = 1.008~1.014

IBU = 20~30

색 = 20~35SRM

맥주 평가자 인증 프로그램(BJCP) 스타일 가이드라인에 명시된 로버스트 포터 :

초기 비중 = 1.050~1.065

종료 비중 = 1.012~1.016

IBU = 25~45

색 = 30+SRM

포터 오 파머(Port O'Palmer) — 포터

레시피 초기 비중 = 1.048

레시피에 포함된 맥아	색 등급	MCU
6.0lb. 라이트 LME	5˚L	6
0.5lb. 크리스털 40L 맥아	60˚L	6
0.5lb. 초콜릿 맥아	350˚L	35
0.25lb. 블랙 '페이턴트' 맥아	500˚L	25
색 계산 결과 : 모셔, 대니얼스, 모레이 방식		

총 MCU	모셔	대니얼스	모레이
72	26	23	28

의견 예로 제시한 포터 레시피(위)에서 표준참조법 색 등급과 초기 등급은 맥주 평가자 인증 프로그램의 브라운 에일 가이드라인 범위에 포함되지만, 블랙 '페이턴트' 맥아를 사용하면 맥주에 로스팅한 맥아의 특성이 더해지므로 로버스트 포터 가이드라인을 적용하는 것이 더 적합하다. 이때 양조자는 맥주가 로버스트 포터의 범주에 확실하게 해당되도록 색 평가모형을 적용하여 레시피의 내용을 조정해도 된다. 방법은 찾아보면 여러 가지가 있다.

첫 번째 방법은 다크 건조맥아추출물을 1.5파운드 더하는 것이다. 이렇게 하면 초기 비중과 총 맥아 색 단위가 모두 약 12포인트 증가하고 추정되는 맥주 색은 모셔, 대니얼스, 모레이 방식으로 각각 30, 25 그리고 32SRM이 된다. 색은 대폭 바뀌지 않는 반면 초기 비중이 크게 (1.060으로) 높아지는 점이 이 방법의 단점이다.

두 번째 조정 방법은 초콜릿 맥아의 양을 1파운드로 늘리는 것이다. 그러면 총 맥아 색 단위가 107이 되면서도 초기 비중은 크게 변하지 않고 추정되는 맥주 색은 각각 37, 30 그리고 37SRM이 된다. 맥주가 로버스트 포터의 분류에 확실하게 포함되도록 하려면 이 상태에서 비중을 더 높일 필요가 있다.

세 번째 방법은 라이트 액상 맥아추출물의 양을 7파운드로, 초콜릿 맥아의 양을 1파운드로 늘리는 것이다. 이렇게 하면 총 맥아 색 단위는 두 번째 방법과 거의 비슷한 수준이 되면서 맥주의 전체적인 색은 거의 바뀌지 않는다. 그러나 맥아추출물을 1파운드 더 사용하면 초기 비중이 로버스트 포터에 해당되는 1.055가 된다.

요약

본 부록을 통해 맥주의 색을 측정하는 방식과 양조 시 맥주 색을 추정하는 방법을 충분히 이해하는 자료가 되기를 바란다. 최종 완성된 맥주의 색은 양조 전 단계에서 수많은 요인에 영향을 받지만 색 추정 모형에는 그러한 요소를 고려하지 않는 사실도 유념해야 한다. 홉과 국제 쓴맛 단위를 계산할 때와 마찬가지로 어떤 모형이 가장 적합한지는 여러분 각자가 사용하는 장비와 양조 과정, 만드는 맥주에 따라 고민해볼 문제다. 또 이러한 계산 툴이 전부는 아니며 최종 결과를 얻기 위한 하나의 수단일 뿐 중요한 열쇠는 바로 맥주에 담겨 있음을 기억하자.

| 저자가 덧붙이는 말 |

본 부록의 내용은 『Brew Your Own』 매거진 2003년 5/6월호 28~33쪽에 나온 내용이다. (허가 후 발췌함.)

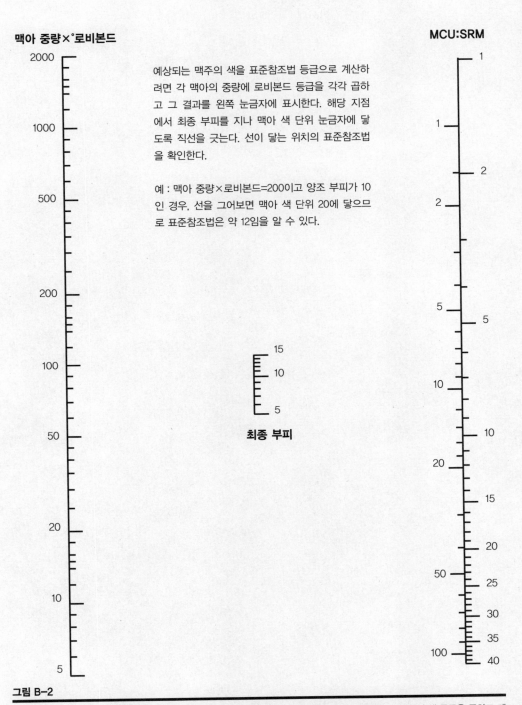

맥아 중량×°로비본드

2000

1000

500

200

100

50

20

10

5

예상되는 맥주의 색을 표준참조법 등급으로 계산하려면 각 맥아의 중량에 로비본드 등급을 각각 곱하고 그 결과를 왼쪽 눈금자에 표시한다. 해당 지점에서 최종 부피를 지나 맥아 색 단위 눈금자에 닿도록 직선을 긋는다. 선이 닿는 위치의 표준참조법을 확인한다.

예 : 맥아 중량×로비본드=200이고 양조 부피가 10인 경우, 선을 그어보면 맥아 색 단위 20에 닿으므로 표준참조법은 약 12임을 알 수 있다.

15
10

5

최종 부피

MCU:SRM

1

1

2

2

5

5

10

10

20

15

20

50

25

30

35

100

40

그림 B-2

맥아 색 단위(MCU)로 표준참조법을 계산할 수 있는 노모그램. 곡물의 중량(파운드 단위)에 로비본드 단위의 색 등급을 곱하고 계산 결과를 '맥아 중량×로비본드' 눈금자에 표시한다. 그곳을 출발점으로 하여 양조 크기(예를 들어 5갤런)를 지나 맥아 색 단위 눈금자에 닿도록 직선을 긋는다. 이렇게 파악한 맥아 색 단위는 해당 곡물이 맥아 색 단위에 어느 정도의 비중으로 영향을 주는지 나타낸다. 전분 재료 전체에 해당하는 모든 맥아의 맥아 색 단위를 더하고 그 합계에 해당하는 맥아 색 단위를 찾은 뒤 표준참조법을 찾으면 된다. 본 노모그램은 모레이 색 등급 모형을 토대로 마련한 것이다.

APPENDIX

C

HOW to BREW

맥주의 투명도

어느 양조자가 한 달 전, 여태 만든 맥주 중에서 최고로 맛있는 맥주를 만들어보리라 계획하고 양조를 시작했다. 그리고 오늘, 마침내 결과를 맛볼 순간이 찾아왔다. 이 맥주를 완성하기 위해 양조자는 새로운 맥아추출물 제품을 사용하고 스페셜티 곡물이나 부재료도 새로운 것으로 시도했다. 그리고 원하는 풍미를 얻기 위해 건조 홉과 과일, 향신료를 2차 발효조에 투입했다. 수제 맥주 재료를 사러 들렀다가 만난 사람들에게 레시피에 대해 이야기했더니, 맥아즙을 끓일 때 해조류를 넣으라는 둥 생선 내장이며 젤라틴 따위를 발효조에 넣으라는 둥 괜히 놀리는 듯한 말을 했다. "이런 사기꾼들 같으니라고." 양조자는 그렇게 생각하고 다 무시했다!

마침내 인생 최고의 맥주가 될 결과물을 잔에 따르는데, 잠깐만, 색이 뿌옇다! 대체 무슨 일이 벌어진 걸까?! 맥주가 뿌옇고 혼탁해지는 원인은 여러 가지가 있다. 효모가 아직 충분히 응집되지 않아서 (가라앉지 않아서) 그럴 수도 있다. 이때 며칠 동안 맥주를 저온 숙성하고 문제를 해결했는지 살펴보자. 혹은 야생 효모나 세균이 오염됐거나, 전환되지 않은 전분 또는 비가용성 전분이나 과일 펙틴 때문에 색이 혼탁해졌을 가능성도 있다. 단백질과 폴리페놀의 결합에 따른 결과일지도 모른다. 뭐가 문제인지 어떻게 알 수 있을까? 어떻게 해결해야 할까? 오염은 다른 것과 상관없는 문제이므로 분리해서 생각해야 한다. 혼탁 물질이 전분이라면 수많은 야생 효모와 세균의 먹이가 될 수 있고, 그러한 맥주를 마시면 전분이 장에서 분해되느라 속에 부글부글 가스가 찰 수 있다. 과일 펙틴이 문제라면 펙틴 분해효소(펙티나아제)를 사용하거나 발효조에 넣기 전, 과일을 처리하는 방식을 바꾸면 해결된다. 그리고 맥아와 홉에서 나온 단백질과 폴리페놀이 결합한 혼탁 물질은 일시적으로 또는 영구적으로 맥주를 뿌옇게 만들 수 있는데 이때 청징제를 사용하면 대부분 약해질 수 있다.

알코올 도수가 낮은 아메리칸 라거의 투명하고 맑은 색에 익숙한 사람들은 모든 맥주가 그 정도로 맑을 것이라 생각하는 경향이 있다. 하지만 그렇지 않다! 단백질 함량이 낮고 부재료를 많이 사용하는 미국식 맥주는 사실 전 세계적으로 투명도가 가장 높거나 그런 축에 속한다. 재료도 미국 맥주의 투명도에 한몫하지만 대형 상업 양조시설의 여과 기술도 그에 못지않은 영향을 준다. 자가 양조자도 여과 장치를 마련할 수 있지만, 효모도 함께 여과되므로 맥주를 담은 뒤 탄산을 강제 주입하는 과정을 포함해야 한다.

그런데 미학적인 요소 외에 굳이 맥주가 뿌옇다고 신경 쓸 필요가 있을까? 혼탁 물질은 맛과는 무관한 문제가 아닐까? 맥주에 발생한 혼탁 물질이 세균 오염과 같은 다른 문제가 발생했음을 나타내는 지표도 있다. 세균에 오염되면 맥주가 뿌옇게 흐려지고 특유의 이취가 난다. 예를 들어 페디오코쿠스 담노수스*Pediococcus damnosus*는 디아세틸을 다량 만들어내는 균이라 양조자들이 대부분 두려워하는 균이다. 젖산균이 오염되었다면 젖산으로 인한 시큼한 맛 외에도 다양한 맛이 생기는데, 그중에는 램빅 맥주와 같이 맥주 맛을 좋게 하는 맛도 포함한다. 그러나 젖산균 중에는 페디오코쿠스*Pediococcus*처럼 많은 양의 디아세틸을 발생시키는 균종이 있다. 대장균군에 해당하는 균도 맥주의 혼탁 물질을 발생시키는데, 이러한 균이 오염되면 맥주에서 파스닙이나 오래된 셀러리에서 나는 냄새처럼 채소 느낌이 나는 이취를 느낄 수 있다. 세균 오염으로 인한 혼탁 물질은 발효가 끝난 후 병 속에서 생성된다. 또 맥주 색이 갑자기 흐려졌다면 뭔가 잘못된 징조로 볼 수 있다.

맥주의 혼탁 물질이란 무엇일까?

맥주에 발생하는 혼탁 물질은 무엇일까? 저온 혼탁 현상chill haze을 비롯한 맥주의 혼탁 현상은 혼탁 활성 단백질과 폴리페놀이 수소결합으로 한 덩어리가 되어 큼직한 분자가 맥주에 뜰 때 발생한다. 수소결합은 온도가 차가울수록 더욱 단단해지고, 따뜻한 온도에서는 결합을 이룬 분자들이 크게 진동하고 그로 인해 수소결합이 약해지면서 단백질과 폴리페놀이 한 덩어리로 뭉쳐 있기 힘든 상태가 된다. 저온에서 혼탁 현상이 발생하는 이유도 이 때문이다. 또 시간이 지나면서 단백질과 폴리페놀 결합체가 산화되고 중합체를 형성하면 영구적인 혼탁 물질이된다. 하지만 이 모든 결과는 혼탁 활성 단백질과 폴리페놀이 결합하는 것에서 시작한다.

그런데 '혼탁 활성'이 뭘까? 무슨 의미일까? 기본적으로는 단백질과 폴리페놀의 유형과 크기로 정의하며, 크기가 큰 다양한 형태의 복합분자가 해당된다. 혼탁 활성 단백질은 거품 활성 단백질과 크기는 같지만 아미노산 중 프롤린이 많이 포함되어 있고 바로 그 부위에 혼탁 활성 폴리페놀이 결합하는 것으로 보인다.[1] 단백질 분해 효소를 사용하여 혼탁 활성 단백질을 분해하면 혼탁 비활성 단백질로 분해되지만 거품 활성 단백질도 함께 분해된다는 문제가 있다.

| 맥주의 혼탁 물질을 왜 신경 써야 할까? |

맥주의 혼탁 물질을 연구하고 없애는 방법을 찾는 일에만 매년 수백만 달러를 사용한다. 왜 그럴까? 맑고 투명한 맥주가 미학적인 측면에서 더 매력적이라는 점 외에도, 혼탁 물질에 포함된 폴리페놀은 맥주의 화학적인 균형에 영향을 주고, 이는 산화로 인한 부패 반응과 관련이 있기 때문이다. 이쯤 되면 대체 폴리페놀이 무엇일까, 궁금한 사람들이 있을 것이다. 맥주에 이취를 유발하는 물질이고, 스파이시한 맛이나 플라스틱 또는 약 냄새를 풍기는 물질이라는 이야기를 들어보았을 것이다. 하지만 실제로 그런 이취를 유발하는 물질은 '페놀'이다. 폴리페놀은 페놀 복합체의 중합체를 일컫는다. 또 폴리페놀이 탄닌이라는 소리를 얼핏 들었다면, 사실 반대로 탄닌이 폴리페놀에 속하는 큰 분자 중 하나임을 알려둔다. 스파징을 과도하게 실시하거나 당화 pH가 잘못되었다면 맥아즙에 탄닌이 섞인다는 이야기도 들어보았을 것이다. 그와 같은 환경에서는 맥아 겉껍질과 종이처럼 얇고 건조한 홉 꽃에서 탄닌(그리고 다른 폴리페놀

---

[1] Siebert and Lynn(1997)

물질)이 추출되므로 그 이야기는 사실이다.

맥주는 폴리페놀을 어느 정도 반드시 함유하고 있다. 이것을 신경 쓴다면 사막에 가서 왜 모래가 많으냐고 투덜대는 것이나 같다. 모래 폭풍이 불지 않는 한, 그냥 상황을 받아들이고 해결 방안을 찾아야 한다. 페놀을 레고 블록이라고 한다면, 블록마다 제각기 크기가 다른 것처럼 다양한 크기의 작은 폴리페놀도 블록처럼 서로 연결되어 탄닌처럼 큼직한 폴리페놀을 형성할 수 있다고 생각하면 된다. 단백질과 폴리페놀 결합체로 된 혼탁 물질은 '저온 혼탁 현상'의 형태로 가장 흔히 발생한다. 이 현상은 작은 폴리페놀이 혼탁 활성 단백질과 교차 결합할 때 발생한다. 이렇게 형성된 복합체는 맥주가 냉각되면 녹지 않은 상태로 존재하지만 충분히 가라앉을 만큼 양이 많지는 않아서 맥주에 계속 떠 있게 된다. 맥주 온도가 실온까지 올라가면 저온 혼탁 현상을 유발한 복합체도 분해된다.

크기가 큰 폴리페놀은 더 큰 단백질-폴리페놀 복합체를 형성하고 이는 핫 브레이크나 콜드 브레이크 물질로 분리되지만 그보다 작은 폴리페놀은 최종 완성된 맥주에도 그대로 있다. 그리고 앞서도 언급했듯이 작은 폴리페놀이 중합체를 이뤄 큰 복합체를 이룰 수 있는데, 산소가 있는 환경에서 특히 그러한 일이 벌어진다. 저온 혼탁 현상이 발생하는 맥주는 병입 과정에서 주의하지 않아 산소가 유입되면 저온 혼탁 물질이 영구적인 혼탁 물질로 바뀔 수 있다.

한 가지 흥미로운 사실은, 양조 관련 학술 문헌의 초록을 검색해보면 맥주의 혼탁 현상은 1990년 후반부터 큰 문제로 여겼다는 점이다. 수제 맥주 산업이 성장하고 엄격하게 품질 관리를 하면서부터 그러한 추세가 나타난 게 이유일 수도 있지만, 맥아즙 생산 과정에서 산소의 영향이 더 많이 알려지고 산소를 통제하려고 노력했다는 것이 더 정확한 이유일 것이다. 맥아즙의 산화도가 줄면, 맥아즙을 끓이고 식히는 동안 브레이크 물질로 침전되는 폴리페놀과 탄닌도 줄어들고 결과적으로 작은 폴리페놀이 중합체를 이룰 확률도 줄어든다. 이로 인해 폴리페놀이, 포장이 다 끝난 맥주에 그대로 남아 있는 경우가 늘고, 이것이 저온 혼탁 현상을 일으키는 것이다. 다시 말해 50년 전 생산한 맥주는 발효 전에 맥아즙의 산화 여부를 크게 신경 쓰지 않았고(효모 성장을 고려한 통기를 실시하지 않았다) 그 결과 맥주가 쉽게 부패하고 보관 기간도 짧았지만, 투명도 면에서는 오늘날 생산하는 맥주보다 더 맑았을 것이다.

레시피를 조정하여 혼탁 물질 제거하기

맥주에 혼탁 물질이 형성될 확률을 낮추는 방법 중 하나는 양조 과정에서 혼탁 활성 단백질이나 폴리페놀 또는 이 두 가지 물질을 모두 줄일 수 있는 조치를 취하는 것이다. 이를 위해서는 레시피를 수정하거나 정화제 또는 청징제를 넣는다. 각 방법은 모두 장단점이 있다. 레시피를 조정하여 혼탁 활성 단백질과 폴리페놀의 양을 줄이려면 올 몰트 레시피를 옥수수, 쌀, 정제 설탕 등 단백질 함량이 낮은 부재료를 어느 정도 포함한 레시피로 변경한다. 알코올 도수가 낮은 아메리칸 라거나 벨기에의 트리펠, 골든 스트롱 에일이 그와 같은 예에 해당한다. 그러나 폴리페놀을 줄이려고 밀이나 밀 추출물을 사용하는 것은(밀은 겉껍질이 없으므로) 양날의 검과 같다. 전체 전분 원료의 5~12퍼센트 정도로 소량 넣으면 밀을 많이 함유한 단백질 때문에 오히려 혼탁 현상이 심해질 수 있다. 밀의 비율을 40퍼센트 정도로 높여야 폴리페놀의 총량이 줄고 맥주도 매우 맑아진다.

홉도 폴리페놀이 나오는 또 다른 원천이다. 쓴맛을 내려면 홉은 알파산 함량이 낮은 아로마 홉만 사용해야 한다고 생각하는 양조자들이 많고, 이는 맥주에 홉의 특성을 더 깔끔하게 담을 수 있는 점에서 마땅한 생각이다. 그러나 이 방법은 맥아즙에 홉의 꽃에서 나온 물질이 더 높은 비율로 포함되고(최대 4배) 맥아즙이 끓는 동안 이러한 물질에서 추출되는 폴리페놀의 양도 더욱 늘어나는 단점이 있다. 나도 밀 추출물을 이용한 아메리칸 밀맥주를 만들었을 때 밀의 글루텐으로 색이 뿌옇게 흐려지는 것을 보고 가장 최근에 다시 같은 맥주를 만들 때는 너깃 홉(12% AA) 대신 리버티 홉(3.5% AA)을 쓴맛을 내는 홉으로 사용했다. 그러자 홉의 특성이 더없이 풍부하게 최상급으로 발현되는 동시에 나중에 컵을 씻을 때 숟가락으로 떠내야 할 만큼 풍성한 헤드 거품이 형성되는 맥주가 완성됐다. 그러나 혼탁도는 먼저 만든 맥주보다 더 높아졌다.

맥아의 폴리페놀은 70퍼센트가 핫 브레이크와 콜드 브레이크 물질을 이루지만 홉 폴리페놀은 그 비율이 20퍼센트에 불과한 것으로 밝혀졌다.[2] 혼탁 활성 폴리페놀과 단백질을 확실하게 줄이려면 핫 브레이크와 콜드 브레이크가 원활하도록 하여 나중에 폴리페놀과 결합해 혼탁 물질을 만들 수 있는 여분의 단백질을 최소로 줄여야 함을 알 수 있는 대목이다. 맥아즙을 끓인 뒤에 홉을 첨가하는 드라이 호핑은 홉의 폴리페놀을 더 많이 발생시킬 수 있다. IPA의 색깔이

---

2 McMurrough 연구진(1985)

뿌연 것도 이 때문이다.

완전 곡물 양조를 실시한다면 재료로 사용하는 맥아와 당화 방식, 스파징 방식이 폴리페놀의 양에 영향을 줄 수 있다. 기존의 품종보다 폴리페놀의 함량이 적은 새로운 품종의 보리도 개발되어 테스트 양조에서는 실제로 혼탁 현상이 줄어드는 긍정적인 결과가 나왔지만 이 새로운 맥아는 아직 시장점유율이 크지 않은 상태다. 스파징 방식도 폴리페놀의 총량에 영향을 준다. 첫 번째 세척에서는 크기가 작은 폴리페놀이 가장 많이 발생하는 반면, 연속 스파징 시 최종 세척으로 겉껍질에서 탄닌과 같은 폴리페놀이 많이 나온다. 곡물층이 씻길수록 맥아의 산 성분이 갖는 완충력이 줄고 당화 혼합물의 pH가 증가하면서 발생하는 결과다. 이러한 문제는 스파징 용수에 칼슘을 넣거나 용수를 산성화하여 사용하면 줄일 수 있다(21장 참고). 배치 스파징(보통 최종 세척 후에도 비중이 1.020 이하로는 떨어지지 않는다)이나 스파징을 실시하지 않는 것(곡물을 세척하지 않는 것)도 pH 상승폭을 최소로 줄일 수 있으므로 맥아즙에 탄닌이 과도하게 나오는 상황을 방지할 수 있다.

청징제로 혼탁 물질 제거하기

자, 이제 해조류와 생선 내장, 젤라틴에 대해 이야기할 차례다. 맥아즙과 맥주에 청징제를 넣으면 이 물질이 혼탁 물질을 형성하는 분자와 결합하여 바닥에 가라앉는다. 자가 양조자들 사이에서는 아이리시 모스*irish moss*와 부레풀*isinglass*, 젤라틴*gelatin*을 청징제로 가장 많이 사용한다. 상업 양조 시설에서는 대량 구매 시 비용이 적게 들고 카라기난(carrageenan, 홍조류를 온수 추출하여 얻는 다당류 물질)이나 콜라겐보다 대체로 효과가 더 뛰어난 폴리비닐폴리피롤리돈*PVPP, Polyvinylpolypyrrolidone*과 실리카 겔 제품을 주로 사용하는데, 이러한 물질은 소화되지 않으므로 맥주를 용기에 포장하기 전에 물리적으로 분리해야 한다. 프롤린을 특이적으로 분해하는 효소도 청징제로 사용할 수 있다. 이 효소는 맥주의 거품은 보존하면서 혼탁 물질을 제거하는 효과가 우수한 것으로 입증되었다.

| 아이리시 모스 |

카라기난 모스로도 불리는 아이리시 모스는 홍조류의 일종으로, 카라기난이라는 긴 사슬 다당류를 포함한다. 이 카라기난이 크기가 큰 단백질을 끌어 당겨 결합한다. 맥아즙을 끓일 때 넣을 수 있는 청징제로는 아이리시 모스가 유일하며 다른 청징제는 모두 발효가 끝난 후에 넣는다. 맥아즙을 끓일 때 종료 5~20분 전에 아이리시 모스를 넣으면 단백질의 응집과 침전율을 높일 수 있지만 그 외 시점에 넣으면 오히려 혼탁 현상과 품질 저하 현상staling reaction을 유발한다.

과거에는 혼탁 활성 단백질이 맥주의 거품 유지력과 관련한 단백질(즉 거품 활성 단백질)과는 다르다는 견해가 보편적이었으나 더욱 최근에 진행된 연구들을 통해[3] 이 두 가지 단백질이 많은 부분 비슷하다는 사실을 밝혀냈다. 효소나 비특이적으로 단백질을 흡수하는 첨가물(벤토나이트 등)을 이용하여 혼탁 물질 형성 단백질을 없애면 맥주의 거품 유지력과 보디감에도 반드시 영향이 발생하는 것으로 나타났기 때문이다. 당화 과정에 단백질 휴지기를 넣거나 효소 성분의 청징제를 맥아즙에 넣는 방식은 혼탁 현상 해소에 썩 좋은 방법이 아님을 보여주는 결과다. 올바른 청징제를 선택하더라도 잘못 사용하면 문제가 될 수 있다. 맥아즙을 끓일 때 아이리시 모스를 지나치게 많이 넣으면 거품 유지력과 관련한 단백질이 영향을 받을 뿐만 아니라 효모 생장에 필요한 영양분인 유리 아미노 질소FAN도 줄어든다. 이러한 까닭에 맥아추출물이나 부재료로 맥아즙을 만들면 아이리시 모스는 사용하지 않는 것이 좋다.

아이리시 모스는 건조한 플레이크 형태로 판매하며 재수화해서 사용한다. 일반적인 사용량은 끓이는 부피 기준 19리터(5갤런)당 플레이크 1티스푼이다(125mg/L). 호주에서 개발한 휠플록Whirlfloc®이라는 제품은 큼직한 정제 형태로 만든 것으로 맥아즙에 바로 넣을 수 있다. 19리터(5갤런) 배치에 휠플록 한 알이면 충분하며, 사용자들은 흡족한 결과를 얻었다고 밝혔다.

| 부레풀isinglass |

청징제로 많이 사용하는 또 한 가지인 부레풀은 특히 잉글리시 캐스크 에일에 흔히 사용한다. 철갑상어나 대구, 헤이크와 같은 어류의 부레를 깨끗이 세척하고 말려서 만드는 부레풀은

---

[3] Ishibashi 연구진(1996), Bamforth(1999)

거의 전 성분이 단백질인 콜라겐이다. 효모와 혼탁 물질을 없애는 효과가 매우 뛰어나지만 원료가 비싼 편이다.

부레풀은 건조 분말 형태로 판매하며 리터당 30~60밀리그램씩 사용한다. 그러나 자가 양조자들에게 가장 많이 알려진 제품은 바로 사용할 수 있는 액상 제품이다. 부레풀은 발효가 완료된 뒤 발효조에 넣거나 병에 넣는 단계에서 프라이밍 설탕을 넣을 때 함께 첨가한다. 분해되기 쉬운 물질이므로 절대 가열하지 말아야 한다. 액상형 부레풀 제품은 2온스로 맥주 19리터(5갤런)을 처리할 수 있다(3mL/L). 캐스크에서 숙성되는 에일은 부레풀이 젤라틴보다 효과가 뛰어난 것으로 여긴다. 캐스크 저장 온도에서 내용물이 흔들려도 쉽게 가라앉는 특성이 있기 때문이다. 일반적으로 젤라틴은 쿨러 온도가 되어야 내용물이 흔들린 후 다시 가라앉는다.

(누가 맨 처음 이런 재료를 쓸 생각을 했을지, 여러분도 진지하게 고민해보기 바란다. 이런 식의 대화가 오가지 않았을까. "이고르, 가서 맥주에 넣을 생선 내장 좀 가져와. 뭐? 신선한 내장이 없다고? 거참, 그럼 그 도마 위에 남아 있는 거라도 가져와, 말라붙은 거 말이야…")

| 젤라틴 |

젤라틴은 소의 발굽과 돼지가죽에서 콜라겐을 추출하면서 부산물로 얻는다. 부레풀보다 효모 덩어리를 가라앉히는 효과가 떨어지고 동일한 결과를 얻으려면 거의 세 배 더 많은 양을 사용해야 하지만 값이 저렴한 장점이 있다. 젤라틴의 권장 사용량은 리터당 0.2~0.4그램(0.75~1.5g/gal)인데 양조자들 사이에서는 리터당 0.08그램(0.3g/gal)만 사용해도 괜찮은 효과를 볼 수 있는 것으로 알려져 있다. 어떤 청징제든 정확한 첨가량은 맥주에 효모와 혼탁 물질이 얼마나 들어 있느냐에 달려 있다. 청징제는 종류와 상관없이 너무 많이 사용하면 오히려 혼탁 현상이 유발되어 흔히 일컫는 "바닥에 솜털이 떠다니는" 것 같은 문제가 생긴다. 이 침전물은 쉽게 위로 떠오르고 맥주를 컵에 따를 때 딸려 나오기 일쑤다.

젤라틴은 발효가 끝난 맥주를 병이나 케그에 담기 위해 다른 통으로 옮기기 전, 아직 발효조에 있을 때 첨가하거나 케그에 바로 넣는다. 알려진 것처럼 젤을 형성하면서 청징 작용이 되는 것이 아니라, 혼탁 활성 단백질과 폴리페놀 사이에서 젤라틴이 연결 다리 역할을 함으로써 수소결합으로 두 물질을 결합하고 바닥에 가라앉을 정도로 큰 덩어리를 이루도록 유도한다. 이처럼 수소결합을 탄탄하게 유지하고 덩어리가 원활하게 형성되려면 맥주가 2~7℃(35~45℉) 정도의 차가운 상태여야 한다.

젤라틴은 물을 적은 양 준비해서 완전히 녹이기만 하면 바로 사용할 수 있다. 분말 상태의 젤라틴은 물과 섞었을 때 건조맥아추출물과 거의 비슷한 특성을 보인다. 즉 찬물에 녹여도 덩어리지지 않고 수분을 흡수하지만 완전히 녹으려면 65℃(150℉)로 가열해야 한다. 젤라틴이 완전히 녹은 따뜻한 수용액은 냉각된 맥주에 바로 부으면 보통 24시간 이내에 청징 작용이 끝난다. 젤라틴 수용액을 붓고 저어주면 고루 섞을 수 있으나 반드시 그래야 하는 것은 아니다. 젤라틴을 넣은 뒤 청징 작용이 일어나 맑아진 맥주를 병이나 케그에 담기 전, 바닥에 가라앉은 혼탁 물질, 찌꺼기와 분리하여 다른 통에 옮긴 후 병에 넣으면 가장 만족스러운 결과를 얻을 수 있다. 이렇게 해도 보통 효모가 프라이밍이나 자연적인 탄산 형성에 필요한 양만큼 남지만, 새로 마련한 효모를 소량 넣으면 탄산 발생 과정이 빠르게 진행된다.

| 폴리비닐폴리피롤리돈 / 폴리클라 |

크로스포비돈crospovidone으로 불리는 폴리비닐폴리피롤리돈(Polyvinylpolypyrrolidone, 줄여서 PVPP)은 용적 대비 표면적이 넓어 탄닌을 포함한 폴리페놀을 즉각 흡수할 수 있는 백색의 미세 분말이다. 물질 흡수를 위한 필수 접촉 시간이 몇 시간 정도에 불과하다. PVPP는 시중에서 청징제와 안정제로 가장 많이 판매되는 제품이며(폴리클라polyclar®라는 브랜드명으로 잘 알려져 있다.) 자가 양조에서는 발효가 완료된 후, 병에 넣기 전에 19리터(5갤런)당 6~10그램 정도 넣는다. 보통 끓여서 식힌 물에 분말을 섞어서 슬러리 상태로 만든 다음 발효조에 조심스럽게 넣는다. PVPP 슬러리를 부은 다음에는 골고루 잘 섞어주어야 하며, 가라앉을 때까지 기다리면 되는데 보통 하루가 채 걸리지 않는다. 가라앉고 나면 상층의 맥주를 침전물이 섞이지 않도록 옮겨서 병이나 케그에 담는다. 미국 식품의약국(FDA)에서 섭취할 수 있는 물질이라는 승인을 받지 않은 상태로, 상업 양조시설에서는 여과 단계를 거쳐 PVPP를 제거한다.

| 실리카겔 |

수화 실리카겔silica hydrogels과 크세로겔xerogels은 상업 양조시설에서 맥주의 혼탁 물질을 없애는 동시에 저장 기간을 늘리는, 한 방에 두 가지 효과를 얻기 위해 널리 사용하는 또 한 가지 물질이다. PVPP는 폴리페놀과 결합하는 반면 실리카겔은 단백질과 결합한다. 더욱 구체적으로는 화학적으로 폴리페놀이 단백질과 결합하는 바로 그 부위에 작용하므로, 혼탁 활성 단백질과 바로 결합하는 장점이 있다. 실리카겔의 사용량은 PVPP와 같은 19리터(5갤런)당 6~10 그램이며 넣는 방법도 동일하다. 또 실리카겔과 PVPP를 함께 사용하면 두 물질의 상승효과가 발생하므로 한 가지만 사용할 때보다 더 큰 효과를 얻을 수 있다. 이 두 물질을 결합한 제품인 폴리클라 플러스*Polyclar Plus*™도 개발되어 상업 양조시설에서 사용한다. 내가 이 글을 쓰는 시점에는 자가 양조자들도 사용할 수 있는 소포장 제품이 나와 있는지 여부를 확인할 수 없다. 실리카겔은 섭취할 수 있는 물질로 FDA 승인을 받지 않은 물질이며, 상업 양조시설에서는 여과를 통해 제거한다. 그러나 가라앉을 때까지 기다렸다가 상층액을 조심스럽게 침전물과 분리하는 것으로 충분하다.

| 프롤린 특이효소 |

화이트랩스*Whitelabs*의 제품인 '클래리티 펀*Clarity Fern*'과 같은 프롤린 특이 효소는 엔도프로테아제의 일종으로, 혼탁 활성 단백질의 사슬을 이룬 아미노산 중 프롤린이 위치한 부위를 절단한다. 그 결과 단백질은 크기가 작아지고 혼탁 활성도 잃는다. 절단된 후에도 프롤린은 혼탁 활성 폴리페놀과 결합할 수 있으나 복합체가 형성되더라도 혼탁 물질이 될 정도로 큰 물질을 형성하지 못한다. 또 프롤린 특이 효소는 글루텐 형성 단백질까지 분해하는 보너스 효과가 있다. 업계에서 진행된 여러 연구를 통해, 프롤린 특이 효소를 넣은 맥주는 R5 멘데즈 경쟁적 ELIZA 분석*R5 Mendez Competitive ELISA assay*에서 글루텐 함량이 20ppm 미만인 것으로 확인했다.[4] 현재 무글루텐 식품으로 간주하는 기준 농도는 20ppm 미만이지만 사람마다 글루텐 관련 알레르기가 발생하는 농도는 큰 차이가 있으므로, 법적 책임을 감안할 때 맥주를 무글루텐 식품으로 판매하게 될 가능성은 없다고 볼 수 있다. 부록 I '무글루텐 맥주 양조 시 발생하는 문제'에 이와 관련한 정보가 더 자세히 나와 있다.

클래리티 펀 제품은 배럴당 12밀리리터를 넣으면 글루텐과 혼탁 현상을 모두 줄일 수 있다. 이는 리터당 약 0.11밀리리터(0.4mL/gal)에 해당되는 양이다. 효소 활성을 유지하려면 저온[4~8℃(39~46℉)]에 보관해야 한다. 발효조에 효모를 넣을 때 함께 첨가할 수 있다는 편리함이 있다.

---

4 ELIZA는 효소 결합 면역 침강 분석법(Enzyme Linked Immunosorbent assay)의 약어로, 항체를 사용한 결합 특이성이 매우 높은 검출법이다.

요약

맥주의 혼탁 현상은 여러 가지 원인으로 생기나 색이 흐려도 맛은 괜찮다면 단백질과 폴리페놀 결합체가 원인일 수 있다. 맥아나 홉의 종류를 바꾸는 등 다른 재료를 사용하거나 정화제, 청징제와 같은 첨가물을 활용하면(표 C.1) 혼탁 현상을 대부분 해결할 수 있다. 이번 장에서 다룬 내용이 여러분이 맥주의 혼탁 물질이 어떻게 발생하는지 이해하고, 원인을 해소하려

표 C-1 | 청징제 요약표

청징제	목적	사용량	의견
아이리시 모스 (irish moss)	단백질 응고	1티스푼/5갤런 (125mg/L)	거의 모든 맥아즙에 사용할 수 있는 우수한 청징제. 단, 부재료를 다량 사용하거나 맥아추출물로 만든 맥아즙에는 권장하지 않는다.
휠플록(Whirlfloc)	단백질 응고	1정/5갤런(19리터)	거의 모든 맥아즙에 사용할 수 있는 우수한 청징제. 단, 부재료를 다량 사용하거나 맥아추출물로 만든 맥아즙에는 권장하지 않는다.
부레풀(isinglass)	효모와 혼탁 물질 응집	액상형 기준 30~60 mg/L 또는 2fl.oz./5gal. (3mL/L)	효모를 가라앉히는 효과가 가장 우수하다. 단백질 혼탁 물질도 일부 함께 가라앉는다.
젤라틴	효모와 혼탁 물질 응집	0.3~0.6g/gal. (80~160mg/L)	전체적으로 자가 양조자가 사용하기에 가장 경제적이고 효과적인 청징제. 권장 사용량은 0.75~1.5g/gal(0.2~0.4L/L)다.[a] 보통 하루 정도면 청징 작용이 끝난다.
폴리비닐폴리비롤리돈(PVPP) / 폴리클라 (Polyclar®)	폴리페놀과 결합	6~10g/5gal. (0.30~0.52g/L)	맥주를 병입하기 전, 공기를 주입하지 않은 슬러리로 만들어 맥주에 넣고 잘 섞은 뒤 가라앉도록 기다린다. 보통 하루 정도면 청징 작용이 끝난다.
실리카겔	혼탁 활성 단백질과 결합	6~10g/5gal. (0.30~0.52g/L)	맥주를 병입하기 전, 공기를 주입하지 않은 슬러리로 만들어 맥주에 넣고 잘 섞은 뒤 가라앉도록 기다린다. 보통 하루 정도면 청징 작용이 끝난다.
프롤린 특이 작용 엔도프로테아제 [클래리티 펌(Clarity Ferm) 등]	혼탁 활성 단백질 감소	12mL/bbl. 또는 0.4mL/gal. (0.1mL/L)	혼탁 활성 단백질 분자[보통 홀데인(hordeins)]을 분해하여 혼탁 물질과 글루텐 함량을 동시에 낮춘다. 효모를 투여할 때 함께 발효조에 첨가한다.

a 본 권장 첨가량은 시버트와 린의 연구 결과를 참고했다(Siebert and Lynn, 1997).

면 여러분이 직접 수제 맥주를 만들 때 어떤 해결책을 적용해야 하는지 판단하는 데 도움이 되었으면 좋겠다.

| 저자가 덧붙이는 말 |

본 부록의 내용 중 일부는 『Zymurgy』 매거진 2003년 9/10월호에 처음 게재되었다. 젤라틴과 클래리티 펌*Clarity Ferm*에 관한 내용은 2015년에 수정되었다.

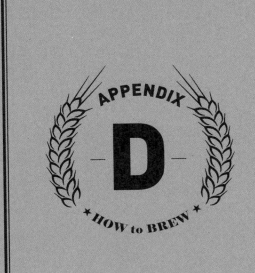

APPENDIX

D

★ HOW to BREW ★

맥아즙 칠러
만들기

맥아즙 칠러의 용도는 다 끓인 맥아즙을 재빠르게 식혀서 온도가 내려가는 동안 세균에 오염될 위험을 최소화하는 것이다. 기본적으로 액침식과 대향류식, 판형 칠러를 사용한다. 액침식 칠러는 커다란 구리 관을 통해 냉각수가 순환하는 원리로, 뜨거운 맥아즙에 관을 담가서 사용한다. 대향류식 칠러는 뜨거운 맥아즙을 구리관으로 통과시키는 동시에 관 바깥쪽에 냉각수가 반대 방향으로 흐르도록 하여 식히는 방식이다. 미국에서는 보통 이 두 가지 칠러 모두 바깥지름(OD)이 10밀리미터(3/8인치)인 연동관을 사용한다. 액침식으로 냉각할 경우 액체의 양이 많으면 바깥지름이 13밀리미터(0.5인치)인 관을 사용하는 것이 좋지만 대향류 방식이나 액침식 냉각 모두 바깥지름이 10밀리미터(3/8인치) 정도면 적당하다. 그러나 관의 지름이 이보다 작으면 물의 흐름이 제한되어 냉각 효율이 떨어지므로 주의해야 한다.

이보다 효율적인 열 교환기인 판형 칠러는 얇은 구리판과 스테인리스 판이 겹겹이 고정되어 있어서 최소한의 크기로 냉각 표면적을 최대한 넓힌 장치다. 가정에서 이러한 판형 칠러를 직접 만들 수는 없고, 시중에 판매되는 완제품을 구입해서 사용해야 한다(액침식 칠러, 대향류식 칠러도 완제품이 나와 있다). 어떤 종류건 맥아즙 칠러의 가장 큰 장점은 뜨거운 맥아즙이 가득

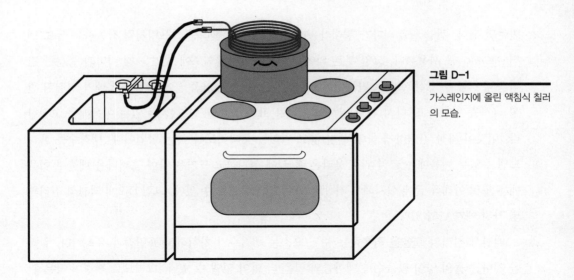

담긴 무거운 솥을 들어 올릴 필요가 없다는 것이다.

칠러의 효과와 효율을 평가할 수 있는 요소는 몇 가지가 있다. 냉각수를 가장 적게 사용하면서 최대한 짧은 시간에 맥아즙의 온도를 최대한 많이 떨어뜨리는 칠러가 가장 이상적이다. 공학자들이 내내 씨름하는 문제, "더 빨리, 더 효과적으로, 더 저렴하게"라는 기준이 여기서도 적용되는 셈이다. 하지만 재미있는 사실은, 최상의 선택은 바로 이 세 가지 중에 두 가지를 확보하는 것이라는 점이다. 단시간에 저렴하게 처리할 수 있지만 효율은 떨어지거나, 효율도 좋고 값은 저렴한데 속도가 그리 빠르지 않거나, 빠르고 효율이 좋은데 값이 저렴하지 않은 것 중에 선택하는 것이 최선이라는 의미다. 맥아즙을 냉각하는 과정도 마찬가지로, 칠러에 들어가는 냉각수의 양이 많을수록 더 많은 맥아즙을 식힐 수 있지만 냉각수는 곧 비용과 직결된다. 구리관의 길이 또한 냉각하는 데 드는 비용 중 큰 부분을 차지한다. 즉 구리관이 길수록 맥아즙을 식힐 냉각수가 차지하는 표면적은 넓어진다. 또 한 가지 고려해야 할 요소는 냉각수와 맥아즙의 온도 차다. 냉각수가 차가울수록 맥아즙을 식히는 효율은 더 좋아진다.

액침식 칠러

액침식 칠러는 만드는 법도, 관리하는 방법도 가장 간단하다. 8~15미터(25~50피트) 길이의 연동관을 솥이나 원통 바깥쪽에 코일 형태로 말아서 끓임조 내부에 넣었을 때 알맞은 크기로 만들면 된다. 관을 구부리다가 형태가 뒤틀리지 않도록 하려면 스프링처럼 작동하는 튜브 벤더tube bender를 사용한다. 코일 부분 외에 관 양쪽 끝은 끓임조에 넣었을 때 바닥과 충분한 간격을 유지할 수 있는 형태로 만들어야 한다. 그런 다음 관 양쪽 끝에 압축 이음매가 연결된 관형 나사를 연결하고, 다시 관형 나사와 정원용 표준 호스를 연결할 수 있는 이음매를 고정한다. 이것이 가장 간편하게 물이 새지 않고 칠러를 통과하도록 하는 방법이다. 냉각수를 흘려보낼 유입부 이음매는 코일 위로 올라온 쪽 끝에 설치하고 뜨거운 물이 흘러나올 배출부 이음매는 코일 아래쪽 끝에 설치해야 최상의 냉각 효과를 얻을 수 있다. 그림 D.2에 액침식 칠러의 몇 가지 예가 나와 있다.

액침식 칠러의 효율을 좌우하는 주된 요소는 냉각수가 차지하는 표면적과 유속이다. 칠러를 지나는 물의 양이 많을수록 맥아즙의 열을 더 많이 없앨 수 있다. 그러므로 직경이 작은 관보다는 큰 관이 더 효과적이다. 그러나 길고 직경도 클수록 효과가 커지는 것에도 한계가 있다. 코일의 길이가 너무 길면 이미 맥아즙과 온도가 같아진 물이 코일 내부에 남아 있는 부분도 커지므로 열용량 차원에서 낭비라 할 수 있다. 이 문제를 해결하려면 냉각수가 흐르는 속도를 높여서 칠러 내부에 담긴 물이 항상 맥아즙보다 차가운 상태로 유지되도록 해야 하는데, 더 신속하게, 더 효율적으로 해결하는 방법은 결코 저렴하지 않다. 그만큼 물도 많이 사용해야 하

그림 D-2

시중에서 판매하는 액침식 칠러 두 종류(사진에서 맨 위에 두 개)와 판형 칠러(중앙), 대항류식 칠러(우측).

기 때문이다. 내 경험상 바깥지름이 13밀리미터(0.5인치)인 동관 15미터(50피트) 정도면 38리터(10갤런) 분량의 맥아즙을 처리하기에 매우 적합하고, 19리터(5갤런)은 바깥지름이 3/8인치인 동관 8미터(25피트)면 충분한 것 같다.

액침식 칠러의 장점은 끓는 맥아즙에 넣는 것으로 손쉽게 소독되고, 맥아즙을 발효조로 옮기기 전에 식힐 수 있는 점이다. 즉 콜드 브레이크 물질을 맥아즙에서 분리할 수 있다. 단, 칠러를 맥아즙에 넣기 전에 깨끗한지 확인하자(번쩍번쩍 광이 날 필요는 없다). 불을 끈 직후에 맥아즙이 뜨거울 때 칠러를 넣고 10초간 두었다가 냉각수를 흘려보내면 칠러를 확실하게 소독할 수 있다. 홉을 침출 방식으로 넣거나 홉을 넣고 월풀 방식으로 맥아즙을 젓는 방식을 활용하면 칠러를 담근 상태에서 진행해도 되지만 홉 추출이 끝날 때까지는 냉각수를 흘려보내지 말아야 한다.

액침식 칠러를 맥아즙에 담그고 냉각하는 동안 맥아즙을 적당히 저어주면 뜨거운 맥아즙이 차가운 코일과 계속해서 접촉하게 되므로 냉각 효율을 높일 수 있다. 칠러를 위로 들어 올렸다 다시 담그거나 칠러로 맥아즙을 휘젓는 것도 마찬가지로 효율을 높이는 괜찮은 방법이다. 맥아즙이 계속 움직일수록 냉각 시간도 단축된다.

식힌 맥아즙은 뜨거운 맥아즙보다 안전 면에서 훨씬 더 다루기가 쉽다. 다 식힌 맥아즙은 발효조에 세차게 부어서 통기를 한다. 산화로 인한 변질은 우려할 필요가 없다. 거름망을 대고 그 위에다 부으면 홉이나 브레이크 물질이 발효조에 들어가지 않도록 걸러낼 수 있다.

대향류식 칠러

작은 칠러를 맥아즙이 가득 담긴 큰 솥에 담그는 대신 소량의 맥아즙을 상대적으로 큰 칠러 내부로 흘려보내는 점에서, 대향류식 칠러는 액침식 칠러와 정반대되는 도구다. 대향류식 칠러의 단점은 콜드 브레이크 물질이 발효조에 함께 유입될 수 있고 칠러의 내부를 깨끗하게 유지하기가 힘들다는 점, 그리고 끓임조에 있던 홉과 핫 브레이크 물질이 칠러 내부에서 뭉쳐지지 않도록 방지하기가 힘들다는 점이다. 구리나 스테인리스스틸 재질의 수세미에 레킹 케인의 끝을 대고 맥아즙을 옮기면 이러한 문제를 해결하는 데 도움이 된다.

동량의 맥아즙을 냉각하는 데 필요한 관의 길이가 짧을수록 대향류식 칠러의 효율은 증가

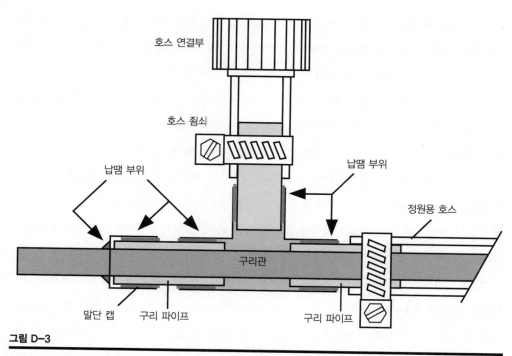

호스 연결부

호스 죔쇠

납땜 부위

납땜 부위

정원용 호스

구리관

말단 캡   구리 파이프

구리 파이프

그림 D-3

대향류식 맥아즙 칠러의 설계 예시

한다. 튜브 속에 또 다른 튜브를 끼워 넣은 구조의 칠러를 이용하면 코일 형태로 만들기도 쉽다. 뜨거운 맥아즙이 지나는 관, 즉 칠러로 맥아즙을 흘려보내는 관은 구리나 기타 내열성 재질로 사용해야 한다. 플라스틱 레킹 케인을 사용하면 뜨거운 맥아즙이 지나면서 녹을 수도 있다. 대향류식 칠러를 사용할 때 수도꼭지가 달린 끓임조를 사용하는 것이 가장 편리하다. 사이펀으로 맥아즙을 칠러에 흘려보내는 과정을 생략할 수 있기 때문이다.

표 D.1을 보면 내경(ID)이 12.5밀리미터(1/2인치)인 정원용 호스(영국과 호주에서 일반적으로 사용되는 크기)에 외경이 10밀리미터(3/8인치)인 관을 넣어서 사용할 때 냉각수의 유량 면적과 맥아즙의 유량 면적으로 계산한 유량비가 내경 19밀리미터(3/4인치)인 호스를 사용할 때보다 작음을 알 수 있다. 미국에서는 내경이 16밀리미터(5/8인치)인 정원용 호스를 일반적으로 사용하며, 여기에 바깥지름이 3/8인치인 관을 끼워 넣어서 사용할 때 유량비는 크게 높아진다. 호스와 동관은 물과 맥아즙의 유량에 따른 유량비가 높고 냉각 효율이 더 좋은 쪽으로 조합하면 된다.

미국에서는 일반적인 대향류식 칠러의 내경이 5/8인치인 호스와 바깥지름이 3/8인 동관으로 구성된 25피트 길이의 칠러로 냉각 용량을 테스트한다. 이와 같은 구성의 칠러는 17℃

호스 ID 인치/밀리미터	동관 OD 인치[b]/밀리미터	물의 유량 면적 (평방인치)	맥아즙의 유량면적 (평방인치)	유량비
0.5/13	0.375/10	0.086	0.076	1.13
0.625/16	0.375/10	0.196	0.076	2.58
0.75/19	0.375/10	0.331	0.076	4.36
0.625/16	0.5/13	0.110	0.149	0.74
0.75/19	0.5/13	0.245	0.149	1.64

ID: 내경, OD: 외경.

a: 미국 외에 다른 국가에서는 철물점에 들러 관과 호스, 파이프의 표준 크기를 확인하고 그에 맞는 부품을 마련해야 한다. 중요한 것은 유량비를 계산하고 냉각 효율이 가장 높은 것을 선택하는 것이다.

b: 외경은 다르지만 동관의 두께는 0.032로 동일하며 미국에서 판매되는 제품이다.

(63°F)인 냉각수를 사용할 때 끓는 물 20리터(5.3갤런)를 약 10초 만에 대략 32°C(90°F)로 식힐 수 있다. 대향류식 칠러에서는 갓 끓인 뜨거운 맥아즙과 접촉하여 따뜻해진 냉각수는 배출되고 그보다 차가운 냉각수가 새로 유입되면서 남은 맥아즙을 냉각한다. 이와 같은 방식으로 두 액체의 온도차를 극대화하여, 반대의 경우보다 더욱 효율적으로 맥아즙을 식힐 수 있다.

칠러의 길이와 유속도 대향류식 칠러의 효과에 큰 영향을 주는 두 가지 요소에 해당한다. 칠러의 길이가 길수록 맥아즙의 온도가 냉각수 온도와 더 근접하게 냉각될 수 있고, 냉각수의 유속이 빠를수록 맥아즙의 온도가 냉각수와 더 비슷한 수준까지 떨어진다. 맥아즙의 유속을 늦추는 것도 마찬가지 결과를 얻을 수 있다. 그러나 (냉각수로 수영장을 채울 생각이 아니라면) 지나치게 많은 물을 사용하려는 사람은 없을 것이고, 끓임조로 끝없이 맥아즙을 다시 채웠다가 냉각할 수는 없는 노릇이므로 냉각수 온도가 높은 편이라면[예를 들어 25°C(77°F) 이상] 칠러를 더 길게 만드는 것이 더 나은 해결책이다. 표 D.2에 이와 같은 영향을 요약했다.

그림 D.3과 그림 D.4에는 미국에서 사용되는 표준 부품을 이용하여 정원용 호스에 동관을 끼워 넣은 대향류식 칠러의 설계 예시가 나와 있다. 다른 국가에 거주하는 독자들은 구할 수 있는 부품으로 크기를 조정해서 만들면 된다. 필요한 구성품은 내경이 1/2인치인 단단한 구리 관과 말단 캡, 끼워서 고정하는 T자형 부품(그림 D.4의 1단계 사진 참고) 등이다. 각 부품은 납땜 방식으로 고정하되 납이 아닌 은납과 프로판 토치를 사용한다. 정원용 호스는 자른 뒤 T자형 부품과 호스 죔쇠로 다시 연결하여 고정한다. 바깥지름이 3/8인치인 연동관의 (맥아즙이 유입되는 쪽) 한쪽 끝에는 지름 3/8인치의 구멍이 있는 말단 캡을 씌운다. 그리고 동관의 개방된 쪽

표 D-2 | 대향류식 칠러의 기능을 향상시킬 수 있는 요소

요소	변화	효과
냉각수와 맥아즙의 유량비	증가	냉각 효과 향상
칠러의 길이	증가	냉각 효과 향상
냉각수의 유속	증가	냉각 효과 향상
맥아즙의 유속	감소	냉각 효과 향상
냉각수의 온도	감소	냉각 효과 향상

은 필렛 이음부를 용접하여 구멍을 막는다.

미국 기준 부품 목록

- 10밀리미터(3/8인치) 코일 형태의 동관 8미터(25피트)
- 동관의 크기에 알맞은 16밀리미터(5/8인치) 정원용 호스 8미터(25피트)
- 내경 13밀리미터(1/2인치), 외경 16밀리미터(5/8인치)인 구리 파이프 10인치.
- 구리 파이프에 끼울 1/2인치 T자형 부품 두 개
- 구리 파이프에 끼울 1/2인치 캡 두 개
- 스테인리스스틸 호스 죔쇠 네 개
- 파이프의 1/2인치 크기 어댑터 수나사와 연결할 수 있는 3/8인치 압축 이음매 두 개
- 은과 주석 소재의 배관용 땜납과 용제

| 대향류식 칠러 만들기 |

1단계

길이 10인치(24센티미터), 내경 13밀리미터(1/2인치)인 구리 파이프를 잘라서 1.5인치(4센티미터) 길이의 조각 여섯 개로 나눈다.

2단계

T자형 부품의 안쪽에 용제를 바르고 사진과 같이 각 말단에 구리 파이프 조각을 땜납으로 연결한다.

3단계

말단 캡에 드릴로 각각 3/8인치 크기의 구멍을 낸다. 파일럿 홀을 먼저 뚫거나 스텝 드릴을 이용하면 가장 정확한 크기로 구멍을 만들 수 있다. 사진과 같이 캡과 구리 코일을 최대한 밀착해야 한다.

그림 D-4

정원용 호스의 내부에 동관을 집어넣어 대향류식 칠러를 만드는 방법. 단계별 제작 방법은 본문을 참고하기 바란다.

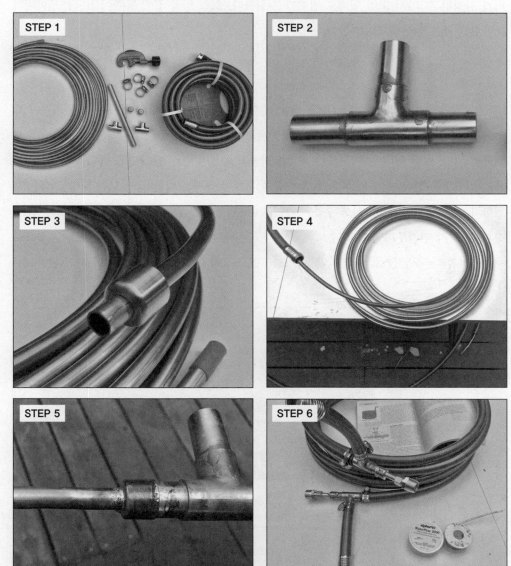

4단계

정원용 호스의 양쪽 끝을 10~15센티미터(4~6인치) 각각 잘라내고 설거지용 세제를 반 병 정도 내부로 흘려보낸다. 코일 형태의 동관은 호스에 끼울 때 속에 세제가 들어가지 않도록 말 단에 플라스틱 캡을 씌운 상태로(또는 테이프로 입구를 막아서) 천천히 호스 안으로 집어넣는다. 세제가 관 내부로 들어가면 나중에 납땜할 때 영향을 줄 수 있다. 구부러진 동관을 일자로 펴지 말고 지름이 약 2미터(6~7피트) 정도가 되도록 코일을 넓게 벌려서 끼운다. 이렇게 하면 칠러가 완성된 후 다시 코일 형태로 말기가 수월하다. 호스 양쪽 끝에 동관이 10~15센티미터 (4~6인치) 정도 튀어나오도록 한다.

5단계

칠러 양쪽 끝에 호스 죔쇠와 T자형 부품을 끼운다. T자형 부품과 연결된 파이프 조각이 호 수에 완전히 끼워지도록 밀어 넣고 아직 조이지는 않는다. 용접이 끝난 뒤에 죔쇠로 단단히 고 정하면 된다. 말단 캡의 안쪽 전체에 용제를 바르고 동관에 먼저 끼운 다음 반대쪽에 T자형 부 품이 맞닿도록 한다. 접하는 부위의 캡 바깥쪽 전체에 용제를 바른다. 프로판 토치로 캡을 가 열하고, 뜨거워지면 캡과 T자형 부품의 파이프 부분, 동관이 접하는 부위에 땜납을 바른 뒤 사 진과 같이 각 연결부의 틈을 채우도록 녹인다. 지나치게 열을 가하면 호스가 녹을 수 있으니 주의해야 한다. 모양을 보기 좋게 만들 필요도 없고 그저 연결 부위가 막히기만 하면 된다.

그림 D-5

나사로 된 연결부가 마련되어 있는 판형 칠러

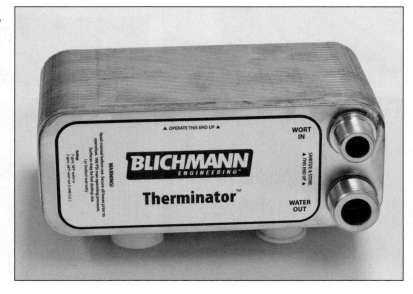

6단계

구리 파이프를 적당한 길이로 잘라 압축 이음매를 고정한다. 이 부분에 맥아즙이 칠러로 흘러 들어올 호스를 연결하면 된다. 칠러를 다시 단단하게 꼬인 코일 형태로 말고, 호스 죔쇠로 T자형 부품에 호스를 고정한다. 이제 완성됐다! 호스에 넣은 세제를 깨끗하게 씻어내고 보관해두었다가 사용하면 된다.

판형 칠러

판형 칠러(그림 D.5)는 가장 효율적인 냉각장치로 전문 양조자들이 오래전부터 매일 사용해온 도구와도 매우 비슷하다. 가정용으로 나온 판형 칠러는 10갤런 분량을 5분 내에 10도 이하의 온도로 냉각시킬 수 있다. 얇은 스테인리스 판을 여러 장 겹겹이 채운 구조로 되어 있으며 펌프를 이용하여 맥아즙을 이동시킨다. 판형 칠러의 주된 단점은 홉과 찌꺼기 때문에 내부가 막히기 쉽다는 것이다. 그러므로 이런 문제를 방지하려면 홉을 거르는 통이나 미세한 여과 장치를 함께 사용하는 것이 좋다.

칠러를 사용하고 꼼꼼하게 세척해두지 않으면 내부에 찌꺼기가 쌓일 수 있고 그로 인해 계속해서 오염 문제가 생길 수 있다. 통에 발효조 세척 분말이나 기타 비부식성 세제를 풀어서 칠러를 세척하면 굳어 있는 찌꺼기를 없앨 수 있다. 또 매번 칠러를 사용한 후에는 맥아즙이 유입되는 쪽을 양방향으로 철저하게 세척하고 최대한 물기를 없애서 보관한다. 젖은 상태로 보관하거나 소독액에 담그면 부식될 위험이 있으니 주의해야 한다.

사용 전에 끓인 물이나 소독액을 맥아즙이 유입되는 쪽으로 단시간 흘려보내면 소독된 상태로 사용할 수 있다.

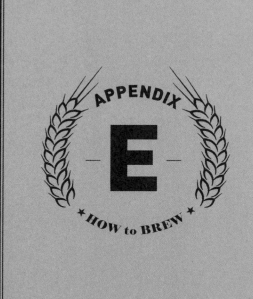

APPENDIX

E

★ HOW to BREW ★

배수 기능이 있는 여과조 만들기

철물점에 들를 때마다 금속 부품 코너에서 당화조를 직접 만들려면 어떤 걸 골라야 할까, 고민에 빠진 사람을 최소 한 명은 반드시 만난다. 쿨러를 이용한 당화조 제작은 완전 곡물 양조를 가장 적은 비용으로 가장 손쉽게 시작할 수 있는 출발점이다. 직사각형 모양의 아이스박스나 원통 모양의 음료용 쿨러로 이러한 당화조를 만들 수 있다(그림 E.1).

19장 '맥아즙 분리하기(여과)'에서 살펴본 내용과 같이 여과와 배수, 세척 방식은 두 가지로 나뉜다. 배수 방식의 여과는 맥아즙을 간단히 흘려보내는 것으로 곡물층에 액체가 균일하게 흐르도록 조절할 필요가 없다. 반면 연속 스파징을 통해 곡물층을 헹구면 곡물 알갱이 하나하나에 묻은 맥아즙이 균일하게 씻겨 나가도록 물이 일정하게 흐르게 해야 한다(부록 F 참고). 본 부록에서는 배수 방식의 여과에 사용할 수 있는 당화 겸 여과조를 만드는 법을 소개한다(즉 배치 스파징이나 스파징 생략 시 사용할 수 있다). 한 망 양조에는 여과조가 필요하지 않으므로 본 부록의 내용은 적용할 일이 없을 것이다.

어떤 쿨러를 선택해야 할까

가정용 여과기의 시초는 큰 통 안에 또 다른 통이 들어 있고 바닥이 뚫린 형태일 것이다. 찰리 파파지언*Charlie Papazian*이 저서 『완전한 즐거움을 주는 수제 맥주 만들기*The Complete Joy of Homebrewing*』의 초판(1984)에서 적절하다고 소개한 이러한 구조의 여과조는 효과적이고 굉장히 저렴한 비용으로 만들 수 있다. 식품용 등급의 5갤런 용량의 통을 두 개 준비하고 안쪽에 끼울 통에는 드릴로 작은 구멍을 여러 개 뚫어서 곡물은 붙들고 액체는 아래로 빠질 수 있는 폴스 바텀을 만든다. 이 구멍을 통해 당도 높은 맥아즙은 구멍으로 빠져나가 바깥쪽 통으로 흘러간다.

피크닉에 활용되는 쿨러(아이스박스로도 불리고 에스키*Esky*® 브랜드 제품이 나온 뒤로 '에스키'로도 불린다)는 그러한 통보다 간편하면서 효율적이며 그 밖에도 몇 가지 장점이 있다. 쿨러는 단열 기능이 있어 당화 혼합물의 온도가 통을 사용할 때보다 안정적으로 유지되고, 큼직한 용량 덕분에 당화와 여과를 쿨러 하나로 해결할 수 있다. 즉 곡물을 쿨러에 붓고 뜨거운 물을 부은 다음 한 시간 정도 기다렸다가 달달해진 맥아즙을 분리하면 되니, 완전 곡물 양조가 간편해진다.

쿨러의 모양에 따라 양조 시 곡물층의 깊이가 달라진다. 대체로 깊이가 깊을수록 좋다. 곡물층이 넓고 얕게 형성되면[<10센티미터(4인치)] 여과가 효율적으로 이루어지지 못하고 찌꺼기가 섞인 뿌연 맥아즙을 얻게 된다. 반대로 곡물층이 지나치게 두껍게 형성되면 여과 과정에서 곡물끼리 너무 빨리 압착될 가능성이 높아져서 맥아즙의 흐름이 중단될 수 있다. 나는 쿨러는 자신이 양조하는 맥주의 평균적인 양을 토대로 선택하라고 조언한다. 일단 최대한 용량이 큰 것으로 구비해두면 언젠가 양을 늘리고 싶을 때도 사용할 수 있으리란 생각으로 지금 현재 필요한 용량보다 너무 큰 것을 고르면 안 된다. 보통 양조하는 양보다 훨씬 큰 쿨러를 사용하면 곡물층이 얕게 형성되고 열을 필요한 만큼 보유하지 못한다. 곡물층은 최소 10센티미터(4인치) 정도, 최대 40센티미터(16인치) 정도가 되어야 하며 이보다 깊어지더라도 주의 깊게 진행하면 양조가 가능하다.

곡물층의 깊이를 추정하는 방법

쿨러를 사용할 때 보통 곡물층이 어느 정도의 두께로 형성되는지 추정하려면 사용할 쿨러의 규격과 주로 양조하는 맥주의 초기 비중을 알아야 한다.

곡물층의 깊이를 계산하는 방법은 아래와 같다.

1. 당화 혼합물의 총 부피를 계산한다.

$V_m = G \times (R_v + 0.38)$파운드와 쿼트 단위를 사용할 경우
$V_m = G \times (R_v + 0.8)$킬로그램과 리터 단위를 사용할 경우

위 공식에서,
V_m = 총 부피(쿼트 또는 리터 단위)
G = 곡물의 (건조) 중량(파운드 또는 킬로그램 단위)
R_v = 당화 혼합물에서 곡물 대비 물의 비율(qt./lb. 또는 L/kg)

2. 당화 혼합물의 부피를 평방 인치 또는 평방 센티미터 단위로 바꾼다. 1쿼트는 57.75평방 인치, 1리터는 1,000평방 센티미터다.

미국 표준 단위 : 쿼트 × 57.57cu.in./qu. = cu.in.
미터법 단위 : 리터 × 1000 = cc

3. 당화 혼합물의 부피를 쿨러의 바닥 면적으로 나누면 예상되는 깊이를 얻을 수 있다.

38리터(10갤런) 크기의 원통형 음료 쿨러는 바닥이 뚫린 구조든 매니폴드가 설치된 구조든 모두 19리터와 38리터(5갤런, 10갤런) 규모의 양조에 사용하기 적합하다. 직사각형 아이스박스도 일반적으로 판매되는 20, 24, 34, 48쿼트 용량(리터 용량도 거의 비슷하다)을 선택하면 원활히 양조할 수 있다. 쿨러에는 액체를 배출할 수 있는 출수구가 마련된 제품이 많은데, 마개 부분을 없애면 맥아즙이 벌크헤드 커넥터로 더욱 쉽게 흘러나오도록 만들 수 있다. 쿨러에 이러한 출수구나 꼭지가 달려 있지 않더라도 호스를 사용하여 맥아즙을 사이펀으로 분리하면 된다(그림 E.3). 이때 콕 마개나 클램프를 사용하여 흐름을 조절해야 하며, 맥아즙이 흘러가는 동안 호스 내부에 공기가 차지 않도록 주의한다면 여과에 아무런 지장을 주지 않는다.

당화조 겸 여과조 제작에 필요한 도구와 장비는 철물점에서 쉽게 구할 수 있다. 미국에서는 쿨러와 이를 당화조 겸 여과조로 개조하는 데 필요한 부품을 모두 합쳐 채 50달러가 안 되는 비용으로 만들 수 있다.

헹굼Rinsing vs. 배수Draining - 개요

상업 양조시설에서는 당화 단계에서 전통적으로 스프링클러나 회전식 날개가 달린 스파징 장치, 곡식용 갈퀴를 이용해 스파징하여 추출이 최대한 효율적으로 일어날 수 있도록 균일하게 곡물을 헹궈rinsing 왔다. 이러한 시설에서는 수 톤에 달하는 곡물을 여과해야 하므로 지름이 최소 3~6미터(10~20피트)인 대형 여과조를 사용한다. 그러므로 커다란 여과조 전체에 물을 균일하게 뿌리려면 대형 스프링클러 장비가 유일한 해결책이다. 그러나 자가 양조는 규모 면에서 이와는 차이가 있다. 우리가 사용하는 당화조 겸 여과조는 폭이 고작 60센티미터(2피트) 정도에 불과해서 그냥 호스를 이용하면 곡물층 전체에 물을 골고루 뿌릴 수 있다. 스파징 장치나 확산 판이 있으면 도움이 되겠지만 꼭 필요한 것은 아니다.

곡물층 구석구석에 물이 최대한 균일하게 흐른다는 것은 물이 낱알 위쪽으로 흘러 곡물이 가라앉거나 압축되지 않으면서 당화 혼합물 전체가 완전히 젖은 상태로 유지되는 것을 뜻한다. 나는 보통 한 시간 정도에 걸쳐 물의 흐름을 모니터링하고 배출된 액체의 비중을 확인하며 잘 추출되는지 확인하는 방식으로 여과했다. 그러다 두 명의 수문학자와 천체 물리학자 한 명의 도움을 받아, 잘게 부순 옥수수 속대와 식품용 색소를 이용한 유량 실험을 1년 동안 실시했다. 연속 스파징을 통해 맥아즙의 추출 조건을 최적화할 수 있는 방법을 찾는 것이 실험 목표였다. 이 실험의 내용은 부록 F에 나와 있다.

그러는 동안 추출 수율을 최적화하는 일에 크게 신경 쓰지 않는 다른 자가 양조자들은 다공관이 달린 매니폴드나 스테인리스스틸 재질의 망을 이용하여 간편하게 맥아즙을 배출시키고 다시 물을 부어 또 맥아즙을 얻는 식으로 평온하게 양조를 이어갔다. 솔직히 나는 이렇게 무덤덤하게 편한 방법을 택할 수 있다는 것이 놀라웠다. 쉽고 시간도 적게 드는 방법임은 분명하지만, 대체 무슨 재미로 그렇게 한단 말인가? 때마침 배치 스파징에 관한 지적인 토론과 정밀한 설계에 관한 의견을 나누는 사람들이 있다는 사실을 알게 되어 나도 동참하게 되었다.

곡물층을 물로 헹구는 것이 아닌 맥아즙을 얻으려면 설계 변경이 필요하다. 연속 스파징의 경우 물이 계속해서 흘러 들어가므로 곡물층의 모든 부분에서 유속이 일정해야 하며, 이 목적에는 구멍이 뚫린 폴스 바텀 구조가 적격이다. 문제는 곡물층을 지나 밖으로 빠져나가는 액체의 유속이 빠른 속도로 일정하게 유지되면서 곡물층이 일제히 압축되어 물이 지날 수 없는 층을 형성하고 이로 인해 스파징이 중단되는 결과가 생길 수 있는 것이다. 효과가 좋은 방법은 꼭 커다란 위험이 따르게 마련이다. 맥아즙의 배수에 초점을 맞출 경우, 액체가 흘러나오기만 하면 여과조의 어느 부위에서 어떻게 흐르는지는 별로 신경 쓸 필요가 없다. 다음에 붓는 스파징 용수를 얼마나 골고루 흩뿌리느냐에 따라 추출의 균일성이 결정된다. 배출되는 액체는 여과조 바닥 중 어느 한쪽으로 쏠려서 흘러나올 수도 있지만 액체가 흘러나오기만 한다면 상관없다.

배치 스파징에서는 곡물층의 어느 한 지점에서 빠른 속도로 액체가 흘러나올 경우 곡물이 해당 위치 주변에 빠른 속도로 압축되어 배출이 멈춘다. 그러나 물이 수거되는 지점이 넓게 분산될수록 각 지점이 효과적인 유속을 유지할 가능성은 낮아진다. 슬롯 형태의 구멍이 밀집된 다공관 매니폴드나 길이가 긴 망은 바로 이러한 점에서 유용한 역할을 할 수 있다. 물이 빠져나가는 지점 중 어느 한 곳에서 유속이 느려지면 다른 쪽의 유속이 증가할 수 있기 때문이다. 구멍 뚫린 폴스 바텀도 동일한 기능을 하지만 구멍이 한층 더 균일하고 대칭적이라 어느 한 지점에서 유속이 빨라지면 어디든 유속이 빨라진다는 차이가 있다. 슬롯형 다공관은 그런 문제가 발생할 만큼 효율성이 크지 않다. 다시 말해 배출수의 유속이 빠를 때, 슬롯형 다공관이나 망을 이용하면 구멍 뚫린 폴스 바텀보다 맥아즙이 더욱 원활하게 배출된다. 이와 같은 사실에도 유체역학적으로는 곡물층이 압착되어 스파징이 중단되지 않도록 하려면 처음 수거하는 맥아즙은 천천히 흘러나오도록 해야 한다. 천천히 시작해서 속도를 점차적으로 높이는 방법이 바람직하다.

폴스 바텀 구조의 여과조로도 배치 스파징을 실시할 수 있다. 단, 이때 밸브를 활짝 열어두면 곡물층이 압축될 위험이 매우 높은 사실을 염두에 두어야 한다. 처음에 액체가 천천히 흘러나오도록 하면 문제될 것이 없다.

사이펀과 벌크헤드 피팅, 어느 쪽이 나을까?

여과조에서 맥아즙을 분리하는 방법은 두 가지가 있다. 벌크헤드 커넥터로 흘러나오도록 하거나 사이펀으로 퍼내는 것이다. 쿨러 중에는 액체를 배출할 수 있는 출수구가 마련된 제품이 많은데, 마개 부분을 없애면 맥아즙이 벌크헤드 커넥터로 더 쉽게 흘러나오도록 만들 수 있다. 출수구나 꼭지가 따로 없는 쿨러는 드릴에 끼울 수 있는 구멍 뚫는 톱을 하나 구입하면 쿨러에 직접 구멍을 뚫을 수 있다. 벌크헤드 커넥터는 시중에 판매되는 여러 제품 중에 선택해도 되고 직접 만드는 방법도 있다. 벌크헤드 커넥터는 나삿니가 있는 짧은 파이프와 납작한 와셔(나사받이) 두 개, 고무 와셔 두 개, 그리고 커넥터에 끼워진 파이프를 고정시킬 너트 두 개로 구성된다. 호스를 끼우는 이음쇠인 호스 바브hose barb와 플라스틱 호스를 커넥터를 통해 여과조 안쪽에 연결시키고 커넥터 바깥쪽에는 볼 밸브나 또 다른 호스 바브가 연결된 구조로 만들기도 한다. 그 밖에 규격품으로 판매되는 부품을 이용한 벌크헤드 커넥터의 설계 예시가 그림 E.2에 나와 있다.

사이펀을 이용한다면 플라스틱 관을 여과조에 바로 집어넣고 쿨러 측면에 걸쳐둔다. 당화를 진행하는 동안에도 둥글게 말아서 뚜껑 닫힌 쿨러 내부에 두면 열을 그대로 유지할 수 있다. 벌크헤드 커넥터가 조금 더 깔끔해 보이고 사이펀을 이용하면 맥아즙을 빼내는 데 힘이 더 드는 점 외에는 둘 다 괜찮은 방법이다. 그리고 어떤 방법을 택하든 유속을 조절할 수 있는 적당한 밸브가 필요하다. 볼 밸브는 황동이나 크롬 코팅이 된 황동, 스테인리스스틸 재질 제품으로 구입할 수 있다. 저렴한 플라스틱 콕 마개도 사이펀과 함께 사용할 수 있는 훌륭한 부품이다(그림 E.3).

여과조에 사용할 수 있는 도구는 몇 가지가 있다. 아래는 각각의 장단점을 정리한 것이다.

그림 E-2

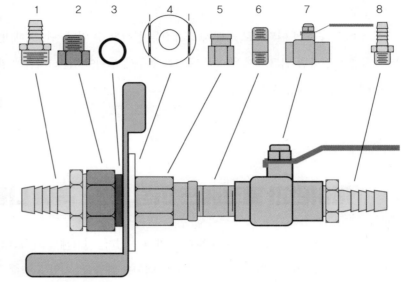

놋쇠 벌크헤드 커넥터의 구성 예시

1 1/2인치 나일론 바브와 연결할 3/4" M 호스 커넥터
2 3/4인치 F 호스 커넥터를 1/2인치 MIP 어댑터(놋쇠)와 연결
3 고무 O 링(No.15, 두께 1/8인치)
4 와셔/스페이서. 알맞은 크기로 다듬어서 사용
5 1/2인치 FIP을 3/8인치 FIP 리듀서와 연결
6 3/8인치 MIP 니플(1.5인치)
7 3/8인치 볼 밸브(놋쇠)
8 3/8인치 MIP를 3/8인치 바브와 연결

조립 방법:

1. O 링을 2번 부품의 수나사에 끼워서 가장자리와 맞닿도록 한다.
2. 테플론 테이프를 2번 부품의 수나사 쪽에 바른 다음 쿨러의 출수구 꼭지가 있던 구멍에 끼운다.
3. 스페이서를 수나사에 끼우고 5번 부품을 손으로 돌려 끼워서 단단하게 고정한다.
4. 나머지 부품을 순서대로 연결한다.

그림 E-3

출수구가 없는 쿨러에 맥아즙을 분리하기 위해 사이펀 호스를 매니폴드와 연결한 모습.

폴스 바텀, 파이프 매니폴드, 철망

| 폴스 바텀 |

장점

• 원통형 쿨러에 사용할 수 있는 조립식 폴스 바텀이 기성품으로 몇 가지가 판매되고 있다. 조립이 간편하다.

• 연속 스파징은 구멍 뚫린 폴스 바텀의 균일성은 거의 100퍼센트이므로 매니폴드보다 효과적이다.

단점

• 직접 조립해서 사용해야 하고 직사각형 쿨러는 적절한 크기를 찾기가 어렵다. 스파징 용수가 곡물층을 우회하면 수율이 줄어들기 때문에 여과조 가장자리에 거의 밀착되어 틈이 없어야 한다.

• 여과 시 배출 속도가 너무 빨라지면 구멍이 막혀 스파징이 중단될 가능성이 크다. 폴스 바텀 사용 시 곡물층이 균일하게 압착되면서 그러한 문제가 생길 수 있다.

그림 E-4

원통형 음료 쿨러에 사용할 수 있도록 설계된 다공형 폴스 바텀. 액체가 빠져나갈 호스를 중앙의 호스 바브에 연결한다.

| 매니폴드 |

장점

- 구리 파이프로 구성된 매니폴드는 만들기도 쉽고 쿨러 사이즈에 맞출 수 있다.
- 매니폴드 사용 시 곡물층이 균일하게 압착되지 않으므로 스파징이 중단될 가능성이 거의 없다.
- 고효율 구조도 어렵지 않게 만들 수 있다.

단점

- 각 파이프의 간격과 곡물층의 깊이에 따라 매니폴드의 효율이 좌우된다.
- 매니폴드 아래에서는 곡물층이 여과되지 않으므로 파이프의 슬롯 부분이 바닥으로 가도록 설치해야 하며 매니폴드와 여과조 바닥이 되도록 최대로 밀착해야 한다.
- 여러 개의 슬롯을 뚫어야 한다.

그림 E-5

매니폴드는 분산 배수를 돕는 장치로 구리나 CPVC 재질의 수도 파이프로 쉽게 만들 수 있다. 일반적으로 사용하는 딱딱한 PVC 파이프는 맥주에 플라스틱과 용제 냄새를 더하고 맥주의 아로마에 영향을 주므로 사용하지 말아야 한다.

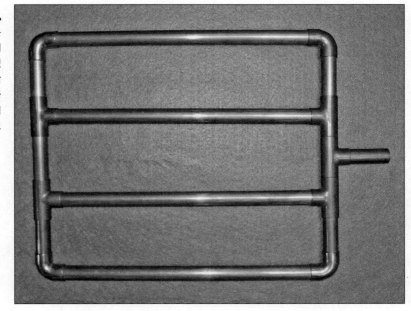

| 스테인리스스틸 망과 철망 호스 |

장점

- 슬롯을 직접 뚫을 필요가 없다.
- 여과 시 재순환이 매우 신속하게 이루어진다.
- 곡물층이 균일하게 압착되지 않으므로 구멍이 막혀서 스파징이 중단될 가능성이 희박하다.
- 조립식 망과 철망 구조의 호스로 여러 업체의 제품이 시중에 판매되고 있다.

단점

- 철망 호스는 안쪽의 고무호스와 분리하는 작업이 필요하다.
- 직경이 1/2인치인 철망 호스를 사용한다면 당화 혼합물의 무게를 이기지 못하고 형태가 망가질 수 있으며 이때 여과가 원활히 진행되지 않는다. 직경 1인치짜리 호스를 사용하면 이러한 문제를 피할 수 있다.
- 연속 스파징에 사용하기에는 적절치 않다.

그림 E-6

스테인리스스틸 망이나 철망 호스는 기성품을 구입하거나 규격 부품을 준비해서 직접 만들 수 있다.

구리 파이프 매니폴드 만들기

연질 구리 파이프나 경질 구리 파이프 중 어떤 것으로도 매니폴드를 만들 수 있다. 각자가 사용하는 쿨러에 알맞은 것으로 선택하고 형태를 디자인하면 된다. 원형 쿨러는 둥근 모양으로 만들고 내부가 4등분된 형태가 가장 적합하나 원 안쪽에 정사각형을 끼운 형태도 기능에 별 차이가 없다. 직사각형 쿨러는 매니폴드도 직사각형으로 만들고 중간에 바닥을 충분히 덮을 만큼 가지를 낸다.

각각의 가지는 구리 재질의 납땜용 이음매sweat fitting로 연결하면 된다. 납땜할 필요는 없으며, 펜치로 이음매를 꽉 눌러서 단단히 고정하면 된다. 1/2인치 수도용 구리 파이프를 쿨러 크기에 맞게 잘라서 사용하면 전체 크기를 계산할 때 L자형, T자형 이음매가 끼워질 부분도 고려해야 한다.

1/2인치 수도용 구리 파이프에 슬롯을 만들 때는 일반적인 쇠톱을 이용하면 된다. 슬롯의 두께는 그리 얇지 않아도 되고, 파이프 굵기의 절반 정도로만 잘라야 한다. 슬롯과 슬롯 사이 간격은 최소 1/4인치 정도면 충분하며 1/2인치 간격으로 만들어도 된다. 반드시 슬롯이 바닥을 향하도록 만들어야 한다. 중력이 작용하므로, 슬롯 아래의 맥아즙은 역류하지 않는다.

호스 바브hose barbs, 압축 이음매 등 규격품으로 판매되는 다양한 놋쇠 부품을 이용하여 매니폴드를 사이펀이나 벌크헤드 커넥터와 연결할 수 있다.

스테인리스스틸 철망 호스로 링 만들기

온수용 호스로 사용하는 스테인리스스틸 재질의 철망 호스는 여과 시 거름망으로 사용하기에도 적합하다. 다만 호스를 절단하고 조립하는 작업이 필요하다. 그중 한 가지 방법을 설명하면 아래와 같다.

| 준비해야 할 부품 |

- 직경 24인치 × 1인치의 온수기 커넥터
- 5/8인치 T자형 놋쇠 재질의 압축 이음매(덮개 포함)
- 직경 1/2인치의 구리관 1인치짜리 두 개

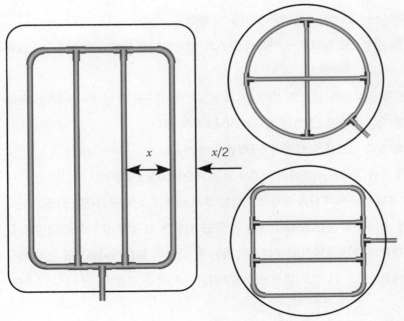

매니폴드는 쿨러의 크기에 알맞은 형태로 만들고 출수 지점이 균일하게 분포해야 한다. 곡물층에서 흘러나온 액체가 매니폴드로 균일하게 흘러가도록 하기 위해서는 쿨러 내벽과 파이프의 간격이 각 파이프 간격의 절반 정도가 되어야 한다.

x

$x/2$

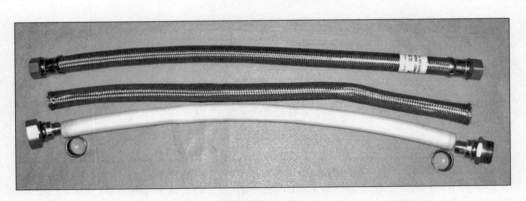

그림 E-8

일반적인 온수기 커넥터(맨 위)와 스테인리스스틸 재질의 바깥쪽 호스를 분리한 모습.

| 만드는 법 |

1. 판매점에 설치된 바이스에 커넥터 한쪽 끝을 고정한다.

2. 쇠톱으로 호스 바깥쪽 철망과 말단 부품이 연결된 슬리브 부위를 절단한다. 이 방법으로 절단하면 철망의 끝단이 너덜너덜하지 않고 깔끔하게 정리된다.

3. 바이스에서 호스를 분리한다.

4. 반대쪽 끝을 바이스에 고정하고 동일한 작업을 반복한다.

5. 철망 부분을 축 방향으로 누르면서 안쪽의 호스와 떨어지도록 밀어내듯 분리한다(그림 E.8. 참고).

6. 철망 호스의 양쪽 끝부분을 앞으로 잡아당기거나 눌러서 입구를 좁힌 후 구리관을 하나씩 끼운다. 관을 지나 철망이 1/8인치 정도 삐져나오도록 한다.

7. T자형 이음매의 압축 너트를 호스 양쪽, 구리관 앞에 끼운다.

8. 철망 호스 양쪽 끝에 압축용 이음매의 마개ferrule를 끼운다(그림 E.9 참고).

9. 호스 한쪽을 T자형 이음매의 한쪽 구멍으로 밀어 넣고 너트를 조여 구리관과 연결한다.

10. T자형 이음매 반대쪽에 철망 호스의 다른 쪽 끝을 끼워 넣고 같은 방식으로 고정한다. 이렇게 하면 당화 혼합물 속에서도 분리되지 않는 링 모양의 철망 매니폴드가 완성된다. 다른 장치와 마찬가지로 이 링도 벌크헤드 커넥터나 사이펀과 연결해서 사용할 수 있다 (그림 E.10 참고).

바닥 면적을 똑같이 둘로 나누는 크기로 링을 만들면(즉 링 안쪽의 면적과 바깥쪽의 면적이 동일하도록), 연속 스파징 시 폴스 바텀과 거의 비슷한 수준으로 액체가 균일하게 배출된다. 배치 스파징은 균일한 흐름이 크게 중요하지는 않지만 균일성이 유지되는 편이 낫다. 여과 단계에서 액체의 흐름을 일정하게 유지하는 방법은 부록 F에 더 많은 정보가 나와 있다.

그림 E-9

구리관, 압축 이음매용 너트, 놋쇠 마개를 철망 호스에 끼운 모습. 이러한 형태로 각 부품을 끼우고 단단히 고정한 다음 너트가 구리관에 밀착된 상태에서 철망 호스를 T자형 이음매와 결합한다. 세척할 때 손쉽게 분리할 수 있다.

그림 E-10

링 모양의 철망은 원통형 쿨러라면 각각의 크기에 알맞은 크기로 만들 수 있다. 액체의 균일한 흐름을 유지하려면 링의 지름을 여과조 지름의 0.707로 만든다.

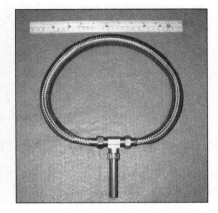

설계 예시

| 첫 번째 예시 – 원통형 쿨러에 폴스 바텀 설치 |

적절한 용도 | 연속 스파징, 배치 스파징, 스파징을 생략하는 경우

난이도 | 하

구성 요소가 모두 규격품으로 판매되므로 가장 만들기 쉬운 축에 속한다. 어떤 양조법을 사용하든, 맥주의 종류와 상관없이 여과조로 활용할 수 있다. 유일한 단점은 스파징 초반에 유속을 잘 지켜보고 곡물층이 압축되어 여과가 중단되지 않도록 해야 한다는 것이다.

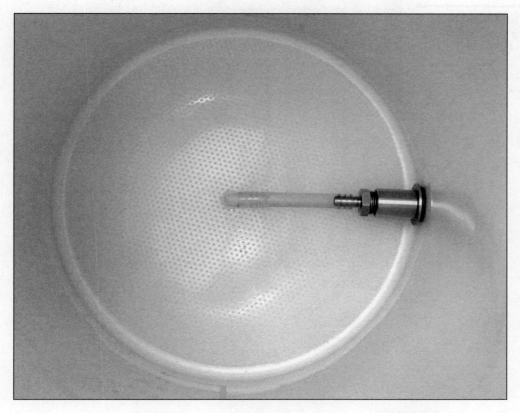

그림 E-11

원통형 음료 쿨러에 폴스 바텀을 설치한 모습.

| 두 번째 예시 – 원통형 쿨러에 매니폴드 설치 |

적절한 용도 | 연속 스파징, 배치 스파징, 스파징을 생략하는 경우

난이도 | 상

원통형 쿨러에 매니폴드를 설치하면 분산도와 균일성을 최적화할 수 있고 어떤 방식으로 스파징을 실시하든 적용할 수 있다. 매니폴드는 연질 구리관과 압축 이음매로 만들 수 있다. 매니폴드가 폴스 바텀보다 유리한 점은 곡물의 균일한 압축으로 스파징이 중단될 위험이 적은 것이다.

그림 E-12

원통형 음료 쿨러에 꼭 맞는 정사각형 매니폴드를 설치한 모습.

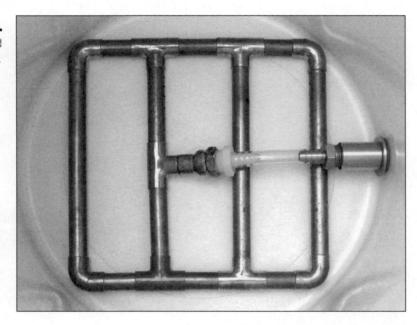

| 세 번째 예시 – 직사각형 쿨러에 매니폴드 설치 |

적절한 용도 | 연속 스파징, 배치 스파징, 스파징을 생략하는 경우

난이도 | 중

분산도와 균일성을 최적화할 수 있고 어떤 방식으로 스파징을 실시하든 적용할 수 있는 방식이다. 파이프에 슬롯을 만드는 데 어느 정도 시간이 걸리지만 이렇게 만든 매니폴드는 상당히 오랫동안 사용할 수 있다. 직사각형 쿨러를 사용하는 양조자들은 내용물을 휘젓고 용수를 추가하기 수월한 큼직하고 넓은 크기를 선호하는 경우가 많다.

그림 E-13

직사각형 쿨러에 꼭 맞는 직사각형 매니폴더를 설치한 모습.

| 네 번째 예시 – 원통형 쿨러에 철망 호스로 만든 링 설치 |

적절한 용도 | 배치 스파징, 스파징을 생략하는 경우, 연속 스파징

난이도 | 중

   원형 쿨러에 링 모양으로 만든 철망 호스를 설치하고 링 안쪽과 바깥쪽의 면적이 동일하도록 설계하면 동일한 크기의 쿨러에 구멍 뚫린 폴스 바텀을 사용할 때만큼 액체가 균일하게 흐를 수 있다. 또한 폴스 바텀과 달리 곡물이 균일하게 압착되어 스파징이 중단될 위험이 적다는 장점이 있다.

그림 E-14

원통형 음료 쿨러에 스테인리스 스틸 재질의 철망 호스를 링 형태로 설치한 모습.

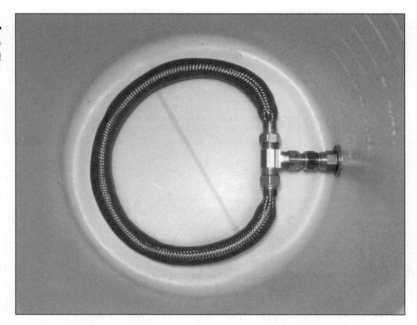

| 다섯 번째 예시 – 직사각형 쿨러에 일자형 철망 호스 설치 |

적절한 용도 | 배치 스파징, 스파징을 생략하는 경우

난이도 | 하

직사각형 쿨러에 철망 호스나 매니폴드 파이프를 한 줄만 설치하면 연속 스파징에서는 바닥 면적이 충분히 포괄되지 않아 적합하지 않지만 액체를 배출하는 용도로 활용하기에는 문제될 것이 없다. 스테인리스스틸 재질의 철망 호스를 사용하면 재순환 단계를 신속하게 완료할 수 있다. 직사각형 쿨러를 사용하는 양조자들은 내용물을 휘젓고 용수를 추가하기 수월한 큼직하고 넓은 크기를 선호한다. 이러한 구조에서 발생하는 유일한 문제는 철망 호스가 납작하게 눌리거나 바닥에 가만히 고정되지 못하는 점이다. 철망 호스 내부에 스테인리스스틸 스프링을 넣으면 호스의 형태를 유지하면서 액체의 원활한 흐름을 유지하는 데 도움이 된다.

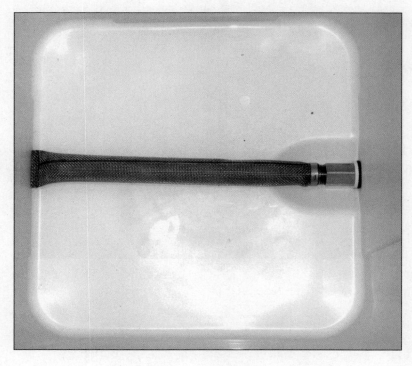

그림 E-15

직사각형 쿨러에 스테인리스스틸 재질의 철망 호스를 일자형으로 설치한 모습.

| 여섯 번째 예시 – 원통형 쿨러에 철망 호스를 T자로 설치 |

적절한 용도 | 배치 스파징, 스파징을 생략하는 경우

난이도 | 하

원통형 쿨러나 직사각형 쿨러에 철망 호스나 매니폴드를 T자로 설치하면 배치 스파징과 스파징을 생략하는 양조에 활용할 수 있다. 이러한 구조는 형태가 유지되므로 구조물의 이동을 걱정하지 않아도 된다. 그러나 배출수가 수집되는 지점이 일정하지 않으므로 연속 스파징에 사용하기에는 부적절하다. 균일한 배출에 관한 정보는 부록 F에 더 자세히 나와 있다.

그림 E-16

원통형 쿨러에 철망 호스를 T자 형으로 설치한 모습.

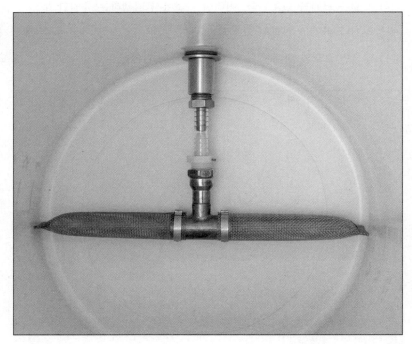

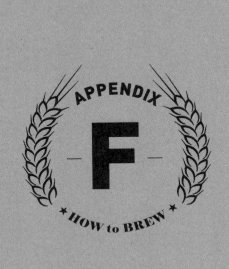

APPENDIX

F

★ HOW to BREW ★

연속 스파징에
적합한
여과조 만들기

연속 스파징을 이해하려면 액체의 일정한 흐름(정상 유동)을 반드시 알아야 한다. 즉 스파징 용수가 곡물층 사이를 어떻게 지날 것인지 파악하여, 곡물의 당이 씻겨 나가는 곳과 그렇지 않은 곳을 예측할 수 있어야 한다. 본격적으로 이론을 설명하기에 앞서 어떤 방법이 가장 효과적인지 요약하자면 아래와 같다.

- 폴스 바텀이 가장 효과적이지만 대형 멀티 파이프 매니폴드로도 거의 비슷한 결과를 얻을 수 있다.
- 곡물층이 압축되거나 물길이 생기지 않도록 하려면, 밸브를 설치하여 유속을 분당 약 1쿼트 또는 1리터로 느리게 조절해야 한다.
- 여과가 진행되는 동안에는 물이 곡물층 위로 1인치 정도(약 2센티미터)로 유지되어야 유동성과 물의 자유로운 흐름도 유지된다.

여과조에 설치하는 폴스 바텀이 가장 효과적인 이유를 설명하려면 유체역학과 내 친구 중

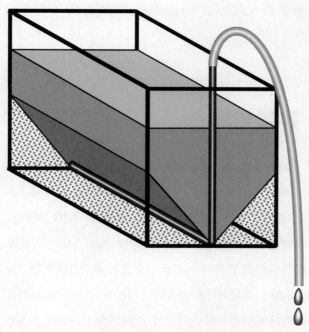

액체가 파이프 하나로 흘러 나갈 때의 상황을 묘사한 그림. 액체는 한 곳으로 수렴하지만 통의 측면에 당이 씻겨 나가지 않은 부분이 남는다.

한 명이 정리해준 수학적인 모델 몇 가지를 소개해야 한다. 나는 잘게 부순 옥수숫대와 식용 색소, 수족관을 이용하여 1년 동안 유량에 관한 실험을 실시한 적이 있다. 슬롯 파이프가 연속 스파징에 어떤 기능을 하는지 알아보는 것이 목표였다. 이 실험을 통해 액체는 파이프로 모여들며, 배수 거리와 상관없이 파이프의 전 지점에서 동일한 속도로 흘러 나가는 것을 확인할 수 있었다(그림 F.1).

연속 스파징을 거친 후에는 여과조에 담긴 모든 곡물의 당이 씻겨 나가야 한다. 이를 위해 우리는 두 가지에 중점을 둘 필요가 있다.

• 곡물층을 물에 완전히 포화된 상태로 유지한다.
• 곡물층을 지나는 유속이 느리고 일정하게 유지되도록 한다.

곡물층 위에 물이 최소 1인치 이상 유지되면 곡물층이 유동 상태가 되므로 중력으로 인해 압축되지 않는다. 낟알 하나하나가 자유롭게 움직이므로 액체도 곡물 주변을 자유롭게 흐를 수 있다. 유동성을 잃고 곡물층이 가라앉으면 선택류가 형성되고 추출 효율이 떨어진다.

연속 스파징의 성공 여부는 곡물에서 당을 얼마나 씻어낼 수 있느냐에 따라 달라지고, 확산 작용이 과정에서 큰 몫을 차지한다. 너무 빠른 속도로 스파징이 진행되면 당분이 물로 확산될 시간이 충분히 확보되지 않아 스파징 용수가 거의 그대로 다시 수거되고 만다.

유체 역학

　곡물층의 모든 부분에서 맥아즙을 골고루 추출하려면 액체가 곡물층 전체를 지나야 한다. 완벽한 조건을 모두 갖춘다면 낟알 하나하나에서 맥아즙을 쉽게 분리하여 곡물층을 빠져나온 맥아즙을 간단히 수거할 수 있겠지만, 우리가 양조하는 환경은 완벽한 조건이 아니다. 따라서 곡물층을 헹구는 과정, 즉 스파징을 통해 당을 최대한 많이 얻어야 하며 어느 정도는 곡물층에 남는다. 만약 스파징 과정에서 스파징 용수의 흐름이 50퍼센트에 그친 부위가 생기면, 그 부분에서는 맥아즙도 50퍼센트만 흘러나온다. 유체역학을 활용하면 곡물층 전 영역의 유속을 모형으로 구축하여 얼마나 효과적으로 스파징을 하는지 파악할 수 있다. 그리고 부분별 추출 격차를 정량화하여 여과조의 구조가 다를 때 효율이 어떻게 달라지는지 비교할 수 있다.

　크기가 가로 10인치, 세로 8인치이고 단일 파이프 매니폴드를 사용하는 여과조(F-2)를 예로 들어 설명하자면, 우선 그와 같은 여과조의 횡단면을 떠올려보기 바란다. 곡물을 세척하는 용수는 매 부피 단위로 곡물층 맨 위에 자리한 곡물과 만나고, 이때 곡물과 만나는 용수를 '단위' 유량, 즉 100퍼센트 유량이라고 한다. 액체가 곡물층의 안쪽으로 깊숙이 침투하면 물이 빠져 나가는 단일 지점으로 모여야 하고, 배수가 이루어지는 곳의 바로 윗부분에서는 단위 유량이 열 배 더 커지는 반면 그 지점과 먼 가장자리에서는 단위 유량이 10분의 1로 줄어든다. 여과조의 크기는 동일하고 파이프가 두 개 설치된 경우의 흐름 벡터를 보면(그림 F.3) 액체의 수렴으로 인한 영향도 줄어듦을 알 수 있다. 그림 F.4에는 단일 파이프 매니폴드를 사용할 때 여과조의 유속 분포가 나와 있다. 이해를 돕기 위해 단위 유량(그래프에서 윗부분에 비어 있는 넓은 면적의 흰색 구역)은 실제 단위 유량의 ±10퍼센트 범위에 해당하며 유량이 각각 50퍼센트, 90퍼센트, 110퍼센트, 200퍼센트인 부분이 선으로 표시되어 있다. 그림 F2와 F4는 동일한 정보가 담겨 있지만 그림 F4로 같은 곡물층에서 물의 흐름이 몇 퍼센트로 나타나는지 정량적인 정보를 확인할 수 있다. 또 동일한 데이터로 도출된 막대그래프(그림 F.5)를 보면 유량 분포를 요약해서 파악할 수 있으며 이 그래프를 토대로 여과의 결과를 구성하는 두 가지 요소인 효율성과 균일성을 측정할 수 있다. 여과조 바닥 면적 전체와 동일한 면적의 폴스 바텀을 사용할 때 유량 분포와 막대그래프가 그림 F.6과 그림 F.7에 각각 나와 있으므로 결과를 비교해보기 바란다. 이어 여과 효율과 균일성을 좀 더 자세히 설명하면서 이 두 가지 여과 방식의 차이를 추가로 살펴보자.

그림 F-2 여과조 내부의 흐름 벡터

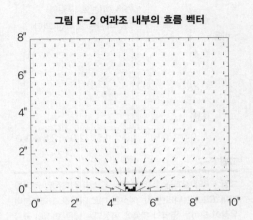

그림 F-3 여과조 내부의 흐름 벡터

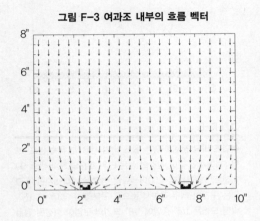

그림 F-2와 그림 F-3

이 두 가지 도표는 파이프가 하나(F.2) 또는 두 개(F.3) 설치된 여과조의 흐름 벡터를 나타낸 것이다. 화살표의 크기는 상대적인 유속을 의미한다. 파이프 주변에는 물의 흐름이 수렴하는 반면 가장자리에는 유동이 감소하는 것을 볼 수 있다. 유리로 된 수족관에 곡물층을 만들고 식용색소가 섞인 물을 흘려보낸 실험에서도 이와 동일한 패턴을 확인할 수 있었다.

단일 파이프 설치 시 유속

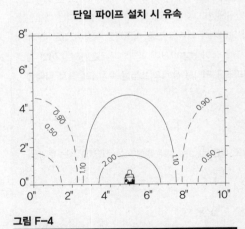

그림 F-4

그림 F-2와 동일한 단일 파이프 여과조의 유속 분포. 다르시의 법칙을 적용하면 여과조 내부 특정 지점의 유속을 정량적으로 파악할 수 있다. 그림에서 각각의 선은 단위 유속의 50퍼센트, 90퍼센트, 110퍼센트, 200퍼센트인 영역을 나타낸다. 0.90과 1.10의 윗부분에서는 100퍼센트의 균일한 흐름이 나타난다.

단일 파이프 설치 시 막대그래프

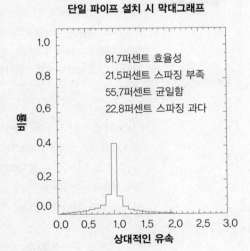

91.7퍼센트 효율성
21.5퍼센트 스파징 부족
55.7퍼센트 균일함
22.8퍼센트 스파징 과다

그림 F-5

그림 F-4의 결과를 토대로 단위 유속의 상대적인 격차를 막대그래프로 나타낸 것.

폴스 바텀 사용 시 유속

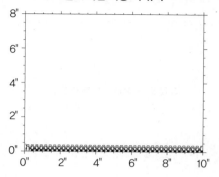

폴스 바텀 사용 시 막대그래프

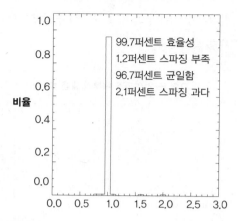

99.7퍼센트 효율성
1.2퍼센트 스파징 부족
96.7퍼센트 균일함
2.1퍼센트 스파징 과다

그림 F-6

여과조 바닥 전체를 덮는 폴스 바텀 사용 시 유속 분포. 그림 F.4에서와 같이 각각의 선은 단위 흐름의 50퍼센트, 90퍼센트, 110퍼센트, 200퍼센트인 영역을 나타내지만 수렴되는 구간이 너무 작아서 눈으로 구분할 수 없다. 본 폴스 바텀 모형은 1/4" 중앙에 1/8" 크기의 구멍이 형성된 경우를 토대로 한다.

그림 F-7

그림 F.6의 결과를 토대로 단위 유속의 상대적인 격차를 막대그래프로 나타낸 것. 예상한 대로 곡물층의 대부분이 유량이 모이는 영역의 위쪽에 형성되는 넓은 면적의 균일한 유량 영역에 해당되는 것을 볼 수 있다.

유체의 흐름에 관한 수치 모형

다공성 매질을 통과하는 유체 흐름을 설명한 다르시의 법칙(Darcy's Law)에 따르면 유속은 압력 변화에 비례하고 흐름의 저항과 반비례한다. 흐름의 저항(또는 이와 반대되는 개념인 투과율)은 매질(즉 다공성 매질)에 따라 달라지며 맥주 양조를 적용하면 곡물이 바로 이 매질에 해당된다. 물이 보존되는 조건에서(즉 물이 생겨나거나 파괴되지 않는 조건) 이와 같은 유속과 압력의 관계를 적용하면, 여과조를 지나는 유체의 흐름을 수치 모형으로 나타낼 수 있다.

다르시의 법칙 : $q = (-K/\mu) \cdot \nabla p$
이 식에서 p는 압력(더 구체적으로는 속도 퍼텐셜), μ는 절대 점성(또는 전단력), K는 투과율, q는 다시 유속(용적 흐름)을 의미한다.
물의 보존성 : $\nabla \cdot q = 0$
위 두 공식의 결합 : $\nabla^2 \cdot p = 0$ (라플라스 방정식)

K와 μ가 모든 곳에 적용되는 상수라고 가정할 때, 다르시의 법칙에 따른 이 공식은 용수가 첨가되는 여과조 윗부분과 유체가 여과조 밖으로 빠져나가는 파이프 슬롯을 제외한 모든 영역에 적용된다. 이때 여과조의 벽은 탄탄하고(즉 어떠한 압력도 견딜 수 있고) 벽을 통해 흐르는 액체는 없다는 조건을 적용할 수 있다.

여과의 효율

앞서 유체의 단위 유속이 50퍼센트라면 곡물의 당도 50퍼센트밖에 추출되지 않는다고 설명했다. 그러나 같은 의미로 유속이 200퍼센트라고 해서 당이 200퍼센트 추출된다고 할 수는 없다. 단위 유속이 100퍼센트일 때 당의 100퍼센트가 추출된다는 것은 그 이상 추출할 수 있는 당이 없다는 뜻이다. 유속이 더 빨라지면 탄닌이 추가로 추출될 수는 있지만 당이 더 많이 추출되지는 않는다. 그러므로 곡물층에서 흐름이 각기 다른 모든 부분의 추출률을 모두 더하면 해당 여과조로 얻을 수 있는 추출의 효율성을 퍼센트 비율로 구할 수 있다.

예를 들어 단일 파이프 매니폴드가 설치된 여과조에서 곡물층의 5퍼센트는 단위 유속이 40퍼센트이고 10퍼센트는 60퍼센트, 15퍼센트는 80퍼센트, 70퍼센트는 단위 유속이 100퍼센트 이상이라면 이 여과조의 효율은 아래와 같이 90퍼센트로 볼 수 있다.

$$(5 \times 40) + (10 \times 60) + (15 \times 80) + (70 \times 100) = 90퍼센트 효율$$

곡물층의 모든 영역에서 배수가 균일하게 이루어지는 '완벽한' 폴스 바텀을 사용하면 곡물층 전체의 단위 흐름이 100퍼센트가 될 것이고 추출 효율도 100퍼센트일 것이다. 유속에 관한 수치 모형을 컴퓨터 모형으로 적용하면(수치 모형에 관한 위의 내용 참고) 실제 폴스 바텀 사용 시(1/4인치 중앙에 1/8인치 크기의 구멍이 형성된 경우) 효율은 99.7퍼센트로 나타났다.

| 여과의 균일성 |

여과 효율이 추출되는 양에 관한 지표라면 균일성은 추출의 질적인 측면을 나타낸다. 추출 균일성은 유체의 흐름이 90퍼센트 미만인 경우와 90퍼센트에서 110퍼센트 사이인 경우, 그리고 110퍼센트 이상인 경우까지 세 가지로 나누어서 살펴볼 수 있다. 이 세 가지 비율을 기준으로, 추출 효율이 비슷한 각기 다른 구조의 여과조를 비교하여 추출 균일성은 어느 쪽이 더 우수한지 구분할 수 있다. 곡물층에서 유체의 흐름이 90퍼센트부터 110퍼센트 사이에 해당되는 영역은 스파징이 균일하게 실시된 곳으로 간주되고 흐름이 90퍼센트 미만인 곳은 스파징 부족, 110퍼센트 이상인 곳은 스파징 과다 영역으로 본다. 일반적으로 여과조의 구조와 상관없이 스파징 부족에 해당하는 영역은 스파징 과다 영역과 동일한 비율을 차지한다.

다시 앞서 제시한 단일 파이프 매니폴드 구조의 여과조를 예로 들어 그림 F.5에 나온 막대 그래프부터 살펴보자. 이 그래프에서 곡물층 가운데 스파징이 균일하게 이루어진 영역은 56 퍼센트에 불과하고 21퍼센트는 스파징 부족, 23퍼센트는 스파징 과다 영역인 것을 알 수 있다. 즉 스파징이 과도하게 실시된 곡물층의 23퍼센트에서는 탄닌이 추출되었다는 의미다. 그러나 이와 같은 스파징 수준의 차이는 몇 가지 요소만 조정하면 크게 바뀔 수 있다.

흐름에 영향을 주는 요소

칼테크*Caltech*에 근무하는 천체 물리학자이자 자가 양조자인 브라이언 컨*Brian Kern*의 도움으로 이번 절의 내용을 작성할 수 있었음을 미리 밝혀둔다.

위에서 설명한 컴퓨터 모형을 총 5,184개 종류의 여과조와 매니폴드에 적용하여 유체 흐름의 효율과 균일성을 좌우하는 주된 요소를 분석한 결과를 영향력이 큰 순서대로 나열하면 아래와 같다.

- 파이프 간격
- 벽과의 간격
- 곡물층의 두께

이 분석을 통해 파이프의 슬롯은 반드시 여과조 바닥을 향해야 하며 바닥과 최대한 가깝게 위치해야 매니폴드 아래로 흐른 맥아즙이 다시 역류하지 않는다는 사실도 확인했다.

| 파이프 간격 |

여과조의 너비를 기준으로 설치된 파이프의 개수가 늘어나면 파이프 간격도 줄어든다. 흥미로운 사실은 이 모형을 분석한 결과(그림 F.8~그림 F.11 참고) 파이프 간격은 추출 효율, 균일성과 모두 거의 선형적인 비례 관계이고, 파이프의 중심 간 거리로 측정한 파이프 간격이 파이프 지름의 네 배일 때 최고치를 기록했다는 점이다. 즉 지름이 1/2인치인 파이프는 중심 간 거리로 측정한 파이프 간격이 2인치일 때 효율과 균일성이 모두 최대치에 이르는 것으로 나타났다. 하지만 최적 조건이 이렇다고 해서 파이프를 반드시 그와 같은 간격으로 설치해야 하는 것은 아니다. 실제로 파이프 지름의 여섯 배에 해당하는 3인치 간격으로 설치되었다면 파이프 간격과 효율성/균일성의 관계도 줄어들지만 아래 표 F.1에 나온 내용과 같이 파이프 간격을 3인치에서 2인치로 좁혔을 때 늘어나는 효율은 1~2퍼센트에 불과하다. 단, 곡물층의 두께가 얇은(<4인치) 경우에는 효율의 차이가 5퍼센트에 이른다.

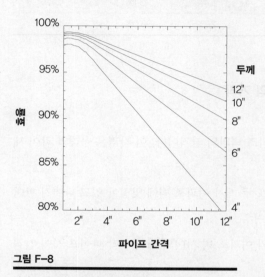

그림 F-8

파이프 간격과 곡물층의 두께에 따른 여과 효율.

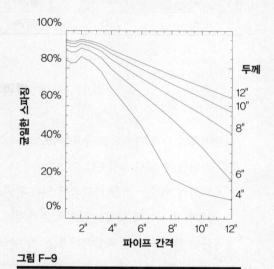

그림 F-9

파이프 간격과 곡물층의 두께에 따른 여과 시 유체 흐름의 균일성.

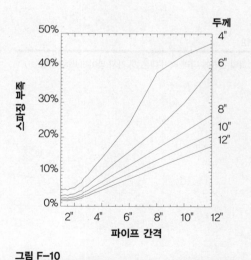

그림 F-10

여과 시 유체 흐름이 90퍼센트 미만일 때 파이프 간격과 곡물층의 두께에 따른 변화

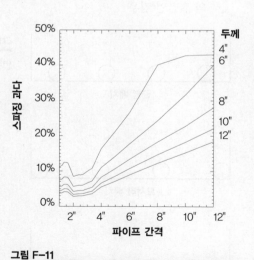

그림 F-11

여과 시 유체 흐름이 110퍼센트 이상일 때 파이프 간격과 곡물층의 두께에 따른 변화

| 25 × 20센티미터(10"W × 8"H) 크기의 곡물층에서 파이프 간격이 추출에 주는 영향

파이프 개수	파이프 중심 간 간격	효율	스파징 부족	균일한 스파징	스파징 과다
1	10.00	91.7%	21.5%	55.7%	22.8%
2	5.00	96.2%	9.6%	79.7%	10.7%
3	3.33	97.8%	5.5%	89.0%	5.5%
4	2.50	98.6%	3.4%	92.1%	4.5%
5	2.00	98.9%	2.7%	93.0%	4.3%

| 벽과의 거리 |

파이프의 간격 다음으로 중요한 요소는 여과조 벽과의 간격이다. 이 간격은 아래와 같이 세 종류로 나눌 수 있다(그림 F.12).

- 모서리 배치 – 가장 바깥쪽에 있는 파이프 두 개가 여과조 벽에 맞닿아 있고 나머지 파이프가 그 사이에 일정한 간격으로 배치된 경우
- 균등 배치 – 가장 바깥쪽에 있는 파이프와 여과조 벽 사이의 거리가 각 파이프 사이 간격과 동일한 경우
- 균형 배치 – 가장 바깥쪽에 있는 파이프와 벽의 간격이 그 안쪽에 자리한 파이프 간 거리의 절반인 경우

균형 배치

그림 F-12

여과조 벽과의 간격에 따라 각기 다른 세 가지 파이프 배치 방법.

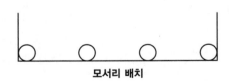

모서리 배치

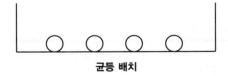

균등 배치

표 F.2를 보면 효율성은 균형 배치가 가장 우수하다는 것을 알 수 있다. 균형 배치는 가장 바깥쪽 파이프와 여과조 벽의 거리가 안쪽에 자리한 파이프 간격의 절반에 해당하므로 매니폴드를 구성하는 모든 파이프의 주변 유속이 대칭을 이루고 곡물층에서 각각의 파이프로 빠져나오는 액체의 양도 가장 균일하다. 또 여과조의 너비를 중심에 놓고 다른 방향으로 생각해보면, 균형 배치는 가장 적은 수의 파이프로 파이프 간 간격을 가장 좁혀서 여과조 바닥 전체를 덮을 수 있는 방법임을 알 수 있다. 이는 파이프 간 간격이 넓을 때 가장 중대한 영향을 주는 요소로, 균형 배치와 모서리 배치에서 나타나는 추출 균일성의 차이는 파이프 간격이 좁을수록 줄어든다(5퍼센트 미만). 또 모서리 배치는 벽을 따라 아래로 흐르는 선택류가 형성되는 경향이 있는 점도 유념해야 한다. 이러한 현상은 '물길 형성'으로도 불린다.

유체역학에서는 벽면으로 갈수록 입자의 크기에 따른 입자 간 연결성이 감소하여(즉 벽은 곡물로 이루어지지 않아서 벽 쪽에 유체가 흐를 수 있는 공간이 더 많다) 유체 흐름의 저항이 줄어드는 것을 '경계 효과'라고 한다. 분쇄된 곡물의 경계층은 대략 3밀리미터(1/8인치)로 형성된다. 마찬가지 원리로 구멍 뚫린 폴스 바텀을 사용할 경우 가장자리가 여과조 벽과 완전히 맞닿지 않으면 유체가 벽과 바닥 사이의 틈으로 흐를 것이다. 이 흐름은 저항이 낮고 따라서 상당한 비율의 스파징 용수가 곡물층을 통과하지 않는 이 우회로로 빠져나와 결과적으로 수거된 맥아

표 F-2 | **25 × 20센티미터(10"W × 8"H) 크기의 곡물층에서 벽과 파이프 간격이 추출에 주는 영향**

파이프 개수	벽과의 간격	효율	스파징 부족	균일한 스파징	스파징 과다
2	균형 배치	96.2%	9.6%	79.7%	10.7%
2	균등 배치	94.5%	14.1%	66.6%	19.3%
2	모서리 배치	92.0%	20.4%	56.9%	22.7%
3	균형 배치	97.8%	5.5%	89.0%	5.5%
3	균등 배치	96.4%	9.0%	80.3%	10.7%
3	모서리 배치	96.2%	9.7%	76.3%	14.0%
4	균형 배치	98.6%	3.4%	92.1%	4.5%
4	균등 배치	98.0%	4.9%	89.9%	5.2%
4	모서리 배치	97.1%	7.1%	84.3%	8.6%
5	균형 배치	98.9%	2.7%	93.0%	4.3%
5	균등 배치	98.6%	3.4%	92.0%	4.6%
5	모서리 배치	97.7%	5.3%	87.6%	7.1%

즙의 추출 수율이 떨어진다. 그러므로 매니폴드를 설치한다면 모서리 배치보다는 균형 배치가 더 적절하며 폴스 바텀 사용 시 경계 효과를 최소화하려면 여과조와 폴스 바텀의 가장자리를 밀착해야 한다.

| 곡물층의 두께 |

곡물층의 두께는 유체의 흐름에 영향을 주는 또 한 가지 중요한 요소다. 이때 두께는 스파징 용수를 포함하지 않는 곡물 자체만의 두께를 의미한다. 폴스 바텀과 매니폴드를 사용한다면 모두 유체가 수렴되는 양은 배수 규모와 간격에 따라서 달라진다. 또 곡물층의 두께(압력)에 따라 수렴부convergence zone의 크기가 크게 달라지지는 않는다. 수렴부의 내부에서 일어나는 균일한 유체 흐름과 흐름 미달, 흐름 초과에 해당하는 유체 흐름의 비율은 거의 일정하며 수렴부의 크기(높이)도 거의 일정하다. 폴스 바텀이 설치된 경우 배수 구역이 상당히 작아서 수렴부도 좁다(우리가 적용한 모형에서는 1/2인치 미만). 매니폴드 사용 시 배수 구역은 이보다 더 크고 분산되므로 수렴부도 더 커지고 당화 혼합물에 영향을 주는 비율도 그만큼 크다.

다시 설명하면, 곡물층의 두께가 커지면 수렴부에 해당하지 않는 곡물층의 비율이 늘어난다. 그에 따라 균일하게 흐르는 유체의 비율도 늘어나고, 전체적인 추출 효율도 증가한다(표 F>3). 따라서 폴스 바텀은 곡물층의 두께에 따라 추출 효율이 크게 바뀌지 않지만(수렴부가 좁아서) 매니폴드는 많은 영향을 받는다(수렴부가 크다). 단, 매니폴드도 파이프 간격을 줄이면(즉 파이프의 개수를 늘리면) 수렴부의 높이가 줄어들기 때문에 이러한 영향을 최소화할 수 있다.

예를 들어보자. 너비가 10인치인 여과조에 파이프가 딱 하나 설치되어 있고 곡물층의 두께가 8인치, 수렴부의 높이가 약 3.5인치였을 때 균일하게 흐르는 유체의 비율은 55.7퍼센트다. 곡물층의 두께가 48인치로 늘어나도 수렴부의 크기는 그대로 3.5인치 정도로 유지되지만 균일한 흐름의 비율은 92.5퍼센트로 늘어난다. 또 파이프가 다섯 개로 구성되고 수렴부의 높이가 0.5인치라면 곡물층이 8인치 두께일 때 균일한 흐름의 비율은 90퍼센트가 된다. 매니폴드가 포함된 여과조를 직접 만들어서 사용한다면, 파이프 간격과 여과조 벽에서 파이프 사이의 거리가 수렴부의 실제 크기에 영향을 주고 곡물층의 깊이는 수렴부의 상대적 크기에 영향을 준다는 사실을 감안해야 한다. 매니폴드로 여과 효율을 최대한 높이려면 이 세 가지 요소를 모두 최적화해야 할 것이다.

그림 F.8부터 그림 F.11에 나와 있는 네 가지 그래프는 지름이 1/2인치인 파이프를 기준으

파이프 개수	두께	효율	스파징 부족	균일한 스파징	스파징 과다
1	10cm(4")	83.2%	43.8%	13.4%	42.8%
1	15cm(6")	88.9%	29.9%	38.4%	31.7%
1	20cm(8")	91.7%	21.5%	55.7%	22.8%
1	25cm(10")	93.3%	17.2%	64.5%	18.3%
1	30cm(12")	94.4%	14.3%	70.4%	15.3%
1	61cm(24")	97.2%	7.2%	85.1%	7.7%
1	122cm(48")	98.6%	3.6%	92.5%	3.8%
5	10cm(4")	97.8%	5.4%	86.1%	8.5%
5	15cm(6")	98.5%	3.6%	90.7%	5.7%
5	20cm(8")	98.9%	2.7%	93.0%	4.3%
5	25cm(10")	99.1%	2.2%	94.4%	3.4%
5	30cm(12")	99.2%	1.8%	95.3%	2.9%
5	61cm(24")	99.6%	0.9%	97.7%	1.4%
5	122cm(48")	99.8%	0.5%	98.8%	0.7%

로 파이프 간격, 벽과의 거리, 곡물층의 두께를 모두 고려하여 수치 모형으로 분석한 결과를 요약한 것이다. 각각 파이프 중심 간격과 곡물층의 두께에 따라 유체 흐름의 비율이 어떻게 달라지는지 확인할 수 있다. 파이프 간격이 좁거나 곡물층이 얇은 경우를 제외하면 대부분 선형 비례관계인 것을 알 수 있다.

연속 스파징에 적합한 파이프 매니폴드 만들기

지금까지 살펴본 내용을 요약하면 아래와 같다.

• 매니폴드는 여과조 바닥 면적의 대부분을 덮어야 한다.

• 매니폴드를 구성하는 파이프 간격은 5~7센티미터(2~3인치)가 적당하다.

• 최소한의 파이프로 최상의 결과를 얻으려면 균형 배치 방식으로 파이프를 배치한다.

• 쿨러는 일반적인 양조 규모에 알맞은 곡물층의 두께가 충분히 형성될 수 있는 크기로 선

택한다. 내가 권장하는 곡물층의 두께는 10~30센티미터(4~12인치)이다.

　　원통형 쿨러는 매니폴드를 원형으로 만들고 안쪽을 4등분하는 것이 가장 적합하나 원 안쪽
에 정사각형을 넣는 것으로도 비슷한 결과를 얻을 수 있다(그림 E.7, 507쪽 설명 참고). 직사각형
쿨러는 큰 틀을 직사각형으로 잡고 쿨러 바닥을 충분히 덮을 수 있도록 안쪽에 가지를 낸 형태
가 적합하다(그림 F.13). 매니폴드를 디자인할 때는 원형과 사각형인 경우 모두 곡물층이 차지
하는 면적을 전체적으로 포괄하고 맥아즙이 배수구까지 이동하는 총 거리를 최소화해야 하는
점을 염두에 두기 바란다.
　　이와 함께, 매니폴드와 쿨러 벽 사이의 거리가 지나치게 가깝지 않아야 측면에 물길이 생기
는 것을 방지할 수 있다. 가장 바깥쪽에 있는 파이프와 쿨러 벽의 간격은 매니폴드를 이루는
각 파이프 간 거리의 절반(또는 그보다 약간 더 큰 정도)이 적절하다. 이 간격을 유지해야 벽을 따
라 흐르는 물이 배수구로 이어지는 더 짧은 길을 형성하여 맥아즙으로 배출되지 못하는 구역
이 생기지 않는다.
　　직사각형 쿨러에 설치하는 매니폴드는 길이가 더 긴 변과 평행하는 파이프에만 슬롯을 만

그림 F-13

정사각형 쿨러에 여러 개의 파
이프로 만든 매니폴드를 설치한
모습.

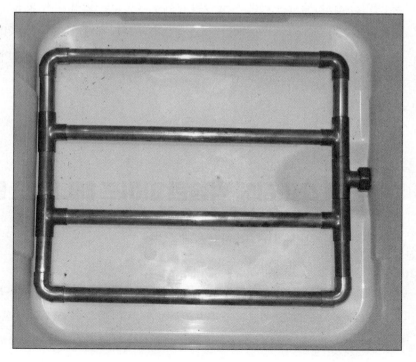

들어도 바닥 면적을 모두 포괄할 수 있으므로 위아래로 이어진 파이프에는 구멍을 뚫지 말아야 한다. 위아래로 자리한 파이프는 쿨러 벽과 밀착되어 있어서 물길이 형성되기 쉬운 점도 그 이유에 포함된다. 또 슬롯이 나 있는 면은 반드시 바닥을 향하도록 설치해야 슬롯 아래로 흐른 맥아즙은 수거되지 않는다. 원통형 여과조에도 동일한 지침이 적용되나 원 모양의 매니폴드 안쪽에 정사각형 모양으로 파이프를 만든다면 위아래 방향의 파이프가 벽과 가까이에 있지 않으므로 슬롯을 만들어도 된다.

연속 스파징에 적합한 링 매니폴드 만들기

링 모양의 매니폴드나 스테인리스스틸 재질의 철망 호스는 겉보기에 원통형 음료 쿨러에 꼭 알맞은 여과 장치라는 인상을 주는데, 과연 효율도 우수할까? 실제로 이러한 구조는 균형 배치의 원칙을 적용한다면 효율이 상당히 우수한 것으로 확인됐다. 원 모양의 여과 장치 하나만 설치했다면 원 안쪽과 바깥쪽의 부피가 동일해야 균형 배치의 원칙과 일치한다고 할 수 있다. 여과조의 부피를 절반으로 나눌 수 있는 링의 지름은 여과조 지름에 0.707을 곱하면 쉽게 구할 수 있다.

링의 지름 = 0.707 × 여과조의 지름

그림 F.15에 나온 그래프에는 샌키Sankey 케그에 링 형태의 매니폴드와 구멍 뚫린 폴스 바텀을 사용했을 때 지름에 따른 효율 변화가 나와 있다. 샌키 케그의 지름은 38센티미터(15인치)이므로 부피가 절반이 되는 지름은 27센티미터(10.6인치)이다. 흥미롭게도 폴스 바텀의 지름이 여과조 지름의 80퍼센트 이상을 차지하지 않는 한 원 하나로 이루어진 링 매니폴드가 더 효과적이라는 사실을 알 수 있다. 이는 여과조의 지름과 상관없이 일관되게 적용되는 특징이다. 균형 배치 방식으로 매니폴드를 이룬 링의 개수를 늘리면 추출 효율을 개선할 수 있다. 이는 폴스 바텀과 동일한 원리이며, 직사각형 쿨러에서 직사각형 모양의 매니폴드가 더 효과적인 이유와도 일맥상통한다.

원통형 쿨러에 철망 호스로 만
든 링을 설치한 모습.

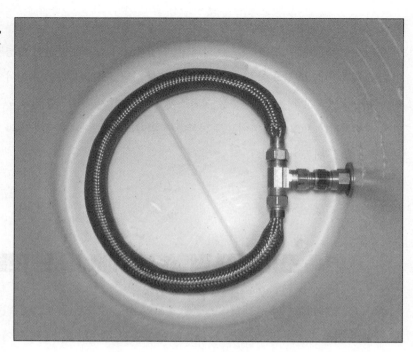

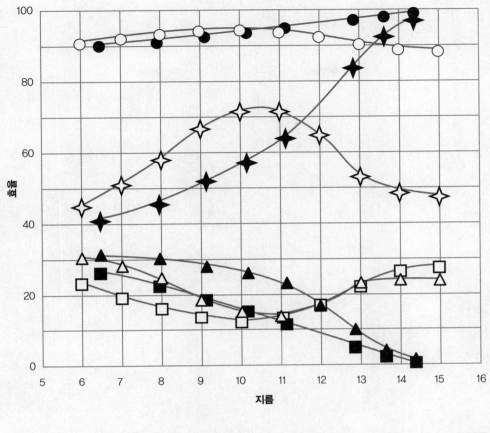

| ● FB 효율 | ★ FB의 균일성 | ▲ FB 스파징 과다 | ■ FB 스파징 부족 |
| ○ 링 효율 | ☆ 링의 균일성 | △ 링 스파징 과다 | □ 링 스파징 부족 |

그림 F-15

지름 15인치인 샌키 케그에서 링 매니폴드와 풀스 바텀 사용 시 링 또는 풀스 바텀의 지름에 따른 효율 변화

APPENDIX

G

★ HOW to BREW ★

양조에
도움이 되는
금속공학

이 부록에는 양조자가 대부분 반드시 알아야 하는 수준보다 훨씬 더 상세한 내용을 담았다. 그러나 금속공학자이기도 한 나는 양조에 쓰이는 금속에 관한 질문을 자주 들어왔기에, 내 저서에 그런 내용을 포함하는 것이 적절하겠다는 생각이 들었다. 핵심 주제는 세척과 부식, 결합이다. 금속의 종류별로 어떤 세척법이 가장 효과적인지 설명하고 금속마다 부식되는 과정이 어떻게 다른지도 소개할 예정이다. 수제 맥주를 만드는 사람들은 철물점에 표준 규격으로 판매되는 부품을 사다가 양조 도구를 직접 만드는 경우가 많은데, 상이한 금속을 함께 사용했을 때 부식이 심해질 수 있는 사실을 유념해야 한다. 마찬가지로 금속과 금속을 접합하는 일도 까다롭게 느껴질 수 있는데, 이런 점을 고려하여 납땜과 경납땜, 용접에 관한 팁도 제시할 것이다.

양조에서 가장 우선적으로 신경 쓸 부분은 맥주 맛이다. 우리가 맥주를 마셨을 때 기대하는 것은 맥주의 맛이지 양조에 사용한 도구의 냄새는 아닐 것이다. 또 알루미늄, 철, 탄소강과 같은 금속은 그저 맥주 맛을 해치는 것으로 끝나지만 농도가 높으면 효모를 해칠 수 있는 금속도 있다. 양조 장비로 사용되는 금속이 인체 건강에 심각한 악영향을 줄 가능성은 드물다. 그러나 이번 부록의 네 번째와 마지막 절에서는 양조와 배관 시설에 흔히 사용하는 금속의 독성에 대해서도 설명한다.

일반적인 정보와 세척

| 알루미늄 |

알루미늄은 끓임조나 열과 직접 닿는 당화조 겸 여과조 재료로 사용하기에 적합하다. 열전도율이 높아서 특정 부분만 과열되는 핫스폿 현상과 맥아즙이나 당화 혼합물이 눌어붙어서 타는 현상도 방지할 수 있다. 또 스테인리스스틸보다 저렴하다. 특히 3003, 3004로 분류되는 알루미늄합금은 내식성이 매우 우수하여 조리 도구에 가장 많이 사용한다. 양조 과정상의 일반적인 온도와 pH 조건에서 알루미늄이 (자체적으로) 부식될 가능성은 없으며 맥주에 쇠 맛을 남길 일도 없다. 그러나 알루미늄 재질의 끓임조를 사용한다면, 사용 후 너무 반짝반짝 윤이 나게 닦으면 맥주에서 금속 맛이 느껴지는 이취가 날 수 있다. 알루미늄을 포함한 모든 금속의 내식성은 표면에 수동적으로 형성되는 산화물층(부동태층)에 의해 좌우되므로, 솥을 광이 날 정도로 박박 문지르면 이 부분을 제거할 수 있다. 사용하면서 자연스레 광이 사라지고 회색이 되면 그대로 두자. 새로 산 솥에 부동태층을 형성시키려면 먼저 구석구석 잘 씻은 뒤 완전히 말려서 오븐에 넣고 180℃(350℉)에서 10분 정도 가열한다. 무수 산화물층이 두껍게 형성되도록 촉진할 수 있다. 알루미늄 재질의 용품은 '스트레이트 A*Straight A*'나 'PBW'와 같은 과탄산염 성분의 세정제나 아이보리*Ivory*® 브랜드의 제품처럼 향이 없는 설거지용 세제로 씻는 것이 좋다. 표백제는 알루미늄을 손상시킬 수 있으므로 사용하지 말아야 한다.

알루미늄은 맥아즙이나 맥주가 담긴 상태에서 구리와 같은 다른 금속이 가까이에 존재하면 부식할 수 있으나, 부식 가능성이 가장 공격적으로 높다고 할 수 있는 이와 같은 상황도 수제 맥주 양조에서는 거의 문제가 되지 않는 경우가 일반적이다. 뒤에 나오는 갈바니 부식에 관한 설명에서 다시 이야기하기로 하자.

| 구리 |

구리는 양조에 오랫동안 사용한 역사 깊은 금속이다. 열전도율이 높고 형태를 바꾸기가 쉬워서 전통적으로 양조용 주전자나 동전 재료로 많이 사용됐다. 요즘 들어 전문 양조자들은 더 튼튼하고 활성이 낮으면서 관리하기가 쉬운 스테인리스스틸 제품을 선택하지만, 양조자가 맥아즙 칠러와 구리와 놋쇠(황동)는 각종 양조 도구를 직접 만들 때 구리와 놋쇠는 여전히 가장 저렴하면서 효과적인 재료라 할 수 있다. 구리 재질의 도구는 자주 사용하면 표면에 산화물층이 형성되고(구릿빛이 흐려지는 것으로 그러한 변화를 확인할 수 있다) 이 층은 구리 재질의 도구가 맥아즙과 계속해서 접촉하지 않도록 보호하는 역할을 한다. 세척은 표면에 생긴 그을음 자국이나 남아 있는 홉, 필요하다면 맥아즙의 단백질을 제거하는 정도로 최소화할 필요가 있다. 또 맥아즙과 한 번 닿을 때마다 반짝반짝 빛이 나도록 씻을 필요는 없다. 구리로 된 도구를 사용하면서 자연스레 색이 흐려지면 그대로 그 상태를 유지하는 편이 낫다.

그러나 구리를 사용했을 때 '녹청'이라 부르는 청록색의 유독한 산화물이 생길 수 있다는 사실을 꼭 알아두어야 한다. 녹청은 아세트산 제이구리와 황산구리, 염화 제이구리와 같은 몇 가지 화합물로 이루어진다. 이러한 청록색 물질은 약산성 용액(맥주와 같은)에서 빠른 속도로 용해되고 이를 섭취한다면 구리 중독이 발생할 수 있으므로 맥주나 다른 음식물과 닿지 않도록 해야 한다. 심하게 산화되거나(검은색으로 변한 상태) 녹청이 생긴(청록색) 구리는 식초로 세척하거나 리비어 코퍼*Revere® Copper*와 같은 옥살산 성분의 세정제, 또는 스테인리스스틸 세정제로 씻어야 한다.

구리나 황동을 자주 씻어야 한다면 무향 설거지용 세제나 과탄산나트륨 성분의 세정제를 이용하는 것이 좋다. 구리로 된 맥아즙 칠러는 표백제를 함유한 용액으로 씻거나 소독하지 말아야 한다. 표백제를 비롯한 산화제나 과산화수소는 구리를 손상시키며, 구리나 놋쇠와 닿는 순간 급속히 산화시켜 색을 검게 만든다. 이렇게 형성된 시커먼 산화물은 구리의 부식을 막는 보호막 기능을 하지 못할 뿐만 아니라 염기 조건에서 형성되었으므로 산성인 맥아즙과 닿으면 금세 녹는다. 효모는 구리의 영향을 견디는 능력이 우수한 편이지만, 이런 도구를 사용한다면 효모에 악영향을 줄 만큼 구리가 많이 용해된 액체에 효모가 그대로 노출될 수 있다. 일반적인 양조 과정에서는 구리가 존재하더라도 효모를 대부분 제거(킬레이트화)하므로 맥주에서 구리로 인한 이취는 나지 않는다.

구리를 씻을 때는 꼼꼼하게 헹궈야 한다! 산성이나 알칼리 세척액에 구리를 오랫동안(한 시간 이상) 담가두지 말아야 하며, 대향류식 칠러나 판형 칠러의 내부에 물기가 남아 있지 않도록 주의하고 공기를 불어 넣어 건조해야 한다.

| 놋쇠(황동) |

놋쇠는 구리와 아연으로 만든 합금으로, 절삭성(금속을 자르거나 깎는 성질)을 높이기 위해 납도 어느 정도 첨가한다. 납의 함량은 다양하지만 배관 설비에 사용하는 놋쇠는 3퍼센트 미만이다. 오늘날에는 배관 시설에 사용되는 부품은 대부분 납을 포함하지 않은 놋쇠를 이용해야 한다는 요건을 적용하는 추세다. 납은 구리, 아연과 함께 놋쇠로 만들어도 한데 섞이지 않고 마치 젤리 속에 담긴 바나나 조각처럼, 자그마한 과립 형태로 존재한다. 기계 가공에서는 이러한 과립이 윤활유 역할을 하고 절삭된 표면 전체에 납이 극히 얇은 막처럼 번져서 덮인다. 양조 과정에서 이러한 현상이 생기면, 막처럼 덮인 바로 이 납이 맥아즙에 녹을 수 있다.

금속 표면에 존재하는 이와 같은 납은 그 양이 상당히 작아서 건강에 영향을 끼칠 만한 양은 아니지만, 그래도 대부분의 사람들은 납이 아예 없기를 바란다. 다행히 놋쇠로 된 부품을 슈퍼마켓이나 약국에서 쉽게 구할 수 있는 식초와 과산화수소로 만든 수용액에 담가두면 표면에 존재하는 납을 쉽게 없앨 수 있다. 증류 식초나 사과즙을 발효해서 만든 식초 중 하나를 고르면 되는데, 제품 라벨에 상품 부피 중 산의 함량이 5퍼센트인지 꼭 확인해야 한다. 과산화수소는 부피 기준 농도가 3퍼센트여야 한다. 이렇게 준비한 식초와 과산화수소를 2대 1의 부피로 섞어서 수용액을 만들고 놋쇠로 된 부품을 담가두면 색깔이 변하는 것을 볼 수 있다. 채 5분도 지나지 않아 표면이 깨끗해지고 광이 나고, 납을 제거해 놋쇠가 버터처럼 노르스름한 황금색을 띤다. 너무 오래 담가두면 수용액이 푸른색이나 녹색을 띠기 시작하거나 담가둔 금속의 색이 어두워진다. 과산화물이 고갈된 이런 상태에서는 구리가 녹기 시작하고 결국 납이 더 많이 노출되는 결과가 생긴다. 그러므로 식초와 과산화수소 용액을 새로 만들어서 놋쇠 부품을 다시 담가야 한다. 이와 같은 세척 작업은 놋쇠 부품을 양조에 처음 사용하기 전, 한 번만 실시하면 된다.

아연은 효모 생장에 꼭 필요한 영양소지만 너무 많으면 해가 될 수 있다. 놋쇠가 부식되어 아연의 농도가 높아지면($>$5ppm) 효모가 과도하게 증식하고 여기에 아세트알데히드와 퓨젤 알코올의 양도 늘어나 맥주에서 비누 맛이나 누린내가 날 수 있다. 그러나 구리와 마찬가지로 놋쇠도 대체로 맥아즙과 접촉해도 매우 안정적인 편이며 자주 사용하다 보면 자연스레 표면에 부동태층이 형성된다. 세척 방법은 구리와 같으며, 표백제는 사용하지 말아야 한다.

| 탄소강 |

탄소강은 주성분이 철이고 여기에 탄소와 다른 미량원소를 섞어서 만든 합금이다. 자가 양조에서는 탄소강이 법랑 솥이나 곡물 제분기의 롤러에 주로 사용한다. 많은 양조자들이 가격이 저렴한 에나멜로 된 양조용 솥을 구입하지만, 문제는 법랑 표면에 금이 가거나 균열이 생기면 맥아즙이 강철과 맞닿을 수 있는 점이다. 철(또는 녹)을 조금 섭취한다고 해서 건강에 해가 되지는 않지만 맥주 맛에 악영향을 주고 산화 반응으로 인해 색도 혼탁해진다. 법랑 솥에 일단 이런 문제가 생기면 실질적으로 해결할 수 있는 방법은 없고 사용할 때마다 강철은 점점 더 심하게 녹이 슨다. 그리고 녹슨 솥을 사용하면 맥아즙에서 쇠 맛이나 피 맛과 같은 이취가 남는다.

곡물을 분쇄할 롤러형 제분기를 직접 만들어서 사용하는 양조자들도 있다. 탄소강은 스테인리스스틸과는 달라서 부식을 방지하려면 오일을 바르거나 도금 처리를 해야 한다. 탄소강 롤러를 깨끗하게 관리하고 곡물을 분쇄한 뒤에는 잘 말려서 보관하면 보통 녹이 슬지 않는다. 나일론이나 가는 황동으로 된 브러시로 세척하면 얇은 녹은 제거할 수 있으나 철수세미나 철로 된 브러시를 사용하면 오히려 부식이 촉진될 수 있으므로 주의해야 한다.

식물성 오일을 바르고 차 표면에 광을 내듯이 잘 문질러주면 탄소강의 내식성을 조금 높일 수 있다. 오일 코팅으로 탄소강 표면의 산화물이 수분과 닿지 않게 되고, 녹이 아닌 거무스름한 산화물 막이 생긴다. 이러한 흑색 피막은 부착력이 강하고 서서히 표면 전체를 덮어서 더 이상 부식이 일어나지 않도록 막는다. 그러나 탄소강 표면에 바른 오일은 시간이 지나면서 휘발성 물질이 없어지고 나면 왁스와 가까운 형태가 되고, 이렇게 형성된 산화물과 왁스 성분의 코팅은 내식성에 한계가 있어서 물과 직접 접촉하면 붉은색 녹이 생긴다. 녹이 슬면 위에서 설명한 방법으로 없앤다. 녹을 없애고 나면 표면에 검은색의 부동태막이 형성된다.

| 스테인리스스틸 |

스테인리스스틸은 크롬과 니켈을 함유한 철 합금이다. 식음료 산업에서 가장 많이 사용하는 스테인리스스틸은 300 시리즈로, 보통 크롬이 18퍼센트, 니켈이 8퍼센트 포함되어 있다. 그중에서도 많이 쓰이는 AISI[1] 등급 304, 316은 내식성이 매우 우수하고 맥주와 접촉해도 반응하지 않는다. 크롬과 크롬 산화물은 녹과 부식을 저해한다. 스테인리스스틸에 보호막 역할을 하는 산화크롬 막이 깨지지 않도록 처리하는 것을 '부동태화'라고 한다. 이 산화막이 철에 의해 손상되거나(철수세미나 드릴 날에 노출되었다면) 화학 반응으로 녹았다면 (표백제 등) 또는 열에

---

1 미국 철강협회(American Iron and Steel Institute)

의해 조성이 바뀌면(납땜, 용접) 녹이 생긴다. 스테인리스스틸이 부식되면 가장 큰 문제는 이취가 아니라 귀중한 양조 도구에 구멍이 뚫릴 가능성이 커지는 점이다.

산업계에서는 강한 질산 수용액에 스테인리스스틸 부품을 담가 부동태화한다. 이렇게 처리하면 표면에 있던 철이 일부 제거되고 전체적인 내식성도 향상된다. 특히 강한 화학물질이나 염수와 닿았을 때 우수한 보호 효과를 발휘하게 된다. 그러나 맥주 양조에 사용하는 도구는 반드시 이런 처리가 필요하지 않다. 부품을 보호하는 산화막이 손상되면 꼼꼼하게 세척해서 오염물질을 없애는 것으로 재부동태화가 가능하기 때문이다. 가정에서 가장 간단하게 해결할 수 있는 방법은 스테인리스스틸 재질의 주방 도구를 씻을 수 있도록 만들어진 주방용 세제로 세척하는 것이다. 바 키퍼스 프렌드*Bar Keeper's Friend®*, 클린 킹 스테인리스스틸 앤드 코퍼 클리너*Kleen King® Stainless Steel & Copper Cleaner*, 리비어 코퍼 앤드 스테인리스스틸 클리너*Revere® Copper and Stainless Steel Cleaner*와 같은 제품이 그러한 예에 해당한다. 이와 같은 세정제에는 활성 성분으로 옥살산이 함유되어 있어서 질산과 동일한 세정 효과를 얻을 수 있다. 표면이 세척되고 일단 나금속*bare metal* 상태가 되면 부동태층이 즉각 다시 형성된다. 구연산 성분의 세정제로도 훌륭한 결과를 얻을 수 있다. 또 이 두 가지 세정제는 구리 세척에도 탁월한 효과를 발휘한다.

정리하면, 스테인리스스틸 재질의 도구를 절단이나 분쇄, 납땜, 용접에 사용하더라도 알맞은 세정제와 녹색 수세미(스카치 브라이트*Scotch-Brite™*)로 몇 분만 투자해서 세척하면 다시 표면에 보호막을 형성할 수 있다. 단, 세척한 뒤에는 꼼꼼하게 헹궈야 산성 물질이 남지 않는다. 그리고 철수세미나 스테인리스스틸 재질의 수세미는 녹을 일으킬 수 있으므로 절대 사용하지 말아야 한다. 흠집이 깊게 생기면 부식될 수 있으므로 세척할 때는 표면을 너무 세게 문지르거나 거칠게 만들지 말고 부드럽게 닦아내자.

이쯤 되면 알아챘겠지만, 스테인리스스틸이라고 해서 취약점이 전혀 없는 것은 아니다. 그러나 그 사실을 모르는 사람들이 많고, 실제로 부식이 발생한 뒤에야 깜짝 놀란다. 스테인리스스틸의 아킬레스건은 바로 세정제에 흔히 사용되는 염소 성분이다. 염소는 표면의 보호막을 형성하는 산화물을 녹여 금속의 원래 표면을 드러나게 한다. 코넬리우스 케그를 표백제로 씻으면 어떤 일이 벌어질지 생각해보자. 표면에 스크래치가 있거나 철과 맞닿아 있는 고무 개스킷에 찢어진 부분이 있다면 나중에 밀폐될 공간에 부동태막이 사라진다. 고무 개스킷에 생긴 틈을 통해 흘러 들어간 염소가 산화 막의 산소와 반응하여 염소산 이온이 형성되기 때문이다. 이러한 틈은 화학적인 반응성이 약한 주변의 스테인리스스틸과 견주어 매우 작지만 화학적 활성도가 높고, 따라서 부식이 시작된다. 이를 '틈 부식'이라고 한다.

케그를 절반만 채웠다면, 액체 표면에서도 같은 현상이 생길 수 있다. 이때 수면 위로 공기 중에 노출된 스테인리스스틸이 있고 부동태층은 안정적이지만 수면 아래 산화물층은 염화이온과 접촉하므로 덜 안정적이지만 층은 일정하게 유지된다. 따라서 수면 위쪽의 안정적인 영역과 덜 안정적이면서 규모가 큰 아랫부분 사이에 놓인 수면선이 '틈'이 된다. 보통 이와 같은 유형의 부식은 작은 점이나 구멍에 의한 부식처럼 나타난다. 또 이와 같은 현상은 특정 부위에서 가속화되고 그로 인해 작은 점 구멍이 가장 많이 생기며 그 결과 케그에 표백제를 반쯤 채우고 단 몇 시간 만에 여러 개의 구멍이 생기는 원인이 될 수 있다.

미생물 부착으로 형성되는 생물 막인 생물 오손(양조 찌꺼기가 쌓여서 생성된 것), 비어스톤(옥살산칼슘) 스케일도 유사한 기전으로 부식을 유발할 수 있다. 퇴적물에 가려진 금속은 생물학적, 혹은 화학적 작용으로 인해 산소가 부족한 상태가 될 수 있고 이때 부동태층이 소실되고 구멍이 생긴다. 스테인리스스틸 재질의 맥주 저장 통이나 서빙용 탱크에 비어 스톤이 끼면 반드시 없애야 하는 이유도 이 때문이다. 낙농업계에서도 똑같이 옥살산칼슘으로 인한 문제를 겪고 있으며 인산을 사용하여 축적된 덩어리를 용해시킨다. 인산은 스테인리스스틸을 손상시키지 않으므로 괜찮은 방법이라 할 수 있다. 그러나 수영장 청소에 사용하는 산성용액을 스테인리스스틸의 비어스톤을 녹이거나 용기를 세척하는 용도로 사용해서는 안 된다. 수영장 청소용 산성용액은 사실 염산이라 스테인리스스틸에 사용하면 부식될 위험이 높다.

염화이온이 스테인리스스틸의 부식을 유발하는 또 한 가지 방법은 농도 변화다. 그 기전은 앞서 설명한 틈 부식과 매우 흡사하다. 스테인리스스틸 표면에 염소가 섞인 수용액이 증발하고 건조되면 염화이온의 농도가 높아진다. 이 상태에서 표면이 다시 물과 닿으면 이 부위가 부식되어 얕게 팬 자국이 생긴다. 케그를 건조하면 이렇게 팬 부분은 가장 늦게까지 젖은 상태로 남아 있고, 그로 인해 또다시 염화이온의 농도가 높아진다. 이런 식으로 케그를 사용하다보면 팬 부위가 점점 깊어져 틈 부식으로 이어지고 결국 구멍이 생긴다.

표백제와 같이 염소를 함유한 세정제를 사용할 때 스테인리스스틸이 손상되거나 구멍이 생기지 않도록 하려면 다음 지침을 따라야 한다.

- 스테인리스스틸 통에 표백제를 희석한 물이나 기타 염소가 함유된 세제를 녹인 물을 채운 상태로 장시간(수 시간) 방치하지 말아야 한다.
- 표백제로 세척했다면 증발로 인한 농축이 일어나지 않도록 맑은 물로 꼼꼼하게 헹구고 잘 말려야 한다.
- 일부 화학물질 제조업체에서는 영업사원을 통해 인산을 함유한 헹굼제나 소독제 등 세척

마무리용 산성 제품을 사용해보라고 권하지만, 이런 제품은 과도한 세척으로 이어질 수 있다. 그냥 물로 깨끗하게 잘 헹구는 것이 중요하다.

- PBW, 스트레이트 A*Straight A*, B-브라이트*B-Brite™*, 원스텝*One Step*과 같은 과 탄산염 세제는 보호막 역할을 하는 산화물층을 손상시키지 않는다.
- 염산은 스테인리스스틸에 사용하면 큰 손상이 생길 수 있다. 녹 제거에는 매우 효과적이나 사용 후에는 꼼꼼하게 헹궈야 한다.

갈바니 부식

다소 무리하게 일반화하면, 모든 부식은 기본적으로 갈바니 부식에 해당한다. 전해질 용액에 전기화학적 특성이 다른 두 가지 금속이 존재하면 전류가 흐르고, 그 결과 금속 중 하나가 이온화된다. 이렇게 형성된 이온은 산소나 다른 원소와 결합하여 부식물이 된다. 이미 생긴 부식물을 제거하는 것으로는 문제를 해결할 수 없다. 보통 이와 같은 부식이 발생하는 원인은 환경(전해질 용액)과 금속에서 찾을 수 있다. 학창시절 화학 시간에 배운 내용을 떠올려보자. 전해질 용액이란 수돗물이나 바닷물처럼 이온이나 염이 용해된 상태로 존재하는 모든 액체를 뜻한다. 금속은 전해질 농도가 낮은 용액(수돗물)보다 높은 용액(바닷물)에서 더 빠른 속도로 부식된다. 예를 들어, 구리선과 못을 감자에 고정하면 맥주를 잔에 담아 그 속에 집어넣었을 때와는 전압이 다르다(즉 부식 속도가 다르다). 두 금속 사이의 표면적도 부식 속도에 직접적인 영향을 준다.

갈바니 부식에서 두 가지 금속의 부식 전위차에 영향을 주는 요소는 전해질, 표면적 외에도 여러 가지가 있으므로 표준 전해질 액으로 해수를 사용하여 갈바니 전위를 비교한다. 금속별로 부식 활성이 가장 높은 것부터 가장 낮은 것까지 나열한 목록은 갈바닉(galvanic, 갈바니 전기의) 계열(표 G.1)로 불린다. 즉 전해질 액에서 두 가지 금속이 접촉하면 활성이 더 높은 금속이 부식된다. 이때 금속이 젖은 상태라면 부식 작용이 촉진되지만 젖지 않아도 부식은 발생한다. 가령 소금을 높게 쌓고 그 속에 전혀 비슷하지 않은 금속 두 가지를 서로 접촉하도록 묻어두면 대기 중에 존재하는 수분으로 인해 부식이 일어난다. 갈바니 계열에서 두 금속이 얼마나 떨어져 있느냐에 따라 부식이 얼마나 공격적으로 일어날 것인지가 좌우된다. 그 밖에 다른 요소는 해당 계열 내 금속에 모두 동일하게 영향을 준다. 그러므로 백금과 마그네슘의 부식 속도가 가장 빠름을 알 수 있다.

표면적도 동일한 방식으로 작용한다. 활성이 높은 금속을 그렇지 않은 금속과 함께 둔다고 할 때 활성이 낮은 쪽의 표면적이 더 넓다면 활성 금속의 부식 속도가 빨라진다. 반대로 활성 금속의 표면적이 더 넓으면 해당 금속의 부식 속도는 크게 감소한다. 이 두 가지 모두 부식은 대부분 두 금속이 접촉한 부위에서 발생한다.

이런 점을 고려하면, 놋쇠로 된 넓은 면적에 면적이 좁은 알루미늄이 접촉한다면 알루미늄이 빨리 부식함을 알 수 있다. 그러나 알루미늄 솥에 작은 놋쇠 부품을 설치했다면 두 금속의 표면적에 큰 차이가 나서 알루미늄에서는 부식이 매우 적게 일어난다. 갈바닉 계열에서 놋쇠, 구리, 스테인리스스틸, 은납 가까이 몰려 있어서 함께 사용해도 부식될 위험이 크지 않다고 해석할 수 있다. 구리는 분극성이라는 추가적인 특징이 있지만 갈바닉 계열에서 비슷한 곳에 있는 금속들과 함께 두면 더 비슷한 양상을 띠는 편이라 전위차가 줄고 전체적인 부식 속도도 줄어든다. 나는 스테인리스스틸 재질의 통을 케그로 개조하여 지난 10년 동안 사용했는데, 놋쇠와 구리 부품이 포함되어 있거나 납땜으로 고정되어 있어도 아직까지 눈에 띌 만한 부식은 발생한 적이 없다. 유명한 저술가이자 뭐든 직접 만들어 쓰곤 하는 랜디 모셔Randy Mosher 역시 스테인리스스틸 통에 구리로 납땜을 하고 은땜도 만든 것이나 알루미늄 청동 재질에 구리를 용접해서 붙인 것 모두 수년 동안 아무 문제없이 잘 사용했다고 이야기한다.

이로써 갈바니 부식을 좌우하는 또 다른 요소에 자연스레 관심이 쏠린다. 바로 노출 시간이다. 자가 양조자들이 쓰는 장비는 한 주 내내 계속 사용하지 않는다. 2주 정도에 한 번, 전해질 수용액과 한 번에 고작 몇 시간 정도 노출되는 것이 전부다. 전문 양조시설이나 산업적인 생산과 견주면 노출 수준이 극히 작은 것이다. 그러므로 갈바니 부식이 발생할 수 있는 재료로 양조 장비를 준비해서 만들었다 한들 우리가 사용하는 장비는 수명이 상당히 긴 편이다.

납땜, 경납땜, 용접

| 납땜(연납땜) |

납땜은 유일한 비물리적 결합 방법으로, 수제 맥주 양조에 필요한 도구를 직접 만들면 납땜

표 G-1 | 바닷물 기준 갈바닉 계열

활성 최대

마그네슘

아연

아연 도금 강

알루미늄

(순수 알루미늄과 3003, 3004 합금)

카드뮴

탄소강, 주철

비부동태화 스테인리스스틸

납-주석 땜납

납

주석

황동

구리

청동

부동태화 스테인리스스틸

은 땜납

은

티타늄

그래파이트

금

백금

활성 최소

에 걸리는 시간이 90퍼센트다. 나머지 10퍼센트는 보통 개조해서 만든 스테인리스스틸 케그에 같은 재질의 접촉관(니플)을 용접해서 고정하는 데 걸린다(이 부분은 나중에 다시 자세히 설명할 것이다). 납을 함유하지 않은 배관용 은 소재의 땜납을 사용하면 이 책에서 살펴본 어떤 금속이든 결합시킬 수 있다. 최근에는 납이 함유되지 않은 배관용 은 땜납[미국재료시험협회(ASTM) 표준 B-32에 부합하는 제품]도 개발됐다. 주석과 비스무트, 은으로 된 합금으로, 녹는점이 215~238℃(420~460℉)의 범위다.

스테인리스스틸에 납땜을 시도할 때 경험하는 가장 골치 아픈 문제는 충분히 퍼지지 않는 현상이다. 즉 땜납 재료가 엉망진창으로 묻기만 할 뿐 결합되지 않는 것으로, 적절한 용제를 사용하지 않을 때 발생할 수 있다. 스테인리스스틸 표면을 보호하는 산화물 막도 이러한 문제의 원인으로 작용한다. 용제는 염산이나 염화아연을 함유한 수용성 제품으로 사용해야 한다. 또 한 가지 문제는 작업 부위가 충분히 뜨겁게 달구기가 어렵다는 것이다. 대부분은 프로판 토치로 해결되지만 접합하려는 부품이 매우 크다면 메틸아세틸렌-프로파다이엔(methylacetylene-propadiene, 줄여서 MPS) 타입의 가스(MAPP® 가스 등)가 필요하다. MPS 가스는 연소될 때 프로판보다 온도가 더 높지만 아세틸렌만큼 높아지지는 않으며, 특수 장비를 갖추지 않아도 사용할 수 있다. 한 가지 요령을 알려주자면, 먼저 접합할 표면에 땜납이 충분히 퍼질 수 있도록 '주석 땜납'으로 우선 부품 중 하나를 고정한 뒤 다른 쪽에 용제를 바르고 두 금속을 가까이 붙여서 열을 가하는 것이다. 이렇게 하면 땜납이 녹아서 결합될 때까지 표면이 산화되지 않도록 보호할 수 있다. 일단 금속이 가열되면 땜납을 추가로 발라서 완전히 결합한다.

경납땜

경납땜은 두 금속을 접합하는 재료가 접합할 금속보다 더 단단하고 용융점이 높은 점을 제외하면 연납땜과 모두 같다. 케그 측면에 돌출된 형태로 니플(접속관)을 고정하는 경우 외에는 사실상 연납땜 대신 경납땜을 실시해야 할 이유는 찾을 수 없다. 경납땜을 실시하면 접촉 부위가 더 단단하지만 보통 이 납땜의 강도가 충분한 수준보다 더 큰 편이다. 토치를 이용하여 경납땜을 실시한다면 고려해야 할 문제는 용융 온도인 540~870℃(1000~1600℉)가 금속이 물러지는 온도인 425~870℃(800~1600℉)과 거의 일치하는 점이다. 해당 온도에서 일정 시간 이상(>3분) 가열하면 크롬이 원래 존재하던 알갱이 형태의 경계에서 벗어나 다른 곳으로 확산되면서 크롬카바이드를 형성하고, 그 부위에는 크롬이 고갈되어 스테인리스스틸의 특성이 소실되고 만다. 즉 갈라지고 녹이 스는 현상이 나타나는 것이다. 스테인리스스틸이 그와 같은 온도에 노출된 것을 '예민화'되었다고 한다. 어떤 경우든 해당 온도에 노출된 영향이 축적되며 크롬 확산이 발생했다면 자가 양조자가 되돌릴 수 있는 방법은 없다. 그러므로 위와 같은 온도에 도달하지 않도록 주의하여 아예 문제를 만들지 말아야 한다.

용접

스테인리스스틸을 아주 단단하게 결합해야 할 때 가장 좋은 방법은 용접이다. 특히 개조한 케그나 솥에 니플(접속관)을 추가한다면 가장 효과적인 용접은 텅스텐 불활성 가스 용접(Tungsten Inert Gas welding, 줄여서 TIG 용접)으로도 불리는 가스 텅스텐 아크 용접(gas tungsten arc welding, 줄여서 GTAW)이다. 금속 불활성 기체 용접(Metal Inert Gas Welding, MIG 용접) 또는 가스 금속 아크 용접(Gas Metal Arc Welding, GMAW)으로 불리는 방법도 많이 사용한다. TIG 용접은 용접 헤드의 면적이 작고 필요한 열도 적은 편이며 접합 재료로 사용되는 금속을 선택할 수 있는 장점이 있다. 스테인리스스틸 용접에는 금속 불활성 기체 용법을 가장 많이 활용하지만 넓은 용접 헤드를 작업물에 계속해서 가까이 대고 있어야 하는 점에서 장소가 협소하다면 효율성이 떨어진다.

요즘에는 가까운 스테인리스스틸 용접소를 온라인을 통해 검색해서 손쉽게 용접을 맡길 수 있다. 보통 작업 시간이 한 시간을 넘어가면 추가 비용을 부과하는데 그럴 가능성은 거의 없다. 용접 시 한 가지 유념해야 할 점은, 접합 부위 주변에 푸르스름한 부분, 혹은 노르스름한 빛을 띠는 부분은 부동태 막이 제거된 상태라는 사실이다. 열을 가하면서 기존과 다른 산화물이 형성되었으나 이는 부식될 수 있다. 앞서 소개한 스테인리스스틸 세정제를 사용하여 이 변색된 부위를 닦아서 일단 나금속 상태로 만들면 알아서 다시 재부동태화된다.

참고 사항 | 아연 도금이나 카드뮴 도금된 강에는 절대 용접을 실시하지 말아야 한다. 이러한 금속은 쉽게 증발하여 급속 흡입으로 인한 질환인 금속열과 흡입으로 인한 급성 중독을 일으킬 수 있다. 카드뮴은 독성이 높은 금속이므로 양조장에서 사용해서는 안 된다. 고정대로 사용하려는 재료가 아연 도금되었다면 용접할 부위의 13밀리미터(1/2인치) 안쪽까지 먼저 사포로 문지르거나 갈아낸 다음 용접을 실시한다.

이번 절에서 제공한 정보가 여러분이 직접 양조 도구를 만들 때 재료와 제작 방법을 선택하는 데 도움이 되었으면 좋겠다. 꼭 기억해야 할 요점을 정리하면 아래와 같다.

- 금속 표면에 형성되는 부동태 막은 금속을 부식에서 보호한다.
- 금속을 반짝반짝 광이 나도록 세척하면 맥주에 이취가 날 수 있다.
- 일반적으로 납땜을 활용하면 되지만 접합이 불가능하다면 용접해줄 곳을 쉽게 찾을 수 있다.

금속의 독성

납과 카드뮴이 유해하다는 것을 아는 사람은 많지만 대부분 '왜' 유해한지는 알지 못한다. 중금속을 섭취한다면 발생할 수 있는 급성 증상은 구역질과 구토다. 만성(장기) 중독으로 인한 증상은 이보다 다양하지만 피부 변색, 허약, 빈혈이 생긴다. 아래에 제시한 정보는 산업위생 관련 도서 세 권에 명시된 내용이며[2] 데이터는 미국 식품의약국(FDA)이 실시한 표준 동물실험에서 도출한 결과다. 'LD50'으로 표시된 약어는 시험 용량으로 실험동물(대부분 마우스)의 절반이 폐사한 양을 의미한다. 섭취 용량의 단위는 체중 기준 킬로그램당 밀리그램이다.

---

2 참고문헌 목록에 나와 있다 : Casarett 연구진(1980), Owen(1981), PAtty(1981)

| 알루미늄 |

용도 주방용품, 배관에 사용한다. 갈바니 부식 활성 금속이다.

수십 년 전에는 알루미늄 재질의 조리 도구를 사용하여 이 금속을 섭취했을 때 알츠하이머 병을 유발할 수 있다는 우려가 있었다. 그러나 이러한 논란을 일으킨 의학계의 한 연구는 실험 표본이 오염되어 결과에 허점이 있다는 사실을 나중에 밝혀냈다. 제프 도나휴*Jeff Donaghue*를 개별적으로 실시하여 『양조 기술*Brewing Techniques*』 매거진에 발표한 실험 결과를 살펴보면, 알루미늄 솥과 스테인리스스틸 솥을 사용하여 단일 온도 당화 방식으로 맥아즙을 동시에 만들었을 때 발효 전과 후 모두 알루미늄 검출량에는 차이가 없었다.[3] 알루미늄 솥에서 끓인 맥아즙이라면 알루미늄은 검출 한계인 0.4mg/L(0.4ppm)보다도 적은 것으로 확인됐다. 즉 이 맥아즙으로 만든 맥주 20리터(5.3갤런)를 마셔도 알루미늄 섭취량은 20밀리그램에 불과하며 이는 위장 장애 방지 성분이 코팅된 아스피린 한 알에 들어 있는 양과 동일하다. 제산제와 비교하면 알약 하나에 들어 있는 알루미늄의 절반에 해당한다.

급성 독성 염화알루미늄 − LD50 770 mg/kg

만성 독성 데이터 없음.

| 카드뮴 |

용도 카드뮴은 일부 연납땜과 경납땜 재료에 사용하지만 식품 성분으로 승인된 사례는 한 건도 없다. 아연 도금처럼 카드뮴 도금도 산업용 강철을 보호하는 코팅 막 역할을 하며(너트와 볼트에 가장 많이 사용한다) 색깔은 아연보다 황금빛이 더 진하게 돈다. 갈바니 부식 활성 금속 이다.

급성 독성 14.5밀리그램 이상 섭취한다면 구역질과 구토 증상이 나타난다. 체중이 약 82킬로 그램(180파운드)인 남성이 326밀리그램을 섭취하였으나 생명에 지장이 없었던 사례가 있다. 구리나 아연과 동시에 섭취하면 카드뮴의 체내 흡수율이 줄어들고 독성 영향도 줄어든다. 카드뮴은 용접 과정에서 쉽게 기화되어 흡입으로 인한 급성 중독을 유발할 수 있다.

만성 독성 레트를 대상으로 한 실험에서, 카드뮴 50mg/L(50ppm)이 함유된 물을 3개월 이상

---

3 제프 도나휴, "금속 실험 − 알루미늄은 맥주에 악영향을 줄까?", 『양조 기술』 매거진 vol 3, 1995년 1월/2월호, p.62

섭취하도록 하자 헤모글로빈 농도가 50퍼센트 감소한 것으로 나타났다. 또 다른 레트 실험에서는 카드뮴이 0.1~10mg/L(0.1~10ppm) 함유된 물을 1년간 먹였을 때 헤모글로빈 농도에 아무런 변화가 나타나지 않았다.

| 크롬 |

용도 크롬은 스테인리스스틸에서 두 번째로 많이 함유된 금속이다. 탄소강의 전기 도금 재료로도 활용된다. 갈바니 부식 활성은 없다.

1990년대에 대중의 엄청난 관심이 쏟아진 6가 크롬이온은 수제 맥주를 만드는 과정에서 마주칠 일이 없다. 6가 크롬은 크롬 전기도금 과정에서 수용액에 전기적으로 발생하는 물질로 폐수 오염물질이기도 하다. 전기 도금된 크롬과 접촉하는 물이나 스테인리스스틸의 갈바니 부식으로는 6가 크롬이 생기지 않는다.

급성 독성 가용성 크롬산염은 섭취 독성이 매우 낮아서 체중 기준 1500mg/kg까지는 증상이 나타나지 않는다. 연기나 먼지로 흡입할 때 가장 강력한 독성이 나타나지만 일반적인 스테인리스스틸 용접 과정에서 크롬이 기화되지는 않는다.

만성 독성 가용성 크롬산염에서 나오는 장기(長期) 독성을 밝힌 자료는 없다.

| 구리 |

용도 배관 설비와 냉장고에 들어가는 단단하고 유연한 관을 만들 때 사용한다. 갈바니 부식 활성 금속이다. 구리는 인체 필수 영양소로 일일 평균 2~5밀리그램을 섭취하도록 권장한다. 섭취한 양의 99퍼센트는 대변으로 배출된다.

급성 독성 최저 용량의 치사량은 체중 기준 200mg/kg이다.

만성 독성 만성 독성 용량은 보고되지 않았으나, 만성 중독 시 두통, 발열, 구역질, 발한, 심신 피로와 같은 증상이 나타난다. 때때로 모발, 손톱, 피부, 뼈가 녹색으로 변색되기도 한다.

| 철 |

용도 탄소강과 스테인리스스틸을 구성하는 주된 금속이다. 갈바니 부식 활성이 있다. 철은 인체 필수 영양소나 철분 보충제를 과잉 섭취하면 매우 위험한 결과가 발생할 수 있다.

급성 독성 염화제이철의 LD50은 400mg/kg이다. 철 중독 시 두통, 구역질, 구토, 거식증, 체중 감소, 호흡 곤란 등의 증상이 발생한다. 피부가 회색으로 변색되는 경우도 있다.

만성 독성 만성 독성이 발생하는 용량에 관한 데이터는 없다. 미국에서는 철의 일일 섭취허용량을 남성은 하루 10밀리그램, 여성은 하루 12밀리그램으로 권고한다.

| 납 |

용도 놋쇠에서 세 번째로 큰 비율을 차지하는 금속으로, 배관 설비나 부품, 비식품 등급의 땜납 재료로 사용한다.

급성 독성 기니피그에서 가용성 납의 경구 투여 시 치사량은 체중 기준 1330mg/kg이다.

만성 독성 납은 체내에 천천히 축적된다. 우리가 환경에서 일상적으로 섭취하는 납은 하루 평균 0.3밀리그램으로, 그중 92퍼센트는 배출된다. 납 노출 수준은 혈액검사로 확인할 수 있다. 성인의 일반적인 혈중 납 농도는 전혈 100그램당 3~12마이크로그램(μg)[4]이다. 심각한 증상은 20년 이상 전혈 100그램 기준 혈중 납 농도가 50마이크로그램 이상이거나 대용량의 납에 단일 노출된 경우에 나타난다. 납 중독 증상에는 식욕 부진과 입에 쇠 맛이 느껴지는 수준부터 불안감, 구역질, 허약, 두통, 몸 떨림, 어지럼증, 과잉행동, 발작, 혼수상태 그리고 심폐능력 소실로 인한 사망까지 다양하다. 남성은 발기부전과 불임이 나타날 수 있다.

| 아연 |

용도 놋쇠에서 두 번째로 큰 비율을 차지하는 금속이다. 인체 필수 영양소며 미국의 일일 섭취 허용량은 15밀리그램이다.

급성 독성 아연 도금된 용기에 담긴 산성 음료(휴지통을 용기로 활용하여 와인 펀치를 담은 경

---

4 단위가 밀리그램(mg)이 아닌 마이크로그램(μg)인 것에 주목하기 바란다. 1밀리그램의 1000분의 1이 1마이크로그램이다.

우 등)로 인한 집단 식중독 사례가 여러 차례 발생했다. 섭취 시 3~12시간이 지나면 발열, 구역질, 위경련, 구토, 설사 증상이 나타난다. 기니피그에서 아연의 최저 치사량은 체중 기준 250mg/kg이다. 용접 과정에서 쉽게 기화되어 흡입으로 인한 급성 독성을 유발할 수 있다. 단기 노출 시 증상이 독감과 비슷해서 '용접공의 독감', '금속열'로도 불린다.

만성 독성 레트 실험에서 한 달부터 1년까지 산화아연을 0.5~34밀리그램씩 투여하였을 때 뚜렷한 이상 증상은 관찰되지 않았다.

| 감사의 말 |

이번 장에서 소개한 정보를 찾을 수 있도록 도와준 버지니아주 노동산업부 소속 산업위생사, 마이크 마그*Mike Maag*에게 감사 인사를 전한다.

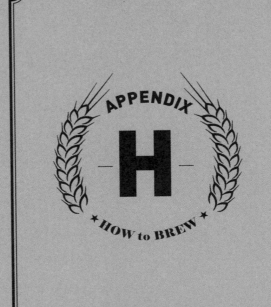

APPENDIX

H

HOW to BREW

미터법
단위 전환

본 개정판을 준비하면서 기술적인 내용을 검토하는 동안, 편집자 중 한 사람이 측정값을 유효숫자로 표시하면 어떻겠냐는 좋은 지적을 해왔다. 쉽게 이야기하자면, 집에 있는 자에 인치 단위만 표시했다면(즉 1인치보다 작은 단위는 눈금이 없는 경우) 그 자로 재는 치수는 전부 가장 가까운 인치로 나타내야 한다. 가령 자를 댔을 때 길이가 7인치 반 정도에 해당하더라도 1인치 단위로만 측정할 수 있으므로, 가장 가까운 유효숫자인 7로 결과를 정해야 하는 한계가 생긴다. 같은 원리대로라면 11인치에 가까운 길이는 10인치라고 해야 할까? 그렇지 않다. 자에 10인치 단위로만 눈금이 표시된 경우가 아니라면(10, 20, 30, 40 등) 유효숫자 두 개로(즉 가장 가까운 정수인 11) 결과를 밝혀야 한다. 정리하면 유효숫자로 표시하는 방식은 사용하는 측정 도구의 측정 단위에 따라 제한된다.

　따라서 인치 단위로 측정하고 센티미터로 바꾼 값을 측정 결과로 보고했다면 측정 도구의 일반적인 측정 단위를 고려해야 한다. 7인치는 정확하게 17.78센티미터에 해당하지만 (가장 가까운 정수인) 18센티미터라고 결과를 밝히는 편이 나을지도 모른다.

　측정 결과를 밝히는 것은 그렇다 치고, 양조 레시피에 재료의 양을 명시할 때는 어떻게 해야 할까? 정밀성에 신중을 기해서 3.000갤런이라고 명시할 경우, 과연 그 정도로 정확하게 양을 측정할 수 있는 장비를 갖춘 사람은 얼마나 될까? 아마 거의 없을 것이다. 상식적으로 그냥 3갤런이라고 하면 약간의 차이는 있겠지만 3갤런에 가까운 양으로 받아들인다. 2.5갤런도 아니고 3.5갤런도 아닌, 통의 안쪽 면에 나온 눈금대로 3갤런을 맞추듯이 대략 3갤런의 양을 사용하게 되는 것이다. 물 3갤런을 사용하라고 레시피에 명시하면서 이를 리터 단위로 바꿀 때는 독자가 내가 생각하는 양을 정확하게 맞출 수 있도록 신경을 써야 할 것이다. 3갤런을 리터로 바꾼 정확한 값은 11.3562353520리터다. 앞에서 설명한 방식대로라면 반올림해서 11리터라고 할 수 있지만 11리터는 정확한 부피를 기준으로 하면 96.8퍼센트에 해당한다. 소수점을 달리해서 정확도 차이를 살펴보면,

11이라고 할 경우: 11.3562353520의 96.8%

11.3이라고 할 경우: 11.3562353520의 99.5%

11.35라고 할 경우: 11.3562353520의 99.95%

11.356이라고 할 경우: 11.3562353520의 99.998%

하지만 이 경우처럼, 가장 근접한 단위를 밀리리터 단위까지 따지면 평균적인 자가 양조자의 흥미와 열정을 오히려 해치는 것은 아닐까? 나는 그렇다고 생각한다. 그리고 3갤런을 리터로 변환했다면, 11.4리터가 가장 적합한 값이라는 것이 내 견해다. 11.4는 11.3562353520의 1.0039퍼센트기 때문이다. 11.35리터라고 할 때보다 11.4가 실제 값과 더 근접하다(+0.0039% vs. −0.05%). 공학에서 '보수적'이라고 표현하는 이러한 추정 방식은 약간의 안전 범위가 존재한다. 즉 맥아즙을 필요한 양보다 덜 만드는 것보다는 약간 더 많이 만드는 쪽을 택하는 것이다.

아래에 나온 표는 이처럼 보수적인 방식을 적용한 단위 환산표다. 두 단위의 값이 정확하게 일치하지 않고 정밀도가 매우 높지는 않지만 보수적으로 정한 결과다. 중량은 1킬로그램 미만은 그램 단위로 표시하고 부피는 단위에 따라 큰 부피는 대체로 소수점 첫째 자리까지 반올림해서 표시하고 밀리리터는 정수로 표시했다.

솥의 크기를 이야기할 때와 같이 전반적인 내용을 이야기할 때는 5갤런 크기의 솥을 19리터가 아닌 20리터라고 설명한다. 또 물 한 컵(8액량 온스)은 250밀리리터로 변환한다. 그러나 물 성분 조정을 위해 필요한 염이나 산의 양을 계산할 때와 같이 정밀성을 요하는 부분에서는 리터와 밀리리터(또는 그램과 밀리그램) 단위만 사용한다.

이번 장에 나와 있는 표는 미국의 표준 단위와 미터법 단위를 변환한 간편한 자료로 활용할 수 있다.

환산표

아래에 제시한 표에는 이 책 전반에 걸쳐 소개된 레시피에서 사용한 표준 변환 단위를 정리했다. 정확한 변환 값과 아래 표의 값은 약간 차이가 있지만 그 정도는 그리 크지 않다. 0.25파운드와 같이 조금 더 정확하게 변환해야 하는 값은 미터 단위로 바꾼 뒤 5그램 단위로 가장 가까운 값으로 반올림하여 표시했다(따라서 0.25파운드라면 115그램으로 변환한다).

표 H-1 | 레시피 재료 중량 환산표

표시중량 미국 표준 단위	미터법 환산 중량 (실제 계산 값)	미터법 환산 중량 (이 책에 표시된 값)
0.25oz.	7.1g	7g
0.5oz.	14.2g	15g
0.75oz.	21.3g	23g
1.0oz.	28.3g	30g
0.25lb.	113.4g	115g
0.5lb.	226.8g	225g
0.75lb.	340.2g	340g
1.0lb.	453.6g	450g
1.25lb.	576.0g	565g
1.5lb.	680.4g	680g
1.75lb.	793.8g	790g
2.0lb.	907.2g	910g
2.5lb.	1,134kg	1.14kg
3.0lb.	1,361kg	1.36kg
3.5lb.	1,588kg	1.6kg
4.0lb.	1,814kg	1.8kg
4.5lb.	2,041kg	2.05kg
5.0lb.	2,268kg	2.3kg

표 H-2 | 레시피 재료 부피 환산표

표시중량 미국 갤런 단위	표시중량 미국 쿼트 단위	미터법 환산 중량 (실제 계산 값)	미터법 환산 중량 (이 책에 표시된 값)
0.25gal.	1qt.	0.946L	0.95L
0.5gal.	2qt.	1.893L	1.9L
0.75gal.	3qt.	2.839L	2.8L
1.0gal.	4qt.	3.785L	3.8L
1.5gal.	6qt.	5.678L	5.7L
2.0gal.	8qt.	7.571L	7.6L
2.5gal.	10qt.	9.464L	9.5L
3.0gal.	12qt.	11.356L	11.4L
3.5gal.	14qt.	13.249L	13.25L
4.0gal.	16qt.	15.142L	15.15L
4.5gal.	18qt.	17.034L	17.0L
5.0gal.	20qt.	18.927L	19L
5.5gal.	22qt.	20.820L	21L
6.0gal.	24qt.	22.712L	23L
6.5gal.	26qt.	24.605L	24.6L
7.0gal.	28qt.	26.498L	26.5L
7.5gal.	30qt.	28.391L	28.4L
8.0gal.	32qt.	30.283L	30.3L
8.5gal.	34qt.	32.176L	32.2L
9.0gal.	36qt.	34.069L	34L
9.5gal.	38qt.	35.961L	36L
10.0gal.	40qt.	37.854L	38L
11.0gal.	44qt.	41.639L	41.6L
12.0gal.	48qt.	45.425L	45.4L
13.0gal.	52qt.	49.210L	49.2L
14.0gal.	56qt.	52.996L	53L
15.0gal.	60qt.	56.781L	57L
20.0gal.	80qt.	75.708L	76L

표 H-3 │ 레시피 재료 부피 환산표

°F	°C	°F	°C	°F	°C	°F	°C
32	0	88	31	144	62	200	93
34	1	90	32	146	63	202	94
36	2	92	33	148	64	204	96
38	3	94	34	150	66	206	97
40	4	96	36	152	67	208	98
42	6	98	37	154	68	210	99
44	7	100	38	156	69	212	100
46	8	102	39	158	70		
48	9	104	40	160	71		
50	10	106	41	162	72		
52	11	108	42	164	73		
54	12	110	43	166	74		
56	13	112	44	168	76		
58	14	114	46	170	77		
60	16	116	47	172	78		
62	17	118	48	174	79		
64	18	120	49	176	80		
66	19	122	50	178	81		
68	20	124	51	180	82		
70	21	126	52	182	83		
72	22	128	53	184	84		
74	23	130	54	186	86		
76	24	132	56	188	87		
78	26	134	57	190	88		
80	27	136	58	192	89		
82	28	138	59	194	90		
84	29	140	60	196	91		
86	30	142	61	198	92		

표 H-4 | 추출수율 환산표

PPG	PKL	PPG	PKL
1	8	24	200
2	17	25	209
3	25	26	217
4	33	27	225
5	42	28	234
6	50	29	242
7	58	30	250
8	67	31	259
9	75	32	267
10	83	33	275
11	92	34	284
12	100	35	292
13	108	36	300
14	117	37	309
15	125	38	317
16	134	39	325
17	142	40	334
18	150	41	342
19	159	42	351
20	167	43	359
21	175	44	367
22	184	45	376
23	192	46	384

참고 사항: 본 환산표는 갤런 기준 파운드당 비중점(PPG)과 리터 기준 킬로그램당 비중점(PKL)을 간편하게 환산할 수 있도록 마련했다.
1PPG = 8.3454PKL.

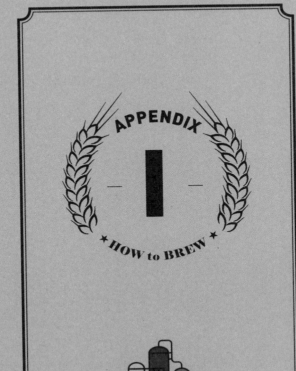

APPENDIX

I

★ HOW to BREW ★

무글루텐 맥주 양조 시 발생하는 문제

보리는 밀, 호밀과 함께 벼과 중에서도 포아풀아과*Pooideae*의 밀족*Triticeae*에 속하는 식물이다. 귀리도 포아풀아과에 속하지만 귀리족*Aveneae*에 해당하는 차이가 있다. 그리고 벼는 벼아과*Oryzoideae*의 벼족*Oryzeae*에 속한다. 옥수수는 기장아과*Panicoideae*의 쇠풀족*Andropogoneae* 식물이다. 모두 곡류에 포함되는 이 식물들의 공통점은, 맥주 양조에 사용하는 점이다.

맥주는 사람에 따라 최소 세 가지 이상반응을 발생시킬 수 있다. 알레르기 반응, 자가 면역 반응 그리고 이 두 가지에 해당되지 않지만 증상은 비슷하게 발생하는 반응이다.

보리로 인한 알레르기 반응은 글루텐과 관련이 있을 수도 있지만 그렇지 않을 수도 있다. 밀이나 말의 털, 땅콩버터에 알레르기가 있는 사람들이 있듯이 보리에도 알레르기가 있는 사람이 있다. 밀의 경우 알레르기 유발성분이 20종 이상이고 글루텐은 그중 한 가지에 불과하다. 글루텐의 연관성과는 별개로, 보통 알레르기 반응은 눈에 눈물이 고이고 콧물 등 호흡기 문제로 나타난다.

자가 면역 질환으로 인해 글루텐에 인체가 민감하게 반응하는 사람들도 있다. 자가 면역 반응으로 발생하는 피부염의 일종인 '글루텐 발진'도 그러한 예에 해당한다. 셀리악 병의 경우 소장의 점막이 손상되어 영양소 흡수 기능이 저해되는 아주 심각한 자가 면역 질환이다. 초기 증상으로 속이 더부룩하거나 설사, 복통 등 위와 장이 '불편한' 증상이 나타날 수 있다. 셀리악병 환자들은 암이 발생할 위험성도 크다.

본질적으로 자가 면역 반응이 아닌 인체 기전에 의해 글루텐을 소화시키지 못하는 상태를 글루텐 민감증('비셀리악성 글루텐 민감증'이 더 정확한 표현이다)이라고 한다. 초기 증상이 셀리악병과 매우 비슷하지만 소장은 손상되지 않은 것이 글루텐 민감증의 특징이다. 셀리악 병 환자들은 밀의 단백질 중 프롤라민(저장 단백질의 일종, 아래에서 다시 설명할 예정이다)에 해당하는 글리아딘에 노출되면 면역 반응이 나타난다. 글리아딘이 밀의 또 다른 단백질(글루테닌 등)과 결합해서 만들어지는 것이 빵 반죽에 탄성을 부여하고 반죽의 조직을 형성하는 글루텐이다.

맥주에 함유된 글루텐

살아 있는 유기체는 모두 스무 가지의 아미노산이 모여 더 큰 구조를 형성하는 기초단위로 작용한다. 아미노산이 펩타이드 결합을 형성하여 여러 개가 연결되면 폴리펩타이드가 되고, 한 개 이상의 장쇄 폴리펩타이드로 단백질이 형성된다. 단백질은 3차원 구조에 따라 제각기 다른 특성과 기능을 나타낸다. 식물은 씨앗에 존재하는 여러 종류의 단백질이 배아가 사용할 아미노산을 저장한다[양조자들이 'FAN(유리 아미노 질소)'라고 부르는 것]. 이러한 단백질을 '저장 단백질'이라고 하며, 알부민, 글로불린, 글루텔린, 프롤라민 등이 이 저장 단백질에 해당된다. 저장 단백질은 실험을 통해 확인된 가용성을 토대로 구분할 수 있다. 알부민은 수용성 물질인 반면 글로불린은 희석된 염수에 녹으며 글루텔린은 희석된 산이나 염기 수용액에서 녹는다. 그리고 프롤라민은 알코올 용액에서 녹는다. 곡물에서 중요한 기능을 하는 저장 단백질은 프롤라민, 글로불린, 글루텔린이다. (사실 글루텔린은 글로불린의 일종이지만 가용성에 차이가 있어서 별개의 물질로 다루어진다.)

곡물 화학자들은 보리의 단백질을 낟알 내부에 있는 곳과 기능을 토대로 크게 저장 단백질과 비저장 단백질로 분류한다. 보리에 함유된 주요 저장 단백질은 홀데인(프롤라민의 일종)과 글루텔린이다. 구조 단백질과 대사 단백질(효소)은 비저장 단백질에 속한다. 맥아로 만들어지는 동안 보리 배유의 단백질 기질이 가수분해되면서 폴리펩타이드와 올리고펩타이드, 유리아미노산이 된다. 이와 같은 배유 단백질은 주로 홀데인 혼합물로 구성되며, 그보다 양은 적지만 글루텔린도 포함되어 있다. 보리가 발아할 때 이 배유 기질이 분해되면서 맥아즙에 함유된 FAN(유리아미노산과 질소)의 대부분을 차지하는 것이다. 비저장 단백질은 효소를 공급하며, 베타아밀라아제와 같은 이 효소들은 보리가 맥아로 바뀌기 전부터 존재한다. 또 단백질 Z와 같은 알부민도 비저장 단백질에서 발생하여 홀데인과 함께 맥주 거품을 형성하는 주된 성분이 된다.

프롤라민은 밀과 호밀의 주요 저장 단백질이기도 하다. 밀의 프롤라민에는 홀데인과 구조적으로 매우 흡사한 '글리아딘gliadins'이라는 단백질을 포함하며, 호밀에는 이에 상응하는 '세칼린secalin'이라는 단백질이 존재한다. 글리아딘은 곡류의 프롤라민 중 가장 많이 연구된 단백질이자 밀 글루텐의 주요 성분이다.

엄밀히 말해서 보리에는 글라이딘이 존재하지 않지만 밀족Triticeae 식물에 함유된 프롤라민의 구조적인 유사성으로 인해 맥주는 글루텐 민감증이 있는 사람이 마시면 문제가 될 수 있다. 셀리악 병 환자들은 모든 프로클라민에 민감 반응을 보이나 T 세포 검사에서는 면역 반응의 90퍼센트가 글라이딘과 홀데인에 의한 것으로 확인됐다. 또 셀리악 병 환자의 약 10퍼센트가 귀리와 옥수수에도 면역 반응을 보인다. 귀리에는 밀, 보리, 호밀보다 훨씬 적은 양의 프롤라민('아베닌avenin'이라 불린다)이 함유되어 있고, 셀리악 병 환자의 다수가 귀리에 면역 반응이 나타나지 않는 이유도 이 때문이다. 환자에 따라 프롤라민에 대한 민감도가 낮거나 특정 유형의 프롤라민에만 반응이 나타나는 것도 원인일 수 있다. 프롤라민 중 면역 반응을 유발할 수 있는 종류마다 수백 개의 폴리펩타이드로 이루어진다. 즉 다르게 이야기하면, 물고기와 포유동물, 파충류는 모두 이빨이 크니까 사람을 잡아먹는 위험한 동물이라고 치부할 수 없는 것과 마찬가지라는 뜻이다. 동물에 따라 실제로 위험한 종류도 있지만 그렇지 않은 것도 있고, 그 이유도 제각기 다르다.

프롤라민과 혼탁 현상

맥주에 발생하는 혼탁 물질은 무엇일까? 저온 혼탁 현상chill haze을 비롯한 맥주의 혼탁 현상은 혼탁 활성 단백질과 폴리페놀이 수소결합으로 한 덩어리가 되어 큼직한 분자가 맥주에 뜰 때 발생한다. 수소결합은 온도가 차가울수록 더욱 단단해지고, 따뜻한 온도에서는 결합을 이룬 분자들이 크게 진동하고 그로 인해 수소결합이 약해지면서 단백질과 폴리페놀이 한 덩어리로 뭉쳐 있기 힘든 상태가 된다. 저온에서 혼탁 현상이 생기는 이유도 이 때문이다. 또 시간이 지나면서 단백질과 폴리페놀 결합체가 산화되고 중합체를 형성하면 영구적인 혼탁 물질이 된다. 하지만 이 모든 결과는 혼탁 활성 단백질과 폴리페놀이 결합하는 것에서부터 시작된다.

그런데 '혼탁 활성'이 뭘까? 무슨 뜻일까? 기본적으로는 단백질과 폴리페놀의 유형과 크기로 정의하며, 크기가 큰 다양한 형태의 복합분자가 해당한다. 혼탁 활성 단백질은 홀데인을 포함한 거품 활성 단백질과 크기가 같다. 프롤라민이라는 명칭은 아미노산 중 플롤린과 글루타민의 비율이 높은 특이한 특징에서 비롯한 것으로, 혼탁 활성 폴리페놀과 단백질 사이에 형성되는 수소결합은 단백질 중에서도 프롤린이 위치한 곳에서 이루어지는 것으로 보인다.[1] 핵심은 혼탁 물질의 시작점이, 경우에 따라 최소한일 수 있지만 대부분 홀데인의 프롤린 위치에서 형성되는 수소결합이라는 것이다. 이와 같은 혼탁 활성 단백질은 단백질 분해 효소(예를 들어 파파야에서 얻은 식육 연화제인 파파인 효소 등)로 분해할 수 있고, 펩타이드 사슬의 길이가 짧아지면 혼탁 현상이 나타나지 않는다. 그러나 단백질 분해 효소를 사용하면 거품 활성 단백질도 함께 분해된다는 문제가 있다.

청징 효소

맥아 생산 과정에서 보리의 배유 단백질을 분해하는 효소는 크게 두 종류로 나뉜다. 첫 번째는 엔도프로테아제와 엔도펩티다아제로, 단백질 분자를 안쪽에서부터 분해한다. 최소 40종의 이러한 효소가 분해 반응에 관여한다.[2] 두 번째 종류는 외효소로, 펩타이드 사슬의 카르복시 말단에서 아미노산을 분리하는 카르복시펩티다아제가 이 유형에 속한다(즉 단백질 구조에서 외부 발단에만 작용한다). 이해를 돕기 위해 좀 더 자세히 설명하자면, 펩타이드는 아미노산이 결합된 짧은 사슬이고 폴리펩타이드는 아미노산이 이보다 길게 연결된 사슬(보통 50개 이상)로 단백질의 분절로 볼 수 있다. 펩타이드와 폴리펩타이드, 단백질은 모두 다양한 유형의 단백질

1 Siebert and Lynn(1997)
2 Bamforth(2006, 54)

분해 효소에 영향을 받는다.

'브루어스 클라렉스(Brewes Clarex®, DSM 제품)'나 '클래리티 펌(Clarity Ferm, White Labs 제품)'과 같이 프롤린에 특이적으로 작용하는 엔도프로테아제는 혼탁 활성 단백질 사슬 중 프롤린 부위를 절단하여 혼탁 현상을 발생시키지 않는 크기로 만든다(즉 폴리펩타이드를 절단하여 펩타이드로 만드는 것이다). 절단된 후에도 펩타이드의 프롤린 부위에 혼탁 활성 폴리페놀이 결합할 수 있지만 복합체가 형성되더라도 혼탁 현상을 일으킬 만큼 크기가 크지 않다. 그러므로 이러한 효소를 사용하면 맥주의 혼탁 현상을 대부분 예방할 수 있다.

'브루어스 클라렉스'나 '플래리티 펌'과 같이 프롤린에 특이적으로 작용하는 엔도프로테아제는 보리 글루텐을 형성하는 홀데인도 분해하므로 보너스 효과도 얻을 수 있다(글리아딘, 세칼린에도 비슷한 효과가 있다). 업계에서 진행된 여러 연구를 통해, 프롤린 특이효소가 첨가된 맥주는 R5 멘데즈 경쟁적 ELIZA 분석R5 Mendez Competitive ELISA assay에서 글루텐 함량이 20ppm 미만인 것으로 확인됐다. 단백질 가수분해로 발생하는 잔류 물질에 대한 질량 분석에서는 이러한 잔류 물질은 면역 반응을 유발하지 않는 것으로 나타났다.[3] 현재 무글루텐 식품으로 간주되는 기준 농도는 20ppm 미만이지만 사람마다 글루텐 관련 알레르기가 발생하는 농도는 큰 차이가 있으므로, 법적 책임을 감안할 때 맥주를 '무글루텐' 식품으로 판매하게 될 가능성은 없다고 볼 수 있다. 실제로 셀리악 병 환자가 매일 성찬식에 사용되는 전병을 통해 글루텐을 1밀리그램씩 섭취하여 소장의 점막이 회복되지 못한 사례가 있다(이로 인해 만성 염증이 발생했다). 이후 성찬 전병을 먹지 않자 6개월 만에 회복됐다고 한다.

현재 실시되는 항체 검사(ELIZA 분석 등)는 면역 반응을 유발할 수 있는 수백 종의 글루텐 단백질 중 극히 일부만 확인하는 점도 이 문제를 더욱 혼란스럽게 만드는 요소이다. 게다가 이러한 검사에서는 시중에 판매되는 밀의 글리아딘 성분을 기본 검사 조건으로 간주하지만, 이는 보리가 맥아로 만들어지고, 당화와 끓이는 과정을 거치면서 발생하는 홀데인 성분의 작용을 반영하지 못한다. 테너 연구진(Tanner et al, 2014)은 이와 관련하여 아래와 같은 연구 결론을 밝혔다.

---

3 Tanner 연구진(2014)

셀리악 병 환자를 위해 특수 처리된 맥주의 안전성을 명확하게 확인하려면, 이중맹검 방식의 교차 섭취 유발실험을 실시해야 한다. 즉 글루텐 민감증이 있는 사람을 포함한 셀리악 병 환자로 구성된 큰 표본을 대상으로 PEP가 처리된 맥주와 일반 맥주 중 한 가지를 섭취하도록 하고 교차로 치료 계획에 따라 치료를 받도록 하면서 혈중 T 세포와 점막의 외양에 나타나는 변화를 확인해야 한다. 이러한 방식으로 A. 니거 PEP*A. niger PEP* 가 모든 셀리악 환자에서 글루텐 펩타이드를 제거할 수 있는지 확실한 근거를 얻기 위해서는 각 피험자가 홀데인을 충분한 수준으로 섭취하도록(1그램) 매일 일반 맥주 10리터(100ppm 기준)를 적정 단기간 동안 섭취하도록 해야 한다. 실험에 참가할 자원자는 구할 수 있을지 모르나 연구 윤리의 측면에서 허용될 가능성은 낮다. (p. 46)

다시 말하자면 보리나 밀, 호밀로 만든 맥주에 프롤린 특이작용 엔도프로테아제를 처리한다고 해서 미국 식품의약국(FDA)에서 '무글루텐' 식품으로 인정받지는 못할 것이다. 비임상실험으로 원하는 결과를 얻으려면 면역 반응을 유발할 수 있는 수백, 수천 가지 프롤라민 폴리펩타이드를 분리, 동정해야 하며 이러한 폴리펩타이드와 엔도프로테아제 처리 후 발생하는 잔류 물질에 대한 질량 분석과 고성능 액체 크로마토그래피, 기타 분석을 실시하여 특성도 파악해야 한다. 프롤린 특이작용 엔도프로테아제가 처리된 맥주는 현재 시중에서 '저글루텐'으로 표시해 판매하는데, 어쩌면 이 정도가 우리가 기대할 수 있는 최상의 결과인지도 모른다.

| 저자가 덧붙이는 말 |

본 부록의 내용 중 일부는 『Zymurgy』 매거진 2016년 3/4월호(39호)에 '그리스에만 유일하게 존재하는 무글루텐 맥주'라는 제목으로 처음 게재되었다.

Algazzali, Victor, and Thomas Shellhammer. 2016. "Bitterness Intensity of Oxidized Hop Acids: Humulinones and Hulupones." *Journal of the American Society of Brewing Chemists* 74(1):36—43. doi:10.1094/ASBCJ-2016-1130-01.

Arendt, Elke. 2015. "The influence of lactic acid bacteria in malting and brewing." YouTube video, http://youtu.be/9a-ZpF2LDm8. Slide show PDF, http://belgianbrewingconference.org/2015/11_Arendt.pdf. Presentation at the Belgian Brewing Conference, KU Leuven, Belgium, September 2015.

Bamforth, C.W. and W.J. Simpson. 1995. "Ionic equilibria in brewing." *Brewer's Guardian*, vol. 124, December, p.18—24.

Bamforth, Charles W. 1999. "Beer Haze." Journal of the American Society of Brewing Chemists 57(3):81—90. doi:10.1094/ASBCJ-57-0081.

———. 2006. *Scientific Principles of Malting and Brewing*. St. Paul, MN: American Society of Brewing Chemists.

Baril, Randy. 2015. *Hosting Cask Ale Events: Practical Advice for Preparing and Serving Real Ale for the Publican, Homebrewer, and Cask Ale Enthusiast*. Self-published by author.

Barth, Roger, and Rameez Zaman. 2015. "Influence of Strike Water Alkalinity and Hardness on Mash pH." *Journal of the American Society of Brewing Chemists* 73(3):240—2. doi:10.1094 /ASBCJ-2015-0621-01.

Beechum, Drew, and Denny Conn. 2014. *Experimental Homebrewing: Mad Science in the Pursuit of Great Beer*. Minneapolis: Voyageur Press.

———. 2016. *Homebrew All-Stars: Top Homebrewers Share Their Best Techniques and Recipes*. Minneapolis: Voyageur Press.

Boulton, C., and W. Box. 2003. "Formation and disappearance of diacetyl during lager fermentation." In *Brewing Yeast Fermentation Performance*. 2nd ed. K. Smart, editor. Oxford: Blackwell Science. 183—95.

Boulton, Chris, and David Quain. 2001. *Brewing Yeast and Fermentation*. Oxford: Blackwell Science.

Briggs, D.E., J.S. Hough, R. Stevens, T.W. Young. 1981. *Malt and Sweet Wort*. 2nd ed. Vol. 1 of *Malting and Brewing Science*. New York: Kluwer Academic / Plenum Publishers.

Brungard, Martin. 2015. *Bru'n Water*. http://sites.google.com/site/brunwater.

Casarett, Louis J., John Doull, Curtis D. Klaassen, and Mary O. Amdur. 1980. *Casarett and Doull's Toxicology: The Basic Science of Poisons*. 2nd ed. New York: MacMillan Publishing.

Colby, Chris. 2016. *Home Brew Recipe Bible*. Salem, MA: Page Street Publishing.

Crumplen, R.M., ed. 1997. *Laboratory Methods for Craft Brewers*. St. Paul, MN: American Society of Brewing Chemists.

Curtis, David. 2014. "Putting some numbers on first wort and mash hop additions." Presentation at the AHA National Homebrewers Conference, Grand Rapids, MI, June 12—14, 2014.

Daniels, Ray. 1995. "Beer Color Demystified—Part III: Controlling and Predicting Beer Color." *Brewing Techniques*, vol. 3, no. 6, 56—63.

———. 1996. Designing Great Beers. Boulder: Brewer's Publications.

De Rouck, Gert, Barbara Jaskula, Brecht De Causmaecker, Sofie Malfliet, Filip Van Opstaele, Jessika De Clippeleer, Jos De Brabanter, Luc De Cooman, and Guido Aerts. 2013. "The Influence of Very Thick and Fast Mashing Conditions on Wort Composition." *Journal of the American Society of Brewing Chemists* 71(1):1—14. doi:10.1094/ASBCJ-2013-0113-01.

Evans, D. Evan, Helen Collins, Jason Eglinton, and Annika Wilhelmson. 2005. "Assessing the Impact of the Level of Diastatic Power Enzymes and Their Thermostability on the Hydrolysis of Starch During Wort Production to Predict Malt Fermentability." *Journal of the American Society of Brewing Chemists* 63(4):185—98.

Evans, D. Evan, Mark Goldsmith, Robert Dambergs, and Ralph Nischwitz. 2011. "A Comprehensive Revaluation of Small-Scale Congress Mash Protocol Parameters for Determining Extract and Fermentability." *Journal of the American Society of Brewing Chemists* 69(1):13—27. doi:10.1094/ASBCJ-2011-0111-01.

Fritsch, A., and T. Shellhammer. 2007. "Alpha Acids do not Contribute Bitterness to Lager Beer." *Journal of the American Society of Brewing Chemists* 65(1):26—28. doi:10.1094/ASBCJ-2007-0111-03.

Hahn, Christina, Scott Lafontaine, and Thomas Shellhammer. 2016. "A holistic examination of beer bitterness." Abstract 65. Technical Session 19: Beer Bitterness. Paper presented at the World Brewing Congress, Denver, August 2016.

Hansen R. and J. Guerts. 2015. "Specialty malt acidity." Proceedings of the MBAA National Conference, Jacksonville, FL, October 8—10, 2015.

Hertrich, Joseph D. 2013. "Topics in Brewing: Brewing Adjuncts." *Technical Quarterly of the Master Brewers Association of Americas.* 50(2):72—81. doi:10.1094/TQ-50-2-0425-01.

Hieronymus, Stan. 2005. *Brew Like a Monk: Trappist, Abbey, and Strong Belgian Ales and How to Brew Them.* Boulder: Brewers Publications.

——. 2010. *Brewing with Wheat: The 'Wit' & 'Weizen' of World Wheat Beer Styles.* Boulder: Brewers Publications.

——. 2012. *For the Love of Hops: The Practical Guide to Aroma, Bitterness, and the Culture of Hops.* Boulder: Brewers Publications.

Humbard, Matthew. *A Ph.D in Beer* (blog). http://phdinbeer.com/.

Ishibashi, Y., Y. Terano, N. Fukui, N. Honbou, T. Kakui, S. Kawasaki, and K. Nakatani. 1996. "Development of a New Method for Determining Beer Foam and Haze Proteins by Using the Immunochemical Method ELISA." *Journal of the American Society of Brewing Chemists* 54(3):177—82. doi:10.1094/ASBCJ-54-0177.

Jones, Berne L. 2005. "Endoproteases of barley and malt." *Journal of Cereal Science* 42(2):139—56. doi:10.1016/j.jcs.2005.03.007.

Jones, Berne L., and Allen D. Budde. 2005. "How various malt endoproteinase classes affect wort soluble protein levels." *Journal of Cereal Science* 41:95—106. doi:10.1016/j.jcs.2004.09.007.

Klimovitz, Ray, and Karl Ockert, eds. 2014. *Beer Packaging*. 2nd ed. St. Paul: Master Brewers Association of Americas.

Krogerus, Kristoffer, and Brian R. Gibson. 2013. "125th Anniversary Review: Diacetyl and its control during brewery fermentation." *Journal of the Institute of Brewing* 119(3):86—97.

Kunze, Wolfgang. 2014. *Technology Brewing and Malting*. Edited by Olaf Hendel. Translated by Sue Pratt. 5th rev. ed. Berlin: VLB Berlin.

Lee, W.J. 1990. "Phytic Acid Content and Phytase Activity of Barley Malt." *Journal of the American Society of Brewing Chemists* 48(2):0062.

MacGregor, A.W. and C. Lenoir. 1987. "Studies on Alpha Glucosidase in Barley and Malt." *Journal of the Institute of Brewing* 93:334—37.

Malowicki, Mark G., and Thomas H. Shellhammer. 2005. "Isomerization and Degradation Kinetics of Hop (*Humulus lupulus*) Acids in a Model Wort-Boiling System." *Journal of Agricultural and Food Chemistry* 53:4434—39.

Maskell, Dawn L. 2016. "Brewing Fundamentals, Part 2: Fundamentals of Yeast Nutrition." *Technical Quarterly of the Master Brewers Association of Americas* 53(1):10—16.

McMurrough, L., G.P. Hennigan, and K. Cleary. 1985. "Interaction of proteases and polyphenols in worts, beers and model systems." *Journal of the Institute of Brewing* 91(2):93—100. doi:10.1002/j.2050-0416.1985.tb04312.x.

Mosher, Randy. 1994. *The Brewer's Companion*. Seattle: Alephenalia Publications.

——. 2004. *Radical Brewing: Tales and World-Altering Meditations in a Glass*. Boulder: Brewers Publications.

——. 2009. *Tasting Beer: An Insider's Guide to the World's Greatest Drink*. North Adams, MA: Storey Publishing.

Muller, Robert. 1995. "Factors Influencing the Stability of Barley Malt beta-Glucanase

During Mashing." *Journal of the American Society of Brewing Chemists* 53(3):136—40.

Owen, Charles A. 1981. *Copper Deficiency and Toxicity: Acquired and Inherited, in Plants, Animals, and Man.* Park Ridge, NJ: Noyes Publications.

Palmer, John, and Colin Kaminski. 2013. *Water: A Comprehensive Guide for Brewers.* Boulder: Brewers Publications.

Palmer, John. 2016. "A Study of Mash pH and its effects on Yield and Fermentability." Presentation. Proceedings of the World Brewing Congress, Denver, August 13—17, 2016.

Papazian, Charlie. 1984. *The Complete Joy of Home Brewing.* New York: Avon Books.

Pattinson, Ronald. 2014. *The Home Brewer's Guide to Vintage Beer: Rediscovered Recipes for Classic Brews Dating from 1800 to 1965.* Beverly, MA: Quarry Books.

[Patty, Frank A.] 1981. *Toxicology.* Vol. 2A of *Patty's Industrial Hygiene and Toxicology.* 3rd rev. ed. New York: John Wiley and Sons.

Preis, F., and W. Mitter. 1995. "The re-discovery of first wort hopping." *Brauwelt International* 13:308—15.

Sammartino, M. 2015. "Fermentation and Flavor: A perspective on Sources and Influence." Proceedings of the MBAA National Conference, Jacksonville, FL, October 8—10, 2015.

Siebert, Karl J. and P.Y. Lynn. 1997. "Mechanisms of Beer Colloidal Stabilization." *Journal of the American Society of Brewing Chemists* 55(2):73—78.

Smythe, John E., and Charles W. Bamforth. 2000. "Shortcomings in Standard Instrumental Methods for Assessing Beer Color." *Journal of the American Society of Brewing Chemists* 58(4):165—66. doi:10.1094/ASBCJ-58-01650.

Speers, Alex. "Brewing Fundamentals, Part 3: Yeast Settling — Flocculation." *Technical Quarterly of the Master Brewers Association of Americas* 53(1):17—22.

Steele, Mitch. 2012. *IPA: Brewing Techniques, Recipes and the Evolution of India Pale Ale.* Boulder: Brewers Publications.

Stenholm, Katharina, and Silja Home. 1999. "A New Approach to Limit Dextrinase and its Role in Mashing." *Journal of the Institute of Brewing* 105(4):205—10.

Stewart, G.G., and I. Russell. 1998. *Brewing Science and Technology, Series III, Brewers Yeast.* London: Institute of Brewing.

Stewart, Graham G. 2016. "Brewing Fundamentals, Part 1: Yeast — An Introduction to Fermentation." *Technical Quarterly of the Master Brewers Association of Americas* 53(1):3—9. doi:10.1094/TQ-53-1-0302-02.

Strong, Gordon. 2015. *Modern Homebrew Recipes: Exploring Styles and Contemporary Techniques.* Boulder: Brewers Publications.

Sykes, Walter J., and Arthur R. Ling. 1907. *The Principles and Practice of Brewing.* 3rd ed. London: Charles Griffin.

Tanner, Gregory J., Michelle L. Colgrave, Crispin A. Howitt. 2014. "Gluten, Celiac Disease, and Gluten Intolerance and the Impact of Gluten Minimization Treatments with Prolylendopeptidase on the Measurement of Gluten in Beer." *Journal of the American Society of Brewing Chemists* 72(1):36—50.

Taylor, David G. 1990. "The Importance of pH Control during Brewing." Technical Quarterly of the Master Brewers Association of Americas. 27(4):131—6.

Tinseth, Glenn. 1995. "Glenn's Hop Utilization Numbers." *Real Beer.* Accessed September 6, 2016. http://www.realbeer.com/hops/research.html.

Troester, Kai. 2009. "The effect of brewing water and grist composition on the pH of the mash." *Braukaiser.com*, PDF document. October 31, 2009. http://braukaiser.com/documents/effect _of_water_and_grist_on_mash_pH.pdf.

White, Chris, and Jamil Zainasheff. 2010. *Yeast: The Practical Guide to Beer Fermentation.* Boulder: Brewer Publications.

Zainasheff, Jamil, and John Palmer. 2007. *Brewing Classic Styles: 80 Winning Recipes Anyone Can Brew.* Boulder: Brewers Publications.

◇ 당신은 언제나 옳습니다. 그대의 삶을 응원합니다. — 라의눈출판그룹

HOW TO **BREW**
하우 투 브루

초판 1쇄 | 2019년 8월 12일
2쇄 | 2024년 8월 20일

지은이 | 존 J. 파머   옮긴이 | 제효영
펴낸이 | 설응도   편집주간 | 안은주
영업책임 | 민경업   디자인 | 박성진

펴낸곳 | 라의눈

출판등록 | 2014년 1월 13일 (제2019-000228호)
주소 | 서울시 강남구 테헤란로78길 14-12(대치동) 동영빌딩 4층
전화 | 02-466-1283   팩스 | 02-466-1301

문의(e-mail)
편집 | editor@eyeofra.co.kr
영업마케팅 | marketing@eyeofra.co.kr
경영지원 | management@eyeofra.co.kr

ISBN 979-11-88726-37-0 13570